MANUAL DE TÉCNICAS DE TERAPIA E MODIFICAÇÃO DO COMPORTAMENTO

Vicente E. Caballo

Departamento de Personalidade, Evolução e Tratamento Psicológico
Faculdade de Psicologia
Universidade de Granada
Espanha

CB043739

GUANABARA
KOOGAN

▪ **Atendimento ao cliente: (11) 5080-0751 | faleconosco@grupogen.com.br**

▪ Direitos exclusivos para a língua portuguesa
Copyright © 1996
GEN | GRUPO EDITORIAL NACIONAL S.A.
Publicado pelo selo Editora Guanabara Koogan Ltda.
Travessa do Ouvidor, 11
Rio de Janeiro – RJ – CEP 20040-040
www.grupogen.com.br

▪ Capa: Gilberto R. Salomão

▪ Ficha catalográfica

C111m

Caballo, V. E. (Vicente E.), 1955-
    Manual de técnicas de terapia e modificação do comportamento / Vicente E. Caballo; [tradução Marta Donila Claudino]. - [Reimpr.]. - Rio de Janeiro: Guanabara Koogan, 2024.
    873p. : 17 x 24cm

    Tradução de: Manual de técnicas de terapia y modificación de conducta
    Inclui bibliografia
    ISBN 978-85-7288-211-8

    1. Terapia do comportamento. 2. Comportamento - Modificação. I. Título.

11-2268   CDD: 616.89142
                           CDU: 616.89-008.447

ASSOCIAÇÃO
BRASILEIRA
DE DIREITOS
REPROGRÁFICOS

Respeite o direito autoral

ÍNDICE

Primeira Parte
História da Terapia Comportamental

1. Origens, História Recente, Questões Atuais e Estados Futuros da Terapia Comportamental: uma Revisão Conceitual, *Cyril M. Franks*

Segunda Parte
Aspectos Metodológicos da Terapia Comportamental

8. As Variáveis do Processo Terapêutico, *Aurora Gavino*

Terceira Parte
Técnicas Baseadas Principalmente no Condicionamento Clássico

9. Técnicas de Relaxamento, *M. Nieves Vera e Jaime Vila*

12. O Emprego da Intenção Paradoxal na Terapia Comportamental, *Michael Ascher e Marjorie L. Hatch*

13. Procedimentos Aversivos, *José Cáceres Carrasco*

Quarta Parte
Técnicas Baseadas Principalmente no Condicionamento Operante

14. Métodos Operantes, *Joseph J. Pear*

15. A Economia de Fichas, *Roger L. Patterson*

16. O Condicionamento Encoberto, *Rosa M. Raich*

17. Biofeedback, Miguel A. Simón

Quinta Parte
Técnicas Baseadas Principalmente na Teoria da
Aprendizagem Social

18. O Treinamento em Habilidades Sociais, Vicente E. Caballo

19. Treinamento de Pais, *Robert J. McMahon*

Sexta Parte
Técnicas Cognitivas e de Autocontrole

24. Terapia Cognitivo-Estrutural: o Modelo de Guidano e Liotti, *Cristina Botella Arbona*

25. O Treinamento em Auto-Instruções, *José Santacreu*

Sétima Parte
Outras Técnicas em Terapia Comportamental

28. Hipnoterapia, *E. Thomas Dowd*

29. Questões sobre a Terapia Multimodal, *Maurits G. T. Kwee*

Oitava Parte
Extensões da Terapia Comportamental

32. Terapia de Grupo Cognitivo-Comportamental, *Richard L. Wessler,*

APRESENTAÇÃO

Desde o começo da década de 60 a terapia comportamental se converteu em uma alternativa viável para os problemas tradicionais da psicoterapia e da psicologia clínica em geral. Trata-se de um enfoque dos transtornos do comportamento que se caracteriza por ser válido e confiável, baseado na ciência e fundamentado nas investigações de laboratório. Nada disto tinha a psicoterapia tradicional, principalmente a de origem psicanalítica.

No entanto, esse novo enfoque não chegou de imediato à Espanha nem à América-Latina. Só no começo da década de 70 foram traduzidos os primeiros livros sobre o assunto e escritas algumas obras de psicologia da aprendizagem, modificação do comportamento aplicado ao retardo no desenvolvimento, etc. Nessa época, os países latino-americanos líderes no campo da terapia comportamental, incluindo também a pesquisa básica, eram essencialmente o México e o Brasil. Mas também em outras nações trabalhava-se com grande entusiasmo e de forma sistemática sobre a análise comportamental aplicada à educação, análise do comportamento nas organizações, esboços de culturas e, é claro, terapia comportamental.

No México foi fundada uma das comunidades baseadas em Walden II, que mais tem resistido ao passar do tempo e se solidificou e avançou nas idéias de Skinner: trata-se de "Los Horcones", no Estado de Sonora (ao norte do México, próximo aos Estados Unidos), fundada em 1973. Foram publicadas também importantes obras, criou-se um programa de Mestre em Análise Experimental do Comportamento, foram concluídas pesquisas de laboratório e publicadas obras de transcendência internacional. O Brasil não ficou atrás, e ainda que seus trabalhos tenham tido menos influência – porque foram escritos em português e não em espanhol –, a influência desse gigante sul-americano na terapia do comportamento é muito relevante.

A fundação da Associação Latino-Americana de Análise e Modificação do Comportamento (ALAMOC) em 1975, em Bogotá, merece ser destacada como marco no desenvolvimento da área. A ALAMOC tem organizado Congressos Latino-Americanos de Análises e Modificação do Comportamento no Panamá, Bogotá, Santiago do Chile, Lima, Caracas, Montevidéo, Costa Rica, etc., além disso publica uma revista e um boletim, e busca unir os especialistas da área na América Latina.

Salientamos que de todos esses desenvolvimentos, ocorridos na década de 70, a Espanha esteve ausente. Não que não houvesse esforços isolados de pesquisadores, porém não tinham sido estruturados e sistematizados. Na Espanha, a psicologia científica estava reaparecendo depois de várias décadas de silêncio, o que os latino-americanos estranhavam muito e que os preocupava sobremaneira. Os psicólogos de língua espanhola voltavam os olhos à Espanha e esperavam encontrar diretrizes em termos de pesquisas e de aplicação.

Na década de 80, a situação mudou e a Espanha passou à vanguarda em psicologia científica, incluindo diversos campos do trabalho – básico e aplicado – e dentro deles a terapia comportamental teve um papel prioritário. A Espanha recuperou a liderança que aqui, na América Latina, todos esperávamos. Criaram-se laboratórios, fizeram-se publicações de alcance internacional, publicaram-se livros, fundaram-se importantes revistas. Os "colégios invisíveis" apareceram, a psicologia alcançou autonomia, prestígio e impacto social. A psicologia espanhola da década de 90 é internacional, científica, com uma imagem pública adequada, bem financiada, com metas a longo prazo, e está contribuindo de modo eficaz ao acervo de conhecimentos da psicologia mundial

Prova disso é o presente livro. Entre seus autores, encontram-se distintos pesquisadores e terapeutas de muitos países do mundo, assim como a reunião dos principais psicólogos espanhóis que trabalham com a terapia comportamental. Suas oito partes abrangem toda a gama de terapia comportamental: história da terapia comportamental, aspectos metodológicos, técnicas baseadas no comportamento clássico e operante, técnicas fundamentadas na aprendizagem social, aspectos cognitivos e de autocontrole, outras técnicas e extensões. Nada ficou de fora e, ainda assim, o livro se limita estritamente ao enfoque científico da área. Encontramos aqui tanto as técnicas e estratégias clássicas e tradicionais, como as mais modernas. Não é comum que num livro como este se dedique um capítulo especialmente à hipnoterapia (Cap. 28), à psicologia comportamental comunitária (Cap. 33) ou a problemas ambientais (Cap. 34).

Junto a esses capítulos "não tradicionais" temos os clássicos, sobre economia de fichas, condicionamento encoberto, dessensibilização sistemática, relaxamento, etc.

É um livro bem equilibrado, que oferecerá aos estudantes e profissionais uma importante fonte de consulta sobre terapia comportamental e seus mais recentes avanços. Psicólogos, psiquiatras, médicos em geral, educadores, assistentes sociais, estudantes, e todos aqueles interessados em se beneficiar deste assunto, têm aqui uma obra de imenso valor.

O professor Vicente E. Caballo tem sido pioneiro em terapia comportamental, no mundo de fala castelhana, como demonstram suas obras anteriores, entre elas uma muito bem documentada sobre habilidades sociais. No presente livro conseguiu reunir trabalhos originais, escritos por especialistas de primeira categoria, que são os protagonistas da pesquisa contemporânea em terapia comportamental.

Damos as boas-vindas a este importante livro e o recomendamos com grande entusiasmo. Acreditamos que terá um lugar de enorme relevância na Espanha e na América Latina e que servirá como texto para cursos sobre terapia comportamental. Mostrará ao público não especializado os avanços neste campo de trabalho e o lugar decisivo que tem alcançado a psicologia espanhola de hoje. Desejamos muito êxito a este livro e estamos seguros de que todos vamos aprender muito com ele.

Rubén Ardila
Universidade Nacional da Colômbia

PREFÁCIO

A modificação ou terapia comportamental é, sem dúvida, o movimento mais importante dentro da psicologia clínica nas últimas décadas. Toda uma nova concepção das tradicionalmente denominadas "doenças mentais" tem sido incluída nesse movimento. Este novo (e diferente) enfoque da "doença mental" constitui um rompimento com os modos e métodos de enfoques tradicionais anteriores.

Não só são empregados termos novos ("transtornos comportamentais" *versus* "doenças mentais"), que encerram atitudes radicalmente distintas, como também o mesmo processo de aproximação a um determinado problema tem muito pouco a ver com os métodos da psicologia clínica tradicional. Desde o momento da aproximação ao problema, seguindo com a avaliação do mesmo e finalizando com seu tratamento, o enfoque da modificação do comportamento apresenta ares novos e frescos e, o que é mais importante, sua aplicação prática é imediata e verificável. A qualidade de um psicólogo clínico já não depende de sua arte. O psicólogo clínico não nasce, faz-se. O estudo, a investigação e a prática clínica formam o terapeuta dos nossos dias. A intuição passou à história. Os psicólogos de hoje não são (ou pelo menos não deveriam ser) os confessores de ontem. A modificação do comportamento oferece numerosos procedimentos de intervenção para encarar os transtornos comportamentais que os indivíduos apresentam. O presente manual trata desses procedimentos ou técnicas de intervenção. Da mesma maneira que a profissão médica dispõe de toda uma série de fármacos e técnicas cirúrgicas para o tratamento de problemas orgânicos, assim também a psicologia clínica dispõe de um conjunto de procedimentos terapêuticos para o tratamento e a modificação dos problemas comportamentais.

O objetivo deste manual é a apresentação, aos psicólogos e psiquiatras que se dedicam à prática clínica, aos residentes dos hospitais envolvidos na saúde mental e aos estudantes dos últimos anos de Psicologia, das técnicas de modificação do comportamento mais importantes de que se dispõe atualmente. A intenção foi oferecer um livro eminentemente prático (dentro das limitações do espaço disponível), insistindo para isso na forma de conduzir cada técnica específica e nas variações que apresenta (ou possa apresentar) a mesma. Mas tampouco quisemos esquecer de todos os outros aspectos da terapia comportamental, quer dizer, da história, dos fundamentos conceituais e empíricos, e de fatores que exercem uma importante influência sobre a prática da terapia comportamental. Por isso incluímos também uma série de capítulos e uma pequena parte do espaço dedicado a cada técnica para tratar estes temas.

Dada a grande diversidade de procedimentos da modificação do comportamento que existem e a impossibilidade material de ser um *expert* em todos eles, no presente manual cada técnica é descrita por um especialista na mesma. Todos os capítulos, exceto um, foram escritos originalmente para este livro. Participam dele mais de 40 doutores em psicologia pertencentes a 25 universidades, nacionais e estrangeiras, e a diversos centros privados. O livro compõe-se de 35 capítulos agrupados em várias seções. Um primeiro bloco reúne três capítulos dedicados basicamente à história (e, inclusive, à "pré-história") da modificação do comportamento. O autor do primeiro capítulo, o Dr. Franks, foi um dos fundadores da *Association for Advancement of Behavior Therapy* (Estados Unidos), seu primeiro presidente e o primeiro diretor da revista *Behavior Therapy*, criada em 1970, que tanto tem influído em todos os terapeutas comportamentais.

O segundo bloco do livro é composto por cinco capítulos dedicados a questões básicas da modificação do comportamento, tais como a avaliação, a generalização e manutenção dos efeitos do tratamento e a consideração de variáveis, relativas tanto ao paciente como ao terapeuta, que podem estar influindo no processo da terapia.

As seções de três a sete são dedicadas à descrição das diferentes técnicas. Estas foram agrupadas em blocos, dependendo do modelo que parece sustentar a base teórica de cada técnica. Contudo, isto foi feito com fins principalmente didáticos e de clareza expositiva, já que não existe na terapia comportamental um modelo ou modelos que expliquem por que funcionam as diferentes técnicas, oferecendo-se freqüentemente explicações *a posteriori* ou pleiteando meras especulações sobre os mecanismos implicados na eficácia das técnicas. Assim, as técnicas baseadas *principalmente* no condicionamento clássico auxiliam freqüentemente numerosos elementos cognitivos, elementos do condicionamento operante e/ou fatores da aprendizagem social. O mesmo acontece com as técnicas agrupadas nas outras seções. Não se pode dizer que alguma das técnicas do livro baseia-se exclusivamente em um dos modelos de aprendizagem nele expostos.

Embora os autores tenham tido certa liberdade na descrição das técnicas, cada uma destas segue um esquema organizado em torno dos seguintes pontos: história, definição e descrição, fundamentos conceituais e empíricos, procedimento, variações, aplicações, resumo/comentário final e leituras recomendadas. Desta forma, acreditamos que o leitor possa adquirir os conhecimentos essenciais de cada técnica, especialmente como conduzi-la e, se alguém quiser aprofundar-se mais nelas, poderá fazê-lo através das leituras recomendadas que são incluídas no final de cada capítulo.

O último bloco do presente manual trata de temas que podem ser considerados extensões na aplicação das técnicas de terapia comportamental. Muitas destas técnicas podem adquirir um formato grupal e incidir sobre um grupo de pessoas de cada vez. O mesmo ocorre quando essas técnicas são aplicadas à comunidade, mas neste caso, o grupo é muito mais numeroso e muitas vezes a intervenção pode dirigir-se mais a prevenir que a curar. Os aspectos ambientais e contextuais, esquecidos com muita freqüência pelos terapeutas comportamentais em favor de estímulos externos "moleculares", são enfatizados no penúltimo capítulo do livro, ressaltando a importância de considerar o contexto mais amplo que freqüentemente rodeia o comportamento. Finalmente, o último capítulo aborda uma área reservada até há pouco aos médicos e onde a terapia comportamental também tem muito a dizer.

Tenho a firme esperança de que este manual cumpra os objetivos para os quais foi projetado. Se as técnicas de terapia comportamental se fizerem compreensíveis aos futuros psiquiatras e psicólogos clínicos e aos que já o são, a realização deste livro terá valido a pena.

Finalmente, gostaria de agradecer à Editora Siglo XXI da Espanha, e especialmente a seu diretor Javier Abásolo, não só a ajuda prestada na realização deste projeto, mas também a esperança e o ânimo infundidos nos momentos mais difíceis. Tenho a impressão de que esta fluida relação entre a editora e o autor, que tive o prazer de experimentar, constitui uma ilha no complicado mundo editorial. Muito obrigado por isto.

Vicente E. Caballo

Autores

Rubén Ardila, Dpto. de Psicologia, Universidad Nacional de Colômbia, Bogotá, Colômbia.

Michael Ascher, Department of Psychiatry, Temple University Health Science Center, Philadephia, Pennsylvania, Estados Unidos.

Cristina Botella Arbona, Dpto. de Personalidad, Evaluación y Tratamientos Psicológicos, Universidad de Valência, Valência, España.

Gualberto Buela, Dpto. de Personalidad, Evaluación y Tratamiento Psicológico, Universidad de Granada, Granada, España.

Vicente E. Caballo, Dpto. de Personalidad, Evaluación y Tratamiento Psicológico, Universidad de Granada, Granada, España.

José Cáceres Carrasco, Direcciòn de Salud Mental, Servicio Regional de Salud, Pamplona, Navarra, España.

Jerry L. Deffenbacher, Department of Psychology, Colorado State University, Fort Collins, Colorado, Estados Unidos.

Keith S. Dobson, Department of Psychology, Faculty of Social Sciences, The University of Calgary, Calgary, Alberta, Canadá.

E. Thomas Dowd, Department of Educational Psychology, Administration, Technology, and Foundations, Kent State University, Kent, Ohio, Estados Unidos.

Barry A. Edelstein, Department of Psychology, College of Arts and Sciences, West Virgínia University, Morgantown, West Virginia, Estados Unidos.

Luis Fernández Rios, Dpto. de Psicologia Clínica y Psicobiología, Universidad de Santiago de Compostela, Santiago de Compostela, La Coruña, España.

Renee-Louise Franche, Department of Psychology, University of British Columbia, Vancouver. British Columbia, Canadá.

Cyril M. Franks, Graduate School of Applied and Professional Psychology, The State University of New Jersey at Rutgers, Piscataway, New Jersey, Estados Unidos.

Aurora Gavino, Dpto. de Psicologia, Universidad de Málaga, Málaga, España.

António Godoy, Dpto. de Psicologia, Universidad de Málaga, Málaga, España.

Juan F. Godoy, Dpto. de Personalídad, Evaluación y Tratamiento Psicológico, Universidad de Granada, Granada. España.

Sheenah Hankin-Wessler, Cognitive Psychotherapy Associates, Nova York, Estados Unidos.

Marjorie L. Hatch, Department of Psychology, Temple University, Philadephia, Pennsylvania, Estados Unidos.

Alan E. Kazdin, Department of Psychology, Yale University, New Haven, Connecticut, Estados Unidos.

Maurits G. T. Kwee, Psychiatnsch Centrum JOR1S, GA Delft, Holanda.

Leonor I. Lega, Psychology Departmení, St. Peter's CoNege, Jersey City, New Jersey, e Institute for Ralional-Emotive Therapy, Nueva York, Estados Unidos.

Donald J. Levis, Department of Psychology, State University of New York at Binghamton, Binghamton, Nova York, Estados Unidos.

Carmen Martorell, Dpto. de Personalidad, Evaluación y Tratamientos Psicológicos, Universidad de Valência, Valência, España.

Robert J. McMahon, Department of Psychology, University of Washington, Seattle, Washington, Estados Unidos.

Michael A. Milan, Psychology Department, Georgia State University, Atlanta, Georgia, Estados Unidos.

Z. Peter Mitchell, Mitchell and Associates, New York City, Estados Unidos.

Arthur M. Nezu, Department of Mental Health Sciences, Hahnemann University, Philadelphia. Pennsylvania, Estados Unidos.

Christine M. Nezu, Department of Mental Health Sciences, Hahnemann University, Philadelphia, Pennsylvania, Estados Unidos.

Roger L. Patterson. Veteran's Administration Clinic, Daytona Beach, Florida, Estados Unidos.

Joseph J. Pear, Department of Psychology, The University of Manitoba, Winnipeg, Manitoba, Canadá.

Marino Pérez Alvarez, Dpto. de Psicologia, Universidad de Oviedo, Oviedo, Espana.

Rosa M. Raich, Dpto, de Psicologia de la Salut, Laboratori de Psicologia Clínica, Universitat Autónoma de Barcelona, Bellaterra, Barcelona, Espana.

Lynn P. Rehm, Department of Psychology, University of Houston, Houston, Texas, Estados Unidos.

Patrícia A. Rourke, Department of Psychology, University of Iowa, Iowa, Estados Unidos.

José Santacreu, Dpto. de Psicologia Biológica y de la Salud, Universidad Autónoma de Madrid, Madrid. España.

Fernando Silva, Dpto. de Personalidad, Evaluación y Tratamiento Psicológico, Universidad Complutense de Madrid, Madrid, España.

Miguel A. Simón, Dpto. de Psicologia Clínica y Psicobiología, Universidad de Santiago de Compostela. Santiago de Compostela, La Coruña, España.

Ralph Ni. Turner, Department of Psychiatry, Health Sciences Center, Temple University, Philadelphia, Pennsylvania, Estados Unidos.

Ma Nieves Vera, Dpto. de Personalidad, Evaluación y Tratamiento Psicológico, Universidad de Granada, Granada, España.

Jaime Vila, Dpto. de Personalidad, Evaluación y Tralamiento Psicológico, Universidad de Granada. Granada, España.

Richard L. Wessler, Department of Psychology, Pace University, Pleasantville, Nova York. Estados Unidos.

Jerome Yoman, Department of Psychology, College of Arts and Sciences, West Virgínia University, Morgantown, West Virgínia, Estados Unidos.

APRESENTAÇÃO À EDIÇÃO BRASILEIRA

O grande desenvolvimento verificado na terapia cognitivo – comportamental, principalmente nos últimos anos, provocando um crescente interesse em profissionais e alunos de Psicologia na profundidade das técnicas de abordagens apresentadas neste livro, o que levou-me a propor ao autor, prof. Vicente E. Caballo, da Universidade de Granada - Espanha, a edição brasileira, desenvolvendo mais que uma tradução e revisão técnica, mas sim uma verdadeira adequação dos assuntos abordados à realidade brasileira, possibilitando uma leitura e compreensão bastante clara nos nossos leitores, que provavelmente defrontam-se diariamente com as situações apresentadas neste manual abrangente e esclarecedor.

É fundamental a compreensão de que, como apresenta o prof. Caballo, o psicólogo clínico de nossos dias, a exemplo dos profissionais de todas as áreas, especialmente as de ciências médicas, desenvolve sua qualidade com muito estudo, treinamento e aprimoramento de técnicas, não apenas com talento. A prática de nosso dia-a-dia cada vez mais curto, obriga-nos ao desenvolvimento de técnicas que envolvam as várias situações possíveis de serem encontradas em nossos pacientes e a melhor forma de conduzí-las de forma objetiva e eficiente.

O próprio crescimento da terapia cognitivo-comportamental é um exemplo dessa necessidade de busca de soluções mais objetivas, adequadas ao dinamismo do final de um século que apresentou um excepcional desenvolvimento tecnológico em todas as áreas nos últimos trinta anos, unificando o planeta, derrubando conceitos políticos e sociais, apresentando novas conceituações de bem-estar e bem-viver, desenvolvendo sobretudo a intelectualidade, a ponto de alterar e determinar constantemente regras de comportamento e ambições, em função das novas descobertas e conseqüente adequação da coletividade.

Esta é a nova realidade profissional, um mercado cada dia mais competitivo, onde destaca-se o especialista, que desenvolve não apenas seu talento, mas o treinamento de técnicas, a objetividade em suas atividades, a compreensão e adequação à realidade em constante aperfeiçoamento, enfim, a utilização de forma cada vez mais intensa de seu intelecto, em detrimento do talento criativo e da intuição, necessários mas insuficientes.

Profª Liliana Seger Jacob

PRIMEIRA PARTE

HISTÓRIA DA TERAPIA COMPORTAMENTAL

1. Origens, História Recente, Questões Atuais e Estados Futuros da Terapia Comportamental: uma Revisão Conceitual

Cyril M. Franks

I. Introdução

A *terapia comportamental (TC)*, um termo que empregaremos como sinônimo de *modificação do comportamento*, tem um passado amplo, porém uma história curta. Em sua quarta década como fonte de conhecimento formalmente desenvolvida e sistematizada, podemos dizer que as técnicas predominantes em TC são tão antigas quanto a história da humanidade. Os princípios básicos do reforço e do castigo positivo e negativo foram utilizados durante milhares de anos de maneira intuitiva, desprovida de proposições formais sobre os princípios implicados. No final dos anos 50 registraram-se notáveis esforços para sistematizar estes princípios. Em certo sentido, poder-se-ia considerar que tais esforços constituíram o nascimento da TC tal como a conhecemos hoje. Mas, por outro lado, a terapia comportamental tem muitas origens e nenhum fundador ou ponto de partida único. Nenhum país ou escola de pensamento pode reivindicar a exclusividade no campo da TC e nenhuma técnica tampouco poderá fazê-lo.

Alguns *experts* na matéria, como London (1972), alegam que a TC é mais conhecida como um conjunto de técnicas do que como um enfoque. Entretanto, é a metodologia da TC como enfoque, o que define a terapia comportamental tal como a conhecemos hoje. Existem nela diferentes estratégias, técnicas e conceitos teóricos. Mas o comum a todos os que se autodenominam "terapeutas comportamentais" é um compromisso com a avaliação, a intervenção e os conceitos que se apóiam em algum tipo de marco teórico de aprendizagem E-R (estímulo-resposta), imerso, por sua vez, dentro da metodologia do aprendizado científico-comportamental.

Quando a psicologia foi capaz de abandonar as especulações filosóficas em favor da metodologia científico-experimental, deixou o terreno preparado para que a TC germinasse. Em 1971, no primeiro artigo dedicado exclusivamente à TC da *Annual Review of Psychology*, Krasner fez uma resenha de quinze áreas de investigação que concorreram nos anos 50 e 60 para formar o núcleo deste novo enfoque. Entre aquelas áreas, encontravam-se a psicologia experimental, o condicionamento clássico e o operante, os princípios teóricos da aprendizagem de Hull e Pavlov, a disciplina da psicologia clínica e uma crescente insatisfação com a corrente psicodinâmica predominante naqueles momentos no campo da saúde mental.

Mesmo que o trabalho de Pavlov sobre o condicionamento clássico, o de Watson sobre o comportamentalismo, o de Thorndike sobre a aprendizagem e o de Skinner sobre o condicionamento operante constituam as pedras angulares da TC, foi preciso esperar até o final dos anos 60 para que estes fundamentos conceituais se encontrassem preparados para sustentar toda a estrutura. A TC entra agora em sua quarta década. A primeira, os anos 60, constituiu a época pioneira, plena de ideologias e polêmicas, em que os terapeutas comportamentais tentaram apresentar uma frente unida contra o "inimigo" comum psicodinâmico. Durante este período turbulento, e apesar da grande resistência encontrada, a TC começou a se estabelecer como um respeitável método de tratamento. Como escreveu London em 1972, era o momento de acomodar o campo, mais que se dedicar a defendê-lo, o que ocorreu à medida que se desenvolvia a segunda década. De forma gradual, porém progressiva, os terapeutas comportamentais deixaram de se preocupar com ele – e muitos o abandonaram – em favor da busca de novos horizontes dentro do seu próprio campo. Entre as novas fronteiras colonizadas encontravam-se a prática médica geral, o "biofeedback", a psicofarmacologia, a psicologia ecológica, a psicologia comunitária e o mundo da administração e do governo. Esta era também a época excitante da expansão intelectual em conceitos, metodologias e modos de encarar os dados além dos considerados pela "teoria de aprendizagem" tradicional. Desenvolveram-se métodos de tratamento mais sofisticados, aperfeiçoou-se a metodologia e estabeleceram-se melhores procedimentos para a avaliação dos resultados. Assentada sobre uma base menos segura, a "revolução cognitiva" invadiu a TC, assim como grande parte das áreas da psicologia.

Esta tendência continuou na terceira década, havendo menor interesse quanto à expansão, maior inclinação para a metodologia sofisticada e um salto ainda maior para as perspectivas que vão muito mais além da "teoria de aprendizagem" tradicional E-R. Agora, em sua quarta década – sobre a qual voltarei no último parágrafo do presente capítulo – a ênfase é centrada na dificuldade em se obter a união de uma sofisticação metodológica perfeita (proveniente de um reconhecimento cada vez maior das limitações da metodologia condutiva tradicional), com uma viva consciência das contribuições potenciais de disciplinas e formas de pensar, que não haviam sido consideradas dignas de serem exploradas pela TC tradicional. Ao mesmo tempo, como tentarei demonstrar, há um retorno esperançoso em direção aos fundamentos intelectuais nos quais se baseiam a TC, em geral, e a *Association for Advancement of Behavior Therapy*, AABT (Associação para o Progresso da Terapia Comportamental), em particular. Como foi citado anteriormente, nenhum país pode reivindicar a TC como sua. Suas origens e seu alcance atual são, realmente, internacionais. Na Rússia, e na região que mais tarde seria a União Soviética, deu-se uma notável sistematização dos princípios e dos dados do condicionamento clássico sob a regência de Pavlov e seus seguidores. Se a TC não floresceu na União Soviética, foi devido em grande parte às bases fisiológicas do condicionamento pavloviano que encontram-se intimamente unidas ao materialismo dialético, ao invés de acharem-se ligadas ao materialismo mais mecanicista que caracterizava a primeira TC desenvolvida no mundo ocidental – um ponto de vista inaceitável, de forma compreensível, a partir de um padrão marxista. Entretanto, ainda que a tradição pavloviana, como sistema filosófico, não tenha sido aceita nem influenciado na psicologia norte-americana, não se pode dizer o mesmo da teoria e da tecnologia pavlovianas. No mundo ocidental, especialmente nos Estados Unidos, o condicionamento pavloviano foi traduzido na prática por meio de técnicas, tais como o condicionamento aversivo e a dessensibilização sistemática, para citar somente duas delas.

No Reino Unido, a TC surgiu dos esforços de um pequeno grupo de pessoas – no qual eu me encontrava – tentando desenvolver uma alternativa mais viável ao, então, preponderante modo de intervenção terapêutica nos denominados transtornos mentais, quer dizer, o modelo psicodinâmico (Franks, 1987b). Eysenck, então "professor" de psicologia (mais tarde catedrático) no Instituto de Psiquiatria (Hospital Maudsley) da Universidade de Londres, tinha um ambicioso e atrevido plano. O primeiro passo envolvia algo chamado "personalidade", que descompor-se-ia em um pequeno número de dimensões definidas operacionalmente, medidas fatorialmente e explicadas experimentalmente. A idéia esperançosa consistia em que, ao relacionar estas dimensões com as suas determinantes fisiológicas, seria possível desenvolver um amplo modelo da atividade psicológica, o qual explicaria cada aspecto do funcionamento humano – uma louvável intenção de estabelecer a unificação em psicologia, uma busca que não era desalentada pelo fato de que numerosos distintos predecessores o haviam tentado e fracassado. Considere-se, por exemplo, a busca dos fatores gerais de inteligência, por Spearman, ou a busca por parte de Lashley, desse evasivo *enigma* que explicasse, de forma geral, as funções do cérebro.

Para facilitar esse ambicioso plano, Eysenck rodeou-se de uma seleta equipe de estudantes graduados e doutorados (incluindo eu mesmo) e juntos começamos a elaborar nossos projetos individuais. O modelo-guia era o de um estudante amável, porém crítico, em vez de um discípulo cego. A investigação sempre prevaleceu à ideologia, uma perspectiva que caracterizou não só os anos de formação da TC, como também os que os seguiram.

Foram considerados e descartados muitos modelos e só a teoria do aprendizado E-R, em particular o trabalho de Hull e Pavlov, parecia, naqueles momentos, oferecer esperanças para o desenvolvimento de prognósticos verificáveis e uma base de dados para a intervenção terapêutica. E assim foi, de forma sucinta, a maneira como nasceu no Reino Unido o conceito de "terapia comportamental". Ao longo dos anos, os estudantes de Eysenck estabeleceram conclaves de Maudsley por todo o mundo. É importante lembrar que a ênfase na pesquisa científica, em vez da obediência cega, fez com que muitos desses centros desenvolvessem suas próprias individualidades e produzissem várias diferenças de opinião.

Seguindo com a história, deve-se chamar atenção para um fato notável, o desenvolvimento – primeiro na África do Sul e depois nos Estados Unidos – por Wolpe (1958), da psicoterapia por inibição recíproca e da técnica da dessensibilização sistemática, sem dúvida a primeira "terapia verbal" viável oferecida como alternativa à psicoterapia tradicional. O fato de que o seu árduo procedimento tinha sido modificado muitas vezes como conseqüência de estudos posteriores, e que sua explicação teórica original, em termos de condicionamento clássico e da inibição sheringtoniana, tenha sido rechaçada há muito tempo, não desmerece em absoluto o significado da importante conquista de Wolpe.

Outros dois pioneiros da África do Sul que obtiveram reconhecimento mundial, primeiro nos Estados Unidos, Reino Unido e depois no Canadá, foram Lazarus e Rachmann. Sem dúvida, deve-se assinalar que Lazarus, mesmo dedicando lealdade a uma ampla tradição, não se considera um terapeuta comportamental. Segundo afirmação própria, é um "terapeuta multimodal" (Lazarus, 1981).

Se a primeira TC que se desenvolveu na Inglaterra se apoiava, em grande parte, no condicionamento clássico, não se pode dizer o mesmo sobre o desenvolvimento da TC nos Estados Unidos. Talvez pela crença de que o ambiente se encontra onde está para ser conquistado e de que há poucos limites para fazê-lo, a ênfase nas variáveis externas, nas influências ambientais e no condicionamento operante ateórico de Skinner predomina até hoje nos Estados Unidos. A tradição proveniente de Maldsley das influências genéticas e dos determinantes constitucionais, retrotraindo-se a Pavlov, juntou-se em favor de um ambientalismo mais simplista que predominou na TC norte-americana até a chegada da cognição, da teoria da interação recíproca de Bandura (1982) e dos modelos mais sofisticados que surgiram no final dos anos 80.

Parece que o termo "terapia comportamental" foi introduzido, de modo mais ou menos independente, por três grupos de pesquisadores. Em 1953, Lindsley, Skinner e Solomon se referiram ao emprego do condicionamento operante em pacientes psicóticos hospitalizados com o termo de "terapia comportamental". Em 1959, Eysenck utilizou este termo pela primeira vez de forma impressa, para referir-se a um novo enfoque da terapia, definindo a TC como: a aplicação das "modernas teorias de aprendizagem" no tratamento de distúrbios psicológicos. Enquanto Lindsley e cols. conceituaram a TC exclusivamente em termos de condicionamento operante de Skinner, Eysenck adotou uma perspectiva muito mais ampla. Para Eysenck, a TC compreendia o condicionamento operante, o clássico e, posteriormente, a modelação, com um notável reconhecimento a Pavlov, Mowrer e aos neocomportamentais como Hull, Spencer e (com certas reservas) Bandura. Em 1958, na África do Sul, Lazarus patenteou, de forma independente, o termo "terapia comportamental" para referir-se ao fato de acrescentar procedimentos objetivos de laboratório à psicoterapia tradicional. A este respeito, Lazarus pensava, tanto antes como agora, que a TC era somente parte de uma totalidade multimodal que podia incluir procedimentos derivados de qualquer fonte, sempre que houvesse evidência experimental de sua utilidade (Lazarus, 1981). Esta estratégia é conhecida como *ecletismo técnico.*

Como citado por Krasner (1971), as raízes da TC remontam a muitas escolas de pensamento, a metodologia contraposta, a sistemas filosóficos e teóricos diversos, a países distintos e a líderes diferentes. Alguns indivíduos enfatizam o condicionamento clássico e sua aplicação prática por meio de técnicas como a terapia aversiva e a dessensibilização sistemática. Outros confiam na tradição skinneriana do condicionamento operante e na análise experimental do comportamento. Um terceiro grupo se centra nos dados da psicologia experimental em conjunto, em vez de confiar exclusivamente na teoria do condicionamento em si (Wilson e Franks, 1982). Às vezes, a TC apresenta aspectos idiossincrásicos, como por exemplo, a ênfase de Yates (1970) no caso individual como conceito básico e necessário.

Desde 1970, a *European Association of Behavior Therapy*, EABT (Associação Européia de Terapia Comportamental), tem organizado congressos anuais em diversos países europeus. No sétimo destes congressos, que ocorreu em Uppsala, Suécia, no verão de 1977, concordou-se em celebrar o décimo congresso em Jerusalém. Por acordo explícito de todos os implicados, esta reunião científica converteu-se no I Congresso Mundial de Terapia Comportamental. Desde então, a TC tem florescido por todo o mundo. Existem hoje inúmeras associações de terapia comportamental e, pelo menos, cinqüenta revistas dedicadas exclusivamente a algum aspecto desse campo – se forem incluídos ramificações como a medicina comportamental, o "biofeedback" e uma ampla variedade de métodos de intervenção com base cognitiva. O II Congresso Mundial foi realizado em Washington, DC, o III em Edimburgo, Escócia, e o IV acontecerá em Bogotá, Colômbia, em 1993.

Até aqui, fizemos uma breve revisão histórica. Em seguida, passarei a discutir as numerosas definições da TC e as características mais sobressalentes da TC contemporânea. Uma vez que a TC é um enfoque de base ampla, é compreensível que haja muitas perspectivas diferentes dentro dela, apresentando, à primeira vista, um panorama de mútua discórdia. Entretanto, todos concordam com a noção da TC como enfoque, como regra metodológica, mais do que uma série de técnicas específicas ou como uma unidade estritamente limitada, que todo mundo precisa acatar.

II. CARACTERÍSTICAS DA TERAPIA COMPORTAMENTAL CONTEMPORÂNEA

Muitas vozes alegam falar em nome da TC. Existem grandes discussões, normalmente pacíficas, sobre cada assunto conceitual, teórico, profissional e técnico de nosso campo. É muito mais fácil escrever e pensar sobre sistemas mais unificados, como a psicanálise, onde a escolha de técnicas está limitada. Ainda assim, examinando os ramos da TC, existe esse núcleo E-R de ampla base, citado anteriormente. Emprego o termo "de ampla base" deliberadamente, posto que, especialmente nos últimos anos, a noção do que constitui um marco E-R está mudando radicalmente. O significado das palavras "estímulo" e "resposta" nos anos 90 encontra-se longe das formulações mais específicas utilizadas nos anos 50.

A TC contemporânea reflete uma combinação de procedimentos verbais e de ação, o emprego de métodos multidimencionais em vez de abordagens únicas, a atenção cada vez maior na responsabilidade do paciente e do terapeuta, a ênfase nos determinantes atuais mais que nos históricos, o respeito com os dados e uma prudente disposição de ir além dos limites restritos do condicionamento tradicional, ou inclusive da teoria de aprendizagem E-R, para obter sua base de dados. A TC é um enfoque de solução de problemas, no qual se mesclam a avaliação e a intervenção para gerar valorizações contínuas do progresso.

Algo muito importante (pelo menos a princípio, mesmo que nem sempre na prática) é que as atuações clínicas surgem de formulações baseadas em dados, e de predições comprovadas, em vez de provir da intuição e da impressão clínica. Estes últimos processos têm valor só quando são utilizados para gerar uma estratégia comportamental de investigação. Considera-se que métodos como a terapia racional emotiva de Ellis (1979), a terapia multimodal de Lazarus (1981) e a terapia cognitiva de Beck (1976) caem na órbita da TC somente no grau em que seguem o preceito citado anteriormente.

Um clínico especializado somente em técnicas de TC não é um terapeuta comportamental: o conceito e a metodologia são o principal, e as técnicas específicas o secundário. Não se trata de rebaixar as técnicas ou a prática clínica. Além disso, são as técnicas que produzem a mudança e a TC possui muitas técnicas efetivas que a creditam. Entre elas (aconselha-se ao leitor que consulte algum dos numerosos livros sobre TC que existem, sendo um bom exemplo o que tem nas mãos neste momento), as mais conhecidas incluem o ensaio comportamental, a dessensibilização sistemática, o treinamento assertivo, o reforço por fichas, o estabelecimento de contratos, a modelagem e uma variedade de procedimentos cognitivos e de autocontrole. Todavia, o *biofeedback,* a medicina comportamental e a psicologia comunitária e ambiental, estão convertendo-se progressivamente em uma parte do campo da TC.

No começo, considerava-se a TC como um enfoque limitado que se empregaria, principalmente, com fobias específicas ou problemas localizados; via-se como uma estratégia de ajuda acrescentada ao processo "real" de mudança da personalidade. Sem dúvida, deve ficar claro que atualmente a TC é aplicável a todas as classes de transtornos de indivíduos, de situações ou lugares. Isto não significa que o êxito esteja garantido. Por exemplo, mesmo que a TC possa ser o tratamento eleito para o autismo, não se pode considerar, de maneira alguma, como um remédio total. A força da TC reside, não na demonstração de êxito terapêutico, por mais gratificante que possa ser, mas como foi dito anteriormente, na singularidade de seu enfoque. Os fracassos investigados de forma apropriada podem ser tão úteis quanto os êxitos (Barbrack, 1985; Foa e Emmelkamp, 1983).

Quando se fundou a AABT em 1967, a intenção de seus fundadores foi de modelar esta organização como as *British and American Associations for the Advancement of Science* (Associações Inglesa e Americana para o Progresso da Ciência), daí seu nome. Inicialmente, a organização se chamou *Association for Advancement of Behavior Therapies* (Associação para o Progresso das Terapias Comportamentais). Posteriormente, dois licenciados desconhecidos, G.T. Wilson e Ian Evans – mais tarde figuras importantes do ramo – escreveram uma carta à *Association Newsletter* (Boletim da Associação), chamando a atenção para o fato de que não se deveria fazer uma má interpretação às distintas técnicas da TC, todas derivadas da teoria de aprendizagem, como diferentes classes de TC implicadas pelo plural "terapias", sem uma justificativa teórica. Reconheceu-se imediatamente que isso não era uma sutileza semântica, mas um assunto de considerável importância, motivo pelo qual foi mudado o nome da Associação. Desde então e até hoje, é conhecida como *Association for Advancement of Behavior Therapy* (Associação para o Progresso da Terapia Comportamental). Sem dúvida, dar um nome a alguma coisa não produz, por si mesmo, uma alteração que se mantenha. Desde então, há uma polêmica constante dentro das fileiras da TC. O que venha a acontecer no futuro só ela o saberá e foi por essa razão que, tendo isso em mente, escrevi em 1981 um artigo chamado: "2081 – Serão muitas ou só uma? Ou quem sabe nenhuma?". Esta questão tem tanta importância agora quanto há uma década.

O certo é que a TC atual é capaz de incluir uma considerável variedade dentro de seus limites conceituais sem uma aparente desintegração. Estão aqueles que consideram as teorias do traço altamente compatíveis com uma posição comportamental e aqueles que mantêm um ponto de vista diametralmente oposto. Também estão aqueles que pensam que não se deveria falar de autocontrole ou controle de si mesmo (*self-control*), porque não existem coisas como "si mesmo" (self), e aqueles para os quais o autocontrole ou controle de si mesmo é uma importante realidade. Ou também aqueles que adotam uma, talvez intelectualmente pouco honesta, posição intermediária, para quem não existe um "verdadeiro" autocontrole ou controle de si mesmo, mas que consideram que é melhor viver suas vidas como se existisse. Igualmente, estão aqueles que se apóiam notavelmente em fatores fisiológicos, constitucionais e genéticos, e aqueles que pensam que essas determinantes não existem, ou são, quando muito, irrelevantes. Também encontramos aqueles para os quais o marco de referência é o comportamentalismo radical, rechaçando totalmente qualquer variável que intervenha entre o estímulo e a resposta, e aqueles cuja única fidelidade se limita à metodologia comportamental. Para outros, os princípios do condicionamento clássico e do condicionamento operante, com a possível incorporação da modelagem, são suficientes, enquanto que outros pensam que o condicionamento é só uma parte do filme. Para alguns, os dados são suficientes e a teoria tem pouca importância, enquanto que para outros, a teoria é essencial para o progresso da TC.

Visto que há muitas dimensões (das quais, mencionei algumas e, dentro destas, uma série de detalhes de seu espectro), é possível, logicamente, que a terapia comportamental tolere muitos pontos de diferença dentro de seu marco conceitual. Algumas destas diferenças deram lugar a disputas mais acirradas que outras. A terapia comportamental cognitiva, considerada por seus defensores mais entusiastas como uma mudança de paradigma anunciador de uma nova era na terapia comportamental, é um caso que merece uma atenção especial.

A reação contra o "estigma" do mentalismo levou muitos dos primeiros terapeutas do comportamento a centrarem-se nas respostas manifestas e a ignorar completamente qualquer forma de processo cognitivo. Também era muito mais fácil trabalhar com fichas e recompensas relativamente específicas do que com procedimentos mais vagos. Além disso, a tecnologia para trabalhar com processos e sistemas de grupo ainda não existia, de modo que os primeiros terapeutas comportamentais punham ênfase em procedimentos específicos dirigidos para o indivíduo. O reconhecimento das influências mais sutis da sociedade se encontrava, pelo menos, a uma década de distância. A denominada "revolução cognitiva", introduzida por líderes como Mahoney (1977) e Beck (1976), constitui um acontecimento de notável significado na história da terapia comportamental. Muitos extremistas consideram este sucesso como uma mudança de paradigma de transcendência decisiva, apesar de que se podia alegar que a TC ainda se encontra em uma etapa pré-paradigmática, de modo similar ao que se encontravam as ciências naturais nos séculos XVI e XVII. Tal como emprega Kuhn (1970), a noção de paradigma descansa sobre areia movediça e o conceito se utiliza de modos muito diversos (ver Fishman, Rotgers y Franks, 1988). Se é discutível que algo como o paradigma – empregado de maneira diversa ao uso limitado e incorreto que freqüentemente se faz dele como modelo ou teoria específicos – exista na psicologia, menos ainda existiria em TC. É questionável, portanto, se há algum paradigma a mudar. Seja como for, alguns consideram a TC cognitiva como um novo enfoque de intervenção, enfoque que já não se poderia classificar como parte da terapia comportamental. Os prós e os contras deste argumento, e o apaixonado debate que suscitou e continua suscitando, foi tratado em muitas ocasiões; por esse motivo, remetemos o leitor interessado a outras fontes de consulta (por exemplo, Franks, 1982).

Meu ponto de vista é que toda TC emprega a cognição em maior ou menor medida. O que se necessita, se quiser esclarecer o assunto, é que as questões pertinentes sejam trazidas da cena do debate à roda da investigação empírica. Os pré-requisitos incluem um consenso sobre a definição da TC, especificações técnicas precisas dos métodos empregados e uma aceitação destes métodos pelos terapeutas comportamentais (ver Rachman e Wilson, 1980). Inclusive Mahoney reconhece agora, que todas as terapias são simultaneamente cognitivas e comportamentais, em maior ou menor medida, e que é necessário mais investigação sistemática que debates (Mahoney e Kazdin, 1979).

Parecia, então, que tinham surgido vários modelos teóricos diferentes de TC, dos quais a modificação de comportamento cognitivo é mais um. Tais modelos incluem, além da terapia comportamental cognitiva, a análise comportamental aplicada, baseada no condicionamento operante de Skinner; as terapias baseadas na aprendizagem ou os condicionamentos pavlovianos, filtrados através da visão de neocomportamentalistas como Hull, Spence, Eysenck, Rachman e

Wolpe; a teoria de aprendizagem social, com Bandura (1969) como seu principal representante; e a terapia do comportamento paradigmática de Staats (1981), uma versão apresentada no dia do delineamento do comportamentalismo social (Staats, 1975).

III. DEFINIÇÃO DE TERAPIA COMPORTAMENTAL

Prefiro evitar qualquer definição compreensiva e rigorosa da TC em favor de alguma fórmula geral que simplesmemente sublinhe o fato de que a TC é um enfoque enraizado, mas não improgressivo, na metodologia das ciências comportamentais e com uma forte, mas não exclusiva, predileção para alguma forma de teoria de aprendizagem E-R. Isto prepara o terreno para que coexistam a estrutura e a fluidez. Há mais de uma década, Kazdin (1978a) destacou as características mais sobressalentes dos terapeutas comportamentais:

1. Uma ênfase nos determinantes atuais do comportamento, em vez de nos determinantes históricos.
2. Uma ênfase na mudança do comportamento manifesta como o principal critério pelo qual se avalia o tratamento.
3. Especificação do tratamento em termos objetivos, de modo que seja possível a réplica do mesmo.
4. Confiança na investigação básica em psicologia, com o objetivo de gerar hipóteses gerais sobre o tratamento e as técnicas terapêuticas específicas.
5. Especificidade nas definições e explicações, no tratamento e na medição.

Depois de uma década e meia, com o possível acréscimo de uma ênfase não linear, com o aparecimento de uma perspectiva multidimensional e com uma drástica reinterpretação do significado da metodologia da ciência comportamental, estes critérios continuam a ser aplicados.

As primeiras definições se esforçaram por vincular a TC com doutrinas, teorias, leis ou princípios de aprendizagem específicos. Exemplos típicos são a confiança de Eysenck (1959) em algo denominado a "moderna teoria da aprendizagem" e o refúgio idiossincrásico de Yates (1970) na investigação sistemática do caso único como a essência da TC. A seguinte definição de TC, apoiada originalmente pela AABT em 1975, tenta cobrir todas as frentes. Diz o seguinte:

A terapia comportamental implica, principalmente, na aplicação dos princípios derivados da investigação na psicologia experimental e social, para o alívio do sofrimento das pessoas e o progresso do funcionamento humano. A terapia comportamental enfatiza uma valorização sistemática da efetividade destas aplicações. A terapia comportamental implica na alteração ambiental e na interação social, mais que na alteração direta dos processos corporais por meio de procedimentos biológicos. O objetivo é, essencialmente, educativo. As técnicas facilitam um maior autocontrole. Na aplicação da terapia comportamental, normalmente se negocia um acordo contratual no qual se especificam procedimentos e objetivos mutuamente agradáveis. Aqueles que empregam os enfoques comportamentais de modo responsável, guiam-se por princípios éticos amplamente aceitos (Franks e Wilson, 1975, p. 1).

As diversas definições de TC tendem a cair dentro de duas classes: doutrinária e epistemológica. As definições doutrinárias tentam vincular a TC a doutrinas, teorias, leis ou princípios de aprendizagem. As definições epistemológicas se encontram mais inclinadas a caracterizar a TC em termos das diversas maneiras de estudar os fenômenos clínicos. Em geral, as definições doutrinárias tendem a ser mais limitadas e, por outro lado, não se ajustam a toda a TC, enquanto que as definições epistemológicas tendem a ser excessivamente acomodativas e, por conseguinte, potencialmente aplicáveis a muitas terapias não comportamentais. Quanto mais flexível e compreensiva seja a definição, maior é seu potencial para ocultar-se com modelos não comportamentais, e pode ser, como sugere Erwin (1978), que não seja possível atualmente uma definição de TC aceitável pela maioria dos terapeutas comportamentais. Por esta razão, quem sabe, em vez de tentar uma definição, Davison e Stuart (1975) listam, simplesmente, "várias características unificadoras importantes", a maioria delas consonantes com as assinaladas anteriormente. A caracterização de Erwin (1978) da TC como "uma forma não biológica de terapia que se desenvolveu, em grande parte, a partir da investigação sobre a teoria da aprendizagem e que, normalmente, se aplica de modo direto, gradual e experimental no tratamento de padrões não adaptativos específicos" (p. 44), é consistente com esta posição.

Levando-se em conta o que foi escrito até agora, não é surpreendente que haja controvérsias dentro da TC, assim como entre os terapeutas comportamentais e aqueles que se encontram fora do movimento. Na seção seguinte, ressaltarei algumas destas áreas de controvérsia.

IV. Algumas Questões Atuais em Terapia Comportamental

IV.1. A natureza e o papel do condicionamento e a teoria de aprendizagem E-R em terapia comportamental

Supõe-se que a TC baseia-se nos princípios de aprendizagem do estímulo e da resposta. Mas isso não nos diz muito. Que princípios de aprendizagem, dos muitos e diferentes que existem, deveríamos empregar como nossos pilares fundamentais? Que evidências apóiam essas teorias de aprendizagem? Se a teoria da aprendizagem é necessária como base explicativa para a TC, é, não obstante, suficiente? Por exemplo, são aplicados de maneira igual ou parecida os princípios do condicionamento clássico e do condicionamento operante aos processos internos, encobertos e são suficientes para explicar os dados? Caso contrário, é necessário ampliar os fundamentos da TC para incluir princípios e conhecimentos extraídos da psicologia social, da fisiologia e da sociologia? (Kanfer e Grimm, 1980). Se a TC amplia-se desta maneira, converte-se em algo distinto ao que a constituiu originalmente ou inclusive como a conhecemos hoje?

Até aqui, é possível apenas prestar atenção a estas questões e remeter, aos leitores que queiram se aprofundar nelas, alguns dos muitos textos de TC que se encontram disponíveis neste momento (por exemplo, Eysenck e Martin, 1987; O'Leary e Wilson, 1987). Em especial se recomenda que o leitor consulte a obra de Erwin (1978), um dos poucos livros importantes desta área que trata exclusivamente de problemas conceituais e científicos. Talvez signifique muito o fato de Erwin ser um filósofo e não um psicólogo.

É fácil utilizar a palavra "condicionamento". Infelizmente, este é um conceito desprovido de um significado sobre o qual haja um comum acordo. Às vezes, é empregado para se referir a um procedimento experimental, outras vezes, para referir-se à eficácia deste procedimento e, em outras ocasiões, para se referir ao processo no qual acredita-se explicar estes efeitos. Em particular, as dificuldades delineiam quando se tentam extrapolar os dados derivados dos experimentos com animais aos seres humanos. Além disso, a relação exata entre o condicionamento clássico e o operante continua sendo ambígua e não é, em absoluto, pouco razoável duvidar se o condicionamento, no sentido de uma associação contingente sistemática entre o estímulo e a resposta, existe claramente.

As relações entre o condicionamento no laboratório, o condicionamento na clínica e na vida diária são complexas e estão abertas a muitas interpretações. Isto torna difícil extrapolar (como eram as esperanças dos primeiros terapeutas comportamentais) os estudos sobre condicionamento no laboratório à vida real. Afinal, falamos de bons e maus indivíduos para chegar a se condicionar, como se houvesse evidência clara de um fator geral de "condicionabilidade". Realmente, não se chegou a demonstrar tal fator. Entretanto, se esse fator fosse demonstrado por meio de uma análise fatorial precisa das distintas medidas de condicionamento no laboratório e em outras partes, teria que explicar uma parte significativa da variação para ter uma relevância significativa na vida real. Até hoje nem o condicionamento clássico, nem o operante, nem a análise comportamental aplicada, são capazes de explicar adequadamente as numerosas e variadas complexidades das neuroses contemporâneas. Explicações sofisticadas como a teoria dos dois fatores de Mowrer (1962) sobre a conduta de evitação ou a mais recente explicação da incubação condicionada de Eysenck (1962) sobre as neuroses, não chegam muito mais longe. As intenções de atualizar a teoria do condicionamento em termos cognitivos (Hillner, 1979), da experiência subjetiva (Martin e Levey, 1985) ou de padrões da resposta de interação (Henton e Iverson, 1978), parecem complicar mais que esclarecer o assunto. Assim, neste momento, a evidência com respeito aos diferentes conceitos do condicionamento e suas relações com a terapia comportamental contemporânea continua sendo muito ambígua.

IV.2. A natureza do comportamentalismo e sua relação com a terapia comportamental

Contrariamente à crença de muitos profissionais, de dentro e de fora da TC, o comportamentalismo está longe de ser um conceito monolítico. Precisa ser entendido dentro de um conceito histórico e em função de líderes específicos do campo como Watson, Hull, Eysenck e, mais recentemente, Herrnstein e Rachlin (ver, p. ex., Franks, 1980; Herrnstein, 1977; Kendler e Spencer, 1971).

Pode-se identificar, pelo menos, duas classes de comportamentalismo. Para o comportamentalista *metodológico*, o comportamento pode ser investigado e explicado sem um exame direto dos estados mentais. Este comportamentalismo tende a ser mediacional, se aceita a existência de estados mentais sobre uma base inferencial, e as variáveis mediacionais, intervenientes, constituem a base habitual para a investigação formal e a consistência teórica. A metodologia hipotético-dedutiva constitui, normalmente, a estratégia eleita para tais investigações. É perfeitamente possível ser um comportamentalista metodológico e apoiar conceitos tais como o livre arbítrio, o autocontrole, a cognição e o perceber-se.

Em oposição, está o comportamentalista *metafísico* ou *radical*, que nega a existência de estados mentais como proposições úteis. O comportamentalista radical, tende a ser não-mediacional, antimentalista, nunca inferencial e a favorecer a indução sobre a comprovação formal das hipóteses. Indivíduos como Watson eram comportamentalistas metafísicos, enquanto que Hull, Spence, Eysenck, e virtualmente, todos os terapeutas comportamentais contemporâneos podem se considerar, de forma mais apropriada, como comportamentalistas metodológicos (alguns diriam "comportamentais" em vez de "comportamentalistas"). Para estes indivíduos, a metodologia tem preferência com respeito às especulações e às implicações filosóficas. No que concerne à prática, parece difícil ver, com poucas (ou possivelmente nenhuma) exceções, como um terapeuta comportamental poderia trabalhar com seu paciente, numa relação significativa, sem recorrer a aspectos cognitivos tanto do paciente como do terapeuta. É difícil ver como poderia responder um paciente, inclusive a um procedimento delimitado como um sistema de fichas ou um estímulo aversivo, sem implicar na cognição ou no perceber-se. Seja como for, o debate sobre a natureza, o papel e o significado do comportamentalismo na TC continua na ordem do dia (ver Franks, 1980, 1982; Tryon e cols., 1980, para uma discussão mais profunda sobre estes temas).

IV.3. A teoria de aprendizagem social e o determinismo recíproco

Bandura (1977b) é um dos proponentes, mais claros e amplamente reconhecidos, de um modelo eficaz e significativo da TC, de uma perspectiva do comportamentalismo metodológico. Em sua formulação mais avançada (p. ex., Bandura, 1982), a teoria da aprendizagem social é interacionista, interdisciplinar e multimodal. Se os comportamentalistas radicais tendem a ignorar ou rebaixar o papel da cognição e os terapeutas cognitivos a minimizar a importância da execução, os teóricos da aprendizagem social sublinharam tanto a cognição como a execução. Enquanto o condicionamento clássico tende a centrar-se, quase exclusivamente, nos acontecimentos estimulares externos (o modelo de condicionamento encoberto de Cautela e Kearney, 1986, é uma notável exceção), o condicionamento operante sublinha as contingências do reforçamento. A teoria da aprendizagem social leva em conta estas duas situações, empregando conceitos derivados da teoria da auto-eficácia e da modelação para construir os mecanismos de enlace necessários. A teoria da auto-eficácia, nesses momentos um componente essencial da teoria da aprendizagem social, proporciona a Bandura os meios necessários para esclarecer a interdependência entre as mudanças cognitivas e comportamentais, integrando, por outro lado, os três sistemas reguladores dos antecedentes, conseqüentes e influências mediacionais, num marco único, compreensivo (Bandura, 1977a; 1978a; 1982; 1986).

Mesmo que haja muitos aspectos que requerem mais investigações, a teoria se encontra formulada de tal maneira, que conduz facilmente à exploração experimental e, por conseguinte, não constitui nenhuma surpresa que forme a base de numerosas teses de doutoramento e propostas de investigações. Segundo Bandura, a auto-eficácia influi nos padrões de pensamento, nas ações e na ativação emocional ao longo de uma ampla classe de experiências humanas, que vai desde a fisiologia do indivíduo até os esfoços coletivos de grupo.

Bandura conceitua os processos causais em termos do que ele denomina "determinantes recíprocos". Isso implica uma interação recíproca, contínua, entre as influências comportamentais, cognitivas e ambientais, e é aqui que surgem as dificuldades conceituais. Bandura argumentou de forma inteligente. Predispõe-se nadar e guardar a roupa, no sentido de criar uma aparência de liberdade humana que permite o livre arbítrio, enquanto retém ao mesmo tempo o conceito de determinismo. Na essência, Bandura sustenta que, como sucede com a conduta humana, um ambiente pode ter causas. Em outras palavras, a relação entre a conduta humana e o ambiente é recíproca. As ações humanas influenciam a natureza dos acontecimentos ambientais que, por sua vez, influencia as ações humanas de uma maneira contínua e recíproca.

Para aqueles que se sentem ofendidos pela idéia popular de igualar a terapia comportamental com a manipulação coercitiva, a conformidade e a restrição da liberdade de escolha, o determinismo recíproco pode constituir uma opção sedutora. Mas o emprego do determinismo recíproco para sair deste dilema pode ser também problemático. Àqueles que acreditam no livre arbítrio e, em último caso é uma questão de crença, é possível estabelecer numerosas objeções legais, filosóficas e teológicas ao determinismo. Outra tática consiste em aceitar a existência de algum tipo de determinismo, mas evitar o emprego, na psicoterapia, de métodos que assumam a aplicação desta crença (p. ex., os programas de reforço). Não está claro como o determinismo recíproco pode solucionar estas objeções. Como explica o determinismo recíproco, a maneira como as ações humanas afetam o ambiente? Se os princípios que governam este processo não são diferentes dos que governam a influência do ambiente sobre o comportamento humano, então não fica claro que adiciona o determinismo recíproco à liberdade humana. Por outro lado, se estas influências são distintas, não fica claro que princípios adicionais governem a interação comportamento-ambiente. Talvez o determinismo recíproco crie mais uma ilusão de liberdade humana que liberdade real.

IV.4. A importância da teoria, o distanciamento progressivo da teoria e a prática e o problema do ecletismo técnico

Supõe-se que a TC se encontra comprometida com o empirismo e a investigação da teoria mas, na realidade, pouco se conhece a respeito do impacto deste compromisso sobre a prática. Em 1972, a pesquisa realizada por Kanfer entre trinta líderes do campo da TC insinuou que a relação entre a avaliação e a investigação clínica é mínima. As coisas não mudaram nos anos posteriores. Quando Swan e MacDonald (1978) exploraram a discrepância entre a investigação e a prática numa mostra representativa de membros da AABT, descobriram que poucos terapeutas comportamentais praticavam o que pregavam. Também ocorria uma reconhecida tendência para o ecletismo. Outras pesquisas lançaram inquietantes dados similares (por exemplo, Wade e Hatmann, 1979). Talvez seja hora dos terapeutas comportamentais aplicarem a metodologia comportamental para aumentar sua própria aderência aos princípios pelos quais se advoga a TC!

Lazarus (1981), em sua enérgica defesa do que chama ecletismo técnico, assegura que , se for científico não se pode permitir que seja eclético, o clínico não pode permitir-se ao luxo de não ser eclético. Isto quer dizer que, enquanto o ecletismo teórico é logicamente impossível (adotar uma teoria significa fazer uma escolha, não importa o quanto provisório seja), o ecletismo técnico, quer dizer, o emprego de qualquer técnica validada sem importar sua origem, é uma estratégia essencial para o clínico cuja preocupação principal seja o bem-estar do paciente.

Existem dois pontos de vista contrapostos. Por um lado, pode-se alegar que a investigação sistematicamente programada é a estratégia ideal, não só para a investigação mas também para o progresso da prática clínica. Desta perspectiva e a longo prazo, a informação mais útil, e portanto de maior ajuda aos pacientes, poderia ir acumulando-se a partir de um enfoque consistente dentro de um marco teórico. Depois de tudo, existe uma grande quantidade de possíveis técnicas e parece mais efetivo centrar-se no desenvolvimento daquelas que surgem como parte de um programa de atuação, de investigação e de acúmulo de dados, concluídos de maneira consistente e sensata dentro de um determinado marco. Desta perspectiva, é menos eficaz praticar o ecletismo técnico, visto que não há modo de saber o que funciona se não for por meio de bons estudos de validação e, à vista de numerosas técnicas que surgem continuamente, isto constituiria um processo inviável.

Um problema adicional que os defensores do ecletismo técnico tendem a passar em branco é que o termo "validação" significa coisas diferentes para diferentes teóricos (ver o ítem seguinte). Legitimar técnicas que procedem de um único modelo teórico nos levaria, pelo menos, a uma utilização consistente da palavra "validação".

Por outro lado, o clínico de orientação comportamental no aspecto teórico, mas eclético no aspecto prático, poderia alegar que algumas técnicas parecem ser mais prometedoras que outras e de mais fácil investigação. Estas são as que deveriam ser investigadas em primeiro lugar, sem importar suas origens teóricas.

Alega-se que, em favor do desventurado paciente, é preferível confiar no ensaio e erro clínicos e agarrar-se a quase tudo aquilo que tem alguma razão ou ter intuição para pensar sobre o que poderia ser útil.

Enquanto isso, o debate continua com apaixonados oponentes que se expressam energicamente em ambos os lados e, ao mesmo tempo, a distância entre a teoria e a investigação, e entre o que escrevem e o que realmente fazem os terapeutas comportamentais, vai se tornando cada vez maior.

IV.5. A terapia comportamental, a psicanálise e a integração

Os terapeutas comportamentais e os psicanalistas têm se engalfinhado durante muito tempo em debates hostis, mutuamente denigrentes e potencialmente destrutivos. Ultimamente, há uma chamada para um acertamento tanto conceitual quanto prático. Se isto anuncia um são espírito de progresso conjunto ou o espectro de uma retrógrada inutilidade, é uma questão de opiniões. Minha posição neste debate é clara: os dois são basicamente irreconciliáveis, em níveis conceituais e teóricos, e a integração ao nível da prática clínica estabelece numerosos problemas (por exemplo, Franks, 1984). Não é o caso de ser melhor ou pior, mas uma questão de ser diferente. Os terapeutas comportamentais e os psicanalistas se baseiam em paradigmas distintos, entendem e formulam os problemas psicológicos de maneira diferente, confiam em métodos diferentes de verificação e aceitam "feitos" distintos como dados legítimos. Por exemplo, a impressão clínica é a miúdo validação suficiente para o psicanalista, mas não para o terapeuta comportamental. Por outro lado, é possível que os defensores de ambas as posições sejam logicamente consistentes com as suposições e limites de seus respectivos paradigmas e, em conseqüência, que possam chegar a conclusões contraditórias e, possivelmente, irreconciliáveis. Do meu ponto de vista, uma solução, ao menos num futuro próximo, seria que cada sistema "fosse a seu avio", com a esperança de desenvolver uma teoria e uma prática mais viável dentro de seu próprio sistema.

Muitos terapeutas comportamentais renomados tomam posições diametralmente opostas (por exemplo, Goldfried, 1978; Wachtel, 1977). Goldfried, por exemplo, alega que o distanciamento entre a TC e a psicanálise poderia se reduzir em um nível médio de abstração, que seria algo intermediário entre a teoria e a técnica. Sugere que examinemos distintos enfoques sobre as estratégias de intervenção empregadas por diferentes terapeutas de cada grupo e que, desta maneira, seria possível alcançar um acordo com respeito a alguma forma de intervenção comum. Supostamente, isto daria lugar tanto à integração quanto a um novo modelo conceitual. Em minha opinião, a dita síntese, se ocorrer alguma vez, seria mais provável que se desse como um subproduto da investigação programada, calculada, dentro de cada campo.

Os futuros terapeutas comportamentais voltaram a nossos princípios originais.

IV.6. A terapia comportamental e a preponderância do profissionalismo

A AABT começou como um grupo de *interesse* – e a palavra interesse é muito importante, visto que não sofre nenhuma implicação com respeito à competência clínica – na compreensão e aplicação científicas, em vez de no desenvolvimento do profissionalismo e de uma mentalidade corporativista. Lamentavelmente, pelo menos na minha forma de pensar, o rumo seguido foi outro – como sucedeu com a *American Psychological Association* (Associação Psicológica Americana) – e são as questões clínicas, metodológicas e profissionais as que dominam o campo da TC atualmente. Mesmo que a metodologia e o "saber fazer" clínico tenham progredido significativamente nas últimas quatro décadas, não tem havido um desenvolvimento paralelo similar do aspecto conceitual. Tem-se escrito muito sobre os prós e os contras destas duas perspectivas opostas (ver Franks, 1982, 1987a). Ainda bem que a recente formação de um Grupo de Interesse Especial dentro da AABT, orientado explicitamente para o impulso e o apoio de interesses teóricos, filosóficos e conceituais, reflete o começo de uma volta, dentro da terapia comportamental para o progresso do conhecimento, em vez de centrar-se somente na potência profissional.

Ainda que estas atividades possam influenciar, e de fato o fazem, no terapeuta comportamental aplicado, é mais provável que as futuras gerações de terapeutas comportamentais sejam influenciadas pelo treinamento que recebem. A princípio, a TC não pertence a uma única disciplina. Na prática, ao menos nos EUA, a maioria dos programas formais e prolongados de treinamento (em contraposição com os programas especializados de breve duração ou com o treinamento de paraprofissionais e ajudantes comportamentais) tem lugar, geralmente, dentro da órbita de alguns programas de doutorado científico-aplicados de cinco anos, em tempo integral, em psicologia clínica. Se estes programas enfatizassem o progresso do conhecimento, dos conceitos e da metodologia, além de uma adesão secundária a técnicas e procedimentos, então seria mais provável que os futuros terapeutas comportamentais voltassem a nossos princípios originais.

A maioria dos terapeutas comportamentais são psicólogos clínicos. Mas se a TC terá que ser interdisciplinar, necessitará ter um maior peso no treinamento dos psiquiatras e dos assistentes sociais. Os programas especializados de treinamento de curta duração para profissionais não comportamentais também são importantes, supondo-se que estes treinamentos centrados nas técnicas não sejam considerados como habilitações para conseguir o rótulo de "terapeuta comportamental", como tal.

Os pontos fracos que se encontram atualmente no treinamento dos terapeutas comportamentais parecem cair dentro de três grandes áreas. Em primeiro lugar, a maioria dos terapeutas comportamentais não recebem treinamento para fazer investigação clínica (Barlow, 1981). Em segundo lugar, raramente se dá aos terapeutas comportamentais uma compreensão adequada da psicopatologia de uma perspectiva comportamental, não sendo treinados adequadamente na prática de um diagnóstico satisfatório (Hersen, 1981). Em terceiro e último lugar, pode ser que os terapeutas comportamentais não estejam preparados para enfrentar as reações negativas do paciente e a melhora das relações paciente-terapeuta (por exemplo, Kazdin e Cole, 1981; May e Franks, 1985).

IV.7. Questões éticas, legais e de licença da terapia comportamental

As questões de licença legais e, inclusive, éticas dependem basicamente da situação. A extrapolação a um meio diferente é arriscada. Mesmo que os valores possam ser mantidos por meio da legislação, o maior impulso tem de provir dos responsáveis do treinamento e dos que se dedicam à prática, em cada país em que se coloquem estas questões. Também é necessário fazer notar que a ética da TC não é diferente da de outras profissões pertencentes ao âmbito da saúde mental. Sem dúvida, é a ênfase na quantificação, na clareza, na objetividade e na sensibilidade aos determinantes internos e externos o que converte em única a TC.

No começo do desenvolvimento da TC, Bandura (1969) fez distinção entre valores e ciência. Os valores, assinalava Bandura, contribuem à seleção do objetivo, enquanto que a ciência dirige a seleção de procedimentos.

Ao fazer esta distinção, Bandura se evadiu da questão de se a TC, o estudo científico da mudança de comportamento, é ou não independente das considerações éticas. Atualmente, existe o consenso de que não podem se evadir as considerações éticas na aplicação da tecnologia comportamental (por exemplo, Farkas, 1980; Kanfer e Grimm, 1980). Se a aplicação de qualquer tecnologia está repleta de valores e não se podem aplicar, de forma exclusiva, formulações estritamente lógicas, então os terapeutas comportamentais deveriam sair do terreno científico/tecnológico na busca de uma superestrutura ética. Entretanto, é importante que os terapeutas comportamentais continuem debatendo estas questões. A legislação pode ser necessária, mas não suficiente.

IV.8. A imagem da terapia comportamental

Existe uma lamentável tendência, do público, a contemplar a TC como um conjunto de poderosas, e potencialmente danosas, técnicas para o estímulo da conformidade e o controle do comportamento humano, sem consideração com os direitos e os sentimentos dos demais. Este panorama tem sido exposto em artigos (Turkat e Fuerstein, 1978), em livros populares sobre as prisões (Milford, 1973), por psicoterapeutas (Ehrenberg e Ehrenberg, 1977) e em outras partes. Estas imagens negativas, reforçadas por uma desafortunada, mas firmemente estabelecida terminologia, como "controle", "castigo" e condicionamento aversivo, têm um impacto negativo sobre a disposição das pessoas em considerar a TC como uma opção viável de tratamento, do mesmo modo que afetam desfavoravelmente os resultados do tratamento (Mays e Franks, 1985).

Seguramente não se encontram fora do alcance da capacidade dos terapeutas comportamentais encontrar e desenvolver estratégias corretivas adequadas. A sofisticação técnica e metodológica tem avançado enormemente nas últimas três ou quatro décadas e já existem os procedimentos necessários para elas.

Relacionada tangencialmente com estes temas se encontra a tão debatida questão da terminologia e o modelo médico. Todavia, seguimos pensando, falando e escrevendo sobre "pacientes, "tratamento", "terapia", etc. Uma vantagem desta associação com a medicina é a menor probabilidade de que a TC seja interpretada como algo daninho. Por outro lado, a TC começou como um desvio radical do modelo médico, desvio que não se fomenta precisamente com a continuação desta terminologia.

V. Estados Presente e Futuro Próximo da Terapia Comportamental

Tem acontecido muitas coisas desde a *História da Modificação de Comportamento de Kazdin* (1978b) mas também, surpreendentemente e em outro sentido, poucas coisas têm ocorrido. Os terapeutas comportamentais se encontram firmemente introduzidos no entrelaçado da saúde mental e já não é necessário que se os ponham à prova. Os terapeutas comportamentais podem parar um tempo para refletir sobre as realizações presentes e as implicações para o futuro.

Parecia que havíamos entrado em dique seco no que se refere à inovação teórica, inclusive, ainda que sigam ocorrendo avanços tecnológicos. O começo da quarta década de TC traz consigo desenvolvimentos alentadores. Em primeiro lugar encontra-se o progressivo interesse numa volta a nossas bases teóricas e conceituais. Até agora, talvez porque os reforçadores do êxito profissional sejam mais potentes que os que ajudam o progresso do conhecimento, a maioria dos terapeutas comportamentais encontram-se intelectual e emocionalmente comprometidos com o aspecto profissional. Conheço poucos textos que tratem exclusivamente, ou mesmo principalmente, de temas conceituais em TC e, como se assinalou, uma das contribuições mais importantes tem sido escrita por um filósofo, não um psicólogo (Erwin, 1978). O número de textos recentes orientados para a teoria é atualmente pequeno (por exemplo, Eysenck e Martin, 1987; Fischman, Rotgers e Franks, 1988; Wilson e Franks, 1982).

Um segundo aspecto, articulado com menos clareza, mas igualmente importante, caracteriza-se pela mudança de um modelo E-R simplista a uma perspectiva multicausal não linear, mas metodologicamente rigorosa. Do mesmo modo que a física avançou de forma constante, mas com pouca imaginação, sob a dominação benevolente das então onipresentes idéias de causalidade física, até a chegada da teoria da relatividade, assim sucede com a TC. Por exemplo, quando Wahler e Hann (1986) se enfrentaram com a falta de continuidade observada entre o comportamento das crianças "com problemas de comportamento" e as contingências ambientais, a curto prazo, que operam nas interações familiares, buscaram uma explicação empírica por meio de uma análise mais ampla e sofisticada dos acontecimentos situacionais. Da mesma maneira, Goldiamond (1984) aplica o termo *linear* às intervenções locais referentes aos tratamentos por meio dos problemas presentes e o termo *não linear* para referir-se ao emprego de intervenções tanto locais quanto do sistema total, iniciadas pelos problemas presentes, mas dirigidas para diferentes sistemas comportamento-contingência. Desta maneira, as análises lineares e não lineares se convertem em formas úteis e legítimas de investigações, levando sempre em conta as variáveis determinantes.

Sobre o que pode constituir uma inovadora contribuição à literatura sobre a TC, Delprato (no prelo) oferece um enfoque não linear que considera e combina várias áreas intimamente relacionadas. O *interacionismo evolutivo* de Delprato se define como "um desenvolvimento relativamente recente de vários movimentos confluentes, incluindo o interacionismo herança x meio ambiente, à perspectiva de integração do campo, ao pensamento evolucionista, à psicologia comparativo-evolutiva de Schneirla, à embriologia comportamental, à psicologia evolutiva de todo o ciclo vital, a uma fuga do reducionismo e ao enfoque de sistemas". Dentro deste contexto, o desenvolvimento se converte em um processo interativo no qual tanto o organismo como o ambiente são participantes ativos.

Em consistência com a formulação anterior, encontra-se o ressurgimento do interesse na psicologia intercomportamental de Kantor (1959). Com exceção de alguns dos mais importantes terapeutas comportamentais do México e de certas áreas da América Latina, Kantor foi esquecido e incompreendido. Isto se deve, em parte, à sua prematura insistência em que a teoria e a terapia comportamental devem ser tão científicas como as ciências físicas e que o comportamentalismo é o primeiro passo necessário, mas está longe de ser o objetivo final. Kantor, uma figura não muito conhecida em psicologia, apesar de sua notável produtividade, foi um conhecido crítico do dualismo metafísico. Por sua vez, Kantor oferecia uma teoria comportamental de campo com um lugar importante para o organismo, centrando-se nas interações recíprocas e simultâneas entre o organismo e o ambiente. Para Kantor, o sujeito da psicologia era a coordenação holística e natural de todo o organismo. Não há uma relação artificial e exclusivamente linear um-a-um entre o estímulo e a resposta (ver Ruben, 1986; Ruben e Delprato, 1987). É importante reconhecer e compreender a posição de Kantor de que uma perspectiva holística não tem que implicar na volta a uma forma de pensamento confuso, um déficit que confunde os objetivos geralmente louváveis do terapeuta de "sistemas".

O que acrescenta tudo isto é que a TC está sendo construída de forma lógica, e inclusive predizível, sobre seus fundamentos. A ênfase original na quantificação, o pensamento rigoroso, mas receptivo, a metodologia científica e a teoria da aprendizagem seguem, praticamente, os mesmos. O que mudou foi a complexidade dos problemas abordados e, com ela, a necessidade de adotar uma perspectiva multidimensional, interdisciplinar, que leve em conta os dados, as formulações e, inclusive, as metodologias provenientes de disciplinas enquadradas, em outros tempos, fora do campo da TC tradicional. Uma importante tarefa, com a qual se enfrenta a TC hoje, consiste em como levar em conta estes desenvolvimentos inovadores e incorporá-los a um modelo geral que retenha o espírito da integridade científica que levou a TC a uma posição privilegiada. Esta vibrante dualidade é o que caracteriza o melhor da TC de hoje e o desafio para o futuro. Estes horizontes em contínua expansão, nos levaria a algum tipo de harmonia conceitual ou talvez a uma fragmentação final? Só o futuro decidirá. Se o crescente interesse nessas questões e os numerosos congressos, revistas e associações dedicados exclusivamente à TC são índices válidos, então nossa, ainda jovem, disciplina se encontra viva e inacabada e, inclusive, com um próspero aspecto. É provável que tenhamos um brilhante futuro ante nossos olhos.

VI. Leituras Recomendadas

Erwin, E., *Terapia de conducta*, Madrid, Pirámide, 1985. (Or.: 1978)

Eysenck, H. J. y Martin, I., *Theoretical foundations of behavior therapy*, Nueva York, Plenum Press, 1987.

Fishman, D. B., Rotgers, F. y Franks, C. M. (comps.), *Paradigms in behavior therapy: Present and promise*, Nueva York, Springer, 1988.

Reiss, S. y Bootzin, R. R. (comps.), *Theoretical issues in behavior therapy*, Nueva York, Academic Press, 1985.

Wilson, G. T. y Franks, C. M. (comps.), *Contemporary behavior therapy: conceptual and empirical foundations*, Nueva York, Guilford Press, 1982.

2. Aspectos Conceituais e Empíricos da Terapia Comportamental

Alan E. Kazdin

I. Introdução

A *terapia comportamental* ou *modificação do comportamento*[1] reflete um enfoque de tratamento da disfunção clínica e do comportamento desadaptativo. Na literatura contemporânea pode-se identificar uma série de posições conceituais e teóricas, enfoques metodológicos e técnicas de tratamento diferentes (Bellack e Hersen, 1985; Fishman, Rotgers e Franks, 1988). O campo tem aumentado enormemente sua especialização ao longo dos aproximadamente trinta anos que transcorreram desde a sua origem. Quando a modificação do comportamento surgiu formalmente, havia um consenso que se centrava nos aspectos comuns das diferentes posições. Atualmente, é difícil detectar os resquícios de um

---

A realização deste capítulo foi facilitada por uma *Research Scientist Development Award* (MH00353) do *National Institute of Mental Health*. Universidade de Yale (EUA).

[1] Os termos *modificação do comportamento* e *terapia do comportamento* são empregados de forma sinônima no presente capítulo. Historicamente, estes termos foram desenvolvidos partindo-se de diferentes enfoques teóricos, dependendo de diferentes técnicas básicas de tratamento, da maneira como se aplicam as técnicas e dos países nos quais estas técnicas surgiram (Franzini e Tilker, 1972; Keehn e Websten, 1969; Krasner, 1971; Yates, 1970). Entretanto, esta distinção e seus fundamentos não se adaptaram de forma consistente.

enfoque unitário e um só movimento. Com certeza, os fundamentos da modificação do comportamento refletem diversas posições conceituais sobre o mesmo. Com o tempo, estas se tornaram mais explícitas e foram se desenvolvendo mais na literatura contemporânea.

O surgimento da modificação do comportamento pode rastrear-se historicamente por meio da discussão de muitas de suas influências. Realmente, não se pode ignorar os fatores contextuais críticos, especialmente aqueles que refletem a progressiva insatisfação, dentro da psicologia clínica e da psiquiatria, a respeito dos pontos de vista tradicionais sobre o comportamento anormal e seu tratamento. As posições psicodinâmicas, e mais especificamente as psicanalíticas, eram uma fonte de descontentamento e proporcionavam um ponto de partida para o desenvolvimento de um "novo" enfoque (ver Kazdin, 1978). Este descontentamento proporciona um pano de fundo para que se possa examinar os desenvolvimentos críticos.

Os fatores contextuais são muito diferentes dos fundamentos do trabalho contemporâneo. Os fundamentos podem ser examinados em diferentes níveis. Em nível mais molecular, podiam-se localizar intervenções específicas de uso contemporâneo e suas conexões com paradigmas teóricos e de laboratório. Este enfoque tem, obviamente, seu valor, visto que determinadas técnicas em terapia comportamental foram obtidas de forma bastante direta a partir desses paradigmas. No entanto, com o passar dos anos, muitas das conexões específicas tornaram-se menos claras. Tanto os paradigmas de laboratório como as técnicas de tratamento são contempladas com maior complexidade. O "condicionamento clássico", por exemplo, já não é visto como um simples meio mecanicista e associativo de aprendizagem (por ex., Rescorla, 1988), como tem sido representado freqüentemente na modificação do comportamento. Do mesmo modo, técnicas fundamentais como a dessensibilização sistemática, desenvolvidas a partir de paradigmas de contigüidade, já não parecem ser bem explicadas pelas propostas de aprendizagem originais das quais foram extraídas (p. ex., Emmelkamp, 1982b).

Ao rastrear os fundamentos da modificação do comportamento contemporâneo, é bom considerar os riscos centrais que subjazem ao movimento e ao trabalho contemporâneos. Em um nível mais molar, podem se identificar duas amplas características. Estas consistem no emprego de métodos empíricos ("objetivos") de investigação e na confiança na psicologia da aprendizagem como um ponto de partida para o tratamento. Na investigação psicológica não podem ser separados o desenvolvimento de métodos objetivos e o desenvolvimento de métodos de aprendizagem. O movimento em direção a uma psicologia mais objetiva ocorreu, em grande medida, no contexto da investigação da aprendizagem. Deste modo, o desenvolvimento de um enfoque metodológico e o estabelecimento de fundamentos explícitos se encontram entrelaçados. O presente capítulo centra-se nos fundamentos do trabalho contemporâneo e discute as bases da modificação do comportamento como um enfoque de tratamento. Em vez de identificar os paradigmas específicos, o capítulo centra-se em dois temas subjacentes, isto é, o desenvolvimento de métodos objetivos de estudo e a psicologia da aprendizagem. Estes temas servem como fundamentos do trabalho contemporâneo. O capítulo examina o surgimento da investigação experimental, as extensões dos seus paradigmas e o desenvolvimento formal destas extensões como um movimento.

II. Os Fundamentos da Modificação Comportamental

No século XIX, o desenvolvimento das ciências biológicas e físicas influenciou notavelmente a psicologia. A investigação biológica começou o seu progresso identificando as bases de determinadas doenças orgânicas e seu tratamento. O estudo do cérebro e sua relação com as funções humanas (p. ex., a fala, a memória e o comportamento) aumentou nesta época. A teoria e a investigação da física mantinham um enfoque científico básico para compreender a matéria física. Também o desenvolvimento da teoria sobre a evolução, realizado por Darwin (1859, 1871), teve seu impacto não só sobre as ciências biológicas, como também sobre as ciências sociais. Darwin enfatizou a adaptabilidade dos organismos a seu ambiente e a continuidade das espécies, idéias que influenciaram diretamente a pesquisa em psicologia. Um tema comum, sobre o qual atuaram distintas influências, foi que a ciência e o enfoque científico proporcionam os meios para compreender o mundo. Muitos dos princípios e dos enfoques do comportamentalismo refletiam um amplo movimento para uma maior valorização da ciência e um enfoque materialista e mecanicista a respeito das ciências físicas, biológicas e sociais. Também a psicologia da aprendizagem começou a surgir como a base crítica para a compreensão do comportamento.

II.1. O condicionamento como um desenvolvimento crítico

No começo do século XIX, aumentou na Europa a influência da experimentação e investigação científicas. O movimento se estendeu até a Rússia, principalmente através do trabalho neurofisiológico de Ivan M. Sechenov (1829-1905). Sechenov, considerado "o pai da fisiologia russa", estava interessado em temas relevantes para a psicologia, que naquela época era uma área de especulação e exploração subjetivas sobre os estados da consciência. Ele acreditava que o estudo dos reflexos representava um ponto no qual a psicologia e a fisiologia podiam convergir. Sechenov (1865-1965) sugeriu que o comportamento podia ser explicado por meio de vários "reflexos do cérebro" e afirmava que estes complexos reflexos desenvolviam-se por meio da *aprendizagem*. Diferentes estímulos do ambiente chegavam a associar-se com os movimentos musculares; a associação repetida dos estímulos com os movimentos fazia com que os atos se tornassem habituais. Os pontos de vista gerais de Sechenov sobre o comportamento refletiam posições que mais tarde seriam adotadas por comportamentalistas como John B. Watson e B.F. Skinner. O comportamento era considerado como uma função dos acontecimentos ambientais e da aprendizagem.

Basicamente, Sechenov proporcionou duas contribuições, relacionadas entre si, aos fundamentos da investigação comportamental. Primeiro, defendeu o estudo dos reflexos como uma maneira de abordar os problemas da psicologia. Acreditava que o estudo dos reflexos proporcionava as bases para a compreensão do comportamento. Segundo, defendia a aplicação dos métodos objetivos da fisiologia aos problemas da psicologia. Pensava que os métodos de investigação da fisiologia melhorariam notavelmente os métodos subjetivos e introspectivos da psicologia. O reconhecimento, por parte de Sechenov, da importância dos reflexos e sua forte defesa dos métodos objetivos de investigação foram muito importantes. Os pontos de vista de Sechenov influenciaram dois jovens de sua época, Ivan P. Pavlov (1849-1936) e Vladimir M. Bechterev (1857-1927).

A investigação de Pavlov continuou basicamente as perspectivas de Sechenov, utilizando métodos de investigação fisiológica para examinar o funcionamento neurológico. Em seu trabalho sobre a digestão, Pavlov investigou os reflexos que implicavam nas principais secreções glandulares. No processo de investigação, que lhe proporcionou o prêmio Nobel, Pavlov (1902) descobriu as *secreções psíquicas*. Descobriu que as secreções gástricas do cachorro começavam freqüentemente antes que se lhe apresentasse o estímulo (p. ex., comida); a visão da comida ou do pesquisador que se acercava podia estimular as secreções. Considerava-se que estas eram devidas à estimulação psíquica. Mas *psíquica* referia-se a estados subjetivos do organismo e por isso esse termo foi abandonado e substituído por *reflexos condicionais* (Pavlov, 1903-1905)[2].

A investigação de Pavlov dirigiu-se para os reflexos condicionados. Seu trabalho se estendeu ao longo de vários anos e implicou num grande número de investigadores em seu laboratório; investigadores que metodicamente elaboraram diversos processos associados com o desenvolvimento e a eliminação dos reflexos condicionados, como a extinção, a generalização e a diferenciação. O interesse principal de Pavlov, ao estudar os reflexos, era compreender a atividade do cérebro. Com o passar dos anos, seus interesses pelos reflexos se estenderam à compreensão do comportamento, vendo-se refletidos em temas como a linguagem e a psicopatologia.

A principal contribuição de Pavlov foi a de investigar objetivamente os reflexos condicionados do ponto de vista de um fisiologista. Defendeu fortemente o objetivismo na investigação e criticou os traços subjetivos da investigação psicológica (p. ex., Pavlov, 1906). Seu trabalho demonstrou também a importância da aprendizagem na explicação do comportamento animal e, finalmente, proporcionou um paradigma de investigação para estudar também o comportamento humano. Deste modo, Pavlov proporcionou o modelo metodológico de trabalho comportamental que era necessário seguir. Seu desenvolvimento do condicionamento respondente proporcionou uma base conceitual para explicar o comportamento o que, em último caso, seria como uma base para explicar e desenvolver técnicas de tratamento.

---

[2] Aparentemente, o reflexo condicional encontra-se mais perto do termo russo que Pavlov utilizou; este termo converteu-se no mais familiar *reflexo condicionado* devido à tradução (Hilgard e Bower, 1966).

Bechterev, um contemporâneo de Pavlov, que era também influenciado por Sechenov, desenvolveu um programa de investigação que aplicava os métodos da fisiologia ao estudo do funcionamento do cérebro. A maioria do trabalho de Bechterev centrou-se nos reflexos do sistema motor (quer dizer, dos músculos estriados), em vez de nas glândulas e no sistema digestivo estudados por Pavlov. Bechterev também se deparou com os reflexos condicionados (aos quais se referiu como "reflexos associativos") e investigou os processos associados com seu desenvolvimento. Curiosamente, o método de Betcherev era mais facilmente aplicado ao comportamento humano que o método de Pavlov, já que empregava uma descarga elétrica e a flexão do músculo como o estímulo incondicionado e a resposta incondicionada, respectivamente. A intervenção cirúrgica especial e a avaliação da salivação, requeridas pelos primeiros métodos de Pavlov, eram mais dificilmente aplicáveis aos seres humanos, por razões óbvias. Betcherev (1913), mais que Pavlov e Sechenov, desenvolveu a idéia de que o condicionamento podia explicar uma variedade de comportamentos humanos e que proporcionava uma base objetiva para a psicologia. Betcherev acreditava que os temas da psicologia podiam ser estudados examinando-se os reflexos e desenvolveu o que ele considerava uma disciplina separada, à qual se referia como "reflexologia" (Betcherev, 1932). A reflexologia abordou muitos problemas da psicologia, incluindo explicações sobre a personalidade e o comportamento normal e desviado.

O desenvolvimento do condicionamento na Rússia é, obviamente, crítico para os fundamentos da modificação do comportamento. O surgimento do condicionamento a partir da fisiologia é significativo, visto que os métodos objetivos da investigação fisiológica proporcionaram uma alternativa respeitável aos métodos introspectivos e subjetivos da psicologia. Também a aprendizagem assumiu uma maior importância na explicação do comportamento. Sechenov, Pavlov e Betcherev elucidaram a importância do ambiente como fonte de comportamento.

Pavlov estabeleceu relações, em forma de leis, no condicionamento e proporcionou anos de investigação sistemática, durante os quais se elaboraram muitos processos básicos. Betcherev também realizou trabalhos básicos sobre o condicionamento, mas distingue-se mais facilmente por seu interesse na aplicação do condicionamento como uma base conceitual para o comportamento – todo o comportamento – e para o tratamento do comportamento anormal. Para substituir a psicologia, Betcherev desenvolveu uma nova disciplina, a reflexologia, que teve um considerável impacto na Rússia. A reflexologia, por si mesma, não teve muito impacto direto na psicologia dos Estados Unidos. No entanto, o movimento comportamentalista dos Estados Unidos se apoiou notavelmente sobre a reflexologia e proporcionou o desvio radical que Betcherev havia contemplado para a investigação psicológica.

II.2. O surgimento do comportamentalismo

O trabalho sobre o condicionamento na Rússia era parte de um movimento mais amplo para um aumento do objetivismo e do materialismo dentro das ciências.

Este movimento mais amplo tomou a forma do comportamentalismo nos Estados Unidos, tal como o adotou Watson (1878-1958). O interesse inicial de Watson era a psicologia animal, que havia se beneficiado dos métodos experimentais objetivos característicos da fisiologia, num grau muito maior que outras áreas da psicologia. Conforme prosseguia com sua investigação, Watson foi se convencendo, cada vez mais, de que a psicologia animal era uma ciência objetiva, que podia funcionar independentemente da característica mentalista de outras áreas da psicologia. Nessa época, a psicologia seguia a escola do funcionalismo, que analisava a consciência. Havia se empregado a introspecção para examinar as operações da consciência, fazendo com que as pessoas "observassem" seus próprios processos mentais. Watson criticou o estudo da consciência por meio da introspecção, como algo extremamente mentalista e subjetivo.

Basicamente, Watson cristalizou um movimento para o objetivismo que já estava em andamento. O movimento para métodos de investigação objetiva encontrava-se claramente em andamento na psicologia animal e comparativa, que havia se estendido notavelmente ao final do século XIX. Especialmente destacável entre os muitos exemplos disponíveis é o trabalho de Edward L. Thorndike (1874-1949), que investigou a aprendizagem em diversas espécies de animais até o final da última década do século XIX. Também, Robert Yerkes (1876-1956) começou a investigar sobre diversas espécies e ajudou a introduzir o método de condicionamento de Pavlov na psicologia dos Estados Unidos (Yerkes e Morgulis, 1909).

A posição de Watson, desenvolvida nos primeiros anos do século XX, sustentava que a psicologia era puramente objetiva e experimental e excluía a introspecção como método de estudo e a consciência como tema apropriado (Watson, 1913, 1914). Watson teve muitos pontos de vista específicos sobre uma variedade de temas da psicologia. Foi importante mostrar que seu comportamentalismo podia abordar diferentes temas da psicologia, como os pensamentos, as emoções e os instintos. Os pontos de vista que Watson proclamou podem ser distinguidos facilmente dos princípios metodológicos, os quais exerceram o impacto mais duradouro sobre o comportamentalismo. Estes princípios metodológicos eram muito similares àqueles antecipados por Sechenov, Pavlov e Betcherev, os quais haviam defendido anteriormente a substituição da investigação especulativa e introspectiva de estados subjetivos pelo estudo objetivo do comportamento manifesto. O próprio trabalho de Watson sobre o condicionamento havia sido estimulado diretamente pelas traduções do trabalho de Betcherev e, posteriormente, do trabalho dos métodos de Pavlov. Realmente, Betcherev havia estendido o condicionamento a uma ampla classe de comportamentos humanos; seus escritos haviam proporcionado a Watson uma detalhada visão das implicações do condicionamento.

No comportamentalismo, o condicionamento foi inicialmente um método de estudo desenhado para substituir a introspecção (Watson, 1913) mas, finalmente, converteu-se em um conceito central empregado para explicar o desenvolvimento do comportamento (Watson, 1924). Como sucedeu com Sechenov e Betcherev antes dele, Watson considerou o comportamento como uma série de reflexos. Esta suposição teve um notável valor heurístico, uma vez que sugeriu a possibilidade do complexo comportamento humano ser investigado estudando-se os reflexos simples e suas combinações. Watson fez do condicionamento a pedra angular de seu enfoque sobre o comportamento.

II.3. A psicologia da aprendizagem

O trabalho sobre o condicionamento na Rússia e nos Estados Unidos enfatizou a modificação do comportamento e, realmente, este era consistente com o influente ponto de vista de Darwin sobre a adaptação ao meio ambiente. Watson e Betcherev proporcionaram amplas teorias do comportamento baseadas nos reflexos condicionados. Considerava-se o condicionamento como a base do comportamento e a aprendizagem se estabeleceu firmemente como um tema central. Os comportamentos complexos eram vistos como combinações de respostas simples, mesmo que as explicações que se limitavam aos reflexos condicionados tenham se tornado cada vez mais forçadas.

Nos Estados Unidos, a psicologia da aprendizagem começou a receber cada vez mais atenção e foi utilizada para explicar como se adquiriam os comportamentos. Os princípios metodológicos do comportamentalismo geralmente se mantinham, mas os paradigmas específicos de investigação e a classe de teorias de aprendizagem aumentaram. Para a modificação do comportamento, os primeiros trabalhos sobre a psicologia da aprendizagem ministraram uma base importante. A psicologia da aprendizagem proporcionou as posições teóricas e os paradigmas de laboratório sobre os quais a modificação do comportamento se desenvolveu posteriormente (por ex., Levis, 1982).

Como já foi mencionado, antes do desenvolvimento do comportamentalismo, Thorndike começou uma sistemática investigação animal que empregava métodos de investigação objetivos. A investigação de Thorndike sobre a aprendizagem era diferente da de Pavlov e a de Betcherev, se bem que nesta etapa da investigação a distinção não estivesse totalmente clara (Hilgard e Marquis, 1940). Thorndike não estudou como o comportamento reflexivo podia ser provocado por outros estímulos novos. Pelo contrário, estava interessado em como os animais aprendiam novas respostas que não se encontravam inicialmente em seu repertório. Entre as muitas e cuidadosas experiências, a mais conhecida é seu trabalho com gatos que aprendiam a escapar de uma jaula para obter comida. Por meio da "tentativa e erro", os gatos tornaram-se cada vez mais habilidosos para escapar da jaula. Sob a base de sua extensa investigação, que mostrava a influência das conseqüências sobre o comportamento e da prática repetida, Thorndike formulou várias "leis de aprendizagem". A mais influente, do ponto de vista da investigação atual, foi a lei do efeito, sinalizando que as "conseqüências satisfatórias" fortaleciam o laço entre um estímulo e uma resposta e as "conseqüências incômodas" debilitavam tal conexão (Thorndike, 1931). Embora as distintas leis que Thorndike desenvolveu tenham evoluído com o curso de seu trabalho (Thorndike, 1932, 1933), a importância das conseqüências positivas para o fortalecimento do comportamento permaneceu e tem tido um constante impacto sobre os avanços contemporâneos da aprendizagem e da modificação do comportamento.

Nos anos posteriores ao comportamentalismo, surgiram outros teóricos e outras posições da aprendizagem. Guthrie, Tolman, Hull, Mowrer e Skinner proporcionaram pontos de vista especialmente influentes sobre os avanços da psicologia da aprendizagem e sobre aspectos da modificação do comportamento. Por exemplo, Guthrie (1935) considerou a aprendizagem como uma função do emparelhamento repetido de estímulos e respostas. Acreditava que uma resposta podia ser estabelecida emparelhando repetidamente sua ocorrência com as condições estimulantes desejadas. Da mesma maneira, para eliminar uma resposta, necessitava-se executar novas respostas na presença de estímulos que haviam provocado previamente outras respostas (indesejáveis). Além da investigação experimental, Guthrie antecipou recomendações práticas para terminar com hábitos não desejados. Por exemplo, para vencer o medo, Guthrie recomendou introduzir gradualmente estímulos provocadores de medo e emparelhar, com esses estímulos, respostas incompatíveis com o temor. Esta recomendação possui uma clara semelhança com a prática contemporânea da dessensibilização sistemática. Realmente, a forte defesa por parte de Guthrie sobre a prática repetida das respostas desejadas e sobre o emparelhamento de respostas com condições estimulantes apropriadas, pode ser vista na aplicação de muitas técnicas comportamentais contemporâneas.

Também Mowrer (1947, 1960) estava interessado no desenvolvimento e na eliminação do comportamento de evitação e propunha a combinação de "dois fatores" para proporcionar uma explicação adequada. Mowrer raciocinou que inicialmente o medo se estabelece por meio do condicionamento pavloviano. O medo se desenvolve no organismo e se reduz escapando da situação através da aprendizagem thordikeana. A teoria dos dois fatores proporcionou uma explicação sobre um importante problema do comportamento humano, a saber, as reações de evitação. A partir daqui, houve implicações imediatas para estender os conceitos da aprendizagem à explicação do comportamento desadaptado de evitação e, talvez, ao desenvolvimento de tratamentos baseados na aprendizagem.

De todos os indivíduos que podem se identificar com uma posição ou teoria específica sobre a aprendizagem, talvez seja B. F. Skinner quem tenha o impacto mais direto sobre a modificação do comportamento contemporâneo. O impacto é claramente aparente porque os princípios do condicionamento operante desenvolvidos na investigação de laboratório têm sido extrapolados amplamente a lugares aplicados (ver Kazdin, 1989). Nas primeiras décadas do século XIX, a distinção entre a aprendizagem pavloviana e a thorndikeana nem sempre estava nítida. As diferenças básicas entre os paradigmas de investigação se confundiam devido às distintas classes de respostas que se estudavam e à investigação de paradigmas combinados de aprendizagem, onde se misturavam o condicionamento operante e o respondente. Houveram tentativas para esclarecer os diferentes tipos de aprendizagem, colocando-os sob um único marco teórico ou explicando sua interrelação, como fizeram alguns teóricos ao estilo de Hull e Mowrer. Skinner (1935, 1937) colocou a distinção entre a aprendizagem respondente e a operante em um primeiro plano e descreveu casos especiais nos quais a distinção aparentemente não estava clara (quer dizer, casos em que as respostas operantes são uma função de estímulos antecedentes e a aprendizagem se encontra sob o controle discriminativo). Mesmo a distinção entre estes tipos de aprendizagem não era nova e a importância e as implicações desta distinção não haviam sido estabelecidas.

Skinner (1938) começou a desenvolver o comportamento operante numa série de estudos experimentais. Além de defender um determinado tipo de aprendizagem para a explicação da maioria do comportamento animal e humano, Skinner se associou a um enfoque particular na conceitualização da matéria de estudo da psicologia e no desenvolvimento da investigação. O enfoque, conhecido como *análise experimental do comportamento*, tendia a desprezar a teoria, a centrar-se na freqüência ou na taxa de resposta, e a estudar os organismos individuais empregando esboços experimentais especiais que se separavam da investigação habitual (Skinner, 1938, 1950, 1953b). Além do trabalho experimental, Skinner sinalizou a relevância social e clínica do comportamento operante e, em maior grau que outros teóricos, apontou para possíveis aplicações (Skinner, 1953a).

A psicologia da aprendizagem ocupou um papel central na investigação psicológica depois do desenvolvimento do comportamentalismo. Os diferentes pontos de vista que se desenvolveram e a investigação que geraram, proporcionam os fundamentos dos enfoques gerais e das técnicas específicas na modificação do comportamento contemporâneo. Realmente, muitos debates contemporâneos sobre a investigação comportamental freqüentemente têm um claro precedente no desenvolvimento da teoria da aprendizagem. Por exemplo, o debate sobre a necessidade de variáveis intervenientes, de fatores cognitivos e limites das explicações estímulo-resposta sobre o comportamento, refletem questões importantes na história da psicologia da aprendizagem (Spence, 1950) e continua sendo um tema relevante na modificação comportamental contemporânea (Reiss e Bootzin, 1985).

III. EXTENSÕES DO CONDICIONAMENTO E DA APRENDIZAGEM

Pouco depois de começar a investigação sobre o condicionamento, seus conceitos se estenderam muito além dos paradigmas de laboratório que surgiram. Essas extensões alcançaram rapidamente o comportamento humano, seguindo o trabalho precoce de Betcherev. Por exemplo, em 1907 na Rússia e poucos anos mais tarde nos Estados Unidos, o condicionamento, como método de estudo, aplicou-se a crianças normais e a crianças mentalmente retardadas (ver Krasnogorski, 1925; Mateer, 1918). Também diferentes tipos de psicopatologia foram interpretados sobre a base do condicionamento e os métodos se estenderam ao diagnóstico, estudo e tratamento de determinadas populações clínicas (ver Aldrich, 1928; Betcherev, 1923, 1932; Gant e Muncie, 1942). A relevância do condicionamento para a psicopatologia, a personalidade e a psicoterapia tornou-se cada vez mais clara com o passar dos anos. Uma série de acontecimentos, em especial, faz ressaltar esta evolução, incluindo determinadas extensões de paradigmas de laboratório ao estudo do comportamento perturbado, uma série de aplicações do condicionamento ao comportamento clinicamente relevante e as interpretações e extensões da aprendizagem à psicoterapia.

III.1. Paradigmas e análogos de laboratório

Uma extensão especialmente significativa do condicionamento foi a investigação da neurose experimental que consistia de estados induzidos experimentalmente semelhantes à conduta neurótica encontrada em humanos. As reações dos animais de laboratório ante vários métodos que induziam a "neurose" variavam, dependendo da espécie, mas freqüentemente incluíam evitação, retirada, aceleração da freqüência da pulsação, da freqüência cardíaca e da respiração, irritabilidade e outras reações que guardam certa similitude com a ansiedade humana (ver Hunt, 1944). As demonstrações iniciais da neurose experimental se desenvolveram, como parte do estudo, no laboratório de Pavlov. Em pesquisas separadas (1912 e 1913), os investigadores do laboratório de Pavlov descobriram que quando se requeria aos animais fazer discriminações sutis sobre o estímulo condicionado, perdiam-se todas as reações condicionadas previamente treinadas. Além disso, os animais mostravam distintas perturbações no comportamento e tornavam-se agitados e agressivos. Pavlov (1927) denominou as perturbações emocionais resultantes de "neuroses induzidas experimentalmente" e especulou sobre as bases neurológicas da reação.

Pavlov dedicou grande parte de seus esforços investigadores a estas reações neuróticas inesperadas. Considerava estas reações o mesmo que o reflexo condicionado, como uma maneira de estudar os processos neurológicos superiores. Assim, reconheceu também a conexão potencial entre seus resultados e a psicopatologia do comportamento humano. Com este fim, familiarizou-se com os transtornos psiquiátricos, visitando diferentes clínicas, e especulou sobre a base de muitos sintomas da psicopatologia, incluindo a apatia, o negativismo, os movimentos estereotipados, o medo e a catalepsia (Pavlov, 1928).

O estudo da neurose experimental converteu-se em uma área de investigação por direito próprio e continuou nos Estados Unidos através de investigadores como W. Horsely Gantt e Howard S. Liddell. Uma extensão especialmente importante da investigação sobre a neurose experimental, do ponto de vista do desenvolvimento do tratamento, deve-se a Jules H. Masserman, que levou a cabo investigações sobre neuroses induzidas experimentalmente em animais, principalmente em gatos. Masserman (1943) tentou integrar os conceitos do condicionamento com a psicopatologia e a teoria psicanalítica. Além disso, desenvolveu distintos procedimentos para vencer as reações neuróticas dos animais. Estes procedimentos incluíam análogos animais de técnicas de modificação do comportamento contemporâneo como a *modelação* (colocando um animal sem medos na mesma jaula que um animal com medos), a *exposição* (forçando fisicamente o animal a tomar contato com o estímulo provocador do medo) e o *autocontrole* (auto-administrando comida por meio do controle do aparelho que a proporcionava). O principal interesse de Masserman nestes procedimentos era proporcionar uma base experimental para os processos psicodinâmicos empregados na psicoterapia. Utilizaram-se conceitos da terapia psicodinâmica (p. ex., a penetração) para explicar os mecanismos através dos quais os procedimentos de laboratório haviam melhorado a ansiedade dos animais. Daí que esta proposta geral seja especialmente interessante, visto que muitos dos progressos posteriores na modificação do comportamento desenvolveram-se na direção oposta, quer dizer, usando procedimentos e conceitos da aprendizagem baseados no laboratório para gerar novos procedimentos terapêuticos.

III.2. Aplicações clinicamente relevantes

A investigação sobre o condicionamento, com poucas exceções, começou com aspectos infra-humanos. Entretanto, os métodos se estenderam ao comportamento humano de diversas maneiras. Entre as muitas extensões que podem ser citadas, algumas delas foram especialmente significativas na história da modificação do comportamento. Uma das aplicações mais influentes do condicionamento ao comportamento humano se deve a Watson, que estudou as reações emocionais das crianças. Watson estava interessado nas reações emocionais condicionadas, em parte para mostrar que os conceitos e os métodos comportamentais podiam ser empregados para estudar os sentimentos e a experiência privada.

Watson e Rosalie Rayner comunicaram um influente caso, em 1920, no qual tentaram condicionar o medo em um menino de 11 meses chamado Alberto. Ele não tinha medo de toda uma série de estímulos, incluindo uma rata branca, um coelho, um cachorro e outros que se lhe apresentaram como parte de uma bateria de avaliação que ocorria antes do estudo. A rata foi selecionada como um estímulo neutro porque, igualmente aos outros estímulos, não provocava temor. Ao emparelhar a apresentação da rata a Alberto com um forte ruído, produzido ao bater em uma barra de aço com um martelo, provocava uma resposta de sobressalto. Com somente sete emparelhamentos do estímulo condicionado (rata) e o estímulo incondicionado (ruído), a simples apresentação da rata fazia com que o menino chorasse e se retirasse. Além disso, a reação de medo se transferiu a outros objetos, incluindo um coelho, um cachorro, um chumaço de algodão e um casaco de pele, objetos que não provocavam temor antes dos ensaios de condicionamento.

O caso foi muito significativo, visto que proporcionava uma clara evidência da possibilidade de condicionamento dos medos. As implicações dessa interpretação eram enormes, sugerindo que a aprendizagem poderia explicar os medos e o comportamento de evitação e, por implicação, que esses comportamentos poderiam ser vencidos por meio de experiências de aprendizagem alternativas. A significação do caso é especialmente notável, já que os fenômenos que eram produzidos mostraram-se difíceis de replicar (Bregman, 1934; English, 1929). Ademais, o mesmo estudo original não é citado habitualmente de forma correta, de modo que os dados reais são representados erroneamente (Harris, 1979). Finalmente, a questão de que o estudo demonstrou o condicionamento respondente, como se considera normalmente, pode ser facilmente rebatida examinando os procedimentos reais que se empregaram (Kazdin, 1978). Apesar destes aspectos críticos, o caso exerceu um impacto importante.

O informe original sobre Alberto foi só um primeiro passo e o significado completo da demonstração foi acentuado, três anos mais tarde, por M. C. Jones, uma estudante que trabalhava sob a direção de Watson. Jones (1924b) relatou o caso de Pedro, um menino de 34 meses, que era uma continuação natural de Alberto. Basicamente, Pedro tinha medo dos diferentes estímulos que Alberto também chegou a ter, devido ao condicionamento. A tarefa era desenvolver formas de vencer os temores de Pedro. Como um coelho provocava mais temor que os outros estímulos na situação de prova, foi empregado como o objeto temido durante o tratamento. Utilizaram-se vários procedimentos para vencer o medo, principalmente a apresentação gradual do coelho a Pedro, sob condições não ameaçadoras. Enquanto Pedro comia, acercava-se dele gradualmente uma jaula com um coelho sem que lhe provocasse medo. O propósito era associar estímulos (comida) e respostas (comer) agradáveis com o objeto temido. Finalmente, Pedro não reagiu adversamente quando o coelho foi libertado para sair da jaula e ainda brincou com ele.

Além do tratamento com êxito de Pedro, Jones (1924a) publicou um informe mais extenso que incluía diferentes métodos para tratar crianças institucionalizadas que tinham uma série de temores (p. ex., estar só, estar em um quarto escuro e encontrar-se perto de pequenos animais). Dois métodos pareciam ter êxito especialmente, o condicionamento direto, no qual um objeto temido se associava com reações positivas (p. ex., como tinha sido feito com Pedro), e a imitação social, onde crianças que não tinham medo modelavam uma interação sem temor com o estímulo.

As demonstrações por parte de Watson, Rayner e Jones de que os medos podiam condicionar-se e descondicionar-se tinham, por si mesmas, uma significação óbvia. Assim, os pontos de vista sobre a natureza do condicionamento e os métodos de investigação proporcionaram um paradigma a seguir no trabalho clínico. Os mesmos investigadores eram explícitos ao sinalizar as implicações dos achados para os conceitos existentes sobre a psicopatologia. Por exemplo, Watson e Rayner (1920) burlaram-se das interpretações psicanalíticas que podiam ser aplicadas ao medo adquirido por Alberto, interpretações que se aplicavam apesar do medo ter sido condicionado no laboratório. Deste modo, as demonstrações do condicionamento e do descondicionamento do medo colocaram-se no campo mais amplo da psicopatologia e seu tratamento e estabeleceram-se como um desafio para os enfoques existentes.

III.3. Personalidade e psicoterapia

III.3.1. Teorias integradoras do comportamento

As extensões do condicionamento não foram aplicações isoladas dos achados de Pavlov, como a discussão anterior poderia implicar. O condicionamento teve um notável impacto em muitos níveis diferentes. Desde os anos 30 até os 50 (do presente século), foram feitas tentativas para desenvolver teorias gerais que explicassem o comportamento normal e o anormal e o progresso terapêutico baseado na aprendizagem (por ex., French, 1933; Kubie, 1934; Mowrer, 1950b). Uma teoria integradora que merece ser especialmente ressaltada foi a proposta em 1950 por John Dollard, um sociólogo, e Neal E. Miller, um psicólogo experimental, tentando proporcionar uma teoria compreensiva do comportamento que unisse a aprendizagem, a psicopatologia e a psicoterapia. O trabalho foi inspirado, em grande medida, em Pavlov, Thorndike e Hull. A posição fundamental era que a psicopatologia e a psicoterapia podiam ser explicadas por meio de conceitos de aprendizagem e que tanto o desenvolvimento quanto a eliminação dos sintomas podiam conceitualizar-se em termos de aprendizagem. Os conceitos e os processos da teoria psicanalítica (p. ex., o princípio do prazer, a transferência, o conflito neurótico) voltariam a ser explicados em termos da teoria da aprendizagem (p. ex., reforçamento, generalização do estímulo e impulsos adquiridos). Definições sem uma boa base e investigação, apoiavam-se em conceitos de aprendizagem constituidores da fonte teórica e investigação na época em que Dollard e Miller desenvolveram sua teoria.

Outras pessoas, além de Dollard e Miller, desenvolveram outras teorias sobre a personalidade e a psicoterapia que incorporavam a teoria da aprendizagem. Por exemplo, Julian B. Rotter apoiou-se no trabalho da aprendizagem e da psicologia experimental em geral e em teóricos específicos (Tolman, Thorndike, Hull e Kurt Lewin), para desenvolver uma teoria geral do comportamento (Rotter, 1954). A terapia era considerada também como um processo de aprendizagem e eram aplicados conceitos da psicologia da aprendizagem na explicação da terapia convencional.

A teoria e a investigação sobre a aprendizagem tinham logrado uma preponderância, se não um domínio, na psicologia experimental e eram consideradas as melhores candidatas para uma sólida base conceitual na compreensão da psicopatologia e da psicoterapia. As teorias específicas de Dollard, Miller e de Rotter têm tido pouco impacto direto sobre as práticas contemporâneas da modificação do comportamento. As teorias explicavam, principalmente, os tratamentos existentes em termos de aprendizagem. Progressivamente, os princípios da aprendizagem foram considerados como uma fonte de novas técnicas de terapia que, em última análise, tiveram o maior impacto sobre o trabalho atual. Contudo, a conceitualização da psicoterapia existente como um processo de aprendizagem e a aplicação séria da investigação contemporânea à aprendizagem, à personalidade e à psicoterapia foram os primeiros passos muito importantes.

III.3.2. O condicionamento verbal

Simplesmente reexplicar a terapia convencional em termos da aprendizagem não estimulou muito a investigação na psicoterapia. No entanto, as extrapolações do condicionamento operante à interação diádica da terapia, gerou uma considerável investigação que proporcionou um importante passo intermediário em seu caminho para as aplicações dos princípios da aprendizagem para propósitos de tratamento. De forma específica, os métodos operantes foram investigados no contexto do condicionamento verbal. Skinner havia estendido os princípios do condicionamento operante a uma variedade de comportamentos, incluindo o verbal, no começo dos anos 40. Skinner propôs que o comportamento verbal era um operante mantido pelas conseqüências daquele que escuta (Skinner, 1953a, 1957).

A investigação de laboratório começou a examinar a influência do experimentador sobre as verbalizações do sujeito. Ao esboçar uma situação experimental para investigar o comportamento verbal humano, adotou-se o modelo geral da investigação de laboratório, no qual um animal que respondia recebia uma conseqüência reforçadora. O comportamento verbal (p. ex., selecionar pronomes quando se constroem frases) serviu como a resposta e era seguida por reações do experimentador (por exemplo, expressões de "bem" ou "mmm-hmm"). Diversos estudos mostraram que tipos específicos de fala e conversação podiam ser influenciados pelas conseqüências proporcionadas pelo que escuta (Greenspoon, 1962).

A investigação sobre o condicionamento verbal começou nos anos 50 e se realizou principalmente com estudantes universitários em uma situação do tipo entrevista. Em poucos anos, o condicionamento verbal estendeu-se a áreas da investigação clínica, aplicando os métodos a diversas populações clínicas e a situações de diagnóstico, nas quais o comportamento do paciente podia ser influenciado pelo examinador. A extensão mais importante do condicionamento verbal aconteceu em situações que lembravam a psicoterapia. A investigação sobre o condicionamento verbal foi empregada em tarefas que eram parecidas mais ao comportamento do paciente real (p. ex., falar livremente em vez de construir frases), enquanto que o terapeuta respondia a determinadas classes de palavras. As classes de palavras aumentaram na área clínica (p. ex., respostas emocionais, expressões de aceitação de si mesmo, expressões "alucinatórias") e as populações incluíam pacientes psiquiátricos em vez de estudantes universitários. Estabeleceram-se paralelismos cada vez maiores entre o condicionamento verbal e a psicoterapia (Krasner, 1955, 1958, 1962), uma analogia apoiada mais tarde por descobertas de que os terapeutas realmente respondiam de forma seletiva aos comportamentos do paciente (Truax, 1966).

Em geral, o condicionamento verbal proporcionou uma analogia onde se podia investigar os processos isolados da interação diádica. O fato de que o comportamento verbal podia condicionar-se serviu para indicar o papel da aprendizagem de maneira concreta (quer dizer, como falava o paciente sobre as coisas), que fosse relevante para a mudança do paciente. Além disso, o condicionamento verbal sustentava um enfoque geral do comportamento na sessão de terapia, a saber, que o comportamento podia ser parcialmente, ou até mesmo principalmente, uma função dos determinantes externos em vez dos processos intrapsíquicos. Mesmo que muitos investigadores tenham posto em dúvida a similaridade com a psicoterapia das situações nas quais se levava a cabo o condicionamento verbal (Heller e Marlatt, 1969; Luborsky e Strupp, 1962), o fato de que se puderam estabelecer paralelismos de forma clara aumentou a importância da aprendizagem com relação aos processos terapêuticos. Igualmente, as demonstrações de que o comportamento verbal podia ser modificado pelas conseqüências proporcionadas pelos outros, levou a extensões diretas no trabalho clínico com a modificação do comportamento verbal problemático, como a fala incoerente ou irracional entre pacientes psicóticos (Ayllon e Michael, 1959; Isaacs, Thomas e Goldiamond, 1960; Richard, Dignam e Horner, 1960).

IV. A Extensão dos Paradigmas ao Tratamento

A extenção dos paradigmas de aprendizagem aos problemas de comportamento era claramente evidente no trabalho de Watson, Rayner, M. C. Jones e os Mowrers, para mencionar exemplos especialmente proeminentes. Estes pesquisadores não só aplicaram os princípios da aprendizagem, como colocaram seu trabalho no contexto da psicopatologia e da psicoterapia em geral. Basicamente, consideravam que seu trabalho representava um novo enfoque da psicopatologia. Por isso, seu trabalho inicial ilustra um movimento para o tratamento, difícil de distinguir entre conceitualizações e aplicações posteriores, denominadas explicitamente de modificação do comportamento. É difícil determinar a data em que a modificação do comportamento surgiu formalmente. Não obstante, nos anos 50 e 60, podem ser identificados diferentes trabalhos nos quais o tratamento estava explicitamente unido aos fundamentos da aprendizagem e aos métodos objetivos de investigação. Alguns exemplos apresentarão a formalização do movimento e as conexões com os fundamentos de laboratório mencionados anteriormente.

IV.1. A dessensibilização sistemática

Realmente, um dos acontecimentos mais significativos no surgimento da modificação do comportamento foi o trabalho de Wolpe na África do Sul. O desenvolvimento, por parte de Wolpe, da dessensibilização sistemática não só proporcionou uma técnica inovadora, como também ajudou de diversas maneiras a cristalizar a mudança conceitual mais ampla para a terapia comportamental. Wolpe estava interessado na psicologia da aprendizagem como uma fonte possível para compreender as reações neuróticas e desenvolver técnicas de tratamento. Seu interesse centrava-se especialmente no trabalho de Pavlov e de Hull, iniciando assim a investigação sobre a neurose experimental com gatos, utilizando como ponto de partida o trabalho de Masserman (1943).

Wolpe citou que a reação neurótica, estabelecida nos gatos, estendia-se a situações diferentes daquelas nas quais se havia induzido inicialmente a reação. Algo interessante era que a gravidade da reação neurótica parecia ser uma função de similaridade do entorno, em que se encontravam os gatos, com a situação original. Quanto mais parecido era o lugar em que se colocavam os gatos, como local em que se havia estabelecido o medo, mais graves eram os sintomas. Para estabelecer inicialmente estas reações neuróticas, Wolpe associou uma descarga com a aproximação à comida; finalmente, a reação neurótica inibia o comportamento de comer. Este resultado sugeria que o comer poderia, sob circunstâncias diferentes, inibir a ansiedade; quer dizer, as duas reações poderiam "inibir-se reciprocamente" (ver Wolpe, 1952, 1954).

Para vencer as reações neuróticas, Wolpe colocou os animais em situações parecidas, em diferentes graus, à situação original na qual se haviam desenvolvido as reações neuróticas, e proporcionava oportunidades e ajudas físicas que encorajavam o comer. Depois que havia se restabelecido o comportamento de comer, Wolpe o induzia em lugares que se pareciam muito ao lugar original, e continuava com este procedimento até que o animal podia comer livremente no lugar original, sem ansiedade. Quando se concluía satisfatoriamente o comportamento de comer na situação original, eliminava-se o medo.

Wolpe (1958) explicou as "curas" sobre a base da inibição da reação de ansiedade e formulou o princípio geral da inibição recíproca: "Se é possível conseguir que ocorra uma resposta antagônica à ansiedade sob seus estímulos evocadores, de modo que se acompanhe por uma completa ou parcial supressão das respostas de ansiedade, a conexão entre esses estímulos e as suas respostas será debilitada" (p. 71). Este princípio serviu de base para o desenvolvimento de tratamentos que vencessem o medo humano, um passo extremamente importante que ampliou em grande parte o trabalho prévio sobre as neuroses experimentais. Wolpe desenvolveu a idéia de que os humanos podiam expor-se a situações provocadoras de ansiedade de modo similar à exposição dos gatos a lugares associados com o medo. Wolpe ainda expôs inicialmente os pacientes a situações reais nas quais se provocava a ansiedade e explorou o uso da imaginação por meio da qual os pacientes se imaginavam numa série graduada de situações. Também, seguindo o trabalho do fisiologista Edmundo Jacobson (1938) que havia utilizado o relaxamento para tratar a ansiedade e outros transtornos, Wolpe selecionou o relaxamento muscular como uma resposta que poderia inibir a ansiedade, da mesma maneira que entre animais, usou o comer como uma resposta incompatível com o medo.

O procedimento que Wolpe desenvolveu foi a dessensibilização sistemática, composta de relaxamento, desenvolvimento de uma série gradual de situações provocadoras de ansiedade (hierarquia), e emparelhamento da imaginação dos ítens da hierarquia com o relaxamento. Este procedimento constitui a técnica mais importante desenvolvida a partir do princípio da inibição recíproca, mas pode-se praticá-lo de distintas formas (p. ex., empregando respostas diferentes ao relaxamento como a resposta incompatível, a apresentação in vivo das situações provocadoras de ansiedade, etc.).

O desenvolvimento da dessensibilização foi muito significativo. No início da modificação do comportamento, a dessensibilização converteu-se em uma das técnicas de tratamento mais investigadas e praticadas. Entretanto, não era a técnica em si mesma o que era crítico. Aproximações parecidas, assim como a explicação subjacente, estavam disponíveis e haviam sido aplicadas de múltiplas formas muito antes do desenvolvimento formal da dessensibilização na década de 50 (p. ex., Alexander, 1928; Brissaud, 1894; Meige e Feindel, 1907; Pitres, 1888).

O desenvolvimento e o contexto teórico das terapias de inibição recíprocas eram consistentes com o *zeitgeist*. Wolpe se apoiou na psicologia da aprendizagem, incluindo as investigações de Pavlov, Hull, Mowrer, Miller, Masserman e outros, e na fisiologia, ao explicar os mecanismos por meio dos quais se conseguia a mudança do comportamento. Deste modo, a técnica foi colocada sob uma base conceitual com alto grau de respeitabilidade científica. Também fez afirmações muito específicas e comprováveis sobre a terapia. Sugeriu que deveriam ser incluídas certas condições no tratamento (p. ex., o relaxamento, a construção da hierarquia e o emparelhamento do relaxamento com a imaginação da hierarquia de ítens). A especificidade do tratamento proposto por Wolpe, as conexões com o laboratório e o apoio nos paradigmas e nos conceitos da aprendizagem ajudaram muito a formalizar a terapia do comportamento. A formalização foi conseguida cimentando o tratamento com os fundamentos críticos da psicologia da aprendizagem.

IV.2. Extensões do condicionamento operante

Nos anos 50 e 60, o condicionamento operante se estendeu ao comportamento humano ao longo de uma série de horizontes diferentes. As aplicações ilustram uma progressão sistemática, começando com as extensões conceituais dos princípios operantes, seguindo com as extensões dos métodos operantes na experimentação com humanos até as aplicações clínicas diretas.

Para começar, o alcance do condicionamento operante se refletia nas extensões conceituais de diversas áreas do comportamento humano (p. ex., Keller e Schoenfeld, 1950; Skinner, 1948). Por exemplo, o livro de Skinner, *Ciencia y conducta humana* (1953a), explicava o papel dos princípios do condicionamento operante no governo, na lei, na religião, na psicoterapia, na economia e na educação. De especial interesse foram suas extensões à psicoterapia, sugerindo que as contingências de reforçamento pelo terapeuta constituíam o principal responsável por qualquer mudança que se conseguisse no paciente.

No princípio dos anos 50, Ogden R. Lindsley e Skinner começaram a aplicar métodos operantes em pacientes psicóticos. Estudaram, de modo individual, pacientes adultos e infantis, assim como pessoas "normais", em uma câmara experimental, com a finalidade de avaliar os efeitos do reforçamento. A câmara permitia a execução de uma resposta simples (atirar um êmbolo) seguida pelo reforço (p. ex., a entrega de doces ou cigarros). O comportamento dos pacientes individuais era avaliado diariamente durante extensos períodos (até vários anos para alguns pacientes), sobre a base do grau de resposta do paciente às contingências operantes. Mesmo que o propósito da investigação fosse simplesmente estender os métodos operantes ao comportamento humano, as implicações clínicas foram evidentes. O comportamento sintomático (p. ex., alucinações), às vezes interferia no comportamento operante. O desenvolver respostas para o aparato competia com as condutas sintomáticas até que diminuíssem os sintomas. Em geral, o significado dessa extensão inicial foi a aplicação dos métodos científicos a uma investigação do comportamento de pacientes psicóticos e de seu grau de resposta a diferentes manipulações experimentais (Lindsley, 1956, 1960).

Nas décadas de 50 e 60, o condicionamento operante se estendeu como método para estudar o comportamento (p. ex., Barrett e Lindsley, 1962; Bijou, 1957; Ferster e DeMyer, 1961) e para modificar o comportamento com objetivos aplicados (p. ex., Barrett, 1962; Baer, 1962; Flanagan, Goldiamond e Azrin, 1958). Em meados e final da década de 60, os métodos de condicionamento operante haviam se estendido a diversas populações na escola, nos hospitais psiquiátricos e nas instituições para pacientes mentalmente retardados.

V. A FORMALIZAÇÃO DA TERAPIA COMPORTAMENTAL

A terapia comportamental converteu-se em um movimento visível no princípio dos anos 60. Mesmo sendo difícil marcar um ponto em que o movimento se fez identificável, determinadas publicações parecem ter cristalizado os avanços existentes. Eysenck (1960) publicou, como copilador, o primeiro livro que incluía o termo *terapia comportamental* no título, juntando distintos escritos que aplicavam os princípios da aprendizagem a problemas terapêuticos[3]. A identificação do campo foi delimitada mais tarde em 1963, quando Eysenck apresentou a primeira revista de terapia comportamental, *Behaviour Research and Therapy*. Em poucos anos, surgiram várias outras publicações, juntando as aplicações terapêuticas baseadas na aprendizagem. A conexão com os paradigmas de laboratório, enfatizando o papel da aprendizagem e os métodos objetivos de estudo, estava clara nas primeiras publicações do campo (p. ex., Eysenck, 1964; Franks, 1964; Staats, 1964; Wolpe, Salter e Reyna, 1964).

No princípio da década de 60, a terapia comportamental havia se convertido num movimento formal, estendendo-se as idéias através de diversos limites conceituais e geográficos. A terapia comportamental originava-se de diversos desenvolvimentos, incluindo diferentes enfoques teóricos e técnicas de tratamento. No entanto, foram extraídos denominadores comuns do enfoque para proporcionar unidade ao campo. Esses denominadores consistiam em um enfoque para

---

[3] Aparentemente Lindsley e Skinner foram os primeiros a empregar o termo *terapia comportamental* (Skinner, Solomon e Lindsley, 1953; Skinner, Solomon, Lindsley e Richard, 1954). No entanto, o termo permaneceu em textos sem publicação, razão pela qual não recebeu ampla circulação. Finalmente, popularizou-se através dos primeiros escritos de Eysenck (1959, 1960) sobre o tema. Lazarus (1958) havia utilizado o termo antes que Eysenck, mas não havia sido adotado seu emprego nem lhe haviam dado publicidade.

o tratamento que se apoiava na aprendizagem, como um ponto de partida conceitual, e nos métodos objetivos ou experimentais de investigação.

V.1. A diversidade dentro da modificação do comportamento

A modificação do comportamento não é uma posição uniforme ou monolítica. No começo da existência do campo, muitos esforços independentes que tentavam proporcionar fundamentos científicos baseados na aprendizagem e na psicoterapia, se unificaram sob o nome de *terapia comportamental* e *modificação do comportamento*. A justificativa para a unificação de desenvolvimentos diferentes foi a reação comum contra a posição preponderante na psiquiatria e na psicologia clínica e a adesão à teoria da aprendizagem, concebida de forma ampla. As diferenças dentro das áreas da modificação do comportamento eram minimizadas ou ignoradas, com o propósito de desenvolver um movimento unificado, que se opusesse ao modelo tradicional de doença, sobre o comportamento anormal e seu tratamento.

Na realidade, a modificação do comportamento é muito diversa. A diversidade era evidente desde o começo do campo, mas nos últimos anos fez-se cada vez mais aparente. Depois que surgiu a terapia comportamental, desenvolveram-se enfoques individuais dentro do campo ao longo dos anos e as diferenças entre os enfoques tornaram-se mais facilmente identificáveis. Consideraremos algumas das principais dimensões ao longo das quais existe a diversidade.

V.1.1. Enfoques conceituais

Dentro da terapia do comportamento podem se identificar facilmente diferentes enfoques conceituais, incluindo um ponto de vista mediacional do estímulo-resposta (E-R), a análise aplicada ao comportamento e a modificação do comportamento cognitivo (ver Fishman e cols., 1988). O ponto de vista mediacional E-R consiste principalmente da aplicação dos conceitos da aprendizagem e enfatiza o emparelhamento estímulo-resposta, segundo se deriva das posições da aprendizagem por contiguidade, de Pavlov, Guthrie, Mowrer e outros. Apóia-se em variáveis intervenientes e em constructos hipotéticos para explicar o comportamento. Ilustrando este enfoque teórico geral, encontram-se técnicas como a dessensibilização sistemática e a inundação, que se centralizam na extinção da ansiedade subjacente, explicando e mantendo o comportamento de evitação. Uma característica deste enfoque é a intenção de ligar os constructos mediacionais com estímulos antecedentes e respostas que possam ser facilmente operacionalizadas.

A análise aplicada do comportamento é um enfoque diferente dentro da terapia comportamental, já que descansa principalmente sobre a herança metodológica e do conteúdo do condicionamento operante e da análise experimental do comportamento. A ênfase é colocada sobre os acontecimentos antecedentes e conseqüentes; evitam-se os estados mediacionais, os acontecimentos privados e as cognições. O tratamento se concentra em modificar os antecedentes e as conseqüências, com a finalidade de modificar o comportamento problema. A análise aplicada do comportamento também está caracterizada por um enfoque metodológico singular e inclui a avaliação experimental da atuação dos sujeitos, empregando normalmente esboços intrasujeitos de medidas repetidas, em lugar dos esboços entre grupos. A análise aplicada do comportamento inclui uma série de técnicas baseadas no reforçamento, na punição, na extinção, no controle de estímulos e em outros princípios derivados da investigação de laboratório (Cooper, Heron e Heward, 1987).

A terapia comportamental cognitiva é o enfoque que põe em primeiro plano os pensamentos, as crenças e a suposição de que a pessoa molda ativamente seu próprio ambiente. O comportamento desadaptativo é considerado o resultado de cognições errôneas e a terapia se concentra em eliminar essas cognições e substituí-las por pensamentos e crenças que fomentem um comportamento mais adaptativo. Mesmo que se considere o comportamento um resultado dos processos cognitivos simbólicos, freqüentemente se empregam métodos comportamentais para modificar esses processos cognitivos, como, por exemplo, o receber conseqüências reforçadoras por expressar autoverbalizações que fomentem os comportamentos desejados. Entre as distintas posições existentes, os modelos com base cognitiva são os que têm recebido mais atenção na última década (ver Fishman e cols., 1988).

V.1.2. Dimensões adicionais

A diversidade da terapia comportamental pode ser ressaltada citando-se brevemente várias dimensões. Por exemplo, as técnicas de terapia comportamental variam no grau em que se apóiam na teoria psicológica e nos resultados de laboratório. Muitas técnicas provêm da teoria num sentido amplo, como a aprendizagem E-R, o condicionamento operante e as teorias cognitivas. Outras técnicas não se apóiam na teoria. Realmente, alguns autores não têm se dado conta de que os recursos são obtidos unicamente da teoria e da investigação básica. Por exemplo, Lazarus (1971) sugeriu que a teoria comportamental deveria incluir técnicas úteis para o tratamento, obtidas ou não da teoria ou da investigação de laboratório. Finalmente, outras técnicas têm surgido de uma orientação geral da aprendizagem, mas têm-se desenvolvido a partir da prática real em lugares aplicados (Azrin, 1977). Em resumo, as técnicas de terapia comportamental diferem notavelmente no grau em que provêm dos paradigmas da teoria ou da investigação de laboratório.

VI. CONCLUSÕES

Quando a terapia comportamental surgiu, inicialmente como um movimento formal, abarcava diferentes posições conceituais e distintas técnicas de tratamento. Não obstante, passaram-se por alto as diferenças que haviam na origem do movimento para fomentar as características comuns mais importantes, a saber, os procedimentos de tratamento baseados na aprendizagem e uma alternativa conceitual aos enfoques intrapsíquicos. As primeiras definições sublinharam os laços da terapia comportamental com a teoria da aprendizagem e com os princípios do condicionamento como ingrediente comum. Quando a terapia comportamental inicialmente se desenvolvia, desfrutava da claridade enganosa associada freqüentemente com a juventude. A polaridade dos enfoques intrapsíquicos e comportamentais parecia clara, tanto se discutia num nível conceitual amplo (p. ex., teorias psicanalíticas *versus* teorias conceituais) como se fazia em relação a fenômenos clínicos específicos (p. ex., substituição do sintoma). Igualmente, os defensores da modificação do comportamento consideravam que os fundamentos da "teoria da aprendizagem", freqüentemente um tema de debate, proporcionavam uma base muito mais firme que as "areias movediças" conceituais que a psicanálise oferecia.

Com o passar dos anos, a teoria, a investigação e a experiência clínicas têm modificado, de muitas formas, as características básicas do enfoque. Mesmo que a aprendizagem tenha apresentado uma ênfase crítica, as ambigüidades em nível teórico no mais básico dos paradigmas, como é o condicionamento clássico (p. ex., Rescorla, 1988), fazem com que os fundamentos não fiquem muito claros. Igualmente, é reconhecido mais facilmente que a relação de técnicas comportamentais específicas com teorias da aprendizagem ou com modelos de laboratório é forçada. A intolerância com os enfoques psicodinâmicos foi moderada. A tendência para as posições cognitivas dentro da modificação do comportamento tem sido emparelhada com uma orientação mais ampla referente à integração de muitos enfoques teóricos. O acercamento e a integração de enfoques anteriormente opostos são discutidos e defendidos ativamente (p. ex., Arkowitz e Messer, 1984; Goldfried, 1982b; Wachtel, 1977). O objetivo de desenvolver um enfoque comportamental claro e diferente tem se convertido em algo subordinado à tarefa de compreender os fenômenos clínicos e à de fundamentar e comprovar posições teóricas diversas.

A modificação do comportamento tem se desenvolvido notavelmente nos trinta anos transcorridos desde sua origem. O campo não pode ser caracterizado com precisão apontando para um conjunto particular de teorias ou áreas da psicologia como as bases para o tratamento. Uma das principais características da modificação contemporânea do comportamento é um enfoque empírico sobre o tratamento e sua avaliação. Curiosamente, esta característica comum dos enfoques dentro da terapia comportamental reflete os princípios metodológicos gerais do comportamento, aos quais se pode remontar o movimento em geral. Dentro do enfoque metodológico geral, estimula-se a diversidade dentro do campo, tanto em termos conceituais como técnicos. Dá-se as boas-vindas a novos enfoques sempre que estejam sujeitos à avaliação empírica. Por outro lado, a modificação do comportamento não defende um empirismo cego com respeito à psicoterapia, visto que muitas técnicas e procedimentos dificilmente podem a partir da psicologia científica em geral e das teorias da aprendizagem em particular.

Os fundamentos da modificação do comportamento podem remontar, facilmente a modelos de aprendizagem específicos e princípios metodológicos com os quais tais modelos estavam assocviados. Permanece a ênfase na investigação empírica. Entretanto os vínculos com modelos de aprendizagem tornam-se forçados. Essa questão foi discutida anteriormente no desenvolvimento da modificação do comportamento (p. ex., Breger e McGaugh, 1965, 1966). Recentemente, a consistência dos enfoques tem sido obtida por meio de investigação acumulada, que é auto-suficiente. Desse modo, os modelos da aprendizagem nos quais se apoiava o enfoque comportamental são contemplados, com menos freqüência, como aspectos centrais.

VII. LEITURAS RECOMENDADAS

Bayés, R. y Pinillos, J. L., *Tratado de psicología general 2: Aprendizaje y condicionamiento*, Madrid, Alhambra, 1989.

Fishman, D. B., Rotgers, F. y Franks, C. M. (comps.), *Paradigms in behavior therapy: present and promise*, Nueva York, Springer, 1988.

Kazdin, A. E., *Historia de la modificación de conducta*, Bilbao, Desclée de Brouwer, 1983. (Or.: 1978).

Kazdin, A. E., *Modificación de la conducta y sus aplicaciones prácticas*, México, El Manual Moderno, 1978. (Or.: 1975).

Keller, F. S. y Schoenfeld, W. N., *Fundamentos de psicología*, Barcelona, Fontanella, 1975. (Or.: 1950).

Whaley, D. L. y Malott, R. W., *Psicología del comportamiento*, Barcelona, Fontanella, 1978. (Or.: 1971).

Tarpy, R., *Aprendizaje y motivación animal*, Madrid, Debate, 1986. (Or.: 1982).

3. Pré-História da Modificação do Comportamento na Cultura Espanhola

Marino Pérez Álvarez

I. Introdução

Descreve-se uma série de referências da tradição cultural espanhola relativas a técnicas de mudança psicológica, reconhecidas como formas mais ou menos claras de modificação de comportamento. Todavia, não se tem utilizado a modificação comportamental como um molde superposto a um panorama histórico, mas sim, aquele que se reconheceria como tal. Obviamente, quem faz isso não é ingênuo (quanto às técnicas vigentes), de modo que analisa o passado a partir de certos critérios do presente. Sendo assim, o encontrado é, de alguma maneira, modificação de comportamento antes de sua constituição formal. Dessa maneira, não é tanto o fato de se ter utilizado isto como uma rede para capturar certas formas, mas talvez uma modificação de comportamento mais ou menos elaborada e em contextos mais ou menos decorativos para a sensibilidade atual.

II. A Projeção Clínica e Educativa de Vives

Em Vives (1492-1540) encontram-se antecedentes definitivos de importantes questões psicológicas atuais. Seu ponto de partida está comprometido com o interesse prático. "Não nos importa saber o que é a alma, mas sim, e em grande parte, saber como é e quais são suas operações" (*Tratado da Alma,* 1538, p. 55).

Ocupa-se da associação de idéias, do conhecimento e da memória, e neste contexto faz a seguinte observação: "Às vezes, simultaneamente com uma voz ou um som, nos acontece algo agradável, e este nos agrada sempre que voltamos a ouvi-lo, ou nos entristecemos se o que ocorreu foi triste; coisa que também se observa nos animais: se ao chamá-los, de certo modo, lhes ocorre uma coisa que

___
Universidade de Oviedo (Espanha)

os agrade, atendem alegremente, correndo quando ouvem o mesmo som; mas se foram maltratados, tremem ao ouvi-lo, por lembrar-se dos maus tratos" (p. 79). Assim, o relevante aqui é apreciar a projeção clínica e educativa de seus delineamentos.

Quanto à projeção clínica, um aspecto de interesse foi destacado por Zilboorg e Henry (1941, pp. 179-195). Ao caracterizar a "primeira revolução psiquiátrica", reconhecem em Vives o principal humanista que dirigiu a atenção para os assuntos sociais e culturais da época. A transcendência disto está em ver a condição humana dentro da cultura (frente à graça divina) e no cultivo da alma (frente à glorificação religiosa). Neste sentido, Vives sugere que os remédios devem acomodar-se às condições de vida. Uns necessitam de um tratamento amistoso, outros de instruções (e outros de força e algemas, se forem violentos). Mas sobretudo, o que se deve proporcionar é tranqüilidade, tanto quanto possível. Deve-se lembrar que isto foi escrito quarenta e tantos anos depois do *Malleus Maledificarum*.

Outro aspecto diz respeito às paixões. O livro III do *Tratado da Alma* analisa, em termos psicológicos, uma ampla lista de afetos tradicionalmente no domínio da moral. É o primeiro estudo moderno das paixões, antecessor do tratado de Descartes (Guy, 1972, pp. 61-67). Um marco desta projeção clínica se encontrará 50 anos depois em M. Sabuco.

A projeção educativa tem também destaque em um capítulo do *Tratado da Alma* intitulado "A maneira de aprender", em que, ao considerar os sentidos como os primeiros mestres, situa-se na perspectiva das condições do que deverá ensinar, isto é, na facilitação da tarefa. De qualquer maneira, sua obra básica sobre a educação é o *Tratado do Ensinamento* (1531), onde identifica a questão principal do ensino com a atividade do aluno. "Deve-se apresentar as coisas à criança de tal modo que manifeste sua inteligência com movimentos e com atos, pois não se pode julgar nada em estado de quietude" (*Tratado do Ensinamento*, p. 36). Assim, recomenda-se a elaboração do próprio livro de texto, a repetição ante outros e o escrever o que se vai memorizar. Em coordenação com a atividade do aluno enfatiza a disposição da tarefa, por parte do professor, em ordem de crescente dificuldade, de tal maneira que a aprendizagem resulte acessível e fácil, "introduzindo pouco a pouco" a matéria mais complexa e uso de modelos. Propõe, assim mesmo, uma avaliação do progresso mediante a comparação da criança consigo mesma desde o princípio, e a adequação arte/ciência, ou seja, aptidão/tarefa. Seria Huarte de San Juan quem tematizaria esta questão no *Exame de Talentos para as Ciências*. Um impacto particular destes delineamentos educativos, de especial notoriedade, deve ser reconhecido na contribuição espanhola à terapêutica da linguagem.

III. A MODELAÇÃO VERBAL NO TRABALHO DE PEREIRA

Sem esquecer Ponce de León, Ramiréz del Carrión e Juan Pablo Bonet, deve-se assinalar que é Jacobo Rodríguez Pereira (1715-1780) quem desenvolveu um avançado método de educação da linguagem em surdos-mudos, fundando a logopedia. Eduardo Seguin escreveu em 1847 um livro reivindicativo do mérito de Pereira, no qual faz uma análise baseada no método (já que seu autor não o deixou escrito), cuja exposição se seguirá aqui. O mínimo que se pode dizer, de início, é que o trabalho de Pereira tem uma alta densidade psicológica, dada pela construção de um âmbito de relações funcionais consistentes na modelação do comportamento verbal e sua manutenção através da interfuncionalidade comportamental.

O procedimento de Pereira pode ser resumido nos seguintes componentes. Em primeiro lugar, o diagnóstico diferencial da surdez com respeito a outras afecções aparentemente similares e sua classificação em alguma destas três categorias: 1) absoluta, 2) a dos que são sensíveis a ruídos, embora sem discriminá-los e 3) aquela em que se distinguem alguns sons vocais (Seguin, 1932, pp. 171-174).

Em segundo lugar, o início de um mínimo de relação professor-aluno por meio de sinais já estabelecidos no surdo, de modo que permita a instauração de um sistema de "escrita volante, feita no ar com os dedos e destinada a substituir a palavra", chamado dactilologia ou "alfabeto manual à espanhola" (pp. 175-183), já descrito por Bonet. O aspecto crítico deste procedimento é que "cada posição especial dos dedos designa por sua vez, de um lado, a disposição e a ação dos órgãos da palavra próprios para produzir o som e, de outro lado, o caráter ou caracteres que a ortografia usual exige para representar este mesmo som" (p. 179). Assim, poderia ser usado no escuro (e por cegos), falando a alguém movendo os dedos segundo o sistema dactilológico (p. 178). Em conseqüência, a dactilologia não era meramente uma maneira de comunicação, mas um sistema de articulação coadjuvante da leitura labial e visual para pôr em ação os órgãos reprodutores da palavra.

Nesse sentido, e em terceiro lugar, incorporava a percepção tátil das vibrações sonoras como exercício do órgão fonador atrofiado e exercícios dos movimentos propulsores da voz, de maneira que se substituía o ouvido pelo tato para a autopercepção da própria palavra. Empregavam-se neste desenvolvimento proprioceptivo exercícios de imitação dos órgãos vocais e a modelação. Obviamente, nos surdos do "segundo tipo" era mais fácil fazer chegar a percepção da voz pelo tato (que nos do primeiro), enquanto um "surdo do terceiro tipo percebia muito bem a palavra pelo tato", para os quais dispunha de exercícios para o cultivo da audição mediante uma estimulação assistida por um tipo de megafone, ao mesmo tempo em que se via a forma articulada (pp. 190-191). Igualmente, ensinava-se a entonação e o acento através de gesticulações apropriadas com a cabeça, os braços, os ombros e os músculos intercostais. Assim pois, tratava-se de uma complexa prática de interfuncionalidade, mas não dirigida a substituir a palavra falada por outras formas de comunicação, senão a desenvolver aquela através do apoio e da modulação a partir destas.

Em quarto lugar, uma vez estabelecida a palavra (depois de seis, dez ou quinze meses), no caso de não ouvi-la, a lia nos lábios e podia apoiá-la com a dactilologia como recurso mnemônico da articulação (além de sua possibilidade como uma língua a mais, junto com a escrita), o aluno se incorporava à instrução convencional (pp. 222-223).

Definitivamente, este representa um procedimento terapêutico em um problema concreto que pode ser descrito em termos de modelação do comportamento verbal, incluindo a imitação e a substituição sensorial e no que são decisivas a ação prática do sujeito e uma particular disposição das condições estimulares. A contribuição de Pereira alcança ainda mais relevância levando em conta, por um lado, o dogma estabelecido por Aristóteles e Hipócrates e sustentado por Huarte relativo a que os mudos nunca falariam e, por outro lado, que na mesma época a "imbecilidade" era tratada com águas termais, purgações, banhos e inoculação da sarna.

IV. A Psicologia dos Médicos

Nesta época considera-se que existiam pelo menos quatro médicos com relevância psicológica, embora em diferentes graus para a ênfase que se dá aqui. Trata-se de Huarte de San Juan, Gómez Pereira, Francisco Vallés e Miguel Sabuco.

É preciso reconhecer que a importante obra *Exame de Capacitação para as Ciências* (1575), de Huarte, oferece escasso destaque para uma psicologia interessada na mudança, já que as "almas vegetativa, sensitiva e racional são sábias sem serem ensinadas por ninguém, tendo o temperamento conveniente que pedem suas obras" (*Examem, IV*). De fato, as diligências que se devem fazer para que as crianças saiam talentosas e sábias, conservando estas qualidades depois de estarem formadas e nascidas, remete-se, sobretudo, a certos cuidados na nutrição (*Examem, III e V*). Dir-se-ia que sua psicologia é antiquada e obsoleta. Contudo, não se deixará de apreciar o critério intervencionista relativo a acoplar as ciências, quer dizer, os ofícios, profissões, tarefas, artes, a habilidade segundo a qual estão diferencialmente dotadas as pessoas. A este respeito, não só estabelece diferenças quantitativas como também qualitativas, segundo predomine a memória, a imaginação ou o entendimento (*Exame, VIII-XIV*). A doutrina de Huarte está exercitada na construção psicológica de Dom Quixote (Iriarte, 1948, pp. 311-332).

Outra conjectura de intervenção pode ser vista no reconhecimento de que o ambiente influi no estudo. Recomenda-se que os estudos se realizem em uma cidade diferente da que se é natural, "porque os cuidados da mãe, dos irmãos, parentes e amigos que não são de sua profissão, são grande estorvo para aprender. Isto se vê claramente nos estudantes naturais das vilas e lugares onde há universidades; nenhum deles, com pouquíssimas exceções, sai letrado" (*Exame, I*).

Um maior interesse psicológico no sentido destacado aqui oferece a doutrina do automatismo dos animais, de Gómez Pereira. Formula quatro causas do movimento dos animais. A primeira depende da presença dos objetos que influenciam diretamente nos órgãos, segundo sua natureza, um movimento proporcional de aproximação ou de evitação (segundo seja conveniente e atrativo ou nocivo e repelente). A segunda ocorre na ausência de objetos presentes, a mercê de seus fantasmas. Os fantasmas são "corpúsculos sutilíssimos, produzidos e transmitidos de modo oculto pelos objetos exteriores, destinados a agir na ausência das coisas às quais correspondem [...], fazendo com que através deles se conheçam novamente os objetos previamente conhecidos", de modo que podem iniciar um movimento para as coisas necessárias (cf. Solana, 1941, p. 219 do t. I).

A terceira causa se deve a certo ensinamento, sem o qual não se explicariam alguns movimentos que não dependem de objetos presentes nem de fantasmas. Isto é possível porque os sons da fala produzem movimentos do ar que, através do ouvido, atuam na parte do cérebro da qual saem os nervos motores, dando lugar a um movimento que se corresponde justamente com a peculiar maneira do som. Quanto à quarta causa, trata-se do instinto natural.

Nos animais estes movimentos têm uma natureza automática. Em troca, o conhecimento humano se comprova pela experiência que a pessoa percebe de suas operações intelectivas. O relevante é que o conhecimento sensitivo e intelectivo é a própria faculdade de conhecer. A alma se resolve em seus atos, em operações referidas a objetos com os quais se tem experiência. Esta experiência é mais segura que o raciocínio ou os sonhos, em que os pensamentos ocorrem sem nenhum objetivo externo. E mais, todos os atos da alma poderiam ser ilusões. Mas o conhecimento, como tem de ser algo externo à alma, é a evidência firme. Ao considerar o objeto como condição do sujeito, pode-se ver em G. Pereira, não um precursor de Descartes, mas como uma doutrina mais avançada, pois sujeito e objeto formam a unidade firme da experiência (enquanto a prova cartesiana é solipsista).

A obra de Francisco Vallés intitulada Sagrada Filosofia (1587) está diretamente comprometida com a medicina. Sua proposição da medicina é psicossomática, de modo que entre a imaginação e o corpo pode haver uma relação recíproca. "Sabe-se que a imaginação e a geração, em um mesmo animal, são ações unidas entre si por mútua simpatia, sempre estão de acordo; assim, quando os genitais abundam em sêmen, a imaginação se enche de fantasmas libidinosos, o mesmo acontece quando a imaginação começa a imbuir-se em tais imagens, imediatamente os genitais aumentam sua ação" (Sagrada Filosofia, XI, pp. 132-133). Este comércio entre a alma e o corpo também é assumido no capítulo 35 dos Provérbios, do qual se encarrega Vallés: "Dê sidra aos tristes e vinho aos que sofrem amarguras, bebam e esqueçam suas necessidades e não recordem mais sua dor" (XXVII, p. 210).

Entretanto, deve-se considerar, assim mesmo, que a desmedida no beber e "um erro dietético prejudica igualmente a ambas as partes" (o corpo e o espírito). Para defender a saúde do corpo e da alma necessita-se que os humores sejam compostos, "porque uma falha na alimentação perturba tanto um quanto outro". Mas não se deve levar em conta somente a alimentação, mas o movimento e o descanso, o sono e a vigília, o ar, o que se expulsa e se retém, e as perturbações do ânimo. "Sobre isso foi dito por Galeno com muito fundamento que 'uma parte da medicina é a filosofia dos costumes'" (LXXIII, p. 598). Tudo isso requer o uso da moderação mediante a disciplina dos apetites corporais por parte da razão, de acordo com esta dupla força que compõe a natureza humana (XLIV).

Quanto às enfermidades da alma, propõe a logoterapia. As palavras, ainda que não "levem em si uma força natural", ajudam a afastar alguma enfermidade somente pela confiança do enfermo, do mesmo modo que o medo, a tristeza e o desespero acrescentam muitas enfermidades, prejudicando os enfermos; pelo contrário, a confiança e o bom humor socorrem a muitos e os anima como se houvessem melhorado. Este encantamento apresenta efeitos satisfatórios, embora não seja pelo poder natural das palavras. Não há quem em sua ignorância consiga ver a utilidade; por isso, alguns sábios e médicos entendidos atribuem isto à necessidade dos enfermos, como os que curam a loucura, e lhes permitem empregar o encantamento mesmo sabendo que não têm todo o poder (III, pp. 80-81).

Efetivamente, Vallés é apresentado como logoterapeuta na história da psiquiatria (Diechöfer, 1984) e, por fim, lembra a melancolia de Saul e sua cura pela música e outras distrações, com as quais afastou sua tristeza. No mais, já é sabido pelo eclesiástico que "o vinho e a música alegram o coração" (XXVIII, p. 214).

A obra de Miguel Sabuco intitulada *Nueva Filosofía de la Naturaleza del Hombre* [Nova Filosofia da Natureza do Homem] (1587) oferece táticas para o tratamento das paixões e, também, uma doutrina psicossomática. Sabuco considera que as paixões são causas de doenças, inclusive da morte, e as virtudes são meios de conservação da saúde e da vida. As doenças não provêm de um desequilíbrio dos humores nem de alimentos inadequados (segundo a doutrina tradicional), mas de algum estado do cérebro (relativo à perda de substância ou umidade), enquanto regente dos compostos corporais e sede das paixões. Contudo, a terapêutica das paixões resulta em alguma mudança psicológica.

O remédio contra a raiva é a "insinuação retórica", consistente na seguinte ajuda proporcionada por um amigo. Em princípio, deve-se reconhecer que a pessoa tem seus motivos para estar com raiva, mas aconselha-se adiar a vingança, de modo que se possa reconsiderar o assunto mais adiante, em cujo distanciamento se analisam as conseqüências do que se vai fazer. Assim, a cólera se atenua e inclusive se esquece (*Nueva Filosofia,* pp. 19-20).

"Como remédio contra a tristeza anote estes avisos: quando a esperança de seu bem pereceu, logo busque, investigue e imagine outra". Deve-se afastar as coisas que produzam pena. Remedia-se também "tanto pelas razões da alma, como pelas alegrias exteriores e corporais" (p. 22). Com respeito à esperança, recomenda-se representá-la "embora seja fingida" (p. 31). Mas o prazer e a alegria também podem ser perigosos, assim uma notícia de "grande alegria não deve ser dada de chofre, improvisadamente" (p. 30).

Para vencer o medo, o primeiro passo é "conhecer a condição e a natureza para não dar-lhe crédito", isto é, saber que mais dano produz o temor do que a coisa temida quando chega. O segundo é "alegria, perfume, música, o campo, o som das árvores e das águas, boa conversação, buscar prazeres e alegrias em tudo" (p. 24). Deve-se levar em conta que a imaginação "faz o mesmo que a verdade, já que é "como um molde vazio, que o que preenche ele imprime", e "como um espelho, que todas as figuras que vêem, as recebe e mostra: assim, se a imaginação for de medo, prejudica, como se fosse verdadeira", de maneira que se "alguém imagina estar próspero e feliz, isso age como se fosse verdade". E, portanto, dou-lhe este conselho, "acredite ser o dia de hoje um dia feliz" (pp. 92-93).

A angústia e a preocupação devem ser tratadas de acordo com uma programação, listando os cuidados em um papel e afixando-os na parede. Isto alivia a angústia e o medo da memória, e sem pena o paciente vê ali os cuidados, e "se os pratica, à noite dorme melhor" (p. 35). "A grande angústia se aliviará com razões da alma, o que é, já é, o que há de ser, será, minha fadiga não a melhora, nem remedia" (p. 36).

No excesso de amor, visto que este afeto pode matar, deve-se usar o remédio da prevenção, dizendo-se que se uma pessoa perdeu algo que tanto amava, seria covarde e pusilânime perder também a vida por ele? Caso não se possa alcançar o desejado, "está claro e comum o remédio, que é buscar e tomar outros amores, pois "um mal com outro se esquece"* (p. 29).

Mas também há afetos saudáveis, particularmente a esperança e a alegria, a satisfação e o prazer (p. 45), do mesmo modo que seus opostos são nocivos. As virtudes também são causas de saúde. A este respeito não há procedimentos, unicamente sugere-se a moderação que "em todo caso, fuja do extremo e do excesso" (p. 52).

Em definitivo, "O principal e geral remédio da medicina alternativa é compor a alma com o corpo e eliminar a discórdia e a insatisfação"... para isso "O melhor medicamento ou remédio são palavras e obras que possam gerar nos adultos alegria e esperança de bem" (p. 207). Assim, Sabuco tem um notável interesse como psicólogo das paixões e precursor da medicina psicossomática (Guy, 1987).

V. AUTOCONTROLE ASCÉTICO E CONSTRUTIVISMO MÍSTICO

A ascética e a mística constituem outra zona de conteúdo psicológico. O logro da experiência mística requer uma prática ascética, sem que necessariamente esta termine naquela. Os *Exercícios Espirituais para Vencer a si mesmo e Ordenar sua Vida,* de Santo Inácio de Loyola (1521-1541), são o manual mais representativo do autodomínio ascético. O domínio de si mesmo refere-se ao controle dos pecados, podendo apresentar-se segundo a tríplice modalidade de pensamento, palavra e obra. Sua análise e controle se realiza de acordo com as três potências da alma: memória (contemplação e meditação sobre os pecados e sua penitên-cia), entendimento ("para mais me envergonhar e confundir, trazendo em comparação de um pecado dos Anjos tantos pecados meus") e vontade ou movimento do afeto (*Exercícios,* pp. 45-52). Contém técnicas para o treinamento da imaginação como a "composição do lugar" (pp. 47, 56, 101-121) e da vontade, como o "sistema de escolhas" (pp. 169-187). Contemplam-se regras específicas "para ordenar-se no comer" (p. 210), "para alcançar o amor"(p. 230), etc. Este autocontrole compreende certas disposições ambientais relativas ao retiro da vida cotidiana, práticas posturais, solidão da noite, etc.

---

*N.T.: No original espanhol "un clavo con otro se saca".

O *Guia de Pecadores,* de frei Luis de Granada (1556-1567), consiste de "avisos e documentos para fazer um homem virtuoso". Oferece remédios contra os vícios e exercícios para a virtude. Entre os primeiros estão as técnicas de "resistir ao princípio", visto ser mais efetivo que quando a paixão está acesa, evitar as ocasiões e contrapor um pensamento a outro (*Guia* II, 7, 1). Para o segundo, antes de tudo se atém à disciplina do corpo, visto que dificilmente se acharia "um espírito escondido em um corpo inquieto e desassossegado" (II. 15, 1). Neste sentido, estipula regras sobre o autocontrole do comer e do beber. Ainda assim, para alcançar estas disciplinas requer-se uma reforma do entendimento, ou virtude da prudência. A prudência se refere ao governo equilibrado das paixões do corpo, às vezes puxando as rédeas e outras soltando-as, mas também é saber falar e calar a tempo, "não confiar em todos", "entender as artimanhas e ciladas do inimigo", "saber quando ganhar é perder e quando perder é ganhar" (II, 15, 8).

Uma vez estabelecido o autocontrole ascético, o passo seguinte pode ser (em certas pessoas) a experiência mística. Em termos de modificação psicológica ver-se-ia na construção do mundo interior uma técnica do êxtase. Uma vez disciplinados os apetites e obscurecidos os sentidos (na noite escura da alma), ilumina-se e contempla-se um mundo interior. Sendo assim, estes cenários são construídos à imagem e semelhança do mundo externo. Precisamente o que permite a exploração do interior é a construção de uma alma que, a rigor, é alguma forma de vida social ou algum cenário público.

Assim, Luis de Granada concebe a arte superior da alma como "a cabeça espiritual e adega de vinho precioso e vê em sua essência, em seu centro, a imagem e semelhança de Deus", de modo que "fecha-se dentro de si [...] e começa a dormir aquele sono velador" (*cf.* Morales Borrero, 1975, p. 356). Frei Luis de León (*De los Nombres de Cristo* [Dos Nomes de Cristo], 1583) constrói a conexão mística através dos nomes que Cristo recebe na Bíblia, que na realidade são figuras sociais bem reconhecíveis: Pastor, Padre, Cordeiro, Esposo, elaboradas para servir de modelo de vida interior. Por exemplo, a figura do Pastor sugere o guia das opiniões, apetites e desejos ao bem, porque "certo é que o verdadeiro pasto do homem está dentro do próprio homem" (*De los Nombres,* p. 236).

São João da Cruz constrói sua união de amor divino mediante as figuras do amado, do esposo ou do matrimônio espiritual (*Cântico Espiritual,* 1578). Isto supõe, então, uma identificação do amado em seus traços fisionômicos (formosura que se pode desenhar) e uma assimilação de um com outro. O amor desenha "a figura do Amado e tão conjunta e vivamente se retrata nele, quando há união de amor, que é verdade dizer que há uma transformação mútua (*Cântico,* XII, p. 183). Capanaga (1950, pp. 246 ss.) expõe estas noções de assimilação-transformação. Deve-se dizer que esta imagem do amor compreende efetivamente o aspecto pulsional ou passional dos afetos ou "afeições" da alma. Porque o interior da alma é "a parte racional, que tem capacidade para se comunicar com Deus, cujas operações são contrárias às da sensualidade". A alma é como uma cidade, cujo centro (elevado) é propriamente a alma racional, sendo a parte sensitiva seus "arredores" ou bairros baixos dos apetites. "Mas, porque há comunicação natural da gente que mora nestes arredores [...] com a parte superior [...], de tal maneira que o que ocorre nesta parte inferior ordinariamente é sentida na outra interior", motivo pelo qual se procura manter afastadas estas afeições em seus bairros (*Cântico*, XVIII, pp. 224-225), um modo de dizer "bairros baixos da personalidade". O empenho de João da Cruz é vencer uns apetites (o amor sensível) mediante a potenciação de outros (o amor espiritual), resultando que o amor espiritual exacerbado é a própria paixão corporal.

Santa Teresa de Jesus constrói seu mundo interior segundo a semelhança de um castelo com sete cômodos (*As Moradas*, 1577). Em seu trajeto ascético e introspectivo para a união plena com o esposo, no sexto cômodo lhe ocorrem grandes "atribulações do corpo", ardente desejo e "atos de amor" (*As Moradas*, pp. 96-97), assim como encantamento ficando os sentidos absortos e com muitas visões do cômodo onde está o esposo, "embebida em gozo" (p. 110), e "suas mãos e seu corpo esfriam de maneira que não parece ter alma" (p. 112). Uma "operação de amor" ela descreve em *Sua Vida (*pp. 96-97);

via um anjo junto a meu lado esquerdo em forma corporal [...] não era grande, mas pequeno, muito formoso, o rosto tão corado... Via em suas mãos um dardo de ouro longo, e na extremidade do ferro me parecia ter um pouco de fogo. Este parecia-me penetrar o coração algumas vezes, e que me chegava às entranhas: ao tirá-lo parecia que as levava consigo, e me deixava abrasada em grande amor de Deus. Era tão grande a dor, que me fazia dar alguns gemidos, e tão excessiva a suavidade deixada por esta grandiosa dor, que não há desejo que a faça desaparecer [...]. Não é dor corporal, mas espiritual, embora o corpo não deixe de participar um pouco, e ainda saciado.

A sétima morada é de tranqüilidade. Quer dizer, o estado místico é alcançado mediante exercícios ascéticos e a construção de um expressivo espaço introspectivo à semelhança da vida cotidiana (o castelo é uma analogia, mas há pelo menos outras treze, com vinte denominações para o interior da alma) (cf. Morales Barrero, 1975, pp. 236-237), e de acordo com um ambiente cultural envolvente. Um estado místico que, em certo sentido, tem pouco de místico, porque ocorrem mais perturbações do corpo que em qualquer outra situação enriquecida com estímulos externos. A geometria segundo a qual foi construída a alma resulta em estados corporais modificados.

VI. Habilidades de Pícaros[*] e de Príncipes

O interesse da picaresca se deve a duas circunstâncias: a declarada ênfase na aprendizagem social e na habilidosa técnica do comportamento. Quanto ao primeiro aspecto, efetivamente, o ambiente familiar condiciona o ingresso da criança na classe dos buscadores e o conseqüente contato com os já existentes. Como reconhece *Estebanillo Gonzaléz* (de autor anônimo), "tão filho de minhas obras, que por si o fio se separa do novelo, por ela formarás minha nobre descendência" (*Estebanillo* I, p. 57). A criança pícara estava preocupada com sua

---

*N.T.: Pícaro: patife, ardiloso, astuto, travesso.

educação escolar, como condição para a ascensão social, apesar de sua família. Lembre-se, por exemplo, a estância de Pablos na escola, na criação de Quevedo. É interessante referir-se ao método utilizado por seu professor para punir e corrigir a travessura de chamar Pôncio Pilatos de Poncio Aguirre (coisa que fizera para agradar a outra criança da qual queria ser amiga),

açoitando-me, dizia após cada açoite: – "Direis mais Pôncio Pilatos?" Eu respondia: – "Não, senhor"; e o respondi vinte vezes, a outros tantos açoites que me deu. Fiquei tão experiente em dizer Pôncio Pilatos, e com tal medo, que mandando-me no dia seguinte dizer (como de hábito) as orações aos outros, chegando ao credo..., disse: "padeceu sob o poder de Poncio Aguirre". Deu no professor um ataque de riso ao ouvir minha simplicidade e de ver o medo que havia tido dele, que me abraçou e deu-me um papel assinado em que me perdoava dos açoites nas duas primeiras vezes que tinha merecido [*El Buscón*, p. 110 (*O Buscador*)].

A aprendizagem da escola da vida surge como "avisos para viver". O caso paradigmático é o do cego com respeito a Lázaro (de autor anônimo), que "sendo cego me iluminou e me guiou na estrada da vida" (*Lazarillo*, p. 97). As formas educativas do cego são a experimentação prática (o caso do touro), o exemplo continuado (o caso das uvas) e o conselho prudente e oportuno ("ignorante, aprende, que o moço cego há de saber mais que o diabo", p. 96). Igualmente, ensinamentos mundanos estão na confraria de convenção descrita por Cervantes, em que se aperfeiçoam Rinconete e Cortadillo, e nas regras para viver na Corte que refere um fidalgo a Pablos (*El Buscón*, pp. 171-174).

Quanto às habilidades sociais destacam-se quatro tipos. Um é o mimetismo ou imitação, de acordo com o refrão "Faça como vires" (*El Buscón*, p. 132). Assim, *Guzmán de Alfarache* (1597-1604) (de Mateo Alemán) quando teve de fazer-se pícaro juntou-se com outros principiantes, "ágeis na apreensão. Fazia como eles no que podia; mas como não sabia os métodos para o roubo, ajudava-os a trabalhar, seguia seus passos... [e assim] ia aperfeiçoando-me na habilidade por horas" (*Guzmán*, p. 275). No mais, tem-se o contínuo mimetismo de Estebanillo González segundo requeiram as circunstâncias. Com "o alemão sou alemão; com o flamenco, flamenco; com o armênio, armênio; e com quem vou, vou, e com quem venho, venho" (*Estebanillo*, I, p. 61).

Outro tipo de indústria, solidária com a anterior, é a simulação ou usurpação de papéis. Aqui se tem, por um lado, os papéis de se fazer de mendigo, habilidades muito úteis no contexto da caridade cristã e, por outro, a simulação de riqueza, ostentando sinais indicativos de não ter de trabalhar para viver, conforme o desprezo pelo trabalho manual. O fidalgo arruinado amigo de Pablos é paradigmático:

Meu amigo ia pisando firme, e olhando para os pés; tirou umas migalhas de pão que sempre trazia em uma caixinha para este fim, e derramou-as pela barba e roupa, de sorte que parecia haver comido. Já eu ia tossindo e esgaravatando, para simular minha fraqueza, limpando os bigodes, rebuçado e a capa sobre o ombro esquerdo [...]. Todos os que me viam, julgavam-me haver comido, e se o fora de piolhos, não erraram (*El Buscón*, p. 182).

Os recursos mais apreciados para a ostentação são a ociosidade, o uso de vestuários e adornos reservados aos superiores, o gasto desmedido em comida, a casa própria ou o aluguel e o passeio de carro, sendo a novela picaresca onde melhor se reflete tal fenômeno cultural (Maravall, 1986, pp. 544-590).

Outra habilidade é a adulação. "A lisonja é a chave-mestra, que abre todas as vontades em tais povos" (El Buscón, p. 170). Vejam-se as instruções do fidalgo a Pablos para comer em casas de conhecidos: "averiguar sua casa, visitar à hora de comer com um assunto elogioso, aceitar se o convidam, oferecer-se a servir de copeiro se já haviam começado e desta oportunidade elogiar os guisados provando, já que "seria ofensa à cozinheira não prová-lo. Que boa mão tens!". E dizendo e fazendo, vai e prova meio prato" (El Buscón, p. 171). Outro exemplo notável está no escudeiro faminto mas que havia dito que já tinha comido; "Digo-te Lázaro, que tens no comer a melhor graça que já vi na minha vida em um homem, e que ninguém que o veja fazer não sentirá vontade embora não a tenha", de modo que começa a comer, facilitado por Lázaro que já havia entrado na cumplicidade da dissimulação (Lazarillo, p. 141).

Finalmente, outra habilidade é o sentido do humor, que teria a função saudável que os médicos da época reconheciam na alegria ante a vida, principalmente se esta é adversa. Referia-se aqui o gracioso afrontamento da condenação à morte de Estebanillo Gonzaléz (I, pp. 331-332). Outras formas de humor estão nas personificações e coisificações, na transfiguração semântica das coisas e na recreação distanciada da adversidade. Um estudo das classes de ironia e de humor no Lazarillo está em García de la Concha (1981, pp. 217-235).

O comportamento do pícaro representa a atitude de prudência característica do Barroco, referente à astúcia, à desconfiança, à dissimulação, à espreita, à ocasião para agir e à vigilância. É o "avivar o olho e avisar" do Lazarillo, duas noções da prática predatória. Tudo isso supõe uma ascética mundana a serviço do progresso e da instalação social confortável, de acordo com a figura emergente do homo economicus que define a integração do indivíduo no Estado (segundo uma sorte de "corpo místico do Estado"). Não obstante, é legítimo coordenar a razão pessoal do pícaro com a razão de Estado. Ambos se atêm a um proceder calculado, pragmático, segundo o interesse próprio. Com efeito, os estadistas falam da "indústria e sagacidade do Estado" e dos discursos picarescos de "razão de estado" para referir-se às razões da atitude do pícaro. E mais, os príncipes que hão de reger os estados terão de ser educados na pragmática política, que tem muito da prudência do pícaro, caracterizando-se ambas pelo proceder maquiavélico.

Antes de tudo, a educação do príncipe há de ser muito cuidadosa. O tratado de Saavedra Fajardo, Empresas Políticas (1640) é o manual mais representativo. É de se destacar, neste sentido, uma marcada ênfase no exercício prático de acordo com a disposição elaborada das condições ambientais. Assim, para ensinar a ler, "é mister a indústria e a arte do mestre, procurando que neles e nos jogos pueris seja tão disfarçado o ensino, que o beba o príncipe sem sentir [...]. Aprende a escrever tendo gravadas as letras em uma lâmina sutil. A qual, posta sobre o papel, leva a mão e a caneta, exercitando-se muito em habituar-se naquelas letras das quais se formam as demais. Com o que se apaixonará pelo trabalho, atribuindo ao seu talento a indústria da lâmina" (Empresa 5). Se forem descobertas algumas inclinações opostas às qualidades que deve ter quem nasceu para governar a outros, é conveniente colocá-lo ao lado de meninos de virtudes opostas a seus vícios [...], pois, ao príncipe avaro acompanhe um liberal; ao tímido um desenvolto; ao introvertido um desenvolto; ao preguiçoso um diligente; porque naquela idade imita o que vê e ouve, e copia em si os costumes do companheiro" (Empresa 2).

Quanto às paixões, é muito adequado para o príncipe o domínio da vergonha e a comiseração, que "vencem e se sujeitam com alguns atos opostos a elas, que extingam e sequem aquela ternura do coração, aquela fragilidade do ânimo, e o façam robusto, livrando-o destes temores servis [...]. O medo de falar e sair em público e a desconfiança de si mesmo curam-se introduzindo audiências dos súditos e dos forasteiros, levando-o pelas ruas e praças onde conheça as pessoas, e conceba as coisas como são, e não como as pinta a imaginação" (Empresa 7). O remédio da ira está na demora da resposta, mediante o recurso de pedir conselho e na dissimulação (Empresa 8), e assim mesmo, "é mister dissimular as ofensas, e que primeiro se vejam os efeitos da satisfação que a ameaça [...] Nenhuma vingança é maior que um silêncio mudo" (Empresa 11). Também são consideradas habilidades do príncipe a dissimulação de suas intenções e ações, o que é objeto da Empresa 43: "Para saber reinar, saiba dissimular". Recomenda-se o recato, o uso de palavras gerais e equívocas, adverte-se que dizer "sempre a verdade seria perigosa ingenuidade, sendo o silêncio o principal instrumento de reinar". Toma-se como modelo a astúcia de certos animais; "não há virtude moral que não se ache nos animais. Com eles mesmos nasce a prudência prática", e assim a Empresa 44, dedicada a ocultar os propósitos, tem como emblema a cobra (com seu movimento incerto), e a 45 o leão com sua vigilância, tão necessária ante o engano e a espreita dos demais. "Não se fie o príncipe poderoso nas demonstrações com que os demais o reverenciam, porque tudo é fingimento e diferente do que parece. O agrado é lisonja; a adoração, medo; o respeito, força; e a amizade, necessidade".

As figuras do pícaro e do príncipe representam os extremos da escala social. Pode-se dizer que o perfil psicológico do homem médio da época participa destas características. Trata-se do homem prudente, talentoso e com bom gosto, de acordo com um comportamento instrumental e com uma atitude individualista de salvação pessoal (não tanto no corpo de Cristo como no corpo do Estado).

VII. Remédio de Jogadores

Entre as habilidades indispensáveis do pícaro estava a de jogador, obviamente, valendo-se de qualquer artimanha. A este respeito, o mundo do jogo oferece, sem dúvida, interessantes situações nas quais se reconheceriam formas de controle psicológico; assim, por exemplo, o "enganchador" enquanto preparo de modelação. Por outro lado, trata-se, em princípio, de uma diversão recomendável. Mesmo assim, na época barroca era um "vício nacional". Na "Espanha sempre se jogou, e quando mais se jogou foi no momento do barroco, quando Madri e Sevilha, as duas grandes capitais, haviam se convertido em uma enorme casa de jogos" (Luján, 1988, p. 160). Dado o problema, foram escritos vários tratados, nos quais se encontram técnicas psicológicas. Pedro de Covarrubias em *Remédios de Jogadores* (1543) oferece doze regras que dá à indústria para remediar o jogo compulsivo. Nas primeiras, enfatizam-se certos afrontamentos cognoscitivos, relativos a estar em alerta e apercebidos, a reconhecer que na aparência do jogo se esconde o caminho de maiores adversidades e tristezas, ao uso de imagens contrárias às tentações, a confiar em que Deus não deixe que a tentação seja maior do que aquela a que se possa resistir e, enfim, a não contentar-se nem estar confiante em haver superado uma tentação, mas a manter-se de sobreaviso. A regra nove "é que visto que estás bem confiante e determinado, sejas sempre humilde, fugindo das ocasiões e aparelhos de pecar". A dez "é que às tentações e maus pensamentos resistas em princípio e não os deixe tomar assento no reino de tua alma: mas à entrada exercita tuas forças, que rapidamente vencerás". A regra onze recomenda que quando se for tentado, em vez de comparar o prazer do jogo com o esforço do resistir, compare-se ao prazer do pecado, que é pouco duradouro, com a suavidade e o contentamento de havê-lo superado, que é o verdadeiro prazer que dura. Segundo a regra doze, a pessoa não há de sentir-se desamparada por ter enfermidades e trabalhos aflitivos já que, ao ser a soberba nosso mais sutil e maior inimigo, "para a defesa dela é mister com débeis tentações e enfermidades nos fazer conhecer o pouco que somos" (*Remédio,* pp. LXXXVII-XC).

VIII. Enunciado de Algumas Implicações

A referência à tradição cultural em um texto de atualização da modificação de comportamento tem, entre outras, três implicações.

Antes de tudo, oferecer o estado atual em uma perspectiva histórica (embora aqui tenha sido muito limitada), de maneira que isso possa proporcionar uma certa solidez intelectual, pelo menos que prive de crer que a psicologia foi inventada há alguns anos. A referência de técnicas atuais com procedimentos do passado não supõe necessariamente alguma degradação daquelas, mas que, pelo contrário, podem cobrar a potência da projeção histórica. Contudo, como disse Freud, a originalidade com freqüência é ter lido pouco.

Particularmente, a análise dos problemas psicológicos e suas soluções talvez requeiram reparar mais no contexto cultural próprio (que ater-se em uma rápida importação). Três referências fora de contexto: talvez o empenho pelo apoio social, pelo menos, nas formas que usualmente são citadas como tais, tem pouco sentido na Espanha, de modo que tal apoio aqui já forma parte da vida cotidiana; da solução de problemas, às vezes, tem-se a impressão de que é meramente formalidade, pois o "sistema de eleições" gera alternativas que ou são ilusórias ou resultam triviais; o treinamento em assertividade talvez não seja a principal habilidade social que se possa oferecer, pois o "êxito" social pode ter outras modalidades (por exemplo, habilidades picarescas ou de arte de talento).

Em terceiro lugar, sugere-se que talvez se tenha exagerado na origem experimental da modificação de comportamento em detrimento da tradição cultural, incluindo a literária. Embora, certamente, o laboratório já forme parte da cultura, o controle psicológico tem mais correntes. A tradição cultural deveria ser considerada junto às duas disciplinas da psicologia científica. Na linha deste trabalho se defenderia a tese relativa ao caráter técnico da psicologia frente à pretensão de sua figuração como ciência. Para a modificação de comportamento em particular se reivindicaria sua origem e natureza em relação às técnicas mundanas oferecidas. A análise e a modificação do comportamento humano estão ocorrendo continuamente na vida cotidiana.

IX. Leituras Recomendadas

Dieckhöfer, K., *El desarrollo de la psiquiatría en España. Elementos históricos y culturales*, Madrid, Gredos, 1984.

Iriarte, M. de, *El doctor Huarte de San Juan y su Examen de ingenios. Contribuciones a la historia de la psicología diferencial*, Madrid, CSIC, 1948. (Orig.: 1938).

Luján, N., *La vida cotidiana en el siglo de oro español*, Barcelona, Planeta, 1988.

Maravall, J. A., *La literatura picaresca desde la historia social*, Barcelona, Taurus, 1986.

Zilboorg, G. y Henry, G. W., *A history of medical psychology*, Nueva York, W. W. Norton, 1941.

Segunda Parte

Aspectos Metodológicos da Terapia Comportamental

4. O Sujeito na Modificação do Comportamento: uma Análise Comportamental

Marino Pérez Álvarez

Este capítulo é um ensaio, isto é, uma tentativa de formular a noção de sujeito psicológico que corresponde à análise aplicada ao comportamento e, em geral, ao behaviorismo radical.

I. O Sujeito e as Contingências

Seria uma simplicidade aceitar que a noção de sujeito assumida pelo behaviorismo radical tem um caráter passivo. De certa forma, talvez seja cúmplice desta apreciação que somente se tenha como aportes da análise do comportamento os programas de reforçamento, e ainda mais, que sejam entendidos como legalidades empíricas do (mero) comportamento, cujo interesse aplicado (embora importante) seria bastante limitado. O que se oferece nesta seção é uma atualização empírica e conceitual.

I.1. Sujeito operante

Como uma questão historicamente estabelecida, pode-se dizer que o âmbito da psicologia é organizado ao redor do comportamento. A separação das diferentes doutrinas está sustentada, principalmente, pelas condições das quais se faça depender o comportamento e, em conseqüência, também referente a algumas considerações de definição do mesmo.

A análise do comportamento e o behaviorismo radical, que é sua teoria, dão ênfase à determinação ambiental. Logo de início seria válido dizer que o comportamento dos sujeitos ocorre (desenvolve-se e modifica-se) em função de certas condições ambientais especificáveis. Vale dizer, mesmo que o comportamento seja dos sujeitos, está em função das situações que o rodeiam. Ainda mais precisamente, o sujeito do comportamento está "sujeito" a (sendo função de) um ambiente físico, cultural e social pré-existente (obviamente histórico) que possibilite e determine o sujeito psicológico. De forma que a análise do comportamento resolve-se na sua análise funcional, isto é, na especificação das condições ambientais das quais depende. Transformado isto em fórmula orteguiana, certo e evidente é a coexistência do meu eu e minhas circunstâncias, de forma que para salvar-me preciso salvar o mundo em que estou. Como foi sinalizado por Yela (1987, pág.261), a proposta de Ortega e Gasset faz uma prévia da análise de Skinner. Em termos skinnerianos, a pergunta relevante é referente ao controle, como pode ser criado, mantido, modificado ou extinguido o comportamento através de mudanças ambientais (não o que é a psique e como se modifica a mente).

Pode-se assumir a condição de liberdade radical no sentido de que o sujeito, em uma situação qualquer, tem que fazer alguma coisa, está necessariamente livre (o "operante livre"). No entanto, aquilo que pode fazer terá de fazê-lo de acordo com o ambiente. Na realidade sua liberdade está organizada no mundo onde (co)existe. De modo que, as atitudes necessárias para a situação são selecionadas, modeladas, mantidas e modificadas segundo suas conseqüências, tecnicamente denominadas reforços (isto é, fortalecedores da probabilidade de certos comportamentos). Em outras palavras, *entende-se por sujeito ativo aquele cuja atividade, obviamente, está em função dos objetos para onde se dirige.*

Na noção de comportamento operante está implícito este caráter ativo, mais precisamente, no seu sentido prático de manipulação, de intervenção nas condições dadas. É o ambiente que responde, com referência a que o sujeito adapta-se sucessivamente ao continuar atuando de novo. É importante reconhecer que algumas condições, das quais depende o comportamento, podem ser criadas pelo próprio sujeito. E de fato, depois de instalado o comportamento, o mesmo ou suas conquistas são condições objetivas do ambiente interativo, sobre as quais se pode atuar novamente de forma diferenciada, (ver capítulo II, seção II.3). Definitivamente, se o sujeito é ativo, o será de forma factível. Talvez melhor do que dizer que o sujeito (re)constrói o mundo (mentalmente), é assumir que cada vez aprende formas mais diferenciadas, discriminativas e sutis.

Também é importante advertir que esta atividade psicológica, cuja apresentação em si declara-se interativa, não consiste em pautas comportamentais pré-fixadas mecanicamente, em aprendizados estereotipados, como foi suposto por alguns críticos (Breger e McGaugh, 1965). Pelo contrário, trata-se de classes de comportamentos de acordo, ao mesmo tempo, com uma definição genérica do estímulo, como foi dito previamente por Skinner (1975) e confirmado por Wiest (1975), em resposta às críticas de Breger-McGaugh e também de Chomsky. O relevante na concepção comportamental é a função e não precisamente a topografia, isto de acordo com uma forte tradição, onde é interessante lembrar W.S. Hunter, J.R. Kantor e E. Brunswik. Seria válido falar aqui, referente ao mesmo tema, das relações meios-fins (Fuentes Ortega, 1989a; Lee, 1988). Conseqüentemente, representando-se esta análise do comportamento em termos de estímulo e resposta, o esquema seria, em todo caso, resposta-estímulo, segundo um caráter essencial interdependente. Poder-se-ia dizer que a causa do comportamento é sua conseqüência, isto é, uma causa final em vez de uma natureza mecânica antecedente (ver capítulo IV, seção IV.2).

I.2. Contingências, relações de equivalência e significado

A análise deve incluir também certas condições, na presença das quais, o comportamento obtém seus efeitos. São os estímulos discriminativos, referentes à ocasião e à seleção das ações apropriadas. Quer dizer, junto aos estímulos conseqüentes reforçadores, a análise do comportamento requer, da especificação de certos estímulos, antecedentes discriminativos. Por exemplo, se um quadrado é apresentado, apertando o botão de baixo consegue-se uma ficha (qualquer outra ação não produz este efeito). Se é um círculo, nem apertando o botão e nem tomando qualquer outra atitude consegue-se o resultado. Esta é a contingência de três termos, tradicionalmente oferecida como unidade básica da análise do comportamento e que em terapia representa-se comumente pelo esquema A-B-C. Esta referência tão elementar está a serviço de introduzir o conceito de discriminação condicionada (ou contingência de quatro termos), de especial interesse para dar conta do significado e, conseqüentemente, do aparecimento de novos comportamentos.

Os estímulos discriminativos podem estar condicionados a outros estímulos contextuais que funcionam como seletores da contingência de três termos. São dispostas outras condições, agora o quadrado é discriminativo quando está presente a cor verde (que se chamará seletor). Quando estiver verde, pressionar o botão abaixo do quadrado provoca o efeito, mas sem esta cor ou qualquer outra presente, embora o quadrado esteja lá, o comportamento não funciona. Amplian-do esta condição, ainda poderia ser que quando presente o vermelho (outro seletor), funcione o botão abaixo do círculo (mas não o do quadrado), assim sendo temos o verde e o vermelho selecionando o tipo de contingência ativa. O relevante é que verde e quadrado, de um lado, vermelho e círculo, de outro, resultam membros equivalentes de uma classe de estímulos. É conveniente reparar na emergência da equivalência a partir do condicionamento, necessário para apre-ciar o alcance da análise do comportamento no entendimento do significado.

O aparecimento da equivalência a partir da contingência de quatro termos, demonstra-se comprovando as propriedades de reflexividade, simetria e transitividade, referentes aos estímulos em questão (Gatch e Osborne, 1989; Sidman, 1986).

A reflexividade (ou identidade) demonstra-se ao colocar como seletor o mesmo estímulo discriminativo (ou como estímulo discriminativo o mesmo seletor); por exemplo: quando está presente o quadrado (agora como seletor), apertar o botão que está abaixo dele (que continua como estímulo discriminati-vo) provoca os efeitos. Os sujeitos que aprenderam a discriminação condiciona-da, atuam com sucesso ante esta contingência, à qual nunca foram expostos. A simetria consiste em inverter o seletor e estímulo discriminativo. Igualmente, perante esta nova configuração mantém-se a execução eficaz. Para provar a transitividade é necessário introduzir um novo estímulo discriminativo e também aprender a discriminação condicionada perante um seletor já experimentado (seletor anterior ou estímulo discriminativo, dada a simetria). Muito bem, quando o sujeito é exposto ao novo estímulo introduzido (seja como discriminativo ou seletor) em conjunto com algum dos anteriores e que nunca esteve emparelhado com ele, o sujeito mantém as respostas certas.

Pode-se dizer que o sujeito responde ao significado. Estímulos, a princípio bem diferentes, adquirem um significado equivalente, constituem-se em uma classe em virtude de seu significado operatório e não por simples generalização topográfica. De outra forma, o comportamento operante manipulativo sobre discriminações condicionadas comporta o significado em que consistem estas relações de identidade e de equivalência. O relevante é que o significado brotou das operações do sujeito com os objetos, mas está contido nas relações construídas entre eles. Ortega e Gasset colocam muito bem esta noção. Ficando à mercê dos atos de identificar e discriminar, os objetos adquirem novas qualidades. De múltiplas relações com o amarelo de um armário e o amarelo de outro, acontece que não são somente amarelos, mas sim, que além disso, ambos são iguais [...] Estas cores podem ser amarelas, cada uma separadamente; iguais, porém, podem ser somente uma com relação à outra. A igualdade é uma qualidade relativa. Mas esta relação onde entrou e à mercê da qual nasceu, fez brotar neles essa nova qualidade, é minha obra subjetiva. Fui eu quem os colocou em relação. Não sei se vocês percebem o paradoxo que resulta. Os objetos não são iguais, isto acontece somente quando os coloco em relação; então parece que serem iguais depende de mim e que sem a minha intervenção jamais seriam assim. No entanto, o efeito de minha intervenção é a igualdade deles e entre eles, sendo um caráter tão objetivo como serem amarelos, o que não conserva o menor rastro de minha atuação subjetiva. A igualdade entre estas duas cores, que primeiro parecia depender de mim, é por outro lado alheia e independente a mim; não sou eu o igual e sim elas [Ortega y Gasset, 1981, pp. 74-75].

Assim sendo, o decisivo é considerar que o significado brota das próprias operações com os objetos e está contido inerentemente no comportamento operante. O comportamento já é essencialmente significativo de acordo com as contingências. Como foi dito por Sidman:

A emergência da equivalência a partir do condicionamento permite à análise do comportamento dar conta do estabelecimento pelo menos de correspondências semânticas simples, sem ter que postular uma história de reforçamento direto para cada exemplo. Em vez de ter que apelar para cognições, representações e correspondências armazenadas para explicar a ocorrência inicial do novo comportamento apropriado, pode-se encontrar uma explicação completa nas unidades de quatro termos que são os pré-requisitos para o comportamento emergente (Sidman, 1986, pp. 236).

Dentro da análise experimental do comportamento tem-se demonstrado também que o significado assim construído pode estar sob controle contextual. Este controle de segunda ordem pode matizar ou modificar o sentido. Por exemplo, agora o verde e o quadrado, o vermelho e o círculo mantêm a tal relação dentro de um contexto (por exemplo, a presença da cor 1), mas em outro verde e círculo poderiam compor uma classe e vermelho e quadrado outra (perante a cor 2), levando a contingência para cinco termos ou ainda mais (Bush, Sidman e De Rose, 1989; Sidman, 1986).

Desta apurada exposição das relações de equivalência (uma das vanguardas na investigação comportamental), ainda poderiam sugerir-se algumas aplicações de relevância para a modificação de comportamento, por exemplo, no âmbito educacional especialmente referente à formação de conceitos e à linguagem. No entanto, aqui sua apresentação tem um interesse conceitual, que é o interesse de mostrar que o significado, que define a estrutura do comportamento (Yela, 1974), tem uma coerente formulação na teoria comportamental. Por outro lado, isto constitui um bom fundamento para a análise da linguagem, já que nas classes operantes emergentes é relevante o comportamento verbal (Waughan, 1989).

I.3. Comportamentos associados e média de reforços

No entanto, antes de entrar no comportamento verbal faz-se oportuno citar aqui, embora seja mais para relembrar do que de forma temática, algumas extensões do condicionamento operante, talvez pouco invocadas ou sendo que os problemas que trazem freqüentemente são mencionados como seus limites.

Em primeiro lugar, é preciso lembrar que estão bem estabelecidos na pesquisa operante certos efeitos (a princípio) que advêm dos programas de reforçamento ou estão associados a eles. Quer dizer, alguns comportamentos inicialmente não especificados pelas contingências mas que resultam colateralmente de alguns programas de reforçamento, vindo daí também o seu nome de comportamento induzido pelo programa (Staddon, 1983). O caso é que alguns destes comportamentos são relevantes no âmbito clínico, tais como polidipsia, fumar, padrões obsessivo-compulsivos, hábito nervoso de roer as unhas, "beliscar" a comida entre as refeições, rituais de auto-estimulações, episódios maníacos, agressão, hiperatividade na anorexia, etc., (Kantor e Wilson, 1985; Eplinh e Pierce, 1988). Embora algumas questões metodológicas requeiram maior atenção (Roper, 1981), destaca-se, pelo menos, o modelo do alcoolismo baseado na polidipsia associada (Colotle, 1980; Riley e Wetherington, 1989). O comportamento ritual também pode ser entendido no contexto do comportamento associado (Falk, 1986).

Definitivamente, o interesse pelo condicionamento operante não se centraliza somente em seus efeitos lineares no comportamento objetivo, mas também em programas de reforçamento que podem proceder na organização convencional da vida (em casa, no trabalho, na escola, nas rotinas da hospitalização), levando a importantes pautas colaterais. A simplicidade aparente de um programa de reforçamento remete a complexos efeitos comportamentais, sem falar nos complicados programas de competidores.

Em segundo lugar, temos que levar em conta que o comportamento pode estar controlado pelas contingências, mesmo sem ocorrer uma relação direta comportamento-conseqüência. Um comportamento pode manter-se sem seus reforços próprios, exatos e, ainda mais, ocorrer apesar de suas conseqüências aversivas. Similarmente, a taxa zero de comportamento extinto pode manter-se ante possíveis reforçamentos contingentes.

Para entender estes fatos experimentais, sem dúvida de grande relevância aplicada, temos de levar em conta a lei de efeito que se baseia na correlação, segundo a qual os operantes são adquiridos e mantidos sobre as médias do comportamento e do reforçamento considerados em períodos longos. Este é o caso da maioria dos operantes humanos que, embora sejam estudados em laboratório, podem assemelhar-se funcionalmente e ter alguma continuidade com a programação assistemática do ambiente natural, de forma que o experimento (mesmo prolongado) não deixa de ser um episódio inserido na história pessoal de reforçamento. Uma análise do experimento, onde são encontradas taxas de comportamento sem reforçamento contingente, não indicaria que o comportamento é alheio ao reforçamento. (Remeter-se neste caso à história do reforçamento não implica um argumento falso, já que o critério para comprovar o reforçamento e falsear sua não necessidade é construir experimentalmente o comportamento, o que supõe sua explicação). Uma situação similar apresenta-se freqüentemente quando o clínico analisa as condições que mantêm certos problemas atuais e tenta identificar os eventos presentes que possam modificar tais comportamentos. Pode-se encontrar os paradoxos aludidos, mas isto talvez seja a conseqüência de analisar um episódio isolado. Um exemplo extremo é a não defesa aprendida, onde se "constrói" uma correlação de zero entre a taxa de comportamento e a taxa de castigo, de forma tal que ao introduzir uma correlação positiva entre fazer algo e eliminar a estimulação aversiva, o sujeito no entanto suporta "estoicamente" sua sorte. A possível correlação atual está co-determinada pela correlação passada, de zero. Ao remover, de alguma forma, o sujeito para atuar no ambiente e assim alterar a contingência, vemos que a depressão não era "endógena". A análise do ambiente contém todas as explicações. Se não se consideram estas questões, dificilmente poderemos entender que se continue colocando lenha na fogueira, sendo que imediatamente a mesma é apagada.

A análise operante humana torna-se bastante complexa se ao aspecto anterior acrescenta-se a escolha comportamental, isto é, estar ao mesmo tempo sob dois ou mais programas de reforçamento referentes a comportamentos diferentes. Tem-se demonstrado que um determinado comportamento depende mais do reforçamento relativo do que de sua quantidade absoluta, no que diz respeito ao outro comportamento alternativo, o que sugere que qualquer comportamento deve ser analisado em relação a todas as fontes de reforçamento simultaneamente disponíveis (Rachlin, 1977). Embora os sujeitos não façam as equações hiperbólicas, seus comportamentos de escolha podem ser descritos segundo algumas análises matemáticas (Bradshaw e Szabadi, 1988). Esta diferença (entre as contingências que se apresentam e as equações que as descrevem) é importante para não cair no postulado metafísico de invocar uma sorte de gramática universal de escolha. O fato de descobrir uma regularidade legal não quer dizer que os sujeitos façam os cálculos. Seu comportamento, embora complexo, explica-se analisando as contingências. As implicações para a modificação do comportamento foram expostas por McDowell (1982).

Finalmente entraria a consideração da linguagem, já que pode afetar os programas de reforçamento e o comportamento de interesse em si próprio, mas isto nos leva à seção seguinte.

II. Comportamento Verbal e Terapia

O que mais tem (pre)ocupado Skinner é o estudo da linguagem, sendo certamente sua obra principal o livro *Verbal Behavior* (1957). Nele é feita uma análise funcional da linguagem e oferece-se uma taxonomia das funções psicolingüísticas. Assim, os tipos de comportamento verbal diferenciam-se de acordo com as condições antecedentes específicas e com as conseqüências produzidas. As classes de comportamento verbal definidas são de grande importância na análise da psicoterapia (Hamilton, 1988). Continuando, enunciaremos estas classes de comportamento verbal, e sugere-se o interesse na modificação do comportamento. Estabelecido isto, estaremos em condições de ver o alcance da análise skinneriana em outros processos psicológicos mais complexos.

II.1. *Classes de comportamento verbal e controle instrucional*

O primeiro tipo de comportamento verbal, ao qual Skinner faz referência, define-se por algumas conseqüências instrumentais de comando, relevantes a uma condição de privação ou de estimulação aversiva. Um caso típico é o de mandar fazer algo a alguém por um motivo de necessidade. Por exemplo, dizer *fogo* na presença de alguém que o possa proporcionar quando precisamos acender alguma coisa. Como é conhecido, recebe o nome de mando (*mand*) na terminologia skinneriana e abrange numerosas variantes, comumente denominadas solicitação, ordem, súplica, rogo, pergunta, chamada, etc. (Skinner, 1975).

É interessante situar esta função na continuidade evolutiva das ações manipuladoras diretas sobre coisas e pessoas. Para a ação de manipulação da criança (por exemplo, para pegar algo que precisa e que está ao alcance de sua mão) a comunidade acopla uma expressão verbal e, talvez esta responda, proporcionando o objeto ao qual se faz referência. Desta forma a ação instrumental (da criança) transforma-se em um gesto que mais adiante pode ser substituído pela palavra (associada). Daí o caráter de mando da linguagem, no mesmo sentido que Vygotski entende os "sinais como ferramentas" e Wallon fala da transição "do ato ao pensamento".

Um caso particular de mando é o automando, isto é, a instrução direcionada a uma ação não verbal do mesmo sujeito que fala (mesmo sendo silenciosamente); isto é possível exatamente porque a comunidade já o fez anteriormente conosco e nós já controlamos assim outras pessoas.

Um dos determinantes de que as curvas de execução operantes em humanos seja diferente à encontrada em animais, sob o mesmo programa de reforçamento, está, provavelmente, naquilo que é dito a si mesmo pelos sujeitos (Lowe, 1979).

Isto quer dizer, em algum tipo de automandos ou auto-regras, como será explanado depois, mesmo que não seja uma descrição adequada das contingências, podem influenciar no comportamento executado não-verbal (Lowe, 1983). Particularmente o treinamento de auto-instrução pode ser analisado desde esta perspectiva (Hayes, Zettle e Rosenfarb, 1989; Lowe Hinson, 1981; Zettle e Hayes, 1982), de cuja análise gerar-se-ia no mínimo uma clareza conceitual.

Um segundo tipo de função psicolingüística abrange as relações da linguagem e aquilo a que se refere ou do que se fala. Trata-se do significado referencial, isto é, do comportamento verbal que "faz contato com" o mundo físico, comportamento denominado tato (discernimento) *(tact)* (cap.5). O aspecto decisivo agora está em algum evento, objeto ou propriedade ambiental que evoca, ou na presença do qual se fortalece determinado operante verbal reforçado e ensinado pela comunidade. Quando dizemos "fogo" ao observar um incêndio em um cinema, a condição de controle é um evento e o efeito nos outros é característico (por exemplo, é diferente de pedir fogo). Esta função abrange, além da referência, a metáfora, a abstração e a formação de conceitos. Um caso particular desta função é o conhecimento de si mesmo. Existem vários meios em virtude dos quais a comunidade, que não tem acesso a estímulos privados, pode ensinar comportamento verbal como resposta aos mesmos (Skinner, 1957).

De interesse direto para a modificação de comportamento está a possível inadequação ou distorção verbal que um sujeito pode ter da realidade e de si mesmo, com repercussões pessoais negativas (por exemplo a depressão). Tratar-se-ia de um desajuste entre os tatos segundo os que definem as contingências e aquelas que efetivamente acontecem. É o suposto contato distorcido com a realidade (Skinner, 1957) que tradicionalmente se assume como distorção cognitiva. O importante é que, de acordo com estes critérios, podem-se analisar de forma mais precisa as dimensões cognitivas da depressão, tanto no seu aspecto de atribuição (Hamilton, 1988), quanto do lógico (Zettle e Hayes, 1982), e reconstruir a terapia cognitiva de Beck e a TRE de Ellis em termos mais coerentes com os procedimentos nos quais estes, de fato, consistem (Zettle e Hayes, 1982). Assim sendo, a obscura teoria da auto-eficácia também ganharia clareza conceitual nestes termos (Poppem, 1989). Por outro lado, a reestruturação cognitiva seria reconhecida como uma forma de modificação do comportamento verbal (Hamilton, 1988; Hayes, Kohlenberg e Melancon, 1989).

O comportamento verbal apresenta outras funções psicolingüísticas definidas de acordo com um critério comum a saber, o de estar sob o controle de estímulos verbais antecedentes (mas sem deixar de levar em conta a relação contingencial entre resposta verbal e, como é comum, um reforçado geral condicionado). A análise skinneriana descreve três funções deste tipo: a ecóica, a intraverbal e a textual (cap. 4).

A *ecóica (ecoic)* é um operante verbal cuja pauta é similar ao estímulo verbal da qual depende (na forma de eco), considerando relevantes na definição a correspondência "modelo-resposta" e a unidade do evento em um episódio contíguo com conexão funcional. Tomemos por exemplo, que o falante diz, "fogo", perante o estímulo verbal do ouvinte consistente em "diga fogo". Embora tenha o formato de mando, o decisivo é a condição de controle, pois há outras situações onde o ouvinte não pede, e em troca o falante é reforçado pela repetição, e ainda há outras, onde ocorre uma repetição como "preenchimento" ou forma de ganhar tempo ao responder. Isto tem um forte interesse educacional infantil, mas está presente, também, em outras inúmeras contingências da vida adulta. Contempla-se também o comportamento auto-ecóico, onde inclusive o estímulo verbal inicial pode ser encoberto, apresentando formas patológicas como a ecolalia e a perseveração psicótica.

A *intraverbal* descreve um comportamento verbal dependente também de estímulos verbais, mas a relação não está na correspondência formal e sim na seqüência estabelecida, no sentido de que os anteriores "impelem" provavelmente respostas (na sua maioria) pautadas. Veja a seqüência "apontar, disparar, fogo!", abrangendo formas standard de seqüências (cumprimentos, pautas convencionais, frases feitas) e os exercícios formais da associação de palavras. Pode ser tão pequena como uma letra do abecedário ou um número correlativo, e tão vasta como um refrão ou uma "frase emprestada". Pode estar tão instaurada como uma obsessão.

O comportamento *textual* refere-se à leitura, isto é, ao comportamento verbal sob o controle de estímulos verbais escritos (p. ex., ler *fogo*). A diferença vem sinalizada pelo tipo e modalidade do estímulo controle, obviamente dentro de uma história de reforçamento, além disso, de alto interesse educacional. O comportamento autotextual, a modalidade silenciosa e a transcrição formam parte do mesmo conjunto. A importância teórica e prática da leitura dá lugar a numerosas e diferentes proposições, geralmente dentro das premissas cognitivas com sofisticados níveis de interação mental, podemos dizer, inclusive, que é uma temática que transcende o alcance comportamental. No entanto, é bem possível desenvolver um modelo comportamental da leitura, de amplo alcance e, assim propõe-se aquele que se encarrega, ao mesmo tempo, dos modelos cognitivos, permitindo a viabilidade dos mesmos, certamente não sem antes serem reconstruídos em termos de contingências de reforçamento (Pérez Álvarez, 1985a). Particularmente, problemas especiais no aprendizado da leitura possuem uma fértil abordagem nesta perspectiva.

Finalmente, deveria citar aqui um sexto tipo de controle verbal chamado audiência (*audience*) (cap. 7). Agora a ênfase é dada ao caráter discriminativo e seletivo, devido ao ouvinte (que pode ser uma pessoa, um grupo ou um auditório), de determinadas formas verbais e temas do orador, no sentido de que diferentes audiências controlam variadas subdivisões do repertório do expositor. Colocamos como exemplo a probabilidade de falar do fogo perante bombeiros. A audiência, na presença da qual é reforçado o comportamento verbal pode ter, ao mesmo tempo, um valor reforçador que a transforma em um poderoso estímulo de controle. As dimensões físicas da audiência, assim como outras características de predisposição referentes ao orador, em conjunto com o local no que diz respeito ao seu sentido físico, são especificações importantes das funções de controle. Assim sendo, contempla-se "o expositor como sua própria audiência", o que nos remete à consideração do pensamento.

Sem deixar de reconhecer um desenvolvimento ainda insuficiente em termos empíricos, tanto no que diz respeito à evolução do comportamento verbal (Catania, 1985; Skinner, 1986b), como pelo afiançamento e a eventual melhoria de definição das referidas funções (Chase, Johnson e Sulzer-Azaroff, 1985; Lamarre e Hollan, 1985; Michael, 1988a; 1988b; Zettle e Yung, 1987), relevante é assinalar que a linguagem e, conseqüentemente os processos cognitivos, formam parte do mesmo âmbito que se organiza ao redor do comportamento e possuem um coerente delineamento comportamental.

II.2   Comportamento regido por regras e cognição

Uma forma apropriada de abordar o pensamento de acordo com os critérios seguidos, é situar o assunto como um caso onde o orador comporta-se como ouvinte dele mesmo. Expositor e ouvinte são a mesma pessoa, algo que pode ocorrer publicamente e, de fato, acontece com freqüência na infância. Além disso, seria bom lembrar que a leitura, hoje em dia uma atividade de "âmbito íntimo", era na Idade Média uma atividade aberta (lia-se em voz alta e ler obrigatoriamente em silêncio era um grande castigo). Ao mencionarmos isto, reconhecemos o pensar silencioso num continuum que faz parte do comportamento aberto, ao mesmo tempo em diferentes graus. Além disso, as formas silenciosas podem tornar-se públicas em algumas circunstâncias. Considera-se que a "decadência" das formas abertas e sua inaudível manutenção, respectivamente, estão ligadas à debilidade das variáveis de controle (que em outras ocasiões tornam-se fortes) e com a maior vantagem e facilidade para se falar a si próprio em silêncio (de fato, quando é conveniente nós falamos em voz alta). Não seria correto fazer o pensamento corresponder à linguagem atenuada, já que também se pode pensar fazendo algo e, em todo caso, a linguagem encoberta é um caso particular da linguagem, sendo que também se pode pensar em voz alta. O caso é que a linguagem não se define precisamente pelo silêncio. Da mesma forma, a solução de problemas e as operações mentais são, antes de tudo, operações.

A parte encoberta da solução de problemas (o pensar em silêncio e as operações mentais), que pode ser bastante complexa e longa, é concebida como um curso de procedimentos verbais, como um momento que supõe e pede continuamente o comportamento positivo. O comportamento silencioso não é a negação do comportamento, e sim o seu grau zero entendido dentro do próprio desenvolvimento das relações distais referentes a objetos (Fuentes Ortega, 1989a; Kantor, 1924; Ortega y Gasset, 1981; Pérez Álvarez, 1989). Este comportamento implícito pode chegar a ser, e de fato assim o é, um "processamento automático", que na realidade é um efeito da prática, de acordo com precisos arranjos de estímulos (Pérez Álvarez, 1986). Os estímulos resultam, em virtude da prática reforçadora, em reorganizações cada vez mais complexas nas quais o comportamento torna-se dependente de novas unidades constituídas pela reestruturação de estímulos que previamente formavam outras configurações separadas mais simples (Cheng, 1985). Por exemplo, primeiro contamos com os dedos ou barras como unidades, depois, com a prática, contamos pelas mãos ou através de grupos de barras como novas unidades.

Uma pessoa resolvendo um problema diferencia-se pelo fato de que muda outro aspecto de seu comportamento, sendo reforçada e fortalecida ao fazê-lo. Um procedimento característico consiste na construção de estímulos discriminativos, aos que se responde diferencialmente adiante, e desta forma vai selecionando-se o comportamento mais apropriado para a solução. Um tipo de estímulo que pode aparecer nas operações consiste, talvez, em um comportamento verbal na função de mando ("agora devo fazer isto") ou de tato onde se especifica alguma contingência ("se se faz isto, então acontece aquilo"). Desta forma, o comportamento é modelado pelas conseqüências, isto é, pelos próprios efeitos das atuações e governado por regras que controlam as execuções e que descrevem contingências, quer dizer, que regulam e discriminam os comportamentos apropriados (Skinner, 1988; 1981b). As regras, logicamente, podem ser dadas como um produto cultural, de forma que já se dispõe, perante muitas situações problemáticas, de pistas verbais referentes a atuar convenientemente.

Esta diferenciação entre contingências e regras tem uma importância decisiva na teoria psicológica e na modificação do comportamento, como foi enfatizado por Blackman (1985), particularmente, a noção de comportamento regido por regras, da conta da "atividade psíquica superior" (Vaughan, 1987). A qualidade funcional da regra vem conferida por ser parte de um conjunto de contingências de reforçamento, de onde brota com uma entidade objetiva (Glenn, 1987; Skinner, 1988). Com referência a isto, faz-se necessário relembrar o significado construído e incorporado nas operações em que consistiam as relações de equivalência. As contingências já possuem um significado, isto é, dizem algo por si próprias, de forma que a palavra mistura-se com os outros ingredientes de uma circunstância que não é a palavra. Vaughan (1989) colocou em relação ao comportamento governado por regras, a pesquisa sobre a equivalência de estímulos. Nesse sentido foram padronizadas várias classes de regras segundo sua relação com as contingências. Uma classe diferencia-se porque as conseqüências de seu seguimento (da correspondência entre a regra e o comportamento relevante) estão mediadas pelas pessoas; outra, por depender da disposição do ambiente e, outra, pelo efeito aumentativo que a regra pode ter sobre o caráter reforçador ou punitivo dos estímulos (Hayes, Zettle e Rosenfarb, 1989). Estas especificações resultaram, mais precisamente, da análise das terapias cognitivas (Zettle y Hayes, 1982). Mencionado isto, é importante destacar que o sujeito pode ter como objeto seu próprio comportamento verbal.

II.3 *Metacomportamento*

O próprio comportamento verbal dado ou dando-se, já constitui um elemento do ambiente com o qual o sujeito pode interatuar. Desta forma, parte do comportamento de um sujeito transforma-se em uma variável que controla a outra parte.

É perante a comunidade, onde se encontram as contingências, que se tornam relevantes, o reparar no próprio comportamento (o que foi que você disse?, é verdade...? você disse....?, etc), o que modela a resposta e o controle de quem fala do seu próprio discurso. Poderíamos dizer que o sujeito, inclusive, "tateia" e "manda" o próprio comportamento verbal. Tecnicamente esta função recebe, na análise de Skinner, o nome de *autoclítica*. Do amplo tratamento que se dá no *Comportamento Verbal* aos autoclíticos, destacam-se várias classes. Os autoclíticos descritivos são formas verbais que matizam o tipo, a força do comportamento verbal, as circunstâncias de quem fala, a forma de operar de uma resposta, a especificação de um mando, etc., tais como "me lembro que...", "o que vou dizer será entendido...", "diz-se que...", "é necessário....". Outros autoclíticos possuem uma função de qualificação, onde se altera decisivamente a intensidade ou o direcionamento do efeito no ouvinte, como na negativa e na afirmação, e nos quantificadores. A noção de autoclítico abrange também o tratamento que a análise funcional dá à gramática e à sintaxe, à composição e arranjos no comportamento verbal que fazem o orador e o escritor, em face à realização de alguns efeitos. Considera-se aqui tanto a composição de palavras e frases, quanto os arranjos de segmentos maiores, como por exemplo textos ou discursos. Pois bem, este tipo de comportamento verbal ocupa-se das questões que nos últimos tempos têm-se referido como processos metacognitivos. A dificuldade da concepção mentalista da metacognição é que se sai do âmbito onde efetivamente ocorrem os processos de controle de um comportamento por outro do mesmo sujeito, até invocar execuções metafísicas centrais supostas no reino do espírito puro. Executores centrais dos quais não se tem outra notícia a não ser a execução comportamental, interpretando-se em tautologia, já que finalmente os processos metacognitivos invocados para explicar o controle de um comportamento têm que ser explicados pela ocorrência do mesmo (Pérez Álvarez, 1986).

III. Implicações Clínicas

Embora anteriormente tenham-se sugerido algumas implicações clínicas (adicionais às fornecidas tradicionalmente), agora vamos selecionar dois tópicos.

Um é referente à reconstrução da (insatisfatória) trimodalidade de resposta e o outro relativo ao (injustificado) empenho pela operativização ativa do comportamento.

III.1. Uma nova classificação comportamental

Em terapia comportamental utiliza-se com bastante freqüência a taxonomia, que distingue três modalidades do comportamento: cognitiva, fisiológica e motora. Como já é sabido, a modalidade cognitiva refere-se ao pensamento, à imaginação e, em geral, às atividades encobertas. A fisiológica remete às emoções, sentimentos e, em geral, à ativação nervosa. A motora alude à ação observável, que implica no movimento corporal, geralmente com mudanças espaciais ou realizações de execução. Apesar de ser uma classificação bastante razoável do entusiasmo que deu lugar à aplicação de técnicas específicas, segundo a modalidade mais comprometida em um determinado distúrbio, certo é que atualmente apresenta-se insatisfatória, principalmente porque a correspondência entre modalidade de resposta (mais) alterada e técnica específica não parece muito relevante (Dance y Neufeld, 1988). Os efeitos das técnicas resultam entrecruzados, sem sincronia e, geralmente, inespecíficos com relação às modalidades tratadas. Isto pode ser causado, em parte, pela própria taxinomia comportamental no que diz respeito à sua incidência na definição do problema e na configuração das técnicas.

As dificuldades desta taxinomia podem ser notadas no seguinte. O chamado comportamento cognitivo também implica (e diria-se ainda essencialmente) em ações observáveis verbais e não verbais (lembrar do mencionado para o pensamento). Por sua vez, o chamado comportamento motor pode ter uma "manifestação" encoberta, como são as respostas preparatórias (por exemplo, o relaxamento ou a tensão muscular). Além disso, o comportamento emocional psicofisiológico comporta, freqüentemente, formas observáveis motoras e verbais. Definitivamente, parece que a diferenciação cognitivo-comportamental assentada no critério encoberto-observável não é adequada para a análise psicológica. O observável e o encoberto estão presentes nos comportamentos que pretendiam-se tentar diferenciar. Por outro lado, o emocional também parece participar de todas estas dimensões.

Muito bem, ao que parece, a tradicional tri-divisão deveria ser recomposta. Suinn (1984) ofereceu uma interessante reconstrução. Ainda mantendo as mesmas categorias (já redenominadas), dentro de cada uma considera três manifestações. Assim, o canal de resposta afetivo-somático além da ativação autônoma aumentada, inclui os sentimentos subjetivos de mal-estar e possíveis alterações psicofisiológicas. O comportamento somático, junto com as alterações na execução, contempla a tensão muscular (mesmo que não seja publicamente observável) e a vigilância (cognitiva) aumentada. O canal de resposta cognitiva, além dos pensamentos de preocupação e as verbalizações, assume as interferências na execução.

No entanto, talvez seja conveniente (pelo que foi mencionado na seção anterior) estabelecer declaradamente uma categoria como comportamento verbal (ao mesmo tempo com várias funções), que viria suprir a dada como cognitiva. Isto não somente pelas conotações mentalistas, mas também pelo vocabulário que se torna confuso, referente à cognição, já que, de fato, tem que se acoplar (ou ser acoplado) ao comportamental e, embora seja somente porque sempre se expõe e defende o cognitivo (curiosamente) através do comportamento verbal.

De acordo com os critérios funcionais, parece necessário reconhecer uma categoria para os comportamentos de busca e seleção de estímulos discriminativos. Estes comportamentos colocam o sujeito em contato com estímulos discriminativos correlacionados ao estado das contingências de reforçamento, o que permite colocar-se perante a tarefa ou ambiente. A topografia destes comportamentos pode consistir na orientação que facilita uma melhor exposição aos estímulos relevantes, a atenção seletiva, o exame prévio, o "aspecto", o "ver sem a coisa presente", o repassar imaginário e o ensaio encoberto daquilo que se tenta fazer ou dizer. Na tradução comportamental estas funções são denominadas *comportamento de observação* (Millenson, 1977) e assim propõe-se esta nova taxonomia comportamental.

Conseqüentemente, a classificação comportamental proposta consiste em quatro modalidades principais, cada uma contendo formas públicas e privadas, a saber: comportamento *motor*, comportamento *verbal*, comportamento *visceral* e comportamento *observacional* (Poppen, 1989).

III.2. Objetivos globais em vez de comportamentos operacionalizados

É quase um dogma na modificação do comportamento definir operacionalmente os comportamentos objetivos de uma intervenção. A verdade é que a especificação dos comportamentos concretos a modificar e conseguir, não é exatamente um assunto exigido pela análise funcional do comportamento. A não ser em tarefas onde a própria natureza do comportamento suponha um controle de estímulos precisos, como por exemplo, na leitura, o interesse está mais direcionado para a função do que para a topografia. Com certeza há determinadas formas comportamentais que realizam mais "economicamente" a função e, além disso, o comportamento há de ter obviamente alguma objetividade. No que se quer insistir é na definição do comportamento em função do contexto, de forma tal que o objetivo deveria estar mais comprometido com o fim (a conseguir) do que com o meio (para consegui-lo).

Efetivamente, os problemas se apresentam e as ajudas são oferecidas no seu contexto social natural, que será reconhecido como complexo no que diz respeito à enorme quantidade de matizes que acontecem continuamente. Isto quer dizer que a operacionalização do comportamento pode resultar em um catálogo de formas escassas e pouco flexíveis com relação aos infinitos matizes do contexto. A questão coerente com os critérios comportamentais está em ater-se a tipos de comportamentos definidos precisamente por fins genéricos (não no sentido de vagos, mas de classes gerais).

Este assunto tem, principalmente, uma transcendência empírica referente ao tema da generalização. É interessante reparar que as instruções onde se operacionalizam os comportamentos, por exemplo, no treinamento acertivo, poderiam tornar os ganhos assim conseguidos pouco flexíveis na sua adaptação real. Quer dizer, a dependência das instruções pode dificultar a generalização. Diante disto, um treinamento através da exposição direta às condições, recebendo *feedback*, mas sem definir operacionalmente os comportamentos, tem-se mostrado efetivo. "O treinamento social recorre freqüentemente a especificar regras ou instruções, apesar de que o comportamento social normal não parece desenvolver-se desta forma. Enquanto os efeitos das instruções são geralmente rápidos, o comportamento sob o seu controle pode ser menos sensível às mudanças no ambiente do que aqueles sob o controle direto da experiência" (Azrin e Hayes, 1984, pág. 182). O *feedback* proporcionado atinha-se à habilidade social considerada de forma global. De fato, a apreciação das habilidades sociais freqüentemente são confiáveis, devido ao seu carregado caráter social. "Definitivamente, as habilidades sociais foram avaliadas e melhoradas sem ter definido previamente quais eram as que necessitavam mudar" (Hayes, Kohlenberg e Melancon, 1989, pp. 365-366).

O que se insinua é que, às vezes, o clínico confia demasiadamente na definição operacional dos comportamentos a modificar, o que poderia, em alguns casos, ser uma dificuldade porque, de um lado, os objetivos concretizados talvez sejam muito limitados com referência aos fins e, por outro, os ganhos sejam muito dependentes das instruções.

Nesse sentido o que se sugere é o uso do reforçamento da exposição direta (do cliente) às situações, de uma forma social convencional, isto é, sem "exagerar", inclusive, o caráter de reforçador e bom para evitar a dependência com relação ao terapeuta, atuando de acordo com a naturalidade social.

Segundo os autores da proposta (Hayes, Kohlenberg e Melancon, 1989), estas formas implicam em alguns repertórios do terapeuta, referentes à discriminação de comportamentos clinicamente relevantes (p. ex., aqueles dados na terapia e que sejam similares aos do âmbito extra-clínico) e à construção do contexto terapêutico (por exemplo, dispondo elementos idênticos à vida real onde são pertinentes as melhoras).

Podemos supor e enfatizar que o terapeuta ao funcionar como tal, incorpora (ou deve incorporar) a representatividade do mundo social ao qual pertence o cliente. Desta forma, considera-se que suas reações "privadas" fazem parte inata da ajuda profissional (e não somente do protocolo); daí vemos então sua importância, o que não deixa de insinuar que o clínico disponha das habilidades em cuja direção deve melhorar o cliente. Isto se remete também ao interesse pela criatividade do paciente, devido a uma adaptação mais flexível às circunstâncias e cujos comportamentos concretos não podem ser especificados de antemão.

A possibilidade de controle através das regras permite reconhecer algumas situações onde talvez seria melhor evitar sua incidência, em favor da estratégia do modelamento por exposição direta.

IV. Uma Nova Imagem do Sujeito

Oferece-se uma imagem dialética do sujeito, segundo uma argumentação escalonada. A primeira parte ocupa-se destes pontos: o caráter atuante dos processos psicológicos, a simultaneidade do passado e do presente, a subjetividade como depositada na objetividade e a regulação ambiental. A segunda parte desenvolve a noção de causalidade e estabelece o sentido que se dá à imagem dialética.

IV.1. Considerações sobre a subjetividade

A caracterização mais conveniente para a noção de sujeito psicológico, de acordo como exposto anteriormente, é a de sujeito operante, com algumas considerações.

Isto significa que os processos psicológicos são primeiramente operações, quer dizer, interações do sujeito em relação aos objetos. Relações estas que podem ser de várias classes: segundo as funções e de muitas formas no que diz respeito à sua topografia. Lembre-se da taxonomia proposta, de quatro classes de comportamento, dentro da qual, por exemplo, referente ao comportamento verbal diferenciavam-se, ao mesmo tempo, seis tipos e, ainda, a reconsideração de alguns desses tipos, em termos de regras, remetia a várias subclasses das mesmas. Tudo isto acontecendo simultaneamente em infinitas formas de contínua mudança funcional.

O aspecto que se destaca é que as operações comportamentais mudam o ambiente e este, reciprocamente, modifica o sujeito nas suas interações futuras. A mudança de ambiente diz respeito ao efeito executado de alguma operação manual ou autoclítica, cuja nova disposição pode repercutir nas sucessivas ações, mas também na modificação de sua função, embora fisicamente não tenha sido alterado, tornando-o, deste modo, psicologicamente diferente. Por exemplo, depois de escutar várias vezes uma peça musical, a mesma resultará diferente nos seus efeitos, não se recebe igual à primeira vez e, no entanto, continua sendo a mesma na sua dimensão física (ou, mais precisamente, na realidade psicológica, não é a mesma de antes). Muito bem, o que temos correlativamente é um sujeito modificado, seja como resultado do efeito de suas atuações no ambiente, seja como modificação da sua sensibilidade, ou melhor, da forma de experimentar e atuar futuramente. Naturalmente, esta questão nos remete ao aprendizado anterior, à história de reforçamento. A única coisa que se quer dizer aqui é que o passado é concebido como um positivo estar ausente (Pérez Álvarez, 1989). Ou seja, a história do aprendizado é o sujeito modificado no que diz respeito à sua forma de experimentar e à probabilidade de atuar de acordo com as contingências presentes. O passado está presente como probabilidade comportamental, cujas formas e intensidades estão selecionadas pelo ambiente que, naturalmente, é complexo no que diz respeito às suas matizes discriminativas. Nos termos de K. Lewin, diria-se que o passado e o presente andam simultaneamente, de acordo ao "princípio da contemporaneidade" (Lewin, 1936). O sujeito dispõe ou assume certos comportamentos no mesmo sentido que um ator de teatro pode fazer seus papéis de acordo com um repertório e dadas as circunstâncias apropriadas.

A oposição entre processos e produtos, segundo a qual os primeiros seriam o funcionamento cognitivo que dariam lugar e explicariam os segundos (estes ainda que importantes como tais resultados, não teriam no entanto, tanto interesse psicológico como aqueles), reconstruir-se-ia desta forma. Esquematicamente o que poderia ser dito aqui é que os processos são outros produtos que ficaram segregados no decorrer das operações. Sua contribuição está incorporada aos ganhos, formando parte dos modelamentos e autocorreções ocorridas, mas que necessariamente acabam eliminadas. Quando processos mentais são evocados (encobertos, automáticos ou não) para explicar a execução comportamental ou produto conseguido, resulta que os mesmos têm que ser explicados pelas contingências de reforçamento.

A consideração da individualidade psicológica, segundo estes pontos, é oferecida como uma tarefa (bem complicada) para definir os repertórios comportamentais de acordo com as circunstâncias. As classes de comportamento funcional aludidas e suas subclasses poderiam ser um critério para estabelecer o "perfil da personalidade", contando com o cenário pertinente, isto é, com algum critério da tarefa. No que diz respeito à introspecção, mais rigorosamente, entender-se-ia como retrospecção relativa às experiências pretéritas ou de uma inspeção ou descrição fenomenológica das experiências presentes, que sempre são referentes a algo. Logo, não se pode isolar uma subjetividade pura, já que de fato, ela está depositada na objetividade, quer dizer, o que se inspeciona é o aspecto subjetivo dos objetos (Fuentes Ortega, 1989a). Curiosamente, a ênfase comportamental no caso único não tem dado, no entanto, um interesse pelo tema da personalidade, sendo que se dispõe de uma rigorosa metodologia experimental para o estudo das diferenças entre os indivíduos e a consistência, e variabilidade, intra-sujeito (Sidman, 1973). Considera-se que o tema da personalidade é um assunto ainda pendente da análise do comportamento, que diz respeito diretamente aos interesses aplicados relativos à generalização e grau de consolidação da mudança.

Definitivamente, a imagem que se tem do sujeito psicológico é a de um sujeito operante localizado em um contexto preexistente envolvente. Acomoda-se ao ambiente, entretanto este já está adaptado seletivamente pelos sujeitos anteriores, acomodando este ambiente ao se adaptar. Este estar no mundo supõe que o sujeito, necessariamente, tem que se comportar de alguma maneira. O fato de ter que fazer algo já está pré-figurado no meio, mas é certo que a realidade deste mundo que nos rodeia é o ponto de vista do sujeito, segundo sua perspectiva. A perspectiva é um componente da realidade. Muito bem, esta perspectiva pessoal não será concebida como uma subjetividade que não se pode coordenar com a dos outros. O sujeito é construído socialmente e a objetividade surge da multiplicidade de atos subjetivos (Fuentes Ortega, 1989a). Dentro desta consideração, a análise psicológica sempre faz referência a alguma condição antecedente com funções discriminativas, que pode consistir nos próprios efeitos comportamentais e a alguma condição conseqüente para a qual tem alguma tendência. Concebe-se um sujeito cuja liberdade comportamental está organizada pela estruturação cerimonial do ambiente. Isto quer dizer que as operações acontecem de acordo com umas estruturas e referentes a alguns resultados, conseqüências ou fins. As estruturas e esquemas mentais seriam melhor vistos como formas de organização do ambiente (Neisser, 1985; Pérez Álvarez, 1985b), isto é, como estímulos institucionais (Kantor, 1982) ou, nos termos mais usados aqui, como contingências.

O sujeito regula-se pela textura causal do ambiente e, mediante múltiplas operações, recompõe sua organização. Assim, não se concebe um sujeito naturalista como se fosse um organismo justaposto às coisas, com a insignificância de uma erva no universo, nem um sujeito mentalista que tenha absorvido o mundo, como uma erva pensante onde o mundo fosse representação. Conseqüentemente são estabelecidos compromissos com uma causalidade final (perante um mecanicista, seja de índole mentalista ou E-R) e com uma consideração dialética do sujeito (de caráter adualista).

IV.2. Causalidade final e conjugação sujeito-objeto

A análise das contingências que, como já foi visto, requer "n" termos além dos três tradicionalmente estabelecidos, nos leva à noção de causalidade. As contingências definem as condições que o ambiente assume no que diz respeito ao comportamento dos sujeitos. Num esquema resumido, estabelecem a relação se... (estão dadas certas condições), então... (o comportamento provavelmente terá tais ganhos). Neste sentido pode-se identificar com a "textura causal do ambiente", da qual falaram E.C. Tolman e E. Brunswik (Lee, 1988). Não é necessário dizer que o ambiente psicológico é bastante complexo no que diz respeito à multiplicidade de condições de estímulo, possíveis formas do comportamento e efeitos prováveis, continuamente em modificação. Isto quer dizer que inicialmente o sujeito está frente a uma variedade de perspectivas e é livre para atuar de diferentes formas. Mas o caso é que, como foi visto, perante a perspectiva do ambiente, algumas circunstâncias selecionam e modelam o comportamento e reorganizam as condições de estímulos. Estas circunstâncias com o poder de colocar o sujeito em certa direção são, tecnicamente falando, os reforços.

O sujeito fica "sujeito" a certas circunstâncias que vão mediar o conjunto de perspectivas disponíveis. Poderíamos dizer que psicologicamente o sujeito está circunstanciado pelas condições de reforçamento. A probabilidade do reforçamento enquanto condição do ambiente constitui-se em determinante das operações do sujeito. É o ganho por conseguir o que determina a ação e o faz de um modo provável (não seguro), isto é, contingencialmente (contingências de reforçamento). O que move o comportamento são certos objetos (do desejo ou motivos), presentes em uma certa perspectiva, mas que se conseguem como conseqüência de uma ação operante. Depois de conseguido, deixa de funcionar como reforçador, sendo outros objetos os que estariam novamente movendo o comportamento. O que move o gato para espreitar é a perspectiva de um possível rato e não o rato já ingerido. Permitam este rude exemplo para indicar o caráter de adaptação que tem, precisamente, a causalidade final. Poderíamos dizer que o gato conhece estas contingências, mas não se comporta como o faz por ter esse conhecimento. Com toda certeza, o motorista de táxi conhece muito bem a cidade, mas não é este o motivo pelo qual transita pela mesma (Skinner, 1977). (Uma coordenação das noções de perspectiva e circunstâncias em sentido orteguiano com as skinnerianas referentes aos estímulos discriminativos e reforçadores está em Pérez Álvarez, 1.989; a noção de causalidade final em psicologia está desenvolvida em Fuentes Ortega, 1989b).

Na exposição precedente foi enfatizada a consideração conjunta do comportamento e das condições ambientais. Muito bem, ainda temos que insistir em que o ambiente, relevante ao sujeito, é aquele que tem um significado subjetivo. O sujeito interatua com o mundo, mas não em função da sua definição física, e sim do seu sentido psicológico. Trata-se de um ambiente psicológico, do qual, no entanto, é imprescindível sua consistência física, no sentido da distinção estabelecida por Koffka (1935) entre ambiente "geográfico" e ambiente "comportamental". Lembre-se da construção operante das relações de equivalência entre estímulos fisicamente diferentes, mas com resultados psicologicamente iguais. Poder-se-ia dizer que o estímulo psicológico surge das operações do sujeito. O estímulo objetiva-se precisamente através do sujeito operante. Mas ao mesmo tempo, qualquer procedimento do sujeito requer objetos. Perceber, pensar e manipular supõem necessariamente algo que se percebe, sobre o que pensa ou que se manipula.

Conseqüentemente, o estímulo chega a ser tal e define-se pelo comportamento do sujeito com relação a ele, e o comportamento está em relação com o estímulo em questão. A estrutura do comportamento é a interdependência entre o estímulo e a ação do sujeito (Yela, 1974). Esta redefinição mútua terá que ser entendida como a oposição dialética sujeito-objeto, nenhum de seus membros é pensável sem o outro, mas não se reduz ou absorve um ao outro e nem resultam meramente justapostos. Tecnicamente falando, são conceitos conjugados, iguais à cara e à coroa da moeda, ao ponto e à reta ou ao movimento e ao repouso, não uma definição circular viciosa nem tautológica (do tipo "o ópio adormece porque tem propriedades dormentes").

Esta apresentação é solidária a uma consideração fenomenológica do fato psíquico (Fuentes Ortega, 1989a; Ortega e Gasset, 1981; Pérez Álvarez 1989). As conseqüências decisivas desta apresentação estão no seu caráter adualista, onde se reconstrói o par interno-externo (que corresponde ao psíquico e ao físico), pela diferenciação entre as relações distais no sentido definido de meios-fins (que caracteriza o âmbito psicológico) e relações por contigüidade ou mecânicas (que caracterizam os âmbitos físico-químicos).

V. LEITURAS RECOMENDADAS

Catania, A. C., «Rule-governed behaviour and origins of language», en C. F. Lowe, M. Richelle, D. E. Blackman y C. M. Bradshow (comps.), *Behaviour analysis and contemporary psychology*, Londres, Lawrence Erlbaum, 1985.

Hayes, S. C. (comp.), *Rule-governed behavior. Cognition, contingencies, and instructional control*, Nueva York, Plenum Press, 1989.

Pérez Álvarez, M., «Propuesta conductista de aplicación social de un modelo cognitivo de la lectura», *Análisis y Modificación de Conducta*, 11, 1985, pp. 5-41.

Skinner, B. F., *Conducta verbal*, México, Trillas, 1981. (Or.: 1957).

Skinner, B. F., *Sobre el conductismo*, Barcelona, Fontanella, 1977. (Or.: 1974).

5. O Processo da Avaliação Comportamental

Antonio Godoy

I. Introdução

Alguns autores costumam propor um número diferente de passos na realização de uma avaliação comportamental (Barrios e Hartmann, 1986; Fernández Ballesteros, 1980; Llavona, 1984; Nelson e Hayes, 1986b; Silva, 1985). Na maioria dos casos, todos estão de acordo em que se podem destacar, pelo menos, três fases principais:

a) Seleção e descrição dos comportamentos-problema.
b) Seleção das técnicas de intervenção com as quais se atuará sobre os comportamentos descritos na etapa anterior.
c) Avaliação dos efeitos provocados pela intervenção realizada.

Alguns autores (por ex., Llavona, 1984) depois da fase de seleção e descrição dos comportamentos-problema (análise topográfica ou morfológica e análise funcional dos mesmos) colocam, na nossa opinião muito acertadamente, a escolha dos objetivos do tratamento.

Neste capítulo acrescentaremos mais uma fase, na tentativa de descrever e clarificar as diferentes etapas através das quais o terapeuta comportamental enfrenta-se com os problemas que o paciente lhe apresenta e o ajuda a solucioná-los. As fases, que a seguir serão detalhadas, representam o que o terapeuta faz desde que se dispõe a tomar ciência dos problemas de que o paciente se queixa até finalizar sua intervenção.

A seguir descreveremos cada uma das fases do processo de avaliação comportamental.

II. As Fases do Processo de Avaliação Comportamental

II.1. Análise do motivo de consulta

Provavelmente não existe uma fase no processo de avaliação comportamental menos estudada do que a análise do motivo pelo qual o paciente recorre à consulta ou, pelo qual outras pessoas importantes do seu meio o trazem. Praticamente toda a literatura existente versa com referência ao restante das fases, mesmo que algumas tenham sido estudadas em maior profusão do que as outras. E ainda mais, a maioria dos autores costumam passá-las por alto, iniciando pela tradução do motivo da consulta em comportamentos operacionalmente definidos, desta forma o máximo a que costumam chegar é dar alguns conselhos de ordem geral. Assim, o que freqüentemente se recomenda é pedir ao paciente que dê exemplos do problema do qual se queixa, ou de coisas que deveriam acontecer para que o mesmo melhorasse (Nelson e Hates, 1986b). Lazarus (1971), no seu modo de atuar, pede aos pacientes que apontem três pontos em que sua vida poderia melhorar. No entanto, é óbvio; antes de traduzir o comportamento é absolutamente necessário ter perfeitamente claro aquilo que se precisa traduzir. Porém, a importância de entender e atentar para uma descrição completa de quais podem ser as queixas e demandas do paciente e de seu ambiente, aparece clara nas citações de alguns autores, para que o avaliador comportamental se assegure de que a conceitualização teórica do problema representa adequadamente os motivos pelos quais está sendo realizada a consulta (Baer, 1982; Evans, 1985; Hawkins, 1986; Kanfer, 1985; Kadzin, 1985b). Assim, por exemplo, Baer (1982) declara que "esta matéria (a análise funcional aplicada) necessita conhecer... como traduzir qualquer queixa do paciente em comportamentos a modificar, de forma tal que, se modificados, transformarão os comportamentos de queixa do paciente em comportamentos de satisfação" (pág. 286). Para isto, desde já, é necessário conhecer com exatidão e de forma completa quais são os comportamentos de queixa do paciente. Igualmente ilustrativo pode resultar o seguinte caso apresentado por Hawkins (1975):

Tratava-se de um jovem biólogo, com grau de doutor, que recentemente havia desenvolvido, sem causa orgânica aparente para justificá-la, uma cegueira supostamente histérica e havia perdido o seu cargo de professor universitário. O terapeuta comportamental construiu um aparelho de laboratório com o qual o paciente deveria fazer discriminações visuais grosseiras, recebendo choques elétricos no caso de não realizá-las. Conforme o paciente ia demonstrando maior efetividade na realização dos problemas de discriminação que lhe eram apresentados, os mesmos tornavam-se cada vez mais complexos e sutis, até que o paciente apresentou uma discriminação visual considerada normal.

Esta forma de atuar, como diz Hawkins ao descrever o caso, pode ser razoável para muitos terapeutas comportamentais. Porém, um estudo mais detalhado da vida do paciente mostrou dados interessantes: o biólogo teve grandes dificuldades para finalizar seus estudos na faculdade, seu trabalho como professor era sua primeira ocupação, iniciara este trabalho somente há poucos meses quando ficou "cego", durante esta época mostrava grandes sinais de ansiedade em tudo o que se relacionava ao seu trabalho e sempre apresentara um raro grau de dependência (pp. 196-197).

Como Hawkins conclui em um relatório posterior, ao comentar o caso (Hawkins, 1986), "os problemas do paciente eram, desde o início, muito mais do que uma cegueira histérica" (p. 357).

Esta necessidade de atender e esclarecer todo o conglomerado de queixas e demandas que o próprio paciente apresenta, assim como as demandas do meio em que vive, requer uma pesquisa minuciosa e ativa por parte do avaliador, se é que não quer ficar somente naqueles problemas mais "chamativos" ou "incômodos", que são os primeiros a vir à tona nas entrevistas diagnósticas iniciais e que podem ficar sendo como os únicos existentes (pelo menos durante um longo período do processo de avaliação e terapêutico), isto no caso do terapeuta não se manter vigilante.

Esta pesquisa ativa dos possíveis motivos da consulta parece necessária mesmo nos casos onde o problema parece ser "monossintomático", como no caso anteriormente apresentado por Hawkins (1975). Se o sujeito recorre à consulta é porque o "sintoma" é importante. Isto é, porque influi em aspectos importantes da sua vida ou de seu meio. Por exemplo, ninguém procura uma consulta porque tem medo de subir em aviões, enquanto isto não trouxer conseqüências importantes para sua vida diária.

Além destes alertas e exemplos mostrando a necessidade de realizar um estudo exaustivo daquilo que pode ser o motivo da consulta, pouco se tem feito no estudo desta fase da avaliação. Desta forma, no presente momento, sente-se a falta de guias teóricos ou regulamentos de procedimento que permitam confrontar-se com esta fase da avaliação de forma segura. No entanto, cabe ressaltar alguns esforços realizados neste sentido por autores como Lazarus (1981), com a criação de seu Questionário da História da Vida ou, entre nós, o tratamento recebido pela história clínica no livro de Bartolomé, Carrobles, Costa e Del Ser (1977).

II.2. Estabelecimento das últimas metas do tratamento

Faz alguns anos que Rosen e Proctor (1981) diferenciam, entre o que eles denominam os "resultados finais" (o que nós chamamos de últimas metas, "goals"), os "resultados instrumentais" (comportamentos objetivos, "target behavior") e os "resultados intermediários" do tratamento.

Para estes autores (Rosen e Proctor, 1981), os *resultados finais* fazem referência aos critérios utilizados para considerar o tratamento um sucesso. Portanto, será pedido que estes resultados tenham validade clínica e social. Assim, as mudanças direta ou indiretamente conseguidas deverão ser clinicamente relevantes e socialmente significativas. Isto supõe que sua avaliação deve ser enfocada de diferentes pontos de vista: como os critérios que os diferentes avaliadores sociais possam utilizar para cada situação, isto é, os resultados finais devem ter solucionado as demandas do paciente e dos agentes sociais significativos que o cercam.

Os *resultados instrumentais,* para Rosen e Proctor, são aqueles suficientes para atingir outros resultados sem intervenção adicional. Devem ter então validade clínica, no sentido de que, com sua aplicação, consiga-se enfrentar com êxito as respostas clínicas que se perseguem (p. ex., todos e cada um dos comportamentos que se consideram próprios da depressão). Da mesma forma, devem ser avaliados também, segundo sua contribuição para obtenção dos resultados finais. Este último tem uma dupla versão: que os resultados instrumentais sejam suficientes para alcançar os resultados finais e que exista alguma forma de intervir sobre os resultados instrumentais.

Finalmente Rosen e Proctor diferenciam o que eles denominam de *resultados intermediários,* isto é, aqueles que facilitam a continuação do tratamento ou possibilitam a aplicação de determinadas técnicas de intervenção (por ex. a capacidade de imaginar para aplicar a insensibilidade sistemática através da imaginação).

Com as expressões "metas", "últimos objetivos da terapia" ou, "resultados finais", nas palavras de Rosen e Proctor (na literatura da língua inglesa utiliza-se o termo "goals"), costumam fazer referência às metas ou efeitos finais que se espera que produza o tratamento (por ex., um melhor rendimento acadêmico, um melhor ajuste ao trabalho, a melhora dos relacionamentos familiares, etc.). Os comportamentos-objetivos ("target behavior") fazem referência àquelas variáveis concretas do comportamento ou do contexto onde o mesmo acontece e sob as quais se enfoca o tratamento (daí que sejam propostas como "resultados instrumentais"). Os objetivos finais da terapia, pelo contrário, são expressos em termos dos efeitos que devem produzir os comportamentos modificados durante o tratamento. Não se trata de que o comportamento ou a situação manipulada tenham-se modificado na direção desejada. Faz-se necessário que se tenham modificado na magnitude e com a generalização e durabilidade necessárias para produzir os efeitos que se pretendiam. Estas mudanças devem ter atingido, então, as metas finais desejadas incidindo no comportamento e no ambiente do sujeito.

Pode-se pensar, portanto, que à vista da diferenciação conceitual previamente realizada, nem sempre explicitada nos escritos sobre terapia e avaliação comportamental, fica claro que a famosa frase de Eysenck (1960), "controle o sintoma e terá eliminado a neurose", fica longe daquilo que se pretende que seja a moderna terapia do comportamento.

Dada a complexidade e inter-relação entre as diferentes partes da intervenção, talvez seja conveniente, como foi mencionado por alguns autores, não esquecer que existem co-variações entre diferentes classes de comportamento (p. ex., Kazdin, 1985b) e dependências funcionais entre comportamentos e, muito mais do que modificar um conjunto desconexo dos mesmos, interfere-se sobre um sistema funcional (Evans, 1985; Voelts e Evans, 1983).

II.2.1. Variáveis das quais dependem as últimas metas do tratamento

As últimas metas "goals" do tratamento dependem fundamentalmente dos juízos de valor daqueles que direta ou indiretamente intervêm na terapia (Wilson e O'Leary, 1980). Em terapia comportamental supõe-se que os objetivos finais que devem ser atingidos são um assunto de consenso entre o paciente (ou, como no caso das crianças, outras pessoas que tenham a responsabilidade sobre as mesmas) e o terapeuta (Nelson e Hayes, 1986b). Resumidamente, pode-se dizer que as últimas metas do tratamento dependem de:

a) O sistema conceitual e de valores do terapeuta. Diferentes terapias e terapeutas parecem ter objetivos finais variados.

b) O sistema conceitual e de valores de quem realiza a consulta. As queixas e demandas procedentes dos pacientes freqüentemente se expressam em termos vagos e de teorias de personalidade (Mischel, 1968; Kazdin, 1985b). Já que o terapeuta comportamental costuma adotar uma postura ativa na coleta de informação, no entanto, os dados fornecidos pelo paciente freqüentemente se encontram influenciados pelo sistema conceitual empregado pelo terapeuta (Kazdin, 1985b; Kratochwill, 1985).

c) Os requerimentos do meio físico e social onde o paciente vive e se desenvolve.

II.3. Análise dos comportamentos-problema

O ponto de vista do paciente ou dos outros usuários da psicoterapia, os problemas que se apresentam são de dois tipos: a) queixas e, b) demandas. Ambos costumam agrupar-se naquilo que se considera "o motivo da consulta". As queixas costumam fazer referências àquilo que vai mal e que quer eliminar, ao que causa problemas, ao negativo e incômodo. As demandas, por sua vez, fazem referência àquilo que se quer adquirir, ao positivo. As demandas nem sempre coincidem com a eliminação do que constitui uma queixa. Em geral, pode-se dizer no entanto, que toda queixa engloba uma demanda: uma nova forma de comportar-se (p. ex., mais desinibida, menos impulsiva, mais persistente, etc.) ou uma mudança no ambiente (por ex. nos pais, em um determinado aluno, no companheiro, etc.). Tanto as queixas como as demandas, na nossa cultura, costumam apresentar-se freqüentemente em termos de classes de comportamentos (p. ex., "passa o dia sentado", "só chora", etc.) ou então em termos de capacidade ("não sou capaz de...", "gostaria de poder...", etc.).

As queixas e demandas do paciente, tal como o mesmo as apresenta, são reinterpretadas a partir das diferentes correntes teóricas subjacentes a cada uma das terapias existentes. Da mesma forma, na avaliação comportamental que o paciente experimenta como um sentimento silencioso de mal-estar, pode passar a ser conceituado como respostas específicas a nível motor, cognitivo e fisiológico.

Com o que foi dito até aqui pode-se ver que estamos diferenciando entre o que são: a) os motivos de consulta, b) os comportamentos-problema, c) o ponto sobre o qual deve incidir a intervenção e d) as últimas metas do tratamento. Ainda que freqüentemente exista uma tendência a confundir os três últimos elementos, no estágio atual de nossos conhecimentos parece vantajoso mantê-los diferenciados.

Os comportamentos-problema fazem referência à tradução, em termos do comportamento operacional, do motivo da consulta apresentado pelo usuário (paciente ou "outros significados" de seu meio). Quando se fala de delimitação ou definição dos comportamentos-problema em terapia comportamental, costuma-se fazer referência à operacionalização, em termos comportamentais, tanto das queixas como daquilo que provoca as demandas do paciente.

Em alguns casos o comportamento-problema proposto pelo terapeuta aparentemente se afasta das queixas do paciente. Isto não quer dizer que o avaliador tenha descoberto "o problema real" ou algum problema "mais profundo". Simplesmente o avaliador criou um modelo de trabalho do funcionamento do paciente onde aparecem outros comportamentos, prévios na "cadeia causal", dos quais dependem as queixas apresentadas e que é necessário eliminar ou instaurar para fazer desaparecer as queixas ou conseguir as demandas que são feitas.

Alguns autores (Evans, 1985 e Voeltz e Evans, 1983) destacam que podem diferenciar-se em terapia e avaliação comportamentais dois enfoques subjacentes: o enfoque majoritário na atualidade, centrado no problema (o "enfoque eliminador", em termos de Goldiamond, 1974) e, outro ponto de vista sempre existente porém pouco destacado, onde se defende que as metas do tratamento nem sempre chegam a coincidir com a tradução operacional em comportamentos isolados das demandas do paciente (enfoque que a partir de agora chamaremos de "enfoque construtivo" ou "sistêmico"(Goldiamond, 1974, 1984). No final deste último enfoque caberia colocar as tentativas de construir positivamente (em contraposição à eliminação do problema, típico da visão anterior) uma nova forma de ser e de se comportar do paciente, de relacionar-se com seu meio e inclusive de modificar o meio ou ainda, de mudar de meio (Goldiamond, 1974; Hawkins, 1986; Kanfer, 1985; Schwartz e Goldiamond, 1975). Não se trata de eliminar algo de imediato (os comportamentos-problema), e sim de dotar o sujeito de uma série de ferramentas comportamentais com as quais poderá valer-se na sua vida diária.

Escolher um outro enfoque influi profundamente sobre todas as fases da avaliação. Desde o ponto de vista centrado nos comportamentos-problema, o ideal parece consistir em chegar a uma situação de conhecimentos, de tal forma que isto permita um diagnóstico completo: a classificação comportamentos-problema de forma que seja possível a indicação do tratamento mais adequado (Kanfer e Saslow, 1965, 1969; Pelechano, 1981b), quer dizer, o tratamento que elimine o problema com o decorrer do tempo e através das situações. Desde o ponto de vista centrado na construção positiva de uma nova forma de comportar-se, a generalização através das respostas, das situações e do tempo muda de perspectiva. Já não se trata de que o efeito provocado sobre o comportamento tratado se generalize para outros comportamentos, para outros ambientes e que perdure no tempo. O objetivo consiste, principalmente, em modificar muitas classes de comportamentos em muitas situações, de forma que se automantenham e que desencadeie uma nova forma de relacionar-se com o ambiente e/ou proporcionem possibilidades de acesso a outros ambientes. Trata-se, em suma, de mudar o curso da vida do sujeito.

O ponto de vista centrado no problema, ou enfoque eliminatório e tópico (em contraposição ao enfoque construtivo e sistêmico) foi proposto que, pelo estado atual da questão, os transtornos comportamentais, mais do que com rótulos diagnósticos, devem ser conceituados como excessos ou déficit (Kanfer e Saslow, 1969). Para isto, é dito que um comportamento pode-se catalogar como excesso ou déficit atendendo aos parâmetros objetivos da freqüência, duração ou intensidade com que se produzem de forma adequada ou sob condições onde socialmente espera-se que aconteçam. No entanto, embora em clínica os parâmetros de freqüência, taxa, duração, latência e, em menor medida, intensidade podem ser bastante objetivos, não é tanto que "sejam provocados de forma adequada ou sob as condições em que se espera que ocorram", já que, freqüentemente, diferentes avaliadores sociais possuem diferentes idéias do que pode ser adequado ou não, do que deveria ou não acontecer, dadas algumas determinadas condições ambientais. Por outro lado, é óbvio que conhecendo a freqüência, a intensidade ou a duração de um comportamento-problema não se sabe ainda se deve catalogar-se o mesmo como excesso ou como déficit. Para isto são necessários também normas ou critérios referentes ao que é adequado ou normal, com os quais pode comparar-se a freqüência, a duração ou intensidade obtidas em um caso particular. Catalogá-los de uma outra forma sobre a base daquilo que o terapeuta ou avaliador comportamental considera que é o normal ou adequado, possivelmente não é mais objetivo do que catalogá-los como esta ou aquela entidade nosológica.

Barrios e Hartmann (1986) demonstraram que, para classificar de forma objetiva os comportamentos-problema como excessos ou como déficit, é necessário dispor de normas estatísticas de atuação do grupo social ao qual pertence o sujeito, assim como critérios de execução derivados daquilo que se propõe no desempenho completo das tarefas ou funções que se analisam, ou de critérios de "acertos" dos resultados provocados pelas mencionadas tarefas ou funções, ou então de critérios de avaliação social brevemente expressados na seguinte pergunta proposta por Barrios e Hartmann (1986): quais as expectativas que existem no meio social que cerca o paciente, no que diz respeito à sua atuação e aos níveis que deve atingir, de forma que fique submetido ao jogo normal de reforços do meio já mencionado?

Frente ao que acaba de ser dito no parágrafo anterior, como é óbvio, os critérios contra os quais devem contrastar-se os "acertos" do tratamento são completamente diferentes em um e outro enfoque da terapia. No primeiro caso (enfoque eliminatório), trata-se de averiguar se o comportamento-problema desapareceu após a aplicação do tratamento e se continua sem aparecer durante o seguimento. O melhor ponto de comparação neste enfoque é a linha de base. No segundo caso (enfoque construtivo), tenta-se contrastar se as ferramentas comportamentais proporcionadas ao sujeito orientam sua vida diária por um caminho melhor do que aquele truncado pelo tratamento. A avaliação, neste último caso, resulta muito mais complexa e supõe que sejam avaliadas muitas facetas da vida do sujeito e, possivelmente, de várias formas diferentes. Desta perspectiva, os pontos de comparação são múltiplos. Por outro lado, não se trata de saber o quanto nos afastamos da linha de base (multilinha base), e sim quando nos aproximamos dos critérios positivamente propostos. O sucesso das mudanças não será julgado pela magnitude da diferença entre o estado atual e o estado refletido na linha base, de forma que quanto *maior* for esta magnitude, tanto mais efetivo terá sido o tratamento. O êxito das mudanças virá mais pela magnitude da diferença entre o estado atual e os estados propostos como metas, desta forma quanto *menor* for esta magnitude, maior terá sido o sucesso do tratamento.

II.4. O estudo dos objetivos terapêuticos

Os comportamentos-meta ou objetivo, constituem aquela classe de comportamentos para a qual se direciona ou, sobre a qual se centraliza a intervenção terapêutica (Evans, 1985). Depois de modificados os comportamentos-objetivo, supõe-se que deverão ter ficado igualmente satisfeitas as queixas e demandas do paciente (Baer, 1982). No entanto, nem toda demanda ou queixa provoca um comportamento-objetivo. Freqüentemente uma demanda ou queixa supõe que o terapeuta deve propor vários pontos sobre os quais a terapia deve incidir. Pelo contrário, em algumas ocasiões espera-se poder cobrir várias queixas ou demandas com a intervenção sobre um único ponto.

Embora se fale comumente em comportamentos-problema e comportamentos objetivo, em muitas ocasiões o terapeuta comportamental propõe como problemas ou como pontos sobre os quais deve incidir a terapia, não classes de comportamentos e sim determinadas condições ambientais. Assim é feito quando o que se vê como problemático não é o comportamento da criança e sim a relação entre os pais, ou destes com a criança, ou a disposição de determinados objetos no lar, em uma residência na classe, ou no momento e/ou local em que acontece tal comportamento, etc.

II.4.1. A escolha dos comportamentos-meta

O ponto de vista centrado no problema, Nelson e Hayes (1986b) colocam algumas considerações que os terapeutas comportamentais utilizam para guiar-se na escolha dos comportamentos-objetivo e da seqüência mais adequada para abordar cada um deles. Estas considerações são as seguintes:

1. Os comportamentos que são física, social ou economicamente perigosos para o paciente ou para aqueles que o cercam devem ser modificados (Kanfer, 1985).

2. Um comportamento é anormal e deve ser modificado se é aversivo para o próprio sujeito ou para outros, seja porque se afasta daquilo que se espera do sujeito em certas situações, ou porque se torna não previsível (Ullman e Krasner, 1969).

3. Deve-se modificar um determinado comportamento se assim flexibiliza-se o repertório do paciente, de tal forma que aumenta-se o bem estar individual e social a longo prazo. Por exemplo, quando com a implantação de um novo

comportamento, ou com a eliminação do atual, aumenta-se a obtenção de reforçadores a longo prazo (Krasner, 1969; Myerson e Hayes, 1978).

4. O comportamento a ser implantado substituindo o comportamento-problema deve ser estabelecido em termos positivos e construtivos, em oposição à visão supressora ou negativa. A razão deste conselho reside na idéia de que os comportamentos positivos, construtivos, terão a tendência de se manter quando possuem validade ecológica, assim sendo a eliminação dos comportamentos negativos pode ser somente temporária, especialmente quando tinham como função, como costuma ser o caso, a obtenção de reforçadores que, com a eliminação de alguns comportamentos, agora não são obtidos (Goldiamond, 1974; McFall, 1982; Winett e Winkler, 1972).

5. Terão que ser obtidos ótimos níveis de funcionamento e não tão somente níveis médios (Foster e Ritchey, 1979; Van Houten, 1979).

6. Devem selecionar-se, para sua modificação, somente aqueles comportamentos que o contexto continuará mantendo (Ayllon e Azrin, 1968). Devemos entender por "contexto" não somente o meio físico e social que cerca o paciente, mas também seu sistema de valores e crenças, principalmente quando estes são consonantes com o meio social em que se desenvolve (Kanfer, 1985).

7. Considerar como comportamentos-objetivo somente aqueles que são suscetíveis de serem tratados, seja pelos recursos com que conta o paciente e o terapeuta ou com os meios disponíveis em um determinado momento de desenvolvimento das técnicas terapêuticas (Kanfer, 1985; Kanfer e Grimm, 1977).

II.4.2. A prioridade nos comportamentos-objetivo

A questão de qual o comportamento objetivo que se deve alcançar em primeiro lugar apresenta-se sempre que o problema não seja "monossintomático", isto é, sempre que existir mais de um comportamento-objetivo. Nestes casos, o comportamento a ser modificado em primeiro lugar será:

1. O comportamento que resultar mais incômodo para o paciente ou os outros significativos, já que desta forma o próprio paciente ou os outros, como mediadores, estarão motivados a continuar com o tratamento quando beneficiados pela intervenção (Tharp e Wetzel, 1969).

2. O comportamento mais fácil de ser modificado, já que os rápidos resultados motivam o paciente e/ou os outros significativos, e os levarão a se esforçar e a colaborar nas tentativas terapêuticas (O'Leary, 1972).

3. O comportamento que provoque a máxima generalização dos efeitos terapêuticos (Hay Hay e Nelson, 1977).

4. O primeiro comportamento da cadeia, no caso de que vários comportamentos constituam uma cadeia comportamental (Nelson e Hayes, 1986b).

Estes conselhos gerais, vindos do sentido comum ou das teorias subjacentes aos modelos comportamentais, não parecem universalmente aplicáveis, exceto no que diz respeito aos itens três e quatro. Assim, por exemplo, para aduzir com referência à primeira proposição, quando se elimina o mais incômodo para o paciente ou para os demais significativos, existe uma certa probabilidade de que se abandone o tratamento, já que depois de eliminado o comportamento mais incômodo supõe-se que continuar com o tratamento poderia resultar em um custo maior do que abandoná-lo. Algo semelhante pode-se dizer com referência à segunda afirmação. Embora em alguns casos escolher um comportamento sobre o qual os efeitos da intervenção sejam rápidos, pode levar o sujeito a envolver-se ainda mais na terapia, em outros casos pode criar-lhe expectativas de que tudo o que resta é igualmente fácil e rápido, e isto pode desanimá-lo e inclusive levá-lo a abandonar a terapia perante os primeiros inconvenientes, dificuldades ou recaídas.

Na nossa opinião, parece mais sensato intervir em primeiro lugar (exceto naqueles casos onde existam comportamentos perigosos ou muito aversivos para o sujeito ou para aqueles que o cercam) sobre os elementos (comportamentos ou fatores ambientais) que produzam um processo de intervenção mais rápido, parcimonioso e dotado de efeitos mais abrangentes. Embora a análise do tipo sistêmico seja muito mais complexa e prolongue o tempo necessário para realizar a avaliação pré-tratamento, pensamos que possivelmente resulte mais econômica a longo prazo, levando-se em conta a duração total do processo avaliação-tratamento-avaliação dos efeitos.

II.5. Critérios diretrizes para a escolha do tratamento adequado

Como já foi dito antes, supõe-se que a avaliação deve sinalizar de algum modo, qual será o tratamento mais adequado. Isto supõe a existência de um sistema de conhecimentos que permita saber, através do conhecimento do diagnóstico, se existe ou não tratamento e, no caso de existir, qual seria o apropriado.

Nelson (1984) e Nelson e Hayes (1986b) propuseram que as principais estratégias para escolher um tratamento podem agrupar-se em três categorias de classificação: a análise funcional, a estratégia de comportamento-chave ("keystone behavior") e a estratégia diagnóstica. A estas três estratégias de atuação possivelmente possa acrescentar-se mais uma, a denominada "estratégia do guia teórico".

II.5.1. A estratégia da análise funcional

A análise funcional é a estratégia clássica em terapia comportamental, unindo avaliação e tratamento, isto é, para concluir o tratamento adequado a partir dos dados da avaliação.

No entanto, freqüentemente a análise funcional, fiel às suas origens dentro das teorias operantes, tem sido uma análise funcional operante e, ainda com mais freqüência, tornou-se exclusiva quando o que se pretendia era a eliminação de comportamentos-problema. Nestes casos, como repetidamente já foi dito, o estudo dos comportamentos-problema deve ser realizado através de uma cuidadosa análise topográfica à qual se segue a análise funcional propriamente dita.

Quando o que deve ser tratado não é a eliminação de algum comportamento-problema e sim a criação de novos comportamentos no repertório do paciente, parece que a análise funcional não se realiza com o mesmo cuidado, limitando-se, pelo menos na maioria dos casos, a expor de forma grosseira no que se deve consistir o comportamento a ser implantado, mas privando-se de defini-lo nos mesmos termos dos parâmetros de freqüência, intensidade, duração, etc., usados em outras ocasiões. Da mesma forma, a análise dos estímulos ambientais, que devem evocar e manter o comportamento a ser implantado, consiste muito mais em mostrar os estímulos que serão usados durante a fase de tratamento do que em prever quais estímulos deverão provocar e manter o comportamento no meio natural onde vive o sujeito.

Por outro lado, como demonstraram Nelson e Hayes (1986b), a análise funcional realizada freqüentemente na clínica tem-se distanciado da semelhança com a análise experimental do comportamento em que dizia basear-se, já que as variáveis controladoras do comportamento que propõem são *hipoteticamente* controladoras e ainda não se comprovou que efetivamente controlam o comportamento a ser modificado. Na maioria dos casos o tratamento constitui o único contraste empírico das hipóteses funcionais formuladas.

Finalmente, é conveniente notar que em alguns casos a análise funcional (operante) parece resultar bastante irrelevante, principalmente naquelas ocasiões em que foi dada uma explicação pavloviana aos problemas.

II.5.2. A estratégia do comportamento-chave

Dentro da avaliação comportamental tem-se desenvolvido uma nova tendência, cada vez mais forte, de que tal como é proposta por alguns autores (por ex., Patterson, 1976; Wahler, 1975; Evans, 1985), mais do que contradizer a análise funcional clássica, a complementa. Esta corrente vem ganhando terreno, principalmente desde a entrada dentro da modificação do comportamento da terapia cognitiva. A estratégia do *comportamento-chave* ("keystone behavior"), parte da hipótese de que os transtornos comportamentais estão constituídos por classes de comportamento que se inter-relacionam nos três sistemas de respostas: motora, cognitiva e fisiológica (Evans, 1986). Igualmente, supõe-se que, modificar alguma classe de comportamento ou alguns comportamentos de uma determinada classe, modifica outras classes ou a classe inteira. Um exemplo disto são os comportamentos que aparecem como cadeias causais e nas quais se espera que a mudança do primeiro comportamento (comportamento-chave) modifique toda a cadeia.

Nas palavras de Evans (1986), a estratégia do comportamento-chave pretende modificar um comportamento para que o mesmo modifique outro, e assim sucessivamente. Por exemplo, podemos aumentar as habilidades de comunicação para facilitar as relações sexuais, o que ao mesmo tempo, diminuirá a depressão, e isto deve reduzir a ingestão de bebida. Também podemos ensinar estratégias de autocontrole para reduzir a impulsividade, de tal forma que aumentem as realizações acadêmicas, melhorando as habilidades e conhecimentos básicos que, por sua vez, facilitarão as possibilidades de trabalho.

Deste ponto de vista podemos concluir facilmente que raramente existe um comportamento-objetivo de tratamento que deva ser escolhido em primeiro lugar, e sim que o mesmo é extraído de um conjunto de comportamentos-objetivo, de mais ou menos, a mesma importância. Este enfoque implica na existência de alguns pontos de início, anteriores aos comportamentos-objetivo a modificar, escolhidos pela facilidade ou rapidez com que o terapeuta pode modificá-lo e pelos efeitos em cascata que sobre estes comportamentos-objetivo provocam.

Como podemos apreciar, enquanto a análise funcional pretende descobrir relações estímulo-resposta, a estratégia do comportamento-chave tenta descobrir relações resposta-resposta (Evans, 1985; Kazdin, 1985b).

II.5.3. A estratégia de diagnóstico

Embora em outras áreas da medicina o diagnóstico seja feito em função dos fatores etiológicos que causam a doença, em psiquiatria o diagnóstico baseia-se muito mais na forma, topografia ou propriedades estruturais do comportamento, em oposição às suas propriedades funcionais.

Apesar destas diferenças importantes com os enfoques mais comuns em avaliação comportamental, a estratégia de diagnóstico encontra utilidade em muitos autores neste campo (Nathan, 1981; Taylor, 1983).

Segundo este enfoque, depois de ter dado à pessoa um determinado diagnóstico, escolher-se-á o tratamento mais efetivo para o tipo de transtorno, supondo que este tratamento exista. Assim, para a depressão pode aconselhar-se a terapia cognitiva de Beck; para as fobias, técnicas de exposição; para o exibicionismo, sensibilização encoberta, etc.

Possivelmente, como demonstram Nelson e Hayes (1986b), este enfoque esteja sendo freqüentemente utilizado pelos avaliadores comportamentais, mesmo quando se fala com mais freqüência na utilização da análise funcional. Por exemplo, as descobertas de Felton e Nelson (1984) demonstram que os avaliadores comportamentais concordavam mais com o tratamento indicado do que com as variantes controladoras dos comportamentos a serem modificados, o que do ponto de vista da análise funcional torna-se pouco explicável. Possivelmente, como concluem Nelson e Hayes (1986b), muitos avaliadores comportamentais para escolher o tratamento, muito mais do que a análise funcional, utilizam estratégias de diagnósticos.

II.5.4. A estratégia do guia teórico

Quando se admite, como há quase vinte anos foi proposto por Yates (1970), que a terapia comportamental baseia-se em qualquer teoria ou sistema de conhecimentos procedentes da psicologia científica, e não tão somente naqueles derivados das teorias da aprendizagem, podemos propor uma quarta estratégia do diagnóstico, que podemos denominar "do guia teórico" e da qual a análise funcional é nada mais do que um caso concreto.

O procedimento, brevemente expressado, pode ser descrito da seguinte forma: deparando-se com as queixas e demandas do paciente, o terapeuta recorre ao arsenal de teorias e conhecimentos científicos existentes, na procura de um sistema conceitual que verse sobre a região de fenômenos com o qual se enfrenta, de forma tal que lhe seja possível descrevê-los com precisão e encontrar estratégias de atuação para passar de um estado A (coincidente com aquele que atualmente o paciente apresenta) a um estado B (coincidente com as últimas metas propostas).

Esta parece ser a forma de atuar de alguns autores comportamentais. Assim, perante alguns problemas do tipo depressivo, podem chegar a estabelecer que estímulos discriminativos os provocam e que estímulos reforçadores os mantêm (hipótese operante dos "ganhos secundários dos sintomas"), e logo submeter o sujeito a processos de extinção. Já em outros casos, onde os mesmos comportamentos vão acompanhados de uma extensa perda de reforçadores, pode recorrer à hipótese de Fester (1965) ou à de Lazarus (1986b), onde se considera que o sujeito está submetido a um programa de extinção dos comportamentos mais adaptáveis (e, talvez, a um programa de reforço dos comportamentos de evitação). Em outras ocasiões, muito pelo contrário, pode-se pensar que as queixas e demandas do paciente e seus familiares ficam melhor conceituadas desde a visão de Lewinsohn (1974), onde se propõe que o paciente carece das habilidades necessárias para obter reforçadores no seu meio social habitual; ou desde a teoria do "desamparo" de Seligman (1975, Abramson, Seligman e Teasdale, 1978), ou desde a posição cognitiva de Beck (1979), etc. Desta forma as queixas e demandas propostas de forma semelhante, depois de uma análise mais detalhada, podem ficar conceitualizadas de forma diferente e requerer a avaliação de uns ou outros conteúdos, assim como desembocar em um ou outro tipo de tratamento.

Referente às vantagens de um ou de outro enfoque de escolha do tratamento existem discrepâncias entre os diferentes autores. O que realmente fica claro neste momento, é que não se justifica a recomendação feita por alguns, de que a análise funcional deve ser feita de forma rotineira. Em primeiro lugar, porque em alguns casos pode ter resultado inútil. Em segundo, porque em outros casos, mesmo quando não resulte gratuita a razão custo/benefício, comparando-se a outros procedimentos, não a torna aconselhável.

Possivelmente, como foi demonstrado por alguns autores (Haynes, 1986; Nathan, 1981; Nelson e Hayes, 1986b), em algumas situações seja melhor usar uma estratégia e em outras o uso de outra. Assim, por exemplo, Nathan (1981) propôs que nos transtornos com alguma etiologia biológica relativamente clara, pode ser de maior utilidade o enfoque diagnóstico, já que a análise funcional seria mais idônea nos transtornos altamente dependentes do ambiente circundante. Haynes (1986), por sua vez, propõe que a aproximação diagnóstica pode ser melhor do que a análise funcional, quando existe, para um determinado tipo de transtorno, um tratamento que seja suficiente e que proporcione uma alta probabilidade de sucesso (por exemplo, a dessensibilização sistemática ou as técnicas de exposição com as fobias).

II.6. Avaliação dos resultados do tratamento

II.6.1. Razões para realizar uma avaliação sistemática dos resultados

Existem muitas razões que aconselham a realização de uma avaliação sistemática dos resultados das intervenções psicológicas (Hayes e Nelson, 1986; Nelson e Hayes, 1986b). Entre as apresentadas com maior freqüência, encontram-se as seguintes:

1. A qualidade do serviço dado ao paciente melhora, já que a avaliação nos dá informações referentes à magnitude e direção das mudanças, assim como, em que medida se está caminhando em direção à consecução das últimas metas do tratamento, permitindo com isto a correção das falhas ou deficiências observadas (avaliação formativa).

2. Quando a avaliação é realizada após a finalização da intervenção, seja depois da mesma, seja durante o período de acompanhamento, permite apreciar o grau com o qual as últimas metas de tratamento foram alcançadas e, portanto, avaliar se o tratamento pode ser considerado ou não um sucesso, em que medida o seria e referente a qual dos critérios que foram utilizados (avaliação normativa).

3. A avaliação normativa realizada sobre os procedimentos de intervenção dá-nos a segurança no que diz respeito à sua qualidade, e permite disseminar melhor, entre os seus consumidores, os tratamentos como produtos psicológicos que são: terapeutas, responsáveis pela administração indireta de intervenções psicológicas (gerentes, diretores, médicos, autoridades da saúde, etc.) e pacientes (Pelechano, 1980b, 1980c).

4. E finalmente, a realização de avaliações sistemáticas e cuidadosamente efetuadas faz avançar as ciências clínicas e contribui para o aumento de nossos conhecimentos técnicos e aplicados.

II.6.2. Avaliação das últimas metas do tratamento

Os comportamentos-objetivo, sobre os quais é realizada a intervenção, habitualmente são escolhidos pelo terapeuta comportamental, freqüentemente em consenso com o paciente, sobre a base de sua consideração como comportamentos adaptativos, ou seja, sobre a base de sua adequação para atingir as últimas metas do tratamento. Estes são escolhidos baseando-se em critérios de valores culturais e pessoais (Wilson e O'Leary, 1980) e, para estabelecê-los em terapia comportamental, deve realizar-se um contrato, previamente consensual, entre o terapeuta e o paciente ou aquele que o representa (Davison e Stuart, 1975; Nelson e Hayes, 1986b).

Do ponto de vista centralizado nos comportamentos-problema, pode-se pensar que o estabelecimento das últimas metas da intervenção depende do paciente ou das pessoas sob as quais se encontra sua tutela, isto no caso de sujeitos incapacitados. Do ponto de vista sistêmico, mais amplo, o estabelecimento e avaliação da realização das últimas metas pode ter um resultado muito mais complexo. A partir deste último prisma, o estabelecimento do sucesso do tratamento depende de diversos critérios que podem diferir segundo os agentes sociais ou outras pessoas significativas que realizem a avaliação dos resultados. Isto torna necessário fazer uma amostragem dos outros significativos nos diferentes ambientes onde o paciente se desenvolve, para estabelecer quais são os critérios de êxito que utilizam. De um ambiente para outro e, de um avaliador a outro, estes critérios podem diferir, tal como tem-se destacado em algumas obras relacionadas à avaliação de programas de intervenção (por exemplo, Stufflebeam e Shinkfield, 1987). Assim os critérios usados para avaliação de uma mesma atuação diferem dependendo do sexo, da idade ou do "meio" em que atua (McFall, 1982). Da mesma forma, os critérios com os quais se avalia a adequação de uma determinada atuação podem ser, segundo a pessoa que está avaliando, bem diferentes.

Assim sendo, parece simplista supor que a adequação da mudança depende única e exclusivamente do grau da mudança que foi produzida com referência à linha de base e direção do mesmo. Uma mesma magnitude de mudança em determinada direção pode ser avaliada como muito relevante e adequada ou, irrelevante e contra-producente, segundo os critérios de adequação que forem utilizados pelos agentes sociais que se vêem como juízes.

II.6.3. Procedimentos de avaliação dos resultados

Pode-se dizer que há duas formas fundamentais de avaliar os resultados do tratamento: no que diz respeito à linha de base e referente aos objetivos-meta ou finalidades últimas da intervenção.

II.6.3.1. Avaliação dos resultados do tratamento no que diz respeito à linha de base

A comparação do estado do paciente, em cada um dos comportamentos escolhidos como objeto de intervenção, e sua situação nos mesmos durante a linha de base é própria das aproximações centralizadas no problema, e mais do que uma avaliação da melhora ou eficácia, supõe uma avaliação do impacto do tratamento.

A diferença entre os valores atuais e os das mesmas variáveis durante a linha de base fornece-nos uma medida da magnitude e direcionamento da mudança provocada entre um e outro momento. No caso do "esboço" segundo o qual foi realizado o tratamento resultar metodologicamente adequado, também pode-se concluir que a mudança foi devida à manipulação ou intervenção realizada. No entanto, nem sempre é possível empregar na prática clínica "esboços" metodologicamente apropriados que permitam concluir, com um alto grau de segurança, que foi o tratamento aplicado e não algum outro fator, o responsável pelas modificações produzidas.

A comparação dos valores atuais nas variáveis escolhidas com seus valores na linha de base, chegam no máximo a mostrar que foi provocada uma mudança na direção esperada, mas não que esta mudança seja altamente relevante.

II.6.3.2. Avaliação dos resultados da intervenção por comparação com as últimas metas do tratamento

Como acabamos de ver, talvez não interesse tanto a magnitude da mudança quanto sua relevância clínica e social. No entanto, a relevância clínica não se extrai da comparação do estado atual com o estado durante a linha de base, e sim da comparação do estado atual com os objetivos-meta previamente determinados. Quanto maior a coincidência do estado produzido pelo tratamento com os objetivos-meta propostos, maior relevância clínica tem a mudança conseguida. O critério de bondade que, segundo o que aparece, convém utilizar, não é o significado estatístico das diferenças pré e pós-tratamento, ou entre o grupo de controle e o experimental, e sim a concordância entre o estado provocado depois do tratamento e o estado que se desejava conseguir, assim como a estabilidade temporal do estado conseguido. É esta estabilidade que confirma que o novo estado não se deu por acaso. Por outro lado, a concordância entre o estado desejado e o estado conseguido nos dá a certeza de que a mudança não é desprezível, que é clinicamente relevante, seja ou não estatisticamente significativa.

Na nossa opinião, a linha de base é útil para estabelecer se deve ser aplicado ou não algum tipo de intervenção e para calcular a magnitude da mudança conseguida depois do tratamento; em nenhum caso para julgar sobre o sucesso da mencionada mudança, dando por certo que a mesma ocorreu.

Se o comportamento que o sujeito manifesta no estado conseguido, concordar com os comportamentos do universo (ou universos) definido como meta e o estado instaurado perdura, o terapeuta dirá que o tratamento teve sucesso já que atingiu a meta procurada. Isto, obviamente, supõe que os universos definidos como metas, assim como a amostragem realizada primeiramente para a avaliação dos mesmos, foram escolhidos com cuidado, incluindo-se quais comportamentos o sujeito deverá manifestar, quais são os comportamentos que não deverá apresentar, em quais situações deverão aparecer ou não... assim como quais os critérios de adequação vai usar o próprio paciente e os diferentes agentes sociais que irão avaliar os resultados atingidos. Desta forma, muito mais do que uma medida de mudança ou impacto da intervenção realizada, são obtidas diferentes avaliações da adequação ou da mudança conseguida.

III. Leituras Recomendadass

Barrios, B. A., «On the changing nature of behavioral assessment», en A. S. Bellack y M. Hersen (comps.), *Behavioral assessment: a practical handbook*, 3.ª ed., Nueva York, Pergamon Press, 1988.

Egan, G., *The skilled helper*, 3.ª ed., Pacific Grove, Calif., Brooks/Cole, 1986.

Fernández Ballesteros, R. y Carrobles, J. A. I. (comps.), *Evaluación conductual: metodología y aplicaciones*, 3.ª ed., Madrid, Pirámide, 1986.

Goldfried, M. R., «Behavioral assessment: an overview», en A. S. Bellack, M. Hersen y A. E. Kazdin (comps.), *International handbook of behavior modification and therapy*, Nueva York, Plenum Press, 1982.

Kanfer, F. y Schefft, B., *Guiding the process of therapeutic change*, Champaign, Ill., Research Press, 1988.

Nelson, R. O. y Hayes, S. C. (comps.), *Conceptual foundations of behavioral assessment*, Nueva York, Guilford Press, 1986.

6. Avaliação Comportamental e Avaliação Tradicional: a Questão Psicométrica

Fernando Silva e Carmen Martorell

I. Introdução

Este capítulo se insere no problema das relações entre a nova disciplina da *avaliação comportamental* – nascida durante o desenvolvimento da modificação e terapia do comportamento – e aquilo que, a partir dessa disciplina, chama-se (na verdade de forma um tanto quanto depreciativa) "avaliação" ou "diagnóstico tradicional". É evidente que, no seu início, a avaliação comportamental se auto-definiu de forma antitética perante a avaliação tradicional, seguindo com isto a tendência habitual de uma nova disciplina, de propor-se antiteticamente em relação a outras que a precederam dentro de um mesmo âmbito de ação (por ex., Goldfried e Pomeranz, 1968; Mischel, 1968). No entanto, o menos compreensível é o ressurgimento, em uma fase mais avançada da avaliação comportamental como a atual, com toda força e de forma polêmica, do problema de suas relações com a avaliação tradicional. Isto é comprovado por muitos trabalhos apresentados em reuniões científicas, assim como publicados em livros e revistas especializados (por ex., Barrios, 1988; Barrios e Hartmann, 1986; Cone, 1981, 1986, 1988; Nelson e Hayes, 1986b).

Antes de entrar de forma sistemática neste problema e desejando explicá-lo de forma mais objetiva, devemos dizer algumas palavras referentes ao conceito de avaliação comportamental.

II. Conceito de Avaliação Comportamental

Tentar esclarecer alguns aspectos do conceito de avaliação comportamental na atualidade não constitui apenas uma questão de elegância expositiva. Pelo contrário, na realidade retira-se do mesmo tudo o que se seguirá na continuação.

Observamos que a expressão "avaliação comportamental" – historicamente tardia – hoje permite reconhecer um caráter compreensivo que recolhe expressões anteriores, tais como a do diagnóstico comportamental e (pelo menos em parte) da análise comportamental aplicada. Assim sendo, e seguindo a grande maioria dos autores, incluímos a análise funcional do comportamento dentro da avaliação comportamental e, também, como sua tarefa central no que diz respeito à avaliação de pré-tratamento: realizar uma exploração que permita formular hipóteses no que diz respeito a enlaces funcionais entre as variáveis da resposta objeto de estudo e aquelas que, segundo determinados processos psicológicos que implicam aprendizado, as determinariam.

A história mais recente da avaliação comportamental fala nitidamente em favor de uma *forte expansão* ou ampliação, tanto no sentido teórico como metodológico e aplicado (Strosahl e Linegan, 1986). Assim por exemplo, o conceito de comportamento abrange os três sistemas de resposta propostos por Lang (1968), onde o sistema cognitivo-verbal nos abre, pelo menos na opinião da grande maioria dos autores, para acontecimentos "encobertos" ou melhor dizendo, subjetivos. O objeto, tanto do estudo como da intervenção – o chamado comportamento-meta ou *"target behavior"* – já não é considerado de forma precisa (Wahler e Fox, 1981; Evans, 1986). Existe cada vez mais a tendência a uma aproximação sindromática, que aproxima os avaliadores comportamentais aos esforços taxonômicos da psicopatologia atual (por ex., Hersen e Bellack, 1988b). Isto leva consigo uma maior atenção nas relações R-R e não tem utilidade somente no capítulo dos efeitos de generalização, mas também no momento de formular hipóteses explicativas (R=S-R), o que se amplia até fazer com que alguns autores vejam a necessidade de reintroduzir o conceito de *personalidade* (reinterpretado ao mesmo tempo do ponto de vista do comportamento) (Starts, 1986). Assim sendo, o conceito de estímulos é visto com maior abrangência do que antigamente, deixando-se ver a nítida influência da psicologia ambiental, e isto tem feito com que os avaliadores comportamentais se tornem mais sensíveis à consideração das influências contíguas, tanto do ambiente sobre o comportamento, como do comportamento sobre o ambiente, abrindo-se portanto para a consideração de períodos mais dilatados (Martens e Witt, 1988). Tudo isto, enfim, tornou necessária a abertura para modelos explicativos do comportamento, talvez complementares, porém diferentes dos clássicos e que implicam em processos mediacionais, assim como uma importante abertura no que diz respeito aos recursos instrumentais, o que implica em uma reavaliação das técnicas de entrevista, de auto-observação e de autoconhecimento (Hersen e Bellack, 1988a).

Naturalmente esta forte expansão da avaliação comportamental colocou em perigo sua identidade. Existem autores que dizem não haver somente uma avaliação comportamental e sim muitas (Cone, 1986). Suscitaram polêmicas e posições encontradas entre os avaliadores comportamentais, co-existindo de forma quase que "esquizofrênica" colocações bastante diferentes. Para dizê-lo nas palavras de R.O. Nelson (1983), o período da "lua-de-mel" dos anos setenta acabou definitivamente.

Muito bem, mesmo que ainda existam questões conceituais de fundo e será, com toda certeza, nestas onde, definitivamente, será resolvido o problema, é no plano *metodológico* onde, neste momento, a polêmica é mais aquecida. Basta assinalar, como exemplo, que a obra mais importante da última década em avaliação comportamental – o livro *Conceptual Foundations of Behavioral Assessment*, de Nelson e Hayes (1986a) – trata bem menos de questões estritamente conceituais e mais de questões metodológicas.

Deter-nos nisto nos ajudar a precisar nosso campo de indagação. Essa polêmica entre avaliação comportamental e tradicional da qual falávamos no início, e que recentemente foi reavivada dentro da primeira, toma a forma mais concreta de uma discussão em torno da *integração* ou *rejeição dos princípios psicométricos*, dos fundamentos que tornam possível a avaliação psicométrica e dos critérios psicométricos que irão orientar a recopilação de informação, assim como avaliar a qualidade da mesma. Tal questão, que se apresenta desde que os avaliadores comportamentais tomam consciência da necessidade de assegurar a qualidade da informação recolhida, através de suas estratégias e instrumentos de recopilação de informação, acumula agora boa parte de sua atenção. A maioria dos autores é a favor de uma integração entre avaliação comportamental e os princípios e critérios psicométricos (embora freqüentemente "com ressalvas"). No entanto, um grupo de influência onde se destacam J.D. Cone e R.O. Nelson tomou uma postura de nítida rejeição com referência a isto. Para eles o modelo de comportamento e o modelo psicométrico difeririam, fundamental e resumidamente em três vertentes (Hayes, Nelson e Jarret, 1986): (a) a de algumas hipóteses referentes ao comportamento (hipóteses de consistência e estabilidade no enfoque psicométrico, que não são compartilhadas pelo enfoque comportamental); (b) a do nível da análise (grupal *versus* individual); e (c) a dos modelos de causalidade (causa estrutural intra-sujeito *versus* causalidade funcional ambiente-sujeito). Tudo isto nos leva, em maior ou menor medida, a uma rejeição das interpretações monotéticas e normativas, assim como dos critérios psicométricos de confiabilidade, validade e utilidade. Com isto tendem a destacar-se e agudizar-se as diferenças entre "as duas disciplinas da psicologia científica" de que falava Cronbach (1975), o distanciamento entre diferentes aproximações na avaliação psicológica que poderia levar, segundo a não velada ameaça de Cone (1981), para uma total cisão.

Citaremos agora somente algumas questões relacionadas aos critérios psicométricos de confiabilidade, validade e utilidade.

III. Confiabilidade, Validade e Utilidade

III.1. Confiabilidade

Iniciaremos pela questão da *confiabilidade* na avaliação comportamental. É bem possível que a crítica mais difundida pelos avaliadores comportamentais ao enfoque psicométrico se concentre nas suposições de consistência e estabilidade do comportamento, que a interpretação da confiabilidade leva consigo (Mischel,

1968). No entanto, o pensamento psicométrico tem evoluído bastante, como para deixar bem claro que o núcleo da teoria da confiabilidade, isto é, a teoria do erro de medição, não tem porque estar necessariamente ligado a suposições, por assim dizer, ontológicas sobre o comportamento; nem uma pretensa consistência ou estabilidade, nem a nenhuma outra suposição. Assim por exemplo, Raven, já no ano de 1966, deixava bem claro que a estabilidade temporária (que tecnicamente é conhecida como confiabilidade *test-retest*) *não é* desejável, quando se supõe que se está tentando medir comportamentos que se modificam através do tempo e, Cattell (1986) vem propondo insistentemente a exclusão da estabilidade temporal do conceito de confiabilidade. Por outro lado, a necessidade da consistência interna dos instrumentos também vem sendo repetidamente questionada na vertente psicométrica. Franzen (1989) resume a idéia central a este respeito: "o grau de confiabilidade de consistência interna varia segundo a homogeneidade teórica do constructo que o teste mede" (pág. 5). Estabilidade e consistência dependem de questões mais substantivas, as quais abordaremos dentro em pouco, e não têm porque serem vistas como requisitos *a priori* da qualidade de um instrumento.

Atualmente, e recolhendo o sentimento de muitos avaliadores da vertente psicométrica, os problemas de confiabilidade são vistos de forma pragmática e mais realista, como problemas "generalizados" das medições (para usar o neologismo introduzido por Cronbach e cols., 1963, 1972). O essencial reside em qual é a faceta onde interessa generalizar e até que ponto. Assim, interpretar os problemas de confiabilidade como problemas de generalização ajuda-nos a diluir os limites entre os conceitos de confiabilidade e validade na sua acepção tradicional. Com isto podemos perceber que, previamente a toda apresentação concreta sobre a possibilidade de generalização da medida através de uma determinada faceta, encontra-se a questão referente à definição do comportamento a ser medido e que se nossos instrumentos dão efetivamente conta do mesmo; para colocar isto em termos clássicos, a questão referente a se efetivamente estamos medindo aquilo que pretendemos medir, tudo isto e somente isto, isto é, a questão referente à validade. O que alguns avaliadores comportamentais pretendem com a introdução do conceito de "precisão" *(accuracy)* (Cone, 1981; Jonhston e Pennypacker, 1980; Kazdin, 1977), não é nada mais do que à primeira vista poderia parecer novo e que na realidade parece levar consigo o perigo de um verdadeiro retrocesso na teoria da qualidade da medida (Barrios, 1988; Silva 1989).

II.2. Validade

Ao entrar na questão da *validade*, não passamos de um tema para outro, como se fôssemos passar de um lugar a outro diferente; o que faremos é aprofundar-nos na mesma questão de tentar desemaranhar o que essencialmente significa avaliar, segundo o pensamento psicométrico e sua eventual vigência na avaliação comportamental. Mas na medida em que este enfoque tem significado realmente uma evolução do próprio pensamento psicométrico, que não parece haver estado presente em etapas anteriores, consideramos necessário deter-nos brevemente em dois aspectos da concepção mais atualizada da validade. Mantendo-se fiel à definição clássica, a teoria psicométrica deu um passo à frente ao insistir em que a validade refere-se não às pontuações ou dados em si mesmos, e sim às inferências que surgirem a partir das mesmas sob determinadas circunstâncias (Cronbach, 1971; Veernon, 1964). Assim sendo, insistimos em que o conceito de validade é essencialmente *unitário* (Anastasi, 1986; Landy, 1986; Messick, 1980, 1989), onde devemos evitar falar de "tipos" ou "classes" de validade (pelo menos no sentido psicométrico) e referir-nos mais a tipos ou classes de evidência, a determinadas ênfases em certas aplicações. Conservemos, no entanto, a trilogia clássica "validade de critério", "validade de constructo", "validade de conteúdo" somente com fins expositivos, para discutir sua eventual vigência na avaliação comportamental.

No que diz respeito à *validade de critério*, devemos primeiramente destacar o aporte da avaliação comportamental com o esforço em aproximar as variáveis preditoras às variáveis de critério. No entanto, isto não significa, como pretendem alguns autores (Cone, 1988; Nelson e Jarret, 1986; Hersen, 1976), que os problemas da validade de critério tendam a "desaparecer" da avaliação comportamental. Pelo contrário, subsistem na medida em que não é possível prescindir de uma estimativa indireta das variáveis de critério – o que acontece com extraordinária freqüência –; também cobram maior importância na medida em que a consideração das variáveis de critérios é feita em si, como vimos no início, mais molar e, no fim mantém plena vigência à pergunta central que dá sentido ao conceito de validade de critério, isto é, a de predizer, dadas determinadas características dos sujeitos e determinados programas de tratamento, os resultados destes últimos. Alguns autores podem ter sido enganados com a aparência, por assim dizer, "camuflada", dos tratamentos que se relacionam tipicamente com os estudos psicométricos de validade de critério (quando se prediz, por exemplo, um determinado rendimento acadêmico ou trabalhista). No entanto, faz algum tempo Cronbach (1975) destacou que o problema essencial da predição é o de encontrar a interligação adequada entre Aptidão x Tratamento, dando a este último termo uma acepção ampla, na qual cabe tanto um programa terapêutico quanto um determinado planejamento escolar ou cargo de trabalho (Cronbach e Gleser, 1965).

Enquanto entre alguns avaliadores comportamentais existe resistência no que diz respeito à aplicação do conceito de validade de critério em sua disciplina, o conceito de *validade do conteúdo* goza de aceitação geral. Chegou-se a sugerir que o único critério psicométrico que tem vigência em avaliação comportamental seria o da validade do conteúdo (Goldfried e Linehan, 1977; Linehan, 1980).

Para a estima geral que a validade do conteúdo goza entre os avaliadores comportamentais, colaborou sem dúvida sua estreita relação com o que se denomina um "enfoque de amostras" *(sample approach)* do comportamento. De fato, os avaliadores comportamentais identificam-se com esta aproximação, rejeitando ao mesmo tempo o que se denomina um "enfoque de sinais" *(sign approach)*, o que seria próprio de uma concepção tradicional do comportamento, no sentido de estar determinada por entidades intrapsíquicas, não observáveis nem contrastáveis, de uma concepção do comportamento que é típica, seja de um enfoque psicodinâmico, seja de uma psicologia de traços. No entanto, existe aqui um mal-entendido que nos obriga a tratar este ponto com maiores detalhes.

Goldfried e Kent (1972), que ajudaram significativamente a popularizar esta diferenciação entre aproximação de sinais e amostras entre os avaliadores comportamentais, remetem-nos à fonte original: o livro de Goodenough do ano de 1949. Não obstante, surpreende observar que autores como Cronbach (1984) ou Wiggins (1973), citando também o mesmo trabalho de Goodenough, vejam as coisas de forma diferente. Assim, por exemplo, identifica-se o enfoque de sinais com a aproximação da atuação, que é essencialmente empírica e nada inclinada às referências intrapsíquicas, ao mesmo tempo que se afirma que a perspectiva da psicologia de traços participa muito mais de uma aproximação de amostras do que de sinais (Cronbach, 1984). Então não resta mais remédio do que voltar a Goodenough (1949).

A autora introduz a diferenciação entre sinal e amostra quando, ao falar em técnicas projetivas, mostra-nos que se deve tomar um enfoque diferente daquele que se estava tomando no seu livro até o momento. Quando se tratava de instrumentos psicométricos de inteligência e de personalidade (questionários sobre interesses, sentimentos, crenças, etc.), recolhiam-se amostras de comportamentos "supostamente representativos das áreas mais amplas das habilidades, comportamentos ou afirmações dos quais presumidamente foram extraídas as amostras" (Goodenough, 1949, pp. 83).Já nas técnicas projetivas podemos ver o comportamento como um sinal, já que é "inerente à mesma natureza do sinal que suas características aparentes não se assemelhem necessariamente à coisa significada" (ibid).

O anteriormente mencionado nos faz adivinhar que os traços estão mais próximos a um enfoque de amostras, e o enfoque de sinais, ao contrário, encontrar-se-á dentro dos problemas de predição (ver ibid, pp. 100). Somente depois destas observações podemos entender o quadro comparativo que a autora oferece entre o que se chama de "método de amostras" e o "método de sinais", onde, se não tivesse sido escrito por ela, muitos diriam que os encabeçamentos foram modificados... Reproduziremos isto textualmente (Goodenough, 1949, pp. 100):

	Método de Amostras	**Método de Sinais**
Definição do Universo	Pré-definido	Emergente
Limites do Universo	Arbitrário	Empírico
Designação do Universo	Geralmente um nome abstrato	Comportamental em termos de probabilidade
Interpretação da Terminologia	Varia em maior ou menor grau entre diferentes pesquisadores	Comparativamente uniforme

O que seria melhor para caracterizar um enfoque de traços do que uma determinação pré-definida do universo, a arbitrariedade de seus limites, o trabalho habitual com nomes abstratos ou a interpretação terminológica variante de um pesquisador para outro? Muito bem, isto é o que caracteriza o "método de amostras". Já o "método de sinais" aparece como sendo mais empírico, objetivo e ligado ao comportamental. Assim, quando Goodenough encaixa as técnicas projetivas dentro do enfoque de sinais *não é*, como poderia se pensar, pela freqüente referência a entidades intrapsíquicas, mas porque tanto o estímulo como a resposta ao teste são *topograficamente diferentes* daquelas que, através do teste, pretende-se prognosticar. Na realidade não há em Goodenough nenhuma referência a constructos hipotéticos, entidades intrapsíquicas, estados internos, traços subjacentes que causem e expliquem o comportamento ou coisas parecidas. O "método dos sinais" movimenta-se no âmbito daquilo que posteriormente se chamará de validade de critério, destacando por sua vez, seu obrigatório caráter empírico.

Somos então obrigados a dar a razão a Wiggins e Cronbach e não a Goldfried e Kent e, a tantos outros autores, na interpretação que fazem da diferenciação de Goodenough entre orientação para amostras e orientação para sinais. Goldfried e Kent (1972) não parecem inspirar-se em Goodenough – a quem mencionam – e sim, por exemplo, em Mischel (1968), que em diferentes partes do seu livro aponta a diferenciação sinais-amostras que se atribui erroneamente a essa autora. Na realidade, somente ainda se sustenta a diferenciação de Goodenough, que no caso da orientação para amostras tenta aproximar-se o máximo possível a um determinado tipo de comportamento, nada mais.

No momento em que voltamos a nos centralizar na importância dada ao conceito de validade do conteúdo, a questão também resulta um pouco paradoxal. Quando parecia que encontrávamos pelo menos um ponto de união, no qual havia total acordo entre os autores da vertente comportamental referente aos critérios psicométricos, o mesmo escorre por entre nossos dedos. Mas por quê? Porque a aproximação psicométrica está francamente em vias de abandonar o conceito de validade de conteúdo. De fato, diferentes autores, já faz algum tempo, assinalam sua debilidade (Fitzpatrick, 1983; Guion, 1977; Loevinger, 1957; Messick, 1975; Tenopyr, 1977). Mas também não se trata de descobrir aqui como o único elo firme entre avaliação comportamental e psicométrica se rompe. Os avaliadores da aproximação psicométrica abandonam o *conceito* de validade do conteúdo, mas não os *problemas* tradicionalmente tratados a seu respeito. O fato é que, na sua maioria, parecem estar melhor conceituados quando enfocados através do conceito de validade de constructo (ver por exemplo a recapitulação de Messick, 1989).

A *validade de constructo* passou a ser, sem deixar margem a dúvidas, o capítulo mais importante dentro do tema da validade, já que os conceitos de "validade de constructo" acabaram se confundindo (Anastasi, 1986; Cronbach, 1980; Guion, 1977; Hogan e Nicholson, 1988; Loevinger, 1957; Messick, 1975, 1980, 1989). Para compreender isto tivemos que dar dois passos indispensáveis. Um estava na evolução do próprio conceito de validade; à medida que esta se estima em função da qualidade das inferências que se fazem a partir dos dados obtidos, identificar os conceitos de validade e validade de constructo significa, no final das contas, que se reclama para tais inferências um suporte teórico-conceitual, cuja carência por muitos anos tem incorrido no nítido detrimento do psicodiagnóstico como disciplina científica em vez de aplicada (por ex., Anastasi, 1967). O outro passo consistiu em reinterpretar os problemas de validade de critério de um lado e validade de conteúdo de outro, como problemas de validade de constructo (Anastasi, 1986). No caso da validade de critério, isto é conseguido ao perguntar pelos fundamentos teórico-comportamentais que justificam a predição e guiam seus passos, além de um empirismo cego. Assim, as relações entre preditores e critérios são vistas dentro de uma "rede nomológica" onde se relacionam elementos observáveis entre si e conceitos, tal como acontece em qualquer teoria científica. No caso da validade de conteúdo, trata-se de que percebamos que quando se fala em "universo de conteúdos" e de "amostra representativa" dos mesmos, deve-se recorrer necessariamente a conceitos que os fundamentem, que lhes dêem sentido e marquem seus limites (Drenth, 1969; Silva, 1982).

Para poder discutir a questão da vigência da validade de constructo (isto é, hoje em dia, da validade psicométrica) em avaliação comportamental, devemos fazer não somente os esclarecimentos precedentes, mas também precisar o que será entendido por constructo e validade de constructo. Assim, há que insistir em que à noção de constructo, quer dizer, de conceito inserido no que fazer científico, não se deve atribuir nenhuma pretensão "materializadora" (Loevinger, 1957; Messick, 1981). O status dos constructos é essencialmente epistemológico e não metafísico; o constructo é um meio de conhecimento; não é uma entidade que suporta ou, "está por trás" do comportamento e sim "na frente" do mesmo, entre o comportamento e o pesquisador que a estuda, sendo sua função ajudar na hora de sua descrição e explicação. Assim sendo, os constructos não devem ser, e nunca foram, postulados como desligados do dado empírico (Cronbach e Kirk, 1976; Cronbach e Meehl, 1955). Pelo contrário, os constructos e a sua validade foram vistos pelos autores como indissoluvelmente ligados à evidência empírica; sua tarefa original está em potencializar a predição e seu valor é julgado pela sua utilidade (Loevinger, 1959; Nunnally e Durham, 1975). Dentro do rigor necessário que implica a ciência, manifesta-se ao mesmo tempo na validade do constructo toda a liberdade da qual deve gozar o pesquisador e, particularmente, o pesquisador aplicado: não existem limites no que diz respeito às estratégias, procedimentos, instrumentos e tipos de dados potencialmente úteis em uma validação de constructo e esta, ao mesmo tempo, se interpreta como um processo sempre inacabado, que se pode aperfeiçoar, onde se pode progredir e do qual nenhuma informação, dado ou coeficiente exato, dá completa razão (Anastasi, 1986; Cronbach, 1971; Messick, 1989). No final das contas, a validação do constructo ou somente o ponto de vista psicométrico, identifica-se com o processo de formulação e contraste de hipóteses científicas isto é, de hipóteses teoricamente tratadas no campo da avaliação psicológica (Cronbach e Meehl, 1985). O trajeto que vai desde a elaboração do conceito de validade do constructo no início dos anos cinquenta, até sua identificação com o conceito de validade que ficou fortemente estabelecido mais recentemente, não significou outra coisa a não ser um esforço de reinsertar a avaliação psicológica que sempre servirá de suporte e de inspiração.

Com tudo o que foi dito até aqui, que acreditamos ser o reflexo fiel do desenvolvimento do pensamento psicométrico, as freqüentes críticas que foram feitas desde a avaliação comportamental até a validade do constructo ficam desvirtuadas. Tais críticas centralizaram-se principalmente em ver os constructos de uma perspectiva "materialista" ou "substancialista" (Cone, 1976, 1978, 1979; Goldfried e Kent, 1972; Mischel, 1968) que nenhum dos autores importantes no desenvolvimento deste conceito defendeu. Não devemos ter dos constructos uma visão necessariamente estática; muito pelo contrário, está se insistindo cada vez mais na necessidade de centralizar a indagação no campo dos processos que dão conta da gênese e da modificação do comportamento (Cronbach, 1984). Por outro lado, tem-se assinalado com freqüência que em avaliação comportamental pode-se prescindir dos constructos, dado que nela se trabalha com comportamentos muito concretos (por ex., Fiske, 1979; Goldfried e Kent, 1972). No entanto e, além disso, principalmente em seus desenvolvimentos mais atuais parece impossível que em avaliação comportamental possa prescindir-se da categorização conceitual do comportamento (ao que Skinner nunca se opôs...), *o problema do grau da abstração na descrição do comportamento é, em relação à validade do constructo, secundário.* O momento fundamental onde intervém a validade de constructo na avaliação comportamental é o de construir hipóteses explicativas acerca da gênese, manutenção ou modificação de um comportamento em função de determinados processos de aprendizagem; isto é, o momento de tentar uma análise funcional do comportamento. Colocado de forma mais simples, *o processo diagnóstico, conhecido por análise funcional do comportamento é um processo de validade de constructo* (Silva, 1978, 1989).

III.3. Utilidade

Os avaliadores do comportamento não se questionaram somente com referência à qualidade ou "bondade" da avaliação, mas também, e cada vez mais insistentemente, sobre questões relativas à *utilidade* da mesma. E novamente é o grupo de Nelson aquele que se deteve mais nesta questão, através de seu conceito de "validade de tratamento" (Nelson e Hayes, 1979a, 1979b, 1981, 1986b), que ultimamente rebatizaram como "utilidade de tratamento" (Hayes, Nelson e Jarrett, 1986, 1987; Nelson, 1988). A questão geral é, usando suas próprias palavras, a seguinte: "Esta avaliação melhora os resultados do tratamento?". Esta pergunta pode ser formulada, também e de forma mais concreta, no que diz respeito a cada componente do processo de avaliação e também pode apresentar-se tendo como ponto de comparação ou então a ausência completa de avaliação (avaliação comportamental *versus* não avaliação) ou então, o que é ainda mais realista, outra aproximação de avaliação (por exemplo, comparar a eficácia da aproximação comportamental em relação à aproximação taxonômica).

Esta questão complexa sobre a utilidade do tratamento começou a atrair a atenção dos avaliadores do comportamento nos últimos anos, (além de observações, infelizmente isoladas, que sempre existiram) e não podemos fazer outra coisa a não ser desejar que assim seja (por exemplo, Ciminero, 1977; Hartmann, Roper e Bradford, 1979; Hayes, 1983; Mash, 1979). De fato, a pergunta sobre a utilidade parece-nos, em uma disciplina aplicada como é a que estamos tratando, de importância capital. Muito bem, neste capítulo também podemos observar que alguns autores (Hayes, Nelson e Jarrett, 1986, 1987) esforçam-se em desligar a "utilidade do tratamento" da aproximação psicométrica em dois sentidos: por um lado, postulando que aquela é independente dos critérios psicométricos de qualidade (confiabilidade, validade) e, de outro, que o conceito de "utilidade de tratamento" é diferente do conceito psicométrico de utilidade (inserido ao mesmo tempo na interpretação psicométrica da avaliação como um processo de tomada de decisões).

Parece-nos grave a tentativa de desligar a utilidade do tratamento dos critérios de qualidade da medição, já que esta é outra via para acabar caindo em um empirismo cego. Por este motivo, nos inclinamos decididamente a ver o conceito de utilidade tal como acontece na aproximação psicométrica – como distinto, porém necessariamente ligado aos critérios de qualidade (Cronbach e Gleser, 1965; Wiggins, 1973). Assim sendo, a tentativa de diferenciar a utilidade de tratamento do conceito psicométrico de utilidade parece-nos falido; surge novamente aqui o freqüente erro de alguns avaliadores comportamentais, a não interpretação de forma adequada da teoria psicométrica. Pelo contrário, defendemos que o conceito psicométrico de utilidade pode ajudar a esclarecer algumas questões ainda confusas no conceito de utilidade de tratamento (assim, por exemplo, ver se a utilidade de tratamento trata-se ou não de um problema custo/benefício). O problema da utilidade da avaliação, isto é, do valor relativo de cada resultado no que diz respeito a outros resultados possíveis é, na realidade, comum às aproximações comportamental e psicométrica.

Com tudo o que foi dito até o momento, nossa conclusão referente à questão "integração ou excisão entre avaliação comportamental e avaliação psicométrica?" é nítida e categórica: *integração*. Não é difícil descobrir como os avaliadores comportamentais ajudam com importantes contribuições que são de alcance geral e, desvirtuadas quando aparecem tentativas separatistas, exclusivistas. Assim sendo, as contribuições da aproximação psicométrica à avaliação comportamental são evidentes, *sob a condição* de que os conceitos psicométricos sejam interpretados corretamente e levados em conta seus desenvolvimentos mais recentes. Por outro lado, a integração parece-nos ser não somente conveniente, e sim necessária. Concebida toda avaliação psicológica como um processo sempre renovado, em parte sempre inédito, que deve levar consigo o esboço da sua própria validade, e junto à tarefa de predizer os melhores resultados possíveis em relação a determinados comportamentos de um sujeito (ou grupo de sujeitos) submetido ou enfrentado a uma determinada constelação de estímulos, é difícil, e por que não dizer impossível, supor que isto será conseguido sem o aparecimento tanto de uma aproximação descritivo-correlacional como de uma aproximação manipulativo-experimental. Na nossa opinião, a avaliação comportamental deve ser considerada dentro de um contexto mais amplo (McReynolds, 1986; Mischel, 1988), onde ao mesmo tempo sua contribuição possa dar os maiores frutos. Com isto não fazemos nada além de emparelhar-nos com aqueles que pensam que na avaliação psicológica, tal como em outras disciplinas aplicadas, somente uma integração "das duas disciplinas da psicologia científica", a correlacional e a experimental, tornará possível dar uma resposta adequada para os questionamentos que a sociedade nos apresenta.

IV. Leituras Recomendadas

Fernández-Ballesteros, R. y Carrobles, J. A. I. (comps.), *Evaluación conductual: metodología y aplicaciones*, 3ª ed., Madrid, Pirámide, 1986.

Messick, S., «Validity», en R. L. Lynn (comp.), *Educational measurement*, 3ª ed., Nueva York, American Council of Education y MacMillan Publishing Company, 1989.

Nelson, R. O. y Hayes, S. C. (comps.), *Conceptual foundations of behavioral assessment*, Nueva York, Guilford Press, 1986.

Silva, F., «El análisis funcional de conducta como disciplina diagnóstica», *Análisis y Modificación de Conducta*, 4, 1978, pp. 28-55.

Silva, F., *Evaluación conductual y criterios psicométricos*, Madrid, Pirámide, 1989.

7. A Generalização e a Manutenção dos Efeitos do Tratamento

Michael A. Milan e Z. Peter Mitchell

I. Introdução

As técnicas e os procedimentos que surgiram dos princípios da aprendizagem têm mostrado, de forma convincente, seu potencial para modificar o comportamento humano. Estas técnicas incluídas freqüentemente sob os rótulos de "análise aplicada do comportamento", "modificação do comportamento" ou "terapia comportamental" (exemplificados, ao mesmo tempo, por revistas como *Journal of Applied Behaviour Analysis* [Revista da Análise Aplicada do Comportamento], *Behaviour Modification* [Modificação do Comportamento] e *Behaviour Research and Therapy* [Pesquisa e Terapia do Comportamento), têm sido utilizadas com êxito no tratamento de um impressionante conjunto de transtornos psicológicos experimentados por uma surpreendente variedade de populações de pacientes. Apesar de sua comprovada eficácia, o enfoque comportamental não se livrou das críticas, tanto dos psicólogos comportamentais como dos não comportamentais. Uma crítica freqüente é a de que os resultados das intervenções comportamentais, sendo tão benéficos, podem estar limitados no que diz respeito ao local e ao tempo (por exemplo, O'Leary e O'Leary, 1976). Expressado de forma mais técnica, as críticas apresentam questões da manutenção dos efeitos do tratamento ao longo do tempo e da generalização destes lugares diferentes daqueles onde se desenvolveu o tratamento.

(Os autores expressam seu agradecimento a Kevin Baldwin pela ajuda prestada na realização deste capítulo).

Georgia State University (USA) e Mitchell and Associates, Nova York (USA), respectivamente.

A crítica de que os efeitos do tratamento podem não se generalizar e manter-se no "mundo real", apresenta-se freqüentemente como se fosse um problema exclusivo do enfoque comportamental. Este não é exatamente o caso e, como será visto neste capítulo, a crítica pode ser mais relevante para os enfoques não comportamentais que para o comportamental. Por exemplo, nos Estados Unidos, onde a terapia e modificação do comportamento está longe de ser a forma mais comum de tratamento psiquiátrico, um conhecido problema é aquele que se denomina de "porta giratória" do hospital psiquiátrico. Carson, Butcher e Coleman (1988), por exemplo, informam que até 45% dos pacientes que têm alta nos hospitais psiquiátricos são readmitidos antes de um ano. Realmente, a hipótese de que não se pode esperar que se mantenham com o tempo ou que se generalizem através das situações os efeitos do tratamento, a não ser quando estes resultados forem programados, está presente nos esboços de pesquisa de linha de base múltipla que se podem usar para avaliar os efeitos de intervenções comportamentais e não comportamentais (Barlow e Hersen, 1984).

A pesquisa comportamental inicial estava preocupada, fundamentalmente, em desenvolver e redefinir procedimentos de tratamento clinicamente significativos. Como conseqüência, prestou-se pouca atenção na generalização e manutenção dos efeitos daqueles procedimentos que se encontravam além dos "laboratórios naturais" como salas de aula, as instituições e as prisões, onde se realizava a pesquisa. Somente quando Hayes, Rincover e Solnick (1980) revisaram a área da generalização e manutenção, nos primeiros oito volumes do *Journal of Applied Behaviour Analysis*, os psicólogos comportamentais voltaram sua atenção para estes fenômenos. Hayes e cols. encontraram que somente 19,3% dos artigos que aparecem ao longo dos volumes 1-4 (1968-1971) abordaram a generalização e a manutenção. Nos quatro volumes seguintes (1972-1975), os estudos que incluíam a manutenção e a generalização aumentavam para 24% dos artigos publicados. Baseando-se nestes dados, Hayes e cols. consideraram que a manutenção e a generalização da mudança do comportamento eram os dois problemas mais importantes com os quais se enfrentava a análise aplicada do comportamento nos anos oitenta.

Antes de embarcarmos em uma ampla discussão sobre a generalização e a manutenção, deveria assinalar-se que, até pouco tempo, estes dois aspectos não se destacavam nitidamente como conceitos separados. Baer, Wolf e Risley (1968), por exemplo, incluíram a manutenção sob o rótulo da generalização, na sua influente discussão sobre as importantes dimensões da análise aplicada no comportamento. No entanto, Koegel e Rincover (1977) forneceram uma demonstração experimental de que os dois são fenômenos independentes. Neste estudo, ensinavam-se três crianças autistas a que seguissem uma série de instruções em uma sala de terapia. Os resultados indicaram que o comportamento de duas das crianças generalizava-se a locais externos à sala de terapia, enquanto não acontecia o mesmo com a terceira. Não obstante, os níveis de "seguimento de instruções" diminuíam rapidamente nos locais fora da sala de terapia, indicando uma falta de manutenção do comportamento generalizado. Devido a que podiam-se medir, de forma separada, os déficit na generalização e na manutenção, concluiu-se que os dois eram processos diferentes.

Não existe agora somente uma diferenciação entre a *generalização* e a *manutenção*, mas também se dá uma diferenciação adicional entre dois tipos de generalização. Esta diferenciação faz-se entre a generalização do estímulo e da resposta. A *generalização do estímulo* dá-se quando o paciente realiza o comportamento aprendido em locais diferentes daqueles onde foi ensinado. A *generalização da resposta* acontece quando o paciente realiza comportamentos similares, porém não idênticos, àqueles que lhe foram ensinados durante o decorrer do tratamento.

Na prática real, a generalização do estímulo e da resposta e a manutenção constituem os resultados desejados na maioria dos programas de tratamento. Quer dizer, os pacientes realizam variações apropriadas dos comportamentos que adquiriram (generalização da resposta) como adequadas às demandas únicas das diferentes situações onde se desenvolvem (generalização do estímulo), depois da finalização do tratamento (manutenção).

Stokes e Baer (1977) avaliaram os estudos comportamentais iniciais sobre a generalização e a manutenção e classificaram as estratégias que haviam sido utilizadas nestes estudos. Perceberam que os pesquisadores tinham-se preocupado principalmente com os procedimentos de discriminação e consideravam que a generalização não era nada além do que o resultado do fracasso do paciente para discriminar entre situações diferentes. Do ponto de vista de Stokes e Baer, isto insentivava uma conceitualização "passiva" sobre a generalização da mudança de comportamento, enquanto as dificuldades que se encontravam na terapia sugeriam nitidamente que se deveria perseguir ativamente a generalização.

Esses mesmos autores identificaram um total de nove estratégias para melhorar a generalização: *treinar e esperar, modificação seqüencial, programação de estímulos comuns, generalização média, treinar em generalização, treinar amostras suficientes, treinar de forma não estruturada, introdução às possibilidades de risco naturais da manutenção e possibilidades de risco não discrimináveis.* No entanto, tem-se questionado o grau onde as nove estratégias representam realmente princípios diferentes. Kirby e Bickell (1988), por exemplo, assinalaram que o *treinar em generalização, o treinar amostras suficientes* e o *treinar de forma não estruturada* são logicamente idênticas. Além disso, assinalam que o grosso das nove estratégias representam variações de procedimentos do *controle do estímulo* e do *reforço* que, por si próprios, constituem um ingrediente importante do treinamento no controle do estímulo.

II. MANUTENÇÃO E GENERALIZAÇÃO NATURAIS

Apesar das questões apresentadas sobre o sistema de classificação de Stokes e Baer (1977), seu trabalho representa uma das primeiras e mais influentes tentativas de sistematizar a literatura sobre a generalização e manutenção e, por esta razão, será descrito aqui. No entanto, a primeira das nove estratégias denominada *"treinar e esperar"* por Stokes e Baer, não pode ser considerada uma verdadeira estratégia de generalização. Nesta estratégia, comprova-se a manutenção e a generalização, naturais ou espontâneas, dos efeitos do tratamento, mas não se usam procedimentos especiais para incentivar sua ocorrência. Antes de repassar as restantes oito estratégias verdadeiras da manutenção e generalização assinaladas por Stokes e Baer , examinar-se-ão alguns dos dados que demonstram a eficácia ocasional da estratégia "treinar e esperar". Estes dados fornecem indícios que apresentam as condições sob as quais a estratégia pode ser eficaz.

Um exemplo de manutenção, pelo menos a curto prazo, apesar da ausência de uma programação orientada para consegui-la, é proporcionado por Jones, Kazdin e Haney (1981a). Usaram um pacote complexo desenvolvido para ensinar habilidades de escapar do fogo a cinco crianças que vinham de um gueto (idades 8-9) que não conheciam estas habilidades. As crianças aprenderam uma determinada seqüência de respostas em cada uma das diferentes situações que permitia uma fuga segura. Registraram-se melhoras significativas das capacidades das crianças imediatamente depois de finalizar o treinamento, e por um período de acompanhamento de duas semanas. Um acompanhamento após cinco meses encontrou uma manutenção mínima destas habilidades (Jones, Kazdin e Haney, 1981b), devido, talvez, a que não tenha havido oportunidade de praticar o comportamento durante esse período de cinco meses.

Forehand, Sturgis, McMahon, AGuar, Wells e Breiner (1979) demonstraram uma manutenção considerável dos efeitos do tratamento sob condições de "treinar e esperar". Estes pesquisadores trabalharam com dez duplas mãe-filho, remetidas para tratamento por causa da falta de aderência ao mesmo por parte das crianças. Um programa de treinamento, em duas fases, ensinou para as mães como reforçar o comportamento de seus filhos, a usar petições apropriadas em vez de ordens ou ameaças, e a usar procedimentos de "tempo fora" de forma adequada. As observações em casa e os questionários dados aos pais indicavam mudanças positivas, tanto no comportamento das crianças como nas percepções dos pais sobre seus filhos. Estas melhoras mantinham-se em acompanhamentos aos 6 e aos 12 meses.

Mais recentemente, Milan, Mitchell, Berger e Pierson (1982) desenvolveram e ensinaram aos pais um programa de conexão e desaparecimento conhecido como "hábitos positivos", como alternativa aos programas de extinção usados habitualmente para a eliminação dos escândalos na hora de deitar. Os hábitos positivos tiveram êxito nessa tarefa. Além disso, os hábitos positivos não provocavam os longos períodos de escândalos que normalmente acontecem nos programas de extinção e que, freqüentemente, dão como resultado o prematuro abandono do programa por parte dos cuidadores. Mesmo não estando incluído no programa nenhum componente de manutenção, um acompanhamento feito após um ano indicou que todas as crianças continuavam sem apresentar escândalos na hora de deitar.

Um último exemplo do êxito com a estratégia "treinar e esperar" é dado por Berkowitz, Sherry e Davis (1971), que usaram um procedimento de guia manual para ensinar 14 crianças profundamente atrasadas (idades entre 9 e 17) a comer. O guia manual foi sendo eliminado rapidamente de forma gradual. Todas as crianças aprenderam a comer em dois meses. Temos que destacar que 10 das 14 crianças continuavam sabendo comer após 3 anos de conclusão do treinamento, sem uma programação adicional.

Os estudos anteriormente descritos mostram que a estratégia de "treinar e esperar" é eficaz, às vezes, para provocar manutenção e/ou generalização. No entanto, os estudos são atípicos, porque a maioria daqueles que utilizam a estratégia de "treinar e esperar" informam, normalmente, de um completo ou quase completo fracasso para generalizar ou manter os benefícios iniciais. Não obstante, o êxito ocasional da estratégia "treinar e esperar" proporciona alguns esclarecimentos sobre as condições que incentivariam a generalização e a manutenção.

II.1. A armadilha comportamental

Grande parte da generalização e da manutenção observados sob as condições de "treinar e esperar" pode atribuir-se à "armadilha comportamental" (Baer e Wolf, 1970). Pode-se dizer que o comportamento encontra-se preso quando, depois de emitido, obtém reforços naturais tão consistentes e potentes que se transforma em um poderoso componente do repertório comportamental do paciente. Nas classes, por exemplo, o professor e várias crianças apresentam numerosas oportunidades para o reforço social do comportamento correto. Isto pareceria constituir a classe de possibilidades de risco naturais que Baer e Wolf contemplavam como uma armadilha comportamental. No caso de ser assim, conseguir o apoio (ou pelo menos evitar a resistência) das pessoas significativas do ambiente, pode ser uma ajuda válida para a programação da generalização e da manutenção. Uma segunda explicação para a generalização e a manutenção de alguns comportamentos é que, uma vez adquiridos, estes são diferentes ("intrinsecamente") reforçantes. Por exemplo, as habilidades de comer, recém-aprendidos, podem resultar, de forma inédita, na capacidade dos indivíduos de comer alimentos de tamanho apropriado a um ritmo adequado. Da mesma maneira, não viver os próprios excrementos pode, ser negativamente reforçante para o indivíduo encoprético tratado com êxito. Por outro lado, a estratégia comportamental pode levar a efeitos duradouros de tratamento, sem ter sido incluída uma programação específica da generalização ou a manutenção no programa de tratamento. Não obstante, o êxito da estratégia "Treinar e Esperar" requer um conjunto fortuito de circunstâncias que pode não existir no ambiente natural da maioria de nossos pacientes. Portanto, na maior parte dos programas de tratamento é necessário incluir procedimentos para a generalização e a manutenção.

III. A Programação da Generalização e a Manutenção

Como foi assinalado previamente, oito das nove estratégias identificadas por Stokes e Baer (1977) foram esboçadas para incentivar, de forma ativa, a generalização do estímulo, a generalização da resposta e a manutenção. Realmente, a grande parte das oito estratégias incentivam uma ou ambas formas de generalização e manutenção, mostrando as dificuldades que existem na prática quando são realizadas tentativas de separar esses três processos. No entanto, faremos uma tentativa para classificar as oito estratégias em função de seu efeito mais importante.

III.1. Generalização do estímulo

Quatro das oito estratégias restantes propostas por Stokes e Baer (1977) parecem centralizar-se ou enfatizar a generalização do estímulo. A primeira delas é a *modificação seqüencial.* Esta estratégia é usada freqüentemente quando a de "treinar e esperar" falha na produção da generalização do estímulo. Nesta estratégia os procedimentos de tratamento repetem-se nas circunstâncias ou nos locais onde tem que ocorrer a generalização, com a finalidade de prolongar os efeitos da intervenção. Um dos primeiros exemplos desta estratégia é apresentado por Kale, Kaye, Whelan e Hopkins (1968), que tiveram êxito em fazer com que pacientes esquizofrênicos, cujo comportamento verbal era mudo, falassem com estranhos através da inclusão de uma sucessão de membros do pessoal hospitalar no programa de treinamento, até que se produziu a generalização do estímulo requerido.

A segunda estratégia, o *programar estímulos comuns,* é uma aplicação do treinamento no controle do estímulo, um procedimento comportamental sobre o qual se tem pesquisado muito. Nesta estratégia os estímulos mais importantes estão presentes nos locais de treinamento e nos de generalização. Espera-se que os estímulos comuns estabeleçam a ocasião para o mesmo comportamento em ambos os tipos de lugares. Exemplos de estímulos potencialmente eficazes incluem as pessoas, materiais acadêmicos ou simples objetos caseiros. O emprego do controle de estímulos será discutido detalhadamente em uma posterior subdivisão deste capítulo.

A terceira estratégia de Stokes e Baer (1977) implica em ensinar um comportamento mediador, designado para aumentar a probabilidade de que os pacientes coloquem em prática o comportamento, que é o centro do tratamento, na variedade de situações em que se requer o mencionado comportamento. Isto se denomina *generalização mediada.* A aplicação mais comum desta estratégia é a linguagem. Por exemplo, Israel (1978) resumiu uma boa quantidade de pesquisas nas quais os pesquisadores reforçavam a correspondência entre o comportamento verbal e o posterior comportamento não verbal dos pacientes ou, em outras palavras, dizer o que se fará e logo depois fazê-lo. Israel alega que esse "treinamento em associação" ajuda os pacientes a desenvolver seus próprios sinais verbais na ausência de estímulos externos que estabeleçam a ocasião para um determinado comportamento. As estratégias mediacionais são um componente importante dos procedimentos de auto controle, que também serão discutidos em uma posterior subdivisão deste capítulo.

A quarta estratégia é conhecida como *treinamento em generalização* e consiste no treinamento direto da generalização de estímulos. Stokes e Baer (1977) alegam que a generalização pode ser considerada como qualquer outra resposta operante e que, por conseguinte, podem-se reforçar amostras da mesma. Um exemplo de sentido comum deste método é oferecido por Stokes e Baer, ao colocar a idéia de um professor que pede aos estudantes, depois de aprender um exemplo de um princípio geral, que "considerem" outros exemplos como sendo a "mesma coisa" e que requerem a mesma resposta. O mesmo tipo de enfoque poderia aplicar-se aos problemas da generalização da resposta, onde se poderia animar os estudantes a que "considerassem" respostas alternativas possíveis de serem usadas para lidar com a "mesma".

II.2. Generalização da resposta

As estratégias quinta e sexta de Stokes e Baer (1977) parecem enfatizar a generalização da resposta. A quinta estratégia, o *treinar amostras suficientes*, implica ensinar tantos exemplos de um tipo de resposta quanto sejam necessários, para que ocorram outros exemplos não treinados do mencionado tipo de resposta. Se a definição desta estratégia de generalização parecer ambígua, pode ser porque o procedimento real e o número de exemplos estão determinados pelas características dos comportamentos e pela natureza do repertório do paciente. Como Stokes e Baer (1977) assinalaram, a palavra chave é "suficiente", já que o propósito da estratégia é usar procedimentos econômicos (quanto menos exemplos sejam necessários ensinar para conseguir a generalização, tanto melhor é a técnica). Parece que *treinar amostras suficientes* requer uma habilidade e um planejamento substanciais por parte do terapeuta.

Stokes e Baer (1977) descrevem a sexta estratégia como *treinar de forma não estruturada*. Tem sido utilizada com maior freqüência para incentivar a generalização da resposta, mas também pode ser eficaz para ajudar a generalização do estímulo. Ambas as coisas podem ser conseguirdas programando variações nas situações ou circunstâncias às quais o paciente tem que responder e alentando a variabilidade, dentro de limites aceitáveis, das respostas do paciente. Supostamente, o *treinar de forma não estruturada* aumenta a capacidade do paciente para responder a situações novas e igualmente amplia também o seu repertório de respostas, de forma que as respostas sejam apropriadas a essas novas situações. A estratégia não tem sido discutida detalhadamente na literatura, talvez porque parece ser incompatível com as exigências da pesquisa experimental. Hartmann e Atkinson (1973) comentaram estes conflitos aparentes entre o psicólogo comportamental como clínico e pesquisador.

III.3. A manutenção

As duas últimas estratégias de Stokes e Baer (1977) parecem ter um resultado fundamental sobre a manutenção dos efeitos do tratamento ao longo do tempo. A sétima estratégia denominada *introdução às contingências naturais de manutenção* destaca a necessidade de levar em conta os fatores culturais, étnicos e outros similares quando se desenvolve um plano de tratamento. Neste plano toma-se o cuidado de certificar-se se o novo comportamento é apropriado para as contingências de reforçamento do ambiente natural do paciente, de forma que este comportamento obtenha reforçamento nesse meio. Como foi assinalado anteriormente, o comportamento que obtém um reforçamento poderoso do ambiente natural é mais provável que fique "preso" e que seja mantido por esse ambiente.

Na sua oitava estratégia, Stokes e Baer (1977) defendem o uso das *contingências não discrimináveis*. O objetivo da estratégia consiste em fazer com que as contingências de reforçamento, nas situações de treinamento e de generalização ou manutenção, sejam tão pouco discrimináveis quanto se possa conseguir, com a finalidade de manter o comportamento. O exemplo mais conhecido de *contingências não discrimináveis* é o programa de reforçamento intermitente (Ferster e Skinner, 1957), que é eficaz para produzir uma resposta duradoura ao longo do tempo e durante os períodos de extinção. De forma similar, Stokes e Baer sugerem que as *contingências não discrimináveis* podem aplicar-se tanto em locais físicos como no tempo.

Embora Stokes e Baer (1977) tenham identificado oito estratégias reais de generalização e manutenção, uma revisão da literatura sugere que foram cinco os enfoques gerais sobre esses assuntos que receberam maior atenção da comunidade comportamental. Estes enfoques são sobrepostos com as estratégias identificadas por Stokes e Baer, porém vão além, no sentido de que representam uma tecnologia em desenvolvimento da generalização e manutenção. Os cinco enfoques consistem em: 1. atenuação das conseqüências reforçadoras (como mudar do reforçamento contínuo para o intermitente); 2. treinamento de agentes naturais para a mudança, como são os pais na continuação do programa; 3. utilização do controle de estímulos (como discriminativos eficazes, incluindo determinadas pessoas); 4. transferência gradual do controle do comportamento aos participantes, através de procedimentos de autocontrole; 5. treinamento dos pacientes na prevenção de recaídas.

III.4. *Atenuação das conseqüências reforçadoras*

A atenuação das conseqüências reforçadoras refere-se a mudanças graduais no programa ou na forma em que se dispensam os reforçadores estabelecidos, de modo que as conseqüências naturais possam conseguir o controle do comportamento. Um exemplo habitual desta estratégia implica em mudar gradualmente do reforçamento contínuo para o intermitente e, logo, do intermitente para o não reforçamento. Uma aplicação clara do princípio de que "o reforçamento intermitente melhora a resistência à extinção" é proporcionada por Kazdin e Polster (1973). Em uma oficina protegida, dois homens moderadamente deficientes, que eram considerados socialmente isolados, receberam de forma contínua fichas de reforçamento por interatuar com os iguais. A interação aumentou entre os dois homens. Deixaram de entregar as fichas e a taxa de interações diminuiu rapidamente aos níveis da linha base. Depois Kazdin e Polster reintroduziram o reforçamento por fichas segundo um programa contínuo para um sujeito e um intermitente para o outro. Deixaram de entregar as fichas uma segunda vez. O número médio de interações diminuiu outra vez, rapidamente, para o primeiro homem, mas permaneceu em níveis elevados para o segundo, demonstrando, por conseguinte, o efeito de manutenção do reforçamento intermitente.

Reisinger (1972) usou uma estratégia similar para preparar uma mulher de 20 anos, que apresentava uma síndrome de "ansiedade-depressão", a abandonar um hospital psiquiátrico e voltar à sua comunidade. Um programa de economia de fichas modificado teve êxito para superar seus problemas de ansiedade e depressão no hospital. Assim, as fichas foram retiradas de forma gradual, enquanto se usavam procedimentos de reforçamento social para manter os benefícios do tratamento. O esvanecimento das conseqüências artificiais, que eram necessárias para tratar seu problema e a transferência a um tipo de reforçamento mais natural, com a finalidade de manter os efeitos do tratamento, seguiam especificamente direcionados à manutenção dos comportamentos na comunidade. Reisinger informou que a paciente estava passando bem 14 meses depois de ter obtido sua alta.

Em um estudo mais detalhado sobre os efeitos da atenuação do reforçamento sobre a manutenção, Greenwood, Hops, Delquadri e Guild (1974) ensinaram, em primeiro lugar, comportamentos apropriados de classe em crianças de três salas diferentes, através do uso de regras, *feedback* e conseqüências para o paciente e o grupo (agradável atividade de grupo). Quando foram atingidos os níveis de comportamento apropriado desejados (pelo menos 80%), Greenwood e cols. programaram a manutenção fazendo com que os estudantes trabalhassem para conseguir alguns resultados de grupo cada vez mais demorados. Primeiro, as crianças tinham que se comportar apropriadamente em 80% de cada sessão, em 2 dos 3 dias, depois em 3 dos 4, depois 4 dos 6 e assim progressivamente, até atingir uma demora de 11 sessões, antes de poder participar da atividade de grupo. Os dados referentes ao seguimento foram recolhidos três semanas depois de terminar todos os procedimentos do programa. Os níveis de comportamento apropriado mantinham-se aos níveis do treinamento nas três classes.

Koegel e Rincover (1977) estudaram dois fatores que afetavam a duração comportamental em seis crianças autistas. Foi usado um programa de reforço contínuo para ensinar todas as crianças a imitar e seguir as instruções em uma classe especial. Algumas crianças continuaram recebendo reforçamento sobre a base de um programa de reforço contínuo, enquanto outras foram colocadas sob programas de reforço intermitente (RF 2 ou RF 5), tudo isto na classe especial. O propósito do programa intermitente era aumentar a semelhança da classe especial e da regular onde passavam a maior parte do dia. Quando a generalização da classe regular aconteceu, os melhores resultados eram obtidos com o programa de reforçamento mais amplo (RF5).

Que o reforçamento intermitente mantém o comportamento de forma mais efetiva do que o reforçamento contínuo, foi amplamente documentado na pesquisa animal (p. ex., Ferster e Skinner, 1957). Não é surpreendente, por conseguinte, que se obtenham resultados similares nas pesquisas com seres humanos. Em algumas das pesquisas mencionadas nesta subdivisão, o reforçamento intermitente mantinha somente os comportamentos desejados; em outras, o reforçamento intermitente combinava-se com uma transferência dos reforços artificiais como as fichas e, aos reforços naturais, como o elogio. Alguns pesquisadores iniciaram o tratamento com um pacote complexo e depois, gradualmente, eliminaram alguns ou todos os componentes. Embora existam algumas diferenças nos procedimentos utilizados por estes pesquisadores, o denominador comum é que em cada caso o tratamento começou com uma relativamente alta taxa de reforçamento que foi substituída gradualmente por uma taxa mais baixa. Pelo êxito informado nestes estudos, está claro que esta estratégia é uma das mais poderosas de que dispomos e deveria ser considerada de forma habitual quando as condições sob as quais se administra o tratamento o permitam.

III.5. Treinamento dos agentes naturais de mudança

Os *agentes naturais de mudança* podem ser definidos como aquelas pessoas que pertencem de forma natural e estão de forma relativamente permanente no local onde têm que acontecer as mudanças de comportamento. Os professores e os colegas de classe na escola, os pais e os esposos em casa, os irmãos e os amigos na comunidade, os supervisores e os colegas de trabalho são agentes de mudanças potenciais que se encontram disponíveis para realizar ou apoiar os procedimentos de tratamento no ambiente natural do paciente específico. Walker e Buckey (1972) avaliaram os efeitos de três estratégias de manutenção diferentes, que envolviam agentes naturais de mudança atuando sobre o comportamento escolar das crianças que tinham participado de um programa de economia de fichas. Esse programa, que ocorreu em uma classe diferente, corrigiu de forma eficaz o comportamento de 44 meninos e meninas, de 3ª a 6ª série (1), enviados por seus problemas acadêmicos e de ajustamento. Os sujeitos foram colocados em três procedimentos de manutenção que envolviam agentes de mudança naturais ou um grupo de controle sem manutenção.

O primeiro procedimento de manutenção consistia em igualar as condições de estímulo entre as classes com economia de fichas e a classe normal, ampliando os procedimentos de tratamento e os materiais que eram eficazes na classe especial, para a normal. No segundo procedimento, que denominou-se "reprogramação pelos iguais", ensinou-se os colegas dos meninos e meninas a elogiar o comportamento apropriado e a ignorar o não apropriado, reforçando-os ao fazê-lo. A terceira estratégia consistia no treinamento dos professores em técnicas normais de modificação do comportamento, como o reforçamento e a manipulação das contingências, e depois eram animados para que esboçassem seu próprio programa de manutenção baseado naquilo que haviam aprendido. Os dados de manutenção do comportamento apropriado foram recolhidos no decor-

---

(1) Aproximadamente, o 1° grau nos Estados Unidos corresponde ao 1° de EGB na Espanha (em torno dos 6 anos). O terceiro e o quarto grau (mais ou menos 8 e 9 anos, respectivamente) corresponderia, portanto, ao 3° e 4° de EGB. A etapa que se denomina pré-escolar, nos Estados Unidos, abrange as crianças de três e quatro anos.

rer de dois meses. Dois desses procedimentos, o de igualar as condições de estímulos e a reprogramação pelos iguais, produziram uma manutenção similar entre eles e significativamente mais alta que no grupo controle. No entanto, não havia diferenças entre o treinamento dos professores e o grupo controle. Neste estudo ressalta-se a importância de proporcionar treinamento específico nos procedimentos de manutenção e logo reforçar os pacientes enquanto vão realizando estes procedimentos.

Russo e Koegel (1977) desenvolveram uma esmerada intervenção, a longo prazo, para adaptar à vida normal uma menina autista de 5 anos, muito problemática. A garota mostrava uma fala bastante inapropriada e freqüentes escândalos. O tratamento consistia no reforçamento com fichas da fala apropriada e do comportamento social por um terapeuta que trabalhava com a menina durante todo o horário escolar. Durante o decorrer do tratamento, aumentavam-se gradativamente os requisitos da resposta e eliminavam-se as fichas, substituindo-as pelo reforço social. Embora o terapeuta tenha abandonado a classe, os professores da menina foram treinados para que mantivessem as melhoras comportamentais que esta havia conseguido. Um acompanhamento aos 2 anos mostrou que a menina não tinha problemas importantes e que havia se integrado satisfatoriamente em uma classe normal. Este caso representa um uso combinado da atenuação das conseqüências reforçadoras e do treinamento dos agentes de mudanças naturais, como um meio para manter o comportamento apropriado. Os resultados desta técnica são especialmente impressionantes quando se considera a gravidade dos problemas de comportamento da menina.

Halle, Baer e Spradlin (1981) estavam interessados em aumentar e depois manter o uso da linguagem em crianças com atraso no desenvolvimento. Hipotetizaram que adultos bem intencionados poderiam evitar que a criança falasse ao intervir verbalmente antes que a mesma pudesse responder. Ensinaram, por conseguinte, a dois professores de educação especial um "procedimento de demora", através do qual os professores tinham de oferecer reforçadores a seis crianças com atraso na linguagem, mas não tinham de dar o reforço até que as crianças o pedissem verbalmente. Durante 10 semanas realizaram-se observações sobre a manutenção. Os resultados indicaram que um professor usava a técnica da demora com a mesma freqüência ao longo da manutenção, enquanto que o uso do procedimento pelo outro professor diminuiu de forma contínua. O comportamento verbal das crianças mantinha-se quando os professores utilizavam a técnica de forma apropriada, mas desaparecia quando não o faziam. Os resultados deste estudo indicam que os agentes de mudança naturais podem ser bastante eficazes na manutenção do comportamento. No entanto, a natureza mesclada dos resultados também indica que a questão de como se pode manter o próprio comportamento dos agentes de mudança, ao longo de um período de tempo relativamente longo, é um tema a debater.

A relativa falta de estudos sobre o uso de agentes de mudança naturais pode constituir, muito bem, um testemunho das dificuldades inerentes a trabalhar com estes agentes de mudança, com a finalidade de manter ou generalizar o comportamento. As descobertas dos estudos mencionados mostram um quadro misto (mas esperançosamente desafiante). Parece, por exemplo, que com nosso estado atual de conhecimento é mais provável que os benefícios do tratamento se mantenham quando os especialistas comportamentais continuam com o programa, do que quando se treina agentes de mudanças naturais e são animados a continuar com os procedimentos comportamentais, à sua própria escolha. No entanto, quando o treinamento dos agentes de mudança naturais combinam-se com um programa de reforçamento para realizar os programas nos quais se tem treinado estes agentes de mudança, os resultados freqüentemente são comparáveis àqueles conseguidos pelos especialistas comportamentais. Parece que os pesquisadores comportamentais deveriam encontrar formas de vigiar e reforçar o comportamento dos agentes de mudança naturais, pelo menos sobre uma base periódica. Ao não fazer isto é provável que provoquem diminuições dos comportamentos relevantes nos agentes de mudança e, conseqüentemente, nos comportamentos-objetivo dos pacientes. A tarefa provavelmente variará em dificuldade, dependendo da quantidade de influência que o pesquisador comportamental tiver sobre um determinado local.

III.6. O uso do controle do estímulo

O controle do estímulo é uma ampla estratégia através da qual a presença ou ausência de um estímulo particular ou de um complexo de estímulos influencia, de modo confiável, a ocorrência ou não de uma resposta ou uma determinada classe de respostas. Connis (1979) usou procedimentos de controle de estímulo para manter a atuação de quatro pessoas com incapacidades de desenvolvimento, depois de terem sido treinadas para realizar trabalhos em oficinas protegidas. Foi necessária uma estratégia de manutenção porque os pacientes, uma vez que haviam sido treinados, experimentavam dificuldades para iniciar tarefas sem diretrizes ou instruções. A estratégia controladora de estímulo que Connis empregou consistia em colocar fotografias de comportamentos relacionados com o trabalho na parede que viam quando entravam no local de trabalho, fotografias que funcionavam como estímulos incitadores para a realização do trabalho. Além disso, Connis forneceu aos pacientes papel e lápis para auto-registrar sua atuação. A mesma melhorou e se manteve depois de um período de seguimento de 10 semanas. O estudo mostrou como um potente estímulo de controle, combinado com um procedimento de autocontrole, pode ser usado para assegurar a manutenção das melhoras do tratamento.

Outro dos poucos exemplos com dados sobre a manutenção do comportamento dos agentes de mudança naturais é uma pesquisa de Ivancic, Reid, Iwata, Faw e Page (1981), que se centralizaram na manutenção do comportamento dos agentes de mudança através de uma estratégia de controle de estímulo similar à anterior. Treinou-se o pessoal hospitalar, que estava a cargo do cuidado direto para que estimulassem as vocalizações de crianças muito deficientes. Dava-se feedback sistemático através de reuniões regulares de supervisão e treinamento. Além disso, colocavam-se nas paredes posters que mostravam uma criança alegre e falando, como lembrança constante, para o pessoal hospitalar, do propósito do trabalho. Esse pessoal adquiriu o comportamento de estimulação em

vez do treinamento. Torna-se preciso ressaltar que este comportamento generalizou-se a um segundo plano. Ivanic e cols. realizaram rapidamente um programa
de manutenção, que era basicamente um modelo de controle de estímulo e de
esvanecimento. Continuavam com a supervisão, o *feedback* e a presença de
posters, mas as reuniões mantinham-se cada vez com menor freqüência (19%
dos dias comparados aos 47% durante o treinamento). No decorrer de um período
de manutenção de 19 semanas, o comportamento de estimulação continuava
com a mesma taxa.

Ayllon, Kuhlman e Warzak (1982) mostraram o potencial de um objeto
importante para facilitar a transferência dos efeitos do treinamento. Os participantes
eram oito estudantes com problemas de comportamento, entre 8 e 11 anos, que
terminaram corretamente as lições de matemática e de leitura a níveis quase
perfeitos, em uma classe especial. No entanto, nas suas classes normais
realizaram corretamente menos de 60% de suas lições. Em uma condição de linha
base, Ayllon e cols. instruíram os estudantes para que trouxessem um "amuleto
da sorte" (um objeto portátil positivo como uma foto, uma medalha ou um
badulaque qualquer) para a sala especial, com a finalidade de lembrá-los que
tinham que trabalhar bem. Cada estudante foi instruído a levar os amuletos da
sorte para a classe normal de leitura ou de matemática, com a explicação de que
estes os ajudariam também nesses locais. Os dados indicaram que a taxa de
precisão de todas as crianças melhorou rapidamente até chegar a níveis excelentes nas classes normais, depois da introdução dos amuletos. Os autores concluíram que seu enfoque é válido para a generalização das habilidades acadêmicas
ou de outros comportamentos que já se encontram no repertório dos participantes.

Barton e Ascione (1979) ensinaram sujeitos de pré-escola a "compartilhar",
usando três enfoques diferentes: instrução verbal, guia físico e uma combinação
desses dois elementos. As crianças eram observadas posteriormente, durante
quatro semanas, em um local diferente, com o objetivo colocado na generalização
e na manutenção. Aquelas às quais tinha-se ensinado uma combinação de
instruções físicas e verbais mostraram a generalização e a manutenção maiores
do comportamento de compartilhar, mas somente um pouco superior que as
crianças às quais tinha-se ensinado só de forma verbal. As crianças às quais tinha-
se ensinado somente de forma física não mostraram nem generalização, nem
manutenção. Os resultados duradouros dos primeiros enfoques tiveram procedên-
cia, apesar da ausência de um programa formal para conseguir a generalização
e a manutenção. Parece que os pacientes adotaram as instruções verbais como
estímulos produzidos por eles mesmos, que controlavam eficazmente o comportamento nos locais de manutenção e generalização.

Era de se esperar que um termo geral como o de "controle de estímulo"
cobrisse uma ampla categoria de aplicações. Nos estudos revisados nesta
subdivisão, os pesquisadores usaram procedimentos que têm pouca semelhança
superficial entre si. No entanto, um exame mais profundo revela que a maioria
inclui-se dentro de três categorias: 1, a presença de outras pessoas significativas;
2, a presença de certos objetos ou estímulos tangíveis; 3, a colocação de sinais
visuais em locais proeminentes.

Em estudos que implicam a presença de outras pessoas como fator de generalização ou manutenção, essas pessoas (por exemplo: professores, pessoal hospitalar) encontravam-se normalmente em uma posição de autoridade com relação aos pacientes. Muitos destes pesquisadores alegam que a presença dessas outras pessoas significativas atua como um sinal ou estímulo facilitador para os comportamentos-objetivo desejados. No entanto, os professores, os profissionais afins, os supervisores dos hospitais, freqüentemente realizam outras funções importantes que têm preferência perante a realização de programas comportamentais. Quando for este o caso, o esvanecimento gradual de uma supervisão muito detalhada para uma supervisão mais ampla, depois de notar os efeitos do tratamento ou o uso de iguais no programa de tratamento, parece constituir estratégia eficaz de generalização e manutenção. Outra estratégia de generalização ou manutenção implica em colocar cartazes com informação relevante ou fotografias referentes aos comportamentos de interesse, em locais proeminentes. Talvez isto apóie o ditado de que uma imagem vale mais do que mil palavras. Concluindo, usar pacientes, objetos ou informação proeminentes, com a finalidade de manter ou generalizar o comportamento, é uma aplicação autêntica do controle de estímulo, é prático e tem uma boa relação custo e benefício. Confiar nos observadores ou supervisores humanos não é tão eficaz quanto uma forma de controle de estímulo e está marcado por inconvenientes pragmáticos, como é o maior custo e um maior esforço.

III.7. Procedimentos de autocontrole

Como o termo sugere, o *autocontrole* é um conjunto de procedimentos esboçados para permitir que pacientes controlem seu próprio comportamento. Rosenbaum e Drabman (1979) e O'Leary e Dubey (1979) foram uns dos primeiros a abordar os procedimentos de autocontrole, que assumiram um papel central na pesquisa e na prática da generalização e manutenção. Rosenbaum e Drabman observaram que o propósito do autocontrole é o de permitir aos pacientes que controlem tanto quanto possível seu próprio comportamento. No entanto, advertem que as técnicas de autocontrole têm, quando muito, somente efeitos modestos a curto prazo, quando utilizadas sozinhas. Os melhores resultados são obtidos quando constituem componentes de pacotes de tratamento que também contêm procedimentos de mudança de comportamento e contingências de reforçamento.

Baseando-se na revisão da literatura, Rosenbaum e Drabman (1979) recomendaram que os pesquisadores incorporem uma série de procedimentos em seus programas de tratamento:

1. Ensinar aos pacientes alguma forma de auto-observação, de auto-avaliação e de auto-registro.
2. Introduzir um critério de "emparelhamento", como aquele em que as auto-avaliações dos pacientes sejam comparáveis às avaliações pelos professores ou por outras pessoas significativas.
3. Arrumar a situação para o reforço do comportamento desejado.
4. Ensinar os clientes a se auto-instruir e/ou a se reforçar para guiar seu próprio

comportamento (como foi exemplificado por Meichenbaum e Goodman, 1971).
5. Transferir gradualmente o controle do reforçamento aos pacientes.
6. Retirar gradativamente as contingências artificiais quando já ocorreu o auto-controle.

Um exemplo do uso com êxito de um modelo de autocontrole para manter o comportamento é dado por Broden, Hall e Mitts (1971), que avaliaram os efeitos de procedimentos de auto-registro sobre os hábitos de estudo de oito estudantes. Em um dos casos, uma garota registrou seu próprio comportamento de estudo em classe sobre tiras de papel. Isto provocou um aumento do estudo. A eliminação e a reinstauração das tiras de papel levou a uma diminuição e a um aumento, respectivamente, do comportamento de estudo. O professor rapidamente elogiou, ocasionalmente, o comportamento de estudo da garota, o que manteve este comportamento a um nível elevado. Em um segundo caso, um garoto que falava excessivamente em classe auto-registrou seu comportamento, depois disto o comportamento diminuiu. A eliminação e a reinstauração do auto-registro conduziu a um aumento e a uma diminuição do comportamento de falar, um padrão similar ao caso da garota.

Wood e Flynn (1978) compararam um sistema de fichas auto-avaliado com outro externo, administrado por pessoas adultas, em um local residencial para jovens pré-delinqüentes. No sistema administrado pelos adultos, os funcionários da residência avaliavam a atuação e recompensavam com pontos os jovens pelo comportamento correto, quando suas avaliações coincidiam com as dos funcionários. Quando se deixou de usar o sistema de pontos, os jovens do grupo de auto-avaliação mantinham seu comportamento com uma taxa significativamente maior que os jovens do grupo administrado por adultos.

Frederiksen e Frederiksen (1975) dão um exemplo dos procedimentos de autocontrole com uma população retardada no desenvolvimento. Estes pesquisadores estabeleceram um programa de economia de fichas em uma classe de educação especial de 14 alunos de sexto e sétimo grau (QI entre 50 e 80). Podiam-se ganhar reforçadores de sustentação, como escutar discos ou medir forças*, através dos pontos recebidos por uma elevada porcentagem do comportamento dedicado à lição e uma baixa taxa de comportamento. Inicialmente, o professor determinava a taxa de esforço. Depois de 14 semanas, permitia-se aos estudantes que eles determinassem a quantidade de esforço que tinham que receber. Esta condição, que esteve funcionando durante um total de 11 semanas, manteve níveis de comportamento desejáveis, embora os autores tenham assinalado que os estudantes auto-avaliavam seu comportamento de forma mais indulgente que os professores.

Bornstein e Quevillon (1976) utilizaram um pacote de auto-instruções em uma classe especial, para ensinar comportamento relevante às lições de classe a três crianças de 4 anos, hiperativas. O treinamento se baseou no modelo de auto-

---

* N.T.: No texto original o autor usa o termo "echar un pulso".

* Conforme nomenclatura do ensino na Espanha.

controle de Meichenbaum e Goodmen (1971), onde um professor ou treinador primeiro modela uma lição, depois ajuda a criança com instruções e, gradualmente, permite que a criança realize a lição de forma cada vez mais independente. Conseguiram-se ótimos resultados no aumento do comportamento relevante às lições de classe, em uma sala experimental. Depois de voltar à sua classe normal, as crianças continuaram com uma alta taxa de comportamento relevante às lições, durante 20 semanas.

Bornstein e Quevillon (1976) atribuíram a manutenção e a generalização a dois fatores. O primeiro era a "armadilha comportamental" dos auxiliares das crianças e das outras crianças, que freqüentemente modelam e reforçam, de modo natural, o comportamento apropriado. O segundo fator referia-se às instruções dadas às crianças, que consistiam em que se imaginassem fazendo parte de uma classe normal enquanto realmente estavam na classe especial. Esta intervenção pode ser interpretada como uma forma de controle de estímulo, já que tentou-se igualar algumas condições de estímulos entre os dois locais. O estudo também é resenhável devido ao uso de procedimentos de autocontrole com crianças tão pequenas.

Em outro estudo a resenhar, Drabman, Spitalnik e O'Leary (1973) transferiram os deveres de avaliação e reforçamento desde o professor até os estudantes (com comportamento perturbador) de 3ª série (aproximadamente 3º de EGB) de uma classe de recuperação de leitura. Inicialmente, o professor administrou um sistema normal de economia de fichas, que diminuiu o comportamento perturbador e aumentou as realizações acadêmicas. Também se ensinou aos estudantes que auto-registrassem seu comportamento perturbador. Logo estes estudantes eram recompensados com pontos, quando o registro, referente ao seu comportamento, coincidia com o do professor. Na última fase do autocontrole, neste trabalho, os estudantes avaliavam, de forma independente, seu próprio comportamento e determinavam seus próprios reforços. O comportamento perturbador permaneceu em um nível baixo e a atuação acadêmica em um nível alto durante a fase de autocontrole, com uma duração de 25 dias. Além desta manutenção satisfatória, as crianças continuaram se auto-avaliando com precisão, apesar da liberdade para "maximizar" o reforçamento se autorecompesando com pontos independentemente do seu comportamento. Os autores sugeriram vários fatores possíveis para este resultado, até certo ponto inesperado. Primeiro, tinha-se reforçado a auto-avaliação correta (emparelhando-a com as avaliações do professor); segundo, não se especificaram, aos estudantes, os critérios exatos de avaliação, um método consistente com a estratégia de Stokes e Baer (1977) de "treinar de forma não estruturada"; terceiro, estava presente o reforço social, sob a forma de pressão pelos iguais para ser honesto. Por exemplo, as crianças que davam para si próprias pontuações baixas por terem se comportado mal, faziam comentários como "comportei-me mal, mas sou honesto".

Os resultados dos estudos de autocontrole mostram, de forma convincente, que toda uma série de populações pode aprender a avaliar de forma precisa e a controlar eficazmente seu próprio comportamento, de acordo com critérios definidos externamente. Talvez a vantagem mais prática dos programas de autocontrole e de auto-avaliação, é que se evita a vigilância e implicação contínua de outras pessoas para manter as melhoras comportamentais. Uma desvantagem potencial de permitir aos pacientes se auto-avaliar, é a possibilidade de que adotem critérios mais indulgentes que os exigidos no programa de tratamento. Uma forma de reduzir esta possibilidade é a freqüente utilização de procedimentos de "emparelhamento" durante as primeiras fases do tratamento. Esses métodos requerem, normalmente, que as auto-avaliações estejam de acordo, em uma elevada porcentagem de ocasiões, com as avaliações do pessoal que aplica o programa, antes de confiar nas auto-avaliações como base para o reforçamento. O emparelhamento pode ser considerado como um modelamento do discernimento dos pacientes numa direção desejável. A maneira como manter a precisão das auto-avaliações depois do completo desaparecimento das contingências externas constituiu, com toda certeza, uma das questões mais cruciais para as quais a pesquisa futura deve achar uma resposta.

III.8. Prevenção das recaídas

O trabalho recente na área da prevenção das recaídas (Marlatt e Gordon, 1986) representa uma extensão e variação importantes dos procedimentos de autocontrole. A recaída constitui uma crise ou um retrocesso das tentativas do paciente em mudar ou manter as mudanças do seu comportamento. O modelo de *prevenção das recaídas* desenvolveu-se originalmente para manter a mudança de comportamento nos programas de tratamento para a ingestão excessiva de substâncias (drogas). No entanto, os procedimentos de prevenção das recaídas são aplicáveis também a outras dependências, como o alcoolismo, o hábito de fumar e de comer em excesso, assim como nos programas de mudança de comportamento em geral. A prevenção das recaídas tem uma série de componentes. A autovigilância é usada para identificar situações de alto risco onde a recaída é provável. Além disso, ela requer que os pacientes prestem atenção ao seu comportamento e, fazendo isto, inibam seu comportamento habitual. Grande parte do êxito do modelo de prevenção das recaídas é atribuído à sua forte ênfase no ensino de habilidades de afrontamento, que os pacientes podem utilizar nas situações que são de alto risco para eles e, o que é mais importante, quando se encontram a ponto de "transbordar" nessas situações. Ensinam também procedimentos de manipulação do *stress* e de treinamento em relaxamento, com a finalidade de fomentar uma sensação de autocontrole e de maximizar a probabilidade de que os pacientes sejam capazes de utilizar suas habilidades de afrontamento quando se encontrem em perigo de ser "pegos" por situações de alto risco.

A prevenção das recaídas inclui uma série de procedimentos adicionais. Estes incluem a educação sobre os efeitos imediatos e demorados por aderir-se e desviar-se do programa de tratamento. Estimulam-se os pacientes a realizar mudanças no seu estilo de vida e para que desenvolvam interesses e atividades agradáveis, que sejam compatíveis com suas antigas formas de comportamento. Os terapeutas freqüentemente negociam contratos de recaídas com seus pacientes, que são esboçados para limitar o grau de desvio, por parte dos pacientes, do programa de tratamento no caso de haver uma recaída. A reestruturação cognitiva freqüentemente é usada para opor-se às reações de perda, culpa e fracasso pessoal que tipicamente associam-se a uma recaída e, pelo contrário, centralizar a atenção nos aspectos do meio e do estilo de vida do paciente que ocasionaram a recaída, de forma que o programa de tratamento possa ser modificado para minimizar futuras crises.

Na fase final do programa de prevenção das recaídas, usa-se um procedimento de crises programadas, no qual é pedido aos pacientes que se desviem do programa de tratamento em um momento e local específicos, designados pelo terapeuta. Ao fazer isto, os pacientes aprendem que podem desviar-se e depois voltar ao programa de tratamento. A recaída programada minimiza a possibilidade de abandono do tratamento quando acontecer a crise, e aumenta a probabilidade de que a recaída seja de pequenas dimensões, de curta duração e superada por uma volta ao tratamento. O potencial dos programas de prevenção das recaídas tem sido demonstrado em uma variedade de áreas. Fitterling, Martin, Gramling, Cole e Milan (1988), por exemplo, incluíram um componente de prevenção das recaídas em seu programa de exercícios de "aeróbica" para pacientes com cefaléias vasculares. O programa de exercícios foi eficaz para aumentar a aptidão, para a "aeróbica", dos pacientes que experimentavam diminuições associadas na atividade das cefaléias. Dos cinco pacientes, quatro continuaram com os exercícios três meses depois da finalização do programa e três continuaram fazendo exercícios seis meses depois do término do mesmo.

IV. CONCLUSÕES

Pode-se destacar uma série de pontos a partir da revisão de literatura. Alguns destes incluem idéias ou conhecimentos que pertencem aos temas de manutenção e à generalização; outros refletem áreas de incerteza ou de questões pendentes, tanto com referência às estratégias de pesquisa quanto às aplicações práticas. É evidente que a pesquisa comportamental tem que continuar abordando as questões da manutenção e da generalização, com a finalidade de atingir um impacto verdadeiramente significativo na terapia e em outros lugares de ênfase aplicado. Até pouco tempo atrás, tinha-se prestado pouca atenção a estas questões. A pesquisa, nas últimas duas décadas, examinou a eficácia de uma variedade de estratégias que se desenvolveram para manter ou generalizar os benefícios iniciais do tratamento. Estas estratégias implicaram normalmente a extensão e a elaboração de planos e procedimentos, já estabelecidos, de mudança de comportamento, em vez do descobrimento e desenvolvimento de novos princípios sobre ele. As "novas" estratégias consistem, por conseguinte, no uso inovador e criativo do conhecimento já estabelecido, para enfrentar os problemas de generalização e manutenção.

A avaliação crítica das diferentes estratégias revela vantagens e desvantagens, a maioria das quais são predizíveis a partir da teoria da aprendizagem ou a partir do conhecimento obtido através da análise aplicada do comportamento. Os programas de reforço intermitente constituem uma técnica poderosa para a manutenção e a generalização do comportamento, um fato bem estabelecido na pesquisa animal há muitos anos. Quando ocorrem problemas na aplicação destas técnicas, estes são atribuídos, freqüentemente, ao amplo esforço requerido para vigiar e reforçar o comportamento no ambiente natural. Os agentes de mudança naturais, como os professores, freqüentemente não seguem estes procedimentos. Aconselha-se, por conseguinte, aos psicólogos clínicos, que desenvolvam procedimentos para assegurar a atuação correta dos agentes de mudança naturais ou para usar desvanecimento rápido de técnicas formais deste tipo, enquanto os benefícios do tratamento são mantidos e generalizados com os procedimentos do controle de estímulos ou do autocontrole.

O treinamento de agentes de mudança naturais, embora correto do ponto de vista teórico, está cheio de problemas na sua aplicação. Os agentes de mudança podem não aprender os procedimentos de generalização e manutenção, podem aplicá-los de forma incorreta ou não os aplicar ou, ainda, experimentar diminuições progressivas da atuação, do mesmo tipo que ocorre com os pacientes, os participantes ou os sujeitos com os quais se têm que realizar os procedimentos. Tem-se realizado relativamente pouco trabalho na medição do comportamento dos agentes de mudança. Os poucos estudos que informam sobre resultados positivos, utilizaram técnicas similares àquelas que se consideram eficazes para os participantes (um achado inesperado), tais como o reforço intermitente e a supervisão periódica do comportamento dos agentes de mudança. Uma consideração importante para o trabalho futuro é o aspecto prático dessas intervenções. Em muitos casos, as intervenções a longo prazo nas escolas, nos lares e em outros locais de ênfase aplicado, apresentam importantes obstáculos para os pesquisadores, como por exemplo, quando os pais de crianças participantes de um projeto de pesquisa transferem-se para um lugar afastado no momento de tentar a realização do seguimento depois de um ano.

Foi demonstrado que os procedimentos de controle de estímulos são válidos em uma variedade de locais e com uma série de problemas. A aplicação leva consigo, geralmente, a presença de pessoas significativas, objetos importantes ou sinais visuais proeminentes para controlar o comportamento. No entanto, as aplicações do controle de estímulos com pessoas significativas podem envolver propriedades estimulares mais complexas nos pacientes participantes do programa, do que as reconhecidas pelos pesquisadores. Por exemplo, muitas destas pessoas freqüentemente se encontram em uma posição de autoridade com referência aos pacientes e sua presença implica, por conseguinte, na possibilidade de conseqüências positivas ou aversivas se o comportamento de interesse é conseguido ou não. Os efeitos sobre o comportamento da natureza e a qualidade das relações entre os pacientes e as pessoas que trabalham com eles, necessitam de um exame mais detalhado.

Ensinar os participantes a controlar seu próprio comportamento com técnicas de auto-registro, de auto-avaliação e de auto-reforço constitui um excelente veículo para a manutenção e generalização do comportamento já estabelecido por outros procedimentos determinados externamente. Colocam-se questões referentes ao grau em que devem ser utilizados controles externos antes, durante e depois do início do autocontrole pelos participantes. Como comentavam

Rosenbaum e Drabman (1979), os pesquisadores têm demonstrado somente fracas formas de autocontrole, já que o controle externo tem estado presente em amplo grau, em todos os estudos realizados até a data. Não é certo se os participantes continuariam ou não satisfazendo os critérios comportamentais na total ausência de controles, como por exemplo, quando os reforçadores encontram-se disponíveis sem contingências, sem a presença de figuras de autoridade e sem a possibilidade de que seja descoberto o desvio do programa.

Embora ainda reste muito por fazer, as últimas duas décadas destacaram-se pelo progresso significativo na identificação de enfoques comportamentais eficazes para os problemas da generalização e manutenção dos efeitos do tratamento. Realmente, o interesse dos psicólogos comportamentais sobre estes problemas, oferece um marcado contraste com a falta de interesse que parece caracterizar grande parte da pesquisa sobre o tratamento não comportamental. Como assinalam Stokes e Baer (1977), o interesse dos psicólogos comportamentais sobre a generalização e manutenção levou a uma rudimentar tecnologia das duas, baseada nos princípios bem estabelecidos da aprendizagem e do comportamento. Agora o desafio para os psicólogos comportamentais, como acontecia em 1977, é incentivar ativamente o desenvolvimento desta tecnologia, com a finalidade de conseguir mudanças mais gerais, mais duradouras e, por conseguinte, mais significativas, em locais com ênfase aplicado.

V. Leituras Recomendadas

Barlow, D. H. y Hersen, M., *Diseños experimentales de caso único*, Barcelona, Martínez Roca, 1988. (Or.: 1984).

Goldstein, A. y Kanfer, F. H. (comps.), *Generalización y transfer en psicoterapia*, Bilbao, Desclée de Brouwer, 1981. (Or.: 1979).

Kazdin, A. E., *Modificación de la conducta y sus aplicaciones prácticas*, México, El Manual Moderno, 1978. (Or.: 1975).

Marlatt, G. A. y Gordon, J. R. (comps.), *Relapse prevention: Maintenance strategies in the treatment of addictive behavior*, Nueva York, Guilford Press, 1986.

Shelton, J. L. y Levy, R. L., *Behavioral assignments and treatment compliance: a handbook of clinical strategies*, Champaign, Ill., Research Press, 1981.

8. As Variáveis do Processo Terapêutico

Aurora Gavino

I. Introdução

Nos últimos anos parece evidente que a famosa regra de Paul (1967) continua sendo atual. Tomando-a como referência, Kazdin (1986b) insiste na necessidade de identificar quais tratamentos são os mais adequados para determinados problemas clínicos, com quais pessoas e sob que condições.

Talvez esta colocação deva-se à controvérsia existente referente à eficácia da psicoterapia em geral e ao êxito diferencial das diferentes psicoterapias.

Efetivamente, embora exista hoje em dia um consenso entre os autores ao afirmar que a psicoterapia, em geral, beneficia um grande número de pacientes (Bergin e Lambert, 1978; Shapiro e Shapiro, 1982; Smith, Glass e Miller, 1980), é evidente que se faz necessário conhecer a que se deve este benefício, isto é, quais aspectos da psicoterapia são os que favorecem os resultados positivos, principalmente quando no momento atual existem algumas implicações sociais, políticas e econômicas que exigem uma demonstração palpável de que os tratamentos no campo da saúde mental são necessários (Van Den Bos, 1980, 1986). Este fato é preocupante e, sem dúvida alguma, concerne especialmente aos clínicos que diariamente enfrentam uma variedade de alterações e pacientes, freqüentemente não sabendo qual será o resultado final de sua intervenção.

Tudo isto tem motivado diferentes linhas de pesquisa, que podem agrupar-se em três: (a) a abordagem direta do "problema", isto é, a criação de estratégias e técnicas direcionadas ao tratamento da patologia (por exemplo, a dessensibilização sistemática (DS) para o tratamento de fobias, a terapia cognitiva de Beck para o tratamento da depressão); (b) o estudo diferencial das técnicas dos "pacotes terapêuticos" (McFall e Lillesand, 1971; McFall e Marston, 1970; McFall e Twentyman, 1973); e (c) a pesquisa das variáveis que estão presentes no processo terapêutico.

Destas três vias de pesquisa, ultimamente está-se incidindo de forma especial na última, isto é, nas variáveis do terapeuta, do paciente e da interação entre ambos (Boget, Clariana e Bayés, 1982; Howard, Kopta, Krause e Orlinsky, 1986; Jones, Cummings e Horowitz, 1988; Schaffer, 1982, entre outros).

Desta forma, em um tratamento psicológico, nos deparamos com os seguintes elementos: terapeuta, paciente, técnicas e problemas. Até pouco tempo atrás os dois últimos elementos tinham sido os mais estudados. Tentou-se encontrar técnicas específicas para problemas concretos; assim, por exemplo, temos a tão conhecida relação dessensibilização sistemática-fobias. No entanto, nunca o êxito tem sido de 100%. Assim, a literatura nos mostra casos de fobias onde a DS não se mostrou eficaz. As causas disto ainda não estão claras, podendo ser porque, a técnica não foi aplicada adequadamente, por não se tratar realmente de uma fobia ou que estivessem incidindo variáveis alheias ao problema e à técnica, isto é, variáveis relacionadas com o terapeuta, com o paciente e/ou com a própria relação entre ambos.

Assim, nas diferentes psicoterapias, incluindo a terapia comportamental, começou-se a dar importância a variáveis que até pouco tempo eram relegadas por determinadas correntes. Incorporou-se a famosa tríade rogeriana de empatia, aceitação e autenticidade (Beck e cols., 1979) como elementos que se não são suficientes, são necessários para que a terapia consiga seus objetivos. Por outro lado, novas teorias incitam a contemplar variáveis pessoais do paciente que podem favorecer ou entorpecer o desenvolvimento da terapia (Bandura, 1977a; Rotter, 1954). Até que ponto as crenças de controle externo do sujeito influenciam sobre a conveniência de uma ou outra técnica? Quais as expectativas de êxito que possui? Como influi sua auto-estima? E ainda mais, o próprio terapeuta não está isento destas questões. Por exemplo, as diferenças sexuais influenciam?, a idade influencia?, a experiência ou inexperiência é um fator a se levar em conta?, etc..

Em geral, podemos dizer que existem três posturas: (a) aqueles que consideram que o fator fundamental que decide o resultado terapêutico são as suas próprias técnicas, sempre e quando se apliquem de forma adequada (Marks, 1978; Mahoney e Arnkoff, 1978); (b) aqueles que defendem a relevância de fatores não específicos como determinantes dos resultados (Bergin e Lambert, 1978; Orlinsky e Howard, 1978; Parloff, Waskow e Wolfe, 1978); e (c) aqueles que mantêm que as variáveis do paciente e do terapeuta são realmente relevantes (Bergin e Lambert, 1978).

Há alguns anos, como indicam alguns autores (Bernstein e Nietzel, 1980; Korchin e Sands, 1983; Segura, 1985, entre outros), observa-se uma tentativa em pesquisar os processos terapêuticos em geral e, em especial, seu papel no êxito do tratamento. Estes processos, que em parte parecem comuns a todas as terapias, para o clínico poderiam ser uma via de compreensão no que diz respeito ao êxito de um tratamento em um determinado momento. Alguns autores propõem novas estratégias para pesquisar "a mudança" em psicoterapia. Por exemplo,

Gendlin (1986) coloca 18 estratégias de pesquisa em psicoterapia que, segundo ele, podem tornar as pesquisas neste campo mais produtivas e significativas, do que as realizadas até agora. Estas estratégias levam a pesquisar variáveis específicas da psicoterapia que constituem os sub-processos da mesma.

Assim, em pesquisa sobre a psicoterapia, o debate pode centralizar-se em torno destas três questões: (a) os efeitos da psicoterapia são o resultado da aplicação de técnicas ou estratégias específicas a problemas concretos?; (b) em vez destas técnicas ou estratégias não são, melhor dizendo, alguns fatores específicos do próprio processo terapêutico os que provocam os efeitos observados?; e (c) existem fatores inespecíficos, ao longo das sessões terapêuticas, que estão incidindo de forma decisiva nos resultados do tratamento? No presente trabalho vamos nos centralizar nos dois últimos pontos, embora no decorrer destes haverá algumas referências à primeira questão.

II. FATORES ESPECÍFICOS E INESPECÍFICOS DO PROCESSO TERAPÊUTICO

Nem todos os autores estão de acordo na hora de diferenciar entre fatores específicos e inespecíficos. Em geral, podemos dizer que se entende por fatores específicos as atuações intencionais do terapeuta, como *interpretação, habilidade de compreensão* ou a *correção de crenças distorcidas* sobre a realidade. Por fatores não específicos, pelo contrário, entende-se as qualidades inerentes a uma relação humana satisfatória que afete positivamente o indivíduo. A importância destes fatores foi popularizada por Frank (1961), que considerava que fatores como o *status* e o *papel* que o terapeuta tem na sociedade tinham um fator importante. Na realidade o que se defende é que a interação humana que ocorre em toda psicoterapia atua, de alguma maneira, igual em toda relação humana.

Ambos os tipos de fatores muitas vezes se confundem e, em geral, os autores falam indistintamente de uns e outros no decorrer de suas pesquisas. Por outro lado, tanto os fatores específicos como os inespecíficos também se dividem em aqueles que se referem ao próprio terapeuta e aqueles que envolvem diretamente o paciente.

II.1. Variáveis do terapeuta

Greenberg (1986) coloca-se a estudar os resultados obtidos em cada sessão e, para isto, divide-a em processos específicos que contribuem com os mencionados resultados. Cada um destes processos é um nível *standard* de unidades. As unidades principais seriam, para este autor, os níveis de conteúdo, o ato de falar, o episódio e as inter-relações. O *conteúdo* é o mais indispensável dos níveis e compreende tudo aquilo que acontece durante a sessão terapêutica, seja verbal ou não verbal, por parte do terapeuta ou do paciente. Os *atos de falar*, como o próprio nome indica, fazem referência à linguagem verbal que os participantes utilizam na terapia e seu sentido no contexto específico onde ocorrem: dar informação, fazer uma promessa, advertências, explicação, etc. Os diferentes sentidos que se dê a esta linguagem dependerão da força e objetividade com que se expresse. Greenberg, seguindo Matarazzo (Matarazzo e cols., 1968), também inclui nesta unidade a qualidade da voz, a duração do discurso e os silêncios. Os *episódios* são porções de comunicação nitidamente diferenciadas umas das outras pelos participantes, com um sentido terapêutico. São unidades significativas da interação terapêutica, já que geralmente dirigem-se a fins específicos dentro da mesma (por exemplo, a "ordem do dia" na terapia cognitiva de Beck). Finalmente, as *inter-relações* compreendem as qualidades concretas que o terapeuta deve possuir para conseguir um determinado conteúdo, ato ou episódio, e poderia ser considerado, portanto, um fator inespecífico.

Para Greenberg o estudo destes níveis permitiria conhecer a que se devem os resultados de um tratamento, assim como quais são os mais freqüentes em cada tipo de terapia e os que permitiriam melhores resultados.

Schaffer (1982) coloca como variáveis de estudo no terapeuta o tipo de comportamento que o mesmo manifesta na sessão clínica, sua habilidade para aplicar as táticas adequadas que permitam conseguir os fins terapêuticos e a forma de comportar-se na relação interpessoal com o paciente. Considera as duas primeiras específicas e a terceira não específica. O *tipo de comportamento do terapeuta* refere-se às táticas que o mesmo utiliza para conseguir os fins ou objetivos terapêuticos que se apresentam de acordo com a teoria da qual parte. A *habilidade do comportamento do terapeuta* refere-se à forma competente de aplicar as táticas. A *forma de comportamento interpessoal* faz referência à maneira que o terapeuta se relaciona com o paciente. Esta variável avalia-se através de constructos, tais como a famosa tríade de empatia, autenticidade e aceitação (Rogers, 1957) ou, segundo medidas da contribuição do terapeuta no estabelecimento da aliança terapêutica (Hartley e Strupp, 1982).

Schaffer propõe, para estudar as variáveis anteriores, a divisão da sessão terapêutica em unidades de avaliação. Cada unidade é uma parte da sessão que compreende um determinado tipo de comportamento do terapeuta. Quando este tipo de comportamento muda, passa-se a outra unidade. O que se mede em cada uma delas é a habilidade e a forma de comportamento interpessoal.

No entanto, não existem unidades de estudo unânimes para todos os autores. Schaffer chama a atenção para que se estabeleçam unidades por consenso que direcionem as pesquisas futuras, sejam estas unidades referentes a espaços de tempo ou a variáveis específicas, como por exemplo, o tipo de comportamento do terapeuta, como ele propõe ou, o conteúdo, os atos de falar, etc., como coloca Greenberg. Desta forma, os juízes que avaliarem essas unidades poderão distinguir nitidamente quando uma termina e a outra começa, evitando, desta forma, a diversidade de fragmentos a estudar entre os diferentes juízes e a falta de clareza e especificidade dos processos que se estudam. Então é evidente que o motivo de incidir nas unidades de estudo não é outro a não ser chegar a um consenso entre os autores dedicados a este tema, para obter assim resultados que se possam generalizar. Podemos destacar nesta direção, o trabalho de autores como Cook e Kipnis (1986), que trabalham com as unidades propostas por Schaffer, mas atendendo exclusivamente às táticas que o terapeuta usa para modificar o comportamento do paciente (informação, instruções, explicação, reforço verbal, interrupção, apoio, entre outras). Estes autores estudam a influência do terapeuta de acordo com a teoria de poder social e partem da hipótese de que o terapeuta tenta influir nos seus pacientes para modificar o comportamento, cognições ou sentimentos do mesmo. Esta influência tem determinada força e finalidades concretas, existindo diferenças entre terapeutas de sexo diferente. Estes autores encontraram alguns resultados verdadeiramente interessantes. Cada terapeuta tratou dois pacientes e havia consistência das categorias utilizadas para os dois pacientes. Os terapeutas masculinos usavam maior quantidade de táticas de influência do que os femininos. A proporção de interrupções era significativamente maior nos terapeutas homens (mais ou menos 12% do tempo) do que em mulheres (mais ou menos 2% do tempo).

Os autores comentam na discussão que as diferenças individuais sugeriam uma dimensão de atividade-passividade. Alguns terapeutas eram ativos, usando táticas de influência de todo tipo e alguns eram passivos, usando poucas táticas. Os terapeutas também eram consistentes, de um paciente a outro, no uso de algumas formas específicas de influência.

Esta informação, que a priori parece interessante, não é relacionada pelos autores com os resultados obtidos nos tratamentos, nem informam a proporção em que cada uma destas táticas era usada dependendo do tipo de terapia que se aplicava. Teria sido de grande utilidade ter recolhido estes dados, já que teriam permitido pelo menos esboçar algumas hipóteses sobre a influência de tais táticas no êxito terapêutico, assim como se o seu uso é diferente segundo o tipo de terapia.

Vários pesquisadores seguiram esta linha tentando responder algumas destas questões; por exemplo, Elliot e cols. (1987) acharam que a maior freqüência do uso de uma ou outra tática, por parte do terapeuta, depende efetivamente do tipo de terapia que se esteja utilizando.

Como foi indicado acima, estas pesquisas direcionam-se mais à relação entre determinadas variáveis do processo terapêutico e variáveis concernentes ao mesmo terapeuta, como o sexo ou a formação teórica do mesmo, operativizadas geralmente no tipo de terapia que se realiza. No entanto, não apresentam como objetivo conhecer qual a influência sobre os resultados do tratamento, da utilização de uma ou outra tática. Elliot e cols. (1987) concluem que, em geral, não há uma forma de resposta que seja melhor para todas as terapias e que estas formas devem ser estudadas segundo o contexto em que encontram as características do paciente, o tipo de relações que se pretende estabelecer entre o terapeuta e o paciente, assim como as prioridades imediatas que o mesmo paciente apresenta. No entanto e indo um pouco mais longe, poder-se-ia acrescentar a estas afirmações que não se deve somente conhecer as formas de resposta mais adequadas segundo a terapia da qual se trata, e sim também, dentro destas, quais as táticas que são mais eficazes em cada técnica terapêutica para conseguir os maiores êxitos.

Talvez por causa desta falta de informação, e pela mesma dispersão dos estudos realizados até agora, os resultados obtidos não são muito animadores. Assim, o "Temple Study" (Sloane e cols., 1975) não encontrou relações significativas entre o comportamento do terapeuta e os resultados da terapia. Outros pesquisadores também não encontraram relações significativas entre o tipo de comportamento do terapeuta (Kilman e Howell, 1974; Marziali e Sullivan, 1980), a habilidade (Rice, 1965, 1973) e a forma de comportamento interpessoal (Marziali, Marmar e Krupnick, 1981) referente aos resultados terapêuticos. Schaffer propõe uma explicação destes resultados dizendo que se devem a que estes fatores foram estudados como aspectos de uma simples dimensão, o que traz resultados pobres.

Segundo este autor, os exemplos que a literatura oferece sobre este tema demonstram que estudar predições de resultados, com dimensões simples do comportamento do terapeuta, faz com que se ignorem outras possíveis determinantes do impacto no resultado das dimensões do paciente, não estudadas no processo. Schaffer propõe estudar os fatores já mencionados de uma forma multidimensional, atentando a como são selecionadas, conceitualizadas e utilizadas as medidas do comportamento do terapeuta para predizer resultados. Estudos multidimensionais avaliam cada unidade do comportamento do terapeuta em duas ou mais dimensões, selecionam medidas de duas ou mais dimensões do mencionado comportamento, formulam hipóteses e discutem resultados em termos de duas ou mais dimensões ao mesmo tempo. Schaffer opina que a multidimensionalidade do comportamento do terapeuta não foi adequadamente avaliada na pesquisa existente devido a problemas metodológicos. Schaffer sugere que os métodos de pesquisa devem mudar na direção por ele recomendada, já que desta forma conseguir-se-ia achar dimensões independentes.

O argumento de Schaffer de conceitualizar o comportamento do terapeuta em termos das dimensões de tipo, habilidade e forma de comportamento interpessoal está baseado nos seguintes pontos. Primeiro, este autor acredita que as definições das dimensões são claras. Segundo, é capaz de classificar as medidas usadas em pesquisas prévias em termos de dimensões, o que sugere que essas dimensões são generalizáveis. Terceiro, as dimensões são similares para os fatores específicos e inespecíficos. Tipo e habilidade se referem a fatores específicos e forma de comportamento se refere a fatores não específicos. Quarto, estes métodos levam à formulação de novas e interessantes questões de pesquisa. Segundo Schaffer, a clareza, generalidade e valor heurístico das dimensões de tipo, habilidade e forma do comportamento interpessoal deveriam ser considerados como uma base conceitual para futuras pesquisas e permitiriam conhecer sua influência nos resultados terapêuticos.

II.2. Variáveis do paciente

O poder preditivo das variáveis do paciente é outro assunto controvertido. Bergin e Lambert (1978) consideram que as variáveis do paciente são as mais importantes para explicar os resultados terapêuticos. Garfield (1978), no entanto, mostrou que as medidas sobre o status inicial do paciente não são preditores poderosos do resultado.

Considerando os trabalhos publicados sobre este tema pode-se ver que não é nada estranho encontrar estas contradições, já que existe uma grande disparidade entre eles na seleção das variáveis. Da mesma forma que acontecia com as variáveis do terapeuta, não existe um consenso sobre a escolha das variáveis do paciente. As diferentes pesquisas que versam sobre estas, partem de variáveis diferentes, dando lugar a resultados diversos. Vejamos alguns exemplos.

Strong (1978) sugeriu que uma determinante importante do resultado é a forma com que o paciente percebe o terapeuta, com status, credibilidade, valores similares e os recursos que o paciente necessita. Orlinsky e Howard (1978) concluíram que o êxito da terapia está associado à forma do paciente ver o terapeuta como confidente, profissional, compreendendo, aceitando e animando-o à independência. No entanto, outros autores relacionaram os êxitos com os momentos, na terapia, onde a qualidade de voz do paciente caratertiza-se por atividade, energia, expressividade, vivacidade e riqueza das palavras utilizadas (Butler, Rice e Wagstaff, 1962; Rice, 1973, 1974; Rice e Wagstaff, 1967). Gomes-Schwartz (1978) relaciona os bons resultados da terapia com o envolvimento do paciente e sua participação ativa no processo de terapia, isto é, com o gosto por se comunicar, o compromisso para mudar, a confiança no terapeuta, o reconhecimento da responsabilidade de si próprio para realizar a mudança, o prazer de se relacionar com o terapeuta e o reconhecer sentimentos e comportamentos.

Em uma revisão de estudos onde se examinavam as relações dos bons momentos em terapia com os critérios de êxito, Orlinsky e Howard (1978) concluíram que os bons momentos caracterizavam-se por uma comunicação expressiva, concreta e não excessivamente racional; por pacientes falando sobre si mesmos de uma forma pessoal; e por pacientes com algumas relações fluidas com seus terapeutas. Outros autores consideram bons momentos aqueles onde os pacientes evidenciavam maneiras de ser e atuar, que geralmente são aceitas como sadias, ajustadas ou normais. Por exemplo, Hoffman (citado por Raskin, 1949) considerava como bons momentos aqueles onde os pacientes evidenciavam ou portavam comportamentos que os juízes consideravam maduros e, Haigh (1949) via os bons momentos como aqueles onde o comportamento defensivo era reduzido. Consideravam-se também bons momentos quando o paciente demonstra altos níveis de cooperação, coincidência e cumplicidade. Rice e Saperia (1984) apontam uma série de estudos onde os bons momentos caracterizavam-se por uma elevada consciência, entendimento, reconhecimento e reexame de constructos superiores de ordem pessoal, relativos à resolução de situações problemáticas e abertos a opções de vida.

No caso de atentarmos ao tipo de terapia sobre a qual se tem pesquisado as variáveis do paciente, parece lógico concluir que a seleção destas variáveis e sua influência nos resultados do tratamento dependem da terapia da qual se parte, embora em todas se considere, como requisito imprescindível, a eliminação do problema. No entanto, em uma tentativa de unir esforços e chegar a estabelecer categorias claras que permitam estudar o papel do paciente nos bons momentos da terapia, alguns autores estabeleceram algumas normas ou pontos de partida. Talvez o mais representativo seja o de Mahrer e Nadler (1986), os quais elaboraram uma lista de bons momentos em psicoterapia que tenta ser a mais precisa possível, com uma conceitualização compatível com a maioria das correntes teóricas. No entanto pouco se pode dizer da utilidade desta lista, já que não se tem realizado, ou pelo menos publicado, pesquisas baseadas nela. Assim sendo, é evidente que uma maior unanimidade na hora de estabelecer unidades de estudo (por parte dos autores), permitirá resultados menos confusos do que os obtidos até agora.

III. O Processo Terapêutico ou o Fio de Ariadna

Em tudo o que foi exposto até aqui é fácil apreciar que o estudo do processo terapêutico é árduo e complexo, sem conclusões claras no presente(*) e ao mesmo tempo com uma grande quantidade de questões a resolver.

Segundo o nosso ponto de vista, o principal problema é a falta de acordo entre os autores na hora de estabelecer linhas de pesquisa comuns. Na realidade, este é um defeito que se mantém em todas as áreas de estudo da psicoterapia, como já foi exposto anteriormente (Gavino, 1988).

Supõe-se que em toda interação humana há uma maior ou menor influência de uma pessoa sobre a outra. No entanto, muitas vezes as pesquisas que estudam as variáveis dessa interação, no processo terapêutico, dão a entender que esta é a verdadeira razão da mudança terapêutica. Então passaram a dar às técnicas um papel mais importante na modificação do paciente e não relegá-las a um plano bastante irrelevante. Talvez isto se deva, como já foi mencionado no início deste trabalho, ao desejo dos clínicos de dar uma resposta clara a respeito das causas da utilidade da psicoterapia em geral e dos motivos de êxito ou fracasso de cada terapia em particular.

Como afirma Kanfer (1985), o processo terapêutico é uma contínua inter-relação entre a informação que se recolhe, a formulação de objetivos de tratamento e o *feedback* de cada um dos passos, e o refinamento de hipóteses sobre a escolha adequada dos objetivos. A intervenção clínica então pode ser vista como um processo de solução de problemas e tomada de decisões. Esta visão implica em um modelo básico sobre a tarefa do clínico. O paciente apresenta um estado inicial (A) que é insatisfatório, devendo ser definido pelo clínico, em muitos casos junto com o paciente, um estado meta (B) que aliviará o mal-estar ou a insatisfação presente, e propõe uma série de passos (C), assim como os instrumentos para a transformação do estado A no estado B. A seleção de objetivos se refere ao ato de escolher a combinação adequada de objetivos situacionais e comportamentais e os métodos de mudança que esta transforma-ção consiga. É nítido que as decisões clínicas dependem da definição do

---

(*) N.T.: No texto original o autor usa o termo "hoy por hoy".

problema (estado A) por parte do clínico, da seleção de um estado final apropriado (B) e do conhecimento e fontes de procedimentos para provocar a mudança (ver capítulo 5).

Conhecer as variáveis que interferem no processo terapêutico é, portanto, algo importante para esclarecer os resultados que se obtém. Mas dentro dessas variáveis também se incluem algumas completamente esquecidas nos estudos apresentados. Entre estas variáveis destacam-se a seleção do(s) comportamento(s) problema(s) e a dos objetivos a conseguir, aspectos que alguns autores que estudam as variáveis do processo terapêutico consideram de máxima importância (Kratochwill, 1985; Rice e Greenberg, 1984). Por exemplo, em uma tentativa integradora, Rice e Greenberg (1984) propuseram-se a responder as seguintes perguntas:

1. Quais atuações do paciente durante a terapia sugerem, por si próprias, um estado do problema, requerendo portanto intervenção?
2. Quais operações do terapeuta são apropriadas? Quais operações facilitariam um processo de mudança nos pacientes?
3. Qual atuação do paciente leva à mudança? Quais são os aspectos da atuação do paciente que parecem conduzir o processo de mudança?

Rice e Greenberg enfocam a pesquisa sobre os processos terapêuticos a partir de algumas questões operativas. No entanto, sua colocação no decorrer do trabalho é muito mais complexa do que aquilo que possa supor responder a estas perguntas. De fato, estes autores propõem-se, para o estudo de processos de mudança, atender a variáveis tais como o problema que o paciente apresenta, a intervenção do terapeuta para solucionar o problema e a resposta que o paciente dá perante a intervenção do terapeuta, tudo isto em cada sessão. A colocação exposta segue as mesmas diretrizes assinaladas por outros autores já mencionados no início deste trabalho (Paul, 1967; Kazdin, 1986b). Tenta-se responder às questões de quais as intervenções que provocam determinado tipo de impacto, em que paciente em particular e em quais momentos particulares da terapia.

Inclusive esta integração proposta por Rice e Greenberg não é suficiente. Existem variáveis que possivelmente apresentam um papel na mudança terapêutica e que estes autores têm passado por alto. Variáveis tais como as expectativas de êxito por parte do paciente e do terapeuta, o local ("locus") de controle (externo-interno, controlável-incontrolável) do qual partem no início da terapia ou, as atribuições que ambos os participantes da terapia fazem referente à mesma.

Todo clínico sabe por experiência própria que a motivação e as expectativas que o paciente tem com respeito a seu resultado são importantes. Este conhecimento prático não tem tido uma atenção adequada na pesquisa até hoje. No entanto, a maioria dos autores que fazem pesquisas na área clínica, o mencionam como algo evidente e básico para o trabalho clínico. As expectativas do paciente dependem da percepção que o mesmo tiver do terapeuta, isto é, de variáveis pessoais e terapêuticas que concordem com sua idéia de como um terapeuta tem que ser (Kanfer e Grimm, 1980), da eficácia da terapia, em geral, e se for o caso, em particular (Upper e Cautela, 1979). Expectativas errôneas requerem uma intervenção rápida e esclarecedora por parte do terapeuta, dependendo, muitas vezes, a continuação do processo terapêutico, de uma intervenção satisfatória a este respeito.

Mas estas expectativas podem também ser devidas a outros motivos. Considerar que o problema do qual se padece não tem solução, porque depende de características próprias imodificáveis (atribuição interna-incontrolável) ou da intervenção de outras pessoas, as quais não têm possibilidades de fazê-las mudar na sua forma de atuar (atribuição externa-incontrolável), dá vazão a algumas tênues expectativas de êxito terapêutico. Pelo contrário, pensar que o problema criado depende de si mesmo, mas que pode ser mudado (atribuição interna-controlável) ou, que se deve a outras pessoas sobre as quais se pode intervir (atribuição externa-controlável), favorece a intervenção do terapeuta em direção à mudança proposta como objetivo. E não são somente variáveis relacionadas com o êxito do tratamento, mas também implicam em uma atuação particular do próprio terapeuta. Perante as expectativas de incontrolabilidade, o terapeuta tem que utilizar os meios que tiver disponíveis (registros, exemplos, etc.) para modificá-las. Em pacientes com expectativas de controlabilidade é necessário diferenciar muito bem se a colocação do mesmo é correta na atribuição que faz do motivo que origina e mantém seu problema. Em caso afirmativo, há que se buscar estratégias de intervenção que o modifiquem, e em caso negativo, primeiro há que se demonstrar ao paciente, como nos casos de incontrolabilidade, o erro de início e sua continuação, desenvolver o programa terapêutico que o problema assinalado requer. Talvez um bom exemplo desta colocação seja a terapia elaborada por Beck (Beck e cols., 1979; Dobson e Franche, este volume) onde um dos pontos principais é comprovar se as crenças que o paciente possui, sobre as causas de sua situação, são reais ou não, ou a estratégia de solução de problemas (D'Zurilla e Goldfried, 1971; Nezu e Nezu, este volume) onde se ensina o sujeito a colocar de forma adequada seu problema e a dar-lhe soluções realistas e com o maior êxito possível.

As atribuições referentes ao tratamento também podem influir na evolução da terapia. Seu estudo tem-se realizado a partir de várias frentes. Alguns autores pesquisaram a possível influência das variáveis que se podem atribuir ao que os terapeutas e os pacientes fazem com respeito a responsabilidade, por parte destes últimos, da causa de seu problema e da solução do mesmo. Existe consenso em afirmar que assumir o que diz respeito à responsabilidade da causa do problema e seu remédio, manifesta-se na orientação teórica do clínico, no diagnóstico do problema, no tipo de intervenção, nas finalidades, na escolha e no resultado do tratamento e nos papéis esperados do clínico e do paciente. É possível, como afirmam McGovern, Newman e Kopta (1986), que estes aspectos estejam influenciando na forma de enfocar o tratamento, e descobriu-se que os enfoques que atribuem menores níveis de responsabilidade aos pacientes têm a tendência a possuir estratégias diretivas que oferecem tratamentos concentrados a curto prazo e orientações que enfatizam a responsabilidade do paciente em mudar, estabelecem tratamentos menos diretivos de longa duração, fazendo com que a diminuição da responsabilidade do paciente (na causa e na mudança) dê lugar a um aumento do esforço clínico ou da responsabilidade do terapeuta.

Assim, são muitos os fatores que intervêm no processo terapêutico. Talvez esta mesma complexidade torne inviável, hoje em dia, sua integração em uma pesquisa. Certamente é este um dos motivos que tem propiciado a diversidade de trabalhos e os resultados parciais encontrados neles.

Portanto, seria conveniente considerar primeiro os requisitos necessários de cada técnica e depois, estudar quais as variáveis do processo terapêutico que intervêm e de que maneira se podem aplicar para conseguir os maiores resultados positivos possíveis. Parece que alguns autores direcionam-se nesta linha. Estamos de acordo com Schaffer quando tenta, com bom senso, estudar as variáveis do terapeuta, enquadrando-as em um todo dentro da terapia e de um marco teórico determinado.

Schaffer (1986) coloca a necessidade de avaliar as habilidades do terapeuta, na hora de usar as táticas adequadas para o tratamento, em relação às variáveis tais como o comportamento a tratar ou as mesmas técnicas terapêuticas. Consideremos o valor heurístico de um estudo no qual não se conhece se a técnica é aplicada adequadamente. Se o resultado é um fracasso, e se conclui que a técnica é ineficaz, perde-se prematuramente a possibilidade de saber se esta técnica funciona quando é aplicada com suficiente habilidade. No entanto, ficando comprovado que a técnica é aplicada de forma apropriada e o resultado é insatisfatório, certifica-se que o método era inadequado para o tipo de paciente ou para o problema que estavam sendo estudados. Quando se comparam algumas técnicas e o nível de habilidade é conhecido como adequado, então se pode avaliar se a técnica é ou não a melhor para um determinado problema.

Parece razoável pensar que a avaliação das habilidades do terapeuta é uma necessidade importante. Talvez o problema principal esteja em estabelecer critérios estáveis e confiáveis do conceito de habilidade e medidas de avaliação adequadas para tal finalidade. Precisamente com o propósito de conseguir estes critérios e meios de avaliação, Schaffer considera, como objetivo imediato, o desenvolvimento de uma teoria da psicopatologia e a psicoterapia que permita definir as qualidades do comportamento habilidoso do terapeuta. Segundo este autor, quando se utilizam diversas teorias de psicopatologia e psicoterapia para definir esta habilidade, então as discrepâncias dos juízes referentes às suas respectivas teorias podem-se constituir em uma fonte de dificuldade na hora de avaliar a habilidade. Assim, parece plausível que se possa maximizar o nível de confiabilidade interjuízes, utilizando juízes que concordem nas questões teóricas relevantes.

Outra dificuldade que diz respeito aos juízes é que estes, às vezes, avaliam o comportamento do terapeuta comparando-o com aquele que eles teriam adotado no mesmo ponto da sessão que estão avaliando. Schaffer sugere que é possível treinar juízes para avaliar a habilidade do terapeuta, considerando-a segundo o ponto de vista da teoria que está sendo estudada e não de outra forma.

Assim, para Schaffer, o impedimento mais sério para desenvolver medidas de habilidade terapêutica é a falta de especificidade da maioria das teorias e medidas. Schaffer sugere a necessidade de desenvolver teorias de terapia que tenham bem poucos níveis de abstração e inferência para, desta forma, conseguir altos níveis de especificidade. No entanto isto não levaria, ao nosso ver, a uma teoria geral da terapia, e sim a uma lista de casuísticas. Mais do que se limitar aos conceitos concretos, talvez o que deva ser feito é definir os conceitos que se utilizam (concretos ou abstratos) de forma clara e precisa, além de ser rigoroso nos raciocínios que sobre os mesmos sejam realizados. Há que se fugir dos conceitos vagos e das razões frágeis, não dos conceitos nem dos raciocínios.

Um exemplo explícito da proposta de Schaffer é o trabalho realizado nesta direção pelos pesquisadores do *NIMH Treatment of Depression Collaborative Research Program* que, na opinião de Schaffer, têm conseguido importantes progressos na tarefa de descrever teorias de terapia em termos específicos. Estes pesquisadores desenvolvem "manuais de tratamento" que servem como componentes de um intensivo programa de treinamento em cada tratamento (Beck, 1976; Beck e cols., 1979; Dobson e Shaw, 1988).

Schaffer incentiva os pesquisadores a usarem métodos semelhantes a estes manuais, que permitem desenvolver meios altamente específicos em cada tratamento, possibilitando verificar em que medida um dado tratamento é aplicado de forma habilidosa.

Por exemplo, o item chamado "Ordem do Dia" (*Agenda*) na escala da terapia cognitiva (Young e Beck, 1980) é uma das medidas mais altamente específicas de habilidade do NIMH, segundo Schaffer:

0. O terapeuta não faz uma ordem do dia.
2. O terapeuta elabora uma ordem do dia vaga ou incompleta.
4. O terapeuta tem trabalhado com o paciente usando uma ordem do dia satisfatória.
6. O terapeuta tem trabalhado com o paciente usando uma ordem do dia específica, apropriada para o tempo disponível e estabelecendo prioridades.

É evidente que a proposta de Schaffer é uma tentativa de esclarecer o terrível emaranhado de informação que, a partir de pesquisas independentes está aparecendo na literatura científica. Portanto elimina o grave problema de estudar o processo terapêutico a aprtir de diversas teorias, de maneira indiscriminada, dando lugar a uns resultados poucos úteis, já que cada terapia baseada em uma teoria, tende a sobre enfatizar uma dimensão do comportamento do terapeuta enquanto desvaloriza outros, ressaltando um ou dois tipos de comportamento e esquecendo outros.

Estas reflexões de Schaffer levaram alguns autores (Henry, Schacht e Strupp, 1986) a delinear métodos de pesquisas congruentes com as premissas teóricas sobre o processo interpessoal em psicoterapia e atendendo ao conjunto de variáveis que intervêm no processo terapêutico, a saber: a) antecedentes do paciente, b) técnicas do terapeuta, e c) relações entre variáveis ("não específicas").

IV. Leituras Recomendadas

Gardfield, S. L. y Bergin, A. E. (comps.), *Handbook of psychotherapy and behavior change,* 2ª ed., Nueva York, Wiley, 1986.

Goldstein, A. P., «Relationship enhancement methods», en F. H. Kanfer y A. P. Goldstein (comps.), *Helping people change,* 3ª ed., Nueva York, Pergamon Press, 1986.

Greenberg, L. S. y Pinsoff, W. M. (comps.), *The psychotherapeutic process: a research handbook,* Nueva York, Guilford Press, 1986.

Rice, L. N. y Greenberg, L. (comps.), *Patterns of change: intensive analysis of psychotherapy process,* Nueva York, Guilford Press, 1984.

TERCEIRA PARTE

TÉCNICAS BASEADAS PRINCIPALMENTE NO CONDICIONAMENTO CLÁSSICO

9. Técnicas de Relaxamento

M. Nieves Vera e Jaime Vila

I. Introdução

As técnicas de relaxamento constituem um conjunto de procedimentos de intervenções úteis não só no âmbito da psicologia clínica e da saúde, como também no da psicologia aplicada em geral. Seu desenvolvimento histórico é relativamente recente, visto que as principais técnicas de relaxamento, tal como utilizadas atualmente, têm suas origens formais nos primeiros anos de nosso século. As primeiras publicações sobre o *relaxamento progressivo* de Jacobson e o *relaxamento autógeno* de Schultz são de 1929 e 1932, respectivamente. Outras técnicas de relaxamento, como as baseadas no *biofeedback* ou retroalimentação, são bem mais recentes, já que se desenvolveram formalmente a partir dos anos 60 e 70.

Apesar das origens relativamente novas dos procedimentos de relaxamento, seus antecedentes históricos são antigos. Existem, por exemplo, importantes conexões históricas entre as técnicas de relaxamento, baseadas na sugestão, e as primeiras tentativas de tratamento da doença mental, com base no magnetismo animal e na hipnose, tal como foram aplicadas nos séculos XVIII e XIX. Do mesmo modo, os avanços no conhecimento da anatomia e da eletrofisiologia dos sistemas neuromuscular e neurovegetativo ao longo dos séculos XVIII e XIX – descobrimento do caráter elétrico das contrações musculares e das funções antagônicas dos ramos simpáticos e parassimpáticos do sistema nervoso autônomo – foram decisivos para o posterior desenvolvimento das técnicas psicofisiológicas de relaxamento.

A evolução das técnicas de relaxamento ao longo do século XX e sua consolidação como procedimentos válidos de intervenção psicológica, deveu-se em grande parte, ao forte impulso que receberam dentro da terapia e modificação do comportamento, ao serem consideradas como parte integrante de outras técnicas – por exemplo, a dessensibilização sistemática – ou como técnicas de modificação do comportamento em si mesmas. Este impulso inicial foi reforçado pelo lugar relevante que continuaram tendo nos âmbitos de aplicação mais recentes da medicina comportamental e na psicologia da saúde. No entanto, uma parte importante do processo de consolidação das técnicas de relaxamento aconteceu devido à existência de marcos conceituais derivados da investigação experimental sobre os processos emocionais e motivacionais, a partir dos quais tem sido possível entender a natureza e os mecanismos de ação de tais técnicas.

No presente capítulo são descritos os fundamentos conceituais das técnicas de relaxamento e são apresentados em detalhes os procedimentos para a aplicação das seguintes técnicas: relaxamentos progressivo, passivo e autógeno, e a resposta de relaxamento. No decorrer do capítulo, ressalta-se a necessidade de integrar técnicas de relaxamento dentro das habilidades clínicas de interação paciente-terapeuta, adaptando-as às características individuais de cada pessoa.

II. Fundamentos Conceituais

Embora exista uma tendência a definir o relaxamento referindo-se exclusivamente a seu correlato fisiológico – por exemplo, ausência de tensão muscular –, o relaxamento, em sentido restrito, constitui um típico processo psicofisiológico de caráter interativo, onde o fisiológico e o psicológico não são simples correlatos um do outro, mas ambos interagem sendo partes integrantes do processo, como causa e como produto (Turpin, 1989). Razão pela qual qualquer definição de relaxamento deva fazer referência necessariamente a seus componentes *fisiológicos* – padrão reduzido de ativação somática e autônoma –, *subjetivos* – informes verbais de tranqüilidade e sossego – e *comportamentais* – estado de quiescência motora –, assim como suas possíveis vias de interação e influência. Existem diferentes marcos conceituais, a partir dos quais se torna possível abordar o estudo psicofisiológico do relaxamento. Os principais derivam das investigações sobre os processos emocionais, motivacionais e de aprendizagem.

II.1. Relaxamento e emoção

Do âmbito da emoção, o relaxamento tem sido entendido como um estado com características fisiológicas, subjetivas e comportamentais similares às dos estados emocionais, porém de sinal contrário. As teorias sobre as emoções diferem no papel que atribuem às respostas corporais na evocação da experiência emocional. Uma das posturas teóricas mais influentes, conhecida como *teoria do arousal-cognição,* propõe que a emoção é o produto de uma interação entre um estado de ativação fisiológica e um processo cognitivo de percepção e atribuição causal de tal ativação, as chaves emocionais do ambiente. A ativação fisiológica ou arousal determinaria a qualidade emocional. Ambos os componentes são necessários de forma interativa: se não houver ativação fisiológica não há emoção, mas se não há cognição, tampouco haverá emoção.

A teoria do arousal-cognição supõe que a ativação fisiológica é inespecífica – isto é, semelhante nas diferentes emoções –, sendo seu principal mecanismo de ação a ativação do sistema nervoso simpático. De acordo com a proposta inicial de Cannon, no princípio do século, supõe-se que o ramo simpático do sistema nervoso autônomo seja o responsável pelas alterações fisiológicas presentes nas emoções. Sua função é a de preparar o organismo de um ponto de vista energético, proporcionando-lhe o suporte sangüíneo necessário para atuar de forma adaptativa ante as demandas ambientais. Pelo contrário, nos estados de tranqüilidade e quiescência, como no caso do relaxamento, o nível de ativação fisiológica se supõe mínimo, sendo seu principal mecanismo de ação a ativação do sistema nervoso parassimpático cuja função é de sinal contrário: conservar a energia do organismo. Ambos os ramos atuariam segundo o princípio de inibição recíproca: quando um se ativa, o outro se inibe, e vice versa.

Diante dessa concepção da emoção e da ativação fisiológica, existe uma alternativa teórica que considera as emoções como o produto do *feedback* aferente dos padrões corporais específicos. Existiriam diferentes emoções caracterizadas por padrões distintos de ativação tanto autônoma como somática, sendo um dos principais sistemas de expressão emocional o dos músculos faciais: expressões de medo, ira, tristeza, alegria, etc. Partindo-se desta perspectiva, a ativação fisiológica contribuiria tanto para a intensidade como para a qualidade emocional. Por outro lado, o relaxamento poderia ser entendido não como um estado geral caracterizado por um nível de ativação fisiológica mínima, mas como um estado específico caracterizado por um padrão de ativação fisiológica diferente ou oposto ao das emoções intensas. A investigação atual parece favorecer à teoria da especificidade da ativação, mas sem que isso suponha aceitar uma interpretação periferalista ou não cognitiva das emoções. Reconhecer a importância da ativação fisiológica periférica é também compatível com uma interpretação cognitiva de caráter central, já que alterações corporais podem ser a conseqüência da ativação de programas motores centrais, tal como postulam alguns modelos cognitivos da emoção baseados no paradigma do processamento da informação (Lang, 1985, Leventhal e Tomarken, 1986).

II.2. Relaxamento e "stress"

Quanto aos processos motivacionais, a investigação sobre o stress tem sido, sem dúvida, o marco conceitual mais relevante para o estudo do relaxamento. O *stress* tende a se conceitualizar atualmente como a resposta biológica ante situações percebidas e avaliadas como ameaçadoras e as que o organismo não possui recursos para enfrentar adequadamente. Esta forma de entender o *stress* ressalta o componente biológico da resposta, mas ao mesmo tempo, evidencia a importância de duas variáveis psicológicas mediadoras: a avaliação cognitiva da situação e a capacidade do sujeito para enfrentá-la. Por outro lado, aceita-se que a resposta biológica inclua componentes dos sistemas neurofisiológico, neuroendócrino e neuroimunológico, além de acompanhar-se de componentes subjetivos e comportamentais.

A resposta biológica do *stress* tem sido investigada no contexto de outras respostas que têm recebido diferentes denominações: reflexo de defesa (Pavlov), reação de luta ou fuga (Cannon) ou reação de alarme (Selye). Estas denominações sugerem que a resposta biológica de *stress* tem, ao menos inicialmente, um caráter adaptativo, já que facilita ao organismo o poder de defender-se diante das ameaças ambientais. Todavia, quando a resposta se repete com demasiada freqüência ou sua intensidade excede as demandas objetivas da situação, então pode se converter em um importante fator de risco para a saúde, comprometendo o funcionamento adaptativo dos três sistemas biológicos implicados: o neurofisiológico, o neuroendócrino e o neuroimunológico.

Partindo-se desse conceito, o relaxamento é considerado uma resposta biologicamente antagônica à resposta de *stress*, que pode ser aprendida e convertida em um importante recurso pessoal para opor-se aos efeitos negativos do *stress* (Benson, 1975).

II.3. Relaxamento e aprendizagem

A aprendizagem de respostas biológicas constitui outro marco de referência teórica para entender as técnicas de relaxamento. As diferentes técnicas pretendem facilitar a aprendizagem do padrão de resposta biológica correspondente ao estado de relaxamento, utilizando procedimentos diversos. Em geral, as técnicas de relaxamento não costumam explicitar os mecanismos de aprendizagem implicados. Contudo, na maioria delas, não é difícil identificar possíveis mecanismos investigados extensamente em outros contextos. Por exemplo, no caso do relaxamento progressivo de Jacobson – e em suas versões simplificadas – o principal mecanismo de aprendizagem poderia ser a discriminação perceptiva dos níveis de tensão EMG em cada grupo muscular, através dos exercícios sistemáticos de tensão-distensão. No caso do relaxamento autógeno de Schultz, o mecanismo poderia estar relacionado, segundo a teoria ideomotora de William James, com a representação mental das conseqüências motoras da resposta – sensações de peso e calor – que disparariam as eferências somáticas e viscerais correspondentes. No caso das técnicas de relaxamento baseadas na respiração, o principal mecanismo estaria baseado nas modificações cardiorrespiratórias do controle vagal. Sabe-se que o treinamento de padrões respiratórios caracterizados por taxas respiratórias baixas, amplitudes altas e respirações predominantemente abdominais incrementam o controle parassimpático sobre o funcionamento cardiovascular através do sinus arritmia – alterações no ritmo cardíaco associadas às fases inspiratória e expiratória de cada ciclo respiratório.

Ainda que no presente capítulo não se incluam as técnicas de relaxamento baseadas no *biofeedback*, é importante ressaltar que tem sido precisamente estas técnicas as primeiras a abordar explicitamente o estudo dos mecanismos de aprendizagem das respostas biológicas de relaxamento, partindo do modelo de condicionamento instrumental ou operante. Por outro lado, tem-se considerado que a resposta de relaxamento, uma vez emitida ou evocada, pode ser condicionada a estímulos neutros do ambiente ou ser contra-condicionada a estímulos evocadores de ansiedade, de acordo com o modelo de condicionamento clássico ou pavloviano. Este último mecanismo de aprendizagem é o que se tem suposto como responsável pelos efeitos terapêuticos de técnicas de modificação do comportamento como a dessensibilização sistemática e o treinamento assertivo (Wolpe, 1973).

III. Procedimento

O procedimento de relaxamento que apresentamos a seguir, é uma adaptação da técnica de relaxamento progressivo de Jacobson (1934), baseada nas realizadas por Wolpe (1973) e Bernstein e Borkovec (1973). A técnica original é muito mais longa que a apresentada aqui, já que introduz mais variedade de exercícios para cada grupo muscular; em cada grupo se empregam de 7 a 12 dias. O tipo de instruções são, no entanto, similares, com a ressalva de que foram elaboradas para serem auto-aplicadas. Para isso, ilustra-se com desenhos detalhados de forma que o sujeito possa compreender por si mesmo como realizar o exercício.

A maioria dos autores que utilizam a técnica de relaxamento progressivo tem adaptado e simplificado a técnica de Jacobson por duas razões: 1) pode-se obter o mesmo resultado com 8-10 sessões, mais as sessões práticas em casa, que com as 90 sessões originais de Jacobson (Bernstein e Borkovec, 1973; Mitchell, 1977; Wolpe, 1973); 2) parece que os sujeitos seguem melhor a técnica quando, pelo menos no começo, é o próprio terapeuta quem os dirige nos exercícios de tensionar-relaxar (Rimm e Master, 1974).

Antes de apresentar os elementos formais da técnica, queremos ressaltar uma série de aspectos necessários para a aplicação da técnica. Concretamente, vamos considerar aspectos referentes à avaliação, a relação paciente-terapeuta, o ambiente físico, a voz do terapeuta e a apresentação da técnica.

Aspectos referentes à avaliação. Na clínica, é importante levar em conta que nenhuma técnica aparentemente simples e "boa para tudo" pode ser aplicada diretamente sem avaliar primeiro o problema. Seria uma perda de tempo e um esforço inútil levá-la adiante se não se estiver seguro de que um incremento na habilidade para relaxar vai ser um fator importante na resolução do problema que o paciente apresenta. Poderia, inclusive, ser contraproducente. É assim, porque se o paciente não perceber uma melhora progressiva perderá a motivação para seguir trabalhando, não só com esse terapeuta como, provavelmente, com qualquer outro. Por isso, é necessário assegurar-se durante o período de avaliação, mediante as distintas técnicas de que dispomos – entrevistas, auto-registros, questionários, observação –, que o principal, ou um dos principais problemas do paciente é a tensão excessiva à qual se vê submetido diariamente.

Relação paciente-terapeuta. "O psicólogo não é um simples técnico" é uma frase feita, amplamente conhecida mas pouco aplicada. Tanto os aspectos anteriores concernentes à avaliação, quanto os incluídos nesta parte, fazem referência a ela. Não é suficiente conhecer e saber aplicar bem a técnica de relaxamento; é necessário saber por que e quando, e não só que o terapeuta a conheça, mas que saiba comunicar isso ao paciente. Efetivamente, tanto o processo de avaliação como o terapêutico devem pertencer ao paciente; este tem que se converter, em última instância, em seu próprio psicólogo. Para isso, é necessário estabelecer uma boa relação de trabalho na qual esteja claro que é o paciente quem vai aprender a resolver seus problemas com a ajuda do psicólogo. Por isso, o terapeuta deve esforçar-se em não fomentar em nenhum momento a dependência – por exemplo, mediante o uso de frases implícitas de "eu vou curá-lo, vou te fazer sentir-se melhor com este método, etc.". Pelo contrário, fomentará continuamente a independência – mediante frases específicas, como por exemplo: "pode aprender algo que sirva para você se sentir melhor, o que elimina a tensão, não há varinhas mágicas, etc.". Efetivamente, o êxito do relaxamento não depende de que o terapeuta seja muito bom com a técnica, mas que seja muito bom motivando e assegurando-se de que o paciente aprende a: 1) reconhecer e relaxar a tensão muscular, 2) praticar diariamente em casa, 3) aplicar o relaxamento em sua vida cotidiana e ante situações estressantes específicas, e 4) convertê-la num hábito.

Ambiente físico. O ambiente físico se refere sobretudo à sala de relaxamento e ao seu mobiliário, incluindo-se aqui também o aparato do paciente.

Há diversidade de opiniões, embora muitos autores concordem em que a sala de relaxamento deva ser tranqüila, mas não completamente sem sons, para que se assemelhe ao meio real (Bernstein e Borkovec, 1973; Jacobson e McGuigan, 1982). A temperatura deve permanecer constante, entre 22-25°C, e a luz tênue, de forma que não incomode nem deixe o ambiente totalmente escuro.

O mobiliário no qual pratica-se o relaxamento varia segundo os diversos autores. Assim, Jacobson (1961) utiliza um colchonete no princípio, passando logo o sujeito à posição sentada, para a qual utiliza uma cadeira normal. Outros autores, a quem nos unimos (Bernstein e Borkovec, 1973; Cautela e Groden, 1978), utilizam poltronas reclináveis com suporte para os pés e a cabeça.

Quanto ao aparato do paciente ao aprender relaxamento, o importante é que se encontre confortável e que não esteja usando acessórios e roupas que o aperte e que dificultem a circulação. Ainda que alguns autores recomendem que se tirem os sapatos (Bernstein e Borkovec, 1973), nós não acreditamos que seja necessário, e sim que pode ser motivo de mal estar, além do que os pés podem ficar frios durante o relaxamento. Como norma, é melhor observar o paciente e pedir-lhe que retire somente aqueles objetos (exemplo: os óculos) que possam ser obstáculos na tensão-relaxamento de algum grupo muscular.

Voz do terapeuta. O tom e a intensidade da voz que o terapeuta utiliza muda segundo o procedimento de relaxamento que emprega – relaxamento progressivo, passivo, autógeno, hipnose, etc. Isto é devido aos fundamentos e a lógica que há por trás de cada técnica. O relaxamento progressivo, ao fomentar o processo de discriminação tensão-relaxamento, é onde menos se utilizam tons de voz sugestivos. A voz segue um tom normal, um pouco baixo e pausado, mas não vai perdendo o volume nem fazendo-se cada vez mais lenta. Ao contrário, as técnicas de hipnose pretendem alcançar estados de relaxamento profundos mediante o uso de frases e palavras sugestivas.

Apresentação da técnica. A apresentação de qualquer técnica de relaxamento deve conter os seguintes pontos: finalidade para a qual se vai ensinar e relação com o problema do paciente, em que consiste a técnica em termos gerais, como se procederá nas sessões, importância da prática em casa e, por último, em que consiste a sessão atual.

Durante esta apresentação, e depois dela, o terapeuta deve assegurar-se que o paciente compreende e aceita a informação recebida. Quer dizer, tem que fazer sentido para ele o por que, para que, e como vai aprender a relaxar. Deve-se ter em conta que a apresentação da técnica é feita ao final do período de avaliação. Neste, tanto o terapeuta como o paciente foram observando e analisando os comportamentos problemáticos, de forma que ambos já sabem que o componente, ou um dos componentes mais importantes de tais comportamentos, é a tensão e, portanto, tem sentido aprender algo para fazer-lhe frente.

Na continuação apresenta-se o tipo de informação que o terapeuta pode dar. Não são instruções para memorizar e declamar ao paciente, mas um guia para ser adaptado a cada pessoa concreta. O terapeuta pode dizer:

Como vimos, uma grande parte do seu problema reside na tensão que você experimenta diariamente. Essa tensão é a resposta que seu corpo dá a uma série de situações que exigem que você aja. A tensão pode ser adaptativa (boa, benéfica) se nos serve para enfrentar essa situação e resolvê-la. Por exemplo, quando seu chefe diz que necessita de uma informação importante em pouco tempo, você tem de sentar-se à mesa e datilografar, e isso requer tensionar certos músculos de seu corpo. No entanto, não necessita de tanta tensão que chegue a quebrar uma tecla, nem necessita enrugar a testa, tensionar os ombros, etc. Também não necessita continuar retesando seus músculos depois de concluído o trabalho. Qual seria então, segundo sua ótica, o ideal de tensão para esta situação?... Justo, só o necessário para realizar a tarefa, o excesso só vai causar mal-estar e dor de cabeça. Isso é o que você pode aprender aqui: a distinguir a tensão desnecessária e eliminá-la.

A técnica de relaxamento progressivo consiste em aprender a tensionar e logo relaxar os diversos grupos musculares de seu corpo, de forma que saiba o que sente quando o músculo está tenso e quando está relaxado. Assim, uma vez que tal aprendizagem se tenha convertido em hábito, você identificará rapidamente, nas situações de cada dia, quando está tensionando mais do que o necessário. Esta identificação será o sinal para automaticamente relaxar. Mas, atente que estamos falando de um hábito, e como qualquer hábito, necessita ser aprendido e praticado primeiro. Agora, gostaria de deixar de falar um momento para que me conte, segundo o que foi dito, em que consiste a técnica de relaxamento e para que serve...

Muito bem, vamos aprender a técnica de forma progressiva, nas sessões. De maneira que hoje você aprenderá a tensionar e relaxar os braços; na segunda sessão, a testa, os olhos e o nariz; na terceira, a boca e as mandíbulas; na quarta, o pescoço; na quinta, os ombros, o peito e as costas; na sexta, o abdômen; na sétima, os pés e as pernas; e na oitava, somente a relaxar, sem tensionar, todos os músculos. Cada uma das sessões durará vinte minutos aproximadamente.

Muito mais importante que aprender a tensionar e relaxar bem nas sessões é praticar em casa. Sem esta prática não se pode consolidar a aprendizagem e, portanto, não se pode aplicar à vida real, assim seria absurdo continuar com as sessões. É necessário que pratique no mínimo meia hora por dia. Na prática há um mínimo, mas não um máximo; quanto mais, melhor. O importante é que reserve um horário e um lugar tranqüilo para praticar. Escolha um lugar onde ninguém o incomode e não adormeça (p. ex., não pratique imediatamente depois de comer nem antes de dormir). Se isso ocorrer, é apenas um sinal de que você relaxou bem; mas, enquanto dorme não pode aprender, e lembre-se que é disto que estamos tratando. Como você vê a prática em casa?...

Bem, hoje vamos aprender como tensionar e relaxar os músculos dos braços. Vamos começar com os da mão dominante. Os músculos da mão e antebraço são tensionados apertando-se o punho. Assim, faça-o juntamente comigo... nota a tensão na mão, nos nós dos dedos e no antebraço?, muito bem. Agora solte a mão completamente. Percebe a diferença entre a tensão anterior e o relaxamento de agora? Isso é o que pedirei que faça quando estiver relaxando em uma poltrona. Quando tivermos relaxado os músculos da mão e do antebraço por duas vezes, passaremos aos músculos do bíceps e faremos o mesmo. O exercício para tensionar é o de apertar fortemente o cotovelo contra o braço da poltrona. Faça você... assim... muito bem. Quando tivermos relaxado um braço completamente, praticaremos os mesmos exercícios com o braço contrário; o resto da sessão a dedicaremos somente a relaxar. Não se preocupe em lembrar de nada, pois irei dizendo passo a passo quando você estiver na poltrona. Tem alguma dúvida?...

Bem, agora sente-se na poltrona em posição reclinada. Reduzirei a luz da sala... Fique confortável, desaperte qualquer coisa que o esteja prendendo, e tire pulseiras, óculos ou qualquer objeto que possa incomodar. Quando estiver em uma posição confortável, procure se mexer o menos possível e não falar durante a sessão. Tem alguma pergunta? Bem, vamos começar.

III.1. A técnica de relaxamento progressivo

A ordem em que se tratam os grupos musculares, o número de sessões e o tipo de exercício de tensão vêm explicados no quadro 9.1.

Antes de começar a seqüência de exercícios de tensão-relaxamento, pede-se ao paciente que deixe seus olhos irem se fechando, e que relaxe. Depois de 1 ou 2 minutos começa a seqüência de exercícios, para os quais se segue um guia relativamente padronizado. Por exemplo, pode-se começar com o primeiro grupo muscular dizendo:

Está confortável e relaxado. Agora gostaria que continuasse deixando seu corpo todo relaxado, enquanto concentra sua atenção em sua mão direita (ou esquerda, se for o braço dominante). Quando eu disser, feche a mão, muito, muito fortemente, tão forte quanto possa. Agora! Perceba o que sente quando os músculos da mão e antebraço estão tensos. Concentre-se nesse sentimento de tensão e mal-estar que experimenta.

Depois de aproximadamente 5 ou 7 segundos (praticamente o que demoram as palavras do terapeuta), este diz:

Quadro 9.1. *Técnica de relaxamento progressiva*

Sessões	Grupos musculares	Exercícios
1	Mão e antebraço dominantes	Aperta-se o punho.
	Bíceps dominante	Empurra-se o cotovelo contra o braço da poltrona.
	Mão, antebraço e bíceps não-dominantes	Igual ao membro dominante.
2	Fronte e couro cabeludo	Levantam-se as sobrancelhas tão alto quanto possível.
	Olhos e nariz	Apertam-se os olhos e ao mesmo tempo enruga-se o nariz.
3	Boca e mandíbula	Apertam-se os dentes enquanto se levam as comissuras da boca em direção às orelhas.
		Aperta-se a boca para fora.
		Abre-se a boca.
4	Pescoço	Dobra-se para a direita.
		Dobra-se para a esquerda.
		Dobra-se para diante.
		Dobra-se para trás.
5	Ombros, peito e costas	Inspira-se profundamente, mantendo a respiração, ao mesmo tempo em que se levam os ombros para trás tentando juntar as omoplatas.
6	Estômago	Encolhe-se, contendo a respiração.
		Solta-se, contendo a respiração.
7	Perna e músculo direito	Tenta-se subir a perna com força sem tirar o pé do assento (ou chão).
	Panturrilha	Dobra-se o pé para cima estirando os dedos, sem tirar o calcanhar do assento (ou chão).
	Pé direito	Estira-se a ponta do pé e dobram-se os dedos para dentro.
	Perna, panturrilha e pé esquerdo	Igual ao direito.
8	Seqüência completa de músculos	Somente relaxamento.

Agora quando eu disser "solte" quero que sua mão se abra completamente e deixe-a cair sobre suas pernas; não o faça gradualmente, deixe-a cair de uma vez. Solte!

Freqüentemente o paciente não deixa cair sua mão, mas a coloca sobre as pernas. Se isso ocorrer, o terapeuta o lembrará das instruções, suavemente, sem interromper o estado de relaxamento. A seguir, repetirá o ciclo, segurando desta vez o braço e deixando-o cair quando disser: "solte!". Se o paciente conseguir, diga-lhe que isso é o que tem que ser feito; se não conseguir, o terapeuta terá que modelar. Uma vez que o paciente "soltou" a tensão, o terapeuta continua enfatizando agora as novas sensações de relaxamento em contraste com as anteriores de tensão, como por exemplo:

Perceba agora como a tensão e o incômodo desapareceram de sua mão e antebraço. Fixe-se nas sensações de relaxamento, de prazer, de tranqüilidade que tem agora. Fixe-se no contraste, na diferença entre ter a mão tensa e tê-la relaxada. Continue soltando esses músculos, deixando que se façam cada vez mais lisos, mais relaxados. Não faça nada, só deixe-os soltos.

Depois de 30-40 segundos de relaxamento, repete-se de novo o exercício, e assim até completar os exercícios dos braços. O resto do tempo, até aproximadamente 20 minutos que dura cada sessão de relaxamento, dedica-se só a relaxar. Para isto, continuam-se repetindo as instruções anteriores de relaxamento. Também, pode-se intercalar com elas algumas de relaxamento passivo (ver o aparte seguinte). Em cada nova sessão, o terapeuta procederá o relaxamento, na mesma ordem, mas desta vez sem tensionar, dos grupos musculares aprendidos na sessão anterior e praticados em casa, acrescentando a isto os exercícios de tensão-relaxamento correspondentes à sessão. É importante que o paciente aprenda a manter relaxados todos os músculos, exceto os que estejam tensionando. Quer dizer, por exemplo, não tensione outra vez os olhos enquanto tensiona a boca. O terapeuta deverá avisar antes de começar o relaxamento, quando apresentar os exercícios novos, e lembrar quando o paciente não agir assim. Esta aprendizagem de tensionar só os músculos que voluntariamente quer, o ajudará a generalizar a vida diária, praticando com ela o *relaxamento diferencial*, que veremos no aparte sobre aplicações.

Estas sessões de relaxamento geralmente acontecem duas vezes por semana, praticando-se diariamente o que foi aprendido. Para a prática em casa, é conveniente utilizar auto-registros onde o paciente anota a hora do dia, o grau de relaxamento (escala de 0 a 10) antes e depois da prática, e os problemas encontrados durante ela (interrupções, não concentração, adormecer, etc.).

III.1.1. Principais problemas na aplicação da técnica

Durante as sessões de relaxamento é muito importante observar o paciente, com a finalidade de avaliar se está apresentando alguns dos problemas citados a seguir. Assim mesmo, ao final de cada sessão, pede-se ao paciente que comente a mesma. Isto é, que assinale se houve alguma frase em especial que o ajudou ou, pelo contrário, que dificultou-lhe o relaxamento; se teve problemas com algum grupo muscular, etc. Em síntese, é necessário adequar a técnica às necessidades individuais de cada pessoa. Por isso, as oito sessões padrões podem ser estendidas, repetindo-se alguma delas, em função do paciente não ter relaxado bem algum grupo muscular, etc.

Se a dificuldade em relaxar os músculos persistir, o terapeuta pode modelar, ou ajudar fisicamente (exemplo: pegar o braço e deixá-lo cair, etc.). Assim mesmo, se o exercício apresentado não der resultado, pode-se substituí-lo por outro destinado também a tensionar-relaxar esse grupo muscular (ver Bernstein e Borkovec, 1973; e Jacobson e McGuigan, 1982). De qualquer maneira, é necessário ter em conta que algumas pessoas aprendem a relaxar melhor com outro método (por exemplo, com o relaxamento passivo). Por isso, se os problemas com o procedimento que se está empregando persistirem, seria aconselhável mudar a técnica (ver aparte sobre as *variações*, adiante).

Dos diversos grupos musculares tratados, o que freqüentemente apresenta problemas para ser relaxado é o do pescoço. Quando o terapeuta diz "Solte!", o pescoço deverá voltar à posição em que estava, isto é, apoiado sobre a poltrona. Para facilitar, pode-se pedir ao paciente para imaginar que solta uma mola que segurava o pescoço na direção em que esteja tensionando.

Outros grupos musculares que apresentam problemas são os dos pés. Ao tensioná-los, o paciente pode experimentar cãimbras, se for propenso a elas. Se for assim, a duração da tensão deverá ser mais curta e/ou menos intensa.

O problema contrário é que o paciente relaxe tanto que adormeça. Se isto ocorrer, o terapeuta o despertará suavemente e continuará relaxando a partir de onde parou. Se isto ocorrer com freqüência em casa, o paciente mudará o horário, de forma que não pratique o relaxamento quando estiver cansado, ou seja, na hora de dormir. Também poderia fazer mais sessões diárias de menor duração.

Os exercícios de respiração, introduzidos na sessão 5, também podem apresentar problemas. Embora geralmente ajudem a relaxar, e muitas técnicas se baseiam neles (por exemplo, a meditação), há pessoas que tem "obsessão" com sua respiração. Se isto ocorrer, é preferível não continuar apresentando-os. Os melhores procedimentos são aqueles que melhor se adaptam a cada paciente.

Talvez um dos problemas mais preocupantes consista em que o paciente verbalize que se encontra "relaxado muscularmente" mas não "por dentro", "na cabeça", etc. Nesses casos, é conveniente assegurar-lhe que, com a prática, o relaxamento dos músculos externos levará ao relaxamento de fibras menos periféricas que podem estar causando a tensão. À medida que vai aprendendo a relaxar, aprenderá também a relaxar esses músculos. Se a "tensão interna" for causada por pensamentos perturbadores, além da possível necessidade de utilizar técnicas cognitivas se esses pensamentos são muito persistentes, o terapeuta pode aumentar a parte falada para chamar, assim, a atenção do paciente. Na prática em casa, pode-se estabelecer como alternativa a troca de pensamentos por imagens prazerosas. Também pode-se proporcionar, pelo menos até que o paciente aprenda a relaxar, uma fita de relaxamento passivo (ver aparte sobre as *variações*), já que nela a voz do terapeuta está continuamente controlando o comportamento do paciente. Para maior aprofundamento destes e outros problemas, o leitor pode remeter-se aos manuais incluídos na epígrafe de *leituras recomendadas*.

III.1.2. Variações

Além da versão adaptada de Jacobson, que apresentamos anteriormente, existem outras adaptações. Em geral, pode-se dizer que não diferem substancial-mente entre elas nem com a original. As diferenças são apenas de procedimento, e residem basicamente no seguinte: maior ou menor número de exercícios para tensionar os músculos; diferentes tipos de exercícios para conseguir tensão nos diversos músculos; repetição dos exercícios mais ou menos vezes (oscila entre 2 ou 3 vezes); aprendizagem de poucos músculos em cada sessão ou de todos juntos desde a primeira sessão; ordem que seguem os exercícios (dos braços à cabeça e daí abaixando até os pés, ou dos braços aos pés e daí subindo até a cabeça); uso de auto-instruções, ou instruções dadas pelo terapeuta; e, por último, possível mescla de frases de relaxamento autógeno ou passivo. Nenhuma destas variações tem demonstrado ser superior sobre qualquer outra (Mitchell, 1977; Rimm e Masters, 1974).

Depois do relaxamento progressivo, talvez as técnicas mais utilizadas em relaxamento sejam as seguintes: a de relaxamento passivo, a do relaxamento autógeno, e a resposta de relaxamento, de Benson. Estas são as técnicas que vamos ver na continuação.

III.2. A técnica de relaxamento passivo

Esta técnica se diferencia do relaxamento progressivo por não utilizar exercícios de tensionar, mas só de relaxar grupos musculares. Embora o relaxamento progressivo permita perceber estados de tensão muscular de forma muito específica, a técnica de relaxamento passivo tem alguma vantagem sobre a anterior. Assim, pode ser muito útil nos seguintes casos: 1) com pessoas que encontram dificuldade em relaxar depois de haver tensionado os músculos; 2) com pessoas nas quais não seja aconselhável tensionar certos músculos, devido a problemas orgânicos ou tensionais; e 3) como ajuda inicial para pessoas que encontram dificuldade em relaxar em casa. Para isso, as instruções são gravadas em uma fita cassete com a qual o paciente pratica diariamente.

As instruções que se especificam a seguir são uma adaptação da técnica de relaxamento passivo utilizada por Schwartz e Haynes (1974). Estas instruções podem ser dadas na clínica ou gravadas em fita. Nelas, além das frases próprias do relaxamento passivo, se intercalam também frases típicas do relaxamento autógeno – frases que fazem referência a sensações de peso e calor – e breves indicações focalizadas na respiração. As instruções são as seguintes:

Você está confortavelmente reclinado, com os olhos fechados, todas as partes do seu corpo estão comodamente apoiadas na poltrona de forma que não há necessidade de tensionar nenhum músculo. Deixe-se levar o máximo possível pelo sentimento de relaxamento (pausa).

Agora focalize a atenção em sua mão direita e deixe que desapareça dela qualquer tensão... Concentre-se nos músculos de sua mão direita... pode vê-los... deixando-os soltos, mais e mais soltos. Deixe que estes músculos se tornem muito, muito relaxados; muito, muito calmos; muito, muito tranqüilos... deixe-se levar... continue concentrando-se nesses sentimentos e deixe que esses múscu-los se soltem mais e mais... quando está relaxado seus músculos estão muito soltos, muito longos, muito calmos... deixe que se soltem mais e mais (pausa).

Agora focalize sua atenção mais acima, no seu antebraço direito; pode senti-lo, concentre-se nesses músculos e deixe que sua atenção se focalize nesses sentimentos. Deixe que seus músculos se relaxem mais e mais, mais e mais relaxados, profundamente relaxados, soltos, tranqüilos... Se sua atenção divaga, faça-a voltar a seus músculos relaxados. Estão muito alongados, muito tranqüilos, muito relaxados (pausa).

Agora, focalize sua atenção mais acima, em seu braço direito... À medida que concentra sua atenção nestes músculos vai deixando-os mais e mais relaxados, muito soltos, muito calmos, muito tranqüilos. Deixe-se levar mais e mais profun-damente. Se notar que sua atenção divaga, volte a concentrá-la nesses músculos. Deixe que esses músculos se tornem mais e mais longos, calmos, tranqüilos... deixe-se levar pelo sentimento profundo de relaxamento, somente deixe-se levar (pausa).

Enquanto continua com todo seu braço, antebraço e mão direita profundamen-te relaxados, concentre-se agora em sua mão esquerda...

Desta forma, o terapeuta avança relaxando todos os grupos musculares na mesma ordem que faria com o relaxamento progressivo. Cada vez que termina de relaxar um, volta a mencionar os anteriores, da seguinte forma:

...O relaxamento se estende agora por seus braços... todo seu rosto... seu pescoço... e desce até seus ombros. Focalize agora sua atenção nesta parte do seu corpo, note como os músculos vão se soltando mais e mais...

Procede-se agora a relaxar esses músculos. É aqui onde os autores introdu-zem as frases autógenas mencionadas:

Freqüentemente quando você está muito relaxado, sente uma sensação de peso nesses músculos e um calor suave. Deixe que esse sentimento o invada. Esse é um sinal de que seus músculos estão relaxando mais e mais...

A partir daqui serão introduzidas frases desse tipo ao relaxar os grupos musculares:

Deixe que seus músculos se tornem mais e mais pesados, quentes, relaxados...

As breves indicações sobre a respiração, às quais nos referíamos anteriormente, são dadas ao final. O final das instruções, depois de ter relaxado os pés (último grupo muscular) é o seguinte:

Concentre-se nos sentimentos de relaxamento. Se sua atenção divagar, traga-a de novo a esses sentimentos. Deixe todo seu ser muito, muito relaxado; muito, muito tranqüilo. Deixe seus pés... suas pernas... suas coxas... seu estômago... seu peito... suas costas... seus ombros... seus braços... seu pescoço... seu rosto... muito, muito relaxado; seus músculos estão muito, muito soltos; muito tranqüilos. Deixe que sua respiração siga seu próprio ritmo monótono, tranqüilo. Deixe-se levar... deixe-se levar pelo estado profundo de relaxamento. Todas as partes do seu corpo estão muito relaxadas, muito quentes, muito pesadas. Não faça nada, somente deixe-se levar. Deixe que sua respiração siga seu próprio ritmo, monótono, pesado, tranqüilo. Deixe-se levar, deixe-se levar mais e mais profundamente pelo relaxamento.

Essas instruções duram aproximadamente vinte minutos, durante os quais a voz do terapeuta só é interrompida por breves pausas (dois ou três segundos, assinalados no texto mediante reticências). O tipo de voz deve ser mais lento e pausado do que o utilizado no relaxamento progressivo, mas sem adquirir tons hipnóticos. Devido a essa entonação, o relaxamento passivo pode produzir estados de relaxamento mais profundos em uma primeira sessão. No entanto, também produz mais dependência à voz do terapeuta, pelo que recomendamos que, se for utilizada, seja dada especial ênfase a que o paciente interiorize as instruções o quanto antes possível, de forma que a fita levada para casa vá sendo progressivamente retirada.

III.3. O relaxamento autógeno

A técnica do relaxamento autógeno de Schultz (1932) é outra das técnicas clássicas mais conhecidas no relaxamento. Consiste de uma série de frases elaboradas com a finalidade de induzir no sujeito estados de relaxamento através de auto-sugestões sobre: 1) sensações de peso e calor em suas extremidades; 2) regulação das batidas de seu coração; 3) sensações de tranqüilidade e confiança em si mesmo; e 4) concentração passiva em sua respiração.

Do mesmo modo que com as outras técnicas, o sujeito tem que praticá-la várias vezes ao dia, até que consiga relaxar-se de forma automática. As instruções são as seguintes:

Uma vez sentado em posição confortável, com os olhos fechados, vamos começar o relaxamento autógeno. Primeiro, quero que você tome consciência de qualquer ruído fora da sala (10 segundos). Tome consciência de como sente seu corpo na poltrona... dos pontos de contato entre seu corpo e a poltrona, os pontos de contato da cabeça, das costas, dos braços e das pernas (10 segundos). Agora quero que se concentre na sua respiração; à medida que inspira seu abdômen se eleva, e quando expira, o abdômen abaixa suavemente... de forma que a expiração é um pouco mais longa que a inspiração (10 segundos). Agora concentre-se na sua mão e braço direitos e comece a dizer mentalmente: sinto minha mão direita pesada (repete-se três vezes), minha mão direita é pesada e quente (três vezes), sinto minha mão e braço direitos pesados (três vezes), sinto uma onda cálida invadindo minha mão e braço direitos (três vezes). Visualize sua mão e braço direitos em um lugar quente, ao sol, veja como os raios de sol descem e tocam sua mão e braço direitos... como os aquecem suavemente. Imagine-se deitado sobre a areia quente, sinta o contato de sua mão e braço direitos sobre a areia... ou introduzidos em água quente... ou perto de uma estufa. Diga: minha mão e braço direitos se tornam muito quentes e pesados. Respire profunda e lentamente, a cada expiração lenta e longa, deixe-se levar um pouco mais, mandando uma mensagem de calor para a mão e braço direitos (10 segundos).

Assim, o terapeuta repete o mesmo tipo de instruções para a mão e braço esquerdos, pé e perna direitos e esquerdos, depois a todas as extremidades e passando ao abdômen:

...Meus braços e mãos estão quentes e pesados (repete-se por 15 segundos). Meus pés e pernas estão quentes e pesados (repete-se por 15 segundos). Meu abdômen é quente (3 vezes). Minha respiração é lenta e regular (3 vezes). Meu coração bate calmo e relaxadamente (3 vezes). Minha mente está tranqüila e em paz (3 vezes). Tenho confiança em poder resolver os problemas cotidianos (3 vezes). Toda tensão e stress em meu corpo está se dissipando a cada longa e suave expiração (3 vezes). Qualquer preocupação sobre meu passado ou futuro se dissipa a cada vez que expiro (3 vezes). Posso mandar-me mensagens positivas acerca de meu próprio valor (3 vezes). A essência do relaxamento estará comigo durante todo o dia (3 vezes). Gradualmente posso começar a voltar à sala mantendo meus olhos fechados. Sou consciente novamente dos sons de fora e de dentro da sala. Vou sentindo meu corpo sobre a poltrona (ou a cama). Quando estiver preparado, pode começar a mexer seus dedos e pouco a pouco ir abrindo seus olhos.

Como se pôde observar, este tipo de relaxamento é dos que utilizam mais elementos de sugestão. No entanto, embora sendo o terapeuta quem ensina e dirige a princípio, depois será o próprio paciente quem interioriza e pratica sozinho em casa. Também pôde-se observar que nesta técnica não se relaxam grupos musculares, mas exclusivamente se focaliza a atenção nas extremidades para aquecê-las, e no abdômen para favorecer a respiração. Como comentamos anteriormente, muitos autores têm julgado útil incorporar às suas técnicas de relaxamento algumas das frases de calor e peso nas extremidades, assim como a concentração na respiração (Budzynski, 1974; Mitchell, 1977; Turk, Meichenbaum e Genest, 1983).

III.4. A resposta de relaxamento

A "resposta de relaxamento" de Benson (1975), é um procedimento adaptado das técnicas de meditação. Nelas se utiliza um "mantra" ou palavra secreta sussurrada ao iniciado para produzir estados de meditação profunda. Segundo sinaliza Benson (1975), qualquer palavra pode causar as mesmas alterações fisiológicas que o "mantra". As alterações fisiológicas mais consistentemente encontradas são: decréscimo no consumo de oxigênio, decréscimo na eliminação de dióxido de carbono e decréscimo na taxa respiratória.

As instruções dadas por Benson e sua equipe para produzir essas alterações são as seguintes:

1) Sente-se numa posição confortável. 2) Feche seus olhos. 3) Relaxe profundamente todos os músculos, começando por seus pés e subindo até seu rosto. Mantenha-os relaxados. 4) Respire pelo nariz sendo consciente de sua respiração. À medida que expulsar o ar diga a palavra "um" (one) para você mesmo (pode ser "paz", "relax", ou qualquer outra palavra). Por exemplo, respire para dentro... para fora, "um"; dentro... fora, "um", etc. Respire fácil e naturalmente. 5) Continue durante 10 ou 20 minutos. Pode abrir os olhos para ver a hora, mas procure fazê-lo pouco e não utilize o despertador. Quando terminar, fique sentado durante vários minutos, primeiro com os olhos fechados, e logo, com eles abertos. Não se levante até que passem alguns minutos. 6) Não se preocupe se não relaxou completamente no início. Deixe que o relaxamento ocorra no seu próprio ritmo, não force. Pratique uma ou duas vezes ao dia. Com a prática a respiração ocorrerá sem nenhum esforço.

Como pôde-se comprovar, a originalidade de Benson baseia-se em suas instruções sobre a respiração ativa, isto é, na concentração em uma palavra que ajude a respirar mais lenta e pausadamente, favorecendo desta maneira o relaxamento.

IV. Aplicações

A importância das técnicas de relaxamento não reside nelas mesmas – como ocorre com qualquer técnica – mas na aplicação que se faça delas. Não são fins em si mesmas, mas meios para alcançar uma série de objetivos. O objetivo fundamental desta técnica é dotar o indivíduo de habilidade para enfrentar situações cotidianas que estão produzindo-lhe tensão e ansiedade. Estas situações podem ser:

1. Atividades rotineiras que o sujeito está concluindo com mais tensão do que a necessária para sua correta realização, e que está provocando-lhe um elevado estado de ativação ou ansiedade generalizada.
2. Situações específicas nas quais o sujeito experimenta ansiedade ou *stress*.

Como será lembrado, na introdução da técnica ao sujeito, a finalidade do relaxamento é apresentada ao paciente antes de começar a aprendizagem, de forma que esta tenha sentido. Uma vez que o paciente tenha aprendido e praticado o relaxamento, começa a aplicá-lo na vida diária da forma que explicaremos a seguir.

Para o primeiro tipo de situações às quais nos referíamos, é útil a aprendizagem do chamado "relaxamento diferencial" (Bernstein e Borkovec, 1973). Esta consiste em identificar a tensão aplicada ao realizar uma atividade habitual, eliminando tanto a tensão dos músculos que não participam na execução da tarefa como o excesso de tensão nos músculos envolvidos nela. Assim, aprende-se a escrever, limpar, dirigir, usar o telefone, etc., de forma "relaxada". Para isso é necessário:

1. Identificar diariamente a tensão durante as atividades cotidianas. Isto pode ser realizado levando consigo um auto-registro no qual se anote o grau de tensão (em escalas subjetivas, por exemplo de 1 a 10) em cada atividade diária.

2. Utilizar a identificação da tensão como "sinal" para afrouxar os músculos e relaxá-los.

3. Praticar até que se converta num hábito e, portanto, num processo automático. Mesmo que o relaxamento diferencial possa ser conseguido aplicando-se qualquer técnica de relaxamento, o progressivo parece facilitá-la, ao ensinar o paciente a relaxar como contraste à tensão produzida previamente.

Quanto às situações específicas que produzem tensão, o relaxamento pode ser aplicado de forma parecida à anterior, ou utilizando o chamado "relaxamento condicionado" (Bernstein e Borkovec, 1973). Este consiste em associar uma palavra (por exemplo, "tranqüilo", "controle", etc.) ao estado produzido pelo relaxamento, de forma que ante a situação estressante, o paciente utilizará esta palavra como "sinal" para relaxar-se imediatamente. A aprendizagem da associação da palavra com o estado de relaxamento pode ser realizada depois de se ter aprendido qualquer técnica para relaxar-se, ou ao mesmo tempo que se está aprendendo. Por exemplo, Bernstein e Borkovec (1973) a ensinam a seus sujeitos depois da técnica de relaxamento progressivo, enquanto que Benson (1975) utiliza uma palavra para ensinar a relaxar-se.

A técnica de relaxamento é utilizada também, com a mesma freqüência, como componente da técnica de dessensibilização sistemática (Turner, neste volume; Wolpe, 1973). Esta técnica é indicada quando o grau de ansiedade ante situações específicas é tão elevado que o sujeito não pode enfrentá-las, evitando-as, mesmo que isso lhe traga graves conseqüências. Estes problemas são chamados clinicamente de medos ou fobias.

Outra área onde o relaxamento tem sido utilizado amplamente é nos chamados problemas psicossomáticos. Assim, o relaxamento tem sido aplicado com êxito em problemas de insônia (Karakan e Moore, 1984; Lacks, 1987; Williams, Karakan e Moore, 1988); asma e hipertensão (Appel, Saab e Holroyd, 1985; Rice, 1987; Taylor, 1982) e cefaléias (Blanchard e cols., 1983, 1985; Janssen e Neutgens, 1986), entre outros.

Na aplicação a estes problemas psicossomáticos não parece haver uma técnica de relaxamento superior a qualquer outra. Entretanto, utiliza-se com freqüência o relaxamento autógeno nas cefaléias por enxaqueca. O objetivo é aumentar o fluxo sangüíneo nas extremidades, com o que, supostamente, o diminuiria nas artérias cranianas.

A técnica de Benson também é utilizada com freqüência em problemas de hipertensão, se bem que, como dissemos, não esteja comprovada sua maior eficácia em relação a outras técnicas. Todavia, esta técnica poderia ser contra-indicada em problemas asmáticos, sobretudo se descobrirmos que o paciente tem dificuldade para respirar abdominalmente.

Outra área importante de aplicação do relaxamento é a referente aos procedimentos cirúrgicos e hospitalares (Weinstein, 1976). Além destas áreas principais, o relaxamento tem sido aplicado também em problemas psicóticos (Weinman e cols., 1972); em problemas de diabetes (Hartman e Reuter, 1983) e, em geral, a qualquer problema que tenha implícito um componente ansiógeno.

Menção à parte merece a aplicação do relaxamento em crianças (Alexander, 1972; Weil e Goldfried, 1973). Cautela e Groden (1978) apresentam uma excelente adaptação da técnica de relaxamento progressivo para crianças.

V. Resumo

Neste capítulo foram apresentados em detalhes os procedimentos para aplicação de diferentes técnicas de relaxamento. Em resumo, as seguintes: os relaxamentos progressivo, passivo e autógeno, e a resposta de relaxamento. Cada técnica enfatiza uns elementos sobre outros. Assim, a principal ênfase no relaxamento progressivo recai na discriminação entre tensão e relaxamento musculares; no passivo, na aprendizagem do relaxamento de diversos grupos musculares; no autógeno, na provocação de sentimentos de calor e peso nas extremidades e na concentração passiva na respiração; e por último, na resposta do relaxamento, na concentração, seguindo as técnicas de meditação, numa palavra ou "mantra" associada com a respiração.

Estas técnicas têm sido amplamente aplicadas a uma grande variedade de problemas, fazendo-o de forma individual, ou em combinação com outras técnicas, ou como elementos básicos de técnicas mais amplas (por exemplo, a dessensibilização sistemática).

Embora algumas técnicas de relaxamento tenham sido mais usadas no tratamento de alguns problemas, não existe evidência definitiva de que alguma seja superior a qualquer outra na resolução de tais problemas. Mesmo tendo sido encontradas diferenças individuais. Concluindo, acreditamos ser necessário ressaltar os seguintes elementos básicos, aplicáveis a qualquer técnica de relaxamento:

1. É necessário que a aprendizagem da técnica tenha sentido para o paciente. Em outras palavras, que compreenda bem, não só o que vai fazer e como, mas também para que. Quanto mais seguro estiver do benefício que pode obter com a aprendizagem do relaxamento, maior probabilidade de êxito terá a técnica, independentemente de qual seja.

2. É necessário adequar a técnica ao paciente. Quer dizer, antes de aplicar a técnica deve-se avaliar qual pode ser a mais adequada para essa pessoa em questão, que elementos devem ser mais enfatizados, que problemas podem ocorrer, etc. Finalmente, a melhor técnica de relaxamento a ser utilizada é aquela que for mais apropriada a cada pessoa.

VI. Leituras Recomendadas

Benson, H., *The relaxation response*, Londres, W. Collins and Sons, 1975.

Bernstein, D. A. y Borkovec, T. D., *Entrenamiento en relajación progresiva*, Bilbao, Desclée de Brouwer, 1983. (Or.: 1973)

Budzynski, T. H., *Relaxation training program,* Nueva York, BMA Audio Cassettes, Guilford, 1974.

Cautela, J. R. y Groden, J., *Técnicas de relajación*, Barcelona, Martínez Roca, 1985. (Or.: 1978)

Lichstein, K. L., *Clinical relaxation strategies*, Nueva York, Wiley, 1988.

Woolfolk, R. L. y Lehrer, P. M. (comps.), *Principles and practice of stress management*, Nueva York, Guilford, 1984.

10. A Dessensibilização Sistemática

Ralph M. Turner

I.   Introdução

A *dessensibilização sistemática (DS)* é uma intervenção terapêutica desenvolvida para eliminar o comportamento de medo e as síndromes de evitação. O procedimento consta de dois componentes diversos. O primeiro componente consiste em ensinar ao paciente uma resposta contrária à ansiedade. O relaxamento progressivo, ou algum outro procedimento geral de relaxamento, é utilizado normalmente para este propósito; se bem que qualquer resposta contrária à ansiedade que o paciente tenha, como a resposta de assertividade, bastará. Por exemplo, uma resposta assertiva inibe a experiência de ansiedade e, em conseqüência, servirá adequadamente como um agente antiansiedade. O segundo componente da DS implica em uma exposição graduada ao estímulo provocador de medo. A exposição pode ser concretizada através da imaginação ou ao vivo.

A literatura empírica que apóia a eficácia da DS é muito extensa. Turner, Di Tomasso e Deluty (1985) fizeram uma revisão dos estudos de casos e das pesquisas feitas com pacientes reais. Havia uma incômoda evidência de que a dessensibilização havia demonstrado ser um tratamento eficaz para os distúrbios fóbicos (em crianças e adultos), a ansiedade ante os exames, a visita ao dentista, os medos gerais, a asma, as cefaléias devidas a contrações musculares, as enxaquecas, os diferentes tipos de disfunções sexuais e ser útil no tratamento do alcoolismo e da síndrome de Gilles da Tourette.

Temple University Hospital, Filadéllia (USA)

A DS é uma das técnicas psicoterapêuticas mais pesquisadas e mais empregadas pelos psicólogos e psiquiatras. O restante deste capítulo centra-se em uma descrição detalhada de sua história e de suas aplicações.

II. DESENVOLVIMENTO HISTÓRICO

J. Wolpe (1958) desenvolveu a DS como um método para reduzir as reações de ansiedade. O procedimento baseia-se nos princípios do condicionamento clássico de I. V. Pavlov (1927). A suposição básica que subjaz à DS é que uma resposta de ansiedade ante um estímulo provocador de medo pode ser eliminada ou debilitada, gerando uma resposta contrária à ansiedade. Qualquer resposta que seja incompatível com a ansiedade pode ser utilizada para inibi-la.

Antes do trabalho de Wolpe, vários investigadores haviam criado as condições para o estudo da neurose induzida experimentalmente (Gantt, 1944; Masserman, 1943; Pavlov, 1927, 1941). O achado inerente a todos estes trabalhos era que os animais de laboratório desenvolviam associações de temor entre um acontecimento neutro e estímulos do contexto onde se apresentavam condições aversivas. No modelo típico, os animais de uma determinada jaula experimental recebiam repetidas vezes uma descarga elétrica enquanto realizavam um comportamento desejado. Em conseqüência, os animais desenvolviam, enquanto se encontravam na jaula, padrões de comportamento "típicos da ansiedade", como a incapacidade para comer, inclusive quando se tinha muita fome.

John B. Watson (1925), empregando um modelo de condicionamento pavioviano, demonstrou que os medos e as fobias que as crianças apresentam nos primeiros anos de vida não são herdados, mas apreendidos por meio do condicionamento. O mais famoso dos experimentos de Watson mostrou o condicionamento de uma resposta de temor a uma ratazana branca, em um menino chamado Albert. Ao longo de uma sequência de oito ensaios de laboratório, Watson foi capaz de provocar uma resposta de medo ao bater numa barra de aço com um martelo de carpinteiro, quando Albert tentava tocar uma ratazana branca. Explorações adicionais mostraram uma propagação ou transferência da resposta emocional condicionada a um coelho, a um cachorro, a um casaco de pele, ao algodão, à lã e, inclusive, aos cabelos brancos do próprio Watson. Ele propôs decididamente que o modelo da resposta emocional condicionada experimentalmente explicava o desenvolvimento de todos os transtornos de ansiedade.

As principais contribuições de Wolpe no campo da neurose experimental foram a ampliação da base empírica que apóia a idéia de que as reações de ansiedade podem condicionar-se aos estímulos contextuais nos animais, o desenvolvimento de um procedimento para descondicionar a resposta de ansiedade e, mais importante, a extensão destes achados aos seres humanos. No seu primeiro experimento, Wolpe aplicou os primeiros achados sobre a neurose experimental, que demonstravam que a aplicação de pequenas descargas elétricas na jaula de um animal podia inibir, de forma segura, seu comportamento de comer e conduzia o desenvolvimento de outros sintomas de ansiedade.

Posteriormente, Wolpe desenvolveu um tratamento para eliminar a resposta de medo condicionado, Baseando-se na idéia de Sherrington (1906) sobre a inibição recíproca. Wolpe deduziu que o tratamento deveria consistir em inibir de algum modo a resposta de ansiedade do animal e logo colocá-lo cada vez mais perto, fisicamente, da jaula e da área experimental associada à descarga. Wolpe, que realizou suas experiências com gatos, selecionou *comida* como o método para inibir a ansiedade, já que é fácil de administrar e proporciona uma grande tranqüilidade nos gatos. Suas especulações mostraram-se corretas. Os sintomas neuróticos de cada animal experimental se reduziram por meio da combinação de uma exposição gradual ao objeto temido, mais a inibição da ansiedade através do comportamento de comer.

Mais tarde, Wolpe dirigiu sua atenção ao tratamento da neurose humana. Seguindo o precedente de Watson e Rayner (1920), ele desenvolveu o procedimento da dessensibilização sistemática. A técnica terapêutica funcionava rápida e totalmente. Isso criou as condições para a revolução que se seguiu no tratamento dos distúrbios neuróticos de base ansiógena.

Atualmente, há literalmente centenas de experimentos e informes de casos que avaliam a eficácia da dessensibilização. É, sem dúvida, a técnica psicoterapêutica mais investigada que existe atualmente. Ao longo deste capítulo, tentaremos delinear alguns dos distúrbios para os quais a DS é o tratamento indicado.

III. Fundamentos Conceituais e Empíricos

III.1. Aspectos teóricos

Partindo-se de uma perspectiva teórica, existe uma grande controvérsia sobre o mecanismo terapêutico real responsável pela mudança de comportamento na dessensibilização. Basta dizer que essas controvérsias sobre o mecanismo de mudança têm servido para ampliar a classe de aplicação do procedimento, assim como para permitir usos criativos do mesmo, que nem Wolpe havia suspeitado.

A posição de Wolpe ao longo dos anos (p. ex., 1958, 1973, 1976, 1981) tem sido que a inibição recíproca subjaz à DS, de modo que, se um comportamento aumenta sua potência, então outros comportamentos, em compensação, têm que diminuir a sua. Por exemplo, o relaxamento e a ansiedade são respostas que se inibem reciprocamente. Como resultado, se um estímulo provocador de ansiedade com pouca potência se apresenta quando o paciente se encontra relaxado, terá lugar o contra-condicionamento. Tal estímulo já não provocará ansiedade, mas, pelo contrário, evocará a resposta de relaxamento. Outras respostas, além do relaxamento, podem inibir também a ansiedade (ver Wolpe, 1973).

No emprego do constructo da "ansiedade", Wolpe a define como um padrão da atividade do sistema nervoso simpático que ocorre quando uma pessoa acredita estar exposta a ameaças ou danos. A atividade do componente simpático do sistema nervoso autônomo é a que está associada com uma ativação emocional elevada. As alterações corporais associadas com o aumento da ativação autônoma consistem em uma elevação da pressão sangüínea e do ritmo cardíaco, um aumento da circulação sangüínea nos grandes grupos de músculos voluntários junto com uma diminuição da mesma no estômago, a dilatação das pupilas e secura da boca. Considera-se que esses fenômenos definem as classes da resposta de ansiedade.

Wolpe postulou que a resposta de ansiedade pode ser condicionada classicamente a estímulos que passam despercebidos no dia a dia do indivíduo. Por exemplo, uma criança que anteriormente não tinha medo de ir à escola, podia desenvolver esse medo por causa do tratamento hostil de um determinado professor ao longo de curto período de tempo. Inclusive, mesmo que a criança tivesse tido relações positivas com outros professores, o elevado nível de ansiedade provocada pelo professor hostil leva a um temor condicionado à escola, por meio do processo de generalização. Inclusive, podem ocorrer sentimentos de mal-estar apenas com o pensamento de ir à escola. A evitação da escola se converte agora na estratégia mais conveniente para evitar a experiência dessa ansiedade condicionada.

Wolpe (1958, 1973) postulou posteriormente que o tratamento psicológico dessas respostas de medo pode utilizar o contra-condicionamento ou a substituição por uma resposta emocionalmente adaptativa das respostas de evitação comportamental e de um ativado sistema nervoso simpático. O mecanismo específico que subjaz ao contra-condicionamento é a inibição recíproca. A ansiedade se inibe por meio de uma resposta contrária. Uma resposta contrária eficaz tem que estar associada a um aumento na preponderância da atividade do sistema nervoso parassimpático. Wolpe indicou que respostas como o relaxamento, a asserção e o comportamento sexual, que aumentam a atividade parassimpática, serviriam para inibir reciprocamente a ansiedade e seus correlatos do sistema nervoso simpático.

Essa explicação continua se encaixando bem na literatura atual sobre a aprendizagem animal. O contra-condicionamento pavloviano é um potente fenômeno que ocorre numa série de procedimentos de condicionamento animal (p. ex., Pavlov, 1927; Pearce e Dickinson, 1975). Além disso, uma série de teóricos da aprendizagem sugeriram que a inibição recíproca subjaz ao contra-condicionamento (p. ex., Estes, 1969). Assim mesmo, na década passada, propôs-se uma variedade de modelos quantitativos do condicionamento operante e pavloviano. Apesar da diversidade dos modelos que foram propostos, todos assumem a inibição recíproca. Isso não quer dizer que tudo o que está implicado no condicionamento operante ou pavloviano consiste em inibição recíproca, mas que parece que ela é um aspecto importante da aprendizagem. De todos os modelos que foram propostos, dois têm sido os mais influentes. No condicionamento operante, o proposto por Herrnstein (1979) e no condicionamento pavloviano, o modelo proposto por Rescorla e Wagner (1972) e Wagner e Rescorla (1972).

Entretanto, as experiências com humanos têm debilitado um dos supostos básicos da teoria de Wolpe. A ansiedade não parece ser causada pela atividade simpática. Schachter e cols. (Schachter e Singer, 1962; Schachter e Wheeler, 1962) concluíram uma série de experimentos onde mostravam que o medo era controlado por fatores perceptivos. Injetava-se adrenalina nos sujeitos, o que fazia com que as glândulas adrenais liberassem quantidades ainda maiores de adrenalina na corrente sangüínea e, portanto, aumentassem a atividade simpática durante um longo período de tempo. Os sujeitos dessas investigações não experimentavam sentimentos claros de raiva e de ansiedade. Pelo contrário, experimentavam sentimentos de euforia ou de raiva, dependendo do tipo de comportamento mostrado por um colaborador do experimento. As percepções da situação por parte dos indivíduos, como ameaçadoras, mediavam se iriam experimentar ansiedade ou não. Assim, em vez de provocar estados emocionais, o aumento da atividade simpática tendia a aumentar um estado já existente. Em conseqüência, o ponto de vista teórico de Wolpe de que o relaxamento muscular funciona reduzindo a ansiedade, por meio do mecanismo que faz com que o sistema parassimpático se oponha e iniba o sistema nervoso simpático, parece questionável.

Outras explicações da DS põem em dúvida a teoria da inibição recíproca. Tem-se sugerido que é simplesmente a exposição ao estímulo temido pelo paciente o que diminui a ansiedade (por ex., Marks, 1981). A exposição produz a extinção ou a habituação da resposta de ansiedade (Delprato, 1973; Kazdin e Wilcoxon, 1976; Lader e Matthew, 1968; Waters, McDonald e Koreska, 1972; Watts, 1979).

Na década passada, foram propostos diferentes tipos de explicações processuais. As explicações cognitivas sugerem que as dessensibilizações reestruturam as cognições dos pacientes (por ex., Beck, 1976) ou mudam sua auto-eficácia (Bandura, 1977a), de modo que já não sentem ansiedade na presença do estímulo temido. Rachman (1980) e Lang (1977) sugeriram que a dessensibilização permite que ocorra um processamento emocional, de modo que os estímulos ativadores da ansiedade são incorporados e integrados satisfatoriamente pelo paciente.

Além disso, Goldfried ofereceu uma interpretação da dessensibilização em termos de mecanismo de afrontamento ou de autocontrole. Finalmente, deveria-se sinalizar que foi apresentada uma explicação psicanalítica (Siiverman, Frank e Dachinger, 1974) em termos de "fantasias inconscientes" do paciente "fundindo-se" com o terapeuta, mas há evidências contrárias (Condon e Allen, 1980; Emmelkamp e Straatman, 1976).

Em resumo, foram propostas muitas explicações teóricas alternativas para explicar como funciona a DS. Atualmente, nenhuma das posições teóricas obteve preponderância sobre as demais. Parece possível que uma série de fenômenos sejam operativos. Seguramente, alteram-se os esquemas cognitivos da resposta de ansiedade, mas também ocorrem mudanças fisiológicas, assim como mudanças na resposta comportamental global. Sabe-se que esses três sistemas de resposta estão unidos de alguma maneira, de modo que cada um deles poderia estar afetado por influências diretas e indiretas compartilhadas, e também por bucles de feedback mútuo. Poderíamos pressupor, então, que a DS proporciona nova informação sobre a situação, objeto ou emoção temidos; informação que se processa nas áreas cognitiva, fisiológica e comportamental e serve para inibir a experiência da "ansiedade" e da evitação.

III.2. Dados empíricos

Os estudos que avaliam a eficácia da DS são muito numerosos para serem revisados aqui. No entanto, uma exposição breve de alguns dos primeiros estudos sobre fobias e sobre a ansiedade ante a avaliação social, servirá para dar uma idéia da eficácia da DS. Isso não significa limitar o uso inovador da dessensibilização com outros transtornos; ao contrário, apoiamos as aplicações criativas.

III. 2.1. Fobias

Num dos primeiros estudos com uma população fóbica, Lazarus (1961) submeteu à prova uma variação da DS num formato grupal e a comparou com um grupo de terapia de introspecção. Selecionaram-se 35 pacientes fóbicos, incluindo acrofóbicos, claustrofóbicos, sujeitos com fobia sexual e outros com fobias mistas, a partir de um grupo de pacientes voluntários, sobre a base de, se sua fobia específica produzia as seguintes disfunções: 1) limitações graves da mobilização social; 2) interferência com as relações interpessoais e 3) limitação das capacidades construtivas do paciente. A natureza e a gravidade da fobia de cada indivíduo já havia sido confirmada por meio da avaliação comportamental concluída antes do tratamento, e foram excluídos os pacientes que haviam recebido tratamento, psiquiátrico. Os sujeitos fóbicos foram emparelhados pelo sexo e idade (dentro de um período de quatro anos), assim como pela natureza e gravidade do problema, e logo os designavam casualmente a vários grupos.

A recuperação posterior ao tratamento era avaliada por meio de uma prova objetiva de avaliação comportamental para o tipo específico da fobia correspondente. Também se utilizavam os auto-informes do paciente. O resultado da terapia era classificado como fracasso ou como recuperação completa (quer dizer, uma "neutralidade" absoluta para o grupo de estímulos originalmente condicionados). Os dados apoiavam a eficácia da dessensibilização em comparação com os outros dois tratamentos – grupo de introspecção e grupo de introspecção mais relaxamento.

Embora os dados originais tenham sido expressos em freqüências, um modo mais preciso de descrever os resultados é por meio da porcentagem de pacientes recuperados. Setenta e cinco por cento dos pacientes dessensibilizados se recuperaram, enquanto 0% do grupo de introspecção e 25% do grupo de introspecção mais relaxamento constituem a porcentagem de recuperação em tais grupos. Dos sujeitos recuperados no princípio, 23% dos indivíduos dessensibilizados recaíram, enquanto que, do grupo de introspecção mais relaxamento, foram 50%. Embora todos os resultados pareçam realmente apoiar a dessensibilização, há algumas falhas nesse estudo, incluindo a falta de um grupo de controle e o fato de que o mesmo investigador tratara todos os sujeitos.

Gelder, Marks, Wolf e Clarke (1967) emparelharam um grupo de sujeitos fóbicos (agorafóbicos, sujeitos com fobia social e sujeitos com fobias específicas) em idade, nível de vocabulário e gravidade dos sintomas, e os designaram a três grupos: DS, psicoterapia de grupo e/ou psicoterapia individual. As avaliações dos resultados, realizados antes, após o tratamento e durante o seguimento, incluíam avaliações de uma série de variáveis (p. ex., fobia, ansiedade) pelos pacientes, os terapeutas e um observador/avaliador independente. Os pacientes preencheram também vários questionários. Quando avaliavam o tratamento com êxito da fobia principal, as respostas do paciente, do terapeuta e do avaliador mostravam diferenças significativas entre os grupos da dessensibilização e da introspecção a favor da primeira. Além disso, depois de um seguimento de 6 meses, os pacientes continuavam classificando a dessensibilização melhor que os outros dois tratamentos. Finalmente, as avaliações, depois de uma média de 7 meses de seguimento, realizadas por um assistente social psiquiátrico independente, que não estava informado das condições do tratamento, revelaram também que a melhora mais elevada dos sintomas deu-se nos pacientes dessensibilizados. Os resultados desse estudo devem ser considerados à luz dos seguintes problemas metodológicos. Primeiro, já que os grupos de psicoterapia e os grupos de dessensibilização eram dirigidos por numerosos médicos e psiquiatras, respectivamente, os efeitos do tratamento podem se confundir com os efeitos do terapeuta. Além disso, um médico tratou os sujeitos individualmente e no grupo de psicoterapia. Em segundo lugar, a duração de cada sessão de tratamento e a duração do tratamento geral não estavam padronizadas. Os pacientes da DS se reuniam uma hora por semana, durante aproximadamente 12 meses; os pacientes do grupo de psicoterapia, 1 e meia hora por semana, durante uma média de 12 meses; e os pacientes de psicoterapia individual, 1 e meia hora por semana, durante uma média de 18 meses. Terceiro, as avaliações dos resultados eram de natureza subjetiva, podendo-se questionar sua validade. Quarto, a ausência de um grupo de placebo leva-nos a perguntar se os resultados podem ser atribuídos unicamente à atenção do terapeuta. Quinto, o fato de não ter efetuado avaliações sobre a credibilidade faz com que não se saiba se os tratamentos eram percebidos de forma diferente pelos pacientes. Finalmente, do ponto de vista estatístico, foi empregada a análise de variação univariada para avaliar os resultados de numerosas medidas. Neste caso, teriam sido mais apropriadas provas multivariadas.

III.2.2. Ansiedade ante a avaliação social

A aplicação da DS ao problema da ansiedade ante a avaliação social foi analisada cuidadosamente em uma série de estudos realizados por Paul (1966, 1968, 1969; Paul e Shannon, 1966). O experimento, agora clássico, de Paul (1966) é um dos estudos citados mais freqüentemente na literatura da terapia comportamental e representa a primeira comparação bem controlada da DS com a psicoterapia tradicional.

Por uma série de razões, a investigação de Paul (1966) é um estudo metodologicamente exemplar. Primeiro, é importante sinalizar que, para os sujeitos, a ansiedade ante a atuação interpessoal era um problema clínico. Por exemplo, no momento da investigação, um dos principais requisitos para licenciar-se na Universidade de Illinois era o falar em público. Segundo, de um total de

380 voluntários, só os sujeitos que estavam mais gravemente afetados foram selecionados para participar. Eles eram selecionados cuidadosamente, excluindo-se aqueles com algumas das seguintes características: altas pontuações de engano; uma história de tratamento anterior; pouca motivação para a terapia; traços psicóticos; e um problema importante diferente ao da ansiedade ante a avaliação social. Além disso, a duração do problema para a amostra ia de 2 a 20 anos e informava que o grau de intensidade máxima era alcançado em situações de falar em público. Desse modo, existiam poucas dúvidas de que a ansiedade dos sujeitos alcançava proporções clínicas. Foram empregadas medidas dependentes multimodais, que avaliavam os componentes cognitivos, fisiológicos e comportamentais da ansiedade. A terapia era administrada por cinco psicoterapeutas com experiência e especialmente treinados, tendo-se em conta os seguintes controles metodológicos ao longo de todo o experimento: 1) a seleção aleatória assegurava que as características do terapeuta não se confundiriam com as condições de tratamento; 2) o emprego de mais de um terapeuta e a sua experiência satisfaziam os requisitos da validade externa; 3) a uniformidade dos manuais de tratamento com dessensibilização e placebo e a gravação em fita magnética das sessões, padronizava a apresentação; 4) ainda que a ordem das sessões de tratamento se contrabalanceassem entre os terapeutas, cada tratamento era conduzido com igual freqüência em três lugares diferentes; 5) Paul comparou a dessensibilização com três condições de controle: atenção/placebo, um grupo de controle de lista de espera e um grupo de controle com o qual não se mantinha nenhum contato. Estas condições permitiam a avaliação de efeitos não específicos devidos à atenção, à participação dos sujeitos no experimento e ao possível resultado de completar os instrumentos de avaliação da terapia; 6) realizavam-se medidas de seguimento por seis semanas como um meio de determinar se os efeitos da terapia eram duradouros.

Em vista da natureza bem controlada dessa investigação, a eficácia clínica da DS foi firmemente estabelecida. A DS era significativamente superior à condição de controle sem tratamento em aspectos cognitivos, fisiológicos e comportamentais da ansiedade. Também a dessensibilização era superior à psicoterapia tradicional e à terapia placebo.

Paul (1968) publicou, mais tarde, um estudo de seguimento durante dois anos, no qual mostrava que a DS produzia os maiores benefícios em comparação com a terapia de introspecção, a atenção/placebo e os controles não tratados. Esses achados eram consistentes com os resultados originais.

III.2.3. Resumo

Apesar da brevidade, essa revisão mostra o rigor da investigação empírica que apóia a eficácia da dessensibilização. Foram mencionadas diversas debilidades em vários desses estudos; ainda assim, podemos encontrar um quadro de resultados positivos. Todavia, admitimos que as primeiras alegações sobre a grande eficácia da DS têm que ser moderadas por essa classe de avaliação metodológica. Como foi indicado anteriormente, a aplicação criativa da dessensibilização com os problemas dos pacientes pode ser muito reforçadora.

IV. O Método da Dessensibilização Sistemática

Wolpe (1982) sinalizou, há muito tempo, que a DS consta de quatro passos principais:

1. Treinamento no emprego da escala "SUDS".
2. Uma completa análise comportamental e o desenvolvimento de uma hierarquia de medos.
3. Treinamento do relaxamento muscular profundo ou algum outro procedimento de relaxamento.
4. A combinação da exposição, na imaginação, à hierarquia de medos junto com o estabelecimento de uma resposta de relaxamento profundo no paciente – "a dessensibilização propriamente dita".

No entanto, Rimm e Masters (1974) listam uma série de considerações que devem ser observadas antes de aplicar a técnica a um paciente. Em primeiro lugar, é necessário fazer distinção entre ansiedade racional e irracional. A ansiedade é irracional se o indivíduo com fobia tem a habilidade de enfrentar a situação ou o objeto temido e não existe um perigo claro inerente. Todavia, se o indivíduo não tem as habilidades para manejar a situação ou se ela é perigosa, então a ansiedade e a evitação são razoáveis. Como exemplo comparativo, considera-se dois motoristas jovens; ambos estiveram envolvidos recentemente em acidentes de carro e têm medo de voltar a dirigir. O primeiro indivíduo é um motorista muito habilidoso, que recebeu um bom curso na auto-escola e foi aprovado na primeira vez. A segunda pessoa é um motorista autodidata que teve numerosas multas de trânsito. Visto que, quando se faz de forma habilidosa, o dirigir não é geralmente mortal, o medo da primeira pessoa é irracional. Se é possível reduzir seu nível de ansiedade associado com o dirigir um carro, seu nível de habilidade provavelmente evitará futuros acidentes e ele voltará a dirigir. Entretanto, nosso segundo sujeito provavelmente se verá envolvido em muitos outros acidentes se eliminarmos sua ansiedade ao dirigir e, portanto, se restabelecerá o medo. Neste caso, só a dessensibilização não será eficaz e pode, inclusive, colocá-lo em perigo.

A DS é apropriada para os temores irracionais. No caso de temores racionais baseados em déficit das habilidades, deve-se ensinar as habilidades apropriadas, se for possível, à pessoa em questão. No caso de medos racionais de perigo, é necessário aconselhar o indivíduo sobre a propriedade de seus temores. O terapeuta deve considerar essa distinção. É mais fácil distinguir quando está envolvido um perigo físico do que no caso de perigo psicológico e moral, mas o terapeuta tem, também, que prestar atenção a essas questões. Por exemplo, quando começava minha carreira, depois de obter a licenciatura, tive uma paciente que queria ser dessensibilizada de sua ansiedade em ter uma aventura extraconjugal. Disse-lhe que pensava que não seria o melhor para ela dessensibilizá-la dessa ansiedade. Continuei explicando que, no seu caso, a ansiedade estava sinalizando algo moralmente importante e que, na realidade, era legítimo preocupar-se com o perigo potencial de perder seu marido e sua família. Ao final, decidimos que o aconselhamento matrimonial, junto com seu marido, era o melhor caminho para voltar a assentar sua vida. Repetindo, outra vez, a distinção racional-irracional é o ponto de partida para os psicólogos clínicos que empregam a DS.

Logo, o clínico deve descartar do tratamento aqueles pacientes que dizem sofrer de numerosas fobias. Lang e Lazovik (1963) encontraram uma correlação negativa entre o número de fobias informadas e o êxito da DS. É possível que a tendência a desenvolver muitos temores esteja correlacionada com vários dos transtornos da personalidade descritos no Eixo II do DSM-III (R) (APA, 1987). Turner (1986) mostrou que o diagnóstico de um transtorno de personalidade, acrescido a um diagnóstico de transtorno de ansiedade no Eixo I, diminuía em grande medida a eficácia das intervenções comportamentais. Pode-se utilizar o *Fear Survey Schedule* (Inventário de Medos) (Wolpe e Lang, 1964) para se obter uma estimativa do número de medos do paciente. Ele não deve mostrar mais de cinco fobias, ainda que não se conheça o ponto exato de corte.

Rimm e Master (1974) sugerem que o passo seguinte consista em averigüar se o paciente pode experimentar uma imagem clara e vívida do estímulo fóbico. Podem-se utilizar imagens neutras ou agradáveis para comprovar a neutralidade ou a vivacidade das imagens, mas são necessárias algumas imagens provoca-doras de emoções para se assegurar que o paciente pode experimentar adequadamente o sentimento de ansiedade em uma proporção adequada à realidade. Se o paciente pode obter uma forte resposta emocional e uma imagem clara e vívida, então pode-se começar o procedimento. Se o paciente não puder concluir essa parte do procedimento, dever-se-ia seguir com a dessensibilização *in vivo*. Isto será descrito, com mais detalhes, na parte correspondente às Variações, no presente capítulo.

Finalmente, deve-se determinar se o paciente pode aprender a conseguir um estado de relaxamento profundo. Infelizmente, isso só pode ser determinado empiricamente – tentando ensinar ao paciente o relaxamento. Deve-se apresentar ao paciente o procedimento completo de relaxamento e pedir-lhe que comunicasse seu nível de ativação. Se houver uma queda perceptível da ativação, pode-se continuar; senão, pode-se tentar outro procedimento de relaxamento, como a meditação ou as imagens visuais agradáveis. Se nenhum desses métodos funcionar, o paciente não é um candidato para a dessensibilização.

Em resumo, os requisitos para começar a dessensibilização são: a) a ansiedade deve ser irracional; b) o paciente não deve ter muitos medos ou um transtorno grave da personalidade; c) o paciente pode desenvolver imagens claras, vívidas, provocadoras de emoções, e d) o paciente pode obter uma resposta de relaxamento confiável. Poderia parecer insuperável que algum paciente pudesse satisfazer estes critérios, mas a evidência mostra que muitos pacientes podem realizar facilmente as tarefas necessárias (Wolpe, 1982).

Uma vez que o terapeuta tenha certeza que a DS é indicada e que o paciente pode tirar proveito da técnica, ela é iniciada. Encontram-se implicadas quatro operações: 1) treinamento no uso da *Subjective Units of Discomfort Scale, SUDS* (Escala de Unidades Subjetivas de Ansiedade), 2) treinamento em relaxamento, 3) o desenvolvimento de hierarquias, e 4) contraposição do relaxamento à imagem fóbica.

IV.1. A Escala de Unidades Subjetivas de Ansiedade (SUDS)

Wolpe desenvolveu a escala SUDS como um meio de comunicação entre o terapeuta e o paciente e se referia à magnitude da resposta de ansiedade do paciente ante os estímulos provocadores de medo. A escala SUDS serve para várias finalidades importantes. Primeiro, é utilizada para graduar as situações de estímulos segundo seu potencial provocador de ansiedade, convertendo-se, assim, em um aspecto central da construção da hierarquia. Segundo, proporciona um padrão para julgar a eficácia do treino em relaxamento. Terceiro, o terapeuta pode obter uma estimativa do nível de ansiedade dos pacientes no começo das sessões de tratamento e durante a apresentação das cenas.

O treinamento começa com o pedido do terapeuta ao paciente para que pense na ansiedade mais aterradora que haja experimentado ou que possa imaginar-se experimentando. A este acontecimento dá-se o número 100. Logo, pede-se ao paciente que recorde a experiência mais tranqüila e agradável que já tenha desfrutado. A este acontecimento dá-se o número 0 na escala SUDS. Essas experiências se convertem nos pólos extremos da escala. Às vezes, é útil fazer com que o paciente proporcione experiências que se coloquem na metade do caminho entre esses dois extremos de ansiedade e tranqüilidade, Além disso, pede-se ao paciente que pense em experiências que se encontrem entre 0 e 50 e entre 50 e 100. Neste ponto, a escala se encontrará bem representada na mente do paciente e melhorará a precisão da informação dada ao terapeuta. Conforme os pacientes adquirem mais experiências com a escala SUDS, normalmente tornam-se mais seguros e habilidosos com seu emprego e são capazes de fazer discriminações cada vez mais precisas de seus medos.

IV.2. Treinamento de relaxamento

Wolpe incorporou o procedimento de relaxamento progressivo de Jacobson (1938) como um componente habitual da DS. Entretanto, existem muito mais técnicas efetivas de relaxamento, como a meditação e o emprego da imaginação para relaxar-se. Não importa que procedimento se escolha, é importante que o paciente pratique de 15 a 20 minutos por dia – todos os dias. O relaxamento é uma habilidade que se adquire e a prática é muito importante. Os melhores momentos são a primeira hora, pela manhã, antes de ir ao trabalho e à noite, antes de deitar. Além de atuar como o agente anticondicionamento na dessensibilização, as técnicas de relaxamento têm um efeito benéfico para reduzir o nível geral de ativação do paciente – tornando-o, assim, menos suscetível às situações provocadoras de ansiedade (Turner, 1986).

Achei útil distribuir aos pacientes um conhecimento básico sobre o treinamento no relaxamento, com o fim de melhorar sua motivação para praticar e tirar proveito dele. Leituras tais como The Relaxation Response de Benson (1975) servem como ajuda útil a esse respeito. Explico que a ansiedade é a soma da tensão física e cognitiva que a pessoa está experimentando. A tensão que se sente no terreno cognitivo e físico pode conduzir à tensão no outro terreno e, por meio de um bucle de *feedback* entre eles, alimentar-se mutuamente e aumentar progressivamente. Pode-se lograr uma redução da ansiedade intervindo em qualquer terreno. O relaxamento progressivo funciona reduzindo a tensão no terreno físico e, posteriormente, no terreno cognitivo. A medição funciona na direção oposta. Logo pergunto aos pacientes se têm tido alguma vez experiência com algum tipo de procedimento de relaxamento controlado por si mesmo. Se tiverem tido e lhes foi proveitoso, tento utilizar sua estratégia, que foi muito praticada, para a dessensibilização. Isso poupa muito tempo e faz uso das habilidades que o paciente já possui.

Se o paciente não tem experiência prévia com o relaxamento, descrevo-lhe uma revisão geral de várias técnicas e logo decidimos juntos qual poderia ser a mais eficaz para ele. Todavia, é melhor ser flexível se a primeira técnica que empregada não funciona para esse indivíduo e tentar, então, uma alternativa.

IV.2.1. Procedimentos básicos de meditação

A meditação é uma atividade desenvolvida para manter a atenção focalizada no aqui e agora de uma maneira agradável. A meditação, mesmo de formas diferentes, desenvolveu-se em muitas culturas desde o começo da civilização. O objetivo da meditação não é, necessariamente, conseguir o relaxamento, mas permitir ficarmos totalmente absorvidos no que estamos fazendo. Abandonamos os controles conscientes sobre nossa mente, deixamos de pensar em todas as coisas que necessitamos para sermos felizes ou em todas as coisas que poderiam roubar-nos a felicidade. Esses conteúdos típicos do pensamento consciente ocupam uma posição pouco importante, se considerado que simplesmente estão aí. Uma vez que um indivíduo consegue tal estado de meditação, provoca-se uma resposta natural de relaxamento e o indivíduo obtém a tranquilidade. Desse modo, o relaxamento é obtido indiretamente.

A meditação básica consiste, simplesmente, em prestar atenção à realidade do aqui e agora. Para ajudar neste processo, pode-se manter a mente repetindo um monossílabo ou concentrando-se na própria respiração. As formas orientais de meditação, como a meditação transcendental, freqüentemente utilizam sons como "mmm" e "nnn" para ajudar na focalização. Benson (1975) mencionou que somente o repetir a palavra "um" *[one]* servia como um ponto de focalização para a meditação. O ponto de concentração determinado que se escolha parece não importar. Quando a mente vaga – como sucede com freqüência – pode-se voltar fácil e suavemente ao ponto de concentração, sem prestar atenção aos pensamentos intrusos. Suspende-se a faculdade de julgar o conteúdo mental.

As instruções básicas que dou aos pacientes são:
1. Escolha um lugar tranqüilo onde não o incomodem. Retire-se durante 20 minutos, duas vezes ao dia.
2. Sente-se em uma posição cômoda que suporte seu peso, de modo que diminua a tensão muscular. Não é recomendável deitar-se porque é possível que

adormeça. A questão é conseguir um estado físico como o sonho, mas estando acordado.

3. Feche os olhos. Faço com que os pacientes fechem os olhos durante dois minutos, depois que abram durante um minuto, logo que fechem outra vez dois minutos antes de começar a repetir a palavra "um".

4. Repita a palavra "um" em silêncio, em pensamento, como um ponto de concentração. Normalmente, faço com que a pessoa repita a palavra "um" em voz alta e depois, gradualmente, vá reduzindo o volume até que consiga uma repetição em silêncio. Isso ajuda a pôr o exemplo. Depois de duas sessões de treinamento pode-se eliminar essa repetição vocal.

5. Não julgue o conteúdo de seus pensamentos ou sua adequação. Não se preocupe com seus pensamentos nem tente controlá-los; são somente pensamentos aleatórios e não têm significado. Se tentar dar-lhes um significado, ficará ansioso e atrapalhará o procedimento.

6. Melhorará com a prática. É essencial que pratique de forma regular. Descobrirá que, se fizer assim, obterá cada vez maiores níveis de relaxamento.

O terapeuta deve passar uma parte, de pelo menos quatro sessões, guiando o paciente na meditação. Depois disso, o paciente pratica em sua casa, a fim de ficar totalmente preparado para a DS.

IV.2.2. Imagens mentais agradáveis

Muitos indivíduos podem conseguir uma adequada resposta de relaxamento fechando os olhos e imaginando-se a si mesmos em uma situação relaxante. Os pacientes freqüentemente proporcionam sua própria cena imaginada e, visto que cada um de nós somos únicos, o terapeuta deve trabalhar com as imagens dos pacientes. Logo, o paciente deve adotar uma posição supina relaxada, fechar os olhos e concentrar-se na cena durante 10-20 minutos. Uma cena típica que tenho utilizado é a seguinte:

Imagine que está num lindo globo aerostático. Encontra-se no solo – mantido por dois sacos de terra. Estes sacos representam todos os seus problemas. Num momento, jogará os sacos fora da barquinha e, quando fizer isso, estará arremessando todos os seus problemas. Agora, jogue o primeiro saco. Sente imediatamente uma perda de peso sobre seus ombros. Agora jogue o segundo saco e conforme faz isso sinta-se alegre e ligeiro. Foram-se todas as suas preocupações. Sinta que o globo sobe, suavemente, cada vez mais alto. Há uma corda pendurada que lhe dá um completo controle sobre o globo. Deslize agora sobre formosos campos e arroios; o sol brilha; no entanto, a temperatura é perfeita – nem muito quente nem muito fria. Deite em um colchão macio e regozije-se no sentimento de tranqüilidade e comodidade que sente nesses momentos.

Como acontece com a meditação, pede-se ao paciente que pratique com a imagem relaxante duas vezes ao dia, durante 10-20 minutos. É fácil aprender e é eficaz para a maioria das pessoas.

IV.2.3. O relaxamento progressivo

O relaxamento progressivo foi desenvolvido por Jacobson (1938) e seu objetivo é reduzir a tensão muscular e, posteriormente, a ansiedade geral. O procedimento de Jacobson envolve uma forma de treinamento muito estruturada, composta de 50 sessões de uma hora. Wolpe (1982) apresentou um enfoque de seis sessões, flexíveis, do relaxamento progressivo. Como citado por Wolpe, não há uma ordem intocável para o treinamento de vários grupos de músculos, mas o terapeuta deveria seguir uma ordem em seu enfoque.

Normalmente, é mais fácil começar com as mãos e os braços, por questões de comodidade. A seguir, trabalha-se com as áreas do pescoço e da cabeça. Muito da tensão que se forma tem lugar nessas áreas e normalmente se consegue uma enorme redução da ansiedade depois deste passo. Logo, trabalha-se com os músculos abdominais e das pernas, seqüencialmente. É importante mencionar que a resposta de relaxamento não se obtém simplesmente por meio da contração e relaxamento muscular. O terapeuta enfatiza que a atenção às sutis diferenças entre o estado de tensão muscular e o estado de relaxamento muscular é a chave da técnica. O treinamento faz com que o paciente seja capaz de perceber, conscientemente, o aumento da tensão e que, ao final desse treinamento, seja capaz de pensar e dizer "relaxe-se", para conseguir a resposta de relaxamento. Em outras palavras, o paciente chega a possuir o controle de sua capacidade para perceber o aumento da ansiedade e conseguir relaxar-se.

A primeira lição começa fazendo-se com que o paciente aperte o braço de sua poltrona. Pede-se a ele que se concentre nas sensações produzidas na mão e no antebraço e que indique a localização exata da tensão. Deverá ser capaz de dizer que sente mais tensão no braço do que na mão. Pede-se a ele, depois, que deixe de apertar lentamente e que preste especial atenção à diminuição da tensão muscular de seu braço. O terapeuta repete esse processo três vezes, logo muda para o braço oposto e repete os mesmos passos. Mais tarde, o terapeuta segura o pulso do paciente e pede-lhe que dobre o braço. Conforme aumenta a resistência, o paciente pode experimentar tensão no bíceps. Logo, o paciente dobra o braço e o terapeuta aplica-lhe pressão sobre a mão. Pede ao paciente que estenda o braço. Se o fizer, experimentará tensão nos músculos extensores da parte posterior dos braços. Cada vez que o paciente relaxar os músculos, o terapeuta deverá alertá-lo para que centre sua atenção nas diferenças entre o estado de tensão muscular e o estado de relaxamento muscular.

Nesse ponto, já se tem apresentado ao paciente os princípios básicos do relaxamento progressivo. O terapeuta diz agora:

A tensão ou ansiedade que você normalmente experimenta é mais um estado físico do que mental. Provém de tensionar os músculos, todavia você poderia não se dar conta de que eles estão tensos. Só percebe que está ansioso. Vamos ensinar-lhe, agora, a perceber o começo da tensão e logo interrompê-la empregando essa técnica de tensão-relaxamento muscular. Quero que tire o relógio, as pulseiras, os anéis, etc. e que afrouxe qualquer coisa que o esteja apertando, já que poderiam interferir em que se sinta totalmente relaxado.

Conforme o terapeuta apresenta esse material, deve falar de uma maneira suave, tranqüila e segura, com a finalidade de facilitar esse processo. Além disso, o terapeuta necessita estar alerta ante a possibilidade de que o paciente retese grupos de músculos automaticamente (como os músculos faciais) quando trabalha com outro grupo de músculos. Se isso ocorrer, o paciente deverá ser avisado e ajudado a evitar envolver outros grupos de músculos distintos do grupo com o qual se está trabalhando.

Depois dessa introdução ao relaxamento progressivo, o terapeuta faz com que o paciente se recoste totalmente na poltrona, com as pernas estiradas e os braços ao lado delas. O terapeuta dirá normalmente:

Feche os olhos, por favor. Agora, aspire forte e mantenha o ar. Solte o ar (depois de alguns segundos). Aspire forte outra vez. Solte o ar. Agora, concentre-se em sua mão direita e feche forte o punho. Aperte o punho, forte, mais forte, ainda mais forte (10 segundos aproximadamente). Agora, gradualmente, lentamente, muito lentamente, libere a tensão do punho. Sinta como vai desaparecendo a tensão de sua mão. Concentre-se em como se sente. Pode sentir que a tensão desaparece de sua mão e, ao mesmo tempo, continua experimentando tensão nas costas e no pescoço. Aspire profundamente e mantenha o ar. Agora, solte-o. Aperte outra vez o punho direito. Forte, mais forte, ainda mais forte. Agora, relaxe-o muito lentamente. Perceba a diferença entre o estado de tensão muscular e o estado de relaxamento muscular. Aspire profundamente outra vez. Relaxe. Agora, aperte outra vez o punho direito. Mantenha a tensão. Solte agora a tensão da mão. Sinta a diferença entre o estado de tensão e o estado de relaxamento muscular.

Esta série de instruções é repetida para cada grupo de músculos. Uma seqüência que se pode seguir para o treinamento é a seguinte:

1. *Mãos.* Tensionar e relaxar os punhos. Primeiro um, logo o outro e mais tarde os dois de uma vez.
2. *Antebraço.* Um de cada vez, as mãos seguram o braço da poltrona e apertam.
3. *Bíceps e tríceps.* Retesam-se e relaxam-se esses grupos de músculos na mesma seqüência que as mãos. Os bíceps são retesados dobrando o braço e retesando-o. Os tríceps podem ser retesados estendendo o braço e empurrando para baixo, sobre o braço da poltrona, com a parte posterior do antebraço.
4. *Ombros.* Os ombros podem ser retesados empurrando-os para a frente e para trás,
5. *Pescoço.* Primeiro, inclina-se a cabeça para a frente até que o queixo toque o peito. No segundo passo, joga-se a cabeça para trás e iogo para a esquerda e para a direita.
6. *Boca.* Deve-se abrir a boca tanto quanto seja possível. A seguir, apertam-se os lábios fortemente.
7. *Língua.* Aperta-se a língua contra o palato o máximo possível. Logo, aperta-se contra o solo da boca. Mais tarde, coloca-se para fora da boca tanto quanto possível.

8. *Olhos,* Primeiro, abrem-se os olhos o máximo possível. A seguir, fecham-se, apertando-os fortemente. Mais tarde, com os olhos fechados, levantam-se as sobrancelhas; isto elevará a tensão da testa.
9. *Costas.* Mantendo as costas contra a poltrona, empurre os ombros para a frente. Logo, levante os ombros para trás e a parte baixa das costas para a frente.
10. *Abdômen.* Empurre para adiante os músculos abdominais.
11. *Nádegas.* Retese os músculos das nádegas empurrando-os para a frente e junto com os quadris.
12. *Coxas.* Estenda as pernas, levante-as 5 cm e estire-as para fora o quanto seja possível.
13. *Panturrilha.* Estenda as pernas para fora, com os dedos dos pés retos.
14. *Dedos dos pés.* Primeiro, curvam-se os dedos dos pés para baixo e apertam-se contra a parte inferior do sapato e, em segundo lugar, apertam-se contra a parte superior do sapato.

Depois de completar a sequência inteira, o terapeuta diria:

Agora sinta a maravilhosa sensação de relaxamento que o envolve. Sinta-a. Tem uma sensação cálida, de relaxamento. Está flutuando ligeiramente sobre a poltrona. Tranqüilamente. Agora, como você se classificaria na escala SUDS? Bem? Tem algum sinal de tensão? Se tiver, retese os músculos nessa parte outra vez.

Normalmente, os pacientes necessitam, pelo menos, de quatro sessões antes que se consiga uma resposta de relaxamento e, como foi indicado anteriormente, quanto mais prática houver entre as sessões, mais eficazes serão os resultados obtidos.

O treinamento, no relaxamento, emprega de 20 a 30 minutos nas primeiras seis sessões. O resto da hora se passa recolhendo informações e desenvolvendo a hierarquia.

IV.2.4. A construção da hierarquia

Segundo Wolpe (1982), uma hierarquia de ansiedade é uma lista de estímulos evocadores de ansiedade, relacionados em conteúdo e ordenados segundo a quantidade de ansiedade que provocam. Esses estímulos podem ser objetos, pessoas, lugares, sentimentos internos ou uma combinação dessas classes de estímulos numa hierarquia completa. Os estímulos serão, freqüentemente, extrínsecos ao indivíduo, como os cachorros ou a desaprovação social. No entanto, podem também ser internos, como as sensações de perda de controle ou de desmaio. Os estímulos internos podem ser um componente da resposta do indivíduo aos estímulos externos ou podem evocar uma potente reação de temor por si mesmos. Por exemplo, uma pessoa com temor à dor física poderia responder ao aumento de seu próprio ritmo cardíaco, assustando-se ante a possibilidade de ter um ataque cardíaco, aumentando, portanto, seu ritmo cardíaco e tendo ainda mais medo.

A construção da hierarquia começa, aproximadamente, no treinamento de relaxamento. No entanto, o trabalho sobre as hierarquias começa com a análise comportamental inicial e continua inclusive dentro do tratamento. As modificações e ajustes das hierarquias têm lugar conforme se produzem novas informações. Os pacientes descobrirão, amiúde, que esqueceram em um primeiro momento uma dimensão ou aspecto importante de sua fobia. Esse material deve ser incorporado, quando descoberto, ao tratamento.

A melhor fonte de informação sobre a fobia do paciente é o próprio paciente. O terapeuta ajuda-o a discutir quando, onde e sob que condições acontece a resposta de ansiedade. Pede-se ao paciente que pense e descreva situações passadas e futuras que poderiam provocar a resposta. Encoraja-se o paciente a gerar tantos detalhes quantos sejam possíveis sobre a situação estimulante total. Quanto mais detalhes se obtenham sobre os estímulos externos e internos, mais capaz será o terapeuta de desenvolver uma cena clara, provocadora.

Outra fonte de dados para a construção da hierarquia provém do *Fear Survey Schedule* (Inventário de Medos) de Wolpe e Lang (1969). Este Inventário de Medos consta de 108 itens que descrevem muitos medos comuns. Seu emprego é útil por uma série de razões. Primeiro, ajuda a especificar o grau de temor de um paciente, com o fim de determinar se a DS é apropriada ou não (deve-se recordar que quanto maior é o número total de áreas de temor que mostra o paciente, menos efetiva será a DS). Segundo, ajuda a recordar ao paciente as áreas de temor que poderia ter passado por alto no seu informe verbal. Terceiro, ajuda o psicólogo clínico a descobrir questões pertinentes nas reações de ansiedade dos pacientes, como uma claustrofobia que implica temor à presença de um grande número de pessoas nos elevadores, na igreja, nos cinemas, nos supermercados e nos bancos, além de serem encontrados atrás de uma porta fechada. Esse paciente poderia apresentar-se, somente, com o medo aos elevadores, mas uma exploração cuidadosa poderia revelar a lista de medos listados anteriormente. Depois de recolher essa informação, o terapeuta se conscientiza de que não é só o medo aos elevadores o que necessita de tratamento, mas o padrão generalizado de respostas claustrofóbicas. Desse modo, deveria-se desenvolver uma série de hierarquias para cobrir cada aspecto da claustrofobia.

Se o clínico tratasse só a fobia aos elevadores, provavelmente a terapia não teria êxito, visto que há um núcleo mais básico no problema. O tratamento tem que ser dirigido para o núcleo fundamental. Esse requer uma ampla investigação por parte do terapeuta, a fim de ter uma compreensão completa do transtorno de ansiedade do paciente. Uma advertência no uso do Inventário de Medos é que ele não proporciona uma hierarquia, mas uma descrição das áreas de temor. Cada uma das áreas proporciona o ponto de partida para o desenvolvimento das hierarquias. Por exemplo, os medos a lugares, igrejas e elevadores lotados podem variar ao longo de uma dimensão segundo o número de pessoas presentes. Neste caso, desenvolve-se uma hierarquia para cada lugar, que gradualmente aumenta o número de pessoas presentes.

Quando se conhecem os temores centrais e se especificam suas dimensões, pede-se ao paciente que escreva todas as possíveis situações provocadoras de ansiedade que possa se lembrar e que as descreva detalhadamente em cartões. Este trabalho é prescrito ao paciente como tarefa para casa, e ele e o terapeuta o revisam na sessão seguinte. Logo, pede-se ao paciente que coloque os cartões numa determinada ordem, segundo o nível de ansiedade que provoquem as situações estimulares. Mais tarde, pede-se ao paciente que proporcione pontuações na escala SUDS para cada uma das situações. O ideal é desenvolver de 9 a 10 situações estimulares para cada hierarquia, de tal maneira que cada uma seja, aproximadamente, 10 unidades SUDS maior que a anterior. Desse modo, há uma estrutura gradualmente ascendente na escala, o que permitirá aproximações graduais ao item final da hierarquia – para o qual se experimente o temor mais intenso. Entretanto, às vezes, 10 unidades será um salto demasiado grande em ansiedade para que o paciente o controle e serão necessários estímulos a cada cinco unidades. Esse enfoque de hierarquia graduada é a pedra angular da DS.

Os casos seguintes são alguns exemplos de hierarquias construídas para três pacientes. Os itens da hierarquia não são descritos aqui com tantos detalhes, como se faria na clínica.

O primeiro caso é o de uma mulher de 42 anos de idade que veio para o tratamento de uma fobia a pontes. Trabalhava como agente do governo e, no decorrer de seu trabalho, tinha que cruzar uma série de pontes na Filadélfia e Nova Iorque. Contou que, quando tinha 7 anos, havia ido de bicicleta por um amplo trecho de uma ponte inacabada na Filadélfia. De repente, a ponte terminou e chegou a um precipício. Ela se assustou muito e, a partir de então, sentiu medo quando, dirigia por uma ponte; não obstante, sentia muito menos medo quando outra pessoa de confiança estava dirigindo. Se ela estivesse dirigindo, a presença de outra pessoa a ajudava a reduzir o medo a um grau muito menor. Junto com a fobia à ponte, informou sobre um temor de perder o controle e um temor aos lugares elevados – inclusive se fossem lugares fechados. Além disso, a quantidade de temor variava, dependendo da ponte em que estava. As hierarquias desenvolvidas para esta paciente foram as seguintes:

Hierarquias externas (unidades SUDS em parênteses)

A. Alturas

1. Estar em pé na grama do jardim da frente de sua casa (0) (cena de controle)
2. Estar em pé sobre um pequeno tabuleiro na cozinha (5)
3. Subir em uma escada pequena para pintar a parede do interior de sua casa (10)
4. Estar de pé numa escada para pintar uma parede do exterior de sua casa (20)
5. Dirigir o carro por uma cadeia de montanhas acima (30)
6. Em um avião a 10.000 metros (40)
7. Em uma roda gigante a meio caminho do topo (55)
8. Em um restaurante, no topo de um arranha-céu, olhando por uma janela (65)

9. No topo de uma roda gigante (75)
10. Olhando à beira de um penhasco (80)
11. Aproximando-se do topo de uma ponte alta (90)
12. Estar em pé no cume de uma montanha, olhando para baixo (100)

B. Pontes

B1. Qualquer ponte normal

1. A dois quilômetros da ponte (10)
2. A um quilômetro da ponte (20)
3. A duzentos metros da ponte (30)
4. A cem metros da ponte (35)
5. Abandonando a ponte (40)
6. Subindo a ponte (50)
7. Começando a descer pelo outro lado da ponte (60)
8. No topo da ponte, vendo o precipício (70)
9. Aproximando-se do precipício desde o topo da ponte (80)

B2. As Pontes Walt Whitman e Verezanno-Narrows

1. A quatro quilômetro da ponte (10)
2. A dois quilômetros da ponte (20)
3. Vendo a ponte (30)
4. Pagando o pedágio para cruzar a ponte (40)
5. Começando a subir a ponte (50)
6. Saindo da ponte (60)
7. Começando a subir a outra ponte (70)
8. Saindo pelo outro lado da ponte do lado do precipício (80)
9. No topo da ponte (90)
10. Aproximando-se do precipício no topo da ponte (100)

Cada uma dessas hierarquias tinha dois níveis em sua apresentação. No primeiro nível, a paciente ia acompanhada por seu marido. No nível mais avançado, estava só. As hierarquias do nível de ansiedade mais baixo completavam-se antes de começar a trabalhar com as do nível mais alto. Desse modo, havia seis hierarquias, no total. Deve-se observar que, na hierarquia B1, o abandonar a ponte provoca menos ansiedade que o aproximar-se ou estar nela. Certamente, isso tem sentido, porque o abandonar a ponte é mais seguro que o aproximar-se dela. O anterior aponta que a ordem temporal não dita, necessariamente, o nível de ansiedade e que o que importa é a ordem em que o paciente avalia os estímulos. A ordem não precisa ter sentido para um observador externo – só é necessário que o paciente o tenha. Além disso, desenvolveu-se uma hierarquia para os estímulos internos.

Hierarquia interna

1. Pressão no estômago (10)

2. Tensão no pescoço (20)
3. Elevado ritmo cardíaco (40)
4. Secura na boca (50)
5. Mãos suadas (60)
6. Náuseas (70)
7. Visão borrada (80)
8. Pensamento nublado (90)
9. Sentir que irá desmaiar (100)

O segundo caso é um homem de 28 anos que tinha medo de injeções e estava recebendo atenção médica.

Hierarquia externa

"Procedimentos médicos"
1. Hospitais (10)
2. Uma ambulância com as luzes de emergência (20)
3. Esperando na ante-sala do médico (30)
4. A visão de alguém recuperando-se de um acidente (40)
5. Um grave acidente de automóvel (55)
6. Um exame físico (60)
7. A visão de alguém que tem um ataque de coração (65)
8. Aplicando-se uma injeção (70)
9. Tirar sangue (80)
10. Um membro da família que sofre uma cirurgia (90)
11. Sofrendo, pessoalmente, uma cirurgia (100)

Hierarquia interna

"Sensações internas"
1. Debilidade no estômago (10)
2. Tensão corporal (20)
3. Dor de cabeça (30)
4. Respiração rápida (40)
5. Ritmo cardíaco elevado (50)
6. Palmas das mãos suadas (60)
7. Rosto suado (70)
8. Hiperventilação (75)
9. Vertigens (80)
10. Sentir que irá desmaiar (90)
11. Desmaiar (100)

O terceiro exemplo é o de um homem de 30 anos que iria realizar o exame de licenciatura em Psicologia pela segunda vez. Na primeira vez foi reprovado, e então começou a ficar ansioso ante a possibilidade de fazer o exame novamente.

A. O tema do exame de licenciatura

1. Dois meses antes do exame (10)
2. Um mês antes do exame (20)
3. Duas semanas antes do exame (30)
4. Uma semana antes do exame (40)
5. Dois dias antes do exame (50)
6. Um dia antes do exame (60)
7. Colocam-se as folhas de exame em cima da mesa (70)
8. Respondendo às perguntas do exame (80)
9. A noite antes do exame (85)
10. Conduzindo-se para o lugar do exame (90)
11. Esperando para entrar na sala de exame (95)
12. Sentado e esperando que comece o exame (100)

B. Conseqüência do tema de reprovação

1. Sente-se inadequado (15)
2. Seus companheiros falam às suas costas (25)
3. Sua família pensa que é um fracasso (35)
4. Seu chefe pergunta-lhe se necessita de ajuda (45)
5. Um paciente seu toma conhecimento e não quer continuar o tratamento com ele (55)
6. Despedem-no do trabalho (65)
7. Sua mulher o abandona porque é estúpido (75)
8. Proíbem-no de trabalhar como psicólogo (85)
9. Não consegue nenhuma classe de trabalho (95)

Estes três exemplos proporcionam uma revisão de vários tipos de hierarquias. Outros exemplos podem ser encontrados em Wolpe (1974), Rimm e Master (1974) e Marquis e Morgan (1969).

IV.2.5. O procedimento da dessensibilização sistemática

Agora que estão construídas as hierarquias e o paciente aprendeu a relaxar-se, pode-se começar com a dessensibilização. Normalmente, começo as sessões perguntando como o paciente se sente, que novos acontecimentos tiveram lugar e se pensou em alguma informação nova sobre seu problema de ansiedade. Isso é feito por várias razões. Ajuda a estabelecer e manter a relação e a fortalecer a aliança terapêutica. Também é útil, para qualquer classe de psicoterapia, a sensação de preocupação e consideração positiva do terapeuta para o paciente. Permite a este ter esperanças e crer que obterá benefícios, o que aumentará a motivação. Em segundo lugar, os acontecimentos atuais da vida da pessoa poderiam aumentar ou diminuir seu nível-base de ansiedade e, portanto, afetar os resultados de uma sessão de tratamento.

Se o paciente está se sentindo especialmente nervoso, deve-se empregar mais tempo relaxando-o e menos tempo na apresentação das cenas. Além disso, o terapeuta pode conseguir maior compreensão do progresso do paciente sabendo o que está acontecendo em sua vida. Se a ansiedade basal está alta, o progresso da terapia será mais lento; e sob essas circunstâncias, o terapeuta não deve se alarmar. Finalmente, conforme progride a terapia, o paciente pode ir obtendo novos conhecimentos sobre seu problema. Por exemplo, poderia pensar em um estímulo alternativo de máxima ansiedade. Essa informação incorpora-se à hierarquia. Ao longo do tratamento são feitas tantas modificações quantas sejam necessárias.

Depois de 10 ou 20 minutos de coleta de informações, o paciente recosta-se na poltrona e começamos com o procedimento de relaxamento. A essa altura, o paciente já é capaz de iniciar o relaxamento por si mesmo; no entanto, habitualmente dirijo o relaxamento com a finalidade de melhorar o efeito. O psicólogo clínico simplesmente reafirma as instruções específicas de relaxamento empregadas nas sessões de treinamento. De forma ideal, o paciente deveria alcançar um nível zero de ansiedade. Ensina-se o paciente a dizer "agora" quando tiver alcançado o zero. Se não puder alcançar zero unidade SUDS, um nível de 15 bastará. Wolpe (1982) sugere não tentar a dessensibilização se o nível SUDS estiver acima de 25. Se o paciente apresentar um nível SUDS maior que 25, é melhor continuar com o relaxamento durante o resto da sessão e discutir mais tarde que problemas poderiam estar interferindo para que não alcance a resposta de relaxamento.

Agora, suponhamos que o relaxamento se desenvolveu adequadamente. O terapeuta encontra-se preparado para começar com as apresentações das cenas. Wolpe (1982) sugere começar com uma cena de controle. Uma cena de controle poderia ser o "estar sentado na sala de estar lendo o jornal" ou "encontrar-se em uma esquina da rua observando o tráfego"; bastará qualquer cena relativamente inócua que não produza ansiedade. Todavia, deve-se ter cuidado em assegurar que não se está incorporando, inadvertidamente estímulos nocivos à cena. O propósito da cena de controle consiste em confirmar ao terapeuta que o paciente visualiza adequadamente e responde apropriadamente.

Então, o terapeuta pede ao paciente que se imagine nas cenas exatamente como ele as descreve. Ensina-se o paciente a levantar seu dedo indicador quando visualiza claramente a cena. Então o terapeuta deixa que o paciente visualize a cena durante cinco segundos.

O terapeuta acaba com a cena dizendo "deixe de visualizar a cena" e logo pergunta ao indivíduo o grau de ansiedade que experimentou na escala SUDS. Para ilustração empregarei uma parte da transcrição da paciente com fobia a pontes descrita anteriormente. Neste aparte estamos tratando o primeiro item da "Hierarquia com o marido de – qualquer ponte normal".

Terapeuta: Quero que você imagine que está no carro com seu marido. Vai dirigindo pela estrada, depois de sair de sua casa, que se encontra a dois quilômetros, aproximadamente, da ponte da Avenida Girard. Está falando e pára para pensar no caminho por onde terá que passar para chegar a seu destino. Percebeu que terá que atravessar a ponte da Avenida Girard.

Depois de alguns segundos, a paciente levantou o dedo indicador. O terapeuta deixou que se passassem sete segundos.

Terapeuta: Deixe de visualizar essa cena. Qual é seu nível de ansiedade?
Paciente 1: Cinco, aproximadamente.
Terapeuta: Agora quero que concentre outra vez sua atenção no relaxamento. Deixe-se levar, sentindo-se relaxada. Diga-me, levantando seu dedo indicador, quando tiver voltado ao nível 0.

Depois de 20 segundos, a paciente assinalou com seu dedo indicador que havia alcançado o nível 0.

Terapeuta: Agora quero que se imagine outra vez (repete-se, palavra por palavra, a cena descrita anteriormente).

Depois que o terapeuta descreveu a cena, a paciente levantou seu dedo indicador mostrando que a havia visualizado. O terapeuta esperou, então, durante cinco segundos.

Terapeuta: Deixe de visualizar a cena. Onde você se encontra na escala de ansiedade?
Paciente 1: No zero; não tive nenhuma reação em absoluto.
Terapeuta: Muito bem, esse é nosso objetivo. Concentre-se outra vez no relaxamento. Deixe-se levar. Relaxe. Sem preocupações. Diga-me quando acançar o nível 0.

Depois de alguns segundos, a paciente indicou que já se encontrava no nível 0 e empreguei o formato padronizado. Logo, introduzi outra vez a cena. Sigo uma regra básica que constitui em não passar ao item seguinte da hierarquia até que tenhamos obtido duas apresentações consecutivas de nível 0. Uma vez que se tenha conseguido, o terapeuta passa ao item seguinte da hierarquia e procede como antes.

Geralmente, 20 minutos de dessensibilização em uma sessão é o que o paciente pode tolerar. Pode parecer pouco tempo, mas deve-se lembrar que tem que recolher nova informação durante 10-15 minutos e conseguir que o paciente relaxe, o que pode durar de 5 a 25 minutos, dependendo da pessoa. Observará que a sessão de uma hora está terminada. Conforme as sessões vão se sucedendo, vão se concluindo, basicamente, como foi descrito anteriormente.

Se durante a sessão anterior a resposta do paciente a uma cena não diminuiu até zero, a sessão seguinte deve abordar outra vez esse mesmo item da hierarquia. Se completa-se o último item da hierarquia durante a sessão anterior, então a próxima aborda o item seguinte da hierarquia. Às vezes, acontece alguma recuperação espontânea de ansiedade a uma cena completada anteriormente; quando o terapeuta se dá conta de que isso aconteceu, deve trabalhar outra vez com essa cena.

V. Variações

Pode-se realizar uma série de variações com o procedimento da DS. Wolpe (1982) menciona três classes de variações: 1) variações técnicas, 2) técnicas alternativas para inibir a ansiedade e 3) dessensibilização "ao vivo". Dessas variações, a dessensibilização "ao vivo" é a mais importante e a mais útil, razão pela qual dedicarei quase todo o resto deste aparte a ela.

Antes de continuar, quero mencionar que as possíveis variações do procedimento da dessensibilização se abreviam ou se ampliam dependendo da posição teórica sobre o que acontece durante a dessensibilização. Wolpe manteve o ponto de vista de que a dessensibilização funciona através do princípio de inibir reciprocamente pequenas quantidades de ansiedade num processo gradual passo a passo. Todas as variações que sugere refletem esse princípio e não se desviam da técnica geral descrita até agora. Entretanto, se considerássemos a dessensibilização do ponto de vista cognitivo, seria uma das muitas possíveis estratégias da aprendizagem por meio da imaginação. A função seria construir adequados esquemas cognitivos "sem medo", para os estímulos. A partir de uma perspectiva teórica cognitiva, aprendemos de três modos: 1) ações sobre os objetos, 2) por meio da imaginação e 3) por meio da linguagem. Em consequência, a dessensibilização não seria vista como um tratamento completo em si mesmo; pelo contrário, o modo como empregar a imaginação seria só uma das três maneiras de codificar a informação que empregaríamos no tratamento. Além disso, poderíamos realizar diversas variações consistentes com a teoria da aprendizagem cognitiva. Em alguns casos, tenho utilizado o relaxamento junto com a imaginação visual para fortalecer a sensação de auto-estima dos pacientes e a capacidade para adquirir o controle de suas vidas. Por exemplo, depois de relaxar o paciente, faço com que se imagine a si mesmo pensando positivamente, sentindo-se bem e funcionando adequadamente no trabalho, com as pessoas queridas e no cuidado com si mesmo. Normalmente, isso implica na criação de cenas elaboradas e não emprega uma hierarquia. As variações desse tipo são parecidas com as técnicas de condicionamento encoberto (Cautela e Kearney, 1986; Raich, este volume). Visto que tais técnicas são descritas em outro capítulo, não me deterei a elas. Isto é simplesmente uma lembrança de que a perspectiva teórica que uma pessoa mantém determina as classes de variações possíveis. Para os propósitos presentes, considerarei que a hipótese da inibição recíproca é correta e seguirei o esquema de Wolpe (1982).

V.1. Variações técnicas

Existem duas variações técnicas principais. A primeira é a DS automatizada. No caso, o terapeuta grava em fita as instruções de relaxamento e visualização e faz com que o paciente escute a gravação. Esta pode ser empregada em substituição ao terapeuta para dirigir a sessão ou como uma ajuda nas sessões com o terapeuta.

A segunda variação técnica consiste em dirigir a DS num formato grupal. Neste caso, o terapeuta tem uma série de pacientes com temores muito similares, aos quais se aplica a mesma hierarquia e lhes administra o procedimento como grupo. Tanto Wolpe (1982) como Rimm e Master (1974) informam sobre êxitos com esse enfoque.

A vantagem principal dessas duas estratégias é a economia de tempo para o terapeuta. No entanto, fazer com que o paciente realize a dessensibilização automatizada como tarefa de casa ou que participe de um grupo poderia melhorar também os efeitos da terapia.

V.2. Alternativas de relaxamento para a inibição da ansiedade

Para alguns pacientes, as técnicas de relaxamento para o autocontrole não funcionam. Quando isso acontece, o terapeuta poderia utilizar as benzodiacepinas para conseguir um efeito de relaxamento no paciente. Wolpe (1982) cita uma série de outros procedimentos fisiológicos contra a ansiedade; no entanto, nenhum deles é apropriado para que os psicólogos utilizem; por conseguinte, não falarei deles aqui.

De fato, tal como tenho apresentado o relaxamento neste capítulo, foram se descrevendo várias alternativas. Assim, as alternativas no relaxamento se encaixam no procedimento que descrevi. Entretanto, a alternativa principal, quando o paciente não pode aprender a relaxar-se, é a dessensibilização "ao vivo" – que se descreve a seguir.

V.3. A dessensibilização sistemática "ao vivo"

A dessensibilização "ao vivo" implica em uma exposição direta, graduada aos objetos ou situações temidos. O procedimento se diferencia ligeiramente da dessensibilização na imaginação, no aspecto de que, na maioria das vezes, não se emprega uma técnica específica de relaxamento. Pelo contrário, o terapeuta utiliza a relação terapêutica para provocar a ansiedade – e inibir as respostas emocionais. A sensação do paciente, de segurança e confiança no terapeuta, atua para inibir a ansiedade durante as sessões. O resto do procedimento "ao vivo" é essencialmente o mesmo que o da dessensibilização por meio da imaginação. O paciente e o terapeuta constroem uma hierarquia ou hierarquias que incorporem as situações relevantes que o paciente teme. Então, este se dedica às atividades definidas, começando com o item da hierarquia que provoca menos ansiedade e vai se movendo para o item que provoca mais ansiedade. O trabalho do terapeuta consiste em proporcionar apoio e alento ao paciente e ajudá-lo a identificar crenças e suposições irracionais que mantém sobre a situação fóbica. Assim, o terapeuta atua como um agente contra-ansiedade e como um mecanismo corretor dos pensamentos irracionais. Estas são funções muito importantes que não deveriam ser desvalorizadas. Os terapeutas principiantes não devem cometer o erro de dizer simplesmente ao paciente "que o faça sozinho". Se a pessoa pudesse fazê-lo, não necessitaria seguir um tratamento. A presença e a direção do terapeuta são fundamentais para conduzir a dessensibilização "ao vivo".

Do mesmo modo que acontece com a dessensibilização por meio da imaginação, é essencial que o paciente não manifeste ansiedade com um determinado item da hierarquia antes de passar ao item seguinte; de fato, poderia ser mais importante para a técnica "ao vivo". O paciente tem que se sentir seguro e confiante sobre o controle das situações anteriores, para manter a crença de que pode conseguir seu objetivo final. Em consequência, recomenda-se uma grande prática com cada situação. Isso permitirá ao paciente sentir-se tão relaxado quanto seja possível e, portanto, gerar uma experiência contra-ansiedade induzida pelo mesmo.

Um exemplo de um caso ajudará a elaborar a técnica da dessensibilização "ao vivo". A paciente L. era uma mulher de 46 anos de idade. Casada, tinha dois filhos já crescidos e trabalhava como secretária de um psiquiatra. Desde que podia se lembrar, sofria uma fobia importante a elevadores. Seu pensamento mais temido era ficar presa num elevador. Até há quatro meses, havia sido capaz de evitar os elevadores com poucas dificuldades. No entanto, recentemente seu chefe mudou-se para um novo edifício de escritórios; o seu se encontrava agora no 22º andar. Tentou usar o elevador no primeiro dia de trabalho no novo edifício, mas isso só serviu para piorar as coisas. Quando entrou no elevador, ele estava quase cheio com outras pessoas. Ficou nervosa e sentiu como se seu coração batesse mais depressa, assim como secura na boca e dor no estômago. O elevador parecia demorar eternamente para chegar ao escritório, já que parava em cada andar durante o trajeto. Finalmente, no 15º andar, saiu correndo do elevador e dirigiu-se para o sanitário de senhoras, onde vomitou. Creio que todo mundo no elevador riu dela. A partir desse dia, a senhora L. subia os 22 andares pelas escadas; não obstante, sentia-se humilhada. Finalmente, disse a seu chefe que ia deixar o trabalho por causa de seus problemas. Depois de perguntar-lhe sobre sua fobia, sugeriu que ela obtivesse ajuda para seu problema antes de deixar o trabalho tão apressadamente. Decidiu fazê-lo e, assim, veio ao meu consultório.

Depois de coletar informações sobre o problema da paciente, seu desenvolvimento histórico e a situação de vida atual, durante as duas primeiras sessões, cheguei à conclusão que tinha uma fobia específica e que a DS parecia ser o tratamento apropriado. Não informou sobre outras fobias durante as entrevistas ou no Inventário de Medos. Além disso, não mostrou sinais de um transtorno de personalidade do DSM-III-Eixo II. Por conseguinte, comecei a treiná-la em relaxamento. Decidimos, juntos, utilizar o relaxamento progressivo para o treinamento em relaxamento. Durante as três sessões seguintes, trabalhamos exclusivamente no relaxamento progressivo. Ela respondeu muito bem a esta técnica e a praticou em casa entre as sessões. Desse modo, na sessão 6 nos encontrávamos dispostos a começar a construção da hierarquia. Com a finalidade de prepará-la para a dita tarefa, incumbi-a de um trabalho para casa ao final da sessão 5. Pedi-lhe que pegasse 10 cartões de 5 x 7,5 cm e escrevesse 10 situações de temor que incluíssem elevadores. Fez toda a tarefa de casa que foi pedida; em conseqüência, fomos capazes de terminar a hierarquia na sessão 6. Desenvolveu-se só uma hierarquia seguidamente.

Fobia aos elevadores

Item

SUDS

1. A seis metros do elevador – pensando em entrar nele   10
2. A três metros do elevador   20
3. Ao pé do elevador   30
4. Apertando o botão para chamar o elevador   40
5. Abrem-se as portas do elevador e prepara-se para entrar nele   50
6. Subindo no elevador vazio   60
7. Subindo num elevador cheio   70
8. As portas do elevador se fecham e ele começa a subir em um edifício com menos de 10 andares   80
9. Estando dentro de um elevador em um edifício de 10 a 25 andares   90

10. Estando dentro de um elevador em um edifício com mais de 25 andares   100
11. Em um elevador qualquer que pára entre dois andares enquanto ela se encontra dentro   100

Como se pode ver, esta era uma hierarquia unidimensional. O único aspecto notável dela era que a paciente descreveu dois itens de 100 SUDS: estar dentro de um elevador em um arranha-céu e estar dentro de um elevador que parou entre dois andares.

Depois de desenvolver a hierarquia, decidi examinar a capacidade para a imaginação visual da paciente. Infelizmente, a senhora L. não podia visualizar, informou que só podia pensar em palavras ou desenvolver fragmentos de imagens. No princípio da sessão 7, tentei fazer de novo com que a senhora L. visualizasse uma cena de controle, mas foi em vão. Finalmente, durante a segunda metade da sessão 7, decidi renunciar ao emprego da dessensibilização por meio da imaginação e empregar a técnica "ao vivo" com a senhora L. Expliquei-lhe os fundamentos deste procedimento e disse-lhe que começaríamos com o procedimento da dessensibilização em nossa próxima sessão. Como havia um elevador no edifício de sete andares no qual eu trabalhava, decidi que começaríamos o tratamento no vestíbulo da clínica para pacientes externos. Na sessão seguinte, começamos sentando-nos numa poltrona no vestíbulo, que se encontrava a aproximadamente 6 metros do elevador. Pedi à senhora L. que pensasse que ia subir no elevador, a meu pedido, até o quinto andar. Ela informou de cinco unidades SUDS. Ficamos nesse lugar durante 10 minutos, até que seu nível de unidades SUDS fosse zero. Estivemos ali cinco minutos mais, de modo que pudesse se sentir muito cômoda. Logo, nos levantamos e nos dirigimos para um lugar a 3 metros dos elevadores. Não me informou de nenhuma ansiedade durante os cinco minutos seguintes. Os progressos que havíamos feito aos seis metros haviam se generalizado a distâncias mais curtas. Mas, até que distância? Perguntei-lhe o que pensava que íamos fazer a seguir. Respondeu que poderia apertar o botão do elevador porque sabia que não subiríamos nele nesse dia. Sugeri que tentasse. Decidimos que apertaria o botão cada vez que alguém quisesse subir. A senhora L. realizou esta atividade durante 25 minutos. A princípio, informou sobre 45 unidades SUDS – principalmente porque tentou pensar em subir. Depois de 10 minutos, baixou rapidamente a zero. Após 25 minutos pressionando o botão, terminamos a sessão do dia.

Na sessão seguinte, começamos com a tarefa de pressionar o botão do elevador outra vez. A senhora L. informou sobre 20 SUDS durante os primeiros 10 minutos; logo, seu nível de ansiedade baixou a zero. Permanecemos nessa situação durante mais 10 minutos.

Neste ponto, me dei conta que teria que saltar o item 5 e fazer com que a paciente entrasse diretamente em um elevador vazio. Como havia obtido previamente permissão da segurança do hospital para utilizar um dos elevadores durante esse período de tempo, pudemos fazer as portas se abrirem, entrar nele e detê-lo com as portas abertas. A paciente entrou no elevador e imediatamente informou sobre 70 unidades SUDS. Falamos sobre seus sentimentos e pensamentos. Depois de meia hora, informou sobre 20 SUDS. A sessão 9 começou com a mesma atividade. A senhora L. informou sobre 50 SUDS durante 30 minutos aproximadamente e logo, gradualmente, seu nível de ansiedade baixou até 10 unidades SUDS. Durante a sessão 10 repetimos esse item da hierarquia uma terceira vez. A avaliação de sua ansiedade mais elevada foi de 30 e conseguiu baixar a zero em 20 minutos. A sessão 11 começou com a mesma atividade, mas a senhora L. não informou sobre nenhuma ansiedade.

Logo, fechamos a porta e subimos um andar. A paciente informou sobre 10 SUDS. Voltamos ao vestíbulo e de novo subimos um andar. Seu nível de ansiedade baixou a zero. Logo, subimos ao 5º andar. Não informou sobre nenhuma ansiedade. Durante a sessão 12, subimos ao 7º andar (o cume do edifício para pacientes externos). A senhora L. relatou 20 unidades SUDS durante os primeiros 15 minutos, mas logo chegou ao zero durante a meia hora seguinte.

Na sessão 13, combinamos nos encontrar no edifício de escritórios onde ela trabalhava. Subimos no elevador e fomos até o 22º andar, onde se encontrava seu escritório. Informou sobre 40 unidades SUDS. Indicou que a presença de outras duas pessoas no elevador foi a principal razão de sua ansiedade. Então, subimos e descemos do 22º andar durante o resto da hora de terapia. O programa da sessão 14 foi repetir esta situação outra vez. Quando cheguei ao edifício de escritórios, a senhora L. estava me esperando no vestíbulo. "Tenho algo para ensinar-lhe", disse. Pressionou o botão do elevador, entramos e subimos ao 22º andar. Indicou que não experimentava ansiedade de nenhuma maneira. Então, me disse que havia estado no elevador tantas vezes ao dia quantas havia sido possível, desde nossa última sessão. Tinha sentido como seu nível de ansiedade havia se reduzido a zero durante a semana. Então disse que como podia ir e vir ao trabalho sem problemas, pensava que não precisava continuar com a terapia. Fiz notar que ainda não havíamos coberto vários itens da hierarquia. Disse que pensava que, a partir de agora, podia enfrentar edifícios mais altos por si mesma. A senhora L. se encontrava satisfeita com seu progresso; já não tinha que se angustiar para ir e vir ao trabalho e pensava que sua qualidade de vida havia melhorado muito. Mantinha seus progressos há quatro anos.

VI. Resumo

Neste capítulo foram descritos os fundamentos históricos e teóricos da dessensibilização sistemática. Além disso, foi proporcionada uma descrição detalhada de como conduzir os procedimentos em formatos tanto "ao vivo" quanto na imaginação. A dessensibilização sistemática é especialmente apropriada para o tratamento de fobias e medos. Pode ser útil para descondicionar medos associados com o transtorno do estresse pós-traumático e alguns sintomas de agorafobia. No entanto, encoraja o psicólogo clínico para que experimente a técnica e tente utilizá-la com uma ampla variedade de problemas, a fim de ter uma maior informação sobre suas vantagens e limitações.

VII. Leituras Recomendadas

Eysenck, H. J., *Experimentos en terapia de conducta. I. Inhibición recíproca*, Barcelona, Orbis, 1986. (Or.: 1964)

Foa, E. B., Steketee, G. S. y Ascher, L. M., «Systematic desensitization», en A. Goldstein y E. B. Foa (comps.), *Handbook of behavioral interventions: a clinical guide*, Nueva York, Wiley, 1980.

Morris, R. J., «Métodos para la reducción de miedo», en F. H. Kanfer y A. P. Goldstein (comps.), *Métodos de consejo psicológico*, Bilbao, Desclée de Brouwer, 1986. (Or.: 1980)

Rimm, D. C. y Masters, J. C., «La desensibilización sistemática», en D. C. Rimm y J. C. Masters, *Terapia de conducta: técnicas y aplicaciones empíricas*, México, Trillas, 1980. (Or.: 1974)

Turner, R. M., DiTomasso, R. A. y Deluty, M., "Systematic desensitization», en R. M. Turner y L. M. Ascher (comps.), *Evaluating behavior therapy outcome*, Nueva York, Springer, 1985.

Walker, C. E., Hedberg, A. G., Clement, P. W. y Wright, L., *Clinical procedures for behavior therapy*, Englewood Cliffs, N. J., Prenitce-Hall, 1981.

Wolpe, J., *Práctica de la terapia de conducta*, México, Trillas, 1977. (Or.: 1973)

11. A Terapia Implosiva (Inundação): uma Técnica Comportamental para a Extinção da Reativação da Memória

Donald J. Levis e Patricia A. Rourke

I. História

Pode-se considerar a teoria (da aprendizagem) comportamental e a teoria psicodinâmica como sendo os dois sistemas de pensamento mais influentes sobre o comportamento humano. Embora o desenvolvimento destes enfoques por Pavlov (1927), Watson (1925) e Freud (1936) tenha ocorrido aproximadamente no mesmo período de tempo, é surpreendente que esses primeiros avanços tenham influenciado tão pouco entre si. A independência destes dois movimentos pode ser atribuída, em parte, a diferenças em seus objetivos. Pavlov e Watson tentaram desenvolver leis sobre o comportamento em geral, enquanto Freud esforçou-se em desenvolver uma determinada compreensão da psicopatologia humana, com o objetivo de esboçar métodos de tratamento.

Conforme estes enfoques foram amadurecendo, foi se tornando claro que existiam bases teóricas para o desenvolvimento de integrações conceituais. Assim French (1933) fez notar que a análise de Pavlov do estímulo-resposta era similar ao princípio da associação de idéias de Freud e que a inibição pavloviana poderia representar a contrapartida da repressão, já que ambas funcionavam para interferir com as respostas aprendidas. Bridger (1964) considerou que o primeiro e o segundo sistemas de sinais de Pavlov encontravam-se relacionados com o

State University of New York (EUA) e University of Iowa (EUA), respectivamente.

tratamento das características das idéias conscientes e inconscientes por parte de Freud. Embora se tenham assinalado outras semelhanças ou paralelismos entre ambas as orientações, não foi senão até os esforços pioneiros de Dollard e Miller (1950) quando se ofereceu uma ampla interpretação da aprendizagem, o que facilitou a integração teórica dos dois enfoques. Estes esforços levaram Alexander (1963) a concluir que a teoria psicanalítica era melhor entendida em termos (comportamentais) de aprendizagem.

Ainda que havia aspectos da teoria e técnica freudianas que estiveram sujeitos a consideráveis críticas durante os anos quarenta e cinqüenta, as extraordinárias introspecções de Freud sobre o desenvolvimento da psicopatologia humana influíram notavelmente nas contribuições de teóricos da aprendizagem como Hull, Skinner, Mowrer, Amsel e muitos outros (ver Levis, 1989). Os comportamentais estiveram de acordo com a suposição básica de Freud de que a psicopatologia humana se desenvolve, em grande parte, como uma função da experiência individual, especialmente com a associada ao desenvolvimento da infância. A conclusão de Freud de que a ansiedade funciona como um sinal do aparecimento de um conflito emocional, que motiva o indivíduo a desenvolver comportamentos ou sintomas para reduzir este desagradável estado, preparou o caminho para o desenvolvimento de teorias infra-humanas do conflito (Miller, 1959) e da aprendizagem por evitação (Mowrer, 1939, 1947).

As interpretações de Freud sobre o modelo energético e a redução das necessidades também se incorporaram às principais teorias da aprendizagem nos anos quarenta e cinquenta (p. ex., Hull, 1943).

Influenciada pelas contribuições de Freud e Pavlov, a moderna teoria da aprendizagem se desenvolveu e floresceu, estabelecendo muitos princípios importantes e leis do comportamento. Contudo, a capacidade do enfoque comportamental para contribuir na área da psicopatologia continuou sendo, em grande medida, uma reinterpretação, em uma linguagem científica, das contribuições de Freud e dos neofreudianos (Dollard e Miller, 1950). Ainda que tenham sido oferecidas, de forma esporádica, técnicas comportamentais específicas para o tratamento, não constituíram uma ameaça significativa para a ampla teoria e técnica oferecidas por Freud. A área teve que esperar até o desenvolvimento do movimento da terapia do comportamento no final dos anos cinqüenta e início dos sessenta (ver Kazdin, 1978; Levis, 1970; Wolpe, 1958). Este capítulo centralizar-se-á em um destes novos enfoques, desenvolvido por Thomas G. Stampfl. Stampfl integrou habilmente os princípios comportamentais e psicanalíticos em uma teoria compreensiva do comportamento neurótico e psicótico, o que proporcionava um enfoque direto, totalmente novo, de tratamento na forma de sua Terapia Implosiva (TI).

II. Definição e Descrição

A teoria e a terapia implosivas representam um enfoque comportamental para o tratamento da psicopatologia, baseadas teoricamente na extensão da teoria dos dois fatores do aprendizado de evitação de Mowrer (ver Levis, 1985, 1989; Stampfl e Levis, 1967a, 1975). A TI baseia-se no princípio da extinção experimental direta, a apresentação do estímulo condicionado (EC) na ausência do estímulo incondicionado (EI). Uma suposição básica da teoria é que o comportamento sintomático é um comportamento aprendido que provém da evocação de estímulos associados com experiências condicionadas passadas, específicas e aversivas. Os sintomas conceitualizam-se como comportamentos manifestados e encobertos, desenvolvidos para reduzir ou evitar estímulos historicamente condicionados, evocadores de ansiedade. A tarefa da terapia consiste em deter o comportamento de evitação, expondo o paciente a tantos estímulos de evitação quanto seja possível, tentando finalmente obter uma completa exposição ao EC. Quanto maior for o número de estímulos de evitação experimentados, maior será a resposta afetiva resultante. Dado que a exposição ao EC e a subseguinte resposta emocional não são seguidas por uma resposta incondicionada (RI), como dor física, então encontram-se presentes as condições necessárias para desaprender a associação entre o EC, e a resposta emocional. Ao repetir os elementos do EC, na ausência do estímulo incondicionado biológico (EI), a resposta emocional sofre um efeito de extinção. Repetindo-o suficientes vezes, a fonte que evoca o comportamento sintomático reduz-se até o ponto da completa eliminação dos sintomas.

O método da TI para apresentação do EC implica tanto uma apresentação ao vivo dos estímulos temidos, sempre que seja possível, quanto o emprego de uma técnica que utiliza a imaginação, apresentada pelo terapeuta. A técnica que faz uso da imaginação elabora-se de tal forma que inclui componentes de estímulo do complexo EC evitando que não se possam apresentar facilmente ao vivo. A tarefa do terapeuta consiste em provocar tanta resposta emocional ao complexo EC quanto seja possível. Quanto maior for a resposta do paciente, mais rapidamente ocorrerá a aprendizagem emocional. A aplicação desta técnica leva a uma relativamente rápida redução do comportamento sintomático, normalmente dando lugar a mudanças significativas em um período que abrange de uma a vinte sessões de terapia. A técnica foi utilizada satisfatoriamente com uma ampla categoria de comportamentos neuróticos e psicóticos, incluindo o comportamento fóbico, o comportamento obsessivo-compulsivo, a depressão, a ansiedade penetrante, a histeria, a hipocondria, a psicopatia, as alucinações e delírios e outras classes de comportamento desviado que ocorrem nos indivíduos psicóticos.

Dado que esta técnica constitui um enfoque de exposição direta ao EC, desenvolvido para evocar altos níveis de resposta emocional, colocou-se a questão de que este enfoque poderia ser prejudicial ao paciente (Levis, 1974; Morganstern, 1973). Esta preocupação provém, principalmente, de duas fontes. A primeira procede da teoria freudiana que postula que um paciente com baixa força do ego pode "explorar" ou tornar-se psicótico quando é exposto a "potentes" estímulos emocionais ou estressantes. A segunda preocupação resulta da ansiedade e temores próprios do terapeuta ao provocar fortes respostas emocionais. Stampfl, que desenvolveu seu procedimento em 1957, também estava preocupado com este aspecto. Para ter a certeza da inocuidade da técnica, tratou pelo período de dez anos, antes de publicar a técnica em uma revista profissional (Stampfl e Levis, 1967a), uma ampla variedade de sintomas, incluindo aqueles associados a pacientes definidos tradicionalmente como "limite" ou "com baixa força do ego". Desde então, todo um conjunto de estudos experimentais e empíricos tem demonstrado, não somente a inocuidade do enfoque, mas também sua eficácia (Levis e Boyd, 1985; Levis e Hare, 1977; Boudewyns e Shipley, 1983). Além disso, a hipótese freudiana da baixa força do ego foi submetida à prova por Boudewyns e Levis (1975), não encontrando apoio para a mesma. É importante fazer uma distinção entre elevados níveis de resposta emocional obtidos através de um "enfoque de exposição ao EC", que dá como resultado uma extinção ou desaprendizado diretos, e um procedimento de "estresse", que mantém altos níveis de resposta emocional, minimizando bastante a exposição ao EC ou então introduzindo estímulos incondicionados. O primeiro autor do presente capítulo tem aproximadamente 30 anos de experiência no uso da técnica em um grande número de pacientes, com uma ampla variedade de problemas e não achou ninguém que tenha sido danificado com este enfoque. Pelo contrário, os pacientes mostram clinicamente muitos sinais de melhora. Algo interessante é que também apreciam e compreendem o propósito da técnica. Para eles tem sentido e assim explica-se, talvez, a baixa porcentagem de abandono associada a este enfoque (Levis e Carrera, 1967).

É compreensível o porquê, apesar de toda a evidência em contrário, dos terapeutas continuarem colocando esta questão. A Terapia Implosiva não é uma técnica fácil de utilizar, no sentido de que é desgastante para o terapeuta reproduzir e experimentar a intensidade do sofrimento do paciente. Ainda assim, a técnica é muito reforçadora tanto para o terapeuta quanto para o paciente, vendo que os efeitos da extinção e a redução dos sintomas, assim como muitas outras mudanças clínicas positivas, ocorrem, com freqüência, muito rapidamente.

Stampfl, ao desenvolver seu enfoque, foi influenciado por sua ampla experiência terapêutica com crianças emocionalmente perturbadas e por sua capacidade de integrar os princípios da teoria psicanalítica e da literatura sobre a aprendizagem por evitação experimental (Stampfl, 1966). Denominou de "implosão" a técnica que desenvolveu, um termo retirado da física e um rótulo que mostra o processo de energia dinâmico interno, inerente à liberação de estímulos afetivamente carregados e codificados no cérebro. Depois de iniciado o processo de exposição ao EC, aparece uma reação em cadeia onde o primeiro conjunto de estímulos leva à evocação de outro conjunto que, por sua vez, gera outro conjunto e assim sucessivamente. Cada novo conjunto de estímulos está associado com um nível superior de resposta emocional. Este processo reflete o restabelecimento de associações evocadoras de ansiedade, que podem produzir uma recuperação completa na memória de um determinado lapso de tempo traumático. Este componente de reativação da memória na TI é uma descoberta de grande importância na tentativa de reconstruir a etiologia da psicopatologia e liberou o caminho para uma série de avanços teóricos (Levis, 1985, 1988). A velocidade com que são recuperadas as lembranças e enfrentam-se os lapsos traumáticos, transforma em obsoletos os enfoques psicanalíticos e outros enfoques cognitivos.

Finalmente, deveria-se assinalar que os termos "implosão" e "inundação" são usados, com freqüência, indistintamente. Ambos os termos se referem à tentativa do terapeuta de expor repetida e continuamente ao paciente os estímulos de temor evitados, com a finalidade de maximizar o nível da resposta emocional e o subseguinte efeito de extinção. No entanto, alguns escritores reservam o termo "inundação" para aqueles terapeutas que usam o procedimento da TI, mas limitam-se à apresentação *in vivo* ou na imaginação, daqueles estímulos que se correlacionam diretamente com o início dos sintomas (Levis e Hare, 1977). Os terapeutas que utilizam a implosão encontraram, principalmente ao tratar com a psicopatologia grave, a necessidade de ir além dos estímulos contingentes com os sintomas e incorporar estímulos "hipotéticos". Este ponto será esclarecido uma vez que os fundamentos teóricos que subjazem à técnica sejam melhor compreendidos.

III. Fundamentos Conceituais e Empíricos

A Terapia Implosiva é um enfoque que incorpora formulações inerentes a sistemas dinâmicos reinterpretados e reaplicados em termos da teoria e princípios da aprendizagem. Os clínicos de orientação dinâmica não necessitam abandonar seus conceitos fundamentais sobre a situação humana. O presente enfoque não proporciona somente uma nova orientação teórica, mas também altera, e em alguns casos modifica drasticamente, procedimentos de tratamento existentes e fornece, igualmente, um catalisador para sugerir novas linhas de experiências com animais (Stampfl e Levis , 1967a; Stampfl, 1987, 1988). A teoria da aprendizagem adotada representa uma extensão da teoria dos dois fatores do aprendizado por evitação de O.H. Mowrer (Mowrer, 1947, 1960a,b), que tem recebido um grande respaldo empírico na pesquisa animal e humana (ver Levis, 1989).

III.1. A aquisição da psicopatologia

Supõe-se que a psicopatologia é um resultado de experiências específicas passadas de castigo e dor, o que confere fortes reações emocionais a estímulos inicialmente não punitivos (neutros). Os acontecimentos condicionantes no ser humano são, geralmente, muito mais complexos e extensos do que na típica experiência de laboratório. A aquisição de "sinais de perigo" no ser humano pode ser resultado de acontecimentos aversivos no primeiro período de socialização da criança, implicando em um duro castigo físico, privação de comida e de contato físico e/ou a exposição a abusos sexuais. Outros fatores significativos de condicionamento podem ser os acontecimentos relacionados com experiências aversivas no grupo de iguais (ser molestado, ter apanhado) ou provenientes de acontecimentos naturais aversivos (lesões resultantes de quedas, queimaduras, cortes, etc.). Os acontecimentos aversivos atuais (problemas matrimoniais, perdas de trabalho, questões familiares, má saúde, etc.) também podem contribuir com a ativação emocional (Stampfl e Levis, 1967a). O comportamento desadaptado, que é provável que se rotule como sintomático, vem da tentativa do organismo para reduzir ou eliminar o impacto da lembrança de acontecimentos aversivos previamente condicionados. Este comportamento está motivado por um forte impulso secundário. Os impulsos secundários diferenciam-se dos impulsos primários ou inatos como a fome, a sede e o sexo, onde sua capacidade de servir como elementos motivadores depende da aprendizagem. Estes impulsos possuem um papel importante no desenvolvimento do comportamento humano e pensa-se que se encontram por detrás da luta pelo prestígio, a ascensão social, o dinheiro, o poder, o status e o amor (Brown, 1961). Mas talvez, o impulso mais potente e penetrante seja o medo aprendido, ou ansiedade, o que parece ser o principal estímulo instigador do comportamento desadaptado. Segundo Dollard e Miller (1950, pp. 190), o medo é importante para a formação de sintomas porque pode aderir-se a novos estímulos através da aprendizagem e porque é a fonte de motivação que provoca a resposta inibidora na maioria dos conflitos.

Desta forma, os sintomas e as manobras cognitivas defensivas (por ex., negação, repressão, dissociação, racionalização, projeção, etc.) que se refletem na psicopatologia dos seres humanos, são considerados como equivalentes ao comportamento de evitação, um ponto de vista compartilhado por Freud (1936) e outros terapeutas comportamentais (p. ex. Wolpe, 1958). A teoria dos dois fatores de Mowrer (1947, 1960a) proporciona um excelente modelo de trabalho para compreender este comportamento. Segundo esta posição, pensa-se que pelo menos dois tipos de resposta são inerentes ao desenvolvimento da psicopatologia. O primeiro consiste no aprendizado humano em responder de uma forma temerosa a estímulos que anteriormente não eram temidos. A seqüência de acontecimentos necessária para a aquisição do medo encontra-se bem estabelecida na literatura experimental e alude-se à mesma como condicionamento clássico pavloviano. Seu desenvolvimento provém simplesmente do emparelhamento de estímulos inicialmente não temidos com um acontecimento aversivo inato que provoca dor. O estado de impulso primário ou RI de dor, pode ser provocado por uma variedade de EIs, como os implicados no castigo físico ou aqueles provocados por estados graves de privação primária, como a fome. Depois de emparelhamentos suficientes de um estímulo neutro com um EI, os estímulos não temidos que precedem de forma imediata ao aparecimento do EI, adquirirão a capacidade de provocar temor, inclusive quando já não sejam seguidos por um acontecimento aversivo inato. A reação emocional aversiva provocada pela apresentação dos agora, já estímulos condicionados de temor, denomina-se resposta condicionada de temor (RC). Embora a resposta de temor não implique em um conjunto unitário, bem definido, de topografias de resposta, geralmente supõe-se que implica principalmente no condicionamento do sistema nervoso autônomo. A aprendizagem do temor, segundo Mowrer, é governada pelas leis do condicionamento clássico e baseia-se unicamente no princípio da contigüidade, o emparelhamento do EC e do EI.

Como foi mencionado anteriormente, acredita-se que a aprendizagem do medo implicada na psicopatologia humana, abrange um complexo conjunto de estímulos que compreende padrões de EC tanto externos como internos (Stampfl, 1970; Stampfl e Levis, 1969a, 1975). Depois de estabelecido o condicionamento do medo, este é capaz de condicionar secundariamente outros estímulos através de associações ou emparelhamentos com os estímulos previamente condicionados. Isto representa um ponto crítico, já que alguns teóricos adotam um ponto de vista bastante míope ao analisar quais os ECs que instigam o comportamento desadaptado. Às vezes coloca-se a suposição ingênua de que os padrões condicionados do EC implicam somente naqueles estímulos que se correlacionam com o início da resposta emocional. Por exemplo, poder-se-ia fazer a suposição de que o estímulo crítico que necessita de extinção no caso de uma fobia aos aviões, é o estímulo associado ao avião. Ainda assim, na grande maioria destes casos o paciente informa nunca ter tido um acidente de avião e não se pode achar um acontecimento de condicionamento direto a estes estímulos. Baseando-nos na teoria e na experiência clínica, é lógico supor que os estímulos relacionados com o início dos sintomas (p. ex. ver um avião) representam reações generaliza-das condicionadas, que somente refletem uma pequena parte do complexo EC total, evitado. Assim, o padrão do EC que se evita pela maioria dos sintomas clínicos, conceitualiza-se de tal forma que explica um complexo sistema de estímulos, tanto externos como internos (pensamentos, imagens e lembranças), incluindo estímulos antecedentes evocados pela exposição ao estímulo fóbico (p. ex. temor de danos físicos, morte ou perda dos sinais de controle). A evidência de laboratório tem demonstrado, de forma convincente, que o condicionamento não se dá somente em um estímulo discreto, mas sim em um estímulo complexo que inclui potencialmente a todos os estímulos que precedem de forma imediata ao EI, estímulos generalizados e aqueles que sofreram os efeitos do condicionamento secundário (ver Levis, 1989; McAllister e McAllister, 1971, 1989). Geralmente aceita-se que uma grande quantidade de aprendizado emocional humano torna-se condicionado através da associação ou do emparelhamento com outros ECs aversivos. Os princípios de aprendizagem implicados nesta transferência incluem o processo de condicionamento secundário, o condicionamento de ordem supe-rior, a generalização primária do estímulo, a generalização mediada da resposta, o condicionamento mediado semântico e simbólico e a reativação da memória ou a recuperação de acontecimentos aversivos passados (ver Levis, 1985).

III.2. Manutenção dos sintomas

A teoria dos dois fatores sobre o medo tem desfrutado de um apoio experimental considerável, no laboratório animal, quando se trata de explicar a aquisição, a manutenção e a extinção do aprendizado de evitação ativo e passivo (Brown e Farber, 1958; Levis, 1989; McAllister e Mc Allister, 1965; Mowrer, 1960a; Rescorla e Solomon, 1967). Embora se tenham realizado tentativas engenhosas, por parte dos comportamentais, para oferecer uma explicação alternativa não teleológica, que não necessite do conceito de medo, do comportamento de evitação (Dinsmoor, 1950; Hernstein, 1969; Schoenfeld, 1950) ou uma mudança biológica-genética (Bolles, 1970; Seligman, 1971), estas explicações estão bastante longe de resolver as paradoxais críticas (Levis, 1989; Mackintosh, 1974). O poder da teoria do medo reside na sua capacidade para gerar numerosas predições apoiadas em diferentes ângulos e no fracasso de pontos de vista alternativos para substituir a teoria por um modelo igualmente compreensivo e preditivo (Levis, 1989; Mackintosh, 1974). Ao acrescentar o constructo do medo, a teoria é capaz de explicar o porquê da força da resposta de evitação somente aumentar inicialmente na presença de uma condição de EC e por que se dá a metódica diminuição deste sistema de respostas com a exposição contínua ao EC. Desta forma, a teoria mantém intacto o princípio tradicional da extinção experimental; a apresentação do EC na ausência do EI leva a uma diminuição da resposta de evitação condicionada ao EC.

Resulta irônico que os princípios empíricos estabelecidos para a extinção do comportamento de evitação e temor, transformem-se no calcanhar de Aquiles das tentativas da teoria dos dois fatores para explicar a psicopatologia. É problemática a observação clínica de que o comportamento sintomático nos seres humanos pode durar anos, sem sinais aparentes de extinção, enquanto que os estudos de laboratório sobre a evitação normalmente mostram uma relativamente rápida extinção depois de retirado o EI. Mowrer (1950, p.351) que chamou a preocupação de Freud (1936) sobre este tema, de "paradoxo neurótico", perguntava-se por que o denominado comportamento neurótico é ao mesmo tempo autoderrotista e autoperpetuante, em vez de chegar a auto-eliminar-se. Mowrer não somente considerou, este paradoxo como central para a teoria e a prática clínicas como Freud o fez, mas reconheceu corretamente que a questão da evitação constante ou do comportamento sintomático apresentavam sérias dificuldades às interpretações do aprendizado do comportamento neurótico (Stampfl, 1987).

Para entender claramente a técnica da TI, é essencial que o terapeuta compreenda a engenhosa solução de Stampfl para o "paradoxo neurótico", na sua explicação teórica sobre a manutenção dos sintomas (Stampfl, 1970, 1987; Stampfl e Levis, 1967, 1969a). As observações clínicas revelaram que embora alguns sintomas humanos pareçam durar muito tempo, os estímulos dos quais inicialmente se informava que provocavam o início dos sintomas, sofriam, freqüentemente, uma mudança com o tempo, de forma que os primeiros estímulos evocadores do medo deixavam de provocar os sintomas. Teoricamente segue-se que, a causa da exposição repetida ao EC, as propriedades evocadoras do medo associadas com estes estímulos provocam um efeito de extinção e são substituídas na memória por um novo conjunto de estímulos com propriedades instigadoras do medo, estímulos que não haviam recebido previamente muita exposição ao EC. Estes novos estímulos e sua reatividade emocional podem ser observados quando se impede a manifestação dos sintomas. Esta observação levou Stampfl a concluir que havia um sistema de estímulos implicados em instigar um determinado sintoma e que estes estímulos, que representam a associação passada com acontecimentos condicionantes que implicam dor, armazenaram-se na memória e ordenaram-se de modo seqüencial ou serial em termos de sua acessibilidade. Além disso, parecia que estes padrões de estímulos ordenavam-se segundo uma dimensão de intensidade do estímulo, sendo os padrões de estímulos mais aversivos, os menos acessíveis. Foi hipotetizado que estes estímulos codificados na memória são ativados por uma situação estimular da vida atual do paciente, situação que é similar, sobre uma dimensão de generalização, àqueles estímulos associados com acontecimentos condicionados traumáticos anteriores. A função dos sintomas do paciente consiste em bloquear o aparecimento desses estímulos e evitar as propriedades intensamente emocionais associadas aos mesmos. No entanto, pelo fato de que estes estímulos generalizados são, finalmente expostos, o temor com relação a eles sofre um efeito de extinção que, por sua vez, reativa o seguinte conjunto de sinais na cadeia em série. Stampfl traduziu esta observação à terminologia E-R, ampliando e modificando a agora hipótese clássica de conservação da ansiedade, sugerida por Solomon e Wynne (1954).

O modelo de condicionamento de evitação de laboratório apresenta-se de tal forma que, se um animal dá a resposta apropriada ao EC (p. ex., pula fora da caixa de condicionamento) antes do começo do EI, o EC termina imediatamente e é evitado o EI neste experimento. Na extinção elimina-se o EI. O aparte sobre a conservação, na hipótese de Solomon e Wynne, baseia-se na observação de que, no aprendizado por evitação, a ocorrência de uma resposta de evitação, de latência curta, evita a exposição total ao EC nesse experimento. Por conseguinte, a parte do EC que não se expõe será protegida ou conservada contra a extinção do medo, já que a exposição é um requisito necessário para a extinção. Stampfl raciocinou, a partir de suas observações sobre a manutenção dos sintomas humanos, que o paradoxo neurótico poderia ser entendido conceitualmente através da ampliação da hipótese da conservação da ansiedade. Lembrar-se-á que os acontecimentos condicionantes traumáticos, que mantêm a sintomatologia humana, supõe-se que ocorram perante um complexo conjunto de estímulos que se armazenam na memória a longo prazo. Pensa-se que estes diferentes complexos de ECs estão ordenados seqüencialmente, segundo sua carga aversiva e em termos de sua acessibilidade para a reativação. Seguir-se-ia, por conseguinte, que se as respostas de evitação de latência curta conservavam o medo a segmentos mais longos do EC, ao evitar sua exposição, então o processo de conservação poderia aumentar-se ainda mais no laboratório, dividindo o intervalo EC-EI em diferentes componentes estimulares. Este procedimento deveria, por sua vez, melhorar os efeitos da conservação da ansiedade, ao reduzir a generalização dos efeitos da extinção desde uma curta exposição ao EC até uma longa exposição ao mesmo. Por exemplo, considere-se a apresentação de um intervalo EC-EI de 18 segundos, onde os primeiros 6 segundos do EC implicam na apresentação de um zumbido (S1), os 6 segundos seguintes implicam na apresentação de luzes brilhantes (S2) e o último segmento, na apresentação de um tom (S3). Uma vez que a resposta de evitação está solidamente estabelecida ao componente S1, evita-se a exposição de S2 e S3. A conservação da ansiedade perante os componentes S2 e S3 deveria estar no máximo, já que os efeitos da extinção provenientes da exposição ao componentes S1 dificilmente chegarão a se generalizar ao segmento restante não exposto do intervalo EC-EI. Isto se deve a que os restantes estímulos do segmento são muito diferentes da parte exposta do intervalo. Desta forma, quanto maior é a redução na generalização da extinção desde a primeira parte exposta do intervalo EC-EI até as seções não expostas, maior é o grau de conservação da ansiedade aos componentes mais próximos ao início do EI.

A princípio, apresentar o EC em série deveria levar ao máximo o efeito de conservação e retardar o processo de extinção da forma seguinte. A exposição ao componente S1 dará como resultado final uma extinção suficiente para provocar latências da resposta de evitação mais longas. Em algum ponto será exposto o componente S2. Quando isto ocorrer, o nível de ativação do medo mudará de um nível relativamente baixo, evocado pelo componente S1, a um estado elevado, evocado pelo componente S2. O componente S2 conserva mais temor, já que se tem conservado grande parte do nível original do medo e porque os efeitos do condicionamento original eram mais potentes, devido à maior proximidade deste estímulo durante o condicionamento ao EI. Depois da exposição do componente S2 dever-se-iam observar os sinais comportamentais de temor. Uma vez exposto, o componente S2 funciona como um estímulo de condicionamento de segunda ordem, fortalecendo o nível de medo ao componente S1 (ver Rescorla, 1980). Este efeito de recondicionamento (S1-S2) deveria dar como resultado uma volta às respostas de latência curta ao componente S1, que por sua vez evita qualquer extinção posterior do componente S2. O efeito do recondicionamento de S1, associado com a exposição ao S2, deveria continuar ocorrendo até que o nível do medo deste componente tenha sofrido um efeito de extinção suficiente. Então a resposta deveria estar sob o controle do componente S2. Quando S2 for extinto, será exposto S3 e volta a ocorrer o processo de recondicionamento de S2 e S1. Desta forma, ao acrescentar os componentes em série leva-se ao máximo tanto a hipótese da conservação da ansiedade como o processo do reforçamento intermitente secundário, o que deveria produzir a manutenção de uma evitação extrema. O efeito geral é uma distribuição das latências de evitação na extinção, o que produz uma espécie de efeito de vai e vem. A hipótese anterior tem recebido um forte apoio empírico dos estudos de laboratório que usam animais (p. ex., Levis, 1966; Levis e Boyd, 1979; Levis e Stampfl, 1972) e dos estudos com humanos (Malloy e Levis, 1988). Pensa-se que são os princípios anteriores os que estão operando nos seres humanos e os responsáveis pela demora no aprendizado do medo (para exemplos clínicos deste efeito ver Levis, 1980, 1988; Stampfl, 1970; Stampfl, 1970; Stampfl e Levis, 1969a, 1975).

III.3. Desaprendizagem do medo e dos sintomas

Como se pode deduzir da análise precedente sobre a manutenção dos sintomas, os princípios da extinção do medo estão operando com cada ocorrência dos sintomas do paciente, mas são demorados pela capacidade do sistema de defesa para evitar qualquer exposição prolongada ao EC; pela capacidade dos estímulos recém expostos para recondicionar aqueles previamente extintos; e pela complexidade do sistema de estímulos e de defesa condicionados previamente. Assim, seguir-se-ia, de forma lógica, que a extinção tanto dos estímulos provocadores emocionais como do comportamento resultante motivado para evitar estes estímulos, poderia facilitar-se expondo, de alguma maneira, o paciente a tantos estímulos de temor quanto seja possível. Isto daria como resultado a provocação de uma forte resposta emocional na ausência de qualquer estímulo aversivo primário (EI), o que, por sua vez, deveria provocar um efeito de extinção igualmente forte. No laboratório esta estratégia foi realizada evitando ou bloqueando diretamente a ocorrência da resposta de evitação, permitindo que ocorresse a resposta, mas eliminando a ordem contingente da finalização do EC, ou demorando a ocorrência da resposta até depois da exposição completa do EC. Cada uma destas exposições forçadas do EC tem sido mostrada no laboratório para facilitar a extinção do medo e da evitação (Baum, 1970; Shipley, 1974; Shipley, Mock e Levis, 1971). A mesma estratégia foi adotada por terapeutas que usam a TI para tratar os temores humanos, empregando um enfoque de exposição ao vivo e/ou apresentando o estímulo temido através de alguma técnica de extinção que utiliza a imaginação.

IV. A TERAPIA IMPLOSIVA – UMA REVISÃO

Uma vez que a desaprendizagem emocional é uma função da exposição repetida ao EC, dir-se-ia que os procedimentos de laboratório estabelecidos para facilitar este efeito podem ser eficazes no tratamento da psicopatologia humana. A exposição ao EC é um laço comum que une todos os procedimentos psicoterapêuticos. O que transforma em única a TI é o suposto teórico de que a exposição ao EC e a extinção emocional posterior constituem a variável crítica para produzir uma eliminação dos sintomas. Como foi assinalado anteriormente, desta orientação seguir-se-ia que, com cada ocorrência dos sintomas de um paciente está acontecendo algum tipo de "desaprendizagem", devido à exposição parcial ao EC. Isto nos levaria à predição de que a remissão dos sintomas se observaria especialmente naqueles casos em que a evitação pelo paciente é só parcialmente eficaz para reduzir a exposição do EC. Este parece ser o caso na depressão e na ansiedade penetrante (ver Boys e Levis, 1980; Hare e Levis, 1981; Levis, 1980b, 1987). Deveria acontecer também, com o passar do tempo, uma mudança nos estímulos que provocam o início dos sintomas e refletem o processo de extinção do EC. Igualmente, deveriam ocorrer mudanças no padrão de respostas do paciente quando surgissem novos conflitos e quando os sintomas existentes deixassem de funcionar como elementos que acabassem de forma eficaz com o EC.

Para obter uma redução substancial dos sintomas, pode-se necessitar de uma exposição repetida, não somente dos elementos do EC diretamente relacionados com o início dos sintomas, mas também dos elementos reativados pelo procedimento de exposição e associados com os acontecimentos condicionantes traumáticos. No entanto, para que se dê a diminuição ou eliminação dos sintomas, não é essencial que todos os estímulos condicionados que compreendem o complexo EC total, que instiga um determinado sintoma, sejam apresentados pelo terapeuta ou que sua apresentação seja absolutamente precisa. Os efeitos da extinção que ocorrem na exposição a um determinado conjunto de elementos, deveriam generalizar-se a outros elementos do EC que não foram expostos, como uma função da semelhança do estímulo. Este é o processo inverso àquele que se dá durante a aquisição do medo. No entanto, é importante que os efeitos da extinção sejam obtidos com aqueles elementos que tenham a maior carga afetiva. Finalmente, dir-se-ia que quanto maiores são as respostas emocionais ao complexo EC exposto, maior é o grau de extinção emocional (ver Levis, 1980a; 1985).

A técnica da TI baseia-se principalmente em um único princípio, o da extinção experimental direta. A tarefa do terapeuta consiste em extinguir os complexos condicionados do EC aversivo que proporcionam a estimulação para a ocorrência e manutenção dos sintomas. Isto pode-se conseguir representando, restabelecendo ou reproduzindo simbolicamente, na ausência de dor física (EI), os estímulos previamente condicionados que provocam a sintomatologia do paciente (Stampfl e Levis, 1967a). Naqueles casos em que os padrões do EC, que se estão evitando, envolvem estímulos externos discretos, concluiu-se que a exposição ao vivo a estes estímulos é muito eficaz (Levis e Boyd, 1985; Levis e Hare, 1977). Esta exposição ao vivo ao EC deveria funcionar como uma ativação de outros estímulos relacionados, internamente codificados. No caso da patologia não ser grave, uma generalização suficiente dos efeitos da extinção a partir da exposição aos estímulos ao vivo, pode ser suficiente para reduzir o comportamento sintomático. No entanto, naqueles casos onde a história de condicionamento é grave ou os estímulos que provocam o início dos sintomas são principalmente internos, o terapeuta pode introduzir estes estímulos temidos empregando uma técnica que utilize a imaginação.

O emprego de um procedimento que utilize a imaginação é especialmente necessário para a apresentação daqueles estímulos internos associados com a representação neural de acontecimentos condicionados passados específicos que implicam em dor e castigo. Através de instruções verbais para que tente imaginá-las, descrevem-se ao paciente cenas que incorporam vários estímulos (visuais, auditivos, táteis) que, hipoteticamente, encontram-se ligados aos acontecimentos condicionados originais. A técnica é um *procedimento operacional*, no sentido de que a confirmação de uma área de estímulos suspeita determina-se vendo se a apresentação do material provoca uma forte resposta emocional. Segundo a teoria, os estímulos que provocam afetos negativos na imaginação o fazem devido a uma aprendizagem prévia e desta forma podem-se extinguir através da repetição. As imagens funcionam unicamente como ECs; o mesmo acontece com todos os pensamentos ou lembranças.

A técnica utilizada é um enfoque de *feedback* e, como assinalou Stampfl (1970), é análoga à situação onde se dá a um pesquisador a tarefa de extinguir o comportamento de evitação de um rato, mas não lhe é dito a qual EC foi condicionado o rato (p. ex., um som de 4 KHz). Embora exista um infinito número de possíveis ECs que poderia ter sido usado para condicionar o rato, o conhecimento da literatura sobre a evitação deveria aumentar a probabilidade de encontrar o EC correto. Um pesquisador cuidadoso iniciaria introduzindo, de forma sistemática, uma variedade de estímulos que se sabe que são utilizados com ratos, como luzes, zumbidos e sons. No caso de serem manifestados sinais do comportamento de evitação ou medo quando se introduz o estímulo teste, é obtido um certo apoio para o pré-condicionamento deste estímulo. Quanto mais potente for a resposta manifesta, maior é o apoio. Suponhamos, por um processo de eliminação, que o experimentador ache que um som de 8 KHz provoca uma forte resposta emocional. Apresentado este som selecionado, uma e outra vez, o experimentador chega a ser capaz de extinguir a resposta emocional ao som. Há que se assinalar que, devido a generalização dos efeitos da extinção, não se necessita de uma precisão absoluta. A apresentação repetida de um som de 8 KHz deveria enfraquecer, de forma eficaz, as tendências provocadoras de um som de 4 KHz.

A estratégia anterior é essencialmente a mesma que um terapeuta da TI emprega. O terapeuta tem a vantagem adicional, ao reconstruir os estímulos evitados, de lidar com um organismo que se comunica verbalmente. Centrando-se nas associações informadas pelo paciente, com os estímulos apresentados e incorporando-os a cenas imaginadas adicionais, produz-se uma cadeia de associações que não só acrescenta novos estímulos de temor não expostos, como reflete a descodificação de uma lembrança traumática real. Levando em conta esta revisão, seguiremos a uma apresentação mais detalhada da técnica.

V. PROCEDIMENTO

Uma das primeiras tarefas do terapeuta ao ministrar a técnica da TI consiste em determinar quais os estímulos aversivos que estão provocando o comportamento sintomático do paciente. A avaliação representa um importante ingrediente para empregar a técnica satisfatoriamente. Com a finalidade de facilitar este objetivo, pode ser útil a seguinte discussão das categorias de estímulos.

V.1. Classificação das categorias dos estímulos de evitação

Embora Levis (1980a) descreveu sete categorias de estímulos para se considerar na pesquisa, a sugestão de Stampfl (1970) de um sistema de quatro categorias é suficiente para propósitos clínicos. Estes estímulos podem ser considerados em termos de uma progressão ao longo de um contínuo, que vai desde estímulos físicos e muito concretos de um lado, até classes de estímulos mais hipotéticos e dinâmicos de outro. A primeira categoria abrange o que se denomina de *estímulos contingentes aos sintomas*, isto é, aqueles estímulos ambientais que servem inicialmente para provocar alguns determinados sintomas. Exemplos de estímulos contingentes aos sintomas podem incluir: a visão de picar gelo, a experiência de subir em um elevador, comer em público, tocar às chaves de um carro de aluguel, o cheiro de fumaça, o som de um trovão, etc. Normalmente estes estímulos são os menos complexos e os mais acessíveis ao paciente e, portanto, ao terapeuta.

A segunda categoria de estímulos se compõe de *estímulos "informáveis", provocados interiormente*. Estes se referem aos pensamentos, sentimentos e sensações físicas que o paciente informa que experimenta quando ocorre o comportamento problemático. Por exemplo, um homem informa ao seu terapeuta que, entre outros problemas, acha muito difícil, e às vezes impossível, entrar na sala de estar. Apesar do seu desejo de assistir televisão e passar um tempo com sua família, é incapaz de entrar na sala de estar. Aqui, o ver a sala de estar serve como o estímulo contingente aos sintomas que conduzem aos mesmos, ou seja, à evitação da sala de estar e, posteriormente, ao incontrolável desejo de também lavar as mãos.

Quando se pede que descreva seus pensamentos e sentimentos, o paciente explica que, como resultado de um acidente de trabalho relacionado, no qual esteve exposto a um composto radioativo, está convencido de que ter deixado a carteira e a jaqueta em uma cadeira da sala de estar deu como resultado uma contaminação radioativa na casa toda e, especialmente, na sala de estar. Também informa que experimenta sentimentos de grande ansiedade quando se encontra dentro ou perto da sala de estar e que esta ansiedade vem acompanhada de uma grande taquicardia, uma respiração rápida, um engolir de saliva freqüente, tonturas e boca seca.

Levando em conta estas informações, o terapeuta começa a formar hipóteses sobre a seguinte categoria de estímulos, isto é, *estímulos não "informáveis" que hipoteticamente estão relacionados com estímulos de caráter interno*. Dado que os sintomas físicos informados pelo paciente são parecidos àqueles que acompanham os ataques de pânico, o terapeuta poderia considerar a possibilidade de que o paciente experimentasse também sentimentos de perda de controle e o possível temor de ficar louco. Outros estímulos não "informados" poderiam incluir o temor da morte e a condenação eterna, a experiência de ira, da tensão muscular, das mãos suadas e sensações de falta de ar.

Finalmente, o terapeuta, baseando-se na informação obtida a partir de uma entrevista detalhada, tentará gerar uma quarta categoria de estímulos, que Stampfl denominou de *estímulos dinâmicos hipotéticos*. Neste caso o material de entrevista sobre a infância do paciente – o divórcio de seus pais quando era criança e uma relação excessivamente estreita com sua mãe – unido a informações sobre a natureza problemática de seu casamento, sugeriu, entre outras coisas, um complexo de Édipo não resolvido. Além dos elementos referentes ao complexo de Édipo, podem surgir outros elementos dinâmicos sobre a etapa oral, a etapa anal, os impulsos de morte, a castração e toda uma variedade de estímulos do processo primário. Estes tipos de elementos se transformam em seus equivalentes estimulares. Concluiu-se que os elementos estimulares são especialmente úteis no tratamento de pacientes com transtornos mais graves.

A progressão, que vai desde a categoria dos estímulos contingentes aos sintomas até a dos estímulos dinâmicos hipotéticos, é bastante consistente como uma progressão ao longo do contínuo em série do EC. Os estímulos da primeira categoria são os que caem mais longe do EI hipotetizado, enquanto que aqueles que se encontram na última categoria caem relativamente mais perto ao longo da cadeia. No entanto, isto não é de nenhum modo uma relação linear. Como foi assinalado anteriormente, os seres humanos possuem histórias de aprendizagem muito complexas. Nenhum terapeuta pode esperar encontrar uma nítida cadeia de condicionamento, onde os estímulos pertençam a uma única categoria. Pelo contrário, é bem mais provável que os estímulos pertençam a duas ou mais categorias simultaneamente. Apesar desta complexidade, as categorias de estímulos propostas são úteis para ajudar o terapeuta a desenvolver uma conceitualização do caso.

Um importante fator a considerar, ao desenvolver os estímulos hipotéticos, é a atenção dada às características críticas do processo de condicionamento. Uma vez que os acontecimentos condicionados originalmente necessitam da presença de um EI, apresenta-se a suposição de que os estímulos associados com a dor e o dano dos tecidos (castigo físico, cortar-se, cair), foram codificados no cérebro como uma lembrança e funcionam como ativadores do EC. Por conseguinte, supõe-se que os estímulos associados imediatamente às lesões corporais (p. ex., a visão de sangue), são elementos integrais do complexo estimular aversivo, embora não sejam informados pelo paciente. Stampfl (1970) enfatizou o ponto anterior e forneceu uma série de exemplos ilustrativos. Considere-se um paciente que tem medo de cair de locais altos. Logicamente se diria que o paciente também tem medo das conseqüências corporais do impacto que se segue à queda. Ao reconstituir o medo, supõe-se que a seqüência de cair, pertencente aos estímulos aversivos, relaciona-se com a fobia: S1 (estímulos associados com o estar em um local alto – estímulos contingentes aos sintomas); S2 (estímulos associados com o cair – estímulos "informáveis"); S3 (estímulos associados com o impacto, como pode ser um corpo destruído – estímulos hipotéticos relacionados) e, se o paciente tem medo ao que possa vir depois da morte, S4 (sofrer no inferno – estímulos dinâmicos).

Uma vez que está em andamento o processo de terapia, a confirmação da validade dos estímulos introduzidos é determinada pelo grau da reação emocional do paciente às cenas. Freqüentemente o processo terapêutico libertará as lembranças reais do acontecimento traumático condicionado, dando como resultado a incorporação, por parte do terapeuta, destes estímulos "informáveis" e reduzindo a necessidade do uso contínuo de estímulos hipotéticos. Dados os fundamentos teóricos anteriores e o marco básico do processo de categorização dos estímulos, as subdivisões posteriores proporcionarão um esquema de como realizar a técnica da TI. Embora Stampfl tenha utilizado inicialmente um procedimento ao vivo, a complexidade dos ECs que se evitam, deu como resultado o desenvolvimento de uma técnica que utiliza a imaginação, que constituirá o centro principal de nossa discussão. Uma descrição do procedimento ao vivo pode ser encontrada em Barlow (1988), Chambless e Goldstein (1980), Foa e Tillmanns (1980) e Boudewyns e Shipley (1983).

V.2. Coleta de informação

A coleta de informação é uma parte integral de qualquer estratégia de tratamento comportamental. Somente através de uma cuidadosa e sistemática entrevista profunda, o clínico pode obter a informação suficiente para a classificação dos estímulos de evitação relevantes.

Freqüentemente é útil começar as perguntas pedindo ao paciente que descreva as preocupações que o levaram a procurar a ajuda do terapeuta, como entende a natureza da psicoterapia e o que gostaria de conseguir com a terapia. Durante esta fase da entrevista o terapeuta tenta averiguar a gravidade do problema (o grau em que interfere com a capacidade do paciente para enfrentar as responsabilidades diárias, o número e os tipos de situações onde ocorrem os sintomas), a duração do problema e as razões pelas quais o paciente procurou a terapia nesta ocasião. Além disso, o terapeuta deveria tentar avaliar a ocorrência dos acontecimentos significativos da vida no momento em que apareceram pela primeira vez os sintomas, assim como a existência de outros problemas ou preocupações.

É essencial obter uma completa história médica do paciente, especialmente naqueles casos onde um transtorno físico poderia explicar o quadro de sintomas. O terapeuta pode inclusive pedir ao paciente que se submeta a um exame físico completo e que traga uma cópia do relatório na sessão seguinte. Há que se tomar nota cuidadosa de qualquer medicação que o paciente esteja tomando atualmente, assim como de qualquer condição médica ou psiquiátrica que apareça na história da família do paciente.

Áreas adicionais que o terapeuta deveria avaliar incluem o estado de ânimo atual; a satisfação com os atuais relacionamentos, tanto com a família como com os amigos; o atual desempenho sexual; a presença de idéias de suicídio, alucinações ou delírios; uma completa história familiar, incluindo o desenvolvimento intelectual, social e sexual do paciente, assim como sua educação religiosa e o status socio-econômico dos pais. Dada a preponderância de abusos físicos e sexuais na infância, deveria avaliar-se também, de forma habitual, a ocorrência de ambos os tipos de abuso infantil. Através do processo de entrevista, o terapeuta deveria estar desenvolvendo continuamente hipóteses sobre as categorias de estímulos contidos em cada uma das quatro categorias anteriores.

V.3. Plano de tratamento

Antes de iniciar o tratamento formal, o terapeuta deveria integrar as hipóteses que se desenvolveram no decorrer das sessões iniciais de avaliação. Depois de finalizar este processo de organização, o terapeuta deveria ser capaz de responder às seguintes perguntas: Qual(is) é (são) o(s) problema(s) presente(s)? (tanto os identificados pelo paciente como os descobertos pelo terapeuta no decorrer das primeiras sessões de avaliação). Descartei todas as condições médicas que poderiam explicar este quadro de sintomas? Que impacto tem o complexo de sintomas no funcionamento atual? Em que situações normalmente ocorrem os sintomas? Quais são as forças instigadoras (emoções, história passada de aprendizagem) que provocam estes sintomas e qual é a responsável pela sua manutenção, apesar do mal-estar subjetivo experimentado pelo paciente? Quais são as raízes históricas que se encontram por trás do desenvolvimento do complexo de sintomas (por que estes sintomas e não outro conjunto deles, que poderiam servir para o mesmo propósito)?

Depois que o terapeuta respondeu a estas perguntas satisfatoriamente (há que se lembrar que essas são somente hipóteses preliminares que ele tem que estar disposto a comprovar e revisar no decorrer da terapia, à medida que dispõe de nova informação), podem realizar-se entrevistas mais extensas conforme o seguimento da terapia, com a finalidade de obter informação adicional e/ou podem desenvolver cenas de teste para fornecer uma comprovação destas hipóteses. As cenas de teste estão compostas de estímulos principalmente hipotéticos, que o terapeuta não tem muito claros, ou de estímulos contingentes aos sintomas, onde se necessitam de mais estímulos "informáveis" para constituir uma cena. Utiliza-se *feedback* destas cenas, que normalmente são de curta duração, para desenvolver cenas mais completas.

V.4. O preparo da primeira sessão

Depois de completadas as sessões iniciais de avaliação e antes da primeira sessão formal de terapia, o terapeuta deveria sentar-se com o paciente para repassar os achados dos testes e o material da entrevista, para apresentar a sua conceitualização sobre os problemas do paciente e para discutir as sugestões de tratamento. Se depois da consideração do material das sessões iniciais de avaliação e das atitudes do paciente com relação ao processo terapêutico, o terapeuta decidir que a TI é o tratamento de escolha, então deveria apresentar a conceitualização dos problemas do paciente dentro do marco da teoria dos dois fatores, de forma a proporcionar uma suave transição em direção à descrição do processo terapêutico.

Quando se descreve o processo da TI a um paciente, o melhor, geralmente, é assinalar que a técnica está de acordo com o tipo de estratégias que os indivíduos empregam de forma natural nas suas tentativas de enfrentar os acontecimentos perturbadores. Várias analogias específicas têm-se mostrado muito úteis para comunicar os princípios essenciais que subjazem à TI.

Uma destas analogias implica em perguntar ao paciente o que geralmente se recomenda a uma pessoa que acabou de cair do cavalo. Normalmente os pacientes são capazes de responder corretamente, dizendo que o jóquei deveria voltar a montar o cavalo imediatamente. A partir daí o terapeuta pode-se estender sobre a importância de enfrentar os próprios medos e, por conseguinte, vencê-los, em vez de deixar que os temores controlem a pessoa e a impeçam de fazer coisas que gostaria ou precisaria fazer. O terapeuta pode continuar explicando que a técnica que se propõe a empregar, ajudará o paciente a enfrentar seus medos dessa mesma forma, através da utilização de apresentações ao vivo e/ou na imaginação.

Pode-se então colocar o exemplo da pessoa que projeta os filmes em um cinema, para descrever a técnica usada pela imaginação. Nesta analogia, o terapeuta compara o processo de extinção, inerente à TI, com a forma que a pessoa a qual projeta um filme de terror o percebe. Na primeira vez que esta pessoa vê o filme, igual àquele que vai ao cinema, pode assustar-se e sofrer ansiedade em resposta às imagens inócuas da tela; mas depois de ter assistido ao filme centenas de vezes, o mesmo já não é capaz de provocar aquelas emoções. A resposta emocional da pessoa que projeta os filmes, às imagens da tela, foi extinta.

Da mesma forma, muitos dos temores e preocupações que impulsionam os indivíduos a procurar a psicoterapia, giram ao redor de situações que, por si próprias, não apresentam uma ameaça para a pessoa; ocorre que, estes estímulos ou situações provocadores de ansiedade estão associados, na cabeça da pessoa, com situações ou acontecimentos que então apresentariam ameaças. No caso descrito anteriormente, não era a sala de estar do paciente que apresentava ameaça à sua segurança, e sim a exposição a um isótopo radioativo com o qual associava sala de estar. Expor o paciente, através da imaginação, a estes estímulos não perigosos na ausência do resultado temido, permite que seja extinto o medo a estes estímulos condicionados e libera o indivíduo para que leve uma vida menos limitada.

Inclusive sem entrar nos fundamentos teóricos da técnica, a explicação do enfoque da TI é de sentido comum, uma explicação que é facilmente captada pela maioria dos pacientes. Ao instruir o paciente no procedimento da imaginação, pede-se que feche os olhos e represente um papel em várias cenas que o terapeuta indicará. Depois de iniciada a cena, incentiva-se o paciente a que se "deixe levar" pelo papel que está representando e que "viva" a cena com emoções e sentimentos sinceros. Instrui-se o paciente para que funcione como um ator ou atriz e para que represente a si mesmo. Diz-se ao paciente, que não é necessária a crença ou aceitação, em um sentido cognitivo, dos temas que o terapeuta introduzirá e não se deveria fazer nenhuma tentativa de assegurar-se que o paciente reconheça ou admita os estímulos ou hipóteses que realmente se lhe aplicam. Este fator parece ser uma variável chave para permitir, em um curto período de tempo, o reaparecimento de estímulos que são análogos às interpretações "profundas" das terapias orientadas dinamicamente (Stampfl e Levis, 1967a).

V.5. O treinamento de imagens "neutras"

Depois que o paciente manifestou que entende e aceita as sugestões de tratamento, é útil dar-lhe uma oportunidade para que utilize a técnica com alguma imagem "neutra". Recomenda-se que o terapeuta gere, pelo menos, duas cenas para serem imaginadas pelo paciente. A primeira pode envolver algum tipo de atividade diária, que pode variar, desde andar pela casa até tomar um sorvete. O terapeuta deveria icentivar ao paciente para que se centralizar-se nos elementos visual, auditivo, gustativo e olfativo que o cercam, assim como em qualquer sensação física que possa experimentar.

Dever-se-ia gerar uma segunda cena que contivesse alguma fantasia, com a finalidade de proporcionar ao paciente prática em imaginar cenas que não são reais. (Estas cenas são mais freqüentemente usadas quando se tenta proporcionar uma exposição a estímulos dinâmicos hipotetizados, que é improvável que se encontrem representados adequadamente por fatos da vida real.) Uma cena que habitualmente se emprega para este propósito consiste em que o paciente imagine que se encontra de pé em um campo muito grande, coberto de grama, árvores e flores de todo tipo. É primavera e podem-se ouvir sons ao longe como o canto de pássaros, o sussurrar das folhas e o murmurinho de um riacho. Pode-se sentir o perfume das flores, da erva e das árvores e pode-se sentir a carícia do sol enquanto o vento sopra suavemente no rosto. Depois de permanecer no campo durante algum tempo e de centralizar-se nas sensações que podiam ser experimentadas, instrui-se o paciente para que comece a andar e logo a correr pelo campo. Conforme vai prestando atenção nas sensações físicas que experimenta enquanto corre, percebe, de repente, que já não está correndo – que os seus pés deixaram de tocar o solo e que está realmente voando sobre o campo, subindo cada vez mais alto conforme vai voando. Pede-se ao paciente que descreva esta sensação de voar, a sensação da não-gravidade e suavidade. Passado algum tempo, o terapeuta traz o paciente novamente à terra, onde continua correndo, depois andando e finalmente fica quieto.

O leitor deve ter percebido a presença de aspas na palavra neutra. Estas aspas são para lembrar ao terapeuta que há uma ampla variedade de estímulos que podem resultar provocadores de emoções para determinados pacientes e estes estímulos podem ser selecionados inadvertidamente durante as cenas de prática. Por exemplo, em um caso, quando foi pedido a uma paciente que imaginasse a cena de voar que foi descrita anteriormente, ela percebeu que quando se encontrava no campo uma profunda sensação de tristeza fluía dentro dela. Nestes casos o terapeuta deveria tirar proveito da oportunidade que se lhe apresenta e explorar o significado do(s) estímulo(s). No caso que estamos descrevendo, a paciente explicou que ver que o campo estava vivo a fez sentir-se morta interiormente e afastada do mesmo. Cenas posteriores dedicaram-se a explorar o significado destes estímulos para a paciente.

V.6. Apresentação das cenas

Ao apresentar uma determinada cena, a tarefa do terapeuta consiste em expor o paciente a tantos estímulos temidos quanto seja possível, com a finalidade de provocar uma forte resposta de ansiedade. A apresentação repetida destes estímulos levará a um efeito de extinção. Em geral, quanto mais envolvido e dramático seja o terapeuta ao descrever as cenas, mais real será a apresentação para o paciente e mais fácil para o mesmo participar. Em cada fase do processo, o terapeuta tenta atingir um nível máximo de provocação de ansiedade. Depois de atingi-lo, o paciente é mantido neste nível, até que apareça nitidamente algum sinal de redução espontânea no valor provocador de ansiedade dos estímulos (extinção). Repete-se este processo até que se obtenha uma maior diminuição do medo. Neste ponto, são introduzidas novas variações para aumentar o nível da resposta de ansiedade e para extinguir mais do complexo EC evitado. Este procedimento é repetido até se obter uma diminuição significativa da ansiedade na cena completa. Neste ponto dá-se ao paciente a oportunidade de representar, ele próprio, a cena. Orienta-se especialmente para que verbalize seu próprio comportamento de representação do papel. Depois da apresentação de cada cena, presta-se especial atenção aos possíveis pensamentos ou imagens intrusos experimentados pelo paciente durante a apresentação da cena. Estes são registrados para um possível uso em cenas posteriores ou na repetição seguinte. Em nenhum momento, no decorrer do procedimento, diz-se ao paciente que elimine os sintomas que possa ter. A premissa básica é que, depois que a ansiedade aos estímulos que provocam os sintomas foi extinta, o comportamento desadaptado automaticamente diminuirá e finalmente desaparecerá (Stampfl e Levis 1976a).

V.7. A determinação objetiva da eficácia dos estímulos hipotetizados

Como foi assinalado anteriormente, é a observação do comportamento do paciente quando se expõe aos estímulos, o que permite ao terapeuta determinar quais são aqueles, de fato, relevantes. Dentro deste contexto há três fontes potenciais de informação que o terapeuta pode utilizar com a finalidade de fazer essa determinação. A primeira fonte faz referência ao auto-relatório (informações) do paciente sobre suas respostas físicas e emocionais às imagens que está representando mentalmente. No decorrer de uma cena, o terapeuta deveria obter, em intervalos regulares, *feedback* verbal do paciente sobre a natureza de suas reações à cena. Este *feedback* permite ao terapeuta manter-se em comunicação contínua com a reação do paciente, assim como modificar a cena, com a finalidade de que seja mais consistente com a história particular de condicionamento do paciente.

Junto com qualquer *feedback* verbal que o paciente proporcione, o terapeuta deveria prestar bastante atenção também a qualquer resposta comportamental que seja evidente. Essas respostas podem incluir alguma ou todas das seguintes: comportamento motor, incluindo tensão ou espasmos musculares; movimentos manifestos como apertar os punhos ou a mandíbula; uma modificação na postura como curvar-se em posição fetal; mudanças visíveis na resposta fisiológica, incluindo um aumento da freqüência de respiração; mudança na cor da pele (corar ou ficar branco); suar; boca seca, etc.

Nos casos onde existe uma discrepância entre os dados por auto-informação do paciente e suas respostas comportamentais observáveis, deveria ser feito um esforço para reconciliar estas duas fontes de informação. Quando um paciente informa que não experimenta respostas físicas ou emocionais a uma cena, apesar da presença de evidências comportamentais visíveis que sugeririam o contrário, o terapeuta deveria centrar-se em sensibilizar o paciente para as categorias de sensações físicas que acompanham a resposta emocional. Não é raro que os indivíduos tenham aprendido a ignorar estas respostas corporais, como um meio de se defender contra as emoções dolorosas ou indesejadas.

Por outro lado, quando se dão as condições opostas e o paciente mantém que experimenta ativação fisiológica, embora não haja indicações manifestas desta ativação, pode-se utilizar uma terceira fonte de informação potencial, as medidas psicofisiológicas, como ajuda para a estratégia terapêutica. O registro contínuo da freqüência cardíaca e/ou da atividade eletrodermal na forma de respostas de condutibilidade da pele e do seu nível, pode proporcionar ao terapeuta um índice da ativação fisiológica, que de outra forma não estaria disponível. As medidas psicofisiológicas podem ser úteis também naquelas situações onde o terapeuta tem dificuldades em provocar uma resposta emocional no paciente. Nestas situações, podem ser usadas para fornecer alguma indicação sobre a possibilidade de ser proveitoso seguir um conjunto de estímulos ou se deveria abandonar-se, pelo menos temporariamente, em favor de outro enfoque. Grande parte do poder desta técnica provém da contínua confiança do terapeuta no *feedback* comportamental do paciente, com a finalidade de determinar a natureza da história de condicionamento do indivíduo.

V.8. Questões relacionadas com o espaçamento das cenas e das sessões

Há um certo grau de flexibilidade inerente ao enfoque da TI, assim como um certo grau de flexibilidade requerido do terapeuta que a pratica. Com referência ao tempo da duração da cena, é possível utilizar bem uma única cena de longa duração (entre 30 e 50 minutos) ou uma série de cenas curtas. A literatura sobre os resultados da terapia contém alguma sugestão referente a que, as cenas de longa duração podem ser um pouco mais eficazes que as cenas curtas (Levis e Hare, 1977). Quando for possível, recomenda-se que sejam utilizadas cenas longas, embora em alguns casos as características do paciente, assim como as limitações práticas, possam fazer do uso de cenas curtas uma alternativa mais desejável.

Independentemente de serem usadas cenas longas ou curtas, é essencial que uma cena seja mantida até o momento em que a resposta emocional do paciente comece a diminuir. Nunca se deve encerrar uma cena enquanto o paciente ainda está experimentando uma forte emoção, ou antes que o conteúdo temático da cena tenha se resolvido.

Um exemplo disso é o caso de uma paciente deprimida que informava ao seu terapeuta que seu marido havia voltado a cair na dependência da cocaína, a qual tinha deixado voluntariamente antes do seu casamento. Seu renovado interesse pela droga havia acabado com as economias e o tinha levado a trabalhar uma enorme quantidade de horas extras, de forma que quase não o via. Na noite anterior, havia ligado para ela e pedira-lhe que pegasse o carro e levasse dinheiro para recuperar a aliança de casamento que havia dado a um traficante de drogas em pagamento por mais cocaína. Apesar da infelicidade do seu casamento e da ira que sentia pelo marido, a paciente afirmava que não podia expressar seus sentimentos por medo que seu marido se suicidasse.

Na realidade, a probabilidade de que isto acontecesse no caso de expressar seus sentimentos era muito baixa, enquanto que a probabilidade de seu casamento continuar deteriorando-se no caso de não enfrentar o vício de seu marido era muito alta. Levando em conta esta avaliação da situação, o terapeuta fez com que a paciente imaginasse que enfrentava seu marido, dizendo-lhe que o abandonaria no caso do mesmo não procurar tratamento para a dependência das drogas. Também foi instruída a imaginar que voltava para casa mais tarde nesse dia e que encontrava seu marido caído no chão, morto em conseqüência de uma overdose. Próximo ao corpo havia um bilhete que explicava que ela significava tudo para ele e que sem ela não poderia continuar vivendo. Sentia falta somente que o tivesse amado e que tivesse acreditado mais nele, para que encontrasse forças para continuar vivendo. Enfatizavam-se então os sentimentos de culpabilidade e de maldade da paciente, até que se extinguissem suficientemente como para que levasse em conta outras opções diferentes da de ser simplesmente paciente e esperar que o seu marido procurasse ajuda por si mesmo.

Neste caso em particular, era necessário que a cena fosse representada até sua completa finalização. Ter encerrado a cena depois de ter descoberto o corpo de seu marido, somente teria reforçado a crença da paciente, de que sua expressão de ira e de assertividade seria seguida por um castigo catastrófico. Isto iria contra o objetivo do terapeuta, de extinguir o nível intenso de ansiedade e de culpa, que estava bloqueando a capacidade da paciente de enfrentar de forma eficaz seus problemas matrimoniais.

Embora a aplicação da técnica da TI possa dar como resultado elevados níveis de ativação emocional no paciente, pode-se assinalar que, como regra geral, mais ou menos dez minutos depois de abrir os olhos no final da sessão, é o tempo suficiente para diminuir o estado emocional do paciente a um nível razoável. Naqueles casos onde o paciente experimenta dificuldades para reorientar-se ao momento presente, freqüentemente é útil fazer com que o indivíduo respire profunda e lentamente três vezes e que solte o ar pela boca. Isto tem o efeito de centrar a atenção do paciente em algo concreto e não emocional, enquanto que, ao mesmo tempo, contribui com uma diminuição da ativação fisiológica, ao reduzir sua freqüência cardíaca e respiratória. Em casos raros , onde o paciente permanece muito agitado depois de um tempo considerável, a cena é repetida até obter uma maior extinção.

Dada a importância de provocar uma resposta emocional, assim como de continuar uma cena até que a intensidade dessa resposta emocional tenha começado a diminuir, o terapeuta da TI tem que estar preparado para ser flexível com a duração da sessão. Quando for possível, o terapeuta deveria tentar distribuir seu horário de consultas de forma tal que possa haver um certo espaço de tempo entre as mesmas, para quando acontecer o caso de que uma sessão dure mais tempo do que o previsto.

V.9. Tarefas para casa

Um dos componentes-chave de um enfoque que usa a exposição ao EC, é a necessidade de repetições. Pode-se facilitar a terapia treinando o paciente na técnica e dando tarefas para casa depois de cada sessão. Inicialmente, estas tarefas geralmente levam a que o paciente pratique cenas que foram represen-tadas na sessão anterior. Recomenda-se que passem de 20 a 30 minutos por dia praticando a cena. As tarefas para casa servem, não somente para proporcionar provas adicionais de extinção e acelerar assim o progresso da terapia, mas também animam o paciente a colocar o processo terapêutico sob seu próprio controle. Deveria ser sempre incentivado a tentar realizar suas tarefas para casa e a não desanimar, já que leva algum tempo para aprender a auto-aplicar esta técnica. Os pacientes que chegam a dominar a aplicação da TI podem contribuir muito com o seu desenvolvimento pessoal e seu progresso na terapia. Conforme aumenta sua habilidade, são capazes de desenvolver suas próprias cenas e pro-porcionar ao terapeuta uma maior compreensão de seus conflitos e necessidades.

VI. VARIAÇÕES

VI.1. Estímulos reativados da memória

Stampfl reconheceu, desde o desenvolvimento inicial do procedimento da TI (ver Stampfl e Levis, 1967a), que a técnica era capaz de provocar lembranças das quais não se poderia informar anteriormente, lembranças que aparentemente o paciente evitava. Estas lembranças recém recuperadas freqüentemente aconteciam durante ou depois da apresentação de uma cena. A ênfase da técnica nos estímulos do contexto circundante (p. ex., a descrição de um dormitório) e nas sensações múltiplas, incluindo estímulos táteis, olfativos, gustativos e visuais, representam as variáveis críticas que contribuem para melhorar a reativação da memória. Os princípios empregados são similares àqueles utilizados pelos psicólogos experimentais para demonstrar a recuperação da memória em animais (Spear, 1978). Conforme o primeiro autor deste capítulo ganhava mais experiência com a técnica, a informação ocasional de associações estranhas e pouco claras, que freqüentemente eram ignoradas pelo terapeuta, transformou-se em um ingrediente crítico para facilitar a recuperação de lembranças traumáticas. Fazer com que o paciente se centralize unicamente nestes estímulos, levava a outros estímulos que, por sua vez, correspondiam a uma lembrança com uma elevada carga afetiva (Levis, 1988;).

Conforme surgiam cada vez mais lembranças traumáticas, ficou claro que havia um grande número de experiências dolorosas que estavam sendo evitadas, na grande maioria dos casos tratados. Uma vez descoberta a história de condicionamento, esclareciam-se nitidamente os laços entre a sintomatologia passada e a presente. Também era surpreendente observar como os processos de descodificação dos pacientes pareciam seguir uma lei. As lembranças normalmente não se recuperavam intactas e, como já foi assinalado antes, inicialmente apareciam desunidas e sem conexão com o conteúdo da cena que se apresentava. Ao introduzir estes estímulos fragmentados, percebia-se que ocorriam mais associações pouco usuais. Ao repetir este processo, finalmente uniam-se. Obteve-se um elevado nível de resposta emocional quando os componentes críticos da lembrança eram recuperados. Através da repetição deste material observava-se um ordenado processo de extinção emocional, acompanhado por uma informação com maiores detalhes. Depois de iniciado o processo, a reativação de uma lembrança levava a outra lembrança que provocava inclusive uma maior ansiedade, até que o processo produzia uma série de acontecimentos que cobriam diferentes períodos de idade. Caso após caso, o fator-chave para unir as associações parecia estar baseado no princípio da semelhança do estímulo e da resposta.

O caso seguinte ilustra as observações anteriores (Levis). Uma paciente, depois da apresentação de uma cena, informava que estava vendo um campo branco na sua imaginação, quando fechava os olhos. Quando lhe era pedido concentrar-se no campo branco, falava que via uma mesa branca. Continuando a focalização aparecia uma garrafa na mesa e assinalava que escutava um barulho no fundo, que parecia gente falando. Conseguia perceber o cheiro de álcool. Com cada nova associação, a paciente manifestava sinais cada vez mais intensos de resposta emocional. Ao repetir este processo e incentivar a paciente a enfrentar os estímulos temidos, a lembrança foi completamente recuperada. Segundo a paciente, tinha cerca de quatro ou cinco anos, um fator determinado ao concentrar-se na altura da mesa com relação à sua (o nível da mesa chegava-lhe aos olhos). O campo branco representava a cor da parede, da mesa e do chão. Quando apareceu a imagem visual no centro da concentração, descreveu que se encontrava em um corredor. Em um primeiro momento surpreendeu-se porque a casa onde viveu sua infância não tinha nenhum corredor branco. Finalmente lembrou-se que seus pais tinham uma casinha de verão com este corredor branco. Parecia bastante surpresa por ter esquecido da tal casinha, que tinha visitado a cada verão por muitos anos. O barulho que escutava era o de uma festa que seus pais estavam dando em um dos quartos contíguos. Os pais estavam embriagados e divertiam-se muito obrigando a menina a beber um pouco das suas cervejas. Esta lembrança foi ativada quando, no meio da cena, a paciente começou a ter náuseas e comentar sobre um forte odor de álcool. A lembrança do corredor envolvia um tio que, finalmente e sobre a mesa, introduziu a garrafa de cerveja em sua vagina. Esta lembrança, que era uma das menos aversivas para a paciente, representava somente um dos diferentes acontecimentos traumáticos que posteriormente foram recuperados.

Os diferentes componentes sensoriais da memória parecem retornar de uma seqüência ordenada que parece seguir uma lei, acontecendo primeiro as sensações físicas, seguidas por cenas visuais muito rápidas e por estímulos auditivos ou olfativos. Estes estímulos envolvem, normalmente, estímulos contextuais ou um componente-chave da lembrança, como uma faca ou um cabide de roupa. Parece que o paciente está revivendo os acontecimentos. Freqüentemente acontecem mudanças na voz e na linguagem e parecem corresponder ao período infantil da lembrança. Com a reativação da lembrança, acontece a dor física na área corporal que foi machucada.

Os terapeutas deveriam prestar uma atenção especial em qualquer sintoma físico manifestado pelo paciente durante o decorrer da terapia. A experiência indica que de acordo com o avanço da terapia, aparecem sintomas físicos, como dor em um braço ou somente em um lado, tumescência da área genital, forte dor no baixo ventre ou uma sensação de queimação na área vaginal ou anal. Estes sintomas freqüentemente representam liberações parciais de uma lembrança armazenada. Fazendo com que o paciente se concentre nos sintomas físicos durante uma cena, pode-se descobrir uma lembrança na qual a área corporal onde atualmente se experimenta dor, foi danificada no passado. A reativação e posterior extinção do afeto emocional acompanhante normalmente dá como resultado a eliminação da atual dor. A repetição é um ingrediente crítico e o terapeuta não deveria supor que uma lembrança foi concluída antes de obter a completa extinção emocional. Não é raro descobrir que, encaixados em cada lembrança traumática, encontram-se *estímulos ocultos* que contêm níveis muito elevados de afeto condicionado. Para exemplos ilustrativos de sintomas físicos e estímulos ocultos reativados na memória, ver Levis (1988).

A partir de anos de experiência recuperando estas lembranças traumáticas, parece que os detalhes do acontecimento real e do afeto condicionado acompanhante são armazenados inteiramente. Pensa-se que a perda da memória é mínima, uma vez que parece que a lembrança chega a bloquear-se pouco depois de ter acontecido, evitando assim sua repetição. Parece existir uma relação direta entre a potência da seqüência de condicionamento e a capacidade do sistema biológico para defender-se de uma reativação do acontecimento armazenado na memória. As defesas cognitivas, especialmente o mecanismo da dissociação, tem um papel importante para evitar o descondicionamento e a reativação destas lembranças traumáticas. Esta reação de dissociação é capaz de provocar uma completa reação de amnésia similar à que freqüentemente se informa depois de um trauma físico, como a associada a um grave acidente de carro.

A experiência terapêutica apóia nitidamente a afirmação de que a recuperação inicial da lembrança necessariamente não muda, por si mesma, o comportamento sintomático. A introspecção e a autocompreensão, que se correlacionam com a extinção emocional parcial e a recuperação da lembrança, também não parecem eliminar a sintomatologia. O apoio do terapeuta, embora importante para favorecer a motivação do paciente a continuar o processo da recuperação das lembranças, não se liga diretamente à redução dos sintomas. Pelo contrário, clinicamente está claro que a redução dos sintomas acontece somente quando o afeto emocional intenso associado aos estímulos das lembranças sofre um processo de extinção, através da repetição dos estímulos que provocam a forte resposta de afeto. Quer dizer, a extinção pavloviana parecer ser o agente de mudança terapêutica.

VII. APLICAÇÕES

No nível de análise clínica, a técnica da TI parece ser bastante eficaz em uma ampla gama de transtornos psiconeuróticos, incluindo as reações de ansiedade, as fobias, os transtornos obsessivo-compulsivos, as reações histéricas e a depressão e para eliminar sintomas psicóticos, incluindo as reações afetivas, esquizofrênicas e paranóicas. Também parece ser bastante efetiva para tratar os transtornos de estresse pós-traumático, incluindo os associados com o abuso sexual e físico grave. Desenvolveram-se submodelos clínicos extrapolados da teoria geral para cada nosologia clínica. Embora alguns destes ainda estejam para ser publicados, o leitor interessado pode avaliar e fazer suas próprias extrapolações, a partir da teoria geral, revisando as que se encontram disponíveis. Estes incluem o tratamento da depressão (Boyd e Levis, 1980; Levis, 1980b; Stampfl e Levis, 1969); da ansiedade penetrante (Hare e Levis, 1981; Levis, 1987); do comportamento fóbico (Stampfl, 1970; 1987; Stampfl e Levis, 1967b); e do comportamento obsessivo-compulsivo (Levis, 1980; Stampfl e Levis, 1973). A discussão clínica para o tratamento dos problemas associados com a culpa, a ira e os sintomas de inferioridade, assim como as questões relacionadas com o tratamento da resistência e do comportamento psicótico podem ser encontradas em Stampfl e Levis (1969) e em Levis (1980). Para uma descrição mais ampla da teoria, ver Levis (1985, 1989), e da técnica, ver Boudewyns e Shipley (1983) e Levis (1980).

A Terapia Implosiva e as terapias de exposição relacionadas também receberam um forte apoio experimental, não somente por terem comprovado os princípios subjacentes da teoria (Levis, 1985, 1989), mas também pela avaliação do tratamento nas pesquisas realizadas (ver Boudwyns e Shipley, 1983; Levis e Hare, 1977; Levis e Boyd, 1985). Comprovou-se que a terapia de exposição é o tratamento a escolher nas reações fóbicas, incluindo a agorafobia, o comportamento obsessivo-compulsivo e os transtornos do estresse pós-traumático. Ainda têm que aparecer estudos controlados de outras nosologias. Pelos enormes problemas metodológicos associados com a pesquisa com pacientes, aconselha-se precaução ao apresentar qualquer afirmação sobre a técnica. No entanto, a tendência geral das descobertas da pesquisa que emprega uma técnica de exposição ao EC é bastante favorável, sugerindo que este enfoque pode ser muito promissor para tratar toda uma série de sintomas. Pensamos que a TI e as técnicas de exposição ao EC relacionadas, representam atualmente o enfoque comportamental e não comportamental mais potente disponível, em termos da teoria, pesquisa e potencial subjacente.

VIII. RESUMO

O propósito principal deste capítulo consiste em estimular o interesse clínico e de pesquisa no emprego do princípio mais fortemente documentado da psicologia experimental, para eliminar o comportamento de medo e evitação – o princípio da extinção experimental via exposição ao EC. Os enfoques baseados na extinção, como a Implosão, a Inundação e enfoques de exposição relacionados, foram utilizados para tratar uma ampla variedade de problemas psicopatológicos e atualmente existe um crescente campo de pesquisa com pacientes. O procedimento da TI é, principalmente, uma técnica de tratamento que usa a imaginação desenvolvida para extinguir os estímulos críticos armazenados emocionalmente na história do paciente, reinstaurando ou reproduzindo simbolicamente os estímulos aos quais foi condicionada a resposta de ansiedade, na ausência do estímulo incondicionado. Foi formalizada a teoria subjacente a esta técnica (Levis, 1985) que representa uma extensão da teoria dos dois fatores do aprendizado por evitação e da teoria do conflito. Tem gerado uma considerável pesquisa de laboratório, tanto a nível humano como a nível animal (ver Levis, 1985, 1989) e a nível de pacientes (ver Levis e Boyd, 1985). A teoria aborda também questões centrais relacionadas com a psicopatologia, incluindo uma tentativa de resolver o paradoxo neurótico. A teoria não é estática, está em contínuo desenvolvimento, gerando novas linhas de pesquisa (Levis, 1988, 1989; Stampfl, 1987, 1988). Como exemplo, Stampfl (1987) desenvolveu recentemente um enfoque análogo com animais para o comportamento agorafóbico, que amplia a hipótese do EC em série ao acrescentar um princípio sobre o efeito do trabalho mínimo para explicar a manutenção dos sintomas.

A técnica tem demonstrado ser importante, no sentido de que dissipou empiricamente os temores de submeter os pacientes a um enfoque de exposição direta ao EC, que provoca elevados níveis de ansiedade. No entanto, sua principal contribuição, além de provocar uma redução dos sintomas, reside na capacidade do enfoque para reconstruir a história de condicionamento passada do paciente, reativando diretamente as lembranças pós-traumáticas. A técnica representa um enfoque de *feedback* operacional que, embora estimulante para o terapeuta, também é emocionalmente esgotador, um ponto que tem contribuído para limitar sua ampla utilização. Para aqueles que desejam aprender mais sobre este enfoque, as literaturas assinaladas no item seguinte, devem facilitar sua compreensão.

IX. LEITURAS RECOMENDADAS

Boudwyns, P. A. y Shipley, R. H., *Flooding and implosive therapy: direct therapeutic exposure in clinical practice*, Nueva York, Plenum Press, 1983.

Levis, D. J., «Implementing the technique of implosive therapy», en A. Goldstein y E. B. Foa (comps.), *Handbook of behavioral interventions. A clinical guide*, Nueva York, Wiley, 1980.

Levis, D. J., «Implosive theory: a comprehensive extension of conditioning theory of fear/anxiety to psychopathology», en S. Reiss y R. R. Bootzin (comps.), *Theoretical issues in behavior therapy*, Nueva York, Academic Press, 1985.

Stampfl, T. G., «Implosive therapy: an emphasis on covert stimulation», en D. J. Levis (comp.), *Learning approaches to therapeutic behavior change*, Chicago, Aldine, 1970.

Stampfl, T. G. y Levis, D. J., «Learning theory: an aid to dynamic therapeutic practice», en L. D. Eron y R. Callahan (comps.), *Relationship of theory to practice in psychotherapy*, Chicago, Aldine, 1969.

12. O Emprego da Intenção Paradoxal na Terapia Comportamental

Michael Ascher e Marjorie L. Hatch

I. INTRODUÇÃO

A popularidade dos procedimentos paradoxais nos enfoques de psicoterapia mais importantes está bem documentada (p. ex., Seltzer, 1986). Não é surpreendente, pois, que os terapeutas comportamentais se interessassem por estas técnicas. Durante a década passada, o tema central de uma série cada vez maior de estudos empíricos e de informes clínicos foi a *intenção paradoxal (IP)*. No presente capítulo, os autores examinaram, através de uma amostra relevante de material, esta técnica recentemente acrescentada ao repertório dos terapeutas comportamentais.

II. HISTÓRIA

Levando-se em conta a variedade de enfoques da psicoterapia que incorporam a IP, este procedimento parece encontrar-se entre os mais versáteis dos empregados pelos terapeutas (Ascher, 1980, 1989). No que diz respeito à tradição comportamental, a IP, ou alguma variante, teve uma extensa, embora dispersa, relação. Esta associação foi influenciada pela insistência dos terapeutas comportamentais nas descrições operacionais dos procedimentos e dos objetivos comportamentais. E o que é mais importante ainda, a eficácia do procedimento tem que ser demonstrada por uma série sistemática de estudos.

Depto. de Psiquiatria, Temple University (USA) e Depto. de Psicologia, Temple University (USA), respectivamente.

Dunlap (1928) foi o primeiro a empregar sistematicamente, dentro de um contexto comportamental, o que poderia classificar-se como uma técnica paradoxal, relacionada com a IP. A prática negativa foi dirigida inicialmente para respostas motoras relativamente simples, cuja freqüência o indivíduo desejava reduzir. Embora o sentido comum podesse sugerir que se deveria tentar restringir diretamente esse comportamento, Dunlap sugeriu que a resposta não desejada deveria ser praticada de uma maneira especificamente determinada, com o objetivo de mantê-la sob o controle do indivíduo.

O interesse de Dunlap parecia centrar-se na natureza do comportamento motor aprendido; embora acreditasse que a ansiedade era um fator importante, normalmente representava um papel secundário em suas considerações. Viktor Frankl (1939, 1947, 1955, 1975), que foi o primeiro a começar a explorar a paradoxal em 1925, em conexão com sua prática clínica em Viena, esteve interessado principalmente no papel da ansiedade antecipatória para produzir e aumentar uma variedade de transtornos comportamentais. Empregando um procedimento que denominou "intenção paradoxal", sugeriu que os indivíduos buscam ativamente o mesmo comportamento do qual desejam desprender-se. Sendo assim, uma pessoa que ficava em casa temendo um possível ataque cardíaco deveria ser incentivada a viajar para longe de casa, que aumentasse o ritmo cardíaco e que provocasse um ataque cardíaco.

Um terceiro acontecimento na história da IP em terapia comportamental ocorreu com o trabalho de Stampfl e Levis (1967, 1968). Durante uma época, quando o enfoque comportamental mais importante para a melhora dos transtornos de ansiedade era a dessensibilização sistemática (DS), estes autores propuseram a antítese – a terapia implosiva (ver capítulo anterior) (outro procedimento que poderia ser considerado como paradoxal e que partilha uma série de similaridades com a IP). Enquanto a DS requer a exposição hierárquica gradual do paciente aos estímulos ansiógenos, mantendo o nível de ansiedade ao mínimo, a implosão – ou inundação – implica na apresentação de estímulos de temor nos níveis mais elevados possíveis, de modo que provoquem potentes respostas no paciente. Estimula-se então o paciente para que se mantenha na presença desses estímulos até que já não experimente ansiedade. Estes três tópicos ilustram a maneira como a terapêutica paradoxal foi adaptada aos postulados da tradição comportamental.

Recentemente os terapeutas comportamentais se interessaram pelo emprego do paradoxo terapêutico, de modo que habitualmente se associa com esta categoria de procedimentos. Assim, além de empregar os tradicionais programas comportamentais de tratamento orientados aos problemas, os terapeutas comportamentais estão utilizando procedimentos paradoxais para abordar questões gerais de terapia. A mais proeminente destas considerações é a resistência do paciente aos programas comportamentais de tratamento (Dowd e Milne, 1986). Por exemplo, Ascher (1980) sugeriu o emprego da IP como o procedimento de organização central, em torno do qual se dispõem técnicas suplementares e como um procedimento secundário para melhorar a cooperação dos pacientes com os programas de tratamento. Proporcionou uma ilustração na qual a IP era empregada para ambos os papéis com o mesmo indivíduo.

III. DEFINIÇÃO E DESCRIÇÃO

A intenção paradoxal (IP) é um dos muitos procedimentos paradoxais, os quais se compõem de uma série de características similares. Entre estes há dois aspectos significativos: primeiro, os procedimentos são elaborados para que surpreendam. São contrários às expectativas dos pacientes sobre sua visão da natureza e a função da terapia. Isto leva ao segundo aspecto, isto é, em vez de proporcionar sugestões que fossem congruentes com o objetivo de mudar diretamente um comportamento inadequado, o caráter da contradição requer que o terapeuta recomende, de forma inesperada, que o paciente mantenha a resposta particular em seu nível mais incômodo. Em outras palavras, proíbe-se o paciente de realizar mudanças relevantes no problema atual. O terapeuta o instrui a manter, com grande vigor, o comportamento-problema em seu nível atual ou, se for possível, em um nível que seja ainda mais incômodo. Tem-se hipotetizado que o paradoxo, neste enfoque, é a incapacidade do paciente de realizar as instruções do terapeuta. Deste modo, se o paciente tenta realmente conseguir o objetivo de ter mais sintomas (p. ex., aumentar a ansiedade), não terá êxito mas, paradoxalmente, experimentará o contrário (p. ex., uma maior tranqüilidade) (Bateson, Jackson, Haley e Weakland, 1956; Watzlawick, Beavin e Jackson, 1967).

A insônia no começo do sono oferece uma ilustração excelente da aplicação prática da IP. Indivíduos que se queixam de dificuldades para dormir quando se deitam à noite, pedem ajuda ao terapeuta comportamental para encontrar estratégias úteis que lhes sirvam para melhorar o problema. Por razões que serão discutidas mais adiante neste capítulo, as pessoas para quem a IP constitui uma estratégia apropriada não tirarão proveito, normalmente, do emprego de técnicas que "têm sentido" para remediar seus problemas (p. ex., treinamento em relaxamento). Por conseguinte, o terapeuta sugerirá que, em vez de "tentar" dormir, esses pacientes deveriam arrumar o quarto, da melhor forma possível, para conciliar o sono, ir para a cama e tentar manter-se acordado durante a noite tanto tempo quanto lhes seja possível. Esta sugestão é surpreendente, já que infringe as expectativas das pessoas sobre a maneira como um terapeuta deveria tratar os problemas do sono.

IV. REVISÃO SELECIONADA DA LITERATURA EMPÍRICA

A IP é um procedimento comportamental? Qualquer princípio que provenha de qualquer sistema coerente de mudança de comportamento pode formar a base de um procedimento clínico. A fim de colocar esta técnica sob a rubrica de "comportamental", deve produzir, de forma confiável, resultados clinicamente significativos que sejam firmemente verificados pela pesquisa experimental controlada. Este objetivo é o que coloca a terapia comportamental em um lugar único entre as escolas de psicoterapia. Assim, ao falar dos fundamentos empíricos das técnicas paradoxais dentro de um contexto comportamental, deve-se dar ênfase àqueles estudos que cumprem com o modelo aceito da prática experimental. Embora uma revisão detalhada da literatura ultrapasse o objetivo da presente discussão, o leitor interessado pode consultar, por exemplo, o trabalho de Ascher, Bowers e Schotte (1985) e o de Seltzer (1986).

Apesar da grande quantidade de relatos não controlados de casos que estiveram disponíveis durante muitos anos, a análise experimental sistemática das técnicas paradoxais foi abordada somente na última década. A pesquisa sobre o tratamento da insônia do começo do sono proporciona o melhor exemplo dos avanços sistemáticos na avaliação experimental da IP. Neste caso, pode-se observar a utilização de métodos de investigação cada vez mais sofisticados, que apóiam a eficácia da IP como uma técnica de tratamento para a insônia do começo do sono. Assim, existem progressos que procedem de afirmações baseadas em estudos de casos não controlados (p. ex., Ascher, 1975), de esboços experimentais de caso único com distintos graus de sofisticação (Ascher e Efran, 1978; Relinger e Bornstein, 1979; Relinger e Mungas, 1978), de experimentos que incorporam a distribuição aleatória dos sujeitos a grupos que comparam os efeitos da IP com os produzidos por outros procedimentos comportamentais, os devidos ao placebo e os que se realizam no grupo-controle sem tratamento (Ascher e Turner, 1979; Lacks, Bertelson, Gans e Kunkel, 1983; Turner e Ascher, 1979).

No primeiro estudo sobre a IP que incorporava a distribuição aleatória dos sujeitos aos grupos, Turner e Ascher (1979) designaram os indivíduos que mostravam níveis clinicamente significativos de insônia do começo do sono, a dois grupos-controle (não tratamento ou placebo) ou a três grupos de tratamento (relaxamento progressivo, controle do estímulo ou IP). Os resultados indicaram que não havia diferenças entre os três grupos de tratamento, mas sim diferenças significativas entre os dados provenientes dos procedimentos de controle *versus* dados provenientes dos procedimentos de tratamento. Deste modo, quando comparado com os tratamentos-padrão, a técnica da IP, que não havia sido avaliada anteriormente, produzia uma mudança de comportamento satisfatória. Os sujeitos dos três grupos de tratamento julgaram que a diminuição da latência do começo do sono que haviam experimentado, era suficientemente importante para não necessitar de um tratamento posterior do problema.

Em uma reaplicação parcial do estudo de Turner e Ascher (1979), Ascher e Turner (1979) distribuíram aleatoriamente a pacientes que se queixavam de níveis clinicamente significativos de insônia do começo do sono, as seguintes condições: a IP, um placebo confiável (quer dizer, um procedimento de quase-dessensibilização) ou a condição de não-tratamento. Os sujeitos destinados à condição da IP diminuíram sua latência do começo do sono mais de 50% durante o programa de tratamento de quatro semanas e mostraram mais progressos em todas as medidas de auto-informe sobre o sono, exceto uma (*descanso*), que no caso dos sujeitos das condições de placebo ou de não-tratamento.

Ladouceur e Gross-Louis (1986) obtiveram resultados similares em um estudo no qual comparavam a IP, procedimentos de controle do estímulo, uma condição educativa de controle e o não-tratamento. Assim, tanto o controle do estímulo como a IP produziam resultados superiores aos controles educativos ou de não-tratamento; os dois tratamentos comportamentais eram igualmente eficazes.

Lacks, Bertelson, Gans e Kunkel (1983) controlaram a gravidade dos sintomas auto-informados, distribuindo aleatoriamente os pacientes, emparelhados segundo diferentes níveis de latência do começo do sono, a IP, o relaxamento progressivo, o controle de estímulo ou condições de placebo confiáveis. Todos os procedimentos de tratamento incluíam instruções de contra-exigências [*dizia-se aos pacientes que não esperassem nenhuma melhora até a quarta semana*][1]. À diferença de outros pesquisadores (p. ex., Ladoucer e Gros-Louis, 1986; Turner e Ascher, 1979), Lacks e cols. (1983) descobriram que o controle de estímulo era mais eficaz em todos os níveis de gravidade dos sintomas que a IP. De fato, os resultados de Lacks e cols. (1983) sugeriram que a IP não era mais efetiva que um placebo confiável. Estes achados contrastam notavelmente com os de outros pesquisadores com procedimentos de tratamento e grupos de comparação similares.

Ao tentar explicar esta diferença, Ascher, Bowers e Schotte (1985) centraram-se nas instruções de contra-exigências e nos assuntos utilizados. Sugeriram que o procedimento de contra-exigências poderia ser considerado como um componente separado da IP, acrescido a cada condição de tratamento. Além disso, mencionaram que enquanto a maioria dos estudos empregava pacientes com níveis clinicamente significativos de insônia do começo do sono, os assuntos do estudo de Lacks e cols. (1983) poderiam ser mais heterogêneos que os de outros estudos. Finalmente, Ascher, Bowers e Schotte (1985) concluíram que não era surpreendente que um pacote de tratamento composto pelo controle do estímulo mais a IP fosse mais eficaz que a IP sozinha, em uma amostra tão heterogênea.

No entanto, outra possível razão para esta discrepância é a variabilidade da resposta do paciente ao tratamento; uma possibilidade apontada pelos achados de Espie e Lindsay (1985). Em seu estudo, Espie e Lindsay (1985) informaram sobre o tratamento de uma série de seis pacientes com insônia do começo do sono crônica. O tratamento foi dividido em duas fases, a primeira das quais incorporava instruções de contra-exigências. Espie e Lindsay (1985) assinalaram que três pacientes mostraram rápidas respostas positivas ante a IP; um teve um progresso mais lento e dois revelaram realmente agravamentos no seu distúrbio do sono. Estes dois últimos pacientes se beneficiaram de um tratamento posterior com um procedimento alternativo (o treinamento em relaxamento). Deste modo, seu informe ressalta a variabilidade potencial da resposta entre os pacientes, ao tratamento paradoxal.

Outra fonte de variabilidade, descrita previamente neste capítulo, é proporcionada pela ansiedade recorrente que alguns sujeitos podem mostrar e outros não. Ascher (1985) demonstrou que a IP é o tratamento de preferência para aqueles que se queixam de insônia do começo do sono complicada por um componente recorrente. Pelo contrário, técnicas comportamentais mais tradicionais produzem resultados superiores à IP quando a dificuldade para dormir não é acompanhada pela ansiedade recorrente.

Em geral, os dados sugerem que a IP é mais eficaz que um tratamento de placebo confiável ou que o não-tratamento, na redução da insônia do começo do

---

[1] *Nota do compilador.*

sono. Além disso, parece que a IP pode ser mais eficaz, em alguns casos, que procedimentos comportamentais alternativos, como o treinamento em relaxamento ou o controle do estímulo. De fato, a IP pode ajudar aos pacientes que não responderam a tratamentos comportamentais anteriores à sua insônia.

Não obstante, parece também que a IP pode ser, em alguns casos, menos eficaz para aliviar os problemas de insônia que procedimentos comportamentais alternativos (Lacks e cols., 1983; Espie e Lindsay, 1985). Embora alguns pacientes mostrem uma rápida melhora na iniciação do sono, sob instruções paradoxais, outros podem sofrer realmente uma piora de sua condição (Espie e Lindsay, 1985). Estes últimos pacientes podem, por sua vez, responder mais favoravelmente a tratamento alternativo, como o treinamento em relaxamento progressivo (Espie e Lindsay, 1985).

Obviamente, existe uma variabilidade entre os clientes em suas respostas à IP. Infelizmente, tem existido pouco interesse em descobrir as diferenças individuais responsáveis por esta variedade de respostas frente ao tratamento. Espie e Lindsay (1985) sugeriram que os melhores candidatos à IP poderiam ser "pacientes que podem facilmente identificar-se com o experimentar 'esforços para dormir' e que sofrem uma ansiedade considerável sobre as conseqüências negativas da perda do sono" (p. 709). Em sua revisão, Schotte, Ascher e Cool (1990) concordam com Espie e Lindsay (1985) e acrescentam que os enfoques paradoxais parecem indicados somente nos casos em que as cognições que se centram nas conseqüências potenciais da ocorrência dos sintomas (p. ex., os efeitos de não adormecer ou de experimentar ansiedade), representam um papel na manutenção do comportamento objetivo.

Além das dificuldades para dormir, foram coletados numerosos dados empíricos procedentes das investigações sobre a eficácia clínica da IP com transtornos de ansiedade. Michelson e colaboradores (Mavissakalian e cols., 1983; Michelson, 1986; Michelson e cols., 1986a, 1986b) realizaram um interessante projeto que incluía pacientes que se queixavam de agorafobia.

Em seu primeiro estudo, Mavissakalian e cols. (1983) demonstraram a eficácia da IP no tratamento de uma agorafobia que restringia as viagens do paciente. Estes pesquisadores distribuíram aleatoriamente 26 pacientes sem medicação a tratamentos em grupos, que empregavam um procedimento de IP similar ao de Ascher (1981) ou um enfoque de treinamento em auto-instruções derivado de Meichenbaum (1977). Embora a análise dos dados obtidos com múltiplas medidas (p. ex., freqüência e intensidade dos ataques de pânico, ansiedade e depressão auto-informadas, avaliações globais da gravidade do problema e pontuações em um teste de aproximação comportamental) sugerisse que a IP era mais eficaz que o treinamento em auto-instruções ao final do tratamento, a melhora contínua dos pacientes na condição de auto-instruções deu como resultado uma falta de diferenças significativas entre os tratamentos, em um seguimento de seis meses.

Em uma pesquisa posterior, Michelson e seus colaboradores (Michelson, 1986; Michelson e cols., 1986a, 1986b) destinaram aleatoriamente 39 pacientes agorafóbicos a três tipos de tratamento: exposição gradual com a ajuda do terapeuta; um amplo programa de relaxamento que incluía o treinamento em respiração com o diafragma; ou a IP. Ensinaram-se aos pacientes procedimentos de auto-exposição dos três tipos de tratamento e foram incentivados a realizarem auto-exposições regulares entre as sessões de tratamento. Aconteceram sessões semanais em pequenos grupos de quatro ou cinco pacientes.

Embora os pacientes que receberam IP tenham mostrado melhoras significativas pós-tratamento e uma manutenção dos progressos, num segmento de três meses, segundo uma ampla variedade de auto-informes, da avaliação pelo terapeuta, e de índices comportamentais e fisiológicos, os resultados do tratamento neste grupo não foram conseguidos tão rapidamente como nas outras condições e não eram tão grandes, em algumas medidas, como os que se obtinham com a exposição gradual ou com o treinamento em técnicas de relaxamento e da respiração diafragmática. Em particular, parece que os pacientes expostos à IP, ao contrário daqueles das outras condições de tratamento, necessitavam de mais tempo para mostrar melhoras nos índices fisiológicos (p. ex., variáveis do ritmo cardíaco) e era mais provável que fossem classificados, no período de seguimento, como sujeitos com baixa resposta. Novamente, este último achado sugere uma maior variabilidade entre os pacientes em sua resposta à IP que no caso da exposição ou do treinamento em técnicas de relaxamento e de respiração através do diafragma.

Em seu artigo mais recente, Michelson e cols. (1986a) oferecem uma avaliação final de toda a investigação. Indicam uma incapacidade para ver diferenças consistentes entre os três grupos de tratamento em qualquer momento, durante o curso do estudo, desde o pré-tratamento ao seguimento. Assim como acontecia com a investigação sobre a insônia, estes dados apóiam a conclusão de que, em um subgrupo de pacientes, a IP pode ser tão eficaz, ou ainda mais, que as técnicas comportamentais tradicionais, na melhora de uma variedade de aspectos cognitivo-comportamentais da agorafobia. Entretanto, algo de maior interesse geral, foi sua conclusão de que cada procedimento isolado produzia um tratamento incompleto dos males da agorafobia; sugeriram que a terapia comportamental satisfatória implica em um programa com muitas técnicas.

Michelson (1986), em uma reanálise dos dados dos resultados de seu projeto, descreveu uma interação entre o paciente e as variáveis de tratamento; os pacientes cujos tratamentos estavam em consonância com seu perfil de sintomas obtinham melhores resultados que aqueles de cujos tratamentos discordava. Deste modo, os pacientes com uma preponderância de sintomas cognitivos (p. ex., fortes temores de conseqüências desastrosas, com uma baixa deterioração comportamental e pouca ativação fisiológica) funcionavam melhor com a IP, enquanto aqueles cujos sintomas predominantes eram comportamentais (p. ex., uma elevada deterioração comportamental, com uma baixa ativação fisiológica e poucos temores de conseqüências desastrosas) funcionavam melhor com a exposição gradual e os pacientes cujos sintomas eram predominantemente fisiológicos (p. ex., uma elevada ativação fisiológica, com uma baixa deterioração comportamental e poucos temores de conseqüências desastrosas) se beneficiavam mais do relaxamento progressivo e da respiração diafragmática.

As conclusões de Michelson, junto com as de Espie e Lindsay (1985) proporcionam apoio à necessidade de emparelhar os pacientes com os tratamentos, sobre a base de seus perfis clínicos únicos, incluindo a maneira com que empregam seus sistemas cognitivos para interpretar a realidade. Em um estudo relacionado, Ascher e Schotte (1987) realizaram uma pesquisa piloto para comprovar esta hipótese com indivíduos que se queixavam de medo de falar em público. As entrevistas foram realizadas por uma série de profissionais que informaram haver ansiedade e comportamento de evitação clinicamente significativos, associados com o comportamento de falar em público relacionado com o trabalho. Classificaram estes pacientes em sujeitos que manifestavam ou não sintomas de ansiedade recorrente associada com o experimentar mal-estar em situação de falar em público.

Ao cumprir os requisitos de um delineamento 2x2, destinou-se os pacientes de cada grupo a dois tratamentos, cada um deles composto por um amplo programa comportamental para a melhora da ansiedade em falar em público (isto é, um pacote de tratamento que incluía terapia cognitiva, dessensibilização sistemática e treinamento em habilidades), mas que incluíam ou não instruções de IP. Assim, no delineamento fatorial de 2x2, a metade dos pacientes de cada classificação era emparelhada com o tratamento (p. ex., os pacientes preocupados com as possíveis catástrofes associadas com o experimentar ansiedade durante o falar em público recebiam a IP) e a outra metade não era emparelhada corretamente com o tratamento (p. ex., pacientes sem essas cognições recebiam a IP).

De acordo com as hipóteses, não se observaram efeitos importantes devido ao enfoque de tratamento (isto é, os pacientes melhoravam independentemente do tratamento) ou a classificação (quer dizer, os pacientes melhoravam independentemente da presença ou ausência de conseqüências desastrosas hipotetizadas), mas obteve-se um efeito de interação significativo; isto é, os pacientes que foram emparelhados com o tratamento melhoraram mais rápida e completamente que aqueles que não foram emparelhados.

Os estudos que investigam a IP como um componente do tratamento de uma variedade de transtornos de ansiedade geralmente apóiam o potencial deste enfoque e sugerem a necessidade de uma maior investigação. A confirmação deste potencial provém de três meta-análises (Hampton, 1987; Hill, 1987; Shoham-Solomon e Rosenthal, 1987), que incluíram dados provenientes de uma ampla variedade de experimentos. Geralmente, estas análises indicam que os procedimentos paradoxais são, pelo menos, tão eficazes e, às vezes mais, que os procedimentos comportamentais tradicionais.

V. FUNDAMENTOS CONCEITUAIS

Viktor Frankl (1939, 1946) denominou o procedimento de *intenção paradoxal* utilizando o termo "paradoxal" em seu significado médico, isto é, referindo-se a uma droga que produz uma reação, em um limitado grupo de pessoas, que é oposta à que normalmente se produz na maioria da população. A "intenção" ou desejo que incentivava seus pacientes a adotar, tinha que ser a mesma que estimulava – o que ele chamava – a ansiedade antecipatória. Quer dizer, certos indivíduos abordam uma situação que exige um comportamento associado com a atividade do sistema nervoso simpático (p. ex., a resposta sexual) com temor sobre o êxito de sua atuação. Esta ansiedade antecipatória é a que serve para deteriorar a atuação desejada que, por sua vez, gera mais ansiedade obstrutiva.

A ansiedade resultante serve para assegurar a natureza de "profecias auto-realizáveis" do temor, ao impedir a consecução do objetivo. Deste modo, no exemplo da insônia, empregado para ilustrar a ansiedade recorrente, o indivíduo com uma história de dificuldade para dormir, temendo sua incapacidade para adormecer, tentará controlar o processo e, portanto, gerará elevados níveis de ansiedade, algo incompatível com o dormir. Neste caso, as instruções da IP sugeririam ao indivíduo que fosse para a cama com a intenção de permanecer acordado a noite toda.

A eficácia da IP baseia-se no princípio fundamental de que os pacientes tentem realizar o comportamento que estão evitando. Desta maneira, o processo circular, que se mantém a si mesmo, rompe-se, visto que o tentar realizar o comportamento não desejado é incompatível com, e finalmente neutraliza, a ansiedade antecipatória. Em seus próprios termos, Frankl (1985) sugere que um desejo e um temor sobre o mesmo objetivo comportamental são incompatíveis. Quando a pessoa é capaz de adotar o desejo de permanecer acordada, evita o temor de não adormecer, permitindo o começo do sono.

Embora a explicação de Frankl sobre a eficácia da IP seja importante para compreender seu papel no tratamento dos transtornos de ansiedade, foram propostos pontos de vista alternativos (p. ex., Seltzer, 1986) que mantêm um uso potencial para esta área de problemas comportamentais. Por exemplo, Ascher (1989) propôs que a literatura sobre o processamento emocional (Lang, 1977; Rachman, 1980) pode proporcionar um caminho para melhorar a eficácia da IP com os transtornos de ansiedade.

A tentativa mais compreensiva para explicar os enfoques paradoxais é descrita num artigo de Omer (1981). Este considera três hipóteses alternativas para explicar a eficácia das técnicas paradoxais: o conceito logoterapêutico de Frankl sobre a ansiedade antecipatória; a suposição do duplo vínculo associado com a teoria de sistemas; e o conceito de aprendizagem da inibição condicionada. Todavia, nenhuma dessas hipóteses esclarece o *modus operandi* da terapêutica paradoxal em todas as escolas de psicoterapia.

Omer apresenta uma hipótese superinclusiva denominada "descontextualização do sintoma". Baseia-se no que ele entende que, em cada procedimento paradoxal não se prescreve o sintoma tal e como é manifestado normalmente pelo paciente, mas que sempre ocorre de um modo e num contexto diferente. Propõe que o contexto de um sintoma apóia o comportamento, proporcionando um significado que é importante para o paciente. Quando o sintoma é tirado do marco que lhe dá significado, perde seu papel na vida do paciente. Conclui que a variável à qual se pode atribuir a mudança comportamental pode ser o afastar o comportamento objetivo de seu contexto normal, em vez da instrução paradoxal.

A exposição de Omer apresenta uma série de problemas. Primeiro, como assinala Seltzer (1986), Omer não considera a terapêutica paradoxal tal como a conceitualizam e empregam uma variedade de enfoques psicoterapêuticos, incluindo a psicanálise, a gestalt e os métodos baseados nas filosofias orientais (p. ex., Watts, 1961). Segundo, nem sempre ocorre o sintoma de uma forma separada do contexto (isto é, de um modo "descontextualizado") e, aplicando a hipótese de Omer nesses casos, às vezes se requer uma extensão pouco realista, produzindo resultados artificiais. Terceiro, é perfeitamente possível aplicar seu princípio a procedimentos não paradoxais. Por exemplo, a ação de queixar-se representa um traço central dos problemas de muitos pacientes. Quando os pacientes manifestam esses comportamentos ante Carl Rogers ou Albert Ellis, ou simplesmente a qualquer outro terapeuta, o contexto será muito diferente daquele ao qual estão habituados. Quer dizer, a reação do terapeuta representará um contraste significativo em relação às respostas que os pacientes provocam normalmente nos amigos, familiares e outras pessoas conhecidas. À medida que o conceito de Omer possa ser aplicado de forma similar a procedimentos paradoxais e não paradoxais, sem diferenciá-los, torna-se menos útil para explicar a eficácia da terapêutica paradoxal.

Outros investigadores propuseram, igualmente, hipóteses incluentes que tentam explicar a área inteira da terapêutica paradoxal (p. ex., Seltzer, 1986). Força-se cada hipótese para que abranja tanto que, assim como sucedia com Omer, se possa aplicar aos procedimentos paradoxais e aos não paradoxais – sem explicar as características aparentemente singulares dos primeiros. Neste caso, a posição de Dell (1986) oferece certa ajuda, já que ele sugere que a paradoxal não é uma classificação natural, mas o resultado materializado do conflito que existe entre nossas teorias sobre a mudança de comportamento pela terapia e as mudanças clínicas que não as confirmam. Quando nossas teorias forem reorganizadas para dar veracidade a esses dados, não haverá a necessidade do termo "paradoxal", visto que os acontecimentos que levam este rótulo se incorporarão, nesse momento, a uma teoria compreensiva.

Talvez a hipótese mais influente sobre a terapêutica paradoxal seja o postulado do "duplo vínculo", que se associa com a teoria de sistemas. Tal hipótese é atribuída a Bateson e cols., (1956), que se dedicou ao estudo das famílias de indivíduos diagnosticados como esquizofrênicos. Em contraposição às hipóteses intrapsíquicas dominantes nessa época, Bateson e cols. (1956) centraram-se na comunicação interpessoal perturbada, como um fator importante na geração e manutenção da patologia. Em poucas palavras, o "duplo vínculo patogênico" refere-se a uma comunicação na qual se apresentam ao mesmo tempo mensagens mutuamente incompatíveis. Embora parecido em muitos aspectos ao duplo vínculo patogênico, o "duplo vínculo terapêutico" desenvolve-se e é administrado com o objetivo de produzir uma mudança comportamental adaptativa (Watzlawick, Beavin e Jackson, 1967). Embora os duplos vínculos anteriores possam explicar uma variedade de comunicações, o duplo vínculo terapêutico tem sido empregado como guia na formulação e administração de procedimentos terapêuticos paradoxais.

Outro conceito interessante, proveniente da teoria de sistemas, é um método para classificar as comunicações transformacionais em: aquelas relacionadas com a mudança de "primeira ordem" e aquelas associadas com uma mudança de "segunda ordem" (Watzlawick, Weakland e Fisch, 1974). Baseadas, em certa medida, na teoria dos tipos lógicos (Whitehead e Russell, 1910), as operações de primeira ordem ocorrem dentro das regras do sistema, enquanto os processos de segunda ordem violam as regras do sistema. As soluções de segunda ordem são vistas, freqüentemente, de dentro do sistema, como imprevisíveis, assombrosas e surpreendentes, visto que não se baseiam necessariamente nas regras e suposições desse sistema. A terapêutica paradoxal representa uma categoria das soluções de segunda ordem.

No tratamento da insônia, por exemplo, podem ser contrastadas as operações de primeira e segunda ordem. Os procedimentos de primeira ordem incluem o ensinar ao indivíduo algum tipo de técnica de relaxamento que deve praticar na hora de ir para a cama, ou o receitar um sedativo. Por outro lado, instruir a pessoa para que permaneça acordada toda a noite, como é o caso da IP, é uma operação de segunda ordem, visto que viola muitas das suposições do paciente sobre os enfoques psicoterapêuticos para o tratamento da insônia.

VI. Método e Variações

Um dos fatores mais influentes que determinam a eficácia da técnica é a relação entre a IP e um aspecto do problema do paciente que foi denominado "ansiedade recorrente" (Ascher e Schotte, 1987). O emprego desse termo baseia-se nas observações de Ascher do que outros têm denominado o "segundo temor" (Weekes, 1976), "fobia à ansiedade" (Ascher, 1980), "medo de ter medo" (Evans, 1972; Goldstein e Chambless, 1978) e "sensibilidade à ansiedade" (Reiss, 1987). Frankl (1955) foi o primeiro a descrever sistematicamente o fenômeno, associado a seus primeiros informes sobre a IP e a ansiedade antecipatória.

A ansiedade recorrente refere-se ao mal-estar que a pessoa experimenta sobre as conseqüências de suas reações de temor. Isto é, os indivíduos afetados preocupam-se em que a ansiedade experimentada no presente alcance um nível no qual, imaginam, perderão o controle e ficarão expostos a conseqüências desastrosas. A catástrofe hipotetizada pode ser de uma natureza que constitua uma ameaça para a vida (p. ex., uma parada cardíaca, perda da consciência, incapacidade para respirar ou para engolir) ou pode ser o temor de perder o controle sobre os processos físicos ou psicológicos (p. ex., o vômito, a incontinên-cia, atrapalhar-se ao falar, o "ficar louco") ou talvez a manifestação inócua de sintomas que são componentes naturais da atividade simpática (p. ex., ruborizar-se, suar, tremer, aumento do ritmo cardíaco e respiratório).

Uma vez que parece que a ansiedade recorrente se manifesta constantemen-te nos pacientes com agorafobia, considera-se, às vezes, que está associada exclusivamente a esse transtorno (Reiss, Paterson, Gursky e McNally, 1986). Entretanto, não parece ser este o caso. Por exemplo, a ansiedade recorrente está presente, freqüentemente, nos problemas do dirigir, especialmente quando se trata de túneis, pontes, engarrafamento de tráfego ou estradas com problemas no pedágio. Os indivíduos cujo mal-estar centra-se nos sintomas de ansiedade, *per se,* são propensos a ser afetados por um componente recorrente, assim como acontece com as pessoas cujo problema presente implica em alguma variante da ansiedade social. De fato, descrições de um processo similar à ansiedade recorrente aparecem tanto no DSM-III como em sua forma revisada (DSM-III-R). O parágrafo seguinte aparece como parte da descrição da fobia social (300.23).

Apresenta-se uma marcada ansiedade antecipatória se a pessoa se encontra diante da necessidade de entrar na situação social fóbica e normalmente evita tais situações. De maneira menos freqüente, a pessoa força a si mesma a aguentar a situação social fóbica, mas experimenta uma intensa ansiedade. Normalmente a pessoa teme que os outros possam detectar sinais de ansiedade na situação social fóbica. Pode-se criar um círculo vicioso no qual o temor irracional gere ansiedade que por sua vez deteriora a atuação, aumentando assim a motivação para evitar a situação fóbica. A pessoa sempre reconhece que seu temor é excessivo ou pouco razoável (American Psychiatric Association, 1987, pp. 241-242).

Os problemas que talvez não sejam classificados como transtornos de ansiedade, mas que podem ter variações baseadas na ansiedade, também podem estar associados com a ansiedade recorrente. Por exemplo, Ascher (1985) mencionou isso em casos de insônia do começo do sono e Masters e Johnson (1970) descreveram uma dinâmica similar em relação à disfunção sexual. Embora ocorra sempre na agorafobia, a ansiedade recorrente não se encontra sempre em qualquer transtorno de ansiedade ou em qualquer problema de base ansiógena. Por outro lado, casos nos quais a ansiedade recorrente é um fator de complicação se apresentam em, virtualmente, todas as categorias de transtornos de ansiedade ou problemas de base ansiógena.

Ascher (1989, 1990) levantou a hipótese de que a IP (entre outros procedimentos baseados na exposição) é um componente necessário em um programa de tratamento quando a ansiedade recorrente se apresente, mas pode não ter utilidade – inclusive pode ser prejudicial – quando a ansiedade recorrente não faça parte do perfil de ansiedade. Se a hipótese é correta, e dados preliminares parecem apoiá-la (Ascher, 1984, 1985; Ascher e Schotte, 1987), então a determinação do status do indivíduo, com respeito ao grau de recorrência, teria importantes implicações para o tratamento. Entretanto, é normal que o componente de ansiedade possa estar oculto pelos aspectos mais proeminentes do problema presente, durante as etapas iniciais da terapia e, às vezes, ao longo de todo o curso do tratamento. Deste modo, uma pessoa com um problema específico de base ansiógena – p. ex., claustrofobia – complicada por um componente de ansiedade recorrente, poderia ser inicialmente indistinguível de um indivíduo claustrofóbico que não está afetado por fatores de ansiedade recorrente. Embora o emprego da dessensibilização sistemática através da imaginação, com o último paciente, dará como resultado o desaparecimento do mal-estar fóbico, não produziria normalmente resultados satisfatórios no caso de uma acrofobia que estivesse complicada por um elemento recorrente.

A fim de ajudar o leitor a compreender o processo recorrente, pode ser útil contrastar pacientes que possuam um nível clinicamente significativo de mal-estar, associado com algum complexo estimular ambiental e que se encontrem em dificuldade pela ansiedade recorrente, com pacientes que têm o mesmo problema mas que não têm mostrado o elemento recorrente. Por exemplo, a pessoa que informa ter uma fobia simples ao falar em público vai evitar as tarefas desta situação sempre que for possível, antecipará a ansiedade quando for necessário falar ante o público, e se encontra desconforto durante a fala, vai esperar com impaciência e experimentar um grande alívio quando terminar. Os pacientes com fobia de falar em público, acompanhada de um elemento recorrente, experimentam tudo isso e mais. A preocupação acrescida é a hipotetizada perda de controle e as circunstâncias embaraçosas que se seguem aos níveis máximos de ansiedade. Por exemplo, esses indivíduos poderiam temer que – uma vez que se encontram perante o público – a ansiedade com que começaram seu discurso aumente e seja incapacitante. Temem ficar durante um longo período de tempo paralisados em silêncio perante o grupo, ou vomitar, ou perder o controle da bexiga ou do intestino. Alguns temem atrapalhar-se falando ou simplesmente ruborizar-se ou suar. Outros têm certeza de que, na metade de sua fala sua ansiedade fará com que saiam correndo da sala. Durante o período que precede os acontecimentos de falar em público, estes indivíduos experimentam ansiedade antecipatória e, como parece ser o caso da maioria daqueles que manifestam ansiedade recorrente, centram-se em um aspecto específico da atividade simpática.

Esta resposta adquire a propriedade de indicar que se encontram em uma situação perigosa e que temem potencialmente o risco de perder o controle; isto se converte no problema presente ou, pelo menos, em um aspecto central de tal problema. Deste modo, os pacientes que tendem a transpirar quando se encontram em uma situação de *stress*, podem notar que isto acontece ligeiramente quando vão falar em público. A transpiração, sua interpretação disso e sua tentativa fracassada de controlá-la, serve para aumentar o complexo total da atividade simpática que levou ao comportamento inicial de transpirar. Isto, é claro, tem como resultado um aumento da transpiração de um modo circular, um modo que se mantém a si mesmo. Escolheu-se como rótulo para este processo o termo "recorrente" (*recursive*) porque as definições de recorrência (*recursion*), "a determinação de uma sucessão de elementos [...] pela manipulação de um ou mais elementos precedentes" (Merriam, 1977, p. 967) e de recorrente (*recursive*), "constituindo um procedimento que pode se repetir a si mesmo indefinidamente ou até que se satisfaça uma condição específica" (Merriam, 1977, p. 967), ressaltam esta dinâmica.

Independentemente de qual possa ser o conteúdo inicial, a base da desastrosa conseqüência hipotetizada é normalmente a realização de algum comportamento que possa receber uma avaliação social negativa. A atenção poderia centrar-se no comportamento normalmente associado com a desaprovação – por exemplo, as respostas que provêm de transtornos mentais, os efeitos dos narcóticos ou a dependência excessiva do álcool. Entretanto, mesmo o comportamento que normalmente se considera inócuo ou socialmente neutro (p. ex., uma parada cardíaca, um ataque fulminante, a perda da consciência devido a uma enfermidade, a atividade observável do sistema nervoso simpático) pode ser interpretado pelo indivíduo de tal maneira que gere preocupações sobre a avaliação social negativa. Por exemplo, uma psicóloga pensava que se tivesse uma indisposição durante uma sessão e tivesse que pedir licença para ir ao banheiro, o paciente com quem estivesse interatuando poderia supor que ela saíra porque estava muito nervosa para continuar ali.

Os indivíduos que manifestam ansiedade recorrente mantêm uma elevada consideração, pouco realista, para com as opiniões dos outros, junto com a propensão à baixa auto-estima e uma fraca confiança em si mesmo. De fato, é a desaprovação prévia de outras pessoas significativas que parece formar o núcleo em torno do qual se organiza o turbilhão de ansiedade recorrente. Os indivíduos afetados supõem ser objeto de uma vigilância detalhada e contínua por parte dos outros e dão a alguns de seus próprios comportamentos uma quantidade desproporcional de significado social.

Resumindo, o componente de ansiedade recorrente compõe-se de dois fatores básicos. O primeiro refere-se à atividade do sistema nervoso simpático em um processo circular que mantém a si mesmo. A ameaça consiste em forçar os indivíduos a suportar elevados níveis de ansiedade e de perda de controle. A experiência total implicada na percepção desta desagradável resposta fisiológica e sua aparente incapacidade para manter o controle, só servem para aumentar a ansiedade. A percepção de níveis mais elevados de ansiedade serve para aumentar cada um dos componentes físicos da ativação simpática, incluindo aqueles que funcionam de forma específica como sinais de perigo. O reconhecimento da elevada magnitude dos sinais de perigo resulta em um aumento da ansiedade geral. O segundo fator detalha a natureza do desastre que o sinal de perigo indica. Isto é, com os níveis elevados de ansiedade experimentados em situações sociais difíceis, os indivíduos temem perder o controle de seu comportamento e manifestar-se de forma inadequada, tendo como resultado uma avaliação social negativa, que conduzirá a efeitos generalizados de deterioração sobre suas vidas, no presente e no futuro.

A presença de um componente de ansiedade recorrente sugere importantes implicações na composição do programa de tratamento de qualquer transtorno de ansiedade ou problema com base ansiógena. Algo básico é a hipotetizada relação íntima com a ansiedade social. Uma grande parte dos indivíduos que recorrem à psicoterapia sofre de certo nível de ansiedade interpessoal. Todavia, na maioria dos casos (p. ex., fobia simples), isto pode ser ignorado, ao menos inicialmente, por uma atenção focalizada no problema presente. Pelo contrário, o aparecimento de um complexo de ansiedade recorrente sugere normalmente um nível clinicamente significativo de ansiedade social, que deve ser considerado como um componente fundamental do perfil clínico em qualquer programa completo de tratamento comportamental. Num artigo de Heide e Borkovec (1984), os autores descrevem um fenômeno paradoxal, a ansiedade induzida pelo relaxamento, cuja dinâmica é descrita como similar à ansiedade recorrente.

A dificuldade para diferenciar a presença ou ausência deste componente continua, embora alguns inventários (Chambless, Caputo, Gallager e Bright, 1984; Reiss e cols., 1986) tenham se desenvolvido especificamente para identificar a ansiedade recorrente. Isto se deve ao fato de que estes inventários se basearam muito na auto-observação da experiência fisiológica da ansiedade, excluindo as questões de fobia social (Ascher, 1990). Deste modo, a entrevista clínica (incluindo a análise comportamental) continua sendo o método mais eficaz para identificar a existência de um elemento recorrente em um transtorno de ansiedade ou em um problema de base ansiógena. Questões pertinentes nas quais deve-se concentrar incluem as seguintes: Que mudanças qualitativas o paciente acredita irão ocorrer, conforme aumenta seu nível de ansiedade, tanto em sua própria experiência fisiológica como no comportamento observável pelos outros? O paciente acredita que a perda de controle é uma possibilidade e, em caso positivo, quais seriam as características deste processo? O paciente acha que as pessoas podem dizer-lhe que está ficando nervoso e, se for verdade, quais seriam seus pensamentos associados? Quando experimenta ansiedade, o paciente se concentra em um aspecto específico da atividade simpática e, se isto ocorre, qual é o significado desta reação para ele? Independentemente de como se descrevam as conseqüências desastrosas, existem preocupações significativas sobre a possibilidade de uma avaliação social negativa por parte dos observadores? A informação sobre estas e outras questões relacionadas pode ajudar a desenvolver uma imagem clara do caráter da complicação recorrente, se existir.

Os procedimentos paradoxais têm sido empregados normalmente como uma capacidade secundária para facilitar a cooperação dos pacientes com objetivos terapêuticos (p. ex., Weeks e L'Abate, 1982). Embora os terapeutas comportamentais tenham utilizado também o paradoxo desta maneira (p. ex., Ascher, 1980; Dowd e Milne, 1986), têm empregado, de forma mais característica, as técnicas paradoxais como as utilizadas com os transtornos de ansiedade e outros problemas de base ansiógena (p. ex., disfunções sexuais, insônia do começo do sono). Este emprego da IP como o tratamento comportamental preferido para os problemas complicados pela ansiedade recorrente será a base da discussão seguinte sobre sua prática.

A IP requer duas coisas do paciente ansioso: renunciar ao controle sobre a ansiedade e engrandecer os temidos resultados que atribui à mesma. Estas são incumbências bastante difíceis, porque uma parte vital do procedimento implica em uma extensa explicação da dinâmica do problema presente e da maneira como pode ser útil um programa de tratamento organizado em torno da IP. O material que se segue foi tirado do caso de um estudante licenciado, solteiro, de 27 anos, que se apresentou com uma depressão causada pelo abandono iminente de sua noiva. De imediato ficou claro que estava preocupado porque pensava que seria incapaz de conhecer outras mulheres, devido a uma incapacidade para começar ou manter interações. Nessas situações, ruborizava-se, sua mente ficava "em branco" e as palavras não saíam. Era evidente que a ansiedade social desempenhava um importante papel. No decorrer da terceira sessão, o paciente havia percebido que via as mulheres buscando a perfeição nele, mas não estava preparado ainda para abandonar sua posição pouco realista. Neste ponto, a tarefa do terapeuta (MLH) era mostrar de que maneira a ansiedade do paciente era similar, mas também diferente, à de outros homens interessados em conhecer outras mulheres e unir as experiências do paciente e o conceito de ansiedade recorrente. (Os detalhes do caso, palavra por palavra, são empregados com propósitos ilustrativos e foram feitas modificações para ocultar qualquer aspecto que identifique o indivíduo e para enfatizar a informação mais relevante, enquanto se abrevia o material menos importante.).

T: Chegamos à conclusão de que sempre existe alguma ameaça de rejeição em uma situação social. E que você espera mais de si mesmo do que os outros – espera perfeição, o significa uma tranqüilidade total. E isso é só uma ilusão, uma mentira que você está vivendo, porque na realidade *não* está totalmente tranqüilo. O que acontece com outros homens?, você pode se perguntar. Creio que a maioria dos homens sentem-se nervosos quando se apresentam a uma mulher atraente, mas são capazes de ir mais além a fim de continuar com a conversação. Você também fica nervoso, mas a diferença é que você se *centra* nos sentimentos e em vez de ir mais além, torna as coisas piores. Dá à ansiedade um significado especial que as outras pessoas não dão. Níveis baixos de ansiedade, inclusive moderados, são normais nestas situações, mas o que você faz é tirar a ansiedade do contexto e dar-lhe um lugar especial em sua cabeça. Em vez de centrar-se em sua atuação e investir toda a energia nela, está ocupado analisando e tentando reduzir sua ansiedade e tentando parecer "impassível". Não é estranho que não possa continuar com a conversação.

P: Como você sabe que a mulher não está pensando "Olha que moço mais tenso. Se quer um encontro comigo, primeiro terá de tranqüilizar-se"?

T: Bom, falemos sobre isso. Em primeiro lugar, duvido que alguém tenha percebido tão profundamente como você, que tenha se envergonhado ou expressado claramente que você parece "apavorado". E a respeito da sua noiva anterior, ela esperava que você fosse uma espécie de autômato emocional-mente neutro?

P: Bem, não. De fato, sempre me dizia que gostava de homens que aparentassem serem "reais" e mostrassem como estavam se sentindo interiormente.

T: Além disso, como disse antes, é totalmente normal que os homens se sintam assim neste tipo de situações. Certamente as mulheres não exigirão mais de você que de outras pessoas. O que você acha disso?

P: Sim, suponho que sim. Mas nunca penso que os outros rapazes se sentem como eu quando estou na situação.

T: Também não pensa de forma realista sobre o que está pensando a mulher à qual você se apresenta. A maioria das pessoas está bastante preocupada consigo mesma e, inclusive quando você está falando com elas, não estão vigiando-o incessantemente, buscando sinais de que está transpirando ou que comete *lapsus linguae*. Aposto que a sua ansiedade não é suficientemente grande para que os outros percebam como está se sentindo, embora você ache que estão percebendo. De qualquer maneira, mesmo que a mulher com a qual esteja conversando perceba algum sinal, como um ligeiro rubor, não o atribuiria necessariamente à ansiedade. Existem explicações alternativas: que está com calor, que está muito interessado por ela, etc. O que estou querendo dizer é que há explicações alternativas para as coisas. Tem sentido para você o que estou dizendo?

P: Sim, mas quero saber o que fazer na próxima vez que conhecer alguém que me atraia.

T: Muito bem, vamos ver uma suposta situação. Imagine que na próxima semana, após sua aula de Geografia, veja uma garota da classe a quem admira, de pé no corredor, fumando um cigarro. Quer falar com ela, mas percebe que está corando e nota uma sensação de tensão no estômago. Agora lembra que conversamos sobre como, quando uma pessoa se encontra em uma situação perigosa, são produzidos certos sintomas fisiológicos; e que isto pode ser adaptativo quando o perigo supõe uma ameaça para a vida, mas não para seu estilo de vida. Conforme você percebe outros sinais de ativação, começa a ficar cada vez mais nervoso e sente dificuldade em concentrar-se no que a garota está dizendo sobre as outras aulas que tem este ano. Isto o faz ficar preocupado. "O que vou dizer quando ela parar de falar? Não ouvi uma só palavra do que ela disse". Começa a fantasiar que ela sairá correndo e dirá a todas as garotas de sua classe sobre o palerma que você é. E assim sucessivamente, até que você tenha se convencido que acabará sendo um solteiro solitário, desamparado.

P: Acho que não é divertido – já havia pensado nessa possibilidade.

T: Acredito. Assim, analisemos essa cena. Quando você se aproxima dessa mulher percebe que está um pouco ruborizado. Tem alguns desses pensamentos. Além das sensações corporais associadas com a ansiedade, os pensamentos são bastante exasperantes. De modo que aumenta sua ansiedade. O que acontece então?

P: Suponho que coro e transpiro mais.

T: Pelo menos *pensa* que é isso que está acontecendo. Em qualquer caso, real ou imaginário, o ruborizar e transpirar mais resulta num aumento da ansiedade que serve para ruborizar-se e transpirar ainda mais. Isto se converte num círculo vicioso. Finalmente, o que você teme é ficar tão nervoso que perca o controle e faça algo muito embaraçoso, como sair correndo na metade de uma frase. Este temor de perder o controle durante a presença de altos níveis de ansiedade encontra-se na base do problema, visto que pensa poder evitá-lo se mantivesse o controle sobre sua ansiedade.

P: O que mais temo é perder o controle. Tem razão quando diz que é o aspecto que mais me assusta.

Antes de descrever o programa de tratamento, foi proporcionado ao paciente informação para ajudá-lo a compreender seu problema. Ao fazer isso, era necessário incorporar seu problema a um sistema compacto, que fosse compatível com a IP. O comportamento inexplicável ou imprevisível tende a ser incômodo; uma explicação do comportamento problemático do paciente, que lhe pareça razoável, alivia esta fonte de ansiedade. Assim, no exemplo presente, a suposição do paciente de que a mulher que conhecer espera que ele esteja totalmente tranqüilo, inclusive em uma situação que pode produzir uma rejeição ou humilhação, é comparada com a possibilidade mais razoável de que suponha que está nervoso, mas que, no entanto, é capaz de agir adequadamente. A ativação fisiológica que experimenta (p. ex., enrubescer, transpirar) é explicada no contexto de padrões normais da ativação humana, nos quais normalmente quem mais percebe é o sujeito e não os outros. De uma maneira similar, sua atenção sobre o controle da ansiedade, em vez de atentar à eficácia de sua atuação, foi enfatizada e comparada com o comportamento de aproximação seguido por seus companheiros que, embora experimentem ansiedade, encaram-na como uma resposta normal e aceitável ante a situação.

Além de aumentar, geralmente, a tranqüilidade através da explicação, a introdução prepara o paciente para uma IP *en vivo*, ao tentar neutralizar a ansiedade associada com a perda de controle e com suas desastrosas conseqüências. É importante conseguir este objetivo por duas razões: 1) estas preocupações mantêm o comportamento de evitação (fuga) no centro do problema presente e, se não forem detidas, impedirão o progresso terapêutico; e 2) quanto mais reais estes acontecimentos pareçam, menos disposto estará o paciente a empregar as sugestões paradoxais e a arriscar-se às conseqüências negativas.

Uma vez estabelecido que o paciente entendeu a relação entre a ansiedade e o controle, a ênfase da sessão seguinte dirigiu-se à explicação e aplicação da IP. Novamente, foi utilizada uma situação hipotética como base para introduzir componentes importantes do programa.

T: Falemos sobre a idéia de "representar o papel". Você acha que o rubor resulta numa visão negativa sua perante os outros. Conseqüentemente, quando percebe que está ruborizando-se, precisa controlar isso fazendo alguma coisa. A forma de representar o papel, isto é, as estratégias que tem empregado até agora têm sido bastante ineficazes ou pior ainda, têm tornado as coisas piores. Seu papel se baseia em regras que penso são pouco razoáveis. A mais importante delas é que elevados níveis de ansiedade levarão a uma perda do controle e a conseqüências desastrosas. Isto é pouco razoável, porque aposto que nunca perdeu o controle e agiu de um modo realmente embaraçoso em situações como a que estamos falando. Estou certo?

P: Bem, suponho que nunca perdi realmente o controle, mas algumas vezes me senti quase insuportavelmente nervoso.

T: Compreendo, mas assim como aconteceu da última vez, finalmente se tranqüilizou. Mas o fato de finalmente se tranqüilizar não significa muito para você, porque está certo de que só foi por casualidade. Na próxima vez, pensa, não terá tanta sorte e realmente estará em apuros. Digo-lhe que nunca será um completo desastre, que sempre se deterá antes da humilhação completa e que sempre se tranqüilizará. O que você pensa disso agora, quando não está especialmente nervoso?

P: Você fala isso de uma forma tão razoável que, bom, acho que tem razão. Mas isso não me ajuda quando estou em uma situação social.

T: Isto é parte do problema – você não percebe a insensatez de seu papel quando se encontra no meio da representação. De modo que o que você tem a fazer é demonstrar a si mesmo que a regra de que a ansiedade e a perda de controle estão relacionadas não é correta, inclusive quando está muito nervoso. Uma vez que você tenha feito isso, diminuirá a necessidade de evitação e terá o efeito de modular suas experiências de ansiedade.

(Mais tarde durante a sessão):

T: Visto que está de acordo em tentar algo que poderia ajudar-lhe a superar este problema, voltemos à cena que abordamos na semana passada, mas com um final diferente. Você aproxima-se de uma mulher que está interessado em conhecer melhor e começa a corar e a transpirar. Ao perceber estas reações, fica nervoso. E, certamente, quanto mais nervoso ficar mais enrubescerá e mais transpirará. Então, começam a surgir pensamentos sobre o comportar-se de forma embaraçosa e o ser humilhado. A fim de evitar esta tragédia hipotetizada, comporta-se de acordo com o que está convencido que vai ajudá-lo a manter o controle sobre a ansiedade. Entretanto, como já disse, não pode controlar a ansiedade diretamente e as tentativas para fazê-lo só servem para agravar a situação. Então, o que sugiro é que – quando se encontrar em uma circunstância similar à que descrevi anteriormente – *abandone* o controle.

P: Espere um segundo. Como posso abandonar o controle quando diz que não posso mantê-lo?

T: O que estou dizendo é que não exerça um controle direto sobre a ansiedade, mas que aja como se o fizesse. E ao tentar reduzir a ansiedade, já que pensa ter controle sobre ela, realmente piora a situação. Isto é o que você vai deixar de fazer.

P: Creio que entendo o que diz, mas não estou certo de compreender exatamente o que quer que eu faça.

T: Muito bem. O que quero que faça, cada vez que se aproximar de uma mulher para falar com ela, é que deixe que a ansiedade siga seu curso, sem tentar influir sobre ela. Quando perceber, justo antes de aproximar-se dela, que está ficando nervoso, permita-se experimentar a ansiedade. Deixe-se corar e transpirar. Em outras palavras, deixe que ocorra o que está acontecendo. Na realidade, o que quero que faça é que tente intensificar os sentimentos e as mudanças que ocorrem quando fica nervoso.

P: Intensificá-los! Está brincando?

T: Não. Posso dizer-lhe que pensa que seus sintomas são fisicamente danosos e que a ansiedade é o pior que poderia acontecer. Isto simplesmente não é verdade e enquanto acreditar nisso continuará sofrendo elevados níveis de ansiedade. Quando mudar estas "regras", então começará a observar certa variação. Pense nisso como uma pequena ressaca. Se acordasse com uma ressaca e tivesse aula nessa manhã, iria e se comportaria o melhor que pudesse. Esta é uma atitude que seria útil que se mantivesse sobre a ansiedade.

P: Entendo o exemplo sobre a ressaca. O que não consigo compreender é como poderia intensificar a ansiedade.

T: Bem, não parece divertido a princípio, especialmente porque é o contrário do método que tem empregado até agora. Mas ambos estamos de acordo que seu método não tem funcionado, não é verdade? De modo que sugiro um novo enfoque, representar um novo papel. Falemos sobre a forma de fazê-lo. Pense no exemplo da garota do corredor. Comece percebendo o início da ativação fisiológica. Pense no sintoma que percebe melhor e concentre-se nele. Suponha que é seu ritmo cardíaco. Tente aumentar o número de pulsações por minuto ou a potência de cada batida. Talvez o aspecto que mais perceba seja a sudorese. Nesse caso, tente aumentar o fluxo de suor. O mais importante é o processo no qual deverá trabalhar mais intensamente para intensificar o sintoma. Conforme progrida a conversação, a ansiedade aumentará e a experiência de mal-estar variará. Seu trabalho consiste em concentrar-se em aumentar o sintoma que mais percebe nesse momento.

P: Qual é o propósito desta vez?

T: O propósito é que em vez de tentar manter o controle de um modo direto, mantenha-se abandonando o controle e "disposto" a que a ansiedade o piore.

P: Se for capaz de fazer isso, durante quanto tempo teria de fazê-lo?

T: Isto é representar um papel equivocado. Neste papel você o faz até o final da representação. Não pode fazê-lo por etapas – a única forma de utilizar eficazmente este procedimento é sofrer realmente a ansiedade.

P: Mas o propósito não é eliminar a ansiedade?

P: Certamente, mas a fim de eliminá-la tem que estar disposto a demonstrar a si mesmo que pode tolerá-la durante tanto tempo quanto seja necessário. Tem que mostrar a si mesmo que já não é uma ameaça – que não é perigosa nem física, nem psicológica, nem socialmente. Uma vez que tenha conseguido isso, a ansiedade já não representará uma preocupação importante neste tipo de situações sociais.

O propósito principal desta sessão era explicar o papel da IP e proporcionar ao paciente um método concreto de aplicá-la à sua situação particular. Como acontece normalmente, fez numerosas objeções. Foi discutido cada uma delas de maneira que finalmente lhe permitiu arriscar-se a realizar a sugestão paradoxal como a melhor solução. Na sétima sessão, o paciente informou ter utilizado o procedimento paradoxal em uma situação social fora da universidade.

T: Fico contente que tenha procurado uma oportunidade para empregar a estratégia. Conte-me sua experiência.

P: Bem, tentei quando fui ao casamento de meu primo no sábado passado, mas não tenho certeza de haver triunfado totalmente.

T: Conte-me os detalhes.

P: Quando fiquei sabendo que meus pais esperavam que eu fosse, tentei praticar previamente, imaginando como seria, o que poderia acontecer e como poderia "representar o papel" corretamente.

T: Bem.

P: Não estava muito nervoso quando chegamos ali, mas depois de alguns minutos vi uma garota que conheci na universidade, alguém por quem eu havia estado super-interessado. Quando pensei em aproximar-me dela, comecei a ficar nervoso.

T: O que aconteceu então?

P: Fui correndo até o banheiro para tranqüilizar-me. Então lembrei que *não* era isso o que se supunha que teria de fazer. De modo que voltei e comecei a concentrar-me nas sensações corporais, tentando aumentar cada uma delas conforme vinham à cabeça. Depois de algum tempo, comecei a sentir-me melhor, mas não cheguei a falar com a garota.

T: Que sensações experimentou realmente quando começou a ficar nervoso na festa?

P: Suponho que uma tensão no estômago.

T: Então era nisso que deveria ter se concentrado. Perceba como vai tensionando seu estômago. Como havíamos falado anteriormente, penso que neste ponto do tratamento você é capaz de controlar inclusive a situação mais difícil. O êxito é menos uma questão dependente das circunstâncias e mais uma questão do que se pensa sobre elas. Além disso, um êxito incompleto continua sendo um avanço. Seja como for, por que acha que não foi uma experiência totalmente satisfatória?

P: Bom, fui à festa esperando não ficar nervoso e, quando comecei a ficar, tentei controlar, sabendo que se supunha que eu não deveria fazer isso.

T: Parte do processo está se dirigindo gradualmente para o ponto em que a ansiedade não tenha um significado especial para você. Até esse momento, é normal ter o tipo de pensamento que teve. Neste ponto, seria útil se esperasse *ter* ansiedade nestas situações e estivesse preparado para enfrentá-las com ela. Ao esperar ter ansiedade, é também muito importante evitar o papel de "poderia não funcionar". Nesse caso, você está se preparando para fracassar. Tome ou não a decisão de fazê-lo, mas não pode decidir tentar e ver o que acontece. Compreendo que, dada a sua história, a idéia de fugir da situação em um esforço para controlar sua ansiedade está firmemente implantada. O ficar na situação e tentar aumentar a ativação é uma estratégia muito menos provável. De modo que seu impulso, especialmente no meio da situação, é o de seguir a reação conhecida, mesmo que não funcione. Você mudou de estratégia e sua ansiedade diminuiu.

P: Então da próxima vez empregarei a nova estratégia em primeiro lugar, certo? *Agora* parece fácil dizê-lo.

T: Tem de ter paciência consigo mesmo. Como disse anteriormente, sua resposta desadaptativa ante a ansiedade está firmemente implantada e levará tempo para converter a nova estratégia na resposta dominante e natural. Talvez esteja tentando com demasiado esforço. O que você tem a fazer é deixar de tentar manter o controle, tornar-se só um observador passivo de sua ansiedade e deixar que ela siga seu curso.

Como mostra este trecho, um dos objetivos finais é que o paciente reúna o que aprendeu na terapia e o aplique a situações de "vida real". O acúmulo de

246 Manual de Técnicas de Terapia e Modificação do Comportamento

experiências posteriores similares, junto com as explicações do terapeuta, podem servir para enfatizar que, se este paciente é capaz de controlar este difícil problema, então pode dominar qualquer situação, e que as circunstâncias anteriores de sua vida eram devidas à sua própria criação. O reconhecimento de sua influência pessoal sobre as situações significativas de sua vida, situações que anteriormente eram percebidas como imodificáveis, pode dar como resultado uma ampla variedade de efeitos positivos que tenham importantes implicações para um ajuste cada vez mais reforçador.

O propósito deste capítulo consistiu em proporcionar uma seleção de conteúdos para sugerir que a intenção paradoxal (IP), junto com uma variedade de procedimentos auxiliares, é o tratamento comportamental de preferência para a ansiedade recorrente. Embora os primeiros dados empíricos controlados, assim como uma série de estudos clínicos, pareçam apoiar esta afirmação de eficácia, deve-se empreender, ainda, uma considerável avaliação clínica adicional. Com poucas exceções, a maioria dos dados controlados é o produto do estudo dos resultados. Necessita-se investigar o processo que subjaz às instruções paradoxais a fim de compreender os métodos para melhorar o procedimento. Uma ajuda adicional a este respeito seria a informação sobre as diferenças individuais dos pacientes e do terapeuta que melhorariam ou obstaculizariam o emprego da IP. As limitações de espaço não permitem uma maior extensão e explicação do assunto. Portanto, o leitor interessado em um maior aprofundamento do mesmo poderá consultar a bibliografia incluída no aparte VIII.

VII. Resumo

A flexibilidade dos procedimentos terapêuticos paradoxais permitiu que a maioria das escolas de psicoterapia os empreguem de modo bastante consistente com suas respectivas orientações. Assim, os terapeutas comportamentais têm empregado estas técnicas de duas maneiras. Numa forma subordinada, os procedimentos paradoxais têm sido empregados normalmente para melhorar a cooperação do paciente com o programa terapêutico. Entretanto, este capítulo descreve um emprego dos procedimentos paradoxais, e especialmente da intenção paradoxal, mais característico, como traço central de programas que centram-se na melhora de um fenômeno de ansiedade específico. Embora associada em grande parte com a agorafobia, sugere-se que a ansiedade recorrente (conhecida também como "medo ao medo") é um processo que complica muitos casos de transtornos de ansiedade e de problemas de base ansiógena. Tal dificuldade freqüentemente não se descobre com a urgência do problema presente; infelizmente, se não se aborda a ansiedade recorrente, obstaculiza, se é que não o impede, normalmente o progresso terapêutico. Neste capítulo, ilustra-se a ansiedade recorrente e descreve-se o tratamento, no qual a intenção paradoxal tem um importante papel.

VIII. Leituras Recomendadas

Ascher, L. M., «Paradoxical intention», en A. Goldstein y E. B. Foa (comps.), *Handbook of behavioral interventions: A clinical guide*, Nueva York, Wiley, 1980.

Ascher, L. M. (comp.), *Therapeutic paradox*, Nueva York, Guilford Press, 1990.

Frankl, V. E., *The doctor and the soul: from psychotherapy to logotherapy*, Nueva York, Knopf, 1955.

Seltzer, L. F., *Paradoxical strategies in psychotherapy: a comprehensive overview and guidebook*, Nueva York, Wiley, 1986.

Watzlawick, P., Weakland, J. y Fisch, R., *Change: principles of problem formulation and problem resolution*, Nueva York, Norton, 1974.

Weeks, G. R. y L'Abate, L. A., *Paradoxical psychotherapy: theory and practice with individuals, couples, and families*, Nueva York, Brunner/Mazel, 1982.

13. Procedimentos Aversivos

José Cáceres Carrasco

I. Introdução

Pelo que se referem os métodos aversivos, existe uma série de aspectos contraditórios e paradoxais que incitam nosso interesse e motivam nosso estudo. À guisa de introdução, gostaria de mencionar algumas destas contradições.

Não deixa de ser paradoxal, por exemplo, o fato de as *técnicas aversivas* terem sido das primeiras a serem empregadas dentro do marco das técnicas de modificação do comportamento, e que atualmente continuem empregando-se com muita freqüência em diversos níveis – por exemplo, os pais continuam utilizando procedimentos aversivos na educação de seus filhos, os professores os empregam para o controle de suas aulas, os diretores para o padrão de funcionamento de suas empresas, os planejadores de política social em diversos âmbitos (p. ex., continuam existindo os recintos penitenciários) e, por outro lado, atualmente, a investigação básica e aplicada em relação a este tipo de técnica não deixa de ser escassa. Porém, determinados setores parecem não incentivar este tipo de pesquisa[1].

Serviço Regional de Saúde (Pamplona) e Universidade de Deusto (Bilbao, Espanha).

[1] Algumas revistas especializadas, por exemplo a *Journal of Behavior Therapy and Experimental Psychiatry,* incluem a seguinte nota entre suas instruções aos autores: "Originais que incluam o uso de procedimentos aversivos ou de punições não serão aceitos, pelo geral, se procedimentos não aversivos têm demonstrado sua eficácia na população clínica implicada. Tais manuscritos serão considerados para sua publicação unicamente se os procedimentos aversivos encontrem-se livres de efeitos secundários, e ofereçam claras vantagens [...]".

Somente algumas das pesquisas feitas para clarificar outros aspectos – por exemplo, os que têm relação com a preparação biológica do indivíduo para desenvolver reações aversivas condicionadas ante determinados estímulos e não outros –, poderiam estar indiretamente relacionadas com nosso tema, especialmente se adotarmos um modelo de funcionamento das técnicas aversivas que inclua aspectos do condicionamento clássico.

Tudo isso poderia levar-nos a concluir que as técnicas aversivas têm perdido sua popularidade e que, como parece ocorrer em ocasiões, o "pêndulo científico" não favorece estes procedimentos e não estão na moda.

Entretanto, é contrastante que nas clínicas continuem utilizando-se este tipo de procedimento, embora não de maneira isolada e como único elemento terapêutico, mas englobado em programas de tratamento mais amplos, e também continua-se informando de sua eficácia clínica em casos isolados.

Por outro lado, nos é dolorosamente evidente o desenvolvimento de respostas aversivas condicionadas quando não as desejamos. Uma constante no tratamento quimioterápico de determinados processos cancerosos parece ser o aparecimento de respostas aversivas condicionadas ante estímulos, em ocasiões só remotamente relacionadas com os procedimentos quimioterápicos, reações que se produzem, às vezes, com um único ensaio e que põem um fim à aceitação e, sem dúvida, sua continuidade com alguns pacientes (Olafsdottir, Sjödén e Wrestling, 1986). Outro exemplo de reações aversivas, nem sempre desejadas, é a da aversão "natural" a determinados alimentos (García Kimeldorf e Koelling, R. A., 1955; García e Koelling, 1966; De Silva e Rachman, 1987).

Não deixa de ser surpreendente pois, a facilidade de aquisição e de generalização deste tipo de respostas nesses contextos, e a dificuldade que o clínico tem para provocar essa reação aversiva ante estímulos, tais como o álcool ou outros contextos estimuladores do apetite, nos quais depois de numerosos ensaios, tal resposta aparece ou não, se aparece extingue-se com relativa facilidade e dificilmente se generaliza.

Foxx, Plaska e Bittle (1986a) tentam explicar a ausência de programas aversivos e de pesquisas aplicadas devido às seguintes razões:

a. A possível reação adversa do público e de outros profissionais ante o uso de procedimentos de punição.

b. A natureza dos estímulos aversivos empregados.

c. A preocupação por aspectos relacionados com questões do tipo legal e ético.

d. A segurança dos sujeitos que se submetem a este tipo de tratamento.

e. O potencial que existe para possíveis abusos neste campo.

Fazemos nossos estes raciocínios e concordamos com Foxx e cols. (1986a e b) em que, apesar de tudo, as razões anteriormente aduzidas para não desenvolver um programa aversivo com alguns pacientes, podem ver-se contestadas por toda outra série de razões mais importantes, tanto de tipo clínico como ético. A saber:

a. Quando o comportamento desadaptativo do sujeito é tão sério que possa causar danos a si mesmo ou a terceiros ou, inclusive, chegar a causar risco de vida.

b. A natureza do comportamento desadaptativo é extrema e duradoura, produzindo-se durante anos e resistindo a desaparecer frente a outro tipo de programa de intervenção.

c. Quando alguns destes pacientes não recebem nenhum tipo de atenção para desenvolver comportamentos positivos (p. ex., habilidade social, atividades recreativas e de ressocialização), dada a extrema gravidade e desajuste de seus comportamentos.

Visto que os programas de punição podem vir a ser tratamentos eficazes, apesar de serem intrusivos, não considerar tais alternativas de tratamento poderia, de maneira razoável, ser considerado como uma violação do direito do indivíduo a um tratamento e a uma educação eficazes (Griffith, 1983; Martin, 1975; Richmond e Martin, 1977).

Por tudo isso pensamos que o estudo deste tipo de procedimento deveria continuar e ser ampliado e com essa idéia escrevemos o presente capítulo.

II. História

Segundo assinala Kazdin (1978), o uso terapêutico dos acontecimentos aversivos para modificar o comportamento tem uma longa história. Exemplos anedóticos tirados das culturas greco-romanas ilustram este desenvolvimento precoce. Assim, segundo Plutarco, Demóstenes teria um tique no ombro, algo muito corriqueiro em nossos dias, que curou de maneira rápida colocando uma espada bem afiada em cima do ombro, de tal maneira que cada vez que o elevava com o tique, espetava-se com a espada.

Em nossa cultura, já citamos em outro lugar (Cáceres, 1984) como Lope de Vega descreve um verdadeiro experimento de condicionamento aversivo para o controle de animais empenhados em perturbar um de seus protagonistas.

No que se refere aos fundamentos experimentais das técnicas aversivas, deveríamos retroceder a Pavlov e Bechterev, que foram capazes de estabelecer reações aversivas em resposta a estímulos neutros (Pavlov, 1927). Outro russo, Nikolai Kantorovich, em 1929, foi o primeiro pesquisador a empregar de maneira sistemática os procedimentos aversivos (Razran, 1934). Kantorovich desenvolveu um procedimento aversivo para tratar de 20 alcoólicos, nos quais tentou que associassem o álcool com descargas elétricas aplicadas nas mãos. Após os resultados de Kantorovich, a utilização das técnicas aversivas se estendeu a vários países (França, Inglaterra, Alemanha, Bélgica, Estados Unidos), especialmente no campo do tratamento do alcoolismo, na década de 30 e 40 (Voegtling e Lemere, 1941). Posteriormente, as técnicas aversivas foram aplicadas a outros tipos de comportamento e não só ao consumo do álcool.

II.1. Temas atuais

Talvez seja oportuno, após este breve repasse histórico, apontar alguns dos aspectos que, no meu entender, continuam pendentes em relação à terapia aversiva:

1. O contraste existente entre o êxito atribuído a este tipo de técnica em uma ampla gama de transtornos, como problemas de alcoolismo, tabagismo, obesidade, orientação do impulso sexual etc., e a ausência de trabalhos experimentais a nível grupal que demonstrem sua eficácia. Já mencionamos como, após revisar trabalhos publicados na área do alcoolismo, Wilson (1987) se questiona se há bases para continuarmos sendo otimistas, como os informes de caso único poderiam fazer-nos pensar.

2. Contrasta como, por um lado, as bases conceituais de muitas das práticas aversivas derivam dos princípios da aprendizagem, enquanto, de forma aplicada, muitos dos programas terapêuticos, ainda que afastando-se destes princípios (utilizando, por exemplo, princípios do condicionamento para trás ou existindo uma grande demora entre o aparecimento do TC e o TI), continuam sendo eficazes.

3. Continuam sendo um problema os aspectos relacionados com a generalização de estímulos e sua manutenção ao longo do tempo.

4. Chama a atenção a especificidade dos resultados encontrados com determinados procedimentos terapêuticos, nos quais a reação aversiva se produz unicamente a estímulos específicos apresentados.

5. Outro assunto a ser esclarecido baseia-se na utilidade relativa dos diferentes tipos de estímulos aversivos empregados. Não estabeleceu, de maneira clara, a efetividade de todos estes tipos de estímulos, nem existem, em geral, estímulos comparativos que avaliem as diferenças dos resultados.

6. Os estudos realizados para demonstrar a existência de uma suposta preparação biológica para desenvolver respostas aversivas, indicam o seguinte (Cook III, Lang e Hodes, 1986):

a. Às vezes, é extremamente difícil estabelecer reações aversivas ante estímulos previamente neutros, mesmo quando estes tivessem uma suposta carga de preparação biológica.

b. Parâmetros tais como a pertinência e a relevância TC-TI parecem também ser determinantes.

c. Mesmo em casos de estímulos biologicamente preparados, nos quais se produz uma reação fisiológica aversiva condicionada, alguns elementos psicofisiológicos, como, por exemplo, respostas cardiovasculares aversivas condicionadas, são difíceis de conseguir (Zeaman e Smith, 1965).

III. Definição e Descrição

Basicamente, as técnicas aversivas tentam associar um padrão de reação comportamental não desejado e socialmente sancionado, com uma estimulação desagradável, externa ou interna, ou mesmo reorganizar a situação de tal maneira que as conseqüências deste comportamento não desejado sejam suficientemente desagradáveis para o emissor de tal comportamento, que deixe de realizá-lo. Em ambos os casos, espera-se que seja estabelecida uma conexão entre o comportamento a eliminar e a reação aversiva. Espera-se, além disso, que o desenvolvimento desta conexão e o progresso da mesma gere uma situação tal (fisiológica ou cognitiva) que o indivíduo pare totalmente de emitir o comportamento a ser eliminado.

Em última análise, esperar-se-ia, não só que, uma vez desenvolvida tal reação associativa, no futuro o contexto estimular inicialmente desejável gerasse reações de aversão e de desconforto mas que tal contexto perca seu valor estimulante e positivo, deixando o sujeito, por assim dizer, indiferente.

IV. Fundamentos Conceituais e Empíricos

Embora a maioria dos estudos realizados nos primeiros tempos da investigação sobre as reações aversivas se propusesse a demonstrar a eficácia das mesmas ou sua ausência, atualmente começam a aparecer artigos que tentam não somente demonstrar esta eficácia ou sua ausência, mas esclarecer também as possíveis bases teóricas. Isso baseando-se especialmente em estudos de revisão de diversos trabalhos publicados anteriormente em uma determinada área (p. ex., Wilson, 1987).

Apesar destes artigos, cremos, como assinalamos há alguns anos (Cáceres, 1984), que é ainda prematuro descrever de forma definitiva tais elementos, uma vez que sua investigação apenas acaba de iniciar-se. Visto que uma revisão mais extensa foi objeto de nosso estudo anterior, nos limitaremos aqui a sinalizar, de maneira resumida, os principais modelos estabelecidos na hora de explicar o funcionamento da terapia aversiva.

IV.1. Condicionamento clássico

Esta teoria, a primeira a ser proposta na hora de explicar o funcionamento das técnicas aversivas, é ainda amplamente aceita. Segundo ela, supõe-se que a associação de alguns dos elementos constitutivos da constelação estimular componente do comportamento a eliminar (TC), com o estímulo nocivo pré-selecionado (TI), fará com que o TC provoque uma resposta condicionada de aversão (RC) similar à resposta incondicionada (RI) provocada pelo TI. Esses elementos estimulares assim investidos, ao provocar tais respostas condicionadas, facilitarão a fuga ou a esquiva de toda a constelação estimular da qual faça parte.

Os proponentes deste modelo insistem em que, no procedimento terapêutico, satisfaçam-se requerimentos derivados do estudo com este tipo de fenômeno no laboratório (número de ensaios, tempo entre estímulos, intensidade estimular, etc.). Explica-se que estes mecanismos produziriam seus efeitos, seja através de mudanças nas *respostas do sujeito*, seja através de mudanças quanto à *função estimular* desempenhada pelos mecanismos utilizados, ou mesmo quanto a mudanças produzidas no *estado do indivíduo*.

Existem alguns dados que estas teorias dificilmente podem responder. Entre eles cabe assinalar:

1. A dificuldade para conseguir respostas condicionadas resistentes à extinção fora do controle do paciente.

2. A dificuldade na hora de explicar a generalização massiva dos efeitos do tratamento da consulta-laboratório ao mundo externo.

3. A dificuldade para conseguir o desenvolvimento de determinadas respostas fisiológicas condicionadas.

4. Nem sempre aqueles procedimentos de tratamento que se ajustam melhor aos requerimentos derivados do estudo do condicionamento clássico são os mais eficazes.

5. Não existe correspondência entre as mudanças produzidas pelo método de tratamento e as mudanças experimentadas naqueles sujeitos nos quais o tratamento tem êxito.

IV.2. Condicionamento operante

Visto que, na prática da terapia aversiva, o estímulo aversivo nem sempre vem acoplado unicamente com elementos constitutivos da constelação estimular provocadora do comportamento desviado mas, algumas vezes, apresenta-se ante respostas emitidas pelo sujeito para tal constelação, são introduzidos, então, paradigmas de condicionamento operante.

Ambos os paradigmas (clássico e operante) coexistem na maioria dos programas de tratamento desenvolvidos. Entretanto, alguns autores tiveram especial cuidado em delinear seus procedimentos terapêuticos adotando paradigmas de aprendizagem por fuga/esquiva ou de punição.

IV.2.1. Aprendizagem por fuga/esquiva

No *condicionamento por esquiva*, elimina-se o estímulo nocivo após a ocorrência de um padrão de respostas pré-selecionadas, enquanto no *condicionamento por fuga* a ocorrência de um comportamento desejável aprendido evita o começo de um estímulo nocivo pré-selecionado. Ambos os procedimentos costumam ser empregados para estabelecer novas respostas no paciente (Walker, Hedberg, Clement e Wright, 1981).

IV.2.2. Punição

Na punição, apresenta-se um estímulo nocivo imediatamente após a emissão de uma resposta (não desejada), com o propósito de reduzir a probabilidade de ocorrência futura de tal resposta.

O estímulo aversivo pode ser proporcionado pelo terapeuta, como no caso da apresentação de uma descarga elétrica, de um ruído com eco através de fones de ouvido, ou de um odor desagradável. O estímulo punitivo também pode ser aplicado pelo paciente, sob a direção do terapeuta, e pode ser, por exemplo, esticar e soltar um elástico colocado no punho, apertar um botão para dar início a uma descarga elétrica, um ruído forte, ou algum outro estímulo aversivo (Walker e cols., 1981).

Azrin e Holtz (1966) assinalaram uma série de diretrizes para que a aplicação da punição tenha uma maior eficácia (ver Walker e cols., 1981). Algumas destas são as seguintes:

a. O estímulo punitivo deve ser preparado de tal maneira que não seja possível permitir o comportamento de fuga.

b. O estímulo punitivo deve ser tão intenso quanto seja possível, sempre que seja seguro.

c. O estímulo punitivo deve ser apresentado imediatamente após a ocorrência da resposta.

d. O estímulo punitivo não deve ir aumentando gradualmente, mas ser introduzido com a intensidade pré-selecionada.

e. Dever-se-ia dispor de uma resposta alternativa que não seja punida e que produza o mesmo, ou mais, reforçamento que a resposta punida.

IV.3. Teorias centrais

Além daquelas descritas nos parágrafos anteriores, foram propostas como base do funcionamento da terapia aversiva, diversas teorias que poderíamos chamar de *centrais*. Deve-se sinalizar, todavia, que a afirmativa de Rachman e Teasdale (1969) de que uma explicação puramente cognitiva das terapias aversivas é tão insatisfatória quanto uma explicação pura de aprendizagem, continua sendo válida. Os mecanismos propostos por estas teorias centrais se resumiriam nos seguintes:

IV.3.1. Mudanças de atitude

Alguns autores sugerem que, assim como em outras formas de terapia, a terapia aversiva produziria mudanças de atitude no sujeito que mediaria suas mudanças comportamentais. Assim, Marks, Gelder e Bancroft (1970) nos informam da importância das mudanças de atitude no tratamento e seguimento de 17 indivíduos com desvios sexuais.

IV.3.2. Dissonância cognitiva

As teorias da dissonância cognitiva conceitualizam o indivíduo como um processador ativo da informação, que analisa e modifica uma multiplicidade de elementos cognitivos na tentativa de conseguir uma certa "coerência cognitiva". Estas teorias possivelmente nos ajudam a entender algumas características do paciente e a atitude que o predispõe a aceitar ou repelir a terapia aversiva, mas certamente não predizem as conseqüências específicas que resultem de um estado de dissonância cognitiva. Deve-se ressaltar, entretanto, que estas explicações não são incompatíveis com o funcionamento dos princípios de condicionamento. De fato, geralmente é aceito que as respostas condicionadas são o produto conjunto de mecanismos cognitivos e reflexos (Kimble, 1967; Prokasy e Allen, 1969).

IV.3.3. Ensaios cognitivos

Para explicar a generalização da resposta aversiva condicionada desde a situação clínica à vida cotidiana foram apresentadas duas possíveis formas de funcionamento: 1) a hipótese da incubação do medo (Eysenck, 1968), e 2) a hipótese de ensaios cognitivos (Bandura, 1969). Ambas se diferenciam, fundamentalmente, no papel atribuído ao controle voluntário (autocontrole) ou à sua falta (funcionamento automático), neste processo de generalização. Em ambos os casos, a confrontação na vida real com o estímulo condicionado ou a imaginação da seqüência de TC-TI, serviria para fortalecer a associação entre o TC e a resposta aversiva.

IV.4. Teoria do estado

Hallam e Rachman (1972; 1975), após revisar os diversos modelos teóricos apresentados para explicar o funcionamento da terapia aversiva e na tentativa de integrar os resultados obtidos em seu próprio laboratório, propõem sua *teoria do estado* como base do funcionamento da terapia aversiva. Tal teoria baseia-se fundamentalmente na mudança produzida no grau geral de "responsividade" de um indivíduo e não tanto nas mudanças em relação às conexões específicas entre estímulos e respostas. Um resumo da teoria é o seguinte:

a. O comportamento a eliminar é suprimido em períodos de "responsividade" alterada ou sensibilização.

b. Tal sensibilização pode ser induzida mediante aversão elétrica ou outros meios comportamentais, ou através de uma ampla gama de acontecimentos clínicos específicos ou não clínicos (prisões, drogas, pressão familiar, etc.).

c. Os efeitos de tal sensibilização diminuem com o tempo.

d. Embora os procedimentos baseados em paradigmas de punição contingente à resposta não constituam um requisito especial, sua utilização facilitará a supressão do comportamento desviado.

e. Se durante os períodos de sensibilização o comportamento a eliminar for suprimido de forma adequada, dois fatores ajudarão a manter esta mudança: 1) o desenvolvimento de um comportamento reforçador alternativo, e 2) o reforço obtido derivado do êxito por suprimir o comportamento desviado.

IV.5. Conclusão

Cabe apontar, pois, que os processos subjacentes apresentados na explicação da eficácia das terapias aversivas são múltiplos e que ainda nos faltam dados para poder delinear, de forma definitiva, um modelo que possa explicar e acomodar todos os elementos derivados da situação clínica e de laboratório. É bem possível que vários dos paradigmas revisados não sejam incompatíveis entre si, mas que se complementem mutuamente e que seja a natureza do problema o que determina por que devemos insistir em um ou outro paradigma. Assim, pode ser que aqueles comportamentos desviados, nos quais tem um papel específico o poder atrativo do estímulo, tenham que receber um tratamento diferente daqueles cuja perpetuação seja devida, fundamentalmente, aos efeitos de uma determinada maneira de comportar-se ou de uma determinada reação fisiológica.

V. Procedimentos e Variações

Embora na prática todos os procedimentos aversivos pareçam ser semelhantes, já que implicam na seqüência de um comportamento não desejável ou desadaptativo que é seguido por uma estimulação desagradável em contigüidade temporal, existem grandes diferenças, às vezes sutis, entre os procedimentos utilizados pelos diversos clínicos. Neste aparte, revisaremos de forma descritiva alguns destes procedimentos e suas variações.

Os procedimentos básicos podem diferenciar-se entre si com base em três critérios fundamentais:

a. Estímulos condicionados e incondicionados. Isto é, que aspectos do comportamento desadaptativo ou desajustado são utilizados como ponto de referência e que estímulos aversivos são empregados.

b. Segundo a forma de apresentação desses estímulos. Esta forma pode ser real, imaginária ou encoberta, ou mesmo imaginária complementada com algum tipo de "recordação especial".

c. Segundo o paradigma teórico em que se baseiem, seja pretendendo seguir um condicionamento clássico, seja seguindo delineamentos operantes.

V.1. Estímulos

Uma das primeiras perguntas que o clínico deve se fazer quando começa a preparar um programa aversivo, deve ser que estímulos aversivos vai utilizar e que partes, seqüências ou componentes da constelação estimular desviada vão se associar.

V.1.1. Estímulos aversivos (EIs)

Em uma discussão anterior deste mesmo assunto (Cáceres, 1984) nos centramos fundamentalmente na descrição de estímulos aversivos de natureza elétrica e química e em rever algumas das vantagens e inconvenientes de cada um deles. Não repetiremos aqui tal discussão, mas remeteremos o leitor interessado à nossa obra anterior.

Entretanto, o arsenal de possíveis estímulos suscetíveis de serem empregados como aversivos, pode ser muito amplo e pode estender-se a todas as modalidades sensoriais (gustativas, olfativas, "de vergonha", etc.).

Antes de começar a revisar procedimentos e variações que empregavam cada uma destas modalidades aversivas, talvez seja conveniente nos determos em rever algumas das características gerais dos estímulos aversivos. Estas características seriam:

a. Deveriam ser seguros e, então, não pôr em perigo a integridade física do sujeito. Além disso, não devem provocar efeitos secundários não desejados, seja de natureza comportamental (p. ex., reações de contra-agressão por parte do sujeito ou de esquiva e fuga por parte do terapeuta), ou mesmo de natureza farmacológica (Brandsma e Stein, 1973).

b. Deveriam ser eficazes. Esta eficácia não deveria ser suposta, mas pelo contrário, quando possível, ser comprovada. Por "eficazes" entendemos que deveriam provocar uma reação psicofisiológica incompatível com o desenvolvimento do comportamento desejoso desviado. Em nossa própria consulta, no tratamento de preferências sexuais não admitidas socialmente, temos utilizado em numerosas ocasiões registros psicofisiológicos da resposta de ereção ante estímulos "desviados" e a rapidez de anulação de tal resposta por diversas modalidades aversivas (elétrica, cognitiva, slides desagradáveis) para, com base nesta análise, escolher a mais adequada para o caso individual (Cáceres, 1990).

c. Teriam que ser estímulos realistas e deveríamos utilizar critérios práticos, entendendo por isto que sejam estímulos fáceis de ser provocados na realidade, tanto na consulta quanto na vida cotidiana do indivíduo. Em outras palavras, que sejam "portáteis", de maneira que algumas de suas características possam ser facilmente controláveis (p. ex., sua intensidade, sua possibilidade de repetição, etc.).

d. Relevância. Quando possível, deveria existir uma certa relevância e pertinência entre o contexto estimular utilizado como condicionamento e os estímulos aversivos empregados.

O trabalho de Cook III, Lang e Hodes (1986) em relação ao desenvolvimento de respostas fisiológicas condicionadas de ansiedade ante diversos estímulos, demonstra-nos que estas são mais fáceis de se conseguir quando existe tal pertinência e relevância. É por isso que deveríamos tomar cuidado que, se o comportamento a eliminar refere-se a comportamentos consumidores que envolvem o trato gastrointestinal, os estímulos aversivos comprometem também este sistema. Assim, descrevemos (Cáceres, 1984) como em nosso componente aversivo do Programa de Tratamento do Alcoolismo no Revenscraig Hospital, modificamos a colocação dos eletrodos do antebraço ao pescoço para que a resposta condicionada não fosse tanto de dor, desconforto, nem mesmo de ansiedade, mas de um certo mal-estar gastrointestinal.

e. Que possibilitem a generalização dos resultados. Além da possível relevância, deveríamos pensar na possibilidade de utilização desse procedimento aversivo por parte do próprio sujeito naquelas situações em que se apresenta o problema, a fim de facilitar a generalização dos resultados à vida real.

Realizados estes esclarecimentos, descreveremos, a seguir, procedimentos aversivos segundo as principais modalidades, utilizando como referência alguns dos trabalhos publicados por clínicos relevantes e convidando o leitor a recorrer às fontes citadas no caso de querer ampliar detalhes.

V.1.1.1. Aversão elétrica

A estimulação elétrica tem sido amplamente utilizada como parte integrante de programas destinados a reorientar o impulso sexual. Por isso, comentamos alguns dos trabalhos realizados neste sentido.

Feldman e MacCulloch (1965, 1971) descreveram detalhadamente procedimentos para o tratamento de indivíduos homossexuais que desejavam mudar suas inclinações sexuais. Neste procedimento, o paciente contempla *slides* (e *clips* de filmes) sentado em uma poltrona, tendo os eletrodos colocados na perna. Foram pré-selecionados dois níveis de descarga, a fim de evitar a habituação a um estímulo de um determinado nível de intensidade. Foi dada uma ordem ao paciente para que controlasse o projetor de *slides*, embora fosse o terapeuta que tivesse o controle final (Master, Hollon, Burish e Rimm, 1987).

No princípio, apresentava-se aos pacientes uma série de imagens de homens vestidos e nus e pedia-se a eles que avaliassem seu grau de atração. Finalmente, construía-se uma hierarquia que incluía algumas dessas imagens, mais outras trazidas pelo paciente. Depois desse passo, fazia-se outra hierarquia de *slides* com imagens de mulheres (os pacientes traziam fotografias de sua mulher, namorada ou amante, se as tivessem), misturando-se ambas as hierarquias.

Informava-se ao paciente que veria um *slide* de um homem e, depois de vários segundos, receberia uma descarga. Também informava-se que poderia passar o *slide* através de uma ordem e o tempo em que o *slide* não estivesse presente, não receberia a descarga (ou a interromperia se já houvesse começado). No entanto, foi reforçado que o *slide* deveria permanecer na tela tanto tempo quanto o paciente o achasse sexualmente atrativo.

Quando se apresentasse o primeiro *slide*, se o paciente o passasse antes de oito segundos, não se produzia a descarga. Se passasse desse tempo, então dava-se uma descarga elétrica. Se o paciente não a finalizasse, aumentava-se a intensidade da mesma até que o paciente a interrompesse (coisa que raramente ocorria). Nas primeiras apresentações dos *slides* se produziram respostas de fuga, mas pouco a pouco foram aparecendo mais respostas de esquiva. Posteriormente, apresentava-se um *slide* de uma mulher, imediatamente após passar um *slide* de um homem (isso foi feito sob um programa intermitente, a fim de que ocorresse uma maior generalização).

Os resultados desse estudo mostraram que o procedimento tinha êxito com alguns pacientes (provavelmente, segundo os autores do estudo, homossexuais secundários, isto é, sujeitos que tinham certo interesse ou alguma habilidade heterossexual) e não com outros (provavelmente homossexuais primários, isto é, sujeitos que não tinham interesse nem habilidades heterossexuais). Master e cols. (1987) assinalaram que a aquisição de habilidades para interações sociais e sexuais apropriadas com o sexo oposto, havia aumentado o êxito da terapia e poderia haver desaparecido a distinção entre homossexuais primários e secundários.

V.1.1.2. Aversão olfativa

A utilização de odores desagradáveis na terapia aversiva baseia-se na já exposta linha de raciocínio que espera que as qualidades atrativas dos estímulos condicionados sejam substituídas ou reduzidas, com o passar do tempo, por, ou mediante, a repugnância provocada pelos mesmos. São vários os autores que especularam que tais odores poderiam ser estímulos incondicionados especialmente eficazes na terapia aversiva da obesidade (Lublin, 1969; Lazarus, 1968, 1971; Rachman e Teasdale, 1969). A lógica de seus raciocínios fundamenta-se em que este tipo de comportamento apetitivo, que se encontra parcialmente sob o controle de sinais olfativos e gustativos, deveria ser combatido através das mesmas modalidades sensoriais. Apesar da lógica deste raciocínio, na prática são muito poucos os exemplos em que se tenham utilizado os odores no tratamento da obesidade. Frothwith e Foreyt (1978) descreveram um programa aversivo para a obesidade empregando estímulos olfativos como estímulos incondicionados. O procedimento empregado por tais autores é o seguinte:

O experimentador instrui os sujeitos para que olhem os alimentos-objetivo e imaginem a si mesmos comendo-os e inalando profundamente seu odor e aroma nesse momento. Nos últimos ensaios de cada sessão, pede-se aos sujeitos que provem cada um dos alimentos. Tão logo o sujeito aspire, após ter sentido o aroma de seus alimentos favoritos, põe-se em funcionamento um aparelho que, através de uma máscara acoplada ao rosto do sujeito, produz uma série de odores desagradáveis. Para este tipo de tratamento, os autores utilizaram um aparelho especialmente desenhado para o mesmo (Foreyt e Kennedy, 1971) e os odores utilizados foram selecionados entre vários produtos químicos fétidos, cuja composição química, toxicidade e valor aversivo de cada um deles foram descritos (Merck, 1968). Este tratamento se realizava geralmente em grupos pequenos de 2 a 5 pessoas que se sentavam em uma mesa retangular na qual se colocavam os alimentos-meta, entre os quais se incluíam bebidas, cervejas, batatas fritas, e qualquer outro alimento sugerido pelo sujeito, todos eles com um alto conteúdo calórico. Estes alimentos eram utilizados até que o sujeito informasse uma perda do desejo de consumi-los ou até que se tornasse evidente que o procedimento não era efetivo com um tipo de alimento concreto. Ao longo do tratamento, a maioria dos sujeitos foi condicionada a cinco ou seis tipos de alimentos diferentes. O procedimento aversivo nas sessões continuava até que cada um dos sujeitos houvesse recebido pelo menos quinze ensaios. Cada uma das sessões durava de 10 a 15 minutos. Alguns dos sujeitos que não puderam tolerar a totalidade dos ensaios programados para uma sessão, por causa do mau cheiro, foram dispensados de alguns ensaios.

Antes de serem expostos a este tipo de tratamento aversivo, explicava-se detalhadamente a cada um dos sujeitos a lógica pela qual se realizava tal tipo de intervenção. Assim, se lhes dizia: "*Seu comer excessivo é um hábito aprendido que se desenvolve através da associação da ingestão de alimentos com sensações prazerosas. A forma de romper este hábito, de desaprendê-lo, consiste em substituir as sensações agradáveis por outras desagradáveis. A experiência nos indica que não há nada que faça a gente recusar mais um alimento do que o mau cheiro. Por exemplo, nenhum de vocês se atreveria a comer carne putrefata, fruta estragada ou leite azedo. Nós preparamos uma série de maus odores e vamos associá-los com suas comidas preferidas, que lhes causam problemas. A experiência nos tem demonstrado que esta técnica tem sido muito eficaz para outras pessoas e confiamos que seja eficaz para vocês também".*

Maletsky (1980) descreve um procedimento semelhante, no qual se utilizava odores como complemento de um processo de *sensibilização encoberta* no tratamento de diversas parafilias (pedofilias, exibicionismo, etc.), concluindo que o procedimento é igualmente eficaz tanto em sujeitos que se submetem ao tratamento voluntariamente como naqueles cujo tratamento é "forçado" pelo juiz ou pela prisão.

V.1.2.3. Aversão gustativa

Como exemplo de programas que têm utilizado o sentido do paladar, embora não seja este o único sentido implicado, descreveremos aqueles de fumar rápido utilizados no tratamento do tabagismo.

Hall e seus colaboradores (1979) não só descreveram a efetividade deste procedimento terapêutico mas, além disso, também analisaram detidamente os riscos médicos de tal procedimento. Este consiste em fazer com que o sujeito dê uma tragada a cada seis segundos, até que se sinta incapaz de continuar. Avisa-se a cada pessoa que deixe de fumar antes do momento em que perceba que pode perder a consciência ou vomitar. Uma vez que não tolere continuar fumando, permite-se um descanso de aproximadamente cinco minutos, durante o qual se avalia o grau de aversão provocado pelo procedimento, em uma escala tipo Likert de sete pontos, para em seguida continuar com o procedimento.

Esta seqüência de fumar rápido-descanso-fumar rápido, continua até que o sujeito seja incapaz de dar mais uma tragada ou até que tenha completado pelo menos dois ensaios. Hall, Sachs e Hall (1979) avaliaram as seguintes variáveis: a) ritmo cardíaco, b) ritmo respiratório, c) pressão arterial, d) ECG e f) exame de sangue, para concluir que o procedimento não só é eficaz mas que é clinicamente inócuo em pacientes saudáveis que não pertençam a nenhum dos grupos de risco. Nós mesmos (Cáceres, 1979) temos empregado procedimentos semelhantes com sujeitos que sofriam deste mesmo tipo de problema.

Walker e Francini (1985) apontam, por sua parte, que muitos dos fumantes pertencem a categorias de alto risco e, conseqüentemente, seriam os que mais necessitariam deixar de fumar. É uma pena que este tipo de sujeito não possa beneficiar-se de técnicas cuja eficácia está bem comprovada. Por isso tentam-se desenvolver alternativas que impliquem em um mínimo de risco para os sujeitos de alto risco. Assim, comparam a eficácia de dois procedimentos denominados "saciação do gosto" (desenvolvido por Tori, 1978) e a "focalização ao fumar".

O procedimento empregado na *saciação do gosto* é o seguinte:

Após pedir aos pacientes que se abstenham de fumar durante as oito horas anteriores a cada sessão, durante a mesma pede-se a eles que se sentem em uma sala vazia, de frente para uma parede branca. Após um período de relaxamento com os olhos fechados e de concentração nas sensações dos pulmões, garganta e boca, pede-se aos sujeitos que acendam um cigarro de sua marca favorita e que retenham a tragada na boca durante 30 segundos. Enquanto isso, pede-se que respirem de maneira normal pelo nariz e que focalizem sua atenção nas sensações desagradáveis evocadas pela fumaça, a saber: sensações de queimação na boca e na garganta, sensação de náusea, cansaço, dificuldade para respirar, etc.

Após exalar a fumaça através da boca, pede-se que realizem novamente a inalação pulmonar. Nesta segunda seqüência, após haver mantido a fumaça durante vinte segundos na boca, pede-se aos pacientes que a inalem para os pulmões e que se concentrem nas sensações, terminando com a exalação da fumaça pelo nariz.

Ambas as seqüências são alternadas, de tal maneira que as inalações pulmonares se limitem a cinco por cada cigarro, seguidas por um período de descanso de cinco minutos após cada cigarro. Continua-se a sessão até que o sujeito tenha fumado uns cinco cigarros.

Estes procedimentos costumam ser desenvolvidos em grupo. Depois de cinco minutos de saciação do gosto, substitui-se pelo fumar focalizado, em que se pede ao sujeito que fume segundo sua forma habitual, enquanto focaliza sua atenção nas mesmas sensações que foram sugeridas e que ele descobriu durante o procedimento de saciação do gosto. Novamente se restringe a inalação a cinco vezes por cigarro fumado.

Os autores concluíram que ambos os procedimentos são eficazes e fisiologicamente inócuos, embora os sujeitos avaliem o procedimento de saciação do gosto duas vezes mais aversivo do que o fumar focalizado.

Outro exemplo de aversão gustativa é um estudo de Cáceres (1983), no qual se utilizou como elemento inibidor gotas de suco de limão concentrado, administradas pela família, pelo terapeuta e pelos professores, para o tratamento de problemas de masturbação infantil compulsiva em lugares públicos.

V.1.1.4. Bloqueio facial (facial screening)

Este procedimento, que implica em colocar uma coberta de pano sobre o rosto do sujeito durante um período breve de tempo, de acordo com a ocorrência do comportamento a eliminar, não é doloroso e pode ser administrado com facilidade por pessoas chegadas ao paciente.

Barmann e Vitali (1982) utilizaram este procedimento para eliminar problemas de tricotilomania (arrancar-se os cabelos) em sujeitos deficientes. O tratamento era realizado da seguinte maneira: o terapeuta, ou pessoa implicada, posicionava-se atrás do sujeito e realizava o bloqueio facial contingente com o aparecimento de cada um dos comportamentos de arrancar os cabelos. Tal pessoa, além disso, verbaliza a ordem "NÃO,... (nome da criança)...as mãos quietas!" deixando que a coberta facial deslize em cima da cabeça da criança durante cinco segundos, de tal forma que esta possa continuar respirando de maneira normal e confortável. Aplicado este procedimento na situação de consulta, os terapeutas treinaram os pais ou os responsáveis dos diversos sujeitos tratados, através da modelação e da observação na execução do procedimento. Após este treinamento, o resto das sensações foram administradas pelos responsáveis no ambiente natural.

Barmann e Vitali (1982) sugerem que a eficácia deste tipo de procedimento poderia ser devido, por um lado, ao efeito da *punição* e, por outro, ao que eles chamam de *extinção sensorial* (Reincover, 1979), visto que as crianças deste estudo gostavam, após arrancar os cabelos, de olhá-los e brincar com eles. O procedimento de bloqueio facial pode ter agido retirando esses reforços sensoriais, contribuindo assim, para a extinção do hábito.

Ao revisar os dados obtidos por eles, insistem em que a curva de desaparecimento do comportamento-meta possui mais características de um processo de extinção, já que se produz uma mudança gradual e não tanto uma mudança abrupta típica dos procedimentos baseados na punição.

Este procedimento foi utilizado também para reduzir os comportamentos autopunitivos em sujeitos com deficiência mental, de 20 anos de idade (Lutzker, 1978) e para suprimir um comportamento sexual inadequado, em um garoto deficiente mental de 14 anos de idade (Barman e Murray, 1981).

V.1.1.5. Aversão química

Nos procedimentos que utilizam aversão química, espera-se que a administração de um determinado produto químico produza um estado aversivo ou desagradável que coincida ou possa emparelhar-se com os estímulos ou com os comportamentos-problema. As drogas que se utilizam habitualmente são os *eméticos*[2], especialmente a apomorfina e a emetina. Master e cols. (1987) assinalam que, em ocasiões, e dispondo do equipamento de respiração apropriado, podem se utilizar *drogas paralisantes* (bloqueadores neuromusculares, tipo curare) de efeito breve, que provocam uma incapacidade temporária para respirar – uma condição que é extremamente aversiva.

O controle aversivo através de drogas tem sido mais freqüentemente utilizado no caso do alcoolismo. Em um programa típico de tratamento, proporciona-se ao paciente, em primeiro lugar, uma descrição verbal dos procedimentos de tratamento. Com freqüência, diz-se ao paciente que beba só líquidos no dia de tratamento. Também pode-se dar a ele uma droga estimulante, como a bencedrina, com a intenção de facilitar o processo de condicionamento e eliminar qualquer efeito hipnótico da droga emética (no caso de se usar a apomorfina). Visto haver muitos aspectos na apresentação do álcool (odor, cor, sabor), o tratamento normalmente ocorre em uma sala escura, silenciosa, onde o paciente se defronta com uma série de bebidas alcoólicas, que aparecem iluminadas, a fim de que

---

[2] Substâncias que produzem náuseas e vômitos. (*Nota do compilador*).

concentre sua atenção nelas. Depois disso, administra-se o fármaco emético e quando o paciente começa a sentir náuseas, dá-se a ele a bebida alcoólica. O paciente tem que cheirar, saborear, bochechar e então engolir cada bebida alcoólica que se lhe apresente. Uma vez engolido o licor, ocorrerá o vômito (Master e cols., 1987).

Nós mesmos (Cáceres, 1978) temos tratado o alcoolismo mediante Antabuse (*Disulfuran*). Após conseguir um nível de concentração de Disulfuran no sangue do paciente e explicar-lhe o procedimento, para reforçar a imagem aversiva deste produto realizamos, de maneira controlada na situação clínica, uma prova de seus efeitos aversivos ao produzir-se a ingestão de álcool. Para isso, dávamos doses controladas de uisque ao sujeito enquanto se achava sob cuidado médico em uma situação de relaxamento, e o estimulávamos a analisar as reações fisiológicas aversivas que iam aparecendo gradualmente (taquicardia, ruborização geral, dificuldade na respiração, queda da pressão arterial, tonturas, etc.). Esta reação era interrompida mediante os meios farmacológicos pertinentes, se alcançasse um determinado nível de gravidade.

Estudos clássicos que utilizaram este tipo de procedimento aversivo no tratamento do alcoolismo são os de Lemere, Voegtlin e colaboradores (Lemere e Voegtlin, 1940; Voegtlin, Lemere, Broz e O'Hallaren, 1941, 1942).

V.1.2. Estímulos condicionados

Temos que prestar atenção à escolha dos estímulos ou elos comportamentais desviados que possam servir-nos como estímulos condicionados e a forma como vamos apresentá-los. Por isso é importante determinar previamente e, às vezes, não é tarefa fácil, qual dos elementos componentes da constelação estimular serve para desencadear com mais força o comportamento não desejado.

No caso das parafilias, vários autores desenvolveram procedimentos louváveis por sua capacidade de objetivar esta busca (Quinsey, Chaplin e Carrigan, 1979).

Nós mesmos (Cáceres, 1990) desenvolvemos toda uma filmoteca-audioteca para, mediante a utilização de registros fisiológicos, formalizar nossa decisão. Estes métodos são suficientemente flexíveis para levarem-nos, às vezes, a elaborar a estimulação de maneira ajustada ao caso concreto.

Se não formos capazes de isolar constelações concretas ou elos específicos, é recomendável utilizar uma ampla gama de estímulos ou de passos comportamentais que definam o comportamento desviado, cuidando para que tal escolha não provoque uma inibição generalizada a estímulos que não desejamos (p. ex., no caso do tratamento de parafilias, temos que evitar que comportamentos socialmente adequados sejam involuntariamente investidos de uma capacidade inibitória).

Também temos que tomar cuidado quando os estímulos estejam bem isolados, se serão componentes visuais, olfativos, gustativos, os que serão manipulados, ou mesmo uma combinação de todos eles. Neste processo de decisão também podem ajudar-nos os métodos psicofisiológicos (Aranegui e cols., 1989).

V.2. Diferenças segundo a forma de apresentação dos estímulos

Outro aspecto sobre o qual podem variar os diversos métodos baseia-se na forma como são apresentados, tanto os estímulos condicionados como os incondicionados. Esta modalidade de apresentação pode ser real (*en vivo*), encoberta-imaginada, ou encoberta e imaginada complementada por algum tipo de apoio.

V.2.1. Real

Todos os estudos citados anteriormente constituem bons exemplos da apresentação real tanto dos estímulos condicionados como dos incondicionados. Outro método não descrito até o momento, no qual a apresentação dos estímulos é real, é o chamado "aversão da vergonha". Este procedimento consiste em que o sujeito, cujo comportamento desviado a eliminar o envergonha (em um estado de ativação diferente ao que ocorre geralmente), enfrente-se de maneira controlada com tal situação. Nós temos utilizado este tipo de aversão em alguns casos de exibicionismo, mediante a gravação em vídeo do comportamento exibicionista provocado por nós em situações controladas (Cáceres, 1988).

V.2.2. Imaginada ou encoberta

Para evitar algumas das dificuldades que derivam da aplicação das técnicas aversivas na realidade, e com a intenção de otimizar algumas das possíveis vantagens deste tipo de procedimento (p. ex., praticar na vida real do sujeito, relevância dos estímulos condicionados-incondicionados, etc.) por um lado, e por outro, baseando-se em algumas das explicações feitas na hora de explicar o funcionamento da terapia aversiva (ver o que já mencionamos no aparte "ensaios cognitivos"), vários autores propuseram a aplicação destes procedimentos através de meios encobertos ou da imaginação.

As bases teóricas e a descrição deste tipo de procedimento têm sido amplamente descritas e elaboradas por Cautela (1967) que, além disso, apresentou sua adaptação ao tratamento do alcoolismo (Cautela, 1970) e ao comportamento de fumar em excesso (Cautela, 1970b). Mas esse tipo de procedimento tem sido também amplamente utilizado em tratamentos destinados a reorientar o impulso sexual. Por exemplo, entre nós, Costa (1981) o utilizou entre outros tipos de componentes terapêuticos e pretendia com isso potencializar a capacidade do paciente para associar imagens relativas a seu comportamento sexual desviado com imagens aversivas realistas. As instruções para dirigir a imaginação eram as seguintes: "Imagine que você está na cama com um rapaz e é surpreendido de forma imprevista por X (a garota de que você gosta e que tem medo que ela descubra seu comportamento homossexual), que ao vê-lo em tal posição sai horrorizada, gritando. Por causa destes gritos chegam outros vizinhos e todos se vêem surpreendidos ante o espetáculo que presenciam. Há risos, verbalizações jocosas e de repugnância, pranto da garota...".

Cautela (1967) sugere que, ao final da apresentação, deve-se enfatizar uma cena de fuga. Por exemplo, no caso anterior poderia ter sido: "você decide não ter relação sexual com esse rapaz, vai embora e sente-se muito bem consigo mesmo".

V.2.3. Encoberta, complementada

Às vezes, a apresentação dos estímulos, tanto condicionados como incondicionados, é feita de maneira encoberta, mas esta apresentação é reforçada com algum tipo de estímulo externo real. Meletzky (1980), por exemplo, utilizou procedimentos de sensibilização encoberta apoiados com maus odores produzidos por tecido putrefato. Na hora de planejar este tipo de apoio, talvez seja conveniente levar em conta os resultados obtidos por nós (Aranegui e cols., 1989), no sentido de que, pelo menos no que se refere a estímulos fóbicos e sexuais, a estimulação visual dinâmica, a auditiva e a visual estática, nesta ordem, parecem ser os mais eficazes na hora de produzir ativação fisiológica.

V.3. Diferenças baseadas no paradigma utilizado

Outra fonte de discrepância sobre os diversos procedimentos aversivos reside no paradigma teórico assumido para o desenvolvimento de tratamento. Assim, mesmo quando nas técnicas desenvolvidas atualmente tende-se a combinar toda uma série de procedimentos, existem autores que se preocuparam em que aqueles por eles utilizados se ajustassem o máximo possível a um dado modelo, fosse condicionamento clássico, operante ou qualquer outro paradigma dos expostos anteriormente.

Dos resultados que foram obtidos, pode-se concluir que: 1) nem sempre, por ajustar-se mais a um determinado modelo, os resultados são melhores, e 2) não é porque os estímulos aversivos sejam intensos (Sandler, 1986) que os resultados melhoram. Pohl, Revusky e Mellor (1980) sugerem, inclusive, que alguns dos resultados de seus estudos realizados com animais indicam que a intensidade dos estímulos aversivos empregados, às vezes, são desnecessariamente aversivos.

VI. Aplicações

Ao revisarmos os diversos procedimentos utilizados na terapia aversiva já fomos nos referindo às diversas áreas nas quais, com maior ou menor sucesso, vêm sendo aplicados. De fato, são poucos os comportamentos-problema que não tenham sido submetidos, em alguma ocasião, a procedimentos aversivos.

Alguns dos problemas nos quais a terapia aversiva tem sido aplicada são: alcoolismo (Wiens e Menustik, 1983; Wilson, 1987), jogo compulsivo (Goorney, 1968), obesidade (Forthwirth e Foreyt, 1978), tabagismo (Hall, Sacks e Hall, 1979;

Cáceres, 1979), comportamentos agressivos (Foxx, Plaska e Bittle, 1986), homossexualidade (Maletzsky, 1973), parafilias (Maletzsky, 1980; Hayes, Brownell e Barlow, 1978), tricotilomania (Barmann e Vitali, 1982), ruminações obsessivas (Emmelkamp e Walta, 1978), comportamento autodestrutivo (Lutzker, 1978) e birras infantis (Rolider e Van Houten, 1985).

VII. Conclusões

Temos que sinalizar, para concluir, que com a terapia aversiva parece ter ocorrido o mesmo que com outras técnicas terapêuticas: após um período de popularidade exagerada e utilização indiscriminada, começa outro período mais crítico, depurador e analítico. A diferença, no entanto, apóia-se em que, talvez por razões citadas em nossa introdução, tal período analítico-depurador não esteja sendo realizado com a seriedade que se deveria e corremos o risco de, como assinala um refrão britânico, "jogar o bebê na água suja onde acabamos de banhá-lo". Quer dizer, desprezar o potencial positivo que pudesse existir, de maneira indiscriminada.

Existem inúmeras provas de que o mecanismo aversivo se produz em situações naturais (García, Kimeldorf e Koelling, 1955; García e Koelling, 1966; Olafsdottir, Sjödén e Westling, 1986) e de que tal mecanismo pode ser eficaz no tratamento de problemas concretos, mas continuam pendentes de respostas as perguntas básicas: que sujeitos podem beneficiar-se deles, em que situações-problema, com que tipo de estímulos aversivos, em que circunstâncias, sob que paradigmas, complementados com que outras técnicas terapêuticas?

VIII. Leituras Recomendadas

Cáceres, J., «Técnicas aversivas», en J. Mayor y F. Labrador (comps.), *Manual de modificación de conducta*, Madrid, Alhambra, 1984.

Masters, J. C., Burish, T. G., Hollon, S. D. y Rimm, D. C., *Behavior therapy: techniques and empirical findings* (3ª ed.), San Diego, Calif., Harcourt Brace Jovanovich, 1987.

Rachman, S., y Teasdale, J., *Aversion therapy and behaviour disorders: an analysis*, Coral Gables, Fl., University of Miami Press, 1969.

Sandler, J., «Aversion methods», en F. H. Kanfer y A. P. Goldstein (comps.), *Helping people change* (3ª ed.), Nueva York, Pergamon Press, 1986. (Hay traducción castellana de la 2ª edición [1980]: *Cómo ayudar al cambio en psicoterapia*, Bilbao, Desclée de Brouwer, 1988).

Walker, C. E., Hedberg, A. G., Clement, P. W. y Wright, L., *Clinical procedures for behavior therapy*, Englewood Cliffs, N.J., Prentice-Hall, 1981.

Walters, G. C. y Grusec, J. E., *Punishment*, San Francisco, Freeman, 1977.

Wilson, G. T., «Chemical aversion conditioning as a treatment for alcoholism: a re-analysis», *Behaviour Research and Therapy*, 25, 1987, pp. 503-516.

QUARTA PARTE

TÉCNICAS BASEADAS PRINCIPALMENTE NO CONDICIONAMENTO OPERANTE

14. Métodos Operantes

Joseph J.Pear

I.   História

Em certo sentido, os métodos operantes têm existido ao longo de toda a história, e provavelmente retroagem a épocas pré-históricas, quando os humanos perceberam, pela primeira vez, que podiam controlar o comportamento dos demais por meio da recompensa e do castigo. No entanto, o estudo científico dos efeitos da recompensa e do castigo diz-se, genericamente, que começou com o trabalho de Edward L. Thorndike (1898) sobre a aprendizagem animal. Seu conjunto mais famoso de experimentos implicava em colocar um gato faminto numa jaula, da qual podia escapar puxando uma corda que abria a porta. Quando o gato escapava da jaula, obtinha como recompensa um pedaço de peixe que se encontrava do lado de fora. Como resultado de seus estudos, Thorndike formulou o que chamou a Lei do Efeito. Esta lei tinha duas partes: 1) se um estímulo é seguido por uma resposta e logo por um *acontecimento satisfatório (ou estado de satisfação)*, será fortalecida a conexão estímulo-resposta; 2) se um estímulo é seguido por uma resposta e logo por um *acontecimento desagradável (ou estado de desagrado)*, será debilitada a conexão estímulo-resposta. Thorndike definiu os estudos de satisfação e de desagrado como segue:

Por um estado de satisfação quero dizer aquele no qual o animal não faz nada para evitá-lo, fazendo, freqüentemente, coisas para mantê-lo e renová-lo. Por um

Universidade de Manitoba (Canadá)

estado de desagrado quero dizer aquele no qual o animal não faz nada para mantê-lo, fazendo, freqüentemente, coisas para terminar com ele ((Thorndike, 1913, p.2).

Thorndike estava interessado também na educação e concluiu estudos com humanos, numa tentativa de determinar como poderia aplicar a lei do efeito para melhorar o sistema educativo. Como resultado destes estudos, chegou à conclusão que os acontecimentos desagradáveis não debilitam diretamente a conexão entre um estímulo e uma resposta; pelo contrário, fazem com que a resposta se torne mais variável, o que dá a ela uma oportunidade de ser recompensada (Thorndike, 1913).

A influência de Thorndike foi eclipsada pela de John B. Watson, o fundador da escola de psicologia conhecida como *comportamentalismo.* Watson (1913, 1916, 1925) eliminou todas as referências à mente (por exemplo, "consciência", "imagens mentais") e aos estados subjetivos (por exemplo, "satisfação") de seu enfoque da psicologia. Todos os acontecimentos que supostamente ocorrem na mente são interpretados em termos do comportamento que pode ser medido. Por exemplo, o pensar em silêncio é fala subvocal, que pode ser medido (em princípio) colocando-se sensores elétricos na língua, cordas vocais e outras partes do aparelho fonador. A aprendizagem não acontece como resultado de idéias que se associam na mente, mas sim é uma mudança no comportamento. Considerando-se que toda ciência necessita de unidades, Watson escolheu o *reflexo condicio-nado,* que havia sido estudado pelo fisiologista Pavlov (1927), como a unidade do comportamento aprendido. Segundo Watson, toda aprendizagem poderia ser explicada pelos princípios do condicionamento estudados e definidos por Pavlov. Em apoio a esta posição, Watson proporcionou elaboradas explicações sobre como o resolver um problema para obter uma recompensa (como fizeram os gatos na jaula de Thorndike) pode ser visto como seqüências complexas de reflexos condicionados. Todavia, estas explicações nunca foram totalmente satisfatórias.

B. F. Skinner (1935) foi um dos primeiros a distinguir um tipo de condiciona-mento baseado na recompensa. Inicialmente referiu-se ao condicionamento pavloviano simples como *condicionamento de Tipo I,* e ao condicionamento recentemente reconhecido como *condicionamento de Tipo II.* Mais tarde, empre-gou os termos *condicionamento respondente* e *condicionamento operante,* para referir-se, respectivamente, àqueles dois tipos de condicionamento (Skinner, 1938). Pouco depois de Skinner ter feito essa distinção, Hilgard e Marquis (1940) escreveram um texto de aprendizagem no qual fizeram uma distinção similar entre o que eles denominaram *condicionamento clássico* e *condicionamento instrumental,* que às vezes são usados como sinônimos aos condicionamentos respondente e operante, respectivamente. Entretanto, Skinner se diferenciava da maioria dos teóricos da aprendizagem ao afirmar que o condicionamento operante é o mais importante como objeto de estudo dos psicólogos, já que a maioria de nossa conduta social (por exemplo, a fala) é operante. Mesmo sendo parecido com Thorndike em muitos aspectos, Skinner parece ter sido mais influenciado por Watson. Como este, Skinner sublinhou a importância de se utilizar terminologia comportamental ao falar sobre aprendizagem. Do mesmo modo que Watson, Skinner sublinhou a importância das unidades comportamentais. A unidade de comportamento introduzida por Skinner é a *operante*, definida como uma resposta que é fortalecida ou mantida por suas conseqüências. Assim como Watson, Skinner seguiu Pavlov ao utilizar a terminologia estímulo-resposta da fisiologia; no entanto, modificou o significado desses termos com respeito ao condicionamento operante. Neste, não se considera que a resposta seja provocada por um estímulo, mas diz-se que é emitida. Uma operante pode ser colocada sob o controle de um estímulo, mas não na relação um-a-um que envolvem as denominadas teorias estímulo-resposta do comportamento. Deste modo, Skinner não é um teórico do estímulo-resposta, embora, às vezes, assim o tenham rotulado.

Skinner estava muito interessado nas aplicações práticas de suas teorias e descobertas. Uma de suas primeiras aplicações foi no campo da educação (Skinner, 1954, 1958, 1961), onde desenvolveu máquinas de ensinar e a instrução programada. Além disso, ele e seus estudantes fizeram investigações com pacientes psicóticos e, embora esta investigação fosse de natureza básica, empregaram o termo *terapia comportamental* para descrevê-la e, dessa maneira, foram os primeiros que, provavelmente, empregaram esse termo (Lindsley, Skinner e Solomon, 1953). Contudo, talvez a maior influência de Skinner sobre os métodos operantes aplicados tenha sido seus escritos teóricos, nos quais especulava sobre como se pode aplicar seu enfoque a áreas tão diversas como a educação, o governo e a terapia (Skinner, 1953).

Uma das primeiras aplicações dos métodos operantes, encontrada na literatura sobre o assunto, foi a concluída por Fuller (1949), que utilizou o reforçamento para aumentar a capacidade de levantar o braço em um indivíduo deficiente com muitas desvalias. O número de estudos sobre a aplicação dos métodos operantes cresceu gradualmente ao longo dos anos 50 e 60. Alguns dos estudos mais influentes dessas décadas foram os de Flanagan, Goldiamond e Azrin (1958), que empregaram métodos operantes para diminuir a gagueira; Ayllon e Michael (1959), Isaacs, Thomas e Goldiamond (1960) e Ayllon e Azrin (1965, 1968) que os utilizaram para controlar e modificar o comportamento anormal em pacientes psicóticos; Wolf, Risley e Mees (1964) e Lovaas (1966), que também os usaram para desenvolver a fala em crianças autistas; Birnbrauer, Bijou, Wolf e Kiddeer (1965), que empregaram métodos operantes para desenvolver habilidades acadêmicas em crianças deficientes; Patterson (1965) que os utilizou para reduzir a hiperatividade; Schwitzgebel (1964), que usou métodos operantes com delinqüentes juvenis; e Keller (1968), que os aplicou na educação superior. Desde os anos 60, tem havido numerosos estudos sobre o emprego dos métodos operantes e têm sido aplicados em, praticamente, todas as áreas da psicologia.

A investigação básica e aplicada sobre o condicionamento operante continua sendo de crescente interesse. Em 1958, o *Society for the Experimental Analisys of Behavior* (Sociedade para a Análise Experimental do Comportamento) fundou a *Journal of the Experimental Analisys of Behavior, JEAB,* (Revista da Análise Experimental do Comportamento), dedicada principalmente à investigação que seguia o enfoque iniciado por Skinner. Embora a maioria de seus artigos sejam informes de investigações operantes básicas a *JEAB* publicou alguns dos primeiros estudos operantes aplicados. No entanto, em 1958, devido ao aumento de estudos operantes aplicados, a *Society for the Experimental Analisys of*

Behavior fundou uma nova revista para recolhê-los, a *Journal of Applied Behavior Analisys, JABA* (Revista da Análise do Comportamento Aplicado). Atualmente, a *JEAB* e a *JABA* são as principais revistas para publicação de estudos básicos e aplicados, respectivamente, sobre o comportamento operante.

II. Definições e Descrição

As definições precisas são muito importantes para a maioria dos especialistas em métodos operantes. Todos os conceitos têm que ser definidos em termos de acontecimentos comportamentais e ambientais que possam ser medidos. Os conceitos operantes chaves são os seguintes:

Condicionamento operante: consiste em um aumento na probabilidade da resposta ao ser seguida por um reforçador; sendo diferente do condicionamento respondente ou pavloviano, que consiste em aumentar a probabilidade de que um determinado estímulo provoque uma resposta ao emparelhar esse estímulo com outro que já provoca essa resposta. As respostas que podem ser aumentadas ao serem seguidas por um reforçador são denominadas *operantes* ou *respostas operantes.* Diz-se que estas são emitidas pelo indivíduo, em vez de serem provocadas por um estímulo (como no caso das respostas pavlovianas).

Reforçador: qualquer estímulo que aumente a probabilidade de uma resposta a qual se segue temporariamente. Não está especificado o tempo que deve demorar o reforçador em seguir essa resposta com o fim de aumentar sua probabilidade de ocorrência; todavia, normalmente supõe-se que a efetividade de um reforçador decai rapidamente conforme aumenta o tempo que transcorre entre a resposta e o reforçador. Há duas classes de reforçador: positivos e negativos. Um *reforçador positivo* é qualquer estímulo cuja apresentação depois de uma resposta aumenta a probabilidade da mesma, enquanto que um *reforçador negativo* é qualquer estímulo cuja eliminação depois de uma resposta aumenta a probabilidade dela. Uma resposta que foi reforçada por um reforçador negativo é freqüentemente denominada *resposta de fuga,* porque proporciona uma fuga do reforçador negativo. Os reforçadores positivos e negativos correspondem, toscamente, aos acontecimentos satisfatórios ou desagradáveis propostos por Thorndike; no entanto, não se empregam os termos de Thorndike devido a suas conotações subjetivas.

Estímulo punitivo: qualquer estímulo que diminua a probabilidade de uma resposta operante à qual se segue. Um estímulo que pode servir como punitivo pode servir também como reforçador negativo – empregando-se um ou outro termo ("reforçador negativo" ou "estímulo punitivo") dependendo de se o contexto consiste em aumentar ou diminuir a probabilidade de uma resposta. O termo *estímulo aversivo* é utilizado, às vezes, para se referir a um reforçador negativo ou a um estímulo punitivo.

Reforçamento: consiste em apresentar um reforçador positivo ou eliminar um negativo, imediatamente após uma resposta. Diz-se que a resposta foi *reforçada.*

Punição: consiste em apresentar um estímulo aversivo ou eliminar um reforçador positivo imediatamente após uma resposta. Diz-se que a resposta foi *punida.*

Extinção operante: consiste em diminuir a probabilidade de uma resposta reforçada deixando-se de reforçá-la.

Extinção da punição: consiste na recuperação de uma resposta que havia diminuído pela punição, pelo fato da resposta deixar de ser punida.

Estímulo discriminativo: consiste em um estímulo que está correlacionado com a probabilidade de que seja reforçada uma resposta. Há dois tipos de estímulo discriminativo: E^Ds e E^Ds. Um E^D é um estímulo em cuja presença se reforça uma resposta; um E^D é um estímulo em cuja presença nunca se reforça uma resposta.

Controle de estímulo: consiste na maior probabilidade de ocorrência de uma resposta operante na presença de um E^D do que na presença de um E^D. Diz-se que uma resposta sob o controle do estímulo *se emite na presença de* ou *é evocada* pelo E^D, enquanto oposto às respostas condicionadas pavlovianas, que se diz serem provocadas por seus respectivos estímulos condicionados.

Generalização de estímulo: consiste na tendência de uma resposta, que foi reforçada na presença de um estímulo, a ocorrer na presença de outro estímulo em função da similaridade física entre os dois estímulos. Diz-se que a resposta foi *generalizada* do primeiro estímulo ao último. O oposto da generalização de estímulo (isto é, a tendência de uma resposta a não ocorrer na presença de um estímulo diferente daquele em cuja presença foi reforçada) denomina-se *discriminação de estímulo;* por isso, o estabelecer o controle de estímulo sobre uma resposta é denominado, às vezes, *treinamento em discriminação de estímulo.*

Generalização da resposta: consiste na tendência de que ocorra uma resposta que nunca foi reforçada devido à sua similaridade com outra resposta que foi. Diz-se que a primeira resposta generalizou-se a partir da última. O oposto à generalização da resposta (quer dizer, a tendência a que não ocorra uma resposta devido a ser diferente de uma resposta reforçada) denomina-se *discriminação da resposta.*

Reforçador primário: consiste em um estímulo que é reforçador devido à composição genética do organismo. Exemplos de reforçadores primários são a comida, a água e o sexo.

Reforçador condicionado: é aquele estímulo que inicialmente não é um reforçador, mas que se converte em um como resultado do emparelhamento com um reforçador primário ou com outro condicionado. O elogio e o dinheiro são exemplos comuns de reforçadores condicionados. Qualquer E^D é um reforçador condicionado porque, por definição, se emparelha com um reforçador.

Extinção de um reforçador condicionado: consiste em diminuir o poder de um reforçador condicionado, ao apresentá-lo sem emparelhar com um primário ou com um condicionado mais potente.

Estímulo condicionado aversivo: é aquele estímulo que inicialmente não é aversivo (isto é, um reforçador negativo ou um estímulo punitivo), mas que se converte em um, como resultado de ser emparelhado com um estímulo aversivo. As respostas que foram reforçadas pela retirada de um estímulo condicionado aversivo são denominadas *respostas de evitação,* porque resultam na evitação do acontecimento aversivo sobre o qual se baseia o estímulo condicionado aversivo.

Extinção de um estímulo condicionado aversivo: consiste em diminuir o poder de um estímulo condicionado aversivo apresentando-o sem emparelhar com outro.

Operação de estabelecimento: consiste em qualquer procedimento que muda a efetividade do reforçamento de um reforçador primário. Duas operações de estabelecimento comuns são a *privação* e a *saciação.* A privação implica na retirada do reforçador durante um período de tempo, o que aumenta a efetividade do mesmo. A saciação implica na apresentação do reforçador durante um período prolongado de tempo, o que diminui a sua efetividade.

Programa de reforçamento: consiste em uma regra que especifica quais ocorrências de uma resposta serão reforçadas. Por exemplo, um determinado programa de reforçamento poderia especificar que só se reforçará a resposta a cada cinco vezes que ocorra. Os dois programas de reforçamento mais simples são: *reforçamento contínuo,* que especifica que se reforçará cada ocorrência da resposta; e *extinção,* que especifica que não se fará esta ocorrência. Os programas nos quais se reforçaram algumas, mas não todas, ocorrências da resposta são denominados *programas de reforçamento intermitente.*

Contingência de reforçamento: consiste na relação entre uma resposta, um reforçador e (se a resposta está sob controle do estímulo) um E^D. Por exemplo, uma contingência comum de reforçamento em nossa sociedade é: se depois de ver um amigo (E^D) sorri e diz "olá" (resposta), o amigo provavelmente sorrirá e dirá "olá" (reforçador).

III. Fundamentos Conceituais e Empíricos

Os fundamentos conceituais e empíricos básicos dos métodos operantes foram formulados por Skinner (1938, 1953, 1966). A maioria das investigações operantes básicas foram feitas com animais, especialmente com ratazanas e pombas, o que tem gerado, com freqüência, uma crítica do enfoque. Os animais são utilizados pelas mesmas razões que a biologia o faz, quer dizer: 1) são mais simples de analisar, 2) são mais cômodos para trabalhar, 3) pode-se realizar experimentos com eles que não seriam éticos em humanos, e 4) sua relação biológica com os humanos possibilita generalizar os resultados obtidos com eles em relação aos seres humanos. O fato de que se tenha descoberto que as variáveis operantes, que são poderosas na investigação básica, são, com freqüência, eficazes para modificar o comportamento humano em lugares aplicados, apóia a validade do emprego de animais. Entretanto, há necessidade de mais investigação operante básica com humanos e, em resposta a esta necessidade, parece haver uma tendência a publicar mais investigação básica com humanos na *JEAB*.

Skinner e outros especialistas em comportamento operante consideram que o condicionamento pavloviano (ou respondente) tem uma considerável importância teórica. Além de ser outro tipo de condicionamento, embora de menor significado social que o operante, é provável que o condicionamento pavloviano interatue com ele para produzir diferentes fenômenos comportamentais. Uma teoria muito conhecida, denominada *teoria dos dois fatores*, postula uma interação entre o condicionamento pavloviano e o operante para explicar o efeito negativamente reforçador de um estímulo condicionado aversivo (Mowrer, 1947). A teoria dos dois fatores funciona assim: 1) um estímulo condicionado aversivo, que tenha sido emparelhado com outro aversivo, provoca uma resposta condicionada chamada "medo" ou "ansiedade", por meio do condicionamento pavloviano; 2) o medo ou a ansiedade são aversivos, de modo que qualquer resposta que os façam desaparecer se reforça; e, visto que é provocada pelo estímulo condicionado aversivo, qualquer resposta que o faça desaparecer também é reforçada. A validade da teoria dos dois fatores, o grau no qual interacionam o condicionamento pavloviano e o operante e inclusive se a distinção entre os dois tipos de condicionamento é válida, são questões que continuam sem resolução na teoria operante atual (Pear e Eldridge, 1984).

Uma crítica comum do enfoque, adotada por muitos especialistas em comportamento operante, é que nega a relevância e inclusive a existência de estados internos. Falando de forma estrita, esta crítica não é correta. O que se rejeita é o ponto de vista de que a terminologia vaga seja relevante para o desenvolvimento de uma ciência do comportamento e as referências a "estados internos" sejam, freqüentemente, muito vagas. Parece que o termo "estado interno" (e termos similares) refere-se com freqüência a duas classes de coisas muito diferentes do ponto de vista filosófico: 1) a fisiologia (incluindo o sistema nervoso) e 2) estados mentais ou subjetivos. A maioria dos especialistas em métodos operantes reconhece que a fisiologia é importante para o comportamento; entretanto, reconhecem também que a ciência do comportamento é diferente da fisiologia. A fisiologia preocupa-se com os órgãos internos e seu funcionamento, enquanto que a ciência do comportamento preocupa-se com o efeito do ambiente sobre o comportamento. Supondo que o efeito do ambiente sobre a fisiologia possa ser baseado em leis e que suceda o mesmo com o efeito da fisiologia sobre o comportamento, resulta que o efeito do ambiente sobre o comportamento pode também ser baseado em leis. Desse modo, pode-se ter uma ciência do comportamento que seja independente da ciência da fisiologia. Isso é importante porque o conhecimento atual sobre as relações entre o comportamento e a fisiologia é muito limitado. Os estados e acontecimentos subjetivos tampouco são rejeitados; contudo, os especialistas em métodos operantes os tratam de uma forma diferente de como o fazem a maioria dos demais psicólogos. Algumas respostas e alguns estímulos (incluindo aqueles produzidos pelas respostas) são internos, encobertos ou privados. Quando nos referimos a estados ou acontecimentos mentais ou subjetivos, estamos nos referindo realmente a estes tipos de respostas e estímulos. Deste modo, os estados e acontecimentos subjetivos não têm um status especial do ponto de vista operante; pelo contrário, são simplesmente respostas e estímulos internos. Isto não significa que o pensar se reduz à fala subvocal, como Watson tentou fazer. O lugar dos acontecimentos privados não se encontra especificado, já que isto é uma questão para a investigação futura, quando estiver disponível a tecnologia necessária. Além disso, o comportamento privado que às vezes se denomina pensamento, não consta só de comportamento verbal; parte do comportamento privado acontece em forma de imagens, que Skinner define como "o ver na ausência da coisa a ver" ou "o ver condicionado" (Skinner, 1953). Em outras palavras, o ver, ou qualquer classe de sensação desse tipo, é comportamento que pode ser condicionado. Acredita-se que o tipo implicado no condicionamento das sensações é pavloviano, embora (como ocorre com outros comportamentos pavlovianos) supõe-se que interatue com o comportamento operante.

IV. PROCEDIMENTOS

Os procedimentos operantes preocupam-se em aumentar, diminuir ou manter o comportamento em situações particulares. O *comportamento* é definido como algo que um indivíduo faz e que pode – pelo menos a princípio – ser medido. O termo refere-se a respostas específicas (por exemplo, dizer uma palavra determinada) ou a respostas sob o controle de um estímulo determinado (por exemplo, dizer uma palavra determinada na presença de objetos que correspondem a essa palavra e não na sua ausência). A maioria dos programas de condicionamento operante se compõe dos seguintes passos:

1. Identificar o comportamento objetivo que se há de aumentar ou diminuir. Para obter os melhores resultados, deveria ser especificado o comportamento objetivo de forma tão precisa quanto possível.
2. Registrar o comportamento tão objetivamente quanto possível, estabelecendo uma linha de base com a qual se avaliará os efeitos do procedimento.
3. Introduzir um programa criado para produzir o aumento ou a diminuição desejados no comportamento.
4. Modificar o programa se não ocorrer o aumento ou a diminuição desejados no comportamento.

5. Assegurar a generalidade da mudança de comportamento: isto é, que a mudança do comportamento ocorra no lugar escolhido, que se generalize a outros comportamentos desejáveis e que continue depois do término do programa.

Um programa operante envolve em aplicar procedimentos que a investigação e a teoria indicam que provavelmente serão efetivos. A maioria dos programas empregarão mais de um dos procedimentos que se seguem, combinados de forma que se adaptem da maneira mais eficaz para tratar do problema que o indivíduo apresente.

IV.1. Procedimentos para aumentar o comportamento

Reforçamento. Central para todos os métodos operantes, o reforçamento é o principal procedimento para aumentar o comportamento. É importante selecionar cuidadosamente tanto o reforçador como o comportamento que se vai reforçar, considerando que o que constitui um reforçador para um indivíduo não o será necessariamente para outro. Um exemplo de programa de reforçamento simples, para uma criança que tem dificuldades para terminar seus deveres de casa, poderia ser o fazer do seu programa favorito de televisão contingência do término dos correspondentes deveres de casa a cada tarde. Deve-se mencionar que isso se classificaria como reforçamento positivo, porque implica a apresentação de um estímulo (o programa de televisão) depois da ocorrência do comportamento desejado. Um exemplo de reforçamento negativo seria a ameaça de aplicar algum tipo de conseqüência aversiva se a criança não terminar seus deveres de casa. Não se recomenda o reforçamento negativo porque implica no uso de estímulos aversivos, que têm os seguintes efeitos indesejáveis: 1) podem fazer com que a situação converta-se em um estímulo condicionado aversivo, tendo como resultado que a criança fuja dela ou a evite; 2) podem fazer com que a pessoa que aplica o procedimento converta-se em um estímulo condicionado aversivo, tendo também como resultado que a criança fuja dessa pessoa ou a evite; e 3) podem provocar comportamento emocional que interfira no comportamento que se está tentando condicionar e também pode ser problemático (por exemplo, comportamento agressivo ou destrutivo).

Há vários fatores que poderiam diminuir a efetividade de utilizar um programa de televisão como reforçador para terminar os deveres de casa. Primeiro, pode haver uma demora notável entre a hora em que se deveria terminar o trabalho e o reforçador, já que os pais não têm controle sobre a hora em que vai passar o programa favorito da criança. Seria melhor utilizar um reforçador que pudesse ser oferecido imediatamente após o comportamento objetivo. Segundo, o reforçador é contingente com uma grande quantidade de comportamento, o que limita de forma importante a freqüência de reforçamento. Para obter os melhores resultados, o comportamento deveria ser decomposto em segmentos menores e o reforçamento ser apresentado imediatamente após o término de cada um (por exemplo, cada problema resolvido). Isso torna impraticável a utilização de um reforçador que possa ocorrer somente a uma hora específica e que tenha uma grande duração. O que se necessita é de um reforçador que possa ser oferecido a qualquer momento e que seja breve, como um elogio. Contudo, o elogio sozinho é insuficiente porque é um reforçador condicionado e pode não ter sido empare-lhado suficientemente com o reforçamento primário. Embora o elogio possa não ser suficiente como reforçador por si mesmo, deve ser apresentado sempre que forem dados outros reforços positivos, já que pode apoiar sua eficácia e porque seu poder como reforçador condicionado aumentará por sua associação com outros reforços. Às vezes, é possível apresentar potentes reforços condicionados ou primários, de forma breve e imediata, que não necessitem de um emparelhamento freqüente com reforços primários; por exemplo, brincar com seu brinquedo preferido ou ler um livro durante dez minutos, imediatamente após o comportamento-objetivo, pode ser muito eficaz com algumas crianças. Outra forma de apresentar um reforçamento imediato, breve e eficaz é empregar um *sistema de fichas*, no qual se dá uma ficha ou um ponto imediatamente depois de cada ocorrência da resposta-objetivo e, quando se acumulou um determinado número de fichas ou pontos, apresenta-se um reforçador mais amplo. Visto que as fichas se emparelham com ele, tornam-se reforços condicionados.

Programas de reforçamento. Durante a etapa inicial do incremento de um comportamento, é normal reforçar cada ocorrência da resposta-objetivo (reforça-mento contínuo). Contudo, normalmente não é cômodo nem desejável fazer isso de forma indefinida. Além disso, o comportamento que foi reforçado de forma intermitente (quer dizer, não se reforça a cada resposta) é mais resistente à extinção que o comportamento que foi reforçado de forma contínua, sendo a resistência à extinção uma função inversa da freqüência de reforçamento (Ferster e Skinner, 1957). Por outro lado, o programa de reforçamento para o comportamento-objetivo se *reduz* normalmente (quer dizer, faz-se menos freqüente o reforçamento). Há duas classes de programas de reforçamento intermitentes – um baseado na quantidade de comportamento e outro baseado no tempo. Se o comportamento dos deveres de casa da criança, no exemplo anterior, for colocado sob um programa baseado na quantidade de comportamento, teria que fazer mais problemas ou problemas mais longos do mesmo tipo, para cada ficha. Mas se for colocado sob um programa baseado no tempo, seria empregado o reforçamento se a criança estivesse trabalhando quando observada ao final de certos intervalos de tempo. Os programas baseados na quantidade, normalmente produzem mais comportamento que os baseados no tempo; todavia, os progra-mas baseados no tempo são, com freqüência, mais cômodos de administrar. Qualquer que seja o tipo de programa intermitente que se empregue, é importante que o mesmo seja reduzido gradualmente. Cada diminuição do reforçamento fará com que diminua a resposta, resultando numa maior redução do primeiro. Este processo pode levar à extinção do comportamento se o programa for reduzido muito rapidamente (Ferster e Skinner, 1957).

Modelagem, esvanecimento e modelagem pelo estímulo. O comportamento que nunca ocorre não pode ser reforçado e, conseqüentemente, não pode ser aumentado por meio do reforçamento. A modelagem (*shaping*), o esvanecimento (*fading*) e a modelagem por estímulo (*stimulus shaping*) são procedimentos para aumentar a ocorrência do comportamento que tem um nível zero (ou quase zero) de ocorrência. A modelagem implica em reforçar aproximações cada vez mais próximas à resposta-objetivo. Primeiro, reforça-se qualquer resposta que se pareça com a resposta-objetivo, sem se importar muito que a parecida esteja longe. Depois que foi aumentada a freqüência dessa resposta, terá também lugar, por meio da generalização da mesma, outra que se pareça um pouco mais com a resposta-objetivo e, então, é reforçada, enquanto se extingue a aproximação anterior. Depois que se incrementou essa resposta, dar-se-á outra que se pareça ainda mais com a resposta-objetivo e será reforçada. Este processo continua até que finalmente ocorra a resposta-objetivo que será reforçada (p. ex., Fuller, 1949). Um exemplo seria ensinar uma criança a dizer "papai". Primeiro, poderia se reforçar o som "pe"; logo "pa"; depois "pa-da" e, finalmente, "papai". A modelagem é denominada também como *método de aproximações sucessivas*. A investigação sobre a modelagem tem sido obstaculizada pela dificuldade de se aplicar, de forma consistente, um procedimento determinado para deixar de reforçar uma aproximação e reforçar outra; contudo, este problema pode ser solucionado programando-se ordenadores para que modelem novas respostas (Midgley, Lea e Kirby, 1989; Pear e Legris, 1987).

O esvanecimento implica em empregar o controle presente de uma resposta-objetivo por um E^D (denominado estímulo de partida) para pôr a resposta sob o controle do E^D-meta. É especialmente útil quando o E^D-meta provoca uma resposta que é incompatível com a resposta-objetivo. O procedimento implica em apresentar o E^D inicial e o E^D-meta juntos durante uma série de ensaios, enquanto que gradualmente se aumenta a intensidade do E^D-meta a partir de um nível inicial baixo, e se diminui gradualmente a intensidade do E^D inicial a partir de um nível original alto. Finalmente, a resposta será evocada pelo E^D-meta de intensidade normal na ausência do E^D inicial. Um exemplo do uso do esvanecimento implica em ensinar respostas verbais apropriadas a indivíduos com ecolalia – isto é, indivíduos que repetem o que se diz, incluindo as perguntas. Por exemplo, uma criança com ecolalia pode dizer simplesmente "chama" quando se pergunta "Como se chama?". Visto que a criança faz eco de qualquer estímulo verbal, pode-se empregar o nome da criança como um estímulo inicial. Desse modo, o professor pergunta em voz muito baixa, "Como se chama?", e imediatamente diz o nome da criança em voz muito alta, com a finalidade da criança repetir seu nome. Ao longo dos ensaios, o professor aumenta gradualmente o volume da pergunta e diminui gradualmente o volume do nome da criança. Finalmente, o professor faz a pergunta em volume normal e não diz o nome da criança, com a finalidade de que este responda com seu nome à pergunta (por exemplo, Risley e Wolf, 1966).

A modelagem pelo estímulo implica na mudança gradual dos traços topográficos do E^D ou do E^Δ, de modo que a discriminação entre eles seja fácil a princípio e logo vá se tornando mais difícil (isto é, os estímulos são originalmente muito diferentes e se tornam muito parecidos). Por exemplo, ao ensinar uma criança a colocar a escova de dentes em um determinado recipiente para escovas, o recipiente E^D pode ser de tamanho normal, enquanto os recipientes E^D são muito menores que o normal. Ao longo dos ensaios de discriminação de estímulo, o tamanho dos recipientes E^D são aumentados gradualmente até que tenham o mesmo tamanho dos recipientes E^D e a discriminação se baseie unicamente na posição dos recipientes (por exemplo, Mosk e Bucher, 1984).

Encadeamento. O comportamento complexo compõe-se, freqüentemente, de seqüências repetitivas, denominadas *cadeias*, de estímulos e respostas. Muitas tarefas do cuidado de si mesmo, como escovar os dentes, lavar-se, vestir-se, arrumar a cama e preparar uma comida, são deste tipo. Por exemplo, escovar os dentes compõe-se dos comportamentos de pegar o creme dental, tirar a tampa, pegar a escova, pôr pasta na escova, etc. Há três procedimentos gerais para ensinar cadeias de comportamentos: *encadeamento para frente, encadeamento para trás e apresentação da tarefa completa.* Cada um destes procedimentos de encadeamento implica em descompor primeiro a cadeia em seus componentes; por exemplo, um componente do escovar os dentes consiste em desenroscar o tubo de pasta (resposta) sob o controle da pasta dental na mão (E^D). Os componentes são "entrelaçados" reforçando-os na seqüência apropriada. O encadeamento para frente é concluído reforçando-se o primeiro componente, logo reforçando-se o primeiro seguido pelo segundo, depois reforçando o primeiro seguido pelo segundo seguindo-se pelo terceiro, etc. No encadeamento para trás, reforça-se o último componente, logo o penúltimo seguido pelo último, logo o antepenúltimo seguido pelo penúltimo que é seguido pelo último, etc. Na apresentação da tarefa completa, todos os componentes acontecem seqüencialmente e são reforçados. Cada E^D que sucede o primeiro em uma cadeia é um reforçador condicionado para a resposta que o precede, que é o que explica a integridade de uma cadeia. Os três procedimentos requerem que os componentes estejam bem estabelecidos antes que se unam. No caso de não estarem unidos, ensina-se utilizando a modelagem, o esvanecimento ou a modelagem pelo estímulo. Os três procedimentos são eficazes; todavia, parece que a apresentação da tarefa completa é freqüentemente mais conveniente que, e pelo menos tão eficaz como, os outros dois (Bellamy, Horner e Inman, 1979; Martin, Koop, Turner e Hanel, 1981; Spooner, 1984).

Generalização do estímulo e da resposta. Quando é possível, o comportamento que se está incrementando é reforçado no lugar-meta, com a finalidade de assegurar que se coloque sob o controle dos estímulos desse lugar. Quando isto não é possível, dispõe-se da generalização do estímulo, fazendo-se com que o lugar de treinamento se pareça com o lugar-meta, tanto quanto possível. Pode-se fomentar a generalização da resposta por meio do treinamento de uma variedade de respostas-meta similares (Stokes e Baer, 1977).

Independentemente da eficácia com que se generalize o comportamento ao lugar objetivo, não se manterá nesse lugar se não receber um reforçamento suficiente nele. Há duas maneiras pelas quais pode-se fazer com que o reforçamento ocorra no lugar-meta: 1) *a armadilha comportamental*, e 2) *proporcionar uma comunidade natural de reforçamento*. A armadilha comportamental implica em fazer ajustes para que o comportamento-objetivo se ponha em contato com as contingências de reforçamento que estão presentes no lugar-meta e que deveriam manter o comportamento (Baer e Wolf, 1970). Proporcionar uma comunidade natural de reforçamento implica em treinar o indivíduo para que se comporte de maneiras que impulsionem os outros a proporcionar reforçamento pelo comportamento-objetivo (Seymour e Stokes, 1976).

IV.2. Procedimentos para diminuir o comportamento

Quando são aplicados métodos operantes a um problema, geralmente é melhor interpretá-lo como comportamento que vai ser aumentado, do que como comportamento que vai ser diminuído. Por exemplo, se uma criança passa muito tempo sonhando acordada às expensas de realizar os deveres de casa, provavelmente seria melhor centrar-se em aumentar o comportamento referente aos deveres de casa do que em diminuir o sonhar acordado. Nos casos em que seja necessário centrar-se em diminuir o comportamento, deveria haver um comportamento alternativo desejável, que seja incrementado por meio do reforçamento positivo. O comportamento alternativo desejável competirá com aquele que se está diminuindo, ajudando, desse modo, a reduzi-lo e mantê-lo em um nível baixo.

Extinção. A extinção é, provavelmente, o método operante mais utilizado para diminuir o comportamento. Implica, em primeiro lugar, em determinar o que está reforçando o comportamento-objetivo e, em seguida, em eliminar esse reforçamento. Às vezes, inclusive, ocorrem comportamentos realmente estranhos, porque os demais lhes prestam atenção, o que é reforçador para o indivíduo que realiza o comportamento. Algumas vezes estão implicados outros reforçadores diferentes da atenção ou unidos a ela, como quando se reforça a birra de uma criança cedendo a seus pedidos de balas, sorvetes, brinquedos novos, etc. É importante reconhecer que o comportamento indesejável pode ser muito penetrante e persistente, mesmo que o reforçamento que o mantém ocorra de forma tão pouco freqüente que seja difícil descobri-lo. O programa de reforçamento pode haver proporcionado originalmente um que seja freqüente e logo ter se reduzido gradualmente, talvez como resultado de tentativas inconsistentes para aplicar a extinção.

Além de diminuir o comportamento, a extinção tem vários efeitos importantes, os quais qualquer um que a utilize deveria perceber: a) o comportamento que está submetido à extinção pode aumentar de intensidade, freqüência e duração (por exemplo, a birra pode tornar-se mais violenta, mais freqüente e mais duradoura), antes de começar a diminuir; b) a extinção pode produzir, temporariamente, comportamento emocional (por exemplo, comportamento agressivo ou destrutivo); c) o comportamento que foi extinguido e já não é reforçado pode, ocasionalmente, voltar a ocorrer – um fenômeno conhecido como *recuperação espontânea.* Todos estes efeitos perturbadores podem ser reduzidos se garantirmos que se reforcem respostas desejáveis alternativas ao mesmo tempo em que se extingue a resposta indesejável.

Punição. Para muita gente, a punição é a primeira coisa que vem à mente quando se pensa em diminuir o comportamento. Isto é lamentável, visto que deveria ser a última. A punição tem os mesmos inconvenientes que o reforçamento negativo: a) pode fazer com que a situação se converta em um estímulo condicionado aversivo, tendo como resultado que o indivíduo fuja dela ou a evite; b) pode fazer com que a pessoa que aplica o procedimento converta-se em um estímulo condicionado aversivo; e c) pode provocar comportamento emocional que poderia resultar perturbador (por exemplo, comportamento agressivo ou destrutivo). Apesar destes inconvenientes, parece haver algumas situações nas quais tem-se que recorrer à punição, já que outros procedimentos não funcionam com a rapidez suficiente. Por exemplo, o comportamento autodestrutivo extremo pode resultar em graves danos para si mesmo, antes que se possa eliminar o comportamento por meio da extinção.

Há duas classes gerais de punição: a) a apresentação de um estímulo aversivo contingente a uma resposta, e b) a retirada de um reforçador positivo contingente a uma resposta. Exemplos de estímulos aversivos que foram utilizados como elementos punitivos são: uma descarga elétrica inócua mas dolorosa aplicada aos braços ou às pernas, com o fim de punir o comportamento autodestrutivo extremo em crianças autistas (Lovaas e Simmons, 1969); um esguicho de suco de limão na boca de uma criança para punir o vômito contínuo (Sajwaj, Libet e Agras, 1974); molho de tabasco para punir o comportamento de morder os dedos em uma criança com pouca sensibilidade à dor (Altman, Haavik e Higgins, 1983). Há dois tipos gerais de supressão de um reforçador positivo: a) *tempo fora*, no qual se elimina um E^D (Ferster, 1958); e b) *custo da resposta*, no qual se suprime uma determinada quantidade de um reforçador após uma resposta específica (Weiner, 1962). O tempo fora tem sido administrado tirando-se o indivíduo de uma situação reforçadora durante um curto período de tempo (às vezes, tem sido empregado para este propósito um pequeno aposento vazio, denominado aposento de *tempo fora*), e também deixando-o na situação reforçadora, mas suprimindo um E^D (por exemplo, uma fita que indica que se pode reforçar o indivíduo; Foxx e Shapiro, 1978). Do ponto de vista ético, prefere-se o último tipo de tempo fora, já que aqueles que o equipararam com longos períodos de isolamento e privação extrema têm abusado, às vezes, do primeiro. Independentemente do tipo de tempo fora empregado, a sua duração não deveria ser longa. O custo da resposta tem sido administrado eliminando-se fichas depois de respostas específicas, em programas nos quais as fichas foram utilizadas como reforçadores (Little e Kelly, 1989; Winkler, 1970).

Além de seus potenciais efeitos indesejáveis, a punição somente pode ser empregada para suprimir o comportamento – isto é, só para ensinar a um indivíduo o que ele não tem que fazer, e nunca o que ele tem que fazer. Por isso, assim como por outras razões, é importante que a punição seja utilizada só em combinação com o reforçamento positivo, caso seja necessário usar. A questão de se a punição deve ser empregada alguma vez, é muito controvertida entre os especialistas do condicionamento operante (ver Axelrod e Apsche, 1983; Johnston, 1985; Sidman, 1989; Skinner, 1971).

Reforçamento diferencial de baixa taxa e de taxa zero. Assim como existem programas para aumentar e manter níveis elevados de resposta, existem também aqueles para reduzir e manter níveis baixos de resposta. Um destes programas, denominado *reforçamento diferencial de baixa taxa* (*RDB*), apresenta o reforçamento somente quando a resposta-objetivo ocorre com uma taxa baixa. Em lugares aplicados (enquanto oposto à investigação operante básica), a forma mais comum de administrar ou estabelecer um programa de RDB consiste em apresentar o reforçamento ao final de um intervalo de tempo específico, durante o qual o número de casos das respostas-objetivo é menor do que uma quantidade determinada (Deitz e Repp, 1973).

Outro programa para diminuir e manter um baixo nível de resposta é o *reforçamento diferencial de outras respostas ou de resposta zero* (*RDO*), no qual se dá o reforçamento quando não tem havido casos de resposta-objetivo durante um certo período de tempo (Repp, Deitz e Deitz, 1976). Um exemplo de programa RDO para as birras seria proporcionar reforçamento a cada 30 minutos, quando não houvesse nenhuma birra, contando o intervalo de 30 minutos desde o reforçamento prévio ou desde o final da birra anterior (a que ocorreu mais recentemente).

Deve-se mencionar que os programas de RDB e RDO possuem reservas implícitas para reforçar o comportamento alternativo, de modo que se a resposta-objetivo ocorre com uma baixa taxa ou com uma taxa zero tem que ocorrer um outro comportamento e pode-se reforçá-lo. Como acontece com os programas de reforçamento para aumentar e manter o comportamento, para que haja uma máxima eficácia, a taxa de reforçamento nos programas RDB e RDO inicia-se com um nível elevado e vai-se reduzindo gradualmente.

Controle do estímulo para não responder. O comportamento que ocorre com demasiada freqüência pode estar acontecendo nos momentos ou em lugares inadequados. Em qualquer caso, pode-se reduzir o comportamento até um nível apropriado, colocando-o sob o adequado controle do estímulo. Por exemplo, alguns casos de obesidade podem ser tratados de forma eficaz convertendo as horas da refeição e a cozinha em E^Ds para comer, enquanto que outras horas e lugares se convertem em E^Ds. (Deve-se mencionar que a hora é um estímulo, no sentido de que os ponteiros e os números de um relógio, que correspondem a uma hora determinada, constituem um estímulo.) Dá-se reforçamento social ao indivíduo quando come durante o E^D, mas não se encontram disponíveis na presença do E^D o reforçamento social ou outras classes não comestíveis de reforçamento, como os livros ou a televisão (Brownell e Foreyt, 1985). Tem-se utilizado de forma eficaz a mesma estratégia para reduzir outros comportamentos que ocorrem em excesso, como fumar, sonhar acordado e preocupar-se (Borkovec, Wilkinson, Folensbee e Lerman, 1983).

V. Variações

Os procedimentos anteriores podem ser combinados e modificados de muitas maneiras, para produzir procedimentos apropriados para uma ampla variedade de problemas e interesses comportamentais. Seguidamente se descrevem as principais variações que são utilizadas. Não se alega que os métodos discutidos mais adiante foram criados necessariamente por especialistas em comportamento operante. Em muitos casos, os métodos existiam antes do surgimento do comportamento operante; em outros, foram desenvolvidos por terapeutas que podiam não se autodenominar comportamentalistas operantes ou inclusive só comportamentalistas. Contudo, mesmo que tenha havido outras origens para estes métodos, poderiam ter-se desenvolvido a partir dos procedimentos descritos anteriormente e, nesse sentido, constituem variações deles.

Instrução. Visto que o seguir instruções é importante socialmente, os especialistas que aplicam métodos operantes asseguram-se que se reforce apropriadamente nos programas de treinamento. Por exemplo, pode-se treinar os indivíduos autistas e os deficientes para que sigam instruções simples como "levante-se", "levante a mão", "toque a cabeça". O jogo "Simon diz" (*Simon says*), no qual se reforça os indivíduos a seguir somente as instruções que sejam precedidas pelas palavras "Simon diz", é um método operante popular (e divertido) que os educadores têm empregado para ensinar instruções seguidas por crianças normais. Uma vez que os indivíduos são capazes de seguir as instruções, estas podem ser empregadas para fazer com que se comportem de forma apropriada muito rapidamente. Por exemplo, a uma criança que sabe seguir as instruções pode-se dizer: "Se você limpar o quarto e fizer a cama, receberá um presente-surpresa". Se o comportamento da criança for reforçado por meio de presentes-surpresa e se a criança teve um bom treinamento no seguimento de instruções, este método normalmente é suficiente para conseguir o efeito desejado. Deve-se mencionar que esta instrução especifica tanto o reforçador quanto o comportamento, assegurando assim que a instrução será um potente E^D. Uma instrução que não especifica um reforçador poderá ser um fraco E^D ou mesmo um E^D, dependendo da história do indivíduo. Qualquer instrução que especifique (explícita ou implicitamente) seu reforçador denomina-se uma *regra* e o seguir essa instrução se chama *comportamento governado por regras* (Hayes, 1989). Exemplo de uma regra é: "Leve sempre o guarda-chuva em um dia nublado (de modo que não se molhe se chover)".

Seguir as instruções é importante para ajudar que os indivíduos respondam de forma adequada às contingências de alguns programas operantes complexos, como a economia de fichas, na qual se reforçam várias respostas-objetivo com fichas que podem ser trocadas por outros reforçadores. Esses programas funcionam de forma mais eficaz se forem apresentados em forma de instruções que o indivíduo pode seguir facilmente.

Uma pessoa que segue as instruções e que também pode comunicar-se, pode instruir-se a si mesma. Algumas das denominadas terapias cognitivas parecem basear-se no fato de que as auto-instruções podem afetar o comportamento. Por exemplo, melhorou-se o comportamento das crianças hiperativas ensinando-lhes a se auto-instruir para que centrem sua atenção no trabalho (por exemplo, Meichenbaum, 1986; Santacreu, este volume). Em alguns casos, o problema provém de uma auto-instrução que necessita ser contra-atacada com outras mais apropriadas. Por exemplo, uma pessoa pode "catastrofizar" dizendo a si mesma que a vida é horrível e que não há nada que se possa fazer. Esta é uma instrução que atua como um E^D para qualquer comportamento que poderia melhorar a situação, visto que especifica, na realidade, que pode produzir-se o não reforçamento, independentemente do que o indivíduo faça. Claramente, essa auto-instrução pode ser debilitante, além de produzir efeitos emocionais não desejados. Uma estratégia razoável nesses casos consiste em estabelecer uma auto-instrução alternativa, pela qual o indivíduo diga a si mesmo que a situação não é tão má e que há coisas que podem melhorar (por exemplo, Beck, Rush, Shaw e Emery, 1979; Dobson e Franche, este volume; Ellis e Bernard, 1985; Lega, este volume). Certamente, isto só não seria suficiente em muitos casos; seria necessário condicionar outras habilidades de afrontamento.

Não está claro por que os métodos de auto-instrução são considerados, amiúde, cognitivos em vez de simplesmente operantes. Uma das razões pode ser porque implicam em comportamento verbal. Todavia, este é comportamento operante e não existe evidência de que esteja sujeito a leis distintas das que descrevem outros comportamentos operantes. Outra razão pode ser que os denominados métodos cognitivos implicam em comportamento verbal privado ou encoberto, de modo que os indivíduos, com freqüência, instruem-se a si mesmos em silêncio, em vez de em voz alta. Portanto, o comportamento verbal privado é também operante (Skinner, 1957). Não parece haver uma razão premente para considerar os métodos cognitivos em geral, diferentes dos métodos operantes, ou que impliquem em tecnologia diferente ou que requeiram um tipo diferente de teoria.

Métodos operantes para modificar o comportamento verbal podem ser encontrados também nos métodos das terapias psicodinâmicas e humanistas. Estes dois tipos de terapias chamam-se "terapias verbais", já que consistem principal ou exclusivamente em falar sobre o comportamento do paciente (incluindo o comportamento emocional). Por meio desta conversa, o paciente pode desenvolver novas formas de falar sobre seu comportamento, o que pode ser útil para vê-las mais eficazmente com ele. Além disso, o comportamento verbal que foi punido pode recuperar-se durante a terapia verbal, devido à extinção da punição, tendo como resultado que o indivíduo fique mais à vontade para falar sobre assuntos com os quais anteriormente tinha dificuldade (Skinner, 1957, pp. 400-402).

Modelação e imitação. As pessoas imitam outras pela mesma razão que seguem instruções; quer dizer, o fazê-lo amiúde leva ao reforçamento. Quando a pessoa imita um comportamento imediatamente após este ter ocorrido e recebe reforçamento, o comportamento modelado é um E^D para o comportamento de imitação. A *modelação* consiste em apresentar um comportamento que se vai imitar com o propósito de ensinar a imitação a alguém ou com o propósito de provocar esse comportamento em outra pessoa. Visto que, como no seguimento de instruções, a modelação é importante socialmente, os especialistas que aplicam métodos operantes asseguram-se de que se reforce adequadamente nos programas de treinamento. Por exemplo, pode-se treinar indivíduos deficientes e autistas na modelação de respostas simples, como levantar-se, levantar a mão, tocar a cabeça. Freqüentemente, a instrução "faça isto" é seguida pela resposta modelada e a descrição da mesma, de modo que a instrução e a imitação são ensinadas juntas. Existe evidência de que uma vez que se ensinou um indivíduo a imitar muitas respostas, este é capaz de imitar novas respostas (incluindo verbais) quando lhe são apresentadas pela primeira vez (Baer, Peterson e Sherman, 1967). Deste modo, a modelação é uma forma eficaz de ensinar respostas novas. Amiúde, uma resposta que será colocada sob controle de um E^D particular (p. ex., a resposta poderia ser uma etiqueta e o estímulo o objeto correspondente à etiqueta) modela-se depois que se apresenta o estímulo e o comportamento modelado se desvanece ao longo dos ensaios ou se omite depois de vários deles, caso não seja necessário ensinar o esvanecimento ao indivíduo.

A modelação é um dos principais ingredientes da *representação de papéis*. Nesta forma, o terapeuta representa a parte do paciente, na qual se comporta de modo eficaz ou apropriado em uma determinada situação e o paciente representa mais tarde uma parte de si mesmo que se comporta da mesma maneira. Em outro tipo, denominado *representação inversa de papéis*, o indivíduo representa as partes dos outros, com o propósito de desenvolver empatia com eles ou de se pôr em seu lugar – por exemplo, falando como poderiam falar. A representação inversa de papéis pode também ser benéfica para ajudar a modificar as autoverbalizações excessivas de que os outros estão dizendo ou pensando coisas negativas sobre nós mesmos.

A modelação e a imitação são importantes aspectos da teoria da aprendizagem social, o que propõe a suposição de que o comportamento de imitação (ou *aprendizagem por observação*) não é um método operante porque não necessita de reforçamento (Rotter, 1954; Bandura, 1977b). Entretanto, é difícil comprovar que o reforçamento não está envolvido nesta classe de aprendizagem e, portanto, não se deveria excluir a possibilidade de que esteja envolvido na aprendizagem operante. Certamente, tampouco se deveria excluir a possibilidade de que não esteja presente na aprendizagem operante, mas esta é uma possibilidade menos parcimoniosa e, portanto, não vale a pena uma consideração séria até que haja mais evidência científica.

Sobrecorreção. Um estado de coisas pouco satisfatório foi *sobrecorrigido* quando o processo de correção foi concluído, além do que se necessita ou do que se espera. Do ponto de vista de retificar uma situação, a sobrecorreção poderia ser considerada uma perda de tempo ou de esforço. Não obstante, tem-se demonstrado que é um método eficaz para ensinar alguém a não ter comportamentos que dêem como resultado um estado de coisas pouco satisfatório (Foxx e Azrin, 1972, 1973). Há duas classes de sobrecorreções: a) a *restituição*, que consiste em corrigir mais componentes da situação do que os que foram perturbados pelo comportamento inadequado, e b) a *prática positiva*, que consta de muitas repetições de um comportamento alternativo desejável que compete com o comportamento inadequado. Um exemplo da restituição seria reparar todos os móveis de um aposento no qual alguém tenha dado um pontapé em uma poltrona; um exemplo de prática positiva seria sentar-se na poltrona uma série de vezes. A sobrecorreção parece estar composta por dois procedimentos descritos no item anterior: a punição e o reforçamento negativo. A punição está envolvida porque o procedimento é, provavelmente, algo aversivo e integra-se de forma contingente ao comportamento; o reforçamento negativo encontra-se envolvido porque requer que o indivíduo emita um comportamento apropriado a fim de escapar de uma situação um tanto aversiva. Um procedimento similar à prática positiva é a *inversão do hábito*, que é um procedimento para diminuir os tiques ou hábitos nervosos. O procedimento consiste em praticar o comportamento que compete com o tique ou com o hábito. Diferentemente da prática positiva, a inversão do hábito pode implicar no reforçamento positivo, no sentido de que o comportamento que foi melhorado pode ser um reforçador positivo para a pessoa que sofre o problema.

Dessensibilização. Geralmente pensa-se na dessensibilização sistemática como um procedimento pavloviano. Contudo, também contém uma série de elementos operantes; por exemplo, o paciente tem que seguir o relaxamento e imaginar as instruções. Os elementos operantes da dessensibilização *in vivo* ou da exposição direta são mais fáceis de ver. Em vez de enfrentar o estímulo temido na imaginação, encoraja-se o paciente para que os afronte na vida real. O reforçamento, na forma de elogio por parte do terapeuta, é contingente com os comportamentos de uma maior aproximação e com os períodos de exposição, ante os estímulos temidos, cada vez mais longos. Pode-se ver que o procedimento compõe-se, em geral, de modelação, esvaecimento e extinção da punição.

Autocontrole. Tem-se distinguido até aqui entre a pessoa cujo comportamento se está modificando e a pessoa que aplica os procedimentos que produzem a mudança desejada. Se eliminarmos esta distinção, teremos um programa de *autocontrole*. Pode-se recorrer a um terapeuta para que ajude a esboçar e proporcionar *feedback* sobre o comportamento de um programa de autocontrole; no entanto, a responsabilidade principal do programa pertence ao paciente. Basicamente, um programa de autocontrole é conduzido utilizando-se métodos operantes da maneira como poderia fazê-lo a outra pessoa. A diferença principal é que a retirada do reforçamento a si próprio ou o punir-se é problemático num programa de autocontrole. O reforçamento, por definição, fortalece qualquer resposta que é seguida; portanto (caso esteja lidando com um verdadeiro reforçador), retirá-lo de si mesmo de forma consistente até que ocorra a resposta-objetivo é logicamente impossível (Catania, 1975, 1976; Goldiamond, 1976). Da mesma maneira, a punição, por definição, enfraquece qualquer resposta a qual é seguida; portanto (caso esteja trabalhando com um verdadeiro estímulo de punição), aplicá-lo a si mesmo de forma consistente é também logicamente impossível. Uma forma de resolver este problema consiste em empregar um procedimento de compromisso, no qual se coloca o reforçamento e a punição fora de alcance. Por exemplo, pode-se dar a um amigo uma quantidade de dinheiro com a instrução de que ele o devolva, em quantidade determinada, como reforçamento quando ocorre o comportamento que deve ser incrementado. Outro método consiste em preencher um determinado número de cheques para uma organização (por exemplo, um partido político) que o desagrada e entregá-los a um amigo. Instrui-se o amigo para que envie os cheques pelo correio à organização que não o agrada, como punição quando ocorra o comportamento que se quer diminuir ou como reforçamento negativo, quando não ocorra aquele que se quer incrementar (Boudin, 1972).

Outra forma de proporcionar reforço em um programa de autocontrole, consiste em desenhar ou fazer gráficos do comportamento-objetivo. Ver o número registrado de casos de mudança de comportamento na direção desejada, reforçará o comportamento caso se esteja tentando aumentá-lo, ou reforçará um comportamento alternativo desejável caso se esteja tentando reduzir o comportamento objetivo. Esta classe de "auto-reforçamento" não resolve o problema lógico mencionado anteriormente, já que os números da representação gráfica são reforçadores somente se for mais fácil discriminar uma situação que já é reforçadora (p. ex., uma mudança do comportamento na direção desejada). A idéia de representar graficamente o próprio comportamento não foi descoberta por especialistas em comportamento-operante; uma série de romancistas (p. ex., Ernest Hemingway, Anthony Trollope, Irving Wallace) tem representado graficamente sua produção diária de palavras ou de páginas, a fim de ajudar a manter sua produtividade (Wallace e Pear, 1977). Também pode ser útil colocar as representações gráficas em um lugar muito visível, onde a família e os amigos possam vê-las e proporcionar reforço social das melhoras apresentadas.

Tentar colocar o comportamento sob um controle apropriado do estímulo é outro importante aspecto do autocontrole. Por exemplo, caso haja lugar e hora determinados para estudar e escrever, com estímulos distintivos presentes nesse lugar, deveria ser muito provável o comportamento adequado de escrever e estudar quando se encontra ali (supondo-se que o reforçamento ocorra também ali). Para assegurar um potente controle do estímulo, aumenta-se gradualmente a quantidade de tempo no lugar, enquanto se toma cuidado para evitar que ocorram aqui o sonhar acordado ou outros comportamentos inadequados. O controle do estímulo tem sido empregado também para diminuir comportamentos como comer e fumar, como já foi explicado anteriormente. Outro uso do controle do estímulo é o *contrato comportamental*, que consiste em um claro acordo escrito que determina qual comportamento produzirá determinados reforçadores, quem entregará esses reforçadores e outros aspectos acordados de um programa de autocontrole (DeRisi e Butz, 1975). O contrato, que normalmente envolve dois ou mais indivíduos, proporciona distintos E^Ds escritos para o comportamento de cada pessoa que está de acordo com ele. Do mesmo modo que acontece com outras formas de controle do estímulo, esses E^Ds controlarão o comportamento de forma eficaz, somente se o reforçamento for contingente com ele, que está expresso no contrato.

VI. APLICAÇÕES

Os métodos operantes têm sido utilizados em uma ampla variedade de lugares para tratar com diversos problemas e interesses comportamentais. Este aparte descreve brevemente algumas destas aplicações.

Educação. Talvez a primeira aplicação dos métodos operantes no campo da educação tenha sido a *máquina de ensino.* Desenvolvida por Skinner (1954, 1958, 1961), este artefato apresentava pequenos segmentos de matéria, denominados *quadros,* aos quais os estudantes respondiam por meio de respostas escritas. A máquina transportava cada uma das respostas dos estudantes para debaixo de uma pequena janela onde não pudessem modificá-la e, ao mesmo tempo, revelava a resposta correta que, supostamente, reforçava a do estudante, se fosse igual à dela. O programa ideal da máquina de ensino foi desenvolvido com a finalidade de que praticamente todas as respostas do estudante fossem corretas. A popularidade das máquinas de ensino e do *ensino programado,* onde os quadros podiam se apresentar simplesmente por meio de livros desenhados para isso, em vez de empregar uma máquina, decaiu desde os anos 60, mas ainda pode voltar a ser usada pelos ordenadores (que podem considerar-se como uma máquina de ensino muito versátil).

Outra aplicação dos métodos operantes à educação é conhecida como *Sistema de Ensino Personalizado (SEP),* desenvolvido por F.S. Keller (1968; Keller e Sherman, 1982). O SEP utiliza segmentos de material mais amplo que o ensino programado e as respostas também podem ser mais longas (por exemplo, várias frases ou um parágrafo). Depois de uma unidade de matéria, o estudante passa por um teste baseado em perguntas sobre o que estudou ou em objetivos de estudo que o instrutor preparou para essa unidade. O teste é corrigido por um instrutor ou por *vigilantes de exames,* que podem ser estudantes que passaram no curso ou estudantes desse curso que passaram no teste sobre a matéria dessa unidade. O teste é corrigido imediatamente depois de ser entregue, de modo que as respostas corretas se reforcem rapidamente. Deve-se dominar cada unidade antes que o estudante possa passar para a seguinte; aquele que não demonstra o domínio da matéria numa determinada unidade, volta a estudá-la e tenta outra vez. Os estudos demonstram que o SEP é mais efetivo que outros métodos de ensino comumente utilizados (Kulik, Kulik e Cohen, 1979; Sherman, 1982). Os desenvolvimentos da tecnologia dos ordenadores são relevantes para o SEP, como também para as máquinas de ensino ou o ensino programado. Além de conseguir automatizar grande parte do procedimento do SEP e fazê-lo mais eficaz, o ordenador proporciona possibilidades de telecomunicação (por exemplo, correio eletrônico), que permite aos estudantes escrever e apresentar os testes para que sejam corrigidos e ao instrutor e aos vigilantes de exames corrigir os testes e proporcionar um rápido *feedback,* sem que o instrutor, os vigilantes de exames e os estudantes necessitem estar no mesmo lugar (Kinsner e Pear, 1988; Pear e Kinsner, 1988). Isto pode beneficiar pessoas às quais não seja possível freqüentar uma instituição de ensino por causa do lugar onde moram, de seu trabalho ou de alguma incapacidade.

Os métodos operantes têm sido empregados também para diminuir o comportamento perturbador (p. ex., o comportamento de estar continuamente levantando-se de seu lugar, as birras, o comportamento agressivo) das crianças na classe e para desenvolver suas habilidades acadêmicas, incluindo a leitura em voz alta, a compreensão do que se lê, o soletrar, o escrever, a matemática suficiente, a redação, a criatividade e a aprendizagem de conceitos. Além disso, uma série de professores tem utilizado economias de fichas na classe, onde se reforça uma ampla variedade de comportamento não perturbador e acadêmico com fichas que podem ser trocadas por outros reforçadores (Witt, Elliot e Gresham, 1988).

Transtornos graves de comportamento: retardo, autismo e esquizofrenia. Muitos problemas de comportamento graves, como o retardo, o autismo e a esquizofrenia parecem ter causas biológicas. Mesmo que os métodos operantes não possam modificar estes fatores biológicos, podem melhorar seus efeitos devido à interação que existe entre a biologia e o ambiente com respeito ao comportamento. Algumas das aplicações dos métodos operantes nos transtornos graves de comportamento são as seguintes: têm-se ensinado a indivíduos deficientes habilidades do cuidado de si mesmo (ir ao banheiro, comer, vestir-se, higiene pessoal), habilidades sociais, de comunicação, de trabalho, atividades de lazer e comportamento de sobrevivência na comunidade (Matson e McCartney, 1981; Whitman, Scibik e Reid, 1983); às crianças autistas têm-se ensinado habilidades sociais e lingüísticas e tem-se diminuído sua auto-estimulação (Handleman, 1986; Koegel, Rincover e Egel, 1982); aos pacientes esquizofrênicos têm-se ensinado habilidades sociais e para a busca de trabalho (Bellack, 1984). Os dados obtidos nos programas anteriores indicam claramente que os métodos operantes podem ser eficazes no tratamento, controle e reabilitação dos indivíduos com problemas graves de comportamento.

Pacientes externos. Os métodos operantes são parte do tratamento de uma variedade de problemas apresentados por pacientes externos, problemas como os distúrbios de ansiedade, distúrbios obsessivo-compulsivos, depressão, alcoolismo, obesidade e problemas conjugais. Os métodos de exposição direta, nos quais o indivíduo enfrenta-se diretamente com a situação temida (que é oposto a experimentá-la só na imaginação), são empregado amiúde para tratar distúrbios de ansiedade (por exemplo, Barlow, Leitenberg, Agras e Wincze, 1969). Embora a dessensibilização sistemática seja principalmente um procedimento pavloviano, pode-se considerar a exposição direta como operante, se a conceitualizarmos como extinção da punição, em que a resposta castigada é a de entrar na situação temida. A exposição direta deveria ser mais efetiva que a indireta, já que os estímulos envolvidos nesta (ao serem privados) diferem dos estímulos-objetivo. A exposição direta combinada com a prevenção da resposta tem sido utilizada com os transtornos obsessivo-compulsivos (Foa Steketee, Turner e Fischer, 1980; Rachmam e Hodgson, 1980). Este procedimento pode ser considerado como operante se o conceitualizarmos como a extinção de uma resposta reforçada negativamente, pela não ocorrência de um acontecimento aversivo primário quando a resposta-objetivo (quer dizer, o comportamento obsessivo-compulsivo) não ocorre. Tem sido utilizada uma variedade de técnicas operantes com indivíduos deprimidos, incluindo a modificação de autoverbalizações desadaptativas, o estabelecimento de atividades que competem com elas, a representação de papéis e o restabelecimento de tarefas do cuidado de si mesmo (p. ex., lavar-se, fazer a cama, comprar, cozinhar), que os indivíduos deprimidos amiúde descuidam (Beck e cols., 1979). No tratamento do alcoolismo tem-se tentado fazer com que todos os reforçadores significativos (p. ex., trabalho, amigos, família) sejam contingentes com a abstinência do álcool (Azrin, 1976), ajudando o indivíduo a mudar seu estilo de vida (Marlatt e Gordon, 1985) e ensinando as habilidades de enfrentamento necessárias para limitar ou abster-se do consumo de álcool (Miller, Taylor e West, 1980). Para o tratamento da obesidade tem-se empregado o auto-registro do comportamento de comer, o controle do estímulo, os contratos comportamentais e o reforçamento para fazer exercício e consumir os alimentos adequados (Brownell e Foreyt, 1985; LeBow, 1981). No tratamento dos problemas conjugais tem-se tentado aumentar as freqüências das interações positivamente reforçadoras, a diminuição da freqüência das interações punitivas e o desenvolvimento de habilidades de comunicação eficazes para a solução de problemas e a reconciliação das diferenças (Wood e Jacobson, 1985).

O autocontrole dos problemas pessoais. As técnicas de autocontrole têm sido desenvolvidas para muitos problemas pessoais comuns que são incômodos, mas que não são suficientemente sérios para necessitar de assistência profissional. Esses problemas incluem a incapacidade de falar em classe (Barrera e Glasgow, 1976), a falta de exercício (Kau e Fischer, 1974), hábitos de estudos inadequados (Richards, 1976) e o ranger os dentes (Pawlicki e Galotti, 1978).

Medicina e cuidado da saúde. Um dos primeiros procedimentos comportamentais empregados no campo da medicina é o *biofeedback* (bio-retroalimentação), no qual a instrumentação automática "devolve" informação sobre o comportamento interno, com o propósito de ajudar o indivíduo a modificar esse comportamento. Supondo-se que a informação "devolvida" possa ser reforçadora ou punitiva, então o *biofeedback* ajusta-se com a definição de um procedimento operante. O *biofeedback* e outras técnicas operantes têm sido empregados no campo da medicina como uma alternativa a procedimentos médicos mais tradicionais (p. ex., medicamentos), para tratar problemas como a hipertensão essencial, as cefaléias crônicas, os ataques, a dor crônica, os distúrbios sexuais, os distúrbios respiratórios e os distúrbios do sono (Doleys, Meredith e Ciminero, 1982; Simon, este volume). Os procedimentos operantes são utilizados também para ajudar as pessoas em sua adesão aos tratamentos médicos (p. ex., tomar os remédios que o médico receite), a vencer o temor aos procedimentos médicos (Melamed e Siegel, 1975) e a ter um comportamento saudável como o comer alimentos nutritivos e fazer exercícios regularmente (Cataldo e Coates, 1986).

Psicologia comunitária. Os métodos operantes têm sido empregados no campo da saúde mental comunitária, que se refere ao tratamento dos problemas de saúde mental na comunidade. Também tem sido utilizada uma ampla gama de outros interesses comunitários como o juntar o lixo, a reciclagem, a conservação de energia e o treinamento de habilidades laborais (Geller, Winett e Everett, 1982; Martin e Osborne, 1980).

Negócios, indústria e governo. Os métodos operantes têm sido empregados para melhorar a execução individual e de grupo dentro das organizações.

Exemplos da classe de questões que se tem tratado são a produtividade, o chegar tarde, a ausência, o volume de vendas, a segurança dos trabalhadores, o roubo por parte dos empregados, o roubo por parte dos clientes e as relações chefes-subordinados (Luthans e Kreitner, 1985).

Esportes. Os métodos operantes têm sido utilizados para ajudar os atletas a aprender novas habilidades e eliminar os maus hábitos, para aumentar sua freqüência aos treinamentos, para ajudar a resolver seus problemas pessoais e ajudá-los a se prepararem para competições importantes. Também têm sido empregados para melhorar a eficácia dos treinadores (Martin e Lumsden, 1987).

VII. Resumo/Comentário Final

Embora em outros tempos, tenham sido desprezados pela maioria dos profissionais da saúde mental, os métodos operantes são aceitos atualmente como uma das principais contribuições à terapia, tanto pelos terapeutas comportamentais como pelos não comportamentais. Sua relevância para a educação está sendo reconhecida cada vez mais pelos educadores. O êxito dos métodos operantes pode ser atribuído provavelmente ao fato de que os especialistas nestes métodos adotaram um enfoque que corre paralelo aos que se seguem em outras áreas de sucesso das ciências básica e aplicada. Começaram concentrando-se nos processos básicos que constituíam os complexos fenômenos nos quais estavam interessados. Como os cientistas na biologia e na medicina, os investigadores do comportamento operante não têm sido persistentes em reconhecer nossa relação com outros animais e explorar essa relação ao tentar compreender a nossa espécie. Assim como os cientistas na física e na biologia, os especialistas em métodos operantes não têm tido medo de abandonar conceitos queridos, porém vagos, e substituí-los por conceitos que são definidos com precisão, de modo que possam ser utilizados com a maior compreensão e acordo possíveis por todos aqueles que aprendem as habilidades técnicas da ciência. Ao mesmo tempo que têm enfatizado os fenômenos observáveis, os especialistas em métodos operantes não têm esquecido – como amiúde se tem comentado – o lado não observável de sua matéria de estudo. Todavia, tem sido tentado o emprego da linguagem desenvolvida para o comportamento observável para descrever o comportamento privado. Os físicos adotaram a mesma estratégia quando começaram a conceitualizar o átomo e seus componentes e só mais tarde desenvolveram uma linguagem diferente, porém mais eficaz, para descrever as partículas subatômicas. Do mesmo modo, o comportamento privado poderia ser melhor descrito numa linguagem diferente da que se usa ao descrever o comportamento público, mas isso somente se descobrirá por meio da investigação. Atualmente, parece haver suficientes fundamentos para conceder um status especial às denominadas cognições. As técnicas utilizadas pelos terapeutas cognitivos, as mesmas empregadas em outros tipos de terapia verbal, podem ser conceitualizadas como métodos operantes aplicados ao comportamento verbal manifesto e encoberto.

Resumindo, o campo do comportamento operante proporciona mais de um conjunto de métodos úteis para mudar o comportamento; também oferece um enfoque teórico e uma metodologia para aumentar nossa compreensão do mesmo. Isto é muito mais válido que um simples conjunto de métodos, já que a história da ciência demonstra que a correta compreensão teórica normalmente leva à criação de métodos novos e mais eficazes.

VIII. LEITURAS RECOMENDADAS

Kazdin, A. E., *Behavior modification in applied settings* (4ª ed.), Homewood, Ill., Dorsey Press, 1989. (Hay traducción castellana de la primera edición: Kazdin, A. E., *Modificación de conducta y sus aplicaciones prácticas*, México, El Manual Moderno, 1978).

Martin, G. y Pear, J., *Behavior modification: what it is and how to do it* (3ª ed.), Englewood Cliffs, N.J., Prentice-Hall, 1988

Masters, J. C., Burish, T. G., Hollon, S. D. y Rimm, D. C., *Behavior therapy: techniques and empirical findings* (3ª ed.), Nueva York, Harcourt Brace Jovanovich, 1987.

Skinner, B. F., *Ciencia y conducta humana*, Barcelona, Fontanella, 1974. (Or.: 1953).

Watson, D. L. y Tharp, R. G., *Self-directed behavior: self-modification for personal adjustment* (4ª ed.), Monterrey, Calif., Brooks/Cole, 1985.

15. A Economia de Fichas

Roger L. Patterson

I. História

Felizmente, os criadores da *Economia de Fichas* (*EF*, Ayllon e Azrin, 1968) nos proporcionaram uma explicação de como a mesma se desenvolveu. Estes psicólogos, junto com seus colaboradores, perceberam a necessidade, e uma nova via, de motivar os doentes mentais institucionalizados cronicamente para que atuassem de modo mais competente. A necessidade se encontrava exemplificada pela grande quantidade de pessoas que residiam, de forma contínua, em instituições para doentes mentais e que pareciam resistentes a qualquer forma de terapia. A nova via consistia em aplicar os métodos do condicionamento operante para melhorar o comportamento deste grupo.

Em meados dos anos 60, uma série de estudos (p. ex., Ayllon, 1963; Ayllon e Michael, 1959; Isaacs, Thomas e Goldiamond, 1960) havia mostrado que o condicionamento operante podia ser empregado com psicóticos crônicos para produzir mudanças em uma direção terapêutica. No entanto, estes estudos foram dirigidos exclusivamente à área de trabalho e foram aplicados somente a comportamentos isolados. As necessidades do grupo institucionalizado cronicamente eram tais que se requeria que um grande número de pacientes mudasse muitas classes de comportamentos, se é que se queria que os métodos operantes tivessem um impacto significativo. Como se faria isso? Estava claro que não se

Veneran's Administration Clinic, Daytona Beach, Florida, (USA).

podia contratar grandes equipes de psicólogos para que vivessem nas instituições para doentes mentais durante as 24 horas do dia, com o objetivo de proporcionar doces, sorvetes, cigarros e outros reforçadores consumíveis a cada um dos pacientes, no afã de empregar técnicas operantes para condicionar comportamentos mais desejáveis. Devido ao trabalho criativo de Ayllon, Azrin e seus colaboradores, tornou-se evidente que: 1) pode-se treinar o pessoal de enfermaria do centro hospitalar para que empregue a tecnologia do condicionamento operante; e 2) podem-se utilizar reforçadores secundários na forma de objetos (fichas) duradouros, não consumíveis, em lugar do reforço primário dos consumíveis, a fim de criar um sistema de trabalho para a aplicação em grande escala do condicionamento operante. Estes ingredientes, acompanhados pelos esforços administrativos apropriados e um adequado treinamento do pessoal hospitalar, permitiram-lhes criar o primeiro sistema de EF.

Seu trabalho foi seguido por uma série de outras publicações que informavam sobre os êxitos ao empregar técnicas muito parecidas (p. ex., Atthowe e Krasner, 1968; Schaeffer e Martin, 1969). Uma das publicações mais notáveis e extensas foi a avaliação experimental, em grande escala, de um sistema de EF, por Paul e Lentz (1977), os quais encontraram evidências mais conclusivas a respeito da eficácia deste enfoque em grandes grupos de doentes mentais crônicos. O êxito do método com estes sujeitos levou a aplicações nos lares, nas escolas e nas prisões, com grupos de indivíduos muito diversos.

II. Definição e Descrição

Segundo o glossário de White (1971) sobre terminologia comportamental, uma economia de fichas é "um sistema de reforçamento no qual se administram fichas como reforço imediato, que são "respaldadas" posteriormente permitindo que se troquem por reforços mais valiosos" (p. 184). Kazdin (1985) cita três requisitos de uma EF: "1) a ficha ou meio de intercâmbio, 2) as recompensas ou reforços de respaldo que podem ser comprados com as fichas, e 3) o conjunto de regras que define as interrelações entre os comportamentos específicos que obtêm fichas e os reforços de respaldo pelos quais se podem trocar as fichas" (p. 234).

III. Fundamentos Conceituais e Empíricos

A origem conceitual da EF provém do trabalho de Skinner sobre o condicionamento operante e a extensão que fez da aplicação destas idéias dos animais aos humanos (Skinner, 1953). Deste modo, o comportamento humano pode ser alterado modificando-se as conseqüências desse comportamento. A tarefa da terapia, para aquelas pessoas cujos comportamentos são considerados inaceitáveis para elas mesmas e/ou para os demais, consiste em especificar como deveriam ser modificados esses comportamentos através do emprego adequado do manejo das contingências.

Um segundo fundamento da EF é o conceito de reforço secundário. Isto é, que os estímulos neutros que se têm associado diretamente com os estímulos que servem para modificar o comportamento, possam também vir a desempenhar essa função. Hull (1943) introduziu esse princípio para explicar os comportamentos que se aprendiam, mas que não eram seguidos por um reforço primário imediato.

Os primeiros trabalhos empíricos que conduziram diretamente ao desenvolvimento da EF, para o seu emprego com o comportamento humano anormal, consistiam em demonstrações de laboratório, nos quais os psicóticos podiam ser condicionados de forma operante. Lindsley (1956) concluiu as primeiras demonstrações desta possibilidade, embora seu trabalho tenha sido só uma demonstração do comportamento condicionado sob pressão de uma alavanca, sem objetivos terapêuticos determinados.

Ayllon e seus colaboradores realizaram uma série de estudos, ao final dos anos 50 e 60, que mostravam que o condicionamento operante, incluindo o emprego de fichas como reforçadores e a administração desses procedimentos pelo pessoal da enfermaria, era positivo (ver Ullman e Krasner, 1965, em que se acham reimpressões destas e outras publicações relacionadas). Por exemplo, Ayllon e Michael (1959) proporcionaram exemplos do controle prático, por parte do pessoal de enfermagem, da fala psicótica, do comportamento violento, da busca de atenção verbal, da alimentação por si mesmo, do roubo de comida, do acúmulo excessivo de objetos, e de outros comportamentos não desejáveis. Utilizaram-se importantes princípios do condicionamento operante, incluindo a extinção, o reforçamento do comportamento incompatível e a saciação do estímulo, para especificar as respostas do pessoal que produziam as mudanças necessárias. Nenhuma destas demonstrações empregaram fichas. No entanto, Haughton e Ayllon (1965) utilizaram fichas para ensinar uma mulher psicótica a levar uma vassoura com ela e logo extinguiram tal comportamento. Posteriormente mostraram muitas explicações do êxito clínico da EF.

Os métodos descritos anteriormente estão muito individualizados e requerem uma perícia considerável. Por isso, pode não ser prático aplicá-los em grandes instituições, com pouco pessoal. Atthowe e Krasner (1968) foram capazes de aplicar um sistema de economia de fichas a um grupo amplo, com uma supervisão menos intensa, empregando um sistema de "níveis". Deste modo, os pacientes que eram muito deficientes no cuidado de si mesmos e na realização das atividades esperadas, podiam ser agrupados e aplicar-se a cada um deles um conjunto similar de contingências. Uma vez que um paciente alcançava o nível de atuação esperado para um grupo (nível) determinado, podia passar a grupos de nível superior, que ofereciam melhores condições (reforços) de vida e requeriam habilidades de um nível superior. Dessa forma, obtêve-se o modelamento de habilidades por meio do reforçamento de aproximações sucessivas, com menores planejamento e tratamento individuais.

Estas demonstrações da aplicabilidade do condicionamento operante, usando reforçadores primários e secundários facilmente disponíveis, junto com as demonstrações de uma técnica "de produção em massa" em sua aplicação, foi o que tornou popular o emprego dos métodos de EF. Esta popularidade levou a uma proliferação de aplicações, que será discutida mais adiante.

IV. PROCEDIMENTO

Muitos trabalhos sobre terapias centram-se no modo como o terapeuta individual aplica os procedimentos diretamente a um indivíduo ou a pequenos grupos. Todavia, em uma economia de fichas, a pessoa ou pessoas que esboçam e/ou dirigem a EF podem não ter o controle direto do funcionamento dos procedimentos terapêuticos em todas as ocasiões.

O diretor da EF (normalmente um psicólogo, enfermeiro ou professor com treinamento comportamental), no cenário habitual, depende de outra pessoa que observe o comportamento e entregue as fichas. Esta pessoa é, geralmente, um empregado institucional que cuida direto dos pacientes, um ou os dois pais ou os professores. [Em alguns casos, podem ser outras pessoas que tenham sido tratadas (Kazdin, 1976)]. Assim, a EF e os problemas coadjuvantes da sua aplicação são distintos dos da psicoterapia e de muitas outras técnicas comportamentais (p. ex., a dessensibilização).

Outra maneira em que pode diferir a EF é que o diretor do programa, dentro de qualquer tipo de instituição, tem que confiar no apoio administrativo. Se os administradores não entendem e não estão de acordo com os objetivos e as técnicas da EF, não se pode esperar apoio, mas, pelo contrário, interferências administrativas.

Questões muito básicas são as tarefas do pessoal hospitalar, dos pacientes residentes e a determinação do projeto ou espaços do edifício, assim como a provisão ininterrupta de reforços de respaldo. Muitas instituições têm o costume de transferir o pessoal hospitalar e os pacientes residentes por razões de organização, tendo pouco a ver com programas específicos de tratamento. Não obstante, pode-se prejudicar seriamente um programa de EF se se transfere o pessoal que foi treinado e o substitui por pessoal não treinado; ou se mudam ou limitam os reforços disponíveis. Também é destrutivo para a moral do pessoal e dos pacientes se aqueles que estão fazendo progressos são destinados arbitrariamente a lugares onde não funciona um programa de EF.

Por estas razões, o ponto de partida para desenvolver uma EF em uma instituição, é o trabalhar intimamente com a administração que controla o desenvolvimento dos planos. Deve haver um acordo inicial sobre os objetivos. Os objetivos de um programa de EF têm de coincidir com, ou complementar, os objetivos da instituição em geral. Os detalhes das tarefas do pessoal, da utilização do espaço e de tarefas que se esperam dos pacientes residentes, têm que coincidir com a política e os procedimentos existentes ou têm que haver um acordo da administração para alterá-los. Deve haver acordo sobre os serviços auxiliares (comidas, tarefas de manutenção do lugar), que funcionarão de modo que favoreça e não obstrua a EF. Deve-se proporcionar dinheiro para a compra de reforços ou estes devem estar diretamente disponíveis. Sobretudo, tem que haver um acordo administrativo para apoiar a EF a vencer os obstáculos institucionais que surjam.

Uma vez obtidos esses acordos, os aspectos-chave centram-se na seleção e no treinamento do pessoal hospitalar. É difícil determinar características específicas do pessoal. Todavia, um bom começo é, quase sempre, a *auto*-seleção. Quer dizer, presumindo-se que o pessoal da EF tenha uma idéia geral de que terão que trabalhar com os pacientes residentes utilizando procedimentos não médicos, novos e diferentes, que requerem estreitas relações pessoal-residentes e uma grande quantidade de registro de dados e de "trabalho escrito", então aqueles que se inscrevem estarão mais dispostos a aprender os procedimentos necessários. Necessita-se de habilidade mínima para trabalhar em um ambiente estruturado, empregando uma observação apurada, e para preencher com precisão folhas de dados simples. Também necessita-se de uma certa flexibilidade na aceitação do comportamento dos pacientes residentes e dos procedimentos. Por exemplo, alguém que exige que todas as camas estejam perfeitamente feitas todos os dias não será, provavelmente, bom para modelar o comportamento de fazer a cama. Pode ser que essa pessoa se concentre mais na aparência da cama do que no comportamento do paciente.

O treinamento do pessoal incorpora duas questões inseparáveis: 1) a iniciação do comportamento desejado no pessoal hospitalar; e 2) a manutenção desse comportamento. Um procedimento recomendado consiste em começar a treinar por meio de falas formais, determinadas leituras e demonstrações. Todavia, isto deveria passar rapidamente ao, ou ser amplamente completado com, treinamento, utilizando a representação de papéis. Uma terceira etapa pode consistir em demonstrações por parte do pessoal treinado, ajudado pelo modelamento quando for necessário, sobre como conduzir os procedimentos com pacientes reais. Não se deveria considerar que um membro do pessoal esteja treinado, até que mostre realmente domínio dos procedimentos de reforçamento desejados, incluindo a observação e o registro precisos. Serão necessárias comprovações periódicas por parte da direção do programa de EF, a fim de assegurar-se a ausência de deterioração da atuação do pessoal hospitalar. Para a vigilância deste, serão muito úteis umas listas dos comportamentos esperados do pessoal, junto com uma comprovação rotineira dos dados relativos ao progresso dos pacientes.

Foi descrita uma série de procedimentos que podem ser úteis para reforçar periodicamente o pessoal hospitalar, com o objetivo de modelar e manter seu comportamento. Provavelmente, o reforço mais simples, mais facilmente disponível e menos custoso, para *todos* os níveis de pessoal (incluindo não somente o pessoal encarregado do cuidado direto, como também outros profissionais), seja também essencial e, com muita probabilidade, efetivo; referimos-nos ao *feedback* respectivo ao progresso dos pacientes. O pessoal do hospital deveria, de forma regular e freqüente, intercambiar dados sobre o progresso que estão realizando os residentes a seu cargo. [Paterson, Cooke e Liberman (1972) confeccionaram um boletim útil para este propósito.] Também deveriam proporcionar dados sobre seu próprio comportamento. Sem dúvida, a maior parte dos programas e das instituições dirão que já o fazem. No entanto, na maioria dos programas não operantes, o *feedback* é muito vago e não contém dados. Dizer ao pessoal que o paciente está "melhor" ou que sua (do pessoal) atuação se acha "acima da média" proporciona pouca informação útil, se a compararmos com dados numéricos que mostram quantas tarefas têm realizado satisfatoriamente e quantos êxitos têm tido os sujeitos que estavam a seu cargo.

No início do desenvolvimento do programa, deve-se estabelecer as classes desejáveis de comportamentos-objetivo e os procedimentos para selecionar tais comportamentos. Como um procedimento mais controlado do pessoal hospitalar, deveria envolver tal pessoal, os pais e os professores na seleção de objetivos para indivíduos e grupos de pacientes.

O comportamento-meta que deve ser reforçado tem de basear-se na população correspondente e nos objetivos de tratamento. No passado, as economias de fichas não deram, às vezes, a importância adequada às relações entre o comportamento-meta e os objetivos do tratamento. Assim, por exemplo, o objetivo declarado com respeito aos pacientes pode ser sua incorporação à comunidade, mas os únicos comportamentos reforçados poderiam ser aqueles que promovem a conformidade institucional. A "relevância da regra de comportamento" de Ayllon e Azrin (1968) afirma: "Ensina só aqueles comportamentos que continuarão sendo reforçados depois do treinamento" (p. 49). Esta regra é sempre importante ao selecionar os comportamentos-meta que serão úteis e que é provável que se mantenham após o tratamento.

Os sistemas de registro de dados são essenciais e deveriam ser feitos de modo que os procedimentos para comunicar os resultados sejam uniformes dentro de um programa ou através de programas relacionados. A economia de fichas deveria começar com a coleta de dados, como parte integral da mesma.

Uma vez concluídos os passos anteriores, a fase seguinte de um programa institucional consiste em organizar o pessoal hospitalar, de modo que se dê uma adequada supervisão dos procedimentos de reforço e do registro dos dados. O papel do diretor do programa tem que estar claro para todos e não ser visto como algo que interfere com os procedimentos necessários de enfermaria ou médicos. Um *expert* em modificação do comportamento, bem treinado, deveria estar disponível continuamente, para ajudar o pessoal do hospital a melhorar sua técnica e para esboçar tratamentos especializados para comportamentos-problema resistentes ou pouco comuns.

Após ter-se realizado os passos anteriores, pode-se começar a pôr em prática a EF. Obviamente, é necessário que *todo* o pessoal, professores ou pais (segundo o caso) envolvidos saibam quando proporcionar fichas e/ou reforços sociais ou outros, e quando deixar de fazê-lo. Em uma grande instituição não é uma tarefa simples. Em seus livros, Patterson (1976a; Patterson e cols., 1982) incluiu fórmulas para colocá-la em prática.

A figura 15.1 apresenta um formato utilizado por Patterson (1976b) para descrever comportamentos-objetivo e recompensas por meio de fichas, que podem ser empregados individualmente com pacientes institucionalizados durante o período de uma semana. Deve-se mencionar que este formato contém, ao final, um aparte em que se podem sugerir novos objetivos para o indivíduo. Estes procedimentos de reforçamento através de fichas foram administrados pelo pessoal da enfermaria do centro; e este pessoal podia sugerir alterações semanalmente no programa do indivíduo. Toda semana, o diretor da economia de fichas revisava os resultados desse período de tempo; e determinava, consultando o pessoal de enfermaria, como teria de se administrar o programa na semana seguinte. A "prescrição" da economia de fichas, desenvolvida dessa maneira, encontrava-se disponível para todo o pessoal hospitalar envolvido no sistema de reforçamento.

Um segundo formato, elaborado para ser utilizado em um programa diário de tratamento (Patterson, 1976b), aparece na figura 15.2. Este formato se diferencia do anterior por incluir um programa, das 8h30 da manhã às 3h30 da tarde, que contém tanto atividades programadas para grupos amplos (p. ex., ensaio comportamental, bar e socialização, grupo interpessoal), como outras totalmente individualizadas (p. ex., "jogar xadrez com o senhor M"). A seção, na parte superior da folha de registro, denominada "Instruções Especiais" poderia ser empregada para prescrever formas de tratar o comportamento altamente idiossincrático. O aparte referente aos "Comentários" deveria ser utilizado pelo terapeuta para expressar as alterações necessárias nas atividades prescritas ou nos programas de reforçamento. Na prática, o terapeuta se reúne semanalmente com a pessoa encarregada do programa, a fim de revisar as folhas com os dados diários e discutir as mudanças necessárias para cada indivíduo.

Além dessa informação escrita, deve ocorrer uma comunicação verbal regular dos sistemas de manejo das contingências, entre os responsáveis do pessoal hospitalar, a cada dia de trabalho. Deveria ser colocado, em lugares muito visíveis para todo o pessoal hospitalar envolvido com pacientes determinados e para cada paciente respectivo, listas de comportamentos-objetivo que são acompanhadas pelo reforço de fichas (ou outros). Do mesmo modo, podem estar também acessíveis listas dos reforçadores disponíveis e de seu custo.

Dever-se-ia proporcionar *feedback* em forma de reforço verbal aos residentes, de modo que possa acontecer o reforçamento social. Também é útil para os residentes ter registros gráficos ou escritos de suas realizações. Igualmente é necessário o *feedback* ao pessoal hospitalar sobre suas realizações. Deveria dar-se de duas formas:

1) uma contagem das atividades *específicas* esperadas dos membros do pessoal realizadas e não realizadas; e

2) *feedback* regular das realizações *específicas* dos sujeitos que estão sob sua custódia.

Visto que muitos pacientes ganham mais do que gastam durante períodos de tempo adequados, faz-se necessário algum sistema de operações bancárias para reduzir a perda e o roubo, e também buscar alguma fórmula para reduzir o acúmulo excessivo. Por exemplo, a folha mostrada na figura 15.2 inclui um registro diário de recebimentos e gastos. Como mostra essa folha, na reunião matinal de planejamento o paciente podia retirar fichas de suas economias dos dias anteriores, segundo se encontra registrado em um livro de contas. Na reunião vespertina de avaliação, todas as fichas que não foram gastas eram depositadas no "banco" para uso posterior. Os balanços eram mantidos regularmente a cada semana. Deste modo, os programas diários e o livro de contas proporcionavam um sistema bancário completo.

No sistema anterior, a contagem diária e semanal tornava fácil para o pessoal hospitalar perceber e anular os efeitos do acúmulo e do roubo. De qualquer paciente que possuísse ou que gastou mais do que ganhou, podiam confiscar facilmente tais quantias através do banco. Aqueles que tinham menos do que as

Figura 15.1. Folha de planejamento do tratamento por economia de fichas, empregada em um programa de tratamento dentro de uma instituição. (R. L. Patterson (comp.). *Maintaining effective token economies*, p. 108, Springfield, Ill., Charles C. Thomas, 1976. Copyright 1976, do editor. Reimpresso com autorização).

Folha de Controle da Economia de Fichas para o Comportamento de Interesse

Paciente _____ Terapeutas _____

Comportamentos-Objetivo para essa Semana: Baseadas na avaliação prévia

Comportamento

1.

2.

3.

4.

5.

6.

7.

Programa e quantidade de fichas

1.

2.

3.

4.

5.

6.

7.

Avaliação: Comprovar que se realizaram os comportamentos anteriores. Usar o zero (0) se não foi concluído o comportamento correspondente.

Datas ___ até ___	L	M	X	J	V	S	D	L	M	X	J	V	S	D	
1.															1.
2.															2.
3.															3.
4.															4.
5.															5.
6.															6.
7.															7.

Objetivos Novos Sugeridos: Basear os objetivos na avaliação. Ser específico sobre os comportamentos e o reforçamento que se emprega para alcançar um novo comportamento-meta. Acrescentar comentários sobre a qualidade do comportamento das semanas anteriores. Ser específico sobre o elo em que se encontra o paciente em um procedimento de encadeamento inverso.

_____

_____

_____

_____

_____

_____

_____

_____

Figura 15.2. Folha de planejamento do tratamento por economia de fichas, empregado em um programa de tratamento-dia. (R. L. Patterson (comp.), *Maintaining token economies* (p. 118), Springfield, III., Charles C. Thomas, 1976. Copyright 1976 do editor. Reimpresso com autorização).

Programa Diário

Paciente _____ Terapeuta _____ Data _____

Instruções especiais _____

Atividade		Fichas		Comentários
		Pagar	Cobrar	
8:30 - 9:00	Reunião de planejamento			
9:00 - 9:30	Ensaio comportamental			Pagar 2 fichas para cada comentário sobre o ensaio da outra pessoa. Cobrar 5 para cada
9:30 - 10:00				risada inadequada
10:00 - 10:30				
10:30 - 11:00	Bar e socialização			Pagar 5 se conversa durante 10 minutos
11:30 - 12:00	Preparo da comida			Pagar 10 para pôr as mesas
12:00 - 12:30	Comer			Cobrar 30
12:30 - 1:00	Jogar xadrez com o Sr. M.			Pagar 10
1:00 - 1:30	Grupo interpessoal			Pagar 2 por cada 10 minutos de participação
1:30 - 2:00				
2:00 - 2:30				
2:30 - 3:00	Bar e socialização			Pagar 5 por 10 minutos de conversação
3:00 - 3:30	Reunião de avaliação			

Comentários: _____

contas mostravam que deveriam ter, simplesmente sofriam as conseqüências de suas perdas. O autor tem aplicado este sistema com adolescentes, com uma população adulta geral e com idosos, tanto em lugares de tratamento-dia como em lugares residenciais.

Alguns autores (p. ex., Patterson e cols., 1982) insistem em que o reforçamento da EF deve ser acompanhado do reforço social e do *feedback* positivo sobre a execução. A razão disto é o favorecimento da generalização (o reforçamento social é mais comum no ambiente normal) e o *feedback* positivo torna mais óbvio o vínculo entre o reforço e o comportamento-objetivo específico.

Os comentários anteriores aplicam-se, em geral, a *todas* as economias de fichas. Todavia, deve-se mencionar que existem algumas diferenças ao aplicar os métodos de EF em casa. O comportamento de interesse corresponde normalmente a uma criança, embora também se possa tratar com a EF os idosos com problemas mentais e os adultos com retardo mental. Nestes casos, os responsáveis (p. ex., os pais) administram o reforçamento da mesma maneira que dirigem a casa. Felizmente, têm sido publicado alguns métodos (p. ex., Alvord, 1973) que proporcionam formatos já preparados com instruções, avaliações e tratamento comportamental. Existem também materiais similares preparados para seu uso na escola (ver Buckley e Walker, 1970).

V. AVALIAÇÃO

Um componente das economias de fichas que deveria ser incluído na discussão dos procedimentos é a avaliação, que pode ser considerada, pelo menos, em dois níveis (Patterson e cols., 1982). A primeira questão: a EF é eficaz em nível de indivíduo e/ou de um grupo pequeno de sujeitos?, é relevante para todas as economias de fichas. A segunda: a EF é eficaz para satisfazer objetivos em maior escala, institucionais ou governamentais?, é relevante para as instituições.

Os delineamentos de sujeito único (ver Barlow e Hersen, 1984) constituem o método escolhido para o primeiro nível de avaliação. Estes delineamentos acentuam a medição confiável de comportamentos bem definidos dos indivíduos, antes e depois de acrescentar as fichas ou outros reforços. A suposição é que se a EF produz o comportamento, este aumentará ou diminuirá concomitantemente com a aplicação das contingências de reforçamento. Por exemplo, Patterson e Teigen (1973) mostraram que um enfoque individualizado de EF era eficaz para substituir as respostas verbais delirantes de uma mulher esquizofrênico-paranóica por respostas verbais que coincidiam com sua história real. Empregou-se um delineamento de linha de base múltipla para demonstrar que era realmente a EF o que produzia a alteração, em vez de dever-se a outros fatores. Empregando-se este delineamento, foram definidas cinco respostas delirantes dadas pela mulher, de modo que pôde-se medi-las de forma confiável através da entrevista estruturada. Após ter-se obtido a linha de base para as cinco respostas, foram introduzidas de forma seqüencial as contingências da EF para cada uma. O fato de que cada uma das cinco respostas mudava só depois que se aplicavam as contingências a tal resposta, proporcionava uma clara evidência de que o programa de EF era eficaz. Este estudo era pouco habitual no sentido de que incluía também um segundo tipo de delineamento, um restabelecimento das contingências. Isto é, após terem-se modificado as cinco respostas, foram retiradas todas as contingências, o que resultou no reaparecimento do comportamento. Entretanto, neste caso, teve-se que informar ao sujeito que as fichas já não eram dadas de forma contingente, antes que reaparecesse o comportamento.

Patterson e cols. (1982) empregaram uma avaliação muito mais complexa, com o propósito de demonstrar que um programa em grande escala, com base institucional, era eficaz tanto para conseguir objetivos de interesses imediatos para sujeitos individuais e grupos, como para conseguir um objetivo governamental. A avaliação geral era demasiado complexa para ser apresentada aqui, mas pode-se ressaltar alguns resultados. O Estado da Flórida estava interessado em desenvolver um programa para preparar um grupo de idosos, que residia em hospitais psiquiátricos do Estado, a reintegrar-se na vida da comunidade. O programa de Patterson e cols. (1982) incluía métodos de EF. Foi selecionado um instrumento de avaliação, a *Community Adjustment Potential Scale*, CAPS (Escala de Ajuste Potencial à Comunidade); Hogarty e Ulrich (1972), delineado por seu autor para medir a facilidade de ajuste à comunidade, como uma medida dos resultados. Esta escala era especialmente relevante para o objetivo de interesse político. Alterações estatisticamente significativas nesta escala, nas medições realizadas antes e durante o tratamento, mostraram que o programa era eficaz para produzir este tipo de mudança. As medidas realizadas depois do tratamento reforçaram este resultado. Por exemplo, um estudo comparativo mostrou que aqueles que foram tratados pelo programa comportamental tinham quatro vezes mais probabilidade de viver na comunidade do que aqueles aos quais se dava um programa de tratamento padrão.

Outra avaliação da EF (Frank, Klein e Jacobs, 1982) enfatizou a questão do custo-eficácia como um objetivo importante de sua avaliação. Foram capazes de demonstrar que seu programa multinível devolvia vinte dólares por cada dólar investido.

Provavelmente a avaliação mais completa e sofisticada de todas, que se encontra fora dos propósitos deste capítulo, foi realizada por Paul e Lentz (1977). Qualquer pessoa que tenha interesse na avaliação de sistemas de EF institucionais em grande escala, deveria ler esta publicação.

Para uma sobrevivência a longo prazo, é necessário o *feedback* positivo aos administradores e aos políticos que controlam o destino dos programas. Por conseguinte, a avaliação é uma questão importante.

VI. Variações

As variações nos mecanismos de aplicação da EF são numerosas e cada sistema de EF é, provavelmente, único em alguns de seus aspectos. Alguns elementos nos quais se diferenciam as economias de fichas, que serão considerados neste aparte, incluem as classes de fichas, a aplicação individualizada *versus* aplicação em grupo e as multas. Outras variações, que se referem a populações e lugares específicos, serão consideradas no aparte seguinte referente às aplicações.

Uma *ficha* pode ser qualquer símbolo ou objeto que possa ser outorgado e mais tarde substituído por um reforçador primário. Quando se concedem objetos reais, estes devem ser inócuos, duradouros e poder ser armazenados facilmente pelos indivíduos pertinentes. Algumas das fichas mais correntes têm sido objetos tipo moedas de metal ou de plástico; tiras de plástico que possam ser atadas a alguma espécie de cordão que se esteja usando, como uma pulseira ou um colar; e vales permutáveis ou estrelas de papel coloridas coladas em uma cartolina ou em um cartaz para ser exibido posteriormente. Alguns sistemas de EF têm utilizado dinheiro corrente ou vales permutáveis. Com algumas populações que têm deteriorações cognitivas ou sensoriais, ou com crianças pequenas, a recompensa real com objetos pode ser mais útil que a exibição de símbolos. No entanto, os objetos podem perder-se ou ser roubados facilmente, ou inclusive ser engolidos.

Nos sistemas em que se empregam recompensas em forma de símbolos, é mais fácil seguir-lhes a pista. Deste modo, o paciente pode levar um pequeno cartão consigo, no qual o pessoal hospitalar verifica ou anota os pontos ganhos por comportamentos específicos. Foreyt (1976) descreveu também um "sistema de cartões para furar", no qual o pessoal hospitalar leva perfuradores mecânicos para o papel. Estes perfuradores são utilizados para marcar "cartões com contagem de fichas", nos quais estão impressas as tarefas-objetivo, assim como os possíveis valores pagos por cada uma; e também os objetos que se podem comprar e seus preços respectivos. Tanto as recompensas como as compras podem ser indicadas furando-se os cartões nos lugares apropriados.

A contagem total é simplificada em grande medida pelo uso de símbolos registrados, em vez do intercâmbio, o armazenamento e a contagem dos objetos. Não obstante, se tivermos que utilizar símbolos como fichas, é necessário que a população-objetivo compreenda e valorize os símbolos. Com muitas, senão com a maioria, das populações será necessário alguma prática dirigida para o intercâmbio de pontos ou de outros símbolos, a fim de estabelecê-los como reforçadores secundários eficazes.

Os reforçadores de apoio podem ser qualquer recompensa prática que o lugar permita. Tem sido utilizada uma ampla variedade de comidas, bebidas, produtos de higiene, vestuário e privilégios. É sempre desejável ter disponível uma ampla variedade de reforçadores, com a finalidade de satisfazer as necessidades de diferentes pacientes e para evitar a saciação.

Kazdin (1976) proporcionou uma discussão boa e concisa sobre a questão da individualização das economias de fichas. Tanto os indivíduos como os grupos, dentro de uma unidade de tratamento, podem ser reforçados da mesma ou de distintas maneiras. Patterson (1976b) descreveu uma fórmula que proporciona uma individualização total dos objetivos e dos reforçadores. Essa fórmula foi útil em uma pequena unidade de investigação e tratamento (12 camas), com uma população muito heterogênea. Tal sistema proporciona máxima flexibilidade do tratamento e precisão na vigilância da mudança, mas é um trabalho muito intenso e requer um pessoal hospitalar bem treinado. Muito mais comuns são os sistemas de "níveis", nos quais grupos de pacientes são considerados como relativamente homogêneos com respeito a certas habilidades, como o cuidado de si mesmo e/ou o manejo da casa. Tais grupos foram descritos anteriormente. Patterson e cols. (1982) descreveram um terceiro tipo de individualização. Seu programa de tratamento dividia-se em componentes de treinamento denominados "módulos". Cada módulo continha seu próprio sistema de reforçamento por fichas, e foi delineado para ensinar, de forma ativa, uma área de habilidades, como o cuidado básico ou avançado de si mesmo. Embora a entrega de fichas fosse específica a certas atividades dentro de um módulo, todas as fichas dadas em todos os módulos eram do mesmo tipo e trocadas no mesmo lugar.

Uma alternativa ao reforçamento direto dos indivíduos ou dos indivíduos dentro de grupos, consiste em reforçar o grupo em vez do indivíduo. Fairweather, Sanders, Maynard e Cressler (1969) experimentaram este sistema empregando dinheiro ao invés dos reforçadores secundários normais.

Aplicar multas em uma EF é o procedimento por meio do qual se retiram as fichas dos pacientes como conseqüência de realizar algum comportamento não desejado. Se for feito com grande cuidado e habilidade, pode ser útil. O requisito de se ter uma considerável cautela deve-se a alguns importantes efeitos colaterais do procedimento. O tirar as fichas dos pacientes pode provocar emoções negativas, que podem produzir problemas adicionais. Também pode-se forçar os pacientes a saírem do programa de EF se as multas excederem os ganhos. Neste ponto, as fichas não são úteis. As multas de fichas podem igualmente exercer efeitos negativos sobre o comportamento do pessoal hospitalar. Alguns membros deste pessoal podem ter uma predisposição prévia a empregar o castigo, em vez do reforço positivo, para controlar o comportamento. Essas pessoas podem empregar as multas em excesso se não forem vigiadas cuidadosamente. Também é possível que o pessoal hospitalar e os pacientes entrem em batalhas coercitivas que impliquem em multas. Esta situação é como se o paciente reagisse às multas mostrando que não pode ser manipulado e age de modo pior. O pessoal hospitalar reage com maiores restrições e multas, até se esgotarem todas as possibilidades. Apesar destes problemas, vários sistemas têm utilizado, com êxito, as multas para diminuir comportamentos indesejáveis (ver Kazdin e Bootzin, 1972).

VII. Aplicações

A diversidade de aplicações da EF é muito ampla para ser exposta em um capítulo desta extensão. Os lugares onde são desenvolvidas, os comportamentos-objetivo e a população-objetivo têm diferido amplamente nos artigos publicados. Entre as instituições que têm empregado a EF estão incluídos hospitais psiquiátricos, residências para deficientes mentais, reformatórios para delinqüentes e prisões. Também têm-se empregado sistemas de economia de fichas em classes e em escolas inteiras para crianças normais. Muitas classes de programas de EF têm sido empregadas em casa para diferentes tipos de sujeitos. Os centros de tratamento-dia constituem os lugares mais recentes de aplicação.

Os tipos de indivíduos e as classes de comportamentos-objetivo nos quais se têm empregado as economias de fichas até o ano de 1990 são tão variados que constituem uma surpresa. Ainda que não se possa revisar tudo isso aqui, seguidamente são citadas algumas das aplicações menos comuns, tiradas de uma revisão da literatura dos anos 1983-1988, que servirão para ilustrar a diversidade das aplicações mais recentes.

Uma aplicação pouco habitual foi o emprego de fichas para diminuir o roubo de comida e fomentar a perda de peso em uma mulher adulta portadora da síndrome de Prader-Willi (Page e cols., 1983). Esta enfermidade é uma condição de suposta base orgânica, que tem como sintomas um comportamento relativamente incontrolável de comer e de roubar comida, associado a uma grave obesidade. Utilizaram-se fichas para reforçar todo comportamento que fosse diferente do de comer e roubar comida, enquanto o sujeito se encontrava na presença de comida durante as sessões específicas de treinamento. Posteriormente, esse tratamento foi ampliado ao contexto geral, proporcionando reforçamento com fichas pelo exercício, pelo peso corporal e pelo não roubar comida no pavilhão de pacientes internos. Mais tarde, foram mantidos programas similares quando o sujeito saiu do hospital para passar a um grupo apoiado pela comunidade e logo a um apartamento. Este sujeito perdeu um total de 37 quilos num período de tratamento de dois anos.

Foi utilizada uma sala de aula, na qual o professor administrava o reforçamento por fichas (Haring e cols., 1986), para modificar o comportamento de estudantes autistas em um instituto do subúrbio. Os comportamentos-meta eram as habilidades da vida diária. Este estudo é pouco habitual no aspecto de que o professor que dava aula era quem controlava normalmente o programa. O procedimento utilizado consistia em reforçar todo comportamento que fosse distinto dos movimentos estereotipados.

Em uma classe, melhorou-se o comportamento dos alunos da escola elementar (EPG) com problemas em matemática, porém normais nas demais matérias, usando métodos de EF (Pigott, Fantuzo e Clement, 1986). Neste estudo, eram os iguais que administravam as fichas. Este tratamento teve como resultado que os sujeitos alcançaram um nível de desempenho em matemática indistinguível de seus companheiros com um nível normal nesta área.

Recentemente, as técnicas de EF têm sido empregadas para completar a reabilitação de adultos com graves danos cerebrais. Giles e Clark-Wilson (1988), dois terapeutas ocupacionais, ensinaram, com êxito, quatro sujeitos a se lavar e se vestir sozinhos, empregando ajudas verbais, ajudas físicas (quando necessário) e reforçamento por meio de fichas.

O comportamento de articulação de palavras em crianças com problemas de fala foi matéria de estudo num trabalho de Mowrer e Conley (1987). Foi ensinado às crianças de "segundo ano" em escolas públicas, que confundiam os sons das letras "s", "y" e "z" entre si, a pronúncia destes sons de acordo com a fala inglesa habitual, utilizando tanto o reforçamento por fichas como a retirada das mesmas (custo de resposta) pelas respostas incorretas.

Fox, Hopkins e Anger (1987) realizaram uma aplicação da EF na indústria. Os mineiros de carvão de duas perigosas minas a céu aberto podiam ganhar vales permutáveis, por trabalhar sem sofrer danos que gerassem perda de tempo (como indivíduos e como grupo), por evitar acidentes que estragassem o material de trabalho, por fazer sugestões úteis para a segurança e pelo comportamento pouco habitual que evitasse acidentes. Perdiam vales se eles e outras pessoas de seu grupo saíssem feridos, causassem danos ao material de trabalho ou não informassem dos acidentes ou dos danos. Os resultados deste sistema refletiram em notáveis reduções dos danos, dos acidentes e dos gastos associados. As economias produzidas excediam em muito ao custo do programa. Também deve-se mencionar que estas melhoras se mantiveram durante vários anos.

Uma aplicação pouco habitual dos métodos de EF consistiu no controle da temperatura da pele utilizando "biofeedback" junto com o dinheiro como reforçamento por fichas (Barret e cols., 1987). Os efeitos das duas contingências de reforçamento empregadas (reforçamento positivo *versus* reforçamento positivo mesclado com o custo da resposta) não foram conclusivos, mas os autores recomendaram que se realizassem mais investigações a fim de averiguar a eficácia de distintos reforçadores sobre esta classe de resposta.

Um estudo de Wolber e cols. (1987) comparou os efeitos das fichas sozinhas *versus* as fichas mais o reforçamento social. Os sujeitos eram indivíduos com grave retardo mental e o comportamento objetivo consistia em escovar os dentes. O resultado foi que o enfoque combinado era mais eficaz.

Além destes estudos anteriores, outros trabalhos incluíram crianças impulsivas (Schweitzer e Sulzer-Azaroff, 1988); gagos (Ingham, 1982); estudantes com problemas auditivos (Jones, 1984); pessoas com queixas psicossomáticas (Matson, 1984); crianças queimadas (para diminuir o comportamento de dor) (Kelley e cols., 1984); drogados (Pickens e Thompson, 1984); pessoas com excesso de peso (Colvin, Zopf e Myers, 1983); idosos (Patterson e cols., 1982) e pessoas que sofrem de demência (McEvoy e Patterson, 1986).

VIII. Resumo e Conclusões

As técnicas de economia de fichas, que provêm diretamente do condicionamento operante experimental com pessoas psicóticas utilizando reforçadores secundários, têm se convertido em um dos métodos de tratamento comportamental mais versáteis que já foram desenvolvidos. No princípio, pensava-se que as economias de fichas constituíam programas de tratamento só para as pessoas com transtornos ou retardo mentais que estavam em instituições. Comprovou-se realmente que são muito úteis nestes lugares. Não obstante, atualmente não se pensa nas economias de fichas como *programas* de tratamento unicamente para grupos específicos, mas como uma *técnica* de tratamento potencialmente útil com qualquer pessoa ou com qualquer grupo, para os quais é aconselhável a modificação do comportamento.

IX. LEITURAS RECOMENDADAS

Alvord, J., *Home token economy: an incentive program for children and their parents*, Champaign, Ill., Research Press, 1973.

Ayllon, T. y Azrin, N., *Economía de fichas: un sistema motivacional para la terapia y rehabilitación*, México, Trillas, 1974 (Or.: 1968).

Buckley, N. K. y Walker, H. M., *Modifying classroom behavior*, Champaign, Ill., Research Press, 1970.

Kazdin, A. E., *The token economy: a review and evaluation*, Nueva York, Plenum Press, 1977.

Nogueira, R., *Psicoterapia de economía de fichas*, Santiago de Compostela, Universidad de Santiago, 1985.

Patterson, R. L., Dupree, L. W., Eberly, D. A., Jackson, G. W., O'Sullivan, M. J., Penner, L. A. y Dee-Kelly, C., *Overcoming deficit of aging: a behavioral approach*, Nueva York, Plenum Press, 1982.

Paul, G. L. y Lentz, R. J., *Psychosocial treatment of chronic mental patients: milieu versus social-learning programs*, Cambridge, Mass., Harvard University Press, 1977.

16. O Condicionamento Encoberto

Rosa M. Raich

I. Introdução

Os procedimentos de condicionamento encoberto ficam definidos ao afirmar que estes fenômenos (imagens, pensamentos...) são regidos pelos mesmos princípios e obedecem às mesmas leis que os observáveis. Também supõe-se que os fenômenos encobertos e os observáveis interagem e se influenciam mutuamente.

De alguma forma, embora a descrição os apresente como fenômenos distintos aos encobertos e aos observáveis, é a teoria menos cartesiana que existe a respeito, já que o que se afirma é que o comportamento inclui todas as reações humanas, sejam ou não observáveis. Esta investigação foi imposta no planejamento de Cautela de forma histórica. Quando este autor apresentou uma série de intervenções, muitas delas baseadas no condicionamento operante, teve que justificar o emprego de termos e procedimentos em um âmbito de conhecimentos muito sólido (o condicionamento operante) e no qual se havia eleito preferencialmente uma das modalidades de resposta: a observável ou motora.

O autor precisou das contribuições de Wolpe (1958), Bandura (1969), Homme (1965) e Stampfl e Levis (1967) para definir e enquadrar suas técnicas, diferenciando-as de outras mais cognitivas. Segundo Cautela (1977), estas últimas se centram na importância dos fenômenos encobertos, dentro da modificação do comportamento, mas não se ocupam destes fenômenos no marco de uma teoria da aprendizagem.

Se, pelo contrário, nos mantemos dentro da visão de *continuum* entre os comportamentos observáveis e os encobertos, temos presente sua interação, os consideraremos submetidos às mesmas leis, poderemos utilizar os mesmos

Universidade Autônoma de Barcelona (Espanha).

procedimentos (tendo sempre como variável dependente a mudança observável) e nos encontraríamos no âmbito do condicionamento encoberto.

II. História do Condicionamento Encoberto

Enquanto a imaginação havia sido amplamente utilizada na Europa com fins terapêuticos, especialmente com a Psicanálise (Kazdin, 1978), na América, a partir de Watson (1924), teve impulso o ponto de vista de que o comportamento humano se divide em observável e não observável e supôs-se que em uma explicação científica do comportamento humano deviam excluir absolutamente todos os aspectos não manifestos.

Muitos teóricos da Aprendizagem, como Guthrie (1935), Skinner (1938), Hull (1943) e Spence (1956) estudaram unicamente o comportamento animal, que aparentemente estava menos influenciado por processos mediacionais.

Posteriormente, muitos comportamentalistas não aceitaram uma visão dicotomizada do comportamento humano (Bandura, 1969; Day, 1969; Skinner, 1953, 1963; Terrace, 1971) e consideraram indispensável a incorporação sistemática dos fenômenos não observáveis à análise do comportamento. Skinner (1953) e Day (1969) supuseram uma equivalência funcional entre os fenômenos observáveis e os encobertos, quer dizer, que os fenômenos que formam parte do ambiente e os que não são manifestos têm o mesmo "status" na explicação e no controle do comportamento humano. Outros, como Homme (1965), sustentaram que não só devem ser descritos os fenômenos encobertos como deve-se tentar controlar sua freqüência; Terrace (1971) propõe que os acontecimentos encobertos são comportamentos condicionados que devem sua existência a uma história de reforçamento diferencial por parte de outras pessoas; e Fester (1973) estabelece o registro e análise da relação funcional entre comportamento manifesto e acontecimentos encobertos.

Apesar de todas estas manifestações, não se generaliza o uso clínico da imaginação na terapia comportamental até o nascimento da dessensibilização sistemática (Wolpe, 1958). Segundo Kazdin (1978), o emprego da imaginação nas técnicas comportamentais era raro antes de Wolpe. Só Chapell e Stevenson (1936) utilizaram imagens para tratar de pacientes hospitalizados com úlceras pépticas. Pedia-se a eles para imaginarem cenas positivas quando se sentissem ansiosos, e isso ajudava a melhora dos pacientes. Outro pioneiro no uso da imaginação em modificação do comportamento foi Salter (1949), mas estas aplicações não parecem ter tido influência na terapia do comportamento contemporânea. Até o aparecimento de Wolpe, com sua preferência pela dessensibilização sistemática em imaginação sobre a dessensibilização "in vivo", não se começou a utilizar freqüentemente este recurso terapêutico.

As técnicas de condicionamento encoberto procedem diretamente da dessensibilização. Esta técnica está programada para eliminar respostas de evitação. Não existia, no entanto, nenhuma técnica semelhante para eliminar respostas desadaptativas de "aproximação", como as que ocorrem nas adicções. Cautela (1967) desenvolve a *sensibilização encoberta*, que expõe junto com material clínico no que havia sido utilizado. Este foi o ponto de partida para o desenvolvimento de uma série de técnicas baseadas na utilização da imaginação.

III. DEFINIÇÃO E DESCRIÇÃO

O *condicionamento encoberto* é um modelo teórico que se refere a um conjunto de técnicas que utilizam a imaginação e que pretendem alterar a freqüência da resposta através da manipulação das conseqüências.

Emprega-se o termo *encoberto* porque pede-se ao paciente que *imagine* tanto o comportamento objeto de consulta como suas conseqüências.

Embora se faça uma referência direta à imaginação, os pensamentos e os sentimentos também estão incluídos como processos encobertos que podem ser manipulados por procedimentos de condicionamento encoberto.

As técnicas de condicionamento encoberto são: Reforçamento Positivo Encoberto (RPE), Reforçamento Negativo Encoberto (RNE), Sensibilização Encoberta (SE), Extinção Encoberta (EE), Custo de Resposta Encoberta (CRE), Modelação Encoberta (ME), Parada de Pensamento (PP) e "Tríade" de Autocontrole (TA).

As técnicas de RPE, RNE, SE, EE e CRE são baseadas na teoria do condicionamento operante. O ME insere-se na teoria da aprendizagem social e a PP e a TA, como técnicas de autocontrole.

Antes de utilizar alguns destes procedimentos, é necessário realizar uma cuidadosa avaliação do comportamento-problema, avaliando quais são os antecedentes e as conseqüências internas e externas de tal comportamento (Fernández Ballesteros e Carrobles, 1987). Quer dizer, realiza-se uma análise topográfica que descreva detalhadamente o comportamento-problema, em suas três modalidades de resposta (motora, fisiológica e cognitiva), e todas as circunstâncias que a rodeiam, a fim de poder fazer uma análise funcional e formular uma hipótese. Uma vez delimitados estes aspectos e decidido utilizar as técnicas de condicionamento encoberto, começa o processo de intervenção.

Neste, o primeiro passo consiste em proporcionar ao sujeito a explicação racional das bases do procedimento. Upper e Cautela (1977) insistem em demonstrar ao paciente como o ambiente influi no controle do comportamento. Como a punição, a recompensa, a indiferença e os modelos sociais tendem a produzir um aumento, diminuição ou desaparecimento dos comportamentos. Uma vez que o paciente tenha entendido esta explicação, expõe-se a influência dos pensamentos, imagens e sentimentos sobre o comportamento. O terapeuta expõe e demonstra a possibilidade de mudança destes através da aprendizagem, dando exemplos esclarecedores. Cautela (1977) expõe desta forma a base lógica do procedimento:

Seus comportamentos não desejados ocorrem principalmente porque são mantidos pelo ambiente. Este afeta você de muitas maneiras. As pessoas ao seu redor podem recompensá-lo, castigá-lo ou ignorá-lo e, portanto, podem estar mantendo um determinado comportamento. Observar o que outras pessoas fazem e o que lhes sucede também influi sobre seu comportamento. Estes são só alguns exemplos. Modificando a maneira pela qual o ambiente o afeta,

Quadro 16.1. *Modelos teóricos em que se enquadram as diferentes técnicas do condicionamento encoberto.*

Baseadas em Procedimentos Operantes

Técnicas de condicionamento encoberto
Reforçamento positivo encoberto
Reforçamento negativo encoberto
Sensibilização encoberta
Extinção encoberta
Custo de resposta encoberta

Técnicas operantes
Reforçamento positivo
Reforçamento negativo
Punição direta ("positivo")
Extinção
Punição indireta ("negativo")

Baseadas na Teoria da Aprendizagem Social

Técnicas de condicionamento encoberto
Modelação encoberta

Técnicas de aprendizagem social
Modelação

Baseadas na Teoria do Autocontrole

Técnicas de condicionamento encoberto
Parada do pensamento

"Tríade" de autocontrole

Técnicas de autocontrole
Controle das conseqüências do comportamento
Auto-observação e controle das conseqüências do comportamento

Todas as técnicas citadas nos apartes anteriores são usadas como procedimentos de autocontrole.

---

podemos modificar seu comportamento. Se você é recompensado por um comportamento adequado, o mesmo aumentará. Se é castigado por um comportamento inadequado, este diminuirá. Eu lhe ensinarei técnicas nas quais imaginará a si mesmo ou a outra pessoa realizando um comportamento determinado e, a seguir, imaginará a conseqüência adequada. Quando imaginar a cena, é importante que participe pondo em jogo todos os seus sentidos. Por exemplo, se você estiver passeando pelo bosque, imagine que sente o vento no rosto, que ouve o crepitar dos galhos, que vê os raios do sol entre as folhas e que sente o aroma das plantas. Sinta os movimentos de seu corpo. O mais importante, quando você imaginar, é que sinta que está vivendo realmente a situação, não só imaginando-a.

A seguir, pede-se ao paciente que imagine uma cena e faça um sinal quando tal cena estiver bem clara. O terapeuta formula perguntas acerca da imagem. Se

esta é suficientemente diáfana, seguirá simplesmente com as próximas cenas que se lhe apresentem; se não for, é imprescindível um treinamento em imaginação.
O processo de um procedimento encoberto pode ser o seguinte:

a. Treinamento para conseguir uma visão clara da imagem (do comportamento-problema e daquele que se usará como reforçador, modelo ou punição).

b. Estabelecimento de formas de comunicação entre paciente e terapeuta (por exemplo, levantar um dedo quando se ver claramente a imagem). Mudar a imagem quando o terapeuta disser: "mude!", ou detê-la quando disser: "basta!".

c. Alternância de imagens de comportamentos a mudar e estímulos reforçadores ou aversivos.

d. Treinamento do paciente sozinho em realizar a seqüência, durante a sessão (umas 10 vezes).

e. Programação do treinamento entre sessões.

Em cada uma das técnicas expostas ver-se-á a aplicação deste processo.

IV. Fundamentos Conceituais e Empíricos

Segundo Cautela (1977), os processos comportamentais podem classificar-se em três categorias:

1. *Processos observáveis.*
2. *Respostas psicológicas encobertas* que incluem os pensamentos, as imagens e as sensações.
3. *Respostas fisiológicas encobertas*, de cuja atividade não se é consciente, ou respostas das quais se é consciente, mas que não são observáveis para os demais.

Os processos aos quais se aplicam as técnicas do condicionamento encoberto são, obviamente, os assinalados em segundo lugar. O marco teórico no qual o autor situa a maioria das técnicas é o do *condicionamento operante* e sustenta a validade da sua aplicação aos processos encobertos em três hipóteses básicas:

1. *Homogeneidade.* Existe continuidade ou homogeneidade entre os comportamentos manifestos e encobertos. Por isso é possível transferir as conclusões derivadas empiricamente dos fenômenos manifestos aos encobertos. Quer dizer, possuem importância e propriedades similares para explicar, manter e modificar o comportamento.

2. *Interação.* Existe uma interação entre os processos encobertos e os observáveis. Isto é, os processos encobertos podem influir nos manifestos e vice-versa. Isto não nega que algumas vezes os processos encobertos ocorram simultaneamente com os manifestos e que às vezes sejam só uma simples rotulação dos manifestos. Os comportamentos encobertos e manifestos não só seguem as mesmas leis, como também interagem entre si segundo essas leis.

3. *Aprendizagem.* Os processos encobertos e os observáveis são regidos de forma similar pelas leis da aprendizagem.

Por último, postula que todos os processos manifestos encobertos e fisiológicos são orgânicos e que a classificação de comportamento em três categorias é uma conveniência para descrevê-los.

V.   TÉCNICAS BASEADAS NO CONDICIONAMENTO OPERANTE

V.1. Reforçamento positivo encoberto

O que se pretende com o reforçamento positivo encoberto (RPE) é aumentar a freqüência de um comportamento, seja este interno ou externo, através do reforçamento positivo em imagens. Pede-se ao sujeito que imagine o comportamento-objetivo e a seguir, uma imagem reforçadora para ele.

Por exemplo, se o comportamento-objetivo é o de iniciar uma conversação, pede-se ao paciente que se imagine fazendo-o em uma situação determinada, sentindo-se confortável, e a seguir, incorpora-se a imagem reforçadora. É uma técnica de certa maneira parecida com a dessensibilização sistemática, porém mais abrangente que esta, já que não só se pode reforçar comportamentos de evitação como também de aproximação. Não é necessário ensinar o sujeito a relaxar nem fazer uma lista de itens.

V.1.1. Aspectos a observar na aplicação da técnica

Escolha de estímulos reforçadores. Para fazê-lo podem ser usados três métodos. Um deles consiste na utilização do Questionário de Reforços (Reinforcement Survey Schedule, RSS) de Cautela e Kastembaum (1967). Consta de 54 itens divididos em estímulos reforçadores que podem apresentar-se de forma real ou imaginada, outros que só podem ser apresentados de forma imaginada, situações que costumam ser reforçantes e comportamentos cotidianos de alta probabilidade de aparecimento. Cada um dos itens é avaliado em cinco pontos. Dentre os que o sujeito escolheu com uma maior pontuação, selecionam-se três e faz-se a prova de imaginação. Utilizam-se finalmente aqueles que o paciente perceba como muito agradáveis e/ou divertidos, que possa ver muito claramente e que seja capaz de visualizar nos 5 segundos imediatos à sua apresentação.

Outra maneira de escolher os estímulos, consiste em apresentar ao paciente situações, objetos ou paisagens que possam ser-lhe agradáveis e que não apareçam no RSS, ou obter informação a partir da história pessoal do sujeito ou de parentes ou amigos. É importante contar com um número elevado de reforçadores para cada paciente, a fim de que não se produza saciação.

Os conhecimentos que a psicologia experimental tem adquirido quanto ao reforço são aplicáveis ao reforço encoberto. Por isso, deve-se levar em conta:

a. O número de reforçamentos. Como a força do condicionamento aumenta em função do número de reforçamentos, na consulta procurar-se-á dar o maior número possível de ensaios de reforçamento encoberto.

b. *Intervalo entre ensaios*. A fim de evitar a inibição do reforçamento (Pavlov, 1927), tentar-se-á distribuir os ensaios ao longo da sessão, deixando pelo menos um minuto entre um e outro.

c. *Imediatismo do reforçamento*. O reforçamento deve ser contingente à resposta desejada. Deve-se administrar imediatamente.

d. *Programas de reforçamento*. A finalidade do reforçamento encoberto é conseguir uma alta taxa de respostas e aumentar a resistência à extinção. Para começar a aprendizagem, o mais adequado é um reforçamento contínuo, isto é, reforçar 100% das respostas, mas à medida que se observa que a taxa de respostas vai aumentando é imprescindível passar a programas de reforçamento intermitente, especialmente programas de razão variável, que são muito mais resistentes à extinção.

Neste momento, uma sessão pode ser distribuída da seguinte forma:

1º Ensaio + reforçamento.
2º Ensaio + um minuto em branco ou simplesmente apagar a imagem.
3º Ensaio + um minuto em branco ou apagar a imagem.
4º Ensaio + um minuto em branco ou apagar a imagem.
5º Ensaio + reforçamento.

O reforçamento é distribuído aleatoriamente em uma média de cinco ensaios. Recomenda-se ao paciente que ao praticá-lo em sua casa, também leve isso em conta.

e. *Estado de ativação*. Os investigadores do padrão operante têm manipulado estados de privação, a fim de incrementar a eficácia do reforçamento. Apesar de na clínica ser uma variável um pouco difícil de controlar, têm-se feito algumas tentativas. Por exemplo, se a imagem que se utiliza como reforçadora é de comida, pede-se ao sujeito que pratique antes de comer. Se a imagem é de natação, que a pratique quando tiver calor e se é de uma cena sexual, que o faça quando sinta grande desejo sexual. De qualquer forma, o terapeuta deverá avaliar os prós e os contras destas circunstâncias.

V.1.2. Descrição da técnica

Um exemplo de aplicação do RPE é encontrado em Cautela (1970c). Pretende-se aumentar as habilidades sociais de um paciente tímido. A descrição da cena é a seguinte:

Imagine-se sentado em casa, desejando ter a coragem de telefonar a Elena, uma garota que lhe apresentaram faz pouco tempo e a quem gostaria de conhecer melhor. Por fim, decide telefonar-lhe. Faça-me uma indicação tão logo a cena esteja clara. (O paciente faz um sinal). "Reforço". (Pausa). Você viu a cena de reforçamento claramente? (O paciente responde). Muito bem, continuemos. Você dirige-se para o telefone, começa a discar e respira profundamente para relaxar-se. Mexa um dedo quando ver claramente. (O paciente faz um sinal). "Reforço".

(Pausa). *Termina de discar, escuta o som da chamada e ouve Elena dizer: "Alô?"* *Você diz: "Olá Elena, pensei que seria agradável continuar nossa conversa da outra tarde e me perguntava se queria vir tomar um drinque quinta-feira à noite". Indique-me quando estiver claro.* (O paciente faz um sinal). *"Reforço". Então ouve Elena dizer: "Desde logo, me encantará".* (O paciente faz um sinal). *"Reforço".*

A imagem reforçadora que se utilizou neste caso e que o sujeito imaginava nos momentos de reforçamento (o terapeuta dizia a palavra "reforço" e o paciente trazia à sua mente a cena agradável) foi a de "estar na praia". Esta imagem podia ter sido ensaiada previamente da seguinte maneira.

Você está deitado na praia, em um dia quente de verão. Concentre-se em todos os detalhes ao seu redor, perceba todas as sensações. Sinta o sol queimando-lhe a pele e o calor da toalha. Perceba o frescor do ar. Observe as ondas quebrando na orla. Concentre-se no bem-estar que sente agora, nadando nas águas.

V.1.3. Problemas que podem surgir no emprego do RPE

Pobreza de imagens. Isto, como já mencionamos, pode ser solucionado com um treinamento em imaginação. De qualquer forma, o terapeuta deve cuidar muito bem deste aspecto, descrevendo as imagens com muita riqueza de detalhes e incluindo todas as modalidades sensoriais.

Ausência de prática fora da consulta. Pode-se submeter a prática a um programa de reforçamento operante ou usar técnicas de autocontrole ou aplicar o RPE em cenas nas quais o paciente aparece treinando fora da consulta.

Ansiedade. Alguns pacientes manifestam que estão incrementando sua aproximação a situações fóbicas mas que experimentam ansiedade. Pode-se tentar fazer com que imaginem que estão confortáveis e tranqüilos enquanto praticam a aproximação. De qualquer forma, ao finalizar a terapia, não costumam apresentar ansiedade.

Possível recuperação espontânea depois do tratamento. Impõe-se uma sobreaprendizagem continuada, pelo menos por mais seis sessões.

V.2. Reforçamento negativo encoberto

O *reforçamento negativo encoberto (RNE)* (Cautela, 1970d) é análogo ao reforçamento negativo operante. A resposta que se pretende incrementar provoca a suspensão de um estímulo aversivo.

Deste modo, aquele comportamento de fuga ou evitação de um estímulo aversivo aumenta consideravelmente. Neste procedimento pretende-se adequar um estímulo muito aversivo para o sujeito, em nível imaginativo, e associar sua fuga ou evitação a uma resposta de baixa freqüência. Esta resposta pode ser tanto de aproximação quanto de evitação.

Esta técnica é utilizada somente como última alternativa, quando o paciente não tem respondido positivamente ao reforçamento positivo ou à modelação encoberta.

V.2.1. Aspectos a se considerar

Escolha do estímulo aversivo. Há várias condições que o estímulo aversivo deve apresentar para que seja eficaz: que provoque medo, que seja muito claro, e que o sujeito possa eliminá-lo de forma imediata, pois do contrário poderia produzir-se um condicionamento clássico para trás entre o comportamento de baixa freqüência e o estímulo altamente aversivo.

Para selecionar a imagem aversiva pode-se utilizar o Inventário de Medos (*Fear Survey Schedule*) de Wolpe e Lang (1964), entre os quais o paciente pode escolher aqueles que lhe produzem maior ansiedade.

De qualquer modo, estes devem se ajustar às circunstâncias particulares do sujeito. Por exemplo, se o que expressa é temor às ratazanas, é necessário sua descrição: "andarilhas, cinzentas, sujas, mostrando seus incisivos de maneira agressiva, portadoras de doenças, etc.".

Dois dos parâmetros principais que afetam o RNE são: a *taxa de respostas* que está em função da intensidade do estímulo aversivo (embora um extremamente aversivo possa alterar tanto o organismo, que não seja capaz de realizar o comportamento de esquiva) e a *suspensão do estímulo nocivo,* já que quanto mais próxima à suspensão deste aparecer a resposta, mais forte será o condicionamento.

V.2.2. Descrição da técnica

Depois de ter escolhido o comportamento-problema e os estímulos aversivos, passa-se à exposição terapêutica. Pede-se ao paciente que feche os olhos e imagine a cena aversiva (por ex., uma ratazana). Quando a tenha muito clara e se sinta alterado, deve avisar ao terapeuta com um gesto. Então o terapeuta pronunciará a palavra: "Resposta", que se refere ao comportamento que se deve incrementar (por ex., para uma mulher muito tímida, falar com um homem em uma reunião). O passar de uma a outra imagem deve ser feito imediatamente, já que se houvesse sobreposição deveriam ser selecionados outros estímulos. Em geral, não se requer mais de quinze sessões para produzir um aumento significativo do comportamento a incrementar.

V.2.3. Problemas que podem surgir

Praticamente são os mesmos que na RPE. A respeito dos temores que o terapeuta possa ter de que se incremente a reação para o estímulo aversivo, a aplicação da técnica mostra evidência em sentido contrário. É mais fácil que se apresente uma diminuição progressiva da aversão, por um processo de saciação ou de habituação. Entretanto, Upper e Cautela (1977) aconselham a não utilizar sensações de náusea, já que a interrupção dessa pode não ser imediata.

V.3. Sensibilização encoberta

A *sensibilização encoberta* (SE) é análoga ao procedimento operante da punição direta (chamada, às vezes, de punição "positiva") e pretende a diminuição da probabilidade de ocorrência de um comportamento, por meio da apresentação de um estímulo aversivo imaginado imediatamente após a ocorrência (imaginada) de tal comportamento (não desejado).

Foi a primeira das técnicas encobertas descritas por Cautela (1966). É indicada em todos aqueles comportamentos de aproximação que são desadaptativos. Tem sido descrita sua eficácia com problemas de alcoolismo, obesidade, comportamentos de delitos (como roubo, estupro), comportamentos obsessivos ou desvios do comportamento sexual (exibicionismo).

V.3.1. Aspectos a considerar

Escolha de estímulos aversivos. Na escolha de estímulos aversivos pode-se solicitar ao paciente que faça uma lista de situações que lhe sejam altamente desagradáveis e repulsivas. Maciá e Méndez (1988) selecionaram três cenas que eram especialmente aversivas ao seu paciente: a boca de um ancião expectorando, um animal morto em avançado estado de decomposição e uma ferida infectada. O estímulo que mais freqüentemente reitera Cautela e que aparece com maior freqüência na literatura é a sensação de vômito, envolvida profusamente com todas as modalidades sensoriais. Em outros autores aparecem cenas que convertem o objeto do desejo desadaptado em repugnante e desagradável.

V.3.2. Descrição do procedimento

Na exposição clássica do procedimento começa-se ensinando o paciente a relaxar (ver capítulo de Vera e Vila, neste volume). Quando o consegue, dá-se-lhe uma explicação racional das bases não só do tratamento, como também do problema em si. Diz-se a ele que não consegue deixar de beber, comer ou exibir-se (ou o problema de que se trate) porque é um hábito solidamente aprendido que, atualmente, proporciona-lhe um alto nível de agrado. Também lhe é explicado que a maneira de eliminar seu problema é associar o objeto agradável a um estímulo desagradável. A seguir, solicita-se que visualize com a maior clareza possível o objeto agradável (bebida, comida, etc.) e que levante um dedo quando o conseguir. Uma vez feito o sinal, tem que ver-se aproximando de tal objeto. Se este é o álcool, por exemplo, a descrição poderia ser a seguinte:

Você está encaminhando-se para o bar. Decidiu beber uma cerveja. Está aproximando-se do bar. Quando já está entrando, nota uma sensação desagradável em seu estômago. Sente náuseas e ânsias, e um líquido azedo em sua boca. Tenta engoli-lo, mas ao fazê-lo começam a subir para a boca partículas de comida. Você chega ao balcão e pede uma cerveja. Quando a estão servindo, nota um vômito incontrolável. Tenta manter a boca fechada e engoli-lo mas não consegue. No momento em que suas mãos tocam o copo, não consegue aguentá-lo mais, abre a boca e vomita. O vômito cai sobre suas mãos, o copo, a cerveja. Pode vê-lo flutuar sobre a espuma. Sua camisa e calça estão manchadas de vômito. Inclusive o balconista tem a camisa manchada. Percebe o mal cheiro que está estendendo-se mais e mais. As pessoas o olham. Sente-

se pior, vai voltar a vomitar. Dá uma volta e dirige-se para a porta. Neste mesmo momento sente-se melhor, cada vez melhor. Quando sai, nota o ar fresco e agradável da rua e sente-se muito bem. Vai para casa e se limpa, sentindo-se cada vez melhor. Cautela (1985a).

Pede-se a seguir que visualize a cena por si só, e sinta náuseas reais ao aproximar-se da bebida. Neste exemplo inclui-se uma sensação de alívio ao afastar-se da situação não adaptativa.

Em cada sessão, geralmente, realizam-se vinte cenas. Dez são descritas pelo terapeuta, e outras dez são imaginadas sem descrição. Muitas vezes gravam-se as cenas referidas pelo terapeuta a fim de que o paciente possa praticar em casa pelo menos duas vezes ao dia.

Também pede-se que, se na vida real aparecer o estímulo que o incite a realizar o comportamento (por ex., a cerveja), imagine-se imediatamente coberto de vômito ou associado a outros estímulos aversivos e que empregue a SE quando houver necessidade de concluir o comportamento inadequado.

V.3.3. Problemas que podem surgir

Os problemas que podem surgir na utilização da sensibilização encoberta são parecidos aos que ocorrem com o uso de terapias aversivas: aparecimento de hostilidade ou agressividade e uma certa falta de cooperação. Deve-se considerar que em certas ocasiões é importante aumentar as atividades reforçadoras do paciente antes de começar com a SE, já que esta produzirá uma perda de reforços.

V.3.4. Variantes da sensibilização encoberta

Alguns terapeutas utilizam uma variante que é a sensibilização encoberta assistida e que consiste em fortalecer a aversão ao estímulo mediante o uso de uma descarga elétrica ou de uma substância de cheiro altamente desagradável (ver capítulo de Cáceres, neste volume). Esta variação da técnica parece especialmente útil no tratamento do exibicionismo.

Outra variação é a de instruir o paciente para que imagine uma cena aversiva imediatamente depois de enfrentar-se com um estímulo externo que costuma desencadear a cadeia de comportamentos.

V.4. Extinção encoberta

O procedimento da extinção encoberta (EE) pretende a diminuição da probabilidade de um comportamento ao permitir que se imagine sua ocorrência na ausência de um estímulo reforçador que previamente o acompanhava. Essa técnica pode ser empregada em comportamentos desadaptativos de aproximação ou evitação.

Um fumante nos proporciona um exemplo de comportamento desadaptativo de aproximação. Pode imaginar-se aspirando a fumaça de um cigarro, mas sem perceber nenhum aroma, sem sentir a fumaça, sem notar a nicotina e sem sentir-se relaxado. Um exemplo de comportamento desadaptativo de evitação pode ser a fobia escolar de uma criança. Ela pode imaginar que ficará em casa brincando com sua mãe, mas sua mãe está ocupada fora de casa e não sabe o que fazer durante todo o dia.

V.4.1. Descrição do procedimento

Na EE começa-se com a explicação racional sobre a manutenção do comportamento por estímulos externos. Por exemplo, no caso de um adolescente que apresenta constantemente queixas psicossomáticas, pede-se que se imagine na escola. Está numa determinada aula e nota uma ligeira dor de cabeça. Aproxima-se da professora e diz que não se sente bem, mas esta está cansada com os outros alunos e não o ouve. Tenta dizê-lo nas aulas posteriores mas ninguém pode atendê-lo. Explica aos seus companheiros, mas lhe falam de outras coisas como dos próximos exames e de esportes.

Pergunta-se a ele se viu as cenas claras e como se sentiu. Se a viu claramente, pede-se que imagine a cena por si só e que indique quando tenha acabado. Realizam-se dez cenas explicadas pelo terapeuta, alternando-as com dez imaginadas pelo paciente numa mesma sessão. Em casa deve praticar pelo menos dez vezes ao dia. É pedido que varie as cenas e os personagens que intervêm (sua mãe, seus irmãos, etc.).

V.4.2. Problemas que podem surgir

Os problemas que podem surgir são os relativos à dificuldade de visualizar as imagens ou à falta de compreensão por parte do paciente, de que os comportamentos são mantidos por acontecimentos ambientais. Aqui faz-se necessária uma exemplificação clara, com dados, que talvez tenham relação com a experiência do sujeito.

No procedimento de extinção operante, produz-se um incremento da taxa de comportamento nas primeiras sessões. Será importante advertir o sujeito sobre esta possibilidade e explicar detalhadamente que nas fases posteriores desaparecerá.

Por outro lado, no tratamento com humanos não existe o mesmo controle que no laboratório. É possível que comportamentos desadaptativos que está se tentando extinguir sejam reforçados ocasionalmente na vida diária do sujeito. Deve-se advertir o paciente que a mudança comportamental irá acontecendo progressivamente, mas não linearmente, isto é, que podem existir altos e baixos.

Às vezes, podem apresentar contrariedade e agressividade, como na punição, ao não receber o reforçamento esperado. O indicado é o mesmo que no procedimento de sensibilização encoberta.

Como na extinção operante, é importante utilizar, ao mesmo tempo, técnicas de reforçamento positivo encoberto para incrementar os comportamentos adaptados, sejam antagônicos ou não.

V.5. Custo de resposta encoberto

O *custo de resposta encoberto (CRE)* é um procedimento baseado na punição indireta (chamado, às vezes, de punição "negativa"). Com isto, pretende-se diminuir a freqüência de um comportamento desadaptado, imaginando-se que sua ocorrência está associada à perda de um reforçador positivo.

Upper e Cautela (1977) justificam a adoção desta nova técnica de punição devido a que, às vezes, faz-se necessário mudar os procedimentos. Assim, mesmo que a sensibilização encoberta tenha demonstrado sua eficácia, em determinados pacientes pode ser útil a mudança ao custo de resposta encoberta quando se tem utilizado a anterior durante muito tempo.

O uso do CRE está indicado tanto para respostas desadaptativas de aproximação (alcoolismo, obesidade, desvios sexuais) como de evitação (medo aos túneis, às pontes).

V.5.1. Aspectos a considerar

Escolha do estímulo agradável que se perde. A conseqüência da emissão da resposta é a perda de algo que resulta muito interessante ao sujeito. Para facilitar sua escolha, Upper e Cautela (1977) propuseram o Questionário de Custo de Resposta Encoberto (*Response Cost Survey Schedule*) que consta de 20 itens. Entre eles encontram-se: perder a agenda, ter o carro roubado, estragar o seu melhor casaco, etc. Pede-se ao paciente que avalie o aborrecimento que lhe produziria cada uma destas situações sobre cinco pontos (desde nenhum até muitíssimo). Para impedir um efeito de habituação, aconselha-se escolher várias destas cenas, já que em uma mesma sessão podem ser alternadas três ou quatro.

V.5.2. Descrição do procedimento

Uma vez que foi realizada a avaliação do comportamento desadaptado e concretizada em algumas seqüências, seleciona-se as situações que resultaram mais aversivas para o sujeito.

Em um caso de obesidade pela ingestão de doces, especialmente antes de deitar-se, foi pedido à paciente que se imaginasse já de camisola pronta para deitar-se na cama, quando se dirigia ao refrigerador para pegar algum alimento. Ao abrir a porta deste, dizia-se "Mude!". Neste momento, devia ver-se na porta do teatro onde havia ido com seu marido. Ele pedia-lhe as entradas e neste momento lembra que as esqueceu em casa (imagem aversiva).

A imagem aversiva apresenta-se no início da emissão do comportamento desadaptado. Como foi praticado anteriormente, no momento em que o terapeuta diz, "Mude!", deve-se representá-la imediatamente. Durante a sessão de tratamento alternam-se 10 imagens explicadas pelo terapeuta com outras tantas que o paciente deve representar por si só. Quando é suficientemente clara a visão do comportamento e o custo da resposta produz um certo mal-estar, pede-se ao paciente que pratique em casa.

Possivelmente será necessária uma maior demonstração da eficácia desta técnica, mas em estudos bem controlados tem sido observado que é efetiva (Weiner, 1965; Tondo, Lane e Gill, 1975). É importante ter cuidado ao selecionar o reforçador, já que se for muito poderoso, o efeito resultante pode ser perturbador para o sujeito.

VI. TÉCNICAS BASEADAS NA TEORIA DA APRENDIZAGEM SOCIAL

V.1. A modelação encoberta

É a aprendizagem de novas respostas ou a modificação de respostas já existentes, mediante a observação na imaginação do comportamento de um modelo e das conseqüências que o seguem. Esta técnica proposta por Cautela é baseada na teoria da aprendizagem social (Bandura, 1969).

Utiliza-se tanto em comportamentos de aproximação como de evitação. Cautela (1971) adaptou ao condicionamento encoberto os procedimentos da técnica da modelação, pensando a princípio naqueles pacientes que afirmavam não poder imaginar a si mesmos realizando determinados comportamentos (em outras técnicas de condicionamento encoberto), mas sim a outras pessoas.

VI.1.1. Aspectos a considerar

É necessário explicar ao paciente o fundamento teórico em que se baseia. Upper e Cautela (1977) descrevem-no assim:

O procedimento que vamos seguir baseia-se em experimentos que demonstram que as pessoas aprendem novos hábitos mediante a observação de outras pessoas em diferentes situações. Isto costuma ser feito de modo que as pessoas observem realmente outras fazendo coisas. Nós vamos variar um pouco o procedimento, fazendo com que você observe certas cenas na imaginação, em lugar de observar diretamente um filme ou a interação real entre várias pessoas. Utilizarei cenas que, creio, vão ajudá-lo a mudar o comportamento que ambos pensamos que deva ser modificado. Dentro de um momento, pedirei que feche os olhos e tente imaginar, o mais claramente possível, que está observando uma determinada situação. Tente imaginá-la com todos os sentidos. Por exemplo, tente ouvir realmente uma voz ou ver uma pessoa com grande clareza. Depois de descrever a cena, farei algumas perguntas sobre o que sentiu e sobre a clareza com que a imaginou.

Para a elaboração das cenas deve-se levar em conta tanto os problemas específicos dos pacientes como os parâmetros que afetam a modelação manifesta. Alguns destes parâmetros são: os comportamentos de outras pessoas que seguem a resposta do modelo, os processos atencionais, a capacidade de retenção do observador, a prática encoberta das respostas-modelo, o prestígio do modelo (Bandura, 1969), o estado de ativação (Schachter, 1964), a idade do modelo, e as conseqüências de seu comportamento (Bandura, 1969).

Assim mesmo, Kazdin (1973, 1974a, 1974b) investigou sobre a eficácia da ME. Comprovou que esta era maior quando se empregava um modelo de afrontamento (*coping*), que quando se utilizava um modelo de domínio (*mastery*). O modelo de afrontamento inicialmente mostra-se indeciso, preocupado, ansioso ante a situação, mas consegue sobrepôr-se e realiza o comportamento satisfatoriamente. O modelo de domínio é aquele que desde o princípio mostra-se seguro, tranqüilo e totalmente à vontade enquanto realiza o comportamento satisfatoriamente. A superioridade do modelo de afrontamento é explicável, já que situa-se mais perto do sujeito que tem problemas na execução de um comportamento.

VI.1.2. Descrição da técnica

Uma vez que se escolheu o comportamento a ser mudado e o modelo adequado, começa-se a descrever ao sujeito o comportamento-modelo. Por exemplo, a um sujeito que costumava enrubescer sempre que se pronunciavam palavras relacionadas com a homossexualidade e temia que, por isso, os demais pudessem acreditar que o era, expõe-se esta imagem (Upper e Cautela, 1977):

Quero que imagine que há dois casais (aproximadamente de sua idade) sentados à mesa de um restaurante que está bastante cheio. Todas as mesas estão ocupadas e os garçons movem-se com rapidez entre elas. Os casais desfrutam da cena. Um dos homens diz em voz alta: "Há um bar gay aqui ao lado". O outro cora, mas ninguém parece percebê-lo e começam a falar de como a comida está saborosa.

Pergunta-se ao paciente sobre a clareza da cena e sobre o sentimento provocado durante a descrição. O tempo entre as cenas varia entre 1 e 5 minutos. Em alguns casos só se apresenta uma cena. Quando o paciente é capaz de imaginá-la por si mesmo, intercalam-se em uma mesma sessão, a reprodução por parte do sujeito com a que realiza o terapeuta. Em muitas ocasiões, as cenas são gravadas e pede-se ao paciente que as pratique em sua casa, pelo menos duas vezes ao dia no período entre as sessões.

A modelação encoberta tem-se mostrado especialmente útil em crianças (Cautela, 1981; Cautela, 1985b). Este autor descreve uma sessão de tratamento com uma menina de 6 anos de idade (Linda) que sempre gemia em vez de falar corretamente.

Linda, gostaria que imaginasse que está sentada no cinema, vendo um filme. Na tela há uma menina de 6 anos, que é loura, tem os olhos azuis e um sorriso muito bonito. Seu nome é Minda. (Esta descrição é a mesma que a de Linda). Minda vai até a sala de estar e vê sua mãe e irmã falando. Em sua mão leva uma boneca. Quando se aproxima de sua mãe, choraminga, "Mamãe, minha boneca está quebrada e não sei como consertá-la". Mas sua mãe e irmã a ignoram completamente. Continuam conversando como se Minda não existisse. Minda chora e volta a dizer gemendo: "Mamãe, minha boneca está quebrada. Ajude-me!" Tampouco lhe dão atenção. Assim, Minda decide ir-se. Quando o está fazendo ouve sua mãe dizendo: "Minda anda sempre choramingando. É maçante! No entanto tem uma voz tão bonita quando fala normalmente!". E sua irmã responde:

"Tem razão". Minda ouve tudo e está muito triste. Não quer que a ignorem nem lhe agrada que falem assim dela. Decide tentar de novo, mas sem choramingar. Minda volta à sala de estar e vê sua mãe lendo o jornal. Pensa: "Não vou choramingar, vou falar com uma voz normal". E diz, "Desculpe mamãe, está ocupada?". Sua mãe responde: "Oh não! que foi?. Minda: "Minha boneca está quebrada, vê? Acredita que pode consertá-la?". A mãe diz a sua irmã: "Ouviu que voz tão bonita tem Minda? Bem, vou tentar ajudar a consertá-la". "Obrigada!", diz Minda. Sua irmã sorri, e quando Minda sai da sala ouve sua mãe dizer: "Viu como Minda fala bem? Não choramingou em absoluto". Sua família está orgulhosa de Minda e ela também. Sente-se feliz e decide não voltar a choramingar.

Já que as crianças precisam aprender novas coisas constantemente para adaptar-se, pois estão muito familiarizadas com os modelos (através de TV e cinema) e estão mais dispostas a cooperar se não são elas mesmas que agem mal, a modelação encoberta parece ser o tratamento de escolha.

VII. Técnicas Baseadas no Autocontrole

VII.1.   A parada do pensamento

A *parada do pensamento (PP)* é um procedimento de autocontrole desenvolvido para a eliminação de pensamentos obsessivos ou perseverantes que são improdutivos, irreais e tendem a inibir a execução do comportamento desejado ou a iniciar uma seqüência de comportamentos desadaptados.

Projetada por Bain (1928) e popularizada por Wolpe (1969), esta técnica tem sido vista emoldurada sob diferentes teorias. Por exemplo, Wolpe (1969) define-a como um procedimento baseado no reforçamento positivo. "A base provável deste procedimento é o estabelecimento de um hábito inibitório mediante o reforçamento positivo" (Wolpe, 1973).

Outras vezes tem sido descrita como um procedimento de reforçamento negativo, segundo o qual, ao interromper um pensamento gerador de ansiedade obtém-se um grande alívio e, por isso, aumenta-se a probabilidade de interrompê-lo no futuro.

VII.1.1. Aspectos a considerar

Em primeiro lugar, deve-se realizar uma avaliação que permita definir quais e como são os pensamentos perturbadores, que estímulos podem gerá-los e quais o seguem. Deve-se chegar à formulação exata do pensamento em voz alta. Por exemplo: "Não digo nunca a palavra correta" ou "Por minha culpa o carro vai estragar".

Faz-se uma lista de todos os pensamentos perturbadores que o sujeito pensa que estão fora de seu controle, incluindo aqueles que podem ter conseqüências sociais aversivas, como o roubo ou a violação, e os que podem contribuir para formar uma imagem negativa de si mesmo.

O Questionário da Parada do Pensamento (*Thought Stopping Survey Schedule*) de Cautela (1975), pode proporcionar certa ajuda para descobrir os pensamentos mais freqüentes no paciente, entre uma lista de 51 itens. Porém, o mais usual é que não seja necessário este recurso, já que o paciente freqüentemente sofre muito com eles e pode verbalizá-los facilmente. Em qualquer caso, a formulação do pensamento deve ser feita com o vocabulário e a forma usuais do paciente.

Outro aspecto é explicar as bases da intervenção e conseguir que o sujeito compreenda como a manutenção, e inclusive as tentativas de racionalizar o que ele faça com respeito aos pensamentos, não são produtivas nem reais e não lhe trazem outra coisa senão ansiedade e mal-estar.

VII.1.2. Descrição do procedimento

Uma vez localizado/s o/s pensamento/s, pede-se ao sujeito que sente-se confortavelmente, feche os olhos e quando o terapeuta indicar, comece a descrever em voz alta o pensamento, como, por exemplo, "Não sirvo para nada". Quando está na segunda palavra o terapeuta diz, "Pare!", gritando[1].

A seguir, o sujeito abre os olhos e o terapeuta pergunta-lhe se interrompeu o pensamento. Repete-se o mesmo pensamento, sendo interrompido com a palavra "Pare!" (ou palavras similares, como "Não!", "Alto!", etc.) pelo terapeuta. Depois é o próprio sujeito quem vocaliza a frase e a detém com uma das palavras anteriores. Finalmente, o sujeito realiza toda a seqüência subvocalmente.

Podem ser empregadas cenas agradáveis, onde o sujeito pode imaginar-se imediatamente depois de deter o pensamento ou na metade de uma sessão intensa.

Em uma sessão costuma-se alternar interrupções do pensamento durante 10 minutos, até que o paciente indique que aprendeu a seqüência. Ao final da sessão instrui-se o paciente como deve praticar em sua casa. Em horas pré-fixadas deve repescar os pensamentos perturbadores e interrompê-los umas 10 ou 12 vezes.

Às vezes, quando o pensamento é muito incômodo, o sujeito formula objeções como: "mas, ouça, se posso estar livre deles por que recordá-los?". É necessário insistir, neste caso, em que somente deve fazê-lo nos momentos especificados (por exemplo de 9 a 9h15 da manhã e de 5 a 5h15 da tarde) e que a repetição voluntária junto à parada possibilitará o domínio destes pensamentos incontroláveis.

Para a aprendizagem do uso da parada do pensamento, deve-se repetir a palavra "Pare!" em cada uma das tentativas. Posteriormente, pode-se passar a um programa intermitente de razão variável no qual só se interrompe vocalmente cada "x" vezes.

VII.1.3. Outras considerações

Há diferentes modalidades no uso da PP. Wolpe (1969) propõe a aplicação de uma descarga elétrica concomitante com a palavra "Pare!". Considera que pode ser

---

[1] Nesta primeira fase, o terapeuta pode acompanhar essa ação com uma forte palmada sobre a mesa, acentuando assim o efeito da PP. (*Nota do compilador*).

necessário para aqueles sujeitos que não respondem bem à forma clássica da PP. Também obtém-se bons resultados instruindo o sujeito para que sente-se, relaxe e tenha pensamentos prazerosos, mas no momento em que apareça algum pensamento perturbador, acione uma buzina ou campainha. Neste momento o terapeuta diz "Pare!".

Bellack e Hersen (1977) propõem outra modalidade. Começa-se praticando imagens positivas e logo ensina-se a fazer uma mudança rápida de imagens neutras para positivas, tendo como sinal a palavra "Pare!", primeiro em voz alta e logo subvocalmente. Quando esta seqüência é aprendida pode-se praticar com o objetivo a eliminar.

Em geral, não é uma técnica que se use isolada, mas combinada com reforçamento positivo encoberto (RPE), relaxamento e sensibilização encoberta (SE).

A técnica da parada de pensamento é especialmente indicada nos pensamentos do tipo obsessivo ou ruminações em relação ao próprio valor pessoal, mas também pode-se utilizar com sentimentos e imagens ou mesmo com comportamentos manifestos.

VII.2.   A tríade de autocontrole

É um procedimento descrito por Cautela (1985c) que se utiliza para diminuir a probabilidade de ocorrência de um comportamento não desejado. Inclui três aspectos: a) o paciente diz a si mesmo "Pare!", quando realiza o comportamento, encoberto ou manifesto, não desejado; b) respira profundamente, relaxando-se enquanto solta o ar, e c) imagina uma cena agradável.

É uma combinação de técnicas, empregando-se a parada do pensamento, o controle da resposta fisiológica e o reforçamento positivo encoberto (RPE). Costuma-se utilizar juntamente com técnicas de reforçamento positivo (RPE) e negativo (RNE) encobertos para aumentar a freqüência das respostas adaptativas.

VII.2.1. Outras técnicas encobertas de autocontrole

Todas as técnicas de reforçamento encoberto, uma vez que o sujeito as tenha aprendido durante a intervenção, podem ser utilizadas posteriormente como recursos de autocontrole.

VIII. Aplicações do Condicionamento Encoberto

O condicionamento encoberto, a princípio, se aplicava a pacientes adultos na prática privada ou ambulatorial, mas atualmente seu uso se estendeu a outras populações (crianças, adolescentes e idosos) e a uma grande variedade de situações (instituições, escolas, hospitais).

Na população infantil tem sido utilizado para reduzir medos (Cautela, 1981) e ansiedade ao falar (Cradock, Cotler e Jason, 1978), para incrementar a interação social em crianças autistas (Groden, 1980), e mudar determinados comportamentos desadaptativos em crianças mentalmente retardadas (Groden e Cautela, 1980b).

Em geral, o condicionamento encoberto tem sido empregado em problemas como maus hábitos de estudo, ansiedade ante os exames (Guidry, 1974, Kostka e Galassi, 1974), e desvios sexuais, como exibicionismo (Macià e Méndez, 1988; Costa, 1981; Hughes, 1977), fetichismo (Kolvin, 1967), travestismo (Gershman, 1970), sadismo (Hayes, Browmel e Barlow, 1978) e pedofilia (Barlow, Leitemberg e Agras, 1969).

Também tem-se utilizado em adições, especialmente com o procedimento de sensibilização encoberta (SE), com o custo de resposta encoberto (CRE) e técnicas combinadas, no tratamento do tabagismo (Cautela, 1970b; Sachs, Bean e Morrow, 1970; Wagner e Bragg, 1970; Lawson e May, 1970; Gerson e Lanyon, 1972; Sipich e Tomas, 1974; Wisocky e Rooney, 1974) e do alcoolismo (Anant, 1967; Cautela, 1966, 1967 e 1970a; Asher e Cautela, 1974; Smith e Gregory, 1976).

Tem sido utilizado igualmente em problemas de falta de assertividade (Kazdin, 1974a, 1974b, 1975, 1976b; Hersen e cols., 1979) e, também, tem-se encontrado informação sobre sua aplicação a obsessões e compulsões, onicofagia, tricotilomania, alucinações, agorafobia e outros problemas.

IX. Comentário Final

No presente capítulo desenvolvemos diferentes aspectos relativos à história, definição, fundamentos conceituais e descrição dos procedimentos encobertos. Dedicamos um maior espaço ao último aparte, já que o que se pretende é proporcionar um instrumento didático tornando factível a aplicação clínica das técnicas.

Atualmente parece ser claramente aceita a utilização das técnicas de condicionamento encoberto. Há, certamente, diferenças na efetividade de umas e outras. Por um lado, parece evidente a utilidade da técnica da sensibilização encoberta, sobretudo ante transtornos do comportamento sexual. Outras têm que mostrar sua eficácia em mais estudos controlados (como a extinção encoberta ou o custo de resposta encoberta), mas apesar disso torna-se difícil pensar em intervenções comportamentais sem levar em conta as considerações de Cautela.

O uso das terapias aversivas que vira diminuída sua possível utilização por razões éticas, mas que continuava mantendo sua necessidade ante determinados comportamentos desadaptados, encontrou na sensibilização encoberta (SE) e no custo de resposta encoberta (CRE) uma saída efetiva. Também outras técnicas como a tradicional parada do pensamento têm sido revalorizadas.

Em conjunto, cremos que a provada eficácia de muitos procedimentos encobertos e sua aplicação em campos cada vez mais amplos (na Psicologia da Saúde, por exemplo) e a um diversificado espectro de idades, fazem destas técnicas um instrumento útil para os terapeutas/modificadores de comportamento.

X. Leituras Recomendadas

Bellack, A. S. y Hersen, M., *Dictionary of behavior therapy techniques*, Nueva York, Pergamon Press, 1985.

Cautela, J. R. y Kearney, J. (comps.), *The covert conditioning handbook*, Nueva York, Springer, 1986.

Cautela, J. R. y Wall, C. C., «Covert conditioning in clinical practice», en A. Goldstein y E. B. Foa (comps.), *Handbook of behavioral interventions*, Nueva York, Wiley, 1980.

Kazdin, A. E., *Historia de la modificación de conducta*, Bilbao, Desclée de Brouwer, 1983. (Or.: 1978).

Macià Antón, D. y Méndez Carrillo, X., «Condicionamiento encubierto», en D. Macià Antón y X. Méndez Carrillo (comps.), *Aproximación a la evaluación y modificación de conducta*, Murcia, Vinadel, 1986.

Upper, D. y Cautela, J. R., *Condicionamiento encubierto*, Bilbao, Desclée de Brouwer, 1983. (Or.: 1977).

17. BIOFEEDBACK

Miguel A. Simón

I. HISTÓRIA

No sentido literal, o termo *biofeedback* (bioinformação, bio-retroalimentação, retroalimentação biológica) é utilizado para aludir à possibilidade de modificar uma resposta fisiológica em função da informação que se tem de como esta varia. O biofeedback representa, portanto, uma translação e aplicação especial do conceito de *feedback* (Weiner, 1961; Mayr, 1970) aos sistemas biológicos, já que se parte da idéia de que a retroalimentação (feedback) dos resultados passados ao próprio sistema é um meio eficaz para conseguir o controle do mesmo.

Provavelmente, o termo "biofeedback" (BF) apareceu pela primeira vez em 1969, com a formação de uma, então, pequena sociedade em Santa Mônica, Califórnia, a *Biofeedback Research Society* (denominada atualmente de *Biofeedback Society of America*), quando um grupo de investigadores reuniu-se para discutir os mecanismos biológicos de retroalimentação, especialmente no âmbito clínico. Por conveniência, "feedback biológico" foi abreviado para "biofeedback" (Basmajian, 1981).

Sendo assim, esta possibilidade de controlar voluntariamente as respostas fisiológicas tem sido objeto de discussão e estudo por parte dos investigadores, há muitos anos, e por esse motivo são numerosos os antecedentes que poderiam ser enumerados. Antecedentes entre os quais se encontram os trabalhos de Tarchanoff (1885), sobre a aceleração voluntária da freqüência cardíaca, os estudos de Bair (1901), sobre o controle do músculo auricular posterior, as investigações de Schultz (1932) e Jacobson (1938) e o desenvolvimento de seus respectivos métodos de relaxamento ("treinamento autógeno" e "relaxamento

Universidade de Santiago de Compostela (Espanha)

progressivo") e, finalmente, os trabalhos da escola russa no âmbito do condicionamento clássico interceptivo, especialmente os realizados por Lisina (1958).

A partir destes trabalhos, numerosos autores começaram, simultaneamente, a interessar-se pela investigação acerca do controle voluntário de diferentes respostas fisiológicas, tanto em animais como em humanos, momento em que surge, de forma clara e específica, a investigação nesta área.

De acordo com Fontaine (1981), o aparecimento do BF foi possível graças a um desenvolvimento espetacular da tecnologia, que nos tem permitido o acesso às respostas fisiológicas mais importantes e de um modo mais preciso, e a um certo número de investigações fundamentais em psicofisiologia que, a partir de opções teóricas diferentes, buscam como colocar sob controle diversas respostas fisiológicas. Assim, como destacou Kimmel (1986), é importante ressaltar que as investigações originais que serviram como fundamento e possibilitaram o aparecimento do BF, inscrevem-se no que poderíamos denominar de tradição ortodoxa da psicologia científica.

Neste sentido, uma das fontes mais diretas que favoreceram o aparecimento das técnicas de BF, provém dos experimentos de condicionamento operante no campo da psicologia animal. O condicionamento de respostas cardiovasculares em ratazanas curarizadas, realizado por Neal Miller e seus colegas (Miller e DiCara, 1967; DiCara e Miller, 1968; Miller e Banuazizi, 1968), mostrava diretamente que as funções controladas pelo sistema nervoso autônomo poderiam ser influenciadas pelo condicionamento operante.

Nesta mesma linha, deveríamos citar os primeiros trabalhos realizados pelos grupos de Kimmel (Kimmel e Hill, 1960; Kimmel e Kimmel, 1963) e Shapiro (Shapiro, Crider e Tursky, 1964; Shapiro e Crider, 1967) no âmbito da resposta galvânica da pele em humanos.

Estes achados, gerados de forma relativamente independente na década de 60, tiveram repercussões teóricas importantes, entre as quais pode-se destacar a discutida concepção fisiológica tradicional, segundo a qual só eram voluntárias as respostas regidas pelo sistema nervoso central, enquanto que as regidas pelo sistema nervoso autônomo eram involuntárias e não suscetíveis de controle consciente; e por outro lado, o questionamento da idéia mais dominante em psicologia, que postulava que as respostas regidas pelo sistema nervoso autônomo só podiam ser condicionadas classicamente, ficando relegado o uso do condicionamento operante ao campo das chamadas respostas voluntárias.

Não obstante, tanto as dificuldades encontradas posteriormente por parte do próprio Miller para replicar estes resultados (Miller e Dworkin, 1974), como as críticas de alguns investigadores (Schwartz, 1973) no sentido de que a curarização não elimina a possível mediação do sistema nervoso central, têm levado Miller a reconhecer que atualmente "não é prudente confiar nos experimentos sobre animais curarizados para expor a aprendizagem instrumental de respostas viscerais" (Miller, 1978, p. 376). Contudo, como sinalizou Marcos (1986), se bem que em nível teórico fica ainda por resolver o problema de se, realmente, as respostas autônomas são condicionáveis operantemente de forma direta ou mediada (quer dizer, que se trate de um condicionamento indireto possibilitado, através de alterações musculoesqueléticas ou de processos cognitivos), parece evidente que isto não afeta a própria utilização clínica do BF, onde se pretende que o sujeito adquira um controle sobre a resposta objeto de treinamento, com independência da consideração de que em tal processo intervenham ou não processos mediacionais.

Paralelamente aos estudos mencionados, deve-se citar também como fontes importantes do surgimento do BF, os trabalhos no âmbito do controle voluntário da atividade encefalográfica (Kamiya, 1968; Brown, 1970) e neuromuscular (Marinacci e Horande, 1960; Basmajian, 1963; Jacobs e Felton, 1969). Pelo que os primeiros se referem, podemos dizer que tinham como objetivo ensinar os sujeitos a controlar o aparecimento do ritmo alfa (8-12 Hz), através da apresentação de *feedback* contingente ao mesmo, estudando os efeitos comportamentais de tal controle e sua relação com determinados estados de consciência. Por outro lado, os estudos no terreno da reabilitação neuromuscular supuseram, igualmente, um incentivo de grande importância, tanto em nível aplicado, evidenciando algumas das possibilidades terapêuticas do BF, como em nível de investigação básica, onde merece especial menção o trabalho de John Basmajian (1963), a respeito do controle voluntário de unidades motoras simples.

A partir destes trabalhos, a possibilidade de controlar voluntariamente as respostas fisiológicas, questão que representou inicialmente uma curiosidade científica, começou a ser estudada sistematicamente e a ser confrontada em níveis experimentais e clínicos. Reflexo deste desenvolvimento e interesse é o incremento na publicação tanto de tratados, textos e compilações, como do número de publicações periódicas (*Behavioral Medicine, Biofeedback Network, Biofeedback and Self-Regulation,* etc.). A maioria destes trabalhos representa a aplicação das técnicas de BF a uma ampla gama de respostas fisiológicas e a transtornos diversos, entre os quais poderíamos incluir as arritmias cardíacas, a epilepsia, a hipertensão, as cefaléias, a incontinência fecal e diversos distúrbios neuromusculares. O objetivo a alcançar, em todos e em cada um destes problemas, tem sido a eliminação ou redução do distúrbio através do desenvolvimento de um adequado controle da resposta alterada, por parte do próprio sujeito.

Sendo assim, embora se tenha perseguido o controle das respostas fisiológicas com um interesse fundamentalmente clínico e terapêutico, convém mencionar que outro objetivo de grande importância que centrou o interesse no estudo do BF, nem sempre suficientemente ressaltado, foi a explicação e a compreensão do comportamento humano (Vila, 1980). Assim, a utilização destes procedimentos permitiu não só a aproximação experimental aos sistemas psicofisiológicos de resposta desde uma ótica marcadamente comportamental, mas também gerou novos enfoques na investigação sobre a natureza da aprendizagem e os princípios que a regem (Schwartz e Beatty, 1977).

Antes de terminar este breve resumo histórico, deve-se dizer que o BF é uma técnica científica que se inscreve em um marco concreto de investigação e atuação. Forma parte indiscutível no que se denomina "medicina comportamental" (*behavioral medicine*), disciplina que essencialmente representa a aplicação clínica dos princípios e técnicas da modificação de comportamento na avaliação, prevenção e tratamento de distúrbios físicos (Pormeleau, 1979).

II. Definição e Descrição

II.1. Conceito de biofeedback

O BF é uma técnica de autocontrole de respostas fisiológicas, que opera através da retroalimentação constante que o sujeito recebe sobre a função que se deseja submeter ao controle voluntário. Dando esta informação, os sujeitos têm a oportunidade de controlar gradualmente os processos sobre os quais está-se informando, enquanto que, sem isto, o controle seria impossível (Gaarder e Montgomery, 1981). Assim, o elemento chave e imprescindível do processo é a informação (feedback) direta, precisa e constante que o sujeito recebe sobre a variável fisiológica de interesse.

Devemos ter em conta que para conseguir controlar voluntariamente uma resposta fisiológica, é necessário que o cérebro receba informação imediata do que ocorre no organismo, a fim de que possa aprender a regular sua atividade. O BF proporciona ao cérebro uma bioinformação dinâmica com especial referência a respostas fisiológicas que, ou não estão incluídas na estrutura biológica do organismo, ou conseguiram ficar alteradas como conseqüência de um processo patológico (Blanchard e Epstein, 1977). Neste sentido, o BF facilita ao sujeito a aprendizagem ou auto-regulação de tais respostas (Vila, 1985b), o que pode ser concebido como uma forma de imposição de um circuito de *feedback* externo adicional aos circuitos de *feedback* naturais do sistema de controle adaptativo homeostático. Assim, o BF potencializaria estes circuitos de *feedback* naturais ou os substituiria em caso de alteração dos mesmos (Carrobles e cols., 1981).

Kamiya (1971) sinalizou que existem três aspectos básicos que definem o treinamento em BF. Primeiro, a resposta fisiológica que se deseja submeter ao controle deve ser registrada continuamente, com suficiente sensibilidade para detectar mudanças momento-a-momento. Segundo, as mudanças que se produzem na variável de interesse, objeto de treinamento, devem ser retroinformadas imediatamente ao sujeito para que este tenha um conhecimento preciso e exato das mesmas. Terceiro, a pessoa deve estar motivada para aprender a efetuar as mudanças pretendidas, já que a premissa básica do BF é que, através do *feedback* imediato e da resposta sob estudo, um indivíduo pode conseguir o controle da mesma.

II.2. O processo de biofeedback

Uma forma de caracterizar o BF é mencionando as fases e os elementos que o compõem, o que nos leva a falar do processo de BF, no qual se incluem as seguintes operações básicas (Gaarder e Montgomery, 1981; Carrobles e Godoy, 1987):

1. Detecção do sinal
2. Amplificação
3. Procedimento e simplificação do sinal

4. Conversão do sinal

5. Informação ao sujeito (feedback) ou exposição do sinal.

Na primeira fase, acontece a *captação ou detecção da resposta fisiológica*. Para isso, dependendo da própria natureza do sinal, serão utilizados, em alguns casos, eletrodos de registro ou sensores apropriados a tal efeito e, em outros casos, transdutores que convertem o sinal que estamos registrando em um sinal elétrico para sua manipulação posterior. Como é sabido, os sinais biológicos são de natureza e origem diversas, por isso sua captação deve levar em conta as próprias características da origem de cada um deles. No que se refere a este aspecto e seguindo Brown (1972), podemos diferenciar três tipos de sinais: os de origem bioelétrica direta, os de origem bioelétrica indireta e os de origem física.

Os *sinais bioelétricos,* tanto *diretos* como *indiretos*, são captados através de eletrodos de registro. A única diferença, em nível de captação, entre ambos reside em que, no primeiro caso, como detectamos a atividade elétrica direta produzida por um órgão ou tecido particular, os eletrodos serão meros registradores, enquanto no segundo caso, como o sinal constitui uma propriedade elétrica do sistema biológico ou fisiológico em questão, só poderá ser medido indiretamente por comparação com outros sinais elétricos de características conhecidas. Estes são aplicados externamente ao organismo, pelo qual se captará através de eletrodos, com a única diferença de que estes servirão também para aplicar a corrente externa (Vila, 1985a).

Os *sinais físicos*, pelo contrário, não podem ser captados mediante eletrodos ou sensores. Trata-se de fenômeno como a temperatura, o movimento, a pressão ou a força, cujo registro realiza-se mediante transdutores, que transformam ou convertem os sinais físicos em elétricos, de forma que posteriormente possam ser manipulados (p. ex., termômetros para medir a temperatura).

Uma vez captado o sinal, este é *amplificado* até um nível suficientemente alto como para ser manejável eletricamente pelo sistema. Trata-se, definitivamente, de multiplicar o sinal de entrada por um fator fixo ou controlável, de modo que o mesmo possa ser aplicado mais tarde a outros aparelhos utilizados para registrá-lo ou processá-lo. O grau de amplificação do sinal é controlado através do "comando" de "sensibilidade" do monitor ou aparelho de BF.

Sendo assim, o incremento do sinal não é a única função dos amplificadores, pois também realizam tarefas de *filtração*. Deste modo, o amplificador só aumentará aqueles sinais que se encontrem dentro de determinados níveis de freqüência. Esta regulagem do "passo de banda" do amplificador é de grande importância, já que nos permite amplificar unicamente aquelas características que definem o sinal de interesse, filtrando-os do resto dos sinais interferentes que tenham sido registrados pelos eletrodos (Rugh, 1979). Como se pode supor, através desta filtração não se eliminam todos os possíveis artefatos; aqueles sinais interferentes que compartilham os níveis de freqüência, selecionados do sinal de interesse serão amplificados pelo sistema. Para diminuir ao máximo este possível efeito, deve-se tomar as adequadas precauções no que se refere ao controle e identificação dos artefatos e utilizar amplificadores diferenciais (Simón, 1989).

Estes aspectos relativos à filtração do sinal, são incluídos na *fase de processamento e simplificação*, em que "o sinal direto manipulado até esse momento é filtrado e integrado com o intuito de extrair dele só a parte de informação necessária ao nosso objetivo, e que sob esta forma simplificada vai-se facilitar posteriormente ao sujeito" (Carrobles e cols., 1981, p. 10). Uma vez filtrado o sinal, este poderia ser retroalimentado ao sujeito e enviado a algum sistema de registro ou armazenamento. Entretanto, o fato de habitualmente se trabalhar com sinais complexos, torna mais adequado que, com prévia exposição do sinal, este sofra algum tipo de processamento, a fim de simplificá-lo, o que facilitará sua posterior análise e retroalimentação. Por estes motivos, o sinal pode sofrer agora um processo de integração, que consiste basicamente na obtenção da média deste, a certos períodos de tempo (p. ex., 5 segundos). A constância de tempo deste processo pode ser selecionada igualmente pelo clínico de BF em alguns dos aparelhos disponíveis no mercado. Outra forma de garantir esta simplificação é proporcionar *feedback* ao sujeito só quando o sinal se encontre acima ou abaixo de um certo nível pré-selecionado pelo terapeuta (umbral).

Se a sensibilidade refere-se ao grau em que o sinal vai ser amplificado pelo aparelho, o umbral, pelo contrário, faz referência ao valor daquele que vai ser retroalimentado ao sujeito. Por outro lado, faz-se menção ao mecanismo de processamento do sinal, e não à amplificação deste. O umbral é o valor que o terapeuta manipula quando está em uma sessão de BF, para que o sujeito incremente sua habilidade de forma gradual (modelação).

A quarta fase tem como objetivo *converter o sinal registrado* em formas estimulares que possam ser facilmente processadas pelos sujeitos. Como veremos seguidamente, entre as mais diversas modalidades sensoriais que podem adotar este sinal, as mais utilizadas pelos diferentes sistemas de BF são as visuais e as auditivas.

Finalmente, este sinal transformado em outras formas estimulares, é facilitado imediatamente como *informação ao sujeito*, com o objetivo de que, através desta informação, aprenda a controlar ou modificar a resposta no sentido apropriado, completando-se o circuito de *feedback* quando o sinal previamente registrado é retroalimentado ao sujeito (ver figura 17.1).

A questão mais relevante a se levar em conta nas duas últimas fases do processo de BF é a referência à modalidade de apresentação do sinal. Neste sentido, tal como assinala Labrador (1984), deve-se distinguir três aspectos: a modalidade sensorial do sinal apresentado, o tipo de informação e a relação entre o sinal e a resposta.

Com respeito ao primeiro aspecto, deve-se mencionar que a forma através da qual se transmite a informação ao sujeito sobre o estado de um ou vários de seus processos fisiológicos, costuma ser visual, auditiva ou ambas simultaneamente. Para a forma visual, o mais freqüente é utilizar uma *escala graduada* com um ponto central que representa a linha-base média, e com desvios à esquerda e à direita representando, respectivamente, os decréscimos e os incrementos da resposta. Outros meios habitualmente empregados de *feedback* visual consistem em uma *fila de luzes* que se iluminam ou apagam progressiva e correlativamente,

Figura 17.1. *Componentes típicos de um sistema de biofeedback*

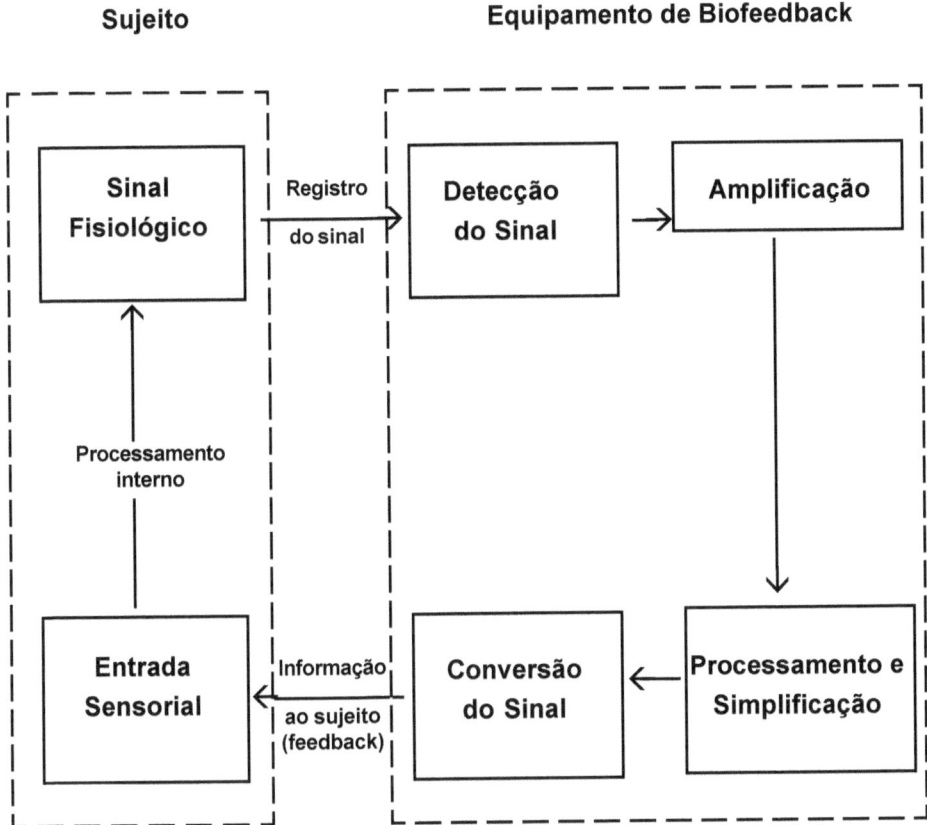

segundo se produzem incrementos ou diminuições da resposta, *escalas digitais* (onde os números representam o nível da atividade), *osciloscópios, câmeras de vídeo, ordenadores,* etc.

Quanto à retroalimentação auditiva, deve-se dizer que esta costuma se apresentar através de um som que muda de tom ou freqüência em função da atividade do sujeito.

Com referência ao tipo de informação, falamos de *feedback* binário e *feedback* proporcional. O *feedback binário* consiste em estabelecer um critério a partir do qual o sujeito recebe informação sobre se está acima ou abaixo do mesmo. Este critério é fixado pelo terapeuta antes do treinamento (Kimmel, 1981). Pelo contrário, no *feedback proporcional,* o sinal varia constantemente conforme vai variando a resposta; a informação recebida pelo sujeito é diretamente proporcional à mudança da resposta. Em linhas gerais, costuma-se considerar mais adequado o *feedback* proporcional, já que oferece uma informação mais precisa, daí sua maior utilização.

Finalmente, e dependendo da continuidade do sinal de *feedback*, falamos de *feedback contínuo, descontínuo intermitente* ou *discreto*, conforme o sinal esteja constantemente presente ou só apareça a intervalos de tempo, respectivamente.

Por outro lado, esta classificação não esgota todas as modalidades de *feedback* e, assim, deve-se destacar alguns trabalhos interessantes nos quais se acrescenta um reforço externo e tangível pela superação das metas propostas no treinamento (Santee, Keister e Kleinman, 1980; Finley e cols., 1981). Quando trabalhamos com adultos, supomos que o conhecimento de alcançar um determinado nível de resposta fisiológica é suficientemente reforçador para incentivar o sujeito a continuar respondendo. Com crianças, esta suposição não parece ser tão clara, por isso é conveniente utilizar reforços explícitos de modo a aumentar a execução correta. O sistema desenvolvido por Finley e cols. (1981), para a reeducação motora de crianças com paralisia cerebral, é uma boa mostra deste tipo de procedimento.

As colocações anteriores poderiam fazer parte de uma análise sobre as possíveis variantes do procedimento habitual que acontece em BF. A nosso ver, estas e outras "variações" que alguns autores mencionaram, não implicariam tanto em falar de variantes de procedimento como tais, ao menos em sentido amplo, como tentar em cada caso a capacidade de controle da resposta, por parte do sujeito, através da busca de uma forma adequada e individualizada de apresentação da retroalimentação. Todavia, não há dúvida de que este tipo de proceder pode, às vezes, alterar significativamente o procedimento, introduzindo no mesmo outras técnicas comportamentais que, por si mesmas, podem facilitar a mudança de comportamento.

III. FUNDAMENTOS CONCEITUAIS

Como mencionou Vila (1980), o aspecto central da investigação básica em BF é o estudo do mecanismo e do processo que regulam a aprendizagem e o controle das respostas fisiológicas. Pelo que este refere, foi proposto um certo número de colocações teóricas para explicar o funcionamento das técnicas do BF. Cada uma delas ressalta diferentes aspectos causais para explicar esta possibilidade de controle das respostas fisiológicas, tendendo a maioria delas a ser explicações, em certa medida parciais, e que só dão conta de alguns dos processos implicados neste tipo de procedimento terapêutico (Puente e cols., 1985). Segundo Shapiro (1982), entre os modelos mais representativos, podemos destacar os seguintes: modelo operante, modelos operacionais (somático-musculares e cognitivos), modelo de aprendizagem de habilidades motoras e modelo cibernético ou de sistemas de controle auto-regulados.

O *modelo operante* foi, provavelmente, o que proporcionou um maior ímpeto inicial, tanto na investigação como na prática do BF. Como já vimos ao abordar a história, a investigação mais sistemática nesta área foi estimulada pela questão teórica básica de se determinadas respostas fisiológicas regidas pelo sistema nervoso autônomo poderiam ser estimuladas de maneira operante. A investigação gerada por esta proposta tentou demonstrar o controle de diferentes respostas específicas, utilizando diversos procedimentos de modelação e programas de reforçamento. Sendo assim, explicar o BF a partir de procedimentos operantes implica em considerar que o *feedback* que se facilita ao sujeito é uma modalidade particular de reforço. Enquanto que nos trabalhos típicos de condicionamento operante, o reforço consiste habitualmente numa recompensa ou punição explícitas e contingentes, normalmente de tipo primário ou incondicionado, no âmbito do BF a informação é proporcionada de uma forma que poderíamos chamar "neutra", através de mudanças em uma tela ou de variações na freqüência de um tom. Não obstante, e embora deva-se assinalar que nos trabalhos de BF os sujeitos estão muito influenciados por sua própria motivação para triunfar na tarefa ou pelo próprio reforço social do terapeuta, estas influências necessitam, segundo alguns autores, das qualidades concretas que apresenta o alimento para um organismo privado previamente do mesmo, ou dos estímulos aversivos tais como a descarga elétrica (Gaarder e Montgomery, 1981). Definitivamente, discute-se se o sinal de *feedback* atua como um reforçador no sentido estrito ou se, pelo contrário, opera graças a suas propriedades fundamentalmente informativas, sem que, até o momento, tenham provas conclusivas acerca do papel específico e relativo de ambas as variáveis (Yates, 1980).

Independentemente dos problemas mencionados, um aspecto que continua sendo controvertido refere-se a se, em última instância, este controle operante das respostas autônomas produz-se de forma direta ou mediada. Os defensores da segunda possibilidade têm postulado dois modelos mediacionais que apresentam explicações alternativas ao modelo operante. Estes modelos mediacionais se diferenciam entre si em função da variável que se postula como mediadora do processo, o que tem dado margem a falar de *mediação somático-muscular* e de *mediação cognitiva* (Carrobles e Godoy, 1987). De ambos os delineamentos não se discute a possibilidade de controle operante das respostas autônomas, mas, pelo contrário, o que se questiona é que este processo aconteça de forma direta, sem a ajuda da mediação do sistema musculoesquelético através da produção de determinados níveis de relaxamento muscular ou da manutenção de certo ritmo respiratório (Mulholland e Peper, 1971; Plotkin, 1976), ou mesmo de determinadas atividades de natureza cognitiva, tais como pensamentos ou imagens (Lazarus, 1975; Meichanbaum, 1976) [vejam-se os trabalhos de Benson (1975) e Holmes (1984) para analisar algumas das evidências disponíveis acerca desta problemática].

Os investigadores de pesquisa básica estão, no momento, em desacordo sobre se as mudanças autônomas alcançadas por meio do BF são ou não realmente secundárias às mudanças na atividade cognitiva ou somático-muscular. A investigação atual sobre esta possível aprendizagem ou controle mediado parece de interesse por si mesma, com independência de que possa esclarecernos ou não o último e definitivo mecanismo responsável pela eficácia do BF, já que apresenta incontestáveis explicações teórico-práticas. Entre estas poder-se-ia assinalar, como de uma grande transcendência, o aumento de nosso conhecimento e compreensão sobre as relações entre os níveis de funcionamento psicológico e fisiológico.

Finalmente, os modelos baseados na *aprendizagem de habilidades motoras* e na *aproximação cibernética* ou de *sistemas de controle auto-regulados*, apresentam certas similaridades enquanto dão ao sinal de *feedback* um valor fundamentalmente informativo, derivando-se a eficácia do BF deste conhecimento preciso que o sujeito tem a respeito da resposta-objetivo. Para o modelo das habilidades motoras (Lang, 1975), que pretende estender seus postulados ao que seus próprios defensores denominam de aprendizagem de habilidades autônomas, o BF implica, por parte do sujeito, na aprendizagem de uma tarefa altamente discriminativa que seja função direta da quantidade de informação disponível.

Com referência ao modelo cibernético, citaremos brevemente que tal modelo parte da consideração de que o organismo é formado por numerosos sistemas de *feedback* que, mediante um funcionamento automatizado, mantém sob controle o funcionamento do meio interno, situando-o em níveis ótimos de trabalho e garantindo definitivamente, a manutenção da homeostase (p. ex., controle da produção de corticóides). Nos casos em que o sistema de controle natural sofreu alguma anomalia ou desajuste (desregulação), como ocorre, por exemplo, nos transtornos psicofisiológicos, o BF seria um meio de impor a tais circuitos de feedback natural um sistema de *feedback* artificial, que proporcionaria ao sujeito informação dos mesmos e facilitaria assim seu controle (Gaarder e Montgomery, 1981).

Para terminar, só mencionaremos que outros modelos e explicações teóricas alternativas aos mencionados são o *modelo de discriminação* de Brener (1974) e o *modelo dos dois processos* de Lacroix (1981). Esta multiplicidade de modelos, assim como o solapamento de alguns deles, fazem com que estejamos de acordo com Puente e cols. (1985) em que um dos principais problemas que na atualidade tem suscitado as técnicas de BF seja, precisamente, dar conta dos processos que mediam ou facilitam este tipo de aprendizagem; ou seja, explicar de que maneira o sujeito utiliza a informação para regular seus processos internos.

IV. Procedimento

Neste aparte vamos nos referir ao modo prático de proceder na utilização clínica das técnicas de BF, especificando aqueles aspectos básicos que caracterizam a estrutura geral do tratamento e o papel que o terapeuta tem de desempenhar ao longo do mesmo. Embora o procedimento a seguir apresente certas peculiaridades, dependendo de variáveis tais como o tipo de técnica que se utilize (p. ex., BF eletromiográfico frente ao BF de freqüência cardíaca), transtorno que o sujeito apresenta (p. ex., doença de Raynaud frente a incontinência fecal), características específicas da situação de treinamento, etc., vamos apresentar um esquema geral de atuação que inclui os sucessivos passos que ocorrem em todo tratamento por BF. Para isto, vamos seguir o diagrama de blocos que se observa na figura 17.2, na qual se incluem como fases ou eixos básicos da estrutura geral do tratamento o seguinte: avaliação inicial, linha de base, fixação de metas, tratamento, sessões finais e seguimento.

IV.1. Avaliação inicial

Como ocorre em todo processo de intervenção comportamental em psicologia clínica, as primeiras sessões são dedicadas à avaliação do problema apresentado, o que proporcionará uma delimitação e definição do transtorno nas áreas cognitiva, motora e psicofisiológica. Neste momento, e fazendo uso de diferentes técnicas de avaliação (p. ex., entrevista, auto-observação, registros psicofisiológicos, etc.), deverão ser analisados tanto o caráter das alterações ou respostasproblema, como sua localização, intensidade e duração, dedicando uma especial

Figura 17.2. *Diagrama de blocos da estrutura do tratamento de biofeedback.*

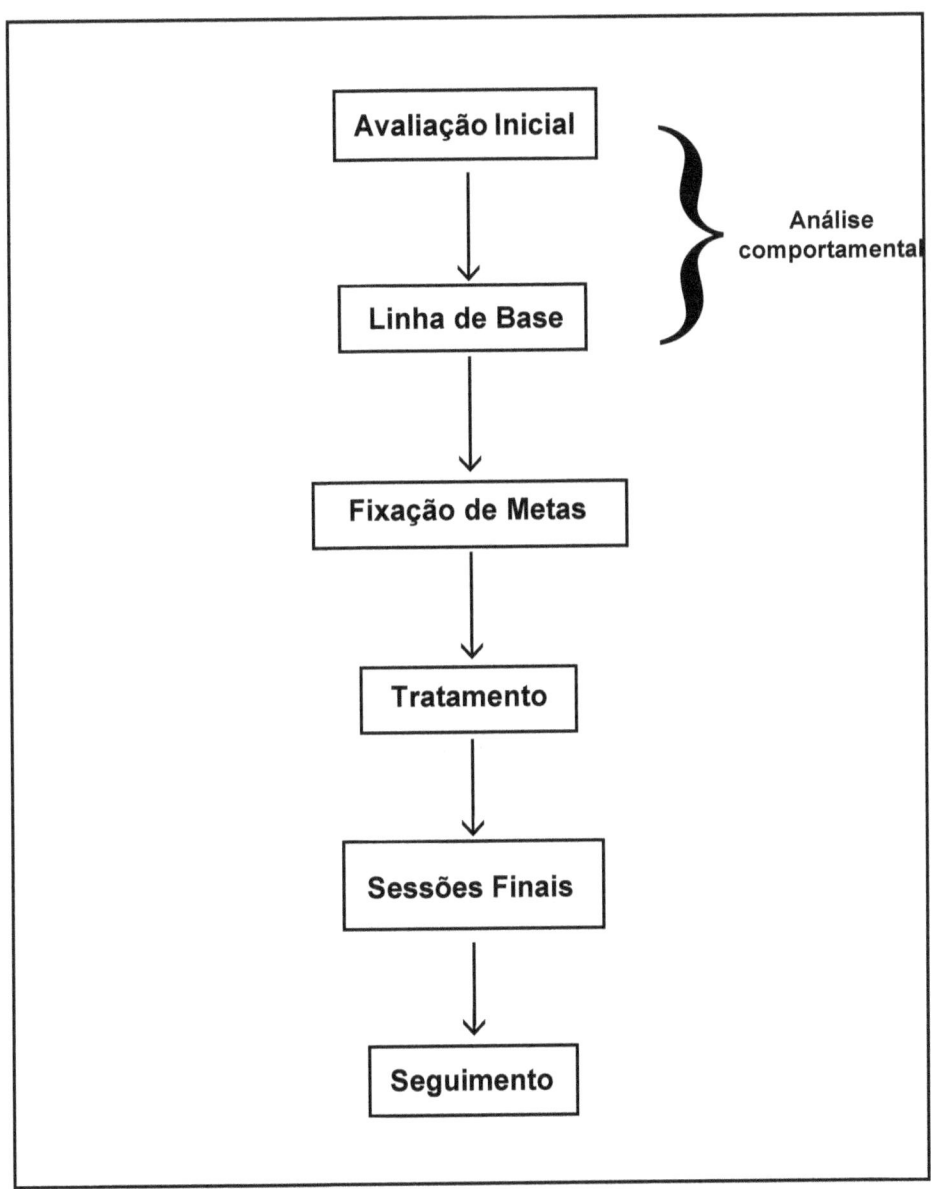

atenção à busca daqueles possíveis fatores que intensificam ou diminuem as enfermidades do sujeito. Definitivamente, trata-se de proceder à realização de uma *análise funcional,* a mais completa possível, do problema, análise que nos permite posteriormente estabelecer hipóteses funcionais a respeito de tal problema, do qual se derivará o tratamento a seguir e a conveniência da aplicação, ou não, do BF.

É igualmente interessante estabelecer a data aproximada do aparecimento do problema e sua forma de início, determinando como este influi nas diferentes facetas da vida diária do sujeito e em sua relação com outras pessoas. Esta análise das repercussões que o problema tem sobre a vida cotidiana do paciente (p. ex., na atividade profissional, em sua vida familiar ou em sua relação com amigos), nos oferecerá dados suscetíveis de se utilizar como indicadores de até que ponto ela está sendo incapacitante para ele.

Se se tratar de um indivíduo que esteve submetido a tratamentos prévios, deve-se especificar as características destes e seus resultados, podendo-se ainda solicitar um relatório sobre dados de investigações diagnósticas realizadas em outros centros ou instituições. Nestas sessões de avaliação inicial, será determinada igualmente a atitude do sujeito em relação ao seu problema, tanto no que se refere às causas que atribui ao aparecimento, manutenção e agravamento do mesmo, como ao tipo de tentativas de solução que buscou (por si mesmo ou recorrendo a profissionais de saúde).

Deve-se avaliar também possíveis alterações em outros níveis do funcionamento biológico, psicológico e social, embora estas não formem, a princípio, parte dos motivos que trouxeram o sujeito à consulta (p. ex., a avaliação de alterações em nível de linguagem, percepção ou memória em um sujeito com hemiplegia direita que nos é remetido para tratamento de "pé caído" por meio do BF). Não é necessário dizer que, dado o âmbito de aplicação das técnicas de BF e o caráter de muitos dos problemas tratados através das mesmas, será necessária uma exploração médica detalhada e minuciosa, que se desenvolverá paralelamente à avaliação comportamental, ambas fazendo parte desta primeira etapa, que denominamos genericamente de avaliação inicial do problema. Pelo que foi referido, é preciso fazer menção ao fato de que a especialização no campo do BF requer conhecimento da fisiologia humana, normal e patológica, e dos diferentes sistemas psicofisiológicos de resposta, a fim de evitar aproximações simplistas aos diversos problemas clínicos e poder programar intervenções adequadas e realistas.

Finalmente, o sujeito deverá ser questionado sobre as expectativas e a motivação com respeito ao tratamento com BF, recolhendo informações sobre o conhecimento que tenha acerca desta modalidade terapêutica e a via através da qual tenha vindo em busca deste tipo de ajuda.

IV.2. Linha de base

A análise comportamental iniciada na fase anterior tem sua continuidade no registro da *linha de base.* Durante esta etapa, tal como indicaram Gaarder e

Montgomery (1981), o objetivo fundamental que se persegue é obter um perfil dos níveis de atividade psicofisiológica ("perfil psicofisiológico" ou "perfil de reatividade psicofisiológica") do sujeito, sem administrar-lhe nenhum tipo de *feedback* e em condições tanto de relaxamento ou repouso como de ativação induzida experimentalmente. O procedimento para obter este perfil de ativação pode apresentar pequenas variações segundo os casos e, assim, para citar um exemplo, se estamos diante de um sujeito com patologia neuromuscular, este perfil fará obviamente referência aos níveis de potencial mioelétrico dos grupos musculares afetados em condições de relaxamento, esforço mínimo e esforço máximo, podendo-se realizar avaliações paralelas ou simultâneas de outras variáveis, tais como a velocidade de condução nervosa (por meio da eletroneurografia), qualidade de movimento das articulações implicadas e força da contração.

Ao estabelecer a linha de base é conveniente, antes de começar a efetuar o registro, a espera de um adequado período de adaptação aos aparelhos (aproximadamente 4 minutos) e a manutenção do registro em condições de relaxamento durante um tempo prudencial (em torno de 10 minutos). Por outro lado, as instruções que forem dadas ao sujeito devem ser claras e simples, indicando-lhe especificamente que sua tarefa consiste unicamente em permanecer tranqüilo e relaxado. Neste ponto, convém recordar e ter presente os critérios de técnicas gerais acerca do registro de qualquer resposta psicofisiológica, tais como preparo da pele, características e tipo de eletrodo a utilizar ou, em seu caso, transdutores, colocação adequada destes, controle de possíveis trabalhos mecânicos, etc.

As razões básicas que motivam a obtenção do perfil de reatividade psicofisiológica do sujeito durante a linha de base (que pode ser composta de uma ou várias sessões) podem ser resumidas em duas. Em primeiro lugar, ter um registro do nível inicial de resposta com o qual comparar o possível progresso do sujeito ao longo do tratamento. Em segundo lugar, imediatamente selecionar a variável sobre a qual vamos trabalhar, oferecendo *feedback* desta ao sujeito. Por isso, a obtenção deste perfil implica na detecção e registro simultâneo de diversas respostas psicofisiológicas, especialmente quando o terapeuta ainda não está certo sobre em que resposta específica intervir (p. ex., problemas de *stress*).

Ao longo da linha de base, pode igualmente ser de interesse tomar outro tipo de medidas. Neste sentido, costuma ser freqüente a utilização de auto-registro, que nos ajudará a identificar os fatores que facilitam, e inclusive provocam, o aparecimento da resposta não desejada e a determinar a freqüência, intensidade e duração da mesma, aspectos que já comentamos no aparte anterior. O emprego deste tipo de instrumentos ou técnicas de avaliação costuma-se prolongar até o final do tratamento e, inclusive, até o seguimento.

Chegando a este ponto, podemos dar por terminada a análise comportamental, que incluía, em nosso esquema, os dois primeiros apartes conhecidos como avaliação inicial e linha de base. Em seguida, entraríamos na fase a qual poderíamos denominar de "fixação de metas".

IV.3. Fixação de metas

Os aspectos essenciais que definem esta fase são o *estabelecimento do programa comportamental* a seguir, com base nas técnicas de BF, e a *delimitação específica dos objetivos* a alcançar ao longo do tratamento. Neste sentido, convém ter presente que em BF procede-se sempre de forma gradual, através do estabelecimento de metas explícitas e próximas que contribuem para alcançar outras futuras, quer dizer, através de um processo de modelação ou reforçamento gradual de respostas que sucessivamente vão se aproximando da resposta-meta que se deseja alcançar. Como se poderá supor, a meta última e definitiva que se persegue é o controle, por parte do sujeito, da resposta fisiológica objeto de treinamento, e a redução ou eliminação dos sintomas que o sujeito apresente.

Além da fixação dos objetivos a alcançar, deve-se explicar ao sujeito, de um modo facilmente compreensível para ele, qual é o fundamento da terapia, em que consiste e como funciona. Deve-se transmitir-lhe, igualmente, qual é o papel que desempenham os aparelhos, realizando inclusive uma demonstração de seu funcionamento. Também deverá ser explicitado de forma muito clara qual é a tarefa que o paciente deverá realizar ao longo do treinamento e como deve guiar seu esforço através da informação proveniente do aparelho e do próprio terapeuta (Basmajian e Hatch, 1979). A informação que se dá ao paciente sobre a técnica de BF é de vital importância, já que parece ter sido demonstrado que o grau de melhora do sujeito depende, em grande medida, de seu próprio conhecimento da técnica e da motivação da tarefa, por isso é que se deve cuidar da informação que vamos dar-lhe. Quanto mais ampla e precisa for a informação que o sujeito possua sobre o BF, mais eficaz se manifesta a técnica (Marcos, 1986).

Como assinalou Labrador (1984), esta informação que se apresenta ao sujeito deverá incluir pelo menos o seguinte:

a. Exposição de um modelo que conceitualize o distúrbio que o sujeito apresenta.

b. Assinalar a possibilidade de controle da resposta alterada, através do treinamento direto em seu controle ou de modificações em nível cognitivo.

c. Explicação do que é e como funciona o BF.

d. Esclarecer o papel que desempenham os diferentes instrumentos que vão ser utilizados.

e. Determinar qual é o objetivo último do tratamento.

f. Explicar qual é a tarefa do sujeito e o que deve realizar ao longo das sessões.

Uma vez que estejamos seguros de que o paciente compreende perfeitamente a tarefa recomendada e assume seu papel predominantemente ativo no processo, passa-se à fase de tratamento.

IV.4. Tratamento

Depois de colocar no lugar corporal adequado os eletrodos ou, em alguns casos, os transdutores, e transcorrido o período de adaptação, que pode ser aproveitado para dialogar com o sujeito sobre aspectos relacionados com a terapia ou sobre fatos que tenham acontecido desde a sessão anterior, e que nos ajudarão a promover uma boa aliança de trabalho, anima-se o sujeito para que produza uma *mudança na resposta* aproveitando-se da ajuda da retroalimentação proveniente do monitor de *feedback* e da informação proporcionada pelo próprio terapeuta. A direção da mudança dependerá, logicamente, do problema que o sujeito apresente podendo ser tanto uma diminuição nos níveis de resposta (p. ex., cefaléias tensionais, hipertensão, controle da espasticidade muscular, etc.), como um aumento dos mesmos (p. ex., impotência, paralisias flácidas, incontinência fecal, etc.). Inclusive, em alguns problemas concretos, o sujeito deve ser treinado para produzir tanto incrementos como decréscimos (p. ex., diminuição da atividade dos músculos espásticos e incremento da atividade nos músculos antagonistas correspondentes, quando se trata de possibilitar a recuperação da marcha em hemiplégicos). Não obstante, na maioria dos casos, o treinamento costuma ser unidirecional e não bidirecional.

Cada sessão costuma ter uma duração média de 30 a 60 minutos, realizando-se geralmente não menos que duas a três vezes por semana. A vantagem que apresenta o fato de espaçar um pouco as sessões de treinamento é que se pode ir recolhendo informações sobre o grau de controle que vai se produzindo na resposta sob estudo e sobre a generalização do treinamento (Labrador, 1984). No decorrer de cada sessão efetua-se uma série de ensaios, os quais são variáveis tanto em número como em duração, dependendo do problema que estejamos tratando, da resposta objeto de treinamento e das próprias características do sujeito. Assim, e no que se refere ao controle de respostas autônomas, podemos estabelecer como duração média aproximada de cada ensaio, cerca de quatro minutos. Pelo contrário, e em campos como o da reabilitação neuromuscular, quando o objetivo é incrementar a atividade-EMG de um músculo particular ou a hierarquia de movimento de uma determinada articulação, trata-se de que o sujeito tente aumentar tal resposta realizando um esforço máximo cuja duração pode-se estabelecer em aproximadamente 10 segundos.

Pelos motivos enumerados, compreende-se que são importantes os períodos de descanso de pelo menos 1 minuto entre cada ensaio (intervalo interensaios), já que o esforço e a concentração exigidos do sujeito são elevados, pelo que a ausência ou excessiva brevidade destes períodos o fatigariam rápido e inibiriam a capacidade de controle da resposta por parte do paciente.

Ao início de cada sessão, deve-se realizar uma avaliação da resposta que servirá como linha de base, e posteriormente se começará o treinamento, ajustando o sinal de *feedback* (com o correspondente mando de umbral ou limiar) às necessidades do paciente, tal como requer a utilização do princípio de modelação por aproximações sucessivas.

O terapeuta deve ter um papel muito ativo durante as sessões de tratamento, o qual pode-se especificar nos seguintes pontos:

a. Ajudar e incentivar continuamente o paciente por meio da administração cuidadosa de *feedback* e reforço verbal.

b. Pôr um pouco mais altas as metas do ensaio seguinte.

c. Comprovar e controlar que os eletrodos estejam bem conectados e que não tenham se deslocado de seu lugar.

d. Criar um clima de trabalho e colaboração que favoreça o interesse e o esforço do paciente.

e. Mudar a posição do sujeito, se for necessário, para obter melhores resultados.

f. Ajudar o sujeito a pôr em ação estratégias que possam facilitar o controle da resposta de interesse (p. ex., imagens mentais, exercícios de tensão-relaxamento, etc.).

g. Tentar centrar a atenção do sujeito nas sensações interoceptivas e proprioceptivas que acompanham determinados níveis de resposta.

Como já assinalamos anteriormente, é importante considerar que as metas fixadas devem ser facilmente alcançáveis pelo sujeito, desenvolvendo uma modelação adequada e precisa da resposta. Se estamos certos de que, por exemplo, o sujeito pode alcançar uma atividade-EMG de 30 μV, só lhe pediremos 25, de modo que aumentará sua motivação e disporá de reforços alcançáveis (Bandura e Cervone, 1983). Pouco a pouco iremos incentivando-o para que produza incrementos da resposta cada vez maiores.

Em algumas ocasiões, introduz-se nesta fase a "prática em casa" ou *tarefas para casa,* o que facilitará a generalização das habilidades aprendidas por meio de um sobreaprendizado. Neste sentido, alguns terapeutas dispõem de aparelhos de BF portáteis que o paciente leva para sua casa para praticar duas ou três vezes por dia.

IV.5. Sessões finais

A fase seguinte do tratamento sobrevém ao chegar às sessões finais ou terminais. Aqui se começa a retirar paulatinamente o sinal de *feedback,* enquanto o paciente tenta produzir uma determinada mudança na resposta. Isto se realiza em diferentes situações e posições. Não se pode dizer que o tratamento de BF tenha tido êxito até que o paciente controle a resposta na ausência de *feedback.* Assim, depois que uma resposta foi condicionada sob reforços contínuos, o *feedback* vai sendo atenuado de forma progressiva (programa de reforço intermitente) até o ponto em que a pessoa seja capaz de conseguir um controle suficiente, tanto com a ajuda do *feedback* como sem ele, e tanto na situação clínica como fora dela.

Além da atenuação do *feedback,* pode ser de interesse para este objetivo a sobreaprendizagem da resposta-meta. Neste sentido, deve-se destacar que se uma resposta não está superaprendida, a capacidade de controlá-la pode sofrer interferências de diferentes agentes. Embora a curva de aprendizagem tenha se estabilizado em um ponto, é possível que ainda não tenha acontecido a sobreaprendizagem suficiente para preparar uma resposta duradoura e estável.

Igualmente, pode-se preparar o sujeito para a transferência e a manutenção, nas situações da vida real, da auto-regulação fisiológica aprendida na clínica ou no laboratório, por meio de procedimentos de controle de estímulos e do treinamento em condições atípicas ou difíceis (Lynn e Freedman, 1981).

IV.6. Seguimento

Finalmente, entra-se no seguimento, última fase da terapia de BF, ao longo da qual, e em períodos de tempo previamente determinados, medem-se as respostas, na ausência de *feedback*, para analisar a evolução do sujeito e observar se o grau de controle alcançado foi perdido ou deteriorado.

O mais habitual é que os períodos de seguimento sejam estabelecidos ao fim de um, três, seis e doze meses. Finalizado o seguimento, caso não se observem alterações no controle da resposta, dá-se por terminado o processo terapêutico. Caso contrário, será preciso revisar o processo, detectar as possíveis anomalias e instaurar as medidas terapêuticas que se considerem mais oportunas para a resolução satisfatória do problema que afeta o sujeito.

V. Aplicações Clínicas

V.1. Disfunções cardiovasculares

As técnicas de BF têm sido utilizadas fundamentalmente em três variedades de transtornos: arritmias, hipertensão e distúrbios circulatórios periféricos.

V.1.1. Arritmias

As arritmias podem ser caracterizadas como alterações na freqüência do batimento cardíaco ou na formação ou condução do impulso que o gera. Nesta área, os principais tipos de transtornos que têm sido tratados com BF são a taquicardia sinusal (Scott e cols., 1973; Blanchard e Abel, 1976; Labrador, 1983) e as contrações ventriculares prematuras (Pickering e Miller, 1977; Brody, Davidson e Brody, 1985), se bem que foram realizadas algumas aplicações em outros transtornos, como é o caso da síndrome de Wolff-Parkinson-White (Bleecker e Engel, 1973).

A maioria dos trabalhos realizados tem utilizado BF de freqüência cardíaca, só ou em combinação com outras técnicas comportamentais. Esta modalidade de BF implica na medição da freqüência do batimento cardíaco, informando-se imediatamente ao sujeito o número de pulsações por minuto, efetuando-se tal medição de forma direta, a partir do sinal do eletrocardiograma (ECG), ou mesmo de forma indireta, a partir do pulso e mediante o emprego de transdutores, tanto fotoelétricos como de pressão.

Em linhas gerais, os resultados obtidos com o emprego das técnicas de BF no campo das arritmias são muito positivos, especialmente se levarmos em conta que o tratamento farmacológico destes transtornos apresenta, freqüentemente, fortes efeitos secundários e baixas taxas de aderência. Se for ensinado a estes sujeitos como controlar suas respostas cardiovasculares até o ponto de não precisar tomar medicação, ou se pelo menos possibilita-se um funcionamento adequado do sistema cardiovascular com o emprego de medicamentos menos potentes ou em doses mais reduzidas, os riscos inerentes a este tipo de transtorno seriam reduzidos consideravelmente. Por estes motivos, parece conveniente fomentar a investigação clínica deste tipo de transtorno mediante a realização de estudos controlados que incluam períodos de seguimento prolongados e controles adequados.

V.1.2. Hipertensão

A hipertensão refere-se a um incremento nos níveis de pressão arterial acima dos 140 mm Hg para a pressão sistólica e de 90 mm Hg para a pressão diastólica. A maior parte dos estudos realizados com BF foi centrada na denominada hipertensão essencial ou idiopática, que se refere a uma elevação anômala nos níveis de pressão na ausência de causa orgânica identificável.

As investigações realizadas sobre o tratamento da hipertensão por meio do BF podem ser agrupadas em duas categorias. Uma primeira, agruparia aqueles trabalhos nos quais a variável fisiológica que é retroalimentada pelo sujeito é a própria pressão arterial, através do esfignomanômetro (que proporciona um *feedback* discreto e binário) ou da análise da velocidade do pulso sangüíneo (que apesar de ser também uma medida indireta da pressão não apresenta os problemas da anterior, proporcionando uma informação mais contínua) (Labrador, 1984). Uma segunda categoria agruparia aqueles estudos nos quais o *feedback* proporcionado não é da própria pressão arterial, mas de variáveis como a atividade eletrodérmica, eletromiográfica, temperatura da pele, etc. Os sujeitos serão instruídos a controlar estas outras respostas fisiológicas, enquanto se examinam as possíveis alterações concomitantes nos níveis de pressão.

Em linhas gerais, como mencionaram Pegalajar e Vila (1985), está ainda para ser demonstrada a utilidade específica do BF para o tratamento da hipertensão, já que os resultados obtidos nos diferentes estudos indicam padrões inconsistentes de melhora (Elder e Eutis, 1975; Goldstein e cols., 1982; McGrady e cols., 1983) [veja Shapiro e Goldstein (1982) para uma análise de alguns dos possíveis fatores explicativos desta disparidade de resultados]. Um aspecto de especial importância, que se refere a isto, é o desconhecimento de se os efeitos fisiológicos das diferentes modalidades de BF são semelhantes ou se, pelo contrário, diferem. Assim, não está claro se um procedimento concreto ocasiona diminuição na pressão arterial através de uma redução da saída cardíaca, da resistência periférica, ou de ambas simultaneamente. Inclusive as revisões realizadas (Shapiro, 1980) têm destacado que tanto os procedimentos de BF como o relaxamento produzem efeitos comparáveis sobre a normalização dos valores de pressão arterial, sem deixar claro a significação clínica dos mesmos.

V.1.3. Transtornos circulatórios periféricos

Nesta área destacam-se as aplicações das técnicas de BF às enxaquecas e à doença de Raynaud.

Enxaquecas

As técnicas de BF mais freqüentemente utilizadas no tratamento das enxaquecas têm sido o BF de temperatura (ST-BF) e o BF de resposta vasomotora (VMR-BF), se bem que têm sido realizados alguns trabalhos utilizando também BF eletromiográfico.

Com respeito ao BF de temperatura (ST-BF), diremos que este informa as alterações na temperatura superficial ou cutânea de uma zona previamente selecionada da superfície do corpo (Gaarder e Montgomery, 1981). Como se sabe, a temperatura da pele é uma função da circulação superficial, da temperatura ambiente e da circulação de ar ao redor da zona na qual se vai realizar a medida, pela qual a detecção e registro da mesma através de termosensores são empregados habitualmente como medida indireta da circulação periférica, de modo a detectar deficiência no sistema circulatório. Desde as primeiras aplicações do ST-BF ao tratamento das enxaquecas (Sargent, Green e Walters, 1972), têm-se realizado numerosos estudos destinados a avaliar a eficácia desta técnica isolada ou em combinação com o treinamento autógeno e outras técnicas de relaxamento (Kewman e Roberts, 1980; Gamble e Elder, 1983; Sargent e cols., 1986). De acordo com Blanchard e Andrasik (1987) podemos concluir, a partir dos diferentes estudos, que o ST-BF combinado com treinamento autógeno apresenta efeitos claramente superiores aos da mera auto-observação ou auto-registro de episódios de dor e à aplicação isolada do ST-BF. Contudo, não parece estar tão claro se esta combinação é mais eficaz do que o treinamento em relaxamento isolado.

Com respeito ao VMR-BF, devemos dizer que, a princípio, é uma modalidade terapêutica muito mais específica que a anterior, para o tratamento das enxaquecas, já que facilita ao sujeito informação sobre o volume sangüíneo das artérias extracraniais, geralmente a artéria temporal, e através de transdutores fotoelétricos (Fernández Abascal e Roa, 1983). As aplicações realizadas utilizando-se esta técnica (Bild e Adams, 1980; Gauthier e cols., 1983) mostram que, em geral, trata-se de um procedimento eficaz, provavelmente a técnica de BF com mais utilidade potencial neste campo, apesar de que os estudos comparativos não são consistentes na hora de determinar as vantagens de alguns métodos sobre outros (Carrobles e Godoy, 1987). Se a isto se acrescentar a falta de critérios apropriados para a definição das enxaquecas (Yates, 1980) e os numerosos problemas metodológicos que caracterizam grande parte dos estudos clínicos realizados (Aguilar, 1984), então parece necessário um maior aprofundamento nesta área e uma reconsideração das proposições básicas que levaram os investigadores a propor algumas destas modalidades de tratamento. Neste sentido, poderia ser muito proveitoso orientar a investigação a partir dos modelos propostos por Bakal e Kaganov (1979) e Vallejo e Labrador (1983).

Doença de Raynaud

A doença de Raynaud é um distúrbio da circulação periférica caracterizado por vasoespasmos episódicos e alteração na coloração da pele associada aos mesmos, que se apresentam, fundamentalmente, nos dedos das mãos – raramente no polegar –, algumas vezes nos pés, e ocasionalmente com progressão do espasmo desde os dedos até as articulações do cotovelo ou do joelho. A etiologia deste distúrbio em sua forma idiopática não está clara, tendo-se proposto até então numerosas hipóteses explicativas do mesmo (Simón, 1988). Por outro lado, a eficácia dos tratamentos médicos atuais, tanto cirúrgicos (simpatectomia) como farmacológicos (com agentes que suprimem a atividade vasomotora simpática), é muito questionável (Surwit, 1982).

Visto que a doença de Raynaud está associada à vasoconstrição e ao fluxo sangüíneo periférico reduzido, os tratamentos com BF têm sido fundamentalmente de dois tipos: VMR-BF (Shapiro e Schwartz, 1972; Roa, 1987) e ST-BF (Freedman, Ianni e Wenig, 1983; Crockett e Bilsker, 1984).

As investigações controladas realizadas até o momento têm mostrado que, entre 67% e 92% dos sujeitos com doença de Raynaud tratados com ST-BF obtêm reduções significativas na freqüência e intensidade dos sintomas, e que tais benefícios terapêuticos mantêm-se por pelo menos três anos após o tratamento, efeitos que segundo os últimos estudos não parecem ocorrer com outras modalidades comportamentais de intervenção, como o treinamento em relaxamento (Freedman e cols., 1988).

Como ocorre com outros distúrbios, os tratamentos combinados têm dado, em geral, resultados muito positivos (Aguado, Cañas e Campos, 1983).

V.2. Distúrbios gastrointestinais

Desde os anos 70, diversos tipos de distúrbios gastrointestinais têm sido tratados por meio de técnicas de BF, representando uma de suas áreas mais recentes de desenvolvimento (Ray e cols., 1979). Dentre os relativamente escassos trabalhos realizados neste amplo e diverso grupo de distúrbios, deve-se destacar as aplicações à incontinência fecal, à síndrome do cólon irritável e a úlceras pépticas.

V.2.1. Incontinência fecal

Em condições normais, o relaxamento refletido do esfíncter anal interno provocado pela entrada de matéria fecal no reto (reflexo reto-anal inibitório) é compensado por uma breve contração voluntária do esfíncter anal externo, a qual possibilita o controle da evacuação das fezes. Deste modo, a continência depende da capacidade do sujeito para perceber a distensão retal e tensionar os músculos perianais apropriadamente. No entanto, em alguns casos a resposta do esfíncter anal externo não se apresenta ou está debilitada.

Para o tratamento da incontinência fecal por meio de BF foram descritos dois tipos diferentes de técnicas: BF de pressão do esfíncter anal (ASP-BF) e BF eletromiográfico (EMG-BF).

O ASP-BF foi descrito originalmente por Engel, Nikoomanesch e Schuster (1974) como uma possível modalidade de tratamento para sujeitos com incontinência fecal. Esta técnica requer inserir um tubo de polietileno dentro do canal anal e do reto, ao qual são acoplados três globos que se encontram conectados a transdutores de pressão, e que nos permitem detectar, registrar e proporcionar feedback das respostas dos esfíncteres anais interno e externo à distensão retal (Whitehead, Burgio e Engel, 1985).

O EMG-BF é uma técnica destinada ao registro e retroalimentação das alterações elétricas que se produzem na musculatura estriada, geralmente através de eletrodos em contato com a pele situada acima do músculo (eletrodos de superfície). Definitivamente, proporciona-se ao sujeito informação contingente à própria atividade mioelétrica, a fim de ensinar o sujeito a controlar tal sucesso fisiológico (Mulder e Hulstijn, 1984). Nesta área, temos utilizado o EMG-BF para conseguir o controle do esfíncter anal externo e produzir uma resposta adequada de contração do mesmo. Como assinalaram Carrobles e Godoy (1987), este procedimento implica na utilização de um tampão anal que contém os eletrodos de contato utilizados para medir e retroalimentar no sujeito a atividade-EMG do esfíncter anal externo, instruindo especificamente o paciente para que aumente a contração do mesmo. Mesmo que os resultados obtidos com esta modalidade terapêutica tenham sido muito positivos (Haskell e Rovner, 1967; MacLeod, 1983), deve-se mencionar, que em comparação com a técnica anterior, pode apresentar a desvantagem de que não ensina diretamente o sujeito a coordenar as contrações do esfíncter com as dimensões retais, apresentando-se inicialmente como uma forma menos adequada para melhorar a consciência de distensão retal do sujeito.

V.2.2. Síndrome do cólon irritável

É conhecida pelo nome de síndrome do cólon irritável um distúrbio motor do trato gastrointestinal caracterizado por dor abdominal e transtornos da evacuação intestinal (só diarréia ou alternado com prisão de ventre) na ausência de lesões orgânicas morfológicas demonstráveis. No tratamento deste distúrbio por meio do BF, têm-se utilizado fundamentalmente dois tipos de técnicas. Por um lado, procedimentos destinados a reduzir de forma específica a motilidade do cólon, tais como o *feedback* dos ruídos abdominais (BS-BF) e o *feedback* direto das contrações do cólon (CC-BF). Por outro lado, procedimentos supostamente destinados a ensinar o paciente a reduzir a ativação emocional, tais como o EMG-BF e o ST-BF, isolados ou em combinação com outras técnicas comportamentais (p. ex., dessensibilização sistemática).

O procedimento do BS-BF foi a primeira modalidade de tratamento através de BF proposta para os sujeitos com síndrome do cólon irritável. Este procedimento, aplicado com êxito por Furman (1973), implica na detecção periférica dos ruídos abdominais (sons produzidos como resultado do movimento dos intestinos), por meio de um estetoscópio eletrônico fixado no ventre. No entanto, alguns pesquisadores não foram capazes de replicar estes achados (Weinstock, 1976).

Este interesse em estudar a possibilidade de reduzir a motilidade do cólon tem levado alguns autores a utilizar *feedback* direto das próprias contrações deste, detectadas por meio de um globo introduzido no cólon distal através de um tubo (Bueno-Miranda, Cerulli e Schuster, 1976). Apesar deste procedimento parecer modificar diretamente a motilidade do cólon distal, o valor clínico do mesmo não tem sido bem estabelecido.

V.2.3. Úlceras pépticas

Embora a etiologia das úlceras gástricas e duodenais não esteja totalmente esclarecida, tendo-se proposto diversas hipóteses etiológicas das mesmas, existe uma ampla evidência experimental que assinala como causa mais próxima do problema um aumento na secreção de ácido clorídrico e de pepsina. Por este motivo, têm sido realizados alguns estudos destinados a ensinar os sujeitos a modificar e controlar voluntariamente a secreção de ácido gástrico por meio de técnica de BF.

A aproximação mais original e específica foi medir o pH dos conteúdos gástricos e proporcionar ao sujeito *feedback* do mesmo (pH-BF). Este procedimento admite duas modalidades básicas. Por um lado, a medição dos níveis de pH através de um eletrodo de vidro fixado no extremo de um tubo que se introduz diretamente no estômago através da boca e do esôfago (denominado eletrodo gástrico para medir o pH). Por outro lado, a detecção externa do pH mediante a aspiração prévia dos conteúdos gástricos. Embora tenha-se encontrado que a secreção de ácido gástrico pode ser modificada mediante procedimentos de *feedback* do pH estomacal, é necessário demonstrar até que ponto este procedimento pode ser alternativo à terapêutica com antiácidos ou cimetidina.

Alguns autores têm utilizado procedimentos como o EMG-BF frontal em combinação com o treinamento em relaxamento ou com terapia cognitiva (Beaty, 1976; Aleo e Nicassio, 1978), obtendo-se resultados positivos, especialmente quando são ensinadas ao sujeito estratégias de afrontamento ante situações de *stress*.

V.3. Transtornos neuromusculares

Os transtornos neuromusculares representam, sem dúvida alguma, a área onde as técnicas de BF têm mostrado maior utilidade e validade, demonstrando seu valor não só como técnicas complementares aos clássicos procedimentos fisioterápicos, mas também, como procedimentos reabilitadores alternativos. As técnicas mais usuais neste contexto são o EMG-BF e o BF eletrocinesiológico (EKL-EF). A respeito deste último, temos que dizer que implica em retroalimentar no sujeito, não a atividade-EMG de determinados músculos, mas a própria qualidade de movimento da articulação implicada detectada normalmente através de um eletrogoniômetro (Simón e Ferreiro, 1985).

No terreno da reabilitação neuromuscular, a terapêutica com BF tem se dirigido fundamentalmente para três vertentes (Carrobles e Godoy, 1987): inibição ou diminuição da atividade de músculos espásticos, aumento de atividade em músculos flácidos e incremento do controle preciso do movimento.

Atualmente, existe uma grande evidência de mudanças relevantes clinicamente com treinamento em BF baseadas em numerosos ensaios clínicos e dentro de variados transtornos neuromusculares, entre os quais se poderiam enumerar a hemiplegia (Basmajian, 1981; Wolf e Binder-Macleod, 1983; Inglis e cols., 1984; Mulder, Hulstijn e Van der Meer, 1986), paralisia cerebral (Finely e cols., 1981; Seeger e Caudrey, 1983), síndrome de Guillain-Barre (Ince e Leon, 1986; Ince e Brenes, 1987), paralisia facial (Godoy e Riquelme, 1985; Nudleman e Starr, 1983) e torcicolo espasmódico (Brudny, Grynbaum e Korein, 1974; Gildenberg, 1981; Harrison e cols., 1985), entre outros.

V.4. Outros distúrbios

Entre as aplicações do BF a outros tipos de transtornos, poderíamos enumerar brevemente as referentes ao tratamento da epilepsia, a síndrome temporomandibular, o bruxismo, a asma, a dismenorréia primária, as disfunções sexuais, as cefaléias tensionais e os problemas de ansiedade, entre outros.

Neste aparte, só nos estenderemos um pouco mais sobre o problema da epilepsia. A maioria dos trabalhos sobre este problema tem utilizado *feedback* do ritmo sensoriomotor (SMR-BF) (12-15 Hz). Este procedimento implica em detecção, desde o couro cabeludo, da atividade elétrica da área sensoriomotora, proporcionando informação ao sujeito sobre o grau de produção de atividade no período de 12 a 15 Hz. Postula-se que o incremento na produção deste ritmo ocasionará uma diminuição na ocorrência, gravidade e duração dos ataques. Em conjunto, os diferentes trabalhos publicados assinalam que esta modalidade terapêutica apresenta resultados muito alentadores no que se refere à redução dos ataques epiléticos e à possibilidade de diminuir a dosagem de medicação anticonvulsiva (Sterman, 1977; Lubar e cols., 1981).

VI. Comentários Finais

Antes de terminar este capítulo, é necessário insistir em que o BF não é uma técnica isolada que possa ser descontextualizada, mas pelo contrário, como já foi mencionado, está inserida no marco mais amplo da medicina comportamental ou, como prefiram, da modificação do comportamento aplicada ao âmbito biomédico. Este aspecto deve ser sublinhado convenientemente, já que é de grande importância tanto na hora de avaliar os problemas que os sujeitos apresentam, como para pôr imediatamente em ação programas adequados de intervenção. Em algumas ocasiões, os efeitos paradoxais observados na aplicação clínica do BF em uma área particular, são devidos precisamente a uma inadequada aplicação do procedimento de intervenção. Assim, por exemplo, alguns clínicos consideram o BF como uma técnica a ser aplicada somente em situação específica, onde a pessoa é incentivada a usar o *feedback* para regular seu próprio meio interno e reduzir seus sintomas, e tudo isso por considerá-los processos em si mesmos. Esta é, sem dúvida, uma visão muito limitada do BF. Os que acreditam atuar sobre uma resposta através do BF, não consideram o fato de que isto contém uma modificação do conjunto do sistema onde esta resposta é só um dos elementos constitutivos, e passam por alto uma análise funcional pormenorizada do conjunto dos comportamentos do sujeito, tanto em nível psicofisiológico como no motor e no cognitivo. A partir desta colocação, o procedimento utilizado para ensinar um sujeito a modificar uma determinada resposta psicofisiológica pode não ter sentido na clínica, se não corrigirmos essa disfunção no contexto geral da vida deste, se não o ajudarmos a corrigir os fatores externos e se não definirmos, além disso, uma resposta alternativa. Trata-se, definitivamente, de considerar que as respostas psicofisiológicas não são fenômenos isolados, e que a própria utilidade do BF depende, em última instância, da capacidade do terapeuta para dar andamento a um plano de tratamento biocomportamental integrado. Destes aspectos, deduz-se que mesmo que o *feedback* que o sujeito receba seja essencial ao controle da resposta, esta informação, por si mesma, não tem um poder intrínseco para gerar tal mudança, senão que esta capacidade se assenta no próprio sujeito que participa do treinamento. Utilizando a metáfora de Schellenberger e Green (1986), podemos dizer que o "fantasma não está na caixa", quer dizer, que não podemos supor uma capacidade ao aparelho de biofeedback para produzir, por si mesmo, tal controle ou auto-regulação fisiológica.

Os comentários precedentes nos levam a sentir a necessidade de realizar um debate teórico profundo sobre os resultados obtidos nos diferentes âmbitos de aplicação do BF e dos princípios postulados para a explicação dos mesmos. Neste sentido, parece evidente que a ausência de um modelo explicativo que dê conta dos processos implicados neste tipo de aprendizagem, dificulta enormemente o desenvolvimento tanto do BF em particular, como da medicina comportamental em geral.

Finalmente, e com referência à eficácia clínica do BF em seus diferentes campos de aplicação, é necessário recomendar certa precaução frente a uma utilização pouco crítica do mesmo, em âmbitos nos quais seu valor terapêutico está ainda para ser determinado. Por isso, a investigação futura deve centrar-se na realização de estudos controlados que, mediante a utilização de uma metodologia apropriada, dêem respostas às interrogações inseridas em algumas áreas, tanto sobre o mecanismo de ação das diversas técnicas de BF, como de sua eficácia relativa frente a outros procedimentos de intervenção, comportamentais ou biomédicos.

VII. Leituras Recomendadas

Basmajian, J. V., *Biofeedback. Principles and practice for clinicians* (2.ª ed.), Baltimore, Williams and Wilkins, 1983.

Blanchard, E. B. y Epstein, L. H., *A biofeedback primer,* Reading, Mass., Addison-Wesley, 1978.

Carrobles, J. A. y Godoy, J., *Biofeedback. Principios y aplicaciones,* Barcelona, Martínez Roca, 1987.

Hatch, J. P., Fisher, J. G. y Rugh, J. D. (comps.), *Biofeedback. Studies in clinical efficacy,* Nueva York, Plenum Press, 1987.

Labrador, F. J., «Técnicas de biofeedback», en J. Mayor y F. J. Labrador (comps.), *Manual de modificación de conducta,* Madrid, Alhambra, 1984.

Shellenberger, R. y Green, J. A., *From the ghost in the box to successful biofeedback training,* Greeley, Colorado, Pioneer Press, 1986.

Simón, M. A., *Biofeedback y rehabilitación,* Valencia, Promolibro, 1989.

QUINTA PARTE

TÉCNICAS BASEADAS PRINCIPALMENTE NA TEORIA DA APRENDIZAGEM SOCIAL

18. O Treinamento em Habilidades Sociais

Vicente E. Caballo

I. Introdução

O *treinamento em habilidades sociais (THS)* é uma das técnicas de terapia comportamental mais utilizadas atualmente. Porém, também é uma das mais difíceis, já que requer conhecimentos de diversas áreas da psicologia e, além disso, encontra-se notavelmente determinada pela subcultura na qual ocorre o comportamento que vai ser treinado. Muitos outros fatores podem constituir aspectos controvertidos da técnica. Todavia, neste capítulo não vamos nos deter em assuntos teóricos, mas tentaremos desenvolver uma exposição eminentemente prática, que ofereça uma seqüência estruturada ao leitor interessado no conhecimento do THS. A primeira parte será dedicada aos elementos históricos, conceituais e empíricos da técnica, para centrarmo-nos depois, fundamentalmente, no procedimento e seus elementos, e continuar com a descrição de algumas estratégias úteis para o formato grupal, finalizando com um breve aparte sobre a aplicação do THS.

II. Breve História da Formação das Habilidades Sociais

O campo das *habilidades sociais (HHSS)*, que teve sua época de maior difusão em meados dos anos 70, continua sendo uma área de contínua pesquisa e aplicação. Atualmente, continuam aparecendo freqüentes trabalhos sobre esse assunto, seja em forma de artigos, livros ou capítulos de livros. Enquanto que nas décadas de 60 e 70 foram assentadas as bases para o desenvolvimento e a investigação sobre o constructo das HHSS, na década de 80 foram sendo

Universidade de Granada (Espanha).

incorporados progressivamente os resultados obtidos em outras áreas da psicologia e estabeleceu-se definitivamente a inclusão de numerosos elementos de orientação cognitiva.

As origens do movimento das HHSS são atribuídas com freqüência a Salter (1949), um dos chamados pais da terapia comportamental, e a seu livro *Conditioned Reflex Theraphy*. Algumas de suas sugestões são utilizadas atualmente, com algumas modificações, no *treinamento em habilidades sociais (THS)*. Salter fala de seis técnicas para aumentar a expressividade dos indivíduos. São elas, a *expressão verbal* e a *expressão facial* das emoções, o emprego deliberado da *primeira pessoa* ao falar, o *estar de acordo quando se recebem atenções, cortesias ou elogios*, o *expressar desacordo* e a *improvisação e atuação espontâneas.* Posteriormente, Wolpe (1958) retornou as idéias de Salter, que até então não haviam tido muita difusão, e as incluiu em um capítulo de seu livro *Psychotherapy by Reciprocal Inhibition.* Wolpe (1958) utilizou pela primeira vez o termo "comportamento assertivo", que logo chegaria a ser sinônimo de habilidade social[1]. Este autor assinalava que o termo *assertivo* refere-se não só ao comportamento mais ou menos agressivo, mas também à expressão externa de sentimento de amizade, carinho e outros diferentes dos de ansiedade. Não obstante, Wolpe centrou-se na expressão de sentimentos negativos, como a expressão de fadiga ou enfado. Durante bastante tempo, o comportamento assertivo implicou unicamente nas dimensões referidas à defesa dos direitos e à expressão de sentimentos negativos.

Posteriormente, Lazarus (1966) e Wolpe e Lazarus (1966) incluiram o treinamento assertivo como uma técnica de terapia comportamental para seu emprego na prática clínica. Alberti e Emmons (1970), com *Your Perfect Right,* escreveram o primeiro livro dedicado exclusivamente ao tema da "assertividade". Lazarus (1971) e Wolpe (1969) deram um potente e definitivo impulso à pesquisa sobre comportamento assertivo. Outros autores como R. M. Eisler, M. Hersen, R. M. McFall e A. P. Goldstein realizaram pesquisas sistemáticas sobre este tema e desenvolveram programas de treinamento para aliviar déficit em habilidades.

Embora estes tenham sido os primeiros passos da investigação em habilidades sociais a partir de uma perspectiva da terapia do comportamento, parece apropriado citar outras fontes, anteriores no tempo ou provenientes de campos diferentes à terapia do comportamento. Phillips (1985) assinala que algumas das raízes históricas do movimento das HHSS não foram reconhecidas adequadamente. Assim, as primeiras tentativas de treinamento em habilidades sociais (THS) remontam a trabalhos realizados com crianças por autores como Jack (1934), Murphy, Murphy e Newcomb (1937), Page (1936), Thompson (1952) e Williams (1935). Estes inícios do THS foram ignorados durante muito tempo e normalmente não são reconhecidos como antecedentes precoces do movimento

---

[1] Para os propósitos do presente capítulo, empregaremos de forma sinônima os termos *comportamento assertivo* e *comportamento socialmente habiloso,* por um lado, e as expressões, *treinamento assertivo e treinamento em habilidades sociais,* por outro (para uma discussão mais ampla sobre este tema ver Caballo, 1988).

das HHSS (Curran, 1985; Fodor, 1980; Hersen e Bellack, 1977; Hollin e Trower, 1988). Por outro lado, Curran (1985) também aponta diversos escritos teóricos neofreudianos, que favoreceram um modelo mais interpessoal do desenvolvimento em contraposição à forte ênfase de Freud nos instintos biológicos, como especialmente relacionados com o tema do THS (p. ex., Sullivan, 1953; White, 1969). Master, Burish, Hollon e Rimm (1987) consideram, igualmente, que os escritos de Moreno (1946, 1955) sobre o *psicodrama* (uma representação encenada das atitudes e conflitos que os pacientes participantes têm na vida real), podem ser considerados como importantes influências sobre o THS, dada a similaridade entre o psicodrama e o ensaio comportamental (o procedimento básico do THS). Masters e cols. (1987) pensam também que a *terapia do papel fixo* de Kelly (1955), constitui outro dos antecedentes do THS devido a sua semelhança, como ocorria com o psicodrama, com o ensaio comportamental. Os mesmos autores anteriores chegam a incluir o trabalho de Ellis (1962, 1973) como uma importante contribuição ao THS devido ao fato de que as práticas e procedimentos que defendia Ellis se parecem notavelmente aos incluídos atualmente no THS.

Além dos trabalhos de Salter, Wolpe e Lazarus, anteriormente referidos, uma segunda fonte importante do campo das HHSS é constituída pelos trabalhos de Zigler e Phillips (1960, 1961) sobre "habilidade social". Esta área de investigação com adultos institucionalizados mostrou que quanto mais elevada é a habilidade social prévia dos pacientes que são internados no hospital, menor é seu tempo de internação e mais baixa sua taxa de recaída. O nível de habilidade social anterior à hospitalização demonstrou ser um melhor preditor do ajuste depois da hospitalização do que o diagnóstico psiquiátrico ou o tipo de tratamento recebido no hospital (Caballo, 1988).

Enquanto que estas duas fontes aconteceram nos Estados Unidos, uma terceira fonte originou-se na Inglaterra. Neste último caso, as raízes históricas do *constructo* das HHSS baseavam-se no conceito de "habilidade" aplicado às interações homem-máquina, no qual a analogia com esses sistemas implicava em características perceptivas, decisivas, motoras e outras relativas ao processamento da informação. Assim, Argyle e Kendon (1967) assinalavam que "uma *habilidade* pode ser definida como uma atividade organizada, coordenada, em relação a um objeto ou uma situação que implica numa cadeia de mecanismos sensoriais, centrais e motores. Uma de suas características principais é que a atuação, ou seqüência de atos, acha-se continuamente sob o controle da entrada de informação sensorial" (p. 56). A aplicação do conceito de "habilidade" aos sistemas homem-homem originou um abundante trabalho sobre as HHSS na Inglaterra (p. ex., Argyle, 1967, 1969; Argyle e Kendon, 1967; Welford, 1966).

III. DEFINIÇÃO E DESCRIÇÃO

III.1. Definição de habilidade social

Tem ocorrido grandes problemas na hora de definir o que é um comportamento socialmente habilidoso. Têm-se dado numerosas definições, não havendo se chegado, ainda, a um acordo explícito sobre quando se pode considerar um comportamento como socialmente habilidoso. Meichenbaum, Butler e Grudson (1981) afirmam que é impossível desenvolver uma definição consistente de habilidade social, visto que é parcialmente dependente do contexto mutável. A habilidade social deve ser considerada dentro de um determinado marco cultural, e os padrões de comunicação variam amplamente entre culturas e dentro de uma mesma cultura, dependendo de fatores tais como a idade, o sexo, a classe social e a educação. Além disso, o grau de efetividade de uma pessoa dependerá do que deseja conseguir na situação particular em que se encontre. O comportamento considerado apropriado em uma situação pode ser, obviamente, impróprio em outra. O indivíduo traz também, para a situação, suas próprias atitudes, valores, crenças, capacidades cognitivas e um estilo único de interação (Wilkinson e Canter, 1982). Claramente, não pode haver um "critério" absoluto de habilidade social. Todavia, "todos parecemos conhecer quais são as habilidades sociais de forma intuitiva" (Trower, 1984, p. 49). Embora em contextos experimentais possa-se demonstrar que é mais provável que determinados comportamentos consigam um objetivo particular, uma resposta competente é, normalmente, aquela que a pessoa acredita ser apropriada para um indivíduo numa situação específica. Do mesmo modo não existe uma única maneira "correta" de se comportar, que seja universal, mas uma série de conceitos diferentes que podem variar de acordo com o indivíduo. Assim, duas pessoas podem comportar-se de um modo totalmente diferente em uma mesma situação, ou a mesma pessoa em duas situações similares, e ambas as respostas serem consideradas com o mesmo grau de habilidade social. Conseqüentemente, o comportamento socialmente habilidoso deveria definir-se, para alguns autores, em termos da efetividade de sua função em uma situação, e não em termos de sua topografia (p. ex., Argyle, 1981, 1984; Kelly, 1982; Linehan, 1984), embora os problemas referentes ao emprego das conseqüências como critério foram repetidamente notados (Arkowitz, 1981; Caballo, 1988; Schroeder e Rakos, 1983); comportamentos que são avaliados consensualmente como não habilidosos (p. ex., dizer tolices) ou anti-sociais (p. ex., o ataque físico) podem ser, de fato, reforçados. Linehan (1984), não obstante, assinala que podem ser identificados três tipos básicos de conseqüências:

1. A eficácia para conseguir os objetivos da resposta (*eficácia no objetivo*).
2. A eficácia para manter ou melhorar a relação com a outra pessoa na interação (*eficácia na relação*).
3. A eficácia para manter a auto-estima da pessoa socialmente habilidosa (*eficácia no auto-respeito*).

"O valor desses objetivos – continua Linehan (1984) – varia com o tempo, as situações e os personagens. Quando um paciente tenta devolver uma mercadoria defeituosa a um estabelecimento, a eficácia no objetivo (conseguir que troquem o objeto ou lhe devolvam o dinheiro) pode ser mais importante que a eficácia na relação (manter uma relação positiva com o encarregado do estabelecimento). Ao tentar que nosso(a) melhor amigo(a) vá assistir a um determinado filme, a eficácia da relação (o manter a relação íntima) pode ser mais importante que o objetivo (conseguir que o(a) amigo(a) vá ao cinema)" (p. 151).

Não obstante, tanto o conteúdo como as conseqüências dos comportamentos interpessoais deveriam ser considerados em qualquer definição de habilidade social (Arkowitz, 1981). Tendo certa idéia do que pode constituir o conteúdo do comportamento socialmente habilidoso e, avaliando as conseqüências desses comportamentos, podemos conseguir alguma estimativa do grau de habilidade social. Em geral, espera-se que o comportamento socialmente habilidoso produza reforçamento positivo mais freqüentemente que punição. Em nível clínico, é importante avaliar tanto o que a pessoa faz quanto as reações que o seu comportamento provoca nos demais.

Em seguida, podemos dar, a princípio, uma definição do que constitui um comportamento socialmente habilidoso:

O comportamento socialmente habilidoso é esse conjunto de comportamentos emitidos por um indivíduo em um contexto interpessoal que expressa os sentimentos, atitudes, desejos, opiniões ou direitos desse indivíduo, de um modo adequado à situação, respeitando esses comportamentos nos demais, e que geralmente resolve os problemas imediatos da situação enquanto minimiza a probabilidade de futuros problemas (Caballo, 1986).

III.2. Classes de resposta

Embora no aparte anterior tenhamos assinalado que não existe uma definição geralmente aceita, há um acordo geral sobre o que compreende os conceitos das HHSS. O uso explícito do termo *habilidades* significa que o comportamento interpessoal consiste em um conjunto de capacidades de atuação aprendidas (Bellack e Morrison, 1982; Curran e Wessberg, 1981; Kelly, 1982). Enquanto os modelos de personalidade presumem uma capacidade mais ou menos inerente para atuar de forma efetiva, o modelo comportamental enfatiza: 1) que a capacidade de resposta tem de ser adquirida, e 2) que consiste em um conjunto identificável de capacidades específicas. Além disso, a probabilidade de ocorrência de qualquer habilidade em qualquer situação crítica é determinada por fatores ambientais variáveis da pessoa e a interação entre ambos. Conseqüentemente, uma adequada conceitualização do comportamento socialmente habilidoso implica na especificação de três componentes da habilidade social: uma dimensão comportamental (*tipo de habilidade*), uma dimensão pessoal (*as variáveis cognitivas*) e uma dimensão situacional (*o contexto ambiental*).

Diferentes situações requerem comportamentos diferentes. Os elementos comportamentais necessários para uma boa conversação são consideravelmente diferentes dos elementos necessários em uma situação de relação íntima. Com Alberti (1977) diremos que a habilidade social:

a. É uma característica do comportamento, não das pessoas.

b. É uma característica específica à pessoa e à situação, não universal.

c. Deve contemplar-se no contexto cultural do indivíduo, assim como em termos de outras variáveis situacionais.

d. Está baseada na capacidade de um indivíduo para escolher livremente sua atuação.

e. É uma característica do comportamento socialmente efetivo, não prejudicial.

Por outro lado, as classes de resposta que foram propostas como componentes do *constructo* das HHSS têm sido relativamente abundantes. Todavia, há uma série delas que foram geralmente aceitas e que inclusive têm sido encontradas em pesquisas com populações espanholas (Caballo, 1989; Caballo e Buela, 1988a; Caballo, Godoy e Buela, 1988; Caballo e Ortega, 1989). Essas dimensões são as seguintes:

1. Iniciar e manter conversações.
2. Falar em público.
3. Expressões de amor, agrado e afeto.
4. Defesa dos próprios direitos.
5. Pedir favores.
6. Recusar pedidos.
7. Fazer obrigações.
8. Aceitar elogios.
9. Expressão de opiniões pessoais, inclusive discordantes.
10. Expressão justificada de incômodo, desagrado ou enfado.
11. Desculpar-se ou admitir ignorância.
12. Pedido de mudança no comportamento do outro.
13. Enfrentar as críticas.

Estas dimensões de comportamento ocorrem, necessariamente, com determinadas pessoas e diante de certos fatores situacionais. As classes de pessoas que foram consideradas freqüentemente (p. ex., Caballo, Godoy e Carrobles, 1984; Galassi e Galassi, 1977a, 1978; Becker, Heimberg e Bellack, 1987) são as seguintes: 1) Amigos do mesmo sexo; 2) Amigos de sexo oposto; 3) Relações íntimas (casal); 4) Pais; 5) Familiares; 6) Pessoas com autoridade do mesmo sexo; 7) Pessoas com autoridade do sexo oposto; 8) Companheiros de trabalho do mesmo sexo; 9) Companheiros de trabalho do sexo oposto; 10) Contatos com o consumidor (vendedores/as, camareiros/as); 11) Profissionais do mesmo sexo (p. ex., médicos); 12) Profissionais do sexo oposto; e, 13) Crianças. Os fatores situacionais são múltiplos e variados e não existe uma classificação comumente utilizada a respeito. Alguns tipos de situações podem ser: A) O lugar de trabalho, B) O lar, C) Lugares de consumo (p. ex., lojas), D) Lugares de lazer (p. ex., barzinhos), E) Transportes coletivos e F) Lugares formais (p. ex., conferências), etc.

III.3. O treinamento em habilidades sociais

O *treinamento em habilidades sociais* (THS) poderia ser definido como "um enfoque geral da terapia dirigido a incrementar a competência da atuação em situações críticas da vida" (Goldsmith e McFall, 1975, p. 51) ou como "uma tentativa direta e sistemática de ensinar estratégias e habilidades interpessoais aos indivíduos, com a intenção de melhorar sua competência interpessoal e individual nos tipos específicos de situações sociais" (Curran, 1985, p. 122). O THS se adere a um enfoque comportamental de aquisição da resposta – isto é, normalmente concentra-se na aprendizagem de um novo repertório de respostas.

O processo do THS implicaria, em seu desenvolvimento completo, em quatro elementos de forma estruturada. Estes elementos são:

1. *Treinamento em habilidades*, onde ensinam-se comportamentos específicos, que são praticados e integrados ao repertório comportamental do sujeito. Dado que a aquisição das HHSS depende de um conjunto de fatores enquadrados, principalmente, dentro da teoria da aprendizagem social, o THS inclui muitos desses procedimentos em sua aplicação. Concretamente empregam-se procedimentos tais como as instruções, a modelação, o ensaio comportamental, a retroalimentação e o reforçamento, os quais serão descritos mais adiante. O treinamento em habilidades é o elemento mais básico e mais específico do THS. Às vezes, dependendo do problema particular do sujeito, somente é aplicado este procedimento do THS.

2. *Redução da ansiedade* em situações sociais problemáticas. Normalmente, esta diminuição da ansiedade é conseguida de forma indireta, ou seja, ocorrendo o novo comportamento mais adaptativo que, supostamente, é incompatível com a resposta de ansiedade (Wolpe, 1958). Se o nível de ansiedade é muito elevado, pode-se empregar diretamente uma técnica de relaxamento ou a dessensibilização sistemática.

3. *Reestruturação cognitiva*, na qual se pretende modificar valores, crenças, cognições e/ou atitudes do sujeito. A reestruturação cognitiva ocorre freqüentemente, do mesmo modo que com o elemento anterior, de forma indireta. Isto é, a aquisição de novos comportamentos modifica, a longo prazo, as cognições do sujeito. Todavia, com o incremento da cognição da terapia comportamental, a incorporação de procedimentos cognitivos ao THS é algo habitual na aplicação desta técnica, especialmente aspectos da terapia racional emotiva, auto-instruções, etc.

4. *Treinamento em solução de problemas*, onde se ensina o sujeito *a perceber* corretamente os "valores" de todos os parâmetros situacionais relevantes, a *processar* os "valores" destes parâmetros para gerar respostas potenciais, a *selecionar* uma dessas respostas e *enviá-la* de modo que maximize a probabilidade de alcançar o objetivo que impulsionou a comunicação interpessoal. O treinamento em solução de problemas não costuma ocorrer de forma sistemática nos programas de THS, embora geralmente se encontre presente, de maneira implícita, neles.

Linehan (1984) afirma que um programa completo de THS deve procurar um conjunto de habilidades cognitivas, emocionais, verbais e não verbais. Por outro lado, os programas de THS deveriam tratar de diferentes classes de respostas habilidosas como entidades únicas, e reconhecer que o impacto social de um comportamento é específico para a classe de resposta habilidosa que define esse comportamento.

Na prática, podemos considerar, com Lange (1981; Lange, Rimm e Loxley, 1978), que as quatro etapas do THS são as seguintes:

1. O desenvolvimento de um sistema de crenças que mantenha um grande respeito pelos próprios direitos pessoais e pelos direitos dos demais.
2. A distinção entre comportamentos assertivos, não assertivos e agressivos.
3. A reestruturação cognitiva da forma de pensar em situações concretas.
4. O ensaio comportamental de respostas assertivas em determinadas situações.

Estas etapas não são necessariamente sucessivas: às vezes, misturam-se no tempo e, de fato, pode-se readaptá-las e modificá-las de diversas formas para adequá-las melhor às necessidades do sujeito.

IV. Fundamentos Conceituais e Empíricos do Treinamento em Habilidades Sociais

Grande parte dos fundamentos conceituais foram expostos nos apartes anteriores. Neste ponto, vamos insistir um pouco mais neles.

Não há dados definitivos sobre como e quando se aprendem as HHSS, mas a infância é sem dúvida um período crítico. Assim como outras capacidades, é provável que dependam do *amadurecimento* e das *experiências de aprendizagem* (Argyle, 1969). Bellack e Morrison (1982) acreditam que a explicação mais provável para esta aprendizagem precoce do comportamento social é oferecida pela teoria da aprendizagem social. O fator mais crítico parece ser a *modelação*. As crianças observam seus pais interatuando com eles assim como com outras pessoas e aprendem seu estilo. Tanto os comportamentos verbais (p. ex., assuntos de conversação, fazer perguntas, produzir informação) como os não verbais (p. ex., sorrisos, entonação da voz, distância interpessoal) podem ser aprendidos desta maneira. O ensino direto (quer dizer, a *instrução*) é outro veículo importante para a aprendizagem. Falas como: "peça desculpas", "não fale com a boca cheia", "lave as mãos antes de comer", etc., modelam o comportamento social. Também as respostas sociais podem ser *reforçadas* ou *punidas*, o que faz com que certos comportamentos aumentem e refinem-se, e outros diminuam ou desapareçam. Além disso, a oportunidade de *praticar* o comportamento em uma série de situações e o desenvolvimento das *capacidades cognitivas* são outros dos procedimentos que parecem estar implicados na aquisição das HHSS (Trower, Bryant e Argyle, 1978). O lastro do funcionamento social defeituoso na idade adulta (ou os elogios pela habilidade social apropriada) não depende inteiramente dos pais. "Os iguais são importantes modelos e fontes de reforçamento, especialmente durante a adolescência. Os costumes sociais, modas e estilos de vestir, e a linguagem, mudam durante a vida de uma pessoa; portanto, deve-se continuar aprendendo, a fim de permanecer socialmente habilidoso. A este respeito, as habilidades sociais podem também perder-se pela falta de uso, após longos períodos de isolamento. A atuação social pode também ser inibida ou obstaculizada por perturbações cognitivas e afetivas (p. ex., ansiedade e depressão)" (Bellack e Morrison, 1982, p. 720).

Os procedimentos básicos que compõem o THS (modelação, ensaio comportamental, reforçamento, etc.) ajustam-se relativamente bem aos fatores que parecem intervir nas aquisições naturais das HHSS. A eficácia do THS para melhorar essas habilidades parece relativamente bem estabelecida, tanto nos componentes em separado (p. ex., McFall e Lillesand, 1971; McFall e Marston, 1970; McFall e Twentyman, 1973; Turner e Adams, 1977; Heimberg e cols., 1977), como no "pacote" completo (p. ex., Argyle, Trower e Bryan, 1974; Caballo e Carrobles, 1988; Goldsmith e McFall, 1975; Piccini, McCarey e Chislett, 1985; Van Dam-Baggen e Kraaimat, 1986). No entanto, não vamos nos estender sobre este assunto, já que existem numerosas revisões sobre a efetividade do THS e a elas remetemos o leitor (p. ex., Curran, 1985; Marzillier, 1978; Monti e Kolko, 1985; Twentyman e Zimmering, 1979).

V. Procedimento[2]

O procedimento básico consiste em identificar primeiro, com a ajuda do paciente, as áreas específicas nas quais este tem dificuldades. O melhor é obter vários exemplos específicos das situações em termos do que realmente acontece nelas. A entrevista, o auto-registro, os numerosos inventários disponíveis e o emprego de situações análogas, assim como a observação na vida real (ver Caballo, 1986, 1988; Caballo e Buela, 1988b, 1989, para uma descrição detalhada destes instrumentos de avaliação), constituem ferramentas freqüentemente utilizadas na determinação de problemas de inadequação social. O delineamento da natureza do problema é importante porque o tratamento específico que se empregue pode depender, até certo ponto, da classe de comportamento-problema.

Uma vez identificada a classe de comportamento-problema, o passo seguinte consiste em analisar por que o indivíduo não se comporta de forma socialmente adequada. Tem sido postulada uma série de fatores que poderia impedir uma pessoa de comportar-se de forma socialmente habilidosa (p. ex., déficit em habilidades, ansiedade condicionada, cognições desadaptativas, discriminação errônea). A especificação dos fatores implicados no comportamento desadaptativo nos facilitará o caminho para o emprego de diferentes procedimentos do THS.

Antes de iniciar o treinamento em si, é importante informar o paciente sobre a

---

[2] Dadas as notáveis vantagens que o treinamento em grupo possui sobre o treinamento individual, ao falar sobre os procedimentos componentes do THS neste aparte, referimo-nos principalmente ao primeiro formato. Todavia, a maior parte do conteúdo desta epígrafe pode-se aplicar igualmente ao treinamento individual.

natureza do THS, sobre os objetivos a alcançar na terapia e sobre o que se espera que o paciente faça. Além disso, é importante estimular a motivação do mesmo para o treinamento que vai acontecer. Masters e cols. (1987), assinalam que a maioria dos terapeutas põe uma ênfase considerável em induzir uma atitude positiva, entusiasta, ao THS antes de começar com os procedimentos de treinamento. "Em parte, isto é assim porque o THS, como a maioria das técnicas de terapia comportamental, requer uma grande quantidade de participação ativa por parte do paciente, o que faz com que seja necessária uma notável motivação" (Masters, Burish, Hollon e Rimm, 1987, p. 96). Uma vez que o paciente tenha compreendido o objetivo do THS e está de acordo em realizá-lo, pode-se começar com o programa de sessões.

Às vezes, pode ser necessário ensinar o indivíduo a relaxar-se, antes de abordar determinadas situações problemáticas. A redução da ansiedade nessas situações favorecerá, com toda probabilidade, a atuação socialmente adequada do paciente e a aquisição de novas habilidades (em caso de não possuí-las). O relaxamento progressivo de Jacobson (ver capítulo sobre técnicas de relaxamento, neste volume), dando especial importância ao relaxamento diferencial, pode ser utilizado neste contexto. O ensinar o paciente a determinar sua ansiedade (pontuações SUDS) nas situações problemáticas pode ser, então, um passo prévio importante.

Posteriormente, e seguindo o esquema proposto por Lange (1981; Lange, Rimm e Loxley, 1978) para o desenvolvimento do THS, podemos considerar numa primeira fase a construção de um sistema de crenças que mantenha o respeito pelos próprios direitos pessoais e por todos os direitos dos demais. Bower e Bower (1976) assinalaram que nossos direitos humanos provêm da idéia de que todos somos criados iguais, em um sentido moral, e temos de nos tratar mutuamente como iguais. Um direito humano básico, no contexto das HHSS, é considerado como algo que todas as pessoas tenham em virtude de sua existência como seres humanos. A premissa subjacente do THS é humanista: não produzir *stress* desnecessário nos demais e apoiar a auto realização de cada pessoa. O quadro 18.1 apresenta alguns destes direitos humanos mais importantes no contexto das HHSS.

Uma segunda etapa do THS, apontada anteriormente, consiste em que o paciente entenda e distinga entre respostas assertivas, não assertivas e agressivas (ver fig. 18.1). Em Caballo (1988) encontram-se descrições básicas desses três tipos de resposta. Pode se planejar uma série de exercícios estruturados para que o paciente participe ativamente da aprendizagem das diferenças dessas formas de comportamento. No quadro 18.2 podemos encontrar um breve resumo das características distintivas mais importantes desses três estilos de resposta.

Os sujeitos participantes de um programa de THS devem ter claro que o comportamento assertivo é, geralmente, mais adequado e reforçante que os outros estilos de comportamento, ajudando o indivíduo a expressar-se livremente e a conseguir, freqüentemente, os objetivos a que se propôs. Além disso, tudo isso incentivaria a motivação do paciente para continuar com o programa de THS.

Tabela 18.1. *Lista dos direitos humanos básicos*[4]

---

1. O direito de manter sua dignidade e respeito comportando-se de forma habilidosa ou assertiva – inclusive se a outra pessoa sente-se ferida – enquanto não viole os direitos humanos básicos dos outros.

2. O direito de ser tratado com respeito e dignidade.

3. O direito de negar pedidos sem ter que sentir-se culpado ou egoísta.

4. O direito de experimentar e expressar seus próprios sentimentos.

5. O direito de parar e pensar antes de agir.

6. O direito de mudar de opinião.

7. O direito de pedir o que quiser (entendendo que a outra pessoa tem o direito de dizer não).

8. O direito de fazer menos do que é humanamente capaz de fazer.

9. O direito de ser independente.

10. O direito de decidir o que fazer com seu próprio corpo, tempo e propriedade.

11. O direito de pedir informação.

12. O direito de cometer erros – e ser responsável por eles.

13. O direito de sentir-se bem consigo mesmo.

14. O direito de ter suas próprias necessidades e que essas sejam tão importantes quanto as dos demais. Além disso, temos o direito de pedir (não exigir) aos demais que correspondam às nossas necessidades e de decidir se satisfazemos as dos demais.

15. O direto de ter opiniões e expressá-las.

16. O direito de decidir se satisfaz as expectativas de outras pessoas ou se comporta-se seguindo seus interesses – sempre que não viole os direitos dos demais.

17. O direito de falar sobre o problema com a pessoa envolvida e esclarecê-lo, em casos-limite em que os direitos não estão totalmente claros.

18. O direito de obter aquilo pelo que paga.

19. O direito de escolher não comportar-se de maneira assertiva ou socialmente habilidosa.

20. O direito de ter direitos e defendê-los.

21. O direito de ser escutado e ser levado a sério.

22. O direito de estar só quando assim o desejar.

23. O direito de fazer qualquer coisa enquanto não viole os direitos de outra pessoa.

---

[4] Baseado principalmente em *The assertive option: Your rights and responsabilities* (pp. 80-81) por P. Jakubowski e A. Lange, 1978. Champaign, III. Research Press. Copyright 1978 dos autores. Reproduzida com permissão. Também foram empregadas outras fontes diversas.

Tabela 18.2. *Três estilos de resposta*

Não Assertivo	Assertivo	Agressivo
Muito pouco, muito tarde Muito pouco, nunca	O suficiente dos comportamentos apropriados no momento correto	Muito, muito rápido Muito, muito tarde
Comportamento não verbal	*Comportamento não verbal*	*Comportamento não verbal*
Olhos que fitam para baixo; voz baixa; vacilações; gestos desvalidos; negando importância à situação; postura abatida; pode evitar totalmente a situação; retorce as mãos; tom vacilante ou de queixa; risadinhas "falsas".	Contato ocular direto; nível de voz natural de conversa; fala fluente; gestos firmes; postura ereta; mensagens na primeira pessoa; honesto/a; verbalizações positivas; respostas diretas à situação; mãos soltas.	Olhar fixo; voz alta; fala fluente/rápida; enfrentamento; gestos de ameaça; postura intimidativa; desonesto/a; mensagens impessoais.
Comportamento verbal	*Comportamento verbal*	*Comportamento verbal*
"Talvez"; "Suponho"; "Me pergunto se poderíamos"; "Se importaria muito"; "Somente"; "Não crê que"; "Ehh"; "Bom"; "Realmente não é importante"; "Não se incomode".	"Penso"; "Sinto"; "Quero"; "Façamos"; "Como podemos resolver isto?"; "O que pensa?"; "O que você acha?".	"Faria melhor em"; "Faz"; "Tenha cuidado"; "Deve estar brincando"; "Se não o fizer..."; "Não sabe"; "Deveria"; "Mal".
Efeitos	*Efeitos*	*Efeitos*
Conflitos interpessoais Depressão Desamparo Imagem pobre de si mesmo Maltrata-se Perde oportunidades Tensão Sente-se sem controle Solidão Não gosta de si mesmo nem dos demais Sente-se enfadado	Resolve os problemas Sente-se à vontade com os demais Sente-se satisfeito Sente-se à vontade consigo mesmo Relaxado Sente-se com controle Acredita, cria e promove a maioria das oportunidades Gosta de si mesmo e dos demais É bom para si e para os demais	Conflitos interpessoais Culpa Frustração Imagem pobre de si mesmo Prejudica os demais Perde oportunidades Tensão Sente-se sem controle Solidão Não gosta dos demais Sente-se enfadado

Uma terceira etapa abordaria a reestruturação cognitiva dos modos de pensar incorretos do sujeito socialmente desajustado. Quero assinalar aqui que, embora ao longo desse capítulo se use expressões gerais como "assertivo", "socialmente habilidoso", deve-se entender que tais expressões são utilizadas em benefício da economia descritiva. Entretanto, como deve ter ficado claro no aparte 2, o comportamento socialmente habilidoso é situacionalmente específico e os termos gerais anteriores referem-se a situações-problema determinadas, para cada paciente. Também as pautas inadequadas de pensamento consideram-se específicas à situação na qual se encontra imerso o indivíduo. O objetivo das técnicas cognitivas empregadas consiste em ajudar os pacientes a reconhecer que o que dizem a si mesmos pode influir em seus sentimentos e em seu comportamento. Podem ser utilizados diversos exercícios para facilitar que os pacientes descubram as relações entre suas cognições e seus sentimentos e comportamentos. Procedimentos tais como a auto-análise racional, as imagens racional-emotivas (Maultsby, 1984; Caballo e Buela, este volume) ou diversas variações do treinamento em auto-instruções (D'Amico, 1977; Meichenbaum, 1977; Santacreu, este volume), podem servir a esse propósito.

Figura 18.1. "O que é o treinamento assertivo?". *Desenho realizado por Caren Nederlander. Copyright @ 1981 Franklin Center For Behavior Change, Southfield, Michigan. Reproduzido com permissão do autor.*

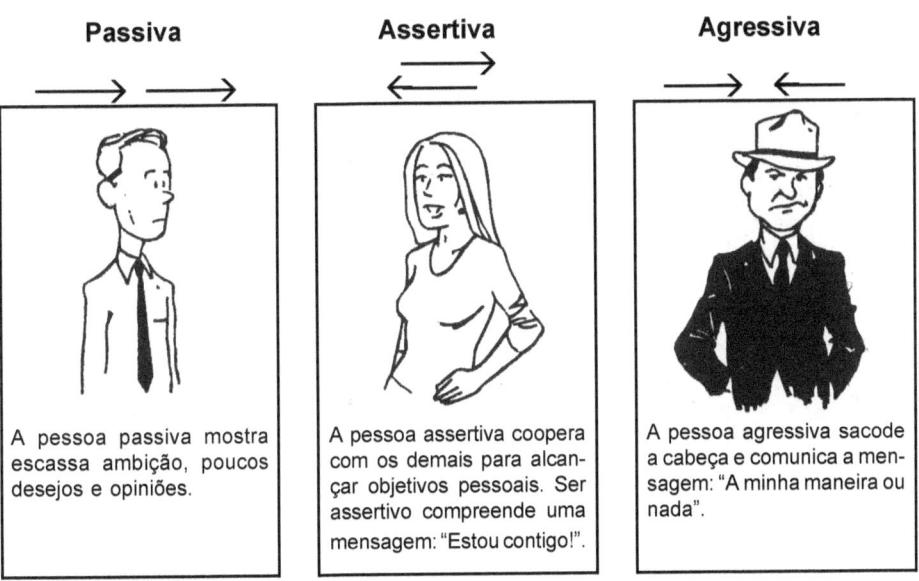

O que é treinamento assertivo?

Modificar a comunicação de passiva ou agressiva para assertiva

Passiva	Assertiva	Agressiva
A pessoa passiva mostra escassa ambição, poucos desejos e opiniões.	A pessoa assertiva coopera com os demais para alcançar objetivos pessoais. Ser assertivo compreende uma mensagem: "Estou contigo!".	A pessoa agressiva sacode a cabeça e comunica a mensagem: "A minha maneira ou nada".

A quarta, e mais importante e específica, etapa do THS é constituída pelo ensaio comportamental das respostas socialmente adequadas em situações determinadas. Levando-se em conta tudo o que foi visto anteriormente, já temos o caminho muito desenvolto para o ensaio satisfatório do comportamento problema. O emprego do relaxamento no caso do paciente sentir-se muito nervoso, a aceitação de um conjunto de direitos humanos básicos, a diferenciação entre estilos de resposta adaptativos e não adaptativos, e a reestruturação cognitiva dos pensamentos incorretos do indivíduo, servem-nos para facilitar (e, às vezes, possibilitar) o ensaio comportamental apropriado e, sobretudo, a generalização do mesmo à vida real. Os procedimentos empregados nesta quarta etapa do THS são: o ensaio do comportamento (o elemento básico), a modelação, as instruções, a retroalimentação/reforçamento e as tarefas para casa. Estes procedimentos são realizados propondo situações-problema específicas nas quais intervêm classes específicas de pessoas e representando uma determinada classe de comportamento. Dada a concretização e a operatividade que se persegue no THS, a classe de comportamento representada tem que descompor-se em elementos mais simples, elementos "moleculares" que possam ser avaliados com base em sua adequação e/ou freqüência (ver Caballo e Buela, 1988b e 1989). O quadro 18.3 oferece uma breve descrição dos elementos moleculares considerados mais importantes no âmbito das HHSS.

Tabela 18.3. *Os componentes moleculares do comportamento interpessoal*

A aquisição de novos comportamentos no THS baseia-se na melhora progressiva dos diferentes componentes moleculares que compõem cada comportamento. Abaixo, descrevemos brevemente alguns dos elementos moleculares mais importantes do comportamento interpessoal.

O Olhar. O olhar é definido objetivamente como "o olhar a outra pessoa no ou entre os olhos ou, de forma mais geral, na metade superior do rosto. O olhar mútuo indica que se fez 'contato ocular' com outra pessoa" (Cook, 1979). Segundo Fast (1971) quase todas as interações dos seres humanos dependem de olhares recíprocos. A quantidade média de tempo que se passa fitando, em uma conversação social de duas pessoas, é a seguinte:

Olhar individual	60 por 100
Enquanto escuta	75 por 100
Enquanto fala	40 por 100
Duração do olhar	3 segundos
Contato ocular (olhar mútuo)	30 por 100
Duração do olhar mútuo	1 ½ segundos

Alguns dos significados e funções das pautas do olhar são: a) *Atitudes*. A pessoa que olha mais é tida como mais agradável, porém a forma extrema de olhar fixo é vista como hostil e/ou dominante. Certas seqüências de interação têm mais significados, por exemplo, deixar de olhar o outro é sinal de submissão. A dilatação da pupila assinala interesse pelo outro; b) Olhar mais, *intensifica* a impressão de algumas emoções, como a raiva, enquanto que olhar menos intensifica outras, como a vergonha; c) *Acompanhamento da fala.* Emprega-se o olhar junto com a conversação, para sincronizar, acompanhar ou comentar a palavra pronunciada. Em geral, se o ouvinte olha mais, produz mais respostas por parte de quem fala, e se o que fala olha mais é visto como persuasivo e seguro.

A Expressão Facial. Parece que a face é o principal sistema de sinais para mostrar as emoções. Há seis principais expressões das emoções e três áreas do rosto responsáveis por sua manifestação. As seis emoções são: alegria, surpresa, tristeza, medo, ira e nojo/desprezo, e as três regiões faciais: a testa/sobrancelhas, olhos/pálpebras e a parte inferior da face. O comportamento socialmente habilidoso requer uma expressão facial que esteja de acordo com a mensagem. Se uma pessoa tem uma expressão facial de medo ou de enfado enquanto tenta iniciar uma conversação com alguém, não é provável que tenha êxito.

Os Gestos. Um gesto é qualquer ação que envia um estímulo visual a um observador. Para chegar a ser um gesto, o ato deve ser visto por alguém e deve comunicar alguma informação. Os gestos são basicamente culturais. As mãos e, em um menor grau, a cabeça e os pés, podem produzir uma ampla variedade de gestos, que se empregam para uma série de propósitos diferentes. Os gestos constituem-se num segundo canal que é muito útil, por exemplo, para a sincronização e o *feedback*. Os gestos que sejam apropriados às palavras que se pronunciam servirão para acentuar a mensagem acrescentando ênfase, franqueza e calor. Os movimentos desinibidos podem sugerir também franqueza, confiança em si mesmo (salvo se o gesto seja incerto e nervoso), e espontaneidade por parte de quem fala.

A Postura. A posição do corpo e dos membros, a forma como a pessoa se senta, como está de pé e como caminha, refletem suas atitudes e sentimentos sobre si mesma e sua relação com os outros. Algumas posturas comunicam traços como os seguintes: a) *Atitudes.* Um conjunto de posições da postura que reduzem a distância e aumentam a proximidade com o outro, são calorosas, amigáveis, íntimas, etc. As posições "calorosas" incluem o inclinar-se para a frente, com os braços e as pernas abertos, mãos estendidas para o outro. Outras posições que indicam atitudes abrangem: apoiar-se para trás, mãos entrelaçadas que sustentam a parte posterior da cabeça indicam domínio ou surpresa; braços dependurados, cabeça afundada e para o lado indicam timidez; pernas separadas, mãos na cintura, inclinação lateral indicam determinação. b) *Emoções.* Existe evidência de que a postura pode comunicar emoções específicas (como o estar tenso ou relaxado), incluindo: ombros encolhidos, braços erguidos, mãos estendidas indicam indiferença; inclinação para frente, braços estendidos, punhos cerrados, indicam raiva; várias classes de movimentos pélvicos, o cruzar e descruzar as pernas (nas mulheres) indicam flertar. c) *Acompanhamento da fala.* As alterações importantes da postura são empregadas para marcar amplas unidades da fala, como nas mudanças de assunto, para dar ênfase e para sinalizar o usar ou o ceder a palavra.

A Orientação. Os graus de orientação assinalam o grau de intimidade/formalidade da relação. Quanto mais cara a cara seja a orientação, mais íntima é a relação e vice-versa. A orientação corporal que costuma ser a mais adequada para uma ampla gama de situações é uma frontal modificada, na qual os que se comunicam encontram-se ligeiramente angulados em uma confrontação direta – talvez de 10 a 30 graus. Esta posição sugere claramente um alto grau de envolvimento, livrando-nos ocasionalmente do contato ocular total.

Distância/Contato Físico. Existem normas implícitas dentro de qualquer cultura que se referem ao campo da distância permitida entre duas pessoas que conversam. O grau de proximidade expressa claramente a natureza de qualquer interação e varia com o contexto social. Por exemplo, o estar muito perto de uma pessoa ou o chegar a tocar-se sugere intimidade na relação, a menos que se encontrem em locais abarrotados. Dentro do contato corporal, existem diferentes graus de pressão e diferentes pontos de contato que podem assinalar estados emocionais, como medo, atitudes interpessoais, ou um desejo de intimidade.

O Volume da Voz. A função mais básica do volume consiste em fazer com que a mensagem chegue até o ouvinte potencial e o déficit óbvio é um nível de volume muito baixo para servir a essa função. Um volume de voz alto pode indicar segurança e domínio. Todavia, o falar muito alto (que sugere agressividade, raiva ou grosseria) pode também ter conseqüências negativas – a pessoa poderia ir-se ou evitar futuros encontros. As mudanças no volume de voz podem ser empregadas em uma conversação para enfatizar pontos. Uma voz que varia pouco em volume não será muito interessante de ouvir.

A Entonação. A entonação serve para comunicar sentimentos e emoções. Uma mesma palavra pode expressar esperança, afeto, sarcasmo, ira, excitação ou desinteresse, dependendo da variação da entonação de quem fala. Pouca entonação, com um volume baixo, indica aborrecimento ou tristeza. Um padrão que não varia pode ser aborrecido ou monótono. Percebe-se que a pessoa é mais dinâmica e extrovertida quando muda a entonação de sua voz, freqüentemente, durante uma conversação. As variações na entonação podem também regular o ceder a palavra; uma pessoa pode aumentar ou diminuir a entonação da sua voz para indicar que gostaria que o outro falasse, ou pode diminuir o volume ou a entonação das últimas palavras de sua expressão ou pergunta. Uma entonação que sobe é avaliada positivamente (isto é, alegre); uma entonação que decai, negativamente (deprimida); uma nota estável, como neutra. Muitas vezes a entonação que se dá às palavras é mais importante que a mensagem verbal que se quer transmitir.

Fluência. As vacilações, falsos começos e repetições são bastante normais nas conversações diárias. Entretanto, as perturbações excessivas da fala podem causar uma impressão de insegurança, incompetência, pouco interesse ou ansiedade. Muitos períodos em silêncio poderiam ser interpretados negativamente, especialmente como ansiedade, enfado ou inclusive um sinal de desprezo. Expressões com um excesso de "palavras supérfluas" durante as pausas, por exemplo, "sabe", "bom", ou sons como "ahh" e "ehh" provocam percepções de ansiedade ou aborrecimento. Outro tipo de perturbação inclui repetições, gaguejos, pronúncias erradas, omissões e palavras sem sentido.

O Tempo de Fala. Este elemento refere-se ao tempo que o indivíduo passa falando. O tempo de conversação do indivíduo pode ser deficitário por ambos os extremos, isto é, tanto se fala pouco, como se fala demasiadamente. O mais adequado é um intercâmbio recíproco de informação.

O Conteúdo. A fala é empregada em uma variedade de propósitos, por exemplo, comunicar idéias, descrever sentimentos, raciocinar e argumentar. As palavras empregadas dependerão da situação em que se encontre uma pessoa, seu papel nessa situação e o que está tentando conseguir. O tema ou conteúdo da fala pode variar muito. Pode ser íntimo ou impessoal, simples, abstrato, ou técnico. Alguns elementos verbais importantes para o comportamento socialmente habilidoso têm sido, por exemplo, as expressões de atenção pessoal, os comentários positivos, o fazer perguntas, os reforços verbais, o emprego do humor, a variedade de assuntos, as expressões em primeira pessoa, etc.

V.1. O ensaio comportamental

O ensaio comportamental é o procedimento mais freqüentemente empregado no THS. Através deste procedimento representam-se maneiras apropriadas e efetivas de enfrentar as situações da vida real que são problemáticas para o paciente. Os objetivos do ensaio comportamental consistem em aprender a modificar modos de respostas não adaptativas, substituindo-as por novas respostas. O ensaio comportamental diferencia-se de outras formas de representação de papéis, como o psicodrama, ao centrar-se na mudança de comportamento como um fim em si mesmo e não como uma técnica para identificar ou expressar supostos conflitos.

No ensaio comportamental o paciente representa cenas curtas que simulam situações da vida real. Pede-se ao ator principal – o paciente – que descreva brevemente a situação-problema real. As perguntas *o que, quem, como, quando e onde* são úteis para demarcar a cena, assim como para determinar a maneira específica em que o sujeito quer atuar. A pergunta *por que* deveria ser evitada. Chama-se o ator ou atores do outro papel ou papéis pelo nome das pessoas significativas para o sujeito na vida real. Uma vez que se começa a representar a cena, é responsabilidade dos treinadores assegurar que o ator principal represente o papel e que tente seguir os passos comportamentais enquanto atua. Se este "sair do papel" e começar a fazer comentários, explicando acontecimentos passados ou outros assuntos, o treinador pedirá com firmeza que retorne ao papel.

Se o participante tiver dificuldade com uma cena, deve-se parar para discuti-la. Continuar quando alguém está ansioso ou chateado, ou está mostrando um comportamento impróprio ou não funcional, não é construtivo. Por outro lado, se um sujeito mostra somente uma leve vacilação ou está aproximando-se do comportamento desejado, pode-se "apontá-lo", dando-lhe apoio e ânimo. O "apontar" pode consistir em "qualquer classe de instrução direta, indício ou sinal que se dá ao sujeito durante o ensaio de uma cena, seja de forma verbal ou não verbal".

Se a situação escolhida para o ensaio comportamental mostra-se muito difícil, quem vai atuar deveria ser orientado a praticar uma versão mais fácil da mesma situação. Pode-se recordar algumas questões sobre o ensaio comportamental:

1. Deve-se limitar a um problema em uma situação. Não se deve tentar resolver tudo ao mesmo tempo.

2. Deve-se limitar ao problema exposto a princípio.

3. Deve-se escolher uma situação recente ou uma que provavelmente ocorra em um futuro próximo.

4. Não se deve prolongar a parte da representação de papéis mais de um a três minutos.

5. As respostas devem ser tão breves quanto possível.

6. Lembrar que quem vai representar é o principal *expert* sobre o comportamento assertivo e sobre qual é a melhor resposta para ele/ela nessa situação. Os que representarão os outros papéis deveriam ser escolhidos com base no que pensa aquele que vai atuar a respeito de quem representaria melhor as cenas.

Um número apropriado de ensaios comportamentais para um segmento ou para uma situação varia de três a dez. A menos que a situação que se ensaie seja curta, esta deveria ser dividida em segmentos que serão praticados na ordem em que ocorram. Uma espécie de esquema que pode facilitar para o paciente que representa o papel, pode ser visto no quadro 18.4.

Embora a seqüência de cada representação de papéis (isto é, os passos comportamentais) seja sempre a mesma (pode haver pequenas variações), o conteúdo das situações representadas muda de acordo com o que ocorre ou poderia ocorrer aos sujeitos na vida real. A seguir, descreveremos uma seqüência típica para realizar o ensaio comportamental em grupo. São expostos numerosos passos para oferecer uma idéia de como pode ser uma seqüência completa do ensaio comportamental (ajudado por outros procedimentos), porém nem sempre é necessário passar por todos esses passos (p. ex., muitas vezes não é necessário a modelação e/ou o ensaio encoberto). Seqüências similares podem ser encontradas na maioria dos textos sobre o THS (p. ex., Caballo, 1987; Hall e Rose, 1980; Lange e Jakubowski, 1976; Becker, Heimberg e Bellack, 1987; Liberman, DeRisi e Mueser, 1989). Os passos são os seguintes:

1. Descrição da situação "problema"[3].

2. Representação do que o paciente faz normalmente nessa situação.

3. Identificação das possíveis cognições desadaptativas que estejam influenciando o comportamento socialmente inadequado do paciente.

4. Identificação dos direitos humanos básicos implicados na situação.

5. Identificação de um objetivo adequado para a resposta do paciente. Avaliação por parte deste dos objetivos a curto e longo prazo (*solução dos problemas*).

6. Sugestão de respostas alternativas pelos outros membros do grupo e pelos treinadores/terapeutas, concentrando-se em aspectos moleculares da atuação.

7. Demonstração de uma destas respostas pelos membros do grupo ou dos treinadores, para o paciente (*modelação*).

8. O paciente pratica encobertamente o comportamento que vai realizar, como preparação para a representação de papéis.

9. Representação por parte do paciente da resposta escolhida, tendo em conta o comportamento do modelo que acaba de presenciar, e as *sugestões* dadas pelos membros do grupo/terapeutas ao comportamento modelado. O paciente não tem de reproduzi-lo como um "macaco de imitação", mas tem de integrá-lo em seu estilo de resposta.

10. Avaliação da efetividade da resposta:

a. Pelo que representa o papel, baseando-se no nível de ansiedade presente e no grau de efetividade que pensa ter tido a resposta (o paciente pode utilizar aqui os elementos do quadro 18.4 que sejam pertinentes nesse momento).

b. Pelos outros membros/treinadores do grupo, baseando-se no critério do comportamento habilidoso. O *feedback* proporcionado por estes é específico, sublinhando-se os traços positivos e assinalando os comportamentos inadequados de maneira amigável, não punitiva. Uma forma de conseguir este último é que os terapeutas perguntem aos membros do grupo "O que se poderia melhorar?", levando-se em conta que devem referir-se a aspectos "moleculares" concretos e observáveis. Além disso, os terapeutas reforçarão as melhoras empregando uma estratégia de *modelação* ou aproximações sucessivas.

11. Levando-se em conta a avaliação realizada pelo paciente e o resto do grupo, o terapeuta ou outro membro do grupo volta a representar (modelar) o comportamento, incorporando algumas das sugestões feitas no passo anterior. Não é conveniente que em cada ensaio se tente melhorar mais de dois elementos verbais/não verbais por vez.

12. Repete-se os passos de 8 a 11 tantas vezes quanto seja necessário, até que o paciente (especialmente) e os terapeutas/membros do grupo pensem que a resposta tenha chegado a um nível adequado para ser realizada na vida real. Deve-se assinalar que não é necessário repetir a modelação do passo 11 todas as vezes que se volte a representar a cena; o paciente incorpora diretamente as sugestões que fizeram à sua nova representação.

13. Repete-se a cena inteira, uma vez incorporadas, progressivamente, todas as possíveis melhoras.

14. As últimas instruções são dadas ao paciente sobre a prática na vida real do comportamento ensaiado, as conseqüências positivas e/ou negativas com que pode defrontar-se e o importante é que tente, não que tenha êxito (*tarefas para*

---

[3] Apesar da pouca atenção prestada a este primeiro passo, é extremamente importante, já que a continuação do procedimento dependerá de como o paciente expõe tal situação. Não queremos nos estender aqui sobre os vieses cognitivos da fonte de informação, nem sobre as diferenças entre situação "percebida" e situação "real", que podem fazer fracassar o colocar em prática o comportamento ensaiado na vida real. Tememos que uma descrição "incorreta" e excessivamente enviesada, por parte do paciente, esteja presente com notável freqüência quando se realiza o THS. Os problemas que costumam existir para observar o sujeito na vida real tornam difícil a solução desta questão.

Tabela 18.4. *Esquema do treinamento em habilidades sociais*[4]

I. *Avalie a situação*

1. Determine o que acredita serem os direitos e as responsabilidades das diferentes partes na situação.
2. Determine as prováveis conseqüências a curto e a longo prazo dos diferentes caminhos de ação.
3. Decida como se comportará na situação.

II. *Experimente novas situações e comportamentos na prática*

1. Ensaie os novos comportamentos nas situações representadas. Tente-o uma e outra vez. Pratique-o tantas vezes quanto seja necessário. Mude a resposta do companheiro de *roll-play*, de tal maneira que as conseqüências possam ser positivas, negativas ou neutras.
2. Refute as crenças errôneas e as atitudes contraproducentes e as substitua por crenças mais corretas e produtivas.
   Inverta sua perspectiva. Como se sentiria na posição da outra pessoa? É verdadeira a crença? Por que é verdade? Que evidências apóiam a crença?
   A crença o ajuda a sentir-se da maneira que quer?
   A crença o ajuda a conseguir seus objetivos sem ferir aos demais?
   A crença o ajuda a evitar aborrecimentos ou situações desagradáveis importantes sem negar ao mesmo tempo seus próprios direitos?
   Pergunte as opiniões dos outros sobre o impacto e as conseqüências prováveis de seu comportamento.
   Empregue a "parada de pensamento" para interromper crenças contraproducentes e obsessivas, que ocorrem freqüentemente.

III. *Avalie seu comportamento*

1. Determine sua ansiedade na situação
   (Aprenda a relaxar-se se for necessário: a) relaxamento completo, b) relaxamento diferencial)
   Pontuação SUDS
   Contato ocular
   Postura relaxada
   Riso nervoso
   Movimentos de cabeça, mãos e corpo, excessivos
2. Avalie o conteúdo verbal
   Disse o que realmente queria dizer?
   Seus comentários eram concisos, pertinentes, apropriadamente assertivos à situação?
   Seus comentários eram claros, específicos e firmes?
   Evitou longas explicações, escusas e desculpas?
   Empregou a primeira pessoa na expressão de sentimentos quando era apropriado?

3. Avalie a adequação do seu comportamento não verbal
    Respondeu quase imediatamente depois que a outra pessoa falou?
    Sua expressão facial estava em consonância com a situação? Olhava no
    rosto da outra pessoa?
    Acompanhava com gestos apropriados o que estava dizendo?
    Sua postura e orientação estavam de acordo com a situação?
    A distância/contato corporal eram adequados à classe de pessoa/situa-
    ção?
    Gaguejava ou havia vacilação em sua voz? Eram apropriados seu volume
    e entonação de voz?
    Havia alguma queixa, lamento ou sarcasmo em sua voz?
    Havia muito silêncio? O tempo de fala era compartilhado, ou a sua
    contribuição era mínima?

4. Decida se está satisfeito com sua atuação geral nessa situação

IV. *Pratique os novos comportamentos nas interações da vida real*

1. Decida comportar-se de forma assertiva em uma situação da vida real.
    Pratique a situação como uma tarefa para casa.

2. Comece a comportar-se assertivamente em interações que ocorrem de
    forma natural, tendo o cuidado de não ir com demasiada pressa.

3. Registre e avalie as tarefas para casa, os comportamentos ensaiados e as
    interações que ocorrem de forma natural, empregando as folhas de registro
    adequadas.

---

[4] Baseado em M. D. Galassi e J. P. Galassi, *Assert yourself! How to be your own person*, New York,
Human Sciences Press, 1977. Copyright 1977 Human Sciences Press. Reproduzido sob licença.

casa). Assinala-se também que, na próxima sessão, serão analisados tanto a forma
de realizar tal comportamento como os resultados obtidos.

A esta seqüência típica do ensaio comportamental estão sendo acrescentados
ultimamente elementos de treinamento em *percepção social*: habilidades para
receber, processar e enviar informação (Becker, Heimberg e Bellack, 1987;
Liberman, DeRisi e Mueser, 1989). Embora a capacidade para receber e processar
estímulos situacional e interpessoalmente relevantes para determinar as normas
e as regras particulares, para compreender as emoções e as intenções de outras
pessoas, etc., já tenha sido ressaltada há anos como componente do THS (p. ex.,
Morrison e Bellack, 1981; Trower, 1980), não está muito claro como realizar esse
treinamento em percepção social [em Becker, Heimberg e Bellack (1987) podem
se encontrar alguns exercícios a este respeito]. Também pode-se incluir diversas
variações na seqüência do ensaio comportamental. Por exemplo, pode-se ensaiar
diferentes conseqüências negativas (inclusive a pior delas) que poderiam ser
produzidas ante o comportamento do sujeito. Também pode-se inverter os papéis
ao longo do ensaio, de modo que o paciente se coloque no papel da pessoa a quem
se dirige o comportamento na vida real, de forma que assim possa ser mais

empático com as reações que a outra pessoa poderia ter diante de seu próprio comportamento (Masters e cols., 1987; Monti e Kolko, 1985). Contudo, esta inversão de papéis tem sido criticada por alguns autores que assinalam que, salvo se o problema do paciente for a redução de respostas agressivas, a inversão de papéis debilita a resposta assertiva e fortalece as cognições negativas subjacentes (Booraem e Flowers, 1978).

O quadro 18.5 apresenta uma forma de avaliação dos componentes que se costumam ensaiar durante a representação de papéis.

V.2. A modelação

A exposição do paciente a um modelo que mostra corretamente o comportamento que está sendo o objetivo do treinamento permite a aprendizagem observacional desse modo de atuação. O modelo costuma ser representado pelo terapeuta ou por algum membro do grupo e pode ser apresentado ao vivo ou gravado em vídeo. Pode ser feita a representação de todo o episódio ou somente de uma parte dele. Têm-se demonstrado que a modelação é mais efetiva quando os modelos são de idade parecida e do mesmo sexo que o observador, e quando o comportamento do modelo se encontra mais próximo ao do observador, em vez de ser altamente competente ou mais extremo. Neste último caso, a representação pode se tornar muito complexa, de modo que o observador possa sentir-se oprimido e não realizar nenhuma aprendizagem significativa (Schroeder e Black, 1985). É importante, então, que o terapeuta dirija a atenção do paciente para os componentes separados, específicos, da situação, de forma que reduza sua complexidade. A modelação tem, além disso, a vantagem de ilustrar os componentes não verbais e paralingüísticos de um determinado comportamento interpessoal. O tempo de exposição ao modelo também parece ser importante, com exposições mais longas produzindo resultados mais positivos (Eisler e Frederiksen, 1980). Por outro lado, é importante que o paciente não interprete o comportamento modelado como a forma "correta" de comportar-se, e sim como uma maneira de enfocar uma situação particular (Wilkinson e Canter, 1982).

No treinamento, a modelação parece mais apropriada quando: a) uma pessoa mostra um comportamento inadequado e é mais fácil mostrar o correto que explicá-lo ou "apontá-lo" (especialmente útil para o comportamento não verbal e o comportamento complexo), ou b) um paciente não responde em absoluto ou parece não saber como começar. Também parece que o emprego do procedimento da "modelação" é mais importante com populações de amplas deficiências (p. ex., pacientes psiquiátricos) que com aquelas que possuem um nível superior de adaptação social (p. ex., sujeitos universitários). Alguns aspectos a recordar sobre a modelação são os seguintes:

1. A atenção é necessária para a aprendizagem. Visto que na modelação se aprende religiosamente através da observação e da escuta, quem vai atuar tem que saber a que comportamentos deve prestar atenção e recordá-los. Às vezes, ajuda ter uma discussão em grupo sobre o que fez o modelo que deu como

Tabela 18.5. *Avaliação do treinamento dos componentes comportamentais[4]*

Nome: _____   Data: _____

Objetivo: ――――――――――――   Avaliação:

――――――――――――――――   1. Muito pobre

――――――――――――――――   2. Pobre

――――――――――――――――   3. Regular

――――――――――――――――   4. Bom

――――――――――――――――   5. Muito bom

Componentes Comportamentais

Componentes não verbais	Ensaios
Olhar	
Expressão facial	
Gestos	
Postura	
Orientação	
Distância/Contato físico	

Componentes paralingüísticos	
Volume	
Entonação	
Fluência	
Tempo de fala	

Conteúdo	
Apropriado à situação	
Reforçante	

[4] Adaptado e modificado de R. P. Liberman, W. J. DeRisi e K. T. Mueser, *Social skills training for psychiatric patients,* New York, Pergamon Press, 1989. Copyright 1989. Pergamon Press. Reproduzido com permissão.

resultado uma resposta especialmente habilidosa, ou fazer com que o terapeuta assinale algumas destas respostas.

2. A modelação tem mais influência quando o observador considera o comportamento do modelo desejável ou com conseqüências positivas. O paciente recordará melhor as respostas se tiver uma oportunidade para praticar o comportamento do modelo.

3. É importante que o paciente não interprete o comportamento modelado como a maneira "correta" de comportar-se, mas sim como uma forma de abordar uma determinada situação.

V.3. Instruções/treinamento

O termo *treinamento* (*coaching*), às vezes também denominado de *feedback* corretivo, tenta proporcionar ao sujeito informação explícita sobre a natureza e o grau de discrepância entre sua execução e o critério (p. ex., "Seu contato ocular foi muito breve, aumente-o"). Também costuma incluir informação específica sobre o que constitui uma resposta apropriada (p. ex., "Quero que pratique o olhar diretamente a outra pessoa quando está falando com ela"), anotações que dirigem a atenção do sujeito às suas necessidades, etc. O termo *instruções* (*instructions*) é mais amplo, abrangendo, além de todo a anterior, informação específica e geral sobre o programa de THS ou aspectos dele.

A informação pode ser apresentada sob diversas formas, através da representação de papéis, discussões, material escrito, descrições na lousa, gravações em vídeo, etc. Exemplos de informações apresentadas nas primeiras sessões são os "direitos humanos básicos" ou a distinção entre comportamentos assertivos, não assertivos e agressivos. Também, no começo de qualquer sessão do THS, é importante transmitir claramente ao paciente o componente ou dimensão exatos que receberão atenção nesse dia e dar uma explicação sobre sua importância. O propósito de começar cada sessão com uma breve instrução do terapeuta é assegurar-se de que os paciente compreendam as expectativas desse dia, para depois poder realizá-las. Em síntese, as instruções não são dadas somente para ministrar aos pacientes informação sobre o comportamento social, mas também para proporcionar uma base e uma explicação razoável sobre os exercícios e ensaios comportamentais posteriores. O paciente deve saber o que se espera que ele faça na representação de papéis antes de começar.

V.4. Feedback e reforçamento

O *feedback* e o reforçamento são dois elementos fundamentais do THS. Muitas vezes, estes dois componentes fundem-se em um, quando o *feedback* que se dá ao paciente é reforçador para ele. O *reforçamento* está presente ao longo de todas as sessões do THS e serve tanto para adquirir novos comportamentos, recompensando aproximações sucessivas, como para aumentar determinados comportamentos adaptativos no paciente. Twentyman e Zimering (1979) assinalam que o tipo de reforçamento mais empregado nos programas de THS tem sido verbal. As recompensas sociais são reforços efetivos para a maioria das pessoas e no THS faz-se por meio do elogio e do ânimo. O efeito benéfico é maior quando se dá imediatamente depois do ensaio comportamental. Além de reforçar verbalmente o sujeito que atua, também pode-se reforçá-lo não verbalmente através da expressão facial, do anuir com a cabeça, dos aplausos, das palmadinhas nas costas, etc. Cada vez que um paciente toma parte em uma representação de papéis o treinador tem a oportunidade de reforçar o comportamento desejado. Twentyman e Zimering (1979) informam que estudos que empregaram técnicas de reforçamento aplicáveis para além do laboratório tendiam a mostrar resultados mais positivos. Os pesquisadores podem encontrar efeitos de transferência maiores quando se realiza uma tentativa sistemática de incluir "reforçamento ambiental" nos programas de treinamento.

Também pode-se instruir os pacientes para que se auto-recompensem, "que digam e façam algo agradável para si mesmos", se praticaram bem suas novas habilidades (Goldstein, Gershaw e Sprafkin, 1985). Uma forma de ajudar ao processo de auto-reforço é associá-lo com um reforço secundário como o dinheiro. Por exemplo, pode-se mudar uma moeda de um bolso para outro, após uma resposta assertiva. Esta transferência é acompanhada por uma autoverbalização positiva. As moedas vão se juntando para a aquisição de um reforço mais amplo. O auto-reforçamento serve também para manter comportamentos que não estão sendo recompensados pelo ambiente externo.

Booraem e Flowers (1978) assinalam que a psicoterapia tem tido uma tendência a centrar-se nos aspectos negativos do comportamento, explorando mais os problemas do paciente do que suas capacidades. Por isso, é importante começar cada sessão de grupo com informações sobre os êxitos. Começar assim estabelece uma sensação de êxito no grupo e permite àqueles pacientes que fizeram bem na vida real obter reforço por parte do grupo, o que os ajudará a manter as melhoras obtidas. "Isto é especialmente importante quando fez o melhor que podia, mas não conseguiu ainda o que queria, ou está começando a obter certo *feedback* negativo do ambiente devido a sua mudança" (Booraem e Flowers, 1978, p. 25).

O *feedback* proporciona informação específica ao sujeito, essencial para o desenvolvimento e melhora de uma habilidade. Ele pode ser dado pelo treinador, outros membros do grupo, ou ser oferecido através da repetição por áudio ou vídeo. Se o *feedback* é oferecido pelos outros membros do grupo, estes deveriam ser treinados para que fossem positivos e o apresentassem de maneira que fosse benéfica para o paciente. As seguintes diretrizes podem ser úteis (Wilkinson e Canter, 1982):

a. Deveriam ser especificados, por antecedência, os comportamentos subme-tidos ao *feedback*, de modo que durante a reapresentação de papéis os observa-dores pudessem concentrar-se nas respostas relevantes.

b. O *feedback* deveria concentrar-se no comportamento em vez de na pessoa.

c. O *feedback* deveria ser detalhado, específico e concentrar-se naqueles comportamentos que lhes foram ensinados, durante a sessão ou em sessões prévias.

d. Não se deveria dar um *feedback* de mais de três comportamentos de cada vez, já que é muito difícil observar e informar sobre um número maior.

e. Dever-se-ia proporcionar o *feedback* diretamente ao indivíduo; por exemplo, "Estava boa a maneira como você a fitou", e não "Estava boa a maneira como ele a fitou".

f. O *feedback* deveria concentrar-se no positivo, com sugestões para a melhora e a mudança se for necessário.

g. Dever-se-ia enfatizar que o *feedback* não é um julgamento objetivo do indivíduo, mas sim impressões subjetivas que podem variar com as pessoas.

h. Deveria ser lembrado, especialmente pelo terapeuta, que a pessoa que dá o *feedback* o está fazendo com base em suas próprias normas e cultura, que podem diferir das do paciente.

O processo de oferecer *feedback* pode também ter outros efeitos benéficos. Proporciona aos pacientes a oportunidade de praticar falando diretamente a outra pessoa e ajuda os membros do grupo a concentrar-se no ator, mantendo-os envolvidos com o grupo e aumentando a probabilidade de aprendizagem observacional a respeito daqueles comportamentos que têm êxito (e, conseqüentemente, são reforçados).

Se for empregado o *feedback* por vídeo deve-se dar primeiro ao paciente a oportunidade de comentar sua atuação e deve-se aplicar as mesmas regras anteriormente expostas. A repetição através do vídeo deve ser empregada com precaução. Embora possa ser uma fonte de motivação e incentivo, pode também ser perturbadora e ameaçadora para alguns indivíduos. Galassi, Gallasi e Fulkerson (1984) assinalam que o *feedback* por meio do vídeo não melhora e inclusive pode diminuir os benefícios do THS breve. Gelso (1974) informou que esse procedimento pode aumentar a ansiedade do paciente em programas de THS de curta duração. Não obstante, seus efeitos em programas de maior duração são desconhecidos. Devido ao incremento na utilização das técnicas audiovisuais, nos últimos anos, deveria ser investigado sistematicamente se o emprego do vídeo nos programas de THS traz melhoras importantes (Dowrick e Biggs, 1983; Heilveil, 1983).

V.5. Tarefas de casa

"Todo terapeuta experiente sabe que o êxito da prática clínica depende, em grande parte, das atividades do paciente quando não está com ele. Esta dependência das atividades "externas" é especialmente relevante no caso da prática comportamental" (Shelton e Levy, 1981, p. ix).

As *tarefas de casa* são uma parte essencial do THS. O que ocorre na vida real proporciona material que servirá para os ensaios no grupo. Entre as tarefas de casa dadas aos pacientes estão o registro de seu nível de ansiedade em determinadas situações (pontuação SUDS), o registro de situações nas quais têm atuado habilidosamente, outras nas quais gostaria de ter atuado assim, etc. As tarefas de casa constituem o veículo através do qual as habilidades aprendidas na sessão de treinamento são praticadas no ambiente real, isto é, generalizam-se à vida diária do paciente.

Normalmente, cada sessão de um programa de THS começa e termina com uma discussão sobre as tarefas de casa, que são elaboradas especificamente para alcançar os objetivos da terapia. À medida que a terapia vai avançando, uma boa parte de cada sessão é dedicada a preparar o paciente para as próximas tarefas de casa, e a dificuldade da tarefa aumenta gradualmente conforme progride o tratamento.

Shelton e Levy (1981) ressaltam uma série de benefícios derivados do emprego sistemático das tarefas de casa:

1. *Acesso aos comportamentos privados.* Um enfoque de tratamento, que faz com que a terapia continue inclusive na ausência do terapeuta, é especialmente útil para os comportamentos que não podem ser observados facilmente no consultório.

2. *Eficácia do tratamento.* A maioria dos novos padrões de comportamentos necessita ser praticada repetidamente e realizada em lugares diferentes. A prática que se limita ao tempo da sessão na terapia não terá finalizado o trabalho. Além disso, os outros dias da semana não dedicados à terapia formal podem significar uma economia de dinheiro, tempo e da utilização dos serviços de saúde.

3. *Um maior autocontrole.* O implicar os pacientes em seu próprio tratamento fora das horas de terapia, pode ajudá-los a se verem como os principais agentes de mudança e motivá-los a atuarem em seu próprio benefício.

4. *Transferência do treinamento.* Uma das tarefas principais enfrentadas pelo terapeuta consiste em ajudar o paciente a transferir o que aprendeu durante a terapia ao mundo exterior. A transferência pode ocorrer ao longo de três dimensões: situações, respostas e tempo.

V.6. Procedimentos cognitivos

Os procedimentos cognitivos encontram-se dispersos ao longo do THS. Desde a integração dos direitos humanos básicos no sistema de crenças do paciente até a modificação direta de cognições desadaptadas que inibem ou denotam o comportamento social do mesmo, o THS está impregnado de numerosos elementos cognitivos. O treinamento em solução de problemas ou em percepção social são procedimentos explícitos que se utilizam às vezes dentro dos programas de THS. A redução das autoverbalizações negativas e o aumento das positivas costumam estar incluídos no THS. Freqüentemente, também são empregados elementos da terapia racional emotiva (ver figura 18.2). Por outro lado, Dryden (1984) cita que os terapeutas colaboram com seus pacientes ajudando-os a ser bons empiristas, encorajando-os a considerar seus pensamentos ou inferências automáticas como hipóteses, em vez de como fatos, e em seguida buscar dados que possam corroborar ou refutar estas hipóteses.

VI. O TREINAMENTO DAS HABILIDADES SOCIAIS EM GRUPO

Embora os procedimentos do THS (ou treinamento assertivo) tenham sido realizados inicialmente seguindo um formato individual (Salter, 1949; Wolpe,

1958), foi-se prestando cada vez mais atenção ao formato grupal (Alberti e Emmons, 1970; Bower e Bower, 1976; Cotler e Guerra, 1976; Kelley, 1979; Lange e Jakubowski, 1976; Lazarus, 1968c; Liberman e cols., 1975). Como já havíamos assinalado anteriormente, o formato grupal tem toda uma série de vantagens sobre o formato individual. A descrição de algumas delas pode ser encontrada em Caballo (1988). Podemos dizer que o grupo oferece uma situação social já estabelecida na qual os participantes que recebem o treinamento podem praticar com as demais pessoas. Um grupo proporciona diferentes tipos de pessoas necessárias para criar as representações de papéis e para proporcionar uma maior categoria de *feedback*. Os membros de um grupo fornecem também uma série de modelos, ajudando, conseqüentemente, a dissipar a idéia de que a modelação pelo terapeuta é a única forma "correta". Além disso, tem-se demonstrado que a aprendizagem vicária é mais efetiva quando os modelos têm características em comum com o observador.

Lange e Jakubowski (1976) assinalaram que há quatro tipos básicos de grupos de THS: a) *Grupos orientados para os exercícios,* onde os membros do grupo participam inicialmente de uma série estabelecida de exercícios de representação de papéis e, em sessões posteriores, tais membros geram suas próprias situações de ensaio comportamental, b) *Grupos orientados para os temas,* nos quais cada sessão dedica-se a um tema determinado, e para isso emprega-se o ensaio comportamental, c) *Grupos semi-estruturados,* que utilizam alguns exercícios de representação de papéis junto com outros procedimentos terapêuticos, como o treinamento de pais, clarificação de valores, etc., e d) *Grupos não estruturados,* nos quais os exercícios de representação de papéis baseiam-se totalmente nas necessidades dos membros de cada sessão.

O tamanho dos grupos de THS tem variado com certa freqüência, dependendo dos objetivos, o tempo do terapeuta e o número de sujeitos disponíveis. Assim, temos encontrado grupos de THS com desde 3 até 15 sujeitos (Caballo, 1988). Entretanto, cremos que o número de sujeitos mais empregado e recomendado no THS em grupo tem sido de *8 a 12 membros.* Mas ainda tem variado o tempo de duração dos programas de THS. Geralmente, as sessões de THS realizam-se *uma vez por semana* (embora tenhamos encontrado estudos que empregaram 4 ou 5 dias por semana), ao longo de *8 a 12 semanas* (tendo-se encontrado estudos que empregaram desde 3 até 17 semanas). A duração de cada sessão também tem variado freqüentemente, indo de 30 minutos até 2½ horas. Cremos que uma duração de 2 *horas* por sessão é uma duração adequada (ver Caballo, 1987; Caballo e Carrobles, 1988, para um estudo mais detalhado sobre essas questões).

VI.1. Procedimentos e exercícios de grupo

Além da seqüência típica do THS, existe uma série de exercícios grupais que são muito úteis quando se realiza um programa de THS (ver Caballo, 1987). Os exercícios são empregados dependendo do momento da sessão, da classe de comportamento que se esteja tratando, do ambiente grupal e de outros fatores que o terapeuta determinará como convenientes para realizar tais exercícios. Em seguida descreveremos alguns deles.

Figura 18.2. "Evite os absolutos". *Desenho realizado por Caren Nederlander. Copyright @ 1981 Franklin Center for Behavior Change, Southfield, Michigan. Reproduzido com permissão do autor.*

"Evite os absolutos"

Mude seus "tenho que" e "deveria" por "gostaria" e "prefiro"

VI.1.1. Exercícios de aquecimento

Como seu nome indica, esses exercícios servem para animar o ambiente do grupo, fazendo com que as pessoas envolvam-se mais ativamente no processo do THS. Costuma-se praticá-los no início das sessões ou se em algum momento o grupo se encontra pouco participativo.

Na sessão inicial de um grupo de THS as pessoas não se conhecem. Um exercício habitual para que as pessoas comecem a se conhecer melhor é o seguinte: os participantes do grupo unem-se em pares. Ficam 10 minutos conversando, nos quais cada membro da dupla passa 5 minutos falando com o outro. Nestes 5 minutos cada pessoa do grupo deveria conseguir uma breve biografia do/a companheiro/a, e falar sobre si mesmo usando os cinco adjetivos que acredita melhor descrevê-lo e assinalar seus três pontos fortes. Posteriormente as pessoas voltam ao grupo e cada membro faz uma pequena síntese do/a seu/sua companheiro/a. Outros exercícios de aquecimento diferentes são os seguintes:

Faz-se com que todos os membros do grupo formem um círculo ligados pelos ombros e que um dos membros fique fora. O jogo consiste em que o membro que ficou de fora entre no círculo, enquanto que os demais que o formam, tratam de não deixá-lo entrar (sem violência, nem empenho excessivo).

Formam-se grupos de três pessoas. Duas delas encontram-se em frente uma da outra e uma terceira serve como espectador. Uma das duas primeiras pessoas terá que dizer unicamente "sim", enquanto que aquela que está à sua frente responde somente "não". Podem variar todos os elementos não verbais e paralingüísticos que queiram, mas não o conteúdo verbal ("sim" ou "não"). Durante a interação as duas pessoas têm que observar que sinais não verbais se manifestam quando se sentem mais seguras, e o observador tem que fazer o mesmo a respeito do comportamento que observa. Os papéis vão se revesando. Finalmente, expõem-se as conclusões ao grupo.

Reúnem-se os participantes em pares. Cada um destes deve ter um papel e um lápis. Sem falar, eles têm que desenhar conjuntamente (cada membro do par segurando o mesmo lápis simultaneamente) sobre o papel, por exemplo, uma árvore, um gato e uma casa. Uma vez que todos os pares terminaram, reúne-se o grupo novamente e discute-se brevemente que membro do par foi o mais ativo na realização do desenho, se sua atuação ativa ou passiva foi reflexo de seu comportamento na vida real, e que sinais não verbais empregou para ter uma maior participação em tal desenho. Se os dois participaram igualmente, ressaltam-se os sinais não verbais que empregaram para consegui-lo.

VI.1.2. Exercícios para os direitos humanos básicos

Faz-se com que os participantes do grupo leiam uma folha que contenha os direitos humanos básicos expostos no quadro 18.1. Pede-se que escolham um direito da lista que seja importante para eles, mas que normalmente não se aplica a suas vidas, ou um que lhes seja difícil de aceitar. Logo dá-se-lhes as seguintes instruções: "Fechem os olhos... ponham-se numa posição confortável... inspirem profundamente, segurem o ar tanto quanto possam e logo soltem-no lentamente... Agora imaginem que têm aquele direito que selecionaram da lista... Imaginem como mudam suas vidas ao aceitarem esse direito... Como atuariam... Como se sentiriam consigo mesmos... e com outras pessoas...". Esta fantasia continua durante dois minutos, depois dos quais o terapeuta continua dizendo: "Agora imaginem que já não têm esse direito... Imaginem como mudariam suas vidas em relação a como eram há uns momentos... Como atuariam agora... e como se sentiriam consigo mesmos... e com outras pessoas...". Esta fantasia continua por outros dois minutos. Logo, em pares, discutem as seguintes questões: que direito selecionaram, como atuaram e sentiram-se quando tinham e quando não tinham o direito, e o que aprenderam com o exercício (Kelley, 1979; Lange e Jakubowski, 1976).

VI.1.3. Exercícios para a distinção entre comportamento assertivo/ não assertivo/agressivo

Expõe-se uma série de exemplos sobre o comportamento assertivo, o não assertivo e o agressivo. Isto pode ser feito através de uma série de meios (vídeos, representação de cenas, explicação verbal, etc.). Uma vez que os participantes do grupo assinalam terem entendido as diferenças entre essas classes de comportamentos, faz-se o seguinte. Distribui-se três cartões de diferentes cores a cada membro, cada um dos quais representa um tipo de comportamento (p. ex., branco = assertivo, azul = não assertivo e vermelho = agressivo). Apresenta-se-lhes de novo, diferentes comportamentos. Os membros do grupo devem qualificar o tipo de comportamento que se lhes apresenta levantando, todos de uma vez, o cartão correspondente. Discute-se por que o comportamento que se apresentou é considerado assertivo, não assertivo ou agressivo, e também, por que as pessoas que classificam o comportamento de forma diferente da maioria assim o fazem. Se a maior parte do grupo "engana-se" ao classificar o comportamento, discute-se igualmente.

VI.1.4. Exercícios de terapia racional emotiva

Um exercício muito útil para introduzir os pacientes nos princípios racional-emotivos, descobrir defesas, mostrar-lhes como influem os pensamentos nos sentimentos e que se conscientizem de que uma grande parte desses pensamentos são automáticos, é o seguinte. Pede-se aos membros do grupo que sentem-se confortavelmente, que fechem os olhos, inspirem profundamente pelo nariz e retenham durante um certo tempo o ar nos pulmões e expirem lentamente pela boca. Logo, dá-se-lhes as seguintes instruções (Wessler, 1983): "Vou pedir-lhes que pensem em algo secreto, algo sobre vocês mesmos que não diriam normalmente a ninguém. Poderá ser algo que fizeram no passado, algo que estão fazendo no presente. Algum hábito secreto ou alguma característica física. *(Pausa)*. Estão pensando nisso? *(Pausa)*. Bem. Agora vou pedir a alguém que diga ao grupo o que pensou... que o descreva com detalhes. *(Pausa curta)*. Mas como sei que todo mundo gostaria de fazer isto, e não temos tempo suficiente para que todo mundo o faça, selecionarei alguém. *(Pausa – olhando os membros do grupo)*. Pronto!, acho que já tenho alguém. *(Pausa)*. Mas antes de chamar esta pessoa, permitam-me perguntar-lhes o que estão experimentando nestes momentos?" (p. 49).

Normalmente as pessoas experimentam uma elevada ansiedade (se vivenciou realmente o exercício), que se pode quantificar perguntando aos sujeitos o nível de pontuação SUDS. Nesse momento, o terapeuta mostra ao grupo que é o *pensamento* de fazer algo, não o fazê-lo, o que conduz a seus sentimentos. Então o terapeuta pergunta sobre os tipos de pensamentos que conduziram a esses sentimentos.

VI.1.5. Procedimentos para iniciar e manter conversações

Há uma série de procedimentos que ajudam os sujeitos a iniciar e manter conversações com outras pessoas. Quando se treina os pacientes na dimensão de "iniciar e manter conversações", normalmente ensina-se-lhes uma série deles, como os seguintes.

Perguntas (com final) fechadas/abertas. As perguntas *fechadas* são aquelas às quais quem responde não tem outra alternativa em sua resposta que a oferecida por quem pergunta. Este tipo de perguntas tem geralmente uma resposta correta ou uma resposta curta selecionada a partir de um número limitado de possíveis respostas (Hargies, Saunders e Dickson, 1981). As perguntas que começam por "onde", "quando" e "quem" são normalmente fechadas. Também são fechadas as perguntas que podem ser respondidas adequadamente por "sim" ou "não", as que pedem ao sujeito que selecione entre duas ou mais alternativas, ou as que lhe pedem que identifique algo. As perguntas *abertas* são aquelas que podem ser contestadas de diversas maneiras, deixando a resposta aberta a quem responde. Com estas perguntas, quem responde tem um elevado grau de liberdade para decidir que resposta dar. Este tipo de perguntas são de caráter amplo e requerem mais de uma ou duas palavras. Igualmente, têm a vantagem de permitir dirigir uma conversa para o nível de comunicação que se deseje. As perguntas que começam com "o que", "como" e "por que" são normalmente abertas. Freqüentemente, ensina-se os pacientes a fazer perguntas abertas para manter conversações durante um tempo mais prolongado.

Livre informação. A livre informação refere-se à informação que não foi requerida especificamente pela pergunta. Seja ou não de forma consciente, as pessoas compartilham aquela parte de si mesmas da qual querem falar. Neste sentido, a livre informação é, freqüentemente, uma espécie de convite para falar sobre aquilo que a pessoa que a oferece pensa ser apropriado. Pode-se fazer perguntas abertas sobre a livre informação, fazer comentários sobre ela ou que sirva para propiciar a própria auto-revelação. Por exemplo, A: "O que você estuda?", B: "Psicologia. A semana que vem tenho um exame muito difícil" (*Livre informação*).

Auto-revelação. Refere-se "ao ato de compartilhar verbal ou não verbalmente com outra pessoa os aspectos do que o converte em uma pessoa, aspectos que o outro indivíduo não conhecerá ou compreenderá sem a sua ajuda" (Stewart, 1977, retirado de Hargie, 1986, p. 223). As auto-revelações verbais são verbalizações nas quais o indivíduo revela informação pessoal sobre ele mesmo. As auto-revelações não verbais são comportamentos manifestados por um indivíduo que transmite aos outros uma impressão de suas atitudes ou sentimen-tos (Hargie, 1986). Em qualquer conversação é importante que os dois (ou mais) participantes façam pelo menos alguma auto-revelação, visto que uma relação pode desenvolver-se somente quando as pessoas envolvidas compartilham algo sobre elas mesmas. A auto-revelação normalmente é *simétrica*, assinalando com isso que as pessoas geralmente se auto-revelam aproximadamente no mesmo ritmo.

O ouvir. A fim de responder de forma apropriada aos demais, é necessário prestar atenção às mensagens que enviam e associar futuras respostas com elas. As mensagens recebidas podem ser verbais ou não verbais. A *escuta ativa* acontece quando um indivíduo manifesta certos comportamentos que indicam, claramente, que está prestando atenção à outra pessoa. Pode consistir de mensagens verbais curtas e ocasionais, ou exclamações como "Ah-hah", "Oh", "Ah, sim?", etc., que dá a entender a quem fala se estão prestando atenção nele e o animam também a continuar falando. Neste tipo de escuta podem refletir-se igualmente os pensamentos e/ou os sentimentos de quem fala, resumindo seus comentários às próprias palavras de quem escuta ("parafraseando"). Esta classe de escuta é uma maneira excelente de incentivar os demais a falarem. A escuta ativa pode ser feita também das mensagens não verbais de quem fala, por exemplo, "assentindo com a cabeça", "sorrindo", etc. Na *escuta passiva* o sujeito não mostra sinais externos claros que indiquem que está escutando (Hargie, Saunders e Dickson, 1981).

Nas sessões de THS normalmente se ensaia em pares ou em trios, estes quatro elementos: perguntas abertas, livre informação, auto-revelação e escuta ativa.

Também se oferece aos sujeitos informação sobre as maneiras de iniciar conversações. Gambrill e Richey (1985, p. 107) assinalam que há, pelo menos, oito maneiras de iniciar conversações: 1) Fazer uma pergunta ou um comentário sobre a situação ou uma atividade nas quais estão envolvidos, 2) Cumprimentar os demais sobre algum aspecto de seu comportamento, aparência ou algum outro atributo, 3) Fazer uma observação ou pergunta casuais a alguém sobre o que está fazendo, 4) Perguntar se pode unir-se à outra pessoa ou pedir a ela que se una a ele/ela, 5) Pedir ajuda, conselho, opinião ou informação à outra pessoa, 6) Oferecer algo a alguém, 7) Cumprimentar as experiências, sentimentos ou opiniões pessoais, 8) Saudar a outra pessoa e apresentar-se. Esses mesmos autores sugerem uma série de regras básicas para o início de uma conversa: a) Ser positivo, b) Ser direto, c) Cultivar uma perspectiva dupla, d) Antecipar uma reação positiva, e) Tirar proveito do humor, f) Utilizar frases iniciais curtas, g) Perguntar a si mesmo como responderia, h) Fazer perguntas abertas, i) Tirar proveito da livre informação, j) Aproximar-se da pessoa que parece solta para começar uma conversação, k) Insistir, l) Aproximar-se da pessoa que parece amigável, m) Cultivar a curiosidade, n) Selecionar objetivos alcançáveis, o) Tirar proveito do próprio estilo, p) Sorrir e olhar às pessoas, q) Não intimidar, r) Recompensar os esforços (Gambrill e Rickey, 1985, pp. 113-115).

VI.1.6. Procedimentos defensivos

O disco riscado*. Este procedimento pode ser empregado com pedidos e/ou recusas. Consiste em que o sujeito parece um disco riscado. A frase chave é "sim, mas...". O sujeito só escuta, mas não responde a algo que saia da questão que deseja tratar. Smith (1977) o descreve como o procedimento que "mediante a repetição serena das palavras que expressam nossos desejos, uma e outra vez, ensina a virtude da persistência [...]" (p. 437).

---

* N.T. – Em português normalmente se usa a expressão da *técnica do disco rachado*.

A asserção negativa. Este procedimento é empregado quando o sujeito está sendo atacado e se enganou. A técnica implica em fazer com que o sujeito admita seu erro e mude imediatamente para autoverbalizações positivas. O sujeito não está na defensiva se estiver enganado. A utilização desta técnica requer uma ampla prática, uma vez que existe uma tendência natural das pessoas a se defenderem quando são atacadas verbalmente (Booraem e Flowers, 1978). Smith (1977) a define como a "técnica que nos ensina a aceitar nossos erros e faltas (sem ter que nos desculpar por isto) mediante o reconhecimento decidido e compreensivo das críticas, hostis ou construtivas, que se formulam a propósito de nossas qualidades negativas" (p. 438).

O recorte. Esta técnica é apropriada tanto se os pacientes estão sendo atacados e não estão certos de haver cometido um erro, quanto se pensam que estão sendo atacados por meio de sinais não verbais, mas o conteúdo que se expressa não é claramente de enfrentamento. Quando *recorta*, o sujeito responde *sim* ou *não* com mínima "livre informação", esperando que a outra pessoa esclareça o assunto (Booraem e Flowers, 1978). Por exemplo, se a pessoa prepara o desjejum todos os dias, mas essa manhã não o fez e alguém diz "O desjejum não está preparado", a pessoa responde "Sim, é verdade" e espera. O recortar é uma forma de o sujeito esclarecer uma questão antes de responder. Mas não é uma maneira de substituir uma comunicação mais natural.

VI.1.7. Procedimentos de "ataque"

A inversão. A inversão é empregada quando o sujeito pede algo e parece óbvio que o pedido será recusado; entretanto, a outra pessoa ainda não disse "não", mas está dando uma série de razões pelas quais o pedido será provavelmente recusado. O sujeito pede simplesmente que se diga "sim" ou "não". Desta forma é mais provável que na próxima vez obtenha um "sim", já que as pessoas parecem recordar melhor suas respostas negativas diretas que as indiretas e em suas intenções de ser justo com os demais, equilibrará as respostas "sim" e "não" (Booraem e Flowers, 1978).

A repetição. Este procedimento é empregado quando o sujeito pensa que a outra pessoa não está escutando ou entendendo o que ele está dizendo. A utilização deste procedimento implica em que o sujeito peça à outra pessoa que repita o que ele estava dizendo. Isto requer tato, por isso empregam-se frases como "O que acha do que estou dizendo?", "Entende minha posição?", etc. (Booraem e Flowers, 1978).

O reforçamento em forma de sanduíche. Este procedimento implica em apresentar uma expressão positiva antes e/ou depois de uma expressão negativa. Isto se faz para suavizar a expressão negativa e para aumentar a probabilidade de que o receptor escute claramente a mensagem negativa com um mínimo de aborrecimento. Esta técnica freqüentemente é muito útil e costuma-se ensiná-la com certa freqüência (ver figura 18.3).

Existem muitas outras técnicas "moleculares", de estilo similar às que acabamos de descrever, utilizadas no THS. Todavia, diversos autores (p. ex., Booraem e Flowers, 1978) advertem contra o uso dos procedimentos denominados *banco de névoa (enevoado)*, *interrogação negativa* (Smith, 1977) e a *alteração do conteúdo do processo*, já que tais técnicas (especialmente as duas primeiras) são perigosas e é muito difícil usá-las bem.

Figura 18.3. "A crítica em forma de sanduíche". *Desenho realizado por Caren Nederlander. Copyright © 1981 Franklin Center for Behavior Change, Southfield, Michigan. Reproduzido com permissão do autor.*

"A crítica em forma de sanduíche"

Freqüentemente, as pessoas tornam-se hostis ou põem-se na defensiva quando criticadas. Pode-se suavizar a crítica e continuar dizendo o que se quer, colocando-a entre duas mensagens positivas.

VII. Aplicações do Treinamento em Habilidades Sociais

Phillips (1978) considera o THS não só como outro enfoque de tratamento, mas como um modelo alternativo ao modelo médico tradicional da psicopatologia. Para Phillips, a psicopatologia provém da incapacidade de um organismo para resolver problemas ou conflitos e alcançar objetivos. A carência, por parte do organismo, das habilidades sociais necessárias resulta em estratégias pouco adaptativas, como estados emocionais negativos (p. ex., ansiedade) e cognições desadaptativas, em lugar de soluções sociais aos problemas. "Tem sido sugerido que os transtornos mentais são principalmente transtornos da comunicação e das relações interpessoais" (Argyle, Trower e Bryant, 1974, p. 63). A opinião de Phillips é que o modelo de HHSS evita a necessidade de diagnóstico, classificação e agrupamentos nosológicos tradicionais e requer, pelo contrário, uma análise completa das situações sociais. Phillips (1978) afirma que "o ponto de vista mantido aqui expõe a falta de habilidades sociais como o déficit comportamental essencial, devido às condições conflitivas pessoa-ambiente, e promove a mudança através de uma melhor compreensão das contingências (e das modificações) ambientais que regulam o comportamento" (p. XVII).

Numerosos pesquisadores têm sinalizado aos déficits na habilidade social como uma base para as principais formas de psicopatologia. "Indivíduos que mostraram déficits extremos no funcionamento social têm sido encontrados, freqüentemente, em instituições mentais ou reformatórios, dependendo do grau em que seus comportamentos foram definidos como aceitáveis, desadaptativos ou anti-sociais" (Eisler e Frederiksen, 1980, p. 4).

Uma série de trabalhos realizados por Ziegler e Phillips (Ziegler e Levine, 1973; Zigler e Phillips, 1960; 1961; 1962) demonstraram que o nível de habilidade social anterior ao ingresso de um paciente num hospital psiquiátrico era o melhor indicativo do ajuste posterior à saída do hospital. Esta relação não estava afetada nem pela rotulação diagnóstica do paciente, nem pelo tratamento recebido durante a hospitalização. Esses trabalhos sugeriram que o funcionamento social pobre poderia conduzir à psicopatologia, em vez de provir dela. Lentz, Paul e Calhoun (1971) e Paul e Lentz (1977) descobriram que o nível de funcionamento social estava relacionado com a alta do hospital e a taxa de recaída. Argyle, Bryant e Trower (1974) acharam que um terço dos pacientes entre 17 e 50 anos, com neurose e transtornos da personalidade, que freqüentavam uma clínica psiquiátrica como pacientes externos, durante um período de seis meses, eram considerados como socialmente inadequados. Bryant e cols. (1976) estudando uma amostra de pacientes com características similares, acharam que 17% eram julgados, por especialistas, como socialmente inadequados. Curran e cols. (1980) estudaram 779 admissões, selecionadas aleatoriamente, das unidades-dia e de pacientes internos em um hospital psiquiátrico, encontrando que aproximadamente 7% desta amostra eram sujeitos socialmente inadequados.

Curran (1985) aponta que a evidência apresentada por estudos como os anteriores é fundamentalmente associacionista e não implica em uma relação direta causa-efeito. São possíveis várias interpretações diferentes sobre as associações estabelecidas (Curran, 1985). A inadequação social pode ser considerada como um fator que predispõe os indivíduos a desenvolver uma classe de distúrbios psicológicos; ou alternativamente, a inadequação social pode ser considerada como uma conseqüência ou sintoma de psicopatologia. Outra interpretação seria que tanto a psicopatologia como a incompetência social poderiam ser consideradas como *handcaps*, que poderiam ter etiologias separadas. A psicopatologia e a incompetência social poderiam ter também uma relação cíclica mútua. Existe outra possibilidade, a que nenhuma tenha um efeito causal sobre a outra, mas que ambas estejam relacionadas com um terceiro fator não determinado. A inter-relação exata entre a inadequação social e a psicopatologia tem um interesse mais que estritamente acadêmico. "Se a incompetência social predispõe, mantém ou aumenta o transtorno psicológico de um indivíduo, é bastante óbvio então que se converta em um objetivo básico do tratamento. Se a incompetência social não estiver relacionada com a psicopatologia (coisa que parece ser bastante improvável), ainda assim pode continuar sendo um comportamento objetivo que merece tratamento, porque é incômodo para o indivíduo" (Curran, 1985, p. 127). Além disso, pode-se alegar que "é altamente irresponsável soltar os pacientes na comunidade quando é evidente que ainda carecem das habilidades sociais necessárias para comportar-se apropriadamente com os demais" (Christoff e Kelly, 1985, p. 365).

Parece também que os déficits em habilidade social estão não só associados com as formas principais de psicopatologia, mas também com outros comportamentos disfuncionais como os problemas sexuais, o abuso do álcool, o consumo de drogas e o mal relacionamento conjugal.

A aplicação do THS tem sido muito ampla e tem abrangido numerosos transtornos comportamentais. Alguns dos problemas nos quais freqüentemente têm-se empregado o THS são os seguintes: Ansiedade social, Depressão, Esquizofrenia, Problemas conjugais, Alcoolismo e drogas, Delinqüência/psicopatia, Obsessões/compulsões, Agorafobia, Desvios sexuais, Agressividade, Isolamento social em crianças, Aquisição de habilidades básicas em adultos e crianças mentalmente retardadas, Falta de habilidade para conseguir trabalho, Melhora das habilidades de comunicação em pessoas incapacitadas.

VIII. Resumo/Comentário Final

O THS compõe-se de um conjunto de procedimentos de terapia comportamental que ensina os indivíduos a comportar-se adequadamente em situações sociais. O THS supõe que o agir de forma apropriada, não agressiva, soluciona os problemas das situações antes que estas tornem-se excessivamente ansiógenas.

Os procedimentos básicos empregados no THS implicam na identificação de áreas específicas de dificuldade; no selecionar uma situação com dificuldade mínima como ponto de partida; no analisar a situação e explorar os comportamentos alternativos; no realizar as tarefas de casa; e no discutir sobre as reações e os resultados do novo comportamento do paciente de sessão a sessão. Quando o paciente aprende a agir de forma efetiva numa situação, repete-se o procedimento com novas situações, até que se adquira um repertório de HHSS.

Deve-se mencionar, todavia, que é a pessoa quem deve escolher como comportar-se. Temos que advertir contra a tirania do "comportamento sempre habilidoso". Se o indivíduo conhece a forma mais adequada de atuar em uma determinada situação e sente-se capaz de fazê-lo, tem o direito básico de escolher o modo de comportamento que deseja (sempre que respeite os direitos dos demais). O THS não "obriga" as pessoas a atuarem de forma socialmente habilidosa, simplesmente lhes ensina maneiras socialmente adequadas de comportamento. É a pessoa que tem a decisão final.

Por outro lado, a habilidade social, às vezes, provoca avaliações desfavoráveis que podem ameaçar ou piorar aspectos das relações interpessoais (Delamater e McNamara, 1986). Os pacientes deveriam compreender isso e ser treinados para antecipar e discriminar situações sociais que provavelmente produzam tais reações. Os pacientes que podem antecipar tanto os benefícios quanto os custos de um determinado comportamento habilidoso em um contexto específico, encontrar-se-ão numa melhor posição para analisar de forma realista sua provável efetividade instrumental antes de realizá-la.

IX. LEITURAS RECOMENDADAS

Caballo, V. E., *Teoría, evaluación y entrenamiento de las habilidades sociales*, Valencia, Promolibro, 1988.

Galassi, M. D. y Galassi, J. P., *Assert yourself! How to be your own person*, Nueva York, Human Sciences Press, 1977.

Gambrill, E. D. y Richey, C. A., *Taking charge of your social life*, Belmont, Calif., Wadsworth, 1986.

L'Abate, L. L. y Milan, M. A.(comps.), *Handbook of social skills training and research*, Nueva York, Wiley, 1985.

Lange, A. J. y Jakubowski, P., *Responsible assertive behavior*, Champaign, Ill., Research Press, 1976.

Liberman, R. P., DeRisi, W. J. y Mueser, K. T., *Social skills training for psychiatric patients*, Nueva York, Pergamon Press, 1989.

Trower, P., Bryant, B. y Argyle, M., *Social skills and mental health*, Londres, Methuen, 1978.

19. TREINAMENTO DE PAIS

Robert J. McMahon

I. INTRODUÇÃO

O *treinamento de pais* (*TP*) pode ser definido como um enfoque para o tratamento dos problemas do comportamento infantil que utiliza:

[...] procedimentos por meio dos quais se treina os pais a modificar o comportamento de seus filhos em casa. Os pais reúnem-se com um terapeuta ou treinador que lhes ensina a usar uma série de procedimentos específicos para modificar sua interação com os filhos, para auxiliar o comportamento pró-social e diminuir o comportamento desviado (Kazdin, 1985c, p. 160).

O treinar os pais a serem terapeutas comportamentais para seus filhos tem recebido uma notável atenção durante os últimos 25 anos. O TP tem sido aplicado a uma ampla variedade de problemas infantis; por exemplo, enurese (Houts e Mellon, 1989), obesidade (Israel, Stolmaker e Andrian, 1985), aderência a prescrições médicas (Riley, Parrish e Cataldo, 1989), e como uma primeira intervenção para pais que correm o risco de descuidar e maltratar seus filhos (Wolfe, Edwards, Manion e Koverola, 1988). Também tem-se utilizado com crianças deficientes mentais e/ou autistas e suas famílias (p. ex., Harris, 1989; Kashima, Baker e Landen, 1988). Todavia, o TP tem sido empregado principalmente no tratamento de crianças que mostram problemas de comportamento manifestos, como as birras, a agressão, e uma desobediência excessiva, e é nesta área que o TP possui o maior apoio empírico. Em revisões recentes sobre diferentes enfoques de tratamento para problemas de comportamento infantil, o

Agradeço a Toni Bonnet sua ajuda na preparação deste capítulo e a Katie Robbins seus comentários na sua primeira versão.
Universidade de Washington (USA).

TP tem aparecido como a intervenção que mais obteve êxito, até a presente data, com esses sujeitos (Dumas, 1989; Kazdin, 1985c; McMahon e Wells, 1989). O núcleo deste capítulo será a descrição do TP tal como se emprega com crianças que têm problemas comportamentais e suas famílias.

II. Fundamentos Conceituais e Empíricos

II.1. Bases teóricas e empíricas para o emprego do TP como tratamento para os problemas de comportamento infantis

Inúmeras pesquisas têm se centrado na comparação do comportamento de crianças enviadas às clínicas/instituições por problemas de comportamento e seus pais, com o comportamento de crianças que não foram enviadas a esses lugares e seus pais (p. ex., Griest, Forchand, Wells e McMahon, 1980; Patterson, 1982). A maioria destas investigações avaliou formas manifestas de comportamentos-problema (p. ex., agressão, falta de aderência, ou uma mescla destes e outros comportamentos-problema manifestos); tal como havíamos mencionado anteriormente, as crianças enviadas para tratamento mostraram níveis mais elevados destes comportamentos do que as não encaminhadas. Os pais dos primeiros mostravam normalmente comportamentos mais dominantes e mais críticos para com seus filhos; todavia, ambos os grupos de pais não se diferenciavam na freqüência de comportamentos positivos (p. ex., reforços verbais) dirigidos a seus filhos (ver Rogers, Forehand e Griest, 1981a, para uma revisão destes dados).

A respeito dos problemas de comportamento furtivo, as poucas pesquisas que foram realizadas centraram-se nas crianças que roubam, embora os pesquisadores tenham começado também a investigar outros comportamentos furtivos (p. ex., mentir, comportamento incendiário e uso de drogas). A maioria dos trabalhos sobre o comportamento de roubar foi realizada por Gerald Patterson e seus colaboradores no *Oregon Social Learning Center*, OSLC (Centro de Aprendizagem Social do Oregon). As crianças que roubam mostram níveis de comportamentos aversivos comparáveis aos das crianças não remetidas para tratamento, embora as crianças que roubam e mostram agressão social sejam mais aversivas que as crianças que são socialmente agressivas, mas não roubam (Loeber e Schmaling, 1985b; Patterson, 1982). Também parece que as crianças que roubam são mais velhas no momento em que são enviadas para tratamento, do que as crianças enviadas por outras classes de problemas de comportamento, e correm um risco mais elevado de cometer delitos quando são adolescentes (Moore, Chamberlain e Mukai, 1979). Os pais das crianças que roubam são mais distantes, envolvem-se menos e são menos coercitivos nas interações com seus filhos do que os pais de crianças não enviadas para tratamento ou do que os pais de crianças socialmente agressivas (Loeber, Weissman e Reid, 1983; Patterson, 1982).

Além das diferenças comportamentais encontradas nos estudos sobre as interações pais-filhos, os pais de crianças com problemas de comportamento têm percepções mais negativas do ajuste de seus filhos e experimentam mais disfunções pessoais (p. ex., depressão, ansiedade), conjugais e extrafamiliares (p. ex., isolamento), do que os pais de crianças não enviadas para tratamento (ver Griest e Wells, 1983, para uma revisão). Também parecem experimentar uma maior freqüência de acontecimentos estressantes, tanto de caráter leve quanto grave (Patterson, 1982, 1983).

O enfoque teórico predominante sobre o desenvolvimento e manutenção dos problemas de comportamentos tem ressaltado a primazia dos processos familiares de socialização (Patterson, 1982). Patterson enfatiza a natureza coercitiva, ou controladora, dos tipos de problemas de comportamento e desenvolveu a *hipótese da coerção* para explicar seu desenvolvimento e manutenção. Segundo este modelo, há comportamentos aversivos rudimentares, como o chorar, que podem ser instintivos no recém-nascido. Tais comportamentos poderiam ser considerados muito adaptativos no sentido evolutivo, já que modelam rapidamente a mãe nas habilidades necessárias para a sobrevivência da criança (p. ex., a alimentação e o controle da temperatura). Supostamente, conforme crescem, a maioria das crianças substitui os comportamentos coercitivos rudimentares por habilidades sociais e verbais mais apropriadas. Todavia, segundo Patterson, uma série de condições poderia aumentar a probabilidade de que algumas crianças continuassem empregando estratégias de controle aversivas. Por exemplo, pode ser que os pais fracassaram em modelar ou reforçar habilidades pró-sociais mais apropriadas e/ou puderam continuar respondendo ao comportamento coercitivo da criança. A respeito deste último ponto, Patterson ressaltou o papel do reforçamento negativo na intensificação e manutenção dos comportamentos coercitivos. O reforçamento negativo tem um papel especialmente importante, já que o comportamento coercitivo de um membro da família (pai ou filho) se vê reforçado quando resulta no desaparecimento de um acontecimento aversivo que outro membro da família está aplicando. Os seguintes exemplos ilustram a forma com que os pais e os filhos são reforçados negativamente quando se comportam de forma coercitiva.

Aplicação de um acontecimento aversivo
(A mãe dá uma ordem)

↓

Resposta coercitiva da criança
(A criança choraminga, grita, não obedece)

↓

Eliminação do acontecimento aversivo
[A mãe cede (retira a ordem) para não ficar ouvindo a criança gritar e choramingar]

Neste exemplo, os comportamentos coercitivos da criança são reforçados negativamente quando a mãe retira o estímulo aversivo (a ordem). No exemplo seguinte a coerção se intensifica.

Aplicação do acontecimento aversivo 1
(A mãe dá uma ordem)

↓

Resposta coercitiva da criança
(A criança choraminga, não obedece)

↓

Aplicação do acontecimento aversivo 2
(A mãe aumenta a voz, repete a ordem)

↓

Segunda resposta da criança
(A criança grita mais alto, não obedece)

↓

Estímulo aversivo 3
(A mãe começa a gritar, repete a ordem outra vez)

↓

Eliminação da resposta aversiva da criança
(A criança obedece)

Neste exemplo, o comportamento coercitivo cada vez mais intenso da mãe é reforçado pela obediência final da criança.

Conforme acontece este "treinamento" durante longos períodos, produz-se um aumento significativo da taxa e da intensidade destes comportamentos coercitivos, já que os membros da família são reforçados por realizar comportamentos agressivos. Além disso, a criança observa também seus pais praticando respostas coercitivas, o que proporciona a oportunidade de ocorrer a modelação da agressão (Patterson, 1982).

Patterson e seus colaboradores ampliaram recentemente o modelo da coerção e o reformularam em termos evolutivos (Patterson, 1986). Os principais elementos no desenvolvimento dos problemas comportamentais da criança são hipotetizados como deficiências em *habilidades-chave* próprias do papel de pais, como a disciplina, a vigilância, o reforço positivo, a solução de problemas e o envolvimento. Presta-se menos atenção às variáveis da criança, embora aparentemente seja importante considerar as variáveis cognitivas (p. ex., vieses e habilidades na solução de problemas interpessoais) e temperamentais (McMahon e Forehand, 1988). Os estímulos estressantes intrafamiliares (transtornos conjugais, problemas de ajuste pessoal, doenças físicas, etc.) e extrafamiliares (p. ex., isolamento social ou "ilhar-se") podem conduzir à desorganização das *habilidades próprias do papel de pais (HPPP)*. Todavia, níveis adequados destas habilidades podem moderar, a princípio, o impacto de alguns estímulos estressantes, como o ter um filho de temperamento difícil. O modelo sugere agora uma progressão evolutiva desde o "treinamento básico" em processos coercitivos, via as interações pais-filhos dento de casa durante o período pré-escolar, até o impacto posterior do comportamento coercitivo e desobediente da criança sobre o conceito de si mesmo, as relações com os companheiros e as habilidades acadêmicas, durante o período de idade escolar. Investigações preliminares têm apoiado o modelo aplicado a crianças com comportamentos-problema tanto em casa (p. ex., Patterson e Bank, 1986) como na escola (Walker, Shinn, O'Neil e Ramsey, 1987).

O trabalho de Patterson e o de outros investigadores tem indicado que o descumprimento das ordens (ou melhor, a desobediência excessiva aos adultos) constitui o comportamento-chave para o desenvolvimento de formas de comportamento-problema, tanto manifestas (p. ex., agressão) como furtivas (p. ex., roubar). Loeber e Schmaling (1985a) descobriram que a desobediência encontra-se colocada perto do ponto zero de sua escala unidimensional manifesta-furtiva de comportamentos anti-sociais. Patterson (1986) tem hipotetizado que não só a desobediência infantil precoce é a precursora de manifestações graves de comportamento-problema na puberdade e na adolescência, mas também ocupa um papel importante nos posteriores problemas acadêmicos e de relações com os companheiros. Os dados apresentados por Edelbrock (1985) indicam que a não obediência aparece muito cedo na progressão dos problemas de comportamento e continua manifestando-se em etapas posteriores. Além disso, a investigação tem mostrado que quando a desobediência da criança é objeto de tratamento, freqüentemente há melhoras concomitantes em outros comportamentos-problema (Russo, Cataldo e Cushing, 1981; Wells, Forehand e Griest, 1980).

II.2. *O desenvolvimento do treinamento de pais*

A definição concisa do treinamento de pais (TP), apresentada no começo deste capítulo, não apreende os antecedentes históricos do TP ou o sentido de sua transformação ativa, contínua, em uma verdadeira "terapia familiar comportamental" (Griest e Wells, 1983; Wells, 1985). Desde as primeiras tentativas para ensinar os pais a modificar os comportamentos-problema de seus filhos, o TP passou por três diferentes etapas de desenvolvimento (McMahon, 1984b).

A primeira etapa, que ocorreu durante os anos 60 e princípio dos anos 70, preocupava-se com o desenvolvimento de um modelo de intervenção para o "treinamento de pais" (O'Dell, 1974) e por determinar a existência de um enfoque viável para se enfrentar uma variedade de problemas de comportamento infantil.

Baseando-se no modelo triádico de Tharp e Wetzel (1969), o modelo de treinamento de pais empregava um terapeuta (consultor) que trabalhava diretamente com o pai (mediador) para reduzir, finalmente, o comportamento-problema da criança (objetivo). A suposição subjacente a este modelo era que algum tipo de déficit nas habilidades próprias do papel de pais (HPPP) havia sido, pelo menos parcialmente, responsável pelo desenvolvimento e/ou manutenção dos comportamentos-problema. Chegou-se ao modelo do TP devido à confluência de vários acontecimentos (Kazdin, 1985c): a) o desenvolvimento das técnicas de modificação de comportamento, especialmente os procedimentos de reforçamento e punição baseados no condicionamento operante, b) a tendência a utilizar paraprofissionais (incluindo os pais) para realizar os serviços de saúde mental, e c) conscientizar-se de que o empregar os pais como terapeutas poderia melhorar a eficácia da terapia infantil.

A respeito deste último ponto, o modelo de treinamento de pais apresentava várias vantagens sobre os enfoques mais tradicionais da terapia infantil, em que os terapeutas trabalhavam individualmente com a criança em sessões de uma hora por semana (Berkowitz e Graziano, 1972). Em primeiro lugar, visto que a maioria dos comportamentos-problema da criança adquire-se e mantém-se no ambiente natural (isto é, na família), é pouco provável que se obtenham mudanças clinicamente significativas se se tratar a criança "fora do contexto". Segundo, inclusive se são conseguidas melhoras no comportamento da criança na clínica, é muito provável que estas desapareçam quando a criança voltar ao ambiente natural que produziu inicialmente os problemas. Finalmente, os pais têm o maior contato com a criança e o maior controle sobre seu ambiente e, pelo fato de serem os pais, têm a maior responsabilidade moral, ética e legal de cuidar da criança.

Embora grande parte da pesquisa realizada durante esta primeira etapa de desenvolvimento do TP estivesse limitada aos estudos descritivos de casos ou a estudo de caso único, com dados coletados na clínica ou no laboratório (e, com menor freqüência, em casa), a evidência disponível apoiava notavelmente a eficácia a curto prazo deste enfoque em termos de melhoras pós-tratamento imediatas tanto no comportamento dos pais como no de seus filhos. Todavia, a generalização destes efeitos não estava muito clara.

Esta preocupação pela generalização dos efeitos do tratamento conduziu à segunda etapa do desenvolvimento do TP, que aconteceu de meados dos anos 70 até os primeiros anos 80. Em um artigo pioneiro, Forehand e Atkenson (1977) descreveram quatro classes importantes de generalização, relevantes para as intervenções do TP com crianças. A *generalização contextual* refere-se à transferência dos efeitos do tratamento a lugares onde este não foi aplicado (p. ex., da clínica para casa), enquanto a *generalização temporal* refere-se à manutenção dos efeitos do tratamento após sua finalização. A *generalização aos irmãos* refere-se à transferência das habilidades recém adquiridas, próprias do papel de pais, a irmãos da criança que não foram tratados, e que eles respondam da maneira desejada. A *generalização comportamental* remete-se a se as mudanças-meta de comportamentos-problema específicos estão acompanhadas por outros comportamentos que não foram considerados como objetivos.

A generalização é importante para o êxito do TP, do ponto de vista de, pelo menos, duas perspectivas (Forehand e Atkenson, 1977). Em termos de tratamento, a generalização resulta num melhor emprego do tempo do terapeuta, visto que já não será necessária sua intervenção quando haja reincidência de problemas já tratados, comportamentos-problema em lugares novos, todos os comportamentos-problema de uma criança, ou problemas comportamentais dos irmãos da criança. Em termos de prevenção, a generalização minimiza a contínua intervenção profissional e deveria resultar na diminuição de futuros problemas de comportamento na criança (e nos irmãos). Isto permitiria aos clínicos transferir-se da prevenção terciária (isto é, o tratamento dos comportamentos-problema) para a prevenção primária (isto é, a diminuição da incidência de novos casos de desadaptação) (Caplan, 1964). Uma razão adicional para a avaliação da generalização é que permite aos terapeutas vigiar a ocorrência potencial de efeitos secundários "negativos de segunda ordem, ou não desejados" (Graziano, 1977) do TP.

Pertinente à generalização dos efeitos encontra-se a *validade social* da intervenção, que se refere a se as mudanças terapêuticas são "clínicas ou socialmente importantes" para o paciente (Kazdin, 1977b). As intervenções do TP no tratamento de crianças com problemas de comportamento têm mostrado sua generalização e validade social em diferentes graus – algumas de forma impressionante, outras em um grau moderado e umas terceiras em absoluto nada. Esta ênfase na generalização e na validade social dos efeitos do tratamento, e o conhecimento cada vez maior dos múltiplos fatores causais e de manutenção com respeito aos problemas de comportamento, conduziu à terceira e atual etapa de desenvolvimento do TP. Desde o início da década de 80, os investigadores clínicos têm se centrado em formas de melhorar a eficácia do TP, não só com respeito à eficácia a curto prazo senão, e especialmente, com respeito à generalização. Uma conseqüência deste enfoque foi que o modelo do TP foi ampliado até o que se conhece atualmente como *terapia familiar comportamental* (Griest e Wells, 1983; Wells, 1985). Embora ainda se encontre em seus anos de formação (Miller e Prinz, 1990), o modelo é uma tentativa de reconhecer e incorporar ao tratamento a multiplicidade de variáveis dos filhos e dos pais que estiveram envolvidos no desenvolvimento e manutenção dos problemas de comportamento, como o ajuste pessoal dos pais e as percepções sobre a criança e as características dela, como o temperamento e o estilo atribuível.

III. Procedimentos de Avaliação e Tratamento

III.1. Avaliação

A atenção principal da avaliação comportamental da criança com problemas de comportamento deve ser centrada na criança em si mesma e, devido à natureza interativa destes problemas, no comportamento dos indivíduos relevantes do ambiente da criança, especialmente os pais. A respeito do comportamento da criança, o terapeuta deve ter em mente uma série de pontos quando realiza a avaliação. O primeiro, e mais importante, – a criança está realmente tendo problemas de comportamento? Se estiver, o passo seguinte consiste em determinar se os comportamentos são característicos de padrões manifestos, furtivos ou mistos de comportamentos-problema (Loeber e Schmaling, 1985a). Além disso, é importante avaliar a desobediência da criança de uma maneira completa.

Devido ao papel teórico central concedido aos déficits em HPPP no desenvolvimento e manutenção dos problemas de comportamento da criança e o caráter interativo destes problemas, é essencial avaliar o comportamento dos pais no contexto das interações com a criança que se vai tratar. Isto é especialmente importante para as mães (devido ao seu papel básico nos cuidados), mas também para os pais. Em situações nas quais os problemas da criança envolvam a escola, os irmãos e/ou os companheiros, será necessário também obter informações sobre essas áreas.

A fim de obter um estado representativo e significativo do comportamento-problema na criança que foi enviada para tratamento, especialmente no que diz respeito a seus aspectos interativos, o terapeuta comportamental tem que confiar em múltiplos métodos de intervenção (McMahon e Forehand, 1988). Podem se empregar entrevistas com os pais, a criança e outras partes relevantes (p. ex., professores), escalas de avaliação comportamental e observações comportamentais na clínica, em casa e/ou na escola.

O propósito principal da entrevista com os pais é determinar a natureza das interações típicas pais-filho que são problemáticas, as condições estimulares antecedentes sob as quais ocorrem os problemas, e as conseqüências que acompanham esses comportamentos. Existe uma série de formas de entrevistas que ajudam o terapeuta a estruturar a informação obtida com os pais, a respeito de situações problemáticas (p. ex., a hora de dormir, as interações com os irmãos) ou mesmo segundo os diferentes comportamentos da criança (McMahon e Forehand, 1988). A entrevista com os pais também pode ser empregada para obter uma breve história médica e evolutiva da criança e para fazer as primeiras perguntas sobre a presença de problemas de ajustamento pessoal (p. ex., depressão) nos pais ou problemas conjugais.

Uma entrevista individual com a criança pode proporcionar, ou não, informação útil, dependendo da idade e/ou do nível de desenvolvimento da criança e da natureza dos comportamentos específicos desta. As crianças com menos de 10 anos de idade podem não ser informantes confiáveis de seus sintomas comportamentais (Edelbrock e cols., 1985). Todavia, inclusive com crianças menores, as entrevistas informais podem ser muito úteis, já que proporcionam ao terapeuta uma oportunidade para avaliar a percepção da criança sobre as causas de ter vindo à clínica e pode proporcionar uma avaliação preliminar das características cognitivas, afetivas e comportamentais da mesma (Bierman, 1983).

As escalas de avaliação comportamental são preenchidas normalmente pelos pais ou professores quanto ao comportamento ou às características da criança. São muito úteis como instrumentos de seleção, tanto para cobrir uma ampla categoria de comportamentos-problema como para avaliar a presença de outros transtornos de comportamento na criança. As escalas de avaliação comportamental são consideradas atualmente como excelentes medidas das percepções dos pais e dos professores sobre a criança, e quando examinadas no contexto dos dados da observação comportamental e das próprias impressões do terapeuta, podem ser indicadores importantes sobre se os informantes (pais, professores), parecem ter uma percepção na sua avaliação do comportamento da criança enviada para tratamento.

Embora existam boas escalas de avaliação comportamental (McMahon, 1984a), duas são as que têm sido mais recomendadas como as mais apropriadas para o uso clínico e a investigação em crianças com problemas de comportamento (McMahon e Forehand, 1988). A *Child Behavior Cheklist, CBCL* (Relação do Comportamento da Criança) (Achenback e Edelbrok, 1983) foi elaborada para ser empregada com crianças entre 2 e 16 anos de idade. Existem formas paralelas da CBCL para pais, professores, crianças e observadores. Uma de suas vantagens é que pode proporcionar informação sobre a presença simultânea de transtornos de comportamento, como *déficit de atenção, hiperatividade e depressão*. O *Eyberg Child Behavior Inventory, ECBI* (Inventário de Eyberg sobre o Comportamento da Criança) (Eyberg, 1980) pode ser utilizado em situações nas quais o terapeuta quer centrar-se unicamente nos comportamentos-problema. O ECBI é preenchido pelos pais e é empregado com crianças entre 2 e 16 anos de idade. Os 36 itens descrevem comportamentos-problema específicos (principalmente manifestos) e pontuam-se sobre uma escala de "freqüência de ocorrência" e sobre uma escala "sim-não" para a identificação do problema.

A observação comportamental direta constituiu há muito tempo a condição *sine qua non* da avaliação comportamental das crianças com problemas de comportamento e de suas famílias, tanto para estabelecer padrões específicos de interações pais-filho como para avaliar a modificação dessas interações em função do tratamento. Recentemente, os dados das observações foram comparados com os dados recolhidos através de outros métodos, para ajudar o terapeuta a determinar se o objetivo da intervenção deveria ser a interação pais-filho ou ainda questões perceptivas dos pais e/ou seu ajuste pessoal. Alguns desses sistemas de classificação são descritos constantemente.

Dois procedimentos de observação estruturada para avaliar as interações pais-filho na clínica são o sistema desenvolvido por Forehand e seus colaboradores (Forehand e McMahon, 1981) e o *Dyadic Parent-Child Interactional Coding System, DPICS* (Sistema Interativo de Codificação das Duplas Pais-Filhos) (Eyberg e Robinson, 1983). Estes sistemas de observação são modificações dos procedimentos de avaliação desenvolvidos por Hanf (1969) e são muito parecidos. Ambos os sistemas colocam a dupla pai (mãe)-filho em situações-padrão que variam no grau em que se requer o controle dos pais, indo desde uma situação de atuação livre até uma na qual o pai (a mãe) dirige a atividade da criança. Em cada sistema, pontuam-se distintos comportamentos dos pais e da criança, muitos deles ressaltam os antecedentes (p. ex., ordens) e as conseqüências (p. ex., elogio, *time-out*) provenientes dos pais para a obediência ou a desobediência da criança. Ambos os sistemas têm sido empregados também, sob condições menos estruturadas, em casa.

Talvez o sistema de classificação comportamental mais conhecido, desenvolvido para ser utilizado em casa, é o *Family Interaction Coding System, FICS (Sistema* de Codificação da Interação Familiar), desenvolvido por Patterson e seus colaboradores (p. ex., Reid, 1978), que se compõe de 28 categorias de comportamento empregadas para descrever as interações sociais entre os membros da família. O FICS não só tem demonstrado eficácia em discriminar entre crianças enviadas para tratamento e aquelas sem necessidade de ser enviadas, e entre suas famílias, mas também entre vários subtipos de crianças com problemas de comportamento, como as que empregam a agressão social e as que roubam. Todos estes três sistemas de observação possuem propriedades psicométricas adequadas e têm sido amplamente usados como avaliação dos resultados do tratamento.

A utilização de sistemas de observação em casa, pelos terapeutas comportamentais durante a prática clínica, é desejável, porém rara por razões óbvias. Os sistemas de codificação são relativamente complexos e requerem longos períodos para treinar os observadores e para manter níveis adequados de confiabilidade. Estas observações também costumam ser prolongadas. Como conseqüência disso, recomenda-se o uso de observações estruturadas na clínica para avaliar as interações pais-filho.

Outra alternativa para se colocar observadores independentes em casa é treinar os pais a que observem e registrem certas classes de comportamento do filho. Uma outra vantagem é a oportunidade de avaliar comportamentos de baixa taxa, como os furtos. O procedimento mais validado desta classe é o *Parent Daily Report, PDR* (Informe Diário dos Pais) (Chamberlain e Reid, 1987; Patterson, Reid, Jones e Conger, 1975); uma medida de observação pelos pais que se administra normalmente durante breves entrevistas telefônicas. Por exemplo, na versão descrita por Patterson e cols., pergunta-se ao pai (à mãe) quais dos trinta e um comportamentos desadaptativos infantis aconteceram nas últimas 24 horas e o lugar onde ocorreram. O PDR tem sido empregado sobre uma base de pré-tratamento para avaliar a magnitude dos problemas de comportamento, seguir o progresso da família durante a terapia, e avaliar os resultados do tratamento. Uma revisão recente do PDR tem enfatizado as práticas disciplinares por parte dos pais e o desenvolvimento de uma forma paralela para as crianças (Patterson e Bank, 1986).

III.2. Revisão dos programas de treinamento de pais

Como foi assinalado anteriormente, há muitas intervenções de TP. Antes de apresentar alguns programas como exemplos deste enfoque, vale a pena mencionar aspectos comuns destas intervenções. Como apontam Kazdin (1985c) e Dumas (1989), esses aspectos incluem o seguinte:

a. O tratamento se realiza principalmente com os pais, havendo um menor contato terapeuta-criança.

b. O conteúdo destes programas inclui, normalmente, instruções dos princípios de aprendizagem social que subjazem às técnicas que empregam os pais;

treinamento na definição, vigilância e seguimento do comportamento da criança; procedimentos de reforço positivo, que incluem o elogio e outras formas de atenção positiva por parte dos pais, e sistemas de pontos ou de fichas; procedimentos de extinção e de punição leve como o ignorar, o custo de resposta, e o *time-out*; e o treinamento em dar instruções ou ordens claras.

c. Um amplo uso da instrução, modelação, representação de papéis e ensaio comportamental com propósitos didáticos.

Com os adolescentes, é mais provável que as intervenções do TP se baseiem em uma mescla de teorias de aprendizagem social e sistêmicas, dando maior ênfase no papel dos comportamentos-problema para manter o sistema familiar. É mais provável que as sessões de tratamento incluam prestar atenção no desenvolvimento de padrões claros de comunicação entre os membros da família, solução de problemas e negociações pais-adolescentes, e o uso de contratos de contingências.

III.3. Um exemplo do TP: "Ajudando a criança desobediente", de Forehand e McMahon (1981)

Descrição. Como foi assinalado anteriormente, o descumprimento das ordens (isto é, a desobediência excessiva aos adultos) descreve-se, de forma consistente, como o problema de comportamento predominante, tanto para as crianças enviadas à clínica como para as crianças "normais", e atualmente é visto como o comportamento-chave no desenvolvimento e manutenção dos problemas de comportamento. O programa de TP "Ajudando a criança desobediente" (Forehand e McMahon, 1981), foi desenvolvido especificamente para tratar a desobediência e outros problemas de comportamento em crianças (de 3 a 8 anos de idade). O programa foi desenvolvido originalmente por Constance Hanf na Escola de Medicina da Universidade de Oregon no final dos anos 60 (Hanf, 1969) para tratar crianças fisicamente incapacitadas, porém diversos grupos independentes de pesquisadores o adaptaram e avaliaram, incluindo Forehand e seus colaboradores (Forehand e McMahon, 1981), Webster-Stratton (1984) e Eyberg (Eyberg e Robinson, 1982).

Os objetivos a longo prazo do programa de TP de Forehand e McMahon (1981) são a prevenção secundária de problemas graves de comportamento em crianças em idade pré-escolar e nos primeiros anos de escola, e a prevenção primária da delinqüência juvenil posterior. De acordo com as suposições evolutivas e da aprendizagem social, sobre as quais se baseia o programa de tratamento, os objetivos intermediários e a curto prazo incluem:

a. A interrupção do estilo coercitivo da interação pais-filho que caracteriza essas famílias e o estabelecimento de padrões de interação mais positivos e pró-sociais.

b. A melhora das HPPP em termos de seguimento e atenção mais precisa do comportamento apropriado da criança, um aumento no uso do elogio e outras expressões verbais positivas para com a criança, ignorar comportamentos infantis que são levemente inapropriados, dar instruções claras e apropriadas à criança, e proporcionar conseqüências adequadas para a obediência, a desobediência e outros comportamentos da criança.

c. O aumento dos comportamentos pró-sociais da criança e a diminuição dos comportamentos problemáticos, especialmente a desobediência. Tem-se demonstrado que a facilitação de uma maior obediência às instruções dos pais não só resulta numa diminuição de outros comportamentos-problema, mas também as crianças parecem mais "felizes" à medida que aprendem modos mais pró-sociais de interação com seus pais, irmãos, professores e companheiros.

Como foi assinalado anteriormente, o programa foi construído para pais e seus filhos de 3 a 8 anos de idade que mostram desobediência excessiva e outros problemas de comportamento. Não há critérios específicos para a participação dos pais. Encoraja-se ativamente o envolvimento do pai e da mãe, mas não é obrigatória a participação dos dois pais. Embora seja mais provável que as famílias com um status sócio-econômico mais baixo se retirem do programa (McMahon, Forehand, Griest e Wells, 1981), este é eficaz tanto para as famílias de padrão sócio-econômico baixo como para as famílias de padrão sócio-econômico médio e alto (Rogers e cols., 1981b).

Um único terapeuta por família constitui todos os requisitos necessários para realizar o programa com êxito. No entanto, se os recursos o permitirem, o emprego de um co-terapeuta pode aumentar a flexibilidade do terapeuta para demonstrar diferentes habilidades aos pais (p. ex., o terapeuta representa o papel do pai enquanto o co-terapeuta representa o papel de filho), e pode servir como uma experiência de treinamento in vivo, útil para terapeutas novatos. Conforme estes se tornam mais experientes e estão mais à vontade em seu papel de co-terapeutas, podem assumir uma parte mais importante do papel de professor e podem finalmente funcionar como terapeutas principais.

Segundo Forehand e McMahon (1981), o programa de TP emprega um ambiente de aprendizagem controlado no qual se ensina os pais a modificar padrões desadaptativos de interação com a criança. As sessões se realizam na clínica/gabinete com famílias individuais, em vez de em grupos (embora o programa tenha sido adaptado para ser utilizado em um formato grupal por Baum e cols., 1986, e por Pisterman e cols., 1989). Embora o tratamento ocorra normalmente em salas equipadas com espelhos unidirecionais para a observação, com sistemas de som, e com fones de ouvido por meio dos quais o terapeuta pode comunicar-se discretamente com os pais, estes elementos não são necessários para a prática com êxito do programa.

Este é um programa de tratamento muito ativo, cuja maior preocupação é ajudar os pais a serem competentes e sentirem-se confortáveis com as diferentes HPPP que são ensinadas no programa. Para cada habilidade, são utilizados os seguintes procedimentos:

1. Explica-se o procedimento e os fundamentos de cada habilidade, e apresentam-se os princípios subjacentes da aprendizagem social sobre os quais se baseia a habilidade.

2. O terapeuta demonstra a habilidade através da representação de papéis.

3. O pai (a mãe) pratica a habilidade enquanto o terapeuta representa o papel da criança.

4. Dá-se à criança uma explicação do procedimento apropriado à sua idade. A criança repete o procedimento verbalmente e participa nas representações das situações que o envolvem. Descobriu-se que proporcionar este tipo de explicação e demonstração facilita o grau de resposta da criança à habilidade própria do papel de pai (mãe) e diminui o comportamento de resistência (Davies, McMahon, Flessati e Tiedemann, 1984).

5. O pai (mãe) pratica com a criança na clínica. O terapeuta observa e corrige atrás do espelho unidirecional através de um aparelho colocado na orelha do pai (da mãe). [Se não se dispuser de um espelho de observação unidirecional ou do fone de ouvido, o terapeuta senta-se em um canto da sala de terapia e proporciona *feedback* e sinais não verbais – através de cartões com sinais ou com sinais manuais – ao pai (mãe)].

6. O pai (mãe) pratica com a criança na clínica, mas sem o *feedback* contínuo do terapeuta.

7. São designadas tarefas específicas para casa com a finalidade de que se pratiquem as habilidades diariamente em casa, tanto em sessões de prática estruturada como, mais tarde, em diferentes ocasiões ao longo do dia (p. ex., na Fase I, o pai (mãe) desenvolve programas para aumentar, pelo menos, dois comportamentos, empregando as novas habilidades). Dá-se aos pais explicações escritas de cada habilidade própria do papel de pais, para que tenham uma referência em casa, e são fornecidas folhas que servem para registrar as sessões de prática e o emprego das novas HPPP, em casa.

O terapeuta utiliza os dados que recolheu através da observação, durante cada sessão de tratamento, para determinar se a dupla pai (mãe)-filho alcançou os critérios comportamentais necessários para passar à etapa seguinte do tratamento. Os critérios comportamentais garantem que o pai (mãe) tenha alcançado um grau aceitável de competência em uma determinada habilidade antes de ensinar-lhe novas técnicas próprias do papel de pai (mãe). Isto é básico, visto que as HPPP se apóiam umas sobre as outras. Além disso, estes critérios permitem a individualização do programa de tratamento, distribuindo o seu tempo de maneira mais eficaz, e permitindo que o terapeuta concentre sua atenção sobre as deficiências mais graves das HPPP.

Desta forma, o número de sessões de tratamento necessárias para o encerramento de cada fase depende da rapidez com que o pai (a mãe) mostre competência nas habilidades que lhe estão sendo ensinadas e da resposta da criança a esta intervenção. O número médio de sessões de tratamento para completar o programa inteiro tem sido, normalmente, de dez, ocorrendo em geral de 5 a 10 sessões. As sessões são realizadas, geralmente, uma ou duas vezes por semana, e cada sessão dura de 60 a 90 minutos.

Na sessão inicial de tratamento, o terapeuta apresenta uma conceitualização da desobediência e de outros problemas de comportamento da criança, dentro do contexto da teoria da coerção de Patterson (1982), e apresenta uma explicação razoável do programa de TP (p. ex., o papel da interação pais-filho no desenvolvimento e manutenção dos problemas de comportamento, o centrar-se em mudar a desobediência da criança). Em seguida, apresenta-se um esquema do conteúdo (isto é, as diferentes HPPP) e do processo (p. ex., o emprego da instrução, a modelação, o ensaio comportamental, a prática com a criança na sessão e em casa, os critérios comportamentais) do programa.

O programa de tratamento compõe-se de duas fases (ver quadro 19.1). Em cada fase, ensina-se uma série de HPPP de maneira seqüencial. Durante a fase de tratamento da Atenção Diferencial (Fase I), os pais aprendem a quebrar o círculo coercitivo de interação com seu filho, aumentando a freqüência e a categoria da atenção social e reduzindo a freqüência do comportamento verbal incompatível. Primeiro, ensina-se os pais para que atentem para, e descrevam, o comportamento apropriado da criança (*Atentar*), enquanto se eliminam as ordens, as perguntas e as críticas. O segundo aparte da Fase I consiste em treinar os pais a utilizar recompensas verbais (p. ex., o elogio) e físicas (p. ex., abraços), contingentes com a obediência e outros comportamentos apropriados (*Recompensas*). Em particular, ensina-se os pais a fazer elogios que sinalizem ao comportamento desejável da criança (p. ex., "Você é uma criança boa por ter guardado os brinquedos"). Ao longo da Fase I, o terapeuta ressalta o emprego da atenção contingente para aumentar os comportamentos da criança que os pais consideram desejáveis. Ensina-se também a ignorar comportamentos impróprios, pouco importantes (*Ignorar*). Pede-se aos pais que estruturem diariamente em casa Jogos com o Filho (isto é, sessões de atuação livre) durante 10 a 15 minutos, a fim de exercitar as habilidades aprendidas na clínica. Perto do final da Fase I, com a ajuda do terapeuta, os pais confeccionam uma lista dos comportamentos do filho que desejam aumentar. Discute-se também o uso contingente de atenções e recompensas para incrementar esses comportamentos. Pede-se aos pais que desenvolvam programas para ser utilizados fora da clínica, a fim de aumentar pelo menos dois comportamentos da criança, utilizando as novas habilidades.

Na Fase II do programa de tratamento, ensina-se primeiro os pais a usar ordens apropriadas (*Instruções claras*). Ensina-se a dar ordens consisas, uma de cada vez, e dar à criança tempo suficiente para que as cumpra[1]. Se o início do comportamento se realiza antes que transcorram 5 segundos, ensina-se o pai (mãe) a recompensar ou prestar atenção à criança dentro dos 5 segundos que se seguem ao início desse cumprimento da ordem. Se não começar a cumprir a ordem, os pais dão um aviso que sinaliza uma conseqüência de "time-out" para a desobediência que se prolonga (p. ex., "Se não guardar os brinquedos, terá de sentar-se na cadeira do canto"). Se a criança começa a cumprir a ordem antes de 5 segundos, instrui-se os pais para que recompensem e prestem atenção ao cumprimento da ordem por parte da criança. Se este cumprimento não ocorrer antes de 5 segundos após ter sido dado o aviso, os pais põem em prática um procedimento de *time-out* (breve) que implica em colocar a criança em uma cadeira no canto da sala (*Time-out*). A criança tem que permanecer na cadeira durante 3 minutos, ficar quieta e sem se mover durante os últimos 15 segundos[2]. Depois do *time-out*, devolve-se à criança a tarefa que não havia terminado e

Quadro 19.1. *Esquema do programa de treinamento de pais "Ajudando a criança desobediente"* (Forehand e McMahon, 1981).

Fase I. **Atenção Diferencial**

Atentar
1. Descrever o comportamento da criança
2. Seguir, não dirigir
3. Sem perguntas, ordens ou questões docentes

Recompensas
1. Físicas
2. Verbais sem sinalizar
3. Verbais sinalizando

Ignorar
1. Sem contato ocular ou sinais não verbais
2. Sem contato verbal
3. Sem contato físico

Fase II. **Treinamento no Cumprimento das Ordens**

Instruções claras
1. Deixar de usar ordens beta (p. ex., vagas, interrupções)
2. Ordens alfa (específicas e diretas, uma por vez, esperar 5 segundos)

Conseqüências
1. Reforçamento pelo cumprimento das ordens
2. Seqüência aviso-*time-out* por não cumprir as ordens
3. Regras fixas

---

dá-se-lhe a ordem que provocou inicialmente a desobediência. Esta volta à situação original e a repetição subseqüente da ordem é essencial para o êxito do procedimento, visto que ensina à criança que, uma vez que os pais dão uma ordem, ela deve obedecê-la, seja antes, seja depois de passar pelo *time-out*. O cumprimento da ordem é seguido pela atenção contingente dos pais. A seqüência de Ordem-Conseqüências por parte dos Pais é apresentada na figura 19.1.

---

[1] Essas instruções claras são denominadas "ordens alfa". As "ordens beta" são aquelas em que a criança não tem oportunidade de demonstrar a obediência devido à sua indefinição ou à interrupção por parte dos pais (p. ex., "Aja segundo sua idade").

[2] Instrui-se também os pais em procedimentos de apoio (p. ex., leves palmadas nas nádegas da criança, a retirada de privilégios) a utilizar se a criança resistir em ficar na cadeira de *time-out*.

Na prática com a criança na clínica, instrui-se os pais para que dêem uma série de ordens apropriadas e para que proporcionem conseqüências adequadas ao cumprimento (obediência) e ao não cumprimento (desobediência) das ordens (Jogo dos Pais). Em casa, os pais praticam o uso de ordens apropriadas, conseqüências positivas por obedecer e, finalmente, o uso de procedimentos de *time-out* por não obedecer. Uma vez que o *time-out* tenha sido empregado com êxito em casa, o terapeuta instrui os pais para que aprendam a realizá- lo em diversos lugares fora de casa, como quando visitam outras pessoas ou no supermercado. Ensina-se também os pais a construir e pôr em prática Regras Fixas mais gerais, que são regras que, uma vez estabelecidas, têm um efeito permanente (p. ex., "Se bater em sua irmã, deve ir imediatamente ao *time-out*").

Figura 19.1. *A seqüência de ordem-conseqüências por parte dos pais.* Compilada de Forehand, R. e McMahon, R.J., *Helping the noncompliant child: a clinician's guide to parent training,* New York, Guilford Press.,1981. Copyright. Reproduzida sob autorização.

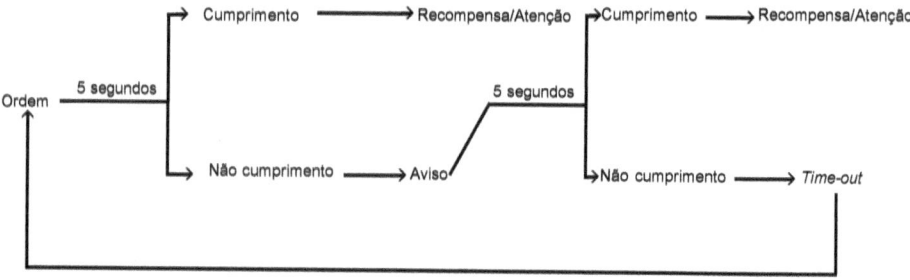

III.4. Outras intervenções no treinamento de pais

Outro programa de TP para crianças (de 3 a 8 anos de idade) com problemas de comportamento, que inclui alguns componentes dos programas de Hanf (1969), e de Forehand e McMahon (1981), é o programa de modelação através do vídeo/ discussão em grupo, desenvolvido por Webster-Stratton (1981, 1987). Algo único nesta intervenção terapêutica é o emprego de um pacote estândar de 10 programas em vídeo sobre HPPP modeladas, que o terapeuta mostra a um grupo de pais. As 25 cenas (cada uma delas dura aproximadamente 2 minutos) incluem exemplos de pais interagindo com seus filhos de modo tanto apropriado como inapropriado. Depois de cada cena, o terapeuta dirige uma discussão sobre as interações relevantes e solicita respostas dos pais às cenas. Neste programa particular as crianças não assistem às sessões de terapia, embora se dê aos pais tarefas para casa, a fim de que pratiquem diferentes HPPP com seus filhos. As fitas de vídeo e os manuais para o terapeuta estão disponíveis comercialmente (Webster-Stratton, 1987).

Como foi assinalado anteriormente, o trabalho de Patterson e seus colaboradores, no Centro de Aprendizagem Social de Oregon, com crianças com problemas de comportamento e suas famílias, foi pioneiro no desenvolvimento do conhecimento teórico e empírico sobre os problemas de comportamento. Os esforços de Patterson nos últimos 20 anos influíram muito sobre o desenvolvimento e a avaliação das estratégias de intervenção do TP para crianças com problemas de comportamento. Resumiremos brevemente o programa de TP de Patterson para pré-adolescentes (2 a 12 anos de idade) com problemas de comportamento manifesto. Os programas de intervenção do Centro de Oregon para crianças que roubam e para adolescentes delinqüentes serão descritos posteriormente.

O programa do TP para crianças pré-adolescentes agressivas está descrito no manual de tratamento de Patterson e cols. (1975) e foi resumido recentemente por Reid (1987). Antes de começar o tratamento, entrega-se aos pais uma cópia de *Conviver com crianças* (Patterson, 1976b) ou de *Famílias* (Patterson, 1975a). A razão para a leitura destes textos programados é que proporcionam uma base conceitual para o treinamento em habilidades específicas nas sessões de terapia e facilitam a generalização e a manutenção. Os pais preenchem um teste breve sobre o material dado como leitura no começo da primeira sessão de terapia. Os dados preliminares sugerem que, para algumas famílias, o ler simplesmente o livro pode levar a uma redução significativa nos comportamentos desadaptados da criança (Patterson, 1975b). Depois de finalizar a leitura mencionada e o teste, o passo seguinte consiste em ensinar os pais a determinar os comportamentos-problema de interesse. Isto requer normalmente uma ou duas sessões de tratamento; a razão é que os pais têm que definir com precisão os comportamentos-meta antes de serem capazes de responder sistematicamente aos mesmos. Os pais aprendem, então, a seguir o comportamento da criança. Escolhem dois ou três comportamentos (um dos quais é geralmente a desobediência) para observá-los durante um período de 1 hora por dia ao longo de uma semana. Tenta-se fazer com que tanto o pai como a mãe vigiem os comportamentos. Uma vez que os pais localizam e vigiam o comportamento da criança de maneira adequada, ajuda-se-lhes a estabelecer um sistema de reforçamento positivo, utilizando pontos para dois ou três comportamentos positivos. Os reforçadores de apoio incluem privilégios ou ameaças e são administrados sobre uma base diária. Proporciona-se à criança reforço social (isto é, elogio) quando realizam cada um dos comportamentos positivos e, com o tempo, vão se esvanecendo os reforços tangíveis. Depois que estiver bem estabelecido o sistema de pontos e estiver funcionando durante algumas semanas, ensina-se os pais a empregar um procedimento de *time-out* de 5 minutos para a desobediência ou o comportamento agressivo. O custo de resposta (p. ex., perda de privilégios) e os trabalhos caseiros são empregados às vezes para as crianças maiores. Conforme progride o tratamento, os pais tornam-se cada vez mais responsáveis por delinear e pôr em prática os programas para o controle de diferentes comportamentos da criança. Neste estágio do tratamento, ensina-se aos pais estratégias de negociação e de solução de problemas. Patterson e Chamberlain (1988) estimam que aproximadamente 30% do tempo de terapia é dedicado a tratar com problemas tais como conflitos conjugais, problemas de ajuste pessoal dos pais e crises familiares.

Patterson e seus colaboradores modificaram recentemente sua intervenção do TP para ser empregado com adolescentes delinqüentes (Marlowe e cols., 1988; Reid, 1987). As modificações incluem:

a. Além de considerar como objetivos os comportamentos pró-sociais e anti-sociais, os pais também prestam atenção a outros comportamentos que supostamente fazem com que o adolescente corra mais riscos de realizar mais tarde comportamentos delitivos (p. ex., o não comparecimento às aulas, falar com insolência ao professor, não fazer os deveres de casa, passar o tempo com "más" companhias, violar as proibições, depender de drogas).

b. Enfatiza-se a vigilância/supervisão por parte dos pais do adolescente, especialmente com respeito à freqüência do adolescente à escola, seu comportamento ali e os resultados acadêmicos.

c. Em substituição ao procedimento de *time-out*, os procedimentos de punição incluem o realizar pequenos trabalhos, a perda de pontos, a limitação do tempo livre e a restituição dos bens roubados/danificados.

d. Pede-se aos pais que informem sobre os delitos legais às autoridades responsáveis pelos menores e que logo ajam como defensores do adolescente ante os tribunais (como uma forma de reduzir a possibilidade do menor ser tirado de casa).

e. Há um maior envolvimento do adolescente nas sessões de tratamento, especialmente com respeito ao estabelecimento e verificação dos contratos comportamentais feitos com os pais.

A eficácia deste enfoque com adolescentes foi examinada por Marlowe e cols. (1988), que se mostraram pessimistas sobre os resultados do mesmo. Esses autores defendem a intervenção em etapas anteriores, antes que os problemas tenham aumentado em gravidade e duração.

Alexander e seus colaboradores desenvolveram uma intervenção baseada na família, para adolescentes com problemas de comportamento. A *terapia familiar funcional (TFF)* (Alexander e Parsons, 1982; Barton e Alexander, 1981) representa uma ampliação e integração singular das perspectivas comportamental e sistêmica. Recentemente, o modelo incorporou uma perspectiva cognitiva, especialmente com respeito aos padrões atribucionais dentro da família. Nas primeiras etapas do desenvolvimento da TFF, Alexander empregou um enfoque de "emparelhamento com a amostra" em que, primeiro se identificavam os padrões de comportamento que diferenciavam as famílias desajustadas de suas contrapartidas não desajustadas, e logo se escolhiam como metas da intervenção aspectos significativos desses padrões (Morris, Alexander e Waldron, 1988).

Em seu formato atual, a TFF inclui cinco componentes (Alexander, Waldron, Newberry e Liddle, 1988). A fase de Introdução/Impressão se interessa pelas expectativas dos membros da família antes da terapia e nas primeiras sessões. Investigações preliminares sugerem a importância de identificar e modificar as atribuições de culpa dos membros da família nas primeiras sessões de terapia com as famílias de adolescentes delinqüentes (Alexander, Waldron, Barton e Mas, 1989). Na fase de avaliação, o terapeuta identifica as expectativas comportamentais, cognitivas e emocionais de cada membro da família e os processos familiares que necessitam de modificação (p. ex., funções interpessoais, como a intimidade e a distância). O objetivo da fase de Indução/Terapia consiste em modificar as atribuições e expectativas inadequadas dos membros da família. Empregam-se várias técnicas de terapia cognitiva, especialmente a reatribuição. A *reatribuição* é definida como a "descrição verbal de qualquer comportamento familiar (ou individual) "negativo" a partir de uma posição favorável ou benevolente, descrevendo as propriedades antônimas "positivas" do comportamento, e representando os membros da família como vítimas em vez de transgressores" (Morris e cols., 1988, p. 112). Este processo de reatribuição entre os membros da família é tido como necessário, mas não suficiente para o êxito do tratamento. Deve seguir-se uma mudança no comportamento real. Na fase de Educação/ Mudança comportamental, empregam-se uma série de técnicas comportamentais, incluindo o treinamento em habilidades de comunicação, os contratos comportamentais e o manejo das contingências. Na fase de Finalização/Generalização, o trabalho do terapeuta consiste em facilitar a manutenção dos ganhos terapêuticos enquanto estimula a independência da família do contexto terapêutico através da retirada gradual. Durante esta fase tratam-se também, se for necessário, dos fatores extrafamiliares relevantes (p. ex., a escola, o sistema legal).

Outra intervenção do TP que combina os enfoques comportamental e sistêmico é o Treinamento em Comunicação e Solução de Problemas (ECSP; Robin e Foster, 1989). Enquanto as outras intervenções do TP com adolescentes, descritas neste capítulo, centram-se em problemas de comportamento relativamente graves, como o comportamento delinqüente, o ECSP se centra especificamente na solução do conflito pais-adolescente, independentemente do nível de intensidade.

Foster e Robin (1989) descrevem um modelo de quatro etapas através do qual se realiza o ECSP. Na fase de Compromisso, o terapeuta estabelece a relação, realiza a avaliação e negocia um contrato terapêutico. Na fase de Desenvolvimento das Habilidades, apresentam-se à família as habilidades básicas de comunicação e de solução de problemas. Os passos da solução de problemas incluem a definição do problema, a generalização de soluções alternativas, a escolha da melhor solução e o pô-la em prática. (ver Nezu e Nezu, neste volume). Identificam-se os padrões negativos de comunicação entre os pais e o adolescente (p. ex., interrupções, desprezos, sarcasmo e "sair pela tangente") e ensinam-se alternativas apropriadas. Na terceira fase, os membros da família tentam solucionar diferentes áreas de conflito empregando as habilidades ensinadas anteriormente. Em cada sessão se discutem conflitos específicos e se resolvem problemas, tratando-se primeiro as questões menos graves. Os exercícios para casa incluem tarefas escritas, discussões de solução de problemas, exercícios de comunicação e a aplicação das habilidades recém-adquiridas às interações diárias. Deve-se assinalar que "considerações estruturais e funcionais dirigem as estratégias usadas para realizar estes procedimentos" (Foster e Robin, 1989, p. 502).

Finalmente, na fase de Desligamento, o terapeuta torna-se menos diretivo e as sessões são programadas deixando-se maiores intervalos entre elas, a fim de facilitar a generalização do treinamento às situações diárias fora da clínica e minimizar a dependência desnecessária do terapeuta.

O enfoque do "Sistema Familiar-Ecológico" (SFE) para o tratamento de adolescentes com problemas de comportamento ressalta tanto o caráter interativo da psicopatologia adolescente como o papel dos múltiplos sistemas nos quais se encontra imerso o adolescente, como a família, a escola e o grupo de iguais (Henggeler, 1982). A avaliação e o tratamento se centram no adolescente como indivíduo, em seu papel nos diferentes sistemas e nas inter-relações entre esses sistemas. Os terapeutas intervêm em um ou mais níveis, segundo a necessidade, e empregam uma série de enfoques terapêuticos, como a terapia familiar, de casal ou individual. As técnicas de tratamento são também amplas e podem incluir procedimentos da terapia familiar tradicional (p. ex., a intenção paradoxal), assim como as técnicas comportamentais e cognitivas (p. ex., o reforçamento, o contrato de contingências, a auto-instrução) (Schleser e Rodick, 1982).

III.5. Intervenções do TP para problemas do comportamento furtivo – roubar

Enquanto as intervenções do TP para comportamentos manifestos têm sido extensamente valorizadas, há uma escassez de dados com respeito às intervenções de qualquer classe para os tipos furtivos de comportamentos-problema. Isto se deve, em parte, à base de dados relativamente pobre sobre estes comportamentos. Todavia, está sendo dada maior atenção a alguns destes comportamentos furtivos e a seu tratamento. Isto é especialmente claro quanto ao comportamento de roubar[3].

Existe consenso de que a identificação/rotulação do roubo é a chave para o desenvolvimento de uma intervenção com êxito para este comportamento (Barth, 1987; Miller e Klungness, 1986; Patterson e cols., 1975). Devido à baixa taxa e ao caráter furtivo do roubo, a detecção direta, imediata de todos os acontecimentos de furto pelos pais, professores ou outras pessoas não é uma tarefa fácil. Portanto, o roubo é definido operacionalmente como "que a criança pegue, ou esteja de posse de algo que claramente não lhe pertence" (Barth, 1987, p. 151). O quadro 19.2 contém uma elaboração desta definição, assim como instruções para os responsáveis sobre como responder ao comportamento de roubo. Embora a adoção desta definição de roubo possa, às vezes, levar a casos nos quais se rotula incorretamente que a criança tenha roubado, a alternativa de não ser capaz de tratar o comportamento de roubo com eficácia é considerada como o pior dos dois males.

O trabalho mais sistemático sobre o tratamento do roubo foi realizado por Patterson, Reid e colaboradores no Centro de Aprendizagem Social de Oregon.

---

[3] Ver McMahon e Wells (1989) para uma descrição de intervenções com outros comportamentos-problema encobertos (p. ex., provocar incêndios, uso de drogas).

Além dos problemas de definição assinalados anteriormente, o fracasso dos pais das crianças que roubam em vigiar o paradeiro de seus filhos ou para envolverem-se mais com eles, constitui a maior dificuldade para esboçar intervenções eficazes baseadas na família. A fim de abordar alguns destes problemas, o grupo de Oregon desenvolveu um enfoque especializado do TP com crianças que têm comportamentos de roubo e outros comportamentos-problema de caráter furtivo (Patterson e cols., 1975; Reid e cols., 1980). Em primeiro lugar, realiza-se o programa-padrão de TP do Centro de Oregon para tratar comportamentos-problema manifestos, já que estes comportamentos englobam os comportamentos furtivos de baixa taxa de muitas crianças. Logo, ensina-se os pais a identificar o roubo, empregando uma definição operacional similar à apresentada anteriormente, e a vigiar sua ocorrência sobre uma base diária. Grande parte da discussão da representação destes procedimentos acontece nas sessões de terapia.

Uma vez que os pais aceitam a definição operacional de roubo (um processo que pode levar muito tempo na terapia), ensina-se a administrar uma conseqüência leve imediatamente contingente a cada um dos acontecimentos suspeitos de roubo. A conseqüência (p. ex., 1 ou 2 horas de trabalho árduo em casa) será mantida em um nível suave, já que a criança será injustamente acusada de vez em quando. A prática deste enfoque implica em muito apoio, contato telefônico e discussões. São estabelecidos sistemas de verificações dentro das famílias nas quais a vigilância não é freqüente. Além disso, parece importante incorporar estratégias terapêuticas que incluam os pais no processo de terapia, devido à relação entre os pais sem envolvimento e o roubo (Reid, 1984).

Henderson (1981, 1983) desenvolveu um programa de "Tratamento Combinado Individualizado" (TCI) para crianças e adolescentes que informam querer deixar de roubar. Este enfoque tem três amplos componentes: a) autocontrole do ambiente interno, b) controle do ambiente externo por outro adulto ou pessoa responsável, e c) a personalização do programa por parte do terapeuta. No primeiro componente, Henderson ensina habilidades de relaxamento à criança, num esforço para contra-condicionar os estímulos de ativação interna que, segundo ele, estão freqüentemente associados com o roubo. Nas sessões de terapia, pede-se à criança que se imagine em situações de roubo e que imediatamente relaxe e se imagine saindo dessas situações. Desse modo, o relaxamento e a imaginação são conceitualizados também como técnicas de autocontrole, que mais tarde se estenderão ao ambiente externo. Emprega-se o *biofeedback* da taxa cardíaca para facilitar o relaxamento. Pede-se aos pais que proporcionem oportunidades para roubar ou "armadilhas" para a criança, em casa, de maneira que esta tenha uma oportunidade de praticar as estratégias de autocontrole. Proporcionam-se prêmios, em um sistema de recompensas, por não roubar. As "armadilhas" vão se tornando cada vez menos óbvias e que seja mais fácil conseguir roubar sem ser pego.

A fim de proporcionar controles externos para não roubar, deve-se pôr em prática algum sistema para vigiar o "não roubar". Henderson (1981) defende o uso de um "diário sem roubos". No diário se estabelecem dois tipos de anotações: a) qualquer período de tempo no qual se tenha observado, por um adulto responsável, que a criança não roubou; e b) as horas de saída e chegada, anotadas por

Tabela 19.2. *Instruções aos responsáveis para definir e proporcionar conseqüências por roubar.*

---

1. A parte mais importante do esforço para diminuir o roubo consiste em *definir o roubo como roubo*. *O roubo* é definido como: "que a criança pegue, ou esteja de posse de algo que claramente não lhe pertence". Os pais, os professores ou outros adultos são os únicos juízes. Podem definir um ato como roubo *observando-o*, ou *fazendo com que lhe contem* ou *percebendo que falta alguma coisa*. Não há discussões sobre a culpa ou a inocência. É tarefa da criança assegurar-se de que não a acusem. O valor do objeto é irrelevante. Comercializar e tomar emprestado não é permitido. Qualquer "compra" que a criança traga para casa deve vir acompanhada de um comprovante. Caso contrário, tem que ser devolvida e apresentam-se as conseqüências.

2. Uma vez definido o comportamento como roubo, aplicam-se as conseqüências. Evitam-se as discussões, a culpa, ou o conselho.

3. *Cada* ato de roubar deve ser assim classificado, e aplicar as conseqüências.

4. Evitar o emprego de táticas detetivescas excessivas (como o registro); manter os olhos abertos e investigar as origens de um objeto novo.

5. As conseqüências por roubar deveriam ser trabalhos na casa e perda de privilégios durante o dia do roubo e de privilégios básicos somente no fim de semana seguinte. Não deve haver outras conseqüências como a humilhação ou palmadas. Podem voltar a ganhar privilégios especiais no dia seguinte.

6. *Para lembrar.* O roubo está muito unido à vadiagem e com o não saber o paradeiro de seu filho. Se o roubo é um problema, recomenda-se que em certas ocasiões se comprove tal paradeiro.

7. Não tente o seu filho. Mantenha os objetos que sejam iguais ou parecidos ao que roubou no passado longe dele. Por exemplo, evite deixar sua carteira ou seu maço de cigarros à vista ou onde não possa vigiá-los.

8. O roubo pode ocorrer independentemente dos pertences que seu filho tenha, de modo que dar-lhe tudo o que quiser não é um enfoque satisfatório para acabar com o roubo. No entanto, seu filho deve ter alguma forma de ganhar seu próprio dinheiro, de modo que possa escolher as coisas que quiser comprar.

---

adultos responsáveis, ao final do dia (p. ex., de casa à escola). Se as horas anotadas correspondem a um período de tempo apropriado ao trajeto, supõe-se que não ocorreu o roubo. Calcula-se o tempo diário "sem roubos" e esse tempo é recompensado com privilégios e atividades de apoio. Estes reforçadores são selecionados de modo que se encontrem relacionados, de alguma maneira, com o motivo da criança roubar (ver Barth, 1987). Por exemplo, se a criança parece roubar para "divertir-se", um reforçador de apoio apropriado poderia ser uma viagem de montanha-russa no parque de diversões.

IV. CONCLUSÕES

Os estudos de intervenções de TP com crianças pré-adolescentes com problemas de comportamento, abrangem um amplo e sofisticado corpo de investigação sobre o tratamento, e têm mostrado resultados muito prometedores. Não só se tem quantificado os resultados do tratamento em mudanças do comportamento dos pais e das crianças e nas percepções dos pais sobre a adaptação das crianças, em um grande número de pesquisas, mas também a generalização desses efeitos em casa, com períodos razoáveis de seguimento (um ano após o tratamento ou mais), aos irmãos não tratados e a comportamentos sobre os quais não se interviu, tem-se demonstrado, também, para muitas dessas famílias. A validade social desses efeitos foi documentada também em uma série de programas de TP. Alguns dos programas de TP mais extensamente válidos para pré-adolescentes (Forehand e McMahon, 1981; Patterson e Cols., 1975; Webster-Stratton, 1987) proporcionam manuais e/ou materiais disponíveis comercialmente, o que deveria ajudar à expansão desses programas e facilitar a replicação por investigadores não associados com seu desenvolvimento e avaliações originais. Investigadores associados com estas intervenções do TP têm começado a centrar sua atenção em ampliar o modelo básico do mesmo para melhorar os resultados e a generalização. Isto levou à avaliação de uma ampla gama de variáveis para predizer o resultado deste tipo de intervenção (cujo desenvolvimento e elaboração se conhece atualmente como terapia familiar comportamental; Griest e Wells, 1983), assim como o desenvolvimento de módulos de tratamento adicionais para tratar os conflitos conjugais, as angústias dos pais, etc.

Ao contrário das intervenções de TP com pré-adolescentes, existe um menor corpo de trabalho com programas de TP para adolescentes com problemas de comportamento e os pareceres têm sido menos potentes. Essa menor eficácia em adolescentes com problemas de comportamento pode-se dever a que estes estejam mais avançados no progressivo desenvolvimento do transtorno; como conseqüência, apresentam uma história de aprendizagem mais prolongada do comportamento desadaptado e têm normalmente um repertório mais amplo de comportamentos-problema mais graves (incluindo, freqüentemente, aqueles de caráter furtivo) que suas contrapartidas mais jovens.

Conforme nossos modelos conceituais de intervenção se ampliam, tornam-se mais sofisticados e se avaliam mais extensamente, nossos esforços de tratamento têm o potencial de ser cada vez mais satisfatórios. Entretanto, uma dificuldade importante pode ser a falta de um modelo claro de seleção do tratamento que esteja baseado solidamente em aspectos comportamentais e evolutivos dos problemas de comportamento. Tenho descrito vários aspectos da seleção do tratamento com os quais se defronta o clínico ao trabalhar com crianças com problemas de comportamento e suas famílias (McMahon, 1987). Tais aspectos incluem decisões como: a) quando é benéfico o enfoque de TP "padrão"?; b) quando intervir em áreas adicionais como outros transtornos da criança, problemas de ajuste conjugal ou do tipo pessoal dos pais, vieses perceptivos na criança ou nos pais, e/ou o funcionamento extrafamiliar (p. ex., isolamento)?; e c) se a intervenção deve ocorrer em uma ou mais dessas áreas, deveria ocorrer antes, depois, em lugar de, ou simultaneamente a um tipo de intervenção de TP? (p. 248).

Existem algoritmos para emparelhar famílias enviadas à clínica com intervenções específicas (p. ex., Blechman, 1981; Embry, 1984), mas têm um alcance muito limitado, não se ligaram a estratégias de avaliação subjacentes e não se comprovaram empiricamente. Necessita-se urgentemente de um modelo de seleção de tratamento para crianças com problemas de comportamento.

Para que seja de utilidade clínica, tal modelo deve incorporar dados sobre os subtipos de problemas de comportamento (manifestos, furtivos ou mistos); sobre a posição da criança no desenvolvimento progressivo dos problemas de comportamento; sobre a presença ou ausência de diferentes correlatos ou transtornos associados (p. ex., déficit de atenção, hiperatividade, depressão, dificuldades na leitura, problemas nas relações com os companheiros); e sobre o "vazio ecológico" da criança nos sistemas da família, da escola, dos companheiros e da comunidade. Desse modo, podemos começar a avaliar sistematicamente a eficácia relativa de diferentes intervenções do TP (ou, mais provavelmente, combinações do TP com outras intervenções) para tipos determinados de crianças com comportamentos-problema, como uma função de sua posição nestas diferentes dimensões.

V. Leituras Recomendadas

Dangel, R. F. y Polster, R. A. (comps.), *Parent training: foundations of research and practice*, Nueva York, Guilford Press, 1984.

Forehand, R. y McMahon, R. J., *Helping the noncompliant child: a clinician's guide to parent training*, Nueva York, Guilford Press, 1981.

Patterson, G. R., Reid, J. B., Jones, R. R. y Conger, R. E., *A social learning approach to family intervention: Vol. 1. Families with aggressive children*, Eugene, Or., Castalia, 1975.

O'Dell, S. L., «Progress in parent training», en M. Hersen, R. M. Eisler y P. M. Miller (comps.), *Progress in behavior modification*, vol. 19, Nueva York, Academic Press, 1985.

Schaefer, C. E. y Briesmeister, J. M. (comps.), *Handbook of parent training: parents as co-therapists for children's behavior problems*, Nueva York, Wiley, 1989.

SEXTA PARTE

TÉCNICAS COGNITIVAS E DE AUTOCONTROLE

20. A Terapia Racional-Emotiva: uma Conversa com Albert Ellis

Leonor I. Lega

I. Introdução

A Terapia Racional-Emotiva (TRE), uma terapia cognitivo-comportamental, baseia-se na idéia de que tanto as emoções como os comportamentos são produtos das crenças de um indivíduo, de sua interpretação da realidade (Ellis, 1962). Por esta razão, a meta primordial da TRE é ajudar o paciente na identificação de seus pensamentos "irracionais" ou disfuncionais e ajudar-lhe a substituir tais pensamentos por outros mais "racionais" ou efetivos, que lhe permitam conseguir, com maior eficácia, metas de tipo pessoal como o ser feliz, estabelecer relações com outras pessoas, etc. (Ellis e Becker, 1982).

A TRE examina, além das inferências sobre si mesmo, sobre os outros e sobre o mundo em geral, a filosofia básica do indivíduo, na qual se baseiam estas inferências (Ellis e Dryden, 1987).

II. História e Dados Biográficos

O dr. Albert Ellis, fundador da Terapia Racional-Emotiva, nasceu em Pittsburgh, Pennsylvania (USA), em 27 de setembro de 1913. Desde a idade de 4 anos viveu na cidade de New York, onde reside atualmente. É o fundador e presidente do *Institute for Rational-Emotive Therapy* em tal cidade, onde trabalha das 9 horas da manhã até as 11 horas da noite, 7 dias por semana, atendendo a uma média

A associação profissional com o IRET durante os últimos oito anos, permitiu à autora incluir segmentos de entrevistas com o dr. Albert Ellis na elaboração deste capítulo. A utilização de materiais foi concedida pelo Institute for Rational-Emotive Therapy em New York.

St. Peter's College, New Jersey, e Institute for Rational-Emotive Therapy, New York (USA).

semanal de 70 pacientes individuais e 6 grupos de psicoterapia, supervisionando terapeutas, dando conferências e palestras para profissionais e o público em geral, e escrevendo um número considerável de publicações, no qual estão incluídos aproximadamente 500 artigos e 50 livros e monografias sobre a teoria e prática da TRE.

Recebeu seu doutorado em psicologia clínica na Universidade de Columbia, New York, no ano de 1947. Seu treinamento clínico inicial foi em psicanálise, com ênfase na teoria de Karen Horney. Durante os anos 40, esteve interessado também na validade dos questionários e testes de personalidade, área de onde provém suas primeiras publicações (*American Psychologist*, 1986). Nos anos 50 e 60, Albert Ellis converteu-se em uma figura mundialmente famosa como escritor e conferencista na área da sexualidade e nas relações matrimoniais, publicando livros como *Sex without guilt*, 1958 ("Sexo sem culpa"), *The art and science of love*, 1960 ("A arte e a técnica do amor") e *The encyclopedia of sexual behavior,* 1961 ("A enciclopédia do comportamento sexual"), que foram traduzidos em vários idiomas. Outra mudança importante em sua vida profissional ocorreu também durante os anos 50, como expressa no seguinte fragmento de uma entrevista:

A.E.: "Em 1953, comecei a experimentar outras formas de psicoterapia diferentes da psicanálise já que, pouco a pouco, fui percebendo que não era um método terapêutico muito eficaz para ajudar os pacientes"(*American Psychologist,* 1986).

A terapia racional-emotiva foi desenvolvida em 1955, em uma conferência dada por Albert Ellis no congresso da *American Psychological Association* (Grieger, 1985). O modelo ABC para a terapia foi publicado pela primeira vez em 1958 (Ellis, 1958b) e ampliado em 1984 (Ellis, 1984a), como resposta a uma crescente necessidade de maior elaboração e de um delineamento mais preciso de tal modelo (Bernard, 1958; Huber, 1985; Wessler, 1984b; Wessler e Wessler, 1980). Na formulação da TRE intervieram fatores teóricos provenientes da ampla bagagem filosófica que possuía Ellis (Dryden e Golden, 1986) e também fatores pessoais (Ellis, 1986), como a aplicação em si mesmo das técnicas comportamentais de John B. Watson, numa tentativa de superar seus próprios sentimentos de timidez frente ao sexo oposto, na idade de 19 anos.

Albert Ellis esteve casado durante um breve período nos anos 50. Pouco depois de ter obtido seu divórcio, conheceu Janet L. Wolfe, também psicóloga, com quem vive há quase 25 anos e quem:

A.E.: "[...] é uma parte muito linda de minha vida e excepcionalmente importante, uma vida que estaria carente, em grande parte, de humor, de calor e de intimidade sem ela" (Dryden, 1989).

Albert Ellis pertence a um grande número de organizações profissionais, e várias delas lhe outorgaram prêmios e menções honrosas por sua contribuição no campo da psicologia. Entre eles destacam-se o *Award for Distinguished Professional*

Contributions da *American Psychological Association* e o *Humanist of the Year Award da American Humanist Association*. Institutos de Terapia Racional-Emotiva, afiliados ao *Institute for Rational-Emotive Therapy*, de New York, existem em vários países do mundo como Itália, Reino Unido, México, Austrália, Alemanha e Holanda, e em outras cidades dos Estados Unidos.

E quanto a seus planos futuros, acrescenta:

A.E.: "[...] escrever, escrever e escrever até que, preferivelmente na idade de 110 anos, morra sobre minha sela" (Warga, 1988).

III. DESCRIÇÃO DO MODELO TERAPÊUTICO

O marco filosófico geral da TRE, que se discutirá com mais detalhes em um aparte posterior deste capítulo, baseia-se principalmente na premissa estóica de que: "a perturbação emocional não é criada pelas situações, mas pelas interpretações dessas situações" (Epicteto, século I d.C.). Portanto, o modelo do ABC utilizado pela TRE para explicar os problemas emocionais e determinar a intervenção terapêutica para ajudar a resolvê-los, tem como eixo principal a forma de pensar do indivíduo, a maneira como o paciente interpreta seu ambiente e suas circunstâncias, e as crenças que desenvolvera sobre si mesmo, sobre as outras pessoas e sobre o mundo em geral (Ellis, 1975). Se estas interpretações ou crenças são ilógicas, pouco empíricas, e dificultam a obtenção das metas estabelecidas pelo indivíduo, recebem o nome de "irracionais". Isto não significa que a pessoa não raciocine mas que raciocina mal, já que chega a conclusões errôneas. Se, pelo contrário, as interpretações ou inferências do indivíduo estão baseadas em dados empíricos e em uma seqüência científica e lógica entre premissas e conclusões, suas crenças são racionais, já que o raciocínio é correto e a filosofia básica dessa pessoa é funcional (Ellis, 1982).

O modelo ABC da Terapia Racional-Emotiva funciona da seguinte maneira:

Ao contrário da crença geral, o "A" ou *acontecimento ativante*" não produz diretamente e de forma automática o "C" ou *conseqüências*", que podem ser *emocionais* (Ce) e/ou *comportamentais* (Cc), já que, se fosse assim, todas as pessoas reagiriam de forma idêntica ante a mesma situação. O "C" é produzido pela *interpretação* que se dá ao "A", isto é, pelas *crenças* ("beliefs") (B) que geramos sobre tal situação. Se o "B" é funcional, lógico, empírico, é considerado "racional" (rB). Se, pelo contrário, dificulta o funcionamento eficaz do indivíduo, é "irracional" (iB). No ABC da TRE, o método principal para substituir uma crença irracional (iB) por uma racional (rB) chama-se *"refutação"* ou *"debate"* (D) e é, basicamente, uma adaptação do método científico à vida cotidiana, método por meio do qual se questionam hipóteses e teorias para determinar sua validação (Ellis, 1987; Ellis e Becker, 1982; Ellis e Harper, 1961, 1975).

De acordo com a TRE, o elemento principal do transtorno psicológico se encontra na avaliação irracional, pouco funcional, que o indivíduo faz da realidade, da situação que o rodeia. Tal avaliação se conceitualiza através de exigências absolutistas, dos "*devo*" e "*tenho que*" dogmáticos sobre si mesmo, sobre os outros, ou sobre a vida em geral, em vez de concepções do tipo probabilista ou preferencial, nas quais o sujeito cria expectativas, mas não lhes acrescenta uma característica dogmática. Os "devo" e "tenho que" dogmáticos e absolutistas do pensamento de um indivíduo só servem para sabotar seus propósitos e objetivos básicos, já que geram emoções e comportamentos que bloqueiam ou dificultam a obtenção dos mesmos. Desse pensamento irracional, dogmático, derivam-se três inferências:

1. A tendência a ressaltar em excesso o negativo de um acontecimento ("*catastrofismo*"), já que este é percebido como mais de 100% mau – uma conclusão exagerada e mágica que provém da crença "Isto não deveria ser tão mau como é".

2. A tendência a exagerar o insuportável de uma situação ("*não-posso-suportar*"), já que a pessoa considera que não pode experimentar nenhuma felicidade, sob nenhuma circunstância, se esta situação se apresenta, ou ameaça apresentar-se, em sua vida – ou deixa, ou ameaça deixar, de ocorrer, segundo o caso.

3. A tendência a condenar os seres humanos ou a vida em geral ("*condena-ção*"), já que o indivíduo avalia a si próprio ou aos demais como "subumanos", ao comprometer seu valor como pessoa como conseqüência de seu comportamento, ou seja, de fazer algo que não "deve" fazer ou de não fazer algo que "deve" fazer. Esta condenação também pode ser aplicada ao mundo, ou à vida em geral, quando estes não proporcionam ao indivíduo o que o mesmo crê merecer, de maneira inquestionável e acima de qualquer coisa.

É importante esclarecer aqui que a TRE considera estas três inferências como processos secundários irracionais, provenientes de uma filosofia pessoal de exigências absolutistas e "devo" dogmáticos. Este ponto é controvertido, já que outros teóricos (Wessler, 1984c) sustentam que a relação é inversa, que as inferências são primárias e que o pensamento absolutista, os "devo" dogmáticos, deriva-se delas. Dryden e Ellis (1988) sugerem que ambos os processos podem ser, simplesmente, interdependentes e apresentar-se como duas caras de uma mesma moeda cognitiva. A importância desta controvérsia se reflete na aplicação da TRE, uma vez que a essência da intervenção terapêutica desta teoria consiste em atacar, não unicamente as inferências, mas também o pensamento dogmá-tico, absolutista e, às vezes, implícito, que as origina (Ellis, 1989, 1984a).

Em resumo, na teoria da TRE podem-se distinguir duas principais categorias das perturbações psicológicas humanas: a perturbação do eu e a perturbação do desconforto ou incômodo (Ellis, 1979b, 1980a). Na perturbação do eu, a pessoa se autocondena como resultado de realizar exigências absolutistas sobre si mesma, sobre os outros e sobre o mundo. Na perturbação do desconforto, a pessoa faz outra vez exigências sobre si mesma, sobre os outros e sobre o mundo, mas estas exigências refletem a crença de que "tem que" existir condições, como a comodidade e uma vida confortável.

Ellis assinala que os humanos fazem numerosos tipos de suposições ilógicas quando estão transtornados. A este respeito, a TRE está de acordo com os terapeutas cognitivos (Beck, Rush, Shaw e Emery, 1979; Burns, 1980) de que essas distorções cognitivas constituem um traço da perturbação psicológica. Entretanto, a teoria da TRE sustenta que tais distorções quase sempre provêm dos *"devo"*. Algumas das mais freqüentes são as seguintes (Ellis e Dryden, 1987):

1. *Pensamento de "tudo ou nada"*. "Se fracasso em um feito importante, como *não devo*, sou um fracasso *total e completamente* indesejável!".

2. *Saltando às conclusões e non sequiturs negativos*. "Uma vez que me viram falhar estrondosamente, como não *deveria* tê-lo feito, ver-me-ão como um idiota incompetente".

3. *Adivinhar o futuro*. "Como estão rindo de mim por ter *falhado*" sabem que *deveria* ter tido êxito, e em conseqüência me depreciarão para sempre".

4. *Centrando-se no negativo*. "Como *não posso suportar* que as coisas estejam indo mal, e não devam ir mal, não vejo nada bom acontecendo em minha vida".

5. *Desqualificando o positivo*. "Quando me cumprimentam pelas coisas boas que tenho feito, só estão sendo amáveis e esquecendo-se das bobagens que não *deveria* ter cometido".

6. *Sempre e nunca*. "Como as condições da vida deveriam ser boas e na realidade são más e intoleráveis, *sempre* serão dessa maneira e *nunca* serei feliz."

7. *Minimização*. "Minhas conquistas são o resultado da sorte e não são importantes. Mas meus erros, que não *deveria* ter cometido, são tremendamente ruins e totalmente imperdoáveis."

8. *Raciocínio emocional*. "Como tenho agido de forma tão incompetente e não *deveria* tê-lo feito, sinto-me como um estúpido total e meus fortes sentimentos demonstram que não *sou* bom!".

9. *Rotulação e supergeneralização*. "Como não *devo* falhar em um trabalho importante e falhei, sou um perdedor e um completo fracasso!".

10. *Personalização*. "Visto que estou agindo muito pior do que *deveria*, e como eles estão rindo, tenho certeza de que só podem estar rindo de mim, e isso é *terrível!*".

11. *Falseamento*. "Quando não o faço tão bem como *deveria* fazer e continuam aceitando-me e elogiando-me, sou um verdadeiro farsante e logo lhes mostrarei minha verdadeira face e o quanto sou desprezível!".

12. *Perfeccionismo*. "Sei que o fiz muito bem, porém uma tarefa como essa *deveria* ter feito com perfeição e, portanto, sou um verdadeiro incompetente!".

Embora os terapeutas da TRE descubram, às vezes, todos os pensamentos ilógicos que acabaram de ser descritos, centram-se especialmente nos incondicionais "tenho que" e "devo", que parecem constituir o núcleo filosófico das crenças irracionais que conduzem às perturbações emocionais. Os clínicos da TRE sustentam que se não descobrem e ajudam os pacientes a abandonar estas crenças básicas, tais pacientes muito provavelmente continuarão mantendo-as e desenvolvendo novas variações irracionais delas.

Os terapeutas da TRE exploram também os "catastrofismos", os "não-posso-suportar" e as "condenações", e mostram aos pacientes como provêm quase invariavelmente de seus "devo" e que podem ser abandonados se renunciarem a suas exigências absolutistas sobre si mesmos, sobre os outros e sobre o mundo. Ao mesmo tempo, os terapeutas racional-emotivos incentivam habitualmente os seus pacientes para que tenham desejos e preferências fortes e persistentes, e que evitem os sentimentos de abandono, solidão e falta de envolvimento (Ellis 1984b, Ellis e Dryden, 1987).

IV. MARCO DE REFERÊNCIA EMPÍRICO E CONCEITUAL

L.L.: Que bases filosóficas e empíricas tem a TRE?

A.E.: Sempre gostei da filosofia e, ao começar a desiludir-me com a psicanálise, por não ser um método suficientemente eficiente e efetivo, voltei a ler temas filosóficos, ao mesmo tempo em que começava a experimentar outras formas de psicoterapia.

"Do ponto de vista filosófico, a TRE se remonta a duas correntes antigas: a filosofia oriental, com Buda e Confúcio, que implicitamente afirma: "Mude sua atitude e poderá mudar-se a si mesmo", e a filosofia grega e romana, com Epicteto, Marco Aurélio e o movimento estóico em geral, os quais ressaltaram a importância da filosofia individual no transtorno emocional. O postulado que afirma que: "Não nos preocupam as coisas mas a visão que temos delas", converteu-se na base do que mais tarde veio a ser a TRE, como a descrevi em meu livro *Razão e emoção em psicoterapia* (Ellis, 1962). Também fui influenciado por filósofos mais recentes, como Kant e seus escritos sobre a importância das idéias, e por pessoas como Russell, de quem veio a idéia de utilizar os métodos empíricos da ciência e a lógica na prática da TRE."

"Do ponto de vista psicológico, duas tendências tiveram influência no desenvolvimento da TRE: a de Karen Horney e Alfred Adler, proveniente de meu treinamento inicial em psicanálise, e a dos pioneiros do movimento comportamentalista, como Watson (Ellis, 1989)."

V. PROCEDIMENTO

Durante a etapa inicial de treinamento em TRE, recomenda-se ensinar ao paciente o ABC de forma direta, já que o ajuda a entender seu esquema conceitual, a identificar e questionar seus aspectos irracionais para substituí-los por outros mais funcionais e eficazes, a utilizar melhor as técnicas da TRE para consegui-lo e, em geral, a levar esta aprendizagem além da terapia formal para poder chegar a ser, em última análise, seu próprio terapeuta. O estilo da TRE é ativo, diretivo e, em grande parte, educacional (Ellis e Dryden, 1987; Ellis, 1984b; Walen, DiGiuseppe e Wessler, 1980).

Embora a TRE utilize uma grande variedade de técnicas cognitivas, emocionais e comportamentais, algumas das quais são comuns a outros sistemas de psicoterapia, esta sessão descreve unicamente as técnicas especificamente desenvolvidas dentro de seu modelo terapêutico. As técnicas comuns constituem a "TRE Geral" (ou terapia cognitiva de comportamento de amplo espectro) e as específicas, a "TRE Preferencial" (Ellis, 1980).

Para conseguir uma mudança filosófica, as pessoas têm que fazer o seguinte (Ellis e Dryden, 1987):

1. Conscientizar-se de que são elas mesmas que criam, em grande parte, suas próprias perturbações psicológicas e que, embora as condições ambientais possam contribuir para seus problemas, têm, em geral, uma importância secundária no processo de mudança.

2. Reconhecer claramente que possuem a capacidade de modificar de uma maneira significativa estas perturbações.

3. Compreender que as perturbações emocionais e comportamentais provêm, em grande parte, de crenças irracionais, dogmáticas e absolutistas.

4. Descobrir suas crenças irracionais e discriminar entre elas e suas alternativas racionais.

5. Questionar estas crenças irracionais utilizando os métodos lógico-empíricos da ciência.

6. Trabalhar no intuito de internalizar suas novas crenças racionais, empregando métodos cognitivos, emocionais e comportamentais de mudança.

7. Continuar este processo de refutação das idéias irracionais e utilizar métodos multimodais de mudança durante o resto de suas vidas.

Quando as pessoas realizam uma mudança filosófica em B, no modelo ABC, freqüentemente são capazes de corrigir espontaneamente suas inferências distorcidas sobre a realidade (supergeneralizações, atribuições errôneas, etc.). Todavia, freqüentemente, necessitam questionar estas inferências distorcidas de forma mais direta, como a TRE tem ressaltado sempre.

V.1. O debate filosófico

Na TRE, o método principal para substituir uma crença irracional por uma racional é o debate (Ellis e Harper, 1961, 1975), que consiste em uma adaptação do método científico à vida cotidiana. Phadke (1982) mostrou que a refutação das crenças irracionais compreende três passos. Primeiro, os terapeutas ajudam o paciente a *descobrir* as crenças irracionais que subjazem a seus comportamentos e emoções autodepreciativas. Em segundo lugar, *debatem* com seus pacientes a verdade ou a falsidade de suas crenças irracionais. O propósito do Debate, em geral, é determinar a validade de hipóteses e teorias que, nesse caso, equivaleriam às três inferências irracionais descritas anteriormente, e ao pensamento absolutista e dogmático do qual derivam. Durante o processo, ajudam seus pacientes a *discriminar* entre crenças racionais e crenças irracionais. Se o debate ataca unicamente às inferências irracionais, constitui um Debate empírico, utilizado também em outras formas de psicoterapia (Dryden e Golden, 1986). O Debate filosófico (Ellis, 1987) vai mais além destas inferências e ataca os "devo" dogmáticos implícitos, dos quais se derivam. Em terceiro lugar, um estilo terapêutico bastante eficaz, ao utilizar o Debate filosófico, é o *Diálogo socrático* (fazendo perguntas como "Qual é a evidência de que tem que fazer isso?" ou "Em que sentido é verdadeira ou falsa essa crença?"), o que ajuda o paciente a gerar, em lugar de simplesmente memorizar, crenças racionais e apropriadas (Walen, DiGiuseppe e Wessler, 1980).

V.2. As tarefas para casa

As "tarefas para casa" são empregadas de forma regular na TRE e têm como propósito ajudar o paciente a generalizar seu trabalho terapêutico indo além da consulta com o terapeuta. Uma das tarefas mais freqüentemente indicada é a que utiliza o "Formulário de auto-ajuda da TRE"(*RET self-help Form")*, reproduzido a seguir com a autorização do *Institute for Rational-Emotive Therapy* de New York.

Outras tarefas incluem técnicas como a *Biblioterapia,* em que se determina ao paciente a leitura de livros e artigos que se relacionam com a utilização da TRE em sua problemática particular. Isto também pode ser feito com o uso de fita cassete (Ellis e Becker, 1982; Ellis e Harper, 1975). O propósito desta técnica é ajudar o paciente a praticar sua nova forma de pensar, uma vez que a prática é vital na substituição de hábitos disfuncionais antigos por hábitos eficazes, produto de uma nova filosofia racional. Resultados similares podem ser obtidos se o paciente assiste a palestras e conferências sobre sua área de trabalho terapêutico, como acontece em New York, o *Friday Night Workshop* ("Workshop de Sexta-feira à Noite") onde, durante 25 anos, Albert Ellis tem feito demonstrações da TRE para o público em geral, com a ajuda de sujeitos voluntários da platéia.

V.3. Fantasia racional-emotiva

O propósito da Fantasia ou de Imagens Racional-Emotivas (*"Rational-Emotive Imagery"*) (Maultsby e Ellis, 1974) é o de permitir ao paciente a exploração da conexão B-C, isto é, interpretações-conseqüências, em que pode experimentar uma mudança cognitiva, sem a necessidade de estar envolvido diretamente na situação (A), mas tendo uma imagem vívida, uma fantasia, sobre ela. Os pacientes adquirem prática em mudar suas emoções negativas inapropriadas por outras apropriadas(C), enquanto mantêm uma imagem vívida do acontecimento negativo de A. De fato, aprendem a modificar suas emoções autodepreciativas mudando as crenças subjacentes em B. Também a *hipnose* (ver o capítulo de Dowd neste volume) pode ser utilizada de forma similar. De maneira indireta, estas técnicas permitem que o paciente veja que a vida continua e que, apesar de tudo, as pessoas se recuperam.

Figura 20.1. *Formulário de auto-ajuda da TRE empregado nas tarefas para casa.*

FORMULÁRIO DE AUTO-AJUDA DA TRE

Institute for Rational-Emotive Therapy
45 East 65th Street, New York, N.Y. 10021
(212) 535-0822

(A) Acontecimentos Ativantes, pensamentos, ou sentimentos que ocorreram justo antes de sentir-me emocionalmente perturbado ou de agir de forma autodepreciativa: _____

(C) Conseqüência ou Condição – sentimento perturbador ou comportamento autodepreciativo – que gerei e gostaria de mudar: _____

(B) Crenças – Crenças irracionais (IBs) que conduzem a minha **Conseqüência** (perturbação emocional ou comportamento autodepreciativo). Fazer um círculo em todas as que se apliquem a estes **Acontecimentos Ativantes(A)**.	**(D) Refutações para cada Crença Irracional** rodeada com um círculo. Exemplos: "Por que **Devo** fazê-lo muito bem?", "Onde está escrito que sou uma **Má Pessoa?**", "Onde se encontra a evidência de que **Devo** ser aceita?".	**(E) Crenças Racionais Eficazes** (RBs) para substituir minhas **Crenças Irracionais (IBs)**. Exemplos: **"Preferiria** fazê-lo muito bem mas não **Tenho Que** fazê-lo necessariamente". "Sou uma **Pessoa Que** age mal, não uma **Má Pessoa**". "Não existe evidência de que **Tenho Que** ser aceito, contudo **Gostaria**."
1. **Devo** fazê-lo bem ou muito bem!		
2. Quando atuo de forma idiota (boba) é porque sou uma **Pessoa Má** ou **Sem Valor**.		
3. **Devo** ser aceito pelas pessoas que considero importantes!		
4. **Preciso** que alguém me ame e se preocupe muito comigo!		
5. Se me rejeitam quer dizer que sou uma **Pessoa Má, Indesejável**.		
6. As pessoas devem tratar-me corretamente e dar-me o que Preciso		
7. As pessoas **Devem** viver conforme minhas expectativas; do contrário será **Terrível!**		

8. As pessoas que agem de forma imoral são **Pessoas Indignas, Corrompidas!**

9. **Não Posso Suportar** as coisas más ou as pessoas difíceis!

10. Minha vida **Deve** ter poucas dificuldades ou problemas importantes.

11. **É Horrível** quando as coisas importantes não ocorrem como eu quero!

12. **Não Posso Suportar** que a vida seja tão injusta!

13. **Necessito** de muita recompensa imediata e **Tenho Que** sentir-me infeliz quando não a consigo!

Outras crenças irracionais:

(F) Sentimentos e Comportamentos que experimentei após ter chegado a minhas **Crenças Racionais Eficazes:** _____

Esforçar-me-ei em repetir freqüentemente minhas crenças racionais eficazes, de modo que consiga estar menos perturbado agora e agir de forma menos auto-depreciativa no futuro.

Joyce Sichel, Ph. D. e Albert Ellis, Ph. D.

V.4. Técnicas emocionais

A TRE tem sido criticada por deixar um pouco de lado o aspecto das emoções. No entanto, esta crítica corresponde a uma interpretação errônea dos seus princípios, baseada provavelmente no fato de que sua denominação original foi "Psicoterapia racional" (Ellis, 1958a). A TRE utiliza uma série de técnicas dirigidas à mudança emocional, levando em conta, evidentemente, que tal mudança corresponde a uma mudança no pensamento do indivíduo. O *Exercício para atacar a vergonha* é uma das técnicas emocionais mais conhecidas (Ellis e Dryden, 1987). Nesse exercício, o paciente atua de uma maneira deliberadamente "vergonhosa" em público tentando, ao mesmo tempo, aceitar-se a si mesmo, apesar de seu comportamento, e de tolerar o mal-estar que este lhe produz. A utilização desta técnica em populações de língua espanhola (Lega, 1989), parece apresentar algumas limitações por ser incongruente com valores culturais básicos. É necessário esclarecer que tal exercício não deve supor nenhum tipo de risco para o paciente ou outras pessoas, mas que se trata de atividades que aproveitam pequenas infrações de regras sociais como exercícios apropriados para o ataque da vergonha (p. ex., anunciar a hora da saída do trem em voz alta, ou o nome das estações do metrô, usar roupa chamativa para atrair a atenção das pessoas, ou entrar em uma loja de roupas e perguntar se vendem cigarros, etc.). Outra técnica similar constitui os *Exercícios de correr risco*, onde o paciente se arrisca a agir em situações em que normalmente não agiria, como iniciar uma conversa com uma pessoa desconhecida em um acontecimento social, tendo em conta que seu propósito não é só a mudança comportamental, mas também a mudança cognitiva, ao perceber que a situação não é "horripilante" mas, simplesmente, "muito incômoda" e que pode ser tolerada (Ellis, 1989, 1984a).

V.5. Técnicas comportamentais

A maior parte destas técnicas pertence à prática da "TRE Geral". A TRE tem defendido o uso de técnicas comportamentais (especialmente as tarefas para casa) desde sua criação em 1955, uma vez que se sabe que a mudança cognitiva é facilitada, freqüentemente, pela mudança comportamental. Os terapeutas da TRE tentam ajudar seus pacientes a elevar seu nível de tolerância à frustração, por isso os incentivam a realizar tarefas para casa baseadas nos modelos da dessensibilização *in vivo* e da inundação. Outras técnicas comportamentais são a utilização de *prêmios e punições*, a *terapia do papel fixo* de Kelly (nesta última, incentiva-se os pacientes a agirem "como se" já pensassem racionalmente, a fim de permitir-lhes experimentar que a mudança é possível) ou os métodos de *treinamento em habilidades*. A aplicação destes últimos métodos na "TRE Preferencial" é feita utilizando-os simultaneamente com o debate das idéias irracionais, cujo propósito final é mudar a filosofia básica do paciente, e *depois* de ter-se conseguido uma certa mudança filosófica (Ellis e Dryden, 1987).

V.6. Exemplo de um caso

O exemplo seguinte (Lega e Ellis, 1991), ilustra alguns aspectos do procedimento da TRE:

Terapeuta: "Vamos fazer uma experiência. Feche os olhos, por favor." (Utilização de Imagens Racional-Emotivas)

Terapeuta: "Imagine, o mais vividamente possível, que chega ao trabalho atrasado e que seu chefe está muito bravo com você, já que isso ocorre freqüentemente".

Paciente: (Após uma pausa) "Bem, já estou imaginando."

Terapeuta: "Como se sente?".

Paciente: "Profundamente angustiado."

Terapeuta: "Muito bem. Agora trate de mudar, sem alterar a situação, os sentimentos de angústia e pânico pelos de frustração, contrariedade, preocupação... Avise-me quando isto ocorrer."

Paciente: (Após uma pausa mais longa) "Creio que já consegui."

Terapeuta: "Muito bem. Abra os olhos, por favor, e diga-me como conseguiu fazê-lo. Como mudou seu sentimento de angústia pelo de preocupação?."

Paciente: "Disse a mim mesmo que embora não seja certo chegar atrasado, tenho sido um bom trabalhador... Às vezes até faço horas extras... Se pensam na possibilidade de despedir-me, isso deve valer alguma coisa, não?"

Terapeuta: "Estou de acordo. A situação não é tão desesperadora como você a vê às vezes. Uma perspectiva mais realista é uma forma de mudar a maneira como nos sentimos." (*Debate empírico*)

Terapeuta: "Todavia, vamos mais além. Vamos supor que seu chefe o despeça, de qualquer maneira. Como poderia continuar sentindo-se *muito* preocupado em vez de angustiado?"

Paciente: "Bom, pensando que não é o fim do mundo, já que poderia conseguir outro trabalho."

Terapeuta: "Muito bem. E se formos mais além e analisarmos um pouco sua filosofia tácita, sua interpretação da situação, Que diferença haveria nela quando sentimos preocupação e contrariedade, em vez de angústia e pânico?" (*Estilo socrático*)

Paciente: "Bom... (pausa)... já não o vejo como um assunto de vida ou morte."

Terapeuta: "Exatamente. Já não vê a situação como *horrível* e *insuportável*, o que na TRE se conhece como "baixa tolerância à frustração" e que tem como conseqüência emocional a angústia. Agora mudou seu enfoque rígido e dogmático por um *preferencial*, já que pensa que seria preferível não chegar tarde e não ser despedido, mas embora isso ocorresse, a situação não seria terrível e catastrófica e poderia suportá-la *apesar* de estar sentindo um profundo aborrecimento."

Paciente: "Você tem razão. É irônico... (sorri)... mas creio que pensando de uma maneira que me produzia angústia, afetava de forma negativa a qualidade do meu trabalho, e ia em direção oposta às minhas intenções. Creio que começo a compreender porque me disse que o pensamento irracional é pouco funcional... Tenho desperdiçado minha energia em sentir-me angustiado, em vez de usá-la para conseguir chegar a tempo ao trabalho."

Terapeuta: "De acordo. Às vezes, nos atemos às conseqüências a curto prazo, já que é mais fácil não fazer um esforço nesse momento, e nos esquecemos das conseqüências a longo prazo. Mas há outro aspecto na interpretação desta situação que corre paralelo à baixa tolerância à frustração e que pode gerar também sentimento de ansiedade. Diga-me, além de angústia ante a possibilidade de ser despedido, você sente algo mais?"

Paciente: "Às vezes me sinto deprimido."

Terapeuta: "E de onde poderia vir essa depressão?"

Paciente: "Talvez de pensar que sou um fracasso."

Terapeuta: "Ou seja, que o falhar em algo, interpreta como falhar em tudo."

Paciente: "Sim, vejo que estou super-generalizando outra vez."

Terapeuta: "De acordo. Não só se desvaloriza em termos de seu trabalho, como também em termos de seu valor como pessoa, como ser humano. Se autodesvaloriza como conseqüência de haver falhado em *um* papel, super-generalizando seu fracasso em *um* aspecto a um fracasso *em tudo*, em sua essência, em sua totalidade, e gerando assim seu sentimento de depressão."

Paciente: "Você tem razão, às vezes, penso assim. No entanto, não tem mais valor um bom trabalhador do que um mau trabalhador?"

Terapeuta: "Como trabalhador, sim. Como pessoa, não. Ser um trabalhador é representar um papel e, como tal, essa situação pode ser avaliada como boa ou má. No entanto, o ser humano é mais que uma simples soma de papéis, o que faz sua avaliação *global* praticamente impossível."

Paciente: "Creio que entendo o que me diz, mas devo trabalhar mais neste ponto."

Terapeuta: "Muito bem. Poderíamos utilizar como tarefa para a próxima semana, a leitura de... (designa-se material pertinente) e a aplicação desta leitura ao Formulário de Auto-ajuda que utilizamos nas sessões anteriores."

VI. APLICAÇÕES

L.L.: A que populações se aplica a TRE com maior freqüência?

A.E.: Durante quase 35 anos de existência, a TRE tem sido praticada em modalidades individual e de grupo, por psicólogos, psiquiatras, conselheiros psicológicos e assistentes sociais, em uma grande variedade de populações e de problemas, em forma remediativa e de forma preventiva. Entretanto, poderíamos resumir sua aplicação mais freqüente a três grupos em geral:

1. Aqueles que pensam (iB): *"Devo agir bem para ser uma boa pessoa"* e, portanto (Ce), se deprimem ou se angustiam (ansiedade do eu).

2. Aqueles que pensam (iB): "Os outros *devem* agir bem para serem considerados seres humanos bons" e, conseqüentemente (Ce), sentem raiva se consideram que outras pessoas se comportam de maneira inadequada.

3. Aqueles que pensam (iB): "O mundo *deve* ser justo ou não poderia tolerá-lo" e, portanto (Ce), sentem angústia (ansiedade situacional) quando as coisas não ocorrem como eles querem (Ellis, 1989).

A depressão e a ansiedade do eu estão associadas com a autodesvalorização (Ellis, 1987). Uma vez que o pensamento dogmático e absolutista muda e o paciente deprecia seu comportamento, mas não sua pessoa, a depressão se converte em tristeza. Um processo similar ocorre quando a ira se transforma em zanga ou irritação, como conseqüência de uma mudança cognitiva, na qual se julgam os atos dos demais, mas não lhes atribui um valor à sua essência como seres humanos (Ellis, 1987). Por último, quando a ansiedade situacional se converte em preocupação, o paciente sobrepôs a "sua baixa tolerância à frustração" (Ellis e Knaus, 1977).

VII. Variações

A TRE é realizada habitualmente em modalidades individual e de grupo. Como vimos anteriormente, sua prática inclui atividades adicionais como palestras, conferências e *workshops*. Entretanto há algumas variações na aplicação desta técnica, que são:

VII.1. Grupos de TRE só para mulheres

A TRE proporciona um sistema de terapia bem definido, o qual facilita o crescimento pessoal e emocional da mulher, enfatizando a auto-ajuda (Ellis, 1975). A prática da "TRE para mulheres" não implica que os padrões de saúde mental sejam diferentes em homens e mulheres (Ellis, 1974). Suas metas incluem a identificação e mudança do pensamento autodepreciativo inerente às mensagens de socialização feminina, e a tomada de responsabilidade pelo bem-estar próprio, em uma sociedade de diferentes padrões de avaliação para homens e mulheres. A problemática mais comum gira ao redor da crença tradicional feminina, e geral, de que as mulheres são frágeis, indefesas e sem muita valia. Outro problema "feminino" é o da "baixa tolerância à frustração" em situações de angústia ou de ira (Wolfe, 1987).

VII.2. Maratonas racional-emotivas

Têm como propósito proporcionar o máximo de experiência em "grupos de encontro", num contexto de terapia de grupo orientada à ação (Ellis e Dryden, 1987). Embora utilizem técnicas que se aplicam a esse tipo de grupo, em geral, as *maratonas racional-emotivas* estão muito mais estruturadas e enfatizam, deliberadamente, o aspecto verbal. A duração varia entre 10 e 14 horas em um só dia, com uma média de 12 a 18 pacientes por grupo, e um ou dois terapeutas. Uma variação adicional, desenvolvida nos últimos anos, é conhecida como *workshops intensivos*, em que o número de participantes pode chegar a várias dezenas.

VII.3. Aplicações à indústria

Esta variação é uma das mais recentemente desenvolvidas e tem como propósito principal a aplicação da TRE na área de assessoria a empresas. Inclui o planejamento de *workshops* e seminários em temas especializados, como o manejo do *stress*, o desenvolvimento em habilidades de comunicação, o controle de situações de crises, a prevenção e o tratamento do alcoolismo, etc. Também treina profissionais que trabalham na área de "assistência aos empregados".

VIII. COMENTÁRIO FINAL

L.L.: Qual é a maior crítica feita à TRE atualmente?

A.E.: Infelizmente, baseia-se em uma compreensão errônea da TRE, já que a classificam como "racionalista", e a acusam de não ser suficientemente profunda e de descuidar da filosofia básica do indivíduo. Todavia, isso é exatamente o contrário do que fazemos quando tentamos mudar o pensamento rígido, irracional e dogmático, ou filosofia básica, que se encontra por trás das inferências que o paciente faz sobre si mesmo, sobre os outros e sobre o mundo em geral.

L.L.: Você insiste em que o paciente não tem necessariamente que "identificar-se" com o terapeuta para beneficiar-se da terapia, o que pode dizer-me a esse respeito?

A.E.: Bom, creio que seria preferível obter um certo grau de identificação, mas o paciente não tem que ser receptivo ao terapeuta, e certamente o terapeuta não tem que "agradar" ao paciente, como condição necessária para uma relação terapêutica *eficaz*. No entanto, é interessante observar que a identificação provém muitas vezes de uma intervenção ativa e diretiva, em lugar de uma atitude calorosa, devido ao terapeuta estar ajudando o paciente de uma maneira mais eficaz. Atualmente, mesmo dentro da corrente cognitivo-comportamental, sou um dos terapeutas com estilo ativo-diretivo mais forte (Ellis, 1989).

Uma pesquisa recente (Smith, 1982) indica que a TRE continua exercendo uma profunda influência na psicologia contemporânea, colocando Albert Ellis como o segundo entre os dez mais importantes da psicologia clínica atual.

IX. Leituras Recomendadas

L.L.: Que livros recomendaria para quem deseja aprofundar-se mais sobre a TRE?

A.E.: Para o público em geral, recomendaria os seguintes:

Ellis, A., *How to live with a neurotic,* North Hollywood, Calif., Wilshire, 1975.
Ellis, A., *How to·stubbornly refuse to make yourself miserable about anything,* Nueva York, Carol Communications/Lyle Stuart, 1988.
Ellis, A. y Becker, I., *A guide to personal happiness,* North Hollywood, Calif., Wilshire, 1982.
Ellis, A y Harper, R. A., *A guide to rational living,* North Hollywood, Calif., Wilshire, 1975.

Para profesionales interesados en el uso de la TRE, sugeriría:

Ellis, A., *Razón y emoción en psicoterapia,* Bilbao, Desclée de Brouwer, 1980. (Or.: 1962).
Ellis, A. y Dryden, W., *Práctica de la terapia racional-emotiva,* Bilbao, Desclée de Brouwer, 1989. (Or.: 1987).
Ellis, A. y Grieger, R., *Manual de terapia racional-emotiva,* vol. I, Bilbao, Desclée de Brouwer, 1981. (Or.: 1976).
Ellis, A. y Grieger, R., *Manual de terapia racional-emotiva,* vol. II, Bilbao, Desclée de Brouwer, 1990 (Or.: 1986).

21. A Prática da Terapia Cognitiva

Keith S. Dobson e Renee-Louise Franche

I. A Prática da Terapia Cognitiva

A terapia cognitiva, desenvolvida por Aaron T. Beck, tem uma vida de aproximadamente duas décadas (Beck, 1970). Após a publicação do livro *Cognitive therapy and the emotional disorders* ("A terapia cognitiva e os transtornos emocionais"), em 1976, houve um amplo reconhecimento com respeito à novidade do tratamento que se descrevia e ao enfoque prometedor que representava para todo o conjunto de problemas emocionais. Depois deste trabalho teórico, houve uma série de estudos de investigação realizados ao final dos anos 70 e princípio dos anos 80 que examinaram a eficácia da terapia cognitiva (especialmente no caso da depressão). Estes estudos apoiavam claramente o potencial da terapia cognitiva para melhorar satisfatoriamente os sintomas e os problemas dos pacientes e para estimular outros esforços teóricos e de investigação.

A maioria dos primeiros estudos sobre a depressão utilizou o que se convertera em um livro padrão na área, Beck, Rush, Shaw e Emery, *Cognitive therapy of depression* ("Terapia cognitiva da depressão"), 1979. Este livro é um manual de tratamento muito detalhado que descreve, não só os fundamentos teóricos da terapia cognitiva, mas também outras variáveis como a natureza e o comportamento de um terapeuta cognitivo, a forma prototípica de estruturar um caso de terapia cognitiva, assim como descrições detalhadas da técnica de tratamento. O manual constituiu a base para a maioria dos estudos que tem examinado a terapia cognitiva da depressão (Dobson, 1989a) e tem contribuído, com toda a segurança, à padronização deste enfoque de tratamento através de uma série de investigações (Dobson e Shaw, 1988).

Embora a terapia cognitiva tenha se ligado principalmente ao tratamento da depressão, este não é o único problema ao qual tenha sido aplicada. Na primeira formulação da terapia cognitiva (Beck, 1976), Beck trabalhou com a hipótese de que este enfoque de tratamento poderia ser utilizado com problemas como a

---

Universidade de Calgary (Canadá) e Universidade de British Columbia (Canadá), respectivamente.

ansiedade, a depressão, a raiva, os problemas interpessoais, entre outros, e o desenvolvimento do trabalho teórico e clínico tem confirmado esta conceitualização. Realmente, depois da depressão, os transtornos de ansiedade têm recebido provavelmente uma maior atenção por parte dos teóricos e dos terapeutas cognitivos. Outras aplicações mais recentes, e em alguns aspectos menos desenvolvidas, da terapia cognitiva incluem as tentativas de tratar com problemas como a solidão (Young, 1981), as disfunções matrimoniais (Beck, 1988; Epstein, 1982), os transtornos da personalidade, especialmente o transtorno-limite (Freeman e Leaf, 1989; Murray, 1988; Pretzer, 1988; Young e Swift, 1988) e os sintomas psicóticos (Anderson, Turesson, Skagerlind, Warburton, Gustavsson, Perris, Johanson e Frederiksson, 1989). Também foram feitas tentativas de aplicar os princípios e os procedimentos cognitivos ao trabalho com crianças(Braswell e Kendall, 1988) e, embora este trabalho tenda a ser de natureza mais comportamental que cognitiva, podem-se usar muitos dos mesmos princípios empregados no tratamento de adultos.

Em resumo, a terapia cognitiva tem ido muito além de ser um tratamento unicamente para a depressão e estendeu seus horizontes teóricos e terapêuticos em diversas direções. No restante do capítulo, apresentaremos o modelo básico de tratamento da terapia cognitiva. Depois desta descrição, nos deteremos em alguns aspectos do treinamento em terapia cognitiva, para continuar descrevendo o processo da terapia, incluindo uma descrição de alguns dos procedimentos de tratamento mais comuns. Até o final do capítulo, discutiremos algumas das conclusões mais importantes sobre os resultados da terapia cognitiva e concluiremos com idéias sobre a investigação futura e as necessidades teóricas de desenvolvimento. Dentro de cada aparte, nos centraremos na depressão, visto que esta é a área mais desenvolvida na terapia cognitiva. Não obstante, tentaremos descrever como tem sido aplicada também a terapia cognitiva a outras áreas e tentaremos proporcionar ao leitor mais material de estudo em cada aparte.

II. O Modelo Cognitivo da Disfunção

Um dos problemas do termo "cognitivo" para a terapia cognitiva é que, embora a atenção se centre claramente nos processos e produtos cognitivos, não é, de fato, um modelo exclusivamente cognitivo. Os teóricos desta área têm reconhecido há muito tempo uma interdependência entre cognição, afeto, fisiologia e comportamento e os modelos cognitivos reconhecem explicitamente esta interdependência. Uma forma de examinar a natureza multidimensional da disfunção é considerar as formulações cognitivas em três aspectos: as causas da disfunção, os produtos da disfunção e o tratamento da mesma.

II.1. Causas da disfunção

O modelo cognitivo da disfunção enfatiza o potencial dos indivíduos para perceber negativamente o ambiente e os acontecimentos que os rodeiam e, através destas percepções negativas, criar neles mesmos a perturbação emocional. De fato, em algumas formulações da teoria cognitiva, oferece-se uma aparência de que as cognições, por si mesmas, são necessárias e suficientes para criar problemas como a depressão (Beck, 1976; Coyne e Gotlib, 1983). Entretanto, publicações mais recentes afirmam que os modelos cognitivos da disfunção não são unicamente cognitivos, mas seriam mais bem definidos como modelos de diátese-*stress* [1] (Beck, 1987; Beck e Emery, 1985; DeRubeis e Beck, 1988). Baseando-se neste tipo de descrições, fica claro que para o desenvolvimento da disfunção são necessários os fatores cognitivos predisponentes e os processos cognitivos, mas não são suficientes em e por si mesmos.

Tomando o exemplo da depressão, as formulações contemporâneas da teoria cognitiva sugerem que as pessoas que se deprimem mantêm elementos vulneráveis cognitivos negativos, pré-existentes e relativamente estáveis, que as predispõem em direção à depressão. Estes aspectos vulneráveis são descritos com diferentes termos, incluindo os de crenças, suposições, atitudes, visões do mundo e esquemas sobre si mesmo (Beck e cols., 1979; DeRubeis e Beck, 1988; Dobson, 1986; Kovacs e Beck, 1977; Shaw, 1984). Beck (1976) já havia mencionado a *tríade cognitiva negativa* (ver também Beck e cols., 1979), que se refere a que as crenças, atitudes, etc. cognitivas se mantêm sobre três áreas de conteúdos gerais: *si mesmo, o mundo e o futuro*. Também está claro que estas atitudes negativas não são suficientes para criar a depressão, mas que tem de interagir com experiências aversivas da vida para criar o tipo negativo de pensamento que se vê na depressão (Barnett e Gotlib, 1988). Quando ocorrem estas situações negativas, os esquemas ou atitudes subjacentes são ativados e surgem as cognições negativas da depressão.

Nossa experiência clínica sugere que certos esquemas nos predispõem à depressão. Além disso, esses esquemas são, aparentemente, estáveis e invariáveis. Através dos anos, não se modificam nem se "põem à prova" de forma sistemática frente à realidade. Os esquemas que predispõem a, e se convertem em aspectos críticos da depressão, relacionam-se com condições estimulares que implicam em uma redução real do potencial do âmbito pessoal do indivíduo (Kovacs e Beck, 1977, p. 437).

Além dos esquemas ou atitudes gerais que fazem com que um indivíduo seja vulnerável à depressão, o modelo cognitivo afirma também que uma vez que ocorram os pensamentos negativos específicos que surgem da interação das atitudes e dos acontecimentos da vida, os outros sintomas da depressão são

---

[1] Beck (1967) sugeriu que existem três diferenças individuais relativamente consistentes na tendência a manifestar distorções cognitivas negativas sobre si mesmo, sobre o mundo e sobre o futuro. Os esquemas com conteúdo negativo sobre perdas, fracasso, inadequação, etc. constituem a "diátese" cognitiva, na teoria de Beck sobre a depressão. O modelo de *diátese-stress* sobre a depressão postula que, quando se defronta com estímulos estressantes equivalentes (acontecimentos negativos similares), a pessoa que manifesta a diátese cognitiva pertinente tem mais probabilidade de experimentar uma reação depressiva do que a pessoa que não manifesta esta predisposição. Por outro lado, em situações carentes de *stress* (na presença de acontecimentos positivos e/ou na ausência de acontecimentos negativos), a pessoa que possui a hipotetizada diátese cognitiva não terá mais probabilidade de desenvolver sintomas depressivos do que a pessoa que não possui este fator de risco (segundo Abramson, Alloy e Metalski, 1988). (*Nota do compilador*.)

previsíveis. Assim, quando uma pessoa começa a pensar que é um perdedor, não é especialmente surpreendente que se entristeça. Se se tem o pensamento de que o mundo é um lugar difícil e que se tem de lutar contra obstáculos enormes a fim de sobreviver, não surpreende que seu comportamento mostre uma tendência decidida para a inatividade. Quando se tem o pensamento de que o futuro é relativamente desanimador, não é de estranhar que se perca a esperança e que se considere inclusive o suicídio. Em geral, o modelo cognitivo sugere que os diferentes sintomas afetivos, comportamentais e emocionais da depressão são as conseqüências naturais das cognições negativas (ver figura 21.1.). Além disso, é importante lembrar que os teóricos cognitivos sabem que existe um efeito recíproco entre estes diversos sintomas afetivos, comportamentais e motivacionais. Assim, é reconhecido que quando uma pessoa experimenta um estado de ânimo deprimido (independentemente de como se tenha produzido esse estado), há uma maior tendência aos pensamentos negativos. Quando a motivação é baixa, ou uma pessoa está fisicamente inativa, eleva-se a probabilidade de ocorrência de acontecimentos aversivos, aumentando, conseqüentemente, a probabilidade de que o indivíduo possa experimentar mais cognições negativas, que por sua vez agravariam ainda mais o estado depressivo.

Figura 21.1. *Um diagrama esquemático do modelo cognitivo da depressão.*

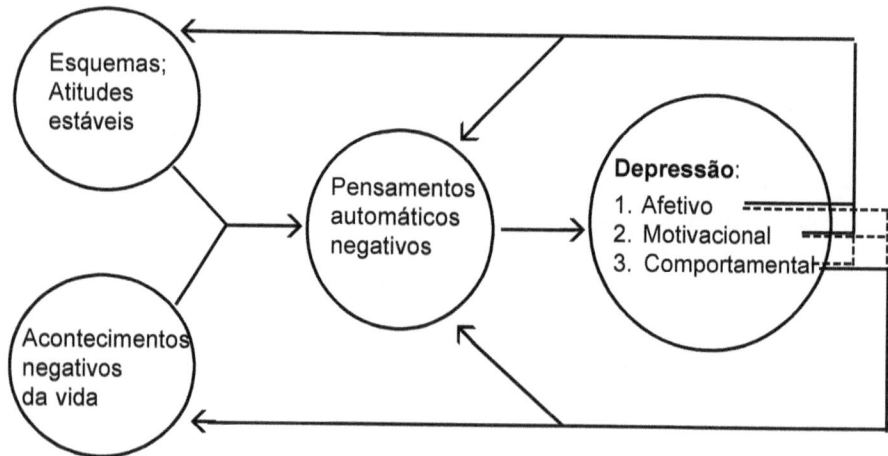

Beck e seus colaboradores descreveram vários processos cognitivos que podem conduzir a emoções, comportamentos e conseqüências motivacionais negativas (Beck, 1976; Beck e cols., 1979; DeRubeis e Beck, 1988). Estes processos foram descritos como distorções cognitivas que têm o efeito de mudar o que poderia ser um acontecimento relativamente ambíguo ou inócuo em um que se experimenta como negativo. Incluídos nesta lista de distorções cognitivas encontram-se erros tais como a generalização excessiva, a magnificação ou minimização, a personalização, o pensamento absolutista dicotômico, a inferência arbitrária e a abstração seletiva. A seguir, daremos uma breve descrição destes erros:

1. *Inferência arbitrária.* Refere-se ao processo de chegar a determinada conclusão na ausência de uma evidência que a apóie ou quando esta é contrária à conclusão.

2. *Abstração seletiva.* Refere-se a centrar-se em um detalhe específico extraído de seu contexto, ignorando outras características mais relevantes da situação.

3. *Generalização excessiva.* Refere-se ao processo de elaborar uma regra geral ou uma conclusão a partir de um ou vários atos isolados, e de aplicar o conceito tanto a situações relacionadas como a situações alheias.

4. *Magnificação e minimização.* Refere-se aos erros cometidos ao avaliar o significado ou a magnitude de um acontecimento.

5. *Personalização.* Refere-se à tendência e facilidade do paciente em atribuir a si mesmo fenômenos externos quando não existe nenhuma base para realizar tal conexão.

6. *Pensamento absolutista dicotômico.* Refere-se à tendência a classificar todas as experiências segundo uma ou duas categorias opostas como, por exemplo, bom-mau. Para se descrever a si mesmo, o paciente emprega as categorias do extremo negativo.

Em resumo, o modelo cognitivo da depressão não é um modelo cognitivo puro. Sua formulação básica da etiologia da perturbação é um modelo de diátese-*stress*, mas implica claramente em processos cognitivos no desenvolvimento final da disfunção. Embora a descrição anterior seja aplicada de forma específica à depressão, a formulação geral pode adaptar-se também a outros problemas. Para fazer isto, é necessário observar o conteúdo das cognições sobre as quais se está discutindo. Assim, enquanto que na depressão as atitudes e esquemas que constituem fatores predisponentes se centram, geralmente, em torno de questões de perda ou de perda potencial, Beck e Emery (1985) alegaram que os temas cognitivos centrais de ansiedade são aqueles relacionados com a ameaça. A ameaça, dentro desta conceitualização, é um fenômeno relativamente amplo, e pode incluir diferentes tipos, como a ameaça física, interpessoal, à auto-estima, ou de qualquer outra natureza. O que parece ser crítico no desenvolvimento da ansiedade *versus* depressão, é que os indivíduos ansiosos dão um valor excessivo às ameaças e às perdas e se preocupam demais com estas ameaças baseadas em evidências mínimas. Assim, o acontecimento negativo precipitante que conduz à ansiedade é, tipicamente, um acontecimento que ainda não ocorreu, mas que preocupa o indivíduo ansioso. Isto é o oposto do que ocorre nos indivíduos que sofrem de depressão, que acreditam, de forma típica, que a situação já ocorreu ou que experimentaram realmente graves acontecimentos negativos e que, habitualmente, culpam-se por estes acontecimentos. Nos problemas de raiva, há um processo similar ao da depressão, exceto que, de maneira típica, o processo implica em cognições negativas (p. ex., culpa, ressentimento) dirigidas a outras pessoas ou circunstâncias. A disfunção matrimonial é outra área em que os padrões de atribuição são críticos; é comum ver casais com relações perturbadas vacilarem entre atribuições internas (isto é, culpar-se a si mesmo) e atribuições externas (isto é, culpar à/ao esposa/o), e parece que os problemas de atribuição constituem um traço crucial dos problemas matrimoniais (Jacobson e Holtzworth-Munroe, 1986; Beach e O'Leary, 1986).

Como acabamos de ver, o modelo cognitivo pode ser aplicado a uma série de problemas disfuncionais. No entanto, existe todo um conjunto de questões sem resolver sobre as causas da disfunção, que constituem também temas pendentes para a terapia cognitiva.

Um dos problemas potenciais da validação dos modelos cognitivos sobre as disfunções, deve-se a que o campo pode não ter ainda medidas válidas dos fatores teóricos de vulnerabilidade cognitiva (Shaw e Dobson, 1981; Segal e Shaw, 1988). Embora pareça que a maioria das medidas de avaliação cognitiva correspondam ao problema para o qual foram esboçadas, tem resultado mais difícil estabelecer evidências da validade previamente a estes problemas. Obviamente, são necessários esforços contínuos para descobrir fatores de vulnerabilidade cognitiva (Segal, 1988; Segal e Shaw, 1988).

Outra dificuldade das formulações cognitivas sobre as disfunções, refere-se à natureza geral dos esquemas, das crenças e das atitudes pré-existentes. Do mesmo modo, é difícil especificar com detalhes qual é o conteúdo desses fatores de vulnerabilidade, como também é difícil tentar especificar sua origem. Não está claro, por exemplo, em que grau estes fatores de vulnerabilidade constituem o resultado da predisposição genética, as primeiras experiências ou a modelação dos pais. Na medida em que sejamos capazes de avaliar os fatores de vulnerabilidade cognitiva, será importante para a investigação futura identificar os aspectos do desenvolvimento que conduziram à formulação desses fatores.

Finalmente, uma das áreas que se tem estudado pouco, com respeito às formulações cognitivas sobre as disfunções, é o papel dos acontecimentos da vida. Embora se tenha reconhecido explicitamente que são necessárias as experiências negativas para o desenvolvimento das disfunções (Beck e cols., 1979; Brown e Harris, 1978; DeRubeis e Beck, 1988; Krantz, 1985), surpreendentemente, tem-se dado pouca atenção à natureza destes acontecimentos (como exceção ver Kuiper, Olinger e MacDonald, 1988; Olinger, Kuiper e Shaw, 1987). Embora estejam começando a investigar os efeitos mais específicos de certos tipos de experiências vitais (Whittall e Dobson, 1989), são necessários claramente mais estudos sobre os acontecimentos da vida e seus efeitos.

II.2. O produto da disfunção

Como o modelo sobre as disfunções não é puramente cognitivo, há um reconhecimento de que os produtos da disfunção também não são. Os modelos modernos da disfunção e da psicopatologia são de natureza multidimensional (American Psichiatry Association, 1987), e os teóricos e terapeutas cognitivos reconhecem que não se pode descrever a disfunção de forma restrita. Todos os manuais de tratamento de terapia cognitiva (Beck e cols., 1979; Beck e Emery, 1985; Beck,

1988; Sank e Schafer, 1980; Yost, Beutler, Corbishley e Allender, 1988) afirmam que existe a necessidade de uma ampla avaliação das pessoas que sofrem de transtornos, não só para determinar as dificuldades do paciente, mas também para guiar o plano de tratamento.

Outro sinal do reconhecimento da natureza multidimencional da disfunção pode ser encontrado na literatura sobre a investigação dos resultados. Até esta data, todos os estudos sobre a terapia cognitiva avaliam os resultados ao longo de uma série de dimensões, que incluem a mudança cognitiva, comportamental e afetiva. Embora o modelo suponha que a fonte da perturbação refira-se a processos cognitivos negativos (ver figura 21.1), reconhece também o fato de que os sinais e sintomas da perturbação não são unicamente cognitivos. Deste modo, a avaliação dos resultados é sempre multidimensional. De maneira similar, o êxito do tratamento se baseia numa avaliação multidimensional. Um terapeuta cognitivo, por exemplo, não estaria satisfeito se, ao tratar uma pessoa que sofre de solidão profunda, as cognições do paciente se transformassem nas de uma pessoa que não está isolada e ansiosa socialmente, mas seu comportamento não mudasse. Igualmente, os terapeutas cognitivos considerariam incompleto um programa de tratamento, para um paciente deprimido, se as cognições e o comportamento houvessem melhorado, mas continuasse experimentando um estado de ânimo profundamente negativo. Em resumo, embora o modelo cognitivo afirme que o mecanismo principal por meio do qual se desenvolve a disfunção é através do sistema de avaliação cognitiva (ver também, Lazarus e Folkman, 1984, para uma explicação similar), reconhece também o fato de que a disfunção é um conceito multidimensional e que a avaliação necessita, portanto, de um enfoque multidimensional da pessoa sob consideração.

II.3. O tratamento da disfunção

A terapia cognitiva enfatiza a identificação e a modificação dos processos e padrões cognitivos que são disfuncionais (Beck, 1976; Beck e cols., 1979). Talvez uma das maiores conquistas da terapia cognitiva seja o desenvolvimento de um grande número de técnicas terapêuticas orientadas especialmente à modificação dos pensamentos disfuncionais automáticos e das distorções cognitivas (Dobson e Shaw, 1988; McMullin, 1986). Outra conquista importante deste enfoque de tratamento é o fato de que também foram estabelecidos procedimentos sistemáticos para avaliar os esquemas, suposições e atitudes a longo prazo, acrescentando-se, portanto, ao conjunto de instrumentos que os clínicos podem utilizar quando forem indicadas intervenções terapêuticas desse tipo.

O fato de que a terapia cognitiva se centra na cognição, não deveria levar à conclusão de que estas terapias se preocupam unicamente com a mudança cognitiva. Assim como o modelo cognitivo da disfunção supõe que há relações recíprocas entre o afeto, o comportamento e a cognição, a terapia também tenta produzir uma mudança nestas três áreas. Por exemplo, nas primeiras etapas do tratamento da depressão, algumas técnicas se centram, em grande parte, na mudança comportamental e enfatizam menos a mudança cognitiva. A programação de atividades que proporcionem satisfação ao paciente, por exemplo, tem o propósito de fazer com que o indivíduo seja mais ativo e se envolva mais em seu ambiente. Ao mesmo tempo, deve-se observar que a mudança comportamental não começa sozinha. Inclusive na programação de acontecimentos, o terapeuta conhece as atitudes que o indivíduo mantém, de modo que pode escolher atividades que se unam a estas atitudes, a fim de criar maior efeito antidepressivo. Em outros casos, como, por exemplo, no tratamento dos transtornos de ansiedade, existem técnicas que implicam no experimentar o afeto associado com a ansiedade, com a finalidade de ensinar ao indivíduo como são essas experiências e que ele perceba que podem não ser tão angustiantes como pressupõe (Beck e Emery, 1985). Nesse caso, embora a técnica de terapia implique no emprego terapêutico de uma experiência afetiva, ela não é exclusivamente afetiva, mas necessita também de uma certa avaliação desse afeto, como uma forma de conseguir um benefício terapêutico. Em resumo, embora a terapia cognitiva centre-se basicamente na cognição – tanto em nível de pensamentos específicos como de crenças e atitudes gerais –, as técnicas de tratamento utilizadas para produzir mudanças cognitivas não são exclusivamente de caráter racional ou cognitivo. Muitas técnicas implicam em mudanças comportamentais ou experiências afetivas que, mais tarde, podem ser entendidas pelo paciente, de uma maneira nova ou integradora.

III. Técnicas de Terapia Cognitiva

Neste aparte proporcionaremos uma revisão das técnicas empregadas na terapia cognitiva (Beck e Emery, 1985; Beck e cols., 1979). Serão apresentados o curso geral da terapia e as principais técnicas, enfatizando-se os sintomas depressivos, aos quais se seguirão aspectos especiais dos transtornos de ansiedade.

III.1. Os princípios diretrizes da terapia cognitiva

O terapeuta cognitivo adota como um princípio diretriz, ao longo de toda a terapia, a idéia de que *a maneira com que os pacientes percebem e, em conseqüência, estruturam o mundo é o que determina suas emoções e seu comportamento* (Beck, 1976). O papel do terapeuta consiste em ajudar os pacientes a perceberem suas cognições e como estas mediam seu afeto e seu comportamento. Na investigação dos três componentes da cognição, afeto e comportamento, o terapeuta tenta responder à seguinte pergunta: "Quais são os sentimentos e os pensamentos desta pessoa, aqui e agora, e como se relacionam mutuamente para produzir um determinado comportamento?". As principais técnicas, que serão descritas posteriormente com mais detalhes, implicam em:

- A *auto-observação* para aumentar a percepção dos mecanismos psicológicos que estão funcionando.
- A *identificação* dos vínculos entre a cognição, o afeto e o comportamento.
- O *exame da evidência* a favor e contra os pensamentos automáticos, a fim de substituí-los por outros mais funcionais.
- *Realizar "experimentos"* para comprovar os pensamentos automáticos.

- A *determinação* das principais *atitudes disfuncionais* que estão operando, baseando-se nos pensamentos automáticos identificados, e que predispõem uma pessoa a distorcer as experiências.

O instrumento mais importante de que dispõem os terapeutas são *as perguntas*. Perguntar de forma adequada é essencial para obter uma imagem não distorcida das circunstâncias que rodeiam o paciente, com a finalidade de desenvolver empatia e chegar a uma conceitualização específica e concreta do problema do paciente. As perguntas devem ser utilizadas para clarificar o significado das verbalizações do paciente, de modo que os mal-entendidos sejam evitados. Por exemplo, o terapeuta pode perguntar: "O que quer dizer exatamente com "me sinto confuso"?" ou "Que imagens e pensamentos passam pela sua cabeça quando pensa que tem que falar ante a classe?". Quando se examina a evidência das cognições do paciente, as perguntas são normalmente mais eficazes do que a refutação direta dos argumentos de tal indivíduo. Todavia, o terapeuta deve ter cuidado em não fazer rapidamente uma pergunta atrás da outra aos pacientes, já que estes podem sentir-se aflitos ou atacados. O ataque principal do enfoque socrático consiste em deixar que os pacientes integrem um cuidadoso interrogatório sobre suas cognições com seu próprio monólogo interno, a fim de comprovar se estão sendo realistas. Para conseguir isso, o terapeuta age como um modelo que está ativo no começo da terapia e que, gradualmente, torna-se mais passivo à medida em que os pacientes vão aprendendo a questionar-se.

O *momento adequado das intervenções* é importante. Por exemplo, antes de antecipar uma hipótese sobre o que constitui uma cognição disfuncional fundamental do paciente, o terapeuta deve esperar até que tenha suficiente informação e logo apresentá-la cuidadosamente como uma hipótese que precisa ser comprovada. De fato, pode ser mais eficaz quando os próprios pacientes apresentam a hipótese, visto que isto lhes proporciona um maior controle sobre seu próprio progresso.

Finalmente, é essencial obter *feedback dos pacientes* para examinar sua interpretação das intervenções do terapeuta. Por exemplo, os pacientes deprimidos constroem, com freqüência, certas hipóteses sobre suas cognições, como a rejeição ou a crítica, mas podem não dizê-las abertamente. Se o terapeuta quer evitar o seguir às cegas com a terapia, tem que perguntar sobre as percepções do paciente ao longo da mesma.

Em resumo, os princípios diretrizes na aplicação das técnicas de terapia cognitiva compreendem o *emprego de perguntas ao modo socrático, a sensibilidade aos momentos oportunos e a provocação do feedback.*

III.2. A primeira entrevista

Deve-se alcançar três objetivos durante a primeira entrevista: *uma validação (legitimidade) da experiência do paciente, uma explicação da natureza da terapia cognitiva e o começo da avaliação do problema.*

A fim de que os pacientes acreditem no que o terapeuta tem para oferecer-lhes, devem sentir primeiro que são levados a sério. Freqüentemente, a família e os amigos dos pacientes deprimidos lhes dizem que "as coisas não vão tão mal assim, afinal" ou que "as coisas se solucionarão pouco a pouco". Por esta razão, pode ser um alívio poder falar com alguém que aceite que seus sentimentos são válidos. O terapeuta permite e aceita a expressão dos sentimentos sem tentar negá-los ou suprimi-los; acreditando no paciente, o terapeuta mostra que o compreende e desta forma começa a estabelecer uma relação significativa. Uma vez que os pacientes tenham contado sua história, podem começar a escutar o terapeuta.

Antes de explicar o modelo cognitivo, dever-se-ia investigar o modelo pessoal do paciente sobre seu(s) problema(s). Por exemplo, alguns pacientes podem acreditar que seu transtorno é estritamente genético e, conseqüentemente, sentem-se totalmente indefesos; outros podem pensar que se deve ao *stress* de seu trabalho e centram-se unicamente nesse aspecto. É importante saber qual é a explicação do paciente e dissipar qualquer mito ou conceito errôneo que possa ter.

A explicação que se dá sobre a terapia cognitiva depende dos próprios modelos dos pacientes e de seu nível de sofisticação. O terapeuta deve adaptar seu nível de explicação ao estilo do paciente. Na explicação, descrevem-se os seguintes pontos:

- A relação existente entre a cognição, o afeto e o comportamento (fornecer um exemplo).
- Centra-se no aqui e agora.
- O caráter de "limitada no tempo" da terapia.
- A inclusão de tarefas para casa e a participação ativa do paciente.
- Dependendo do interesse do paciente, podem-se citar alguns resultados da investigação sobre a terapia cognitiva.

A primeira entrevista deveria terminar com a designação de uma tarefa de auto-observação, com a finalidade de obter dados de linha de base. Esta tarefa é essencial para mais tarde proporcionar evidência do progresso do paciente, já que isso oferece um ponto de comparação. Se houver tempo, o terapeuta começará a avaliação do problema.

III.3. A avaliação do problema

A primeira parte da avaliação consiste em colher a história completa da vida, um processo através do qual o terapeuta desenvolve uma compreensão do paciente e obtém informação sobre os acontecimentos, circunstâncias ou doenças significativas. Pela mesma razão, os pacientes têm a oportunidade de ficar mais à vontade com seu terapeuta.

A avaliação tem que responder a determinadas perguntas, que podem ter repercussões dramáticas sobre o tratamento imediato do paciente:

- O paciente teve tentativas de suicídio?
- É um indivíduo psicótico?
- Qual é o diagnóstico do paciente?

Dever-se-ia investigar a origem e o curso de cada problema, assim como todos os tratamentos prévios recebidos e a medicação que toma (a prescrita e a não prescrita). Deveriam ser examinadas as situações nas quais é mais provável que ocorra o problema, assim como as cognições que apareceram antes, durante e depois do acontecimento. Dever-se-ia falar sobre os elementos moduladores, isto é, o que faz com que o problema melhore ou piore, assim como sobre as conseqüências do problema, por exemplo, o comportamento de evitação. Alguns pacientes podem ter dificuldades para lembrar com precisão como ocorre um episódio típico de seu problema e para decompô-lo segundo a seqüência situação-moduladores-cognições-sentimentos-comportamento-conseqüências; nesses casos, pode ser útil pedir ao paciente que recorde a experiência mais recente, onde ocorreu o problema. Além disso, a fim de obter dados mais específicos sobre a ocorrência do problema, pede-se aos pacientes, depois da primeira sessão, que observem um aspecto de seu problema. Por exemplo, uma pessoa deprimida que conta que não faz absolutamente nada, deveria levar um diário durante a primeira semana no qual registre, a cada hora, todas as atividades que tenha começado, assim como seu estado de ânimo em uma escala de 1 a 5. Estes diários deveriam ser moldados individualmente à situação de cada paciente.

Outras perguntas que são próprias da elaboração da terapia cognitiva são:

- Quais são as principais queixas do paciente e como podem modelar-se em sintomas que sejam a meta da tratamento?
- Quais são os objetivos do paciente?

Os pacientes são, com freqüência, pouco concretos em suas queixas princi-pais. Por exemplo, uma pessoa deprimida pode afirmar simplesmente que já não pode fazer nada. Esta afirmação deveria ser esclarecida especificando exata-mente o que é que o paciente já não pode fazer.

Devido à mesma natureza da depressão, que implica em uma falta de motivação, os pacientes deprimidos freqüentemente têm dificuldades no estabe-lecimento de objetivos realistas e específicos para eles mesmos. Além disso, em qualquer transtorno, o problema de determinar os objetivos se encontra agravado quando a pessoa esteve doente durante um longo período de tempo, de modo que já não pode lembrar como se comportava quando estava melhor. Certas técnicas podem opor-se à incapacidade em especificar os objetivos. Uma delas é a *projeção no tempo*, através da qual o paciente projeta como quer estar dentro de dois ou cinco anos. Pede-se à pessoa que imagine onde estaria, o que faria, como seria um dia típico, etc. Isto pode ser feito com um estilo de conversa direta ou mesmo incentivando-se o paciente a imaginar-se no tempo, com os olhos fechados, depois de um período de relaxamento. Os aspectos cruciais para o estabelecimento de objetivos são: o ser tão específico quanto seja possível e propor objetivos com diferentes graus de dificuldade, desde o levantar-se pela manhã até o conseguir um trabalho, fazendo o possível para que o paciente obtenha alguns êxitos no começo da terapia.

Freqüentemente, utilizam-se questionários para avaliar as cognições que, em geral, os pacientes têm (ver Hollon e Bemis, 1985; Hollon e Kendall, 1980; Rehm,

1985; Wilson, Spence e Kavanagh, 1989). O emprego de questionários deveria ser entendido como a abertura de uma área de avaliação. Os questionários não são auto-suficientes por si só; depois de revisá-los, o terapeuta deveria confirmar seu conteúdo com a informação direta do paciente.

Embora as primeiras sessões de terapia se centrem em aspectos de avaliação, deveria ser levado em conta que a terapia cognitiva implica em uma vigilância constante do progresso do paciente. A informação é vital para se avaliar as crenças irracionais do paciente ou simplesmente para demonstrar o progresso.

Em resumo, empregam-se técnicas de entrevista, questionários e dados provenientes do auto-registro realizado pelo paciente, a fim de conseguir os objetivos da avaliação, que abrange a *obtenção de uma história de vida, o estabelecimento da seqüência situação-moduladores-cognições-sentimentos-comportamento-conseqüências e o moldar as queixas principais em objetivos e sintomas a tratar.*

III.4. A estrutura das sessões seguintes

As sessões de terapia cognitiva são estruturadas. Começam com uma revisão das tarefas atribuídas na última semana, e são seguidas pelo estabelecimento de uma ordem para a sessão presente, o cobrir os objetivos desta e finalizar com uma revisão e o estabelecimento de tarefas para casa.

Quando o paciente entra, a primeira coisa que se discute é a tarefa de casa que fora atribuída, o que dá idéia da importância de tal tarefa. É importante reforçar o paciente por tentar realizar as tarefas, tenha obtido êxito ou não. O que o paciente aprendeu da tarefa? Houve problemas? Se houve, por que ocorreram? Embora o responder esta última pergunta possa levar um tempo considerável, pode também proporcionar informação importante. Por exemplo, uma mulher deprimida tinha deixado de ir ao cinema com seu marido, uma atividade da qual costumava gostar. Como tarefa para casa foi-lhe designado ir ao cinema nessa semana com seu marido. Ela foi incapaz de concluir tal tarefa e, após continuar fazendo-lhe perguntas, ficou claro que durante os últimos meses havia desenvolvido problemas de comunicação muito sérios com seu marido e era incapaz de pedir-lhe que a acompanhasse ao cinema.

Em seguida, o terapeuta apresenta ao paciente a ordem do dia da presente sessão. Se o paciente não estiver de acordo com a ordem do dia, ou tiver um problema iminente, deve-se propor uma discussão até que se obtenha um acordo mútuo sobre a ordem do dia. Conforme progride a terapia, o terapeuta se envolve cada vez menos no estabelecimento da ordem do dia e incentiva o paciente a ir gradualmente assumindo a responsabilidade de ambos.

Como foi assinalado anteriormente, as intervenções reais da terapia cognitiva são concretas e específicas, onde as perguntas, o saber escolher os momentos oportunos e o *feedback* são essenciais. As tarefas para casa deveriam surgir, de forma natural, através das questões discutidas na sessão e deveriam ter um determinado grau de dificuldade, de modo que seja possível ao paciente ter algumas experiências com êxito. Para cada tarefa, o terapeuta proporciona uma explicação racional. Antecipa os problemas que o paciente pode ter ao realizá-la e discute com ele as possíveis soluções ante estes revezes.

As tarefas podem ser divididas a grosso modo em duas categorias: as experiências e a avaliação contínua. *O propósito das experiências é comprovar determinadas cognições;* falaremos mais amplamente delas no aparte que trata das técnicas cognitivas. *A avaliação contínua consiste no auto-registro dos sintomas, atividades, estado de ânimo, ansiedade, etc.,* cujo caráter depende do problema objeto de tratamento. Podem-se obter avaliações de certas crenças de forma periódica, ou mesmo antes ou depois de determinados acontecimentos provocativos. Também podem ser empregados questionários para examinar a força de certas cognições.

Alguns procedimentos e um equipamento audiovisual básico podem ajudar a comunicar certas idéias de forma mais eficaz. Gravar as sessões pode ser benéfico para pacientes que têm problemas de atenção e memória, já que permite que se repassem sessões anteriores. Também pode ser um meio para aumentar a percepção e pode fazer com que a natureza irracional de algumas das cognições dos pacientes sejam mais evidentes. As folhas informativas podem servir como eficazes elementos para lembrar certas idéias apresentadas, assim como elementos de ajuda.

III.5. *Técnicas comportamentais*

Freqüentemente são utilizadas técnicas comportamentais junto às técnicas cognitivas. Entretanto, com pacientes muito deprimidos, as técnicas comportamentais podem ser, a princípio, a única via de mudança, visto que suas capacidades para o pensamento abstrato e para verbalizar seus pensamentos podem estar extremamente limitadas. Nestes casos, as intervenções comportamentais costumam ser eficazes para demonstrar aos pacientes que não são tolos, incompetentes ou inúteis.

III.5.1. Programação de atividades

A programação de atividades consiste em planejá-las para serem realizadas, de vez em quando ou a cada hora. O propósito desta técnica é a oposição às cognições comuns como, "Já não faço nada". Seu objetivo é proporcionar ao paciente certa sensação de eficácia e de controle. O *Pleasant Events Schedule* [Inventário de Atividades Agradáveis], (MacPhillamy e Levinsohn, 1971) pode proporcionar algumas idéias sobre que atividades poderiam ser planejadas, já que os pacientes deprimidos podem ter esquecido do que costumavam gostar. Se o paciente afirma que inevitavelmente passará certo tempo às voltas com pensamentos depressivos, pode-se designar uma determinada hora do dia para este propósito. A técnica pode ter um efeito paradoxal, já que o paciente, que "supõe que tem que sentir-se deprimido", pode realmente reagir contra isso. Uma vez resolvido o aspecto do planejamento, a tarefa do paciente consiste em registrar suas atividades a cada hora. O terapeuta deveria antecipar e preparar o paciente para os eventuais revezes, assinalando que ninguém realiza sempre tudo o que planeja, e que simplesmente o tentar realizar qualquer atividade planejada deve ser considerado como um êxito.

III.5.2. Avaliação da destreza e do prazer

Para cada atividade que se planeje, pede-se aos pacientes que avaliem em uma escala (p. ex., de 100 pontos) o grau em que consideram ter dominado a tarefa e também o grau em que desfrutaram dela. Estas duas avaliações são independentes, visto que o paciente pode ter desfrutado ao fazer algo, apesar de não tê-lo feito tão bem como costumava fazer. O propósito desta tarefa é opor-se à cognição, "Nada mais me diverte", e reconhecer que o prazer e a destreza não são fenômenos dicotômicos. Além disso, aponta para certos vínculos entre situações e sentimentos, que podem ter passado despercebidos durante a avaliação normal. Por exemplo, pode tornar-se claro que o que o paciente mais gosta é de ver os amigos íntimos e que esta atividade alivia seus sentimentos de depressão.

Alguns pacientes crêem que não têm direito a nada que lhes dê prazer, enquanto tiverem a sensação de não terem feito nada. Sentem-se culpados se planejam atividades agradáveis; apesar de que pode ser precisamente o envolvimento nestas atividades o que lhes proporcionará a energia suficiente para realizar aquelas tarefas que pensam que "têm que fazer". Antes de começar com um programa de atividades e com a destreza e o prazer, seria conveniente explorar essa crença com o paciente. Como experiência, poder-se-ia pedir-lhe que planeje uma atividade de recreação durante o dia e examinar se isso o ajuda a realizar a tarefa menos reforçadora.

III.5.3. Ensaio cognitivo

Para conseguir certos objetivos, como arrumar seu escritório, os pacientes podem imaginar-se a si mesmos passando por cada fase da tarefa de um modo sistemático e focalizado. Desta maneira, a tarefa pode ser decomposta em passos manejáveis, o que torna possível antecipar obstáculos e, o que é mais importante, dá ao paciente a sensação de que é possível concluí-la.

III.5.4. Treinamento assertivo

Não é raro que os pacientes, tanto os depressivos como os que têm ansiedade, mostrem déficits comportamentais em assertividade ou habilidades sociais. A gravidade dos déficits determinam, certamente, até que ponto o tratamento deve centrar-se nestes componentes. O treinamento assertivo (Caballo, este volume; Rimm e Masters, 1979) implica na identificação das situações-problema seguida pela modelação de respostas mais apropriadas e eficazes, por parte do terapeuta, enquanto o paciente representa a pessoa com a qual tem problemas. O treinamento do paciente nas novas respostas comportamentais implica em que o terapeuta represente o papel da pessoa com a qual o paciente tem problemas e que este pratique suas próprias respostas. Tudo isso pode ser feito para cada situação problemática, começando com a menos ameaçadora. Quando o paciente já se sente tranqüilo representando a situação, atribui-se-lhe a tarefa de comportar-se assertivamente durante os dias que seguem a sessão.

III.5.5. Representação de papéis

A representação de papéis pode ser aplicada não só a situações que requerem uma resposta assertiva, mas também a situações que requerem outras habilidades sociais (Spence e Shepherd, 1983), como marcar um encontro, falar em público ou educar os filhos (Forehand e McMahon, 1981). Novamente, é importante assegurar-se de que o paciente terá certo êxito com a tarefa. Isto é crucial na área do treinamento em habilidades de qualquer tipo, visto que freqüentemente são de caráter interpessoal e o fracasso pode ter um efeito negativo profundo sobre o paciente. Em outras palavras, salvo se o terapeuta tiver certeza de que a tarefa será realizada com êxito fora da terapia, deverá entrar em acordo com o paciente para que este espere antes de tentar as habilidades *en vivo*.

III.6. Técnicas cognitivas

A teoria cognitiva de Beck, defende que os sentimentos negativos são uma conseqüência dos pensamentos automáticos negativos, ou avaliações pouco realistas dos acontecimentos, que provêm de erros cognitivos como a generalização excessiva, a abstração seletiva, o pensamento dicotômico absolutista, etc. Os pensamentos automáticos provêm de atitudes mais centrais e amplamente disfuncionais. Enquanto se pode ter acesso aos pensamentos automáticos conscientemente, as atitudes disfuncionais têm um caráter mais profundo e podem ser discernidas somente a partir de um padrão de pensamentos automáticos. Estes elementos da terapia cognitiva deveriam ser explicados ao paciente quando for instruído sobre a mesma.

III.6.1. O registro diário dos pensamentos disfuncionais

Pode-se ensinar os pacientes a auto-registrar suas cognições com o "Registro diário de pensamentos disfuncionais" (*Daily record of disfunctional thoughts*) (ver tabela 21.1). A observação e o registro dos pensamentos aumentarão a conscientização por parte do paciente sobre o "fluxo de pensamentos" e o desfile de imagens que influem em seus sentimentos e seu comportamento. Deveriam ser registrados a situação, o texto exato do pensamento e os sentimentos. É importante desenvolver, junto com o paciente, um exemplo concreto do auto-registro das cognições, considerando um acontecimento recente. Por exemplo, durante uma reunião de trabalho (*situação)*, uma mulher diz a si mesma, "Nunca me escutam quando tenho algo a dizer, porque pensam que sou incompetente" (*pensamentos)* e sente-se frustrada e deprimida (*sentimento)*. Se o paciente não souber exemplificar, pode-se perguntar-lhe quais eram seus pensamentos e suas imagens momentos antes de sua primeira sessão de terapia, uma ocasião que provavelmente produz pensamentos ansiosos ou depressivos.

Tabela 21.1. *Folha de auto-registro empregada na terapia cognitiva (adaptada de Beck e cols., 1979, 1985)*

REGISTRO DIÁRIO DE PENSAMENTOS DISFUNCIONAIS

Data	Situação	Emoção(ões)	Pensamento(s) automático(s)	Distorção(ões) cognitiva(s)	Resposta(s) racional(is)	Resultado
	1. O acontecimento que motivou a emoção desagradável, ou	1. Especifique triste, chateado, ansioso, etc.	1. Anote o pensamento ou os pensamentos automáticos que precedem a emoção ou emoções	1. Identifique a(s) distorção(ões) presente(s) em cada pensamento automático	1. Anote resposta(s) racional(is) ao(s) pensamento(s) automático(s), de 0 a 100	1. Volte a avaliar o grau de crença nos pensamentos automáticos, de 0 a 100
	2. A corrente de pensamento ou a lembrança que motivou a emoção desagradável	2. Avalie a intensidade da emoção de 1 a 100	2. Avalie o grau de crença nos pensamentos automáticos, de 0 a 100	2. De que maneira estou personalizando, abstraindo seletivamente, minimizando, etc.?	2. Avalie o grau de crença na resposta racional, de 0 a 100	2. Especifique e avalie 0 a 100 as emoções que o seguem

Embora sempre seja mais efetivo registrar as cognições imediatamente após terem ocorrido, às vezes é impossível fazê-lo. Portanto, os pacientes podem dedicar certo tempo, ao longo do dia ou ao final dele, para relembrar seus pensamentos e sentimentos e as situações nas quais surgiram. Baseando-se no auto-registro dos pensamentos automáticos, o terapeuta e o paciente podem trabalhar juntos para identificar as situações que disparam os pensamentos automáticos negativos e descobrir os laços entre cognição e emoção. Tal auto-registro pode permitir também identificar certos momentos do dia que são particularmente problemáticos e esboçar alguns planos de enfrentamento. Por exemplo, um homem acorda às 5 horas da manhã e começa a revolver os pensamentos sobre a relação que perdeu, sentindo-se culpado e deprimido por isso, e pensando que sua vida já não tem sentido. Levanta-se por volta das 8h30, sentindo-se abatido. Visto que as primeiras horas da manhã parecem constituir um instante particularmente difícil para este homem, orienta-se para que passeie com seu cachorro nesses momentos e que mais tarde tome o desjejum em uma padaria próxima.

O seguinte passo constitui a refutação dos pensamentos automáticos empregando várias técnicas cognitivas.

III.6.2. Comprovação da realidade

Esta técnica tenta provocar uma descrição precisa de uma situação, ao considerar a informação dos fatos reais. Perguntas que levam à *comprovação da realidade* são:

Que evidência tenho deste pensamento?
Existe uma forma alternativa de ver a situação?
Há alguma explicação alternativa?
Está esquecendo fatos relevantes ou centrando-se excessivamente em fatos irrelevantes?
Preciso encontrar mais evidências sobre a realidade deste pensamento?

A comprovação da realidade ajuda o paciente a obter uma perspectiva mais realista dos acontecimentos. Depois de um exame mais detalhado, a percepção, por parte da mulher, de que ninguém a escutava nas reuniões, pode ser atribuída racionalmente ao fato de que ninguém escuta os outros e todos falam ao mesmo tempo durante os primeiros 5 minutos da reunião.

É muito importante que o terapeuta determine até que ponto as preocupações do paciente são realistas, a fim de evitar experiências de fracasso e que o paciente sinta que está sendo levado a sério. É possível que a preocupação de uma pessoa sobre uma determinada situação seja justificada. Por exemplo, durante suas reuniões, a mulher poderia estar falando realmente em voz tão baixa e tímida que ninguém se sentia inclinado a escutá-la. Nesse caso, o terapeuta deve tentar desenvolver respostas de afrontamento através do treinamento em habilidades e da solução de problemas, dos quais se falará mais tarde.

III.6.3. Técnicas de reatribuição

Em vez de atribuir todos os fracassos a uma causa, o paciente explora e considera outras possíveis causas. O objetivo não é tirar toda a responsabilidade dele, mas identificar outros fatores que estejam implicados. Perguntas que freqüentemente são empregadas nesta técnica:

O que pensaria uma outra pessoa sobre a situação?

Está superestimando o grau de responsabilidade que tem para que as coisas caminhem desta forma?

Está superestimando o grau de controle que tem sobre a maneira como as coisas funcionam?

III.6.4. Solução de problemas

Existem muitas referências excelentes que proporcionam uma descrição detalhada do enfoque de solução de problemas (D'Zurilla, 1986; D'Zurilla e Nezu, 1982; Goldfried e Davison, 1976; Nezu e Nezu, este volume; Sobel e Worden, 1981), que constitui um tipo de terapia por si mesmo. Portanto, aqui só faremos um breve relato.

A solução de problemas pode ser dividida nos seguintes passos: o primeiro implica em uma definição clara do problema. Em segundo lugar, emprega-se um enfoque de *turbilhão de idéias* para provocar no paciente tantas soluções não censuradas quanto seja possível, independentemente de serem factíveis ou não, razoáveis ou não, eficazes ou não. A avaliação das soluções propostas é realizada na fase seguinte da solução de problemas, onde se examinam cuidadosamente as vantagens e desvantagens de cada solução. Após a fase de avaliação, o paciente escolhe uma solução e planeja como realizá-la. Uma vez que o paciente tenha tentado a solução, o terapeuta e o paciente discutem o grau de eficácia que teve, se necessita de mudanças ou se deveria tentar outra solução. Se for sugerida uma nova solução, também deve-se avaliar posteriormente sua eficácia.

III.6.5. O esboço de experiências

A pessoa que sofre de depressão, freqüentemente não se sente capaz de reassumir atividades que, normalmente, era capaz de realizar, ou de tentar outras novas. Sua apatia está motivada constantemente por pensamentos automáticos autoderrotistas, como, "Já não posso redigir a comunicação trimestral, assim por que iria tentar" ou " Não tenho a energia necessária para fazer nenhuma tarefa". Em vez de adotar um estilo diretivo, o terapeuta considera o tentar a atividade como um pequeno exercício – como o paciente sabe que não pode fazer essas coisas se não tentar? O ponto-chave desta intervenção é, "O que perde por tentar?". A idéia é conceber a atividade como algo que deve ser tentado, com a atitude de "ver o que acontece". O paciente não deve sentir nenhuma pressão para que tenha êxito nessa atividade, simplesmente tentar seria o suficiente.

Na sessão seguinte, discutem-se as reações do paciente a respeito da tarefa: – tentou?, aproveitou?, fez mais do que se esperava?, quer tentar outra vez? etc.

III.6.6. Refutação com respostas racionais

Todas as técnicas cognitivas anteriores têm o objetivo comum de desenvolver uma resposta razoável aos pensamentos automáticos negativos do paciente. Portanto, este incorpora a seu registro diário de pensamentos disfuncionais (ver tabela 21.1) uma nova coluna dedicada às respostas racionais. Por exemplo, um paciente pode experimentar depressão (*sentimento*) às sextas-feiras à noite quando não tem planejado nenhuma saída (*situação*) e pensa "Ninguém me convida porque ninguém me quer e portanto passarei uma noite fatal" (*pensamento*). Pode refutar os pensamentos disfuncionais da seguinte maneira, "Realmente saí ontem à noite com meu amigo Roberto (*comprovação da realidade*), com quem tenho uma íntima amizade; uma razão pela qual ninguém me chamou é que muitos dos meus amigos estão estudando para os exames desta época (*retribuição*), e se tentar fazer algo interessante como ler um bom livro ou escrever uma carta poderia passar uma noite agradável *(experimentação)*". Estas respostas racionais são desenvolvidas a princípio junto com o terapeuta, que gradualmente vai cedendo cada vez mais responsabilidade ao paciente para que as construa.

III.7. A modificação das suposições disfuncionais

Os pensamentos automáticos irracionais provêm de umas poucas suposições disfuncionais, que são crônicas e, freqüentemente, não estão enunciadas. Exemplos de suposições disfuncionais são, "Supõe-se que a vida deve ser justa" ou "Se as pessoas não aprovam o que faço, sou uma pessoa sem valor". Os exemplos expressados proporcionam um sinal sobre a profundidade e a importância das suposições e de seu papel como o núcleo dos erros cognitivos que levam a um estado de ânimo negativo. Existem diferentes modos através dos quais o terapeuta pode descobrir as suposições. Quando tem alguma idéia sobre o que consistem, apresenta-as ao paciente como uma hipótese a considerar.

O conteúdo dos pensamentos automáticos inclui certos temas comuns que provêm da mesma suposição disfuncional. Os pensamentos automáticos podem girar ao redor de um tema central como a *crítica de si mesmo*, levando a uma suposição como, "Não consigo fazer nada de forma perfeita, portanto, não sou bom" ou a *dependência*, "Se estou só significa que ninguém me quer".

Também pode-se considerar os tipos de palavras que os pacientes empregam mais freqüentemente. Por exemplo, podem qualificar-se a si mesmos ou a outras pessoas como "estúpido, tolo", etc., indicando uma preocupação sobre questões de competência, ou "cortês, amável, agradável" indicando possíveis problemas com a assertividade e o enfrentamento. Pode ser útil considerar as atribuições do paciente sobre os demais; por exemplo, um paciente pode dizer, "Minha amiga é muito feliz porque tem marido", o que implica em uma certa visão sobre o que é necessário para ser feliz.

Uma vez que o terapeuta pensa que já tem uma idéia clara sobre em que consistem as suposições disfuncionais do paciente, deve ser muito prudente a respeito de como formula a hipótese e em que momento. Por exemplo, pode dizer, "Levando-se em conta o que me tem dito, tenho a impressão de que se sente assim a fim de ser uma pessoa amável, você sempre necessita da aprovação dos outros... Pergunto-me o que pensa sobre isto?".

Deve-se discutir as vantagens e desvantagens da suposição disfuncional. As suposições, amiúde, tomam a forma de uma "regra", que contém expressões de "*deveria*" (p. ex., "Sempre deveria fazer as coisas perfeitamente"). Tomando-se como exemplo, no caso de "deveria" perfeccionistas, as vantagens são, normalmente, a curto prazo, quando o paciente obtém comentários reforçadores de seus companheiros, amigos e família sobre a qualidade de suas realizações. Todavia, há conseqüências negativas a longo prazo, do perfeccionismo, como o passar demasiado tempo em uma tarefa que não necessita ser perfeita, não tentar nunca nada novo por temor a não realizar o projeto perfeitamente, dedicar demasiado tempo a uma atividade e esquecer-se de outras áreas da vida, como os amigos ou a família. E, o que é mais importante, as pessoas que acreditam que sempre têm que fazer as coisas perfeitas não desfrutam de seus êxitos. Tampouco tem a possibilidade de desenvolver uma idéia do que *querem* fazer, visto que só estão preocupadas com o que *têm que* fazer. Pode-se atrair a atenção sobre o fato de que a perfeição é um padrão muito difícil de definir e, às vezes, impossível de conseguir, portanto, converte em impossível a sensação de êxito para uma pessoa manifestamente perfeccionista. As vantagens e desvantagens de abandonar uma suposição disfuncional podem ser escritas em uma folha de papel, de duas colunas, a fim de dotá-las de permanência e objetividade. Entretanto, é importante lembrar ao paciente (e ao terapeuta) que não é a quantidade de contra-argumentos o que é importante, mas o fato de se ter poder ou não, para rebater o sistema cognitivo do paciente.

Visto que, freqüentemente, há recompensas imediatas por seguir a regra da suposição (p. ex., a suposição "Sempre deveria obter a aprovação de todo mundo" é recompensador quando o paciente recebe elogios por seu trabalho ou crenças), os pacientes podem ter profundos temores em abandonar a regra – O que acontecerá se eu não obtiver a aprovação de todo mundo? O terapeuta esclarece estes temores e examinam-se as conseqüências de adotar uma nova crença mais funcional. Para submeter à prova esses temores, pode-se estabelecer uma hierarquia de comportamentos que desafiem a regra e que o paciente possa experimentar seguindo tal hierarquia.

As suposições das pessoas deprimidas amiúde se centram em torno de temas específicos de perfeccionismo, na obtenção da valorização de si mesmo a partir de fontes externas e na visão do mundo de um modo dicotômico, isto é, branco ou preto. O assunto perfeccionismo, que foi discutido anteriormente, está intimamente relacionado com a tendência dos indivíduos deprimidos a confiar em fontes externas de *feedback*, como o desempenho no trabalho ou as opiniões de outras pessoas, para considerar que são indivíduos com valor. Todavia, a fim de conseguir uma sólida e permanente sensação de valia de si mesmo, o paciente deveria gostar de si mesmo, independentemente do *feedback* externo.

A visão "branco ou preto" do mundo pode levar o indivíduo deprimido à suposição de que a felicidade é uma dicotomia feliz/infeliz, em vez de um contínuo de felicidade que varia ao longo da vida da pessoa, e que esta, incluindo a si mesma, é totalmente feliz ou totalmente infeliz. Deve-se incitar o paciente para que encare a felicidade, e a vida em geral, de uma maneira mais diferenciada, em termos de graus em vez de dicotomias. Identificar e rebater as atitudes disfuncionais produz mudanças profundas, que proporcionam ao paciente uma melhor proteção contra as recaídas. Assim, este componente da terapia representa o núcleo da terapia cognitiva.

IV. TERAPIA COGNITIVA PARA OS TRANSTORNOS DE ANSIEDADE

Os transtornos de ansiedade incluem os transtornos de pânico, a agorafobia, as fobias e a ansiedade geral. Todos os transtornos anteriores compartilham traços comuns, no sentido de serem interpretados como ansiedade ou medo. Embora haja diferenças conceituais entre ansiedade e medo (Clark, 1989; Nietzel e Bernstein, 1985), sendo a ansiedade um transtorno emocional generalizado e o medo uma emoção aversiva provocada por um estímulo externo específico, não se tem concluído que a distinção seja útil na hora de definir um tratamento. Visto que a ansiedade pode ser produzida por estímulos internos, como é o caso do pânico, a distinção entre medo e ansiedade chega a ser irrelevante para propósitos de tratamento.

Este aparte não se centrará em transtornos de ansiedade específicos, mas tentará assinalar os aspectos comuns entre eles, relevantes para a terapia cognitiva (referências mais específicas podem ser encontradas em Barlow, 1988; Chambless e Goldstein, 1980). Falaremos dos aspectos mais importantes encontrados no sistema cognitivo dos pacientes ansiosos, seguido de um resumo de alguns aspectos de avaliação e por uma breve descrição das técnicas comportamentais e cognitivas empregadas mais freqüentemente com os sintomas de ansiedade.

IV.1. Os aspectos cognitivos mais importantes da ansiedade

As cognições dos pacientes com ansiedade se centram ao redor de três temas: aceitação, competência e controle (Beck e Emery, 1985), que compartilham o elo comum da *ameaça*.

Os aspectos da *aceitação* são baseados no temor de que uma pessoa não seja aceitável para as demais. O componente crucial de seu sistema cognitivo é a crença de que necessita da aceitação de todo o mundo a fim de conseguir o bem-estar ou a felicidade e que a rejeição representa uma importante ameaça. A pessoa preocupada com a aceitação encontra-se excessivamente vigilante aos sinais de rejeição e pode esperar também que todo o mundo proporcione sinais claros de aceitação. Suposições típicas incluem: "A crítica significa rejeição pessoal", "Não há nada se não me amam", "Tenho que agradar aos demais".

Assim como no caso de pacientes deprimidos, as respostas racionais às suposições se centram no desenvolvimento do valor de si mesmo, independentemente das fontes externas de aprovação.

O componente cognitivo central dos pacientes preocupados com a *competência* é a crença de que são inferiores devido a algum defeito que pode ser de caráter físico, que pode atribuir-se à inferioridade do intelecto ou da personalidade ou, inclusive, à raça ou ao sexo. Temem não ser capazes de realizar alguns trabalhos ou de assumir certas responsabilidades. Estes pacientes têm a sensação de ser impostores ou crêem que não são suficientemente bons para ter, por exemplo, um trabalho determinado e vivem com o temor de serem "descobertos". Suas cognições automáticas conduzem freqüentemente a uma subestimação de suas capacidades e a um exagero de suas fraquezas. Vigiam em excesso a ameaça de crítica. Exemplos de suposições típicas são: "Só existem ganhadores e perdedores nesta vida" ou "Se cometo um erro, fracassarei".

As pessoas que temem *perder o controle* se centram na ameaça dos demais ou nos acontecimentos que os dominam. Esta preocupação particular pode tomar muitas formas. Os pacientes, amiúde, temem perder o controle e "ficar loucos" ou converter-se em escravos de uma pessoa com autoridade. Normalmente atribuem sua ansiedade a estímulos externos, porém um exame mais minucioso revela que não é a situação em si o que se teme (p. ex., uma festa), mas sim a possível perda de controle (p. ex., que tenham um ataque de pânico). Também podem interpretar muitas interações sociais como tentativas de outras pessoas para controlá-los (p. ex., "Meu chefe me convidou para ir a seu chalé porque quer que sinta que lhe devo algo"). Comportamentalmente o temor de perder o controle em uma determinada área pode manifestar-se como um excesso de controle em outra área; por exemplo, uma mulher que teme perder o controle em seu trabalho pode gastar toda sua energia tendo controle sobre os temas referentes à casa e às crianças. Suposições típicas incluem: "Sou o único que pode solucionar meus problemas", "Se deixo que alguém se aproxime muito, pode chegar a controlar-me", "Não posso suportar que os demais me digam o que tenho que fazer". Estes pacientes mostram um desejo de um grau de controle pouco realista e, por esta razão, se beneficiam se estruturam seu mundo não em termos de controle mas, pelo contrário, em termos de escolhas. Para fazer a mudança do controle à escolha, a terapia deve centrar-se em fazer com que sobressaiam as opções disponíveis.

IV.2. Aspectos da avaliação

Podem-se avaliar três componentes da fenomenologia da ansiedade: os sinais fisiológicos de ansiedade, as manifestações comportamentais e as cognições (Barlow, 1988; Nietzel e Bernstein, 1985; Wilson e cols., 1989). Um problema relacionado com a avaliação da ansiedade é a falta de sincronia encontrada entre estas três medidas, já que uma pessoa pode informar uma ansiedade extrema em uma situação, sem mostrar nenhuma manifestação comportamental, ou pode não informar ansiedade em outra situação, enquanto que as medidas fisiológicas indicam um elevado grau. Da mesma maneira, os três componentes da ansiedade podem mudar com ritmos diferentes conforme progride o tratamento. Portanto, ao observar o progresso ao longo da terapia, é importante avaliar os três componentes.

IV.3. Técnicas comportamentais

Os indivíduos que sofrem de transtornos de ansiedade recorrem a duas principais estratégias de respostas, *comportamentos de evitação e comportamentos ritualizados* (Beck e Emery, 1985), os quais podem ter profundos efeitos sobre a vida de uma pessoa. A resposta de evitação é uma retirada direta do estímulo temido, enquanto o comportamento ritualizado (p. ex., medir a temperatura, fumar, comer) serve ao propósito de reduzir temporariamente o nível de ansiedade. O tratamento correspondente para a evitação é a aproximação, enquanto que para o comportamento ritualizado é a restrição. Técnicas específicas para alcançar estes objetivos são as seguintes.

IV.3.1. Dessensibilização sistemática

A aplicação mais óbvia de um tratamento orientado para a aproximação é a dessensibilização sistemática (Wolpe, 1973), onde os pacientes constroem uma hierarquia das situações temidas e se imaginam nas diversas situações sob um estado de relaxamento, incompatível com o estado de ansiedade (ver Turner, este volume). O terapeuta explica ao paciente que o proteger-se de uma situação temida é autoderrotista, visto que não existem oportunidades para provar-se a si mesmo e de desenvolver-se através de novas experiências. Uma vez que o indivíduo nunca se encontra com o estímulo temido, como pode ter certeza de que não pode enfrentá-lo? Deve-se incentivar as pessoas que padecem de transtorno de ansiedade para que experimentem, e aprendam através da experimentação, que seu temor é mantido por uma ausência de contato com o estímulo temido. Nos tratamentos baseados na aproximação, dois conceitos são de crucial importância: a exposição gradual e a exposição *en vivo* ao estímulo temido. A exposição gradual garante que o paciente não irá muito depressa ao longo da hierarquia e evita experiências de fracasso. A exposição *en vivo* é também um componente crítico do tratamento baseado na aproximação, visto ser uma forma segura de ter acesso às cognições quando estão "afloradas" e representa a prova definitiva de se o temor é ou não justificado, e se o paciente pensa realmente que pode enfrentá-lo.

IV.3.2. O treinamento em relaxamento

Os dois métodos, o relaxamento muscular progressivo (Jacobson, 1938) e o relaxamento autógeno (Luthe, 1963, 1969) são igualmente aconselháveis como parte da dessensibilização sistemática ou como uma parte independente do tratamento. O relaxamento progressivo consiste em tensionar e relaxar sucessivamente grupos específicos de músculos. O treinamento autógeno induz ao relaxamento sugerindo sensações de calor e peso no corpo e pode se dizer que, em certo sentido, é mais cognitivo do que o relaxamento progressivo. Ambos os tipos de relaxamento requerem a prática diária. Pode-se praticar em horários pré-estabelecidos ou como resposta para afrontar o estímulo temido (ver Vera e Vila, neste volume, para uma exposição mais ampla destes métodos).

IV.3.3. A distração

Muitos pacientes ansiosos experimentam imagens ameaçadoras recorrentes, seja um acontecimento passado traumatizante, seja uma cena imaginária. As imagens podem levar a comportamentos ritualizados ou ter um efeito paralisante, e deste modo, precisam ser "desconectadas". A distração parece ser a técnica mais eficaz neste assunto. Por exemplo, pode-se dizer aos pacientes que se centrem intensamente em algum objeto externo. A distração pode tomar outras formas, como o exercício físico, o dedicar-se a outra atividade (p. ex., trabalho manual) ou inclusive fazer contas aritméticas mentalmente, como contar para trás de três em três. Pode ser útil empregar um "Termômetro de Medo", antes e após o exercício de distração, para vigiar a redução da ansiedade de maneira mais objetiva.

IV.4. Técnicas cognitivas

Muitas técnicas cognitivas descritas no aparte sobre a depressão podem incluir-se no tratamento dos transtornos de ansiedade. Todavia, algumas técnicas parecem estar especialmente indicadas para o tratamento dos sintomas de ansiedade. Estes enfoques de tratamento se agrupam em três categorias principais: modificar a reação afetiva à ansiedade, descatastrofizar e desenvolver mecanismos de enfrentamento.

IV.4.1. A modificação do componente afetivo

Os pacientes que apresentam transtornos de ansiedade freqüentemente têm ansiedade por estar ansiosos. Atitudes comuns sobre a ansiedade incluem: "A ansiedade não me deixa viver, a ansiedade me faz perder o controle, a ansiedade me deixa louco". Os pacientes experimentam, com freqüência, uma elevada vergonha em manifestar a ansiedade (Raimy, 1975) e exageram o grau em que as pessoas ao seu redor percebem seus sintomas. O que os pacientes temem é a ansiedade em si, provocada por uma determinada situação. Quando este temor é muito importante, pode fazer com que o paciente não tente experiências pessoais no transcurso da terapia cognitiva.

Quando os indivíduos apresentam essa percepção tão catastrófica de encontrar-se num estado de ansiedade, o terapeuta pode incentivá-los a aceitarem as sensações de ansiedade como adaptativas. Ao abandonar o controle sobre suas sensações de ansiedade, os pacientes vêem que são capazes de utilizá-la como um sinal adaptativo. Ao aceitar a ansiedade, o paciente faz com que esta diminua. Para aumentar a tolerância à ansiedade, os pacientes podem começar a incrementar gradualmente o tempo que passam sem dedicar-se a comportamentos ritualizados, como fumar ou comer. Também podem empregar autoverbalizações como "Posso fazê-lo" ou "Não é tão ruim como pensava". A aceitação das sensações de ansiedade não implica na resignação de maneira alguma. Simplesmente desdramatiza a experiência de ansiedade e libera o paciente para experimentar e ser mais atrevido. Em vez de converter os pacientes em indivíduos mais passivos, os tornam mais ativos.

IV.4.2. Descatastrofizar

Nas raízes de um temor, freqüentemente, subjaz uma cena catastrófica (Clark, 1989). O terapeuta deveria saber que os pacientes podem estar muito indecisos para trazer à luz o seu temor mais profundo, especialmente quando não está baseado em uma clara evidência ou é absurdo. Pode-se tranqüilizar os pacientes dizendo-lhes que, de fato, muita gente que sofre transtornos de ansiedade tem pensamentos e imagens estranhas sobre a pior situação ou cena possíveis. Normalmente, pergunta-se ao paciente: "O que é o pior que pode acontecer? Quais são os pensamentos e as imagens que passam por sua cabeça quando pensa na pior situação possível?". Se for apropriado, o terapeuta pode perguntar, "O que aconteceria se ocorresse o que você mais teme?", ou tentar determinar a probabilidade de ocorrer a situação.

Uma vez identificada a cena catastrófica, é possível modificá-la. Pode-se empregar a *projeção no tempo* para descatastrofizar certos problemas. Esta técnica implica no projetar-se a si mesmo no futuro para dar uma perspectiva ao paciente. Por exemplo, pode-se pedir a uma pessoa que tem medo de uma determinada cirurgia que imagine a si mesma dois meses após a cirurgia, quando estiver totalmente recuperada. O *descentralizar* é outra técnica desenvolvida para proporcionar contra-argumentos à crença de que alguém é o centro da atenção dos demais. Esta técnica é análoga à *comprovação da realidade*, mas tem um objetivo mais definido que consiste em perceber que ele não é ponto central da atenção. Utilizando outra técnica, o paciente pode recordar uma experiência anterior que seja similar à temida atualmente. Pode-se tentar retroceder à primeira experiência e pedir ao paciente que imagine o que vê, os odores, os sons, da situação original. Freqüentemente, surgem elementos similares entre as crenças subjacentes da situação original e aquelas que motivam a situação catastrófica atual. Empregando o enfoque socrático típico, o terapeuta pode assinalar as similaridades entre as duas situações, conceber uma hipótese sobre como se desenvolveram as crenças em um determinado momento da vida do paciente, quando não podia avaliá-las adequadamente, e sublinhar as diferenças entre as duas situações, incluindo as estratégias adultas de afrontamento das situações que o paciente dispõe agora.

IV.4.3. Estratégias de afrontamento

A *imaginação dirigida* representa um mecanismo de afrontamento potencialmente muito poderoso. O paciente pode imaginar-se enfrentando a situação temida "como se" não estivesse ansioso. Inicialmente, o terapeuta pode oferecer detalhes do conteúdo das imagens para o afrontamento. Se o paciente achar impossível imaginar a si mesmo afrontando a situação, a imagem pode centrar-se, a princípio, em outra pessoa que a enfrenta. Quanto mais rica em detalhes, como sons, odores, cores, etc. seja a imagem, mais absorvente será a técnica.

A *imaginação projetada* implica em pedir ao paciente que se imagine onde quer estar e como gostaria de estar em uma data determinada. Esta técnica serve a dois propósitos: primeiro, para delinear objetivos realistas sobre os quais o paciente possa ter controle e, segundo, para imaginar-se em um estado mais desejável. O ver a si mesmo simplesmente fazendo o melhor, estando menos ansioso, faz com que o paciente perceba este estado mais a seu alcance.

Dois elementos contribuem para a eficácia do ato de imaginar: *a repetição e o emparelhamento de estímulos.* Quanto mais freqüentemente se ensaie a imagem positiva, mais eficaz ela se torna. Além disso, pode-se emparelhar certos estímulos com a imagem, como palavras ("tranqüilo"), cores ("azul") ou inclusive slogans. Tais estímulos podem ser incorporados às autoverbalizações do paciente, seja em momentos específicos do dia, como ao levantar-se pela manhã, seja quando se encontra frente a uma situação difícil.

V. Os Resultados da Terapia Cognitiva

Embora limitações de espaço não permitam uma completa revisão dos resultados da literatura sobre a terapia cognitiva, é importante assinalar que, desde a sua origem, tem havido um notável esforço de avaliação entre os indivíduos dedicados a esta área (p. ex., Baker e Wilson, 1985; Rush, Beck, Kovacs e Hollon, 1977; Shaw, 1977; Simons, Murphy, Levine e Wetzel, 1986). Baseando-se na tradição empírica da terapia comportamental, os terapeutas cognitivos têm tirado proveito ao documentar o resultado de sua prática terapêutica.

O resultado da terapia cognitiva para a depressão tem sido revisado em diversas publicações (Beck e cols., 1979; DeRubeis e Beck, 1988; Dobson, 1989a; Williams, 1984, 1986). Em geral, as revisões dos estudos de investigações mostram que, embora algumas sejam problemáticas, partindo-se de uma perspectiva metodológica (Williams, 1984), o padrão geral de resultados é positivo (Dobson, 1989a). Em uma recente meta-análise dos resultados da terapia cognitiva para a depressão (Dobson, 1989a), foi mostrado que o efeito médio da mesma era superior a qualquer outra das condições de terapia com as quais se comparava. Assim, empregando o Inventário de Depressão de Beck como medida dos resultados, o estudo anterior mostrou que, comparado com uma lista de espera ou com condições de controle sem tratamento, o paciente médio da terapia cognitiva melhorou mais do que os 98% dos sujeitos de controle. Igualmente, o paciente médio da terapia cognitiva conseguia melhores resultados do que aproximadamente 67-70% dos pacientes que recebiam outras formas de tratamento (terapia comportamental, farmacoterapia e psicoterapias diversas). A revisão de Dobson mostrou também que o efeito da terapia cognitiva não era medido pela duração do tratamento, pela proporção de mulheres nos estudos de investigação que se examinaram ou pela idade (embora deva-se assinalar que o número de estudos sobre adolescentes ou idosos era pequeno). Em resumo, parece que a terapia cognitiva é um tratamento muito efetivo para problemas de depressão com pacientes externos e, se a tendência encontrada no artigo de Dobson (1989a) se mantiver no futuro, constitui um tratamento mais eficaz do que as alternativas mais importantes.

A análise dos resultados da terapia cognitiva para outros problemas está muito mais atrasada do que na área da depressão. Em parte, isto se deve a que a avaliação da depressão está mais firmemente estabelecida que no caso de outras áreas de investigação, e também a que a terapia cognitiva para outros problemas foi desenvolvida mais recentemente (Beck e Emery, 1985; Beck, 1988). Até esta data, não há um conjunto claro de evidências, no qual se possa confiar, que afirme que a terapia cognitiva é um tratamento eficaz a curto prazo para os problemas de ansiedade ou para outros problemas, mas esse corpo de investigações está em processo de desenvolvimento. Uma das questões interessantes para a investigação futura nesta área será ver os resultados da aplicação da terapia cognitiva a outros problemas diversos da depressão.

VI. TENDÊNCIAS FUTURAS

Embora a terapia cognitiva possa ser considerada agora como uma parte relativamente "estândar" do repertório de um psicoterapeuta, há claramente alguns aspectos da teoria e da prática que necessitam continuar sendo investigados. Neste aparte final, ressaltamos o que consideramos algumas das áreas mais urgentes que necessitam ser exploradas e discutidas.

Uma das questões futuras para a teoria e a prática é explorar os limites da terapia cognitiva. Desde suas origens na área da depressão, ficou claro que a aplicação da terapia cognitiva foi se estendendo a muitos problemas diferentes. Por exemplo, no I Congresso Mundial de Terapia Cognitiva (junho e julho de 1989), as intervenções terapêuticas eram dirigidas a problemas tão diversos como depressão, ansiedade, transtornos de personalidade, síndromes esquizofrênicas, problemas do transtorno do *stress* pós-traumático, obsessões, hipocondria, indivíduos com fobias, alcoolismo e outros transtornos do controle dos impulsos, dificuldades familiares e conjugais, assim como outros problemas. Embora uma extensão das técnicas terapêuticas seja bem-vinda, cremos que se deva ter certa precaução. É importante que, quando se desenvolvam novas técnicas terapêuticas, estas se apóiem solidamente sobre uma base teórica cognitiva. Também é importante que se façam esforços para avaliar os componentes cognitivos de diversos transtornos antes e após aplicar novas técnicas terapêuticas, a fim de determinar se estas novas extensões da terapia cognitiva estão considerando realmente problemas cognitivos. Finalmente, será essencial estabelecer se estas técnicas terapêuticas produzem efeitos demonstráveis. Parece haver uma história natural de novas teorias ou desenvolvimentos práticos, que recebem inicialmente muita atenção e entusiasmo, mas que são logo seguidos por esforços que ampliam em excesso o paradigma, levando a uma decepção posterior e à substituição do enfoque. Preocupa-nos que se façam esforços para diversificar e estender em excesso a terapia cognitiva além de suas possibilidades, e então ocorram essas conseqüências negativas. Portanto, aconselhamos os teóricos e os investigadores que desenvolvam cuidadosamente seus enfoques de tratamento, considerando o método científico correto.

Outra área crítica da investigação futura é o exame dos processos de mudança associados com a terapia cognitiva. A teoria cognitiva faz predições muito claras sobre o caráter da mudança que deveria ser observada na terapia cognitiva e, para que seja validado o modelo cognitivo, os investigadores desta terapia necessitam realizar pesquisas nas quais se examinem a mudança. Uma necessidade dessa investigação é o desenvolvimento de técnicas de avaliação que possam ser empregadas para avaliar os processos cognitivos dos pacientes que estão sob tratamento (Alloy, 1988). Tem ocorrido certa investigação e desenvolvimento da avaliação cognitiva (Shaw e Dobson, 1981; Segal e Shaw, 1988), mas é provável que o volume e a direção desta investigação sejam insuficientes para permitir um exame completo dos processos de mudança cognitiva associados à terapia cognitiva. Acreditamos que seja necessário uma notável investigação para desenvolver instrumentos de avaliação que se empreguem no estudo dos processos de mudança, especialmente na distinção entre pensamentos automáticos, situacionais, e suposições e crenças mais profundas. Talvez os questionários e outros instrumentos como os desenvolvidos para a avaliação cognitiva sejam insuficientes para uma avaliação completa da mudança cognitiva e seja necessário empregar outras técnicas extraídas da psicologia cognitiva, a fim de examinar totalmente as mudanças que ocorrem dentro dos pacientes que fazem terapia cognitiva (Segal, 1988).

Outra área de investigação futura se refere aos fatores do paciente e do terapeuta que possam ter relevância para os resultados da terapia cognitiva. Com respeito aos fatores do paciente, pode ser que haja certas características dos pacientes que afetem o resultado da terapia cognitiva. Stoppard (1989), por exemplo, alegou que a terapia cognitiva pode ser menos proveitosa para as mulheres do que para os homens, já que o modelo terapêutico desta terapia se orienta mais para a ação e é de caráter "androcêntrico". Embora haja razões para crer que esta conceitualização possa não ser justificada (Dobson, 1989b; Shaw, 1989), e que haja também certa evidência de que o ser mulher não leva a um melhor resultado nas investigações realizadas (Dobson, 1989b), tais conceitualizações devem ser levadas a sério e investigadas as possibilidades de que isto ocorra.

Embora as diferenças devidas ao sexo representem um possível fator que esteja associado aos diferentes resultados de êxito e fracasso, é também concebível que haja outros fatores relevantes. Questões tais como a presença de melancolia na depressão (*American Psychiatric Association*, 1987), a idade do paciente, a duração e a gravidade dos problemas presentes, seus relacionamentos familiares e conjugais (Dobson, Jacobson e Victor, 1988), o êxito ou o fracasso prévio de outros enfoques de tratamento e outros tantos aspectos, podem ser examinados com respeito a seus resultados. Investigando estas questões, os teóricos serão capazes de obter uma melhor conceitualização da mudança na terapia cognitiva e os terapeutas serão capazes de fazer melhores predições sobre quais indivíduos obterão maior proveito do tratamento.

Uma última área sobre a qual queremos chamar a atenção é a do treinamento de terapeutas. Embora não tenhamos ainda uma base de dados importante que relacione a competência do terapeuta, ou outras variáveis do mesmo, com a mudança do paciente, é da incumbência dos investigadores cognitivos começar a estabelecer métodos documentados para o treinamento de terapeutas cognitivos. Dobson e Shaw (1988) discutiram extensamente o emprego de manuais de tratamento na terapia cognitiva e, embora tenham concluído que "a investigação complexa, controlada que ocorreu como resultado da *manualização* de diversos tratamentos tenha produzido alguns benefícios", também expõem várias preocupações e considerações sobre a utilização de manuais de tratamento na terapia cognitiva. Esses autores, assim como outros (Luborsky e DeRubeis, 1984), expõem questões sobre os manuais que necessitam de uma maior exploração. Até o momento, não há nenhuma investigação que haja abordado a utilidade relativa dos manuais de tratamento em contraste com a supervisão (por um *expert* ou por companheiros), no treinamento de terapeutas cognitivos. Finalmente, pensamos que deveriam ser examinados os melhores métodos para o treinamento de terapeutas cognitivos, assim como os métodos para avaliar a eficácia desse treinamento com respeito à competência do terapeuta e à mudança no paciente.

VII. Resumo

Este capítulo revisa os fundamentos teóricos da terapia cognitiva de Beck. Após a revisão, discutem-se algumas das questões críticas que afetam a prática e o treinamento dos terapeutas cognitivos. Uma parte importante do capítulo dedica-se à descrição das técnicas utilizadas com pacientes deprimidos tratados dentro deste modelo e descrevem-se alguns exemplos de aplicação das técnicas. O capítulo continua com as aplicações da terapia cognitiva em transtornos de ansiedade e termina com uma série de diretrizes futuras para o campo da terapia cognitiva, incluindo: mais avaliações dos resultados, o exame dos mecanismos de mudança, a avaliação cognitiva, a avaliação dos fatores do paciente e do terapeuta associados com a mudança e o exame dos métodos adequados para o treinamento do terapeuta.

VIII. Leituras Recomendadas

Beck, A. T. y Emery, G., *Anxiety disorders and phobias: a cognitive perspective*, Nueva York, Basic Books, 1985.

Beck, A. T., Rush, A. J., Shaw, B. F. y Emery, G., *Terapia cognitiva de la depresión*, Bilbao, Desclée de Brouwer, 1983. (Or.: 1979)

Burns, D. D., *Feeling good*, Nueva York, William Morrow, 1980.

DeRubeis, R. J. y Beck, A. T., «Cognitive therapy», en K. S. Dobson (comp.), *Handbook of cognitive-behavioral therapies*, Nueva York, Guilford Press, 1988.

McMullin, R. E., *Handbook of cognitive therapy techniques*, Nueva York, Norton, 1986.

Piasecki, J. y Hollon, S. D., «Cognitive therapy for depression: unexplicated schemata and scripts», en N. S. Jacobson (comp.), *Psychotherapists in clinical practice*, Nueva York, Guilford Press, 1987.

Sank, L. I. y Shaffer, C. S., *A therapist's manual for cognitive behavior therapy in groups*, Nueva York, Plenum Press, 1984.

22. Treinamento em Solução de Problemas

Arthur M. Nezu e Christine M. Nezu

I. História

O interesse e o estudo empírico do constructo de *solução de problemas* (SP) em humanos têm uma longa e extensa história. Todavia, só recentemente os profissionais da saúde mental têm se centrado nesta área, como um meio de compreender melhor os transtornos comportamentais e os problemas emocionais, além de incorporar o treinamento em habilidades de solução de problemas para seu tratamento. Grande parte da investigação inicial sobre a solução de problemas humanos foi produzida por campos como a psicologia cognitiva experimental, a educação e a indústria.

Por exemplo, na psicologia experimental, os investigadores têm se preocupado com o desenvolvimento de modelos *descritivos* de solução de problemas (isto é, compreender o que a pessoa normalmente faz para solucionar os problemas) e têm realizado estudos que incluem, geralmente, problemas intelectuais impessoais, como quebra-cabeças e tarefas de formação de conceitos, mas não problemas da vida real relevantes para a pessoa (p. ex., dificuldades interpessoais). Dentro do campo da educação, os psicólogos têm se interessado pelo conceito relacionado à criatividade, acreditando que a solução de problemas requer alguma forma de atuação criativa (p. ex., Guilford, 1967). Na indústria, a investigação sobre a solução de problemas tomou o aspecto de desenvolver programas de treinamento preparados para aumentar o pensamento produtivo dos sujeitos (p. ex., Osborn, 1963; Parnes, 1962). Este tipo de investigação centrou-se no desenvolvimento de modelos *prescritivos* ou *normativos* de solução de problemas, nos quais o aspecto de interesse era voltado para descobrir como os indivíduos podem maximizar sua eficácia na solução de problemas.

Treinar os indivíduos em habilidades na solução de problemas, como intervenção clínica, tem suas raízes no movimento que durante as décadas de 50 e 60

Hahnemann University (USA).

defendia a adoção de um enfoque de competência social em psicopatologia. O marco predominante nessa época era um modelo de enfermidade do comportamento anormal. Os teóricos que questionavam a utilidade e a validade deste enfoque começaram a centrar-se no conceito de psicopatologia como déficit na própria capacidade para desenvolver um funcionamento eficaz ou competência social (p. ex., Ziegler e Phillips, 1961). Em outras palavras, o comportamento desadaptativo pode constituir o resultado de deficiências nas habilidades e capacidades que contribuem para a competência social, incluindo as habilidades de solução de problemas (D'Zurilla, 1986; D'Zurilla e Nezu, 1982). Seguindo esta linha de raciocínio, D'Zurilla e Goldfried publicaram um artigo em 1971, intitulado "Solução de problemas e modificação de comportamento", que delineava um modelo prescritivo para treinar os indivíduos em habilidades de solução de problemas, como um meio de facilitar sua competência social geral. Este enfoque integrava muitos achados das pesquisas provenientes de outros campos de estudo (ver anteriormente) e descrevia o treinamento dentro de um marco comportamental. A partir desse artigo inicial, a terapia de solução de problemas tem sido aplicada, como intervenção de tratamento, em uma ampla variedade de transtornos clínicos e problemas subclínicos, incluindo a depressão, o *stress*, a ansiedade, a agorafobia, a obesidade, os problemas conjugais, o alcoolismo, o dano cerebral, o retardo mental, o fumar, a indecisão em escolher uma profissão e o fracasso acadêmico. O treinamento em solução de problemas tem sido aplicado também em pacientes psiquiátricos internos e em uma variedade de transtornos infantis e da adolescência. Baseando-se em desenvolvimentos empíricos e teóricos, D'Zurilla e Nezu (1982) revisaram posteriormente esse modelo e apresentaram o enfoque básico que será descrito no presente capítulo.

II. DEFINIÇÕES E DESCRIÇÃO GERAL

Na literatura comportamental, o treinar os indivíduos em habilidades de solução de problemas tem sido denominado como *terapia de solução de problemas sociais*. Preferimos utilizar este termo como um meio de ressaltar o contexto social e interpessoal no qual se desenvolve a solução de problemas da vida real. Nezu (1987) definiu a solução de problemas sociais como "o processo metacognitivo pelo qual os indivíduos compreendem a natureza dos problemas da vida e dirigem seus objetivos em direção à modificação do caráter problemático da situação ou mesmo de suas reações a ela" (p. 22).

Os *problemas*, dentro deste enfoque, definem-se como situações específicas da vida (presentes ou antecipadas) que exigem respostas para o funcionamento adaptativo, mas que não recebem respostas eficazes de afrontamento provenientes das pessoas que se enfrentam com as situações devido à presença de diversos obstáculos. Esses obstáculos podem incluir a ambigüidade, a incerteza, as exigências contrapostas, a falta de recursos e/ou a novidade.

Basicamente, os problemas representam uma discrepância entre a realidade de uma situação e os objetivos desejados (D'Zurilla, 1986; Nezu, 1987). É provável que eles sejam estressantes se forem, de alguma maneira, difíceis e relevantes para o bem-estar das pessoas (D'Zurilla, 1986; Nezu, 1986b; Lazarus e Folkman,

1984). Um problema pode ser um acontecimento único (p. ex., a perda da carteira ou da bolsa), uma série de acontecimentos relacionados (p. ex., um chefe que faz continuamente pedidos pouco razoáveis) ou uma situação crônica (p. ex., o desemprego contínuo). As demandas da situação problemática podem originar-se no ambiente (p. ex., um requisito-objetivo da tarefa) ou dentro da pessoa (p. ex., uma meta, uma necessidade ou um compromisso pessoal).

Segundo esta definição, um problema não é uma característica nem do ambiente nem da pessoa, por si só. Pelo contrário, um problema é um tipo particular de relação pessoa-ambiente que reflete um desequilíbrio ou uma discrepância percebidos entre as demandas e a disponibilidade de uma resposta adaptativa. É provável que este desequilíbrio mude com o tempo, dependendo das alterações no ambiente, na pessoa ou em ambos.

Uma *solução*, neste modelo, define-se como qualquer resposta de afrontamento destinada a mudar a natureza da situação problemática, as próprias reações emocionais negativas ou ambas (D'Zurilla, 1986; Nezu, 1987).

Soluções eficazes são aquelas respostas de afrontamento que não só conseguem estes objetivos, mas que ao mesmo tempo maximizam conseqüências positivas (isto é, os benefícios) e minimizam outras negativas (quer dizer, os custos) (D'Zurilla e Nezu, 1987). Estes custos e benefícios associados incluem as implicações a curto e longo prazo da solução, assim como as conseqüências pessoais para o indivíduo e o impacto que a solução tem sobre outras pessoas significativas. A adequação ou eficácia de qualquer solução potencial varia de pessoa para pessoa e de lugar para lugar, já que a eficácia percebida de uma determinada resposta de solução de problemas depende também dos próprios valores e objetivos e das outras pessoas significativas.

A perspectiva deste modelo sobre a solução de problemas sociais distingue igualmente entre os conceitos de *solução de problemas, pôr em prática a solução e competência social* (D'Zurilla, 1986; D'Zurilla e Nezu, 1987; Nezu, 1987).

A *solução de problemas* é o processo de encontrar uma solução eficaz para uma situação-problema. O *pôr em prática a solução**, por outro lado, supõe a execução da solução escolhida na realidade. Assim, esta execução da resposta de afrontamento constitui o resultado do processo de solução de problemas. O termo "afrontamento de solução de problemas" refere-se à combinação da solução de problemas com a execução do afrontamento, a respeito de um determinado problema. A prática* de uma solução depende, não só da capacidade para a solução dos problemas, mas de outros fatores, incluindo as deficiências nas habilidades de execução, as inibições emocionais e os déficit em motivação (ou reforçamento). Esta distinção entre solução de problemas e execução do afrontamento é especialmente importante para a investigação sobre a relação entre o processo e o resultado da solução de problemas (D'Zurilla e Nezu, 1987; Nezu e D'Zurilla, 1989). Em outras palavras, as avaliações do processo deveriam centrar-se nas habilidades e nas capacidades que permitem aos indivíduos solucionar os problemas de forma eficaz, enquanto as avaliações da solução deveriam centrar-se nas soluções encontradas (técnicas ou respostas de afron-

---

* N.T. – Quando ler "a prática da solução", refere-se a *pôr* em prática no sentido de realizar.

tamento específicas) ou mesmo na execução do afrontamento real. Na prática clínica, é especialmente importante dispor de diferentes estratégias de tratamento para o indivíduo que é competente no descobrimento de uma solução eficaz, mas incapaz de levá-la à prática.

III. O Processo de Solução de Problemas Sociais

Há duas suposições principais em um *modelo de solução de problemas* da saúde mental. Em primeiro lugar, devido às complexas capacidades cognitivas e às demandas da sociedade, os seres humanos são ativos "solucionadores" de problemas. Em segundo lugar, o ajuste psicológico relaciona-se com a destreza na solução de problemas de caráter interpessoal e intrapessoal (D'Zurilla e Nezu, 1982). Determinadas habilidades comportamentais e cognitivas mediam tanto as reações emocionais como o ajuste psicológico geral. Entre estas habilidades encontram-se o enfoque geral e a sensibilidade do indivíduo para os problemas, a questão de se considerar soluções potenciais e antecipar as conseqüências das diversas ações, e como o indivíduo decide reagir quando se defronta com uma solução problemática. Além disso, este modelo postula que as habilidades na solução de problemas constituem determinantes significativas da competência social (definida como a capacidade de enfrentar-se de forma eficaz com o amplo leque de problemas da vida diária) e que a competência social é um componente-chave do ajuste psicológico geral (D'Zurilla e Goldfried, 1971; D'Zurilla e Nezu, 1982).

A capacidade geral de solução de problemas compreende uma série de habilidades específicas, em vez de uma capacidade unitária. Segundo D'Zurilla e Nezu (1982; ver também D'Zurilla e Goldfried, 1971), a solução "eficaz" de problemas requer cinco processos interagentes, cada um dos quais trazendo uma determinada contribuição. Esses processos incluem:

1) orientação para o problema,

2) definição e formulação do problema,

3) levantamento de alternativas,

4) tomada de decisões, e

5) prática da solução e verificação.

O componente da orientação para o problema é diferente dos outros quatro, no sentido de que é um processo motivacional, enquanto os outros componentes consistem em capacidades e habilidades específicas que permitem a uma pessoa resolver um determinado problema de forma eficaz. A *orientação para o problema* pode ser descrita como um conjunto de respostas de orientação, que representam as reações cognitivo-afetivo-comportamentais imediatas de uma pessoa quando se defronta pela primeira vez com uma situação problemática. Estas respostas de orientação incluem uma classe particular de aspectos da atenção (quer dizer, sensibilidade para os problemas) e um conjunto de crenças, suposições, avaliações e expectativas gerais sobre os problemas da vida e sobre a própria capacidade geral de solução de problemas. Este conjunto cognitivo baseia-se principalmente na história passada de desenvolvimento e de reforçamento da pessoa, que está relacionada com a solução de problemas da vida real. Dependendo de sua natureza específica, estas variáveis cognitivas podem produzir um efeito positivo e uma motivação para o enfrentamento, o que provavelmente facilitará a prática da solução de problemas, ou pelo contrário, podem produzir um efeito negativo e uma motivação para a evitação, o que possivelmente inibirá ou anulará essa prática.

Os quatro componentes restantes do processo de solução de problemas constituem um conjunto de habilidades específicas ou tarefas dirigidas para um objetivo, que permitem a uma pessoa solucionar com êxito um determinado problema. Cada tarefa oferece uma contribuição particular para a descoberta de uma solução adaptativa ou resposta de enfrentamento, em uma determinada situação de solução de problemas.

O objetivo da *definição e formulação do problema* consiste em clarificar e compreender a natureza específica do problema. Isto pode incluir uma reavaliação da situação em termos de sua significação para o bem-estar e a mudança. A avaliação inicial do problema implica na resposta imediata da pessoa ante um que não seja definido, baseando-se principalmente nas experiências com problemas similares. Após definir e formular a natureza do problema de forma mais clara e concreta, a pessoa pode, então, avaliá-lo de modo mais preciso.

O objetivo do terceiro componente, a *criação de alternativas*, é fazer com que estejam disponíveis tantas soluções quantas sejam possíveis, a fim de elevar ao máximo a possibilidade de que a "melhor" (a preferida) solução encontre-se entre elas.

O propósito da *tomada de decisões* é avaliar (julgar e comparar) as opções disponíveis com respeito à solução e selecionar a(s) melhor(es), para ser aplicada na situação-problema real.

Finalmente, o propósito da *prática da solução e verificação* consiste em atentar para o resultado da solução e avaliar a eficácia da mesma para controlar a situação problemática.

A colocação em prática da solução, ou execução de afrontamento, inclui-se à verificação na execução da solução de problemas, pois é o pré-requisito necessário para a mesma. Todavia, como foi assinalado anteriormente, a prática da solução está separada do processo de solução de problemas quando são avaliadas as capacidades ou habilidades desta solução. As habilidades de verificação abarcam a auto-observação e a avaliação do resultado real da solução.

Estes cinco processos não se baseiam em uma clarificação natural das estratégias cognitivo-comportamentais empregadas pelos indivíduos no mundo real. Pelo contrário, representam um modelo estabelecido da solução de problemas eficaz ou satisfatória, baseada na investigação disponível. Além disso, a seqüência na qual estes componentes apresentam-se, reflete um formato lógico e útil para o treinamento de indivíduos na solução e afrontamento eficazes de problemas. No entanto, não representa uma avaliação de como as pessoas que solucionam problemas de forma satisfatória na vida real, resolvem os mesmos habitualmente. Tampouco implica em que a solução de problemas da vida real deveria seguir essa forma ordenada, unidirecional. Pelo contrário, é provável que a solução eficaz de problemas implique em um movimento contínuo entre os cinco componentes antes da solução real de um problema. Por exemplo, um aspecto importante do terceiro componente, a criação de alternativas, envolve um turbilhão de idéias com o fim de obter uma lista exaustiva das possibilidades potenciais de solução. No entanto, este enfoque pode ser utilizado também durante processos de solução de problemas que se encontram numa fase anterior, como o gerar uma lista de possíveis razões pelas quais a situação é realmente um problema (uma tarefa de definição e formulação do mesmo).

Em vez de conceitualizar as habilidades de solução de problemas sociais como traços da personalidade ou como facetas da inteligência geral, este modelo as considera como um conjunto de habilidades sociais aprendidas através da experiência direta e vicária com outras pessoas, especialmente com indivíduos adultos significativos (p. ex., os pais ou os educadores de crianças) para a própria vida (Spivak e Shure, 1974). O grau em que a criança que vai se desenvolvendo, aprende essas habilidades refletirá o grau em que as pessoas adultas da casa modelam diferentes habilidades de solução de problemas. O modo como os modelos adultos significativos enfrentam os problemas reais provavelmente terá um papel-chave na aquisição, por parte de uma criança, das capacidades para a solução dos mesmos.

Há duas razões principais através das quais os indivíduos podem ser "solucionadores" pouco eficazes de problemas. Em primeiro lugar, a pessoa pode simplesmente não ter aprendido as habilidades necessárias. Em segundo lugar, o indivíduo pode ter adquirido as habilidades, mas não é capaz de manifestar eficazmente a solução de problemas em uma determinada situação, devido a emoções negativas (p. ex., ansiedade ou depressão) que inibem a execução de algumas ou de todas as variadas operações de solução de problemas.

IV. O TREINAMENTO EM SOLUÇÃO DE PROBLEMAS

Quando descrevermos os métodos específicos da terapia de solução de problemas, ressaltaremos também os fundamentos conceituais e empíricos de cada um dos cinco processos componentes. Além disso, serão apresentados também vários métodos de avaliação das habilidades de solução de problemas.

IV.1. Objetivos do tratamento

Os objetivos de nosso enfoque de terapia de solução de problemas incluem:

a. Ajudar os indivíduos a identificar as anteriores e as atuais situações estressantes da vida (os acontecimentos mais importantes e os problemas diários atuais), que constituem os antecedentes de uma reação emocional negativa.

b. Minimizar o grau em que essa resposta influencia de modo negativo as tentativas futuras de enfrentamento.

c. Aumentar a eficácia de suas tentativas de solução de problemas, no enfrentamento de situações problemáticas atuais.

d. Ensinar habilidades que permitam aos indivíduos vê-las de modo mais eficaz com problemas futuros, a fim de evitar perturbações psicológicas.

Dependendo das circunstâncias idiossincrásicas da própria vida, o tratamento dentro deste contexto pode centrar-se em mudar a natureza problemática das situações estressantes anteriores e atuais, em modificar a resposta desadaptativa do paciente a estes acontecimentos (isto é, as perturbações psicológicas) ou em ambos os casos (Nezu, 1987). A terapia de solução de problemas pode ser aplicada em um formato muito estruturado de tempo limitado, similar aos nossos programas de investigação com grupos (Nezu, 1986a; Nezu e Perri, 1989) ou com um formato de terapia mais amplo e aberto. Pode-se considerar como o único programa de tratamento, como parte de um pacote de tratamento mais amplo ou como uma forma de manutenção e generalização do treinamento. Se for utilizada em conjunto com outras estratégias de tratamento, recomendamos que a terapia geral seja realizada dentro de um *marco geral de solução de problemas mais amplo* (D'Zurilla, 1986, Nezu, Nezu e Perri, 1990), no qual se incorporem técnicas adicionais como meio para facilitar o treinamento de um processo particular de solução de problemas. Por exemplo, o emprego da reestruturação cognitiva seria muito apropriado durante o treinamento em definição e formulação de problemas, a fim de minimizar o grau em que diferentes distorções cognitivas impeçam que o indivíduo defina um problema com precisão. O emprego do treinamento em relaxamento pode ser igualmente importante durante o processo da criação de alternativas, objetivando facilitar a criatividade, ao diminuir as possíveis interferências associadas com a reatividade emocional.

IV.2. Estratégias de avaliação na solução de problemas

Dirigem-se à avaliação da capacidade geral *para*, e prática *de*, solução de problemas de uma pessoa. A capacidade refere-se ao conhecimento e compreensão de diversos processos cruciais de solução de problemas, enquanto a prática reflete a aplicação deste conhecimento para resolver determinados problemas da vida real. Embora seja provável que estas duas variáveis de solução de problemas encontrem-se altamente relacionadas, a avaliação clínica destas duas áreas é importante quando se trata de identificar déficits específicos e áreas problemáticas idiossincrásicas. Por exemplo, uma pessoa pode ser capaz de criar um amplo leque de soluções alternativas a um problema, mas tem dificuldades para inibir a execução impulsiva de uma solução. O tratamento para este indivíduo seria centrado mais em melhorar suas habilidades em práticas de solução de problemas, do que em treiná-lo em técnicas relativas ao turbilhão de idéias.

A avaliação da competência na solução de problemas de um paciente pode ser facilitada empregando-se diversos inventários ou formatos de entrevista estruturada. As medidas de papel e lápis incluem o *Problem Solving Inventory*, PSI (Inventário de Solução de Problemas) (Heppner e Peterson, 1982), e *Means-End Problem Solving Procedure, MEPS* (Procedimentos Meios/Fins para a Solução de Problemas) (Platt e Spivack, 1975); e o *Social Problem-Solving Inventory, SPSI* (Inventário de Solução de Problemas Sociais) (D'Zurilla e Nezu, 1990). O *PSI* é uma medida da capacidade auto-avaliada de solução de problemas e contém 32 itens que proporcionam pontuações em três áreas: *confiança na solução de problemas* (crer e confiar nas próprias capacidades de solução de problemas); *estilo de aproximação-evitação* (tendência geral a enfrentar ou evitar distintas atividades de solução de problemas); e *controle pessoal* (crenças que se referem ao próprio autocontrole sobre as emoções e os comportamentos durante a solução de problemas).

O *MEPS*, que se orienta mais para a prática, tenta avaliar um determinado aspecto da solução de problemas – a capacidade meios/fins. De acordo com o *MEPS*, pede-se aos sujeitos que conceitualizem os possíveis meios pelos quais uma pessoa poderia conseguir um objetivo específico em uma determinada situação da vida (p. ex., fazer amigos em uma nova vizinhança).

O *SPSI* é uma medida de auto-informação, relativamente recente, sobre a capacidade de solução de problemas, que consta de 70 itens, e que foi construída para avaliar de modo funcional cada um dos cinco processos componentes da solução de problemas (D'Zurilla e Nezu, 1990). Desta maneira, podem-se determinar os déficits individuais nas diversas variáveis de solução de problemas, como um meio para dirigir o planejamento do tratamento. A avaliação preliminar das propriedades psicométricas deste instrumento sugere ser uma medida válida e confiável da capacidade de solução de problemas.

Métodos adicionais para avaliar a capacidade de solução de problemas de um paciente implicam no uso de entrevistas estruturadas e na representação de hipotéticas situações problemáticas (Kendall e Fischler, 1984; Nezu, Nezu, Arean e Kuehl, 1989). A observação, por parte de um terapeuta, da atuação e das habilidades do paciente (isto é, os produtos do processo de solução de problemas) pode ocorrer durante as discussões de problemas reais. Além disso, pode-se pedir aos pacientes que levem um diário ou um registro de diferentes problemas, e de suas tentativas, entre as sessões, para resolver esses problemas (ver D'Zurilla, 1986 e Nezu, Nezu e Perri, 1989, para formatos específicos).

IV.3. Componentes do treinamento na solução de problemas

Este aparte inclui nossas sugestões de tratamento para realizar a terapia de solução de problemas. É importante assinalar que, embora este marco pareça estar seqüencialmente delineado, o treinamento real deveria ser mais flexível e espontâneo-natural. Mais especificamente, em vez de pôr em prática este enfoque de uma maneira estática, deve-se ressaltar a inter-relação dinâmica entre os diferentes componentes. Por exemplo, podem-se empregar princípios do *turbilhão de idéias* ao longo do treinamento (isto é, para gerar uma ampla variedade de objetivos de solução de problemas; para criar uma ampla lista de conseqüências a antecipar), em vez de fazê-lo somente durante o procedimento de criação de alternativas.

IV.3.1. Orientação para o problema

O primeiro componente da solução de problemas reflete um conjunto geral de respostas envolvido em compreender e reagir a situações estressantes reais ou percebidas. Esta orientação funciona como um processo motivacional, que pode ter um efeito facilitador ou inibidor generalizado sobre as quatro tarefas restantes de solução de problemas. O treinamento deste componente ajuda os indivíduos com problemas em:

a. Identificar e reconhecer corretamente os problemas quando ocorrem.

b. Adotar a perspectiva filosófica de que os problemas da vida são normais e inevitáveis e que a sua solução é um meio viável de enfrentá-los.

c. Aumentar suas expectativas de serem capazes de realizar satisfatoriamente atividades de solução de problemas (isto é, auto-eficácia percebida).

d. Inibir a tendência a realizar hábitos de resposta automática, baseados em experiências anteriores em situações semelhantes (Nezu, Nezu e Perri, 1989).

Uma orientação positiva para o problema compreenderia uma aceitação pessoal da crença de que os problemas são normais e inevitáveis e que podem ser enfrentados de forma eficaz. Percebemos que a estratégia de *representação de papéis defendendo a posição oposta* é útil para "plantar a semente", em um primeiro momento, de uma orientação positiva (Nezu, Nezu e Perri, 1989). De acordo com esta técnica, o terapeuta simula adotar uma determinada crença sobre os problemas e pede ao paciente que lhe dê razões pelas quais essa crença é irracional, ilógica, incorreta e/ou desadaptativa. Essas crenças poderiam incluir as seguintes afirmações: "Nem todo mundo tem problemas; se tenho um, quer dizer que estou louco!"; "Eu mesmo causo todos os meus problemas"; "Sempre existe uma solução perfeita para todos os problemas"; ou "A gente não muda; eu serei sempre assim". Às vezes, quando o paciente tem dificuldades para gerar argumentos contra a posição do terapeuta, este adota então uma forma mais extrema da crença (p. ex., "Não importa o tempo que leve, continuarei tentando e encontrarei a solução perfeita para meu problema").

Se avaliações prévias indicaram que o paciente caracteriza-se por deficiências e distorções consistentes e generalizadas do processamento da informação (isto é, um estilo atribucional negativo, avaliações negativas, distorções cognitivas, crenças irracionais), então a terapia deve também tentar melhorá-las e retificá-las. Nestes casos recomenda-se empregar estratégias de reestruturação cognitiva, como as incluídas na terapia cognitiva de Beck para depressão (Beck, Rush, Shaw e Emery, 1979; Dobson e Franche, este volume), para ajudar na terapia.

Um segundo aspecto importante do processo de orientação implica no reconhecimento e na classificação adequados dos problemas, quando ocorrem. Para facilitar este processo, pede-se aos pacientes que completem algumas "listas" de problemas [p. ex., a *Mooney Problem Check List* (Lista de Problemas de Mooney) desenvolvida por Mooney, Mooney e Gordon (1950); a *Personal Problems Checklist* (Lista de Problemas Pessoais), Schinka (1986)], como um meio de sensibilizar-lhes frente à ampla variedade de problemas que poderiam ocorrer ao longo das diversas áreas da vida. O que é mais importante, também pede-se-lhes que examinem as situações problemáticas pessoais que experimentaram ou podem experimentar em cada uma dessas áreas (p. ex., trabalho, amizades, religião, profissão, recursos econômicos).

Também ensina-se aos pacientes que empreguem os sentimentos ou emoções ("Sinto-me triste", "Sinto uma sensação de cócegas no estômago", "Estou tão confuso!") como "indícios" ou "sinais" de que existe um problema. Temos percebido que é útil empregar imagens visuais: a luz vermelha intermitente de um semáforo ou uma bandeira vermelha agitando-se, como sinais para *"Parar e Pensar".* Basicamente, é importante ensinar os pacientes a reconhecer certas situações como problemas e classificá-las como tais. Classificar com precisão um problema *como* problema, serve para ajudar a pessoa a inibir a tendência de agir de forma impulsiva ou automática, como reação à situação. Também facilita a motivação para encará-lo, em contraste com o comportamento de evitação, dada a importância de entender o problema para enfrentá-lo de forma eficaz.

Como parte deste treinamento, ajuda-se os pacientes a identificar as formas específicas em que experimentam as emoções em geral. Isto incluiria a ativação fisiológica e as mudanças somáticas (p. ex., sensações de cansaço), mudanças afetivas ou do estado de ânimo (p. ex., estado de ânimo triste ou ansioso) e os pensamentos (p. ex., "Sinto que não vai mudar nada"). Ensina-se aos pacientes que voltem a focalizar estas reações, passando de um "estado emocional angustiante" a um sinal de que "algo vai mal" (isto é, a luz vermelha do semáforo lhes alertam que "parem e pensem"). Então, volta a dirigir a atenção ao(s) problema(s) que o indivíduo está experimentando, com o objetivo imediato de continuar envolvendo-se nas tarefas restantes de solução de problemas.

Sobre a investigação que o apóia, Cormier, Otani e Cormier (1986) desenvolveram um estudo para avaliar especificamente os efeitos do treinamento em diferentes componentes da solução de problemas, incluindo o processo de orientação para o problema. Segundo seus resultados, os estudantes já licenciados que recebiam instruções sobre o conteúdo deste componente atuavam significativamente melhor que os sujeitos-controle, em duas tarefas de solução de problemas. Uma tarefa requeria selecionar a melhor alternativa de uma lista de possíveis soluções de diferentes problemas sociais e interpessoais. Na segunda medida de solução de problemas, os sujeitos descreviam com detalhes os comportamentos reais empregados para solucionar uma série de seis problemas adicionais.

Além disso, um dos propósitos do estudo de Nezu e Perri (1989) implicava em examinar a contribuição relativa do componente da orientação para o problema, quando se tratavam de indivíduos clinicamente deprimidos. Utilizou-se uma estratégia de desmantelamento ao abordar este objetivo, distribuindo ao acaso 39 sujeitos diagnosticados como depressivos, a três condições: terapia de solução e problemas (TSP – treinamento em um modelo inteiro); terapia abreviada de solução de problemas (TASP – o modelo inteiro menos o treinamento no processo de orientação) e um grupo-controle de lista de espera (CLE). Os resultados indicavam que embora os sujeitos TASP apresentassem uma pontuação significativamente mais baixa na depressão, avaliada após o tratamento, do que os membros do grupo CLE, os sujeitos TSP manifestavam níveis significativamente menores de sintomatologia depressiva que os participantes dos grupos TASP e CLE. Concluiu-se que embora aos membros do TASP tenham sido ensinadas algumas habilidades de afrontamento dentro da solução de problemas (isto é, definição de problemas, geração de soluções alternativas, tomada de decisões), o fato de não ter abordado, de forma específica, um processo da solução de problemas, pode ter conduzido a um tratamento menos eficaz. Em certo sentido, ter certas habilidades de afrontamento não garante automaticamente sua colocação em prática. Devido ao fato do objetivo do treinamento, no processo de orientação para o problema, consistir em facilitar a adoção de uma tendência positiva para os problemas da vida, aumentando, portanto, a motivação para envolver-se nas tarefas restantes de solução de problemas, a orientação negativa poderia ter feito com que os sujeitos do grupo TASP colocassem em prática, de forma inconsistente, as habilidades aprendidas.

Estes dois estudos proporcionam um forte apoio à inclusão do treinamento na orientação para o problema, dentro do modelo geral de terapia de solução de problemas. Os resultados duvidosos do treinamento em solução de problemas (em crianças e adultos) que aborda outros transtornos psicológicos, devem-se, em parte, à omissão do processo de orientação (Nezu, Nezu e Perri, 1989).

IV.3.2. Definição e formulação do problema

O propósito deste processo de solução de problemas consiste em avaliar a natureza da situação-problema e identificar um conjunto de objetivos ou metas realistas. O treinamento deste componente centra-se nas cinco tarefas seguintes:

a. Busca de toda a informação e de todos os fatos disponíveis sobre o problema.

b. Descrição destes fatos em termos claros e sem ambigüidades.

c. Diferenciar a informação relevante da irrelevante e os fatos objetivos das inferências, suposições e interpretações não comprovadas.

d. Identificação dos fatores e circunstâncias que fazem da situação um problema.

e. Estabelecer uma série de objetivos realistas na solução de problemas.

Ao definir e formular um determinado problema, enfatiza-se a precisão e o alcance.

Segundo nosso modelo, é ensinado aos pacientes como converter-se em "repórteres de investigação pessoal", como um meio de recolher informações, usar uma linguagem concreta e separar os fatos das inferências e as suposições. Basicamente, os indivíduos aprendem a formular uma ampla variedade das cinco classes de perguntas específicas seguintes (as cinco "w") – *quem* ("who") (p. ex., "quem está envolvido neste problema?"; "quem é o responsável por este problema?"); *o que* ("what") (p. ex., "o que estou sentindo sobre este problema?", "o que está acontecendo que faz com que eu me sinta triste?", "o que estou pensando em resposta a este problema?", "o que acontecerá se não soluciono este problema?"); *onde* ("where") (p. ex., "onde ocorre o problema?"); *quando* ("when") (p. ex., "quando começou este problema?", "quando solucionarei, supostamente, este problema?") e *por que* ("Why") (p. ex., "por que ocorreu este problema?", "por que estou me sentindo tão triste?").

Ao fazer estes tipos de perguntas, estimula-se o indivíduo a empregar uma linguagem concreta e sem ambigüidades, a fim de minimizar a probabilidade de confusão e as distorções da informação. Ensina-se, também, aos pacientes que identifiquem e corrijam os tipos de inferências, suposições e conceitos errôneos que poderiam estar desenvolvendo ao responder estas perguntas (p. ex., atenção seletiva, inferência arbitrária, minimização, generalização excessiva, atribuições negativas e abstração seletiva). Novamente, diversas estratégias de reestruturação cognitiva são úteis neste processo.

Ao definir e formular problemas, ensina-se os pacientes, além disso, a planejar objetivos específicos que gostariam de alcançar. Estes objetivos se especificam em termos concretos e sem ambigüidade, a fim de minimizar, novamente, a confusão. Orienta-se também os pacientes para que estabeleçam objetivos realistas que sejam realmente alcançáveis. Freqüentemente, ocorre a identificação de uma série de sub-objetivos que proporcionam os passos para alcançar o objetivo geral da solução de problemas. Por exemplo, um paciente poderia afirmar que um objetivo geral é ter uma relação satisfatória a longo prazo com um membro do sexo oposto. Objetivos importantes poderiam incluir: a) a melhora do déficit nas habilidades pessoais (p. ex., problemas de comunicação), que poderiam estar contribuindo para as dificuldades nas relações; b) conhecer mais pessoas em geral; c) ter encontros com mais freqüência; e d) minimizar a quantidade de stress associado com os revezes e os sentimentos de rejeição quando ocorram.

Ao estabelecer os objetivos, podem-se identificar dois tipos gerais: objetivos centrados no problema e objetivos centrados na emoção. Os objetivos centrados no problema compreendem objetivos relacionados com mudanças reais do próprio problema. Estes seriam especialmente relevantes para situações que podem ser mudadas. Por outro lado, os objetivos centrados na emoção relacionam-se com objetivos destinados a reduzir ou minimizar o impacto do mal-estar associado com o sofrer o problema. Estes objetivos relacionam-se com situações que podem ser identificadas como imodificáveis (p. ex., a morte de um familiar). Na maioria dos casos, é provável que seja importante identificar ambos os tipos de objetivos, a fim de maximizar as tentativas de enfrentamento eficazes na solução de problemas. No exemplo anterior, os diversos sub-objetivos incluem ambos os tipos de objetivos.

O último passo importante deste treinamento implica na identificação dos obstáculos que existem em um determinado problema e que impedem que se alcancem os objetivos. Os fatores que convertem em problemática uma situação, podem implicar na novidade (p. ex., mudar para um novo bairro), na incerteza (p. ex., obter um novo trabalho), nas demandas conflitivas do estímulo (p. ex., discutir com o cônjuge pelo tipo de educação que se dá aos filhos), na falta de recursos (p. ex., recursos econômicos limitados) ou em alguma outra limitação ou deficiência pessoal ou ambiental.

Ao identificar estes obstáculos, o terapeuta deveria ter cuidado em ajudar o paciente a analisar cuidadosamente a situação-problema. O precisar estes obstáculos conduz, amiúde, a uma reavaliação dos objetivos. Temos observado, por exemplo, que alguns problemas de depressão incluem, em última análise, objetivos para incrementar a própria auto-estima, embora a princípio não se posicionasse o problema desta maneira. Por exemplo, uma pessoa que vai à terapia poderia indicar inicialmente que deseja perder peso e que estar gorda a deprime. O objetivo geral de aumentar a própria auto-estima poderia abarcar uma variedade de sub-objetivos, como o perder peso, melhorar a aparência física, melhorar as habilidades profissionais e melhorar as relações interpessoais. A identificação precisa dos obstáculos e dos conflitos implicados em um problema, ajuda o indivíduo a melhorar os problemas complexos e a compreender o "verdadeiro problema".

Tem-se realizado várias investigações para comprovar a hipótese de que o treinamento no processo da definição e formulação do problema terá um importante impacto sobre a implicação efetiva nas posteriores tarefas de solução de problemas. Em um trabalho, Nezu e D'Zurilla (1981b) estudaram os efeitos do treinamento em habilidades de definição e formulação do problema (DFP) sobre o processo de criação de alternativas. Os estudantes universitários se dividiram em três condições que representavam diferentes níveis do treinamento em DFP (treinamento específico, treinamento geral e não treinamento). Além disso, a metade dos membros de cada grupo recebiam treinamento em criação de alternativas segundo o "princípio de quantidade" (isto é, quanto mais idéias produzissem, maior era a probabilidade de gerar alternativas mais eficazes). À outra metade não foram dadas instruções para aplicar este princípio. Após o treinamento, pediu-se a todos os sujeitos que gerassem soluções para um dos dois problemas de orientação social apresentados. Os objetivos de solução de problemas foram determinados experimentalmente, a fim de assegurar objetivos comuns que guiassem a criação de alternativas para todos os sujeitos. Os resultados deste estudo proporcionaram evidência que confirmava a hipótese principal. De forma mais específica, os sujeitos treinados em habilidades DFP produziram soluções significativamente mais eficazes do que as criadas pelos sujeitos que receberam treinamento geral ou que não receberam treinamento. Os resultados desta investigação indicavam também que os sujeitos que receberam instruções para o emprego do princípio de quantidade produziram soluções significativamente melhores do que os sujeitos que não receberam esse treinamento.

Em um segundo estudo realizado por Nezu e D'Zurilla (1981a), os efeitos do treinamento em habilidades de DFP foram avaliados em relação à melhora na eficácia da tomada de decisões. Estudantes universitários foram distribuídos aleatoriamente dentre os três grupos descritos anteriormente, refletindo diferentes níveis de treinamento em habilidades de DFP. Todavia, neste estudo, a metade dos sujeitos de cada condição receberam também treinamento específico no modelo de utilidade da tomada de decisões, enquanto à segunda metade não foram dadas ajudas específicas de tomada de decisões. Após o treinamento, foram apresentados a todos os sujeitos, oito problemas intrapessoais e interpessoais de prova (p. ex., como evitar discussões com um amigo), junto com uma lista de possíveis soluções para cada um deles. Estas alternativas potenciais variavam em seu grau de eficácia. Pedia-se aos sujeitos que escolhessem a melhor solução para cada problema. Os resultados dessa investigação indicaram que os sujeitos que recebiam treinamento específico em habilidades de DFP o fizeram significativamente melhor, na tarefa de tomada de decisões, do que os sujeitos que não receberam esse treinamento. Além disso, o treinamento específico em DFP teve também como resultado, decisões significativamente melhores do que quando simplesmente se ensinavam diretrizes gerais de DFP. Adicionalmente, as diretrizes gerais na DFP tiveram como resultado melhores decisões que o não proporcionar nenhuma diretriz na DFP. Finalmente, esse estudo demonstrou, também, que os sujeitos aos quais se dava treinamento na tomada de decisões escolhiam soluções mais eficazes do que os sujeitos que não recebiam tal treinamento.

O estudo de Cormier e cols. (1986), citado anteriormente, também proporcionou evidência que apóia a importância do treinamento em DFP. Neste estudo, os sujeitos que receberam instruções sobre certas habilidades de DFP selecionaram, de forma significativa, melhores alternativas de solução para seis problemas de prova, que os participantes que não receberam treinamento. A investigação de Hansen, St. Lawrence e Christoff (1985), que utilizaram linha de base múltipla com sete pacientes psiquiátricos crônicos, para avaliar a eficácia do treinamento em várias habilidades de solução de problemas, proporciona mais uma evidência de apoio.

IV.3.3. Levantamento de alternativas

O objetivo geral deste componente é fazer com que estejam disponíveis tantas soluções alternativas ao problema (quer dizer, opções de afrontamento) quantas sejam possíveis, de tal maneira que aumente a probabilidade de identificar, em último caso, as mais eficazes. Ao levantar estas alternativas, ensina-se os indivíduos a utilizarem três regras gerais do turbilhão de idéias: o princípio de quantidade, o princípio de adiamento de julgamento e o princípio da variedade.

Segundo o *princípio de quantidade*, quanto mais idéias alternativas se produzam, mais elevada será a probabilidade de que se gerem opções eficazes ou de grande qualidade. Incentiva-se os pacientes para que produzam tantas idéias quantas forem possíveis para cada um dos sub-objetivos (tanto para os objetivos centrados no problema como para os objetivos centrados na emoção). O segundo princípio, o *adiamento do julgamento*, sugere que a regra de quantidade pode ser melhor aplicada se for eliminada a opinião sobre a qualidade ou a eficácia de qualquer idéia, até que se produza uma lista exaustiva. O único critério que pode-se empregar é o da relevância para o problema presente. Por outro lado, as avaliações de qualquer opção são deixadas para a fase de tomada de decisões.

A última regra do turbilhão de idéias, o *princípio da variedade*, leva os indivíduos a pensar em um amplo leque de soluções possíveis através de uma variedade de estratégias ou tipos de enfoque, em vez de centrar-se só em uma ou duas idéias limitadas. Ao gerar opções de solução, incentiva-se os indivíduos a continuar usando termos concretos e sem ambigüidades.

Com respeito à investigação sobre este processo de solução de problemas, um estudo de D'Zurilla e Nezu (1980) investigou os princípios de levantamento de alternativas. Distribuiu-se aleatoriamente cem estudantes universitários em quatro grupos experimentais e a um grupo de controle. A primeira condição experimental implicava no treinamento da aplicação dos três princípios, enquanto o segundo grupo recebia treinamento nos princípios de adiamento de julgamento e quantidade, mas não no enfoque das estratégias. Ao terceiro grupo foram dadas instruções sobre a quantidade e as estratégias, mas não sobre o adiamento de julgamento. O quarto grupo recebeu instruções só sobre o princípio de quantidade. Ao grupo-controle não foram dadas instruções sobre nenhum dos princípios de levantamento de alternativas. Simplesmente foi-lhes dito que resolvessem o problema.

Após o treinamento inicial, pediu-se a todos os sujeitos que solucionassem dois problemas de prova com orientação social. Os resultados desta investigação indicaram que a solução produzida pelos quatro grupos experimentais era significativamente mais eficaz que as produzidas pelos sujeitos de controle.

O estudo de Nezu e D'Zurilla (1981b) descrito anteriormente, assim como a investigação realizada por Nezu e Ronan (1987), proporcionam um apoio adicional à eficácia do treinamento no princípio de quantidade. Um propósito deste último estudo foi determinar se o treinar os sujeitos deprimidos no princípio de quantidade, aumentaria a qualidade das alternativas de solução geradas em resposta a um problema de prova com orientação social. Os resultados confirmaram esta hipótese. Os sujeitos deprimidos que recebiam instruções sobre a quantidade geravam, de maneira significativa, soluções de maior qualidade que os indivíduos deprimidos que não recebiam esse treinamento.

IV.3.4. A tomada de decisões

O treinamento neste componente da solução de problemas implica na identificação de um amplo leque de conseqüências potenciais que poderiam ocorrer se uma alternativa particular fosse realmente posta em prática. Isto compreende gerar uma lista de resultados específicos antecipados da solução, tanto os efeitos a curto como a longo prazo, assim como as conseqüências pessoais e sociais. Definem-se como soluções eficazes aquelas que se caracterizam por uma quantidade máxima de conseqüências positivas e uma quantidade mínima de negativas.

As conseqüências pessoais que se utilizam como critérios, implicam nos efeitos sobre o próprio bem-estar emocional, a quantidade de tempo e trabalho investida, os efeitos sobre o bem-estar físico e sobre as conseqüências associadas com o bem-estar de outros indivíduos e suas relações interpessoais com o paciente.

Além disso, ensina-se os indivíduos a estimar:

a. A probabilidade de que uma alternativa determinada seja realmente eficaz para alcançar o objetivo (isto é, a probabilidade de que uma solução determinada tenha um efeito particular sobre o problema).

b. A probabilidade de que o indivíduo seja realmente capaz de realizar a solução de forma adequada (isto é, a valorização da capacidade e o próprio desejo de pôr em prática uma solução, independentemente de seus efeitos sobre o problema).

Em geral, ensina-se os pacientes a valorizar cada alternativa segundo os critérios anteriores, como um meio de decidir quais alternativas deve-se pôr em prática na vida real. A razão custo/benefício total de cada opção de enfrentamento pode ser avaliada segundo escalas de avaliação simples (p. ex., desde - 7 = muito insatisfatório até + 7 = muito satisfatório). Por exemplo, uma idéia que parece ter um grande número de conseqüências positivas e uma quantidade mínima de custo poderia ser avaliada com um + 6 ou um + 7. Pelo contrário, uma alternativa que se caracterize por poucos resultados positivos e um grande número de conseqüências negativas seria avaliada com um - 6 ou um - 7.

Ao utilizar estas avaliações, instrui-se os indivíduos para que desenvolvam um plano geral de solução, comparando primeiro o resultado da soma das pontuações das diferentes soluções alternativas. Se só houver um pequeno número de idéias que são avaliadas como potencialmente satisfatórias, então o "solucionador" de problemas deve fazer a si mesmo as seguintes perguntas – "tenho suficiente informação?", "defini o problema corretamente?", "meus objetivos são muito elevados?", "levantei suficientes opções?", etc. É provável que neste ponto o indivíduo necessite retroceder e voltar a envolver-se nas tarefas anteriores de solução de problemas.

Se forem identificadas diversas alternativas satisfatórias, instrui-se o indivíduo a incluir uma combinação de opções de enfrentamento potencialmente eficazes para cada sub-objetivo, como um meio de "atacar" o problema sob diferentes perspectivas. Além disso, é útil um plano de contingências, em que se identificam um grupo de idéias para serem aplicadas contingentemente quando fracassarem nas anteriores.

Empregando situações-problema da vida real, Nezu e D'Zurilla (1979) investigaram a eficácia do modelo estabelecido de tomada de decisões com 53 estudantes universitários. Este estudo abordou a questão de se o uso de diretrizes e critérios específicos da tomada de decisões, aumentaria a capacidade de um indivíduo para escolher eficazmente a alternativa que tenha os resultados mais desejáveis em toda uma variedade de níveis para situações problemáticas da vida real. O estudo empregou três condições: 1) Diretrizes e Critérios Específicos (DCE), na qual os sujeitos recebiam instruções detalhadas no modelo inteiro; 2) Somente Diretrizes (SD), na qual dava-se aos sujeitos as diretrizes globais com as quais dirigir suas escolhas, mas não possuíam os aspectos específicos destas diretrizes; e 3) Sem Treinamento Sistemático (STS), na qual dizia-se aos sujeitos que decidissem simplesmente qual era a solução mais eficaz.

Todos os sujeitos desta investigação receberam uma variedade de possíveis soluções em uma série de 12 situações-problema e pedia-se-lhes que indicassem as melhores soluções de acordo com as instruções que lhes foram dadas previamente. Todas as situações haviam sido avaliadas anteriormente no tocante à sua eficácia. Os resultados apoiaram claramente a predição de que o grupo DCE seria o que melhor tomaria as decisões e que o grupo STS seria o grupo com a pontuação mais baixa. Enquanto o grupo DCE funcionava significativamente melhor do que as outras duas condições, os grupos SD e STS não se diferenciavam significativamente entre si em sua aplicação. Estas descobertas gerais sugerem que o treinamento específico neste modelo facilita a eficácia da tomada de decisões.

Os resultados do estudo de Nezu e D'Zurilla (1979) foram replicados mais tarde em investigações realizadas por Nezu e D'Zurilla (1981a) e Nezu e Ronan (1987). Este último estudo encontrou resultados significativos em estudantes universitários deprimidos e não deprimidos. Também teve-se informações de resultados que apoiavam o treinamento na tomada de decisões para a solução de problemas sociais, no estudo de Cormier e cols. (1986). Estes autores descobriram que os sujeitos que foram treinados na tomada de decisões funcionavam significativamente melhor em uma tarefa de solução de problemas, em uma avaliação no mês de seguimento, do que os sujeitos que não recebiam esse treinamento.

IV.3.5. A prática da solução de problemas e verificação

A primeira parte da última tarefa de solução de problemas implica na aplicação das opções de solução escolhidas. O segundo aspecto compreende a vigilância cuidadosa e a avaliação dos resultados reais da solução. Após ter-se realizado o plano com a solução, instrui-se os indivíduos para que observem as conseqüências da vida real que acontecem como função da solução aplicada. Ensina-se aos pacientes que desenvolvam medidas de auto-registro que sejam relevantes para um determinado problema e que incluam tanto avaliações comportamentais do resultado da solução (p. ex., freqüência da resposta, duração da resposta, resultado da resposta), como avaliações das próprias reações emocionais a estes resultados e o grau em que se correspondem com as conseqüências previamente antecipadas durante o processo de tomada de decisões. Se a equiparação for satisfatória, então instrui-se o "solucionador" de problemas para que se proporcione algum tipo de auto-esforço (p. ex., autoverbalizações de felicitação, uma recompensa ou um presente tangíveis). Por outro lado, se a equiparação não for satisfatória, então instrui-se o paciente para que, ou realize o plano de contingências previamente estabelecido ou comece de novo todo o ciclo do processo de solução de problemas. Deve-se ter cuidado especial para distinguir entre dificuldades na aplicação ou colocar em prática uma opção de enfrentamento e o processo de solução de problemas em si mesmo.

Até o momento, não há estudos empíricos que tenham avaliado especificamente a importância deste componente dentro do processo global de solução de problemas sociais. Entretanto, não são necessários estudos para mostrar que a solução de problemas seria só um exercício simbólico interessante se as soluções não fossem aplicadas e avaliadas em um contexto real. Tampouco são necessários estudos para mostrar que levar à prática uma solução não pode estabelecer ou reforçar a eficácia da solução de problemas sem incorporar procedimentos de avaliação e de autocontrole dentro do processo de verificação (D'Zurilla e Nezu, 1982). Deste modo, a evidência que apóia o emprego de procedimentos de auto-registro e de avaliação dentro de um marco de avaliação comportamental (Barlow, 1981a; Nelson e Hayer, 1986), além da evidência que apóia a teoria do controle e do autocontrole (Hyland, 1987; Kanfer, 1971), também apóia a importância deste conjunto de operações de solução de problemas.

No quadro 22.1 pode-se ver um esquema que segue, em grande parte, o que temos exposto até aqui sobre o treinamento em solução de problemas.

Quadro 22.1. *Esquema geral do processo de solução de problemas* (baseado em D'Zurila, 1986 e Nezu e cols., 1989).

---

1.   Orientação para o Problema

A. Percepção do problema
   (Reconhecimento e classificação do problema)

B. Atribuições do problema
   (Atribuições sobre as causas do problema)

C. Avaliação do problema
(Significação do problema para o bem-estar pessoal-social)

D. Controle pessoal
D.1. Que se perceba o problema como controlável e com solução
D.2. Que o sujeito pense que pode resolver o problema através de seus esforços

E. Compromisso de tempo e esforço
E.1. Estimativa precisa do tempo que se levará para solucionar o problema com êxito
E.2. A disposição do indivíduo em dedicar tempo e esforço necessários para solucionar o problema

2. Definição e Formulação do Problema

A. Coleta de informação
A.1. Informação sobre a tarefa
(p. ex., o papel que se tem que representar, como empregado, pai, etc.)
A.2. Informação sócio-cultural
(refere-se às características comportamentais do próprio sujeito e às daqueles com os quais tem-se que interagir, incluindo crenças, sentimentos, etc.)

B. Compreensão do problema
(Organização da informação para compreender a natureza do problema)

C. Estabelecimento de objetivos
C.1. Planejar os objetivos em termos específicos, concretos
C.2. Evitar estabelecer objetivos pouco realistas e inalcançáveis

D. Reavaliação do problema
(Uma vez que se concretizou e definiu o problema, volta-se a avaliar com mais precisão a importância do mesmo, considerando os benefícios de resolvê-lo ou não)

3. Levantamento de Alternativas

A. Princípio de quantidade

B. Princípio de adiamento de julgamento

C. Princípio da variedade

4. Tomada de Decisões

A. Antecipação dos resultados da solução
(Conseqüências positivas e negativas esperadas, a curto e a longo prazo)

B. Avaliação (julgando e comparando) dos resultados de cada solução
(Resultados referentes a: solução do problema, bem-estar emocional, tempo e esforço empregados e bem-estar pessoal-social geral)

C. Preparação de uma solução
(Uma solução simples ou uma combinação de soluções)

5. Prática da Solução e Verificação

A. Realizar a solução escolhida
Se não for possível realizar a solução escolhida, devido a diversos obstáculos, pode-se:
A.1. Voltar a etapas anteriores da solução de problemas, para encontrar uma solução alternativa
A.2. Centrar-se em salvar os obstáculos

B. Auto-registro
B.1. Auto-observação da prática da solução e/ou de seus produtos (resultados)
B.2. Registro (medição) da atuação e/ou de seu resultado

C. Auto-avaliação
   C.1. Solução do problema
   C.2. Bem-estar emocional
   C.3. Quantidade de tempo e esforço empregados
   C.4. Razão custo/benefício total ou bem-estar pessoal-social geral

D. Auto-reforçamento
   Recompensar-se pelo trabalho bem feito, se o resultado for satisfatório. Se a discrepância entre o resultado obtido e o esperado não é satisfatória, passar para o passo seguinte.

E. Recapitular e reciclar
   Voltar ao passo de solução de problemas e averiguar as correções a serem feitas para achar uma solução mais eficaz.

IV.3.6. Considerações clínicas adicionais

Durante o treinamento, os terapeutas não deveriam proporcionar somente explicações didáticas de cada um dos diferentes componentes do enfoque geral de solução de problemas, mas deveriam também modelar a maneira pela qual podem ser utilizadas. Além disso, seria bom empregar como exemplos que ilustrem os diferentes componentes, tantos problemas relevantes e da vida real quanto seja possível. Os terapeutas deveriam ter cuidado para não apresentar este enfoque como um processo de pensamento frio, racional ou estéril. Muitos pacientes reagem num primeiro momento contra este enfoque, por considerá-lo demasiado simplista (p. ex., "Não tenho nenhuma dificuldade para solucionar problemas profissionais ou econômicos – pensava que íamos nos centrar nos problemas profundos que tenho!") ou demasiado "frio" (p. ex., "Como posso tentar ser tão racional quando me sinto tão mal?"). Além disso, os sinais de apatia, e uma falta de motivação, requerem o emprego de estratégias iniciais destinadas a fazer com que o paciente tenha pelo menos uma mínima participação ativa. Por exemplo, seria importante transmitir aos pacientes uma compreensão completa das complexidades deste modelo e de suas suposições subjacentes, como meio de proporcionar um ponto de partida através do qual possam entender de que maneira as dificuldades para enfrentar as situações difíceis podem conduzir a dificuldades emocionais e a transtornos psicológicos (Nezu, Nezu e Perri, 1989). Além disso, proporcionar uma análise detalhada dos problemas e da reação de perturbação psicológica, associada a um determinado paciente, ajuda a minimizar estas reações negativas iniciais. Finalmente, conceitualizar essas perturbações dentro do processo de orientação para o problema e ilustrar como essas reações podem inibir as tentativas de enfrentamento eficazes, também ajuda a minimizar as rejeições impulsivas deste modelo.

Como meio para aumentar a generalização e a manutenção, incentiva-se os pacientes para que completem diversas tarefas de casa, entre as sessões, que abordem uma determinada tarefa de solução de problemas (p. ex., levantar soluções frente a um problema que experimentaram essa semana, pôr em prática um plano que tenha sido desenvolvido durante uma sessão). Deve-se enfatizar, durante o treinamento, o ensaio comportamental das diversas tarefas de solução de problemas. Embora os indivíduos possam aprender estas estratégias de solução de problemas, é importante que se proporcionem oportunidades freqüentes para praticar essas habilidades. Os terapeutas deveriam incluir, a propósito, oportunidades para a prática real das diferentes soluções, durante o tratamento, a fim de que os pacientes pratiquem, com freqüência, a aplicação do processo inteiro de solução de problemas e, em especial, a solução satisfatória do problema.

V. VARIAÇÕES E APLICAÇÕES

As variações do treinamento em habilidades de solução de problemas que foram apresentadas neste capítulo, podem ser vistas na literatura que trata da ênfase diferente dada aos diversos processos componentes, dos tipos de métodos de instrução empregados para ensinar estas habilidades (p. ex., representação de papéis, fitas de vídeo, modelação), da estrutura geral do programa (p. ex., as modalidades de tratamento individual *versus* tratamento grupal), da inclusão de técnicas comportamentais de ajuda e do tipo de problema(s)-objetivo abordado(s) no tratamento (D'Zurilla, 1986).

Como foi assinalado anteriormente, a terapia de solução de problemas pode ser aplicada com um formato muito estruturado ou mais amplo e aberto de terapia (Nezu, Nezu e Perri, 1989). As sessões podem ser dedicadas unicamente ao treinamento de cada habilidade ou podem ser incorporadas numa ordem do dia mais ampla, que implica em outros aspectos terapêuticos. Se for aplicado na clínica, sem as restrições que compreende um modelo de investigação, o treinamento pode ser praticado até que uma determinada habilidade tenha sido adquirida de forma adequada (p. ex., aprendizagem baseada em um critério). As variações dos métodos de instrução podem incluir o emprego da discussão em grupo, a modelação das habilidades, as tarefas para casa, livros ou folhetos de trabalho, gravações em vídeo com *feedback* e representações de papéis (ver D'Zurilla, 1986 e Nezu, Nezu e Perri, 1989 para considerar diversas folhas e formatos de tarefas). Deve-se enfatizar que, independentemente do modelo do método de ensino, a prática em cada uma das habilidades, especialmente na prática da solução, é um dos principais componentes do treinamento.

Também existem variações no treinamento em habilidades de solução de problemas com respeito aos tipos de problemas-objetivo e à diversidade de sujeitos aos quais se tem aplicado. A seguir, apresentaremos uma breve descrição de alguns destes estudos de tratamento, a fim de ressaltar esta variabilidade nas aplicações clínicas, assim como proporcionar certa evidência que apóie a eficácia da terapia de solução de problemas. Deve-se assinalar que esta revisão não é exaustiva, mas somente representativa da literatura sobre o assunto. Para revisões mais amplas remete-se os leitores a D'Zurilla (1986) D'Zurilla e Nezu (1982) e Nezu e D'Zurilla (1989).

V.1. Pacientes psiquiátricos hospitalizados

Têm sido realizados alguns estudos para avaliar a aplicabilidade e a eficácia do treinamento em habilidades de solução de problemas com pacientes psiquiátricos crônicos, para aumentar a competência social (Bedell, Archer e Marlowe, 1980; Coche e Flick, 1975; Siegel e Spivack, 1976a, b), para melhorar o ajuste pessoal (Coche e Douglass, 1977), e como parte de um programa de desinstitucionalização (Edelstein, Couture, Cray, Dickens e Lusebrink, 1980).

Este último estudo incluía 12 pacientes psiquiátricos crônicos, selecionados para serem colocados finalmente na comunidade, e empregou um tratamento de linha de base múltipla no qual cada sujeito servia como seu próprio controle. Fez-se, no pré-tratamento, uma prova verbal de solução de problemas, que utilizava um formato de entrevista, e também voltou-se a fazê-lo depois de cada um dos quatro módulos de treinamento. Neste procedimento, pedia-se aos sujeitos que respondessem a problemas hipotéticos similares àqueles que poderiam encontrar-se na comunidade após deixar o hospital (p. ex., problemas ao preparar a comida de forma independente, conflitos com o caseiro, problemas na administração do dinheiro, etc.). Além desta medida verbal de solução de problemas, fez-se também um teste verbal-comportamental de solução de problemas no pré e no pós-tratamento, a fim de avaliar a generalização desde a solução de problemas de forma verbal até a sua prática manifesta. Este teste implicava em uma situação problemática simulada, na qual no caixa de uma loja cobram a mais de um cliente (o sujeito). Além de representar uma resposta à situação, o sujeito respondia também verbalmente a perguntas que consideravam as mesmas habilidades avaliadas através do teste verbal.

Os resultados da medida verbal de solução de problemas mostraram um aumento significativo nas quatro áreas de habilidades, como função de cada módulo de treinamento respectivo. Além disso, os dados sugeriam também que o treinamento em um processo da solução de problemas pode afetar a capacidade para realizar outros processos – por exemplo, o treinamento na identificação e definição do problema parecia facilitar o levantamento de alternativas dos sujeitos e o treinamento no levantamento de alternativas parecia melhorar sua capacidade para avaliar soluções alternativas. Encontraram-se também melhoras significativas nas quatro áreas de habilidades, quando fizeram comparações entre o pré e o pós-tratamento. A análise dos dados verbais-comportamentais da solução de problemas mostrou aumentos significativos do pré ao pós-tratamento na adequação da escolha e da prática da solução.

V.2. Outros problemas

O treinamento em habilidades de solução de problemas também tem sido aplicado eficazmente com indivíduos que têm problemas de uso de drogas (Copemann, 1973), de fumar (Karol e Richards, 1978) e de obesidade (Black, 1987; Black e Sherba, 1983; Black e Threefall, 1986; Perri, McAdoo, McAllister, Lauer, Jordan, Ynacey e Nezu, 1987; Straw e Terre, 1983).

A terapia de solução de problemas tem sido empregada também como uma intervenção eficaz em indivíduos que experimentam depressão clínica (Hussian e Lawrence, 1981; Nezu, 1986a; Nezu e Mahoney, Perri, Renjilian, Arean e Joseph, 1989).

A investigação tem se centrado também no emprego da terapia de solução de problemas no tratamento do *stress* e problemas de ansiedade, incluindo a ansiedade proveniente da indecisão vocacional (Mendonca e Siess, 1976), da agorafobia (Jannoun, Mynby, Catalan e Gelder, 1980), da hipertensão (Eward, Taylor, Kraemer e Agras, 1984) e da raiva (Moon e Eisler, 1983).

Além dos transtornos clínicos vistos anteriormente, a terapia de solução de problemas tem se mostrado eficaz com problemas conjugais (Whisman e Jacobson, 1989), com idosos (Toseland, 1977), com grupos da comunidade (Briscoe, Hoffman e Bailey, 1975), com problemas de agressividade em deficientes mentais (Nezu, Nezu, Arean e Kuehl, 1989) e na facilitação da competência geral entre indivíduos "normais" (Dixon, Heppner, Peterson e Ronning, 1979).

VI. Comentários Finais

Começamos este capítulo com um breve comentário histórico sobre a utilização do treinamento nas habilidades de solução de problemas, como uma intervenção clínica importante. Apresentamos detalhadamente nosso modelo de treinamento, junto com a evidência em apoio de cada um dos cinco processos componentes da solução de problemas (orientação para o problema, definição e formulação do problema, levantamento de alternativas, tomada de decisões, prática da solução e verificação), assim como de sua eficácia com respeito a uma série de aplicações clínicas.

Até aqui, temos conceitualizado a solução de problemas como um conjunto de habilidades de enfrentamento que um paciente pode aprender como meio de reduzir as perturbações psicológicas. Para concluir este capítulo, gostaríamos de mencionar que temos empregado recentemente uma perspectiva de solução de problemas para estabelecer um modelo de tomada de decisões clínicas, que possa ser utilizado pelos mesmos terapeutas comportamentais (Nezu e Nezu, 1989). Neste modelo, considera-se o clínico comportamental como um "solucionador" de problemas, já que constantemente está tomando decisões sobre o tratamento em si (p. ex., "A quais comportamentos-objetivo tenho que dar prioridade?", "Que instrumentos de avaliação deveria empregar?", "Que técnicas deveria aplicar para ajudar mais a este paciente?", etc.). Temos defendido a importância deste modelo para uma tomada de decisões clínica eficaz, especialmente à luz dos princípios empíricos do enfoque comportamental:

Um dos propósitos principais da avaliação na terapia comportamental é ajudar o clínico a esboçar um programa de tratamento adequado para um determinado paciente. Inclusive, indivíduos que possam apresentar conjuntos de sintomas similares deveriam tratar-se de forma diferente como uma função das variações individuais em uma série de caracterís-ticas pessoais e comportamentais... As aplicações eficazes desta perspectiva ideográfica tornam-se cada vez mais complexas, dado o aumento do conjunto de técnicas de tratamento disponíveis no repertório comportamental. A necessidade de compreender e melhorar os meios pelos quais os terapeutas comportamentais escolhem um tratamento é, portanto, crucial para o futuro desta orientação teórica (Nezu e Nezu, 1989, p. 31).

Partindo-se desta perspectiva, assinalamos que os princípios da solução de problemas descritos neste capítulo podem ser relevantes tanto para os pacientes como para os terapeutas.

VII. LEITURAS RECOMENDADAS

D'Zurilla, T. J., *Problem-solving therapy: a social competence approach to clinical intervention*, Nueva York, Springer, 1986.

D'Zurilla, T. J. y Goldfried, M. R., «Problem solving and behavior modification», *Journal of Abnormal Psychology*, 78, 1971, pp. 107-126.

Goldfried, M. R. y Davison, G. C., *Técnicas terapéuticas conductistas*, México, Paidós, 1981. (Or.: 1976).

Nezu, A. M. y D'Zurilla, T. J., «Social problem solving and negative affective conditions», en P. C. Kendall y D. Watson (comps.), *Anxiety and depression: distinctive and overlaping features*, San Diego, Calif., Academic Press, 1989.

Nezu, A. M. y Nezu, C. M. (comps.), *Clinical decision making in behavior therapy: a problem-solving perspective*, Champaign, Ill., Research Press, 1989.

Nezu, A. M., Nezu, C. M. y Perri, M. G., *Problem-solving therapy for depression: theory, research and clinical guidelines*, Nueva York, Wiley, 1989.

23. A Terapia de Avaliação Cognitiva

Richard L. Wessler e Sheenah Hankin-Wessler

I. História

A *Terapia de Avaliação Cognitiva* (*TAC*) surgiu a partir da terapia racional emotiva (TRE) e da terapia cognitiva (TCO). A experiência clínica dos autores deste capítulo revelou uma necessidade de modificações na TRE e na TCO, pelo menos quando empregadas em sua forma pura. A TRE é muito dogmática teoricamente com sua insistência de que as expressões absolutistas dos "tenho que" são a causa da maioria das perturbações psicológicas (Wessler, 1988a). A aplicação da TCO limita-se à "distimia" e aos estados de ansiedade. Muitas de nossas idéias teóricas são similares às expressadas por Guidano e Liotti (1983) (ver capítulo de Botella, neste volume), porém o seu trabalho sobre a terapia cognitivo-estrutural não havia sido publicado quando começamos com o nosso.

A TAC começou em resposta a três questões suscitadas pelo nosso trabalho com pacientes. Primeiro, por que alguns pacientes não respondiam às intervenções com a TRE e a TCO como se supunha que tinham que responder? Éramos terapeutas experientes, havíamos dirigido programas de treinamento sobre procedimentos cognitivos na Europa e América do Norte, e um de nós (R.L.W.) havia sido diretor de treinamento no Instituto de Terapia Racional Emotiva de New York (Wessler, 1987). Segundo, por que alguns pacientes não mantinham os ganhos que haviam adquirido durante o decorrer do tratamento? Alguns pacientes entendiam a natureza de suas cognições disfuncionais e haviam adotado, durante um curto período de tempo, cognições mais funcionais. Terceiro, por que alguns pacientes continuavam em tratamento conosco depois que haviam melhorado? Os problemas apresentados e os sintomas atuais haviam melhorado significativamente nestes pacientes e, ainda assim, continuavam voltando semana após semana, apesar de experimentar menos distimia e menos ansiedade.

A resposta a estas questões levou-nos além do tratamento da distimia e da ansiedade. A personalidade converteu-se no centro do tratamento e começamos a desenvolver intervenções para os seus transtornos.

Pace University (USA) e Cognitive Psychotherapy, New York (USA), respectivamente.

Com poucas exceções, nem a terapia comportamental nem a terapia cognitiva proporcionavam diretrizes para trabalhar com os transtornos de personalidade (Pretzer e Fleming, 1989). As teorias de personalidade não recebem muita atenção na literatura sobre a terapia cognitivo-comportamental. Ellis (1979) alegava que suas idéias sobre as perturbações constituíam uma teoria de personalidade, mas claramente não era assim. Outros lidavam não com a personalidade, mas com as estruturas cognitivas; para Beck estas são representações organizadas de experiências anteriores que permitem a uma pessoa decidir uma linha de ação. As estruturas cognitivas podem ser tácitas ou não conscientes, isto é, podem influir sobre os pensamentos, sentimentos e ações sem que a pessoa perceba (Meichenbaum e Gilmore, 1984).

Assim como na maioria das modificações realizadas nos enfoques de tratamento existentes, o desenvolvimento da TAC foi estimulado com o propósito de vencer a falta de progresso dos pacientes ao longo do tratamento. Em vez das explicações típicas da *resistência* ou a *não aderência ao tratamento*, a TAC considera que a falta de mudança deve-se à tentativa da pessoa de sentir-se mais segura (quer dizer, conhecer o próprio mundo social, econômico e interpessoal e seu lugar nele). Estes propósitos são controlados por processos não conscientes que incluem diretrizes para a ação (regras pessoais para viver), proporcionando a motivação por uma necessidade de experimentar sentimentos familiares que confirmem o sentido de si mesmo (teoria da autoconfirmação) e por uma ênfase especial no papel da vergonha para manter padrões cognitivos, afetivos e interpessoais. A TAC se preocupa mais com a história do desenvolvimento, enquanto o paciente a recorda e a reconstrói, do que a maioria dos outros enfoques cognitivo-comportamentais. Não nos interessam os comportamentos-meta, que freqüentemente são o principal interesse dos terapeutas comportamentais, e não utilizamos os inventários e as folhas de registro que normalmente se empregam na TCO. Na nossa compreensão de personalidade, vimo-nos ajudados pelos avanços da psicologia cognitiva, especialmente pela investigação sobre os processos não conscientes (Kihlstrom, 1987) – uma alternativa ao inconsciente psicodinâmico.

II. DEFINIÇÃO E DESCRIÇÃO

O termo que distinguia melhor nossa posição era o de "*avaliação cognitiva*", um termo que tomamos dos escritos sobre o *stress* e a emoção de R. S. Lazarus (Lazarus e Folkman, 1984). As cognições (ou conhecimentos) e as avaliações (ou valorizações) de si mesmo, de outras pessoas e das situações são aspectos cruciais das emoções e das ações (Wessler, 1986a). A TAC supõe uma interdependência dos acontecimentos cognitivos, afetivos e comportamentais e uma necessidade de integrar os esforços terapêuticos em todos os aspectos do tratamento.

Os psicoterapeutas em tempo integral podem dividir sua prática em duas categorias. Em primeiro lugar encontra-se o gratificante grupo de pacientes que respondem de imediato às intervenções terapêuticas e informam uma diminuição da distimia e da ansiedade, um aumento da auto-estima e padrões comportamentais mais construtivos. Em segundo lugar, existe um grupo menor de pacientes que, ou não conseguem nenhum progresso, ou queixam-se de um aumento da sintomatologia.

Ao tentar tratar, de forma criativa, o segundo grupo, mais resistente, os autores fizeram duas descobertas: 1) que muitos enfoques psicoterapêuticos consagrados (p. ex., as terapias cognitivas, a psicanálise e a terapia comportamental) podem realmente aumentar, em vez de reduzir, a patologia de alguns pacientes; 2) que o fracasso acontece quando os pacientes não estão de acordo com os princípios que subjazem ao tratamento e, portanto, não o cumprem.

Os autores pensavam que era necessário extrair o que fosse positivo das escolas de terapia em que eram *expert* e tentar encontrar *explicações práticas* (introspecções) e *aplicações para a mudança* (intervenções), que fizessem sentido para os pacientes e para os terapeutas. Foi necessário considerar e eliminar os déficits destes enfoques consagrados, enquanto se retinha o que parecia útil. Por exemplo, as terapias cognitivas são úteis para explicar claramente as regras, os valores e os conceitos morais dos pacientes, alguns dos quais, mas não todos, têm sido desadaptativos. Não abordam o afeto de uma forma diferente que não seja uma resposta direta à cognição.

Ficou claro, observando o grupo de pacientes mais resistentes, que muitos tinham o hábito de sentir-se de uma determinada maneira e as causas destes sentimentos eram inconscientes. Assim, o paciente pode dizer: "Tenho me sentido infeliz toda minha vida e sinto-me culpado dizendo isto, porque não tenho crises em minha vida, tudo vai bem, não posso explicar por que me sinto assim". A TAC proporciona explicação e intervenções para queixas como esta, que tem sentido para os pacientes e, assim esperamos, para o leitor deste capítulo, tal como vamos explicar a seguir.

As escolas de pensamento psicanalíticas tratam do afeto ativado inconscientemente, mas são muito resistentes em oferecer explicações ou recomendações diretas ao paciente. As terapias comportamentais supõem que os problemas do paciente se mantêm pelo ambiente e proporcionam técnicas compreensíveis para solucionar a dificuldade apresentada. Não explicam sobre o paciente que não pode realizar a ação sugerida ou aqueles que pioram em vez de melhorar, como resultado da aplicação da técnica. Podem ser produzidos elevados níveis de ansiedade ao tentar realizar novos comportamentos e estimular sentimentos de vergonha ao não realizar uma tarefa comportamental sobre a qual se tem estado de acordo. A culpa pode ser o resultado do choque de um novo comportamento com um valor pessoal; por exemplo, deu-se a um homem a tarefa de ver fitas de vídeo pornográficas como parte da terapia comportamental sexual, mas a experiência produziu tanta culpa que imediatamente abandonou o tratamento.

A TAC integra processos cognitivos, afetivos e interpessoais em um enfoque que está limitado a determinados transtornos de personalidade. Não se trata de abordar sintomas de distimia e ansiedade, exceto quando são o resultado de aspectos da personalidade. Devido ao fato de explorarmos padrões motivacionais, existe uma semelhança com a teoria psicodinâmica; uma vez que enfatizamos o afeto e a auto-avaliação, há uma semelhança com a TRE e com os princípios rogerianos; devido a impulsionarmos alterações conscientes nas relações com outras pessoas, há uma semelhança óbvia com a terapia interpessoal. A TAC, então, dirige-se a: 1) proporcionar introspecção ou conhecimento, e 2) sugerir, incentivar e explicar ações e intervenções cognitivas corretivas. Agora tentaremos oferecer ambas as coisas ao leitor.

III. Fundamentos Conceituais e Empíricos

A TAC desenvolveu-se não como o resultado de uma investigação empírica específica, mas como conseqüência da prática clínica. Existe uma grande quantidade de evidência indireta consistente com nossas hipóteses principais. Lewicki (1986) realizou investigações sobre os processos não conscientes. Andrews (1989) realizou uma exploração detalhada da teoria da autoconfirmação por meio de uma revisão da literatura que a apoiava e Lewis (1989) investigou o papel da vergonha e da ira como componentes dos transtornos de personalidade. Neste aparte falaremos dos componentes-chave e das propostas da TAC, de seu apoio empírico e de exemplos clínicos.

III.1. Regras pessoais de vida

Consideramos as pessoas como criaturas governadas por regras que aplicam a situações específicas da vida, conforme entendem essas situações. As pessoas empregam suas regras para adaptar-se às situações , embora possam aplicá-las sem perceber o que estão fazendo; os resultados desta aplicação estão normalmente mesclados e estão muito longe de serem totalmente satisfatórios. Em certo sentido, *somos nossas regras.*

Por exemplo, uma mulher jovem descrevia a si mesma como tendo sido criada em uma família descuidada, na qual havia aprendido a regra de que "Uma boa moça é vista mas não ouvida. E tenho que ser sempre uma boa moça". Tornou-se uma pessoa reservada e pouco assertiva, respondendo às necessidades dos demais antes das suas próprias e evitando o êxito pessoal. Havia recusado continuamente sua ascensão, havia evitado os desafios e não tinha relações íntimas. Até que esta mulher descobrisse como e por que havia adquirido estas regras sobre si mesma, era provável que permanecesse muito ansiosa e reservada. A forma de tratamento que sua família lhe havia dado, tinha sido tacitamente introjetada tanto em suas regras pessoais como em seu autoconceito, e interatuava com o mundo de forma que garantisse a manutenção de suas regras pessoais. O processo de tratamento implicava em ajudá-la a reavaliar estas regras, que estavam baseadas sobre os pontos de vista de duas pessoas – seus pais – e que as haviam generalizado a todo o mundo. As origens de suas regras pessoais não residem em sua inferioridade intrínseca, mas sim em um conjunto de suposições baseadas em sua história passada. As regras são adquiridas, freqüentemente, em uma idade precoce e resistem à mudança devido a estarem fundamentadas sobre a autoridade dos próprios pais.

As regras segundo as quais as pessoas vivem, são denominadas *regras pessoais de vida*. Beck (1976) disse, "A pessoa utiliza uma espécie de livro de regras mentais para guiar suas ações e avaliar a si mesma e aos demais. Aplica as regras ao julgar se seu próprio comportamento e o dos outros é "certo" ou está "errado"...Empregamos as regras não só como diretrizes do comportamento, mas também para proporcionar um marco que sirva para compreender as situações da vida" (p. 42).

As regras pessoais de vida podem ser guias explícitas, porém mais freqüentemente, são guias implícitas. As *regras implícitas* ou *não conscientes* inferem-se das observações do comportamento, observando que a pessoa se comporta *"como se"* estivesse guiada por uma determinada regra. A pessoa pode não perceber suas regras e, portanto, não pode descrevê-las quando se lhe pergunta. No entanto, as regras podem ser inferidas a partir das pautas de ação e empregar-se para explicar e predizer outras ações.

As regras pessoais de vida são também estruturas cognitivas que representam: 1) a versão idiossincrática de uma pessoa sobre as relações, submetidas a leis, entre os acontecimentos psicológicos e sociais, e 2) os princípios morais e éticos de uma pessoa sobre o certo e o errado. Uma regra pessoal expressa o que existe, o que deveria existir ou ambas as coisas.

As *regras naturais* ou *inferenciais* são expressões de como uma pessoa entende a ordem dos acontecimentos no mundo social ou natural. Podem ser proposições correlacionais ou de causa e efeito. As pessoas necessitam supor certas relações, submetidas a leis, a fim de predizer os acontecimentos, seguir uma ação adaptativa e sentirem-se seguras. Às vezes, as regras pessoais são expressas verbalmente em forma de aforismos, como "o trabalho duro leva ao triunfo", em forma de avisos, como "não confie em ninguém que não seja de sua família", em forma de conselhos para relacionar-se com os outros, como "se for bom com os outros, os outros serão bons com você", ou em forma de palavras de consolo, como "confie em Deus".

As *regras morais* ou *preceptivas* especificam o que deveria ser, como se deveria agir e como os outros deveriam se comportar. São proposições sobre o comportamento correto e sobre o comportamento ético. São princípios morais e valores sociais, conforme o indivíduo os entende. Esse tipo de regra pessoal forma a base para a avaliação das próprias ações e das alheias, assim como para avaliar a si mesmo e aos outros, de *forma total.*Um exemplo de uma regra pessoal moral ou preceptiva é: "Tenho de trabalhar duro para considerar-me uma boa pessoa". Este tipo de regra forma a base das avaliações dos fenômenos sociais e encontra-se implicada no processo afetivo.

As experiências afetivas como vergonha, culpa, ira, remorso e ciúmes, implicam claramente no si mesmo e no próprio sistema de valores (Lewis, 1987). A *auto-estima* provém de ver-se a si mesmo agindo de forma consistente com as próprias regras pessoais preceptivas. A *culpa* e a *vergonha* provêm do não cumprimento das próprias regras pessoais preceptivas e da auto-avaliação negativa que acompanha essa falta de cumprimento.

As regras pessoais de vida podem interagir ou chocar-se mutuamente e esta interação ou conflito é freqüentemente o centro da TAC. O fracasso para reconhecer e reconciliar as regras pessoais conflitantes conduz à angústia psicológica. Por exemplo, uma mulher revelou uma regra pessoal que dizia: "Se você se diverte é uma idiota; a pessoa inteligente é séria, formal e sóbria, não frívola e amante da desordem". Além disso, ela acreditava que "deveria ser uma boa pessoa, não uma idiota, e isso significa não divertir-se. Meus sentimentos de depressão proporcionam uma grande evidência de que não estou me divertindo e, portanto, sou uma boa pessoa". Conscientemente não queria sentir-se deprimida, mas sim queria divertir-se. Desta maneira, sentia-se deprimida devido à autocondenação se tentava se divertir, e deprimida também devido à privação de experiências agradáveis se não se divertia.

As regras pessoais de vida funcionam de três maneiras (Wessler, 1988b). Primeiro, pode haver mediadores cognitivos da experiência afetiva. Segundo, funcionam como componentes de um sistema interativo de cognição, afeto e inter(ação). Terceiro, há algoritmos não conscientes para as respostas baseadas nos valores.

Um *algoritmo não consciente* é uma via armazenada para o processamento automático da informação social. Este processamento automático não consciente não está sob o controle da pessoa; está sob o controle do ambiente e ativa-se por estímulos relevantes da situação ambiental. Um amplo apoio experimental para este processo tem sido proporcionado por Lewicki (1986), que concluiu: "Quando a pessoa aprende um novo algoritmo cognitivo (como o reagir de um certo modo a determinados estímulos), que segue um processo de aprendizagem controlado conscientemente e logo repete uma série de vezes o que aprendeu, e ocorre freqüentemente que o algoritmo cognitivo torna-se automático e começa a funcionar sem mediação do conhecimento consciente... (No entanto), o processamento humano da informação implica, em seus diferentes níveis, em numerosos algoritmos não conscientes: 1) que *nunca foram aprendidos a nível consciente,* 2) que *funcionam totalmente fora do próprio controle consciente,* e 3) que não estão disponíveis, para uma pessoa que siga estes algoritmos, de uma maneira que não seja a proporcionada por um "ponto de vista externo" sobre seu funcionamento" (p. 11, cursiva acrescentada).

Após empregar o conceito de "regras pessoais de vida" com muitos pacientes, desde a primeira citação do termo em 1979 (Wessler, 1987), começamos a perceber que pertenciam a algo mais que aos *esquemas não-conscientes* que produzem cognições avaliadoras específicas. As regras pessoais de vida pertencem a um aspecto importante da personalidade – os *mapas cognitivos* que explicam a consistência do comportamento e do afeto ao longo do tempo e através das situações. São estruturas fundamentais que definem a pessoa e sua integridade como indivíduo.

As regras sobre o "si mesmo" constituem uma base para a motivação. Uma pessoa está motivada, em parte, por regras que dizem como deveria se sentir. (Freqüentemente estes sentimentos, impostos não conscientemente, são categorizados pela pessoa, de forma consciente, como negativos, segundo ver-se-á adiante). Pode-se descobrir regras pessoais sobre as experiências afetivas apropriadas, da mesma maneira que qualquer outra regra pessoal, quer dizer, fazendo inferências a partir do comportamento verbal e não verbal da pessoa. Por razões que logo serão esclarecidas, é crucial inferir regras pessoais sobre o afeto, em vez de supor que o paciente tem conhecimento consciente delas.

III.2. As cognições justificadoras

A maioria dos grupos de terapia cognitiva está de acordo com a proposição de que as cognições controlam as emoções e os sentimentos, e que o afeto perturbador é o resultado de avaliações e inferências errôneas (Raimy, 1976; Wessler, 1986b). Este ponto de vista é consistente com as explicações teóricas da emoção que enfatizam o papel mediador crucial da cognição nos processos emocionais (Lazarus e Folkman, 1984; Plutchik, 1980). As regras pessoais de vida são cognições que mediam os sentimentos e, quando não são conscientes, funcionam como algoritmos não conscientes.

Na TAC, as cognições têm uma função adicional. Certas cognições podem ser acrescidas aos sentimentos a fim de justificar a experiência dos sentimentos ou produzi-los, ou para apoiar os comportamentos defensivos. As *cognições justificadoras* constituem uma categoria diferente de cognições desadaptativas, diferenciando-se das regras pessoais de vida em que não são expressões de valia ou leis sobre como estar no mundo, mas sim negações ou racionalizações defensivas, cujo propósito é proporcionar "razões" para certos sentimentos e os comportamentos que os seguem.

Por exemplo, uma mulher só, deprimida, ao defender sua negação em responder a um convite para sair, de um homem o qual achava atraente, ofereceu as seguintes cognições justificadoras como razões para esta ação: 1) "é muito bonito para mim e não irá gostar de mim quando me conhecer melhor", 2) "por que me perturbar, se de qualquer modo não quero um namorado". Quando se lhe perguntou mais cuidadosamente, concordou em que só aceitava de forma parcial estas expressões como certas e que proporcionavam uma explicação para a evitação que subjaz a sua depressão.

O papel das cognições justificadoras é ilustrado também no seguinte exemplo. Um estudante universitário informou que estava fracassando em seus estudos, apesar de possuir uma notável capacidade intelectual. A fim de manter sentimentos de hostilidade para com seus companheiros de faculdade e, por conseguinte, minimizar a vergonha e a ansiedade sobre seu fracasso pessoal, adotou as seguintes cognições justificadoras: 1) "os professores me suspenderam porque não simpatizam comigo", e 2) "de qualquer modo o grau de licenciatura não é importante". Todavia, não acreditava realmente que estas afirmações fossem verdadeiras e podia citar exemplos nos quais os professores expressavam seu agrado em relação a ele.

As cognições justificadoras dão à pessoa razões plausíveis para agir dessa maneira. Entretanto, a pessoa pode achar que o pensamento ou a afirmação carece de credibilidade e pode, inclusive, reconhecer que é inconsistente com os feitos estabelecidos. Estas cognições não podem ser examinadas ou rebatidas da maneira que é típica da TCO ou da TRE, devido à pessoa não crer nelas em absoluto ou não totalmente; deste modo, não há nada para examinar, rebater ou refutar.

Um psicólogo informou ter ataques de ansiedade associados com o pensamento de que seria processado por negligência e comportamento pouco ético. Foi-lhe dito que entregasse seus registros quando assim seu paciente o desejasse. Se era incapaz de localizar alguns dos registros, ficava muito nervoso e permanecia assim durante vários dias, até que seus colegas, de forma independente, voltavam a assegurar-lhe que não haveria uma investigação ética ou um processo por negligência. Logo, percebeu que havia criado sua própria ansiedade, já que sua prática ia muito bem, e que seus pensamentos de condenação iminente eram simplesmente cognições para justificar a ansiedade e a vergonha que experimentava quando agia melhor do que havia pensado que o faria. Em outras palavras, havia violado uma regra pessoal e sentia-se ansioso, mas explicava seu sentimento com cognições justificadoras negativas sobre o futuro.

III.3. O afeto personotípico

Cada pessoa experimenta certos afetos mais freqüentemente que outros. Denominamos a estes sentimentos preponderantes de *afetos personotípicos*. Originam-se nas primeiras experiências de socialização da pessoa. Mais tarde, esses afetos são evocados mais facilmente que outros e estão mais freqüentemente envolvidos nas interações sociais. Também é provável que certos indivíduos estejam predispostos geneticamente a responder aos estímulos ambientais com níveis mais elevados de afeto negativo, o que em alguns casos pode ser gravemente desadaptativo; níveis muito elevados de ansiedade provocam transtornos no sistema imunológico e nas divisões simpática e parassimpática do sistema nervoso autônomo, resultando em transtornos psicossomáticos e sintomas histéricos de conversão (Pardes, Kaufmann, Pincus e West, 1989). Embora as emoções tenham correlatos fisiológicos e algumas expressões emocionais sejam inatas, a freqüência e a intensidade dos sentimentos estão moldadas nas primeiras experiências.

É importante considerar cada família como uma subcultura, com seus próprios padrões distintivos sobre o conhecer, o agir e o emocionar-se. Uma criança absorve, de uma forma não crítica, um grande repertório de hábitos provenientes dos pais e de outros agentes socializantes. Assim como a criança imita os modelos de atuação e de pensamento, também imita modelos de emoções e recebe reforçamento dentro do sistema familiar. Liotti (1986) oferece uma explicação similar para a aquisição e a manutenção dos esquemas emocionais: a criança, com sua limitada capacidade para pensar de forma crítica, possui esquemas emocionais que foram se formando durante interações familiares emocionais, esquemas que provavelmente se repetirão e se reforçarão em interações posteriores e cuja modelação, por parte de pessoas significativas, é reforçada facilmente e deixa poucas oportunidades para informações alternativas sobre a própria identidade. Os pais e outras pessoas significativas podem impor descrições dogmáticas do caráter da criança e da realidade, de modo que as descrições são aceitas como verdadeiras, sem sombra de dúvida.

Os algoritmos associados com as experiências afetivas se aprendem, habitualmente, nas primeiras etapas da vida e perpetuam-se através das interpretações distorcidas dos fatos por parte da pessoa. "Uma tendência inicial... aumenta a probabilidade de que um estímulo posterior se codifique (se perceba) de uma maneira que seja consistente com, e apóie, a tendência inicial... O estímulo

seguinte relevante seria codificado inclusive de uma maneira mais distorcida...
Nas crianças pequenas se dão condições especialmente propícias para o funcionamento deste processo que se perpetua a si mesmo" (Lewicki, 1986, p. 3).

Um terapeuta da TAC acredita que a compreensão cognitiva é só uma das
variáveis que proporcionam introspecção ao paciente e ao terapeuta. Não somos
somente criaturas governadas por regras e, portanto, necessitamos investigar os
padrões afetivos comuns que nossos pacientes manifestam e clarificar-lhes estes
sentimentos, especialmente quando os mesmos interferem gravemente em suas
vidas. Um exemplo é o caso de um paciente que afirmava, "Estou muito nervoso
e muito deprimido. Tenho estado assim toda minha vida. Sinto-me muito culpado,
porque quando lhe contar minha vida lhe parecerá que está muito boa". Ao
investigar a história pessoal desse homem (nossos métodos para fazê-lo serão
tratados mais adiante neste capítulo), descobriram-se as seguintes questões: 1)
este indivíduo tinha uma história de distimia e ataques de pânico, 2) sua mãe tinha
também uma história de depressão e de abuso de álcool. Compartilhava as regras
pessoais de vida de sua mãe, conforme inferiu o terapeuta; essas incluíam: "não
confie em ninguém", "depois de um acontecimento bom, vem a desgraça" e
"nossa família tem pouca sorte intrinsecamente e está condenada ao fracasso".
O pai do paciente havia abandonado a família quando este tinha três anos,
proporcionando-lhe evidência de que não devia confiar em ninguém. O paciente
informou também que seus ataques de pânico pioravam quando as coisas iam
bem. Seu afeto personotípico era, obviamente, a causa da dor que tinha na parte
baixa da costas e para a qual seu médico não podia encontrar uma causa
fisiológica. O paciente estava envergonhado também de seus sentimentos, visto
que não podia encontrar razões concretas para eles, exceto o fato de saber que
sua mãe sentia, em grande parte, o mesmo que ele.

Os padrões afetivos familiares necessitavam ser explorados e classificados.
Algumas famílias parecem ser propensas à culpa e à ansiedade, enquanto outras
são notavelmente hostis em suas interações. Algumas famílias em que os
membros parecem "aguentar" pacífica e tranqüilamente, podem ser sistemas nos
quais há uma negação de todos os sentimentos negativos, e os membros da
família freqüentemente se desprendem das experiências afetivas mais dolorosas.
O paciente sente que certos padrões afetivos são familiares e "corretos", proporcionando-lhe, assim, um "ambiente seguro", no sentido de que esses sentimentos
proporcionam aos pacientes uma confirmação de suas expectativas sobre o
mundo e sobre eles próprios. Tais expectativas constituem a base para muitas
histórias familiares jocosas; ouvimos histórias sobre mães que continuamente
encontram causas de preocupação, quando não existe nenhuma, e de pais que
continuamente se aborrecem por questões triviais, e de avós que, embora sejam
doces, amáveis, não criticam nem se aborrecem, é desagradável estar com elas
e é difícil chegar a conhecê-las. É necessário assinalar (ou tornar conhecido)
esses padrões familiares emocionais aos pacientes, para mostrar-lhes porque
perseguem consciente e inconscientemente seus sentimentos para encontrar
sentido no mundo. Com seu afeto personotípico, os pacientes têm experimentado
seu mundo unicamente a partir de suas perspectivas. Quando conseguem ver
esses padrões idiossincráticos de sentimentos como hábitos, a maioria deles

adquiridos na infância, pode-se encorajar e planejar mudanças conscientes e, mais tarde, ocorrerão tacitamente mudanças inconscientes.

III.4. Manobras de busca de segurança

Uma hipótese básica da TAC é que o indivíduo perseguirá estados afetivos familiares, freqüentemente sem seu conhecimento consciente. A pessoa busca a segurança das experiências familiares, em vez de buscar simplesmente o prazer e evitar a dor. As *manobras de busca de segurança* são ações que constroem a realidade de uma tal maneira que os resultados produzem sentimentos de segurança na pessoa.

Os estados afetivos buscados podem ser "negativos" (como a ansiedade, a tristeza, a vergonha), se as primeiras experiências de socialização ocorreram dentro de uma família culturalmente desadaptada que modelava e reforçava esses sentimentos. Os indivíduos se encontram motivados para reexperimentar determinados afetos, que desde a infância lhes pareceram naturais. Como afirmávamos no aparte anterior, a preferência por um estado emocional é adquirida através da exposição repetida. Os sentimentos de segurança provenientes das experiências negativas são patológicos e culturalmente desadaptados, embora possam ter sido adaptativos em outra época da vida da pessoa e continuam sendo-o em certas situações. Padrões que se encaixam na situação familiar são desadaptativos em uma época posterior da vida, quando a subcultura da família não é representativa da cultura da sociedade mais ampla. Nesse caso, o indivíduo se encontra pobremente equipado para interagir com outras pessoas, exceto com aquelas que respondem, ou que podem responder, como o faziam os membros de sua família e que estimulam involuntariamente o afeto negativo buscado não inconscientemente pelo indivíduo.

Uma suposição básica da TAC é que a pessoa não só tenta evitar as experiências negativas afetivas e defender-se delas, mas também busca estimulá-las. Dedicam-se tanto à defesa como às manobras de busca de segurança, a fim de manter ou restaurar um grau adequado de sentimentos familiares. A sensação de segurança que surge de experimentar sentimentos familiares, inclui o reassegurar-se de que o indivíduo não enfrente estímulos novos, que afirmou sua identidade e que pode predizer com exatidão as próprias respostas e as de outras pessoas.

Além de buscar situações que criem certos sentimentos, as pessoas podem ter comportamentos interpessoais que produzam determinadas conseqüências que possam facilmente ser consideradas como negativas e que não requeiram interpretações especiais para criar afetos negativos. A *hipótese da autoconfirmação* afirma que a pessoa interage segundo padrões que "extraem" respostas predisíveis das outras pessoas e que produzem sentimentos familiares no ator. Andrew (1989) revisou um grande número de estudos que lançavam dados consistentes sobre a hipótese da autoconfirmação e que apoiavam a idéia de que uma pessoa incita os demais a responder de um modo que confirme o próprio autoconceito cognitivo e que estimule sentimentos familiares.

A identificação das manobras de segurança de uma pessoa se faz através da análise de padrões – ações recorrentes que produzem resultados predisíveis, os quais poderiam ser interpretados "como se" a pessoa os planejasse, uma prática que é consistente com as conceitualizações contemporâneas de um inconsciente cognitivo (Kihlstrom, 1987). Buscamos padrões de comportamento que provoquem respostas nos outros e neles mesmos, e que validem as imagens negativas de si mesmo experimentadas como afeto. O comportamento de evitação grave é exemplo de uma manobra de busca de segurança que produz vergonha, ansiedade e depressão. Não consideramos a evitação em termos de recompensa a curto prazo, devido à pessoa não ser recompensada, mas sim encontrar-se assediada por sentimentos de vergonha e ansiedade. As cognições justificadoras que fomentam a evitação incluem, "tenho medo de sair da segurança de não fazer nada e não tem sentido fazer algo porque dá no mesmo". A utilização incorreta do tempo, em geral, é um modo pelo qual a pessoa estraga as relações. Atuar de forma pouco confiável e ser esquecido de uma maneira passivo-agressiva, provoca respostas negativas em outras pessoas. Desperdiçar o tempo, a falta de produtividade necessária e o fracasso em cumprir com as datas-limite, resultam em repreensões por si mesmo e pelos outros.

As manobras de busca por segurança explicam algo que poderia ser misterioso, do ponto de vista racional e/ou hedonista. Supõe-se, deste ponto de vista, que a pessoa age segundo seus interesses mais importantes, fomentando o alcance de objetivos mantidos conscientemente e a obtenção de resultados agradáveis ou satisfatórios. Quando a pessoa age de modo que a impede de conseguir objetivos conscientemente desejados, diz-se que age defensivamente para evitar a ativação da ansiedade. Por exemplo, um homem evitava os contatos sociais com mulheres, embora seu objetivo consciente era ter relação romântica. Entretanto, sua evitação o fazia também sentir-se envergonhado, devido à sua falta de êxito, e manter uma imagem de si mesmo como uma pessoa fraca e pouco eficaz. Se um exame de sua história pessoal estabelecesse este padrão de autoconfirmação, então concluiríamos que o padrão é de busca por segurança, em vez de defensivo.

III.5. O ponto fixo emocional

A TAC postula um *ponto fixo emocional* que atua regulando as experiências afetivas. Quando as experiências afetivas se desviam de uma certa faixa, começa a ocorrer um processo de auto-regulação que produz o efeito de retornar os sentimentos da pessoa àqueles que lhe são mais familiares. Tanto para as experiências agradáveis como para o alívio das experiências desagradáveis, este processo é o mesmo que o bem conhecido retorno homeostático aos estados adequados. Em geral, a pessoa prefere experiências positivas afetivas a experiências negativas, e é provável que atue de uma maneira que a ajude a manter seus sentimentos positivos (Isen, 1984).

Entretanto, hipotetizamos que a pessoa também está motivada para buscar experiências desagradáveis e encontrar "alívio" das agradáveis. Exemplos da busca voluntária de experiências afetivas negativas incluem o sentir medo num filme de terror, sentir ansiedade enquanto se observa uma atuação perigosa no circo e sentir-se triste com a morte trágica de um herói de ficção. Buscam-se estas experiências depois de chegar à decisão consciente de fazê-lo, isto é, uma decisão de reexperimentar certos afetos que, embora possam ser negativos, a pessoa os considera desejáveis. A observação clínica indica que se tomem decisões similares de forma não consciente e que envolvam o indivíduo não como espectador mas sim como participante.

Para a maioria das pessoas, na maior parte do tempo, as experiências afetivas familiares são positivas; no entanto, para a maioria das pessoas, parte do tempo, e para algumas pessoas, na maioria do tempo, a segurança provém de estados emocionais negativos. Uma revisão da investigação apóia esta suposição. Schwartz (1986) descreveu a relação entre as cognições positivas e as negativas no diálogo interno. Os estudos que revisou mostravam uma razão de 0,63 pensamentos positivos para 0,37 pensamentos negativos, para as pessoas que funcionavam bem. Para pessoas moderadamente ansiosas ou deprimidas, a razão era de 0,50: 0,50, enquanto que pessoas mais perturbadas mostravam uma razão de 0,37 pensamentos positivos para 0,63 pensamentos negativos. Uma explicação destes achados é que uma pessoa que tem determinadas experiências positivas que poderiam derrotar sua razão típica, restaurará essa razão buscando experiências negativas e/ou interpretando os acontecimentos de um modo negativo, tanto se os fatos encaixam com a interpretação ou não. Desta maneira, uma pessoa mantém não só um equilíbrio cognitivo, mas também um equilíbrio afetivo. Do mesmo modo, Nathanson (1987) descreveu o caso de um paciente que se comportava de forma enfadonha, a fim de evitar que as pessoas elogiassem suas habilidades profissionais; quando em alguma ocasião uma pessoa o cumprimentava, a princípio sentia excitação e alegria, seguido por um período de angústia que diminuía só quando provocava a censura dos demais, de modo que assim podia voltar a seu ponto fixo emocional familiar.

O ponto fixo emocional funciona como o controle de regulação (termostato) de um sistema de aquecimento central. Quando a pessoa se sente melhor encontra de imediato formas de sentir-se pior. Por exemplo, um homem muito ansioso mantinha altos níveis de ansiedade ao estar obsecado constantemente pela possibilidade de uma doença terminal e pela morte. Via em qualquer pequena doença uma evidência de que estava morrendo. Uma opinião tranqüilizadora de um de seus muitos médicos proporcionava-lhe certo alívio durante uns dias, mas depois buscava os critérios de outros médicos no intuito de apoiar seus temores.

IV. MÉTODOS

Neste aparte, descrevemos os métodos mais freqüentemente utilizados na TAC. O objetivo da TAC consiste em incentivar a compreensão e a aceitação de si mesmo, colocar a expressão emocional dentro de limites interpessoais aceitáveis e modificar padrões autoderrotistas de ação e de interação. A TAC se preocupa menos em aliviar os efeitos negativos, o que habitualmente se faz na TRE e na TCO, e mais na compreensão de como estão implicados os afetos na personalidade. Necessita-se de introspecção para vencer a inércia que evita a mudança obtendo, primeiro, uma compreensão do papel que exerce a necessidade não consciente de reexperimentar certos sentimentos negativos e logo agindo de forma oposta ao padrão habitual de busca por segurança.

IV.1. A aliança terapêutica

A *relação* entre o paciente e o terapeuta é o primeiro e mais essencial ingrediente do tratamento. É fundamental considerar o paciente com respeito. Tentamos criar um ambiente seguro, que não produza vergonha, e onde os sentimentos, tanto positivos como negativos, possam ser manifestados e discutidos adequadamente.

Uma vez estabelecida uma relação, necessita-se mantê-la. Se o paciente expressa uma necessidade exigente, direi-lhe (S.H.W.) de que maneira isso faz com que me sinta apanhada e sentir-me como se me afastasse. A um homem com um padrão de evitação do comportamento interpessoal, disse que sua falta de emoção e seu modo cortês, me faziam sentir confortável e desconfortável – confortável no sentido de que não ia me atacar ou ofender, mas desconfortável no sentido de que não podia perceber uma sensação real de como se sentia ou como estava.

A *auto-relação* adequada de sentimentos e de informação pessoal é uma técnica que incita os paciente a expressarem sentimentos e pensamentos, e a descreverem acontecimentos sobre os quais sentem culpa e vergonha. Em vez de perdermos o respeito quando contamos histórias que nos mostram como pessoas imperfeitas, os pacientes se sentem mais iguais a nós e mais aceitos. Enquanto um psicanalista parece pouco envolvido e alheio, e um terapeuta comportamental parece ativo e diretivo, o terapeuta da TAC se esforça para obter uma relação mais equitativa e de colaboração.

Constantemente consultamos os pacientes para nos inteirarmos de como vêem nossas relações ao longo das primeiras etapas da formação de uma aliança terapêutica. Questões típicas (inspiradas em Beck, Rush, Shaw e Emery (1979)) são: O que pensa e sente por mim? e O que pensa que sinto por você?. A última pergunta implica em suposições inadequadas sobre nossos pensamentos e sentimentos. O terapeuta se esforça em corrigi-las, como, por exemplo, tranqüilizando uma jovem que me acusava de odiá-la, de que não a odiava, mas que me desagradavam muito algumas das maneiras como tratava a si mesma.

IV.2. O afeto personotípico

Desde o exterior buscamos padrões de sentimentos familiares que são típicos dessa pessoa e que transtornam seu funcionamento. Uma paciente com um *transtorno-limite da personalidade* expressava hostilidade da seguinte maneira: "Todos vocês terapeutas são uns inúteis. Ninguém pode ajudar-me. Devem estar loucos por tentar". Sua hostilidade era uma manobra defensiva e mascarava a ansiedade, a ira e a vergonha; era *ela* realmente que pensava que estava louca. Um homem com um *transtorno narcisista da personalidade* dizia alegremente, "A vida é realmente fabulosa. Sinto-me muito bem". Quando perguntei-lhe (S.H.W.), "Por que está aqui?", surgiram seus sentimentos de vergonha e ansiedade ao dizer, "Não sei manter uma relação". Um homem com um *transtorno da personalidade por evitação* não mostrava nenhuma emoção que não fosse o sorrir, especialmente quando falava sobre seus fracassos; quando pedi-lhe que parasse de sorrir desfez-se em lágrimas e começou a falar de seus fracassos e de seus temores.

A todos os pacientes pedimos que preencham o *Multimodal Life History Questionnaire (LHQ)* (Questionário Multimodal da História de Vida) (Lazarus, 1981), o *Beck Depression Inventory (BDI)* (Inventário de Depressão de Beck) (Beck e cols., 1979) e para os pacientes que têm uma longa história de problemas psicológicos, o *Millon Clinical Multiaxial Inventory-II (MCMI-II)* (Inventário Clínico Multiaxial de Millon-II) (Millon, 1987), que explora os problemas psicológicos atuais e os padrões disfuncionais a longo prazo. Um exame das respostas do paciente às perguntas do LHQ, desenvolvido para centrar-se na experiência passada do paciente e em seus sentimentos, ajuda a definir os padrões afetivos típicos da família do paciente. Estes instrumentos proporcionam uma base para um completo exame da história pessoal de desenvolvimento do paciente. Perguntas sobre os sentimentos são, "Quais eram os sentimentos mais habitualmente experimentados em sua família?", "Quais eram os sentimentos que seu pai e sua mãe tinham a maior parte do tempo dentro da família?" e "Constituem estes sentimentos uma parte importante de sua vida atualmente?". Ao responder estas perguntas, um paciente com um *transtorno dependente da personalidade* afirmava, "Ficávamos aterrorizados por meu pai todo o tempo. Minha mãe dizia que devíamos acalmá-lo ou ele pioraria. Ainda estou aterrorizado pelas pessoas, especialmente por aquelas pessoas que têm autoridade. Tento evitar conflitos fazendo tudo o que posso para agradá-las, com grande esforço de minha parte".

Outra forma de evocar o afeto personotípico consiste em provocar recordações infantis, contando discretamente histórias de outros pacientes que têm experiências de vida similares, respondendo aos sinais não verbais e modelando os sentimentos através da auto-revelação. Habitualmente dizemos a nossos pacientes que a ansiedade constitui um de nossos problemas e que temos de trabalhar duro para afrontá-la. Esta é uma afirmação correta dentro do espírito da honestidade emocional. Incentiva-se os pacientes a que nos conheçam e proporciona-se um ambiente sem vergonhas, no qual se aceitam os sentimentos negativos, especialmente a vergonha e a culpa e no qual é apropriado expressá-los.

A *imaginação dirigida* é útil para evocar padrões de afeto personotípico, especialmente em pacientes cujo afeto está bloqueado e fora de sua consciência (Lazarus, 1981). Pedimos que se recostem na poltrona e fechem os olhos, enquanto lhes contamos histórias que são similares no conteúdo à experiência dos pacientes, e pedimos que escutem e comprovem seus sentimentos. Uma paciente que havia insinuado que haviam abusado dela sexualmente quando era criança, disse imediatamente, "Não preciso falar sobre isso. Já o esqueci. Aconteceu há muitos anos". Pedi-lhe (S.H.W.) que se imaginasse com 6 anos de idade e então contei-lhe uma história sobre uma criança que sentia horror de que seu querido tio, que lhe prestava muita atenção, lhe faltasse com o respeito. Contei-lhe a confusão de sentimentos desta criança; de prazer, por um lado, ao ser o centro da atenção de seu tio e de repugnância e raiva, por outro, quando percebia que estava fazendo algo errado. Estava demasiado envergonhada de seu envolvimento nestes atos para contar a seus pais. Antes que eu pudesse acabar esta história, minha paciente se pôs a chorar e começou a expressar sua própria vergonha e raiva profundamente arraigadas. Contou-me muitos exemplos de episódios nos quais havia estado envolvida em experiências sexuais das quais envergonhava-se e falou-me que em toda a sua vida havia sido obesa, o que fazia com que mantivesse sentimentos de inferioridade e de hostilidade, o que lhe proporcionava cognições justificadoras para evitar os homens.

Os padrões afetivos se expressam tanto direta como indiretamente. Os sinais não verbais constituem claros indicadores dos sentimentos, especialmente aqueles sinais associados com o comportamento interpessoal. O psicanalista, que senta-se fora do campo visual do paciente, oferece uma manifestação não verbal sobre o papel que percebe para si mesmo nessa relação. Da mesma maneira, um paciente que senta-se encurvado e tão longe do terapeuta quanto possível, provavelmente mostrará vergonha e ansiedade com respeito à exposição pessoal. É importante pensar nestes sinais não verbais como pistas dos padrões de afeto personotípico.

Os objetivos são o clarificar as formas de sentimentos familiares ao paciente através da compreensão de sua etiologia e o ajudar os pacientes a entender como mantêm esses sentimentos, alguns dos quais são desadaptativos, a fim de sentir-se "seguros" e manter o ponto fixo emocional familiar.

IV.3. As cognições

Ao tentar compreender as cognições de um paciente, nos apoiamos no LHQ como uma introdução básica aos pensamentos do mesmo. Muitas regras pessoais de vida podem ser reconhecidas desta maneira e verificadas e ampliadas durante as entrevistas terapêuticas. As seguintes constituem uma amostra de algumas perguntas de entrevista empregadas para extrair informações sobre as regras pessoais de um indivíduo.

"Descreveria seus pais como pessoas otimistas ou pessimistas?" e "Considera que as necessidades dos outros são mais importantes que as suas?". Um paciente respondeu a estas perguntas dizendo, "Meus pais pensavam que eu não servia para nada, sempre criticavam meus fracassos e prestavam pouca atenção aos meus êxitos. Sempre ponho as necessidades dos outros antes das minhas". A partir destas respostas é possível inferir determinadas regras pessoais, como, "Não triunfarei, não importa a firmeza com que o tente" e "Os outros são superiores a mim".

Estas inferências são apresentadas ao paciente a fim de comentá-las e reavaliá-las. Se o paciente concorda que tem uma regra pessoal que prediz a falta de êxito, apesar do esforço, o terapeuta deveria perguntar-lhe se esta regra se aplica a todo o mundo, criando uma dissonância à regra pessoal. Incentiva-se, então, esse paciente a dissociar a conexão, que teve a vida toda, entre esforço e fracasso e que faça uma nova conexão entre esforço e possível êxito. Pode-se enfatizar esta mudança filosófica através de uma intervenção terapêutica, na qual se anime o paciente a empreender uma tarefa para adquirir alguma nova habilidade que poderia ser interessante, mas que está evitando devido à antecipação do fracasso, a desilusão e a depressão. Este paciente começou com a fotografia e o terapeuta vigiava seus progressos. Para sua surpresa, começou a fazer algumas fotografias de boa qualidade e o terapeuta teve a possibilidade de mostrar-lhe como se centrava na crítica negativa do instrutor e só reconhecia, ocasionalmente, o elogio e o incentivo. Depois, praticou o atentar a todos os comentários dos outros e rompeu o hábito de responder só à crítica negativa.

Ao descrever os padrões afetivos familiares, encorajamos os pacientes a expressarem cognições justificadoras, pensamentos que evoquem e/ou justifiquem o afeto personotípico. Um homem com êxito nos negócios, que quando era estudante havia recebido prêmios nacionais por sua aplicação, declarou a seu terapeuta, "Sou realmente um idiota". Quando lhe foi perguntado se acreditava nisso, respondeu. "Sim. Sou só uma pessoa que trabalha duro. Engano a todos". Quando foi perguntado se se sentia *completamente* idiota, respondeu, "Não. Suponho que uma parte de mim sabe que sou inteligente". Seus padrões afetivos personotípicos revelavam um homem que continuamente sentia e pensava na humilhação, inclusive até o ponto em que se casou com uma mulher que o humilhava diariamente. Suas cognições justificadoras perpetuavam o padrão da humilhação, no sentido de que continuamente empregava certos pensamentos nos quais não acreditava totalmente, mas que com toda segurança o humilhavam. Por exemplo, ao finalizar um negócio com muito êxito, dizia a si mesmo, "Investiram vários milhões de dólares em minha companhia porque minha imagem de menino bom os enganou". Um exame de sua história pessoal de desenvolvimento mostrou que havia sido educado por uma mãe dominante e crítica, que injuriava seu pai, ausente, como uma pessoa fraca e inútil. Atualmente, sua mulher o insulta da mesma maneira.

IV.4. As manobras de busca de segurança

Estes padrões de comportamento e de pensamentos podem ser identificados trabalhando-se por detrás do afeto personotípico negativo que produzem. O paciente informa sobre acontecimentos em sua vida atual durante os quais reexperimenta emoções características e estas podem ser identificadas facilmente como manobras de busca de segurança. A chave para identificar estas manobras consiste em assumir uma atitude "como se" – o paciente age "como se" estivesse buscando afeto familiar.

Exploramos as relações interpessoais nas quais estão envolvidos nossos pacientes, para descobrir freqüentemente que procuram relações não reforçadoras, que continuamente evocam padrões de sentimentos familiares. A mulher sobre a qual falamos anteriormente e que havia tido dois maridos que a injuriavam, gritou "Meus dois maridos me tratavam muito mal. Todos os homens são uns adúlteros ou Deus me selecionou para um tratamento especial?". Uma revisão de sua história pessoal apoiou a percepção de que travava relações com homens que a maltratavam como seu pai alcoólatra e que experimentava a mesma ira e compaixão por si mesma que sua mãe. Quando a manobra de busca de segurança é de natureza interpessoal, como acontece freqüentemente, o terapeuta pode pedir ao paciente que inverta os papéis com a outra pessoa significativa de sua vida e que imagine como poderia sentir-se a outra pessoa e, assim, descobrir como provoca as reações emocionais nos outros.

Um tipo habitual de manobra de busca de segurança é o comportamento dependente: alcoolismo, adesão às drogas, jogo compulsivo, ir às compras compulsivamente e roubo em lojas, igualmente compulsivo e os transtornos alimentares. A vergonha progressiva é habitual nas adesões; o comer em excesso proporciona um bom exemplo. Qualquer tentativa de intervir com técnicas comportamentais, nas primeiras etapas da terapia, pode oferecer ao paciente uma oportunidade ideal de fracassar e envolver-se em uma manobra de busca de segurança, para justificar o conceito negativo de si mesmo, a experiência da vergonha e a humilhação. As cognições justificadoras familiares incluem, "Tentei parar mas inclusive comia mais. Não posso parar. Não tenho outra forma de dominar meus sentimentos". A intervenção aqui consiste em mostrar ao paciente que o comer em excesso mantém estes sentimentos negativos embora familiares – o que era inconsciente se torna consciente. O hábito de comer em excesso permite à pessoa evitar as relações íntimas, o sexo e, às vezes, a ascensão profissional.

As crianças que são vítimas de atos abusivos crêem, com freqüência, que de alguma maneira, provocam e merecem este tratamento. Mais tarde, produzirão respostas similares nos outros através de manobras de busca de segurança. A intervenção aqui consiste em ajudar os pacientes a transferir a responsabilidade destes atos ofensivos precoces às pessoas que o cometem. Deve-se mostrar ao paciente que os atos não eram culpa sua e, portanto, não podem continuar insultando a si mesmos. Cada vez que um paciente se dedica ao comportamento autodestrutivo, o terapeuta recorda-lhe as razões pelas quais age desta maneira. A paciente que come em excesso pode realizar um registro de seus pensamentos antes e após comer em excesso, e examinar tais pensamentos para ver se as razões que se atribui por suas ações são válidas ou são simples desculpas para justificar o fato de se autoprejudicar. Conforme a paciente vai entendendo o comportamento de comer em excesso, inclina-se menos a acreditar em suas próprias desculpas. O comportamento que uma vez estava fora de controle, agora se controla e aumenta a sensação de poder pessoal por parte do paciente.

IV.5. As intervenções

Não há uma separação da avaliação e da intervenção na TAC e, freqüentemente, uma se confunde com a outra. Algumas intervenções foram descritas nas páginas anteriores. Agora resumiremos outras das principais intervenções empregadas na TAC.

A *auto-revelação* e a *modelação* pelo terapeuta incitam a honestidade emocional do comportamento diário do paciente. Por sua disposição de falar de assuntos pessoais, o terapeuta pode fomentar uma relação mais estreita entre o terapeuta e o paciente e criar uma aliança terapêutica mais eficaz. Através da imitação do modelo que é o terapeuta e praticando a auto-revelação fora da sessão de terapia, o paciente pode aprender que a honestidade emocional desenvolve relações mais estreitas entre as pessoas.

O *interrogatório* do terapeuta sobre as regras pessoais do paciente e as cognições justificadoras, abre a possibilidade de compreender as origens de ambas as categorias de cognições e de suas funções na vida atual do paciente. Esta *reconstrução* da história pessoal das cognições do paciente é, amiúde, essencial para que ele pense de forma diferente.

O terapeuta sugerirá, às vezes, ao paciente que tente não permitir-se sentir ou agir de formas que sejam consistentes com suas perturbações. Instrui-se o paciente para que *aja "como se"* já houvesse conseguido as mudanças que busca. Esta é uma das principais técnicas da TAC, uma vez que faz com que o paciente atue de forma contrária aos sentimentos familiares. Isto é necessário se tiver que mudar os padrões disfuncionais de sua vida. A dissonância cognitiva que conduz à mudança pode ser criada pedindo-se ao paciente que tente pensar de forma diferente e agir segundo esses novos pensamentos.

Ajudar o paciente a *reconhecer os padrões disfuncionais* e incentivar suas tentativas de mudança pode ser facilitado se mantiver um registro escrito como, por exemplo, um diário. Esta técnica sensibiliza o paciente ante seus padrões e lhe permite propor pensamentos alternativos aos padrões que vão surgindo. O terapeuta pode rever o diário, podendo oferecer comentários e sugestões que o paciente não considerou.

Uma intervenção que distingue a TAC é o *exame das cognições justificadoras e sua exposição* como os pilares de certas emoções disfuncionais. Estes afetos podem ser reduzidos eliminando-se as cognições que os apóiam. Tais cognições justificadoras são racionalizações que o paciente só crê parcialmente, podendo-se insistir para que não as leve tão a sério. Encoraja-se os pacientes para que pensem sobre seus pensamentos e que abandonem as cognições justificadoras, porque apóiam uma visão falsa da realidade.

A intervenção básica para com as manobras de busca de segurança consiste em identificá-las e recomendar ao paciente que *faça o oposto ao padrão habitual,* que traz associados os sentimentos familiares que o paciente busca inconscientemente. É especialmente importante que o paciente identifique suas manobras de busca de segurança quando ocorrerem e que procure intencionalmente modificar o padrão habitual. Por exemplo, pode-se incentivar o paciente para que diga a si mesmo, "Faço isto (as manobras de busca de segurança) para ferir a mim mesmo; posso continuar, se assim o desejar, mas pelo menos sei o que estou fazendo e porque o estou fazendo". Com a prática, torna-se mais fácil reconhecer e agir contra as manobras de busca de segurança. A introspecção cognitiva é necessária, a fim de deter os padrões habituais de negação e evitação.

Os *mecanismos de autoconsolo* referem-se ao que o paciente faz para aliviar seus próprios sentimentos de angústia. Uma paciente se esforçou muito para entender que a dor que sentiu quando era criança continuava presente nestes momentos e havia se convertido em um hábito que havia imposto a si mesma. Para ajudá-la a desenvolver mecanismos de autoconsolo, o terapeuta descreveu como consolava a si mesmo quando se sentia mal: tentava ser menos crítico e mais tranqüilizador consigo mesmo. É importante que o paciente tranqüilize a si mesmo, em vez de confiar em outras pessoas para que o façam, incluindo o contar com o terapeuta durante as sessões. Através da auto-revelação, o terapeuta pode modelar programas emocionais para o cuidado de si mesmo, que se oponham às manobras de busca de segurança e também pode vigiar o desenvolvimento de tais programas.

Finalmente, o terapeuta pode escrever uma nota para o paciente ao final de cada sessão. O paciente pode ler esta nota e, de forma ideal, pô-la em prática conforme vá precisando. A nota contém os seguintes pontos: 1) o que foi visto no dia de hoje – resumindo em uma frase os principais pontos discutidos entre o terapeuta e o paciente durante a sessão, 2) padrões de pensamentos, sentimentos e ações identificados durante a sessão, 3) tarefas de casa que se oponham aos padrões. (De preferência, as tarefas de casa devem ser escolhidas pelo paciente ao invés de o terapeuta impô-las.).

O paciente pode reunir estas notas em uma espécie de livro de auto-ajuda pessoal e idiossincrático, que sirva de referência, e que seja utilizado em futuras ocasiões em que enfrente dificuldades. Talvez este seja o único livro de auto-ajuda verdadeiramente eficaz.

IV.6. Os retrocessos

É habitual na terapia ver pacientes que, depois de terem feito progressos dos quais se alegram, tanto eles quanto o terapeuta, voltam logo aos antigos padrões de sentimentos e comportamento. Se o terapeuta e o paciente não chegam a compreender estes retrocessos, ambos se desmoralizarão, estragando assim o processo da terapia. Na TAC estes retrocessos são vistos como tentativas inconscientes de manter a "razão típica" de cognições e afetos positivos e negativos, isto é, tentativas de restaurar o ponto fixo emocional. Dever-se-ia mostrar ao paciente que estes retrocessos são, de fato, um sinal de progresso, no sentido de que constituem uma resposta à mudança. A mudança e o aventurar-se em território desconhecido de uma menor perturbação assustam. Portanto, é compreensível e não vergonhoso, voltar aos padrões de pensamento, sentimento e comportamento familiares e dolorosos.

V. VARIAÇÕES

Existem, talvez, tantas variações dos procedimentos básicos da TAC quantos pacientes houverem, visto que cada um apresenta problemas e "perfis de personalidade" ligeiramente diferentes. Todavia, podemos sugerir algumas dire-trizes para trabalhar com pacientes que tenham certos transtornos da personali-dade em comum.

A personalidade dependente está preocupada freqüentemente por temores de ser abandonada e sente-se facilmente ferida pela crítica ou pela desaprovação. Em vez de proteger estes pacientes, é importante discutir abertamente seus temores e resistir a suas tentativas de fazer do terapeuta um expert em dar-lhes conselhos e tomar decisões por eles.

A personalidade por evitação teme as avaliações negativas dos demais, retira-se e isola-se para evitar as críticas e a vergonha. Também evitará o terapeuta e o que este lhe aconselhe. O terapeuta deve enfrentá-lo suavemente e adverti-lo sobre seu padrão de evitação defensiva. Também é desejável o estabelecimento de contingências para que não se recompense a evitação.

A personalidade narcisista reage à crítica com sentimentos de ira, vergonha ou humilhação; é, em outras palavras, hipersensível às avaliações dos demais.

Do mesmo modo que a personalidade histriônica, que busca a aprovação dos demais, não se deve reforçar a personalidade narcisista por sua preocupação sobre si mesma. Pelo contrário, o terapeuta não deve ligar para as contínuas manobras defensivas e de busca de segurança que subjazem às regras pessoais e às cognições justificadoras.

Os *transtornos-limite da personalidade* apresentam desafios e oportunidades pouco habituais para o terapeuta. Embora os sentimentos de vergonha sustentem a maioria dos transtornos da personalidade, esses sentimentos aumentam ao máximo na personalidade-limite, que é extremamente sensível a desprezos e humilhações involuntárias. Trabalhar com eles depende de uma sólida aliança terapêutica, de modo que se possa fazer frente às imagens negativas sobre si mesmo e que se possa apoiar e fortalecer o núcleo positivo de si mesmo. Paciência, confiança e auto-aceitação constituem requisitos por parte do terapeuta que deve pôr limites ao paciente, porém permanecendo flexível e aberto aos afetos e comportamentos continuamente mutantes.

VI. Aplicações

A TAC limita-se aos transtornos de personalidade e não se dedica a tratar os sintomas de ansiedade e depressão, exceto quanto são resultados de aspectos da personalidade. Entretanto, os princípios da TAC se aplicam a pacientes resistentes e difíceis, porque sua falta de progresso se deve a aspectos de suas personalidades. Realmente, como se mencionava no início deste capítulo, a TAC foi criada como uma resposta à falta de progresso e às recaídas.

Tem-se que tomar uma série de decisões quando se trata um novo paciente. Primeiro, o paciente está numa crise? Para as crises psicológicas causadas por outras da vida real, empregamos intervenções da TRE, da psicoterapia de apoio e da solução de problemas. A TRE é especialmente eficaz para tratar de emoções e pensamentos catastróficos durante as épocas de crise.

Segundo, qual é o transtorno atual? Para responder a esta pergunta confiamos no julgamento clínico e nos resultados dos testes psicológicos para fazer um diagnóstico. O tratamento depende do diagnóstico. É especialmente importante saber se a condição pode ser tratada somente com terapia psicológica ou deve-se recomendar e incentivar a medicação, bem como tratamento único ou combinado. A terapia psicológica pode incluir uma ampla variedade de intervenções cognitivas, comportamentais e outras e, no fundo, é multimodal (Lazarus, 1981).

Terceiro, as características da personalidade contribuem de maneira significativa neste transtorno? A resposta depende, novamente, do julgamento clínico e dos resultados dos testes psicológicos. Quando a resposta a essa pergunta é sim, nos concentramos no tratamento do transtorno da personalidade empregando os conceitos e procedimentos descritos neste capítulo. Os pacientes mais difíceis de tratar são os mais difíceis de diagnosticar; normalmente têm alguma condição crônica, como a depressão, que pode ser bioquímica ou pode ser devida a fatores de personalidade, mas a depressão que faz parte de uma síndrome-limite é diferente de outras depressões e deve ser tratada adequadamente.

VII. Resumo/Conclusões Finais

A terapia de avaliação cognitiva (TAC) supõe: 1) que a informação social se processa através de algoritmos não conscientes, 2) que a motivação é proporcionada, em parte, por uma necessidade de voltar a experimentar sentimentos familiares que confirmem a própria sensação do si mesmo e mantenham padrões cognitivos, afetivos, comportamentais e interpessoais, e 3) que a vergonha tem um importante papel em manter os padrões cognitivos, afetivos, comportamentais e interpessoais.

Entre os aspectos básicos do tratamento encontra-se a aliança terapêutica; a intimidade se desenvolve através da honestidade emocional e de compartilhar experiências e sentimentos positivos e negativos. Também é essencial o diagnóstico preciso e o reconhecimento do afeto personotípico, empregando o Questionário Multimodal da História de Vida (LHQ) e outros instrumentos. Ajuda-se os pacientes a compreenderem como utilizam cognições justificadoras para manter padrões desadaptativos e incentiva-os a que ponham em dúvida essas cognições, de modo que as vejam como desculpas e não como fatos. Ajuda-se os pacientes a questionarem suas ações e a considerarem o resultado destas ações antes de realizá-las. Incentiva-se os pacientes a agirem contra os padrões desadaptativos, utilizando o conhecimento que adquiriram nas sessões com o terapeuta. Este, através da auto-revelação e da modelação, apresenta exemplos ao paciente em um ambiente terapêutico sem receios ou vergonha.

VIII. Leituras Recomendadas

Guidano, V. F. y Liotti, G., *Cognitive processes and the emotional disorders*, Nueva York, Guilford Press, 1983.

Wessler, R. L., «Affect and nonconscious processes in psychotherapy», en W. Dryden y P. Trower (comps.), *Developments in cognitive psychotherapy*, Londres, Sage, 1988.

Wessler, R. y Hankin-Wessler, S., «Cognitive appraisal therapy (CAT)», en W. Dryden y W. Golden (comps.), *Cognitive-behavioural approaches to psychotherapy*, Londres, Harper & Row, 1986.

Wessler, R. y Hankin-Wessler, S., «Emotions and rules of living», en R. Plutchik y H. Kellerman (comps.), *Emotion: theory, research, and experience*, vol. 5, Nueva York, Academic Press, 1990.

Wessler, R. y Hankin-Wessler, S., «Nonconscious algorithms in cognitive and affective processes», *Journal of Cognitive Psychotherapy: An International Quarterly*, 3, 1989, pp. 243-254.

24. Terapia Cognitivo-Estrutural: o Modelo de Guidano e Liotti

Cristina Botella Arbona

I. História

Há alguns anos Reda e Mahoney (1984) dividiam as terapias cognitivas atuais em duas grandes correntes: a) Por um lado, enquadravam todos aqueles enfoques que se apóiam em um modelo "associacionista", e aqui incluíam delineamentos bastante clássicos como a terapia cognitiva de Beck (1976), o treinamento auto-instrucional de Meichenbaum (1977, 1981), ou a terapia racional emotiva de Ellis (1970); b) Por outro lado, agrupavam as novas perspectivas construtivistas que propõem uma concepção *ativa* da mente humana (Arnkoff, 1980; Guidano e Liotti, 1983).

Alguns anos depois, Mahoney e Gabriel (1987) afirmam que, dentro das orientações de terapias cognitivas atuais, os delineamentos construtivistas representam um importante desafio, frente ao que denominam "enfoques realistas e racionalistas". O aspecto fundamental que diferencia estas duas tendências é que, enquanto a perspectiva realista-racionalista assume que o mundo nos é dado e nossa tarefa é simplesmente percebê-lo, a perspectiva construtivista supõe que cada pessoa constrói sua própria e única percepção da realidade.

Por último, em datas recentes, Carmim e Dowd (1988) descrevem a evolução e o desenvolvimento das terapias cognitivas recorrendo a uma série de princípios básicos que, em sua opinião, podem ajudar a compreender as importantes modificações que se produziram neste campo. Basicamente, as terapias cognitivas haviam se deslocado desde um paradigma determinista unidirecional a outros paradigmas nos quais, progressivamente, reconhece-se e defende-se a importância

Universidade de Valencia (Espanha)

central que desempenham as expectativas, as crenças, as cognições... em qualquer ato humano. Segundo estes autores, a evolução das terapias cognitivas fica claramente refletida em seis paradigmas, aos quais denominam: 1) Autocontrole comportamental, 2) Controle encoberto, 3) Determinismo recíproco, 4) Enfoques moleculares, 5) Enfoques metacognitivos, e 6) Enfoques construtivistas.

Limitações de espaço nos impedem de apresentar em maior detalhe a interessante análise que realizam Carmim e Dowd (1988) sobre todos estes delineamentos. Só diremos que, em sua opinião, os cinco primeiros paradigmas compartilham uma série de suposições básicas que não serão compartilhadas pelos enfoques construtivistas. Tais suposições serão os elementos diferenciadores- chave, e o fato de adotarem a postura construtivista significará uma ruptura total com todos eles. Estes elementos são os seguintes:

a. Apoiar-se com firmeza no princípio de associação.

b. Aceitar como mecanismo básico o processo de *feedback* negativo para modificar o comportamento de um organismo.

c. Basear seus delineamentos epistemológicos na percepção (o organismo seria um mero recebedor de dados).

d. Entender a realidade como algo invariável e que existe com independência do organismo que percebe.

e. Seus delineamentos sobre a casualidade podem aceitar a idéia de interação ou de reciprocidade (Bandura, 1977b), mas continuam sendo lineares.

De nossa parte, não estamos totalmente de acordo com todas as afirmações destes autores ao descrever os paradigmas anteriores e tampouco estamos de acordo com a "distância" que separa cada um deles das posturas iniciais do condicionamento. Como já expusemos em outro lugar (Botella, 1986), neste ponto coincidimos muito mais com o defendido por autores como Mahoney (1974) ou Pelechano (1981). Não obstante, consideramos útil adotar, como ponto de partida, todas estas perspectivas que delineiam a existência de uma evolução tanto nos desenvolvimentos clássicos da terapia comportamental, como nos novos enfoques da terapia cognitiva. A partir de análises desse tipo (e a análise de Carmin e Dowd é francamente ilustrativa), torna-se muito mais simples captar quais são os objetivos reais da corrente construtivista, assim como suas limita-ções. Dedicaremos o resto do trabalho tentando esclarecer estes aspectos.

II. DEFINIÇÃO E DESCRIÇÃO

Tentar apresentar uma definição concisa e clara dos enfoques construtivistas parece-nos uma tarefa tremendamente difícil visto que, tal e como apresenta Joyce-Moniz (1985), "As formas de construtivismo são tão numerosas como as opiniões sobre a maneira em que um homem transforma a realidade" (p. 160). Partindo-se desse ponto de vista, é possível enquadrar nas orientações construtivistas definições muito distintas: toda a obra de Piaget, além de sua clara influência refletida em delineamentos atuais de terapia como os de Joyce-Moniz (1985); o trabalho de Korzybski (1933), autor do qual, como bem assinala Caro

(1984), são tremendamente devedoras as orientações de terapia cognitiva atuais; a contribuição de Kelly (1955), a quem se reconhece cada vez mais como o grande pioneiro nas orientações cognitivas em psicoterapia e cujas proposições estão se revitalizando (Banister, 1975, 1977; Fransella, 1972; Niemeyer, 1986); os delineamentos de Bandura (1977b) os quais poderiam ser classificados como construtivistas "no sentido de que as regras cognitivas adquiridas previamente são consideradas durante a resposta em conjunção recíproca com as fontes ambientais de informação" (Zimmerman, 1981, citado em Joyce-Moniz, 1985); ou a citação de Neisser (1967), embora este mesmo autor (Neisser, 1980) duvide que a perspectiva construtivista possa ser útil para a terapia; sem esquecer as idéias de Weimer (1977) sobre as teorias motoras da mente que, como logo veremos, têm exercido uma influência importantíssima.

Dadas as dificuldades existentes, nos limitaremos a apresentar e descrever o enfoque terapêutico ao qual, na atualidade, outorga-se a rubrica de *construtivista*. Tal enfoque geral se materializa nos escritos de autores como Arnkoff (1980), Mahoney (1980, 1985), Joyce-Moniz (1985), e sobretudo, Guidano e Liotti (Guidano, 1984, 1987, 1988; Liotti, 1984, 1986; Guidano e Liotti, 1983, 1985).

O paradigma construtivista significa um importante ponto de ruptura com respeito aos paradigmas comentados no aparte anterior. Em tal paradigma se defende que as pessoas *criam* ativamente suas próprias realidades; e afirma-se, além disso, que os modelos de realidade que cada pessoa cria determinam, por sua vez, o modo como a realidade possa ser percebida. Como bem assinalam Carmin e Dowd (1988), estes modelos da realidade contribuem para a experiência em si mesma, mais do que simplesmente refletir a experiência. Já não se trata de uma casualidade linear e unidirecional, mas que vai além do determinismo recíproco no qual se reconhecia uma "ação mútua" entre os determinantes pessoais, comportamentais e ambientais, produzindo-se uma criação, uma construção que influenciará de forma decisiva nas construções posteriores que uma determinada pessoa possa realizar.

A partir de tudo o que foi dito anteriormente, é possível compreender que partindo-se da perspectiva do construtivismo a realidade não é algo estático e invariável, mas é criada cada vez e de forma única segundo as estruturas cognitivas de uma determinada pessoa. Daqui se depreende também, que resultaria sem sentido pensar que a perspectiva da realidade que o terapeuta possa ter, seja mais correta ou mais adequada que a do paciente. Como indica Joyce-Moniz (1985), é absurdo que o terapeuta pretenda ter o monopólio da razão; "desde uma perspectiva construtivista-psicogenética, os processos de reestruturação devem conduzir o cliente à transformação e controle autônomo de suas cognições, e não à imposição de controle cognitivo tal e como o organiza o terapeuta" (p. 160).

III. Fundamentos Conceituais e Empíricos

Anteriormente já havíamos mencionado este assunto (Botella, 1987a, 1987b) e não é nossa intenção repetir tudo o que ali dissemos. Nosso objetivo aqui se limitará a expor sucintamente uma série de aspectos centrais que é necessário conhecer para poder compreender adequadamente este enfoque. O leitor interessado pode recorrer aos trabalhos citados para conhecer nossa opinião sobre esses temas.

III.1. Compreendendo o marco construtivista

A orientação construtivista se apóia em uma série de hipóteses básicas que derivam da epistemologia evolucionista (Campbell, 1974; Lorenz, 1977; Popper e Eccles, 1977). Guidano e Liotti (1985) resumem tais hipóteses do seguinte modo:

III.1.1. O conhecimento como resultado da evolução

A grande vantagem que pressupõe manter um conceito biológico da origem do conhecimento é, como bem assinala Riedl (1983), que proporciona ao observador uma posição fora dos objetos investigados. Posição que permite estudar este espinhoso tema seguindo os ditames gerais da investigação científica. Além disso, esta perspectiva significa entender o conhecimento como um processo contínuo no qual os conceitos de ordem e de decodificação se tornam centrais. A idéia básica é resumida por Guidano e Liotti na seguinte afirmação de Weimer (1975), "os organismos são teorias de seu ambiente".

Segundo Guidano e Liotti (1983, 1985), ao considerar o conhecimento como um processo de interação contínua entre o organismo cognoscitivo e a realidade, situam-se em uma posição de *realismo crítico* e, portanto, afirmam que a obtenção de um conhecimento completo e absoluto será um *desideratum* para o qual tenderemos sem possibilidade de alcançá-lo nunca. Em resumo, o conhecimento dos seres humanos estará continuamente enviesado por todas as limitações (tanto as procedentes da evolução biológica como as culturais) características da espécie humana. No entanto, também sublinham que é na espécie humana onde se tem podido passar de uma individuação biológica a outra psicológica, graças ao crescente desenvolvimento dos processos corticais mais elevados que haviam corrido paralelamente ao surgimento de um sentido pleno de identidade pessoal.

III.1.2. As teorias motoras da mente

Afirmam que as orientações "associacionistas" de terapia baseiam-se no empirismo clássico e daí derivará o conceito da mente humana como algo passivo que, meramente, recebe sensações. Para superar esta conceitualização recorrem às teorias motoras da mente (Weimer, 1977), nas quais ela é contemplada como um sistema ativo. Partindo-se desta perspectiva, a ordem e a regularidade de nossa experiência fenomênica são o produto dessa mente humana ativa e construtiva e não um mero reflexo da realidade do mundo externo.

Segundo Guidano e Liotti (1985) o fato de conceitualizar a mente como um complexo sistema de abstração implica em considerar duas questões: por um lado, o decisivo papel que desempenham os processos não-conscientes para organizar a experiência e, por outro, a distinção profundo-superficial ou conhecimento tácito-conhecimento explícito (Polanyi, 1966), considerando fundamental a interação contínua que se estabelece entre os níveis de conhecimento tácito e explícito. Entendem tal interação como uma relação de *feedback* positivo (Mahoney, 1982, 1985), que também conterá sistemas de controle e *feedback* negativo, e postulam como aspectos fundamentais para a regulação do processo, a busca de coerência e a percepção de discrepâncias.

III.1.3. O desenvolvimento do autoconhecimento: aprendendo a ser um si mesmo

Para explicar o desenvolvimento do autoconhecimento recorrem ao processo de "aprender a ser um si mesmo" e ao "efeito de espelho" (Popper e Eccles, 1977). O ser humano aprende a reconhecer-se a si mesmo progressivamente e vai unificando todo este conhecimento em uma identidade pessoal que vai se converter no centro da realidade, no centro de todo seu conhecimento. A criança aprenderá a conhecer-se através da exploração ativa do meio ambiente e, dado que o mais importante do meio ambiente são as pessoas que a rodeiam, ela se reconhecerá através dessas outras pessoas (como o reflexo que se produz em um espelho). Tudo isso implica em que se estabelecerá uma interação dinâmica entre o si mesmo e o mundo, "o autoconhecimento de um sujeito sempre inclui sua concepção da realidade e, por sua parte, cada concepção da realidade está conectada diretamente com o ponto de vista do sujeito sobre si mesmo" (Guidano e Liotti, 1985).

III.1.4. Os processos de apego e desapego

Uma conseqüência direta do anteriormente mencionado é o importante papel que se concede neste enfoque às relações interpessoais em todo o processo de desenvolvimento do autoconhecimento, e esta é a razão pela qual Guidano e Liotti (1983, 1985) utilizam a teoria do apego de Bowlby (1969, 1973, 1985) como um marco que pode servir para estruturar e organizar os dados disponíveis sobre os processos do desenvolvimento humano.

Seguindo este marco teórico, afirmam que se produzirão diferentes padrões de apego entre a criança e as pessoas encarregadas de seu cuidado e insistem em que a qualidade do apego que se estabeleça na infância será fundamental para o desenvolvimento emocional e cognitivo sadio. Os processos de apego e desapego vão se estender ao longo de muitos anos e a qualidade do apego também se modificará e alcançará uma progressiva complexidade (desde o puro contato físico, característico da primeira infância, até tudo o que supõe um determinado modo de organizar e estruturar as relações interpessoais). Estes autores assinalam, não obstante, que é pouco provável que as conceitualizações que guiam o comportamento dos pais variem substancialmente. Deste modo, as primeiras noções a respeito do si mesmo e sobre o mundo que a pessoa começa a manter na primeira infância se manterão ao longo do tempo, devido às confirmações repetidas que vão se produzir durante o processo de desenvolvimento.

Guidano e Liotti (1983) assinalam que todo este processo ocorrerá ao longo de uma série de estágios em cuja formulação se observa a influência de Piaget.

---

[1] Os estágios fundamentais no desenvolvimento do autoconhecimento, segundo Guidano e Liotti (1983), seriam os seguintes: *infância e idade pré-escolar* (em torno dos 2½ até os 5 anos de idade); *infância* (estende-se basicamente dos 6 aos 12 anos de idade). Trata-se de um estágio marcado por uma compreensão "realista" da realidade e chega-se a descobrir o si mesmo como "objeto" (operações concretas de Piaget), e *adolescência e juventude* (aproximadamente dos 12 aos 18 anos de idade). O nível de desenvolvimento cognitivo (operações formais de Piaget) possibilita o início da maturidade, começa-se a compreender a realidade através de um si mesmo com um sentido total de identidade pessoal.

Em cada um destes estágios a concepção que se alcance com respeito ao si mesmo dependerá do nível ao qual se haja chegado no estágio anterior, o qual supõe predeterminar ou pôr, de algum modo, limites ao tipo de estrutura cognitiva (assim como ao conteúdo de tal estrutura) a qual se pode alcançar no nível seguinte[1].

III.2. A organização do conhecimento humano

Para apresentar a organização e o modo de funcionamento dos processos de conhecimento humanos, Guidano e Liotti recorrem ao modelo proposto por Lakatos (1974) sobre a organização das teorias científicas como "programas de investigação". Consideram útil esta analogia porque: a) supõe entender o sistema cognitivo humano como uma teoria científica capaz de proporcionar uma descrição do mundo (e aqui se inclui o si mesmo e a realidade) e seguir um programa de investigação; b) também supõe estabelecer a distinção entre um nível de conhecimento tácito e um explícito; e c) por último, significa diminuir a ênfase na racionalidade e acentuar os aspectos dogmáticos de uma teoria.

III.2.1. Nível tácito de organização

Firme núcleo metafísico. É uma estrutura identificada fundamentalmente com o autoconhecimento tácito. Corresponde, portanto, ao nível de elaboração de conhecimento mais elevado em um sistema cognitivo humano. Este firme núcleo metafísico pode-se entender como um conjunto de suposições básicas ou grupos de regras profundas que representam os marcos de referência gerais capazes de organizar toda a informação que chega do exterior (consultar figura 24.1).

Figura 24.1. *A organização do conhecimento que propõem Guidano e Liotti (1985) seguindo o modelo de Lakatos (1974).*

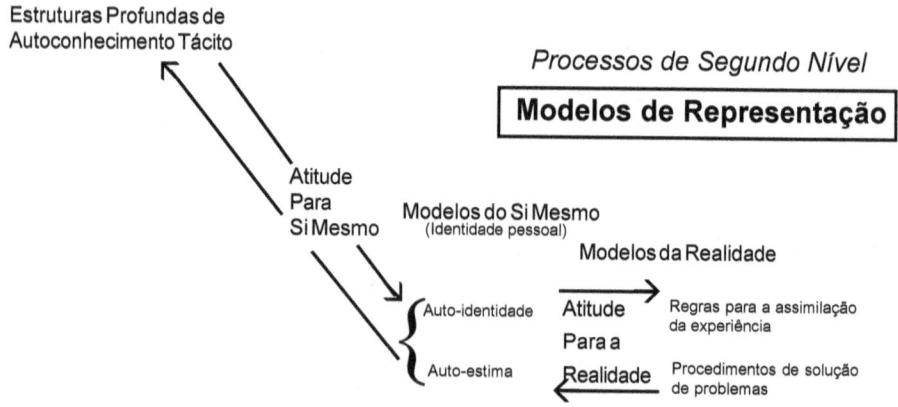

O traço mais notável deste firme núcleo metafísico é, talvez, sua capacidade para elaborar progressivamente novos marcos de referência (isto é, regras tácitas cada vez mais abstratas) para a posterior inclusão e manipulação dos modelos representativos da realidade (mais adiante será abordado este termo), determinando os "diferentes mundos possíveis" os quais um indivíduo pode alcançar. As estruturas profundas do autoconhecimento, através dos esquemas emocionais formados ao longo do processo de desenvolvimento, regularão e dirigirão a maior parte da vida emocional e imaginária do indivíduo.

III.2.2. Nível explícito de organização

Este nível corresponde aos modelos de representação, que dão uma imagem mais incompleta e limitada do si mesmo e do mundo, comparados com o nível tácito mais abstrato. Trata-se de um conjunto de modelos explícitos do si mesmo e da realidade que derivam das estruturas tácitas de conhecimento. Isto significa que nem todo o conhecimento tácito estará representado neste nível: o conhecimento explícito se ajustará cada vez e em cada momento; dependerá, além disso, das necessidades e dos acontecimentos que a pessoa esteja experimentando. Sendo assim, sempre se ajustará, com um mínimo de incongruências, ao nível tácito do qual provém.

III.2.3. Identidade pessoal

Conceitualiza-se como resultado de uma relação contínua entre o conhecimento tácito e a concepção consciente que a pessoa tem do si mesmo e do mundo. Compõe-se, essencialmente, de todo um conjunto de crenças, lembranças e processos de pensamentos, sobre o si mesmo, produzindo uma imagem coerente de si mesmo e uma sensação de unicidade pessoal e continuidade no tempo. Representa o marco de referência que a pessoa utiliza continuamente enquanto avalia a si mesma em relação aos acontecimentos que ocorrem no mundo externo. Embora este marco de referência sempre esteja distorcido pelo autoconhecimento tácito, a *identidade pessoal estruturada* parece ser o principal regulador de todo o processo (ver figura 24.1).

Por outro lado, podem-se produzir distintos graus de auto-aceitação e autoestima, dependendo da congruência existente entre as crenças sobre o valor de si mesmo e as diferentes avaliações que a pessoa realiza de seu comportamento e de suas emoções.

III.2.4. Modelo de realidade

Estas estruturas cognitivas formam os possíveis modelos através dos quais é possível representar o mundo externo. Estes modelos representativos constituem a *única* possibilidade de estabelecer uma relação com o mundo externo, e Guidano e Liotti (1985) afirmam que "o sistema de conhecimento humano não pode discriminar entre acontecimentos externos e suas representações internas" (p. 117).

A construção dos modelos da realidade, embora enviesada pelo autoconhecimento tácito, encontra-se regulada constantemente por estruturas da identidade pessoal, de modo que desenvolvem aspectos representativos do mundo externo consistentes com as atitudes interativas para a realidade definidas pela imagem de si mesmo. Além disso esta atividade reguladora será regida por dois tipos de regras: a) regras que coordenam a assimilação da experiência e, b) regras que coordenam os procedimentos de solução de problemas[2].

III.2.5. A noção de organização cognitiva pessoal

Guidano (1987) propõe este novo conceito para referir-se a "organização específica dos processos de conhecimento pessoais que gradualmente emergem ao longo do curso de desenvolvimento individual" (p. 91). Este autor assinala que as características mais importantes que definem uma *organização cognitiva pessoal (OCP)* são sua evolução temporal e sua plasticidade. Sendo assim, embora possa sofrer importantes mudanças ao longo do curso vital, continuará sempre mantendo um sentimento de unicidade e continuidade histórica.

Trata-se de um sistema cognitivo muito complexo, o qual, devido a sua autoreferencialidade, é considerado como organizacionalmente fechado e enclausurado em um nível tácito (não admite alternativas aos significados pessoais sobre os quais estão baseadas a continuidade e a coerência do si mesmo) e estruturalmente aberto em um nível explícito, visto que a pessoa está interagindo constantemente com a realidade externa[3].

III.3. *Processos de manutenção e processos de mudança*

Guidano e Liotti (1985), em linhas gerais, continuam defendendo as conceitualizações sobre manutenção e mudança que estabeleceram em seu trabalho de 1983 e às quais nós já dedicamos anteriormente nossa atenção (Botella, 1987b). Não obstante, esses autores também acrescentam aspectos totalmente novos que tentaremos, brevemente, comentar.

---

[2] O leitor que conheça outras publicações nossas sobre este mesmo assunto (Botella, 1987a, 1987b), talvez tenha estranhado algumas diferenças que aparecem tanto na apresentação das estruturas cognitivas, como a nível de terminologia. É possível que este ponto fique claro com a seguinte explicação: em nosso trabalho de 1987 recorremos à apresentação original do modelo de Guidano e Liotti (1983) e nela estes autores seguiam com bastante fidelidade a analogia com "os programas de investigação" de Lakatos (1974). Todavia, em apresentações posteriores do modelo, observam-se diferenças entre estes dois autores com respeito a este ponto: em uma publicação conjunta (Guidano e Liotti, 1985) continuam recorrendo a Lakatos, embora falem de dois níveis na organização do conhecimento e não nomeiem uma estrutura tão importante como a *banda protetora*. Posteriormente, Guidano (1987) ainda esvanece mais esta influência, reafirma-se nos dois níveis de conhecimento e recorre à noção de "tácito" mais que ao conceito de *firme núcleo metafísico*. Entretanto, Liotti (1986) utiliza a terminologia proveniente do modelo de Lakatos e defende a existência de três níveis na organização cognitiva. Neste sentido, pode ser ilustrativo comparar as figuras que estes autores utilizam para descrever o modelo de Lakatos: em Guidano e Liotti (1983) produz a impressão de três níveis; em Guidano e Liotti (1985) e Guidano (1987) dois níveis; e em Liotti (1986) voltam a ser três. Não era o propósito deste capítulo analisar a evolução que eventualmente tenham sofrido estes autores e, portanto, não queremos entrar nestas questões. Temos nos limitado a apresentar de forma global este modelo recorrendo, em maior parte, à publicação mais recente na qual ambos os autores assinam o trabalho conjunto (Guidano e Liotti, 1985).

Continuam afirmando que a estrutura cognitiva que regula todos estes processos é a *identidade pessoal*. Os processos de manutenção serão o resultado da função de controle da identidade pessoal e explicam-se pela tendência existente no sistema cognitivo em buscar evidência confirmatória (lembremos o modelo de Lakatos). Há dois níveis de controle: a *atitude para consigo mesmo*, que supõe o nível mais elevado de confirmações, e a *atitude para com a realidade*, que utiliza confirmações de um nível mais baixo. Conjuntamente contribuem à manutenção e à estabilidade dos modelos que o indivíduo mantém sobre o si mesmo e sobre a realidade.

Com respeito aos processos de mudança, continuam mantendo os conceitos de *mudança profunda* (que supõe uma reestruturação da atitude do paciente para consigo mesmo, como resultado da reestruturação de conjuntos de regras profundas que surgem do autoconhecimento tácito) e *mudança superficial* (que só implica na modificação da atitude do paciente para a realidade e que ocorre constantemente). Também diferenciam entre *mudança progressiva* (passou a um metanível mais elevado de representação do conhecimento) e *mudança regressiva* (estancamento ou fracasso nesse mesmo processo). Como mecanismo básico para conseguir a mudança, também se postula a percepção de discrepâncias que não se encaixam no sistema. Finalmente, na descrição que fazem da mudança profunda continuam insistindo na "reconstrução de conjuntos de regras profundas que emergem do autoconhecimento tácito. A mudança de atitude para consigo mesmo produzirá, conseqüentemente, uma modificação da identidade pessoal que, por sua vez, dará lugar a uma reestruturação da atitude para com a realidade, através da qual pode-se ver e manejar o mundo de um modo diferente" (Guidano e Liotti, 1985, p.122).

Quanto aos novos aspectos introduzidos por Guidano e Liotti (1985), basicamente supõem retomar e elaborar, para sua consideração em terapia, uma série de idéias traçadas por Mahoney (1982, 1985) a partir de contribuições derivadas de mundos tão díspares como o da física ou da química (Prigogine, 1979) ou da biologia evolucionista (Ayala e Dobzhansky, 1974; Campbell, 1974).

Quando consideram as noções de manutenção e mudança, Guidano e Liotti (1985) (e aprofundada por Guidano, 1987) afirmam que na evolução natural do conhecimento se produz um equilíbrio dinâmico através dos "processos oscilatórios" ao longo de todo o ciclo vital. O princípio que subjaz em tal equilíbrio é o conceito de "ordem através das flutuações", que retomam do trabalho de Prigogine sobre as estruturas dissipativas. Segundo Prigogine (1979), o processo de auto-organização dissipativa significa o desenvolvimento espontâneo de níveis de ordem progressivamente mais elevados dentro do sistema, conseguidos a partir da obtenção de um ponto crítico de desequilíbrio.

E que sentido têm todas estas noções para a terapia? Acreditamos que a seguinte citação de Mahoney (1985) pode nos ajudar a captá-lo.

---

[3] Nós chegamos a captar as diferenças reais que se podem estabelecer entre as noções de identidade pessoal e organização cognitiva pessoal. Talvez a diferença se situe em que uma organização cognitiva pessoal englobe e abarque *todo* o sistema cognitivo de uma pessoa, enquanto que a identidade pessoal é uma parte do mesmo. Limitamos a manter ambos os conceitos do mesmo modo que o faz Guidano (1987).

"Virtualmente, todas as nossas tentativas de intervenção surgem de uma metateoria que emprega como direção tácita a harmonia, o balanço ou a equanimidade. Comecei recentemente a perguntar-me se esta direção – por mais valiosa que possa ser para o nosso bem-estar – capta por completo a dinâmica de nossa categoria humana. Pergunto-me, às vezes, se em nossas tentativas de reduzir rapidamente os problemas emocionais, não estamos precipitando-nos a reduzir ao silêncio o mensageiro, muito antes de compreendermos a mensagem. O grosso de nossas técnicas específicas para dar ajuda, parece dirigir-se a conseguir a satisfação emocional, direta ou indiretamente, sem examinar mais detalhadamente o papel que jogam os contrastes e os sentimentos em nossa experiência pessoal" (p. 27).

O que isto supõe na realidade é, portanto, uma tentativa de superar a noção clássica de *estabilidade,* entendida como a obtenção de um equilíbrio homeostático em torno de um ponto adequado ao qual o sistema tenderá a retornar sempre que se produzam perturbações. A visão de mundo mudou radicalmente, como assinala Prigogine (1978); encontramo-nos em um "universo participativo" no qual, por fim, admitiu-se a autonomia das coisas e não só das coisas vivas; um mundo que apresenta como característica básica a complexidade e a incerteza (no sentido de ausência de normas estáveis e permanentes). Esta nova visão de mundo faz com que se torne mais fácil entender as novas conceitualizações que estão sendo mantidas sobre o ser humano (Mahoney, 1982). Nelas, este é considerado como um complexo sistema aberto no qual os processos de ordem do SNC estão organizados holisticamente e estruturados "heterarquicamente"[4]. Um sistema aberto com uma dimensão teleonômica (Ayala e Dobzhansky, 1974) em vez de teleológica[5]. Sob nosso ponto de vista, como imediatamente veremos, considerar todos estes delineamentos ajuda a compreender, em grande escala, muitos dos aspectos que se defendem no enfoque construtivista: desde a importância que se outorga aos processos não conscientes (tácitos), passando pelos conceitos de mudança progressiva ou regressiva, até a ilusão da estabilidade e da coerência absolutas...

IV. Procedimento

Quando Guidano (1987) apresenta um modo concreto de atuação na terapia, partindo de uma perspectiva construtivista, insiste em um aspecto fundamental que, em sua opinião, diferencia este delineamento dos enfoques cognitivo-com-

---

[4] Mahoney (1985) utiliza a expressão *estruturalismo heterárquico* para referir-se à "distribuição descentralizada do conhecimento e ao aparecimento do que chamaremos de controle que se produz a partir de uma coalisão e competição internas sem fim entre sistemas interdependentes de sistemas" (p. 41). Tudo isto como contraste a um *estruturalismo hierárquico* no qual se apreciariam claros traços de linearidade, influência unidirecional, e processos reguladores discretos (muito provavelmente processos centrais).

[5] A Teleonomia se refere aos processos inerentes que servem para dirigir a manutenção e o crescimento dos sistemas abertos. A noção de teleologia implica em um destino ou uma meta clara e explícita. Pelo contrário, a teleonomia supõe uma direção flexível, no sentido de que se trata de um processo relativamente impredizível.

portamentais clássicos. Estes últimos se baseiam em um conceito estático de equilíbrio circular regulado somente por mecanismos de *feedback* negativo, e o propósito da terapia, portanto, será tentar recuperar novamente o equilíbrio perdido, proporcionando ao paciente um maior grau de autocontrole e dando-lhe mais armas e estratégias de afrontamento. Os enfoques construtivistas, pelo contrário, serão centrados em ver de que modo é possível ajudar o paciente a assimilar os desequilíbrios que se produziram ao longo de todo o processo de desenvolvimento pessoal e que têm frustrado assim suas tentativas de alcançar níveis de conhecimento e de autoconsciência mais elevados. Vejamos que diretrizes se delineiam a partir da perspectiva construtivista para alcançar esta meta.

Segundo Guidano (1987) uma primeira tarefa fundamental será tentar responder a duas questões básicas:

a. Que tipo de estágios de desenvolvimento tem ocorrido nesta organização cognitiva pessoal (OCP)?

b. De que modo esta OCP está determinando a forma que a experiência adquire a cada momento?

Ao começar a explorar estas questões básicas, o terapeuta já se situa na direção adequada que posteriormente lhe permitirá entrever quais são as hipóteses ou concepções tácitas que o paciente mantém sobre si mesmo e sobre o mundo, já que nelas se apóia o sentido de realidade do paciente. Com respeito a este ponto convém recordar, além disso, que neste enfoque (a diferença dos delineamentos "associacionistas" clássicos) não se acredita que a concepção de realidade que o terapeuta mantém seja mais adequada ou mais satisfatória que a do paciente. A "verdade" e o "real" passam a ser conceitos relativos; o serão para uma pessoa concreta, já que têm sua origem no firme núcleo metafísico de uma organização cognitiva pessoal (OCP) determinada. Daí se deduz que a terapia não está dirigida, em absoluto, a persuadir, a convencer ou a educar o paciente para que adote ou assuma os pontos de vista do terapeuta. A tarefa se centrará em ajudar o paciente a reconhecer, compreender, e conceitualizar melhor sua própria "verdade pessoal". O paciente terá que identificar as hipóteses que subjazem a sua forma de experimentar a realidade e tais hipóteses terão que ser modificadas. A razão, que alega Guidano (1987), para que se realize esta modificação não se baseia na sua possível irracionalidade, mas no que se converteu em "uma solução fora de moda" (p. 217). Foram úteis no momento em que apareceram, mas aquela utilidade foi se perdendo à medida que mudavam as circunstâncias vitais do paciente ao longo do tempo. Do mesmo modo, a intervenção terapêutica não é considerada como uma estratégia para persuadir o paciente a que aceite pontos de vista mais "racionais", mas como uma estratégia que modifique a demarcação do paciente entre o real e o não-real, a fim de permitir-lhe assimilar (p. ex., considerar agora como real) lembranças passadas esquecidas e experiências atuais (Guidano, 1988).

Para começar a responder às duas perguntas colocadas anteriormente, insiste-se na conveniência de efetuar uma cuidadosa avaliação da organização cognitiva do paciente.

IV.1. A avaliação

O processo de avaliação se estrutura em três níveis (Guidano e Liotti, 1983).

a. Inicia-se através de uma análise funcional típica centrada nos problemas de comportamento do paciente. Tem como objetivo conseguir que o paciente comece a pensar em termos de antecedentes e conseqüentes. Ao final desta fase se tentará conseguir que o paciente comece a captar a importância que os pensamentos têm para compreender o comportamento.

b. O processo continua com o que estes autores denominam uma análise cognitivo-funcional. O propósito que se persegue é tornar o paciente cada vez mais consciente dos pensamentos que geralmente precedem, acompanham ou seguem os comportamentos problemáticos. Para isto recorrem a procedimentos muito variados: desde provas tipo REP, derivadas da teoria dos conceitos pessoais de Kelly (1955), ou métodos de imaginação dirigida, até entrevistas, registros ou testes psicométricos tradicionais.

Guidano e Liotti dão especial importância aos procedimentos de auto-observação já que consideram que à medida que o paciente progrida em sua capacidade analítica, tornar-se-á mais fácil distanciar-se de certas crenças às quais previamente considerava como algo inquestionável e, além disso, com a utilização destes elementos de auto-observação, poderão começar a aflorar as regras mais profundas que subjazem a suas concepções sobre si mesmo ou sobre o mundo. Esta análise das estruturas cognitivas se aprofundará estudando-se o modo como o paciente conjuga uma série de verbos fundamentais (ser, dever, poder, necessitar e valer – ser valioso) e todos os seus sinônimos. A maneira como o paciente os conjuga junto ao pronome "eu" (a primeira pessoa do singular) proporcionará informação sobre sua atitude para consigo mesmo; a forma em que o faça junto a pronomes como "você", "eles", "nós" (as outras pessoa do verbo), dará informação de sua atitude para com a realidade. Deve-se sublinhar que neste momento já não estaríamos nos defrontando com fatos (acontecimentos de vida do paciente), mas com as "reconstruções" das estruturas cognitivas que o próprio paciente realiza.

Também insistem estes autores (Guidano e Liotti, 1983; Liotti, 1986; Guidano, 1987, 1988) na grande importância que têm os *aspectos emocionais*. Será necessário estudar e analisar as emoções que vão aparecendo à medida que o processo de avaliação e todo o processo terapêutico avança.

c. Até este momento o terapeuta terá conseguido um primeiro esboço ou uma primeira versão dos esquemas cognitivos do paciente. Tais esquemas poderão facilitar-lhe a tarefa de reconstrução das hipóteses tácitas que se encontram na base do comportamento problemático do paciente. Não obstante, recordam Guidano e Liotti (1983), neste momento se delineia uma importante dificuldade pois, como vimos, já não nos enfrentamos com fatos e temos que começar a analisar as "reconstruções" que o próprio paciente realiza. Isto significa que deve-se ter bem presente que, embora tais reconstruções não sejam mais que "teorias" e não verdades absolutas, de fato, dirigem totalmente o comportamento e a vida emocional do paciente. Portanto, para evitar cair na armadilha de realizar reconstruções absurdas ou fantásticas (embora à primeira vista pareçam muito originais e criativas), será preciso reunir provas que as validem. Para isso, Guidano e Liotti (1983) recomendam realizar uma análise do desenvolvimento.

A análise do desenvolvimento é realizada a partir da teoria do apego de Bowlby. Aqui, outra vez, estaríamos nos movimentando a nível de fatos, mas como tais fatos só podem ser conhecidos pelo próprio paciente ou por seus familiares mais próximos, de novo há o perigo de tomar qualquer relato como uma verdade absoluta. O aspecto importante a se considerar aqui, será a "consistência interna" entre os acontecimentos do passado e o modo como tais acontecimentos têm influenciado na vida do paciente e nas teorias causais que este mantém na atualidade. Se há o critério de "consistência interna" e o contraste entre as suposições básicas do paciente e os fatos históricos de sua vida é positivo, o processo de avaliação poderia dar-se por finalizado.

Segundo Guidano (1987, 1988), neste momento o terapeuta estará preparado para abordar três tarefas básicas:

1. Reconstrução passo a passo da organização cognitiva pessoal do cliente (OCP) e das discrepâncias reais entre a qualidade de estabilidade existente e as oscilações profundas que têm de ser assimiladas.

2. Identificação das suposições tácitas do paciente e dos modos de pensamento que influenciam em sua estruturação do âmbito experiencial no qual se produz o desequilíbrio.

3. Identificação do estado de desenvolvimento concreto no qual ocorreu o desequilíbrio.

Com referência aos dois primeiros pontos, já assinalamos anteriormente a grande importância que se outorga neste enfoque às estruturas cognitivas e às diferenças existentes entre os objetivos perseguidos nos enfoques cognitivo-comportamentais clássicos (nos quais se buscaria restaurar o equilíbrio perdido proporcionando ao cliente novos métodos ou modos de controle e/ou afrontamento), e estes enfoques construtivistas (nos quais fundamentalmente se tentaria ajudar o cliente a assimilar os desequilíbrios para poder chegar a níveis de autoconhecimento mais elevados). Pode-se observar, além disso, uma clara influência geral dos enfoques psicodinâmicos. Tampouco é possível deixar de sublinhar os importantes pontos de contato que, sob nosso ponto de vista, podem estabelecer-se entre estes últimos delineamentos de Guidano e algumas noções de Jung como o "processo de individuação" ou a "função transcendente".

Quanto ao terceiro ponto, parece-nos mais próximo a proposições psicodinâmicas, embora neste caso cremos que se deveria apelar a Freud: além da ênfase posta no processo de desenvolvimento, deve-se pesquisar em que estágio aparece o problema, visto que segundo Guidano (1987), "os diferentes efeitos que resultam do mesmo acontecimento têm que ser atribuídos ao diferente estágio de desenvolvimento no qual se produziu o acontecimento" (p. 218). Este autor dá como exemplo dois transtornos alimentares: a obesidade e a anorexia. Ambos teriam como ponto de partida um acontecimento estressante similar, geralmente uma forte desilusão ou decepção a respeito de uma pessoa importante e muito querida pelo paciente (muito freqüentemente um dos progenitores). Os diferentes efeitos destes transtornos se explicariam pelo estágio de desenvolvimento no qual se produziu o problema. No caso da obesidade o problema havia surgido na infância, devido a que as capacidades cognitivas da criança nesse momento não lhe permitiam afrontar adequadamente o problema que havia vivenciado como um fracasso esmagador. A origem da anorexia, pelo contrário, se situaria na adolescência, já que as habilidades cognitivas que foram se formando nesse momento permitiriam ao cliente afrontar a situação de modo mais ou menos satisfatório, possibilitando que a percebesse como um desafio intolerável contra o qual teria que lutar. Destas circunstâncias distintas originarão dois tipos de organização cognitiva que explicarão a diferente sintomatologia presente na obesidade e na anorexia.

IV.2. O processo de terapia

IV.2.1. A relação terapêutica

Estes autores dão uma grande importância ao estabelecimento da relação terapêutica, entendendo-a, não como uma proposta pedagógica, mas como uma ação comum que supõe uma estreita colaboração entre paciente e terapeuta. Para formar adequadamente a relação terapêutica é preciso que o terapeuta tenha um conhecimento preciso da OCP do paciente, já que é necessário que a relação respeite a identidade pessoal deste e, ao mesmo tempo, não se confirmem os supostos básicos que estão originando a patologia (Guidano, 1987, 1988; Liotti, 1986).

Supõe-se que a obtenção de uma relação terapêutica estabelecida sob estas condições se converterá em uma arma importante que reduzirá as *resistências* do paciente, embora estas continuem aparecendo ao longo do processo terapêutico. Guidano (1987) conceitualiza as resistências como "a expressão dos mesmos processos oscilatórios que exibem os complexos sistemas abertos em sua evolução" (p. 219), todavia, a similaridade com as proposições freudianas também mostra-se patente. Por um lado, afirma-se que as resistências são uma fonte importante de informação que pode ser muito valiosa na hora de descobrir aspectos da história de desenvolvimento do paciente. Por outro lado, apresenta-se como exemplo de resistência os seguintes aspectos:

- As objeções mais ou menos explícitas às prescrições e explicações do terapeuta.
- As recaídas após ter conseguido as mudanças desejadas.
- O fato de assinalar a existência de dificuldades em alguma relação interpessoal importante a partir da aplicação de determinadas prescrições terapêuticas.

Em vez de lutar diretamente para vencer estas resistências, o terapeuta tenta utilizá-las para avaliar as "teorias" do paciente que foram questionadas pela estratégia terapêutica e, portanto, reconstruir esses aspectos da história do desenvolvimento do paciente que poderiam ter ajudado na formação dessas teorias (Guidano, 1988).

Espera-se (Liotti, 1986) que à medida que a relação terapêutica progride e se estrutura, o paciente esteja cada vez mais preparado para: a) desenvolver ou melhorar sua habilidade em tarefas de auto-observação; b) vislumbrar alguns aspectos, pelo menos, das propriedades estruturais de sua própria organização cognitiva; c) ser capaz de modificar e regular aqueles aspectos de sua vida que impliquem ou levem a sofrimentos desnecessários. Todos estes objetivos irão sendo conseguidos e consolidados ao longo de todo o processo terapêutico.

IV.2.2. A mudança em terapia. Mudança profunda e mudança superficial

Lembremos que nestes enfoques se contemplam dois níveis de mudança: profunda e superficial (Arnkoff, 1980; Guidano, 1988; Guidano e Liotti, 1983). Uma mudança superficial supõe simplesmente a modificação da atitude do paciente para com a realidade, sem rever sua identidade pessoal. Entretanto, numa mudança profunda há uma reorganização da atitude para consigo mesmo, que presumirá a abertura (com a conseqüente possibilidade de admissão) para novas regras que provêm do autoconhecimento tácito, as quais gradualmente poderão conduzir a uma modificação e reestruturação da identidade pessoal. Estes dois tipos de mudança não são excludentes e, de fato, geralmente em terapia só se conseguem mudanças profundas a partir de mudanças superficiais (Guidano, 1987). Não obstante, este autor insiste em que o terapeuta deverá abster-se de recomendar e buscar mudanças profundas. Os pedidos neste sentido teriam que partir sempre do paciente, por duas razões. Em primeiro lugar, o processo que supõe o logro de uma mudança profunda implica em emoções intensas e, freqüentemente, dolorosas, e não há por que fazer o paciente sofrer pois, em muitas ocasiões, uma mudança superficial já supõe uma melhora substancial que permite um funcionamento muito mais satisfatório. Em segundo lugar, tampouco seria recomendável porque uma mudança pessoal "real" somente se pode conseguir se o paciente produzir a mudança por si mesmo e, isto implica em seu total consentimento, aquiescência e colaboração.

Do que foi dito se deduz que a terapia começará tentando fomentar mudanças superficiais e, posteriormente, segundo os desejos do paciente, poderá passar a níveis mais profundos. Vejamos agora de que modo Guidano e Liotti (1983) estruturam a estratégia a seguir para conseguir a mudança.

Técnicas cognitivo-comportamentais. A fim de conseguir mudanças em nível superficial, o terapeuta pode escolher entre diversas técnicas (as que estes autores denominam cognitivo-comportamentais). Aqui incluem procedimentos como a exposição *"in vivo"*, o treinamento assertivo, a dessensibilização sistemática, etc. São propostas ao paciente como experiências que o ajudarão a submeter à prova as expectativas que este mantenha a respeito de uma situação ou acontecimento problemáticos. Guidano e Liotti (1983) insistem em que através destas técnicas será possível modificar comportamentos, mas não as regras que as governam.

N.R.: No texto original usa-se o termo *cliente* e *paciente*, na tradução optou-se por manter-se fiel ao original.

Outras técnicas terapêuticas cognitivas. Também é possível aplicar outros procedimentos que são considerados mais especificamente cognitivos: treinamento auto-instrucional, inoculação de *stress*, treinamento em solução de problemas, etc. Estas técnicas, além de fomentar mudanças superficiais, ajudarão o paciente a começar a verbalizar as teorias que regem seu comportamento. Uma vez começado este processo será possível passar a outro nível.

Técnicas cognitivas que questionam as teorias mantidas pelos pacientes. Guidano e Liotti recomendam utilizar técnicas de reestruturação cognitiva defendidas por Ellis e Beck, sempre que a análise do desenvolvimento tenha se finalizado. A razão na qual se baseiam para fazer esta recomendação é que antes de criticar uma teoria é conveniente saber em que fatos se apóia.

Técnicas semânticas. Até certo ponto, se assemelham às técnicas do aparte anterior. Não obstante, estamos de acordo com a denominação utilizada por Guidano e Liotti já que, em nossa opinião, estaria mais próxima ao defendido por Korzybski (1933) sobre a importância da utilização correta da linguagem (ver Caro, 1984). Através destes procedimentos, ensina-se o paciente a utilizar adequadamente os verbos-chave aos quais nos referimos anteriormente (ser, dever, poder, etc.) junto a uma série de pronomes (eu, você, eles, etc.) (ou pessoas do verbo). Insiste-se na importância de relativizar o significado de adjetivos tais como bom-mau, bobo-esperto, etc.; terá que aprender a considerá-los não como uma dicotomia mas como uma continuidade. Também insiste-se na consideração de muitos "deveria" e "teria" como emanados de normas ou regras sociais devido ao fato de possuírem um valor para a sobrevivência do grupo, embora na atualidade, e para esse paciente concreto, tal valor seja muito mais restringido.

Questionamento lógico das teorias da identidade pessoal. Supõe-se que, chegado a este ponto do processo terapêutico, o paciente terá um conhecimento bastante profundo de suas estruturas cognitivas. A partir, tanto dos métodos de avaliação, como dos procedimentos de terapia utilizados, as regras e suposições básicas que guiam o comportamento do paciente irão aflorando gradualmente. Terá chegado o momento, portanto, de fazer ver ao paciente que suas teorias e crenças são de natureza episódica e que talvez sejam algo já ultrapassado, fora de moda. Curiosamente, a recomendação destes autores aqui é recorrer novamente às técnicas de reestruturação cognitiva, tipo Ellis e Beck.

Até aqui, expusemos a seqüência do processo terapêutico tal e como apresentam Guidano e Liotti (1983). Não obstante, para que o leitor possa ter uma visão mais clara deste enfoque, cremos que pode ser interessante lembrar os aspectos sobre os quais insistem estes autores (Guidano e Liotti, 1983; Liotti, 1983; Guidano, 1987). Por um lado, afirmam que muito mais importante que qualquer técnica é o momento (*timing*) de sua aplicação terapêutica. Por outro lado, assinalam também que neste enfoque é possível utilizar qualquer dos procedimentos que na literatura sobre terapia comportamental se denominam técnicas cognitivo-comportamentais; ou técnicas derivadas de outros enfoques, como os esboçados por Milton Erikson; ou, finalmente, qualquer outro procedimento que o terapeuta possa "inventar", sempre que ajude a descobrir as regras tácitas enquanto se modificam as estruturas superficiais.

Neste sentido, são ilustrativas as recomendações apresentadas por Guidano (1987, 1988), seguindo uma série de diretrizes estruturadas por Bowlby, como um meio eficaz para superar os desequilíbrios e, assim, poder alcançar um nível de conhecimento mais integrado:

a. Incentivar o paciente a explorar seus modelos cognitivos.

b. Ajudar o paciente a reconhecer os modelos cognitivos que está de fato utilizando.

c. Ajudá-lo a seguir sua pista, isto é, averiguar de que modo se formaram (e na opinião de Bowlby, em grande parte será explicado porque o paciente aceitou o que seus pais lhe diziam continuamente, tanto sobre eles como sobre si mesmo).

d. Incentivá-lo a revisar tais modelos à luz tanto de sua história pessoal, como do grau em que se correspondem com o contato inicial que o paciente teve consigo mesmo e com seus pais.

e. Ajudá-lo a reconhecer as sanções que seus pais utilizavam para conseguir que adotasse os modelos mantidos por eles (impedindo assim que o paciente conseguisse adotar o seu próprio).

Guidano (1987) finaliza sua exposição insistindo em que a possibilidade que qualquer pessoa possui de alcançar modelos mais compreensíveis de si mesmo e da realidade dependerá de sua própria capacidade de estruturar, em nível explícito, os padrões e regras tácitas que guiam seu comportamento. Isto significa que além de seguir as recomendações anteriores, uma missão fundamental do terapeuta será ajudar o paciente a "elaborar conscientemente modelos representativos alternativos capazes de reconhecer e estruturar de modo mais satisfatório os processos tácitos que já estão influindo em seus processos de pensamento, embora fora de sua esfera de consciência" (p. 222). O terapeuta deve considerar que o conteúdo de conhecimento capaz de alterar a atitude do paciente para consigo mesmo e para a realidade *já está disponível*, de algum modo, em sua organização cognitiva. Só faltará conseguir que o mesmo o reconheça, o assimile e o estruture em nível explícito. Deve-se compreender, portanto, a partir desta perspectiva, a afirmação de Guidano (1987) a respeito de que pode resultar *inútil e inclusive perigoso* acrescentar novos conhecimentos (que, logicamente, provenham do terapeuta) ao sistema cognitivo do paciente e que toda *a informação útil para o cliente chegará de suas próprias estruturas cognitivas*. Parece desnecessário insistir de novo na notável similaridade existente entre estas idéias e o pensamento de Jung. É como se o terapeuta passasse a converter-se em "um condutor de almas" com a missão de ajudar o paciente a "mergulhar" em sua própria organização cognitiva, até que este encontre, estruture e assimile a informação relevante que lhe possibilitará o avanço no longo processo de autoconhecimento e autotranscendência.

V. Aplicações[6]

Já assinalamos que na opinião de Guidano e Liotti (Guidano e Liotti, 1983, 1985; Liotti, 1986; Guidano, 1984, 1987, 1988), os padrões de apego e desapego que se estruturam na infância e na adolescência têm uma importância central e, de fato, irão determinar tanto o adequado ou inadequado desenvolvimento emocional e cognitivo do indivíduo, como a forma específica que adquirirá um transtorno concreto. Ou, dito de outra forma, defendem a idéia de que diferentes síndromes clínicas se correspondem com determinados padrões de apego inadequados.

Estes autores têm apresentado análises sobre os seguintes problemas: agorafobia, depressão, obsessões-compulsões e transtornos alimentares. Independentemente de estarmos ou não de acordo com as idéias que defendem (ver Botella, 1987a), vejamos exemplificado em um destes transtornos como funcionaria a terapia a partir da perspectiva construtivista.

V.1. Organização cognitiva do paciente agorafóbico

Segundo Guidano e Liotti (1983), o núcleo central desta organização cognitiva expressa um dilema básico entre liberdade-solidão e proteção-limitação. A liberdade é algo bom e desejável mas supõe, por sua vez, solidão (algo desagradável e temido). Pelo contrário, a proteção e a companhia podem ser agradáveis mas implicam em perda de liberdade e estar sujeito à influência de outros.

Estes autores (Guidano e Liotti, 1983, 1985), baseando-se no trabalho de Bowlby (1973), afirmam que na base da agorafobia encontram-se padrões de apego patológicos. Elementos constantes nestes padrões seriam: uma figura superprotetora e/ou supercontroladora que limita, de modo importante, a exploração autônoma do ambiente extrafamiliar por parte da criança e ameaças diretas ou indiretas de abandono. Encontramo-nos, portanto, com uma restrição da liberdade, que se explica como uma proteção ante um mundo que é percebido como algo hostil e perigoso; e/ou transmite à criança a idéia de que é um ser frágil, doente ou desamparado que se depara com a ameaça de solidão.

Tendo tudo isto "em mente", compreende-se que Guidano e Liotti sugerem que a evitação agorafóbica obedece ou está controlada por duas regras básicas; a primeira exige evitar a solidão e a segunda evitar a limitação. Além disso, a partir desta perspectiva também se compreende que o aspecto central que domina ou que impregna as teorias causais que os pacientes mantêm sobre sua agorafobia seja a idéia de *ter uma doença*. Eles têm um ponto fraco; por exemplo, são vulneráveis a um ataque repentino , ou não podem estar sós ou em lugares que seja difícil sair, pois talvez os estranhos não os ajudem, ou ainda, não possam chegar ao hospital.

---

[6] Quando foi-nos pedido que escrevêssemos este trabalho sobre a terapia cognitivo-estrutural de Guidano e Liotti insistiu-se, especialmente, em que cada um dos capítulos que iam compor o livro deveria conter uma epígrafe sobre as *variações* existentes no modo de aplicar a técnica ou o procedimento. Neste momento cremos que o leitor poderá comprovar por si mesmo que, dadas as características do enfoque que estamos estudando, fica difícil falar de "variações". Não estamos perante uma técnica concreta como a dessensibilização sistemática ou como a inundação, nas quais cabe expor diferentes modos de atuar: aplicação *in vivo* ou na imaginação, aplicação com ajuda do terapeuta ou através de fitas gravadas, etc. Portanto, obviaremos tal epígrafe considerando que neste enfoque cabe qualquer técnica, procedimento ou "variação", sempre que sejam instrumentos úteis para conseguir, seja uma mudança profunda, seja meramente uma mudança superficial na organização cognitiva pessoal do paciente.

Estas pessoas, no intuito de resolver os problemas criados pelo conflito entre liberdade-solidão e proteção-limitação, têm desenvolvido desde a infância uma atitude hipercontroladora para consigo mesmos e para com a realidade, a fim de manejar habilmente sua própria fraqueza, os familiares e os amigos próximos, assim como o perigoso mundo exterior. Geralmente, isto se consegue ao longo do processo de desenvolvimento, 1) excluindo progressivamente da organização cognitiva todo o estímulo externo que possa ativar a necessidade de liberdade e independência, e 2) estruturando um repertório de queixas somáticas que agem como eficazes atividades de distração para manter próximas as pessoas que rodeiam o agorafóbico, sem que este se veja na necessidade de reduzir sua própria auto-estima (Guidano, 1987).

Esta atitude hipercontroladora manterá eficazmente, e de um modo tácito, as regras contraditórias que regem o comportamento da pessoa agorafóbica e, ao mesmo tempo, permitirá um certo ajuste sempre que as relações interpessoais se mantenham relativamente estáveis. Não obstante, quando se produz uma alteração importante no equilíbrio dos laços afetivos[7], é muito provável que se quebre o ajuste e apareça a sintomatologia da agorafobia.

V.2. A estratégia de tratamento

Na opinião de Guidano e Liotti (1983), o objetivo a ser obtido no tratamento dos pacientes agorafóbicos é conseguir que estes sejam capazes de reconhecer que o tipo de liberdade de que necessitam, em maior escala, é ficar livres de seus próprios medos, e que com a dependência que lhes criam seus medos, se escravizam a si mesmos colocando-se suas próprias correntes.

Para conseguir estes objetivos, a primeira tarefa a realizar, como já vimos, será estruturar uma relação terapêutica baseada na colaboração mútua e que deixe uma ampla margem à necessidade de controle do paciente agorafóbico. Uma relação terapêutica na qual este não se sinta ameaçado, já que o reconhecimento e o respeito desta atitude hipercontroladora do paciente têm uma importância crítica no começo do tratamento.

Uma vez conseguido isto, começa-se a organizar as condições que permitem ter as primeiras mudanças superficiais na organização cognitiva do paciente. Para isso, seria necessário começar a *defrontar* o paciente com seus próprios medos. Este elemento de afrontamento, como Guidano e Liotti (1983) assinalam, será um fator central reconhecido tanto na terapia comportamental (Marks, 1981), como em orientações mais cognitivas (Ellis, 1979e) ou, inclusive por Freud. Para isso, é possível escolher entre várias técnicas: dessensibilização através da imaginação, exposição gradual "*in vivo*", inundação, etc.

A questão que estes autores colocam é que, mesmo sendo necessárias quaisquer destas técnicas de exposição, não são absolutamente suficientes se

---

[7] Guidano e Liotti (1983) recolhem uma série de alterações nas circunstâncias familiares que podem atuar como fatores precipitantes da agorafobia (p. ex., expectativas de independência a respeito dos pais, perda de uma pessoa que é muito importante do ponto de vista afetivo, para o paciente, momento em que se estruturam importantes vínculos afetivos...).

quisermos obter mudanças estáveis e duradouras. Partindo-se de suas perspectivas teóricas, só havíamos, no momento, obtido mudanças superficiais na organização cognitiva do paciente e, portanto, este não estaria em absoluto livre dos problemas e se encontraria exposto a prováveis recaídas.

Para conseguir uma verdadeira "revolução pessoal" (Mahoney, 1980), será necessário ir avançando passo a passo através de toda a organização cognitiva do paciente, procurando ajustar-se às seguintes recomendações (Guidano e Liotti, 1983):

1. Rever de modo adequado as experiências emocionais.
2. Esclarecer a relação existente entre emoções e pensamentos.
3. Conseguir um "distanciamento" (no sentido proposto por Beck, 1976) dos próprios pensamentos.
4. Identificação das suposições básicas ou das crenças irracionais (tal como estabeleceram Beck e Ellis).
5. Descrição do modo como foram criadas estas suposições básicas e do modo como foram "confirmadas" através das experiências cotidianas ao longo da vida do paciente.

Já dissemos no aparte anterior que, partindo-se desta perspectiva, é lícito utilizar qualquer técnica que possa nos ajudar ao longo desta seqüência de passos. O aspecto crucial será chegar a contemplar as teorias que emergem do firme núcleo metafísico como episódios e acontecimentos que tiveram sentido em algum momento de suas vidas, mas que já não têm por que seguir governando e organizando a perspectiva de si mesmo e do mundo.

Assim, uma vez que se está trabalhando com as técnicas de exposição, insistir-se-á em que o paciente realize uma cuidadosa auto-observação em todos os níveis, e estas experiências serão de enorme valor na terapia. Serão aplicadas técnicas de reestruturação cognitiva, técnicas semânticas, ou qualquer procedimento que, segundo o terapeuta, possa ajudar nesta etapa do tratamento. Até este momento espera-se que o paciente tenha podido assumir que existem dois tipos de situações que o atemorizam: as situações que implicam em solidão e as que implicam em limitação. Além disso, é provável que em suas auto-observações se repitam dois temas: as pessoas estranhas são potencialmente hostis, ameaçadoras, perigosas ou, na melhor das hipóteses, indiferentes; as pessoas próximas e familiares são um elemento tremendamente protetor. Por último, também é provável que, com freqüência, tenha aparecido a idéia de prevenir um problema físico (p. ex., um ataque cardíaco) do qual o paciente pode estar próximo. A partir daqui, é possível começar o aprofundamento na análise e no processo de terapia.

Segundo Guidano e Liotti (1983), terá chegado o momento de começar a mostrar ao cliente a idéia de *controle* e o objetivo será que este possa comprovar que o controle é uma faca de dois gumes e pode ter conseqüências positivas e negativas. Também terá chegado o momento de fazer com que o paciente revise outras crenças básicas. Onde, quando e com base em que experiências teria o paciente aprendido, assumido e feito suas as seguintes afirmações:

- que as pessoas estranhas são perigosas e hostis,

- que ele é frágil e não pode afrontar adequadamente as dificuldades que existam no ambiente extrafamiliar,

- que somente a família ou as pessoas muito próximas o protegerão e que seu lar é o único lugar verdadeiramente seguro.

Reconhecidas estas hipóteses básicas terá de trabalhar a fundo (e novamente através de procedimentos de reestruturação cognitiva), até que o paciente se conscientize sobre como todas estas suposições têm perturbado e continuam perturbando profundamente sua vida, embora a partir de agora já não haja razões para que continuem. O paciente poderá elaborar conscientemente outros modelos alternativos que sejam capazes de estruturar e assumir, de modo mais adequado, seus processos de pensamentos tácitos.

VI. Conclusões

Como já dissemos em outra ocasião (Botella, 1987b), os esforços realizados por Guidano e Liotti (1983, 1985) e, fundamentalmente, Guidano (1987, 1988), para estruturar um modelo coerente dos processos de conhecimento humano, nos parecem elogiáveis, além de profundamente brilhantes. Outra coisa distinta é, sem dúvida, que vejamos com clareza a aplicabilidade imediata que pode ter na terapia cada uma de suas afirmações e/ou o modo concreto passo a passo (ao longo de todo o processo terapêutico) que possa derivar-se de tal sistema teórico.

Por outro lado, também continuamos pensando que muitas das idéias defendidas por estes autores apresentam uma importante reminiscência psicodinâmica. Mesmo assim, como temos assinalado repetidamente ao longo do trabalho, cremos que neste momento se deveria insistir, fundamentalmente, no intrigante paralelismo que, cada vez com mais força, se estabelece entre o defendido por Guidano (1987) e o pensamento de Jung. Esta similaridade se delineia em diferentes aspectos, tanto no que se refere à complexidade, originalidade e força do sistema teórico defendido por estes autores, como pela ausência de reciprocidade pontual entre teoria e aplicação prática.

É possível que, assim como o desenvolvimento conseguido nas terapias cognitivas tenha facilitado recuperar na atualidade o pensamento de Adler (Linn e Garske, 1988), o enfoque construtivista ajude a revitalizar a obra de Jung. Neste sentido, deve-se acrescentar que embora a tarefa realizada por Eysenk ao retornar e submeter à investigação controlada as noções de introversão-extroversão, sirva-nos de exemplo para começar a considerar essa ênfase no âmago da psicologia junguiana que, desde uns anos, tem posto em discussão os enfoques construtivistas.

É precisamente este ponto uma das questões que mais nos chamaram a atenção quando começamos a ler sobre estes assuntos. Nós tínhamos "em mente" as dificuldades existentes a respeito do tipo e/ou grau de mudança que é possível conseguir na terapia comportamental, além dos discursos injuriosos existentes sobre estas questões (Arnkoff, 1980; Mahoney, 1980; Pelechano, no prelo; Botella, 1989); embora de nossa parte consideramos outros modos de ação (Botella, 1987c; Pelechano, 1987) que, fundamentalmente, supõem levar em consideração, de modo sistemático, a personalidade dos sujeitos em terapia e para isso nos baseamos no modelo de parâmetros de Pelechano (1973, 1989). Porém, isso não é um obstáculo para que sigamos com grande interesse todos os desenvolvimentos que se produzem nestas aproximações, pois continuamos acreditando que algumas das proposições teóricas defendidas podem ajudar a iluminar (pelo menos, em algumas zonas e margens) o caminho a seguir.

VII. LEITURAS RECOMENDADAS

Botella, C., «Modelos constructivistas en terapia cognitiva: actualidad y valoración», *Psicologemas*, 1, 1987, pp. 107-143.
Guidano, V., *Complexity of the self*, Nueva York, Guilford Press, 1987.
Guidano, V., «A systems, process-oriented approach to cognitive therapy», en K. S. Dobson (comp.), *Handbook of cognitive-behavioral therapies*, Nueva York, Guilford Press, 1988.
Guidano, V. y Liotti, G., *Cognitive processes and emotional disorders: a structural approach to psychotherapy*, Nueva York, Guilford Press, 1983.
Liotti, G., «Cognitive Therapy, attachment theory, and psychiatric nosology: a clinical and theoretical inquiry into their interdependence», en M. A. Reda y M. J. Mahoney (comps.), *Cognitive psychotherapies*, Cambridge, Mass., Ballinger Publishing, 1984.
Mahoney, M. J., «Psychotherapy and human change processes», en J. H. Harvey y M. M. Parks (comps.), *The Master Lecture series: psychotherapy research and behavior change (Vol. 1)*, Washington, D.C., American Psychological Association, 1982.
Miró, M. T. e Ibáñez, E., «Entrevista con Vittorio Guidano», *Boletín de Psicología*, 5, 1984, pp. 79-95.

25. O Treinamento em Auto-Instruções

José Santacreu Mas

I. Introdução

O *treinamento em auto-instrução* remonta aos primeiros trabalhos realizados por Meinchenbaum nos anos 60 com crianças hiperativas e agressivas. Todavia, a preocupação de Meichenbaum pelo papel da linguagem como controlador do comportamento motor (Meichenbaum, 1969; Meichenbaum e Goodman, 1969a,b; Meichenbaum e Goodman, 1971), surge com base nos estudos de autores soviéticos como Luria e Vygotski e, mais tarde, dos trabalhos de Piaget.

O marco no qual surge esta investigação é o que hoje chamamos de *modificação de comportamento cognitivo*, em cujo modelo de mudança do comportamento entende-se que há uma inter-relação entre as respostas motoras e as cognições, e que os processos de mudanças incluem aprendizagens por condicionamento (operante e clássico), por observação de modelos e instrucionais (através da linguagem). O modelo de mudança cognitivo-comportamental supõe que as respostas motoras, fisiológicas e cognitivas que um sujeito emite, e que constituem seu "comportamento", são de alguma forma consistentes e, portanto, pode-se modificar o comportamento, mudando um dos sistemas de resposta. Aquelas técnicas que têm por objetivo modificar o comportamento, mediante a manipulação do sistema de resposta cognitiva, são denominadas *cognitivas,* independentemente do procedimento de aprendizagem que se utilize.

O desenvolvimento da técnica realizada por Meichenbaum se baseia nos trabalhos de Luria (1961) e Vygotski (1962), nos quais, mais tarde veremos, é estabelecido que a linguagem nas crianças pequenas não tem a função de comunicar-se com outros, mas de guiar ou ordenar seu próprio comportamento externo. O reconhecimento da *linguagem interna* como "diretora e controladora"

Universidade Autônoma de Madrid (Espanha)

do comportamento por parte de Meichenbaum, leva-o a descrever um procedimento geral que permite modificar as verbalizações internas do sujeito e, em conseqüência, o comportamento manifesto.

No presente capítulo vamos descrever o procedimento das auto-instruções e suas aplicações, no marco das técnicas cognitivo-comportamentais.

II. Definição e Descrição

O treinamento auto-instrucional trata-se de uma técnica cognitiva de mudança de comportamento na qual se modificam as autoverbalizações (verbalizações internas ou pensamentos) que um sujeito efetua ante qualquer tarefa ou problema, substituindo-as por outras que, em geral, são mais úteis para realizar a tarefa. Estas novas instruções, que o próprio sujeito dá a si mesmo, coincidem em grande parte com a seqüência de perguntas da "técnica de solução de problemas" (D'Zurilla e Goldfried, 1971). Meichenbaum (1977) inclui, além disso, instruções de auto-reforço para todas aquelas "respostas" que tendem à solução do problema, ou auto-instruções de afrontamento ante o fracasso (autocorreção), no caso de erro.

O objetivo é que o sujeito introduza, inicialmente, uma mudança em suas autoverbalizações para que, finalmente, modifique-se seu comportamento manifesto; isto é, para que alcance uma melhora em seu nível de habilidade em uma tarefa, aumente o nível de autocontrole de seu comportamento, ou chegue à solução de um problema.

Já definimos em que consiste a técnica das auto-instruções de Meichenbaum. Entretanto, talvez seja conveniente definir o que são as auto-instruções. Embora não existam definições claras do termo, vamos realizar algumas precisões. Em primeiro lugar, auto-instrução se refere à linguagem, a "o que alguém diz a si mesmo" frente às instruções dadas pelos outros. Fazem referência às cognições em forma de linguagem, deixando à parte as imagens.

Não obstante, deve-se sinalizar que as auto-instruções não se referem a todas as cognições em termos de "linguagem interna", mas às verbalizações internas que acompanham a atividade do sujeito. São instruções ou ordens que o sujeito dá a si mesmo, dirigindo sua atuação. Estas verbalizações são coerentes com a própria atuação do sujeito. Por exemplo, "Vou começar a trabalhar", "Não posso continuar correndo", "Vou alcançá-lo", seriam auto-instruções que a pessoa se daria imediatamente antes de iniciar a atuação, e supõe-se que poderíamos mudar o comportamento do sujeito mediante um procedimento de mudança em suas próprias verbalizações. A técnica descrita por Meichenbaum tem como objetivo esta mudança.

Supõe-se, como veremos mais adiante, que na medida em que os sujeitos se defrontam com tarefas mais complexas, que são complicadas de manejar, ou não sabem como agir, as verbalizações internas, as auto-instruções, são mais patentes. Quer dizer, o *pensamento*, que em outros momentos poderia parecer rápido ou automático, agora se torna lento e se transforma em *linguagem* que guia com cuidado a atuação do sujeito. Esta linguagem interna ou auto-instruções, através da qual o sujeito fala a si mesmo, é um mecanismo que pode, eventualmente, ajudá-lo a encontrar a solução ou a agir de maneira mais eficaz.

Assim delineado, o objetivo do treinamento em auto-instruções não é mais do que ensinar corretamente um tipo geral de instruções que possam facilitar ao sujeito uma rápida e eficaz atuação, considerando suas características pessoais.

III. Fundamentos Conceituais da Técnica

Em primeiro lugar, deve-se justificar a importância que têm as autoverbalizações encobertas no controle do comportamento imediato do sujeito. Entenda-se bem que não nos referimos à relação entre cognição e comportamento motor externo, justificação que supomos foi feita em capítulos anteriores, mas nos referimos exclusivamente à relação entre as verbalizações (um tipo de cognição) e o comportamento (motor externo).

Para justificar a importância das "verbalizações internas" no controle do comportamento motor, vou referir-me igualmente a Meichenbaum (1977), aos trabalhos de Luria (1961) e Vygotski (1962) sobre o assunto.

O modelo de Luria sobre os processos de controle do comportamento motor através das verbalizações.

Luria em seu livro *O papel da linguagem na regulação dos comportamentos normais e anormais*, assinala que se poderiam distinguir três etapas para explicar a iniciação e inibição do comportamento motor das crianças através da linguagem.

Na *primeira etapa*, o comportamento das crianças é dirigido por outras pessoas. Os adultos, através da linguagem ou da instigação, controlam a iniciação e inibição dos comportamentos.

Na *segunda etapa*, as crianças guiam, em grande parte, seu próprio comportamento através de verbalizações em voz alta, falando a si mesmas enquanto agem, dizendo a si mesmas o que fazem, o que querem fazer e como o poderiam conseguir. O desenvolvimento desta segunda etapa se caracteriza por verbalizações para si mesmo, através de uma linguagem sem o objetivo de comunicar-se. Tais verbalizações são relativas a seu comportamento e parecem servir de incentivo para iniciar a ação. Este fato poderia corresponder-se com o que Piaget (1923) chama de *monólogo coletivo*, referindo-se a uma situação na qual muitas crianças pequenas falam sobre o que fazem sem a menor intenção de dialogar. Por exemplo, nesta segunda etapa, uma criança poderia dizer "Marta – referindo-se a ela mesma – pinta", enquanto está riscando efetivamente na parede (Rosen, 1989).

Finalmente, na *terceira etapa*, as crianças guiam seu próprio comportamento através de uma linguagem encoberta (subvocal). Estas verbalizações persistem nas crianças e podemos observá-las nos adultos em certas ocasiões, especialmente enquanto estão aprendendo a realizar uma tarefa complicada, como aprender a dirigir, ou cozinhando um prato novo. Os dados apresentados por Vygotsky (1962) em um trabalho relativo à "linguagem privada" dos adultos, manifesta que, efetivamente, as verbalizações audíveis e compreensíveis vão diminuindo com a idade, mas aumentam à medida que os sujeitos vão se enfrentando com tarefas de maior relevância ou complexidade.

Assim, enquanto um motorista com bastante experiência dirige automaticamente, sem perceber em muitas ocasiões que mudou de velocidade ou mudou de marcha, um novato, que está aprendendo a dirigir, senta-se ao volante e pode começar dizendo-se interiormente algo assim como:

"Bom, primeiro devo me certificar que não está engatada nenhuma marcha,... bem, aí está!, ... vou sair, giro a chave de contato... aperto um pouco o acelerador... bom, aí está! Agora vou colocar a primeira, mas antes aperto o pedal da embreagem... muito bem, e agora (uma vez engatada) solto devagar a embreagem... Cuidado... o que aconteceu?... o freio de mão! (uma vez liberado). Bem, muito bem, lá vamos..."

Quando o motorista é totalmente inexperiente, é o professor quem vai dando-lhe instruções, guiando o comportamento do aprendiz. Por exemplo, para iniciar uma manobra de estacionamento o professor poderia dizer:

"Aproxime-se da direita para estacionar junto ao carro vermelho. Muito bem... agora coloque a marcha ré e solte a embreagem... Devagar, mais devagar... Isso... gire o volante para a direita... um pouco mais. Bem, muito bem,... etc."

É muito provável que enquanto aprendíamos a dirigir, mantivéssemos, de forma encoberta, um diálogo com nós mesmos similar a este, que agora, com o passar do tempo, desapareceu. Com certa experiência, o ato de dirigir se torna automático, não consciente e podemos manter uma conversa enquanto dirigimos. Assim como as crianças, os adultos seguem as instruções do professor, depois as relembram, e eles mesmos se auto-instruem (manifesta ou encobertamente), e desaparece finalmente.

Meichenbaum e Goodman (1969) expuseram, em relação ao papel das auto-instruções no controle do comportamento, que efeitos poderiam ter o dar-se auto-instruções para realizar uma tarefa perfeitamente conhecida e que já se realiza de maneira automática. Em sua experiência estes autores forçaram algumas crianças para que realizassem uma tarefa enquanto iam dizendo em voz alta o que iam fazendo. Um grupo era formado por crianças de primeiro grau (aproximadamente 1º EBPG) e o outro por crianças do jardim-de-infância (aproximadamente pré-escola). Os resultados mostram que as crianças maiores rendiam menos quando se auto-instruíam em voz alta, enquanto as pequenas, ao falar-se em voz alta, melhoravam seu rendimento.

Na ampla revisão de trabalhos realizada por Meichenbaum (1977), sobre como as verbalizações afetam a execução da tarefa, concluiu-se que o efeito depende:

a. Da idade dos sujeitos (as crianças menores realizam mais verbalizações sobre a tarefa).

b. Da dificuldade da tarefa ou problema (independentemente da idade, as verbalizações se fazem mais patentes em função da dificuldade da tarefa).

c. Da qualidade das auto-instruções (se os sujeitos realizam verbalizações cujo conteúdo indica incapacidade para a tarefa, distração, etc., a sua eficácia diminui; se pelo contrário, guiam corretamente a execução, então melhora a tarefa).

Assim como parece estar claro qual é o papel positivo que representam as verbalizações no controle do comportamento motor, no sentido de que facilitam a execução inicial de tal comportamento, também parece evidente que o efeito de melhora se faz patente só quando se trata de tarefas novas ou complicadas para o sujeito, visto que em outros casos não consegue senão uma lentidão do mesmo. Além disso, temos que considerar que para cada tipo de tarefa será necessário um determinado tipo de auto-instruções, já que, como assinalamos anteriormente, o conteúdo da instrução é o responsável final pela eficácia do procedimento. Portanto, para ensinar eficazmente através do procedimento de auto-instruções, deveríamos ser capazes de identificar, em cada caso, qual é a instrução correta.

Para resolver este problema, Meichenbaum lança mão das perguntas esboçadas na "técnica de solução de problemas" como marco geral, de modo que, se o sujeito se auto-instrui em cada caso com as perguntas esboçadas em tal técnica, poderíamos ter o marco geral de instruções para afrontar qualquer tarefa ou problema. Evidentemente, para cada caso seria necessário preencher as instruções pertinentes ao problema, para desta forma melhorar a execução.

Vejamos, pois, alguns aspectos da *técnica de solução de problemas,* para poder estimar as diferenças e similaridades nas instruções recomendadas entre esta técnica e a que constitui nosso objeto de estudo. As fases delineadas na técnica de solução de problemas (Goldfried e D'Zurilla, 1971; Goldfried e Davison, 1976; Nezu e Nezu, neste volume; Spivak e Shure, 1974) são as seguintes:

1. Definição da situação geral e delineamento do problema ou tarefa.

2. Avaliar e definir o mais operativamente possível o problema delineado.

3. Gerar uma lista de possíveis soluções pertinentes ao problema.

4. Decidir-se por uma solução avaliando previamente as possíveis conseqüências, ganhos ou perdas e alcance da solução proposta.

5. Verificar os resultados da decisão em função dos objetivos alcançados.

No caso em que os resultados sejam satisfatórios o processo terá terminado. Caso contrário, deve-se voltar ao processo de solução de problemas (normalmente na 3ª ou 4ª fase).

Meichenbaum utiliza como marco geral as instruções relativas à "solução de problemas" acrescendo dois aspectos importantes: as *verbalizações de auto-reforço* e as de *autocorreção.* A causa desta modificação é, provavelmente, a formação comportamental de Meichenbaum, assim como seu conhecimento sobre a pesquisa realizada sobre autocontrole. A técnica de solução de problema supõe, de imediato, uma alta motivação no sujeito e uma grande tolerância à frustração, o que é provável no âmbito científico, embora nem tanto no clínico. A introdução, por parte de Meichenbaum, dos mencionados elementos na técnica de auto-instruções facilita a consecução das metas, já que ajuda o sujeito a persistir na busca da solução mais adequada.

Finalmente para realizar uma mudança no comportamento, de acordo com esta técnica, temos que saber qual é o procedimento a utilizar, para que o sujeito se auto-instrua corretamente. Este é o objetivo do aparte seguinte.

IV. O PROCEDIMENTO DE APRENDIZAGEM DA TÉCNICA DE AUTO-INSTRUÇÕES

O procedimento geral de *treinamento em auto-instruções,* ou o que é o mesmo, do uso da linguagem interna para facilitar a correta atuação, foi descrito por Meichenbaum (1977, 1985) em numerosos trabalhos e consta de cinco fases (em sua forma mais complexa, idealizada para o treinamento com crianças):

1. O monitor ou terapeuta age como *modelo* e realiza uma tarefa enquanto fala consigo mesmo em voz alta sobre o que está fazendo (*modelagem cognitiva*).
2. O paciente (a criança) realiza a mesma tarefa do exemplo proposto pelo terapeuta, sob as instruções deste (*guia externa em voz alta).*
3. O paciente realiza a tarefa enquanto se dirige a si mesmo em voz alta (*auto-instruções em voz alta*).
4. O paciente realiza novamente a tarefa, enquanto murmura as instruções para si mesmo (*auto-instruções disfarçadas*).
5. O paciente guia seu próprio comportamento através de auto-instruções internas, enquanto vai desenvolvendo a tarefa (*auto-instruções encobertas).*

No trabalho realizado por Meichenbaum e Goldman (1971) para o tratamento de crianças hiperativas, os autores utilizam este procedimento de aprendizagem por modelos para mudar o discurso interno da criança, e através dele modificar o comportamento impulsivo do sujeito. Camp, Blom, Herbert e Von Doorwick (1976) realizam o treinamento em auto-instruções através de uma historinha na qual um gato realiza uma tarefa enquanto faz a si mesmo as seguintes perguntas: a) Qual é o meu problema?, b) Como posso resolvê-lo?, c) Continuo com meu plano? e d) Como o tenho realizado?. Em ambos os casos a aprendizagem tem se realizado através de um *modelo* que pensa em voz alta e dirige com êxito seu comportamento, seguindo fundamentalmente o método da solução de problemas (ver figura 25.1).

Para entender o tipo de instruções que Meichenbaum sugere como marco geral para qualquer tarefa, descreveremos o exemplo de uma tarefa escolar, como pintar um retângulo no quadro-negro (Santacreu, 1983). Neste caso, o terapeuta tem como objetivo reduzir a impulsividade e melhorar o enfrentamento aos fracassos em uma criança *hiperativa*. De acordo com o procedimento assinalado anteriormente, o terapeuta começaria a tarefa (fingindo cometer erros igual à criança) dizendo a si mesmo:

Figura 25.1. *Procedimento de treinamento em auto-instruções no qual se utiliza um "comic" (história em quadrinhos), onde um gato é o modelo. (Baseado em Camp, Blom, Herbert e Von Doormick, 1977).*

Qual é o meu problema?

O que posso fazer?

Poderia usar o meu plano?

Que tal ficou?

"Vamos ver... o que tenho que fazer? Tenho que pintar um retângulo no quadro-negro. Muito bem. *Como posso fazê-lo?* Tenho que ir devagar e com cuidado. Primeiro pinto uma linha para baixo... um pouco mais... bem... assim... Depois tenho que ir para a direita... isso aí. *Estou fazendo-o muito bem.* Lembre que deve ir devagar. Agora tenho que ir para cima. Não! Não tão desviado à direita. *Bom, não foi nada... agora apago a linha e vejamos... embora tenha cometido um erro posso continuar.* Apago-o e vou mais devagar. Reto para cima... é isso aí. Tenho que ir com cuidado para fazer os dois lados iguais. Muito bem já os tenho. Agora tenho de unir os dois lados por aqui. Devagar... *Bem já terminei, consegui!"*

O que o modelo tenta ensinar à criança, quando estava falando em voz alta, a respeito das verbalizações corretas para enfrentar o problema, pode-se modelar nos seguintes pontos:

1. *Definir o problema* ("O que tenho que fazer?").

2. *Guia da resposta* ("Como tenho de fazê-lo? Devagar... Trace um risco para baixo").

3. *Auto-reforço* ("Estou fazendo-o muito bem").

4. *Autocorreção*, no caso de não se alcançar o objetivo proposto, afrontando o erro. ("Está bem, se cometo um erro posso continuar. Irei mais devagar").

Considerações práticas e metodológicas sobre a técnica das auto-instruções

Talvez seja conveniente recordar aqui que o objetivo desta técnica é modificar as verbalizações internas que o sujeito utiliza ante aqueles problemas ou situações nos quais habitualmente fracassa, realizando respostas inadequadas para alcançar os objetivos. Assim pois, o êxito da técnica vem determinado, não só pela mudança das verbalizações internas do sujeito, mas também pela mudança do comportamento ante tais situações. Por isso, partindo-se de uma perspectiva metodológica, para verificar a eficácia do tratamento, temos que considerar, em primeiro lugar, se haveriam outros procedimentos alternativos ao aqui proposto (modelação) para a aprendizagem da técnica de uma forma eficaz e, em segundo lugar, temos que averiguar em que casos esta técnica de mudança do comportamento resulta mais eficaz.

O próprio Meichenbaum propõe que o elemento mais importante desta técnica é o fato de introduzir na linguagem interna do sujeito determinadas instruções que guiem o comportamento do mesmo. Este tipo de aprendizagem por auto-instruções se converte em uma alternativa, na medida em que se torne mais eficaz que o condicionamento operante, para a mudança de determinados comportamentos manifestos. Naturalmente, como costuma ocorrer em qualquer tipo de aprendizagem, um procedimento terapêutico é eficaz dependendo das seguintes variáveis: a) as características de personalidade do sujeito, b) a psicopatologia que apresente no momento da intervenção e, c) o tipo de comportamento específico que se pretende mudar.

Quanto ao procedimento de aprendizagem, Meichenbaum expõe as seguintes questões de natureza prática que incidem na modificação das verbalizações internas do sujeito:

1. Adequação às características do paciente (introduzir o procedimento de auto-instruções como um jogo, quando se trata de criança).
2. A flexibilidade no tipo de instruções gerais a utilizar no momento do afrontamento do problema (cada sujeito tem frases ou verbalizações específicas altamente eficazes para controlar seu próprio comportamento).
3. O uso de imagens que incitem o sujeito ao uso das verbalizações no momento adequado.
4. A prática no uso das verbalizações para o controle do comportamento, em numerosas situações, a fim de que o sujeito possa generalizar.
5. O envolvimento do paciente na aprendizagem.

Cremos que a modelação é, provavelmente, o procedimento mais eficaz para ensinar a técnica de auto-instruções. Não obstante, pensamos, como Meichenbaum, que existem outros métodos para conseguir aprender a usar as auto-instruções corretas em um determinado problema, como pode ser o uso de histórias em quadrinhos (Camp e cols., 1977) ou manuais de procedimento (Meichenbaum, 1977). Em nossa clínica, utilizamos o "manual de treinamento para aprender a fazer a cama" com crianças enuréticas que vão utilizar o despertador em seu programa de treinamento (ver quadro 25.1). É um manual de instruções no qual se especifica à mãe o que deve fazer a cada dia, passo a passo. Através destas instruções, pede-se à mãe que aja como modelo para a criança.

Quanto às características pessoais dos sujeitos, deve-se assinalar: a) um nível cultural adequado para entender o procedimento, e b) características gerais para realizar o tratamento psicológico, como motivação, expectativa de êxito, "lugar de controle interno", etc.

Quanto às características dos problemas em que seria útil a introdução de verbalizações que guiarão a resposta, caberia assinalar:

a. Problemas secundários à impulsividade do sujeito, nos quais o comportamento deste não leva ao objetivo desejado devido à rapidez com que se executa a resposta. Este é o caso de crianças hiperativas, alguns casos de rendimento escolar, agressividade. Nestes casos, o procedimento introduz maior lentidão e, finalmente, uma melhor execução.

b. Problemas secundários a auto-instruções negativas ou inadequadas, como no caso de problemas de ansiedade (fobias, assertividade), *stress*, depressão. Nestes supostos, o uso de determinadas auto-instruções substitui as verbalizações inadequadas do sujeito, além de sugerir uma alternativa comportamental. Evidentemente, para conseguir este mesmo objetivo existem outras técnicas cognitivas.

c. Problemas referentes à falta de autocontrole, controle do peso ou da ingestão de álcool, prevenção das recaídas das dependências, controle dos comportamentos delitivos. Nestes casos, o conteúdo das auto-instruções que

Quadro 25.1. *Programa de treinamento para aprender a fazer a cama, no qual se usa o procedimento proposto por Meichenbaum.* (Este documento faz parte das instruções que se dá aos pais de crianças enuréticas para que estas aprendam a fazer a cama, utilizado na *Clínica de Psicologia CINTECO*).

Programa de Treinamento Para Fazer a Cama
(para crianças enuréticas)

(Para realizar estas instruções é imprescindível que se treine os pais com um exemplo na sessão e que conheçam alguns termos de Modificação Comportamental).

1. Instruções a serem seguidas pelos pais. *1º DIA*

1.1. O exercício dura meia hora e deve-se escolher um momento oportuno para não ser interrompido pelas outras pessoas ou tarefas.

1.2. Disponha-se, com seu melhor bom humor, a fazer a cama completa, enquanto vai dizendo em voz alta o que vai fazendo diante de seu filho.

1.3. Diga-lhe: "Preste bem atenção no que faço, para que você aprenda a fazer sua cama".

1.4. Uma vez dispostos os lençóis, a colcha, o travesseiro, etc., na presença da criança, você deve começar dizendo o seguinte texto enquanto se dispõe a fazer a cama:

Qual é o meu problema? Tenho que aprender a fazer a cama corretamente. *Como posso fazê-lo?* Primeiro tenho que comprovar que tenho todos os materiais, os lençóis... **Muito Bem, Eu os Tenho**. Agora tenho que pegar o lençol de baixo e estendê-lo sobre o colchão... cuidando de introduzir as bordas sob o colchão... Depois o lençol de cima... **Muito Bem, Já o Tenho**. Agora devo colocar a colcha. Devo colocá-la com cuidado... Atenção, me enganei. Neste lado da cama está encostando no chão (*erre de propósito para que seu filho veja como se corrige*) **Não Foi Nada**... **Posso Corrigi-lo**... Puxo a colcha deste lado e já está... Arrumado... (Uma vez terminada a cama, faça a revisão). *Como ficou a cama?* Está muito bem.

Amanhã Você Vai Fazer. Verá Como é Fácil.

2. Instruções a serem seguidas pelos pais. *2º DIA*

2.1. Nas mesmas condições do dia anterior, preparados os lençóis, colcha, etc., pede-se à criança que faça a cama enquanto você guia a resposta.

2.2. Explique-lhe que você vai falar indicando-lhe o que deve fazer. "Você lhe falará como se fosse seu pensamento".

2.3. Trate de dizer-lhe em voz alta o que dizia a si mesma no dia anterior (ponto 1.4), em perfeita coordenação com o que a criança vai fazendo.

2.4. Fale devagar, suave, sem se alterar. Lembre que deve fazer as três perguntas: *Qual é o meu problema? Como posso resolvê-lo? Como ficou a cama?*

2.5. Lembre que deve introduzir auto-reforços e autocorreções, de acordo com a execução da criança (textos em maiúsculas):.. **Muito Bem, Já o Tenho. Não Foi Nada... Posso Corrigi-lo...**

3. Instruções a serem seguidas pelos pais. *3º DIA*

3.1. Nas mesmas condições do dia anterior, preparados os lençóis, colcha, etc., peça à criança que faça a cama enquanto ela mesma dirige suas respostas em voz alta.

3.2. Indique-lhe que ao falar deve fazer-se as três perguntas-chave: *Qual é o meu problema? Como posso fazer? Como ficou a cama?*

3.3. Indique-lhe a necessidade de auto-reforçar-se ou de autocorrigir-se. Se não o fizer, faça-o você, inicialmente, e insista em que o faça.

3.4. **Finalmente, Reforce o Trabalho da Criança.**

4. Instruções a serem seguidas pelos pais. *4º DIA*

4.1. Siga as instruções do terceiro dia, indicando-lhe que pode falar em voz baixa, cochichando.

4.2. Caso a criança não siga as instruções ou mesmo não faça a tarefa corretamente, ajude-a com algumas instruções, mas sem intervir diretamente. (Neste caso, repetir outro dia nas mesmas condições).

4.3. Caso contrário, seguir as instruções do "último dia".

5. Instruções a serem seguidas pelos pais. *ÚLTIMO DIA*

5.1. Nas mesmas condições do dia anterior, preparados os lençóis, colcha, etc., peça à criança que faça a cama, pedindo-lhe que avise quando terminar.

5.2. Explique-lhe que está convencido/a de que já sabe fazer corretamente sua cama, e que hoje é o dia do exame.

5.3. **Reforce** amplamente o trabalho da criança. Sinalize de maneira especial os aspectos corretos. *Não mencione os possíveis erros cometidos.*

---

devem ser usadas leva à antecipação do comportamento que, impulsivamente, o sujeito pretende emitir, retardando a atuação.

d. Dificuldades na aprendizagem, seja em função das dificuldades inerentes ao problema, seja devido às dificuldades cognitivas específicas dos sujeitos, como é o caso de crianças deficientes.

V. Aplicações da Técnica de Auto-Instruções e Avaliação de seus Resultados

Para determinar a eficácia da técnica, tal como a descrevemos anteriormente, deve-se levar em conta que sua utilidade deve ser medida por uma mudança no *comportamento manifesto* do sujeito e, por exigência da própria técnica, para que finalmente ocorra uma mudança no "comportamento manifesto" consistente com as auto-instruções que se dá ao sujeito, tal técnica dependeria de: a) a aprendizagem de determinadas auto-instruções, com conteúdos pertinentes ao caso, e b) o uso sistemático de tais verbalizações, de forma encoberta, no momento em que se apresentem os problemas.

Assim, pode-se comparar por um lado, a eficácia da técnica de auto-instrução com outros procedimentos cognitivos cujo objetivo seja modificar as verbalizações naturais do sujeito, ou em alguns casos, implantá-la quando estas não são patentes, como no caso de crianças hiperativas. As técnicas alternativas às quais nos referimos poderiam ser o autocontrole, a solução de problemas, a parada de pensamento, a reestruturação cognitiva, etc. Por outro lado, no caso de que as mencionadas técnicas conseguissem uma mudança nas verbalizações naturais do sujeito, poder-se-ia comparar todas elas com as técnicas derivadas de condicionamento operante e as derivadas da aprendizagem por modelos, considerando como variável dependente, a mudança produzida no comportamento manifesto do sujeito.

V.1. Aplicações da técnica em casos de impulsividade

De acordo com a classificação dos problemas que realizamos no aparte anterior, quanto à conveniência do uso da técnica de auto-instruções, o primeiro tipo fazia referência ao uso original proposto por Meichenbaum com crianças hiperativas, impulsivas ou agressivas, nas quais as auto-instruções parecem ter um papel de tornar a ação mais lenta e, portanto, a técnica facilita uma atuação mais reflexiva. O objetivo terapêutico pode consistir em realizar uma tarefa ou em controlar o próprio comportamento, inicialmente de uma maneira lenta para que, finalmente, e de forma automática, consigam-se realizar tais tarefas corretamente.

O trabalho de Meichenbaum e Goodman (1971) com crianças hiperativas demonstra a eficácia do procedimento de auto-instruções. Este trabalho (no qual se utiliza o procedimento descrito no aparte anterior), assinala a importância de dois aspectos da técnica: em primeiro lugar, a utilização de um *modelo* (terapeuta) que aplica as auto-instruções como técnica de aprendizagem e, em segundo lugar, a *repetição* das auto-instruções em voz alta, em diferentes tarefas, para habituar a criança ao uso desta linguagem interna. Bender (1976) obtém resultados similares com crianças impulsivas e em seu trabalho fica claro que a *repetição* das auto-instruções, enquanto a criança realiza as tarefas, é o componente mais eficaz do programa de tratamento. Camp (1980) e Camp e cols. (1976, 1977) com seu já mencionado programa de tratamento *Think Aloud* mostram resultados similares, ficando patente o controle do comportamento através da própria linguagem.

Parrish e Ericson (1981) compararam o efeito do tratamento com auto-instruções e um tratamento com "instruções de analisar e revisar cuidadosamente", em crianças impulsivas não institucionalizadas. Realizaram um delineamento com quatro grupos: a) Instruções de revisar as tarefas cuidadosamente, b) Auto-instruções, c) Instruções de revisar mais auto-instruções, e d) Grupo-controle. Surpreendentemente, os tratamentos em separado obtiveram melhores resultados do que o tratamento combinado e, em qualquer caso, todos os tratamentos obtiveram reduções significativas nos erros dos exames, realizados durante o tratamento e as cinco semanas pós-tratamento. Entretanto, o tempo de reflexão das crianças não aumentou significativamente.

No tratamento das crianças hiperativas, Meichenbaum propõe que as terapias que utilizam procedimentos operantes não costumam obter êxito devido à ação altamente motivadora de tais procedimentos, de tal maneira, que em lugar de *tornar lenta* a atividade e permitir uma *atitude reflexiva*, agem inversamente. Todavia, como o próprio Meichenbaum (1977) assinala, a associação de procedimentos operantes e cognitivos (como no caso das auto-instruções) melhora os resultados. Neste sentido, os estudos de Bornstein e Quevillon (1976) e, em especial, o realizado por Kendall e Braswell (1982) são muito eloqüentes, manifestando maior eficácia das auto-instruções neste tipo de problemas.

No caso de crianças hiperativas foram realizados estudos sobre a generalização do tratamento com auto-instruções, tentando averiguar que tipo de instruções poderiam favorecer tal generalização. No estudo realizado por Kendall e Wilcox (1980), compara-se o uso de auto-instruções gerais (úteis para enfrentar qualquer tarefa ou situação) com auto-instruções específicas (relativas a uma tarefa específica como, por exemplo, tarefas de cálculo). Os resultados mostram que o uso de auto-instruções gerais frente a específicas facilita a generalização, como caberia esperar. Além disso, no estudo realizado por Schleser, Meyers e Cohen (1981) obtém-se melhores resultados, com instruções gerais, inclusive nas tarefas especificamente treinadas. O trabalho de Neilans e Israel (1981) mostra também uma maior manutenção e generalização do comportamento induzido por programas cognitivos (nos quais se incluem auto-instruções), em comparação com um programa de "economia de fichas" em crianças impulsivas (veja a revisão de Kendall, 1984, para uma análise mais detalhada do assunto).

Entretanto, alguns estudos têm demonstrado que nem sempre é fácil a generalização do tratamento, mas como assinalaram Guevremont, Osnes e Stokes (1988), uma das questões-chave para que as habilidades treinadas mediante a técnica de auto-instruções se transfiram a outras situações, é que as crianças autoverbalizem enquanto realizam as novas tarefas. Tanto é assim, que os autores deste estudo afirmam que o êxito das novas tarefas (tarefas não treinadas) depende de que as crianças autoverbalizem nesse momento e não do êxito obtido na situação de treinamento. Isso nos indica que temos que incentivar os sujeitos a auto-instruir-se de forma manifesta na realização das tarefas.

Em resumo, podemos dizer que a técnica de auto-instruções tem demonstrado uma notável eficácia em todos os campos, neste tipo de problema, e isto se deve, ao nosso ver, à sua adequação ao modelo psicopatológico.

V.2. Aplicações da técnica em casos de ansiedade

A técnica de auto-instruções tem sido aplicada em numerosos casos nos quais a ansiedade representa um papel importante apresentando diversas características clínicas: depressão, fobias, habilidades sociais, *stress*. Nestes casos, o terapeuta avalia até que ponto a linguagem interna do sujeito é insuficiente ou inadequada para enfrentar a situação, e decide a conveniência de uma abordagem cognitiva. No caso de se considerar o componente cognitivo do problema (verbalizações encobertas) relevante para a resolução do caso, utilizam-se técnicas cujo objetivo é substituir tais cognições (linguagem interna) por outras mais apropriadas para enfrentar a situação.

Embora nos casos de fobias não tenham sido muito habituais as pesquisas sobre tratamento com a técnica de auto-instruções (provavelmente devido ao uso, com sucesso, de outras técnicas alternativas), têm sido realizados alguns estudos nos quais se tem tentado modificar as autoverbalizações do sujeito. Na revisão de Graziano, DeGiovanni e Garcia (1979) sobre tratamento da ansiedade, cita-se um artigo (Kanfer, Karoly e Newman, 1975), no qual se trata a fobia à escuridão através da técnica de auto-instruções. Neste estudo, no *Grupo 1*, são induzidas auto-instruções relativas à bondade do estímulo (p. ex., "Na escuridão há muitas coisas boas"); no *Grupo 2,* auto-instruções relativas à capacidade do sujeito (p. ex., "Posso mexer-me em lugares escuros") e no *Grupo 3*, instruções neutras. Os resultados mostraram que tanto o Grupo 1 como o Grupo 2 reduziram a fobia em maior medida do que o grupo-controle.

O estudo de *análogos* realizado por Fox e Houston (1981), não mostra a eficácia da técnica. O objetivo, neste caso, era reduzir a ansiedade de um grupo de crianças durante a tarefa de recitar um poema. O procedimento utilizado pelos autores inclui a observação de modelos que se auto-instruem, convenientemente, enquanto realizam diversas tarefas ou enquanto se defrontam com uma situação de avaliação como a que irão sofrer os próprios sujeitos. Entretanto, as crianças não praticam as auto-instruções nem em voz alta nem encobertamente, o que poderia justificar o fracasso do tratamento. Por outro lado, é possível que a técnica de auto-instruções possa ser aprendida e praticada com maior facilidade quando se trata de tarefas manuais, e que tudo isso explique o fracasso deste estudo na redução da ansiedade.

Recentemente realizamos um estudo de caso único para o tratamento de uma fobia ao escuro, mediante a técnica de auto-instruções em uma criança de 6 anos de idade. Seguindo o procedimento assinalado por Meichenbaum, tal e como o descrevemos anteriormente, durante a primeira sessão de treinamento, a criança percorria, de mãos dadas com o terapeuta, uma casa às escuras enquanto este lhe dava auto-instruções sobre como devia agir ("[...] aqui começam as escadas, devo descer devagar, segurando no corrimão, aí em frente deve estar o interruptor [...]"). Depois a criança repetia as auto-instruções em voz alta, acompanhado pelo terapeuta. Finalmente a criança fazia sozinha o percurso dizendo as instruções em voz alta e, depois, encobertamente. Com a ajuda dos pais, a criança repetiu duas vezes a cada dia o treinamento em sua casa (no corredor, na cozinha, em seu quarto, etc.), devendo utilizá-lo, além disso, caso acordasse à noite. Passados

10 dias, a criança não manifestava absolutamente sinais de ansiedade, mesmo que se expusesse a situações de escuridão, como se por acaso acordasse à noite ou se apagassem a luz da escada.

Foram realizadas outras aplicações do treinamento em auto-instruções. Assim, Rehm (1981), em seu programa de autocontrole da depressão, utiliza esta técnica para modificar algumas das cognições negativas do sujeito. Meichenbaum (1977, 1985) também recomenda a utilização das auto-instruções em sua técnica de "inoculação de *stress*", como uma das habilidades de afrontamento em casos com problemas de ansiedade.

V.3. Aplicações da técnica em casos de falta de autocontrole

Um dos aspectos da falta de autocontrole faz referência à dificuldade de antecipar as conseqüências da atuação, por parte do próprio sujeito. Em alguns casos, como no caso das dependências (comida, medicamento, álcool, etc.) ou no cometimento de atos delitivos, diz-se que os sujeitos não antecipam as conseqüências aversivas, agem impulsivamente porque não apresentam cognições mediadoras, isto é, não apresentam verbalizações internas nas quais avaliem todas as possíveis conseqüências.

No caso de dependências tem-se utilizado a técnica de auto-instruções para impedir a recaída, por exemplo, no caso de alcoólatras (Marlatt, 1978), ou no caso de obesidade (Marlatt e Gordon, 1979; Santacreu e Scigliano, 1986). Nos casos de delinqüência e agressividade, o objetivo da técnica tem sido fundamentalmente retardar a atuação dos sujeitos (Kennedy, 1984).

Quanto à eficácia das auto-instruções neste grupo de problemas, temos que assinalar que quando a análise funcional indica uma grande importância dos aspectos sociais (delinqüência, agressão), a comparação das diversas técnicas fica confusa, entre outras razões, porque não se alcançam resultados positivos duradouros com nenhuma delas. Pelo contrário, quando os problemas se reduzem ao campo da atuação clínica, como é o caso da obesidade, os resultados indicam uma razoável eficácia do procedimento de auto-instruções.

V.4. Aplicações da técnica em casos de dificuldades de aprendizagem

Como já comentamos anteriormente, as "dificuldades de aprendizagem" correspondem ao aparte de aplicações em que mais tem-se estudado os fundamentos básicos das auto-instruções. O exemplo que nós temos utilizado, "aprender a dirigir" está relacionado com a aprendizagem de destrezas ou habilidades e, neste tipo de aprendizagem, como mostraram Luria e Vygotski, a linguagem interna tem um papel primordial, dirigindo o comportamento do sujeito.

Assim pois, tem-se realizado uma série de investigações para averiguar se as auto-instruções facilitariam a aprendizagem de habilidades motoras no caso de sujeitos com déficit cognitivo (deficiência mental). Até os anos 70, considerava-se que nestes casos, os procedimentos de aprendizagem que conseguiam algum tipo de rendimento eram os derivados do condicionamento operante (modelação, reforçamento positivo, economia de fichas, etc.). Os inconvenientes das técnicas derivadas do condicionamento operante são sua lentidão e seu custo (tempo e energia do instrutor). Entretanto, obtinham melhores resultados que os sistemas de ensino tradicionais (os utilizados com as crianças na escola).

No caso de crianças com "dificuldades de aprendizagem" ou no caso de "deficientes mentais", foram realizados numerosos estudos nos quais ficou demonstrada a eficácia do procedimento proposto por Meichenbaum e Goodman (1971). Assim, por exemplo, Robin, Armel e O'Leary (1978) demonstraram a eficácia deste procedimento no caso de crianças com problemas de escrita; Bonmarito e Meichenbaum (1978), em casos de compreensão de leitura; Leon e Pepe (1983), em casos de melhora do cálculo; Burgio, Witman e Johnson (1980) esboçaram com êxito um programa para melhorar a atenção nas tarefas escolares. Estes autores assinalaram uma série de condições da amostra para que a técnica de auto-instruções fosse comparativamente mais eficaz: a) capacidade para articular as autoverbalizações necessárias, b) capacidade para compreender seu significado, e c) que os comportamentos motores implicados estejam no repertório da criança.

Entretanto, como muito bem expõem Witman, Burgio e Johnston (1984) em sua revisão sobre as intervenções cognitivo-comportamentais em crianças deficientes, é de especial interesse *relacionar* os "modelos explicativos" do déficit cognitivo (ou, em seu caso, déficit geral cognitivo) com os procedimentos específicos de mudança de comportamento, quer dizer, com os tipos de aprendizagem (condicionamentos, observacional, cognitivo). A suposição que estes autores estão fazendo seria a seguinte: "Existe uma correspondência entre os déficit/capacidades cognitivas que um organismo manifesta e os sistemas de aprendizagem que pode utilizar para adaptar-se ao meio" e, de acordo com esta idéia, poder-se-ia supor que determinados déficit cognitivos poderiam ser melhor corrigidos com procedimentos específicos de aprendizagem.

Em relação às considerações anteriormente expostas, as perguntas que os profissionais do campo devem responder para entender os resultados, freqüentemente surpreendentes, dos diferentes programas de tratamento são, a nosso ver, as seguintes:

1. Por que nos procedimentos usuais de aprendizagem, os que se utilizam na escola (instruções, programas operantes de baixa taxa de reforço, imitação de modelos) não funcionam num grupo de crianças cada vez mais numeroso? Trata-se de déficits cognitivos ou emocionais? As dificuldades na aprendizagem se correspondem com o déficit de natureza estrutural ou orgânica (*hardware)* ou são funcionais, evolutivos *(software)?*

2. Por que os programas cognitivo-comportamentais (p. ex., auto-instruções) obtêm mais sucesso do que os comportamentais (condicionamento operante) em algumas crianças com dificuldades de aprendizagem?

3. Por que, tanto com uns como com outros programas, obtém-se tão baixo nível de generalização em crianças com déficits cognitivos?

Provavelmente as respostas a estas perguntas poderiam nos indicar quais poderiam ser as aprendizagens idôneas para cada caso específico de deficiência.

Por outro lado, fica evidente a necessidade de uma análise funcional específica de cada caso que nos assinale, não só o tipo de aprendizagem implicado como também que conteúdos são necessários aprender.

VI. CONCLUSÕES

Como resumo deste trabalho, convém lembrar que a técnica de auto-instruções é considerada como derivada das aprendizagens cognitivo-instrucionais e, portanto, inclui-se como uma das técnicas cognitivas da modificação do comportamento.

Em termos gerais, entende-se a aplicação da técnica dentro de um modelo cognitivo-comportamental de explicação do comportamento humano, portanto, o objetivo desta técnica é a *mudança de comportamento* através da modificação ou a implantação de novas cognições.

As cognições às quais a técnica faz referência são as "verbalizações manifestas ou encobertas" que controlam o comportamento motor dos sujeitos, que se fazem patentes de maneira clara nas crianças (Luria, 1961), mas que surgem igualmente em adultos quando enfrentam situações novas ou especialmente complicadas. Parece que, em termos gerais, as verbalizações facilitam a *"aprendizagem motora complexa"* em suas fases iniciais, mas quando as respostas estão bem estabelecidas, as verbalizações desaparecem e a seqüência de respostas se executa de maneira automática. Se forçamos os sujeitos de maneira artificial a utilizarem verbalizações como guia de seu próprio comportamento, quando a atuação, por sobre-aprendizagem, já é automática, então a execução se torna lenta.

Meichenbaum descreveu um procedimento para conseguir que os sujeitos utilizem auto-instruções que facilitem a aprendizagem de novos comportamentos, novos ou complicados problemas, ou situações difíceis, estando implicadas aprendizagens instrucionais, por observação de modelos e de reforçamento positivo.

Foi visto que este procedimento consta das seguintes fases: 1) Modelação cognitiva, 2) Guia externa em voz alta, 3) Auto-instruções em voz alta, 4) Auto-instruções mascaradas e 5) Auto-instruções encobertas.

Esta técnica tem sido aplicada a diversos problemas entre os quais cabem destacar: hiperatividade, impulsividade, delinqüência, ansiedade, *stress* e dificuldades de aprendizagem. Como técnica de aprendizagem, tem demonstrado sua eficácia na maioria dos problemas expostos, em especial nos casos em que a impulsividade tem um valor predominante.

Finalmente, neste capítulo, foram considerados alguns dos problemas metodológicos, habitualmente expostos ao se tentar estudar a eficácia das técnicas cognitivas. Se considerarmos o *comportamento* como o conjunto de respostas motoras, fisiológicas e cognitivas, e se considerarmos que as técnicas cognitivas e, em conseqüência, o procedimento de *auto-instruções,* têm como objetivo a mudança do comportamento mediante a mudança de algumas cognições, podemos deduzir, finalmente, que a eficácia da técnica vem determinada, em primeira instância, pela mudança nas cognições do sujeito, para considerar depois, se esta primeira condição foi cumprida, uma mudança no comportamento geral.

VII. Leituras Recomendadas

Meichenbaum, D., *Cognitive-behavior modification: an integrative approach*, Nueva York, Plenum Press, 1977.

Meichenbaum, D., «Self-instructional training», en A. S. Bellack y M. Hersen (comps.), *Dictionary of behavior therapy techniques*, Nueva York, Pergamon Press, 1985.

Meichenbaum, D., «Teaching thinking: a cognitive-behavioral perspective», en J. Segal, S. Chapman y R. Glaser (comps.), *Thinking and learning skills* (vol. 2), Hillsdale, N.J., 1983.

Meyers, A. W. y Craighead, W. E. (comps.), *Cognitive behavior therapy with children*, Nueva York, Plenum Press, 1984.

Spivack, G., Platt, J. y Shure, M., *The problem-solving approach to adjustment*, San Francisco, Jossey-Bass, 1976.

26. A Inoculação do Stress

Jerry L. Deffenbacher

I. História

O *treinamento em inoculação de stress (TIDS)* surgiu no princípio dos anos 70 (Meichenbaum, 1977), quando a terapia comportamental (TC) estava sendo ampliada para incluir processos cognitivos e de auto-regulação (p. ex., Bandura, 1969; Goldfried, 1971; Mahoney, 1974). No princípio, o TIDS se desenvolveu como um tratamento geral para as fobias e era um procedimento cognitivo comportamental relativamente específico (Meichenbaum, 1977, 1985; Meichenbaum e Cameron, 1983), que se centrava nas habilidades cognitivas e de relaxamento. Posteriormente, o TIDS foi aplicado a muitos outros problemas como a raiva (Novaco, 1975), dor e problemas de saúde (Turk, Meichenbaum e Genest, 1983) e ao *stress* no trabalho (Sharp e Forman, 1985). As adaptações que foram necessárias realizar para se ajustar a diversas populações converteram o TIDS em um enfoque geral para os assuntos relacionados com o *stress*. Visto que o TIDS é um modelo geral, as variações se configuram segundo as características do indivíduo ou do grupo específico. Portanto, este capítulo se centrará nos parâmetros de tratamento aplicáveis ao campo mais amplo de problemas e não se descrevem variações ou aplicações específicas.

II. Modelo Teórico e Resultados de Pesquisas

O TIDS emprega um modelo de amplo espectro para a compreensão e o tratamento dos problemas. Enfatiza as complexas relações interdependentes entre os fatores afetivos, fisiológicos, comportamentais, cognitivos e sociais/ambientais. *Não pressupõe uma centralização ou uma influência causal primária de nenhum fator.*

Colorado State University (USA)

Pelo contrário, os subsistemas da pessoa e do ambiente são vistos como elementos mutuamente interativos, que se desenvolvem de um modo transacional (Lazarus e Folkman, 1984), com uma influência recíproca (Bandura, 1977b). Portanto, o TIDS implica em uma avaliação completa destas complexas interações e em uma seleção cuidadosa das estratégias de tratamento.

As primeiras aplicações se dirigiram aos transtornos de ansiedade, com os quais o TIDS se mostrou muito eficaz, diminuindo, com sucesso, a ansiedade ante os exames (Deffenbacher e Hahnloser, 1981; Meichenbaum, 1972), a ansiedade ao falar em público (Altmaier, Ross, Leary e Thornbrough, 1982; Fremow e Zitter, 1978), a ansiedade social (Butler e cols., 1984), a ansiedade generalizada (Barlow e cols., 1984; Borkovec e cols., 1987) e transtornos relacionados com a ansiedade, como as fricções acadêmicas (Wernick, 1984), a timidez (Cappe e Alden, 1987), a falta de assertividade (Kaplan, 1982) e a insatisfação com a própria imagem corporal (Butters e Cash, 1987). O TIDS diminuiu o *stress* em adultos (Long, 1984) e em grupos de profissionais, como professores (Sharp e Forman, 1985) e agentes de polícia (Sarason, Johnson, Berberich e Siegel, 1979). Também conseguiu-se uma significativa redução da raiva (Deffenbacher e cols., 1987; Deffenbacher e cols., 1988; Novaco, 1975). O TIDS também foi adaptado, satisfatoriamente, a problemas médicos como o enfrentamento do câncer (Telch e Telch, 1987), esclerose múltipla (Foley e cols., 1987), dores de cabeça (Anderson, Lawrence e Olson, 1981), cirurgias (Martelli, Auerbach, Alexander e Mercuri, 1987; Wells, Howard, Nowling e Vargas, 1986) e dor (Turk, Meichenbaum e Genest, 1983; Turner, 1982). Em todos estes estudos, o TIDS foi tão eficaz quanto outras intervenções e em algumas variáveis se produziu uma mudança maior que a dessensibilização (Meichenbaum, 1972), que o relaxamento (Deffenbacher e Hahnloser, 1981; Martelli e cols., 1987; Novaco, 1975; Turner, 1982), que as habilidades cognitivas de afrontamento (Deffenbacher e Hahnloser, 1981), que a exposição (Butler e cols., 1984; Cappe e Alden, 1987), que o treinamento em habilidades (Sharp e Forman, 1985) e que uma combinação de relaxamento e terapia não diretiva (Borkovec e cols., 1987). O TIDS é, portanto, um tratamento alentador para muitos problemas e diferentes populações (Meichenbaum e Deffenbacher, 1988).

III. MODELO DE TRATAMENTO

O TIDS implica em três fases sobrepostas:

1. Reconceitualização
2. Aquisição e ensaio de habilidades
3. Aplicação e consolidação

Cada uma delas será descrita brevemente, dando-se descrições mais deta-lhadas nas sessões posteriores.

Na primeira fase, o terapeuta e o paciente formam uma relação calorosa de colaboração, realizam uma detalhada avaliação clínica e desenvolvem uma mútua compreensão das preocupações do paciente. Os problemas são reconsidera-dos dentro deste novo marco e tornam a ser conceitualizados como complexas cadeias de acontecimentos em desenvolvimento, com causas múltiplas, em vez de processos únicos e todo-poderosos. Os problemas são definidos, com uma visão positiva, em termos de déficits em habilidades, distorções cognitivas, falta de habilidades comportamentais, estímulos estressantes ambientais, etc., em vez de serem definidos em termos de processos globais negativos. A partir desta reconceitualização deriva-se um modelo de tratamento orientado para a ação, colocando importantes elos na reconceitualizada cadeia de acontecimentos. Por exemplo, a tensão emocional e fisiológica poderia ser descrita em termos da falta de habilidades de auto-regulação emocional. Pode-se considerar o treinamento em habilidades de relaxamento como uma maneira de proporcionar as habilidades necessárias.

A segunda fase desenvolve as habilidades de afrontamento necessárias e/ou começa a intervenção ambiental. As intervenções variam amplamente de indivíduo para indivíduo e de população para população, mas poderiam incluir a reestruturação cognitiva para o diálogo disfuncional consigo mesmo, o treinamento èm relaxamento para a ativação emocional e fisiológica, o treinamento em habilidades comportamentais para os déficits em habilidades, o treinamento em solução de problemas, o treinamento em auto-eficácia e em auto-reforço, para lembrar uns poucos procedimentos. As intervenções específicas surgem das discussões conjuntas e são percebidas nas próprias palavras, analogias e metáforas do paciente. Tais intervenções não são estabelecidas imperativamente pelo terapeuta. As habilidades e as estratégias são ensaiadas, revisadas e aperfeiçoadas em repertórios flexíveis e, em seguida, traduzidas e ensaiadas como autoverbalizações específicas, por meio das quais o paciente pode iniciar facilmente a sua aplicação quando o necessite.

A terceira fase garante a aplicação dos esforços de afrontamento às situações-problema e sua transferência ao mundo externo. Nas sessões do TIDS, ensaiam-se as habilidades em situações estressantes encenadas, simuladas ou imaginadas. Por exemplo, os pacientes podem empregar habilidades cognitivas e de relaxamento para reduzir a ansiedade gerada ao invocar imagens ansiógenas. Conforme os pacientes mostram uma mudança confiável entre as sessões, as habilidades vão se integrando e se transferindo ativamente ao mundo externo, por meio de experiências comportamentais, tarefas para casa graduadas e sua aplicação em situações reais. O *feedback* servirá como base para as modificações que se produzam posteriormente. À medida que a atuação *en vivo* vai-se desenvolvendo satisfatoriamente, o esforço é dirigido à manutenção e à prevenção das recaídas.

III.1. Fase I: reconceitualização

Os pacientes começam o TIDS com um conjunto de problemas, com uma série de conceitos sobre a natureza dos problemas e sua mudança, e com outras características psicossociais que podem servir de apoio ou mesmo interferir na mudança. Estas questões são as que se abordam em primeiro lugar. Os objetivos da primeira fase do TIDS são:

1. Desenvolver uma boa relação terapêutica.

2. Avaliar conjuntamente a natureza dos problemas do paciente.

3. Formular hipóteses de trabalho sobre os problemas e sua modificação.

III.1.1. A relação terapêutica

A relação terapêutica é a pedra angular do TIDS. Os terapeutas do TIDS se esforçam especialmente para desenvolver uma boa aliança terapêutica, na qual o paciente se sinta compreendido e respeitado e perceba no terapeuta um solícito aliado no intento de compreensão e mudança. Os terapeutas do TIDS empregam normalmente um estilo aberto, direto, caloroso e empático ao entrar no mundo do paciente e formar uma relação de colaboração. O emprego habilidoso de questões socráticas, colocações breves, comparações do material, etc., ajuda os pacientes a explorar e reconhecer os problemas e suas soluções potenciais. Este estilo de entrevista maximiza o envolvimento do paciente no processo de mudança e minimiza sua resistência. Tal relação de trabalho conjunto constitui um dos pilares básicos sobre o qual descansam outros elementos do TIDS.

III.1.2. Avaliação

Deve-se desenvolver uma compreensão conjunta das preocupações do paciente. Embora haja muitas estratégias diferentes de avaliação, todas mobilizam o envolvimento ativo do paciente na coleta de informação e na discussão da informação recolhida. As diretrizes para várias das estratégias mais comuns de avaliação do TIDS são descritas a seguir:

III.1.2.1. Entrevista

As entrevistas com o paciente (e em alguns casos com outras pessoas) constituem o enfoque mais básico de avaliação. Embora a informação que se necessita varie consideravelmente, as dimensões comuns são apropriadas para quase todos os pacientes.

1. Provavelmente, o primeiro aspecto seja a *percepção e definição do problema por parte do paciente.* Como o paciente vê os problemas e preocupações? Por que veio à terapia? Inicialmente, o terapeuta escuta e explora de uma maneira aberta. No entanto, imediatamente pede-se exemplos e definições concretas. Isso é feito por duas razões. Primeiro, as descrições iniciais freqüentemente são uma mescla de muitas experiências. Desta forma, podem estar distorcidas ou serem muito abstratas e, portanto, perder grande parte da complexidade da experiência real. Este tipo de detalhes é o que facilita a compreensão precisa dos problemas. Segundo, as descrições iniciais tendem a ser vagas e expressas em termos gerais. Por exemplo, um paciente pode definir o problema como "estar estressado". Isto poderia significar, para um paciente, sentimentos de ansiedade, timidez, problemas de estômago e um comportamento de evitação, enquanto que para outro, poderia significar a ativação da ira, seguida de explosivos ataques verbais. Sem clarificação, o terapeuta poderia interpretar erroneamente a natureza dos problemas que se apresentam. As seguintes perguntas poderiam ser úteis: "Poderia me dar um exemplo recente de quando

estava *estressado*?", ou "O termo '*estressado*' significa muitas coisas diferentes. Poderia me descrever o que sente quando está *estressado?*".

2. *A gravidade e o impacto dos problemas* são outras dimensões importantes. O terapeuta necessita saber como os problemas influenciam na vida do paciente e na vida dos outros. Normalmente considera-se que a gravidade e o impacto são mais importantes conforme o indivíduo experimenta mais dos seguintes aspectos (Deffenbacher e Suinn, 1982):

a. *Freqüência da resposta.* Com que freqüência ocorre o problema? O que parece aumentar ou diminuir a freqüência? Tem ocorrido com maior freqüência ultimamente? Se tiver, por que o paciente acha que isso ocorre?

b. *Magnitude da resposta.* O quanto o indivíduo responde? Existem comportamentos associados que os demais consideram como potentes ou significativos? Por exemplo, a ativação da raiva de uma determinada intensidade é julgada de forma diferente se estiver associada com o ataque físico ou verbal.

c. *Duração.* A duração pode ser relevante de duas maneiras. Em primeiro lugar está a duração do problema. Há quanto tempo o paciente vem experimentando estes problemas? Quando começaram? Em segundo lugar encontra-se a duração da resposta. Quanto tempo dura o problema quando começa um episódio? Quanto tempo o paciente leva para se recuperar?

d. *Amplitude.* A amplitude também pode implicar em duas dimensões. Pode implicar em um parâmetro situacional. O paciente experimenta o problema em uma só situação ou em um pequeno grupo de situações? Ou experimenta através de uma série de diferentes situações? A amplitude pode refletir-se também no canal de resposta. Experimenta o problema principalmente em uma dimensão de resposta? Ou o experimenta através de diferentes canais de resposta? Por exemplo, um paciente experimenta ansiedade principalmente em um único canal, como a ativação emocional e fisiológica, ou mostra também uma implicação cognitiva e comportamental?

e. *Conseqüências e resultados.* Que tipo de conseqüências o paciente ou os outros sofrem como resultado do problema? Por exemplo: Há uma deterioração significativa de atuações importantes ou da saúde? O problema tem um impacto significativo psicológico, social, vocacional ou econômico sobre o paciente ou sobre os demais?

Embora a avaliação da gravidade seja importante, estas dimensões não se convertem em uma exploração de rotina. Pelo contrário, os terapeutas do TIDS recolhem grande parte desta informação a partir das descrições e exemplos do paciente e o resto a partir de perguntas com final aberto, como por exemplo: "E de que outra maneira isso afeta sua vida (conseqüências)?", ou "Com que freqüência ocorre (freqüência)", ou "Descreva onde ocorre (amplitude)".

3. *Compreensão situacional do problema.* Que condições parecem iniciar ou desencadear o problema? Quais são os elementos específicos e seqüenciais dos componentes cognitivos, comportamentais e emocionais/fisiológicos do problema? Como se desenvolvem ao longo do tempo? O que diminui ou acaba com o problema? Quais são os resultados do problema? Uma boa estratégia consiste em

pedir aos pacientes que descrevam um exemplo concreto (os exemplos recentes são normalmente os melhores) e em uma exploração mais profunda, utilizando resumos breves dos comentários do paciente, seguidos de: a) incitações na mesma área de conteúdo, como "E o que mais sentia?", a fim de completar uma determinada dimensão; b) incitações referentes a outra área de conteúdo, como "De modo que estava sentindo... e o que estava passando por sua cabeça nesse momento?", a fim de compreender outro parâmetro no mesmo ponto temporal; ou c) incitações seqüenciais, como "E o que aconteceu depois?", a fim de obter uma descrição mais detalhada do incidente.

4. *Aspectos comuns e padrões.* Conforme se processam os exemplos, vão se buscando aspectos comuns e padrões. Por exemplo, certos parâmetros situacionais parecem preceder o problema (desencadeadores situacionais comuns), ou o paciente pensa, habitualmente, de determinada maneira sobre os acontecimentos (padrões cognitivos)? Os pacientes podem assinalar aspectos comuns, mas é o terapeuta quem normalmente começa a fazer as conexões. Os terapeutas do TIDS não fazem, geralmente, interpretações diretas, mas preferem que surja a compreensão do assunto a partir das discussões conjuntas. Continua-se com a entrevista de colaboração e o terapeuta compara a informação, pergunta aos pacientes se vêem conexões entre os exemplos, pergunta-se em voz alta sobre as diferentes possibilidades, etc., a fim de facilitar a exploração, por parte do paciente, dos possíveis padrões.

5. *Expectativas e implicações para a mudança.* Freqüentemente os pacientes têm tentado enfrentar seus problemas, com diferentes graus de sucesso. Também têm expectativas com respeito à mudança. É necessário avaliar tais expectativas e integrá-las no processo de mudança. Por exemplo, como o paciente tentou enfrentar o problema no passado? O que parecia funcionar e por quê? O que não funcionava e por quê? O paciente já havia procurado ajuda profissional? Se procurou, quando, com quem, teve algum resultado e por quê? O que o paciente espera da terapia? Não só se deve discutir as expectativas de forma realista e incorporá-las à fase de reconceitualização, como deve-se também identificar as fontes de apoio e de interferência.

A relação de colaboração é mantida ao longo da entrevista. Os terapeutas do TIDS dirigem e se centram em partes da entrevista, mas os terapeutas e os pacientes trabalham *juntos* para explorar os assuntos pertinentes e desenvolver uma compreensão conjunta dos problemas.

III.1.2.2. O auto-registro (AR)

O auto-registro (AR) implica em que os pacientes observem e registrem fatos entre as sessões. Os dados do AR e as reações, ou as conclusões a partir dele, convertem-se em elementos importantes de discussões posteriores. O AR pode proporcionar também uma excelente fonte de exemplos atuais e é particularmente útil para ampliar a compreensão situacional do comportamento. O AR pode igualmente ter uma série de outros efeitos, além de proporcionar informação. Por exemplo, os pacientes podem rever o que pensam dos fatores que contribuem para a causa de seus problemas, conforme vão vendo as coisas mais claramente, à medida que começam a mudar as reações disfuncionais, como uma função do *feedback* a partir do AR, conforme localizam virtudes ou habilidades ocultas e conforme começam a mudar as atribuições e as expectativas sobre si mesmos. Os efeitos secundários do AR podem ser positivos ou negativos e, portanto, merecem uma atenção direta.

O AR é uma tarefa complexa e freqüentemente não se desenvolve todo seu valor potencial. A seguir são descritas as sugestões para melhorar o êxito do AR.

a. Incorporação das sugestões do paciente ao AR. Uma dificuldade geral para os terapeutas consiste em "designar" o AR como uma "tarefa para casa". Isto difere da relação de colaboração e tende a aumentar a resistência, uma vez que os pacientes, assim como muitos não pacientes, não gostam que lhes digam o que devem fazer. A referência à "tarefa para casa" pode trazer-lhes lembranças da escola e aumentar a resistência a tarefas impostas externamente. Sugere-se que o terapeuta escute cuidadosamente os comentários do paciente que possam ser apresentados e incorporados como sugestões deste ao AR. Por exemplo, pode-se perguntar a um paciente, que se queixa de ansiedade crônica, se a ansiedade experimentada aumenta e diminui. O terapeuta poderia continuar com uma pergunta sobre como ambos (paciente e terapeuta) saberiam se a ansiedade sobe ou desce. O paciente poderia indicar que tentaria "investigar". O terapeuta poderia perguntar: "Investigar? Como o faria?". Da discussão que se seguiria poder-se-ia chegar ao estabelecimento de um contrato e um formato de AR. Desta maneira, o AR surge de modo natural a partir do fluxo da interação, em vez de ser imposto externamente pelo terapeuta.

b. Ser flexível no formato. Os terapeutas do TIDS fazem uma lista das sugestões do paciente sobre o formato e tentam incorporá-las ao esboço do AR. Isto minimiza a resistência e aumenta a probabilidade de que seja selecionado um processo factível, visto que os pacientes, em geral, conhecem as características e as circunstâncias de sua vida melhor do que o terapeuta. Por exemplo, os pacientes ansiosos, freqüentemente, não registrarão seu estado de humor a cada hora em função do AR, mas o farão três vezes ao dia (manhã, tarde e noite). Existem muitos formatos de registro diferentes, como os diários de registro livre, os cartões de registro estruturado, as contagens de freqüência, o registro da intensidade da resposta, etc. Deve-se selecionar o formato que se encaixe melhor com o indivíduo e com a natureza do problema. Além disso, sugere-se que os processos do AR sejam desenvolvidos no ato, inclusive mesmo que haja alguns formatos de AR que se utilizem de forma habitual. Por exemplo, o terapeuta poderia pegar um papel em branco e esboçar o formato de registro de um diário, em vez de mostrar um formato já preparado. Isto faz com que pareça que o AR surge exclusivamente da sessão, em vez de se apresentar como um aspecto rotineiro de algo externo ao processo de terapia.

c. Começar de forma simples a modelar a complexidade do AR. O AR é um comportamento relativamente pouco habitual e que consome muito tempo. Muitos programas de AR, que nos demais aspectos são corretos, fracassam porque se tornam muito complexos rapidamente. Sugere-se que o foco inicial seja simplesmente o estabelecimento do comportamento de auto-registro e que com o tempo se aumente a complexidade do mesmo, à medida que vão mostrando aos pacientes sua disposição para o AR. Por exemplo, um paciente poderia registrar primeiro uma breve descrição das situações-problema e das reações gerais. Com o tempo, a dimensão da reação poderia decompor-se no registro de pensamentos, emoções e comportamentos. Entretanto, o começar com esta complexidade superior pode diminuir a aderência ao AR, visto que os pacientes se sentem oprimidos pelo mesmo.

d. Comprovar o grau de compreensão. O AR pode fracassar porque os pacientes não entendem totalmente o que devem fazer. Sugere-se que, quando for possível, o terapeuta modele o registro de um ou mais sucessos (p. ex., registrando em uma folha de papel um exemplo da sessão do dia). Pelo menos, quando o terapeuta e o paciente tenham chegado a um acordo a respeito do AR, deve-se pedir aos pacientes que esclareçam se entenderam o que se vai fazer. Por exemplo, "Temos conversado sobre como poderia anotar seus ataques de ansiedade. Poderia, por favor, compartilhar comigo o que entendeu sobre o que deve fazer?". Estas simples comprovações poderiam esclarecer os erros importantes de compreensão que evitariam um bom AR.

e. Cuidar da possível falta de aderência ao AR. É útil perguntar aos pacientes por que o AR poderia fracassar. Podem assinalar questões materiais que haviam passado desapercebidas, ou atitudes, emoções ou comportamentos que poderiam haver interferido. Deveriam discutir todas elas e desenvolver estratégias para sua resolução. Afrontar as questões de aderência ao AR é especialmente importante porque, durante a fase de avaliação, o AR é, geralmente, uma das primeiras tarefas que se realizam entre as sessões. Resolvê-las bem e diretamente pode reduzir os problemas com as tarefas futuras.

f. Prestar atenção ao auto-registro e utilizá-lo. Esta sugestão pode parecer desnecessária, mas freqüentemente se passa por alto. Alguns terapeutas desenvolvem bons AR e logo não os utilizam ou o fazem muito poucas vezes. Se o AR é, realmente, uma extensão da relação de colaboração, então ambas as partes deveriam revisá-lo e melhorar seu entendimento mútuo a partir dele. O não prestar atenção ao AR envia uma metamensagem negativa de que ele, especificamente, e talvez as tarefas entre as sessões são, normalmente, pouco importantes. Se a tarefa é suficientemente importante para realizá-la, então deveria receber atenção. Quando for possível, sugere-se que o AR seja entregue antes da sessão seguinte, de modo que o terapeuta tenha tempo de revisá-lo. Isto amplia a colaboração, visto que se vê o terapeuta como um companheiro ativo, que trabalha e comunica, além da importância de trabalhar entre as sessões.

III.1.2.3. Experiências simuladas e experiências na vida real

As provas *en vivo* (p. ex., um paciente com acrofobia aproximando-se, entrando e subindo em um elevador, ou a observação em casa de um pai zangado castigando uma criança) e as simulações de situações-problema (p. ex., a representação da interação social que exige assertividade, ou o gravar em vídeo um paciente com ansiedade em falar em público), podem fornecer informações importantes. Os pacientes e os terapeutas podem realizar observações diretas do comportamento. Podem-se avaliar os déficits em habilidades e as seqüências sutis do comportamento, elementos que podem ser difíceis de avaliar sem uma observação direta. Além disso, assim os pacientes têm uma base recente de experiências, a partir da qual podem informar sobre as reações emocionais e fisiológicas, as cognições, imagens, impulsos comportamentais, etc. Todas elas são exploradas seguindo as diretrizes da entrevista delineadas previamente.

Pode-se aumentar a compreensão pelo uso criativo de gravações com equipamento de áudio e vídeo. Podem-se gravar as experiências *en vivo* e as experiências simuladas. Pode-se parar, rebobinar e voltar a ouvir ou assistir à fita em diferentes pontos. Pode-se explorar a experiência do paciente através de uma espécie de procedimento de "pensar em voz alta". O equipamento de áudio pode ser empregado inclusive em algumas situações reais. Por exemplo, os casais que estão enfadados, podem simplesmente ligar o gravador quando começam uma discussão. Volta-se a passar a fita na clínica detendo-se em diferentes pontos, a fim de explorar pensamentos, sentimentos e reações críticas.

III.1.2.4. A recordação através da imaginação

Pode-se empregar a imaginação de uma maneira similar à simulação, exceto no aspecto de que o indivíduo recorda de forma vívida a experiência relevante. Primeiro, o paciente e o terapeuta delineiam os detalhes da cena. Logo, o paciente senta-se, fecha os olhos e recorda vividamente o exemplo. Dispõem-se de vários formatos para a exploração, ajustando o método específico ao paciente. Por exemplo, os pacientes podem recordar a experiência sem falar ao terapeuta. Logo, o terapeuta entrevista o paciente sobre o que lembrou. Isto é especialmente útil quando o informe verbal do paciente poderia interromper a recordação ou proporcionar ao paciente uma maneira de evitar o material perturbador. Outra forma consistiria em que o paciente oferecesse uma narração contínua da experiência durante a recordação. O terapeuta explora as questões importantes ao final do episódio de recordação e pode dirigir a atenção, durante o mesmo, para elementos específicos. Em quaisquer dos dois formatos, pode-se pedir aos pacientes que recordem outra vez segmentos específicos, a fim de explorá-los com mais detalhes.

Visto que os procedimentos da recordação através da imaginação decorrem de processos de memória pouco exatos, podem produzir dados imprecisos ou distorcidos. Todavia, são muito flexíveis e, freqüentemente, podem gerar informação que, de outro modo, não estaria disponível por razões materiais ou éticas.

III.1.2.5. Testes psicológicos

Embora os terapeutas do TIDS normalmente não empreguem testes psicológicos com propósitos diagnósticos estáticos, amiúde utilizam testes. Em primeiro lugar, as comparações com a norma podem ajudar o desenvolvimento de hipótese ou sugerir outros aspectos que merecem ser examinados (p. ex., explorar aparentes sintomas de *stress* que contribuam para o aumento hipocondríaco, devido a uma elevada pontuação dessa dimensão em um teste de personalidade). Em segundo lugar, estão sendo desenvolvidos cada vez mais instrumentos para populações específicas (p. ex., assertividade e ansiedade ante os exames) e alguns testes proporcionam subescalas para diversas dimensões do comportamento-problema (p. ex., elementos cognitivos, emocionais e comportamentais de evitação da ansiedade). As comparações com a escala normativa e as subescalas podem aumentar a compreensão do problema (p. ex., se informa mais preocupações que emoções, em uma escala de ansiedade, isso sugere uma maior implicação cognitiva). Inclusive quando os testes não estão desenvolvidos psicometricamente, as análises informais dos itens podem ser úteis (p. ex., a observação de que um paciente socialmente ansioso tem uma pontuação superior nos itens de ansiedade social que nos de habilidade social, sugere uma maior interferência da ansiedade do que um déficit em habilidades). Finalmente, os itens dos testes podem ser empregados como estímulos da entrevista. Por exemplo, o terapeuta poderia dizer (referindo-se a um item do teste), "Observei que você respondeu que "está se preocupando" quase o tempo todo. Poderia me dizer o que passava pela sua cabeça quando respondeu a este item?".

III.1.3. A reconceitualização

A partir dos processos de avaliação surge uma (re)conceitualização *tentativa, compartilhada, transacional, de trabalho* sobre os problemas do paciente. É "tentativa" porque é só uma hipótese, só uma maneira de entender e enfocar os problemas. Novos dados podem levar a uma revisão. Deste modo, não é algo que o terapeuta "venda" ao paciente, mas uma tentativa de compreender o problema. Pode-se também modelar um enfoque flexível, adaptativo, dos problemas da vida. É "compartilhada" porque o paciente e o terapeuta têm trabalhado conjuntamente em seu desenvolvimento. O terapeuta pode introduzir informação que o paciente desconheça (p. ex., informação sobre a dor ou o funcionamento do sistema nervoso autônomo), mas sobretudo se baseia na experiência do paciente e se desenvolve por ambos. É "transacional" porque ajuda os pacientes a perceber os problemas como um complexo fluxo de interações "pessoa por situação" e a ver a multiplicidade de elementos que contribuem às dificuldades, em vez de agarrar-se a contribuições e sistemas de explicação únicos, com os quais o paciente, geralmente, chega à terapia. É um modelo de "trabalho" não só porque pode ser revisado, mas também porque assinala aspectos aos quais a intervenção deveria dirigir-se. Por exemplo, se forem identificados os estímulos ambientais provocadores do *stress*, não é muito difícil que o paciente e o terapeuta cheguem à conclusão de que tais estímulos deveriam ser modificados (p. ex., negociar um período de tempo de 15 minutos sem queixas, para os primeiros 15 minutos de uma mãe que trabalha desde que chega em casa, ou uma mudança de tarefas para um trabalhador muito estressado). Se predominar a ativação emocional e fisiológica, o tratamento se centrará obviamente em ajudar o paciente a se tranqüilizar (p. ex., desenvolvendo habilidades de relaxamento). Se o *stress* produz pensamentos e imagens, então o apropriado seria ajudar o paciente a mudar suas "atitudes" (p. ex., reestruturação cognitiva dos processos perfeccionistas, supergeneralizados, com respeito a si mesmo). O treinamento em habilidades parece óbvio para pacientes pouco habilidosos (p. ex., habilidades de comunicação matrimonial para casais que brigam continuamente). Obviamente, estes e outros elementos-meta para o tratamento deveriam ser combinados quando fosse pertinente, e desenvolvidas as intervenções e habilidades necessárias, que constituem o núcleo da fase seguinte do TIDS.

III.2. Fase II: aquisição e ensaio de habilidades

A fase II define, ensaia e refina os componentes básicos da intervenção. Os objetivos se baseiam na avaliação e, portanto, se estruturam segundo o indivíduo ou o grupo. São modificados de modo flexível conforme as necessidades ou a informação mudam. Embora as intervenções sejam estruturadas de forma individual, algumas delas são muito comuns no TIDS, por isso requerem, pelo menos, uma breve discussão.

III.2.1. Habilidades de relaxamento para o afrontamento

O maior valor destas habilidades é o controle da ativação emocional e fisiológica elevada. Além disso, se o relaxamento é pertinente para um indivíduo ou grupo, pode ser um bom ponto por onde começar o treinamento. Para a maioria dos pacientes o relaxamento é uma intervenção lógica, não ameaçadora, que aumenta rapidamente a sensação de eficácia e facilita o caminho ao enfoque que pode ser pertinente para treinamento em outra áreas.

O treinamento na habilidade de relaxamento começa habitualmente com o treinamento em relaxamento progressivo. Quando os pacientes já o dominam, normalmente em 2-5 semanas, acrescentam-se os elementos que servem para considerar o relaxamento como uma habilidade de afrontamento (ver Deffenbacher (1988) e Suinn e Deffenbacher (1988) para uma ampliação dos apartes que seguem).

a. Apresentar uma explicação razoável sobre a habilidade ativa de afrontamento (Goldfried, 1971). O treinamento é delineado, normalmente, em função da aprendizagem das habilidades de relaxamento por parte dos pacientes, habilidades que controlam ativamente a tensão. O treinamento é descrito como um meio de aprender a relaxar a tensão quando e onde apareça. Deve-se levar em conta as características culturais e individuais. Se os antecedentes culturais explicam as experiências da vida segundo um modo de controle externo, deve-se emoldurar os esforços do relaxamento dentro dessa perspectiva cultural. Se os pacientes se encontram inicialmente tão estressados que é impossível um controle da ativação, então o treinamento deveria começar sob um formato controlado pelo terapeuta (p. ex., semelhante ao da dessensibilização) e mudar para o autocontrole quando se tenha demonstrado uma redução da tensão nas sessões.

b. Treinar múltiplas habilidades de relaxamento para o afrontamento. Os indivíduos diferem a respeito de quais habilidades de relaxamento são mais eficazes para eles. Deveria-se treinar diferentes habilidades de relaxamento e ajudar os pacientes a integrar e desenvolver a mais eficaz. O emprego das habilidades de relaxamento inclui freqüentemente:

1. Relaxamento sem tensão (isto é, concentrar-se e soltar grupos musculares, sem os exercícios de tensão do relaxamento progressivo);
2. Relaxamento induzido pela respiração (isto é, inspirar profundamente 3 ou 4 vezes e deixar que a tensão se esvaia com cada expiração);
3. Relaxamento controlado por estímulos (isto é, relaxar-se com cada repetição lenta, rítmica de uma palavra ou uma frase como "relaxe" ou "tranqüi-lize-se", que foram previamente emparelhadas com o relaxamento); e
4. Relaxamento baseado na imaginação (isto é, fechar os olhos por breves períodos de tempo e recordar vividamente uma imagem pessoal de relaxamento).

Estas habilidades de afrontamento são treinadas como formas de desencadear a capacidade de relaxamento através de um processo como o relaxamento progressivo ou o "biofeedback". Quando já foram desenvolvidas as habilidades de afrontamento, estabelecem-se expressões instrucionais para sua rápida iniciação (p. ex., "Muito bem, a ansiedade está aumentando, assim, relembre essa imagem tranqüilizadora e relaxe", ou "Estou me aborrecendo. Calma. Respire profundamente quatro vezes e tranqüilize-se").

c. Estabelecer sinais múltiplos para a aplicação. Os pacientes necessitam saber não só como relaxar-se, mas também quando. Alguns dos melhores sinais para isso são os sinais internos de ativação (p. ex., dor no estômago e tensão nos ombros). Através do AR ou da ativação via imaginação ou de situações simuladas, os pacientes podem perceber melhor estes sinais internos e os "primeiros sinais alertadores" que os precedem. Igualmente, incentiva-se os pacientes a que relaxem antes, durante e após os estímulos estressantes previsíveis (p. ex., uma visita ao dentista ou uma avaliação profissional). Pode ser útil considerar como sinais de estímulo o *tempo* (p. ex., relaxar em momentos específicos durante o dia) ou a *atividade* (p. ex., enquanto se realiza uma atividade freqüente como uma determinada tarefa), especialmente para pacientes que têm dificuldades em auto-registrar o *stress* ou para aqueles onde a tensão aumenta sem que se dêem conta disso.

d. Perceber a ansiedade induzida pelo relaxamento. Para uma pequena parte dos pacientes, o treinamento em relaxamento aumenta, em vez de diminuir, a ansiedade (Heide e Borkovec, 1984). Nestes casos, três estratégias são eficazes (Deffenbacher e Suinn, 1987). Pode-se dar aos pacientes uma espécie de "instrução de contra-exigência" que sugira que leva-se um tempo até o desenvolvimento do relaxamento e que, em algumas ocasiões, experimenta-se inicialmente um aumento da tensão, mas que isto desaparece com a prática. Pode-se expor os pacientes, de forma repetida, à experiência de relaxamento, seja expondo-os repetidamente a partes do treinamento em relaxamento ao longo do tempo, seja aumentando significativamente a duração das sessões do treinamento em relaxamento. Finalmente, pode-se mudar o formato do treinamento em relaxamento (p. ex., do relaxamento progressivo ao "biofeedback"). Raramente os pacientes têm dificuldades com mais de um enfoque.

III.2.2. Reestruturação cognitiva

A reestruturação cognitiva aborda a produção do *stress* e a distorção no processamento da informação. Por exemplo, um homem socialmente ansioso pode entregar-se a pensamentos absolutistas (p. ex., "Tem que sair comigo"), supergeneralizados ("Não faço nada bem. Ninguém vai querer sair comigo"), catastróficos (p. ex., "Parecerei idiota. E será tão embaraçoso!"), a respeito de um possível encontro, pensamentos que também estimam erroneamente as possibilidades (p. ex., "Nunca sairá comigo"). A reestruturação cognitiva aborda essas distorções no processamento da informação, a partir do enfoque geral descrito por Beck (Beck, 1976; Beck, Rush, Shaw e Emery, 1979).

O primeiro passo consiste em aumentar a "percepção" do paciente sobre os processos de pensamento que freqüentemente existem, como pensamentos automáticos, dos quais o paciente não tem conhecimento (Beck, 1976). Continua-se com os processos de avaliação (p. ex., o AR ou a recordação através da imaginação), centrando-se especialmente nos processos cognitivos. Os terapeutas do TIDS não supõem que se encontrarão determinados tipos de cognições, mas trabalham em conjunto com o paciente para descobrir cognições tanto funcionais como disfuncionais. Conforme vão surgindo, o terapeuta as considera como hipóteses e possibilidades interessantes em vez de verdades automáticas e conclusões válidas. Ao fazer isso, está modelando uma atitude mais de tatear, de dúvida e está ao mesmo tempo abrindo caminho ao passo seguinte, isto é, uma exploração da validade do mundo de pressuposições do paciente.

A seguir recolhem-se evidências a favor e contra as cognições. Muitos pacientes começam a corrigir os pensamentos disfuncionais à medida que vão aparecendo. O terapeuta emprega perguntas socráticas (p. ex., "O que é o pior que poderia ocorrer?", ou "Existem maneiras de comprová-lo?", ou "Como enfrentaria esse fato caso ocorresse?") e compara as contradições e as incongruências entre a informação e os próprios pensamentos do paciente, para uma posterior exploração da validade dos processos cognitivos deste. Juntos desenvolvem experiências pessoais que o paciente realiza entre as sessões, a fim de comprovar as antigas e as novas cognições. Por exemplo, um homem ansioso socialmente poderia marcar um encontro com uma ou mais mulheres, registrando suas reações (dele) assim como os resultados. Pode ser que as previsões de uma recusa não sejam confirmadas; as conseqüências catastróficas podem ser menores do que as antecipadas; e as supergeneralizações e as atribuições errôneas podem ser descobertas e reelaboradas.

Através do AR, das experiências pessoais e das discussões desenvolve-se uma lista de pensamentos funcionais, de afrontamento. Estes são empregados para substituir os pensamentos e as imagens disfuncionais. Por exemplo, um homem ansioso socialmente poderia chegar a ter, a respeito do comportamento de marcar um encontro, *pensamentos de preferência, não exigentes* (p. ex., "Gostaria que saísse comigo, mas não tem que fazê-lo necessariamente. Tem o direito de sair com quem quiser"), *negativos, mas realistas* ("Será frustante se não sair comigo, mas não é o fim do mundo"), *situacionalmente discriminativos* (p. ex., "Bom, não será sempre assim. Só significa que recusou este encontro. Nem mais, nem menos. Talvez saia comigo da próxima vez. Se não, há outras mulheres com quem sair").

Embora possam existir aspectos comuns nas cognições disfuncionais dos pacientes, ajuda-se cada um deles a desenvolver seus *próprios* pensamentos adaptativos, de afrontamento. Os terapeutas do TIDS *não* desenvolvem prescrições cognitivas para que todos os pacientes as utilizem. Pelo contrário, ajudam os pacientes a que desenvolvam contra-respostas cognitivas pessoalmente significativas, com as quais substituir a imaginação e o diálogo interno disfuncionais. Essas cognições são logo ensaiadas para obter uma aplicação integrada, flexível, na fase final do TIDS.

III.2.3. Solução de problemas

Pode ser que os pacientes não tenham somente cognições distorcidas, mas também estratégias pobres de solução de problemas. Os déficits em solução de problemas são abordados através do treinamento em solução de problemas (D'Zurilla e Nezu, 1982; Heppner e Krauskopf, 1987; Nezu e Nezu, neste volume). O objetivo geral é que os pacientes desenvolvam uma seqüência de solução de problemas, com a qual possam enfocar, analisar e reduzir os mesmos. Os passos comuns para a solução de problemas são descritos a seguir, junto com exemplos do diálogo auto-instrucional pertinente à iniciação de cada aparte.

a. Fomentar uma atitude de solução de problemas. Os terapeutas modelam e incentivam os pacientes para que vejam o *stress* como "um problema que se tem que resolver ou um conflito que têm que enfrentar". Nem sempre existem soluções perfeitas, mas se incentiva os pacientes a que vejam isto também como um problema e que tomem as melhores decisões possíveis. Esta atitude se desenvolve através de auto-instruções (p. ex., "Não é nenhum desastre, só um problema que se tem que resolver" ou "É só um conflito, nem mais nem menos"). Às vezes, os pacientes pensam que os problemas não deveriam ocorrer com eles (p. ex., "Não deveria ter que passar por isto!"). Isso constitui um exemplo de um pensamento absolutista e pode ser abordado através da reestruturação cognitiva. Por exemplo, o terapeuta poderia começar a explorar isto perguntando, "Por que não deveriam lhe acontecer coisas ruins?".

b. Definir os problemas de forma concreta. Os pacientes aprendem a especificar concretamente a natureza do problema, definindo claramente quem, o que, onde, quando e o como da situação. Isto pode, por si mesmo, reduzir a ansiedade, visto que os paciente possuem as estratégias e as habilidades de afrontamento uma vez que sabem com o que estão lidando. Este passo poderia ser traduzido em pensamentos como: "Muito bem, o que exatamente está acontecendo aqui?", ou "Preocupar-se não serve para nada. Pense objetivamente e desenvolva um plano. De modo que, o que estou enfrentando?".

c. Decompor os problemas. Este passo pode não ser pertinente, mas, não obstante, deveria ser levado em conta. Treina-se os pacientes a decompor os problemas em pequenas partes ou em uma série de distintos problemas. O fazer isto permite que os pacientes se sintam menos angustiados, que aprendam a dar prioridades e mobilizar os recursos para a solução de problemas. Este passo se concretiza em diálogos específicos consigo mesmo (p. ex., "Dividamos isto. Posso enfrentar pequenos estímulos estressantes, um de cada vez" ou "Existe aqui uma série de passos. Vejamos, qual é o primeiro? Lembre, concentre-se e dê um passo de cada vez").

d. Delinear possíveis soluções. Incentiva-se os pacientes para que encontrem tantas soluções quantas sejam possíveis. O terapeuta pode modelar ou, pelo menos, estimular os pacientes para que deixem que suas cabeças trabalhem livremente e não censurem nenhuma idéia que lhes ocorra nesses momentos. A quantidade parece gerar qualidade. Além disso, algumas soluções podem ser divertidas, o que pode servir para reduzir o *stress* e colocar as coisas numa perspectiva cognitiva. O ensaio de pensamentos (p. ex., "Quais são todas as possibilidades?" ou "Seja criativo. Investigue tantas maneiras quantas possa, para solucioná-lo. Deixe que as idéias fluam".) pode ser útil para iniciar este estágio da solução de problemas.

e. Avaliar as possíveis soluções. Depois de gerar as possíveis soluções, os pacientes se dedicam ao pensamento crítico e avaliam essas soluções. Para cada solução avaliam-se probabilidades, possíveis resultados, recursos, etc. Pode ser que tenham que aceitar que não há soluções perfeitas e que tenham que separar seu próprio valor das circunstâncias difíceis. O diálogo interno focalizado (p. ex., "Então, vejamos, qual é a melhor opção?" ou "Quais são as vantagens e as desvantagens de cada uma?") pode facilitar este passo.

f. Tomar uma decisão. Os pacientes podem selecionar então a melhor opção e o terapeuta os incentiva a aceitarem como a melhor hipótese. Os pensamentos auto-instrucionais podem incluir diálogos como: "Muito bem, o que é o melhor que posso fazer?", "Como vou abordá-lo?", ou "A melhor opção parece ser... Desenvolva um plano. Assim, o primeiro passo é...".

g. Pôr em prática a decisão. Incentiva-se os pacientes a colocar em prática a decisão, a dar continuidade e a pensar positivamente sobre seus esforços. Tanto o terapeuta como o paciente apóiam as tentativas, inclusive se não estiverem funcionando bem (ver o aparte seguinte com respeito a este ponto). Pensamentos como os seguintes podem ser de ajuda: "Muito bem, comecemos. O primeiro passo é...", "Esta parece a melhor idéia, de modo que, por onde começo?".

h. Avaliar os resultados e reconsiderar (reciclar) as soluções se for necessário. Nem todas as decisões funcionam bem. Treina-se os pacientes para que percebam que a *vigilância* e a *reconsideração (a "reciclagem")* são partes naturais da solução de problemas. Pode ser necessário reconsiderar a situação à luz de novas informações e desenvolver um novo plano. Pensamentos como os seguintes podem ser úteis: "Como está funcionando?" ou "Não está saindo da maneira que planejei, mas me sinto bem tentando e afrontando-o. Assim, reconsideremos e vejamos se há um enfoque melhor".

Outros assuntos podem interferir com a solução de problemas e necessitar de atenção. Em primeiro lugar, algumas pessoas crêem que existem soluções "perfeitas" ou formas "ótimas" (normalmente as suas) e que, portanto, devem ser seguidas. Estas são exigências perfeccionistas que podem ser abordadas através da reestruturação cognitiva. Em segundo lugar, os pacientes têm que aceitar que, às vezes, não existem boas soluções ou que não existem soluções, absolutamente. Por exemplo, as mortes e os divórcios acontecem com pessoas boas. Não podem conseguir que voltem a estar presentes em suas vidas outras pessoas ou algumas relações. Estas questões podem ser abordadas delicadamente com uma combinação de reestruturação cognitiva e de solução de problemas e serem convertidas em auto-instruções (p. ex., "Não posso fazer nada a este respeito, exceto deixar de estar tão estressado. De modo que me centrarei no que posso fazer e tentarei fazê-lo bem" ou "Não existe uma solução boa. Parece como se estivesse em uma destas situações nas quais não posso fazer grande coisa. De modo que seguirei cuidando da minha vida e voltarei a isto mais tarde se algo mudar"). Tal enfoque não minimiza a dor, o sofrimento e as dificuldades reais dos pacientes. O que se tenta é reconhecê-lo abertamente e com sensibilidade. Todavia, também se tenta ajudar os pacientes para que não fiquem bloqueados por esses aspectos emocionais, que os aceitem e que os enfrentem da melhor (que pode não ser muito boa) maneira possível. Em terceiro lugar, os pacientes podem precisar de ajuda para legitimizar a necessidade de usar o tempo para pensar em certas coisas. Talvez necessitem negociá-lo consigo mesmos ou com um sistema social. Uma boa solução de problemas leva tempo e o não pensar nas coisas pode criar mais problemas, visto que se estabelecem planos incorretos ou se encontram falsas saídas. Pensamentos como os seguintes podem favorecer a solução desta questão: "Preciso de um pouco de tempo para pensar. Voltarei mais tarde." ou "Pense nisto. Reserve um tempo e desenvolva um plano".

III.2.4. Treinamento em auto-eficácia/auto-recompensa

O afrontar e mudar os padrões de hábitos é difícil de realizar; mesmo assim, muitos pacientes não favorecem ou inclusive castigam seus próprios esforços. Por exemplo, podem ser muito críticos consigo mesmos e atribuir o êxito a fatores externos. Estas deficiências na auto-regulação podem ser abordadas com o treinamento em pensamentos de auto-reforço e de auto-eficácia. A seguir indicam-se exemplos e diretrizes gerais para a auto-instrução.

a. Fomentar as avaliações realistas do que aconteceu, o que serviu de ajuda e o que não. Os pacientes deveriam avaliar de forma realista e apoiar seus próprios esforços (p. ex., "Não foi tão mal. Me saí bastante bem com minha ansiedade") e ver o que é que se pode aprender deles. Esta última é uma atitude importante. O não obter êxito não é visto como um "fracasso", mas somente como um "erro" do qual se pode aprender (p. ex., "Foi bastante duro, mas fiz o melhor que pude. Agora, examinemos e vejamos o que posso aprender com isso"). Os padrões de avaliação dos pacientes também podem necessitar de atenção, visto que muitos têm padrões perfeccionistas, padrões de "tudo ou nada", e para os quais o enfrentamento tem que ser perfeito, se não, é um fracasso. Estes padrões conduzem à raiva desnecessária, à frustração e a abandonar prematuramente a estratégia de afrontamento, inclusive quando este era bom objetivamente. Se os padrões são rígidos e autoderrotistas, devem ser abordados com a reestruturação cognitiva.

b. Fomentar as expectativas de uma mudança pequena, gradual. A mudança, normalmente, produz-se pouco a pouco, em vez de ocorrer de maneira rápida, e incentiva-se os pacientes a verem dessa maneira. Os pacientes podem desenvolver e ensaiar pensamentos como "Bem. Diminuí a ansiedade de 8 para 6, em minha escala de 10 pontos. Mas ainda tenho ansiedade, embora saiba como fazer para diminuí-la" ou "Não se conquistou Zamora em uma hora e o mesmo acontece com o controle da minha ansiedade".

c. Fomentar a avaliação positiva por tentá-lo. As tentativas de enfrentamento devem ser incentivadas, inclusive quando o resultado não é positivo. Por exemplo, um paciente poderia pensar: "Me aborreci mais do que queria, mas mantive bem o controle" ou mesmo um homem socialmente ansioso: "Bom, não consegui um encontro, mas controlei minha ansiedade e me atrevi a pedir. Sinto-me bem por isso. Talvez na próxima vez tenha mais sorte". Estes pensamentos mantêm os pacientes envolvidos na solução de problemas e evitam uma frustração desnecessária. Às vezes, é útil uma diferenciação entre processo e resultado. Se os pacientes tentam (processo), podem sentir-se bem a respeito do processo, inclusive se os resultados são negativos. Os resultados pobres podem ser vistos como *feedback* negativo e como um momento para reciclar a solução de problemas. Se não tentam, estão quase asseguradas avaliações pobres do processo e dos resultados.

d. Fomentar as atribuições auto-eficazes, positivas. Tanto quanto seja possível, os pacientes devem atribuir a mudança a si mesmos (p. ex., "Estou feliz com o progresso que estou realizando" ou "Quanto mais tento, melhor controlo a ansiedade"). Inclusive, se estão envolvidos fatores devidos à sorte, pode-se ajudar os pacientes a que atribuam parte dos resultados à sua capacidade para tirar proveito da situação.

e. Fomentar diretrizes positivas, realistas, para o comportamento futuro. Quando for possível, o diálogo consigo mesmo deve, por um lado, reforçar o comportamento atual e, por outro, impelir de forma realista ao comportamento futuro (p. ex., "Fiz! Farei inclusive melhor da próxima vez" ou "Bom trabalho! Na próxima vez tentarei falar antes").

III.2.5. O estabelecimento de habilidades comportamentais

O TIDS centra-se também nos déficits de informação e de habilidades comportamentais. Do mesmo modo que acontece em outras áreas, os déficits surgem de uma exploração e de uma avaliação conjuntas. Definem-se de forma específica e começam a melhorar as habilidades segundo as diretrizes gerais delineadas nos apartes anteriores (ver também o aparte sobre o treinamento na aplicação). Por exemplo, podem-se delinear os déficits em assertividade e logo modelar e ensaiar, manifesta ou encobertamente, o comportamento alternativo. As habilidades-meta variam amplamente de população a população. Para mencionar alguns exemplos, os estudantes que ficam nervosos ante os exames, podem necessitar de treinamento em como preparar e fazer os exames os indivíduos irritados podem aprender habilidades de comunicação interpessoal e de negociação; os policiais podem necessitar de habilidades para enfrentar as disputas em casa; e os pacientes com queimaduras podem necessitar de informação e treinamento para cuidar eles mesmos de suas feridas.

III.3. Fase III: aplicação e consolidação

Neste ponto do TIDS, os pacientes têm desenvolvido e ensaiado os rudimentos das habilidades de afrontamento necessárias. Os objetivos agora mudam a: 1) o treinamento para pôr em prática (aplicação) em lugares reais, e 2) o treinamento para a prevenção das recaídas e para a manutenção. O processo é o de uma destreza regulada de modo que o afrontamento demonstrado nas sessões converta-se no critério para programar a generalização. Quer dizer, quando o paciente enfrenta repetidamente o *stress* induzido nas sessões, as habilidades vão sendo transferidas sistematicamente ao mundo externo.

III.3.1. O treinamento na prática

Do mesmo modo que acontece com o resto do TIDS, os meios para o treinamento na prática são desenvolvidos conjuntamente e adaptados de forma flexível ao paciente individual ou ao grupo. Entretanto, existem aspectos comuns do formato de treinamento, e a seguir descreveremos três deles.

III.3.1.1. Cenas simuladas e ensaio comportamental

Novas habilidades são ensaiadas e integradas através de representações de papéis ou de cenas simuladas nas sessões. Por exemplo, pode-se representar o enfrentamento a um membro da família para um paciente irado; ou mesmo um "grupo com ansiedade em falar em público" poderia falar durante períodos curtos, enquanto ensaia, ao mesmo tempo, habilidades cognitivas e de relaxamento.

Em primeiro lugar, define-se cuidadosamente a situação-problema, de modo que a simulação seja o mais parecida possível com a realidade. Se for possível, vários exemplos devem ser desenvolvidos e ordenados em termos de dificuldades progressivas. Começa-se com a situação menos estressante e discutem-se e modelam-se as estratégias e as habilidades de afrontamento, conforme seja necessário. Logo, os pacientes se encontram em um ambiente simulado e ensaiam as habilidades e as estratégias, enquanto o terapeuta e outras pessoas representam partes da situação. Após o ensaio, o terapeuta descreve e reforça os aspectos corretos e assinala as áreas que necessitam de uma maior atenção. Ensaiam-se e modelam-se uma de cada vez, ou quando muito, duas dimensões que necessitem de atenção (p. ex., o volume da voz). Os pacientes repetem o ensaio, centrando-se nestas dimensões, assim como nos aspectos corretos anteriores. Avalia-se o ensaio e repete-se o processo até que o paciente se comporte de forma tranqüila e competente, com uma sensação de auto-eficácia. Repete-se este processo na sessão seguinte e, assim sucessivamente, até que todas as situações simuladas tenham sido representadas.

Estabelecem-se tarefas para a prática *en vivo*, que são, normalmente, menos estressantes do que as que se ensaiam na sessão, conforme os pacientes representam satisfatoriamente as cenas simuladas. Tais tarefas são delineadas de modo que haja elevadas probabilidades de que o comportamento produza resultados positivos e que estes sejam atribuídos ao indivíduo (Bandura, 1977a). As experiências são registradas e discutidas nas sessões posteriores, integrando o *feedback* nos novos ensaios. À medida que o paciente se torna mais habilidoso, podem-se incluir também elementos imprevistos ou inesperados. Por exemplo, um indivíduo irado que ensaia como se ver numa confrontação interpessoal, pode enfrentar-se com uma representação de papéis na qual a outra pessoa corta bruscamente a interação. A inclusão dessas experiências estimula a flexibilidade e a integração das estratégias de enfrentamento.

Este processo pode ser complementado de várias maneiras. Por exemplo, podem-se gravar em vídeo os ensaios comportamentais. Rebobina-se a fita e detém-se em pontos diferentes, para a discussão ou para o ensaio de novas habilidades. Também pode-se designar aos pacientes o papel de treinadores. Isto é, os pacientes podem treinar os outros pacientes quando já dominam a situação, um processo que favorece um desenvolvimento contínuo de suas capacidades de afrontamento (Fremouw e Harmatz, 1975), o que é especialmente apropriado para grupos de TIDS.

III.3.1.2. Exposição graduada

Neste enfoque, o treinamento da prática é realizado em situações de vida real, o que é particularmente apropriado para fobias simples e para algumas interações pais-filhos, nas quais pode-se estabelecer um alto grau de controle sobre a exposição ao ambiente. O terapeuta e o paciente desenvolvem conjuntamente uma série de situações cada vez mais estressantes ou difíceis. A primeira situação que se apresenta é a menos estressante ou difícil. O terapeuta pode estar presente ou não. Se o terapeuta está presente, impulsiona, modela e incentiva o afrontamento apropriado. Repetem-se as situações até que os pacientes estejam tranqüilos e sejam competentes em cada nível. Se o terapeuta não estiver presente, examina-se a natureza da tarefa, o grau em que esta é razoável e as razões potenciais que possam impedir sua realização, a fim de diminuir o fracasso ou o comportamento de evitação. Após a revisão destes detalhes, redige-se a tarefa, de modo que o paciente e o terapeuta recebam cada um uma cópia. Os pacientes registram suas experiências, que são discutidas na sessão seguinte. Incentivam-se o afrontamento positivo e as auto-atribuições de mudança, e as dificuldades e os retrocessos são abordados como na Fase II. As mudanças e os ensaios adicionais são realizados conforme vão sendo necessários. Quando estiverem preparados, os pacientes voltam às provas da aplicação *en vivo*.

III.3.1.3. Ensaio através da imaginação

Os procedimentos de treinamento são semelhantes aos da simulação de cenas e da exposição graduada, exceto que os estímulos se apresentam via imaginação [ver Suinn e Deffenbacher (1988) para mais detalhes]. As cenas que vão ser imaginadas são definidas de forma concreta, em termos de detalhes situacionais, emocionais cognitivos e comportamentais, e ordenadas em função da dificuldade. Quando for possível, empregam-se êxitos reais do passado da pessoa. Quando for pertinente, utilizam-se situações que variem amplamente (p. ex., cenas de interações com o mesmo sexo, com o sexo oposto e com figuras de autoridade, quando se tratar de uma fobia social generalizada), a fim de fomentar a transferência e aumentar a sensação de controle por parte do paciente.

Estas cenas são utilizadas para proporcionar oportunidades de ensaio. O terapeuta descreve a cena, começando com a menos estressante. O paciente a imagina vividamente e experimenta a ativação estressante que lhe sinaliza o terapeuta. Iniciam-se as habilidades de enfrentamento apropriadas para a redução do stress ou para o ensaio comportamental encoberto. No começo do processo, o terapeuta pode instigar as habilidades de afrontamento (p. ex., instruções sobre um método específico de relaxamento ou o repetir em voz alta as contra-respostas cognitivas). Entretanto, conforme os pacientes demonstram um certo domínio do afrontamento e uma sensação de autocontrole, o terapeuta retira gradualmente suas instigações, de modo que em etapas posteriores sejam os pacientes que iniciem as habilidades de afrontamento enquanto continuam visualizando a cena. Quando já se conseguiu a redução do stress ou o ensaio encoberto, o paciente sinaliza e o terapeuta explica a cena. Estrutura-se a prática en vivo e pratica-se à medida que os pacientes forem demonstrando aptidão com as apresentações, através da imaginação, das situações-problema (ver os comentários correspondentes no aparte das cenas simuladas).

III.3.2. Manutenção e prevenção das recaídas

Os esforços, neste ponto do TIDS, foram dirigidos para o desenvolvimento, integração e desdobramento de estratégias e habilidades de afrontamento satisfatórias. Na etapa final da Fase III, assegura-se que a mudança seja confiável ao longo do tempo. Portanto, o TIDS centra-se explicitamente na manutenção e na prevenção das recaídas. A seguir, descreveremos as estratégias comuns.

1. *Comunicar que os retrocessos são inevitáveis, mas que se podem prevenir as recaídas*

Um elemento muito importante é de natureza atribucional. Os pacientes, freqüentemente, atribuem os problemas de manutenção a fatores globais, estáveis e, freqüentemente internos (p. ex., na forma de fracassos devidos a um defeito pessoal ou como um sinal de que tudo está perdido). O TIDS se depara ativamente com essas atribuições. Às vezes, é útil a distinção entre "retrocesso" e "recaída" (Ost, 1989). Espera-se que todo mundo tenha retrocessos (escorregadelas ou erros), porque são pessoas com hábitos, porque o ambiente muda de modo que não se pode prever ou porque não havia suficiente prática. Esses erros são elementos naturais da vida e, como tal, esperados. Constituem simplesmente oportunidades para aprender e os pacientes têm a capacidade de analisar os retrocessos, empregar as estratégias de afrontamento e decidir se necessitam de mais ajuda. Isto não significa que tenham tido uma recaída (isto é, que voltaram para o começo), mas sim, só um retrocesso cuja recuperação é completamente possível. Desta maneira, o TIDS desenvolve um conjunto atribucional, que se refere a fatores específicos e modificáveis (quer dizer, fatores específicos internos e externos que o indivíduo pode avaliar e mudar).

As analogias freqüentemente são úteis. A perda de peso é uma das quais se pode empregar mais facilmente. Descreve-se a história de um indivíduo que perdeu 15 quilos seguindo uma dieta e um programa de exercícios, mas que come em excesso em uma reunião familiar. Pergunta-se aos pacientes o que pensaria essa pessoa sobre o comer em excesso e o que deveria fazer. A maioria dos pacientes diz que quase todo mundo deixará de cumprir a dieta em alguma ocasião e que isso não é muito sério, mas o importante é que essa pessoa não desanime e que volte ao regime e aos exercícios. Estas atribuições e planos ficam claros nas próprias palavras do paciente e se relacionam de forma análoga com os retrocessos que o paciente experimenta. Por exemplo, os pacientes que tenham perdido grande parte do "peso" dos problemas para os quais buscavam ajuda, e que terão "retrocessos" como os da pessoa obesa e que poderão contra-atacar o desânimo e voltar a seguir o plano traçado através da análise do retrocesso e do emprego de suas habilidades de enfrentamento.

Uma idéia final é a necessidade de um *enfrentamento constante*. O TIDS comunica diretamente que o enfrentamento, habitualmente, torna-se mais fácil com o tempo, mas que os pacientes precisarão continuar com os seus esforços. Novamente, são úteis as analogias. A analogia da perda de peso pode ser ampliada facilmente. De forma específica, pergunta-se aos pacientes o que o indivíduo deveria fazer a fim de manter a perda de peso. A maioria menciona a necessidade de uma constante atenção para os padrões de alimentação e exercício. Isto pode assemelhar-se à necessidade contínua de os pacientes empregarem as habilidades e estratégias aprendidas no TIDS (p. ex., se não continuam com seus esforços, podem experimentar a volta do peso de seus problemas).

2. Ensaio do enfrentamento com os retrocessos

Aborda-se diretamente o inverter o efeito dos retrocessos. Identificam-se retrocessos reais, recentes ou passados. Discutem-se e desenvolvem-se planos específicos para manejá-los. Os pacientes ensaiam estas estratégias, via representações simuladas ou na imaginação. Em alguns casos, os pacientes planejam e experimentam *en vivo*, propositalmente, os retrocessos, a fim de adquirir prática no afrontamento dos mesmos.

3. Manter contato com os pacientes além dos períodos de seguimento

Existem evidências clínicas e de investigação (p. ex., Ost, 1989) de que o contato contínuo favorece a consolidação e a manutenção dos benefícios. Tal contato parece estimular uma atenção contínua para os esforços de afrontamento e os pacientes informam, freqüentemente, que simplesmente saber que vão falar com o terapeuta ou com os membros do grupo, ajuda-os a centrar-se no afrontamento contínuo.

Foram empregadas várias estratégias para manter o contato:

a. Pode-se ampliar o tempo que transcorre entre as sessões até 2-4 semanas. Isto proporciona tempo para uma prática contínua e também mais tempo para a consolidação e a manutenção das atividades.

b. Podem-se empregar sessões sistemáticas de seguimento como, por exemplo, intervalos de um mês durante os três primeiros meses e intervalos de três meses durante o ano seguinte. As sessões centram-se em ajudar os pacientes a terem êxito constante na solução dos problemas.

c. Pode-se manter um contato indireto. Por exemplo, podem-se traçar, e escrever em uma folha de papel, planos específicos para um afrontamento contínuo. Os pacientes registram seus esforços e enviam tais registros, pelo correio, ao terapeuta, em datas pré-estabelecidas, como uma vez a cada duas semanas, durante oito semanas, e logo, uma vez por mês, durante seis meses. O terapeuta examina os registros e telefona (telefonemas de 10 a 15 minutos) ou escreve aos pacientes proporcionando-lhes reforço e ajuda.

d. Podem estabelecer-se sessões "de apoio". O TIDS propõe uma espécie de política de "portas abertas", com a qual os pacientes podem facilmente voltar, se necessitarem de mais ajuda.

Talvez seja importante abordar os sistemas atribucionais dos pacientes que consideram a necessidade de assistência como uma recaída ou como um fracasso pessoal. Pode ser útil a analogia de um carro com problemas mecânicos. Pode-se comparar o paciente com um carro com problemas mecânicos. Quando chegou pela primeira vez à oficina (TIDS), funcionava mal (problemas que foram apresentados). Com um grande esforço e cooperação por parte do dono do veículo (o paciente) e do mecânico (terapeuta do TIDS), o carro agora está funcionando bastante bem (êxito no TIDS). Entretanto, isso não significa que o carro nunca mais necessite de uma revisão (repassada breve dos atuais esforços de afrontamento) ou que não se produzam outros problemas (preocupações diferentes do paciente) no futuro. Não se deve culpar o carro pelos problemas. Simplesmente, necessita-se levar novamente o carro à oficina para um reparo adicional.

IV. RESUMO

Este capítulo descreve o treinamento na inoculação de *stress* (TIDS). O TIDS é um enfoque geral, composto por três fases, para a conceitualização e o tratamento dos problemas e aplica-se tanto a indivíduos como a grupos. Na Fase I (reconceitualização), estabelece-se uma relação calorosa, empática, de colaboração, entre o paciente e o terapeuta, através da qual se realiza uma avaliação cuidadosa e precisa. O paciente e o terapeuta integram os dados da avaliação em uma nova conceitualização das preocupações do paciente; conceitualização que enfatiza a natureza complexa, transacional dos problemas humanos e que aponta para os objetivos da intervenção. Na Fase II (aquisição e ensaio das habilidades), são desenvolvidas, ensaiadas e revisadas as estratégias e habilidades-objetivo, até que o paciente possua os componentes de uma intervenção compreensiva para a redução dos problemas. Na Fase III (aplicação e consolidação), os elementos são integrados e ensaiados para a prática na vida real. Quando as habilidades foram transferidas de maneira confiável ao mundo externo, volta-se a atenção para a manutenção e a prevenção das recaídas. Já que o TIDS é um modelo geral, a apresentação centrou-se em princípios, processos, diretrizes e exemplos gerais, os quais podem modelar o pensamento e o comportamento do terapeuta dentro deste modelo flexível.

V. LEITURAS RECOMENDADAS

Álvarez Cerberó, J., «Inoculación de estrés», *Psicodeia*, 1983.

Meichenbaum, D., *Cognitive-behavior modification: an integrative approach*, Nueva York, Plenum Press, 1977.

Meichenbaum, D., *Manual de inoculación de estrés*, Barcelona, Martínez Roca, 1987. (Or.: 1985).

Meichenbaum, D. y Cameron, R., «Entrenamiento en inoculación de estrés: hacia un paradigma general para el entrenamiento de las habilidades de afrontamiento», en D. Meichenbaum y M. E. Jaremko (comps.), *Prevención y reducción del estrés*, Bilbao, Desclée de Brouwer, 1987. (Or.: 1983).

Meichenbaum, D. H. y Deffenbacher, J. L., «Stress inoculation training», *The Counseling Psychologist*, 16, 1988, pp. 69-90.

27. Métodos de Autocontrole

Lynn P. Rehm

O objetivo deste capítulo consiste em rever os métodos de autocontrole para a terapia. Começa com uma introdução a algumas das posições teóricas que contribuem a uma orientação de autocontrole para a terapia, descreve posteriormente os métodos e as variações básicas e, finalmente, proporciona uma detalhada descrição de um programa de terapia de autocontrole para a depressão.

I. Definição e Descrição

O autocontrole não é uma teoria sistemática única do comportamento humano, tampouco uma escola unificada de psicoterapia. O termo se refere a um grupo de técnicas e de estratégias que têm alguns propósitos e suposições comuns. Estes métodos de terapia provêm de uma série de modelos teóricos e, freqüentemente, são aplicados tanto como técnicas auxiliares, como componentes de muitas formas de psicoterapia. O *autocontrole se refere àqueles procedimentos de terapia cujo objetivo é ensinar à pessoa estratégias para controlar ou modificar seu próprio comportamento através de distintas situações, a fim de alcançar metas a longo prazo.*

O termo *autocontrole* expressa claramente a importância do papel da pessoa como diretor de seu próprio comportamento. Trata-se a pessoa como se fosse duas pessoas. Uma, o indivíduo "respondente" que se comporta de modo problemático em uma série de situações e, a segunda, o indivíduo "controlador" que observa, avalia e modifica o comportamento do primeiro. Partindo-se desta perspectiva, o terapeuta é um colaborador que ajuda a segunda pessoa, ensinando a teoria e os métodos para realizar o controle do comportamento da primeira pessoa. O terapeuta age como um professor, instruindo a pessoa nos princípios da mudança de comportamento aplicada a si mesmo. Embora a distinção possa ser sutil, às vezes há uma importante diferença entre as estratégias de terapia que tentam mudar o comportamento da pessoa diretamente e as estratégias que tentam ensinar a pessoa a mudar seu próprio comportamento. Os enfoques de

---

Universidade de Houston (USA)

autocontrole reconhecem a participação ativa do indivíduo no processo de terapia, em todos os níveis – coleta de informação, especificação do problema, planejamento da intervenção, a intervenção em si, e a avaliação dos resultados. A pessoa se torna mais poderosa com os princípios e programas da terapia, que logo aplica a um problema particular. O terapeuta é um colaborador, um consultor ou um professor destes princípios.

Freqüentemente utiliza-se a metáfora da pessoa como sendo um cientista (Kelly, 1955; Mahoney, 1980) para indicar que a pessoa observa, de maneira natural, os fenômenos de sua vida, desenvolve teorias sobre seu mundo, hipotetiza relações entre variáveis e realiza experiências para validar suas teorias e controlar seus ambientes. Muitas das teorias empregadas provêm das tentativas de compreender de que maneira a pessoa tem êxito para regular seu próprio comportamento. As estratégias da terapia de autocontrole utilizam estas teorias para fundamentar os processos naturais de auto-regulação. *O autocontrole converte os processos naturais que normalmente estão fora da consciência, são encobertos e informais, em procedimentos que são conscientes, manifestos e formais.*

Os enfoques de autocontrole se centram na mudança do ambiente natural da pessoa. Todas as formas de psicoterapia enfrentam-se com o problema da generalização e da manutenção da mudança. Pode-se mudar o comportamento no contexto controlado da sessão de terapia, mas será essa mudança transposta para a vida diária da pessoa e será duradoura? O autocontrole aborda a generalização ao "ambiente da pessoa" situando a intervenção nesse ambiente. As estratégias de autocontrole são, em sua maior parte, *tarefas para casa*, que tentam provocar a mudança nas situações naturais onde ocorre o comportamento problemático da pessoa. A sessão de terapia converte-se então, em um momento para a avaliação e o planejamento, ocorrendo a intervenção entre as sessões. As técnicas de autocontrole podem ser técnicas auxiliares que ajudem os métodos de mudança, aplicados dentro das sessões, à generalização ao mundo real.

As estratégias de autocontrole põem ênfase na pessoa dentro da interação pessoa-situação. O autocontrole inclui técnicas que a pessoa aplica através de diversos contextos. Isto implica em que os métodos são, em sua maior parte, cognitivos. Provêm principalmente de posições teóricas cognitivo-comportamentais ou da aprendizagem social. A pessoa adquire o algoritmo ou o programa para mudar cognitivamente e o aplica para mudar seu comportamento manifesto.

O autocontrole se interessa pelo modo como a pessoa trabalha para conseguir objetivos a longo prazo. Comportamentos que imaginamos estar sob autocontrole são comportamentos como a demora da gratificação, a resistência à tentação e a persistência frente à adversidade. Pensa-se que a pessoa que controla seus gastos, é capaz de controlar seu peso fazendo regime ou mantém um programa de exercícios, é uma pessoa com autocontrole, quer dizer, uma pessoa que pode autocontrolar seu comportamento. Tais comportamentos permitem que a pessoa reduza a influência das recompensas e das punições do ambiente imediato, a fim de conseguir um objetivo no futuro. Partindo-se desta perspectiva, pode-se pensar que muitos problemas ou tipos de psicopatologia consistem em um excessivo controle ambiental do comportamento. Os objetos fóbicos controlam a pessoa com transtornos de ansiedade, a comida controla a pessoa obesa e o álcool controla o alcoólatra. As estratégias de autocontrole ajudam a pessoa a vencer este domínio do ambiente externo e substituí-lo por um planejamento e um controle interno. As estratégias de autocontrole abordam temas como o estabelecimento de objetivos, o controle da motivação, e a recompensa e a punição internas.

II. Perspectivas Teóricas

Há uma série de posições teóricas que contribuem para uma *perspectiva de autocontrole* sobre a terapia. Um dos primeiros teóricos a centrar-se na forma em que os indivíduos desenvolvem perspectivas únicas sobre o mundo foi George Kelly (1955). Kelly começou com a analogia das pessoas como cientistas individuais que tentam compreender, predizer e controlar a si mesmos em seu ambiente. Kelly pensava que a forma de compreender as pessoas era compreender seu modo único de perceber e categorizar os acontecimentos. Postulava que as pessoas desenvolvem sistemas de constructos inter-relacionados que empregam para entender os acontecimentos e realizar previsões sobre o futuro. Manter um sistema de constructos útil e funcional é um ponto fundamental para a pessoa, e cada vez que se faz uma previsão se põe à prova (o mesmo que ocorre com uma teoria científica) tal sistema de constructos. O resultado destes experimentos valida o sistema ou faz com que a pessoa o construa ou o reveja. Kelly teve uma grande influência ao fazer com que teóricos posteriores se centrem nas formas com as quais os indivíduos constroem seu mundo e controlam seu comportamento.

Julian Rotter (1954) foi uma pessoa que contribuiu de forma importante para a teoria da aprendizagem social, e cujo enfoque tem considerado muito os enfoques de autocontrole sobre a terapia. Desenvolveu um modelo de como a pessoa regula seu comportamento em função dos valores e expectativas que atribuem aos possíveis resultados de uma determinada ação. A singularidade do indivíduo se reflete na idéia de que não é o valor objetivo, externo, de uma recompensa o que determina o comportamento, mas o valor que o indivíduo atribui a essa recompensa. Da mesma maneira, não é a probabilidade objetiva, externa e contingente, o que determina o comportamento, mas as expectativas do indivíduo sobre a probabilidade de um resultado. Para qualquer ação pode-se calcular uma soma, subjetivamente, como o produto do valor de cada possível resultado multiplicado pela probabilidade desse determinado resultado. A soma do valor de uma ação pode ser comparada com a soma do valor de outro possível resultado para determinar uma escolha entre as duas ações.

Rotter introduziu também o conceito de lugar de controle interno *versus* lugar de controle externo. Como uma função da experiência, os indivíduos desenvolvem expectativas generalizadas de seu grau de controle sobre diferentes áreas de atividade. A pessoa com um lugar de *controle interno* acredita que os resultados estão, geralmente, sob seu controle e responsabilidade pessoais. A pessoa com um lugar de *controle externo* crê que os acontecimentos se encontram, na maioria das vezes, controlados por fatores fora dela e de seu controle. Estas dimensões das diferenças individuais é contínua e varia entre as áreas. Quer dizer, um indivíduo pode ter um lugar de controle muito interno na área das provas de atletismo nas quais se sente habilidoso, mas pode ter um lugar de controle externo em assuntos concernentes às relações interpessoais, onde pensa que depende dos outros para ser aceito ou não. A mesma pessoa poderia ter uma sensação intermediária de controle em assuntos acadêmicos, em que parece funcionar bem em algumas matérias mas não tão bem em outras. Rotter teve também uma considerável influência sobre teóricos posteriores.

Bandura (1977a) tomou o conceito da avaliação pessoal das probabilidades dos resultados e acrescentou a idéia das avaliações pessoais sobre a probabilidade de que o indivíduo possa realizar a resposta. Quer dizer, decidir sobre uma resposta depende não só do resultado esperado da resposta, mas da probabilidade de que a pessoa possa realizar adequadamente a resposta. O primeiro constitui a *expectativa dos resultados*, o segundo a *eficácia pessoal*. Ali onde Rotter sublinhou a interpretação subjetiva da recompensa e da contingência, Bandura acrescenta uma avaliação subjetiva da capacidade de resposta da pessoa. A eficácia se refere à avaliação por parte da pessoa, da probabilidade de que será capaz de aproximar-se de um objeto temido, de que será capaz de realizar uma determinada proeza atlética, ou de que será capaz de aprender uma nova habilidade. Do mesmo modo que ocorria com as expectativas generalizadas de Rotter, a eficácia pode ser específica ou mais geral. A eficácia é um constructo fluido que pode mudar a cada momento, dependendo da influência externa e do centro interno de atenção. As intervenções do autocontrole podem funcionar aumentando a auto-eficácia para situações e acontecimentos determinados.

Walter Mischel (1968) merece ser destacado por seu trabalho sobre a forma em que a pessoa desenvolve consistência em seu comportamento através das situações. Assim como os teóricos anteriores, Mischel aborda os significados subjetivos e ideográficos que os indivíduos dão aos estímulos. Acrescenta a consideração de que a pessoa é capaz de transformar e manipular estes significados. Grande parte de seu trabalho foi centrado na *capacidade para retardar a gratificação*. As crianças podem aumentar sua capacidade para a demora quando se lhes acrescentam estratégias como a *distração* ou o *transformar mentalmente as imagens* do objetivo desejado. Estas e outras estratégias, as crianças adquirem de forma natural, conforme vão amadurecendo e desenvolvendo o autocontrole. A aquisição de "conhecimentos de procedimentos" sobre o planejamento, o estabelecimento de objetivos, a solução de problemas, etc. se junta ao crescente repertório, na criança, de competências e habilidades que podem ser aplicadas através das situações. Mischel coloca a importante questão de que demasiada consistência ao abordar problemas pode também ser problemática e desadaptativa. A flexibilidade, em vez da rigidez, da abordagem deve fazer parte dos "conhecimentos de procedimento" adquiridos.

Uma perspectiva teórica sobre a qual se apoiará notavelmente a organização deste capítulo é o modelo de Frederick Kanfer sobre o autocontrole. Kanfer (1970, 1977) define o *autocontrole* em termos daquelas estratégias que uma pessoa emprega para modificar a probabilidade de uma resposta, em oposição a influências externas existentes. Atribuímos o autocontrole às pessoas quando percebemos que não estão respondendo às pressões das contingências externas do momento, mas sim a favor de algum objetivo a longo prazo. Como assinalamos anteriormente, deixar de fumar, perder peso submetendo-se a uma dieta ou começar programas de exercícios são exemplos de autocontrole.

O trabalho de Kanfer foi centrado nos processos aos quais a pessoa se entrega quando quer alterar seu comportamento, com a meta definida a longo prazo. Quando a pessoa encontra-se insatisfeita com algum aspecto de seu comportamento (p. ex., fumar em excesso), começa a envolver-se em comportamento de autocontrole. Kanfer descreve este processo natural e o divide em três etapas.

A primeira etapa consiste no *auto-registro*, em que a pessoa começa a perceber melhor ou ser mais consciente do comportamento em questão. Por exemplo, a pessoa se torna mais consciente de cada cigarro fumado, dos momentos e dos lugares nos quais fuma, e do número de cigarros consumidos. Isto poderia ser feito de maneira informal e assistemática ou mesmo pode ser feito de um modo muito formal como, por exemplo, levando-se uma *folha de registro* da hora e do lugar de cada cigarro fumado.

A segunda etapa do processo de autocontrole é a *auto-avaliação*. Conforme a pessoa recolhe informação sobre seu comportamento, a compara com algum padrão. Estes padrões internos podem ser formais ou informais, rigorosos ou soltos. O número de cigarros que uma pessoa pode achar aceitável pode variar consideravelmente. O resultado do processo de auto-avaliação é um conceito que tem um componente afetivo. Pode-se julgar, em um determinado momento, que os esforços para deixar de fumar são satisfatórios, acompanhando-se de sentimentos positivos, ou mesmo, que constituem um fracasso acompanhando-se de sentimentos negativos. A intensidade desses sentimentos variará de acordo com fatores como a importância subjetiva do comportamento, a discrepância entre a realização e o modelo (ou padrão), e a severidade percebida do modelo.

O resultado desta auto-avaliação conduz à terceira etapa do processo de autocontrole, que é o *auto-reforço*. Kanfer expõe a simples suposição de que uma pessoa influi sobre seu próprio comportamento da mesma maneira que uma pessoa poderia influir sobre outra, através da recompensa e da punição. A analogia, compartilhada por outras teorias, consiste em considerar a pessoa como se fossem dois indivíduos, uma pessoa que se comporta e outra que observa, avalia e reforça. Esta última emprega conhecimentos de procedimentos e estratégias de autocontrole. O auto-reforço implica em que uma auto-avaliação positiva é experimentada funcionalmente como recompensadora. Aumenta a probabilidade de que continuem os esforços de autocontrole. A auto-avaliação negativa é experimentada como punitiva e pode diminuir esforços posteriores ou reduzir os fracassos futuros. As habilidades de autocontrole da pessoa determinarão a natureza da contingência. O auto-reforço pode variar em intensidade, formalidade e aplicação sistemática. Um bom sentimento pode ser experimentado simplesmente como recompensador ou mesmo a pessoa pode centrar-se em, e amplificar, a auto-recompensa com pensamentos e imagens positivos e reforçadores. As contingências e as recompensas podem ser manifestas e formais, como quando alguém promete a si mesmo uma recompensa por ter alcançado um objetivo de autocontrole. O comportamento de autocontrole melhora quando os indivíduos traçam objetivos específicos. Pode-se considerar que as três etapas do modelo formam um *ciclo de feedback*, onde o comportamento é registrado, avaliado em comparação a um modelo ou padrão e regulado através do auto-reforço.

O modelo de autocontrole descreve os esforços naturais para autocontrolar-se e pode também ser empregado como um esquema para desenvolver métodos formais de terapia, na tentativa de melhorar os esforços dos pacientes para alcançar objetivos a longo prazo. A terapia poderia centrar-se seqüencialmente, nas habilidades e nos procedimentos de auto-registro, de auto-avaliação e de auto-reforço. O programa de autocontrole para a terapia da depressão (Rehm, 1977, 1984) constitui um programa desse tipo.

A teoria sobre o autocontrole tem sofrido algumas modificações e revisões. Em um artigo de 1977, que aplicava o modelo à depressão, sugeri que se deveria acrescentar a *auto-atribuição* a tal modelo, como uma variável que modera a auto-avaliação. Para que a pessoa julgue uma atuação como um êxito ou um fracasso e se sinta bem ou mal a respeito, deve acreditar que seu comportamento estava sob seu controle ou responsabilidade. Em termos atributivos, tem que fazer uma atribuição interna sobre as causas de seu comportamento. Outras dimensões atributivas podem influir também na auto-avaliação. Um determinado comportamento pode ser considerado como um exemplo de atuação sob um modelo muito delimitado ou sob um modelo muito amplo. Fumar poucos cigarros num determinado dia pode ser considerado como êxito de uma estratégia específica ou como êxito da eficácia geral de uma pessoa. Esta dimensão é parecida à dimensão atributiva global-específica, que Abramson, Seligman e Teasdale (1978) hipotetizaram como um fator importante que determina a interpretação dos acontecimentos aversivos, interpretação que pode conduzir ao desamparo e à depressão.

Kanfer e Hagerman (1981) propuseram uma ampla revisão do modelo, que postula uma seqüência de julgamentos em cada uma das três etapas do autocontrole, o que implica em fazer múltiplas atribuições de causalidade sobre os componentes do autocontrole. O modelo mais complexo não recebeu tanta atenção da investigação como o original. Em um capítulo recente (Rehm, 1988), empreguei o modelo básico de Kanfer como esquema heurístico para descrever uma variedade de processos, que constituíram o foco da investigação dos processos cognitivos da depressão. A discussão posterior sobre as técnicas da terapia de autocontrole usará um formato organizacional similar.

Podem ser assinaladas outras posições teóricas que oferecem diferentes perspectivas sobre o autocontrole. A *teoria da atribuição*, tal como deriva da psicologia social (Weiner e cols., 1971) foi aplicada à depressão na influente teoria sobre o desamparo aprendido de Seligman (Abramson, Seligman e Teasdale, 1978) e também tem sido utilizada amplamente em muitas áreas da psicopatologia (Brewin, 1989). Donald Meichenbaum (1975, Meichenbaum e Goodman, 1971) aplicou uma análise evolutiva de como as crianças aprendem a interiorizar a informação relativa ao procedimento, em uma estratégia de *terapia auto-instrucional* (ver capítulo de Santacreu, neste manual). Nesta estratégia, a pessoa observa primeiro um modelo que realiza uma tarefa e verbaliza, ao mesmo tempo, seu pensamento relativo ao procedimento; logo, o indivíduo realiza ele mesmo a tarefa, seguindo as instruções verbais dadas pelo modelo. Mais tarde, o sujeito se encarrega das instruções, manifestando-as em voz alta à medida que executa a tarefa. Finalmente, as verbalizações são internalizadas gradualmente, de modo que a pessoa se auto-instrui em silêncio enquanto age.

Posteriormente, no contexto das discussões sobre técnicas específicas, serão tratados alguns aspectos do enfoque cognitivo de Beck (1967, 1976; Beck e cols., 1979) sobre a psicopatologia e a psicoterapia. O enfoque terapêutico de solução de problemas de D'Zurilla e Goldfried (1971) possui também procedimentos que se sobrepõem aos enfoques de autocontrole. A investigação de Lazarus (1974, 1981) sobre as estratégias que as pessoas empregam para enfrentar o *stress* tem sido somada às conceitualizações sobre os componentes cognitivos da psicopatologia e das estratégias de terapia. Mahoney (1980) desenvolveu um enfoque sistemático da terapia de autocontrole e escreveu profusamente sobre os enfoques cognitivos da psicoterapia. O modelo de Eric Klinger (1981) sobre os interesses e planos cognitivos e o modelo de Carver e Schreier (1982) sobre a atenção e a auto-regulação também merecem atenção. Muitos desses sistemas conceituais compartilham suposições e técnicas, algumas da quais são revistas nos apartes seguintes.

III. AUTO-REGISTRO: TÉCNICAS E VARIAÇÕES

O auto-registro é uma técnica básica de autocontrole. Fazer com que o paciente observe e registre sistematicamente seu próprio comportamento é consistente com o princípio do paciente como colaborador e agente de mudança. Também é consistente com o princípio comportamental da medição observacional direta dos problemas de interesse. O auto-registro é empregado de diversas maneiras para a avaliação e como estratégia de intervenção. As tarefas de auto-registro dadas aos pacientes podem variar muito.

O auto-registro pode ser utilizado para avaliar o comportamento, seus antecedentes situacionais, suas conseqüências, o afeto que o acompanha ou as relações entre todas estas variáveis. A forma mais habitual de auto-registro seria obter uma medição do mesmo comportamento de interesse. Por exemplo, o número de cigarros que se fumou, as calorias que foram consumidas, os ataques de pânico sofridos, as horas dormidas ou as respostas assertivas que foram tentadas. Pode-se avaliar qualquer dimensão de um comportamento, incluindo a freqüência, a duração, a intensidade ou a qualidade. Por exemplo, pode-se pedir a uma pessoa com dor psicogênica que registre o número de vezes por dia que a sente, o número de minutos de dor, a sua intensidade média sofrida durante o dia, ou a natureza ou localização da dor. Portanto, podem-se registrar múltiplas dimensões, como seria uma combinação da freqüência, da intensidade e da duração.

Os antecedentes do comportamento podem ser registrados, sendo, freqüentemente, um caminho para descobrir associações e gerar hipóteses para a terapia. Freqüentemente, os pacientes não se dão conta dos fatores ou estímulos situacionais que podem estar associados às respostas-problema. Isto, particularmente, em relação às respostas emocionais, como a ansiedade e a depressão. Os pacientes que registram as circunstâncias nas quais ocorre a ansiedade, podem descobrir conexões estímulo-resposta que de outra maneira não se tornariam óbvias. Da mesma maneira, o registro do estado de ânimo pode indicar qual das atividades diárias se encontrava associada com os estados de ânimo negativos ou os mais positivos. Inclusive, pode-se observar que respostas que parecem não ter nenhuma relação com os acontecimentos externos, como certos pensamentos obsessivos, estão relacionadas com os acontecimentos ambientais. Anotar tipos de condições antecedentes pode ajudar a planejar uma intervenção. Por exemplo, anotar as situações mais comuns nas quais uma pessoa fuma cigarros, pode proporcionar tanta informação para desenvolver um programa, que reduza o comportamento de fumar em cada uma das situações, como respostas alternativas para situações especialmente difíceis.

O auto-registro também pode centrar-se nas conseqüências do comportamento. Isto pode ser especialmente útil quando se avalia um comportamento interpessoal problemático. Pode-se pedir a uma pessoa com problemas de assertividade que registre as conseqüências de seus pedidos no comportamento dos outros. Os dados poderiam mostrar ao paciente que seu comportamento é muito mais eficaz do que ele pensa, ou mesmo poderia proporcionar sinais das estratégias ineficazes que o paciente emprega. O registro de seqüências mais longas de respostas conseqüentes pode ser especialmente útil na avaliação dos déficits de habilidades sociais. Meichenbaum e Cameron (1973) descreveram um procedimento, trabalhando com esquizofrênicos, no qual ensinaram estes pacientes a ficarem especialmente atentos às conseqüências interpessoais de sua fala, de modo que os ajudasse a reconhecer quando sua fala e seu pensamento podia ter sido desviados de uma seqüência lógica de conversação.

O auto-registro não só tem a vantagem de ser uma avaliação direta dos comportamentos problemáticos da pessoa, quando ocorrem, mas também pode-se empregá-lo para registrar respostas subjetivas, encobertas, não disponíveis para os observadores externos. Já foi mencionado o registro de respostas afetivas. Pode ser útil registrar os pensamentos obsessivos, os períodos de preocupações, os impulsos para realizar comportamentos não desejáveis, os pensamentos que poderiam ser os antecedentes do comportamento, ou as conseqüências de situações particulares. Beck e cols. (1979) descrevem uma metodologia, na terapia cognitiva, que examina as seqüências cognitivas com propósitos terapêuticos. Faz com que os pacientes registrem as ocasiões em que se sentem especialmente tristes ou deprimidos. Eles têm que registrar a intensidade dos sentimentos e a situação na qual ocorrem. A seguir, instrui-se o paciente para que tente identificar os pensamentos que surgiram na situação que o conduziu à reação emocional. Estes dados são empregados para ajudar o paciente a examinar a racionalidade dos pensamentos, de modo que possam ser debatidos e substituídos. O auto-registro é útil não só para a avaliação inicial e a geração de hipóteses, mas também para a avaliação do progresso. A avaliação contínua do comportamento de interesse proporciona ao paciente e ao terapeuta uma indicação do progresso e pode oferecer informação sobre as revisões necessárias das estratégias de intervenção quando o progresso não se desenvolve como se esperava. As mudanças em freqüência, intensidade, duração ou qualidade podem constituir índices de progresso. Às vezes, podem ser úteis também as medidas indiretas. Em minha prática clínica, uma paciente com ansiedade registrava diariamente o número de vezes que experimentava ansiedade e fazia também a conta das miligramas de tranqüilizante que consumia semanalmente. A ingestão elevada de tranqüilizantes constituía um dos motivos pelos quais buscava ajuda e era especialmente reconfortante para ela ver como ia sendo capaz de enfrentar mais situações desagradáveis sem a ajuda do diazepam.

O auto-registro pode ser utilizado, como estratégia de intervenção, de diversas maneiras. Para começar, o auto-registro tem efeitos reativos. Isto é, o ato de se auto-registrar tem um efeito sobre o comportamento que se está registrando. Normalmente, os comportamentos desejados aumentam e os comportamentos indesejáveis diminuem, quando são registrados. Iniciar conversações poderia ser um dos objetivos do treinamento em habilidades sociais e o auto-registro desses acontecimentos provavelmente ajudaria a aumentar o número de ocorrências. O auto-registro do número de cigarros que se fumou ajuda a pessoa a reduzir o número de cigarros que consome. Às vezes, as tarefas de auto-registro, delineadas como avaliações, convertem-se em intervenções eficazes. Em dois casos que se encontravam sob minha supervisão, estudantes que atuavam como terapeutas estavam tratando indivíduos que arrancavam seus cabelos compulsivamente (tricotilomania). Os terapeutas pediam aos pacientes que se auto-registrassem, o que tomava a forma de um registro diário de cada cabelo arrancado em um envelope e a introdução dos cabelos no envelope. Em ambos os casos, o comportamento diminuiu consistentemente, ao longo de duas a três semanas e, finalmente, foi eliminado aplicando-se unicamente o auto-registro.

Supõe-se que os *efeitos reativos do auto-registro* acontecem porque fazem com que as conseqüências e os motivos para a mudança se destaquem mais. O comportamento desejável é recompensado pela oportunidade de ser registrado e apresentar mais tarde ao terapeuta esta evidência de êxito ou progresso. O comportamento não desejado se torna mais difícil quando se tem que registrá-lo e o registro é um lembrete das razões para não realizar o comportamento. O comportamento de registrar constitui um ato público, no sentido de que terá de ser relatado ao terapeuta. Os pacientes dizem freqüentemente que resistem aos impulsos para realizar o comportamento não desejável porque pensam que, se o fizerem, terão de registrar o acontecimento e apresentá-lo ao terapeuta.

O auto-registro pode ser usado como uma intervenção para modificar a forma como é dirigida a atenção na vida de uma pessoa. Por exemplo, a ansiedade é acompanhada, freqüentemente, por uma atenção dirigida a estados internos e respostas fisiológicas (Barlow, 1988). Esta focalização interna faz com que o paciente perceba mais os mínimos sintomas de ansiedade e aumente, desta maneira, sua existência e sua importância. Um tipo de intervenção consiste em fazer com que o paciente registre os acontecimentos externos da situação, num esforço para redirigir sua atenção. Na depressão, os pacientes registram, normalmente, os acontecimentos negativos, excluindo relativamente, os acontecimentos positivos (Rehm , 1977). O redirigir a atenção para os acontecimentos positivos, através de tarefas de auto-registro, será descrito com mais detalhes posteriormente, quando expusermos um programa de autocontrole para a depressão.

O trabalho de Mitchel (1968) sobre a demora da gratificação sugere que pode-se conseguir a demora redirigindo a atenção para aspectos diferentes das propriedades reforçadoras da recompensa. Por exemplo, as crianças podem aumentar sua capacidade para deter a gratificação, quando ensinadas a dirigir sua atenção para as propriedades não consumíveis da bala desejada ou a distrair-se redirigindo sua atenção para algo muito diferente do objeto.

Outra variação da aplicação deste procedimento é diminuir o comportamento através da imposição de retardo. Por exemplo, em um programa de terapia para um paciente que realizava explorações ritualistas de comprovação, a tarefa de auto-registro que lhe designei consistiu em anotar a hora em que tinha o impulso de realizar a comprovação e retardar a resposta por cinco minutos, antes de realizá-la. O paciente pensava que uma demora de cinco minutos não aumentaria sua ansiedade e, freqüentemente, quando transcorriam os cinco minutos, ou já não sentia o impulso de realizar a comprovação ou havia se distraído com alguma outra coisa esquecendo-se de realizar o comportamento compulsivo.

Os procedimentos específicos de auto-registro podem adquirir muitas formas. Para que seja útil e eficaz, o auto-registro deveria ser feito tão próximo (no tempo) do acontecimento quanto possível. Assim, necessita-se que os instrumentos de auto-registro sejam portáteis e passem desapercebidos. A tarefa de auto-registro não deve ser muito complexa ou cansativa, a fim de maximizar a probabilidade de uma boa aderência. Foram esboçados vários formulários, folhas de registro ou caderninhos com este propósito, e a criatividade do terapeuta para desenvolver tarefas de auto-registro acrescentará sempre novas formas. As folhas de auto-registro, de tamanho pequeno, que podem ser colocadas na capa de celofane de um maço de cigarros, constituem exemplos de um sistema portátil e contínuo de auto-registro, que foi utilizado em uma série de programas para deixar de fumar.

O registro de acontecimentos discretos, como o número de cigarros fumados, pode ser contínuo. Se o objetivo do registro é, unicamente, o número total de acontecimentos por dia ou por semana, podem-se adaptar, facilmente, instrumentos para levar no bolso ou no pulso, como os que se vendem para anotar os pontos no jogo de golfe. O afeto pode ser registrado através de amostragem de tempo a intervalos variáveis. A ansiedade pode ser avaliada muitas vezes durante o dia. A depressão é registrada, freqüentemente, através de uma única avaliação, que serve para todo o dia.

IV. AUTO-AVALIAÇÃO: MÉTODOS E VARIAÇÕES

A auto-avaliação é um assunto que sofre uma série de problemas em psicopatologia e que constitui a base para uma série de técnicas de autocontrole em psicoterapia. Os problemas formulados em termos de auto-avaliação incluem uma confiança excessiva nas avaliações externas, com a conseqüente exclusão da auto-avaliação, estabelecer padrões que são impossíveis de alcançar ou, em outras palavras, garantir a avaliação negativa, e avaliar as situações de tal maneira que dificulte o desenvolvimento de estratégias eficazes de enfrentamento. Tal e como se emprega o termo aqui, a auto-avaliação será utilizada também como um motivo para falar sobre temas que se referem às avaliações da eficiência do indivíduo, ao realizar um determinado comportamento, e às avaliações das causas do comportamento.

IV.1. O estabelecimento de metas

A auto-avaliação negativa constitui, com freqüência, um componente dos problemas de ansiedade e depressão. Como ocorre no modelo de Kanfer, pode-se pensar na auto-avaliação como a comparação do próprio comportamento a respeito de um padrão imposto por si mesmo. Pode-se considerar, então, os problemas de auto-avaliação em termos de estabelecimento de padrões. Este conjunto de padrões ou objetivos pode ser elevado de forma irreal e/ou, após ter acontecido o fato, pode-se reinterpretá-los, de modo que a atuação se encontre sempre abaixo desses padrões.

Em um recente caso de terapia, um homem de trinta e poucos anos de idade queixava-se de ansiedade social em situações que implicavam em conhecer mulheres de sua idade. O exame de seus pensamentos e comportamento, nestas situações, revelou que havia estabelecido a si mesmo a meta perfeccionista de impressionar, a cada mulher que conhecesse, com sua inteligência, talento e encanto superiores. Com base neste objetivo, interpretava cada resultado possível como um fracasso. Se não iniciava uma conversa, devido ao medo do fracasso, isto servia para justificar seu fracasso. Se realizava uma breve conversa, considerava-se um fracasso por sua incapacidade para fazer com que a conversa durasse mais tempo. Se a mulher parecia responder positivamente a seus esforços, também pensava que era um fracasso, já que somente havia tentado impressioná-la apresentando uma falsa aparência e, seguramente, ela não gostaria se soubesse como ele era realmente, isto é, socialmente ansioso e incompetente interpessoalmente. O resultado era uma grave ansiedade social e uma evitação das mulheres, na maioria das situações.

A intervenção neste caso consistiu em ajudar o paciente a ver a situação como um problema que tinha que resolver através do exame de seus processos de avaliação. As metas que havia estabelecido mostravam abundantes traços de uma auto-avaliação disfuncional. Eram irrealmente elevadas, estavam vagamente definidas, colocavam o êxito fora de seu controle e eram definidas em termos negativos. Suas metas eram irrealmente altas no sentido de que pensava que tinha de causar uma grande impressão em cada mulher que conhecesse. Isto era claramente impossível e desnecessário. Também era pouco realista esperar que cada interação chegasse a ser uma relação duradoura. Necessitava-se redefinir o problema em termos de uma série de pequenos objetivos mais realistas e alcançáveis. A meta era vaga devido a ser definida em termos de impressionar a outra pessoa. A evidência para alcançar este objetivo era muito subjetiva e não se podiam especificar critérios claros para o êxito. Parte da indefinição consistia em que o objetivo era estabelecido em termos da resposta da outra pessoa. Algo que é só parcialmente observável e que não se encontra sob o controle do paciente. Um objetivo apropriado deveria ser realista, definido em termos observáveis e encontrar-se sob o controle do sujeito. Neste caso, um objetivo inicial poderia ser simplesmente iniciar conversas com mulheres. Propor o objetivo desta maneira é tornar sua realização possível, sem ambigüidade e que se encontre totalmente sob o controle do paciente. O êxito pode ser colocado como a realização de um passo, dentro de um processo de mudança, sem importar o resultado da interação. Diminui-se ainda mais a ansiedade ante o fracasso, quando se eliminam todos os objetivos que se encontram além do iniciar uma conversa e se aconselha ao sujeito que não realize nenhum comportamento que vá além de uma breve conversação.

Os objetivos iniciais do paciente estavam também parcialmente definidos em termos negativos, isto é, a ocultação de seu nervosismo e incompetência ou o não cometer uma gafe. O êxito se torna impossível, devido ao fato que um caso não é uma evidência convincente de que não acontecerá da próxima vez. Os objetivos deveriam ser definidos em termos positivos como comportamento que se tem de aumentar. Dever-se-ia contar como êxito o fato de completar o comportamento de interesse, seja ou não realizado facilmente ou sem ansiedade.

Os objetivos amplos, a longo prazo, podem ser decompostos em objetivos menores, seja em uma seqüência graduada, seja através do estabelecimento de subobjetivos equivalentes. A idéia da seqüência graduada consiste em reduzir a ansiedade sobre a execução de objetivos mais amplos e desenvolver a prática e a confiança, realizando objetivos mais simples. Alguns objetivos podem ser decompostos, simplesmente, em uma série de comportamentos, cada um dos quais poderia ser um exemplo do progresso para o objetivo geral. Por exemplo, o objetivo de iniciar conversas com mulheres poderia incluir o apresentar-se a uma mulher em uma festa, fazer comentários sobre o tempo enquanto se espera o ônibus, o ter uma pequena conversa com a companheira de trabalho no escritório, etc. Embora estes objetivos possam variar no grau de dificuldades, todos podem estar dentro da mesma categoria de conseguir o objetivo inicial. Parte da intervenção consiste em ajudar o paciente a reconhecer e valorizar os seus êxitos ou o seu progresso em cada comportamento componente, em vez de ver cada realização como um exemplo de como se está distante de sua meta final.

Traçar previamente uma meta claramente definida evita a mudança de objetivos, como o decidir mais tarde que o nível de êxito conseguido não era realmente o que deveria ter-se alcançado nessa determinada situação. O estabelecer o objetivo sozinho põe ênfase na pessoa, que adquire a responsabilidade de avaliar seu próprio comportamento. Um elemento do problema, neste caso, era sua confiança nas avaliações dadas pelos outros como a base para sua auto-estima. A prática em auto-avaliação internaliza as bases para uma auto-estima positiva.

IV.2. A auto-eficácia

O conceito de Bandura sobre a auto-eficácia se relaciona com a auto-avaliação, no sentido de que é uma expectativa generalizada sobre se a pessoa pode cumprir com um determinado objetivo de atuação. As expectativas de eficácia determinam se a pessoa iniciará esforços dirigidos para o afrontamento e a solução de problemas. As expectativas de eficácia se encontram influenciadas por quatro fatores: 1) a atuação real; 2) a experiência vicária; 3) a persuasão verbal; e 4) os estados fisiológicos. O determinante mais poderoso das expectativas é a própria história de êxito ou fracasso, por parte da pessoa, com uma tarefa específica ou com um determinado tipo de tarefas. Pode-se considerar que qualquer dos muitos enfoques de terapia para a aquisição de habilidades, melhora a eficácia da pessoa para um manejo competente da situação relevante. A experiência pode ser conseguida também a partir da observação dos demais na mesma situação. A representação de papéis e a modelação pelo terapeuta, ou por outros pacientes participantes nos grupos de habilidades sociais, aumentam o leque de respostas do indivíduo e o conhecimento de formas alternativas de conseguir os objetivos em determinadas situações.

A persuasão verbal inclui incentivos, instruções, conselhos, ajudas verbais e todos os métodos de influência verbal interpessoal. Muitas técnicas da terapia de apoio tradicional podem ser consideradas como *persuasão verbal para aumentar a eficácia.* Os estados fisiológicos podem influir sobre a eficácia em qualquer momento. A ativação ou o relaxamento em um determinado momento influirá sobre a eficácia da pessoa com respeito a sua capacidade para aproximar-se de um estímulo temido. Pode-se manipular o estado fisiológico, por exemplo, com o treinamento em relaxamento, para melhorar terapeuticamente a eficácia sobre as capacidades em alcançar um objetivo.

IV.3. As atribuições

A forma como a pessoa maneja suas respostas aos acontecimentos é determinada, em parte, pelas causas que atribui a estes sucessos. As atribuições se produzem ao longo de dimensões básicas, como causas internas *versus* causas externas (quer dizer, devido a mim *versus* devido a causas externas a mim) e causas estáveis *versus* instáveis (uma influência contínua sobre esses acontecimentos, com implicações em ocasiões futuras, *versus* uma causa limitada a um único acontecimento). Para os propósitos de sua análise da depressão, Abramson, Seligman e Teasdale (1978) propuseram uma terceira dimensão, causas globais *versus* causas específicas (uma causa que afeta geralmente um amplo leque de acontecimentos *versus* uma causa que está limitada só a uma determinada área). Segundo esta versão atributiva da teoria do desamparo aprendido sobre a depressão, ocorre uma forma de *vulnerabilidade* cognitiva ante a depressão quando uma pessoa tem um estilo atributivo depressivo. Este estilo consiste em uma tendência a fazer atribuições internas, estáveis e globais para os acontecimentos negativos e atribuições externas, instáveis e específicas para os acontecimentos positivos. Quando ocorre um importante acontecimento negativo e a pessoa faz uma atribuição depressiva, desenvolve-se uma expectativa generalizada de desamparo pessoal e contínuo, que resulta numa depressão. Não foi desenvolvido nenhum programa específico de tratamento deste enfoque teórico, mas Seligman (1981) sugere que há quatro estratégias gerais de terapia que são consistentes com a teoria.

A primeira é o *enriquecimento ambiental,* que implicaria em colocar a pessoa num ambiente em que pudesse experimentar um maior controle e um menor perigo com respeito aos resultados adversos. A segunda é o *treinamento no controle pessoal,* que consistiria em melhorar qualquer habilidade relevante que proporcionasse à pessoa uma maior competência e, deste modo, um maior controle sobre uma situação. A terceira estratégia é o *treinamento em resignação,* através do qual se incentiva o paciente a abandonar um objetivo desejado, porém pouco realista, e o substitua por outro com maiores possibilidades de ser alcançado. No aparte sobre o estabelecimento de metas vimos técnicas desta natureza. A quarta estratégia é o *retreinamento em atribuição*, através do qual se ensina a pessoa a reconhecer seu habitual estilo disfuncional de atribuições e substituí-lo por um enfoque mais realista e flexível. Este último se exemplifica no programa de terapia de autocontrole para a depressão, descrito adiante.

Deve-se assinalar que muitas formas alternativas de atribuição podem ser funcionais ou disfuncionais para tipos específicos de situações. Por exemplo, Dweck (1975) estudou crianças que fazem atribuições internas e estáveis sobre o fracasso e tentou ensiná-las a fazer atribuições internas mas instáveis. Em outras palavras, às crianças que crêem que fracassam devido à sua falta de capacidade, ensina-se a pensar que o fracasso se deve a uma falta de esforço, que se pode modificar.

V. AUTO-REFORÇO: MÉTODO E VARIAÇÕES

O auto-reforço é o terceiro componente do modelo de autocontrole proposto por Kanfer. A auto-recompensa motiva a persistência e o esforço, na ausência de reforçamento ou na presença de punição externos. A autopunição diminui os desvios dos esforços planejados e reduz as respostas que tentam obter reforçadores externos, como, por exemplo, quando se segue uma dieta alimentar, o pedido de uma sobremesa com muitas calorias pode ser seguido de pensamentos de autopunição. Quando aplicados com habilidade, ambos os procedimentos podem ajudar a alcançar objetivos a longo prazo. Por outro lado, para um indivíduo com habilidades de autocontrole deficientes, a auto-recompensa pode ser vista como o mecanismo do comportamento desafiante, de oposição e a autopunição pode ser contemplada como o mecanismo de baixa auto-estima, a inibição e a evitação.

O auto-reforçamento refere-se às conseqüências do processo de auto-avaliação, tal como se encontra determinado por contingências auto-impostas. O auto-reforço pode ser manifesto ou encoberto. Uma pessoa poderia se auto-recompensar com uma recompensa manifesta, tangível, como um sorvete ou assistir a um filme, por haver terminado uma tarefa difícil, ou mesmo poderia recompensar-se encobertamente, com o pensamento dos efeitos positivos, a longo prazo, de seu comportamento ou de suas realizações, como por exemplo, os pensamentos positivos sobre uma melhor saúde após ter feito exercícios ou os pensamentos satisfatórios ao examinar um projeto finalizado. A autopunição pode ser, igualmente, manifesta (cortar a grama você mesmo ao invés de pagar o filho do vizinho para que o faça, após não ter cumprido um objetivo durante o fim de semana) ou encoberta (pensamentos de culpa após uma sobremesa com muitas calorias).

Tanto o reforçamento manifesto como o encoberto podem ser empregados terapeuticamente como técnicas de autocontrole. Quando a terapia de autocontrole implica em tarefas para casa, as técnicas de auto-reforço podem ser empregadas para melhorar a aderência, aumentar a generalização e incrementar a capacidade em manter a mudança do comportamento após a terapia. A auto-recompensa pode servir como um motivo para fazer a tarefa, pode tornar mais proeminentes as recompensas a longo prazo, tanto em situações diárias como na sessão de terapia e pode incentivar a aquisição de um hábito de auto-recompensa, que pode ser aplicado mais tarde a novos comportamentos-problema.

É importante ensinar os conceitos de conseqüências imediatas *versus* conseqüências tardias do comportamento e de contingências auto-administradas. Examinar as conseqüências a curto prazo *versus* as conseqüências a longo prazo, é uma técnica especialmente útil para tratar do autocontrole desadaptativo. Por exemplo, a impulsividade pode ser considerada como comportamento motivado pelas recompensas externas imediatas, apesar da punição ou da perda de reforçamento a longo prazo. Uma série destes princípios estão incorporados no programa de terapia de autocontrole para a depressão, descrito a seguir.

VI. Um Programa de Autocontrole para a Depressão

O programa de autocontrole para a depressão tem sido o núcleo da minha pesquisa e de meus estudantes durante os últimos 17 anos. O modelo de autocontrole para a depressão (Rehm, 1977) foi o produto das tentativas para proporcionar um amplo marco conceitual na consideração da depressão como um transtorno complexo, com uma série de importantes dimensões psicológicas. Foi uma tentativa de integrar, sob um marco conceitual, fatores que haviam sido identificados como componentes significativos da depressão, por várias teorias contemporâneas cognitivo-comportamentais da depressão.

O artigo de 1977 adaptou o modelo de Kanfer sobre o autocontrole, propondo que a pessoa que está deprimida ou que é vulnerável à depressão, caracteriza-se por alguma combinação de seis (6) déficits específicos no autocontrole do comportamento. Estes componentes psicológicos da depressão ocorrem nos comportamentos de auto-registro, de auto-avaliação e de auto-reforço, da seguinte maneira:

1. As pessoas deprimidas consideram seletivamente os acontecimentos negativos de suas vidas, com a exclusão dos acontecimentos positivos. De forma parecida à idéia de Beck sobre a abstração seletiva, a idéia é que a pessoa deprimida dirige sua atenção à vigilância de experiências ou acontecimentos negativos.

2. As pessoas deprimidas consideram seletivamente as conseqüências imediatas e não as tardias, de seu comportamento. Como um componente da dificuldade geral para trabalhar em objetivos a longo prazo, as pessoas deprimidas encontram-se mais afetadas por suas necessidades emocionais imediatas e têm dificuldades para concentrar-se na gratificação tardia de um comportamento que necessita de mais esforço.

3. As pessoas deprimidas estabelecem exigentes padrões de avaliação para seu comportamento. Elas são, quase sempre, perfeccionistas e acham que seu comportamento nunca é tão bom como deveria ser. Estes padrões são representados, às vezes, por objetivos de "tudo ou nada" (isto é, o comportamento ou é perfeito ou é um fracasso) e, com freqüência, são muito mais elevados para a pessoa em questão do que quando aplicados aos demais.

O comportamento de auto-avaliação encontra-se moderado pela auto-atribuição, no modelo adaptado. A fim de avaliar um comportamento como bom ou mau e sentir orgulho ou vergonha, a pessoa tem que construí-lo como internamente controlado.

4. As pessoas deprimidas tendem a fazer atribuições internas no caso de acontecimentos negativos e atribuições externas no caso de acontecimentos positivos. Com a reformulação atribucional do modelo de desamparo aprendido sobre a depressão (Abramson, Seligman e Teasdale, 1978), o modelo incorporou a idéia de um estilo atributivo depressogênico, que inclui as dimensões atributivas de estável-instável e global-específico, como conseqüência do anterior.

5. As pessoas deprimidas administram a si mesmas recompensas contingentes insuficientes. Supõe-se que a auto-recompensa complementa a recompensa externa, para motivar o comportamento a objetivos a longo prazo, comportamento que é o mais deficiente na depressão. Enquanto a teoria de Lewinsohn sobre a depressão centra-se na perda ou na falta de reforço positivo proveniente do ambiente e contingente à resposta, o modelo presente enfatiza a falta de suplementos auto-administrados ao reforçamento externo.

6. As pessoas deprimidas administram a si mesmas uma autopunição excessiva. O comportamento das pessoas deprimidas é inibido e falta a iniciativa, devido às conseqüências contingentes de uma autocrítica e uma culpa excessiva.

Empregando este modelo como base, desenvolvemos um programa de terapia que aborda cada déficit seqüencialmente, ensina os princípios básicos às pessoas deprimidas e designa tarefas para casa a fim de produzir mudanças em seu comportamento em cada área específica. O programa está organizado num formato grupal, com uma ordem do dia estruturada para cada sessão. A maioria das sessões começa com uma revisão das tarefas para casa designadas na última sessão e uma discussão geral sobre as experiências relevantes e os problemas da vida. Apresenta-se um novo princípio ou idéia a cada duas semanas e os pacientes participam em algum tipo de exercício com papel e lápis durante a sessão, a fim de ajudar a compreender o princípio. Segue-se a designação de tarefas para casa, que implicam em que o sujeito se centralize em um objetivo específico de auto-registro, dentro de um formato de auto-registro contínuo.

O programa atual é composto de 12 sessões de 1½ hora cada uma, uma vez por semana. O período de 12 semanas permite certa flexibilidade para aumentar o tempo que se dedica a alguns assuntos, se se desejar, e/ou para que os participantes continuem com o programa durante mais umas semanas, após terem terminado as 12 sessões e sem incluir novas tarefas para casa. O programa tem sido objeto de uma série de estudos realizados por mim e por meus estudantes e também tem sido estudado por outros pesquisadores (ver Rehm, 1984, para uma revisão mais completa). A descrição do programa, que vem a seguir, segue a versão mais recente desenvolvida a partir da experiência com muitos grupos de terapia que correm por estes rumos da investigação. É uma breve revisão do conteúdo do programa, omitindo muitas das questões mais sutis ou específicas que estão descritas no manual de terapia (Rehm, 1990).

VI.1. Sessões I e II: auto-registro

A primeira sessão do programa começa com uma revisão da natureza didática do programa e de questões geradas sobre a terapia de grupo, como a confidencialidade. Pede-se a cada participante que conte algo sobre si mesmo e por que procurou ajuda para a depressão. O terapeuta utiliza este intercâmbio para começar a facilitar os processos de grupo, assinalando as similaridades dos temas e incentivando os intercâmbios entre os participantes. O terapeuta começa também a ressaltar questões pertinentes e a contar com outras palavras as principais preocupações, em termos consistentes com o programa de terapia.

O terapeuta proporciona um resumo dos temas que o programa completo abordará e logo apresenta com detalhes dois princípios iniciais para que sejam considerados pelos participantes. Estes princípios são: 1) que o estado de ânimo é uma função do comportamento; e 2) que quando a pessoa se encontra deprimida considera de maneira seletiva o comportamento negativo, excluindo em grande parte o comportamento positivo. Por comportamento queremos dizer tanto o comportamento motor-manifesto como a cognição. Para os propósitos do grupo, nos referimos ao comportamento motor-manifesto como *atividade* e à cognição como *autoverbalizações*. As atividades positivas se referem a qualquer comportamento que se experimente como agradável ou que seja satisfatório, uma vez que conduzirá a algo positivo no futuro. As autoverbalizações são pensamentos sobre si mesmo, com um conteúdo ou uma implicação avaliativos. As atividades agradáveis normalmente são seguidas por autoverbalizações positivas. Neste ponto do programa, tanto as atividades como as autoverbalizações são consideradas como acontecimentos que ocorrem de forma natural.

A discussão da afirmação de que o estado de ânimo é uma função do comportamento, freqüentemente provoca pontos de vista opostos nos participantes, que podem sentir que seus estados de ânimo não provêm de nenhum lugar e que, além disso, influem sobre seu comportamento, em vez de ocorrer o contrário. Também surge, amiúde, a idéia de que o estado de ânimo deprimido é um produto de causas biológicas subjacentes. Reconhecemos que os fatores biológicos podem estar também envolvidos na determinação do estado de ânimo deprimido e reconhecemos que o estado de ânimo influi realmente sobre o comportamento. O estado de ânimo encontra-se influenciado por uma série de fatores, e o comportamento e o estado de ânimo podem ser influenciados reciprocamente; porém uma maneira de obter controle sobre ele consiste em tirar vantagem do fato de que o comportamento influi sobre o mesmo. O comportamento é controlável e modificável e, portanto, também o é o estado de ânimo. Pedimos aos participantes que adotem uma atitude experimental e que estejam dispostos a examinar sua própria experiência para comprovar as afirmações.

A tarefa para casa derivada dessa discussão consiste na manutenção de uma Folha de Registro diário sobre o comportamento e o estado de ânimo. Distribui-se aos participantes uma folha de registro para cada dia da semana seguinte. Deve-se registrar os comportamentos positivos de cada dia em uma lista e deve-se avaliar seu estado de ânimo, ao final do dia, em uma simples escala de 0 a 10. O zero representa o dia mais deprimido que tenha experimentado em sua vida, e

Quadro 27.1. *Lista de atividades e autoverbalizações positivas empregadas no programa de terapia de autocontrole para a depressão* (Baseado em O'Hara e Rehm, 1983).

Autoverbalizações

1. Gosto das pessoas

2. Sinto-me bem

3. As pessoas gostam de mim

4. Gostei de fazer isto

5. Sou uma boa pessoa

6. Tenho um bom autocontrole

7. Tenho consideração pelos demais

8. Algum dia recordarei estes dias e sorrirei

9. Minhas experiências me preparam para o futuro

10. Já trabalhei bastante — é hora de diversão

Atividades

11. Planejar algo que você aprecie

12. Sair para divertir-se

13. Freqüentar uma reunião social

14. Praticar um esporte

15. Divertir-se em casa (p. ex., ler, ouvir música, assistir TV)

16. Fazer bem um trabalho

17. Cooperar com alguém em uma tarefa comum

18. Iniciar uma conversa (p. ex., numa loja, numa festa, na classe)

19. Ser amável ou elogiar alguém

20. Mostrar afeto físico ou amor

---

o dez o dia mais feliz. Proporcionam-se autoverbalizações e atividades como modelo e passa-se certo tempo preenchendo uma folha para o dia em que ocorrer a sessão, a fim de se certificar de que os participantes compreendem o processo. *A Folha de Auto-Registro converte-se na base para todas as tarefas ao longo do programa.*

O princípio da segunda sessão (e de cada uma das posteriores) passa-se discutindo os acontecimentos da semana, as tarefas para casa e o que os participantes aprenderam com as tarefas. Reações típicas ante as primeiras tarefas para casa são a surpresa de que tenham ocorrido na realidade tantas atividades positivas. As autoverbalizações positivas não costumam ser muito freqüentes, mas normalmente costuma-se registrar algumas. Os participantes também se surpreendem, às vezes, ao sinalizar que podem discriminar diferenças entre os estados de ânimo de um dia e do seguinte, quando antes acreditavam que a avaliação de estado de ânimo seria a mesma todos os dias.

A parte seguinte desta sessão faz com que os participantes passem criando gráficos do número de seus comportamentos positivos diários e de suas avaliações diárias do estado de ânimo. O fato destas duas linhas representadas graficamente serem, com freqüência, paralelas, é uma demonstração para os participantes de que o estado de ânimo e a atividade estão relacionados. Quando as linhas não são paralelas, estamos normalmente ante um sinal de que algo estranho ocorre no modo de registrar do participante. A pessoa poderia estar registrando acontecimentos que não eram realmente positivos, ou mesmo os acontecimentos negativos tinham uma enorme influência negativa, em alguns dias, sobre o estado de ânimo. Para a maioria dos participantes, os gráficos constituem uma evidência poderosa e convincente de que o princípio se mantém em sua própria experiência. A tarefa para casa consiste simplesmente em continuar com o auto-registro dos acontecimentos positivos durante a semana seguinte. Além da coleta de dados, a intenção da tarefa é intervir sobre a atenção seletiva da pessoa, produzindo um reconhecimento mais equilibrado de que ocorrem acontecimentos tanto positivos como negativos em suas vidas diárias.

VI.2. Sessão III: efeitos sobre o comportamento

Na terceira sessão, apresenta-se o princípio de que se pode pensar que qualquer comportamento, tal como se representa nas folhas de registro, tem efeitos positivos e negativos, imediatos e tardios. A pessoa deprimida tende a não prestar a suficiente atenção aos efeitos positivos demorados. É provável que a pessoa deprimida se encontre influenciada pelas necessidades e pelos resultados imediatos e que tenha dificuldades para centrar-se nos resultados positivos tardios. Por exemplo, quando se está deprimido, na escolha entre passar uma tarde escrevendo cartas aos amigos e ver um filme na televisão, é provável que se resolva a favor de ver o filme. As conseqüências positivas imediatas (ver o filme) se tornam mais proeminentes do que as conseqüências positivas a longo prazo (obtidas ao escrever cartas).

A sessão compreende em dar exemplos de distintas combinações de conseqüências positivas e negativas a curto e longo prazos, do comportamento. A idéia destes quatro tipos de resultados possíveis pode ser empregada para examinar a qualidade positiva ou negativa geral de uma atividade. Por exemplo, uma brincadeira impulsiva feita às custas de um amigo poderia ter conseqüências positivas imediatas dos demais, mas às custas de uma pior relação a longo prazo com o amigo. Poderia não valer a pena o esforço imediato adicional, em um objetivo perfeccionista, por uma pequena diferença no resultado a longo prazo. Beck (Beck e cols., 1979) faz a distinção entre acontecimentos agradáveis e acontecimentos de destreza. Os acontecimentos agradáveis são positivos devido a seus efeitos positivos imediatos e os acontecimentos de destreza também o são porque têm alguma recompensa a longo prazo. A perspectiva do autocontrole acrescentará a idéia de que estes efeitos não são eliminados por efeitos negativos importantes a curto e longo prazos.

A partir do modelo, assumimos que as pessoas deprimidas têm especiais dificuldades com os acontecimentos positivos, a longo prazo, de destreza. A tarefa para casa consiste em continuar preenchendo as Folhas de Auto-Registro diariamente, mas enfatizando especialmente que comportamentos são positivos, devido a terem efeitos positivos a longo prazo. A folha de registro diária deveria ressaltar, ao menos, uma atividade de destreza e deveria estar acompanhada por uma autoverbalização referente aos efeitos a longo prazo da atividade. Por exemplo, a atividade "Terminei de pintar a porta da rua" poderia estar acompanhada por "Estou contente pela aparência que a porta terá ante os visitantes". A intenção é aumentar a atenção prestada aos efeitos positivos demorados e incrementar o comportamento para objetivos a longo prazo.

VI.3. Sessões IV e V: as atribuições

Destinam-se duas sessões às atribuições. Assim como a sessão III centrou-se nos efeitos do comportamento, estas duas sessões centram-se nas causas do comportamento. Baseada em termos de Seligman, nossa intervenção encontra-se sob a forma do retreinamento em atribuições. Apresentamos aos participantes o conceito de estilos atributivos depressivos e lhes ensinamos maneiras mais realistas e construtivas de examinar a casualidade.

A quarta sessão centra-se nas causas dos acontecimentos ou acontecimentos positivos. Explicam-se as dimensões das atribuições e apresenta-se a idéia de que as pessoas deprimidas tendem a fazer atribuições externas, instáveis e específicas sobre os *acontecimentos positivos* e não conseguem ver causas internas, estáveis e globais. São dados exemplos e os participantes realizam um exercício no qual retiram um acontecimento das folhas de registro da última semana e escrevem a primeira coisa que lhes vem à cabeça quando respondem à pergunta, "por que aconteceu?". Estas causas são discutidas em termos das dimensões atributivas. Normalmente, as causas manifestadas são consistentes com um estilo atributivo negativo.

Mais tarde, pede-se aos participantes que gerem alternativas ou causas adicionais do acontecimento, que sejam mais positivos em seu estilo atributivo. Faz-se com que percebam que qualquer acontecimento pode ser visto como o produto de múltiplas causas e que estamos tentando conseguir que a pessoa considere, de forma realista, um leque mais amplo de causas, incluindo aquelas que sejam consistentes com uma imagem positiva de si mesmo e com os efeitos positivos de si mesmo sobre o mundo. Muitas das causas que se geram podem implicar no reconhecimento de certo mérito do acontecimento positivo, sem ser interno, estável e global. Muitas atribuições instáveis (p. ex., o esforço persistente) ou específicas (p. ex., uma habilidade especial), são também construtivas e motivantes. A dimensão interna parece ser mais importante quando a pessoa reconhece seu mérito ou responsabilidade num acontecimento positivo. A tarefa para casa, após esta sessão, consiste em registrar diariamente na Folha de Auto-Registro, pelo menos, uma autoverbalização positiva que reflita o reconhecimento do mérito de um acontecimento positivo.

A sessão V segue em formato similar ao falar dos acontecimentos negativos e das atribuições sobre suas causas. Revisam-se as dimensões atributivas e apresenta-se o princípio que diz que as pessoas deprimidas tendem a fazer atribuições internas, estáveis e globais sobre os *acontecimentos negativos* e não conseguem ver causas externas, instáveis e específicas. Começa-se o exercício pedindo aos participantes que lembrem de algum acontecimento negativo recente e que logo examinem suas causas numa seqüência similar ao exercício para os acontecimentos positivos. Novamente, o objetivo é um ponto de vista mais realista e equilibrado da responsabilidade e da culpa, não uma negação ou externalização de toda a responsabilidade ante os acontecimentos adversos. As tarefas para casa consistem em registrar diariamente uma autoverbalização que reflita uma atribuição positiva sobre um acontecimento negativo.

VI.4. Sessões VI e VII: estabelecimento de objetivos

As duas sessões seguintes centram-se na auto-avaliação em termos do estabelecimento de objetivos ou padrões realistas e em decompor os objetivos em subobjetivos, de modo que se reconheça o progresso. Apresenta-se a idéia de que as pessoas deprimidas tendem a se colocar padrões perfeccionistas e vêem continuamente que não chegam a alcançar os objetivos, devido ao modo como os definem. O núcleo da sessão é uma Folha de Trabalho para o Estabelecimento de Objetivos (ver figura 27.1), que os participantes utilizam para definir um exemplo de objetivo para eles mesmos em termos mais construtivos. Apresentam-se quatro princípios para o estabelecimento de objetivos. Primeiro, estes devem ser definidos em uma direção positiva, isto é, como algo que se deve aumentar, não como algo que se deva diminuir ou evitar. Por exemplo, mais interações positivas com os companheiros de trabalho e não menos discussões. Segundo, os objetivos devem ser definidos em níveis realistas. Se a possibilidade de conseguir o objetivo final é questionável, então deve-se escolher um objetivo intermediário mais fácil de obter. Em vez de estabelecer o objetivo de "um trabalho bem remunerado", seria mais realista propor um incremento das habilidades profissionais. Terceiro, os objetivos devem estar sob o controle da pessoa. Um objetivo como "conseguir com que o chefe me conceda um aumento de salário" depende do chefe, não da pessoa. O aumento da produtividade ou da eficácia no trabalho está mais sob o controle da pessoa. Quarto, o objetivo deve ser definido em termos específicos e concretos. O objetivo deve ser operacionalizado tanto quanto possível. A pessoa deprimida, com freqüência, estabelece objetivos que são vagos e dificilmente acessíveis, como o "ser mais feliz" ou o "ter mais êxito". Se os objetivos são mais concretos, como o "aumentar o tempo que se passa em uma das atividades preferidas" ou "incrementar as atividades sociais", podem ser reconhecidos quando acontecerem.

Pede-se a cada participante que selecione um objetivo no qual trabalhar durante as duas semanas seguintes. Traça-se objetivos de tamanho moderado, a fim de que a aprendizagem dos princípios seja o aspecto básico. Pode-se escolher um amplo leque de objetivos. Temas habituais são o aumento da socialização, a programação do tempo, a busca de trabalho, tentar conseguir informação sobre oportunidades educativas, objetivos referentes aos *hobbys* favoritos, ser mais assertivo em uma determinada relação ou melhorar a comunicação conjugal.

Figura 27.1. *Folha de Trabalho para o Estabelecimento de Objetivos* (Baseado em O'Hara e Rehm, 1983).

Objetivo: De amplo espectro:

"Quero aumentar_____

_____

_____

Subobjetivos:

1._____
2._____
3._____
4._____
5._____
outros _____

Tarefas:

1. Estabelecer objetivos e subobjetivos. A idéia geral consiste em decompor o objetivo geral em passos pequenos, individuais. Para começar, pode gerar toda uma lista de passos possíveis e logo selecionar desta lista os passos melhores e mais metódicos. Os subobjetivos devem ser definidos de modo que sejam 1) positivos, 2) alcançáveis, 3) que estejam sob seu controle e 4) operacionais.

2. Corrigir ou construir folhas de trabalho adicionais para os objetivos anteriores ou para outros diferentes (dois, no máximo, por hora).

3. Continuar registrando, como nas semanas anteriores, *todas* as atividades positivas.

4. Se uma atividade cair dentro de sua categoria de objetivos, faça uma marca na coluna extra de sua folha de auto-registro.

5. Tente aumentar as atividades relacionadas aos objetivos.

Após definido e selecionado o objetivo, decompõe-se em subobjetivos. Estes são atividades específicas que contribuirão para conseguir o objetivo. Devem-se satisfazer os mesmos critérios de definição que os objetivos. Os subobjetivos podem formar uma seqüência natural para a consecução do objetivo ou podem representar uma série de casos específicos do comportamento-objetivo. O fim do exercício consiste em criar uma lista de atividades que possam converter-se em atividades positivas planejadas sobre Folhas de Auto-Registro das semanas seguintes. Decompor os objetivos em subobjetivos identificáveis ajuda a pessoa deprimida a reconhecer os esforços realizados na obtenção de um objetivo a longo prazo, esforços que a ajudam a avaliar a si mesma de forma positiva. A mudança de ênfase no pensamento traduz-se em um reconhecimento do progresso, em vez de centrar-se só na distância que fica até o objetivo final. As tarefas para casa consistem em planejar e registrar a atividade diária referente aos subobjetivos, nas Folhas de Auto-Registro. A sessão VII transcorre revisando o progresso e repassando ou acrescentando coisas às folhas de trabalho do objetivo e dos subobjetivos.

VI.5. Sessões VIII e IX: auto-reforçamento

Os conceitos de auto-reforçamento encontram-se ligados às tarefas para casa, esboçadas para o estabelecimento de objetivos. Ensina-se o auto-reforçamento como uma forma de motivação para conseguir o comportamento-subobjetivo difícil. Apresentam-se ao grupo idéias de auto-reforçamento contingente, como formas de motivação. Sinaliza-se que as pessoas deprimidas são deficientes na automotivação, como conseqüência de todos os hábitos de autocontrole revisados no programa. Se uma pessoa atenta aos acontecimentos negativos e às conseqüências imediatas, não valoriza os acontecimentos positivos, estabelece objetivos realistas e vagos, e não reconhece comportamentos-subobjetivo, é improvável que tenha alguma oportunidade de recompensar a si mesma.

A sessão VIII centra-se no auto-reforço encoberto. Pede-se aos participantes que criem um Menu de Recompensas, uma lista de atividades positivas que poderiam utilizar como recompensas para atividades-subobjetivo difíceis. As recompensas devem ser atividades agradáveis que estão facilmente sob o controle da pessoa. Devem variar em magnitude, a fim de emparelhar-se a diferentes níveis de atividades-subobjetivo difíceis. O "tirar um período de descanso no trabalho" e o "ir assistir a um filme" podem ser dois elementos do menu de recompensas que se poderiam empregar, contingente e respectivamente, por fazer uma enfadonha ligação telefônica e por terminar um trabalho difícil, durante a semana. As tarefas para casa consistem em empregar as atividades de auto-reforço contingentemente a subobjetivos específicos difíceis. Ressalta-se que o auto-reforçamento é uma forma de motivar e manter a mudança.

Na sessão IX discute-se o auto-reforçamento encoberto. Do mesmo modo que as atividades podem ser reforçadoras, também o podem ser as autoverbalizações. Os participantes constroem durante a sessão duas listas de autoverbalizações positivas. A primeira denomina-se Lista de Virtudes e tenta ser uma lista de qualidades ou características positivas gerais da pessoa. A segunda é uma Lista de Verbalizações Específicas, expressadas com as próprias palavras da pessoa, que constituíram exemplos de como fariam uma amabilidade-cortesia quando elas mesmos são o objeto dessa cortesia. Um exemplo da primeira lista poderia ser "Tenho consideração pelos outros", enquanto um exemplo da segunda seria "Fiz um bom trabalho!".

O escrever essas autoverbalizações positivas é, geralmente, muito difícil para a pessoa, especialmente quando está deprimida. Coloca-se a objeção de que estamos fomentando o gabar-se e a super-valorização. O objetivo é, pelo contrário, uma auto-estima positiva realista. Gabar-se consiste em dizer coisas positivas sobre si mesmo aos outros, a fim de tentar pressioná-los a estarem de acordo. A auto-recompensa encoberta consiste em reconhecer, de maneira realista, o esforço e o logro, e constitui a essência da auto-estima positiva. Se podemos reconhecer a competência das outras pessoas, por que não seria lógico reconhecê-la em nós mesmos? As tarefas para casa consistem em praticar o lembrar a si mesmo características positivas, contingentes a atividades positivas e recompensar-se de forma encoberta atividades-subobjetivo com autoverbalizações positivas, como aquelas da lista específica.

VI.6. Sessões X, XI e XII: continuação e manutenção

Empregam-se as últimas três sessões do programa como continuação dos processos que já foram apresentados. A maior atenção é dedicada ao progresso dos objetivos e dos subobjetivos e à utilização do auto-reforço. Podem-se revisar os objetivos e desenvolver outros novos. Pode-se repassar a primeira parte do programa, tanto quanto seja relevante para os indivíduos. Na última sessão, dá-se aos participantes um conjunto completo de folhas de registro, formulários de exercícios e folhas de instruções, que foram empregados ao longo do programa. Incentiva-se os pacientes a continuar utilizando o programa formalmente, se assim o desejarem, ou que utilizem o material em qualquer momento futuro, quando sintam que poderiam ficar deprimidos outra vez. Espera-se que as habilidades aprendidas se convertam em partes habituais do comportamento de autocontrole de cada pessoa, mas os materiais podem ser empregados como repasse e continuação da prática.

VII. Conclusão

A terapia de autocontrole abrange uma série de posições teóricas e uma variedade de técnicas específicas. Foi apresentada a orientação geral e revisado o emprego de técnicas específicas. Foi ressaltado especialmente o modelo de Kanfer sobre o autocontrole, que pode se decompor em três etapas: o auto-registro, a auto-avaliação e o auto-reforçamento. Estas três etapas formam um grupo de feedback, no qual o comportamento é registrado, avaliado em comparação com um padrão e regulado através do auto-reforço. Rehm (1977) propôs que a tal modelo devia-se acrescentar a auto-atribuição, como uma variável que modera a auto-avaliação. Posteriormente, foi descrito um exemplo de um programa estruturado de terapia de autocontrole aplicado à depressão, utilizando a perspectiva do autocontrole como análise da psicopatologia e como explicação para os procedimentos de terapia. As proposições de autocontrole têm uma ampla aplicabilidade, como orientação ante os problemas, e também como ajuda a outras perspectivas, acrescentando considerações sobre a generalização e a manutenção da mudança de comportamento.

VIII. LEITURAS RECOMENDADAS

Blankstein, K. R. y Polivy, J., *Self-control and self-modification of emotional behavior*, Nueva York, Plenum Press, 1982.

Kanfer, F. H., «Self-control: a behavioristic excursion into the lion's den», *Behavior Therapy*, 2, 1972, pp. 398-416.

Kanfer, F. H. y Schefft, B. K., «Self-management therapy in clinical practice», en N. S. Jacobson (comp.), *Psychotherapists in clinical practice*, Nueva York, Guilford Press, 1987.

Karoly, P. y Kanfer, F. H. (comps.), *Self-management and behavior change: from theory to practice*, Nueva York, Pergamon Press, 1982.

Rehm, L. P., «A self-management therapy program for depression», *International Journal of Mental Health*, 13, 1985, pp. 34-53.

Rehm, L. P., «Self-management and cognitive processes in depression», en L. B. Alloy (comp.), *Cognitive processes in depression*, Nueva York, Guilford Press, 1988.

Rehm, L. P. y Rokke, P., «Self-management therapies», en K. S. Dobson (comp.), *Handbook of cognitive-behavioral therapies*, Nueva York, Guilford Press, 1988.

SÉTIMA PARTE

OUTRAS TÉCNICAS EM TERAPIA COMPORTAMENTAL

28. Hipnoterapia

E. Thomas Dowd

I. Introdução

Este capítulo descreverá a história e a natureza da hipnose e seu emprego na terapia comportamental. Descreveremos uma série de métodos com suficientes detalhes para que o leitor seja capaz de realizar certos procedimentos hipnóticos orientados para a solução de problemas psicológicos. No entanto, deve-se entender desde o princípio que a competência no uso dos métodos hipnóticos, assim como ocorre com qualquer outro procedimento específico, necessita de um treinamento especializado adicional. Por isso, sugere-se ao leitor que assista palestras sobre hipnose e outros programas educativos, a fim de se capacitar para utilizar a hipnose, de forma competente, na prática clínica.

As implicações do título deste capítulo também deveriam ser levadas em conta. Emprega-se *hipnoterapia*, em vez de *hipnose*, por uma simples e importante razão. A hipnose não é uma terapia por si mesma, mas uma técnica especializada que pode ser proveitosamente incorporada a situações terapêuticas particulares. A hipnose deveria ser utilizada unicamente por profissionais bem treinados na prática de sua própria profissão e, inclusive, tais profissionais não deveriam empregá-la como seu único método de tratamento. Assim, é incorreto falar de um "hipnotizador" ou inclusive de um "hipnoterapeuta". Pelo contrário, deveria-se falar de um psicólogo, de um terapeuta comportamental ou de um médico que estão treinados em, e usam, a hipnose. Entretanto, por questões de clareza e de brevidade, utilizaremos o termo "hipnoterapeuta", neste capítulo,

O autor deseja agradecer ao Dr. James M. Healy por seus comentários sobre um primeiro rascunho deste capítulo.
Kent State University (USA).

para nos referir a um terapeuta comportamental que recebeu treinamento especializado em hipnose e que a utiliza na prática clínica.

II. História da Hipnose

Os fenômenos associados à hipnose são conhecidos há séculos, embora não por esse nome. Os fenômenos hipnóticos provavelmente tiveram um papel importante nas experiências religiosas e nas artes curativas de antigas culturas, assim como se prossegue fazendo nas atividades dos feiticeiros e "bruxos" das culturas primitivas atuais. As curas associadas com a "imposição das mãos", por parte de líderes religiosos e da realeza, provavelmente eram de natureza hipnótica. Por exemplo, o Novo Testamento descreve uma mulher que se curou de uma hemorragia ao tocar a borda da túnica de Jesus. Também é provável que a hipnose desempenhe um papel importante nas curas alegadas aos atuais "curandeiros pela fé", que abundam nos Estados Unidos.

O estudo moderno, do que agora se denomina hipnose, começou com Paracelso, que acreditava que as forças magnéticas (em particular aquelas que provêm das estrelas) influíam sobre as pessoas através de ondas invisíveis. O conceito se ampliou mais tarde para incluir a idéia do "magnetismo animal", uma força similar ao magnetismo físico, que emana do corpo humano e que podia influir nos pensamentos e nas ações dos outros. Estes conceitos foram refinados e organizados pelo médico austríaco, Franz Anton Mesmer, que alegou que as doenças poderiam ser curadas passando-se ímãs por cima do corpo da pessoa que sofria. Posteriormente, descobriu que os ímãs não eram necessários e atribuiu as curas ao "magnetismo animal" contido no próprio corpo. O trabalho de Mesmer foi, finalmente, investigado por uma comissão francesa de prestígio, que decidiu que o "magnetismo animal" (ou "mesmerismo") não existia, mas que era o resultado da imaginação e sugestão. O mesmerismo (e Mesmer) foi desacreditado e a hipnose foi esquecida temporariamente.

A hipnose moderna começou com o médico escocês, James Braid, que inicialmente pensava que o transe hipnótico estava relacionado com o sonho. Como resultado, batizou o termo de "hipnose" (da palavra grega "hypnos", que significa sonho). Embora mais tarde tenha abandonado essa idéia, o termo, infelizmente, havia se arraigado, conduzindo a numerosas idéias errôneas sobre a natureza e a prática da hipnose. Contudo, Braid rechaçou a teoria do magnetismo animal sobre a hipnose, preferindo considerar que estava baseada na sugestão e num estreitamento do campo perceptivo. Neste aspecto, antecipou surpreendentemente as modernas teorias sobre a hipnose.

Jean-Martin Charcot, Josef Breuer e, posteriormente, Sigmund Freud empregaram a hipnose para a solução de problemas clínicos. Charcot achava que a hipnose era uma forma de histeria, e descobriu que podia induzir sintomas histéricos através do que agora chamamos *sugestões pós-hipnóticas*. A famosa paciente de Breuer, Ana O., curou-se através de uma combinação da "recuperação de lembranças ocultas" e a "reação enquanto se encontrava em transe hipnótico". Freud, inicialmente, adotou a hipnose de maneira entusiasta, mas posteriormente a rechaçou quando desenvolveu sua teoria psicanalítica. Sua reputação e influência eram suficientemente grandes para que seu rechaço da hipnose reduzisse realmente sua prática durante anos.

O uso da hipnose esteve reduzido até bem pouco tempo, exceto pelo trabalho, relativamente pouco conhecido, de Clark Hull nos anos 30. Entretanto, a partir dos anos 70 a hipnose teve um renascimento significativo, surgindo desta vez nos Estados Unidos. Embora haja uma série de indivíduos, como T.X. Barber, Martin Orne, William Kroger e Herbert Spiegel, que foram responsáveis pelo aumento do interesse e do emprego da hipnose, isso foi devido fundamentalmente à influência de Milton Erickson. Realmente, o enfoque ericksoniano da hipnoterapia, especialmente desde a morte de Erickson em 1980, adquiriu o status de um culto. No processo, a hipnose também mudou, deixou de ser principalmente uma especialidade médica para tornar-se fundamentalmente uma modalidade psicológica. O enfoque ericksoniano se diferencia significativamente do enfoque mais tradicional, que se discutirá mais adiante. O emprego da hipnose foi totalmente cíclico ao longo dos anos, devido, em parte, às exageradas alegações feitas sobre sua eficácia, quando se tornou popular, e existe o perigo de que o status como culto, que lhe foi conferido atualmente em alguns círculos possa, uma vez mais, conduzir ao seu desaparecimento temporário.

III. A Natureza da Hipnose

É mais fácil descrever o que não é a hipnose do que o que realmente é! Ao longo dos anos, circularam uma série de mitos sobre a hipnose , alguns dos quais estão totalmente implantados na mente do público e, inclusive, na cabeça de alguns profissionais. Este aparte discutirá alguns desses mitos, assim como o conceito atual mais correto sobre a natureza da hipnose.

III.1. Mitos sobre a hipnose

1. *A hipnose implica em uma perda da consciência e é uma forma de sonho.* A associação que se desenvolveu entre hipnose e sonho não é muito afortunada. A pessoa com freqüência espera, ou teme, encontrar-se em um estado inconsciente durante a hipnose. Entretanto, a hipnose não é um fenômeno do sonho. Os indivíduos não perdem a consciência e não dormem quando estão em transe. Somente se melhora a concentração e focaliza-se de uma maneira pouco usual.

2. *A hipnose implica em uma rendição da vontade e, portanto, o sujeito se encontra sob o controle do hipnotizador.* Afinal, toda hipnose é auto-hipnose. Os indivíduos deixam-se introduzir em um transe porque assim o desejam. A hipnose não pode ser induzida sem a colaboração do sujeito.

3. *Os indivíduos crédulos e os estúpidos, assim como as mulheres, são hipnotizados mais facilmente.* Não há diferenças de sexo no hipnotismo. Eventualmente, a capacidade para o transe requer um indivíduo que confie e se abra a novas experiências. Há uma correlação ligeiramente positiva entre a inteligência e o hipnotismo, em vez de suceder o contrário.

4. *A hipnose pode ser utilizada para que a pessoa faça ou diga coisas que normalmente não o faria.* Os indivíduos participam ativamente em seu próprio

comportamento de transe e, portanto, não podem ser obrigados a fazer ou dizer nada. O hipnotizador só os induz a se comportarem de determinadas maneiras.

5. *A hipnose é perigosa.* O mesmo que ocorre com qualquer técnica poderosa, o uso da hipnose pode ocasionalmente ter conseqüências imprevistas. Por isso, só deveria ser utilizada por profissionais qualificados. Todavia, não é mais perigosa que a maioria das formas de tratamento psicológico, quando eficazmente empregada.

6. *Os hipnotizadores devem ser enérgicos, carismáticos ou misteriosos.* O comportamento de alguns hipnotizadores pode haver contribuído para este mito! Entretanto, dado que toda hipnose é auto-hipnose, resulta que as características do sujeito são mais importantes do que as caraterísticas do hipnotizador.

7. *A hipnose só ocorre quando se utiliza formalmente.* Embora os transes formais sejam mais familiares às pessoas, há acontecimentos diários que são de natureza hipnótica. Por exemplo, alguns indivíduos estão tão profundamente absortos em uma atividade, que perdem a noção do tempo (distorção do tempo) ou não percebem os estímulos externos. O termo "hipnose da estrada" se refere ao comportamento da pessoa que viaja em automóvel de um lugar a outro sem se dar conta do itinerário. Os hipnoterapeutas ericksonianos, em especial, utilizam com freqüência os transes informais.

8. *A hipnose é terapia.* Inclusive muitos profissionais acreditam nisto! Contudo, como foi mencionado antes, a hipnose é uma técnica específica para ser usada somente dentro do contexto da prática profissional. Embora quase todo o mundo possa induzir um transe, só um profissional qualificado pode empregar o comportamento de transe para solucionar problemas clínicos.

9. *A pessoa não pode falar quando está em transe nem pode lembrar o que aconteceu, uma vez fora do transe.* O transe é uma experiência muito individual. Algumas pessoas realmente têm amnésia espontânea para qualquer coisa que o hipnotizador diga durante o transe, enquanto outras recordam tudo (ou a maioria das coisas) com muita exatidão. Da mesma maneira, é muito freqüente que os indivíduos falem enquanto estão em transe, especialmente se o hipnotizador lhes pede que o façam.

III.2. Teorias sobre a hipnose

Foram propostas muitas explicações teóricas sobre os efeitos da hipnose. Uma revisão ampla iria mais além dos objetivos deste capítulo e, por isso, remetemos o leitor a Crasilneck e Hall (1985) ou a Kroger (1977), para uma descrição mais detalhada das teorias sobre a hipnose. No entanto, geralmente as teoria podem ser agrupadas em dois tipos: teorias do estado *versus* teorias do não estado e teorias fisiológicas *versus* teorias psicológicas.

As *teorias do estado* sobre a hipnose supõem que o estado de transe é qualitativamente diferente de outras experiências mentais humanas. Partindo-se deste ponto de vista, a capacidade hipnótica ou capacidade para o transe é uma espécie de traço relativamente estável, que mostra fortes diferenças individuais. Por outro lado, os *teóricos do não estado* consideram que os fenômenos hipnóticos provêm de características psicológicas e sociais tais como a motivação, as expectativas de entrar em transe, a crença e a fé no hipnotizador, o desejo de agradar ao hipnotizador e uma experiência positiva com o transe inicial. Talvez sejam corretos os elementos de ambas as classes teóricas. A suscetibilidade hipnótica (ou como prefiro chamá-la, a *capacidade para o transe*), pelo menos segundo se mede pelos instrumentos estândar (p. ex., a escala de Stanford ou a de Harvard), mostra uma alta confiabilidade teste-reteste, embora diminua conforme aumenta o período de tempo entre os momentos da administração (Bowers, 1976). Além disso, segue uma distribuição normal, de modo que uns poucos indivíduos podem ser hipnotizados profundamente, outros poucos não podem ser hipnotizados e a maioria pode ser em maior ou menor grau. Por outro lado, há uma certa evidência de que a capacidade para o transe pode aumentar um pouco com o treinamento, embora pareça que nenhuma quantidade de treinamento converterá um sujeito com baixa suscetibilidade em um outro com a mesma alta. Todavia, a motivação do sujeito parece ser um pré-requisito significativo do hipnotismo (Crasilneck e Hall, 1985; Udolf, 1981). A questão da estabilidade da capacidade para o transe é uma fonte importante de discórdia entre os hipnoterapeutas ericksonianos e os hipnoterapeutas tradicionais. Os primeiros supõem que a capacidade para o transe pode ser modificada através do treinamento e que quase todo o mundo pode ser hipnotizado. Os últimos crêem que tal capacidade é uma característica estável e que a maioria dos indivíduos não poderá ser hipnotizada profundamente, apesar do treinamento. Seja como for, a maioria do trabalho hipnoterápico pode ser feita em um transe ligeiro, de modo que não é necessário que os indivíduos sejam profundamente hipnotizados para tirar proveito terapêutico da hipnose. Os fenômenos associados com os transes ligeiros, médios e profundos serão discutidos posteriormente.

As *teorias fisiológicas* da hipnose alegam que os fenômenos hipnóticos estão baseados sobre, e associados com, certas mudanças da fisiologia humana. Pavlov, por exemplo, considerava a hipnose como a inibição de certos centros cerebrais (Crasilneck e Hall, 1985). As *teorias psicológicas* incluem muitos dos conceitos mencionados anteriormente sobre as teorias do não estado, mas também incluem, por exemplo, a teoria da resposta condicionada sobre a hipnose. As teorias fisiológicas são, em geral, modelos explicativos mais antigos e têm sido substituídas em grande parte pelas explicações psicológicas.

É evidente que há uma discórdia considerável com respeito à natureza e à origem dos fenômenos hipnóticos. Para os propósitos deste capítulo, a hipnose pode ser descrita como um estado de elevada percepção e concentração sobre uns poucos estímulos relevantes do campo perceptivo. Ao mesmo tempo, a percepção de estímulos periféricos se bloqueia ou se reduz. No processo, o indivíduo pode ser excepcionalmente receptivo a uma nova idéia ou conjunto de idéias, de modo que a resistência pode ficar reduzida. Deste modo, a hipnose não parece ser um estado qualitativamente diferente de certas experiências que ocorrem freqüentemente. Embora todos, ou a maioria dos indivíduos possam experimentar algum fenômeno hipnótico, relativamente poucos podem experimentar a maioria dos fenômenos hipnóticos. As características do sujeito parecem ser mais importantes do que as características do hipnotizador (Bowers, 1976). Este simplesmente utiliza e dirige as capacidades existentes no sujeito.

III.3. A profundidade do transe

Este termo é um vestígio infeliz da época em que se pensava que a hipnose estava relacionada com o sonho e, como tal, deveria ser entendida unicamente em um sentido metafórico. É verdade que indivíduos diferentes, que possuem diferentes níveis de capacidade para o transe, são capazes de realizar tarefas diferentes enquanto estão em um transe. Por exemplo, a regressão na idade não pode ser realizada por alguém que está em um transe leve. As tarefas hipnóticas foram classificadas em quatro grupos, dependendo da "profundidade" do transe, classificação que se mostra no quadro 28.1. Entretanto, não é necessário de maneira alguma, que estes fenômenos se classifiquem sempre nesta ordem precisa. Além disso, a "profundidade" da hipnose pode ter pouca relação com os benefícios obtidos durante o tratamento, especialmente para os pacientes com problemas menos graves (Crasilneck e Hall, 1985). Todavia, o quadro 28.1 pode, pelo menos, alertar o hipnotizador sobre o que tem de buscar no comportamento de transe e, portanto, proporciona um indicador geral da capacidade do sujeito para o transe. As intervenções específicas podem logo ser adaptadas à capacidade de cada indivíduo.

III.4. A lógica do transe

Este é um termo criado originalmente por Orne (1959), que se refere à capacidade de um sujeito, profundamente hipnotizado, em manter simultaneamente percepções ou idéias inconsistentes, a partir de um ponto de vista lógico. Orne considera as alucinações hipnóticas, nas quais o indivíduo vê algo que não existe (alucinação positiva) ou não vê algo que existe (alucinação negativa), como exemplos da lógica do transe.

A lógica do transe caracteriza-se também por uma exatidão literal do pensamento, em que o sujeito segue literalmente as instruções do hipnotizador. Por exemplo, se o hipnotizador pergunta a um sujeito profundamente hipnotizado se pode dizer-lhe o que vê, enquanto se encontra em um transe (provocando normalmente não só uma afirmação, mas também uma descrição), o sujeito pode simplesmente responder "sim", porque literalmente isso é tudo o que o hipnotizador perguntou! A lógica do transe é característica daqueles indivíduos que possuem uma elevada capacidade para ele, mas os hipnoterapeutas deveriam estar alertas a respeito de sua aparência. O exemplo, que se verá posteriormente, de mergulhar na superfície do mar (como técnica de aprofundamento), pode implicar na lógica do transe. Salvo se for proporcionado ao sujeito um aparelho para respirar, este pode literalmente não ser capaz de respirar.

IV. A Prática da Hipnoterapia

O tratamento hipnoterapêutico pode ser dividido em cinco etapas: 1) preparação do paciente, 2) indução hipnótica, 3) aprofundamento da hipnose, 4) emprego do transe hipnótico para propósitos terapêuticos e 5) finalização.

Quadro 28.1. *Classificação e provas para o transe hipnótico*

Fase	Prova
Hipnoidal	Relaxamento
	Mexer as pálpebras
	Fechar os olhos
	Sensações de letargia
Transe ligeiro	Catalepsia dos olhos e dos membros
	Respiração profunda e lenta
	Aprofundamento progressivo da letargia
	Anestesia
Transe médio	Amnésia parcial
	Anestesia das mãos
	Sugestões pós-hipnóticas
Transe profundo (sonambulismo)	Alucinações positivas e negativas
	Capacidade para abrir os olhos sem um transe afetivo
	Amnésia completa e extensa
	Anestesia e analgesia pós-hipnótica
	Aceitação de sugestões pós-hipnóticas estranhas
	Regressão na idade e reanimação
	Palidez nos lábios
	Alucinações pós-hipnóticas

Embora estas etapas não possam ser separadas na prática, são úteis para planejar o tratamento. A seguir apresentaremos uma descrição de cada etapa, com exemplos e procedimentos.

IV.1. Preparação para a hipnose

A preparação implica em três aspectos: *o estabelecimento da relação com o paciente, o esclarecimento de conceitos errôneos sobre a hipnose e a possível exploração de sua capacidade para o transe*. O estabelecimento da relação terapêutica em geral foi discutido amplamente, de modo que aqui não trataremos disto com profundidade. Todavia, deve-se mencionar um ponto importante. Muitos pacientes vão a um hipnoterapeuta esperando entrar em transe imediatamente. Recomenda-se satisfazer esses pedidos, visto que os pacientes que obtêm aquilo que pedem, tendem a melhorar mais (Lazarus, 1973). Isto é especialmente correto desde que as expectativas parecem ser um indicador poderoso do êxito da hipnose.

Como mencionamos anteriormente, a maioria das pessoas tem diversos conceitos errôneos sobre a natureza da hipnose (assim como alguns terapeutas). É importante que se esclareçam estes conceitos errôneos antes da indução do transe, ou posteriormente, caso seja necessário, uma vez que é muito provável que os indivíduos desenvolvam sentimentos positivos sobre a hipnose e empreguem melhor o transe se acharem que tiveram uma primeira experiência satisfatória. Os hipnoterapeutas ericksonianos, em particular, defendem que qualquer comportamento que os sujeitos mostrem durante o primeiro transe seja interpretado (a tais sujeitos) como um sinal de que entraram satisfatoriamente nele. Isto deveria aumentar as expectativas e elevar a motivação.

É importante comprovar a capacidade para o transe, a fim de evitar posteriores fracassos na indução do mesmo. Há diferenças individuais significativas na capacidade hipnótica e nem todos os indivíduos serão capazes de realizar todas as tarefas. Por outro lado, a maioria dos indivíduos são capazes de experimentar, pelo menos, um leve transe e deve-se ajudá-los a desenvolver a capacidade de transe que possuam. É importante assegurar aos pacientes que realmente se encontravam em transe e interpretar qualquer comportamento que manifestem como comportamento de transe, a fim de evitar que tenham sentimentos de fracasso.

Há vários testes que podem ser utilizados para avaliar a capacidade para o transe. Alguns destes foram organizados em tarefas seqüenciais, como a Escala de Suscetibilidade de Stanford (*Stanford Hypnotic Susceptibility Scale, SHSS*) (Weitzenhoffer e Hilgard, 1967) ou a Escala de Suscetibilidade Hipnótica de Harvard para Grupos (*Harvard Group Scale of Hypnotic Susceptibility, HGSHS*) (Shor e Orne, 1962). Há algumas provas de pré-indução hipnótica que são úteis para a seleção inicial do hipnotismo dos pacientes e serão descritas a seguir:

1. *Levitação e peso das mãos e dos braços.* Este teste pode ser utilizado como uma primeira técnica de indução do transe, assim como uma prova de suscetibilidade. Pede-se aos sujeitos que estendam os braços para frente, que coloquem uma palma para cima e a outra para baixo e que fechem os olhos. Pede-se que imaginem que foi colocado um grande peso na primeira mão, fazendo com que cada vez pese mais e que foi amarrado um balão cheio de gás na segunda, fazendo com que cada vez fique mais leve. Fazem-se repetidas sugestões como, "[...] e sua mão direita está se tornando cada vez mais pesada e sua mão esquerda cada vez mais leve [...]". A distância final entre as duas mãos é um indicador geral do hipnotismo do sujeito.

2. *Balanço da postura.* Pede-se aos sujeitos que permaneçam de pé, eretos e que fechem os olhos. O hipnotizador coloca em seguida suas mãos sobre os ombros do sujeito e as move ligeiramente para frente e para trás, dando a sugestão ao sujeito de que seu corpo seguirá esses movimentos. O hipnotizador pode aumentar gradualmente a magnitude do movimento e a resposta do sujeito constituirá um indicador do hipnotismo. Em alguns casos, o hipnotizador pode desejar

levar suas mãos muito mais para trás, a fim de ver se o sujeito cairá para trás em seus braços. Obviamente, isto não deveria ser tentado com um sujeito pesado!

3. *O pêndulo de Chevreul.* O pêndulo de Chevreul pode ser construído amarrando-se um cordão de, aproximadamente, 18 a 20 cm de comprimento, a um anel, argola ou algum outro objeto com peso. Segura-se o cordão com os dedos indicador e polegar. Estende-se o braço para frente. Olha-se fixamente para o pêndulo, imaginando que se move no sentido dos ponteiros do relógio ou mesmo para frente e para trás. Deve-se esperar o suficiente para que o pêndulo se mova na direção imaginada. Logo, deve-se imaginar que o pêndulo muda de direção e se espera até que realmente mude de direção.

O movimento do pêndulo, assim como o movimento da ouija sobre uma mesa, ocorre por uma razão muito simples. Não há nada de mágico em nenhum dos dois. A atividade do pêndulo e da ouija é o resultado de minúsculos movimentos dos dedos, mão e braço. Embora o sujeito não se dê conta deles, tais movimentos são conseqüentes com os movimentos imaginados (Golden, Dowd e Friedberg, 1987)[1].

4. *Atração e repulsão das mãos.* Diz-se aos sujeitos que estendam as mãos para a frente, com as mesmas uma em frente da outra, e que fechem os olhos. O hipnotizador faz sugestões de que as mãos são como ímãs e que se unem ou se separam, como "[...] e pode sentir como suas mãos vão se repelindo cada vez mais (ou vão se atraindo cada vez mais) [...]". Se as mãos chegam a se tocar finalmente, o hipnotizador pode fazer a sugestão de que as mãos do sujeito se apertarão e que será muito difícil (ou impossível) separá-las. Entretanto, se forem feitos desafios como estes, é importante que o hipnotizador diga imediatamente que o sujeito separe as mãos, se parece que este pode fazê-lo sem esforço. De outra maneira, o sujeito considerará a prova como fracasso e o hipnotizador poderia perder a credibilidade.

Alguns autores não consideram de utilidade as provas de pré-indução e sugerem que se avalie a suscetibilidade hipnótica pela resposta do sujeito à mesma indução. De acordo com isto, descreveremos, a seguir, a indução do transe hipnótico.

IV.2. Indução da hipnose

O número de possíveis técnicas de indução que poderiam ser utilizadas pelos hipnotizadores é potencialmente infinito, limitado somente por sua própria criatividade. Incentiva-se o leitor para que desenvolva suas próprias induções favoritas, baseadas em sua experiência do que melhor tem funcionado. Em geral, estas técnicas de indução deveriam seguir a suposição de que a hipnose é um processo de atenção elevada e focalizada e deveriam ser desenvolvidas de acordo com isso. Algumas das técnicas de indução mais freqüentemente usadas serão descritas a seguir como ilustrações. Para descrição de outras técnicas indutoras

---

[1] Os parágrafos extraídos do livro de W. L. Golden, E. T. Dowd e F. Friedberg, *Hypnotherapy: a modern approach,* foram reproduzidos com permissão.© 1987, Pergamon Press PLC.

remete-se o leitor a fontes como as de Teitelbaum (1965), Crasilneck e Hall (1985), Udolf (1981) e Wright e Wright (1987).

1. Talvez o método de indução mais comum, mas também o que consome mais tempo, seja o *relaxamento progressivo*. Este método também é útil quando o indivíduo tem medo da hipnose, mas não se importa em experimentar o relaxamento profundo. Os termos "hipnose" e "transe" não precisam ser empregados nunca. O procedimento, em geral, segue o da *dessensibilização sistemática* (ver capítulo correspondente neste volume), desenvolvido por Wolpe (1982). Pode-se começar o relaxamento tanto pela cabeça como pelos pés, embora a maioria dos autores prefira a cabeça. Entretanto, normalmente, não é necessário relaxar cada grupo de músculos profundamente. Por exemplo, o hipnoterapeuta pode começar assim:

Primeiro relaxe os músculos da cabeça, sentindo como a tensão escapa para baixo..., agora os olhos..., depois as mandíbulas, deixando que a boca se abra livremente..., agora os músculos do pescoço, sentindo como toda a tensão flui para baixo [...]. [O procedimento do relaxamento progressivo pode terminar como segue.] E agora relaxe os tornozelos..., agora os pés..., e finalmente os dedos dos pés, deixando que toda a tensão escape pelos dedos dos pés.

As sugestões de relaxamento devem ser acompanhadas de sugestões para a focalização da atenção, como:

[...] conforme você sente que os músculos do peito se relaxam, pode concentrar-se em seu padrão de respiração e deixar que esta seja cada vez mais lenta e mais profunda, [ou]... à medida que você relaxa cada vez mais, pode observar como sua atenção se concentra cada vez mais em seu corpo e no som da minha voz e cada vez menos em outros sons e em outras sensações, (ou) ... conforme vai relaxando cada vez mais, percebe que vai se liberando progressivamente da tensão.

2. *A fixação dos olhos,* ou "braidismo", tira proveito da fadiga natural dos músculos oculares e da crença comum de que os olhos se tornam pesados, de forma involuntária, quando o indivíduo entra em transe. Pede-se ao paciente para olhar fixamente em um ponto, justo acima da linha normal da visão (e, freqüentemente, pede-se a ele que não pisque), enquanto o hipnotizador faz a sugestão de que seus olhos estão tornando-se cada vez mais pesados e que em um dado momento será impossível mantê-los abertos. Finalmente, o sujeito fecha os olhos, não pelas sugestões do hipnotizador, mas pela fadiga dos olhos. Entretanto, o sujeito supõe que realmente está em transe e, portanto, aumenta a credibilidade do hipnotizador. Pode-se utilizar uma indução como a seguinte:

e agora, à medida que começa a entrar em transe, sentirá como seus olhos se tornam cada vez mais pesados. Daqui a pouco, estarão tão pesados que desejará fechá-los (ou talvez se fechem automaticamente). Quando isso acontecer, saberá que está em transe. Sinta que cada vez estão mais pesados, cada vez mais pesados [...]. [Quando se fecharem, o hipnotizador pode dizer] E agora que entrou em transe, sente satisfação e bem-estar, sabendo que é capaz de entrar na profundidade do transe que acredita ser satisfatória para você neste momento.

Uma descrição da aplicação desta técnica indutiva poderia ser a seguinte:

Selecione um objeto, pode ser um ponto na parede ou no teto, a chama de uma vela, uma luz ou um anel de sua mão. Olhe fixamente para esse objeto. Se seus olhos se distraírem, volte a olhar fixamente o mesmo objeto. Continue fixando o objeto até que seus olhos se cansem. Logo, deixe que seus olhos se fechem, de modo que possa começar a relaxar.

Muitas pessoas informam ter distorções visuais durante a fixação dos olhos. Pode parecer que o objeto se move. Pode mudar de cor ou desaparecer. Pode aparecer uma espécie de neblina no campo visual. O objeto pode tornar-se confuso. Seus olhos começarão provavelmente a sentir-se cansados, pesados, tão pesados que parecem querer fechar-se. Ou mesmo pode sentir-se sonolento, cansado, desejando fechar os olhos e entrar em um tranqüilo estado de relaxamento da mente. Sinta como começa a relaxar.

Sua respiração começa a tornar-se mais compassada; uma respiração lenta, profunda, rítmica. Você vai se sentindo cada vez mais relaxado, mais sonolento. Mas não adormece, só se sente mais relaxado. Tranqüilo e relaxado. O corpo se torna mais solto e mole. Sinta como o relaxamento vai se estendendo por todo o corpo, cada vez mais. [Agora pode-se aprofundar mais o transe. Empregam-se um ou vários dos procedimentos do aparte das técnicas de aprofundamento] (pausa).

Nestes momentos pode-se fazer sugestões construtivas (pausa).

Dentro de alguns segundos abrirá os olhos sentindo-se totalmente acordado, relaxado e com novas forças (Golden, Dowd e Friedberg, 1987, p. 128).

3. A técnica de levitação da mão e do braço foi descrita anteriormente nas provas de suscetibilidade, mas pode ser empregada também como uma técnica de indução, com variações. Pede-se ao paciente que se sente com os joelhos juntos, as mãos sobre os joelhos e os olhos fechados. Pode-se empregar previamente a indução da fixação dos olhos, descrita anteriormente. O hipnotizador pode dizer em seguida:

[...] você começa a sentir como uma das mãos se torna cada vez mais leve (pode-se especificar a mão, mas isto só serve para oferecer ao sujeito mais oportunidade para resistir), *cada vez mais leve...será interessante ver que mão se ergue primeiro* (mudando assim o centro da atenção, uma vez que se levantar a mão, saiba que mão erguerá)*...e conforme a mão vai se levantando para frente, se torna cada vez mais leve...e quanto mais leve se torna, mais alto se ergue e quanto mais alto se levanta, mais leve se torna* (estabelecendo assim um conjunto reciprocamente interativo) *...quando eu tocar sua testa, cairá sobre suas pernas e entrará ainda mais profundamente em transe.*

IV.3. Aprofundamento do transe

Na prática, as técnicas de aprofundamento são freqüentemente indistinguíveis, às vezes, das técnicas de indução e representam, geralmente, uma continuação da experiência do transe. Realmente, o termo "aprofundamento" evoca a suposição antiquada da hipnose como uma forma de sonho e, portanto, só deveria ser empregado no sentido metafórico. No entanto, pode ser de alguma valia comunicar ao sujeito que a hipnose é uma experiência progressiva e que o procedimento se desenvolve lentamente. Além disso, aprofundamento no transe pode constituir um método para o hipnotizador avaliar, ao longo do tempo, a capacidade do sujeito para o transe, envolvendo-o na realização de tarefas progressivamente mais difíceis. Como mostra o quadro 28.1, certos fenômenos são característicos de diferentes níveis de transe, embora exista discordância sobre que fenômenos são característicos, exatamente, de que níveis. Por estas razões, descreveremos vários procedimentos de aprofundamento

1. *A técnica das escadas.* Este método faz bom uso da metáfora de aprofundar. Após a indução, pede-se ao paciente que se imagine descendo uma escada e a cada degrau que desce, mais se aprofunda no transe. O número exato de degraus que se empregam pode variar, dependendo da receptividade do sujeito e da profundidade desejada do transe. Geralmente utilizo de 10 a 20 degraus. Não parece haver uma correlação exata entre o número de degraus utilizados e a profundidade final do transe, embora o sujeito possa pensar que há. De qualquer maneira, menos de 10 pode parecer muito breve e mais de 20 pode ser muito longo. Ao final da escada, geralmente peço ao sujeito que ande até uma cadeira de balanço ampla e se sente nela, a fim de "fazer algo" enquanto se prepara o passo seguinte do transe.

2. *A técnica do mergulho.* Esta é uma técnica de aprofundamento que eu empregava quando morava perto da costa, na Flórida. Também ilustra um ponto importante sobre a indução hipnótica e o aprofundamento: utiliza métodos que sejam relevantes na vida do sujeito! Embora tenha usado esta técnica em um estado costeiro ou com indivíduos que gostavam de água, não a usaria com aqueles que não vivem perto do mar ou que têm medo de água. Pede-se ao sujeito que se imagine mergulhando no mar, cada vez mais fundo (de novo, a metáfora de profundidade sugere um transe profundo), enquanto se aprofunda cada vez mais no transe. Quando se conseguiu uma profundidade suficiente, o hipnotizador pode pedir ao sujeito que se mantenha suavemente nessa profundidade, em preparação para o passo seguinte do transe. É importante dizer aos sujeitos altamente suscetíveis, que levem um aparelho para respirar, devido à característica de *predisposição à exatidão literal* da "lógica do transe", nos sujeitos muito hipnotizáveis.

3. *Técnica da fragmentação.* Neste método de aprofundamento, hipnotiza-se o sujeito, tira-se do transe, torna-se a hipnotizá-lo sucessivamente. Em cada re-hipnotização sucessiva faz-se uma sugestão de que se aprofunde ainda mais no transe. Por exemplo, o hipnotizador pode sugerir que um braço se torne duro e logo relaxe, com a sugestão de que o sujeito se relaxe cada vez mais em cada repetição do procedimento.

4. *Levitação da mão e do braço.* Esta é uma técnica extremamente versátil; é útil como prova de suscetibilidade, como técnica de indução e de aprofundamento. Para utilizá-la com esta última finalidade, pede-se ao sujeito que deixe cair o braço sobre suas pernas uma vez tocado o rosto e faz-se a sugestão de que

conforme faz isso, aprofunda-se ainda mais no transe. Novamente, emprega-se um movimento para baixo como uma metáfora do aprofundamento. Observando a rapidez da caída do braço, o hipnotizador pode avaliar a profundidade do transe; uma caída rápida indica um transe mais profundo, enquanto uma caída lenta indica um transe mais leve. Certamente este método pode ser repetido, como uma técnica de indução e como uma técnica de aprofundamento, para incentivar o sujeito a explorar a profundidade de sua capacidade para o transe.

5. *Contar.* Pede-se ao sujeito que conte, tanto para frente como para trás, até determinado número, com a sugestão de que a cada número contado irá se aprofundando cada vez mais no transe. Assim como acontece na técnica das escadas, é importante não empregar seqüências de números muito longas ou muito curtas. Por exemplo, pode-se dizer ao paciente o seguinte:

Agora vou contar de 1 a 10. Durante esta contagem de 1 a 10 sentirá que se introduz em um estado hipnótico mais profundo... 1- o contar o ajuda a aprofundar-se, 2- cada número o leva até um nível mais profundo, 3- fazendo com que aprofunde tanto quanto queira, 4- continuando com uma respiração lenta e profunda, 5- e com cada número, com cada expiração, sente que vai relaxando mais, 6- cada vez mais relaxado, 7- cada vez mais profundamente, 8- sentindo como cada vez é mais profundo, 9- mais profundo, 10- um profundo, muito profundo estado de relaxamento, sentindo-se totalmente relaxado (Golden, Dowd e Friedberg, 1987, p. 28).

6. *Leveza.* Sugere-se que cada parte do corpo começa a sentir-se mais leve. "Quanto mais leve se torna o corpo, mais relaxado se sentirá". Também pode-se sugerir que o corpo é tão leve que o sujeito se sente como se flutuasse ou que vai se introduzindo, flutuando, em um transe cada vez mais profundo (Golden, Dowd e Friedberg, 1987).

7. *Respiração.* "Concentre-se em sua respiração. Respire profunda e lentamente". Sugere-se que, com cada expiração, o sujeito vá entrando em um estado mais profundo de relaxamento ou transe.

8. *Imagem de uma ampulheta.* "Imagine uma ampulheta e imagine também os grãos de areia caindo da parte superior para a parte inferior". Sugere-se que com cada grão de areia que cai o sujeito entre em um transe cada vez mais profundo (Golden, Dowd e Friedberg, 1987).

IV.4. Emprego do transe hipnótico

Quase qualquer um pode aprender a realizar as induções hipnóticas com relativa rapidez e, com um bom sujeito, também mostrar fenômenos esotéricos. Entretanto, é mais importante saber como utilizar o transe hipnótico na solução de problemas clínicos. No caso da auto-hipnose e durante o transe, o sujeito pode dar a si mesmo instruções construtivas, modificando o pensamento negativo e irracional e empregando a imaginação de forma terapêutica. Seis princípios gerais, que podem ser utilizados na construção da maioria das sugestões hipnóticas, são os seguintes (Golden, Dowd e Friedberg, 1987):

- Utilizar formulações positivas, quando seja possível. Por exemplo, é melhor sugerir "deixarei de fumar" que "não fumarei".
- Utilizar uma imagem como sugestão. As sugestões são mais eficazes quando se emprega a imaginação.
- Fazer as sugestões de forma flexível. Mudar as exigências por preferências. Evitar os "teria que" e os "deveria".
- Reservar um tempo para a mudança.
- Repetição. Repita suas sugestões uma vez, e mais outra, até que tenham efeito.
- Evitar sugestões que impliquem em fracasso ou dúvida.

O aparte V descreverá as aplicações da hipnose na solução de uma variedade de problemas psicológicos dos pacientes.

IV.5. Finalização da hipnose

Para tirar o paciente do transe, considera-se que o melhor é empregar o procedimento inverso ao da indução e aprofundamento hipnótico. Deste modo, se se hipnotizou o sujeito empregando o método das escadas com 15 degraus, deve-se tirá-lo contando para trás 15 degraus. Neste caso, um método popular é contar de 5 a 1 ou de 10 a 1. Ao mesmo tempo, deve-se fazer sugestões aos sujeitos para que ativem e busquem novas forças, sentindo-se muito bem, relaxados, tranqüilos. É bom evitar o termo "acordar", visto que isto contribui à percepção errônea de que o sujeito estava dormindo. O hipnoterapeuta novato deve perceber que alguns sujeitos continuam em transe leve após a finalização formal da sessão. Estes indivíduos não permanecerão no transe, mas gradualmente, se não lhe dermos atenção, retornarão às atividades normais. Entretanto, freqüentemente mostrarão uma certa lentidão motora durante um determinado período de tempo e não deve realizar atividades que requeiram reflexos rápidos, como dirigir um carro. Freqüentemente, é bom, caso isso ocorra, reinduzi-lo brevemente num transe e tirá-lo outra vez do mesmo. Este procedimento de fragmentação inversa é eficaz rapidamente.

V. Aplicação da Hipnose

Provavelmente não existe problema clínico que alguém, em algum lugar, alguma vez, não tenha tentado curar através da hipnose. Todavia, há alguns transtornos que são muito mais tratáveis pela hipnose do que outros. O leitor deve perceber que existe uma controvérsia considerável sobre a utilidade da hipnose no tratamento de alguns transtornos, enquanto alguns profissionais que a praticam alegam uma eficácia pouco usual para seu tipo de hipnoterapia, em toda uma série de síndromes clínicas. Outros (p. ex., Wadden e Anderton, 1982) são muito mais conservadores na defesa da eficácia única da hipnose. Um amplo exame das aplicações da hipnose vai além dos objetivos deste capítulo, mas muitos livros sobre hipnose incluem capítulos sobre sua aplicação a uma grande variedade de problemas clínicos e médicos, remetendo-se o leitor a estas fontes para ver os exemplos. Aqui se descreverão três deles, para ilustrar como se pode aplicar a hipnose. Muitas das técnicas que serão descritas podem ser aplicadas, com modificações, a outros problemas.

V.1. A hipnose no controle da dor

Tem sido demonstrado, de forma consistente, que este é um dos empregos mais eficazes da hipnose, com uma relação significativa entre a capacidade para o transe e a diminuição da dor (Wadden e Anderton, 1982). Realmente, a hipnose foi muito utilizada pelos cirurgiões para o controle da dor, antes da invenção dos anestésicos químicos e, ainda, é usada por dentistas e médicos em casos em que os pacientes são alérgicos à anestesia. O controle da dor através da hipnose utiliza o fato de que a experiência da dor é um fenômeno tanto psicológico como físico. Isto é, a pessoa percebe mais a dor em função de certos fatores cognitivos, perceptivos, emocionais, comportamentais e interpessoais. Cada um destes será descrito suscintamente:

1. Fatores cognitivos e perceptivos. Os indivíduos com dor tendem a pensar nela constantemente e de modo catastrófico. É possível diminuir a experiência de dor desviando sua atenção, envolvendo-se em imagens incompatíveis (p. ex., uma cena tranqüila na praia) e tendo pensamentos positivos sobre a própria capacidade para afrontá-la. Os indivíduos relativamente desocupados são especialmente vulneráveis à experiência de dor; não têm mais com que ocupar sua atenção exceto concentrar-se na sua dor. Os pensamentos negativos geralmente aumentam a dor, enquanto os pensamentos positivos normalmente a diminuem.

2. Fatores emocionais. A experiência de dor pode causar também uma grande quantidade de emoções, especialmente a ansiedade. Quando o tipo de dor é esporádico, então os indivíduos podem ficar muito nervosos enquanto esperam o começo da dor, o que só serve para intensificá-la quando ocorrer. Este efeito recíproco pode ser um fator importante no agravamento da dor.

3. Fatores comportamentais. A pessoa com dor geralmente manifesta muitos "comportamentos de dor", como queixas verbais, lamentos, andar rigidamente, esfregar a zona dolorida e tensionar os músculos. Além de servirem como estímulos que constantemente os lembram que têm dor, algumas destas atividades, como o tensionar os músculos, criam uma dor adicional.

4. Fatores interpessoais. A dor é também um fenômeno social, tanto físico como psicológico. Os indivíduos com dor recebem mais reforçadores sociais provenientes de outras pessoas de seu ambiente e têm-se menos expectativas sobre sua atuação. Isto pode converter-se em algo muito reforçador socialmente e pode persistir inclusive após ter desaparecido a base física da dor. Além disso, alguns pacientes com dor se beneficiam economicamente da mesma e, portanto, não podem permitir-se ao luxo de abandoná-la.

V.2. Tratamento da dor através da hipnose

Supondo-se que o paciente esteja motivado positivamente, existem várias técnicas que o hipnotizador pode empregar. No entanto, o leitor deve perceber que os que possuem uma boa capacidade para o transe serão mais capazes de utilizar a hipnose para diminuir sua dor. Além disso, o objetivo deveria ser, geralmente, o de diminuir a dor, não eliminá-la completamente, visto que desta maneira, é muito mais provável que o paciente tenha um resultado satisfatório. Se o paciente for capaz de reduzir inicialmente sua dor, é mais provável, dada esta experiência satisfatória, que seja capaz de eliminá-la completamente mais tarde. Pode-se empregar o relaxamento hipnótico para ajudar os indivíduos a diminuir a dor, uma vez que reduz a ansiedade e a tensão muscular associadas a ela. Isto pode ser especialmente útil na dor aguda e temporal. Já que quase todo o mundo, independentemente da capacidade para o transe, pode beneficiar-se do relaxamento, este seria recomendado em muitas ocasiões. O hipnotizador pode seguir as instruções de relaxamento do aparte dedicado à indução, com sugestões adicionais para o relaxamento das áreas doloridas. Palavras como "dor" ou "lesão" devem ser evitadas e deve-se empregar palavras do estilo "bem-estar" e "relaxamento".

Os pacientes muito motivados, que têm uma boa capacidade para o transe, podem beneficiar-se da sugestão direta para a diminuição da dor. Realmente, muitos hipnotizadores têm empregado sugestões diretas para a eliminação dos sintomas, ao tratar uma grande variedade de problemas psicológicos. Todavia, deve-se utilizar esta técnica de forma limitada, por duas razões. Primeiro, não proporciona ao paciente estratégias de afrontamento. Segundo, pode criar uma situação na qual o hipnotizador poderia fracassar, perdendo deste modo a credibilidade. Uma sugestão direta pode ser expressada como segue:

Conforme vai se sentindo mais confortável e relaxado, descobrirá que vai percebendo cada vez menos suas sensações de dor. Observará que sua dor vai diminuindo gradualmente até que chega um momento em que apenas a sentirá levemente. À medida que for se aprofundando no transe, vai se encontrando cada vez mais e mais confortável em todos os sentidos. E descobrirá que quando sair do transe sua dor terá quase desaparecido.

Muitos outros pacientes podem beneficiar-se da sugestão indireta, por ser formulada de tal maneira que não incita o paciente a resistir. Os hipnoterapeutas ericksonianos, em particular, defendem a sugestão indireta e têm utilizado este método para tratar muitos problemas clínicos. Ressaltam-se palavras tais como "relaxado", "confortável" e "deixar-se ir" e incentiva-se o paciente para que deixe que desapareçam gradualmente as sensações desagradáveis. O hipnoterapeuta, por exemplo, pode dizer:

À medida que você vai relaxando, perceberá que está ficando mais confortável e gradualmente as sensações desagradáveis vão sumindo. Pode deixar estas sensações se esvaírem à sua maneira e em seu próprio ritmo.

Deste modo, evitam-se os estímulos que poderiam incentivar o paciente a resistir. Também podem ser utilizadas sugestões fixas. Entretanto, os procedimentos são muito sutis e difíceis de empregar bem, por isso sugere-se ao leitor que consulte livros sobre a hipnoterapia ericksoniana buscando exemplos concretos, antes de tentar desenvolver formas indiretas complexas e sugestões fixas.

Um exemplo especialmente bom de um modelo hipnótico indireto para a diminuição da dor pode ser encontrado em Healy e Dowd (1986). Um exemplo de uma sugestão indireta para a analgesia hipnótica poderia expressar-se como segue (as sugestões fixas encontram-se em cursiva): "Conforme concentra sua atenção na área da dor, *pode*, se quiser, *sentir* um *entumescimento* gradual nessa área. À medida que continua centrando a atenção, *pode sentir* como o *entumescimento se estende*. E pode dizer, se quiser, que o agrada a sensação de entumescimento e que pode permitir-se *manter essa sensação*".

A dor pode também se transferir para outra parte do corpo, onde interferirá menos nas atividades diárias ou poderia tratar-se de uma forma humorística. Por exemplo, a dor da parte baixa das costas poderia transferir-se ao dedão do pé. Esta técnica funciona melhor com um sujeito muito motivado e com uma boa capacidade para o transe. A sugestão poderia ser expressa como segue:

Pode deixar que sua mão direita se mova lentamente para tocar a zona da dor...Quando tocar essa zona, perceba as sensações dolorosas que fluem para sua mão. Agora deixe que sua mão se mova lentamente para o ombro esquerdo, sentindo-se mais à vontade enquanto vai se movendo...Quando sua mão tocar o ombro esquerdo, sinta que as sensações se movem para o ombro, mas com menos força que antes. Agora retire a mão e deixe-a cair sobre suas pernas.

V.3. Tratamento hipnótico dos transtornos do hábito

Em nenhuma outra área se faz mais uso da hipnose do que no tratamento de hábitos arraigados como o fumar, o comer em excesso, o álcool e o vício em drogas, e problemas similares. Entretanto, a literatura é muito contraditória a respeito dos efeitos únicos que a hipnose ocasiona ao tratamento destes problemas, além dos efeitos devidos a outros fatores e os não específicos. Wadden e Anderton (1982) revisaram a literatura de investigação e concluíram que a hipnose tinha poucos efeitos únicos de eficácia a acrescentar aos tratamentos alternativos. Todavia, basearam suas conclusões principalmente em uma falta de relação entre a suscetibilidade hipnótica e o resultado do tratamento. A literatura clínica é muito mais otimista. Spiegel e Spiegel (1978) alegam resultados significativos da hipnoterapia para o comportamento de fumar e a obesidade, depois de uma ou duas sessões. Crasilneck e Hall (1985) observaram que 64% dos sujeitos deixaram de fumar após quatro sessões.

A motivação dos pacientes parece ser de especial importância no tratamento satisfatório dos transtornos por uso de substâncias, independentemente do método que se utilize. Portanto, é particularmente importante avaliar o nível de motivação antes de começar o tratamento hipnótico. Por exemplo, muitos pacientes não querem realmente deixar de fumar; "querem chegar a querer" deixar de fumar. Isto é, esperam uma técnica que lhes tire instantaneamente seu desejo de cigarros sem nenhum esforço de sua parte! Este "pensamento mágico" está condenado ao fracasso. Aconselha-se o hipnoterapeuta que trate a síndrome de "querer chegar a querer" antes de tratar os sintomas.

V.4. Tratamento hipnótico dos transtornos por uso de substâncias

O tratamento hipnótico mais importante dos transtornos por uso de substâncias, no passado, implicava normalmente no aspecto da sugestão direta para a eliminação dos sintomas. Deste modo, depois de haver induzido o transe, o hipnotizador pode criar uma forma hipnótica em torno de expressões como:

Você já não deseja ardentemente os cigarros... será capaz de conter o desejo de fumar...será capaz de entender que o fumo está prejudicando seu corpo, que é um hábito perigoso e prejudicial...conseguirá uma nova sensação de paz e de relaxamento que o ajudará a deixar os cigarros...será capaz de aliviar esta carga do seu corpo.

Com sujeitos muito motivados e que possuem uma boa capacidade para o transe, estas sugestões podem ser eficazes. Com outros podem ser inúteis.

Outros métodos de tratamento hipnótico para os transtornos pelo uso de substâncias têm implicado em alguma forma de terapia de aversão encoberta, similar de alguma maneira à Sensibilização Encoberta de Cautela (1967) (Kroger, 1977; Raich, este volume). Realmente, é possível que os êxitos que foram atribuídos à sensibilização encoberta tenham sido devidos, em parte, à exploração da capacidade do indivíduo para o transe. Por exemplo, após se ter induzido o transe, dá-se ao paciente sugestões como:

Imagine vividamente o sabor e o cheiro da bebida e imagine também que está começando a enjoar e a ter náuseas. À medida que vai imaginando que está tomando a bebida, vai tendo cada vez mais náuseas e vomita em cima de você e da pessoa que está a seu lado... Esse líquido verde é espesso, pestilento e fétido! Quando se afasta da bebida se sente melhor e a náusea diminui [...].

Uma forma menos desagradável de hipnoterapia para os transtornos pelo uso de substâncias, implica em sugestões de resultados positivos que levarão à eliminação desse mau hábito. Spiegel e Spiegel (1978) desenvolveram modelos hipnóticos para o comportamento de fumar e para a obesidade que implicam em sugestões positivas como, "fumar (ou comer em excesso) é veneno para meu corpo... Necessito de meu corpo para viver... Devo-lhe respeito e proteção". Também podem-se dar sugestões sobre as sensações positivas que o paciente sentirá quando tenha deixado de fumar como, por exemplo: "sentirá uma forte sensação de satisfação pessoal quando recusar uma oportunidade para fumar... continuará sentindo-se bem sobre o fato de haver deixado de fumar". Pode-se desenvolver e modificar este método para ser empregado em uma série de hábitos.

V.5. A hipnose na reestruturação cognitiva

Quase todos os usos documentados da hipnose implicam na eliminação de problemas, hábitos ou transtornos não desejados. Talvez isto seja um desenvolvimento natural de nosso ponto de vista sobre a saúde mental como eliminação de déficit, em vez do fortalecimento de virtudes. Entretanto, a hipnose pode ser empregada também para a reestruturação cognitiva e para melhorar a auto-estima e o funcionamento psicológico geral. A Terapia Comportamental Cognitiva (p. ex., Beck e Emery, 1985; Dobson, este volume; Meichenbaum, 1977) tem mostrado que as autoverbalizações negativas podem afetar seriamente a saúde emocional de um indivíduo. Araoz (1985) alegou que a "auto-hipnose negativa", ou a aceitação e repetição sem críticas de imagens e pensamentos negativos de tipo hipnótico, pode ser superada substituindo-a por imagens e pensamentos mais positivos e adaptativos.

A primeira tarefa do hipnoterapeuta consiste em ajudar os pacientes a descobrir seus pensamentos negativos e autoderrotistas. Uma técnica consiste em pedir-lhes que tragam à memória uma situação-problema e tentem lembrar o que estavam pensando justo antes de ocorrer a situação. Embora não seja necessário estar em transe para realizar este processo, o relaxamento pode ajudar. Os pacientes podem empregar também o auto-registro, no qual em uma folha vão registrando os pensamentos e as imagens que precedem imediatamente as situações problema. Pode-se pedir-lhes também, enquanto se encontram em um transe leve, que imaginem a si mesmos na situação-problema e que informem os pensamentos e as imagens que lhes venham à cabeça.

A segunda tarefa é ajudar o paciente a construir pensamentos e expressões alternativos que substituam os negativos. De forma ideal, cada expressão negativa identificada deveria ser substituída pela expressão positiva correspondente. O hipnoterapeuta pode, por exemplo, ajudar o paciente a criar uma tabela de duas colunas, na qual os pensamentos negativos se encontram de um lado e os pensamentos positivos do outro. Depois de induzido ao transe, o hipnoterapeuta pode treinar o paciente a dizer, por exemplo, "mesmo não tendo êxito em tudo, continuo tendo valor", ou "posso inclusive agüentar que me rechacem, embora não goste". Ou mesmo, utilizando a imaginação, o terapeuta pode pedir ao paciente que se imagine em uma situação-problema, que se imagine enfrentando-a com os métodos de sempre e, a seguir, que imagine a si mesmo enfrentando-a com os novos métodos que foram discutidos previamente com o terapeuta. Por exemplo, o hipnoterapeuta pode dizer, "Imagine a si mesmo dizendo "posso olhar essa pessoa nos olhos e agir assertivamente" e então fazê-lo". Podem-se construir modelos hipnóticos inteiros em torno da substituição sistemática das imagens de si mesmo e das autoverbalizações negativas, por outras positivas. É aconselhável que o terapeuta tenha uma gravação em cassete deste modelo de indução hipnótica, de modo que o paciente possa praticar a técnica em casa.

VI. Resumo

Neste capítulo tentamos proporcionar uma revisão dos princípios básicos da hipnoterapia, assim como exemplos de seu emprego no tratamento de problemas selecionados. Entretanto, a fim de utilizar a hipnose adequadamente na prática profissional, é crucial que o leitor obtenha treinamento e prática adicionais ao que haja aprendido com pacientes selecionados. Pode adquirir mais conhecimentos lendo alguns dos livros que se acham no aparte de *Leituras Recomendadas*. Além disso, é importante que o profissional que deseja utilizar a hipnose faça cursos em que possa praticar as técnicas sob a supervisão direta de um instrutor qualificado. Quando se empregam técnicas com pacientes, é importante lembrar de não ir além da área de competência própria. Se se começa lentamente e se obtém o treinamento necessário, pode-se fazer da prática da hipnoterapia uma parte importante das próprias atividades profissionais.

VII. Leituras Recomendadas

Crasilneck, H. B. y Hall, J. A., *Clinical hypnosis: principles and applications*, 2ª ed., Orlando, Calif., Grune & Stratton, 1985.

Dowd, E. T. y Healy, J. M., *Case studies in hypnotherapy*, Nueva York, Guilford Press, 1986.

Erickson, M. H. y Rossi, E. L., *Hypnotherapy: an exploratory casebook*, Nueva York, Irvington, 1979.

Golden, W. L., Dowd, E. T. y Friedberg, F., *Hypnotherapy: a modern approach*, Nueva York, Pergamon Press, 1987.

Wester, W. C. y Smith, A. H., *Clinical hypnosis: a multidisciplinary approach*, Filadelfia, Lippencott, 1984.

Wright, M. E. y Wright, B. A., *Clinical practice of hypnotherapy*, Nueva York, Guilford Press, 1987.

29. Questões sobre a Terapia Multimodal

Maurits G. T. Kwee

I. Introdução à Terapia Multimodal

O termo *multimodal* refere-se ao ponto de vista de que os processos emocionais surgem como dimensões discretas, mas inseparáveis: comportamento, afeto e pensamento. Os dados recolhidos empiricamente e as explicações formuladas de forma parcimoniosa constituem os fundamentos do marco teórico da *Terapia Multimodal (TMM)*.

A teoria é necessária para formular hipóteses sobre os mecanismos que estão ocorrendo na intervenção com ou sem êxito. Devido ao fato de vermos a terapia como um processo de aprendizagem e na suposição de que as perturbações emocionais também surgem da aprendizagem, nossa base é a *teoria da aprendizagem social*. Mas o homem não é só um organismo que aprende. Consideramos o homem como um ser biopsicossocial que pode ser estudado pela *teoria geral de sistemas*.

Como um modelo de explicação geral da mudança terapêutica, o pensamento de sistemas nos proporciona hipóteses comprováveis. Estamos de acordo com Kuhn (1962) quando enfatiza a relatividade das teorias e diz que elas estão em vigor enquanto servem. Esperamos teorias novas, relativamente mais eficazes, causadas por uma mudança de paradigma.

Começamos com uma busca histórica da TMM e o estabelecimento de uma posição dentro das formas existentes de terapia.

I.1. História e contexto

A TMM foi desenvolvida por Arnold A. Lazarus, psicólogo, que junto com Joseph Wolpe, psiquiatra, foi um dos fundadores da terapia comportamental em meados dos anos 50. O fruto de sua cooperação, o primeiro manual sobre terapia compor-

---

O presente capítulo foi publicado originalmente como: M.G.T. Kwee, "Multimodal Therapy", em M.G.T. Kwee e M.R.H.M. Roborgh (comps.), *Multimodale Therapie: Praktijk, theorie en onderzoek*, Lisse, Swets & Zeitlinger, 1987.

Centro Psiquiátrico JORIS, Holanda.

tamental, denominado *Behavior therapy techniques* [Técnicas de terapia comportamental], (Wolpe e Lazarus, 1966), é bem conhecido.

Lazarus, merecidamente, foi o introdutor, na literatura, dos termos "terapia comportamental" e "terapeuta comportamental" em 1958. Além disso, tem contribuído para o desenvolvimento da terapia comportamental com diversos estudos inovadores, como a primeira investigação empírica sobre a dessensibilização sistemática e a aplicação da imaginação aversiva, assim como de técnicas operantes e respondentes, na terapia de crianças com fobias. Também desenvolveu técnicas como a *imaginação emotiva,* a *atividade muscular dirigida* (o relaxamento diferencial), e a *dessensibilização sistemática* e o *treinamento assertivo em grupos.* Além disso, escreveu um artigo pioneiro sobre a terapia comportamental da depressão (Kwee, 1981). Em seu livro *Behavior therapy and beyond* (Terapia comportamental e mais além), de 1971, Lazarus afirmou que havia obtido resultados mais duradouros com a terapia cognitivo-comportamental do que com a terapia comportamental de Wolpe, que se baseava fundamentalmente na dessensibilização sistemática. O emprego de procedimentos cognitivos na terapia comportamental, como, por exemplo, a terapia racional emotiva, atribui-se a praticantes ecléticosistemáticos. Se este continua sendo ou não terapia comportamental é uma controvérsia pendente entre Wolpe e Lazarus. O nome que se dê a um método é de pouca importância, comparado com o fato de ter uma "eficácia duradoura".

Os dados devem falar por si só, de modo que todo o mundo que discuta no terreno científico possa tirar suas próprias conclusões. Nas estatísticas sobre o seguimento realizado ao longo de um período de oito anos, a TMM aplicada por Lazarus (1981) em pacientes externos mostra até 75% de êxito (n = 100) e 5% de recaídas. Todos os pacientes anteriores tinham sintomas complexos e uma média de três tratamentos antes de começar com a TMM. Em comparação, a terapia comportamental tradicional, aplicada também por Lazarus (1971), teve uma taxa de recaída de 36% (n = 112). Podemos concluir que a TMM tem maior eficácia a longo prazo do que a simples terapia comportamental. A TMM aplicada por Kwee e cols. (1986), em uma instituição de pacientes internos (só durante os dias úteis), em casos graves e difíceis de tratar de neuroses compulsivas e fóbicas (n = 62), conseguiu resultados, no seguimento, de 60% de eficácia. Em 70% destes casos, os problemas existiam há mais de quatro anos; 90% havia se submetido anteriormente a um ou mais tratamentos psiquiátricos. Nos casos em que não haviam resultados claros, os pacientes não tiveram êxito em abandonar os ganhos primários ou secundários de seus problemas.

Ao adotar técnicas como a reestruturação cognitiva (Ellis), a auto-revelação (Rogers) e o treinamento em comunicação (Haley), Lazarus colocou-se, segundo Wolpe, fora da terapia comportamental. Mas se observarmos as técnicas mais aplicadas na TMM, descobriremos que a maioria delas pode receber o rótulo de comportamentais. Devido à maioria das técnicas aplicadas na TMM terem sua origem na terapia comportamental, consideramos a TMM como uma variante da terapia comportamental. A TMM não é uma nova escola, mas um procedimento avançado para um tratamento eficaz. Deve-se mencionar aqui que não existe nenhuma técnica de tratamento que se possa chamar de "multimodal". A TMM é um enfoque que proporciona a oportunidade de uma análise complexa e de uma terapia de amplo espectro com resultados duradouros. Entre a família de escolas de terapia, cujos membros se anunciam ao cliente-consumidor no mercado da terapia, a TMM ocupa um lugar respeitável, segundo Corsini (1984). É desconhecido o número real dos métodos de psicoterapia que existem. Ao revisar a literatura, Herink (1980) encontrou mais de 250 métodos diferentes. Provavelmente existem tantas psicoterapias como psicoterapeutas. Enquanto continuamente buscamos novas técnicas mais eficazes para acrescentar ao nosso arsenal, ignoramos aquelas que não se prestam à comprovação empírica e que não se podem explicar adequadamente através da teoria de sistemas e/ou da teoria da aprendizagem. Inclusive, vamos mais além ao dizer que o objetivo (principal) da TMM consiste em solucionar os problemas do paciente tão rápido quanto seja possível, e todo o resto, incluindo a TMM, pode sacrificar-se em favor desse objetivo.

I.2. A teoria da aprendizagem social

Lazarus (1971), através do que chama de o "jogo do animal", denuncia aqueles terapeutas comportamentais que reduzem o paciente a um organismo de funcionamento mecanicista. Defendemos, pelo contrário, uma visão holística que vê o homem como um organismo biopsicossocial. A teoria de sistemas, à qual pertence esta visão holística, oferece um marco mais amplo para a explicação das mudanças psicológicas do que no caso, a teoria da aprendizagem. A teoria de sistemas inclui a teoria da aprendizagem, oferecendo uma explicação da mudança terapêutica, enquanto esses sistemas encontram-se conectados com a educação e os processos de aprendizagem.

O jogo do animal alega que os princípios da aprendizagem encontrados em ratazanas e cachorros, por exemplo, não se aplicam necessariamente ao homem. É muito provável que os processos de aprendizagem desempenhem um papel na origem do comportamento neurótico, inclusive mais do que os fatores genéticos e bioquímicos, mas os princípios do condicionamento, por si só, não oferecem uma explicação suficiente das causas e do desaparecimento das neuroses no homem. Quando muito, representam uma visão metafórica, e com esta ajuda o terapeuta pode ter um guia para a avaliação e o tratamento. Além disso, partindo-se da evidência de que algumas técnicas comportamentais são eficazes, não se pode concluir que o comportamento problemático tenha se originado da mesma maneira que estas técnicas. Isto seria uma explicação a posteriori que não tem nenhum sentido, não mais que a explicação de que uma dor de cabeça deve-se a um déficit de aspirina no sangue, uma vez que as aspirinas são úteis para a dor de cabeça (London, 1972).

Aprender através da associação e do condicionamento é, até certo ponto, decisivo para o que a pessoa pensa, faz e sente. É muito provável que o condicionamento clássico (Pavlov) tenha um papel na origem de muitas aversões. Por exemplo, um paciente pode dizer: "Depois de sofrer uma cirurgia abdominal há alguns anos, tive de conviver com as náuseas pós-operatórias. Tinha um companheiro de quarto que escutava continuamente as Aberturas de Mozart. Desde essa época sinto náuseas e dores abdominais quando ouço essa música". Por outro lado, podem-se ver diariamente exemplos do condicionamento operante de Skinner na educação das crianças. *Prestar atenção* às crianças é um dos mais extensos e pode servir, com freqüência, para reforçá-las quando se queixam ou manifestam comportamentos desadaptativos. O resultado, com freqüência, é que aprendem a obter a atenção desejada e necessária de uma forma negativa. Pelo contrário, o comportamento agradável não é seguido, amiúde, pelo comentário positivo dos pais. Em conseqüência, tal comportamento diminui e pode inclusive extinguir-se. Nossas explicações vão longe sobre o *condicionamento clássico* e o *condicionamento operante*, mas não o suficiente. Quando adquirimos o comportamento social ou habilidades complexas, como dirigir um automóvel ou nadar, a *aprendizagem vicária* tem, sem dúvida, um grande papel. Aprendemos observando os outros que (não) fazem algo, por suas experiências e, também, imitando seu comportamento. Esta forma interpessoal de aprendizagem dá lugar aos processos cognitivos, especialmente a *imaginação* (p. ex., imaginar o comportamento do modelo) e a *interpretação* do que se considera positivo ou negativo. Temos que ressaltar a idéia de que a pessoa não responde à matéria concreta que a rodeia, mas a um contorno percebido de forma abstrata. O curso dos pensamentos da pessoa determina que estímulos se observam, como se observam, como se avaliam e como são lembrados. Aqui, considera-se muito importante a influência de valores, normas, crenças e atitudes (Bandura, 1986).

A idéia de que a aprendizagem desempenha um papel central no desenvolvimento do comportamento disfuncional e no processo de tratamento, está junto com a posição de que a terapia significa fundamentalmente uma reeducação emocional. Entretanto, o grau de nossa capacidade para aprender está limitado por, e depende de, nosso substrato biológico. De um ponto de vista fisiológico, é importante o conceito dos limites, já que define o leque das possibilidades humanas. Supomos que os limites da tolerância à frustração, ao *stress* e à dor são inatos. Há pessoas com um sistema nervoso autônomo estável, enquanto outras têm reações autônomas instáveis. Estas últimas costumam ser pessoas um tanto ansiosas. Aprendem o comportamento disfuncional de maneira relativamente mais rápida, sob *stress*. Intervenções como a hipnose podem elevar alguns dos limites, mas a herança biológica determinará, finalmente, tais limites.

I.3. Conceitos multimodais

Os elementos básicos da TMM constituem modalidades diferenciáveis, mas realmente inseparáveis, que denominaremos BASIC I.D. Somos pessoas que se comportam (comportamento ou *Behavior*), experimentam emoções (afeto ou *Affect*), percebem (sensação ou *Sensation)*, imaginam (imaginação ou *Imagery*), raciocinam (cognição ou *Cognition)*, se relacionam (relações interpessoais ou *Interpersonal relationships*) e são feitas de carne e sangue, que é o mesmo que dizer que têm uma dimensão biológica ou de saúde que pode ser influenciada por medicamentos (drogas ou *Drugs*). Olhando as primeiras letras destas modalidades (*em inglês*) e juntando-as surge o acróstico BASIC I.D., que representa os elementos que formam os materiais para a avaliação e a terapia multimodal. As modalidades são comparáveis com as sete notas musicais (dó, ré, mi, fá, sol, lá, si), que podem ser tocadas com diferentes oitavas. O conhecimento destas notas proporciona uma base para compor música, que pode variar desde o rock até a música clássica. O terapeuta multimodal é como o professor de música, que dá significado tanto às notas simples como às peças complexas para que o aluno o entenda, ao mesmo tempo que o guia e o treina. Freqüentemente, estão implicados os seguintes elementos: comportamento fóbico de evitação (B), estados depressivos e de ansiedade (A), sensações não desejadas como o enjôo (S), imagens obsessivas "intrusivas" (I), estilos de pensamento absolutista, pouco racionais (C), conflitos interpessoais (I.) e/ou problemas de saúde baseados em disfunções biológicas, como, por exemplo, a asma (D.). É importante assinalar que desde a "*Psychologie vom Empirischen Standpunkte*" de Brentano (1972), cada uma das modalidades representam as principais áreas da psicologia experimental geral. Vejamos o que é que podem implicar as distintas modalidades e que elementos podemos incluir sob cada um dos encabeçamentos. Fizemos isto a fim de desenhar um Perfil de Modalidades (PM) do paciente. O PM é construído sobre a base das respostas do paciente às perguntas que se seguem.

Comportamento (B). Todas as ações, hábitos, gestos, reações que são observáveis e mensuráveis. Quais comportamentos o ajudam a ser feliz e a conseguir seus objetivos? O que você gostaria de começar a fazer? O que gostaria de fazer mais (aumentar)? O que gostaria de fazer menos (diminuir)? O que considera como algumas de suas principais virtudes e alguns de seus pontos fortes?

Afeto (A). Emoções, estados de humor, sentimentos internos. O que o faz rir? O que o faz chorar? O que o torna triste ou alegre? O que o assusta ou o tira do sério? Como você lida com as sensações de amor, de ódio, de ciúme, de simpatia, de culpa, de vergonha? Você encontra-se afetado pela ansiedade, pela raiva, pela depressão, pela culpa ou por outras emoções negativas? Anote embaixo de Comportamento (B) como se comporta quando se sente triste, alegre, quando está assustado ou quando fica fora de si.

Sensação (S). O que, em especial, você gosta de ver, ouvir, saborear, tocar e cheirar? O que o desagrada ver, ouvir, saborear, tocar e cheirar? Sofre sensações desagradáveis (como dores, enjôos ou tremores) de forma freqüente ou persistente? Quais são as coisas sensuais e sexuais que o "incendeiam" ou que o "apagam"? Que apoio suas sensações encontram em seus sentimentos (A) e em seus comportamentos (B)?

Imaginação (I). O que você se imagina fazendo num futuro próximo? Como descreveria a imagem de si mesmo? Qual é a sua imagem corporal? O que você gosta e o que não gosta na maneira como percebe a si mesmo? Como influenciam estas imagens em seu comportamento (B), estado de ânimo (A) e sensações (S)?

Cognição (C). Quais são alguns de seus valores e crenças mais apreciados? Quais são seus principais "deveria", "tenho que" e "devo"? Quais são suas pretensões e interesses intelectuais mais importantes? Suas atribuições são internas ou externas? Sabe abstrair corretamente, isto é, sabe distinguir entre descrições, inferências e avaliações? Como os seus pensamentos afetam seu comportamento (B), emoções (A), sensações (S) e imagens (I)?

Relações interpessoais (I.). Quem são as pessoas mais importantes da sua vida? O que os outros esperam de você? O que você espera dos outros? O que lhe causam as pessoas importantes de sua vida? Com que você contribui a elas?

Que grau de habilidades você tem para se comunicar com os outros? Vive isolado socialmente ou pode manipular seu ambiente social? (Também se pode considerar o comportamento do paciente durante a sessão terapêutica) Como suas relações interpessoais influem sobre seus comportamentos (B), afetos (A), sensações (S), imaginações (I) e cognições (C), e vice-versa?

Drogas (D.). Está preocupado com o estado de sua saúde? Quais são seus hábitos com respeito a comer, a dormir, à higiene e ao estar em forma? Toma algum tipo de medicação ou droga? É necessário consultar um médico por alguma questão de saúde física?

A investigação sistemática sobre o BASIC I.D. é feita com a ajuda do *Multimodal Life History Questionnaire* [Questionário Multimodal sobre a História da Vida] (Lazarus, 1981) ou a *Multimodal Anamnesis Psychotherapy* [Anamnese Multimodal para a Psicoterapia] (MAP; Kwee e Roborgh, 1989). É importante demarcar os sintomas e problemas que se apresentam num contexto amplo e estabelecer que influências interativas têm as perturbações emocionais sobre o BASIC I.D. inteiro. Antes que o terapeuta comece a analisar o conteúdo do BASIC I.D. para construir o Perfil de Modalidades (PM), delineia um Perfil Estrutural (PE) do paciente. Com este propósito, o paciente preenche um Inventário de Perfil Estrutural que consta de 35 itens. Landes (1988) estudou este questionário e concluiu que era suficientemente válido e confiável para ser empregado na prática clínica. Assim, o terapeuta obtém um perfil que pode ser classificado sob uma estrutura de tipologias. Isto lhe proporcionará a modalidade que o paciente prefere. Este poderia ver-se como uma pessoa que, principalmente, "age" (B), "sente emoções" (A), "percebe pelos sentidos" (S), "sonha" (I), "pensa" (C) ou se "relaciona" (I.). Uma elevada pontuação em D. indica que o indivíduo escolheu hábitos saudáveis, como fazer exercícios físicos regularmente, comer alimentos saudáveis e evitar o excesso de álcool ou de drogas. As pontuações nas modalidades anteriores podem ser representadas nos seguintes histogramas.

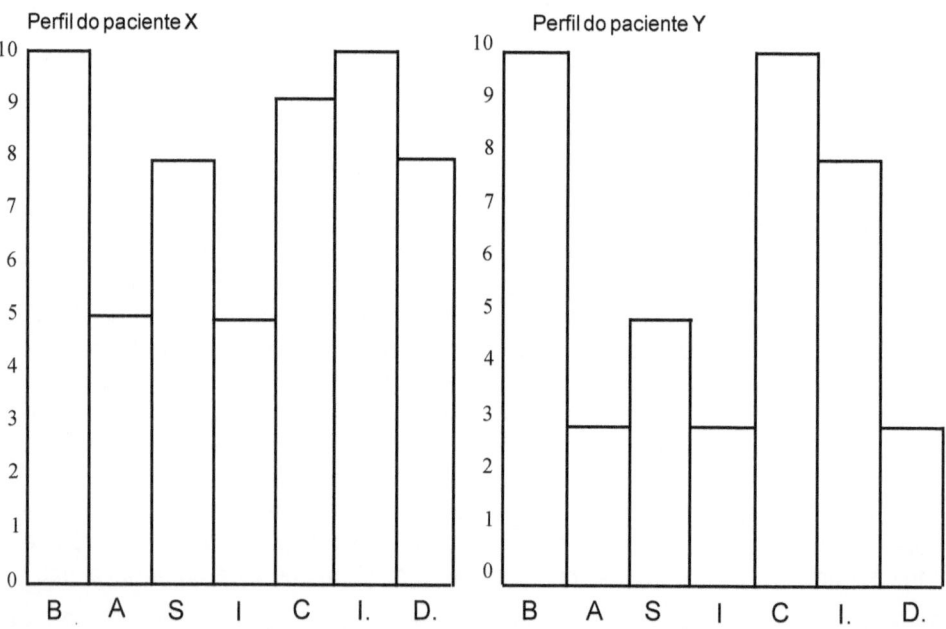

Perfil do paciente Z

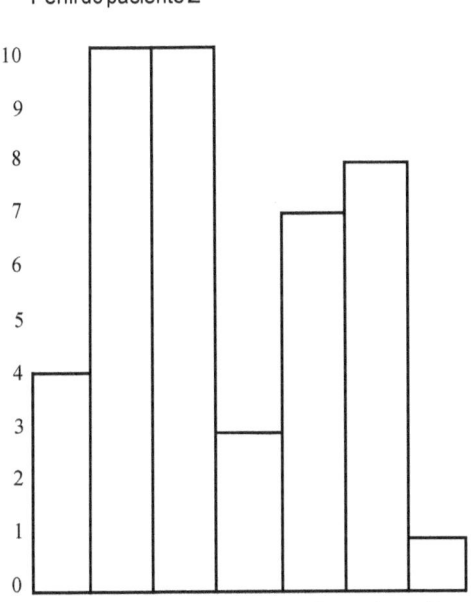

Os perfis do pacientes X e Y são quase iguais. Ambos os pacientes têm a maior pontuação nas modalidades de agir, pensar e relacionar-se, mas X cuida mais da saúde que Y. Por ser X uma pessoa que "age, se relaciona e pensa" e Y "age, pensa e se relaciona", podem reagir de forma diferente ante uma intervenção. Provavelmente, os dois reajam bem a técnicas que atuem sobre o comportamento, as cognições e as relações interpessoais, mas X preferirá as intervenções interpessoais à reestruturação cognitiva, enquanto Y será mais suscetível, provavelmente, aos procedimentos cognitivos. Z, cujas pontuações mais baixas encontram-se nas modalidades do comportamento e da imaginação, parece ser alguém que prefere experimentar emoções, perceber pelos sentidos, pensar e relacionar-se, respectivamente. Para ele a terapia comportamental cognitiva será provavelmente menos eficaz do que um enfoque interpessoal (Lazarus, 1989).

Estes PE são muito úteis na terapia de casal. Comparam-se entre si as "tipologias" dos cônjuges e o terapeuta pode ver como poderá realizar um equilíbrio dinâmico de simetria e complementação.

I.4. Resistência e manobras defensivas

Se quisermos explicar os comportamentos manifestos, as respostas afetivas, as reações sensoriais, as imagens mentais, os processos cognitivos e as relações interpessoais, não teremos êxito se nos limitarmos à psicologia da aprendizagem. Esta pode ocorrer nas distintas dimensões do BASIC I.D. e em diferentes níveis de consciência. Em psicologia experimental aceita-se, de forma geral, que os processos não conscientes são uma necessidade conceitual. A evidência experimental mostra que as experiências conscientes, assim como os processos mentais não conscientes, são necessários para compreender o comportamento dos seres humanos (Shevrin e Dickman, 1980). Por processos não conscientes entendemos que: a) a pessoa tem diferentes níveis de consciência sobre si mesma (p. ex., não consciente, muito consciente, fabulosamente consciente) e b) que os estímulos subliminares (não reconhecidos) podem, no entanto, influir sobre o comportamento consciente, sobre o pensar e sobre o sentir (p. ex., não ser consciente de que um pensamento é um pensamento e não um fato). Estes processos devem ser distinguidos do inconsciente psicanalítico, que tem um significado de "entidade topográfica".

Da mesma maneira, na TMM utilizamos o conceito de "reações de defesa", em vez de "mecanismos de defesa". Sem empregar constructos psicanalíticos, todo clínico pode observar que as pessoas tentam defender-se, em um nível cognitivo, contra a dor, o mal-estar, ou as emoções negativas como a ansiedade, a depressão, a vergonha e a culpa. A pessoa pode estreitar seu campo de consciência, enganar a si mesma, dar um nome falso a seus sentimentos e perder o contato com ela mesma e com os demais. Em nossa tentativa de reduzir a dissonância, sucumbimos a mecanismos como a *depressão* ou a *negação* (p. ex., no caso do luto), a *projeção* (p. ex., no caso do temor social), a *racionalização* (p. ex., no caso da falta de assertividade), a *sublimação* (p. ex., esporte em vez de sexo), o *deslocamento* (p. ex., bater na almofada), a *formação reativa* (p. ex., rir em vez de chorar) ou a *regressão* (p. ex., comer quando se está nervoso). Segundo a lei da navalha de Occam, não é necessário empregar o jargão freudiano para reconhecer e desmembrar estas realidades (Lazarus, 1981).

Não se deve misturar *defesa*, que é intrapsíquica por natureza, com *resistência*, que pertence ao terreno interpessoal. Por outro lado, a defensividade contra uma instrução provocadora de ansiedade, por exemplo, pode levar à resistência ou mesmo sobrepor-se a ela. Entretanto, a diferença continua existindo. A resistência surge, geralmente, quando se programam exercícios de introspecção e tarefas para casa. Quando se apresentam exercícios de introspecção, recomenda-se o emprego de metáforas (provérbios, ditos e expressões feitas), por exemplo, "Não limpe o chão com uma torneira aberta"[1] (quando se tenta motivar o paciente para que trabalhe também nos problemas emocionais que subjazem aos sintomas) ou "Não tire os sapatos velhos antes de ter uns novos"[2] (quer dizer, não abandone seus sintomas antes de ter adquirido novas habilidades para solucionar seus problemas emocionais) (no caso de sintomas persistentes e de ganhos secundários). No caso das tarefas para casa, o terapeuta pode não ser muito claro quando as formula, ou mesmo o paciente subestima sua utilidade, ou não acredita na auto-ajuda, ou não quer investir tanto.

A opinião de Lazarus é que 90% da resistência pode-se atribuir à ignorância do terapeuta (Dryden, 1985). Expressões como "Não se curará" ou "O paciente encontra-se muito transtornado" parecem trivialidades, que o terapeuta pode substituir pela aplicação das seguintes táticas:

a. Uma chamada telefônica do terapeuta para consultar aspectos dos quais tenha falado na sessão.

[1 e 2] Provérbios holandeses (*nota do compilador*).

b. Sessões de terapia na casa do paciente ou passeando pela rua.

c. Tratar com interesses comuns, como os esportes ou a música.

Em qualquer caso, é importante não cometer os mesmos erros com os pacientes que as terapias tradicionais e não impor, portanto, o marco unimodal do terapeuta sobre o paciente. Quando o terapeuta se encontra em um beco sem saída, pode ser devido aos seguintes fatores:

a. Ausência de uma aliança de trabalho.

b. Uma análise inadequada (especialmente quando não se identificam os fatores antecedentes e conseqüentes).

c. Emprego de técnicas incorretas.

d. Emprego incorreto das técnicas.

e. Implicação insuficiente do retorno social na terapia.

f. O paciente e o terapeuta têm diferentes objetivos em sua cabeça (Lazarus e Fay, 1982).

Alguns pacientes, especialmente os que são enviados pelo juiz, ou os adolescentes que são enviados por seus pais, necessitam de técnicas paradoxais que provenham da teoria da comunicação. Dentro da modalidade interpessoal, nas interações complexas e diádicas, podem existir perturbações da comunicação, às quais podemos encontrar uma saída se compreendermos a metacomunicação. Quer dizer, se entendermos a comunicação sobre a comunicação, dando um passo atrás para investigar o conteúdo e a forma (ou o lugar) da mensagem (Haley, 1973).

I.5. Teoria de sistemas: estruturas

A teoria geral de sistemas é uma metateoria, uma teoria sobre teorias, que surge da ciência natural e é válida para muitas áreas do estudo empírico (Von Bertalanffy, 1968). A teoria de sistemas tenta organizar os achados de algumas ou de todas as ciências da vida e do comportamento em uma única estrutura conceitual. Supõe-se que o mundo é formado por uma população de objetos denominados sistemas. Um sistema é um conjunto de elementos interagentes que formam um todo integrado que se pode observar em diferentes níveis de organização (p. ex., células, órgãos, seres humanos, a família e a sociedade) (Miller, 1978). Os sistemas de todos os níveis estão abertos e compõem-se de subsistemas que processam as entradas, os processos internos e as saídas de diferentes formas de matéria, energia e informação. O pensamento de sistemas compreende um ponto de vista holístico que acentua a conexão de todas as formas de vida. Esta posição não é uma antítese, mas sim uma forma geral de pensamento que incorpora o pensamento dualista cartesiano do século XVII. Acentua a indivisibilidade e a interdependência, em vez de uma separação da mente e do corpo. Um ponto de vista a partir dos sistemas, não se opõe à visão mecanicista do homem, mas é um novo paradigma que inclui o velho. Deste modo, a aprendizagem não é rejeitada pela teoria de sistemas, mas incluída como uma descrição específica de um subaparte particular da investigação empírica.

A relação ou interação entre as diferentes modalidades define-se através de uma causalidade *circular* em vez de linear. Qualquer acontecimento dentro de uma modalidade é tanto uma causa como um efeito. Deste ponto de vista, a causa pode ser o efeito e o efeito a causa, dependendo de onde se põe a ênfase. Um acontecimento é tanto causa como efeito. De modo que alguém pode se perguntar se B.F. Skinner condicionava a ratazana ou vice-versa. Era a pressão da alavanca pela ratazana que fazia com que o experimentador colocasse comida no comedouro? O mal funcionamento de um subsistema, como, por exemplo, o fígado tem conseqüências para todo o funcionamento biológico do indivíduo. De maneira análoga, na modalidade interpessoal, parece que quando uma dona de casa sofre de agorafobia, por exemplo, os membros da família estão envolvidos de muitas formas como causa e efeito. A casualidade circular pode fazer sua contribuição à discussão sobre a primazia da cognição *versus* o afeto. Alguns psicólogos (entre eles R. Lazarus, 1984) dizem que o pensamento sempre precede o sentimento, enquanto outros (entre os quais se encontra Zajonc, 1984) opinam o contrário. O pensamento de sistemas dá espaço a ambas as explicações lineares e postula que existem muitas outras combinações circulares entre as modalidades, das quais falaremos mais adiante.

Kwee e Lazarus (1986) introduziram a teoria de sistemas no enfoque multimodal. O BASIC I.D. é considerado como o sistema organizacional da psique, e as distintas modalidades como os elementos desse sistema. O BASIC I.D., como sistema, não é um conjunto disperso de modalidades. É um sistema de organização conjunto de estruturas conectadas e de processos integrados. Este *todo* é mais que a soma de suas partes separadas. Não é possível influir sobre uma modalidade sem perturbar o *todo*. As modalidades do BASIC I.D. encontram-se estreitamente inter-relacionadas e funcionam conjuntamente. O BASIC I.D. tem propriedades que não se podem reduzir às modalidades separadas. Não é uma estrutura rígida, mas uma entidade flexível e estável na qual ocorrem os processos dinâmicos.

As modalidades separadas têm limites que estão abertos e são flexíveis. Permitem interações, e na figura 29.1 estão representadas graficamente por linhas pontilhadas. Para definir as relações mútuas entre as modalidades, agrupamos o BASIC I.D. em uma ordem hierárquica (ver figura 29.1).

A modalidade biológica e a modalidade social formam os limites da psique humana. Devido ao funcionamento biológico constituir a base do funcionamento psicossocial, as questões referentes à Biologia ou à saúde são colocadas abaixo. A Sensação é colocada imediatamente acima, já que as experiências sensoriais encontram-se muito limitadas pela biologia. Os processos emocionais são estimulados por, e/ou provêm das sensações, de modo que o Afeto é colocado acima da Sensação. Devido ao afeto ser mediado e estimulado pela Cognição e pela Imaginação, situamos estas modalidades sobre o Afeto. O Comportamento, como modalidade que se encontra entre a modalidade Interpessoal e as outras, influi sobre a duração e a intensidade das emoções. A modalidade Interpessoal é colocada acima, considerando que as respostas emocionais existem principalmente dentro de um contexto social.

Figura 29.1. *A ordem hierárquica da psique como sistema biopsicossocial, operando na forma de modalidades, com o Afeto no centro.*

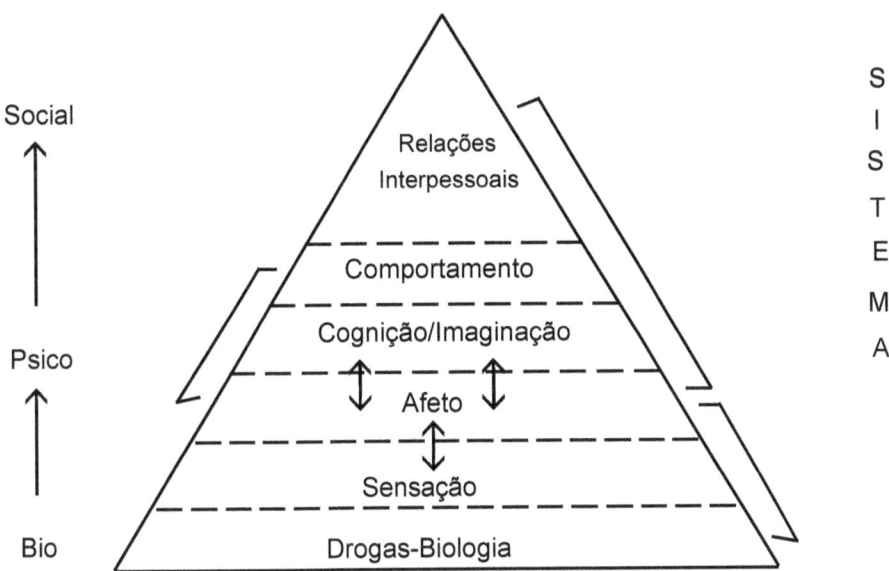

As modalidades estruturam-se em extratos, de modo que cada modalidade tem um grau diferente de complexidade. Partindo-se de um ponto evolutivo, o extrato hierárquico segue a ordem de desenvolvimento, desde o biológico, via o psicológico, até as dimensões sociais da vida humana. A modalidade ou grupo de modalidades que ocupa uma posição "menor" denomina-se subsistema. Se ocupar uma posição "principal" denomina-se supra-sistema. Os supra e os subsistemas são similares, estruturalmente, ao sistema e se conectam através de processos interativos. Cada modalidade é um subsistema do BASIC I.D. e ao mesmo tempo um sistema próprio, que tem seus próprios subsistemas. Assim, a Sensação, como subsistema do BASIC I.D., é um sistema em si mesmo que se compõe de subsistemas que regulam o ver, o ouvir, o sentir, o cheirar e o saborear.

I.6. Teoria de sistemas: processos

Começamos aqui a descrição dos processos do sistema BASIC I.D., que são caracterizados por uma atividade dinâmica que existe com um fluxo constante. Tais processos constam de comunicação e transação (Kuhn, 1974). A *comunicação* é um intercâmbio mútuo de informação entre as modalidades. Assim, pode-se falar de comunicação consigo mesmo, de modo que as cognições e as imagens (C/I) são transportadas desde a sensação (S) até a modalidade comportamental (B). A *transação* é um intercâmbio mútuo de material e energia entre as modalidades do BASIC I.D. Por experiência, sabemos que a energia investida, por exemplo, em correr (B) se faz à custa da experiência da, por exemplo, emoção da ansiedade (A).

Outro processo importante é a modificação do BASIC I.D. como um todo e como as modalidades em separado. Distinguimos entre crescimento e decadência. O crescimento é o aumento na qualidade e na quantidade de um certo conjunto de modalidades. Na decadência, diminuem a qualidade e a quantidade. A entropia é o resultado da decadência e ocorre quando aumenta o transtorno. Existe um desmoronamento de estruturas e processos. Se a entropia aumenta continuamente, o subsistema finalmente morrerá. As mudanças levam tempo, podem ocorrer de repente ou gradualmente, e podem desenvolver-se por conta própria.

As modalidades ultrapassam os limites mútuos por causa da oscilação. O BASIC I.D. encontra-se em uma condição de fluxo constante e de equilíbrio dinâmico. A *homeostase* é o processo através do qual o sistema se auto-regula. É bem conhecido o exemplo do termostato que mantém a temperatura de um ambiente em determinado grau. Emprega o mecanismo de *feedback* (para frente e para trás) com esse propósito. Neste processo fixam-se normas e ajudas. As atuações proporcionam informação na forma de *feedback*, que serve para a regulação da norma. No caso da auto-regulação (processos de mudança de primeira ordem), encontram-se envolvidos poucos ajustes do sistema pelo sistema. Portanto, o *feedback* positivo preocupa-se com o aumento da mudança e o feedback negativo com a diminuição da mesma. Se o *feedback* diminui o desvio em relação ao equilíbrio, o denominamos *feedback* negativo (p.ex., o relaxamento ou a diminuição da temperatura corporal). Ao contrário, o *feedback* positivo preocupa-se com o aumento ou a intensificação de certos desvios (p. ex., medo do medo ou o desenvolvimento corporal).

O equilíbrio dinâmico é constantemente posto à prova. Às vezes, as flutuações podem ser tão fortes que o sistema passa por uma etapa instável até uma estrutura completamente nova. A transformação de si mesmo (processos de mudança de segunda ordem) é a capacidade criativa do sistema para sobrepor os limites somáticos ou mentais através do *feedback* positivo. O sistema passa por um processo, de modo que sua estrutura fundamental muda e alcança um novo equilíbrio dinâmico. A transformação de si mesmo consiste em uma reorganização tal, que surge uma nova estrutura. Geralmente, esta surge como uma reação às fortes influências externas ou internas, de modo que a forma de funcionamento anterior já não é adaptativa. As fases de desenvolvimento e os processos de aprendizagem ocorrem da mesma maneira. Um exemplo da teoria da aprendizagem é a denominada curva de aprendizagem descontínua, na qual, em saltos, a pessoa alcança um novo nível de integração, que é mais que a soma precedente da informação incluída.

Um último conceito que mencionamos é a *equifinalidade*, que se refere ao interesse no estado presente do BASIC I.D. e não em como tem estado anteriormente. Diferentes condições iniciais podem conduzir ao mesmo resultado final ou ao mesmo transtorno emocional. Os sintomas são mantidos principalmente por fatores da situação "aqui e agora".

II. Macroanálise

Se considerarmos a terapia comportamental como um "esqueleto" e o BASIC I.D. como " a carne que se une aos ossos", a dinâmica de sistema dá uma "alma" ao nosso enfoque. Uma visão dos sistemas nos dá a possibilidade de ver o homem como um complexo sistema vivente dinâmico, em vez de um simples organismo que funciona mecanicamente.

Sobre a base de uma análise funcional comportamental, pode-se desenvolver um modelo de sistemas que inclua uma causalidade circular. Elabora-se um inventário de dados necessários através de uma coleta contínua de informações. Uma análise funcional é um modelo esquemático dos sintomas do paciente, em termos de fatores que precedem e seguem imediatamente e estão simultaneamente presentes. Nosso modelo, ao qual chamaremos *Multimodal Functional (macro) Analysis (MFA),* [(macro) Análise Funcional Multimodal], está construído, estruturalmente, por modalidades e funções de acordo com os processos da homeostase e do *feedback.* Nosso interesse dirige-se para os subsistemas cíclicos do BASIC I.D. que estão envolvidos na motivação do paciente. Dos milhares de subsistemas cíclicos (um *ciclo* consiste em uma repetição infinita da mesma seqüência de acontecimentos)[3] do BASIC I.D., escolhemos cinco. Estes são os ciclos de "ganhos" extrínsecos e intrínsecos, os ciclos de "perdas" intrínsecas e extrínsecas, e os ciclos de mediação cognitiva (perceber pelos sentidos, pensar, experimentar emoções, fazer). O conhecimento destes ciclos nos proporciona uma avaliação sobre se o paciente está motivado ou não pelo tratamento e se a (não) motivação se deve a fatores externos (extrínsecos) ou internos (intrínsecos). O afeto ocupa um lugar central nestes subsistemas cíclicos. O propósito de todos os esforços terapêuticos consiste em conseguir mudanças nesse subsistema. Cada um dos cinco subsistemas cíclicos combina um complexo de modalidades interagentes que forma uma unidade de organização. Estes cinco subsistemas cíclicos formam a "prancha original" de nosso *MFA,* que cada paciente pode preencher de forma específica.

O termo *macro* reflete o caráter geral e global das descrições das modalidades. Detém-se artificialmente um processo psíquico a fim de observar o que está ocorrendo e decidir qual esboço de tratamento espera-se que tenha os melhores resultados. Ilustraremos isto utilizando o exemplo de um paciente agorafóbico "médio".

II.1. O ganho secundário

Nossa paciente agorafóbica tem as seguintes características: mulher casada, 30 anos de idade, passivo-dependente, pouco assertiva e com "tensões" em seu casamento. Padecia de uma fobia após o nascimento de seu segundo filho há quase cinco anos. A fobia consistia fundamentalmente em não se atrever a sair à rua por medo de um ataque de pânico. Não ia longe sem seu marido e não utilizava os transportes públicos sem ele. Era surpreendente que o flexível marido a acompanhasse a todo lugar, fizesse as compras por ela e vivesse escravizado por sua fobia. Cada vez que se enfrentava com situações nas quais se sentia "enclausurada" ou "só", tornava-se muito ansiosa. Esta ansiedade variava desde a intranqüilidade até o pânico e era acompanhada por sintomas somáticos como taquicardia, parestesia, suor, etc., que podiam aumentar e logo extinguir-se lenta-

---

[3] Nota do compilador.

mente. Devido a esse temor, tentava evitar uma série de situações e fugir delas, como por exemplo, sentando-se perto da saída no cinema ou buscando continuamente as saídas, onde estivesse. Observamos que o marido lhe dava muita atenção como resultado da fobia, sendo forçado a fazer o que ela quisesse e evitando suas responsabilidades. Formulando-o de uma maneira diferente, podemos afirmar que através de sua fobia controla seu transtorno. Além disso, assim tem uma forte desculpa para continuar representando o papel da pessoa dependente, sem se envergonhar. Do ponto de vista teórico da aprendizagem, pode-se afirmar que seu comportamento fóbico está positivamente reforçado e, portanto, aumentará sua freqüência e intensidade. A isto chamamos de *ganho secundário,* e secundário significa extrínseco ou interpessoal, por natureza.

Aparece a causalidade circular quando a seta do ganho interpessoal aumenta. Cada vez mais situações específicas podem conduzir à ansiedade e ao medo: os elevadores, as filas, os grupos, as visitas, etc. Falando em termos de aprendizagem, podemos dizer que aqui está operando o mecanismo da generalização (do estímulo). As ações reforçadoras do marido e de outras pessoas convertem a relação em complementar. Uma pessoa é muito dependente e a outra muito independente. Uma pessoa segue seu próprio caminho e a outra é submissa. Uma pessoa obtém atenção e a outra presta atenção. Essa complementação fixa torna o casamento inflexível. Na terapia, deve-se aumentar a flexibilidade da interação social e tomar a forma de um equilíbrio dinâmico complementar e simétrico. O equilíbrio harmônico provém de encontrar a exata metade entre ser o oposto dos outros (simetria) e completar os outros (complementação) (Haley, 1973). Falamos dos seguintes subsistemas:

$$\rightarrow B — I. — S — A$$

Os comportamentos de fuga e evitação (B) podem provocar reações do marido e do ambiente social que produzam benefícios – por exemplo, atenção – ao paciente (I.). A generalização resulta num aumento das situações manifestas de medo (S), de modo que as reações de ansiedade e medo podem aumentar (A), incrementando-se ainda mais o comportamento fóbico. Devido ao caráter cíclico de todo o anterior, cada intervenção em cada modalidade da seqüência que acabamos de ver pode quebrar a cadeia. No entanto, dá-se ênfase à modalidade interpessoal, já que o ganho intrínseco da seqüência se impõe claramente em nosso exame.

A paciente tem de clarificar as complexas relações funcionais entre a fobia e o enredo interpessoal. A compreensão destas interconexões aumenta a motivação para participar nas intervenções propostas. No caso de nossa paciente agorafóbica, a terapia conjugal parece ser o tratamento a escolher. Poderiam ser criadas áreas dentro do casamento nas quais ela tomasse a direção e ele pudesse confiar nela. A paciente deveria perceber que abandonar a fobia significa que também perderá os ganhos mencionados. É importante sinalizar que esse casamento discordante pode ser a causa e o efeito. Em outras palavras, o problema da relação pode ser o resultado da fobia e, ao mesmo tempo, um antigo problema sem resolver anterior à fobia pode haver contribuído para o desenvolvimento da mesma. O terapeuta tem que estar alerta sobre o fato de que a paciente poderia "utilizar" a fobia em uma briga matrimonial. É possível que uma falha no sistema de comunicação, e/ou a falta de assertividade, e/ou uma imagem negativa de si mesma, conduzam a paciente a "utilizar" a fobia. Cada uma destas possibilidades exige uma abordagem específica e, além disso, conecta com outros subsistemas cíclicos, isto é, com a perda secundária.

II.2. A perda secundária

A *perda* refere-se à tensão mental ou ao *stress* que a paciente sofre. *Secundária* refere-se à origem da perda, que tem características extrínsecas ou interpessoais. No caso da paciente não ter as habilidades para comunicar-se de forma efetiva ou para comportar-se assertivamente, tem que aprender tais habilidades. Neste ciclo, a paciente reage com uma fobia, não como uma arma em sua luta com o cônjuge, mas como uma conseqüência de sua falta de habilidades interpessoais. Se esta falta de habilidades sociais se sobressai mais do que o ganho secundário, seria melhor começar com o treinamento em habilidades antes de intervir sobre a relação conjugal (Lazarus, 1981).

O paciente que chega à terapia pede que lhe aliviem a fobia. O comportamento de evitação é, obviamente, um problema de tal magnitude que busca ajuda profissional. O problema fóbico pode forçar ainda mais nossa paciente pouco habilidosa, no papel de uma dona-de-casa superdependente. Vemos a mesma no papel de uma dona-de-casa tradicional, que não é uma competidora com seu marido e que o respeita e, às vezes, o difama. Aqui, a falta de habilidade na comunicação ou a pouca assertividade, são causa de, e são causadas pela, fobia. Devido a esta falta de habilidade, a paciente pode chegar, em último caso, ao isolamento social. O resultado pode ser tão desastroso, que não possa agir "normalmente" na área social. Inclusive, é possível que chegue a não poder trabalhar em casa ou que seja incapaz de cumprir suas tarefas de mãe. Esta situação pode deteriorar enormemente sua vida diária. As possíveis conseqüências podem ser a incapacidade para trabalhar e a admissão em um hospital psiquiátrico. Neste caso, a carreira de nossa dona-de-casa e mãe agorafóbica se deteriora ainda mais pela estigmatização. Estas conseqüências sociais têm um efeito "punitivo" sobre a paciente. O resultado é o aumento da ansiedade, que indicamos alargando a seta de modo que rodeie finalmente o subsistema cíclico.

Em nossa linguagem das modalidades, temos aqui outra vez uma seqüência estrutural B-I.-S-A, que descrevemos anteriormente. Não é uma coincidência que a seqüência do ganho secundário seja igual à seqüência da perda secundária. São iguais quanto à estrutura superficial, mas os processos subjacentes são mutuamente opostos. Um equilíbrio dinâmico entre estes ciclos ajuda a que o *status quo* de nossa paciente agorafóbica continue. Com a ajuda das intervenções propostas, deve-se desfazer o ganho e suprimir a perda. O terapeuta contribui para isso fortalecendo o ciclo de *feedback* (*feedback* positivo), no caso da perda secundária (p. ex., melhorando as habilidades sociais defeituosas) e debilitando este ciclo (feedback negativo), no caso do ganho secundário (p. ex., diminuindo a atenção do marido).

Visto em conjunto, o subsistema cíclico passa através da seguinte seqüência:

O comportamento fóbico de fuga e evitação (B) reflete habilidades sociais defeituosas (I.), com o resultado de uma diminuição dos contatos sociais que acaba num isolamento social. No pior dos casos, a paciente sofre privação sensorial na área social, como conseqüência, por exemplo, da perda do trabalho (S). Portanto, o temor fóbico (A) e o comportamento fóbico aumentarão. O tratamento a escolher, para quebrar este ciclo, é o treinamento em habilidades sociais, enfatizando os ensaios de papel assertivo. No caso de nossa paciente agorafóbica, estes ensaios poderiam ter também como objetivo o desempenhar o papel de um indivíduo independente que se atreve a viver sua própria vida.

II.3. O ganho primário

Quando observamos a paciente após um comportamento de evitação ou depois de fugir de uma situação fóbica, podemos perceber que se sente muito aliviada. Depois de realizar o comportamento fóbico, produz-se um alívio da tensão, experimentado pela paciente, de forma intrínseca, como reforçador. Em termos de aprendizagem social, o fenômeno pelo qual se elimina um sentimento desagradável denomina-se reforçamento negativo. O comportamento de evitação se fortalece e aumentará em freqüência e intensidade. A redução da tensão proporciona um benefício ou um *ganho* que é intrínseco por natureza e que chamaremos de *primário*, de acordo com a literatura.

Por um lado, a paciente sente-se aliviada, fica em casa e raramente sai. Sente-se perdida se sai de casa, mas também só, se fica dentro de casa. Por outro lado, ficar em casa lhe dá certa estrutura e a mantém a longo prazo. Sua vida chega a compor-se de objetivos que se encontram no interior da casa e, finalmente, adapta-se à situação fóbica existente. Surge uma certa homeostase, pela qual fica difícil imaginar sua vida sem uma fobia. Se a paciente permanece com a fobia, não necessita enfrentá-la e tem uma boa desculpa para não sair de casa. Neste caso, a redução da tensão é causa e efeito, em relação ao comportamento fóbico. A exposição *en vivo*, uma técnica da terapia comportamental, é a intervenção a escolher para quebrar a associação da redução da tensão com a fuga e a evitação (Emmelkamp, 1982).

O aumento dos comportamentos fóbicos, como resultado da redução da tensão, levará de novo a uma imagem negativa de si mesma, através de pensamentos como, "Aqui estou eu, sou uma covarde, nunca triunfarei" ou "Nunca me recuperarei". Dessa maneira, a paciente faz sabotagem a si mesma e, finalmente, modela sua imagem como "a dona-de-casa superdependente". Se antes da fobia já tinha uma imagem negativa de si mesma, com esta a fortaleceria ainda mais. Além disso, normalmente também tem pensamentos de culpa. A paciente geralmente censura a si mesma pelos aborrecimentos que causa a seu marido e às crianças, por culpa da fobia. Ao catastrofizar e criar imagens de condenação sobre o futuro, inicia um ciclo de temor antecipatório. Quando se estabelece o medo a ter medo, a agorafobia aumenta uma unidade a mais.

Ao aumentar a seta, forma-se o seguinte subsistema:

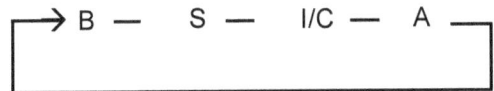

Num primeiro momento, o comportamento fóbico (B) produz uma redução da tensão (S). Em segundo lugar, a paciente culpa a si mesma por isso, após o que se fortalece a auto-imagem negativa e disparam os pensamentos de condenação (I/C). Finalmente, resulta no medo ao medo (A) e um aumento dos comportamentos de fuga e evitação. O círculo se completa. Os exercícios da exposição *en vivo* fazem com que a paciente experimente a diminuição da tensão enquanto se encontra na situação temida. Desta maneira, a paciente aprende a "habituar-se" aos estímulos fóbicos até alcançar a "extinção". O treinamento em relaxamento pode ajudar a alcançar esses níveis. Deste modo, situações temidas anteriormente perderão finalmente seu valor provocador de ansiedade. É difícil alcançar um baixo nível de tensão quando o paciente se queixa de todo tipo de sintomas somáticos. É aqui onde o ciclo do ganho primário se conecta com o ciclo da perda primária.

II.4. A perda primária

Na *perda primária*, o centro de nossa observação se dirige aos fenômenos de somatização. A somatização aumenta quando persiste o comportamento fóbico. Nossa paciente agorafóbica apresenta todo tipo de percepções sensoriais, que variam desde a parestesia nas pernas até a cefaléia tensional. As queixas somáticas funcionais podem apresentar-se de muitas maneiras diferentes, como, por exemplo, uma inflamação na garganta, pressão no peito, palpitações, tensões abdominais e estomacais, enjôos, náuseas, fraqueza, sudorese e fadiga. Por último, o resultado pode ser a hiperventilação e perturbações psicossomáticas. Podemos imaginar aqui enxaquecas, uma elevada pressão sangüínea, eczemas e outras disfunções corporais, as quais alguns pacientes podem estar "predispostos". Com freqüência, como no caso de nossa paciente agorafóbica, pode ocorrer uma dependência de tranqüilizantes. Na maioria das vezes, isso ocorre quando o paciente fez pouco esforço para reduzir os problemas. Toma seus medicamentos para continuar mantendo como válido, e com pouco esforço, seu estilo de vida fóbico. Na pior das hipóteses, o paciente chega a converter-se em um viciado em tranqüilizantes. Reprime-se a ansiedade mas não se elimina. Finalmente, a ansiedade aumenta e é acompanhada por sentimentos de depressão, especialmente como uma conseqüência do desamparo da situação. O comportamento fóbico aumenta através dos ciclos de *feedback* positivo que estão conectados com as somatizações, as quais por sua vez aumentam cada vez mais.

O ciclo da perda primária é oposto ao ciclo do ganho primário. Diferentes dos ciclos secundários, os dois anteriores passam através de uma seqüência B - I. - S - A, seguindo tais ciclos primários a seqüência B - S - I/C - A (ganho primário) e a seqüência B - S - D. - A (perda primária). Assim como os ciclos secundários, os dois ciclos primários, que acentuam ambos a modalidade da percepção sensorial, se equilibram mutuamente. No caso da perda primária, deve-se elevar o feedback negativo (dirigido para a redução) na terapia, fazendo com que o paciente aprenda a ignorar a somatização e a substitua pelo relaxamento. O treinamento em relaxamento servirá também nesse caso de ganho primário. Este ciclo pode quebrar-se aumentando o feedback positivo da resposta de relaxamento nas ocasiões em que se encontre em situações fóbicas (Schwartz, 1982).

A seqüência do subsistema cíclico da perda primária tem o seguinte aspecto:

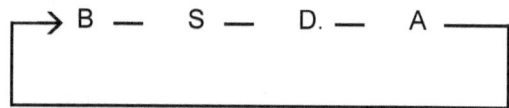

O comportamento fóbico, por exemplo, o escapar da situação temida (B), dá como resultado, em última instância, todo tipo de queixas somático-funcionais e um aumento do *stress*, que se percebe sobre o corpo ou dentro dele (S). Através da hiperventilação, isto pode levar a vários transtornos somáticos (D) e dar como resultado um aumento da ansiedade (A), com um posterior incremento dos comportamentos fóbicos. Deve-se eliminar as queixas somático-funcionais. Pode acontecer que a paciente aprenda a conviver com elas. Logo se adapta às mesmas e surge certa homeostase. O *stress* e a tensão são causas e efeitos com respeito ao comportamento fóbico. Esse fenômeno produz tensões físicas que resultam num aumento do comportamento de fuga-evitação.

De qualquer maneira, a intervenção neste ciclo deve dirigir-se a quebrar a cadeia de somatizações. Segundo a teoria da aprendizagem, o paciente é "punido" pelas doenças somáticas. Aqui é indicado o treinamento em relaxamento, com a ajuda do relaxamento muscular, do mental e daquele através da respiração. É importante para combater a hiperventilação e para reduzir as possíveis perturbações psicossomáticas. Os exercícios que empregam a respiração podem estender-se e aplicar-se tão intensamente, que podem ser confundidos com a meditação. A meditação pode substituir ou evitar a ingestão de medicamentos.

II.5. A mediação cognitiva

Por *mediação cognitiva* queremos dizer que, em certas situações, os sentimentos e comportamentos aumentam ou diminuem mudando os conceitos e as imagens do paciente. O subsistema cíclico da mediação cognitiva passa através da seguinte seqüência:

```
 ┌─→ S —    C/I —  A —   B ─┐
 │                          │
 └──────────────────────────┘
```

A seqüência S - C/I - A - B no caso de nossa paciente agorafóbica é como segue:

A situação fóbica que se percebe, como um elevador, uma fila ou um ônibus (S), é acompanhada de pensamentos (C). Através destes pensamentos atribui a causa de seu temor à situação, através do raciocínio dicotômico, da catastrofização ou da supergeneralização, em vez do pensamento racional ou relativista. Ao mesmo tempo, tem todo tipo de imagens que se relacionam com a perda do controle, como desmaiar, ficar louca ou ter de repente um ataque do coração ou um tumor cerebral (I). Todos estes pensamentos aumentam suas reações de medo (A). Em conseqüência, ocorre um aumento do comportamento de fuga-evitação (B). Nesta seqüência S - C/I - A -B se favorecem especialmente a terapia cognitiva de Beck ou a terapia racional emotiva de Ellis. Em tal seqüência, as modalidades da Cognição e a Imaginação, em relação com o Afeto, são as que mais nos chamam a atenção.

O princípio básico é a idéia empiricamente comprovada de que não é a situação *per si* que nos torna nervosos, mas nossos próprios pensamentos sobre a situação (Plutchick, 1980). Segundo Ellis (1962) o homem é um organismo que "percebe as sensações-pensa-experimenta emoções-move-se", pelo qual considera que o pensar e o experimentar emoções estão complexa e inseparavelmente unidos. Este ponto de vista se encaixa com nossa visão da teoria de sistemas, de que todas as modalidades estão conectadas em interação mútua. Os pensamentos e os sentimentos são mutuamente dependentes e estão conectados em um processo contínuo de interações flutuantes e dinâmicas. As imagens e os conceitos de nossa paciente agorafóbica são causa e efeito em relação com as reações de medo. Através da imaginação catastrofizante e de modos de pensar pouco lógicos, aumenta seus medos. Logo, o medo pode provocar o pensamento negativo, por exemplo, "Nunca me recuperarei".

Vale a pena ver a diferença entre o pensamento-imagem e o pensamento cognitivo. Em geral, as cognições, o pensamento lógico e analítico, estão localizados no hemisfério esquerdo, que dirige o lado direito de nosso corpo. O direito se identifica, com freqüência, com o bom, o exato, o inteligente, o justo, resumindo, o positivo. A capacidade intelectual gráfica encontra-se representada globalmente pelo hemisfério direito, que dirige o lado esquerdo do corpo. O esquerdo identifica-se freqüentemente com a síntese, a imaginação, a fantasia, o sonhar (acordado), o tipo de pensamento que se vê principalmente como criativo e intuitivo. Com freqüência, considera-se esta forma de pensamento como algo "inferior", devido a lhe serem atribuídas qualidades como suave, fraco ou feminino. A diferença da modalidade cognitiva, é a modalidade da imaginação que, via sistema límbico, está estreitamente conectada com a vida emocional (Afeto). Os dois hemisférios complementares encontram-se conectados por um feixe de nervos, o corpo caloso. A intenção da TMM consiste em integrar o trabalho dos dois hemisférios através de uma análise linear (contar as árvores) e da síntese holística (continuar vendo o bosque) (Sperry, Gazzaniga e Bogen, 1969).

A imaginação do paciente está conectada com as reações fóbicas através do círculo de *feedback* positivo. No caso de nossa paciente agorafóbica, a ansiedade aumenta através da imagem negativa de si mesma e das projeções negativas do futuro. Ela vê a si mesma como um indivíduo deficiente que se eclipsa ante os demais e como uma mãe e esposa infeliz que não realiza bem seus deveres familiares. Imagens negativas de humilhação social, de ser desprezada e de desprestígio cruzam por sua cabeça. O futuro lhe parece tenebroso e fica abatida por isso. Estas imagens e seu temor engordam juntos um processo escalonado. Uma maneira pouco racional de pensamento completa o quadro. Devido à contínua avaliação negativa por parte da paciente, formam-se mais medos. Uma avaliação encontra-se acima de uma descrição na escala de abstração. E devido a primeira afastar-se da realidade mais que a última, cai facilmente em erros de pensamento. Nossa paciente faz a seguinte avaliação, por exemplo: "Cada vez que estou fora, tenho esses sentimentos desagradáveis que não posso controlar". Em vez disso, seria melhor que fosse concreta através da descrição, por exemplo: "Anteontem pela manhã, quando estava fora, vieram-me à cabeça meus problemas conjugais. Tive sentimentos desagradáveis que diminuíram quando recuperei o fôlego. Senti-me bem". Os erros de pensamento como o raciocínio dicotômico (p. ex., "Tudo vai mal comigo sempre"), a supergeneralização (p. ex., "Evito todas aquelas situações das quais não posso fugir imediatamente") ou a catastrofização (p. ex., "Nunca me recuperarei") conduzem a um aumento de sua ansiedade.

O veículo dos pensamentos e das imagens é a linguagem. Se a ansiedade de nossa paciente está mediada fortemente pelas Cognições e/ou Imagens, é conveniente que aprenda a utilizar uma linguagem que descreva como um "mapa" a realidade do "território" (Korzybski, 1933). Esta linguagem tem de ser um reflexo da estrutura da realidade, que se inter-relaciona no procedimento através de interações mútuas (Kwee, 1982). Desconectar este ciclo é função da terapia comportamental cognitiva, da qual a terapia racional emotiva é o expoente mais conhecido. É necessário ensinar ao paciente cognições e imagens relativistas que sirvam para substituir seus estilos de pensamento absolutista. Ao mesmo tempo, é importante ensinar ao paciente auto-instruções comportamentais dirigidas à redução dos comportamentos fóbicos.

II.6. Integração dos círculos viciosos

Antes de empreender uma análise passo a passo e de delinear as técnicas terapêuticas, é necessário definir, em primeiro lugar, uma estratégia terapêutica. Por estratégia nos referimos à seqüência, escolhida pelo terapeuta, para quebrar os círculos através de intervenções. Como vimos anteriormente, diferenciamos cinco ciclos, que comportam 153 seqüências estratégicas possíveis.

Estes cinco ciclos podem ser resumidos como segue:

Círculo I. Mediação cognitiva: S C I A (p. ex., imagem negativa de si mesmo)

Círculo II. Perda primária: B S D.A (p. ex., somatização)

Círculo III. Perda secundária: B I.S A (p. ex., isolamento social)

Círculo IV. Ganho primário: B S C/I A (p. ex., redução da tensão)

Círculo V. Ganho secundário: B I.S A (p. ex., busca de atenção)

Utilizamos os termos círculo e ciclo (viciosos) de forma intercambiável. Deve-se mencionar que se distinguem entre eles, de tal maneira que o termo ciclo representa um processo e o termo círculo um estado. Quando falamos de círculos, detemos artificialmente um processo contínuo, a fim de examiná-lo mais atentamente. A forma em que estes cinco ciclos viciosos se inter-relacionam, interagem e são mutuamente dependentes, pode-se ver na figura 29.2.

Figura 29.2. *Os cinco círculos viciosos, apresentados esquematicamente.*

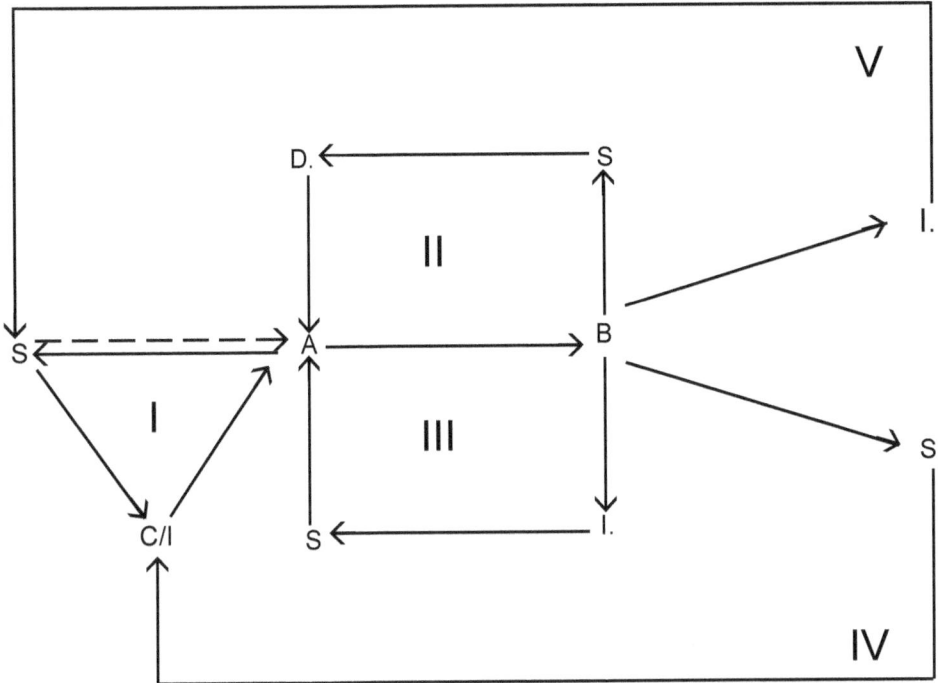

Dos milhares de possíveis anéis circulares do BASIC I.D., escolhemos estes cinco círculos porque nos dão uma indicação sobre a motivação do paciente para o tratamento. Este último fator vai decidir ao final o êxito ou o fracasso da terapia. A motivação para a terapia pode ser avaliada, estimando-se a razão entre o ganho e a perda dos sintomas. Os ganhos primários e secundários representam principalmente um ganho ou benefício a curto prazo, mas uma perda ou desvantagem a longo prazo. As perdas primárias e secundárias são prejudiciais ao paciente, tanto a curto como a longo prazo. Anteriormente vimos ilustrações das variações do ganho e da perda das queixas. Pensamos que o paciente não está motivado quando o ganho das queixas é maior do que a perda. Achamos que o paciente está motivado quando a perda é maior do que o ganho. O paciente pode estar motivado extrínseca ou intrinsecamente. Quando o paciente procura terapia por si mesmo, devido ao sofrimento interno, há motivação intrínseca. Quando o paciente não procura a terapia por si mesmo, mas o faz principalmente para satisfazer outra(s) pessoa(s), há uma motivação extrínseca. Nesse último caso, deve-se motivar o paciente antes e durante o tratamento.

Os Círculos V e IV, que mantêm os sintomas, merecem uma primeira inspeção, porque têm uma ação de manutenção sobre o comportamento-problema, devido a seu caráter reforçador. Quando o paciente pode moldar o ambiente social à sua vontade com a ajuda de suas queixas, pode ser útil convidar a/o esposa/o e outros membros da família a participarem da terapia. Para quebrar o Círculo V, a intervenção deve dirigir-se à área das relações através da *terapia familiar* ou de *casal*. Este tipo de terapia tem como objetivo proporcionar introspecção sobre, e mudar, o problema emocional sem que o paciente perca prestígio. O problema emocional se mantém através do Círculo IV, devido a que a redução da tensão reforça o comportamento-problema. Geralmente este é um comportamento de fuga ou de evitação e pode tomar a forma de evitar a rua (agorafobia), lavar-se em excesso (neurose obsessivo-compulsiva) ou ficar na cama (depressão). Recomenda-se, respectivamente, intervenções comportamentais como a *exposição*, a *prevenção da resposta* e as *tarefas para casa* graduadas.

A seguir, observamos os Círculos III, II e I. Todos estes círculos nutrem-se da ignorância ou da falta de habilidade por parte do paciente no círculo correspondente. O Círculo III implica no sofrer isolamento social ou inclusive sofrer privação sensorial, como resultado do problema emocional. Isso pode estar relacionado com a falta de habilidade social do paciente, para o qual o *treinamento em habilidades sociais* seria uma solução. O Círculo II implica na somatização do paciente, que pode resultar em transtornos psicossomáticos (p. ex., tensão, asma, ardor na boca, eczema, agitação, pressão sangüínea elevada). Não é raro que estas queixas se encontrem conectadas com a hiperventilação (incapacidade de respirar profundamente), para a qual o *treinamento em relaxamento* e a *meditação*, podem constituir um remédio. O Círculo I refere-se à manutenção do problema emocional como resultado da ignorância, isto é, do pensamento e da imaginação pouco racionais do paciente. O ponto de partida consiste em que o paciente não se perturbe emocionalmente pelos acontecimentos ativadores, mas sim pelos pensamentos e imagens sobre esses acontecimentos. Recomenda-se a *terapia cognitiva* ou a *terapia emotiva* para quebrar este círculo.

Para terminar, mencionaremos que se deve considerar a avaliação da importância dos círculos e seguir a instrução de que "o mais importante é o primeiro". Prescrevem-se sucessivamente intervenções para os Círculos V, IV, III, II e I: terapia dirigida à interação, terapia comportamental, treinamento em habilidades sociais, treinamento em relaxamento/meditação e terapia cognitiva. No entanto, nem todos os círculos precisam ser aplicados a todos os pacientes. Portanto, é importante, para a estratégia, estudar se se aplicam todos os círculos e que ordem se dá a cada um deles na escala.

III. MICROANÁLISE

Enquanto na macroanálise estuda-se o BASIC I.D. de uma maneira holística (abstrata), as modalidades são exploradas mais concretamente na microanálise. A intenção da macroanálise consiste em recolher uma visão geral do paciente e desenvolver uma terapia, um plano ou uma estratégia global. A *microanálise* refere-se à análise de uma experiência emocional específica, de um episódio, em termos do BASIC I.D. Com base nesta informação, projeta-se a tática terapêutica da TMM. Conheceremos a escolha e a ordem em que se aplicam as técnicas de tratamento específicas. Através da microanálise, colocamos em prática o ideal científico da especialidade: que terapia, por qual terapeuta, para qual paciente, com que problemas e em que circunstância haverá um maior êxito?

Por um episódio emocional nos referimos a uma situação concreta ou a um momento específico, no qual o paciente experimenta fortemente seu problema. Existem diferentes conceitos sobre a natureza psicológica dos episódios emocionais, variando desde uma ordem estruturada fixa do BASIC I.D. até uma multiplicidade de seqüências de modalidades. O estabelecimento destas ordens seqüenciais, que podem ser vistas como microsubsistemas, dá uma idéia das técnicas que devem ser aplicadas e em que ordem. Isto está em correspondência com o ponto de vista multimodal de que quanto mais modalidades do BASIC I.D. sofram mudanças, mais duradouros serão os resultados finais. Não se necessita ser um Ellis na modalidade cognitiva, ou um Skinner na modalidade comportamental, ou um Haley na modalidade interpessoal, ou um Rogers na modalidade afetiva, ou um Reich na modalidade sensorial, ou um Erickson na modalidade da imaginação, para ser eficaz na TMM. A TMM é um sistema aberto no qual o terapeuta pode atuar a partir de uma posição técnico-eclética, possuindo uma base teórica integral.

Nossa idéia é que quanto mais habilidades o paciente adquirir na terapia, menos probabilidades existirão de que recaia nos antigos sintomas. Para nós a melhora duradoura é uma função da combinação de modalidades, estratégias e táticas, ou técnicas. Entretanto, não é aconselhável que o terapeuta aplique uma miscelânea de técnicas, mas que empregue somente aquelas intervenções cuja eficácia foi demonstrada empiricamente. Um terapeuta eficiente possui um arsenal de diferentes técnicas; sabe como e quando utilizá-las de forma eficiente e eficaz.

Os apartes seguintes tratarão destas técnicas, assim como da doutrina eclética subjacente, dos ingredientes ativos destas técnicas e da arte de utilizá-las. Antes de entrar nestas questões, vejamos o ponto de vista multimodal sobre as emoções.

III.1. A teoria das emoções

A teoria multimodal sobre as emoções ou o subsistema afetivo, proporciona uma direção para o procedimento terapêutico. Começa com uma microanálise do problema, apresentado pelo paciente, antes de começar o procedimento técnico. Embora a microanálise sempre ocorra de uma maneira multimodal, na prática nem sempre é necessário intervir em todas as modalidades. Supomos que uma análise profunda produza uma base importante para o tratamento, que se refere às necessidades do paciente individual. A microanálise baseia-se na teoria multimodal do Afeto, que coloca em um mesmo lugar todas as possíveis ordens disparadoras ou seqüenciais.

A primeira teoria psicológica sobre as emoções, a de James e Lange, afirma que nossa percepção (S) de, por exemplo, um urso, é seguida por nossa interpretação de perigo (C), logo pelo comportamento (B) de correr, e só depois se experimenta (os sintomas fisiológicos) a emoção (A). Em resposta a isso, Cannon e Bard afirmam que a percepção (S) do urso leva a uma interpretação do perigo (C), a qual se segue (os sintomas fisiológicos) da experiência de ansiedade (A), através da qual se ativa finalmente o comportamento (B) de correr. A hipótese de Cannon-Bard foi mais aprofundada pelos chamados cognitivistas, que atribuíram a primazia ao pensamento (entre outros, Arnold, 1960; Plutchik, 1980; R. Lazarus, 1984). Entretanto, o psicólogo social Zajonc (1984) atribui a primazia ao Afeto, que considera que funciona independentemente das cognições. Em uma controvérsia com R. Lazarus (1984), afirma que a percepção (S) é seguida pela emoção (A) e depois vem o comportamento (B) e a cognição (C). Outra teoria relacionada (Greenberg e Safran, 1984) afirma que a percepção (S) está unida à emoção (A), o que forma a base para as decisões (C) a favor de uma atuação (B) determinada. Assim, vemos na teoria uma diversidade de ordens seqüenciais (SCBA, SCAB, SBAC e SACB), nenhuma das quais foi claramente aprovada ou rechaçada até hoje.

Uma teoria que é útil na prática e que nos parece atrativa é a de Candland e cols. (1977). Eles afirmam que não existe uma ordem fixa de modalidades no caso de uma experiência emocional. Há uma interação complexa entre as modalidades, que influi, através de um *feedback* contínuo, sobre os diferentes processos que aparecem simultaneamente. Consideramos o Afeto como produto da interação recíproca entre o comportamento, a percepção, a imaginação e a cognição, que ocorre em um contexto interpessoal e que possui uma base bioquímica/ neurofisiológica.

Todavia, os dados da pesquisa têm que decidir que ordens disparadoras específicas existem, em que situações específicas e em que tipo específico de indivíduos. Entretanto, a prática terapêutica não pode esperar. Na microanálise, nos baseamos naquelas ordens disparadoras que o paciente nos apresenta. Estas encontram-se ditadas pela experiência do paciente e nós nos vemos forçados a aceitá-las como "verdadeiras" sobre uma base empática, tomando-as como um ponto de partida para uma posterior exploração do BASIC I.D.

III.2. As modalidades dominantes

Na terapia comportamental cognitiva uma experiência emocional é um padrão tríplice de respostas que consta de comportamentos, pensamentos e sentimentos, que na TMM se analisa mais extensamente através do BASIC I.D. As diferentes modalidades atuam como componentes mutuamente interagentes, embora funcionem de forma separada.

Do nosso ponto de vista multimodal, destacamos, entre outros, a pessoa que "atua", a que "pensa" e a que "sente". Vejamos nossas intervenções com elas. Quando um paciente, que permanece na cama todos os dias, é uma pessoa que "atua", recomenda-se uma intervenção comportamental. No caso de ser uma pessoa que "pensa", prefere-se uma intervenção cognitiva. Quando o paciente é uma pessoa que "sente", recomenda-se uma intervenção afetiva ou de evocação. No entanto, quando ocorre uma mudança numa modalidade, não está assegurado que apareçam também mudanças nas outras modalidades. Assim, o paciente pode mudar os pensamentos, mas não os sentimentos ou o comportamento. Ou o paciente pode mudar os sentimentos, mas não os pensamentos ou o comportamento. Também é possível que mude o comportamento, mas não os pensamentos ou os sentimentos. Se defendemos uma terapia "completa", é necessário realizar mudanças congruentes em tantas modalidades quantas sejam possíveis.

Uma série de estudos (Michelson, 1986) tem investigado a idéia de que a técnica de intervenção que se aplica tem que corresponder à modalidade dominante no paciente. Inclusive no tratamento de transtornos com o mesmo diagnóstico psiquiátrico, tem se demonstrado que se obtém resultados duradouros se se considerar o que acabamos de mencionar. Ost e cols. (1981, 1982, 1984) encontraram resultados resenháveis com pacientes fóbicos os quais classificaram como "pessoas que atuam" e "pessoas que pensam". Os indivíduos com fobia social que pertencem à categoria de "pessoas que atuam", respondem melhor ao treinamento em habilidades sociais do que ao treinamento em relaxamento. Pelo contrário, as "pessoas que sentem" obtêm melhores resultados com o treinamento em relaxamento do que com o treinamento em habilidades sociais. Os sujeitos com claustrofobia melhoraram mais com o treinamento em relaxamento, quando pertenciam à categoria de "pessoas que sentem", do que se fosse aplicada a exposição *en vivo*. Pelo contrário, as "pessoas que atuam" funcionaram melhor com a exposição *en vivo* do que com o treinamento em relaxamento. Os mesmos resultados foram obtidos com agorafóbicos, embora estes não tenham alcançado significação estatística. Técnicas idênticas ou parecidas parecem obter bons resultados em 80% dos casos. Além das duas tipologias que vimos, também estavam envolvidas "pessoas que pensam", tratadas com intervenções cognitivas, e os achados puderam ser confirmados estatisticamente (Michelson, 1986).

Estes achados empíricos apóiam o princípio de que uma técnica de tratamento que é consoante com a modalidade dominante produzirá os melhores resultados. Embora supondo que as ordens disparadoras produzem certos modelos relativamente fixos em algumas situações para determinados indivíduos, podem diferir em diversas circunstâncias. Por isso, recomenda-se uma definição e uma análise sistemática das ordens disparadoras para cada episódio emocional apresentado pelo paciente.

III.3. "Ordens disparadoras" seqüenciais

Um método de tratamento que emprega uma ordem disparadora prototípica na análise de um episódio emocional é a terapia racional emotiva. De acordo com o modelo emocional de Plutchik (1980), utiliza-se aqui o denominado esquema ABC12. **A**, representa a percepção de uma determinada situação (S), **B**, a interpretação cognitiva (C) e/ou imagens/fantasias (I) da situação, **C1**, a emoção (A) e **C2**, o comportamento (B e I.) nessa situação. Em nossa linguagem multimodal, os terapeutas racional-emotivos se atêm à seqüência SC/IAB/I. A conseqüência de manter uma ordem fixa é que se introduz o paciente à força num modelo. O modelo tem a vantagem de discriminar entre o pensar, experimentar emoções e perceber, favorecendo os pensamentos. As expressões, estabelecidas como percepções, como "Ouço você dizer bobagens", se desfazem em cognições. Assim, "bobagens" é uma inferência do que a pessoa disse. Da mesma maneira, expressões que parecem expressar sentimentos, como por exemplo,

"Sinto-me inseguro" ou "Sinto como se a terra me engolisse", são identificadas como a cognição "Estou inseguro e sinto-me ansioso" e a imagem "A terra me engole e sinto-me ansioso". Em nosso conceito multimodal, distinguimos quatro emoções básicas, ansiedade, raiva, alegria e tristeza, termos que determinam o matiz da ativação fisiológica que a pessoa experimenta. A terapia se dirige geralmente a mudar os sentimentos negativos extremos (pânico, raiva, depressão) pela "alegria de viver" (felicidade, alegria, satisfação). Uma vez mais, assinalamos que as emoções não se apresentam isoladas, mas como subsistemas acompanhados pelas modalidades do BASIC I.D..

Um inconveniente importante de ater-se à ordem SC/IAB/I. como modelo de trabalho, é que a abordagem de um transtorno emocional ocorre também segundo uma determinada maneira pré-fixada. O procedimento enfatiza fortemente a modalidade cognitiva e se dirige à reestruturação cognitiva através da disputa racional. O ponto de partida, "a maneira como pensa é o modo como você se sentirá e se comportará", se estabelece à custa dos procedimentos dirigidos à ação. A literatura de pesquisa afirma que há uma via de dois sentidos entre pensar e comportar-se. O pensamento racional não produz necessariamente uma mudança comportamental e, até hoje, os exercícios comportamentais *en vivo* parecem ser mais eficazes do que a mudança dos processos simbólicos. A pesquisa com agorafóbicos mostrou que a reestruturação cognitiva ocorre após a exposição *en vivo*. Durante o treinamento comportamental, os pacientes percebem que seu temor diminui porque não aconteceu o que esperavam e, em conseqüência, mudam seus pensamentos. Há mais reestruturação cognitiva depois de exercícios comportamentais *en vivo* do que após a modificação cognitiva direta (Emmelkamp, Kuipers e Eggeraat, 1978; Rachman e Wilson, 1980). Nossa própria experiência clínica com mais de 500 pacientes fóbicos, compulsivos, depressivos, anoréxicos, bulímicos e somatizadores, mostra que só a simples mudança cognitiva não funciona (Kwee, Duivenvoorden, Trijsburg e Thiel, 1986). Uma maneira de melhorar um procedimento unimodal, bimodal ou inclusive trimodal consiste em considerar as possíveis 5.040 combinações seqüenciais do BASIC I.D.. Nosso conceito sobre as ordens disparadoras está de acordo com o pensamento de sistemas de que as modalidades não existem por si mesmas, mas que estão sob um fluxo constante de interações.

Geralmente, o paciente representa uma seqüência relativamente estável em uma série de quatro ou cinco modalidades durante um episódio emocional. Desta maneira, uma "pessoa que age" pode experimentar uma seqüência BSIA: estar na cama (B), sentir dor de cabeça (S), imaginar coisas negativas (I) e experimentar depressão (A). Depois de haver passado pela consulta, pode-se iniciar as seguintes intervenções: programa de atividades para deter o comportamento de evitação, treinamento em relaxamento como um remédio contra a dor de cabeça, exercícios para a imaginação positiva e aceitação dos pensamentos depressivos. Uma "pessoa que pensa" poderia experimentar uma seqüência CII.A: pensar que é um indivíduo desprezível (C), imaginar que sempre será desta maneira (I), manifestar comportamento não assertivo (I.) e sentir-se, finalmente, muito deprimido (A). O processo de terapia poderia começar com a reestruturação cognitiva, através da aprendizagem para pensar corretamente, seguida da imaginação racional emotiva, do treinamento em assertividade e da aceitação dos sentimentos de depressão.

III.4. Rastreando a seqüência

Seja qual for a categoria à qual o paciente pertença, a questão é seguir as ordens disparadoras de cada episódio emocional, a fim de ser capaz de definir a tática terapêutica. Um procedimento construído para este propósito denomina-se "rastreamento" (Lazarus, 1981). O "rastreamento" é especialmente útil se o paciente informa que não sabe a origem dos problemas e como ocorrem.

Um exemplo pode ilustrar este ponto. A senhora B. sofre ataques de ansiedade e tem a idéia de que provêm do "céu". O resumo seguinte mostra como se identifica a ordem disparadora das modalidades através do "rastreamento" (T X Terapeuta, P X Paciente):

T.: Quando se sente ansiosa tem percebido se este sentimento vem precedido por pensamentos ou imagens ou por certas sensações corporais?

P.: Não sei o que me causa a ansiedade. Pode ocorrer em qualquer lugar como esta manhã. Ocorreu quando estava lavando os pratos. Sem razão alguma.

T.: Tente recordar cada pensamento, imagem ou idéia que lhe veio à cabeça antes de se sentir ansiosa.

P.: Não consigo lembrar.

T.: Por favor, feche os olhos, recoste-se para trás, relaxe e imagine que está lavando os pratos.

P.: (Após um momento) Já tenho a cena.

T.: Muito bem. Agora veja essa cena com os olhos da mente, imagine que está em pé, na cozinha. Descreva o que está acontecendo.

P.: Estou enxaguando os pratos para tirar os restos de ovo antes de colocá-los no escorredor.

T.: Como se sente enquanto o está fazendo?

P.: Muito bem. Estou olhando pela janela e vejo que o jardim está um pouco descuidado. Precisa cortar a grama...Estou lembrando de algo (abre os olhos). Esta manhã, quando estava lavando os pratos, olhei pela janela e vi algo que brilhava, provavelmente o reflexo da luz do sol em uma superfície de alumínio ou algo parecido... Irritou-me os olhos e tive de fechá-los por um momento, afastando-os daquele lugar. Mas quando os abri me senti enjoada.

T.: O que aconteceu então?

P.: (Fecha os olhos) Tive dor de cabeça... (abre os olhos). Estou sentindo outra vez agora. Sinto-me enjoada outra vez. Sinto-me tensa.

T.: Pode lembrar-se exatamente quando começou a sentir-se tensa?

P.: Acontece sempre que começo a sentir uma pressão no peito.

T.: De modo que o enjôo lhe produziu uma reação em cadeia, sentiu dor de cabeça e pressão no peito. O que aconteceu depois disso?

P.: (Pausa) Deixei de lavar os pratos e me sentei. Fiquei nervosa e tive medo de que me desse um ataque de pânico.

T.: Finalmente, o que lhe produziu o medo?

P.: O que quer dizer?

T.: Como passou do enjôo, da dor de cabeça e da pressão à ansiedade?

P.: Uhm, achei que era melhor sentar-me antes que ficasse mais tensa e tivesse um ataque de pânico.

T.: De modo que teve pensamentos antes de sentar-se?

P.: Isso acontece na maior parte do tempo.

T.: O que estava dizendo a si mesma?

P.: Quando me sentei, tive várias imagens nas quais me sufocava e tinha um ataque de pânico.

T.: De modo que imaginou que ia morrer por que lhe faltava oxigênio?

P.: Sim, vejo como acontece e luto contra isso.

O diálogo anterior mostra que a ordem disparadora da senhora B. é SCBIA, na qual S = enjôos, dor de cabeça, pressão, C = expectativas de ter um ataque de pânico, B = sentar-se, I = imagens nas quais se sufoca e luta contra a morte e A = ansiedade e pânico.

III.5. O ecletismo técnico

Uma pesquisa feita entre mais de 400 psicólogos clínicos nos Estados Unidos mostrou que a maioria deles defendia uma orientação eclética (Smith, 1982). Cada vez mais terapeutas consideram que as técnicas ou os procedimentos eficazes são mais importantes do que suas orientações teóricas ou ideológicas (Frances, Clarkin e Perry, 1985). Podem-se distinguir, pelo menos, dez variantes do enfoque eclético (Dryden, 1984), das quais o *ecletismo técnico ou sistemático* que defendemos é uma delas (Lazarus, 1986). Nossa variante pode chamar-se *sistemática* por que não é ateórica, já que nos remetemos à teoria geral de sistemas como um modelo geral e à teoria da aprendizagem social como um modelo específico de nossas explicações (Kwee e Lazarus, 1986).

O ecletismo técnico é diferente do ecletismo teórico, que rechaçamos, porque conduz, em nossa opinião, a uma improdutiva confusão de explicações, conceitos e termos contraditórios. As teorias são menos importantes do que as técnicas no tratamento da desgraça humana (London, 1972). Um ponto de vista técnico-eclético defende o emprego de uma variedade de técnicas que estão abertas à verificação e à refutação de sua efetividade. Estas técnicas podem ter sido desenvolvidas por qualquer escola ou orientação, mas o que importa é que se demonstre que são empiricamente efetivas e eficientes. O uso destas técnicas não significa que subscrevemos necessariamente as teorias que se formulam em apoio a estas técnicas. As técnicas são efetivas independentemente de suas teorias e muitas vezes por outras razões diferentes das que seus criadores tinham em mente. Um terapeuta eficiente pode aplicar técnicas eficazes, independente-mente de como, onde e por quem foram criadas estas técnicas. Um terapeuta tem um objetivo diferente de um cientista, que não se pode permitir ser eclético. No laboratório, a questão é comprovar um número limitado de variáveis, a fim de ser capaz de identificar os ingredientes efetivos. As explicações teóricas se adaptam sobre a base desse tipo de investigação. Tomemos o exemplo da dessensibilização sistemática, uma das técnicas mais exploradas na terapia comportamental. Seu criador, Wolpe (1958), pensava que a ansiedade era eliminada através da "inibição recíproca". Isto implica no desaparecimento da ansiedade quando se oferece ao paciente uma resposta oposta a ela, ao enfrentar situações indutoras de medo. Este procedimento requer: a) uma potente resposta que reduza o medo (p. ex., relaxamento muscular), b) uma hierarquia graduada de estímulos provocadores de medo e c) um emparelhamento da ansiedade e do relaxamento, com um grau de dificuldade cada vez maior. Mais de 30 anos de pesquisa nos mostram que a eficácia deste procedimento pode ser explicada através de seis teorias diferentes. O quadro 29.1 mostra as explicações que foram se sucedendo ao longo do tempo.

Quadro 29.1. *Explicações alternativas para a dessensibilização sistemática desde 1958 até hoje (*Thoresen e Coates, 1978)

1. Inibição recíproca (Wolpe, 1958)	Elimina-se a ansiedade através do relaxamento induzido na situação provocadora de medo
2. Contracondicionamento (Davison, 1968)	Reduz-se a ansiedade emparelhando a reação com uma resposta antagonista
3. Habituação/Extinção (Lader e Matthews, 1968)	Reduz-se a ansiedade se não for seguida por conseqüências aversivas
4. Exposição (Marks, 1978)	Reduz-se a ansiedade através da exposição gradual ou prolongada à situação temida
5. Solução de problemas (Goldfried e Goldfried, 1980)	Reduz-se a ansiedade através de habilidades de solução de problemas (p. ex., a conversa racional consigo mesmo)
6. Auto-eficácia (Bandura, 1986)	Reduz-se a ansiedade através da expectativa de ser capaz de tomar medidas efetivas.

Na TMM empregamos principalmente 40 técnicas das que tiveram sua eficácia comprovada empiricamente (Lazarus, 1986, 1987, 1989). Por comprovação empírica nos referimos desde a manipulação experimental e a investigação correlacional, até a observação sistemática na realidade e a comprovação metodológica das experiências controláveis. Originalmente, Lazarus (1981) recolheu 39 técnicas em seu compêndio das técnicas que empregava mais freqüentemente. Nós estamos acrescentando a quadragésima técnica, denominada *terapia da aflição*, que foi desenvolvida dentro do terreno da terapia comportamental (Ramsay, 1979). No quadro 29.2. estas técnicas são agrupadas segundo o BASIC I.D..

Quadro 29.2. *As 40 técnicas mais utilizadas na Terapia Multimodal (TMM)*

B –   1. Ensaio comportamental. 2. Modelação. 3. Não reforçamento. 4. Reforçamento positivo. 5. Registro e auto-registro. 6. Controle do estímulo. 7. Exposição sistemática. 8. Cadeira vazia.

A –   9. Expressão de emoções. 10. Treinamento no controle da ansiedade. 11. Identificação de sentimentos. 12. Terapia da aflição.

S –   13. Biofeedback. 14. Focalização. 15. Hipnose. 16. Meditação. 17. Treinamento em relaxamento. 18. Treinamento em focalização sensorial. 19. Treinamento do limiar.

I –   20. Imaginação anti "choque do futuro". 21. Imaginação associada. 22. Imaginação aversiva. 23. Imaginação de enfrentamento ou de ensaio dos objetivos. 24. Imaginação positiva. 25. A técnica aceleradora. 26. Projeção no tempo (para frente ou para trás).

C –   27. Biblioterapia. 28. Correção de conceitos errôneos. 29. Paradigma A-B-C-D-E de Ellis. 30. Solução de problemas. 32. Treinamento auto-instrucional. 32. Parada do pensamento.

I. –   33. Treinamento em comunicação. 34. Contrato de contingências. 35. Treinamento em fazer amizades. 36. Aproximações sexuais graduais. 37. Estratégias paradoxais. 38. Treinamento em assertividade e habilidades sociais.

D. –   39. Incremento de hábitos de saúde (boa alimentação, exercícios físicos, tempo de descanso). 40. Enviar ao médico quando há suspeita de problemas orgânicos ou estão indicadas intervenções biológicas.

Nesta lista pode-se ver que a maioria das técnicas (34) provêm da *prática da terapia cognitivo-comportamental* (Wilson, 1982). As seis técnicas restantes merecem uma explicação. Três técnicas que utilizam a imaginação (*imaginação "antichoque do futuro"*, a *técnica aceleradora* e a *projeção no tempo)* foram criadas por Lazarus (1987) e dão bons resultados na prática clínica. A "*técnica da cadeira vazia"* é uma técnica de origem gestáltica (Fagan e Sheperd, 1970) e a "*focalização"* provém da terapia experimental (Gendlin, 1981). Parece que a eficácia de ambas as técnicas foi comprovada empiricamente um bom número de vezes. A *meditação* é amplamente utilizada atualmente na terapia comportamental (Shapiro, 1980). Os méritos desta técnica provêm do fato dela ter sobrevivido ao passar do tempo durante milhares de anos. Estão sendo acumulados dados de pesquisa sobre a meditação Zen e a meditação transcendental. A meditação do riso tem se mostrado muito eficaz para restabelecer a alegria (Kwee, 1986). Algumas técnicas não mencionadas são idênticas a, ou variantes de, as mencionadas em nosso compêndio. A *aproximação sucessiva* é idêntica à *exposição sistemática,* e a *imaginação racional* ao *ensaio dos objetivos.* A *reestruturação racional emotiva sistemática* nada mais é do que uma variante da *auto-análise racional.* O *treinamento autógeno* não é muito diferente do *treinamento em relaxamento.* Todavia, como terapeutas multimodais, continuamos buscando técnicas mais eficazes, além das que atualmente temos à nossa disposição, sempre procurando manter uma atitude científica antes de incorporá-las a nosso repertório. Rejeitamos procedimentos que são vagos, não estão comprovados cientificamente e não podem ser explicados pela teoria de sistemas e/ou pela teoria da aprendizagem social.

III.6. Conclusões

Para alguns pacientes pode bastar a aceitação incondicional, a sinceridade, a cordialidade e empatia, ou a "amizade" do terapeuta. Entretanto, são uma minoria. Outros pacientes necessitam da introspecção sobre a relação entre os acontecimentos passados e os sintomas presentes. Outros, buscam mudanças em seus hábitos, uma orientação vocacional ou "experiências emocionais corretivas" (Alexander, 1932). De qualquer maneira, quase todas as terapias tentam proporcionar ao paciente uma certa filosofia de vida, outra visão dele/dela e dos demais, e novas formas de lidar com os problemas emocionais.

Na TMM distinguimos uma série de mecanismos comprovados experimentalmente, que supomos são os ingredientes ativos da mudança psicológica. O quadro 29.3. mostra os ingredientes que acreditamos serem eficazes na maioria das técnicas que aplicamos.

Quadro 29.3. *Os supostos ingredientes ativos da Terapia Multimodal (TMM)*

B - Reforçamento positivo. Reforçamento negativo. Punição. Contracondicionamento. Extinção.

A - Aceitação e reconhecimento dos sentimentos. Catarse.

S - Deixar escapar a tensão. Sensações agradáveis.

I - Imagens de ser capaz, de afrontamento. Mudanças na imagem de si mesmo.

C - Reestruturação cognitiva. Aumento da consciência.

I. - Modelação. Aceitação incondicional. Resolução de conflitos.

D. -Exercício e dieta saudáveis. Abandonar o álcool e as drogas. Medicação, quando indicada.

A introdução destes ingredientes ativos não pode separar-se da pessoa do terapeuta que os utiliza. A personalidade e o estilo do terapeuta são instrumentos da terapia e constituem uma parte inerente da mesma.

O terapeuta tem que: a) mostrar cordialidade, ser firme e paciente, possuir humor e ajustar-se com flexibilidade ao paciente, b) ter habilidade para utilizar as técnicas (e se for necessário, criar ele mesmo as técnicas), c) praticar o que prega, e d) ser um mestre na arte de comunicar. O ofício terapêutico é comparável com a prática de uma arte. Um músico tem que saber sobre as leis fisiológicas dos sons e das vibrações, entre outras coisas, mas este conhecimento não é decisivo para a execução musical. Com respeito ao terapeuta, prega-se que o conhecimento científico é útil em sua prática, mas não depende principalmente dele. Escutar um músico virtuoso é comparável com o observar a prática de um renomado terapeuta. Estudar a prática dos *experts* pode aumentar nosso conhecimento dos mecanismos terapêuticos da mudança psicológica (p.ex., Klein, Dittman, Parloff e Gill, 1969).

Também é importante que o terapeuta seja capaz de estabelecer tarefas terapêuticas, principalmente na forma de tarefas para casa, de tal maneira que o paciente as possa realizar. Ao fazer isso, assinalam-se as seguintes questões (Shelton e Levy, 1981): a) Seja explícito e claro sobre o que o paciente deve fazer (seja primeiro um modelo); b) Defina a freqüência, o momento e a duração de cada tarefa específica; c) Pergunte ao paciente se acha a tarefa suficientemente importante e se contribui para a solução do problema; d) Observe se o paciente não se sente ameaçado pela tarefa ou que pense que ela consome muito tempo e energia. Não é preciso dizer que as tarefas não podem parecer ordens, mas pedidos ou sugestões. Também é aconselhável começar com tarefas fáceis antes de passar às difíceis.

As tarefas para casa constituem uma parte essencial de qualquer tratamento efetivo (Wilson, Franks, Brownell e Kendall, 1984). Proporciona generalização dos resultados desde a situação de terapia até o ambiente social do paciente. Outra maneira de conseguir a generalização consiste em envolver tanto quanto possível o cônjuge e/ou outras pessoas importantes do ambiente do paciente. Isso pode proporcionar aos membros da família uma oportunidade de crescer com o paciente e pode evitar sabotadores terapêuticos. Também é muito útil o uso de cassetes para conseguir a generalização. Podem-se ouvir gravações em casa das sessões de terapia, tantas vezes quanto se deseje, de modo que proporcione uma "super-aprendizagem". Ao final da terapia é útil antecipar possíveis situações provocadoras de *stress*. Ensinando os pacientes a manejar futuros problemas emocionais, podem-se diminuir as recaídas e manter-se os resultados.

IV. Resumo

A terapia multimodal (TMM) é um enfoque que foi desenvolvido a partir da tradição comportamental. Depois de ver o nascimento da terapia comportamental nos anos 50 e de seu posterior auge nos anos 60, houve uma espécie de "mudança de paradigma" nos anos 70, marcada pela inclusão de fatores cognitivos. No que agora se conhece como terapia comportamental cognitiva, as cognições estão também sujeitas a análise e modificação na prática clínica. Durante os anos 80 foi possível observar a necessidade de incluir o "afeto" como uma dimensão importante. Assim, teríamos uma "terapia comportamental cognitivo-afetiva" que é, em essência, a TMM. Na TMM distinguimos, inclusive, dimensões mais refinadas, denominadas modalidades, que podem ser classificadas sob o acróstico BASIC I.D. [Comportamento ("*Behavior*"), Afeto ("*Affect*"), Sensação ("*Sensation*"), Imaginação ("*Imagery*"), Cognição ("*Cognition*"), Relações Interpessoais ("*Interpersonal relations*") e Drogas ou temas relacionados com a saúde ("*Drugs*")]. Estas modalidades podem ser consideradas isoladas, mas inter-relacionadas, e juntas formam um sistema biopsicossocial, que reconhece a causalidade circular. Ao acrescentar a teoria de sistemas, como metateoria, à psicologia da aprendizagem, se poderia criar o "marco" necessário para a análise funcional, através da qual os casos mais complexos podem ser compreendidos mais facilmente. Também proporciona ao terapeuta diretrizes para planejar uma estratégia e, assim, escolher as técnicas de tratamento apropriadas. Na TMM aderimos à doutrina do ecletismo técnico, o que significa que apoiamos o emprego de qualquer técnica proveniente de qualquer escola, sempre que se tenha provado sua eficácia e se possam explicar seus fundamentos e mecanismos pelos quais funciona, através da teoria de sistemas e da psicologia experimental geral, especialmente pela psicologia da aprendizagem. Do nosso ponto de vista existem 40 técnicas muito eficazes, cuja aplicação defendemos. Se no futuro encontrarem melhores teorias e/ou técnicas, as práticas atualmente utilizadas, inclusive a própria TMM, devem ser abandonadas.

V. LEITURAS RECOMENDADAS

Kwee, M. G. T. y Lazarus, A. A., «Multimodal therapy: the cognitive-behavioral tradition and beyond», en W. Dryden y G. Golden (comps.), *Cognitive-behavioral approaches to psychotherapy*, Londres, Harper & Row, 1986.

Lazarus, A. A., *Terapia multimodal*, Buenos Aires, Ippsem, 1983. (Or.: 1981)

Lazarus, A. A. (comp.), *Casebook of multimodal therapy*, Nueva York, Guilford Press, 1985.

Lazarus, A. A., «Multimodal therapy», en J. C. Norcross (comp.), *Handbook of eclectic psychotherapy*, Nueva York, Brunner/Mazel, 1986.

Lazarus, A. A., «The multimodal approach with adult outpatients», en N. S. Jacobson (comp.), *Psychotherapists in clinical practice: cognitive and behavioral perspectives*, Nueva York, Guilford Press, 1987.

30. A Entrevista Comportamental

Barry A. Edelstein e Jerome Yoman

A entrevista comportamental é, sem sombra de dúvidas, o procedimento de avaliação comportamental mais freqüentemente utilizado (Haynes, 1978; Linehan, 1977; Morganstern, 1988; Edelstein e Berler, 1987; Swan e MacDonald, 1978). Uma pesquisa recente sobre os psicólogos clínicos dos Estados Unidos (Norcross, Prochaska e Gallagher, 1989) revelou que a entrevista clínica era empregada por 96% dos clínicos e que ocupava 39% do tempo que dedicavam à avaliação. A entrevista clínica é também a primeira conexão crítica do processo terapêutico.

I. História

Historicamente, os terapeutas comportamentais não distinguiram a entrevista do processo global da avaliação e da terapia comportamental. Para o terapeuta comportamental, a entrevista era principalmente um método de obtenção de informação para a avaliação, método que proporcionava informação questionável sujeita às múltiplas influências sobre o comportamento verbal. A informação auto-informada era freqüentemente desprezada, especialmente pelos terapeutas operantes, em favor de fontes de dados múltiplos e independentes (p. ex., Weller e Luchterhand, 1969). Uma conseqüência pouco afortunada desta relativa falta de atenção e desconfiança para com os dados extraídos da entrevista, foi a pouca investigação que se tem realizado sobre a entrevista comportamental, apesar de sua onipresença. Portanto, dispomos de pouco apoio empírico para nossas práticas de entrevista comportamental em geral, (Alberts, Edelstein, Yoman e Breitenstein, 1988; Barrios e Hartmann, 1986; Edeltein e Berler, 1987) e sobre a confiabilidade e validade da entrevista comportamental, em particular (Alberts e cols., 1988; Hay, Hay, Angle e Nelson, 1979).

Grande parte do trabalho publicado sobre a entrevista comportamental compõe-se de sugestões, sem base empírica, sobre como se deveria realizar uma

---

West Virginia University (USA).

entrevista (p. ex., Cormier e Cormier, 1975; Hackney e Nye, 1973; Morganstern, 1988) ou de diretrizes e esquemas para organizar a informação obtida na entrevista (p. ex., Kanfer e Saslow, 1969; Peterson, 1968; Pomeranz e Goldfried, 1970; Wahler e Cormier, 1970). Apesar do limitado apoio empírico, a entrevista continua sendo uma ferramenta indispensável.

II. DEFINIÇÃO E DESCRIÇÃO

A *entrevista comportamental* é tipicamente uma interação diádica entre o paciente e o terapeuta, através da qual este busca a informação necessária para realizar a análise do problema do paciente. Visto não existir uma conceitualização única da entrevista, talvez se defina melhor por seus objetivos e pelas tarefas realizadas para cumprir esses objetivos. Embora tais tarefas possam ser articuladas, o modo como se realizam varia consideravelmente entre os entrevistadores.

II.1. Objetivos da entrevista

Uma entrevista pode ter numerosos objetivos, que vão desde o estabelecimento da relação, até a intervenção sobre os problemas que o paciente apresenta. Para os propósitos deste capítulo, a entrevista será considerada como o processo que começa com o primeiro encontro entre o terapeuta e o paciente, e que termina com o estabelecimento de comportamentos-objetivo para a intervenção. Embora se apliquem os mesmos princípios à entrevista com crianças, limitaremos nossa discussão à entrevista com adultos, incluindo os pais de crianças com problemas de comportamento. Para uma discussão detalhada da entrevista com crianças, remete-se o leitor a Edelstein e Berler (1987).

O *primeiro objetivo* é o estabelecimento de uma relação terapêutica com o paciente. Isto inclui o desenvolvimento de uma conexão harmônica e o ensinar ao paciente comportamentos apropriados, de modo que possa participar prestando sua colaboração no processo da entrevista.

O *segundo objetivo* é o acúmulo de informação necessária para uma análise funcional precisa do(s) problema(s) presente(s) no paciente.

O *terceiro objetivo* da entrevista é a identificação dos comportamentos-meta para a intervenção (Ciminero, 1977; Hawkins, 1988; Haynes, 1978).

III. FUNDAMENTOS CONCEITUAIS E EMPÍRICOS

Não existe virtualmente apoio empírico para a entrevista comportamental. Embora uma série de estudos tenha examinado sua credibilidade e validade (p. ex., Alberts, Edelstein, Yoman e Breitenstein, 1988; Christoff, Scott, Edelstein, Sims, Brasted e Steinfeld, 1980; Hay, Hay, Angle e Nelson, 1979; Felton e Nelson, 1984), a maioria dos estudos tem se centrado na eficácia de programas para treinar pessoas a realizarem entrevistas (p. ex., Alberts, Freeman, Desiderato, Shawchuck e Edelstein, 1987; Alberts, Freeman, Desiderato, Wiener e Edelstein, 1986; Christoff, Spencer, Edelstein, Couture, Sims e Vieira, 1978; Couture e

Edelstein, 1977; Edelstein, Knight, DiLorenzo, Baer, Detrich e Carr, 1983; Edelstein e Scott, 1983; Hirsch, Fuqua e Miltenberger, 1986; Iawata, Wong, Riordan, Dorsey e Lau, 1982; Miltenberger e Fuqua, 1985; Miltenberger e Veltum, 1988; Veltum e Miltenberger, 1989).

A credibilidade e a validade da entrevista comportamental foram, ironicamente, as últimas propriedades investigadas. Os poucos estudos que abordaram as propriedades psicométricas da entrevista mostraram resultados decepcionantes. Por exemplo, Hay e cols. (1979) investigaram a credibilidade da avaliação do comportamento-problema, empregando quatro entrevistadores que realizavam entrevistas com os mesmos quatro pacientes. O acordo entre os entrevistadores foi de 0,55 para as áreas do funcionamento social e pessoal e 0,40 para aspectos clínicos mais específicos dentro dessas áreas gerais. Felton e Nelson (1984) encontraram igualmente uma escassa concordância na identificação dos antecedentes e conseqüentes nas entrevistas clínicas. A variabilidade tanto no comportamento do paciente (isto é, da informação apresentada durante as entrevistas) como no comportamento do terapeuta (quer dizer, a quantidade e especificidade das perguntas feitas), dos estudos de Hay e cols. (1979) e de Felton e Nelson (1984) contribuiu, provavelmente, aos baixos níveis de concordância entre os clínicos (Alberts e cols., 1988).

Alberts e cols. (1988) proporcionaram uma avaliação mais controlada da concordância entre os entrevistadores sobre a conceitualização dos problemas do paciente e sobre outros pareceres a respeito da identificação do comportamento-problema e da escolha do tratamento. A concordância entre os entrevistadores na análise funcional, realizada por quatro duplas de entrevistadores com quatro pacientes, variava com o nível das análises realizadas. A concordância média entre os entrevistadores, para as descrições globais do problema dos pacientes (p. ex., depressão), era de 0,56 (global = 0,25 a 0,69). A concordância sobre os antecedentes do comportamento problemático era de 0,30 (global = 0,25 a 0,37) e sobre as conseqüências era de 0,31 (global = 0,25 a 0,35). A concordância média entre os entrevistadores sobre a estratégia de intervenção apropriada para cada problema foi de 0,35 (global = 0,33 a 0,39).

Alberts e cols. (1988) fizeram também com que seus entrevistadores selecionassem um objetivo para a intervenção em cada problema descrito. Os entrevistadores selecionaram uma ou mais explicações a partir de uma lista delas, que podiam ter utilizado para tomar suas decisões. O acordo entre os entrevistadores, através dos pacientes, sobre a seleção de explicações foi de 0,36 (global = 0 a 1). Finalmente, a porcentagem média de acordo para cada possível dupla de entrevistadores, sobre a identificação de componentes comportamentais funcionais, foi modesto para cinco das seis duplas (global = 0,30 a 0,40). A sexta dupla conseguiu níveis moderados de acordo (M = 0,61, global = 0,53 a 0,79). Pode-se concluir a partir destes resultados que, com entrevistadores bem treinados, o acordo entre estes aspectos, inclusive sobre aspectos mais "presumíveis" dos problemas que se apresentam é, quando muito, modesto. Com questões referentes ao emprego da informação obtida na entrevista (p. ex., seleção do objetivo, seleção da intervenção), os dados são, inclusive, menos importantes. Embora estes dados não sejam definitivos, sugerem que nos falta um longo trecho para estabelecer a confiabilidade e a validade dos resultados da avaliação através da entrevista comportamental.

IV. Método

Não foi identificado um único método que seja correto ou que seja mais eficaz para realizar uma entrevista. Isto é, em parte, devido à falta de investigação relevante e, em parte, devido à complexidade do processo de entrevista. Além disso, não há razão para crer que um método seja mais eficaz do que outro. A entrevista é um processo cibernético dinâmico (Edelstein e Berler, 1987; Miller, Galanter e Pribram, 1960; Wiener, 1948). O terapeuta e o paciente estão constantemente mudando seu comportamento em resposta ao comportamento do outro. A questão crítica é se os entrevistadores conseguem seus objetivos e chegam a uma análise confiável e válida do(s) problema(s) do cliente; e não se os entrevistadores conseguem estes objetivos de maneira idêntica.

IV.1. O estabelecimento de uma relação terapêutica

Frieswyk, Allen, Colson, Coyne, Gabbard, Horwitz e Newsom (1986) definiram a relação (aliança) terapêutica como "a colaboração do paciente nas tarefas da psicoterapia" (p. 32). A relação terapêutica era considerada, tradicionalmente, como a pedra angular da psicanálise, embora a distinção entre aliança e transferência tenha estado freqüentemente difusa na literatura psicanalítica. Pelo contrário, os terapeutas comportamentais têm adquirido a reputação de serem impessoais na terapia e de não se preocuparem com a relação paciente-terapeuta. Ironicamente, a rejeição, por parte dos terapeutas comportamentais, do conceito psicanalítico de transferência é, provavelmente, uma das razões pelas quais muitos indivíduos têm o conceito errôneo de que os terapeutas comportamentais são impessoais (Wilson e Evans, 1977). A relação terapêutica, até certo ponto, tem sido sempre importante para estes, como o evidenciam os escritos dos primeiros terapeutas comportamentais (p. ex., Crisp, 1966; Meyer e Gelder, 1963; Eysenck, 1959; Lazarus, 1963; Wolpe, 1954). Embora os terapeutas comportamentais mais contemporâneos tenham exaltado as virtudes da relação terapêutica (p. ex., Foa e Goldstein, 1980; Goldstein, 1973; Hersen e Ballack, 1981; Kanfer e Grimm, 1980; Kanfer e Schefft, 1988; Sweet, 1984), não realizaram nenhuma investigação sobre os efeitos específicos dos comportamentos do terapeuta sobre a relação terapêutica, e dos efeitos da relação sobre os resultados da terapia. Entretanto, é um ingrediente importante do processo de entrevista e merece realmente uma consideração séria e um estudo apurado por parte dos psicólogos comportamentais.

A relação terapêutica implica em uma colaboração mútua do paciente e do terapeuta nas tarefas da entrevista (Frieswyk e cols., 1986). Portanto, pode-se considerar que a função da relação na entrevista consiste na facilitação do processo de avaliação, tal como se realiza no contexto da entrevista. O objetivo do terapeuta é conseguir a colaboração do paciente.

Obter a colaboração do paciente é um complexo processo de influência social, que requer grande parte da competência social necessária nas conversações diádicas ordinárias. A principal diferença entre a entrevista e uma conversação casual é que os objetivos e muitas das tarefas da entrevista se estabelecem antes que comece a entrevista. Embora o comportamento que se desenvolve em cada momento se encontre influenciado pelo comportamento do paciente, o comportamento do terapeuta é guiado geralmente pelos objetivos da entrevista. Para conseguir uma relação de colaboração entre o paciente e o terapeuta, este pode ter que aplicar um sutil procedimento de modelação, através do qual o comportamento do paciente seja modelado em um papel de colaboração com o terapeuta.

IV.2. O treinamento do comportamento do papel de paciente (CPP)

Uma parte considerável da literatura tem se baseado na suposição de que determinados *comportamentos do papel de paciente* (CPPs) melhoram o progresso da terapia (p. ex., Lennard e Bernstein, 1967; Zwick e Attkinsson, 1984; LaTorre, 1977). Com freqüência, dados anedóticos publicados associam os CPPs deficientes com sessões de terapia confusas e que vão à deriva, com pacientes decepcionados e com terapeutas desiludidos. Realmente, é difícil imaginar que a entrevista progrida sem certos CPPs, como a *auto-revelação*. Infelizmente, a investigação sobre o CPP tem se centrado normalmente em variáveis tais como as *expectativas* do paciente, que tem só relações *teóricas*, que não foram estabelecidas empiricamente, com o CPP real (Childress e Gillis, 1977; Tinsley, Bowman e Ray, 1988).

Portanto, a investigação existente tem trazido pouca luz tanto sobre se as tentativas de influir nos CPPs são eficazes como sobre se os CPPs têm algo a ver com o resultado da terapia (LaTorre, 1977; Tinsley e cols., 1988). Entretanto, estas são as questões cruciais. Não nos interessa se as *expectativas* do paciente são realistas ou se são congruentes com as do terapeuta, mas se o *comportamento* do paciente facilita o progresso da entrevista e da terapia. Um marco para a avaliação e o treinamento dos CPPs pode proporcionar aos clínicos instrumentos que vão autocorrigindo-se empiricamente e que sirvam para explorar os comportamentos do paciente durante sua prática terapêutica. O resto deste aparte descreverá tal marco.

IV.3. CPPs para a terapia comportamental

Os diferentes aspectos do papel, que os clínicos normalmente consideram importantes para o resultado da terapia, seguidamente se convertem em CPPs específicos. Duas advertências são pertinentes: 1) A relação entre a maioria destes CPPs e o resultado da terapia aguarda uma investigação empírica; 2) A lista que segue não é de maneira alguma exaustiva. No entanto, pode sugerir comportamentos de interesse para pacientes particulares.

O objetivo do cliente é *obter serviços profissionais* e não outros contatos pessoais íntimos com o terapeuta (Zwick e Attkinsson, 1984; Kanfer e Schefft, 1988). Isto significa que *evitará fazer perguntas pessoais* ao terapeuta que não estejam relacionadas com a tarefa correspondente à terapia (Kanfer e Schefft, 1988) e se *limitará aos contatos que se especifiquem no contrato de tratamento* (normalmente na sala de consulta do terapeuta). Também se espera que o paciente faça *sábio uso dos serviços obtidos,* mudando, por exemplo, seu comportamento em resposta ao *feedback* do terapeuta (Goldfried, 1982c).

Espera-se que o paciente *participe ativamente e tenha um comportamento de colaboração* (Orne e Wender, 1968; Heitler, 1976; Tinsley e cols., 1988). O paciente pode fazer isto compartilhando responsabilidades do processo da entrevista com o terapeuta (Kanfer e Schefft, 1988; Tinsley e cols., 1988; Szwick e Attkisson, 1984). Este comportamento de compartilhar compreende que o paciente *expresse os objetivos e desejos pessoais, que tome decisões sobre o alcance e o curso do tratamento,* e que *discuta abertamente suas preocupações sobre o tratamento e o terapeuta* (Orne e Wender, 1968; Strupp e Bloxom, 1973; Warren e Rice, 1972; Zwick e Attkisson, 1984). A discussão das preocupações sobre o tratamento pode implicar no não estar de acordo com o terapeuta e no fazer pedidos específicos. O paciente também pode participar ativamente oferecendo suas próprias soluções ao problema, em vez de esperar o conselho do terapeuta (Orne e Wender, 1968; Zwick e Attkisson, 1984). Da mesma maneira, o paciente pode gerar conseqüências e julgamentos de valor sobre os cursos pessoais de ação, em vez de provocá-los no terapeuta.

O paciente tem que *auto-revelar-se* para participar, de forma eficaz, da entrevista (Orne e Wender, 1968; Strupp e Bloxom, 1973; Glenn, 1983; Zwick e Attkisson, 1984; Kanfer e Schefft, 1988; Tinsley e cols., 1988; Hamilton, 1988). Isto pode levar a tolerar o mal-estar e/ou fortes reações emocionais ante o conteúdo do que se revela. Na terapia comportamental, a auto-revelação toma, de modo ideal, formas específicas. Por exemplo, ensina-se os pacientes a revelar informação que se relacione com os antecedentes e os conseqüentes dos problemas presentes. O paciente aprende também a ter responsabilidades sobre seus problemas (Strupp e Bloxom, 1973; Tinsley e cols., 1988), discutindo-os em termos que se refiram a seu próprio comportamento.

IV.4. Métodos de avaliação do CPP

IV.4.1. Avaliação da história preditora dos CPPs, através da entrevista

A história de aprendizagem do paciente afeta seu CPP. O terapeuta pode identificar objetivos para o treinamento do CPP, entrevistando o paciente sobre a história que seja relevante para o papel de paciente. É provável que a experiência passada do paciente com a terapia seja uma predição válida do CPP (Heitler, 1976; LaTorre, 1977). A natureza e a quantidade de tal experiência representa a quantidade de prática que o paciente teve com diferentes CPPs. O fato de que o paciente caracterize as experiências com a terapia passada como boas ou más, pode revelar ao terapeuta atual se certas CPPs foram punidas ou reforçadas no passado. As experiências de terapia negativas podem produzir realmente uma aversão para o papel de paciente. A topografia ou a freqüência de certos comportamentos de papel, que o paciente aprendeu em terapias anteriores de tendência não comportamental, podem não ser congruentes com o papel de paciente na terapia comportamental. O conteúdo verbal (p. ex., associação livre *versus* a descrição dos antecedentes e conseqüentes) e o equilíbrio do comportamento verbal entre o paciente e o terapeuta (p. ex., o paciente fala a maior parte do tempo na terapia psicodinâmica), podem ser diferentes.

A exposição passada do paciente a outra pessoa que fazia tratamento de saúde, pode ter conduzido à aprendizagem vicária relevante ao papel de paciente (Orne e Wender, 1968; LaTorre, 1977). O terapeuta pode perguntar sobre o conhecimento, por parte do paciente, dos CPPs de outra pessoa e sobre a relação do paciente à entrada da outra pessoa no papel de paciente. O terapeuta pode perguntar ao paciente se tem observado algum benefício na outra pessoa como resultado desta adotar o papel de paciente. Finalmente, o terapeuta pode perguntar se o paciente observou alguma reação, por parte da outra pessoa, ao papel de paciente que representava.

O paciente pode haver estado exposto a outras representações do papel de pacientes em livros, televisão e em filmes (Orne e Wender, 1968). A discussão das reações do paciente a estas representações, incluindo sua avaliação do realismo, pode ser útil, visto que tal exposição pode também conduzir à aprendizagem vicária.

Os pacientes podem generalizar comportamentos de papel provenientes de experiências passadas com outros profissionais. Isto pode, com freqüência, ser problemático, visto que o papel de paciente na terapia é totalmente único. Por exemplo, os comportamentos do papel de paciente, geralmente passivos, ignorantes e sem envolvimentos, aprendidos nas interações com médicos, são pouco válidos para o papel de paciente na terapia (Orne e Wender, 1968; Heitler, 1976). Da mesma maneira, as interações com superiores ou chefes podem requerer uma condescendência e um acatamento à autoridade, constituindo "comportamentos do paciente para a terapia" pouco eficazes.

O status legal, sob o qual a pessoa representa o papel de paciente, é claramente relevante para os CPPs. Os pacientes que vão "à força" tendem a achar aversivos os CPPs (Rooney, 1988). Heitler (1976) assinala que é mais provável que os pacientes com baixo status social e econômico vão "à força" (e que conheçam outros pacientes que também vão "à força"), outro fator que também explica a maior preponderância, nestes sujeitos, de problemas com o papel de pacientes.

IV.4.2. Observação das características de aproximação/evitação do contexto do papel de paciente

A observação, ou a busca de auto-informações ou de informações dos acompanhantes, das características de exigência sob as quais o paciente vem à terapia, pode proporcionar informação relevante aos CPPs. Obviamente, o paciente que se encontra muito pressionado pela esposa ou que vai às sessões acompanhado por um assistente dos serviços de proteção ao menor, pode ser propenso a resistir à representação do papel. Chegar atrasado ou assistência irregular podem estar associados com padrões de evitação ou a falta de execução dos CPPs. Estas variáveis dão motivos ao terapeuta para avaliar sua relação com o comportamento que ocorre na sessão (p. ex., o paciente que de forma sistemática chega atrasado às sessões, também têm problemas para encontrar algo sobre o que falar quando está nelas?).

IV.4.3. Observação de gravações em áudio e/ou vídeo da sessão

Este método de avaliação permite aos terapeutas participar totalmente no processo de entrevista e observar o paciente detida e diretamente. Também lhes permite identificar e discriminar CPPs - meta para intervenções futuras dentro das sessões (Kohlenberg e Tsai, 1987). A observação das gravações da sessão proporciona ao terapeuta uma oportunidade para identificar reforçadores potenciais naturais, em seu próprio comportamento, para os CPPs (Ferster, 1979). Os CPPs descritos anteriormente são objetivos potenciais para que o terapeuta os observe. Por exemplo, poderia contar o número de vezes que o paciente muda de assunto ou que faz uma afirmação assertiva sobre o curso da sessão. Também é possível avaliar o tempo que o paciente passa em silêncio ou a porcentagem do tempo de sessão que passa falando.

IV.4.4. Avaliação da ansiedade relacionada com os CPPs

A evitação e a fuga de determinados CPPs encontram-se reforçadas pela redução da ansiedade. A ansiedade pode ser avaliada através de Unidades Subjetivas de Ansiedade *(Subjective Units of Discomfort, SUDS)* ou inclusive por procedimentos psicofisiológicos (p. ex., a resposta eletrodérmica), durante CPPs freqüentemente evitados. Estes dados podem ser comparados com uma linha de base apropriada. Por exemplo, a ansiedade manifestada durante a discussão de um problema difícil pode ser comparada com a ansiedade observada enquanto se discute um assunto neutro, com aquela enquanto está na sala de espera ou com a que sente durante uma conversação em casa.

IV.5. O ensinamento dos comportamentos do papel de paciente

Ensinar comportamentos do papel de paciente constitui uma parte integral da entrevista e não simplesmente um assunto trivial, do qual se possa prescindir, antes de passar ao trabalho "real" da terapia (Lennard e Berstein, 1967). As investigações anteriores sobre o CPP interessaram-se principalmente pela *compreensão* pelo paciente, do papel de paciente. Agora nos centraremos na *execução*, por parte dos clientes, dos CPPs.

IV.5.1. O reforçamento

Os terapeutas fazem bem em controlar o poder do reforço para modelar os CPPs. O primeiro passo para conseguir isso é que o terapeuta reconheça que o processo de entrevista é um processo de influência mútua entre ele e o paciente (Cormier e Cormier, 1985; Edelstein e Berler, 1987; Ferter, 1979; Hamilton, 1988; Kohlenberg e Tsai, 1987). Como assinalou Ferter (1979), "[...] a fala do paciente se alimenta pela forma em que influi sobre o terapeuta" (p. 30). Por conseguinte, o terapeuta tem que regular suas reações em relação ao comportamento verbal do paciente, para influir nesse comportamento. Entre estas implicações, observamos que o comportamento de ouvir, as respostas empáticas e as expressões de considera-ção positiva, por parte do terapeuta, se fazem de forma contingente e não de maneira incondicional (Hamilton, 1988). Por exemplo, o terapeuta pode deixar de dar respostas verbais mínimas ("uh, huh", "bem") quando um paciente insiste em descrever um acontecimento passado excluindo, portanto, uma discussão para solucionar o problema, a fim de evitar que volte a ocorrer.

Com estes instrumentos à mão, o terapeuta pode entrar num programa de modelação do papel. Um aspecto primordial desta intenção é manter o ambiente terapêutico geral suficientemente reforçador para que o paciente volte às ses-sões. O emprego do reforço em vez da punição (Kohlenberg e Tsai, 1987) é uma maneira de consegui-lo. Podem-se utilizar procedimentos de *reforçamento dife-rencial de outros comportamentos* e a *extinção* em oposição à punição, para reduzir qualquer CPP desadaptativo. Quando os CPPs estão ausentes, pode-se empregar a modelação para reforçar aproximações sucessivas a CPPs eficazes. Quando se treinou um paciente em um papel apropriado para outra relação profissional ou orientação terapêutica, pode-se empregar o reforçamento diferen-cial para manter ou acelerar CPPs congruentes com a terapia atual e extinguir os CPPs incompatíveis com ela.

IV.5.2. Dessensibilização e exposição

Os terapeutas podem empregar a dessensibilização em casos em que a resposta de ansiedade do paciente obstrua a prática dos CPPs. Um estado de relaxamento, alcançado através de técnicas de relaxamento (p. ex., a respiração diafragmática), pode emparelhar-se com a execução de aspectos progressivamente mais ame-açadores do CPP. As técnicas de exposição incitam o paciente a continuar com um CPP, apesar de uma ansiedade cada vez maior. Por exemplo, quando o paciente muda um assunto relacionado com um problema difícil, para um assunto que não tem nada a ver com o problema, o terapeuta poderia fazer, de forma persistente mas com incentivos, com que o paciente voltasse à tarefa, até que o assunto problemático houvesse sido totalmente discutido.

IV.5.3. Treinamento em habilidades e ensaio comportamental

O terapeuta pode modelar qualquer habilidade na qual o paciente seja deficiente e, logo, fazer com que o paciente ensaie até dominá-la. Por exemplo, o paciente poderia aprender a pedir de forma assertiva que a sessão de entrevista terminasse antes, a fim de chegar em tempo a um encontro no outro extremo da cidade. Igualmente, o terapeuta também poderia ensinar o paciente a descrever os antecedentes e os conseqüentes, através da modelação de descrições apropria-das e empregando exemplos familiares para ele.

IV.5.4. O contexto da relação

Os comportamentos de colaboração do terapeuta fornecem uma importante contribuição para ensinar os CPPs. As sugestões e os pedidos feitos pelo terapeuta podem constituir melhores estímulos para a colaboração do paciente do que as ordens (Lazarus e Fay, 1982). Por exemplo, "E se você considerasse as possíveis conseqüências dessa estratégia?" pode ser melhor do que, *"Descreva* as conseqüências dessa estratégia". Os terapeutas podem conseguir ainda mais colaboração do paciente, se empregarem sinais sutis para conseguir com que o paciente sugira o que o terapeuta tem em mente (Meichenbaum e Gilmore, 1982). Por exemplo, "Pergunto-me o que poderíamos fazer para que você perceba por si mesmo as conseqüências dessa estratégia" pode cumprir o mesmo objetivo, em um contexto de maior colaboração, que os exemplos anteriores. Os terapeutas também podem aumentar a colaboração por parte do paciente, apresentando conceitualizações sobre o comportamento do paciente como hipóteses, não como "a verdade incontestável" (Meichenbaum e Gilmore, 1982). Desta maneira, dizer "Corrija-me se estiver equivocado, mas creio ter observado um padrão, já que sempre que falamos de seu irmão, você muda de assunto. Acredita que isso é o que estava ocorrendo?" pode ser melhor que dizer, "Claramente está evitando falar sobre seu irmão". Proporcionar uma explicação racional sobre os procedimentos terapêuticos e sobre as tarefas, incluindo os CPPs desejados, pode melhorar a motivação e a colaboração do paciente (Goldfried, 1982c; Meichenbaum e Gilmore, 1982). O desenvolvimento da relação terapêutica, em geral, facilita em grande medida para que os pacientes assumam o papel de paciente (Goldfried, 1982c; Meichenbaum e Gilmore, 1982). Essencial para este esforço é que o terapeuta se estabeleça como uma fonte de reforçamento verbal e não verbal para o paciente.

IV.6. A resistência: uma falta de colaboração

Um objetivo básico dos esforços do terapeuta nas primeiras etapas do processo de entrevista é prevenir problemas com os comportamentos do papel de paciente (Cormier e Cormier, 1985; Goldfried, 1982c; Kanfer e Schefft, 1988). Entretanto, pode surgir a resistência e que o paciente e o terapeuta não consigam envolver-se totalmente em um esforço de colaboração.

IV.6.1. Definições de resistência

O fracasso do paciente em executar adequadamente os comportamentos do papel é parte do que os terapeutas tem chamado de *resistência* (ver Goldfried, 1982c e Gottman e Leiblum, 1974, para a discussão de outros tipos de resistência). Kanfer e Schefft (1988) definem a resistência como "um fracasso do paciente em satisfazer as expectativas do terapeuta ou para cumprir sua parte (do paciente) do contrato terapêutico" (p. 131). De modo similar, Gottman e Leiblum (1974) definem a resistência como "uma palavra utilizada pelo terapeuta quando o paciente não satisfaz as expectativas deste ou não trabalha no que considera um caminho para o objetivo" (p. 101).

Definições como as anteriores se centram no fracasso do comportamento dos pacientes. Entretanto, muitos analistas da resistência colocam a maioria da responsabilidade para a mudança no terapeuta (p. ex., Lazarus e Fay, 1982). Realmente, é acertado descrever a resistência como uma falha nas intervenções do terapeuta em estabelecer CPPs adequados. Portanto, propõe-se uma definição mais ampla, sem culpados: um fracasso do paciente e do terapeuta para colaborar suficientemente de modo que permita-se cumprir oportunamente com os objetivos da entrevista. Alguns exemplos de resistência podem clarificar tal conceito ao leitor:

A. No começo da terapia, um paciente falta a várias sessões seguidas e oferece desculpas vagas quando o terapeuta o aborda a respeito. O terapeuta havia percebido os problemas que havia com a aliança terapêutica, mas não os comentou com o paciente, acreditando que melhorariam uma vez que este começasse a experimentar os benefícios do tratamento. A postura do paciente havia sido seca e seu estilo verbal formal, inclusive depois de várias sessões de tratamento. O paciente havia respondido, de maneira consistente, às sugestões e conceitualizações de seus problemas com um alegre "o que você mandar, doutor".

B. A entrevista começa revelando um problema fundamental do paciente com a ansiedade social, mas freqüentemente muda de assunto e se dedica a longas divagações sobre a pouca atenção que sua mulher lhe dá em casa. Embora o terapeuta não tenha percebido, cada vez que tenta fazer com que o paciente volte ao assunto, torna-se manifestamente ansioso, não pára de se mexer, aperta as mandíbulas e olha para o teto.

C. Um paciente deixa repentinamente de freqüentar a terapia após seu terapeuta ter completado a avaliação de seus problemas. O paciente havia expressado freqüentemente seu ceticismo sobre o tratamento. O terapeuta apenas havia respondido a estas expressões, porque não queria reforçá-lo socialmente.

IV.6.2. A importância da resistência na terapia comportamental

A resistência é essencial na psicoterapia. Wachtel (1982) assinala: "Na mesma natureza da maioria dos problemas psicológicos está que o paciente se encontre impedido de fazer o que teria de fazer para que as coisas fluam melhor". Wachtel (1982) sugere que quando o terapeuta conta que não há pontos mortos em suas práticas, indica "uma falta de auto-reflexão crítica", mais que a falta desses problemas" (p. xiii). A resistência é, portanto, praticamente inevitável. Mas os terapeutas podem obter certo alívio sabendo que serve para funções importantes. A resistência pode proteger o paciente contra psicoterapias pouco eficazes e contra a incompetência ou os erros do terapeuta (Meichenbaum e Gilmore, 1982). Sendo assim, a resistência pode servir para alertar os terapeutas que a forma como estão realizando a entrevista é inadequada para um paciente em particular, ou que sua conceitualização do caso do paciente é incompleta ou está errada.

IV.6.3. Tipos de resistência

A descrição de três categorias de resistência pode ajudar a clarificar suas causas e a conexão entre a avaliação e a intervenção. A primeira categoria é a *incompetência do papel*. Esta é uma circunstância na qual os CPPs não se encontram no repertório do paciente. A este podem faltar determinadas habilidades do papel de pacientes (Kanfer e Schefft, 1988; Gottman e Leiblum, 1974). Por exemplo, ele pode não saber como descrever, de forma específica, uma situação-problema em termos de seus antecedentes e suas conseqüências. Os pacientes também podem entender mal as comunicações do terapeuta (Kanfer e Schefft, 1988). Podem não conseguir discriminar esta terapia de outras terapias passadas ou a relação terapêutica de outras relações. Nos casos de incompetência do papel podem estar indicados a modelação e o ensaio comportamental dos CPPs deficientes.

A *fuga/evitação do papel* implica evitação ou término dos CPPs porque são, de alguma maneira, aversivos para o paciente. Por exemplo, o paciente pode temer o fracasso nas tarefas terapêuticas ou acreditar que tentar mudar só fará com que as coisas piorem (Meichenbaum e Gilmore, 1982). A dessensibilização e a exposição podem reduzir a "fuga/evitação do papel" que esteja relacionada com a ansiedade.

A "evitação" é um caso especial de fuga/esquiva do papel. Refere-se a que os pacientes resistem ativamente às tentativas por parte do terapeuta em mudar seu comportamento, porque crêem que estas tentativas serão uma ameaça para sua liberdade (Brehm, 1976). A reactância é especialmente um problema com os pacientes que percebem que têm um controle interno sobre suas vidas (Goldfried, 1982c). A estimulação e o comportamento de colaboração reforçador podem reduzir a evitação.

A *não execução do papel* ocorre quando os comportamentos do papel se encontram no repertório do paciente e a ansiedade não está associada com eles, mas permanecem em um problemático baixo nível. Isso pode ocorrer quando, com base em sua história, o processo de entrevista atual não prediz benefícios para o paciente (Kanfer e Schefft, 1988) e/ou a taxa e a quantidade de reforçamento atual para os CPPs são insuficientes para sustentar o esforço que implicam. A falta de execução pode ocorrer quando o paciente não entende ou não aceita a conceitualização do terapeuta sobre os problemas-meta (Gottman e Leiblum, 1974) ou a explicação do tratamento (Kanfer e Schefft, 1988). Os pacientes podem também não executar os comportamentos do papel devido a seu sistema de apoio social reforçar constantemente o comportamento desadaptativo (Kanfer e Schefft, 1988). Finalmente, a não execução do papel pode dever-se a problemas com a relação terapêutica (Gottman e Leiblum, 1974). O fracasso do terapeuta em estabelecer a si mesmo como uma fonte de reforços poderia ser um desses problemas. A identificação de benefícios adicionais dos CPPs poderia servir como um estímulo discriminativo para os mesmos, nos casos da não execução do papel. O terapeuta pode também examinar reforços imediatos potenciais (p. ex., "é preciso ter muita coragem para falar de seus problemas dessa maneira") para os CPPs.

IV.6.4. A eliminação da resistência

Princípios diretrizes. Talvez a diretriz mais importante para que os terapeutas vençam a resistência, seja enfocá-la como um problema da interação paciente-terapeuta. Isso ajuda o clínico a excluir questões relativas à culpa. O terapeuta pode então tentar conseguir "não só uma simples vitória, mas uma participação real e eficaz do paciente" (Wachtel, 1982, p. xvi).

A base para a intervenção sobre a resistência é a informação proveniente da avaliação, conforme descrito anteriormente. Esses dados ajudam o terapeuta a escolher e avaliar as estratégias e as técnicas de intervenção para conseguir objetivos de colaboração terapêutica, frente à resistência. A análise funcional é o instrumento mais útil para avaliar a resistência (Turkat e Meyer, 1982; Meichenbaum e Gilmore, 1982; Gottman e Leiblum, 1974). Esta análise pode descobrir que o comportamento de resistência do paciente está sendo reforçado pela atenção do terapeuta ou pelo controle que tal comportamento exerce sobre a sessão de terapia (Gottman e Leiblum, 1974). Pelo contrário, em algumas situações, as respostas empáticas com o comportamento de resistência podem provocar uma importante informação relativa à avaliação e incentivar o paciente a colaborar na solução dos problemas do processo.

Vencer a resistência implica em abordar as contingências que competem para o comportamento de resistência e para o comportamento de colaboração. Os terapeutas têm três opções: a) o compromisso, b) extinguir o comportamento de resistência do paciente, e c) abandonar parte do plano de tratamento, temporária ou permanentemente.

Para vencer a resistência (isto é, para obter ou recuperar a colaboração), deve-se mudar tanto o comportamento do terapeuta como o comportamento do paciente. Isto requer uma autocrítica construtiva por parte do terapeuta (Wachtel, 1982). A dificuldade do terapeuta em atribuir a resistência unicamente ao paciente, consiste normalmente na resistência do *terapeuta* à mudança (Lazarus e Fay, 1982; Meichenbaum e Gilmore, 1982). Esse comportamento do terapeuta poderia ser a fonte fundamental da resistência do paciente à mudança de comportamento e, assim, constituir o principal obstáculo para o progresso do tratamento. Por outro lado, o mesmo comportamento de mudança do terapeuta (p. ex., mudança na estrutura e no estilo terapêutico segundo as preferências do paciente) pode ser um dos reforços mais poderosos para os comportamentos do papel de paciente descritos anteriormente.

Para moldar os procedimentos de tratamento ao caso individual (Turkat e Meyer, 1982), é vital que o repertório comportamental e as regras do terapeuta sejam flexíveis (Cormier e Cormier, 1985; Kanfer e Schefft, 1988; Lazarus e Fay, 1982) e criativos (Meichenbaum e Gilmore, 1982). Turkat e Meyer (1982) descrevem adequadamente o processo da entrevista: "sobre a velocidade, o clínico tem que avaliar (através da comprovação de hipótese) como reagir ante o paciente e logo modificar seu comportamento (isto é, o do terapeuta) correspondentemente, a fim de obter a informação necessária" do paciente (p. 162). A intervenção sobre a resistência consiste em uma solução de problemas interpessoais que aborda a questão, "O que fará com que esta entrevista seja

eficaz?". Embora se incentive a flexibilidade do terapeuta na solução de problemas, as normas éticas (Goldfried, 1982c), as habilidades dos terapeutas e a
disposição pessoal dos mesmos para o compromisso, põem limites às possibilidades do seu comportamento. Quando as dificuldades se encontram nas habilidades e na disposição do terapeuta, aconselha-se remeter o paciente a outro
profissional.

Incentiva-se os terapeutas a utilizarem a modelação e o reforçamento para
vencer a resistência. O emprego da coerção e o enfrentamento poderiam
aumentá-la. Kiesler (1971) aconselha os agentes da mudança de comportamento
a "induzirem o comportamento sob condições de, aparentemente, muito pouca
pressão externa" (p. 164). A identificação e o emprego de reforços naturais, cuja
introdução pode passar mais despercebida, poderia evitar a reactância e outros
tipos de resistência (Kohlenberg e Tsai, 1987).

Estratégias. O melhor conselho para os terapeutas é que comecem a partir de
onde se encontra o paciente, e não onde o terapeuta deseja que este se encontre.
Se a reestruturação inicial da relação terapêutica era incompleta e/ou pouco
eficaz, o terapeuta deve voltar a essa tarefa. Se não forem executados determinados comportamentos do papel de paciente, então o terapeuta tem que voltar a
uma das estratégias docentes descritas anteriormente, baseando-se nos resultados de uma análise funcional.

Quando surge a resistência, é útil que os terapeutas examinem se suas
expectativas do papel para o paciente são realistas (Gottman e Leiblum, 1974).
Existe pouca pesquisa que aborde uma determinada especificação do papel de
paciente para a eficácia da terapia. Por conseguinte, não é aconselhável que os
terapeutas definam o papel de forma restritiva. Pode-se decompor os objetivos do
processo em passos menores ou subjetivos, a fim de torná-los mais fáceis para
o paciente. Isto pode ajudar a motivá-lo (Goldfried, 1982c) e a que o terapeuta
trabalhe para a consecução do objetivo. Igualmente, Goldstein, Heller e Sechrest
(1966) sugerem que os terapeutas empreguem comportamentos do papel nos
quais os pacientes que oponham resistência, já sejam competentes.

Também podem ser úteis o *feedback* ao paciente e a discussão aberta das
interações com resistência (Goldfried, 1982c). A fim de assinalar um caminho
eficaz de colaboração, tais interações podem ser demarcadas em termos de uma
influência mútua. Por exemplo, o terapeuta poderia dizer: "Creio ter notado um
padrão de comportamento em nossas sessões. Quando pergunto por seu trabalho
você começa a morder os lábios e a olhar por toda a sala. Parece nervoso e não
fala muito a respeito. Logo tento obter mais detalhes, o que parece deixá-lo ainda
mais nervoso. Como eu poderia conhecer seu trabalho sem fazer com que fique
tão nervoso?".

Aprender a reconhecer e a vencer a resistência pode dar como resultado um
maior desenvolvimento pessoal e uma maior eficácia profissional para o terapeuta
(Meichenbaum e Gilmore, 1982). Certamente, estas habilidades do terapeuta são
também vitais para a consecução, por parte do paciente, dos objetivos do
tratamento. Deste modo, encarar a resistência constitui uma parte integral para
chegar a ser um terapeuta competente.

O desenvolvimento da relação terapêutica e o vencer a resistência são tarefas que impregnam o processo da entrevista. Normalmente, continua-se abordando estas questões quando se passa à fase seguinte da entrevista.

IV.7. *A obtenção de informação para uma análise funcional*

Nos últimos 25 anos têm aparecido na literatura muitas diretrizes e esquemas de entrevista (p. ex., Bersoff e Grieger, 1971; Cormier e Cormier, 1985; Kanfer e Saslow, 1965, 1969; Peterson, 1968; Pomeranz e Goldfried, 1970; Wahler e Cormier, 1970). Exporemos brevemente algumas diretrizes representativas, que acreditamos serão úteis para o leitor. Um dos primeiros esquemas para se realizar uma entrevista comportamental foi oferecido por Kanfer e Saslow (1965, 1969). O esquema compreende sete partes e tenta servir de base para as decisões da intervenção:

1. Análise inicial da situação-problema
2. Clarificação da situação-problema
3. Análise motivacional
4. Análise do desenvolvimento
5. Análise do autocontrole
6. Análise das relações sociais
7. Análise do ambiente sócio-físico-cultural

Sob cada um destes tópicos principais, os autores proporcionavam uma divisão mais detalhada dos temas a cobrir. Por exemplo, sob o tópico número 1, sugere-se um enfoque geral do repertório comportamental do paciente. Isto inclui excessos comportamentais, déficit comportamental e habilidades comportamentais. Este esquema continua sendo um instrumento muito útil 25 anos após sua publicação inicial.

Mais recentemente, Cormier e Cormier (1985, p. 179) ofereceram um excelente esquema para a obtenção da história durante a entrevista, assim como uma discussão detalhada de onze categorias para avaliar os problemas do paciente na entrevista. O espaço não nos permite um desenvolvimento destas categorias, de modo que remetemos o leitor interessado à fonte original. As categorias são as seguintes:

1. Explicação do *propósito* da avaliação – apresentando ao paciente uma explicação sobre a entrevista de avaliação.

2. Identificação do *tipo* de problema – empregando indicações para ajudar o paciente a identificar todas as questões relevantes, primárias e secundárias, a fim de obter uma "visão completa".

3. *Selecionar e dar prioridade* a questões e problemas – utilizando indicações para ajudar o paciente a dar prioridade a determinados problemas e a selecionar a área onde centrar-se.

4. Identificação dos *comportamentos-problema que se apresentam* – usando indicações para ajudar o paciente a identificar os seis componentes do(s)

comportamento(s)-problema: afetivo, somático, comportamental, cognitivo, contextual e de relação.

5. Identificação dos *antecedentes* – empregando indicações para ajudar o paciente a identificar fontes de antecedentes e seu efeito sobre o comportamento-problema.

6. Identificação das *conseqüências* – utilizando indicações para ajudar o paciente a identificar as fontes das conseqüências e sua influência sobre o comportamento-problema.

7. Identificação dos *ganhos secundários* – usando indicações para ajudar o paciente a identificar as variáveis controladoras subjacentes que servem como "recompensas" para manter o comportamento-problema.

8. Identificação de *soluções anteriores* – empregando indicações para ajudar o paciente a identificar soluções ou tentativas prévias para solucionar o problema e seu efeito posterior sobre o problema.

9. Identificação das *habilidades de afrontamento do paciente* – utilizando indicações para ajudar o paciente a identificar comportamentos presentes e passados adaptativos ou de afrontamento, e como tais habilidades poderiam ser empregadas para trabalhar com o problema atual.

10. Identificação das *percepções do paciente* sobre o problema – utilizando indicações para ajudar o paciente a descrever como entende o problema.

11. Identificação da *intensidade do problema* – usando indicações e/ou auto-observação, por parte do paciente, para identificar o impacto do problema sobre sua vida, incluindo: a) o grau de gravidade do problema e b) a freqüência ou a duração dos comportamentos-problema.

Embora o esquema anterior possa ser útil também para entrevistar pais de crianças com problemas de comportamento, foram construídos outros esquemas para serem utilizados especificamente no trabalho com pais. Holland (1970, pp. 70-79) proporcionou diretrizes de entrevista muito práticas, com o objetivo de entrevistar e treinar os pais de crianças com problemas de comportamento. As seguintes diretrizes gerais são acompanhadas por instruções mais detalhadas:

1. Fazer com que os pais estabeleçam problemas e objetivos gerais.

2. Fazer com que os pais reduzam os problemas e objetivos gerais a uma lista de comportamentos ponderados que requeiram um aumento ou uma diminuição da freqüência.

3. Fazer com que os pais selecionem um único comportamento-problema da lista, sobre o qual concentrar seus esforços.

4. Fazer com que os pais especifiquem, em termos comportamentais, o exato comportamento que está ocorrendo atualmente e que desejariam mudar.

5. Fazer com que os pais especifiquem, em termos comportamentais, o comportamento que desejam mudar.

6. Fazer com que os pais discutam como poderiam avançar passo a passo, até o comportamento final.

7. Fazer com que os pais façam uma lista de reforços positivos e negativos que acreditam serem eficazes para produzir mudanças comportamentais.

8. Fazer com que os pais discutam quais privações são possíveis.

9. Fazer com que os pais estabeleçam claramente o que querem fazer, aumentar ou diminuir um comportamento, ou aumentar um e diminuir outro.

10. Fazer com que os pais discutam a situação na qual deveria ocorrer o comportamento desejado.

11. Fazer com que os pais discutam a situação na qual não deveria ocorrer o comportamento-objetivo.

12. Fazer com que os pais determinem uma situação que aumente a probabilidade de que ocorra alguma forma ou uma parte do comportamento desejado.

13. Fazer com que os pais discutam como podem aumentar o comportamento desejado dando imediatamente, depois do comportamento, um reforço positivo.

14. Fazer com que os pais discutam como podem aumentar o comportamento desejado, utilizando um reforço negativo.

15. Fazer com que os pais discutam como podem diminuir o comportamento não desejado, retirando os reforços que o seguem.

16. Fazer com que os pais discutam como podem fazer com que diminua o comportamento não desejado, eliminando um comportamento positivo.

17. Fazer com que os pais discutam como podem diminuir o comportamento não desejado através do *time-out.*

18. Discutir com os pais como podem estabelecer como padrão os reforços que dão à criança.

19. Fazer com que os pais discutam como podem variar os reforços que dão à criança.

20. Fazer com que os pais discutam como podem aplicar dois ou mais procedimentos simultaneamente.

21. Fazer com que os pais ensaiem verbalmente o programa inteiro.

Wahler e Cormier (1970) descreveram uma "entrevista ecológica", que é útil para ensinar aos pacientes uma linguagem que lhes permita comunicar-se com o entrevistador, e produzir informação que torne possível a este estabelecer as condições ambientais sob as quais ocorrem seus diversos comportamentos. Os autores proporcionaram uma lista que permite que os pais estabeleçam a relação entre certos comportamentos e as diferentes situações e momentos do dia durante os quais ocorram o comportamento. A manhã, a tarde e a noite são colocadas ao longo do eixo vertical. Sob a manhã põe-se, por exemplo, "acordar", "vestir-se", "tomar café", "banheiro", "ir para a escola", "brincar em casa", "deveres" e "televisão". No eixo horizontal encontram-se diversos comportamentos que os pais podem emparelhar com cada uma das situações colocadas no eixo vertical. Estes comportamentos incluem, por exemplo, queixas, discussões, exigências, brigas, destruir brinquedos ou outros objetos da casa, chorar, etc. Apresenta-se uma matriz similar para comportamentos da comunidade em geral (p. ex., o pátio do vizinho, o parque público, o carro da família) e da escola (p. ex., fora de sua carteira, falar com os demais, discussões, chorar). Estas listas são especialmente úteis com pais e professores que têm dificuldades para lembrar as situações nas quais a criança emite comportamentos problemáticos.

Embora estes esquemas de entrevista não proporcionem toda a essência da mesma, servem como diretrizes úteis tanto para terapeutas inexperientes, que buscam perguntas apropriadas, como para terapeutas experientes, que desejam ter estímulos apropriados para fazer perguntas das quais com freqüência poderiam esquecer-se.

IV.8. Análise e identificação dos comportamentos-objetivo

Pode-se conceitualizar o processo avaliador da entrevista como uma análise do sistema ambiental do paciente, que leva à identificação dos comportamentos-objetivo e às intervenções apropriadas. O(s) problema(s) que se apresenta(m) pode(m) variar desde um comportamento-problema individual até um problema do sistema geral, que produz o que parecem ser comportamentos problemáticos isolados. O simples modelo ABC [Antecedentes, comportamento (Behavior), Conseqüências], apresentado por muitos terapeutas comportamentais, contrasta com a complexidade dos problemas dos pacientes. Os comportamentos-problema não ocorrem isoladamente. Estão ligados a estímulos antecedentes e conseqüentes e, por sua vez, podem servir também como estímulos antecedentes e conseqüentes. Por exemplo, uma paciente com ansiedade generalizada, pode contar que os problemas para controlar o comportamento de oposição de seu filho ocasionam as respostas de ansiedade. A ansiedade e a incapacidade da paciente para controlar o comportamento da criança conduzem à evitação deste, a uma relação cada vez pior entre mãe e filho, a autoverbalizações de desaprovação e a uma diminuição da auto-estima. A ansiedade ocasionada pelo comportamento da criança e o baixo controle, por parte da mãe, desse comportamento, aumentam a probabilidade de conflitos matrimoniais, refletidos em discussões entre a paciente e seu marido sobre o comportamento de oposição da criança. O marido repreende a paciente por sua pouca habilidade para controlar o comportamento da criança, o que conduz a um aumento da ansiedade, a autoverbalizações de desaprovação e à depressão. A ansiedade elevada reduz a tolerância da mãe para com o comportamento de oposição, o que faz com que comece um círculo vicioso de novo. Como o leitor pode ver, aqui não há um único comportamento-objetivo, mas, pelo contrário, um conjunto de comportamentos relacionados entre si, cada um dos quais pode ser considerado como um antecedente, um comportamento ou uma conseqüência, dependendo de onde se realiza a análise na seqüência comportamental.

Também é importante considerar o nível de análise com que se conceitualizam os problemas atuais do paciente. Em geral, o nível de análise deveria estar emparelhado com o nível em que se vai realizar a intervenção (Evans, 1985). Por exemplo, se foi determinado que um paciente evita sair de casa e aproximar-se de lugares onde se reúne um número elevado de pessoas, poder-se-ia selecionar um tratamento de exposição que implicasse em pouco ou nenhum conhecimento das cognições (acontecimentos privados) do paciente. O tratamento poderia basear-se no comportamento de evitação do paciente. Por outro lado, poderia ser empregada uma técnica de inundação, o que requereria um amplo conhecimento dos pensamentos do paciente ocasionados por situações ativadoras da ansiedade e das situações que mais provavelmente provocarão fortes respostas emocionais e comportamento de evitação. Embora isto seja um simples exemplo, serve para ilustrar os diferentes níveis de análise que se poderiam realizar, dependendo do caráter da intervenção mais apropriada.

Conforme se começa a estreitar o foco da análise, a partir de diversas combinações de comportamento, pode-se começar a estabelecer definições operacionais dos comportamentos-chave. Uma vez realizado este procedimento, os comportamentos mais ponderados, operacionalmente definidos, podem suportar uma análise funcional mais detalhada. À medida que a análise progride, é importante que o terapeuta determine as funções que realiza cada comportamento de interesse. Bandura (1968) e Kanfer e Grimm (1977) ofereceram esquemas analítico-comportamentais que podem ser utilizados para realizar uma análise funcional. A seguir apresentaremos um resumo do esquema de Kanfer e Grimm (1977):

I. Déficits comportamentais

A. Informação: uma base inadequada de conhecimento para dirigir o comportamento.

B. Interação interpessoal: um fracasso para envolver-se em comportamento social aceitável devido a déficit em habilidades.

C. Habilidades para dirigir-se a si mesmo: incapacidade para suplementar ou opor-se às influências ambientais imediatas e regular seu próprio comportamento através de respostas dirigidas por si mesmo.

D. Auto-reforço: deficiências no auto-reforço da atuação.

E. Autovigilância: déficit na vigilância do próprio comportamento.

F. Autocontrole: incapacidade para mudar as respostas em situações conflitivas.

G. Déficit no número de reforçadores: repertório comportamental limitado devido a um número limitado de reforçadores.

H. Habilidades: déficit em comportamentos cognitivos e/ou motores necessários para satisfazer as demandas da vida diária.

II. Excessos comportamentais

A. Ansiedade: reações emocionais condicionadas impróprias: respostas afetivas a objetos ou acontecimentos-estímulo.

B. Autovigilância: atividade de auto-observação excessiva.

III. Problemas no controle estimular ambiental

A. Estímulos que provocam reações emocionais impróprias: respostas afetivas a objetos ou a acontecimentos que conduzem a um mal-estar subjetivo ou a um comportamento inaceitável.

B. Ambientes restritivos: fracasso em oferecer apoio ou oportunidades para comportamentos apropriados em um meio diferente.

C. Acertos ineficazes do controle de estímulo para as atividades diárias: fracasso em satisfazer as demandas ambientais ou as responsabilidades que provêm de uma organização pouco eficaz do tempo.

IV. Controle inapropriado dos estímulos gerados por si mesmo

A. Rotulação de si mesmo: autodescrições que servem como sinais para os comportamentos que conduzem a resultados negativos.
B. Comportamentos encobertos: atividade verbal/simbólica que serve como sinal para o comportamento inapropriado.
C. Discriminações dos estímulos internos: uma interpretação errônea dos sinais internos.

V. Um acerto contingente inapropriado

A. Ao comportamento adequado não se seguem conseqüências positivas: fracasso do ambiente para apoiar o comportamento inapropriado.
B. Efeitos benéficos do comportamento inapropriado: manutenção ambiental do comportamento não desejável.
C. Excesso de reforçamento: emprego excessivo do reforçamento positivo para o comportamento desejado.
D. Reforçamento não contingente: apresentação do reforço independentemente da resposta.

Uma vez completada a análise de um sujeito, as decisões sobre que comportamento-"objetivo" abordar, através de uma série de intervenções, podem ser tomadas seguindo distintos critérios, incluindo a gravidade e a possibilidade da intervenção (ver Gambrill, 1977 e Mash e Terdal, 1981 para discussões detalhadas das considerações a se levar em conta com respeito aos comportamentos-objetivo). Aconselhamos o leitor a que se centre na função dos comportamentos e que escolha um enfoque construtivo (Goldiamond, 1974) quando tenha que decidir sobre quais comportamentos intervir. Denomina-se de um *enfoque construtivo* porque o enfoque dos problemas "consiste na construção de repertórios (ou em seu restabelecimento ou transferência a novas situações) em vez de na eliminação de repertórios" (p. 14). A resposta mais provável do paciente, e freqüentemente do terapeuta, é eliminar os comportamentos-problema. Em muitos casos, a suposta função do comportamento desadaptativo (p. ex., redução da ansiedade, obter atenção dos pais) é bastante razoável. Os comportamentos escolhidos para cumprir estas funções são freqüentemente desadaptativos. Em vez de simplesmente eliminar estes comportamentos, aconselhamos o terapeuta a que encontre outros alternativos, que o paciente possa empregar para realizar as mesmas funções que as que cumprem os comportamentos desadaptativos. Este enfoque não só desenvolve o repertório do paciente, como também pode prevenir o surgimento de outros comportamentos desadaptativos que têm o objetivo de realizar a função daqueles eliminados pelo terapeuta (denominado às vezes "substituição de sintoma").

Finalmente, o leitor deve lembrar que análise resultante e a seleção do comportamento-objetivo podem mudar com o tempo. O terapeuta deve ser flexível quando obtém nova informação através do processo de avaliação contínua que caracteriza a terapia comportamental.

V. Resumo

A entrevista comportamental é um processo complexo de formação de uma relação, de aprendizagem e de avaliação que só há pouco recebeu atenção dos pesquisadores, apesar de seu emprego freqüente pelos terapeutas comportamentais. Espera-se, ironicamente, que seja confiável e válida, mas permitindo também ao terapeuta ser o suficientemente flexível para investigar indícios e explorar aspectos que forem ocorrendo (Morganstern, 1988). Alguns autores têm prestado uma considerável atenção à análise funcional realizada através do processo de entrevista, mas têm prestado pouca atenção à relação paciente-terapeuta. Em contraste, os autores deste capítulo centraram-se mais no processo geral da entrevista e do comportamento do paciente, conforme vai sendo modelado pelo terapeuta. Aconselhamos o leitor a adotar o estilo de entrevista de um indivíduo prático-reflexivo, que continuamente vigia o controle recíproco exercido pelos comportamentos do paciente e do terapeuta. Um observador e um astuto analista do comportamento pode, sem a ajuda de publicações, desenvolver um repertório considerável de estratégias de intervenção eficazes.

VI. Leituras Recomendadas

Cormier, W. y Cormier, S. (comps.), *Interviewing strategies for helpers*, Monterrey, Calif., Brooks/Cole, 1985.

Edelstein, B. A. y Berler, E. S., «Interviewing and report writing», en C. L. Frame y J. L. Matson (comps.), *Handbook of assessment in childhood psychopathology: applied issues in differential diagnosis and treatment evaluation*, Nueva York, Plenum Press, 1987.

Gambrill, E., *Casework: a competency-based approach*, Nueva York, Prentice-Hall, 1983.

Kanfer, F. y Schefft, B., *Guiding the process of therapeutic change*, Champaign, Ill., Research Press, 1988.

Morganstern, K. P., «Behavioral interviewing», en A. S. Bellack y M. Hersen (comps.), *Behavioral assessment: a practical handbook*, 3.ª ed., Nueva York, Pergamon Press, 1988.

31. Técnicas Diversas em Terapia Comportamental

Vicente E. Caballo e Gualberto Buela-Casal

I. Introdução

Ao longo das páginas anteriores vimos uma série de técnicas que constitui o repertório instrumental de intervenção mais importante que o terapeuta comportamental dispõe atualmente. Entretanto, embora o número de procedimentos terapêuticos expostos no presente volume seja considerável, restam muitas outras técnicas que não foram consideradas. No presente capítulo nos propusemos a descrever, de forma breve, uma série de métodos de intervenção que podem ser úteis ao psicólogo clínico aplicado. Neste capítulo abordaremos, por um lado, procedimentos "molares" de amplo alcance (chamados às vezes de "terapias") e, por outro, técnicas específicas, que denominaremos "moleculares", e que constituem muitas vezes os tijolos com os quais se constroem as "grandes" terapias.

Apesar do esforço desenvolvido para a escolha das técnicas "molares" e "moleculares" que compõem este capítulo, somos conscientes de que muitas outras, e provavelmente muito úteis, podem ter ficado fora desta escolha. Porém o espaço é implacável, obrigando-nos a limitar a quantidade de procedimentos considerados.

Finalmente, esclarecemos que não dividimos este capítulo em sessões, nem cada técnica em uma série de apartes determinados, como vem ocorrendo ao longo do livro, no afã de nos dedicarmos fundamentalmente a expor ao leitor o aspecto prático de cada técnica. As questões históricas, conceituais e empíricas deixaram o espaço à descrição com fins aplicados às técnicas, por isso a consideração destes aspectos será muito breve (sempre e quando abordados).

Universidade de Granada (Espanha).

II. TÉCNICAS MOLARES

II.1. Procedimentos de modelação

O papel dos modelos sociais na aprendizagem humana foi estudado amplamente por Miller e Dollard (1941) em sua investigação histórica sobre a aprendizagem por observação. Entretanto, os terapeutas comportamentais só reconheceram o potencial deste tipo de aprendizagem para ser utilizado terapeuticamente a partir da publicação, por Bandura e seus colaboradores, de numerosos estudos sobre a "modelação" (modeling) (Bandura, 1969; Bandura e Walters, 1963). Embora Bandura não tenha sido o primeiro pesquisador clínico a aplicar as estratégias da aprendizagem por observação no tratamento dos problemas de comportamento das pessoas, os estudos anteriores não tiveram um impacto significativo sobre o trabalho dos terapeutas aplicados (Walker e cols., 1981).

Os autores anteriores assinalaram que foram postos numerosos rótulos no processo associado à "aprendizagem por observação", incluindo os seguintes: contágio, cópia, identificação, imitação, incorporação, internalização, introjecção, modelação, aprendizagem por observação, representação de papéis, inversão de papéis, facilitação social, condicionamento vicário, extinção vicária, e aprendizagem vicária. Todos estes termos denominam um processo no qual o comportamento de um indivíduo se modifica como resultado de observar, escutar ou ler sobre o comportamento de um modelo, sem realizar realmente o comportamento-meta ou sem ser reforçado a fazê-lo. Os modelos são especialmente importantes porque proporcionam informação sobre o modo de adquirir comportamentos de forma rápida, sem ter que realizá-los e sem ter que modelar o comportamento com base no ensaio e erro.

O efeito da modelação é determinado tanto pelas características do modelo, como pelas atividades cognitivas do observador. Isto é, o impacto dos modelos é influenciado pelas suas características, tais como: o status e a similaridade com o observador e a capacidade do observador para atender, extrair e lembrar o que vê. Os modelos podem ser reais (presença corporal) ou simbólicos (apresentados através de livros, filmes, TV ou descrições verbais). O observador pode ser um espectador passivo ou um participante ativo na atividade do modelo. Pode igualmente mostrar mudanças de comportamento imediatamente após ver o comportamento do modelo, após um tempo de demora, ou nunca. Os observadores tendem a imitar o comportamento modelado se gostam ou respeitam o modelo, se virem o modelo receber reforçamento, se virem o modelo manifestar sinais de prazer ou estão em um ambiente onde imitar a execução do modelo é reforçado (ver quadro 31.1. mais adiante). Há vezes em que um observador faz o oposto do que vê no modelo. Esta imitação inversa é normal quando o observador não gosta do modelo, vê que este é punido, ou está em um ambiente onde a conformidade é punida.

A fim de clarificar os efeitos da modelação, é importante distinguir entre aprendizagem e execução. O único requisito para a aprendizagem através da modelação é a observação de um modelo. Supõe-se que o observador adquira a resposta modelada através da codificação encoberta ou cognitiva dos acontecimentos observados (Bandura, 1977b). Entretanto, para que uma resposta aprendida seja posta em prática, pode depender das conseqüências ou incentivos associados com esta resposta (Kazdin, 1989).

Alguns autores diferenciam entre modelação, imitação e aprendizagem por observação (p. ex., Masters e cols., 1987; Matson, 1985). A *modelação*, usada em seu sentido mais amplo, é um termo genérico que abrange os outros dois e se refere tanto à aprendizagem que ocorre a partir da observação dos demais, como a qualquer mudança por imitação, que pode resultar no comportamento. Em seu sentido mais limitado, refere-se ao comportamento do indivíduo que é observado. A *imitação* refere-se ao comportamento daquele que observa as ações de outro e logo as copia. Considera o comportamento do observador, não o do modelo, e reflete a execução (e não a aprendizagem permanente do observador sobre a forma de comportar-se). A *aprendizagem por observação* se refere à aprendizagem que ocorre a partir da observação dos outros. Esta aprendizagem pode ocorrer sem que exista uma prática imediata do que foi aprendido (Masters e cols., 1987).

II.1.1. Efeitos da modelação

Bandura (1969) assinalou vários efeitos básicos da modelação, como os efeitos de aquisição, de desinibição, de inibição e os de facilitação. Veremos a seguir cada uma destas influências.

1. O *efeito de aquisição* refere-se à aprendizagem de uma nova seqüência de comportamentos como resultado da observação de um modelo. Quando o novo comportamento se encontra só um pouco acima do presente nível de competência do observador, este provavelmente pode replicá-lo satisfatoriamente depois da primeira exposição ao comportamento do modelo. Só quando o comportamento do modelo se encontra vários níveis acima das habilidades atuais do observador, é menos provável que este imite o comportamento de forma satisfatória, sem prática. A prática pode implicar tanto em respostas manifestas de comportamento como no ensaio cognitivo. A aprendizagem é mais rápida quando uma pessoa realiza *ambas* as práticas, a manifesta e a encoberta.

2. O *efeito de desinibição* ocorre quando o comportamento inibido do observador se torna mais freqüente depois de observar um modelo realizar o comportamento de interesse sem sofrer conseqüências negativas. Muitas das aplicações clínicas dos princípios da modelação caem dentro desta categoria.

3. O *efeito de inibição* se produz quando o comportamento do observador ocorre com menos freqüência como resultado de ter observado o comportamento de um modelo ao qual se seguem conseqüências aversivas, não é reforçado ou ocorre com uma baixa freqüência.

4. O *efeito de facilitação* refere-se ao aumento do comportamento que o observador já aprendeu e para os quais não tem restrições ou inibições. O efeito do modelo é proporcionar um "sinal" informativo que desencadeie comportamentos similares no observador. Os efeitos de facilitação são relativamente fugazes,

ocorrendo imediatamente após o comportamento do modelo ter servido como estímulo discriminativo para uma resposta similar no observador.

II.1.2. Fatores que melhoram os efeitos da modelação

Bandura (1977b) assinalou quatro processos que compõem e dirigem a modelação, que são os seguintes:

1. *Processos de atenção.* As pessoas não aprendem, quando observam um modelo, se não atentam aos traços significativos do comportamento deste ou se não os percebem adequadamente. Os processos de atenção determinam quais modelos são selecionados, entre os muitos possíveis, e a que comportamento se presta atenção. Alguns dos elementos que influem neste tipo de processo se referem às características dos *estímulos da modelação* (distintividade, valor afetivo, complexidade, preponderância, valor funcional) e do *observador* (capacidades sensoriais, nível de ativação, disposição perceptiva, reforçamento passado).

2. *Processos de retenção.* Após o observador atentar à informação importante relativa ao modelo e compreender os aspectos relevantes, tem que ser capaz de lembrar de tal material. Isto é, para que o observador possa beneficiar-se do comportamento do modelo quando este já não está presente para guiá-lo, as pautas de resposta têm que representar-se na memória de forma simbólica. Os seres humanos têm sua capacidade de simbolização muito desenvolvida , o que lhes permite aprender grande parte de seu comportamento através da observação. Além disso, o processamento ativo da informação através da codificação, da classificação, da união de imagens gráficas (icônicas) ao material verbal, e o emprego de elementos mnemônicos e esquemas estruturados, pode melhorar a lembrança do material (Wilson e O'Leary, 1980).

3. *Processos de reprodução motora.* O terceiro componente da modelação consiste na conversão das representações simbólicas em representações apropriadas (Bandura, 1977b). A realização de muitos comportamentos motores exige habilidades motoras que necessitam da prática manifesta e do *feedback* proprioceptivo para sua correta execução. Elementos que influem neste tipo de processo são as capacidades físicas, a disponibilidade das respostas componentes, a observação das próprias reproduções e o *feedback* sobre a precisão.

4. *Processos motivacionais.* Embora se tenha passado por todos os processos anteriores, pode ser que o observador não realize o comportamento modelado, devido a esperar que tal comportamento seja seguido de conseqüências aversivas. A probabilidade de realizar os comportamentos que se aprendem através da modelação dependerá das conseqüências destes: será maior quando as conseqüências forem gratificantes e menor quando forem aversivas.

No quadro 31.1 podemos ver um esquema dos fatores que melhoram a modelação e que pode servir de guia rápido ao desenvolver um programa de modelação (Perry e Furukawa, 1986).

II.1.3. O procedimento da modelação

Ao realizar um procedimento de modelação pode-se seguir uma série de passos. Muitos deles são similares aos propostos no capítulo sobre o treinamento em habilidades sociais. Não obstante, aqui nos deteremos nos elementos relativos à modelação. Estes passos são os seguintes[1]:

1. O terapeuta deveria determinar antecipadamente que os estímulos de modelação propostos satisfaçam os objetivos terapêuticos e o sistema de valores do paciente.

2. O terapeuta, o modelo ou outro narrador, deveriam expressar claramente ao paciente qual é o comportamento desejado.

3. O paciente deveria estar moderadamente relaxado. Quando o paciente se queixa de elevados níveis de ansiedade, pode ser especialmente útil o treinamento em relaxamento antes da introdução dos procedimentos de modelação.

4. O terapeuta deveria proporcionar instruções ou uma narração que centre

Quadro 31.1. *Fatores que melhoram a modelação[a]*

I. *Fatores que melhoram a aquisição (aprendizagem e retenção)*

   A. Características do modelo

      1. Similaridade de sexo, idade, raça e atitudes

      2. Prestígio

      3. Competência – habilidade – maestria

      4. Cordialidade e educação

      5. Valor da recompensa

   B. Características do observador

      1. Capacidade para processar e reter a informação

      2. Incerteza

      3. Nível de ansiedade

      4. Outros fatores de personalidade

   C. Características da apresentação através da modelação

      1. Modelo por símbolos ou *en vivo*

      2. Modelação encoberta

      3. Modelos múltiplos

      4. Modelo de habilidade (perícia) *versus* modelo de afrontamento

      5. Procedimentos de modelação graduados

      6. Instruções

      7. Comentários sobre as características e as regras

      8. Resumo realizado pelo observador

      9. Ensaio

      10. Minimização dos estímulos de distração

II. *Fatores que melhoram a atuação*

  A. Fatores que proporcionam incentivos pela atuação
- 1. Reforçamento vicário (recompensar o modelo)
- 2. Auto-reforçamento
- 3. Extinção vicária do medo a responder (não há conseqüências negativas para o modelo)
- 4. Reforçamento direto

  B. Fatores que afetam a qualidade da atuação
- 1. Ensaio e feedback
- 2. Modelação participante

  C. Transferência e generalização da atuação
- 1. Semelhança do lugar de treinamento ao contexto real
- 2. Prática repetida que afeta a hierarquia de respostas
- 3. Incentivos para a atuação nos lugares reais
- 4. Princípios de aprendizagem que regulam um tipo de comportamento
- 5. Planejamento de variações nas situações de treinamento

---

a atenção do paciente sobre os aspectos relevantes do comportamento e do ambiente do modelo.

5. O modelo deveria demonstrar as ações manifestas que se desejam e descrever verbalmente o que está fazendo, assim como as conseqüências que antecipa. Em algumas circunstâncias, a aprendizagem melhorará empregando um processo de três passos: a) demonstrar e descrever o comportamento desejado; b) demonstrar e descrever o comportamento desadaptativo oposto; c) demonstrar e descrever outra vez o comportamento desejado. Estes três passos devem ser realizados em uma rápida sucessão.

6. Imediatamente após a apresentação ao paciente da seqüência modelada, o terapeuta deveria pedir a este que descrevesse o comportamento do modelo, seus antecedentes e conseqüentes.

7. O terapeuta deveria instruir o paciente para que repetisse o passo 6 na ausência de sinais de modelação.

8. O terapeuta deveria fazer com que o paciente ensaiasse as ações modeladas enquanto se encontram presentes os sinais de modelação. Esta instrução é dada normalmente na segunda apresentação, ou nas seguintes, dos estímulos de modelação, em vez de na apresentação inicial.

9. Se o terapeuta tem razões para crer que o paciente terá dificuldades a princípio para copiar as ações modeladas, deveria empregar incitações ou

---

[a] Adaptado de M. A. Perry e M. J. Furukawa, "Modeling methods", em F. H. Kanfer e A. P. Goldstein (comps.), *Helping peole change*, 3ª ed., New York, Pergamon Press, 1986. Copyright 1986, Pergamon Press. Reproduzido com permissão.

orientações físicas. As incitações implicam em que o terapeuta toque ou segure uma parte do corpo do paciente e o guie para a ação desejada.

10. O terapeuta deveria pedir ao paciente que praticasse os comportamentos modelados na ausência do modelo.

11. Os passos anteriores deveriam ser realizados sob a supervisão direta do terapeuta *antes* que o paciente tente sozinho.

12. Se for possível, o terapeuta deveria utilizar modelos de prestígio, a fim de conseguir e manter a atenção do paciente.

13. Se for possível, o terapeuta deveria utilizar modelos que tenham uma similaridade funcional com o observador. Por exemplo, no caso de uma fobia, empregar modelos que tenham aprendido a enfrentar suas próprias fobias. Esta sugestão corresponde ao *princípio de modelação* do condicionamento operante e ao princípio clínico de *começar por onde está o paciente.*

14. O terapeuta deveria ordenar o tratamento de modo que o paciente observasse vários modelos.

15. O terapeuta deveria realizar várias sessões de modelação para estabelecer como objetivo um problema concreto em um determinado paciente.

16. Quando o paciente reproduzisse os elementos básicos do comportamento modelado, o terapeuta deveria reforçá-lo.

17. Conforme o paciente se torne mais decidido ou habilidoso, o terapeuta deveria dirigir os comportamentos modelados para uma maior dificuldade ou complexidade.

18. O terapeuta deveria treinar o paciente para que empregasse a auto-observação e o auto-reforço, de modo que este possa responsabilizar-se, gradualmente, por seu programa de tratamento.

19. Durante as seqüências de modelação, o modelo deveria ser reforçado por manifestar os comportamentos desejados.

20. Durante as seqüências de modelação, o modelo deveria ser punido quando manifestasse comportamentos não desejáveis.

21. O terapeuta deveria tentar introduzir alguma novidade na seqüência de modelação.

22. O modelo deveria representar comportamentos de enfrentamento em vez de comportamentos perfeitos. Cada seqüência de modelação deveria começar fazendo com que o modelo enfrente um problema que é muito similar ao que o paciente tem. Logo, a seqüência deveria representar o modelo tentando enfrentar o problema. Finalmente, a seqüência deveria mostrar como o comportamento de enfrentamento do modelo tem um impacto positivo sobre o problema. Se se apresenta ao paciente modelos que parecem já ter conseguido um domínio completo do problema, só servirá para que esse paciente não saiba utilizar o modelo como uma fonte de novas estratégias para um enfrentamento mais eficaz.

II.1.4. Tipos de procedimentos de modelação

Há uma série de variações dos procedimentos de modelação que recebem diferentes nomes. Estes tipos de procedimentos são os seguintes (Masters e cols., 1987): 1) Modelação graduada, 2) Modelação dirigida (normalmente gradual),

3) Modelação dirigida mais reforçamento, 4) Modelação participante (normalmente graduada), 5) Modelação com participação dirigida (normalmente gradual), 6) Dessensibilização com contato, 7) Modelação encoberta (utilizando a imaginação), 8) Modelação com ajuda para a indução da resposta e com experiências de habilidades (maestria) dirigidas por si mesmo, e 9) Modelação de afrontamento e modelação de habilidades.

Os três primeiros normalmente descrevem procedimentos para a aquisição ou facilitação de novos padrões de comportamento. A *modelação graduada* implica na apresentação de comportamentos cada vez mais difíceis. Na *modelação dirigida* emprega-se alguma ajuda física, normalmente de forma gradual. O quarto, o quinto e o sexto descrevem normalmente procedimentos para tratar o medo, a ansiedade e os comportamentos de evitação. Os termos *modelação participante, modelação com participação dirigida e dessensibilização com contato* descrevem, basicamente, os mesmos procedimentos de modelação. Estes consistem, em geral, em uma demonstração modelada mais a participação do paciente. A dessensibilização com contato implica, invariavelmente, em contato corporal com o terapeuta para guiar a participação do paciente. Na *modelação encoberta,* o sujeito imagina um modelo realizando o comportamento-objetivo (ver capítulo de Raich, neste volume). O oitavo tipo de procedimento implica na *introdução de ajuda para a facilitação do comportamento* participante durante a interação terapêutica. As *experiências de habilidades dirigidas por si mesmo* se referem à introdução de amplos períodos de prática durante o tratamento, durante os quais o paciente se aproxima dos estímulos temidos e pratica e aperfeiçoa as respostas de aproximação por si mesmo, sem ajuda externa. Na *modelação de afrontamento,* os modelos mostram, em um primeiro momento, atuações que manifestam temor e, gradualmente, conforme continua a seqüência de modelação ou em posteriores apresentações, tais atuações se tornam cada vez mais competentes com respeito ao padrão de comportamento-meta. Na *modelação de habilidades,* a atuação do modelo é apresentada, desde o princípio, de forma totalmente competente, representando o comportamento ideal que o observador tem que imitar.

II.1.5. Aplicações

Os procedimentos de modelação tem sido aplicados a numerosos problemas, tanto como estratégia única de tratamento, ou como parte de outras técnicas ou programas de tratamento (a opção mais freqüente). Entre os problemas tratados através da modelação, cabem destacar a depressão, o alcoolismo, a ansiedade frente aos exames, a falta de habilidades sociais, as fobias, as disfunções sexuais e os padrões obsessivo-compulsivos.

II.2. A terapia de comportamento racional

Maxie Maultsby apresentou uma comunicação no I Congresso Nacional sobre Terapias Racional-Emotivas e Comportamentais, no ano de 1975, que delineava o desenvolvimento da *terapia de comportamento racional (TCR).* O autor mencionado assinala que as influências mais importantes na formulação da TCR provêm da: 1) prática da medicina familiar e da psiquiatria, 2) neuropsicologia de Luria,

3) teoria operante de Skinner, e 4) técnicas da psicoterapia racional-emotiva de Ellis (Maultsby e Gore, 1986).

Estes autores assinalam que a influência mais importante provém da terapia de Ellis. Entretanto, diferentemente desta, a TCR deixa as questões filosóficas à preferência individual dos pacientes. Além disso, a TCR evita o ecleticismo técnico em favor de técnicas terapêuticas derivadas exclusivamente da teoria da aprendizagem psicossomática da TCR sobre o comportamento humano sadio.

O terapeuta da TCR conceitualiza os problemas dos pacientes segundo o modelo ABC sobre as experiências da vida, que é uma extensão teórica deste modelo sobre as emoções humanas descrito por Ellis. A TCR considera que as (A) são as percepções ou aquilo que a pessoa percebe, (B) são os pensamentos avaliadores da pessoa sobre suas percepções, (C-1) constituem as emoções, desencadeadas e mantidas pelos pensamentos avaliadores em B, e (C-2) são os comportamentos físicos, desencadeados e mantidos também pelos pensamentos avaliadores em B. A hipótese da TCR é que a pessoa tende a causar suas próprias reações físicas e emocionais através das crenças que adotou. Depois que as pessoas, com cérebros que funcionam normalmente, têm os mesmos pensamentos avaliadores em B, sobre as mesmas percepções em A, e obtêm as mesmas emoções e comportamentos em Cs um número de vezes suficiente, acontece o seguinte: seus hemisférios esquerdos convertem esses pensamentos e percepções, repetidamente emparelhados, em programas mentais ou unidades semipermanentes, conscientes, com significado pessoal, denominados *crenças*. Uma crença pode ser representada como *a-B*, onde a letra maiúscula B indica que a fala consigo mesmo consciente é o estímulo controlador nessa unidade de percepção. Neuropsicologicamente, as palavras em B (na unidade de percepção a-B) desencadeiam nos hemisférios direitos imagens mentais de acontecimentos-A passados, reais e imaginados. Por conseguinte, a unidade de percepção a-B desencadeia as mesmas reações físicas e emocionais habituais em C que as As e as Bs reais no emparelhamento original ABC (Maultsby e Gore, 1986). Depois que a pessoa forma crenças, seus hemisférios esquerdos já não necessitam processar estímulos-A passados, como acontecimentos mentais únicos. Neste ponto, as palavras de seu hemisfério esquerdo provocam unidades de percepção a-B armazenadas internamente, que desencadeiam reações físicas e emocionais habituais, em C, controladas pelo hemisfério direito. Cada repetição dessa seqüência a-BC constitui uma ocasião para praticar as reações-C habituais.

Neuropsicologicamente, a imaginação é tudo o que os cérebros saudáveis necessitam para desencadear as imagens mentais apropriadas e necessárias para a aprendizagem emocional e física. Estes mesmos mecanismos mentais permitem que a pessoa pratique diariamente – de propósito ou sem querer – todos os seus hábitos emocionais.

Na TCR, a percepção A-b representa a atitude. O "b" minúsculo da Unidade A-b indica que as atitudes são mudas e, por conseguinte, formas "superconscientes", não faladas, de crenças. As crenças constituem a forma consciente ou falada das atitudes. Após as pessoas terem formado atitudes, seus hemisférios direitos já não percebem os estímulos externos passados em A como acontecimentos mentais isolados. Pelo contrário, os hemisférios direitos percebem esses estímulos "A" passados como estímulos condicionados, codificados como atitudes A-b que desencadeiam programas cerebrais de reações físicas e emocionais habituais em "C". Conseqüentemente, com apenas pensamentos ou com pensamentos não conscientes, a pessoa pode reagir com reações físicas e emocionais instantâneas, aparentemente involuntárias, porém corretas ante suas percepções – baseadas em atitudes passadas codificadas – sobre os acontecimentos ativantes externos passados.

Outra forma de conceitualizar os problemas dos pacientes na TCR é em termos do grau de "racionalidade" ou "irracionalidade" que as crenças e atitudes associadas com os problemas parecem ter. Ensina-se o paciente a ver a "racionalidade" *versus* "irracionalidade" sobre a base de se ao pensamento, ao sentimento e ao comportamento físico de interesse são aplicadas três ou mais regras de comportamento "racional", que são as seguintes (Maultsby, 1984, p. 16):

1. O comportamento racional baseia-se em fatos óbvios.
2. O comportamento racional o ajuda de forma adequada a proteger sua saúde e sua vida.
3. O comportamento racional o ajuda de forma adequada a conseguir seus objetivos a curto e a longo prazo.
4. O comportamento racional o ajuda de forma addequada a evitar os conflitos mais indesejáveis com os outros.
5. O comportamento racional o ajuda de forma adequada a sentir as emoções que quer sentir.

Estratégia de tratamento. Após a entrevista, o primeiro passo da TCR consiste em apresentar ao paciente seus ABCs emocionais. A seguir, mostram-se ao paciente as cinco regras do comportamento racional, pede-se que pense sobre elas e as aplique a seus pensamentos e comportamentos relativos ao problema. Mais tarde, delineia-se a idéia de que o paciente realize a *auto-análise racional (AAR)* de forma regular e por escrito. Depois de realizar a AAR corretamente, começa a empregar diariamente as *imagens racional-emotivas (IRE).*

A AAR por escrito é o procedimento principal da TCR e quando realizada entre as sessões de terapia, é uma forma estruturada de que os pacientes descubram as relações causa-efeito entre os componentes cognitivos, emocionais e físicos de seus problemas pessoais e, também, as mudanças racionais que têm que, e podem, fazer para começar a ajudar-se a serem felizes imediatamente. A seqüência da AAR é a seguinte (Maultsby e Gore, 1986):

1. Fazer com que os pacientes descrevam A, o acontecimento ativante.
2. Imediatamente após o aparte A, os pacientes têm que escrever suas crenças, B. Podem-se enumerar cada uma destas e comprovar se têm uma atitude positiva, negativa ou neutra sobre cada uma delas, escrevendo "positiva ou boa", "negativa ou má" ou "neutra", entre parênteses, depois de cada idéia.
3. No aparte C, faz-se com que os pacientes escrevam as conseqüências comportamentais de suas idéias B. A seção C tem duas partes: as emoções e as ações. Os pacientes têm que manifestar simplesmente como se sentiram e o que fizeram fisicamente.

4. Imediatamente após o aparte C, faz-se com que os pacientes escrevam as "cinco perguntas racionais".

5. Diante do aparte C, os pacientes escrevem a seção E; esta contém as novas emoções e ações que querem ter em acontecimentos futuros similares de tipo-A. Recorda-se aos pacientes que o aparte E descreve só as escolhas que eles fizeram sobre as novas emoções e ações físicas para acontecimentos A similares e futuros. Devem ignorar os comportamentos que outras pessoas (incluindo o terapeuta) querem que aprendam, mas dos quais eles não estão convencidos.

6. O sexto passo é *Da*, a comprovação por parte da câmera de A. Os pacientes perguntam a si mesmos: "Uma câmera de vídeo teria gravado os acontecimentos A tal e como eu os descrevi?". Se a resposta é "sim" para cada frase de A, os pacientes têm que escrever "todos os fatos" na seção Da e seguir com o aparte Db. Se não, quer dizer que há opiniões pessoais envolvidas e, então, têm que descrever o fato tal como uma câmera de vídeo o gravaria.

7. O sétimo passo é *Db*, isto é, a comprovação e o questionamento racionais de cada idéia do aparte B, empregando as "cinco perguntas racionais". A seguir, têm que substituir as idéias B irracionais por idéias racionais na seção Db.

As *imagens racional-emotivas (IRE)* constituem a segunda técnica terapêutica da TCR. Sua base descansa no fato neuropsicológico de que as imagens (isto é, a prática mental das reações emocionais ou físicas) produzem a mesma aprendizagem rápida que as experiências da vida real. Conseqüentemente, cada vez que as pessoas imaginam a si mesmas, mentalmente, pensando, sentindo emoções e agindo fisicamente da maneira como querem, estão empregando a IRE, a forma mais eficaz da prática emocional. As IRE são úteis também para melhorar a prática física. Quando os pacientes praticam as IRE diariamente, ensinam a si mesmos novos hábitos emocionais da maneira mais rápida e segura possível. As instruções típicas das IRE são as seguintes (Maultsby e Gore, 1986):

1. Ler os apartes Da, Db e E de uma AAR bem elaborada.
2. Relaxar-se utilizando a "Manobra para Sentir-se Melhor Rapidamente"[2].
3. Quando se encontre relaxado (de um a três minutos), imagine mentalmente a si mesmo tão vividamente quanto possível na situação Da descrita em seu AAR.
4. Quando imaginar vividamente a si mesmo na situação Da, concentre-se em seus pensamentos racionais Db, imagine a si mesmo tendo os sentimentos e o comportamento físico do aparte E. Faça com que a experiência seja tão vívida e realista quanto possível.
5. Mantenha essa imagem e volte a deter-se em seus pensamentos racionais Db. Se os pensamentos da seção B se introduzem em sua cabeça, refute-os tranqüilamente com seus pensamentos Db e ignore relaxadamente todos os pensamentos que não estejam na AAR.
6. Repita o passo anterior uma vez, mais outra, durante dez minutos. Se tiver duas AAR com as quais praticar, passe cinco minutos com cada uma. Mas não realize as IRE com mais de duas AAR durante uma sessão de dez minutos.

Deve-se dizer aos pacientes que não esperem milagres depois de apenas duas ou três sessões de IRE. Leva tempo e prática a extinção de velhos hábitos emocionais e o auto-condicionamento de outros novos. Os pacientes têm que praticar as IRE diariamente empregando o mesmo AAR, até que comecem a experimentar o tipo de respostas do aparte C que querem ter na vida diária.

II.3. Reestruturação racional sistemática[3]

As suposições e expectativas dos indivíduos sobre o mundo que os rodeia podem ter importantes implicações para sua reação emocional e seu comportamento real. Assim, por exemplo, na medida em que os indivíduos estejam respondendo apropriadamente a uma situação que *rotulam erroneamente* como perigosa, o tratamento indicado consistirá em modificar o processo de rotulação e não sua resposta a ele.

Os pacientes nem sempre percebem como constroem diferentes situações ansiógenas. Embora muitos indivíduos possam ser capazes de informar sobre o que dizem a si mesmos em diferentes situações ansiógenas, nem sempre percebem as razões "subjacentes" pelas quais isso os perturba. Teoricamente, essas autoverbalizações refletem suposições mais básicas, algumas das quais podem ter um caráter tácito (Goldfried, 1988). Pode-se considerar que estas suposições tácitas refletem *esquemas* básicos, que são as suposições subjacentes que os indivíduos ansiosos trazem a uma variedade de diferentes situações. Dois desses esquemas básicos, que se encontram normalmente na prática clínica, são os que refletem a necessidade de *aprovação* por parte dos outros ("Todo mundo tem que gostar de mim") e de *perfeição* ("Tenho que ser perfeito em tudo o que faço").

O objetivo da reestruturação sistemática não é somente obter uma perspectiva diferente dos aspectos problemáticos de suas vidas, mas ensinar aos pacientes um procedimento para que eles mesmos o possam fazer. Neste sentido, o objetivo terapêutico consiste em proporcionar aos indivíduos habilidades de afrontamento, de modo que, em última análise, aprendam a funcionar como seus próprios terapeutas (Goldfried, 1988).

A *reestruturação racional sistemática* baseia-se na terapia racional-emotiva de Ellis, porém tenta ser mais estruturada e ressaltar mais o emprego deste procedimento para proporcionar ao paciente habilidades de afrontamento. As diretrizes clínicas do procedimento são as seguintes (Goldfried, 1988; Goldfried e Goldfried, 1980):

---

[2] A *Manobra para Sentir-se Melhor Rapidamente (MSMR)* é um procedimento "de respiração lenta, diafragmática. Para realizá-la, seguem-se os seguintes passos: primeiro, ponha-se à vontade fisicamente enquanto está de pé, sentado ou (de preferência) deitado. Feche os olhos, esboce um ligeiro sorriso em seu rosto e diminua seu ritmo de respiração entre quatro e seis ciclos completos de inspiração-expiração por minuto. É uma respiração com o "estômago", de modo que o abdômen se elevará quando inspira. Comece inspirando tranqüilamente durante 3 ou 4 segundos, enquanto pensa ao mesmo tempo: "A, estou inspirando". Imediatamente, expire durante 3 a 4 segundos, enquanto pensa lentamente: "B, estou expirando". Ao final da expiração, descanse durante 3 a 4 segundos, enquanto pensa: "C, estou relaxando-me". Logo, repete-se essa seqüência de respiração lentamente, uma e outra vez, até que perceba que está claramente relaxado" (Maultsby, 1984, p. 203).

[3] A maior parte desta epígrafe o foi extraída de M. R. Goldfried, "Application of rational restructuring to anxiety disorders", *The Counseling Psychologist*, núm. 16, 1988, pp. 50-68. Sage Publications. Reproduzido com permissão.

1. *Apresentar a suposição de que os pensamentos mediam as emoções.* O primeiro objetivo da terapia consiste em ajudar os pacientes a reconhecer que seus pensamentos, suposições, expectativas e rótulos podem afetar sua reação emocional ante as situações. Embora haja casos em que os pacientes podem identificar facilmente os pensamentos que provocam as reações emocionais, pode haver outras ocasiões nas quais não encontrem autoverbalizações que conduzam a essas reações emocionais, especialmente se esses pensamentos foram aprendidos tão bem que assumam o status de uma construção automática e implícita dos acontecimentos. Às vezes, é útil assinalar que os pacientes estão reagindo "como se" estivessem percebendo uma situação particular de um determinado modo.

2. *Estabelecer uma perspectiva realista no paciente.* Em vez de tentar convencer o paciente de que as suposições que provocam seu comportamento desadaptativo são pouco realistas, o objetivo consiste em ajudá-lo a adotar essa perspectiva por si mesmo. Uma forma de conseguir isso é fazendo com que o terapeuta represente o papel de advogado do diabo, de modo que a tarefa do paciente seja convencer o supostamente pouco realista terapeuta porque sua forma de pensar não tem sentido.

3. *Identificar as suposições pouco realistas que mediam o comportamento desadaptativo do paciente.* Como resultado do passo anterior, freqüentemente os pacientes reconhecem espontaneamente que certas crenças estão associadas com seus próprios comportamentos desadaptativos. Se isso não ocorrer, pode-se realizar uma exploração mais detalhada, de modo que consigam perceber as suposições específicas que causavam o comportamento desadaptativo em diversas situações. É possível analisar as coisas que os pacientes dizem a si mesmos examinando as duas seguintes perguntas: a) Qual é a probabilidade de que estejam interpretando corretamente a situação? e b) Quais são as implicações finais no modo como rotularam a situação? Esta fase será realizada satisfatoriamente se os pacientes reconhecerem que certas suposições, embora implícitas, mediam seu comportamento desadaptativo, mas simplesmente perceber isto não lhes proporciona nenhuma maneira de mudar. Logo, passa-se à fase seguinte.

4. *Ajudar os pacientes a mudar suas cognições pouco realistas.* Agora necessita-se de um esforço ativo de afrontamento. Para ajudar os pacientes a utilizar a reestruturação racional como meio de afrontar seu comportamento desadaptativo, sua reação emocional tem que servir como um "sinal" para deter-se e perguntar a si mesmo: "O que estou me dizendo nesta situação em particular que pode ser pouco realista?". A tarefa do terapeuta consiste em ajudar-lhes a identificar e substituir esta avaliação pouco realista por uma avaliação mais apropriada da situação. Este processo de reaprendizagem é realizado através de diferentes procedimentos como o *ensaio na imaginação*. Neste, pede-se aos pacientes que assinalem o grau de ansiedade que sentem quando se imaginam numa situação particular e que logo identifiquem o que estão dizendo a si mesmos, que pode produzir-lhes a perturbação. Pede-se aos pacientes que pensem em voz alta durante este processo, de modo que o terapeuta possa ajudar-lhes em suas tentativas de descobrir ou reavaliar sua percepção do acontecimento. Depois do processo de reavaliação, assinalam o grau em que

diminuiu sua ansiedade. Pode-se construir uma hierarquia que vá aumentando progressivamente o grau de perturbação das situações. Incentiva-se também os pacientes para que realizem o processo da reestruturação racional em situações de vida real nas quais ocorra o comportamento desadaptativo.

II.4. O treinamento no controle da ansiedade[4]

Suinn e Richardson desenvolveram em 1971 o *treinamento no controle da ansiedade (TCA)* como uma terapia comportamental para o tratamento dos transtornos generalizados de ansiedade. No TCA não é necessário que os pacientes identifiquem as causas ou estímulos que precipitam sua ansiedade. Pelo contrário, a mesma experiência de ansiedade é empregada para treinar o paciente a reconhecer sua presença. Ensina-se o paciente a prestar atenção a sintomas que reflitam a presença de ansiedade. As sessões do TCA continuam treinando o paciente na iniciação de respostas de relaxamento quando se percebe a ativação da ansiedade, servindo o relaxamento para reduzir e eliminar este estado. Também ensina-se o paciente a reconhecer os sintomas rapidamente, para utilizar o relaxamento e evitar que a ansiedade alcance um nível elevado.

O TCA utiliza profusamente a imaginação, seja para ativar a ansiedade seja para melhorar o relaxamento. No primeiro caso, pede-se ao paciente que recorde um acontecimento no qual tenha experimentado moderados ou elevados níveis de ansiedade. Através da imaginação, o paciente recorda este acontecimento, voltando a experimentar a ansiedade. Em termos de relaxamento, o paciente identifica um acontecimento que envolve o estar relaxado. Concentrando-se nesta imagem, ajuda-se o paciente a encontrar a mesma sensação de relaxamento. As cinco sessões que compõem o TCA são as seguintes (Suinn, 1985; Suinn e Deffenbacher, 1988):

Sessão 1: Esta sessão implica em quatro passos – explicação racional, desenvolvimento de uma cena de relaxamento, treinamento em relaxamento (método) e a incumbência de tarefas para casa. No segundo passo, a cena de relaxamento deve descrever um acontecimento real que esteja associado com sensações de relaxamento ou tranqüilidade.

Sessão 2: Nesta sessão incluem-se quatro etapas – a identificação de uma cena de ansiedade, o relaxamento, a ansiedade (cena) seguida pelo relaxamento (cena e método) e as tarefas para casa. A primeira dessas etapas seleciona uma cena que implique em uma experiência real associada com um nível moderado de ansiedade (um nível de 60 em uma escala em que o 100 é o máximo). A segunda etapa inclui instruções de relaxamento sem empregar o componente de tensionar os músculos.

Sessão 3: Esta sessão continua com os passos usados na sessão 2, mas acrescentando dois passos novos, o relaxamento iniciado pelo próprio paciente e o prestar atenção aos sintomas ativadores da ansiedade, de modo que o

---

[4] Parte desta epígrafe foi extraída de R. M. Suinn e J. L. Deffenbacher, "Anxiety management training", *The Counseling Psychologist,* n. 16, 1988, pp. 31-49. Sage Publications. Reproduzido com permissão.

paciente possa identificar os sinais pessoais associados com a ansiedade. Assim, os passos implicados na sessão 3 são o relaxamento iniciado pelo paciente, a ativação da ansiedade, o atentar aos sintomas de ansiedade durante esta ativação, a volta ao relaxamento, a repetição (3-4 vezes) deste ciclo "ativação-atenção aos sintomas-relaxamento", e as tarefas para casa.

Sessão 4: Nesta sessão, identifica-se uma cena de ansiedade de nível 90, que se alterna com a cena de ansiedade de nível 60. Em seguida, a sessão requer que o paciente assuma mais responsabilidade para obter o controle após a ativação da ansiedade (cena imaginada). Em vez do terapeuta terminar a cena de ansiedade e voltar a iniciar o relaxamento, o paciente decide quando finalizar esta cena e assume a responsabilidade para proceder ao relaxamento, empregando uma cena relaxante, uma revisão dos músculos (relaxando-os) ou um relaxamento controlado por estímulos (respiração profunda). A tarefa para casa implica em comprovar os primeiros sinais de uma ativação estressante iminente e iniciar as habilidades de relaxamento se for percebido o *stress*.

Sessão 5: Esta sessão completa o esvanecimento gradual do terapeuta e a obtenção, por parte do paciente, do autocontrole. O paciente emprega a cena de ansiedade para experimentar a ativação da mesma e, enquanto está imerso na cena, inicia o controle do relaxamento. Quando este é alcançado, o paciente finaliza a cena de ansiedade e continua com o relaxamento até que o terapeuta lhe apresente a cena seguinte de ansiedade. Assim como a anterior, alternam-se as cenas de nível 60 e 90. A tarefa para casa é a mesma que na sessão anterior.

Sessões 6 a 8: Repete-se o formato da sessão 5 do TCA até que se consiga totalmente o autocontrole. O terapeuta busca uma situação real para que o paciente possa comprovar seu progresso no controle da ansiedade.

II.5. Ciência pessoal

A *ciência pessoal* constitui um enfoque da terapia cognitivo-comportamental desenvolvido por Mahoney (1976). Este autor assinala que a denominação de "ciência pessoal", deve-se ao fato deste enfoque aplicar as habilidades empíricas da solução de problemas aos problemas íntimos e pessoais. Considera-se o terapeuta como um conselheiro técnico ou um treinador que instruirá o paciente no desenvolvimento de afrontamentos aos problemas.

O modelo da ciência pessoal de Mahoney considera os problemas emocionais como uma conseqüência das crises da vida e/ou das deficiências no desenvolvimento ou na utilização das habilidades de afrontamento. Este enfoque tenta ensinar aos pacientes as habilidades empregadas pelos investigadores para abordar e resolver as situações-problema. A terapia é concebida como um processo de aprendizagem que ensina os pacientes a enfocar seus problemas como científicos e pessoais. No núcleo deste modelo, encontra-se uma forte ênfase na importância de uma teoria ativa sobre si mesmo, de afrontamento. O paciente desempenha um papel ativo e de colaboração na terapia e se vê como um agente responsável pelo autocontrole.

O enfoque da ciência pessoal consta de sete componentes básicos que seguem uma seqüência ordenada e são representados, em inglês, pelo acróstico

SCIENCE (Ciência). Segundo Mahoney (1976), estes componentes constituem as habilidades fundamentais para a solução de problemas e são os seguintes (inclui-se o acróstico **SCIENCE** assim como a primeira palavra em inglês correspondente ao mesmo):

S Especificar a área geral do problema (*specify*)
C Coletar dados (*collect*)
I Identificar padrões ou fontes (*identify*)
E Examinar opções *(examine)*
N Delimitar e experimentar (*narrow*)
C Comparar dados (*compare*)
E Ampliar, revisar e substituir (*extend*)

A fim de ensinar ao paciente este enfoque empírico de solução de problemas, o terapeuta pode incorporar uma série de procedimentos clínicos como o controle do estímulo, incentivos para a motivação, a graduação de tarefas, a aprendizagem por observação e a prática ativa. As etapas finais da terapia são planejadas para transferir para o paciente, de modo gradual, maiores quantidades de responsabilidade e controle, a fim de facilitar a generalização e a manutenção dos benefícios do tratamento.

II.6. Terapia familiar

O termo *terapia familiar comportamental* é utilizado atualmente para denominar uma espécie de ampliação do treinamento de pais (TP) para tratar problemas do comportamento infantil, especialmente transtornos agressivos (ver McMahon, neste volume, para um exame mais detalhado destas questões). Assim como na TP, a terapia familiar comportamental centra-se inicialmente na criança; isto é, o filho (ou filhos) da família é (são) as metas do tratamento. Mas diferente da TP, o modelo conceitual da terapia familiar comportamental reconhece que muitas outras variáveis, além dos déficits em habilidades, podem transtornar as capacidades dos adultos para cuidar adequadamente de seus filhos, contribuindo especialmente para o comportamento agressivo infantil (Wells, 1985). Segundo esta autora, essas variáveis adicionais são as seguintes[5]: 1) percepções por parte dos pais, 2) variáveis psicológicas dos pais, 3) problemas do casal, e 4) variáveis sociais.

A *terapia familiar* contemporânea baseia-se na dupla suposição teórica de que os transtornos do sistema familiar podem ser *causa e/ou efeito* da sintomatologia individual (Grebstein, 1986). Aqui seguiremos o modelo de terapia familiar proposto por Alexander e colaboradores (Alexander, Barton, Waldron e Mas, 1983; Alexander e Parsons, 1982), que adota uma orientação baseada na teoria comportamental e na teoria de sistemas. Este modelo identifica cinco dimensões principais da intervenção, que incluem as *fases da intervenção,* os *objetivos* de cada fase, as *funções do terapeuta,* necessárias para alcançar os objetivos, os tipos de *habilidades do terapeuta*, necessárias para conseguir as funções de cada fase, e as *atividades representativas* implicadas em cada fase. As fases da intervenção (ver também McMahon, neste volume) são as seguintes (Alexander, Barton, Waldron e Mas, 1983):

1. *Introdução/Impressão*. O objetivo principal desta fase é a criação de expectativas para a mudança na família. Esta fase pode ser vista como relativamente transitória, visto que termina no ponto em que os terapeutas começam a realizar os processos de avaliação, terapia e educação. Assim, a fase de Introdução/Impressão refere-se basicamente às expectativas que se criam antes da interação terapêutica. A principal função do terapeuta nesta fase é a *credibilidade*. As atividades que afetam a credibilidade e a mudança de expectativas podem variar notavelmente. O terapeuta pode modificar a mobília da sala, a roupa que usa, o comportamento do pessoal da recepção (secretárias, etc.) e, inclusive, o tipo de formulários que o paciente tem que preencher antes de começar a terapia.

2. *Avaliação/Compreensão*. Os objetivos desta fase são compreender o comportamento, o afeto e a cognição na família. Além disso, o terapeuta necessita inteirar-se do que precisa mudar e que variáveis intrafamiliares e extrafamiliares melhorarão e serão obstáculos para a mudança positiva. Também tem que identificar o contexto e as funções dos padrões problemáticos e desadaptativos, e avaliar os padrões de resposta cooperativos e de resistência para com o terapeuta. Este tem igualmente que identificar os sistemas de valores e o tipo de linguagem da família.

3. *Indução/Terapia*. O principal objetivo desta fase é a criação de um contexto para a mudança. Baseia-se em processos motivacionais e atributivos tornados manifestos através de intervenções específicas. Este processo implica em mudar o significado do comportamento dos membros da família, enfatizando especialmente as atribuições positivas. Também se definem os problemas e se estabelece um tipo de linguagem, de modo que a família veja a mudança como desejável e possível. Durante esta fase, o terapeuta também modifica as reações adversas às propriedades estimulares do próprio terapeuta, proporciona uma explicação razoável das técnicas de tratamento e desenvolve procedimentos para estabelecer controle sobre pessoas que não estão envolvidas diretamente na terapia.

4. *Tratamento/Educação*. O principal objetivo desta fase é produzir uma mudança a longo prazo na família. Planejam-se cuidadosamente mudanças nos padrões de interação, aplicando as técnicas de modificação de comportamento necessárias. Atividades representativas desta fase incluem o treinamento em comunicação, o contrato comportamental, a modelação e a manipulação de acontecimentos ambientais para estabelecer o controle do estímulo e as conse-

---

[5] Se se revisar o capítulo de McMahon sobre *o treinamento de pais* (neste mesmo volume), será visto que alguns dos enfoques do treinamento de pais já incluem todas as variáveis que Wells (1985) assinala como distintas da terapia familiar comportamental. Por isso, não encontramos diferenças significativas entre estes tipos de técnicas. Talvez a terapia familiar, do ponto de vista comportamental, deveria ser reservada para o tratamento da família como sistema, utilizando os princípios da teoria da aprendizagem social e da teoria de sistemas.

qüências apropriadas. A análise funcional do comportamento de cada membro da família é necessária para particularizar a aplicação das técnicas às famílias concretas. Nesta fase, também se identificam e modificam o afeto, a cognição e o comportamento resistentes.

5. *Generalização/Finalização.* Os objetivos desta fase consistem em manter as mudanças iniciadas previamente e, ao mesmo tempo, estabelecer a independência do contexto de tratamento. Às vezes será necessário aplicar técnicas específicas para assegurar a generalização, como a super-aprendizagem, antecipar e representar crises e tensões futuras na família, e avaliar e intervir diretamente em sistemas extrafamiliares. É necessário certificar-se de que o problema terminou e que foram alcançados estilos de solução de problemas e processos familiares adaptativos.

II.7. Terapia de casal

A *terapia de casal (TC)* é a denominação geral para o tratamento de casais cuja relação não é feliz. Do ponto de vista comportamental, os princípios conceituais a respeito dos problemas de casal são os seguintes (Bornstein e Borstein, 1986):

1. O comportamento dos membros do casal deve ser examinado sempre dentro de seu contexto de relação (o paciente é a "relação" e não tanto o indivíduo concreto).
2. Os problemas de casal são uma função de baixas taxas de comportamento agradável e/ou elevadas taxas de comportamento desagradável provenientes do outro membro do casal.
3. Embora a reciprocidade ocorra em casais com problemas e sem eles, o intercâmbio negativo tem uma maior probabilidade de ocorrência nas relações com problemas.
4. A insatisfação conjugal encontra-se associada claramente com o déficit de comunicação.
5. Os casais com problemas têm maiores dificuldades para solucionar os conflitos e afrontar as discussões com eficácia.
6. Os mecanismos cognitivos influem no ajuste e satisfação conjugais.

Os objetivos gerais da TC são: aumentar a interação positiva mútua, diminuir os intercâmbios negativos e proporcionar aos casais estratégias gerais para solucionar futuros problemas da relação. Emprega-se uma série de procedimentos terapêuticos isolados (ou, mais freqüentemente, em combinação) para conseguir esses objetivos. Tais procedimentos incluem o contrato comportamental, o treinamento em solução de problemas, o treinamento em comunicação, o aumento dos intercâmbios positivos, e a reestruturação de cognições problemáticas (Foster e Griffin, 1985).

No núcleo da TC encontram-se o contrato comportamental e o treinamento em solução de problemas, cujo objetivo é ensinar os casais a alcançar soluções, do agrado dos dois, sobre questões que têm sido a origem de contínuos problemas.

O treinamento em solução de problemas é acompanhado do *treinamento em comunicação*, necessário geralmente para diminuir as acusações, a defensividade, a adivinhação do pensamento, as supergeneralizações e o evadir-se para erros passados e presentes que impedem a solução eficaz dos problemas. Embora as metas desse treinamento em comunicação variem de casal para casal, as habilidades que se ensinam mais freqüentemente são o empatizar e a escuta ativa, manter-se no assunto que estão falando, aceitar e compreender o ponto de vista do outro embora não se esteja de acordo com ele, fazer pedidos diretos sobre comportamentos específicos, expressar sentimentos positivos e negativos com expressões na primeira pessoa, contrastar as inferências e atribuições com o outro membro do casal sobre o comportamento do/a companheiro/a. Os procedimentos empregados para ensinar aos casais habilidades de comunicação e de solução de problemas, incluem a instrução, a modelação, o ensaio de comportamento, as tarefas para casa, e o *feedback* por parte do terapeuta e/ou do outro membro do casal. Libermann e cols. (1987) assinalam uma série de habilidades do terapeuta para o direcionamento na terapia de casal, que são as seguintes: 1) Planejar metas para os pacientes, 2) Propor cenas relevantes para que sejam ensaiadas pelos pacientes, 3) Estruturar a representação dos pacientes, 4) Instruir os pacientes, 5) Modelar os pacientes, 6) Fazer sugestões aos pacientes, 7) Adestrar ou ajudar os pacientes nas representações, 8) Proporcionar aos pacientes *feedback* positivo sobre comportamentos específicos, 9) Proporcionar aos pacientes *feedback* negativo sobre comportamentos específicos, 10) Fazer com que os pacientes realizem ensaios de comportamento, 11) Ignorar comportamentos impróprios, inconseqüentes ou irrelevantes, e 12) Estar fisicamente ao lado dos pacientes durante os ensaios de comportamento.

Outra tática da TC implica em procurar aumentar as interações positivas. Isto pode ser conseguido estabelecendo-se a freqüência diária dos comportamentos positivos que cada membro do casal tem que realizar, pedir a estes que tentem ver qual de seus comportamentos positivos conduz a um maior aumento da satisfação conjugal nos registros diários de seu companheiro/a, e/ou planejar "dias de afeto" ou de "amor" especiais, em que um dos parceiros proporciona um grande número de comportamentos muito valorizados pelo outro (Foster e Griffin, 1985). Também podem-se estabelecer atividades das quais o casal desfruta mas que raramente realiza.

As estratégias cognitivas também podem ser empregadas quando sejam necessárias. As intervenções cognitivas incluem o rever (tornar a rotular) as atribuições negativas para criar explicações causais mais saudáveis ("Não é que eu não o ame, é que você não tem as habilidades necessárias para expressar afeto"), apresentar fatos e evidências contraditórios para corrigir as expectativas irracionais e substituir as atribuições vagas, que culpam o outro membro do casal sobre as causas dos problemas conjugais, por atribuições que ressaltem a causalidade mútua e por fatores específicos modificáveis.

A generalização dos afetos da TC da clínica à vida diária também deve ser programada. Bornstein e Bornstein (1986) definem cinco estratégias que ajudarão esta generalização (ver capítulo de Milan e Mitchel, neste volume):

1. *Armadilhas comportamentais.* Referem-se ao estabelecimento de comportamentos que serão reforçados de forma natural no ambiente externo à clínica. As tarefas para casa podem funcionar facilmente como "armadilha".

2. O *esvanecimento gradual das contingências.* Reduzem-se as conseqüências externas do comportamento ao longo do curso do programa de terapia.

3. *Ampliação do controle do estímulo.* Amplia-se o leque de estímulos que exercem controle sobre o comportamento.

4. *Autocontrole.* Quando se ensina os pacientes a vigiar, avaliar e reforçar sua própria atuação, as melhoras comportamentais podem ser mantidas mais facilmente ao longo do tempo e através das situações. Igualmente, as habilidades desenvolvidas na clínica têm que acabar ficando sob o controle do casal.

5. Os *companheiros como facilitadores.* Cada membro do casal funciona como um estímulo discriminativo para seu companheiro/a com respeito aos comportamentos de interação recém adquiridos.

II.8. Terapia sexual

A *terapia sexual,* ou o tratamento da disfunção sexual, obteve uma ampla atenção, tanto profissional como popular, desde a publicação do livro de Masters e Johnson, *Human sexual inadequacy,* em 1970. Atualmente, a terapia sexual constitui uma área especializada da psicologia, da psiquiatria e da medicina. Assinala-se uma série de princípios básicos para a terapia sexual, recebendo cada um deles diferente ênfase dependendo do caso particular (Friedman e Chernen, 1987; LoPiccolo, 1978):

a. *Responsabilidade mútua,* isto é, todas as disfunções sexuais são *transtornos compartilhados.* Independentemente da causa da disfunção, ambos os membros do casal são responsáveis pela mudança futura e pela solução de seus problemas.

b. *Informação e educação.* Muitos pacientes que sofrem de uma disfunção sexual, lamentavelmente ignoram muitos aspectos do comportamento sexual. Por conseguinte, o terapeuta tem que assegurar-se de que os pacientes tenham um conhecimento adequado do ciclo da resposta sexual.

c. *Mudança de atitude.* As atitudes negativas dos pais e da sociedade a respeito da expressão sexual, experiências passadas traumáticas e problemas atuais se misturam para fazer com que os pacientes com disfunções sexuais abordem cada interação sexual com ansiedade ou, em casos extremos, com asco e repugnância. O terapeuta tem que provocar diretamente uma mudança de atitude nesses pacientes.

d. *Eliminação da ansiedade ante a atuação.* Para que a terapia tenha êxito, os pacientes devem liberar-se da ansiedade ante sua atuação sexual. Os pacientes devem deixar de atentar exclusivamente à ereção, ao orgasmo ou à ejaculação e centrar-se em desfrutar do *processo,* em vez de tentar obter um determinado resultado.

e. *Incrementar a comunicação e a eficácia da técnica sexual.* Os casais disfuncionais tendem a ser incapazes de comunicar claramente suas preferências e desagrados sexuais. A terapia sexual incentiva a experimentação sexual e uma comunicação aberta, eficaz, sobre a técnica e as respostas sexuais.

f. *Mudança dos estilos de vida destrutivos e dos papéis sexuais.* Às vezes a relação sexual ocorre só quando todas as demais tarefas foram resolvidas, quando as pessoas já estão cansadas física e mentalmente. A mudança do momento em que ocorre a relação sexual, o reservar um tempo para ela, pode converter o sexo em uma experiência mais positiva. A rígida separação dos papéis sexuais pode constituir também uma influência negativa para a relação sexual de muitos casais.

g. *Planejar mudanças no comportamento.* Se há uma característica distintiva da terapia sexual, esta é a prescrição de uma série de passos graduais sobre comportamentos sexuais específicos, que os pacientes têm que realizar em sua própria casa. Alguns destes procedimentos são descritos a seguir.

II.8.1. Focalização sensorial

Este procedimento consiste em tarefas semanais sobre um contato corporal cada vez maior. A princípio proíbe-se o coito e o contato com os seios e os genitais, a fim de evitar as preocupações sobre a atuação (p. ex., falta de orgasmo, de ejaculação ou de ereção). O propósito desta técnica é tornar a aprender a ter prazer com o contato corporal e reduzir a ansiedade ante a atuação. O casal pratica massagens e o tocar-se mutuamente, enfatizando o reconhecimento das sensações agradáveis. Proibir uma expressão sexual mais intensa permite que os pacientes desfrutem de beijar-se, abraçar-se, massagear-se e de outras atividades prazerosas, sem o transtorno que ocorreria se o paciente antecipasse que estas atividades seriam seguidas pelo coito ou outros comportamentos sexuais que não foram agradáveis no passado. Após os pacientes terem aprendido a obter prazer através destes exercícios, incluem-se então as zonas genitais e os seios. O objetivo agora é dar-se prazer genital, mas sem chegar ao orgasmo. Acariciam-se suavemente o seios e os genitais de diversos modos (oral, manual), cada membro do casal mencionando o que lhe está sendo mais agradável ao receber essas carícias e procurando centrar-se em suas próprias sensações e gozar delas. A relação sexual do casal se reconstrói através de uma série graduada de aproximações sucessivas até a relação sexual completa.

II.8.2. A técnica de compressão

É uma técnica básica da terapia sexual e se utiliza freqüentemente no tratamento da ejaculação precoce. O procedimento requer que a parceira estimule o pênis ereto até o ponto em que o homem experimente uma sensação que avisa a inevitabilidade ejaculatória. Neste ponto, interrompe-se a estimulação e a parceira aperta justo embaixo da borda da glande (de 15 a 30 segundos) e espera que se reduza a ativação. Repete-se o processo até que os períodos do controle do reflexo ejaculatório sejam cada vez mais longos. Uma variação desta técnica é o *método de stop/start* (pare e recomece) de Semans. Este procedimento é realizado, não através de uma compressão, mas da interrupção da estimulação.

O homem descansa até que diminua a sensação de uma elevada ativação e então começa de novo a estimulação. Este exercício é útil no caso de uma parceira que não possa praticar a compressão, ou para pessoas sem parceira e pessoas que desejam praticar sozinhos a masturbação.

II.8.3. Exercícios de masturbação

Este procedimento para reduzir a ansiedade associada com a auto-estimulação genital e o orgasmo implica em exercícios progressivos e específicos. Primeiro, o indivíduo atenta à imagem corporal (despe-se examinando o corpo e os genitais através do espelho). Depois que se estabeleceu uma tranqüilidade nesta área, auto-estimula-se a localização visual e tátil das áreas de prazer. A auto-estimulação continua com uma intensidade e uma duração cada vez maiores objetivando o orgasmo. A estimulação manual ou através de um vibrador pode ser acompanha-da pela fantasia e por imagens eróticas. Nas mulheres, treina-se os músculos pubococcígeos para aumentar a percepção das sensações vaginais (isto pode ser feito indicando à mulher que detenha e reative o fluxo de urina, visto que são os músculos pubococcígeos que se contraem para interromper a ação de urinar (Kaplan, 1978). Finalmente, uma vez que se experimenta e se pratica o orgasmo, incorporam-se exercícios graduados, com o/a parceiro/a para fomentar a gene-ralização deste novo comportamento e associá-lo finalmente com o coito.

II.8.4. A manobra da ponte

A focalização sensorial costuma ser utilizada nas etapas iniciais da terapia para mulheres que não atingem o orgasmo no coito. Kaplan (1978) assinala que a tarefa essencial implica na combinação da estimulação do clitóris e o coito, uma técnica que recebe o nome de *manobra da ponte*. A maioria das mulheres que não atingem o orgasmo no coito, mas sim com a estimulação do clitóris, podem chegar ao orgasmo se, ao mesmo tempo que o pênis se encontra na vagina, estimula-se o clitóris. A manobra da ponte é algo diferente e mais eficaz, consistindo basicamen-te na estimulação do clitóris até o momento imediatamente anterior ao orgasmo e logo deixar que os movimentos do coito ponham em ação o reflexo do orgasmo (Kaplan, 1978). Cria-se assim uma "ponte" entre a estimulação do clitóris e o coito.

II.8.5. Estratégia para o tratamento do vaginismo

O vaginismo pode ser tratado através de uma série de dilatadores para ajudar a mulher a aceitar e desfrutar da introdução vaginal. Primeiro, ensina-se à mulher exercícios de relaxamento e de focalização sensorial para elevar sua ativação. Treina-se o músculo pubococcígeo para aumentar a percepção das sensações vaginais, com a instrução adicional de inserir o dilatador durante a fase de relaxamento. A mulher aumenta gradualmente o tamanho do dilatador que emprega. Neste período também ocorre a participação do casal durante os exercícios de focalização sensorial. O dilatador é introduzido gradualmente durante a sessão com o casal, sendo transferido, em último termo, o papel da inserção ao parceiro sexual. Finalmente inclui-se o coito, colocando-se a mulher por cima para ter um maior controle sobre a penetração e os movimentos pélvicos. Logo, introduzem-se gradualmente outras posições.

III. Técnicas Moleculares

III.1. O recondicionamento orgásmico

Esta é uma técnica que emprega as próprias fantasias sexuais do paciente para reduzir ou eliminar a ativação sexual desviada. Existem quatro procedimentos diversos a este respeito (Maletzky, 1985):

1. *A masturbação direta*. Simplesmente pede-se ao paciente que se masturbe diariamente com fantasias não desviadas e que evite a masturbação com fantasias desviadas. Do ponto de vista teórico, a associação da fantasia, do orgasmo e de um estímulo apropriado, como uma mulher da mesma idade, aumentará finalmente a ativação sexual não desviada.

2. *Imagem alternativa*. Pede-se ao paciente que se masturbe durante um determinado período de tempo, que pode variar de um dia até várias semanas, com fantasias desviadas uma parte desse período e com fantasias não desviadas durante a outra parte desse período. Por exemplo, nos dias pares pode masturbar-se com fantasias desviadas e nos dias ímpares com fantasias não desviadas.

3. *O procedimento da saciação*. Pede-se ao paciente que se masturbe com fantasias ou imagens da atividade sexual com um estímulo apropriado (como uma mulher de sua idade) até que atinja o orgasmo. Imediatamente após, pede-se a ele que continue se masturbando de 15 a 60 minutos com fantasias desviadas. Isto faz com que as fantasias desviadas sejam experimentadas durante o período de tempo no qual a ativação sexual está em seu nível mais baixo. Alguns autores mencionam que este procedimento é útil devido aos princípios do condicionamento aversivo, assim como a outros mecanismos como o autocontrole cognitivo e as mudanças na percepção de si mesmo.

4. *Mudança na fantasia de masturbação*. Pede-se ao paciente que se masturbe com fantasias ou materiais relativos à ativação sexual desviada até o momento em que a ejaculação seja inevitável e, então, mude imediatamente para fantasias ou materiais não desviados, de modo que o orgasmo ocorra com estes últimos. Mais tarde, em cada masturbação posterior, instrui-se o paciente para que realize essa mudança cada vez mais rapidamente no decorrer da masturbação até que, finalmente, masturbe-se só com fantasias e materiais não desviados.

III.2. O contrato comportamental

O contrato comportamental se refere a uma técnica de terapia comportamental na qual se discute um acordo e se faz um contrato que especifique os comportamentos, recompensas e punições necessários que serão aplicados a uma determinada situação. O contrato pode ser verbal ou escrito, embora muitos terapeutas prefiram esta última forma, devido a que acrescenta clareza e proporciona aos indivíduos envolvidos um registro que guie seu comportamento e resolva os desacordos que possam surgir (Walker, Hedberg, Clement e Wright, 1981).

O contrato comportamental, embora seja uma técnica muito simples, mostrou-se muito eficaz na prática clínica. A razão disso parece dever-se a vários princípios muito importantes que estão em funcionamento quando se faz um contrato (Walker e cols., 1981):

1. Reduz-se em grande medida a indefinição e a ambigüidade da situação-problema. A fim de estabelecer um contrato que se refira ao comportamento, as partes envolvidas no mesmo devem expressar muito explicitamente o que querem. Suas demandas têm que traduzir-se em comportamentos específicos que possam ser descritos no contrato. Isto tende a ter um efeito muito estimulante no próprio pensamento sobre um problema e facilita a estruturação da situação.

2. Uma segunda característica do contrato é que torna muito explícita a contingência ou relação entre o comportamento desejado e a recompensa ou a punição. Deste modo, não haverá dúvida sobre o comportamento que se deve realizar e qual será o resultado de realizá-lo.

3. Os contratos representam uma excelente maneira, para uma pessoa, de manipular o ambiente de forma apropriada e eficaz, a fim de conseguir os efeitos e os objetivos desejados. Esta capacidade de se ver satisfatoriamente, com o mundo e com os próprios problemas, é muito reforçadora.

Os procedimentos básicos do contrato comportamental são muito simples. As pessoas envolvidas discutem a área sobre a qual será efetuado o contrato e chega-se a um acordo a respeito dos termos do mesmo. Estes serão escritos e assinados por ambas as partes, recebendo cada uma delas uma cópia. Stuart (1971) sugeriu cinco componentes que devem ser considerados para sua inclusão no contrato. Primeiro, deve-se especificar as *responsabilidades* de todas as partes. Segundo, listam-se os privilégios ou *recompensas* por cumprir com as responsabilidades. Terceiro, deve-se estabelecer um sistema para *vigiar* o comportamento, de modo que se possa determinar se deve-se oferecer uma recompensa ou privilégio. Finalmente, deveria considerar-se a possibilidade de *bonificações* por uma atuação muito boa e *sanções* por determinadas "falhas". Os três primeiros devem ser sempre partes do contrato. Os dois últimos podem ser necessários ou não, dependendo das circunstâncias.

Foram especificadas várias regras para realizar contratos satisfatórios (Dowd e Olson, 1985; Homme e cols., 1969). Estas são as seguintes:

1. O contrato normalmente deveria ser escrito e assinado pelos participantes do mesmo.

2. O pagamento ou recompensa proveniente do contrato deveria ser imediato.

3. Os contratos deveriam empregar o princípio de aproximações sucessivas, reforçando pequenos passos na direção apropriada, em vez de exigir mudanças importantes entregando grandes recompensas.

4. Pequenas recompensas deveriam ser freqüentes e relativamente fáceis de conseguir.

5. O contrato deveria exigir e recompensar as realizações e iniciativas independentes da pessoa, em vez de recompensá-la por fazer o que outros dizem que faça.

6. A recompensa (que deve estar especificada) deve ser dada após ser realizado o comportamento e tem que ser contingente com ele, e não ser entregue antecipadamente.

7. Todas as partes envolvidas deveriam negociar abertamente os conteúdos do contrato, de modo que considerem justos os termos deste; senão, é provável que não o respeitem.

8. O contrato deve ser claro e específico. Os comportamentos específicos requeridos têm que ser observáveis e mensuráveis, de modo que cada parte possa observar quando ocorre o comportamento determinado.

9. O contrato deve ser feito com honradez, com intenções sinceras e realistas de cumpri-lo.

10. O contrato deveria geralmente basear-se em termos positivos, em vez de negativos, e deveria produzir uma recompensa para a pessoa, em vez de, simplesmente, a evitação de uma punição.

11. O contrato deveria especificar, antecipadamente, as sanções para cada pessoa por não realizar sua parte nele.

12. O contrato pode incluir uma cláusula que proporcione bonificações extras, se a pessoa ultrapassar as exigências mínimas do mesmo e/ou realizar o comportamento durante um período prolongado de tempo.

13. O contrato deveria ser empregado sistematicamente, revisando os velhos contratos e construindo outros novos para ampliar as áreas que se utilizam e ao deparar-se com novas situações, conforme se apresentam.

14. O conteúdo de qualquer contrato não é de obrigatoriedade jurídica e está aberto à renegociação por qualquer das partes, em qualquer momento.

A técnica tem sido empregada com êxito em pelo menos cinco grandes categorias de problemas (Dowd e Olson, 1985): a) comportamentos acadêmicos ou relacionados com a escola; b) comportamentos sociais e vida independente; c) controle de hábitos, como o consumo de álcool e drogas; d) problemas conjugais; e e) delinqüência.

III.3. Biblioterapia

Este termo refere-se ao emprego de materiais escritos (manuais de auto-ajuda) para ajudar os pacientes a modificar seu comportamento, seus pensamentos ou seus sentimentos. Os requisitos para uma utilização com êxito da biblioterapia, incluem habilidades de leitura que sejam compatíveis com o nível de leitura necessário para abordar o manual e um conjunto de habilidades de autocontrole que compreendam as seguintes: 1) Autodiagnóstico (habilidades no uso do material escrito para definir claramente os resultados desejados e planejar como alcançá-los; isto necessita de habilidades na coleta de informações úteis); 2) Habilidades de auto-registro para reunir informação referente à avaliação e valorização do progresso; 3) Habilidades para rearranjar os incentivos, de forma que possam surgir novas habilidades; 4) Habilidades para realizar novos passos quando se obtenham ganhos positivos; 5) Habilidades de solução de problemas para vencer obstáculos quando não funciona a intervenção, e 6) Habilidades para generalizar e manter as mudanças (Gambrill, 1985).

III.4. A interpretação alternativa

É um procedimento a empregar dentro da reestruturação cognitiva. McMullin (1986) assinala que a primeira interpretação do paciente não é normalmente a melhor. Muitos pacientes intuem o significado de uma determinada situação e, posteriormente, se atêm a esta interpretação inicial, supondo que deve ser correta. Julgamentos posteriores, freqüentemente mais racionais, raramente parecem implantar-se tão solidamente como o primeiro. O objetivo desta técnica é que o paciente aprenda a manter em suspenso seu parecer inicial, até que possa obter mais informações e perceber as situações mais objetivamente. Para isso, faz-se com que o paciente leve um registro escrito das piores emoções experimentadas durante o período de uma semana, anotando, em uma ou duas frases, o acontecimento ativante (situação) e a primeira interpretação deste acontecimento (crença). Na semana seguinte, faz-se com que o paciente continue com o mesmo exercício, tentando encontrar pelo menos mais quatro interpretações para cada acontecimento. Cada uma das interpretações deveria ser diferente da primeira, mas igualmente plausível. Na sessão seguinte, ajuda-se o paciente a decidir qual das quatro interpretações possui a maior evidência que a apóie objetivamente. Deve-se estar certo de empregar a lógica, em vez de impressões subjetivas. Finalmente, instrui-se o paciente a continuar tentando encontrar interpretações alternativas, colocando primeiro o julgamento em suspenso, e para que tome uma decisão sobre a crença correta só quando o tempo e a distância produzam a objetividade necessária. Deve-se continuar com este procedimento durante, pelo menos, um mês até que o paciente possa fazê-lo automaticamente (McMullin, 1986).

III.5. Mudar o rótulo

Para certas pessoas, um único rótulo mal empregado pode criar uma ansiedade intensa. Estes rótulos ou "cognições intervenientes", incluem não só pensamentos, orações não verbalizadas ou perspectivas filosóficas, mas também palavras e frases soltas. Cada um destes veículos age como um símbolo que provoca respostas emocionais através do condicionamento operante, clássico ou cognitivo. Uma vez que o símbolo e a resposta afetiva foram emparelhados, o símbolo possui a capacidade de provocar a emoção diretamente (McMullin, 1986). Os símbolos são, por definição, arbitrários. Um pode ser substituído por outro facilmente. O mesmo ocorre com as palavras mas, diferentemente do que ocorre com outros símbolos, com freqüência, palavras diferentes compreendem conotações emocionais totalmente diferentes. Muitos pacientes escolhem, consistentemente, palavras com conotações negativas, quando poderiam selecionar rótulos neutros ou positivos.

A mudança de rótulo ajuda os pacientes a identificar seus conceitos negativos e substituí-los por associações emocionais mais objetivas e positivas. Através deste processo aprendem que a única diferença entre duas palavras é seu valor emocional. Ao realizar esta técnica faz-se uma lista de situações ou acontecimentos específicos (referenciais) que o paciente associa com palavras negativas. Por exemplo, que referentes o paciente visualiza quando utiliza as palavras "inferior", "doente" e "fraco"? Logo, se descrevem estes referentes em termos objetivos, não avaliadores. O que uma câmera de vídeo gravaria da situação ou do acontecimento? Listam-se os rótulos negativos mais importantes que o paciente utiliza para descrever as situações. Em seguida, ajuda-se o paciente a listar os rótulos positivos e neutros que poderiam ser empregados para interpretar os referentes. Explica-se como estes novos rótulos são tão válidos como os antigos, mas provocam emoções mais positivas. Finalmente, faz-se com que o paciente exercite utilizando novos rótulos a cada dia, registrando a situação, encontrando o rótulo negativo e substituindo-o por uma palavra mais positiva (McMullin, 1986). Por exemplo, uma pessoa que "freqüentemente muda de opinião" poderia ser rotulada como "volúvel" ou mesmo como "flexível".

III.6. A crença racional

Este procedimento é utilizado na reestruturação cognitiva. O questionamento com êxito enfraquece um pensamento irracional, mas força o paciente a centrar-se no pensamento inicial. Uma vez que se centra nele, o pensamento irracional produz emoções negativas. O questionamento tem que trabalhar, então, contra o pensamento e a emoção que provoca. A técnica da crença racional, pelo contrário, faz com que o paciente tenha que pensar no pensamento irracional, evitando ter que trabalhar contra a emoção negativa. O paciente imagina a crença realista imediatamente após estar exposto aos estímulos desencadeantes ambientais. Neste enfoque, o paciente não discute contra um pensamento irracional, mas concentra-se em pensar racionalmente. Para isso, faz-se uma lista das situações em que o paciente tem problemas. Podem ser situações específicas, do passado ou do presente, ou situações gerais da vida, as quais é provável que tenha que enfrentar. Preparam-se crenças racionais, ou autoverbalizações, que o paciente pode empregar nessas situações. Estas crenças não deveriam exagerar os traços positivos nem os negativos das situações, mas basear-se em um ponto de vista objetivo do que está ocorrendo. Deve passar certo tempo tentando encontrar a interpretação mais sensata da situação. Registra-se o estímulo desencadeante de cada situação na face de uma etiqueta. Na outra face, escreve-se uma descrição completa da percepção racional que o paciente está tentando conseguir. Várias vezes ao dia, durante, pelo menos, seis semanas, o paciente deveria imaginar claramente que está na situação. Uma vez que a imagem é nítida, o paciente deveria pensar no pensamento racional até que seja, também, nítido. Os pacientes deveriam praticar o exercício até que, de forma reflexa, percebam a crença racional quando imaginem o acontecimento. Se há pensamentos irracionais que se intrometem quando o paciente está realizando o exercício, deve-se utilizar a "parada do pensamento" e tentar utilizar de novo a crença racional (McMullin,1986). Por exemplo, em uma situação que provoca "temor à interação com estranhos" a crença racional poderia ser "Tenho uma oportunidade de conhecer gente nova e interessante".

III.7. A hierarquia de valores

O poder da persuasão constitui uma das ferramentas mais importantes do terapeuta. Entretanto, às vezes, recorrer aos valores pessoais do paciente pode ser uma técnica muito mais efetiva do que apoiar-se em argumentos racionais. Os valores têm a vantagem de serem próprios e estarem profundamente enraizados nos conceitos do paciente sobre a realidade. Freqüentemente, os pacientes não aceitarão um julgamento racional de que suas atitudes ou comportamentos não são corretos, mas raramente rejeitarão uma discrepância comprovada entre suas atitudes ou comportamentos e seus valores reais.

O terapeuta tem que achar a hierarquia de valores do paciente. Isto pode ser conseguido através de perguntas específicas. Deve-se fazer uma distinção entre perguntas que simplesmente provocam julgamentos de valor ("O que pensa dos ciganos?") e perguntas que forçam os pacientes a ordenar seus valores de uma forma hierárquica ("O que preferiria, a segurança de alguém que se preocupa com você ou o risco de estar livre e, talvez sozinho, de certo modo?"). Este último tipo de pergunta, feito ao longo de uma ampla variedade de assuntos, levará à construção de uma hierarquia pessoal. A seguir, constrói-se uma lista de crenças antigas e prejudiciais, e os pacientes associam cada uma delas com um determinado valor de suas hierarquias pessoais. (Ressaltam-se imediatamente, como incongruentes com as realidades do paciente, as velhas crenças que não se encaixam com a hierarquia). Faz-se uma lista das novas crenças, preferidas, e instrui-se os paciente para que associem cada uma destas com um determinado valor de suas hierarquias pessoais. Ressaltam-se aquelas novas crenças que podem se encaixar claramente com os valores mais elevados. Os pacientes deveriam praticar a percepção do valor elevado quando pensam na nova crença. Finalmente, e para que se produza a generalização, faz-se com que os pacientes pratiquem a contemplação do valor elevado em uma série de situações. Isto pode ser feito empregando-se imagens, enquanto está na clínica, ou mesmo esperando que um estímulo ambiental desencadeie o pensamento (McMullin, 1986). (Um exemplo poderia ser: *Antiga crença*: "Tenho que ter um homem para ser feliz", *Valor elevado da paciente:* "Respeito a si mesmo", *Nova crença:* "Prefiro ver-me sozinha do que odiar-me por viver como escrava com um homem que eu não goste".

III.8. O emprego de imagens

As imagens são empregadas em muitas técnicas da terapia comportamental. Praticamente todas as técnicas verbais podem adaptar-se a procedimentos de visualização de imagens. Para muitos pacientes, o melhor enfoque é entremear procedimentos verbais e imagens, já que a combinação produz maiores mudanças do que a utilização de só um enfoque. Entretanto, se um paciente é particularmente hábil na visualização ou se responde especialmente à modificação de imagens, o terapeuta pode ressaltar o trabalho com imagens. Podem-se empregar imagens específicas para mudar as percepções irracionais por percepções racionais. Estas mudanças podem ser mais rápidas se forem utilizadas imagens do que se forem utilizadas palavras. Alguns dos principais tipos de imagens são os seguintes (McMullin, 1986):

1. *Imagens de enfrentamento,* nas quais os pacientes imaginam a si mesmos enfrentando com êxito as situações difíceis. São empregadas para corrigir o pensamento passivo, de evitação.

2. *Imagens relaxantes,* que incluem cenas naturais e visualizações sensuais. São utilizadas para opor-se a pensamentos ansiosos, produtores de temor.

3. *Imagens de aptidão,* nas quais os pacientes se imaginam realizando tarefas perfeitamente. São utilizadas para opor-se a pensamentos irracionais de fracasso e desemparo.

4. *Imagens nocivas,* que se utilizam no condicionamento aversivo, de fuga ou evitação, para opor-se a comportamentos negativos.

5. *Imagens idealizadas,* que se empregam quando os pacientes não são capazes de pensar em seus objetivos finais (p. ex., "O que você quer estar fazendo dentro de 10 anos?").

6. *Imagens recompensadoras,* usadas para reforçar o pensamento realista (p. ex., "Que coisas boas acontecerão se terminar o projeto?").

7. *Imagens igualadoras,* que diminuem os efeitos negativos de visualizações aversivas, temidas (p. ex., "Imagine o seu chefe vestido de pato, grasnando").

III.9. A imaginação emotiva

Consiste no emprego de imagens emotivas inibidoras de ansiedade, como, por exemplo, imagens que ativem sensações de orgulho, serenidade, afeto, alegria, auto-afirmação, etc. Lazarus (1985) assinala que esta técnica é especialmente útil com crianças que sofrem de fobia e descreve os seguintes passos para sua aplicação:

a. Constrói-se uma hierarquia graduada, igual à da dessensibilização.

b. O terapeuta estabelece a natureza das imagens sobre o herói da criança e as fantasias que as acompanham.

c. Conta-se à criança uma história suficientemente parecida à sua vida real, para que seja crível, história na qual o herói favorito da criança modele o comportamento sem medo da criança e lhe proporcione incentivo e apoio.

d. Passo a passo a criança tem que imaginar a si mesma enfrentando as situações que teme, acompanhada pelas imagens de seu herói.

III.10. A mudança de pensamento

Os procedimentos de *mudança de pensamento* incluem os elementos da parada de pensamento e da distração; também fazem com que a pessoa provoque voluntariamente a cognição perturbadora, detenha a cognição, distraia-se, recompense-se quando seja possível e volte a provocar a cognição perturbadora. O propósito desta técnica consiste em capacitar a pessoa a ter pensamentos repetitivos quando seja apropriado fazê-lo, e ser capaz de concentrar-se em outras atividades quando não seja apropriado agir assim.

III.11. A cadeira vazia

Embora este seja um procedimento de origem gestáltica, às vezes se emprega como mais uma técnica da terapia comportamental. Consiste, essencialmente, em que o paciente se sente em frente a uma cadeira vazia e imagine que ela está ocupada por uma pessoa importante (pai, amigo, etc.). O paciente acusa, pede, fala ao ocupante imaginário da cadeira vazia. Em seguida, o paciente passa para a cadeira vazia e se transforma na outra pessoa, que fala à cadeira vazia que o paciente acaba de deixar, como se fosse o próprio paciente. O paciente muda outra vez de cadeira, sendo novamente ele mesmo e continuando o diálogo. Continua-se mudando de cadeira, assumindo o papel da outra pessoa e o seu próprio, até que se chegue a alguma solução. Esta técnica é especialmente útil para que os pacientes valorizem o ponto de vista dos outros.

III.12. O controle do estímulo

A presença de certos estímulos em uma situação, pode predizer a ocorrência de determinados comportamentos. Por exemplo, a presença de determinados alimentos atrativos pode aumentar a ingestão de comida. Se forem controladas as condições antecedentes apresentadas na ocasião para que seja reforçado o comportamento, pode-se produzir um aumento na resposta que se emite. Karoly (1986) identifica quatro tipos de estímulos: 1) estímulos discriminativos, que foram unidos no passado ao reforçamento contingente à resposta; 2) "regras" ou estímulos verbais, cuja adesão resultou, anteriormente, no reforçamento; 3) estímulos facilitadores, que fazem com que responder seja mais fácil; e 4) operações motivacionais, que aumentam a eficácia do reforçamento (p. ex., privação prévia).

Nem todos os problemas requerem que se aumente ou diminua o comportamento. Alguns requerem que se responda no lugar apropriado, no momento oportuno. Um exemplo do controle do estímulo aplicado ao problema da insônia pode ser encontrado em Caballo e Buela (1990). Karoly (1986) faz as seguintes recomendações ao utilizar o controle do estímulo:

1. Identificar através da observação (não da dedução) os laços funcionais entre os estímulos antecedentes e os comportamentos que não precisam ser incrementados.

2. Identificar os estímulos que provocam o comportamento inadequado.

3. Eliminar os estímulos para o comportamento inadequado.

4. Ressaltar mais os estímulos para responder de forma apropriada.

5. Não utilizar em excesso o controle do estímulo. Cada apresentação não reforçada de um estímulo enfraquecerá seu poder de provocar a resposta.

6. Se um estímulo arbitrário foi estabelecido como estímulo discriminativo, transformá-lo gradualmente em um antecedente natural, a fim de fomentar a generalização ao ambiente real.

7. Treinar o indivíduo a tomar as rédeas do "controle pelo estímulo" de seu próprio comportamento.

III.13. A inversão do hábito

Esta técnica costuma ser empregada no tratamento dos tiques e compõe-se de dois elementos. O primeiro implica no ensinar o paciente a perceber cada ocorrência do hábito e emitir uma resposta fisicamente incompatível. O segundo implica na identificação de pessoas ou situações que possam desencadear o tique e fazer com que discuta e pratique a maneira pela qual realizará as respostas incompatíveis nessas situações. Esta técnica exige também que o paciente repasse com o terapeuta os inconvenientes causados pelo tique, que identifique os antecedentes associados com episódios nos quais haja uma alta ou uma baixa probabilidade de que o mesmo ocorra, que aumente a percepção do tique reproduzindo-o deliberadamente e contemplando-o num espelho, que aprenda a relaxar-se, a auto-registrar diariamente os comportamentos de tique, e que obtenha o apoio social dos membros da família para controlar este comportamento (Beck, 1985). Com esta técnica tem-se modificado, entre outros, tiques como chupar o dedo, piscar excessivamente, roer as unhas e a tricotilomania.

III.14. A prática massiva

A prática massiva é um procedimento paradoxal que tem sido aplicado principalmente com os tiques. O fundamento teórico do tratamento é que, com a prática voluntária do tique, muitas vezes em um período de tempo concentrado, se produzirá a fadiga (quer dizer, a inibição reativa). Quando essa fadiga alcança um ponto crítico, o paciente já não será capaz de executar o tique (Hersen, 1985).

III.15. A prevenção da resposta

Esta técnica tem sido utilizada principalmente no tratamento do transtorno obsessivo-compulsivo. Nela expõe-se o paciente ante os estímulos que causam o pensamento obsessivo, a ansiedade e o comportamento compulsivo. Então, evita-se que o paciente se entregue ao comportamento ritualizado, o que inicialmente provoca um aumento da ansiedade e do pensamento obsessivo. Depois de uma série de sessões, a ansiedade e as obsessões costumam reduzir-se gradualmente até níveis subclínicos. Supõe-se que o procedimento se baseia na extinção (Williamson, 1985). Uma variação desta técnica é a construção de uma hierarquia, de modo que o paciente se exponha inicialmente a estímulos que provoquem menos ansiedade e aprenda a enfrentar baixos níveis desta, antes de passar aos estímulos que constituem o núcleo do problema.

III.16. O fumar rápido

É um procedimento aversivo empregado para ajudar os fumantes a deixar de fumar. Consiste em fazer com que o sujeito fume um cigarro com a taxa de uma inalação a cada seis segundos. Este "fumar concentrado" produz rapidamente efeitos sensoriais e fisiológicos desagradáveis como tontura, náuseas, e um aumento do ritmo cardíaco. Pede-se ao fumante que se concentre nessas sensações negativas durante o procedimento. O fumar rápido continua (se for necessário, acende-se um segundo cigarro) até que o sujeito já não seja capaz de dar mais uma "tragada" ou esteja a ponto de sentir-se mal. Permite-se então que o fumante respire ar fresco até que estas sensações desapareçam e, então, repete-se o procedimento de fumar rápido. Este ciclo continua até que o fumante seja incapaz de fumar outro cigarro. As sessões de fumar rápido se realizam diariamente até que o fumante seja capaz de abster-se totalmente. Ao realizar esta técnica, aconselha-se o fumante que vai praticá-la, que passe antes por uma avaliação médica para saber se sua saúde é boa, desaconselhando-se o uso da técnica com aquelas pessoas com problemas cardíacos, pressão sangüínea alta, diabetes, bronquite crônica ou enfisema (Lowe, 1985).

III.17. O treinamento no controle da retenção

O treinamento no controle da retenção (ou exercícios para a expansão da bexiga) consiste em um procedimento que requer que o indivíduo agüente sem urinar durante períodos de tempo cada vez mais longos. O objetivo desta técnica é aumentar a capacidade funcional da bexiga e tem sido empregada com problemas como a enurese diurna e noturna.

Alguns fatores que variam neste procedimentos são: 1) a ingestão de líquidos, havendo casos em que se exagera nisto, de modo a aumentar o número de ensaios de retenção ao longo do dia; 2) o incremento do tempo de retenção, variando desde um período que vai aumentando progressivamente até fazer com que o indivíduo retenha a urina tanto quanto possa; 3) o tempo máximo que se pede ao sujeito que retenha a urina tem variado de 20 até 90 minutos; 4) na maioria dos casos, o procedimento é realizado em casa, após ter-se dado aos pais instruções escritas (Doleys, 1985b).

Às vezes se utilizam, como parte desta técnica, exercícios de controle do esfíncter. Estes exercícios consistem em que o indivíduo pratique, voluntariamente, o deixar que saia a urina e o cortar seu fluxo durante o ato de urinar. Deste modo, aumenta-se o controle voluntário dos músculos do esfíncter externo.

III.18. O condicionamento da almofadinha* e a campainha

Este procedimento é definido como a aplicação de um instrumento sensível à urina para o tratamento da incontinência urinária. O nome do procedimento provém do aparelho empregado, composto geralmente de algum tipo de "almofadinha" sensível à urina que, quando se ativa, dispara um alarme ou "campainha" (Doleys, 1985a).

Esta técnica tem sido utilizada freqüentemente com a enurese funcional noturna. Os aspectos básicos do procedimento requerem que o sujeito enurético durma sobre uma almofadinha sensível à urina. Essa almofadinha é conectada a uma bateria que alimenta um zumbidor, uma campainha ou um alarme em geral. O aparelho é construído de forma que a mínima quantidade de urina feche um circuito elétrico, ativando o alarme e acordando o indivíduo enurético. Do ponto de vista teórico, observa-se que, com o tempo, a distensão da bexiga adquire propriedades estimulares discriminativas, fazendo com que a criança acorde quando se produz esta distensão e antes de começar a urinar. Também se hipotetiza que, através do condicionamento, inibi-se a evacuação de modo que não ocorra até que o sujeito enurético acorde (Doleys, 1985).

Algumas variações a respeito desta técnica são:

a. O emprego de versões pequenas e portáteis do aparelho que podem ser utilizadas durante o dia.

b. A programação intermitente do alarme (em função da porcentagem de vezes que se urina).

c. A super-aprendizagem. Uma vez que se tenha alcançado o critério inicial de noites secas, aumenta-se a ingestão noturna de líquidos.

III.19. O emprego do metrônomo

O *emprego de um metrônomo* em pessoas com problemas de gagueira permite ao gago dar ritmo a sua fala, ao fazer coincidir suas sílabas, palavras ou frases com o som rítmico do aparelho. O tratamento que utiliza esta técnica compõe-se de quatro etapas. Nas duas primeiras, emprega-se um metrônomo comum. Nas duas seguintes, um metrônomo em miniatura. As etapas são as seguintes (Yates, 1977):

1. Demonstra-se ao sujeito que, utilizando o metrônomo, pode-se falar sem gaguejar.

2. Modela-se a fala aumentando a taxa e empregando para cada batida do metrônomo, unidades de fala mais longas.

3. O gago elabora uma hierarquia de situações nas quais ocorre a gagueira, utilizando primeiro o metrônomo naquelas que lhe produzem menos ansiedade e continuando progressivamente com as mais ansiógenas.

4. Uma vez que o gago consegue isso, vai-se esvanecendo gradualmente o uso do metrônomo.

IV. Resumo/Conclusões

Ao longo deste capítulo, vimos uma série de técnicas utilizadas, com maior ou menor freqüência, no âmbito da terapia comportamental. Algumas constituem um enfoque para a mudança de amplas áreas pessoais, enquanto outras são procedimentos simples que, sozinhos ou em combinação, tentam modificar pequenos sintomas. Todas são úteis e cada uma delas pode constituir a intervenção adequada no momento oportuno. Seu conhecimento pode facilitar uma solução mais rápida dos problemas do paciente. Entretanto, deve-se considerar que as técnicas são ferramentas úteis que podem ser incorporadas ao repertório de habilidades do terapeuta, mas que só devem ser empregadas, uma vez realizada uma análise exaustiva do problema ou problemas do paciente, análise que determinará que técnicas serão, provavelmente, as mais adequadas em cada caso. As técnicas não substituem o delineamento teórico, implícito e explícito, do terapeuta ao abordar os transtornos comportamentais, mas sim o ajudam a realizar seu modelo de intervenção com os pacientes que trata.

V.   LEITURAS RECOMENDADAS

Bellack, A. S. y Hersen, M. (comps.), *Dictionary of behavior therapy techniques*, Nueva York, Pergamon Press, 1985.

Dryden, W. y Golden, W. (comps.), *Cognitive-behavioural approaches to psychotherapy*, Londres, Harper and Row, 1986.

Kanfer, A. P. y Goldstein, A. P. (comps.), *Helping people change: a textbook of methods*, 3ª ed., Nueva York, Pergamon Press, 1986. [Hay traducción castellana de la 2ª edición (1980): *Cómo ayudar al cambio en psicoterapia*, Bilbao, Desclée de Brouwer, 1988.]

Masters, J. C., Burish, T. G., Hollon, S. D. y Rimm, D. C., *Behavior therapy: techniques and empirical findings*, 3ª ed., San Diego, Calif., Harcourt Brace Jovanovich, 1987. [Hay traducción castellana de la 1ª edición (1974): Rimm, D. C. y Masters, J. C., *Terapia de conducta: técnicas y hallazgos empíricos*, México, Trillas, 1980.]

McMullin, R. E., *Handbook of cognitive therapy techniques*, Nueva York, Norton, 1986.

Walker, C. E., Hedberg, A. G., Clement, P. W. y Wright, L., *Clinical procedures for behavior therapy*, Englewood Cliffs, N.J., Prentice-Hall, 1981.

OITAVA PARTE

EXTENSÕES DA TERAPIA COMPORTAMENTAL

32. Terapia de Grupo Cognitivo-Comportamental

Richard L. Wessler

I. História

Ao revisar a história da terapia comportamental de grupo , Hollander e Kazaoka (1988) chegaram à conclusão de que só recentemente este enfoque entrou na corrente principal da terapia comportamental e que os fenômenos de grupo apresentam um maior grau de complexidade do que o tratamento individual. Provavelmente, a primeira aplicação das técnicas cognitivo-comportamentais em grupo foi a terapia racional emotiva. Por volta de 1955, Ellis desenvolveu a terapia racional emotiva individual e quase imediatamente começou a aplicá-la em grupos (Wessler, 1983).

II. Definição e Descrição

Hollander e Kazaoka (1988) definem a terapia de grupo comportamental como: "Qualquer tentativa, por parte de uma pessoa ou pessoas, para modificar o comportamento de, pelo menos, duas ou mais pessoas que se reúnem como grupo, através da aplicação sistemática de procedimentos validados empirica-mente, dentro de um marco que permita a coleta de dados relevantes para a avaliação do impacto desses procedimentos sobre os membros do grupo como indivíduos e sobre o grupo como um todo" (p. 260). A terapia de grupo cognitivo-comportamental aplica os princípios e técnicas da terapia cognitivo-comportamental a grupos. Combina as suposições e procedimentos da terapia cognitivo-comportamental individual com os processos encontrados na terapia de grupo. Qualquer técnica desenvolvida para a terapia cognitivo-comportamental individu-al pode ser utilizada nos grupos. (Estas técnicas são descritas em diferentes capítulos deste volume; o presente capítulo se centra nos processos de grupo.)

Pace University (USA).

O formato grupal oferece certas vantagens. A terapia de grupo proporciona oportunidades para observar as interações dos pacientes e para administrar *feedback* de suas interações. O formato grupal proporciona oportunidades para examinar os sistemas de crenças e os comportamentos dos pacientes, especialmente os comportamentos interpessoais. Uma terapia de grupo é um lugar ideal para aprender a se relacionar e a interagir com as pessoas de formas diferentes; é um contexto seguro no qual se pode praticar novos comportamentos.

III. Fundamentos Conceituais e Empíricos

III.1. Suposições básicas

A terapia de grupo cognitivo-comportamental baseia-se nos mesmos fundamentos que a terapia individual, por exemplo, a terapia racional emotiva de Ellis, a terapia cognitiva de Beck, a terapia multimodal de Lazarus e a terapia de avaliação cognitiva de Wessler e Hankin-Wessler (ver os capítulos correspondentes neste volume). Algumas das terapias de grupo cognitivo-comportamentais baseiam-se em um modelo educativo de terapia. A tarefa do terapeuta consiste em ensinar, e a tarefa do paciente consiste em aprender ou reaprender novos comportamentos e crenças. Segundo Corsini (1988) "as pessoas desadaptadas não estão "doentes" ou são "ignorantes"; não sabem o que fazer. A terapia é, basicamente, um método de aprendizagem, sobre si mesmo, sobre os outros e sobre a vida" (p. 13).

A utilização de um modelo educativo é típica daqueles enfoques cognitivos que Mahoney (1986) classifica como "racionalistas". Supõem que as descrições incorretas da realidade e as inferências errôneas sobre a mesma constituem as fontes das perturbações emocionais. Um *enfoque racionalista* supõe normalmente que o comportamento e a emoção são resultados diretos do processamento cognitivo; as cognições servem como mediadores entre os estímulos e as respostas. Uma cognição não avaliadora é uma descrição neutra de um objeto ou de um acontecimento, ou alguma conclusão lógica sobre estes. As cognições não avaliadoras incluem as antecipações ou expectativas, as predições, e as atribuições que a pessoa cria para explicar seu próprio comportamento e o dos outros. O fracasso no processamento da informação pode levar, logicamente, uma pessoa a conclusões desadaptativas e a respectivas emoções e comportamentos desadaptativos.

Um enfoque alternativo é o que Mahoney chama de "construtivista". Neste enfoque, a pessoa cria uma representação subjetiva da realidade. A pessoa é similar a um artista que pinta a impressão de suas percepções, mas que acredita que sua criação é uma representação precisa da realidade. Na posição racionalista, a pessoa é similar a uma câmara que é capaz de tirar uma fotografia precisa da realidade, diferente do artista cuja subjetividade impede tanto uma representação precisa como a compreensão de que o quadro não é fiel.

O *enfoque construtivista* é menos educativo e está mais interessado na utilidade da versão da realidade que a pessoa tem. É compatível com aquelas formas de terapia cognitivo-comportamental que se baseiam num modelo de atitude. As atitudes constam de três componentes: conhecimento, afeto e ação. Supõe-se que estes três componentes sejam mutuamente interdependentes; a mudança em um dos componentes produz uma mudança nos outros dois. O componente afetivo consta de avaliações cognitivas. Uma cognição avaliadora é uma afirmação sobre o lado bom e o mau de algum acontecimento ou objeto. As cognições avaliadoras estão implicadas diretamente nas emoções. Os esforços educativos têm pouco impacto sobre estas avaliações cognitivas, já que estas se baseiam em processos de atitudes, em vez de basear-se na informação e na lógica. Portanto, a tarefa do terapeuta de grupo não é a educação, mas a mudança de atitudes.

III.2. Um modelo integrador

Diferentes cognições podem ser o objetivo das intervenções terapêuticas. A seguir, apresenta-se um modelo de suas inter-relações com os sentimentos subjetivos e os acontecimentos ambientais. Denominado Episódio Cognitivo-Emotivo-Comportamental (ECEC) (Wessler, 1986b), começa com um estímulo e termina com o reforçamento das conseqüências das ações. Embora as oito etapas estejam colocadas seqüencialmente, a seqüência não é rígida. O episódio é similar ao modelo sobre as emoções, proposto por Plutchik (1980). O ECEC consta dos seguintes passos: 1) o estímulo, 2) a percepção do estímulo, 3) a informação descritiva do estímulo percebido, 4) as inferências baseadas nos informes descritivos, 5) as avaliações dos informes e das inferências, 6) as experiências afetivas encobertas, 7) as decisões e ações e 8) as conseqüências reforçadoras das ações.

III.2.1. O estímulo

Um ECEC específico começa com um estímulo no ambiente externo dos acontecimentos sociais e físicos ou em ambiente interno dos pensamentos e sentimentos de uma pessoa. Exemplos de estímulos manifestos incluem as ações e as verbalizações de outras pessoas; exemplos de estímulos encobertos são os próprios pensamentos e sentimentos de uma pessoa, incluindo as sensações corporais, como por exemplo, náuseas ou ativação autônoma, ou qualquer um dos passos cognitivos do ECEC.

III.2.2. A percepção

Os estímulos podem ser percebidos e discriminados de outros estímulos disponíveis. Entretanto, os estímulos não precisam ser o assunto central da atenção ou da percepção e podem não ser conscientes, no sentido de que a pessoa não tem um acesso introspectivo direto ao processo (Kilhstrom, 1987). A deficiência na percepção dos estímulos pode ser defensiva ou um aspecto dos processos não conscientes, nos quais não há descrições ou inferências conscientes.

III.2.3. A descrição

As descrições são representações simbólicas conscientes das observações. Estas são contíguas temporariamente com os estímulos. Os relatórios descritivos podem ser feitos antes ou depois que ocorram os estímulos, ou podem discorrer sobre imagens que não têm um estímulo manifesto. Mahoney (1977) proporciona uma explicação da terapia comportamental *cognitiva* e a distingue da terapia comportamental quando alega que os ambientes não afetam diretamente uma pessoa nem causam as respostas comportamentais. As palavras e as imagens são representações simbólicas do ambiente e são elas, e não o ambiente, as causas imediatas do comportamento. Mahoney descreve uma mudança a partir do interesse no ambiente, como o centro das intervenções terapêuticas (que é o costume em terapia comportamental), até o interesse nas cognições sobre o ambiente, como o centro das intervenções (que é o habitual na terapia comportamental cognitiva).

III.2.4. As inferências

Beck (1976) descreveu as maneiras como as conclusões arbitrárias e falsas podem estar envolvidas nas perturbações emocionais. Os erros cognitivos que descreveu – supergeneralização, abstração seletiva, interpretações arbitrárias, etc. – são erros de inferência. Outras operações lógicas incluem a racionalização, o gerar previsões e expectativas, o fazer atribuições causais e motivacionais e o dar outras interpretações e significados não avaliadores às próprias observações. Estas conclusões são o resultado de operações lógicas e paralógicas e se encontram implicadas na teoria cognitivo-social de Bandura (1986), que enfatiza a função reguladora das previsões sobre o comportamento, que se baseiam no conhecimento que a pessoa tem das ações e dos resultados antecipados das ações. A falha de não ter categorias relevantes para as novas experiências ou de não adequar as novas experiências a novas categorias, pode afetar seriamente o conhecimento cognitivo e o funcionamento psicológico geral. Os estímulos podem perder-se ou serem distorcidos devido à falta de categorias conceituais apropriadas. As inferências sobre os estímulos provêm de esquemas ou estruturas cognitivas centrais e a tarefa de terapia comportamental cognitiva consiste em descobrir as coginições centrais relativamente duradouras (Guidano e Liotti, 1983).

III.2.5. As avaliações

Várias teorias sobre a emoção atribuem um papel central às avaliações cognitivas (p. ex., Plutchik, 1980) ou "cognições candentes" (*hot cognitions*) (Wessler, 1986a,1986b). A avaliação, mais que o conhecimento, é o que está implicado na natureza da experiência afetiva. As avaliações de estímulos específicos se baseiam nos princípios morais e valores sociais relativamente duradouros ou o que poderia denominar-se "esquemas de valores". As avaliações podem ser implícitas, em vez de explícitas, mas podem ser descobertas prestando-se atenção a sinais semânticos, como os significados conotativos das palavras.

As cognições mais significativas na terapia são aquelas que pertencem a si mesmo. Embora o conceito do si mesmo seja um conjunto de inferências e hipóteses sobre a própria pessoa (Guidano e Liotti, 1983), o julgamento ou a consideração de si mesmo baseia-se nas avaliações cognitivas de si mesmo. As afirmações sobre o próprio valor se baseiam nas avaliações do grau em que alguém satisfaz suas expectativas de comportamento apropriado e as expectativas que supõe que os outros têm sobre seu comportamento (Wessler, 1988b). Deste modo, a inferência e a avaliação são freqüentemente inseparáveis, exceto para conseguir uma maior clareza teórica e terapêutica (Wessler, 1986a, 1986b) e ambas vão sendo adquiridas desde a infância, através da interação com outras pessoas.

Além disso, podem não ser conscientes, no sentido de que normalmente permanecem fora da própria percepção e não foram rotuladas ou verbalizadas (Guidano e Liotti, 1983). A psicologia cognitiva contemporânea chegou a aceitar uma versão significativamente menos consciente do funcionamento humano, uma versão que considera os processos não conscientes como a norma (Kihlstrom, 1987). Lewicki (1986) recolheu evidência experimental dos algoritmos (isto é, padrões armazenados para o processamento da informação social) não conscientes. A terapia comportamental cognitiva trata dos processos não conscientes na forma de crenças irracionais, pensamentos automáticos, estruturas cognitivas e regras pessoais de vida.

III.2.6. O afeto

Os afetos são experiências subjetivas das emoções. Certos afetos – raiva, ansiedade, depressão – constituem freqüentemente o centro da atenção na terapia comportamental cognitiva. Há uma notável evidência de que se pode experimentar um afeto sem mediadores cognitivos conscientes (Zajonc, 1980; Westen, 1985) e a tarefa da terapia consiste em tornar manifestas ao paciente as avaliações implícitas, não conscientes.

III.2.7. As decisões e as ações

As decisões são cognições especiais que avaliam os prováveis resultados de uma ação, através da predição e da avaliação. De especial importância na terapia são as decisões de pensar e agir de maneira inconsistente com os próprios afetos, por exemplo, escolhendo agir de determinadas maneiras que são provocadoras de ansiedade, a fim de demonstrar auto-eficácia e produzir mudanças na própria competência autopercebida. Os procedimentos auto-instrucionais e de inoculação de *stress* são exemplos de intervenções terapêuticas que incitam a rejeição da pessoa a agir de maneiras que proporcionem um alívio imediato da perturbação emocional e em seu lugar sigam um caminho que leva a um resultado mais adaptativo.

III.2.8. O reforçamento

As conseqüências reforçadoras das próprias ações afetam as ações posteriores, as experiências afetivas e as cognições. Os reforçadores sociais tomam a forma das respostas dos outros ao próprio comportamento. Tomadas conjuntamente, as ações e as conseqüências reforçadoras das próprias ações, formam uma unidade de comportamento interpessoal. As auto-recompensas constituem outra importante forma de reforçamento.

III.2.9. A integração dos passos

A fim de ilustrar como estas etapas se encaixam umas com as outras e que intervenções se podem realizar em cada uma delas, vamos tomar o exemplo de uma pessoa que sofre de ansiedade em situações interpessoais. A partir de uma perspectiva cognitiva, a etapa crucial não é a situação interpessoal (*estímulo*) ou que a pessoa saiba de imediato que ocorrerá uma interação cara a cara (*percepção e informação descritiva*). O que é importante é o presságio, por parte do indivíduo, de que outras pessoas serão críticas ou pouco amistosas e o tratarão com hostilidade ou indiferença (*inferência*) e que o comportamento que o previne delas é muito negativo porque "demonstra" que ele é inferior (*avaliação*). O resultado da avaliação é a ansiedade (*afeto*), que pode ser reduzida escolhendo evitar a situação interpessoal (*decisão e ação*). Esta escolha proporciona um alívio imediato da ansiedade (*reforçamento*) e cria um padrão de evitação fóbica.

Há formas terapêuticas de reduzir a ansiedade. Primeiro, a distração pensando ou fazendo algo que não esteja relacionado com a situação interpessoal (*ignorar o estímulo*), um procedimento que pode ser eficaz em intervenções de emergência. Segundo, substituir os presságios sobre os comportamentos negativos das outras pessoas por outros mais favoráveis (*mudar a inferência*); esta tática é típica das terapias cognitivo-comportamentais, que enfatizam a adoção de novas atribuições, de novos resultados antecipados e de operações lógicas mais cuidadosas. Terceiro, pode-se *reavaliar* a situação interpessoal e persuadir a si mesmo de que obter respostas indiferentes ou hostis de outras pessoas não é extremamente mau, nem tem nenhuma implicação significativa sobre si mesmo (avaliação); isto é uma tática habitual da terapia racional emotiva. Quarto, o *biofeedback*, o relaxamento e a medicação podem *mudar as experiências emocionais* (afeto). Quinto, através das expressões auto-instrucionais e da aquisição de habilidades interpessoais a pessoa pode *modificar seu próprio comportamento* (decisão e ação).

As intervenções descritas no aparte sobre os métodos, neste capítulo, estão dirigidas para uma ou mais etapas do ECEC.

IV. Métodos

Não há um processo único na terapia de grupo cognitivo-comportamental. Hollander e Kazaoka (1988) descrevem o processo de um modo que se aplica a quase todos os grupos[1].

---

[1] Rose (1986) propõe uma série de passos muito similares aos delineados por Hollander e Kazaoka (1988) e que, com toda certeza, serviram de base para as etapas estabelecidas por estes últimos autores. Os passos propostos por Rose (1986) são, sucintamente, os seguintes: organização do grupo, orientar os membros para o grupo (estabelecimento da identidade), desenvolver a atração grupal, avaliar o problema e as possibilidades de resolvê-lo, registrar os comportamentos que foram determinados como problemáticos, avaliar o progresso do tratamento, traçar e realizar procedimentos específicos para a mudança, avaliar os problemas do grupo, modificar os atributos do grupo, e estabelecer programas para a transferência e a manutenção (no ambiente real) das mudanças de comportamento que ocorram no grupo. (*Nota do compilador.*)

IV.1. Formação do grupo

A seleção dos membros depende de uma série de considerações. A consideração mais importante é a semelhança dos membros. Quando se tratam certos problemas, por exemplo, déficit em habilidades, todos os membros deveriam ser muito parecidos. Quando se afrontam assuntos gerais, não é necessário essa seletividade; a seleção dos pacientes pode ser realizada estabelecendo-se requisitos pouco precisos, como uma faixa razoável de idade, um status sócio-econômico e escolaridade similares, e experiências sócio-culturais.

IV.2. Estabelecer a norma de abrir-se e compartilhar emoções e experiências

A fim de desenvolver a coesão do grupo, podem-se empregar procedimentos como as apresentações por subgrupos, modelação dos comportamentos espera-dos, a utilização da representação de papéis, pedir a interação de subgrupos sob o pretexto de falar sobre algum assunto assinalado ou realizar algum exercício psicológico. A coesão do grupo se demonstra quando há uma elevada porcenta-gem de contato ocular com aquele que fala, uma elevada porcentagem de interações paciente-paciente, uma alta freqüência de auto-revelação e um número pequeno de membros do grupo nos quais se concentram ou que emitam repetidamente, mensagens negativas.

IV.3. Estabelecer um marco cognitivo-comportamental para todos os membros

Os pacientes chegam à terapia com uma ampla variedade de expectativas, algu-mas delas contrárias à terapia comportamental cognitiva. A tarefa do terapeuta consiste em proporcionar um marco comum de referência. Isto pode ser feito através da instrução direta ou da aprendizagem através de experiências. A *mensagem fundamental* é que os pensamentos estão envolvidos no afeto e na ação e que, por meio da compreensão e da modificação dos próprios pensamentos, haverá também uma modificação do afeto e das ações. Os esforços a serem feitos deveriam apresentar o marco de um modo positivo, a fim de estabelecer expectati-vas positivas sobre o processo de mudança e o próprio potencial para a mudança.

IV.4. Estabelecer e pôr em prática um modelo para a mudança

Uma vez estabelecida a necessidade de descobrir e corrigir as próprias cognições e avaliações, o terapeuta tem que mostrar ao grupo como isso se realiza. Além disso, o terapeuta tem que introduzir mecanismos para transferir os efeitos do tratamento ao mundo que se encontra fora do grupo de terapia; normalmente, isso é feito designando "tarefas para casa" aos membros individuais do grupo, de modo que possam praticar o que aprenderam durante a sessão de terapia. As "tarefas para casa" comportamentais são especialmente importantes, porque as mudanças de comportamento são forças poderosas para mudar as cognições e as avaliações. O paciente, assinala Corsini (1988), "tem que compreender e obter uma nova visão da vida, logo tem que agir de novas maneiras, mais apropriadas e mais satisfatórias e, então, se sentirá bem consigo mesmo" (p. 23). Primeiro os pensamentos, logo a ação, depois os sentimentos; estas constituem as condições *en vivo* para a modificação das atitudes.

Outros mecanismos de aprendizagem e modificação das atitudes (*e que supostamente intervêm nas mudanças produzidas por toda a terapia de grupo)*[2] incluem (Hollander e Kazaoka, 1988):

1. A manipulação das expectativas/placebo
2. Persuasão e compromisso público
3. Normas de grupo
4. A utilização de contratos
5. As contingências individuais e/ou grupais
6. A modelação
7. Ensaio de comportamento e representação de papéis
8. Exercícios estruturados
9. O sistema de casais (*buddy system*)[3]
10. O reforçamento pelos companheiros

IV.4.1. O processo de mudança

O processo de mudança, para o paciente individual, começa por uma avaliação de seus problemas. Esta avaliação individual ocorre antes da formação de um grupo ou antes de que a pessoa se una a um grupo já formado. A avaliação inclui o fazer um inventário das principais cognições, avaliações, dificuldades emocionais, padrões de comportamento e atitudes sobre si mesmo, que a pessoa tem. Uma maneira útil para coletar estes dados é empregar o *Multimodal Life History Questionnaire (*Questionário Multimodal da História de Vida) (Lazarus, 1981) ou algum questionário similar, mais uma entrevista individual. Recomenda-se um diagnóstico formal do transtorno atual (DSM-III-R Eixo I) e dos problemas de personalidade de longa duração (DSM-III-R Eixo II), antes de começar com qualquer tipo de terapia cognitivo-comportamental. Dependendo do diagnóstico, indica-se a medicação e/ou algum tipo de psicoterapia. Além disso, deveriam ser avaliados os problemas de depressão e os transtornos de ansiedade que não respondam ao tratamento cognitivo-comportamental em poucos meses, centrando

---

[2] *Nota do compilador*

[3] O sistema de casais (*buddy system*) consiste basicamente em que casais de participantes em um grupo de terapia compartilhem exercícios e se ajudem mutuamente. Por exemplo, os membros selecionam companheiros para uma vigilância mútua, durante a semana que transcorre entre as sessões. Os contatos podem ser cara a cara ou por telefone. Rose (1986) assinala que este arranjo proporciona aos membros uma oportunidade de agir como terapeuta e como pacientes, e de praticar as habilidades diretivas recém-aprendidas. (*Nota do compilador.*)

então nossa atenção nos fatores biológicos que necessitem de medicação e nos transtornos de personalidade que requeiram intervenções especiais (ver o capítulo sobre a Terapia de Avaliação Cognitiva, neste volume).

Os métodos desenvolvidos para a terapia cognitivo-comportamental individual podem ser aplicados também a grupos de pacientes. Além disso, o próprio grupo é um veículo de mudança. Devido às influências ambientais sobre os pacientes individuais, os atributos do grupo podem ser estruturados de maneira que gerem mudanças terapêuticas nos membros individuais. Os terapeutas dos grupos cognitivo-comportamentais trabalham para alcançar objetivos interativos de grupo e consideram isto como um meio de conseguir objetivos de tratamento individuais. Existem alguns tipos de terapia de grupo cognitivo-comportamental que não se centram nos processos de grupo e na interação paciente-paciente. Normalmente estes grupos são basicamente instrutivos, com as sessões estruturadas previamente à sessão de grupo real. Supõe-se que os objetivos de tratamento são os mesmos para todos os membros do grupo e, habitualmente, estes objetivos se centram em questões sobre o autocontrole e o treinamento das habilidades. No aparte seguinte, denominado Variações, são descritos estes enfoques da terapia cognitivo-comportamental; em primeiro lugar, os relativamente limitados enfoques centrados no problema, nos quais o terapeuta escolhe o assunto e planeja a ordem do dia; e em segundo lugar, os enfoques mais amplos centrados nos problemas pessoais, nos quais os pacientes contribuem para estabelecer a ordem do dia e discutem seus próprios problemas e os assuntos que lhes perturbam.

V. Variações

V.1. Enfoques do treinamento em habilidades

Exemplos deste tipo de grupo incluem: grupos de treinamento de pais, grupos de treinamento em assertividade e grupos de treinamento em habilidades sociais.

V.1.1. Grupos de treinamento de pais

O terapeuta funciona como um professor e sua tarefa principal consiste em apresentar informação que ajude os pais a comportar-se de forma mais eficaz com seus filhos. Por exemplo, uma mãe informava que suas técnicas de queixar-se, repreender, punir e recompensar não tiveram êxito para influir sobre o comportamento de seu filho. O terapeuta respondeu sugerindo que a mãe empregasse "conseqüências naturais" do comportamento da criança, conseqüências que em última análise seriam aversivas. Nesta situação, o terapeuta não estava interessado em conhecer a história da situação, só em encontrar uma solução viável (Corsini, 1988). Não havia interesse pelas causas do problema; pelo contrário, a atenção se centrava no que fazer para solucioná-lo.

V.1.2. Treinamento assertivo

Este é um dos melhores exemplos dos métodos cognitivo-comportamentais aplicados a uma área específica do problema. Assim como no treinamento de pais, o terapeuta funciona principalmente como um professor. Lange e Jakubowski (1976) identificaram vários procedimentos básicos: primeiro, ensinar aos membros do grupo as diferenças entre asserção e agressão e entre não asserção e amabilidade; segundo, reduzir as barreiras cognitivas e afetivas do indivíduo para agir assertivamente; e terceiro, desenvolver habilidades assertivas através da prática dentro do grupo e fora dele. O programa que propuseram tem um tempo limite (nove sessões) e enfatiza os exercícios grupais e a designação de tarefas para casa. As primeiras seis sessões estão estruturadas e as três últimas dedicam-se a trabalhar com as necessidades individuais de cada participante. Já que estes grupos estão orientados ao treinamento em habilidades e não à terapia *per si*, dirigem-se principalmente a pessoas com poucas, ou nenhuma, perturbações psicológicas.

V.1.3. Treinamento em habilidades sociais

Estes grupos se dirigem a pessoas com déficit no comportamento interpessoal, as quais, com um treinamento adequado, poderiam funcionar melhor em seu ambiente social e aumentar sua capacidade para viver satisfatoriamente com aqueles que os rodeiam (Wessler, 1984). O amplo uso da modelação e da representação de papéis dá ao terapeuta e aos outros membros do grupo numerosas oportunidades para proporcionar *feedback* ao indivíduo sobre suas habilidades interpessoais. Podem-se utilizar, com propósitos instrutivos, gravações de vídeo que descrevam o comportamento ideal; e as gravações de vídeo das tentativas do indivíduo para reproduzir o modelo proporcionam um *feedback* adicional, necessário para refinar suas habilidades sociais. Enfatiza-se o aprender como e quando agir de um modo que produza reforçamento positivo proveniente do ambiente.

V.2. Autocontrole do comportamento

Os grupos de autocontrole têm como objetivo explícito proporcionar um conjunto de habilidades que permita ao indivíduo controlar os comportamentos que lhe são problemáticos. O objetivo específico consiste em proporcionar à pessoa as habilidades necessárias para modificar seu próprio comportamento. A pessoa-objetivo é o próprio paciente e a atenção se centra nos problemas do comportamento individual e na variedade de habilidades e técnicas que são necessárias para afrontar os problemas-objetivo.

Meichenbaum (1977) identificou os componentes comuns aos diversos programas de treinamento em habilidades de afrontamento. Estes incluem:

- Ensinar ao paciente o papel das cognições em seu problema atual
- Treiná-lo a observar suas autoverbalizações e imagens
- Treiná-lo nos fundamentos da solução de problemas
- A modelação das autoverbalizações e imagens associadas com as habilidades manifestas e cognitivas

- A modelação, ensaio e incentivo da auto-avaliação positiva e as tarefas comportamentais *en vivo*, de dificuldade progressiva

Reduzindo-o a seus termos mais simples, este enfoque ensina a pessoa a identificar as autoverbalizações negativas sobre as perturbações emocionais e a substituí-las por autoverbalizações mais adaptativas que reduzam excessos comportamentais e incentivem o comportamento eficaz no próprio ambiente.

Novaco (1978) apresentou um programa de 10 sessões para tratar da raiva. Depois da avaliação inicial sobre a extensão do problema da raiva, apresenta-se aos participantes as técnicas de relaxamento e de dessensibilização. Na maioria das sessões enfatiza-se o ensaio ativo de estratégias de afrontamento encoberto, incluindo o preparar-se para a provocação e o enfrentar a ativação e a agitação. A atenção destes enfoques de autocontrole centra-se no autocontrole cognitivo do comportamento, em vez de na redefinição cognitiva e na reavaliação da situação. O enfoque que se descreve a seguir enfatiza a *mudança* cognitiva e afetiva, em vez do *controle* cognitivo do comportamento.

V.3. Os enfoques psicoeducativos

Emprega-se o termo psicoeducativo para referir-se aos grupos que enfatizam a auto-ajuda e proporcionam informação que cada participante pode utilizar em um programa auto-administrado de desenvolvimento e crescimento pessoal. Assim como ocorre com outros enfoques descritos neste aparte, o ensinar constitui o principal objetivo e atividade do terapeuta e presta-se pouca ou nenhuma atenção aos problemas ou interesses individuais de cada membro do grupo. O ensino centra-se nas causas das emoções; por exemplo, que o pensamento negativo se encontra associado com o estado de humor deprimido e como alguém pode vigiar seus próprios pensamentos e adotar alternativas aos pensamentos disfuncionais. Habitualmente, os enfoques psicoeducativos têm um tempo limitado e estão muito estruturados. Os grupos poderiam reunir-se desde o mínimo de uma ou duas sessões, até um máximo de quinze. Os membros do grupo poderiam ser um auditório passivo, que escutasse conferências auxiliadas por material audiovisual, ou mesmo que entabulasse discussões limitadas com um ou mais dos líderes do grupo. Mais tarde, poderiam repassar as respostas escritas e as perguntas realizadas, a fim de comprovar o que cada pessoa compreendeu dos conceitos e princípios apresentados durante a sessão. A psicoeducação confia freqüentemente em leituras sugeridas ou recomendadas de livros populares cognitivo-comportamentais de auto-ajuda.

Podem-se designar tarefas para casa escritas e comportamentais, especialmente se o grupo se reúne mais de uma ou duas vezes. Estas tarefas podem ser discutidas nas reuniões do grupo. As tarefas para casa escritas consistem freqüentemente em inventários e formulários que os participantes preenchem entre as sessões. Assim, incluem-se inventários de cognições, registros sobre as tentativas de mudança, o auto-registro do progresso em um problema-objetivo e outros materiais empregados na terapia cognitivo-comportamental individual. Sank e Shaffer (1984) descreveram uma série de formulários úteis para serem empregados em grupos psicoeducativos, junto com um plano estruturado para ensinar e aplicar os conceitos e princípios da terapia cognitivo-comportamental.

Os enfoques psicoeducativos podem ser úteis quando se tem grupos muito grandes ou quando os participantes não possam se envolver nas sessões de terapia. Constituem meios eficazes de oferecer muita informação em um período de tempo relativamente curto. São sistemáticos, se as sessões estão bem estruturadas e bem planejadas, de modo que não se omita informação vital.

Existem várias limitações nos enfoques psicoeducativos. Primeiro, só podem lidar com cognições conscientes e, deste modo, permanece inacessível, para a pessoa, uma importante fonte de influência sobre o afeto e a ação – cognições ou esquemas fundamentais, princípios morais e valores sociais. Segundo, tratam de aspectos gerais, não de cognições idiossincráticas da pessoa individual. Terceiro, podem apresentar princípios corretos que o indivíduo acha confusos na hora de aplicá-los adequadamente. Quarto, supõem que o indivíduo está muito motivado – Sank e Shaffer (1984) recomendavam não escolher pessoas que carecessem de motivação para trabalhar em seus problemas; a pessoa que não se empenhar e não investir o tempo necessário para começar ou continuar o programa de auto-ajuda não obterá muito proveito. Quinto, os grupos psicoeducativos encontram-se limitados a problemas que utilizam o autoconselho e, portanto, são inadequados para pessoas com perturbações moderadas e graves.

V.4. Grupos de terapia ampla

Os tipos de terapia cognitivo-comportamental descritos até aqui requerem que os participantes aprendam certos princípios e percebam seus próprios pensamentos, sentimentos e ações. Os tipos de grupos descritos a seguir consideram os problemas de cada indivíduo como o centro da atenção terapêutica e têm objetivos de tratamento muito mais amplos que os dos grupos dos quais falamos anteriormente. Estes tipos de grupos incluem a terapia cognitiva (da depressão), a terapia racional emotiva e os enfoques afetivo-experimentais.

V.4.1. Considerações gerais

Qualquer problema que tenha um componente interpessoal é apropriado para a terapia de grupo cognitivo-comportamental. Os objetivos de mudanças são aqueles que, em último caso, produzam maiores modificações no comportamento interpessoal e na imagem de si mesmo. Segundo Hollander e Kazaoka (1988) há três categorias de grupos centrados no problema. A primeira, o *grupo misto*, no qual se enfatiza os problemas individuais que podem ser compartilhados por outros membros do grupo. A segunda, o *grupo situacional*, no qual os membros se deparam com dificuldades comuns a sua própria maneira, por exemplo, as encontradas num grupo de pais/mães solteiros/as. A terceira, o *grupo de desen-volvimento,* no qual a pessoa se depara com dificuldades comuns, devido a uma idade ou uma etapa de vida similares, como por exemplo, um grupo de adolescentes. No nível das relações, os problemas comportamentais conduzem a objetivos, tais como o sentir-se mais seguro, o reduzir a dependência dos outros, o expressar verdadeiro afeto, o melhorar as relações sociais e o diminuir as emoções que interferem com as relações interpessoais (ansiedade social, raiva).

Não existe um modo formal e bem estabelecido de dirigir grupos de terapia cognitivo-comportamental. Os programas com um formato de "passo a passo", em que os problemas e os planos de tratamento sejam especificados claramente por antecipação, são mais característicos dos grupos de treinamento em habilidades e dos de autocontrole. As técnicas empregadas nos grupos de terapia ampla estão limitadas unicamente pela experiência e pela criatividade do terapeuta e podem incluir técnicas que normalmente não se consideram cognitivas nem comportamentais, como por exemplo, o psicodrama, exercícios gestálticos para a percepção e experiências de grupos de encontro.

Os grupos de terapia de comportamento cognitivo progridem através de certas etapas informais. No começo, ou na etapa de orientação, os membros e os líderes vão se conhecendo mutuamente. Pede-se aos membros do grupo que se apresentem e espera-se que aprendam os nomes dos demais membros. Cada pessoa oferece certa informação sobre sua história passada. O terapeuta incentiva os membros para que revelem informação pessoal, respeitem a confidencialidade do grupo e façam e aceitem elogios e críticas construtivas.

O terapeuta estabelece certas diretrizes para o comportamento dos pacientes. Como parte de uma orientação cognitivo-comportamental, o terapeuta enfatiza que os pacientes, que são membros do grupo, têm que fazer certas coisas, a fim de mudar a si mesmos e suas vidas. Não deveriam esperar que uma maior compreensão intelectual conduza a uma mudança sem esforço. Insiste-se no valor da cooperação e da assistência mútua entre os membros do grupo. O terapeuta cria a estrutura de cada reunião de grupo e os pacientes proporcionam o conteúdo, revelando seus problemas e falando deles abertamente. O terapeuta não é uma pessoa facilitadora que simplesmente deixa que se satisfaçam os potenciais de crescimento positivo, tampouco é um membro do grupo que tem liberdade para falar de seus próprios problemas ou de interagir com seus pacientes fora da sessão de terapia.

O terapeuta representa um papel ativo em cada sessão, salvo se deliberadamente escolha retirar-se da discussão e atuar como animador, em vez de fazê-lo como terapeuta ou professor. O terapeuta controla cada sessão, de modo que não seja dominada por uma ou duas pessoas, que ninguém perturbe o grupo e que ninguém faça anotações antiterapêuticas. Se o grupo não se une na tarefa de solucionar problemas pessoais e a discussão anda vagando por áreas não produtivas, o terapeuta tem que intervir. Já que é provável que os membros do grupo sugiram soluções práticas para o problema específico de algum paciente, ele deveria permanecer alerta, inclusive quando está calado, e guiar a atenção do grupo para voltar a trabalhar com as cognições e dificuldades psicológicas. O terapeuta também tem responsabilidades sobre as interações expressivo-emocionais dentro do grupo. Embora os grupos de terapia de comportamento cognitivo se orientem principalmente para a tarefa, não raro surgem preocupações pessoais e interpessoais. Finalmente, embora cada indivíduo constitua o centro da atenção, o processo da terapia requer atenção à dinâmica do grupo, às normas e papéis de liderança que surjam e aos padrões inflexíveis de interação.

Freqüentemente, os membros do grupo estão na defensiva e ocultam informação sobre eles mesmos, especialmente nas primeiras etapas da terapia. O terapeuta deveria enfrentar esta questão diretamente. A informação pessoal é normalmente ocultada por razões psicológicas; a vergonha conduz a modelos de evitação. Concentrando-se nas cognições que o membro do grupo tem sobre seus sentimentos, o terapeuta pode favorecer a auto-revelação, que diminui a vergonha. O terapeuta deveria modelar também a auto-revelação a fim de vencer as reservas do paciente sobre a mesma.

Conforme o grupo vai amadurecendo, a continuidade se converte em um assunto importante. Certas questões-chave de cada indivíduo devem ser vigiadas e deve-se trabalhar o material novo somente depois de ter prestado atenção aos assuntos das sessões anteriores. Nas últimas etapas de um grupo já ocorreram muitas mudanças interpessoais. Os apoios do grupo vão se esvanecendo lentamente, conforme os membros vão adquirindo auto-confiança e podem manter as novas imagens de si mesmos e os novos padrões de ação.

V.4.2. Terapia cognitiva em grupos

Os grupos de solução de problemas possuem aspectos educativos mas, diferentemente dos grupos psicoeducativos, constituem aspectos secundários ao objetivo principal que é trabalhar nos problemas psicológicos e práticos de cada indivíduo. A maioria dos aspectos educativos se encontram no ensino dos princípios da terapia cognitiva e do auto-registro. Hollon e Shaw (1979) apresentaram um programa para a terapia de grupo cognitiva, que inclui uma apresentação explícita da teoria cognitiva de Beck (1976) durante a primeira sessão, empregando exemplos proporcionados pelos membros do grupo. Este tipo de grupo, baseado na teoria cognitiva de Beck, enfatiza a parada de pensamentos automáticos, sua correção através da identificação dos erros lógicos que contenham e a adoção de cognições alternativas que substituam os pensamentos automáticos negativos.

Os membros do grupo adquirem experiência ajudando-se mutuamente, aprendendo das tentativas com e sem êxito que os outros fazem para utilizar a teoria cognitiva, e aprendendo vicariamente sobre seus próprios problemas, observando às outras pessoas lutando com os seus. Empregam-se tarefas para casa comportamentais e escritas, como na terapia individual. A ordem do dia de cada reunião do grupo é determinada pelos interesses dos participantes, do mesmo modo que o paciente contribui para a ordem do dia na terapia cognitivo-individual.

Estes grupos podem estar limitados pelo tempo ou mesmo serem abertos. O programa de Hollon e Shaw cobria um período de 12 semanas, mas podem ser usados períodos mais longos ou mais curtos. Um grupo de tempo limitado, tende a incentivar os pacientes a trabalhar ativamente sobre seus problemas e para que busquem experiências corretivas, em vez de gerar mais introspecção. Os grupos abertos não têm tempo limitado e são normalmente heterogêneos, pelo menos com respeito ao diagnóstico. A ordem do dia é determinada no começo de cada sessão, mas não há um esquema predeterminado sobre que aspectos cobrir, como ocorre com os grupos de tempo limitado. A apresentação da teoria pode ser repetida quando se incorporam novos membros ou mesmo para que se reorientem nas sessões de terapia individual.

Em um grupo aberto, centrado na solução de problemas pessoais, as discussões podem tornar-se previsíveis e rotineiras se houver menos de seis membros e poucas mudanças na composição do grupo. No entanto, se houver mais de 12 membros é difícil incluir todo mundo na discussão e pode haver um envolvimento baixo ou variável. A duração de cada sessão pode ser adaptada ao propósito, tamanho e ambiente do grupo. São típicas as reuniões de grupo semanais, mas também podem ser eficazes reuniões menos freqüentes, especialmente quando o terapeuta queira deixar tempo suficiente para que os membros do grupo tentem novos comportamentos e tenham experiências corretivas (Wessler e Hankin-Wessler, 1989a).

O emprego de gravações de vídeo melhora os ensaios comportamentais e é válido para dar *feedback* aos participantes sobre suas maneiras e estilos de auto-apresentação. Podem-se utilizar uma lousa ou representações gráficas para ensinar certos pontos ou registrar as cognições do paciente (Covi, Roth e Lipman, 1982; Hollon e Shaw, 1979; Sank e Schaffer, 1984). Os pacientes, com freqüência, se beneficiam ouvindo as gravações em fitas cassetes das sessões de grupo quando são eles, os pacientes, que atuam. Essas gravações podem ser revisadas diversas vezes entre as reuniões de grupo e são especialmente úteis porque os pacientes não podem reter na memória tudo o que foi dito em geral e sobre eles, durante a discussão. Os registros em fita cassete podem facilmente conduzir à violação da confidencialidade e deve-se prevenir a cada paciente que não deixem que outras pessoas ouçam as fitas – são só para eles ouvirem.

V.4.3. A terapia racional emotiva de grupo

Como mencionamos no início desse capítulo, a primeira forma de terapia de grupo cognitivo-comportamental foi a terapia racional emotiva de Ellis (TRE). Ellis dirigiu pessoalmente a terapia de grupo durante três décadas e seus grupos eram abertos (Wessler, 1983).

Os objetivos da TRE consistem em mudar o comportamento e as emoções perturbadoras e afrontar quase todos os acontecimentos desastrosos que possam surgir na vida do paciente. A TRE acredita que os seres humanos podem empregar os processos de seus pensamentos conscientes em seu próprio benefício, solucionando seus problemas e reavaliando as suposições autoderrotistas sobre sua suposta perfeição e a dos outros. O resultado ideal da TRE é que a pessoa adote uma atitude de auto-aceitação, em vez de autocondenação, e que aceite a realidade reconhecendo sua existência, em vez de evitar os acontecimentos negativos ou tentar evitá-los com pensamentos mágicos e ações supersticiosas. A TRE tenta ajudar a pessoa a reduzir ou eliminar as fortes emoções negativas. Para alcançar este objetivo, a TRE tenta ajudar a pessoa a identificar as crenças que produzem e sustentam os comportamentos e experiências emocionais disfuncionais. A avaliação de si mesmo, de outras pessoas e do mundo são os principais objetivos de mudança.

A TRE se resume na teoria ABC de Ellis sobre as perturbações. Em poucas palavras, A é um acontecimento ou experiência ativante que se interpreta segundo as próprias crenças ou cognições avaliadoras (B). Juntas produzem C, as conseqüências comportamentais e emocionais. Deste modo, as respostas comportamentais e emocionais de uma pessoa se devem às crenças sobre suas percepções de um acontecimento ou a suas cognições sobre o que ocorreu no passado ou possa ocorrer no futuro. Ellis supõe que os comportamentos e emoções disfuncionais se devem a crenças irracionais e que outras emoções e comportamentos, incluindo aqueles que são negativos, embora não disfuncionais, se devem a crenças racionais. Ambas as crenças, racionais e irracionais, são altamente avaliadoras, mas além disso, as crenças irracionais são "expressões de ter que"; quer dizer, expressam que tem ou não tem que existir de maneira absoluta, incluindo a própria perfeição. Quando a realidade ameaça violar uma "expressão de ter que", o resultado é uma forte reação emocional, por exemplo, ansiedade, raiva, depressão.

A TRE deveria proceder da seguinte maneira: o terapeuta mostra ao paciente que mudanças comportamentais e emocionais podem ser alcançadas através das mudanças cognitivas e ensina ao paciente a teoria ABC. O terapeuta continua mostrando ao paciente que pensamentos irracionais ele mantém, porque não são válidas estas crenças e como podem ser mudadas. O terapeuta instrui o paciente para que trabalhe na consecução das mudanças cognitivas recomendadas e pode designar-lhe tarefas para casa com a finalidade de ajudá-lo a conseguir. Repete-se este processo básico ao longo de cada sessão (Wessler e Hankin-Wessler, 1988).

O processo da TRE em grupos é similar ao da terapia comportamental. Cada pessoa é o centro da mudança e, portanto, é necessária uma avaliação das crenças irracionais, das emoções disfuncionais e dos padrões de comportamento desadaptativos mais importantes de uma pessoa. Os fatos sobre o indivíduo são de pouca importância na TRE; inclusive os problemas práticos da vida de uma pessoa (o A na teoria ABC) são menos importantes do que as crenças. Os membros do grupo, freqüentemente, são eficazes em identificar as crenças irracionais dos outros. Entretanto, existe risco de que os membros do grupo concordem tacitamente em não indicar as crenças do outro, mas simplesmente em oferecer sugestões práticas. Um terapeuta experiente reconhecerá essas ações, as comentará e tentará evitar que voltem a ocorrer.

Tanto o terapeuta como os membros do grupo deveriam, de forma ativa, fazer perguntas, fazer comentários e comprovar hipóteses sobre as crenças irracionais. Estas hipóteses podem inferir-se a partir do comportamento do paciente no grupo e dos auto-relatos sobre os pensamentos, sentimentos e ações. O paciente, sobre o qual se centra a sessão, em um determinado momento começa, normalmente, apresentando algum problema pessoal e fala de um acontecimento, situação ou relação interpessoal (A). Logo, procura-se e identifica-se o C ou conseqüências emocionais. Às vezes, tanto A como C apresentam-se juntos, por exemplo, "Fiquei muito chateado com meu chefe quando me pediu para trabalhar até tarde na noite passada". As perguntas sobre A e C clarificam e acrescentam detalhes ao relato e são úteis no caso da pessoa ter dificuldades para reconhecer e relatar as experiências emocionais.

Logo, o terapeuta faz com que o grupo se centre no sistema de crenças, fazendo perguntas que revelem "expressões de ter que" e expressões de culpa, intolerância e grandiosidade. Gradualmente, descobre-se o pensamento avaliador da pessoa, pede-se que rebata a verdade de suas autoverbalizações e os membros do grupo oferecem razões pelas quais as autoverbalizações não são corretas. Ellis freqüentemente perguntava, "Onde está a evidência de que o que está dizendo a si mesmo é verdade?".

O terapeuta normalmente termina seu trabalho com o paciente que está sendo o centro da terapia, recomendando-lhe tarefas para casa, com a intenção de que fortaleçam o pensamento racional que se supõe substituirá o irracional. As tarefas para casa, normalmente, são comportamentais, já que a mudança cognitiva pode resultar da mudança comportamental, embora também se empreguem tarefas cognitivas para casa, nas quais a pessoa contra-ataca sua crença irracional de forma repetida. A vantagem das tarefas para casa comportamentais é que compreendem experiências. É menos provável que a pessoa mude cognições mantidas durante muito tempo simplesmente decidindo fazê-lo. Obtêm-se melhores resultados quando os indivíduos agem de diferentes maneiras e observam as conseqüências de seu próprio comportamento (Bandura, 1986).

Talvez a tarefa para casa comportamental mais conhecida proposta por Ellis seja o "exercício para atacar a vergonha". A fim de reduzir a vergonha que acompanha a ansiedade interpessoal ao manifestar as próprias inadequações, pede-se a uma pessoa que faça alguma loucura em público. Esse exercício pode ser feito também dentro do próprio grupo e a experiência pode ajudar a preparar a pessoa para realizar o exercício *en vivo*. Em geral, as tarefas para casa comportamentais da TRE requerem uma atividade contrafóbica.

V. 4.4. Os métodos experimentais da terapia cognitivo-comportamental em grupo

Os métodos diretos podem ser meios eficazes para ensinar os princípios cognitivos, mas os métodos indiretos, baseados na experiência, podem ser utilizados também para este propósito. Estes métodos podem, de fato, ser superiores, já que as pessoas assimilam a nova informação melhor, quando participam ativamente do processo de aprendizagem, do que quando absorvem passivamente o novo material, escutando e lendo. Os métodos indiretos ou experimentais incluem exercícios, jogos e fantasias dirigidos, cada um dos quais pode ser designado para abordar certos assuntos. Nas primeiras etapas da formação de um grupo, os jogos e as fantasias podem ser utilizados para ilustrar as conexões entre as avaliações cognitivas e os efeitos que as acompanham. Mais tarde, pode-se empreender o processo da mudança cognitiva através de uma fantasia de grupo dirigida, na qual cada membro possa trabalhar em suas próprias áreas problemáticas, e possa depois processar as experiências na discussão de grupo (Wessler e Hankin, 1988; Wessler e Hankin-Wessler, 1989a).

Um terapeuta criativo pode incorporar quase todos os exercícios no processo de grupo. Por exemplo, Nardi (1986) misturou elementos do psicodrama com a terapia comportamental cognitiva. Um membro do grupo, que representava o papel de pai de outro membro, faz, gritando, comentários negativos sobre esse sujeito e lhe bate com um bastão de espuma; logo, a pessoa sobre a qual se centra a terapia pega o bastão e bate em si mesma, enquanto dirige os mesmos comentários negativos. Este exercício experimental é uma demonstração eficaz sobre a fonte da autocrítica e do que a pessoa faz atualmente para contribuir com sua própria desgraça. Em outro exercício, Nardi fazia com que os membros do grupo atuassem como "outro eu", expressando as cognições disfuncionais dos principais caracteres de um psicodrama; este exercício oferece a todos os membros do grupo oportunidades para clarificar as relações entre cognição e afeto.

Empregando uma variedade de métodos experimentais, o terapeuta pode proporcionar condições através das quais os membros tenham experiências novas e atuem de forma diferente no grupo, apoiando-se mutuamente com respeito à ansiedade, experimentada de forma comum, sobre a mudança e sobre a perda de identidade que com freqüência evita a mudança. A informação nova pode ser adquirida de maneira indireta e não ameaçadora. Muitos membros do grupo, pouco responsáveis e não assertivos, podem responder mais facilmente devido a que todo mundo está implicado no processo. O humor age relaxando um grupo tenso e o desenvolvimento de um exercício pode conduzir a uma maior auto-revelação.

Junto com a criatividade, os terapeutas deveriam ter flexibilidade. A flexibilidade pode ocorrer quando o terapeuta está bem informado, é habilidoso e imaginativo e parece essencial para tratar eficazmente com um amplo leque de pessoas e diferentes problemas. Por outro lado, uma atmosfera variada, criativa, pode incentivar os pacientes para que se tornem mais flexíveis em suas atitudes e mais criativos ao buscar soluções para seus problemas.

VI. Aplicações

A correção das cognições é o traço distintivo da terapia comportamental cognitiva e a chave para resultados terapêuticos duradouros. Os problemas específicos que podem ser tratados incluem ansiedade, fobias, depressão, controle da raiva, déficit em habilidades e inclusive os transtornos de personalidade (Wessler, 1988b). Além disso, em seu formato grupal, a terapia comportamental cognitiva pode ser ampliada para tratar problemas interpessoais e para incentivar a exploração e a percepção de si mesmo. Deste modo, a terapia de grupo cognitivo-comportamental, embora tenha suas raízes na terapia comportamental e na terapia racional emotiva, é um enfoque versátil que pode atuar em uma ampla variedade de aspectos psicológicos. Pode funcionar estritamente como terapia comportamental, mas também adotar aqueles objetivos associados mais habitualmente aos enfoques psicodinâmicos e humanistas.

VII. Resumo/Comentário Final

A terapia cognitivo-comportamental começou a acumular uma sólida base empírica (Schwartz, 1982) e um apoio indireto foi oferecido por várias décadas de pesquisas sobre as mudanças de atitude e pela investigação contemporânea sobre a emoção. A meta-análise do processo terapêutico proporciona uma explicação objetiva para que a terapia cognitivo-comportamental empregue suas táticas com a finalidade de produzir mudanças na avaliação e em outros aspectos cognitivos (Strong e Claiborn, 1982). Assim como outras formas de terapia psicológica, a terapia de grupo cognitivo-comportamental é empregada mais facilmente e de maneira mais eficaz com pacientes que estão muito motivados a mudar e de modo menos eficaz com pacientes muito perturbados, com diagnósticos como psicose e personalidade anti-social. Para algumas pessoas, o tratamento grupal é superior ao tratamento individual; muitos dos problemas da vida envolvem relações com outras pessoas e um grupo é um lugar ideal para se trabalhar sobre esses problemas.

Em resumo, existem várias vantagens na terapia de grupo:

1. Os grupos têm uma melhor relação custo/eficácia; o terapeuta pode trabalhar com vários pacientes ao mesmo tempo.

2. Os membros do grupo podem aprender que não são os únicos que têm um determinado problema.

3. O grupo pode funcionar de maneira preventiva; um membro do grupo pode ouvir os outros discutir sobre problemas com os quais ainda não se deparou.

4. Os membros podem aprender a ajudar-se mutuamente; um princípio educativo bem estabelecido é que um bom modo de se aprender uma habilidade é ensinando-a a outra pessoa.

5. Algumas experiências, atividades e exercícios só podem ser feitos em grupo.

6. Alguns exercícios de grupo são eficazes para produzir certas experiências emocionais, que logo podem ser tratadas *en vivo* no grupo.

7. Certos problemas, por exemplo, déficits interpessoais ou carências de habilidades sociais, podem ser tratados de forma mais eficaz em um formato grupal; o paciente pode praticar novos comportamentos sociais e novas maneiras de relacionar-se com as pessoas.

8. Um grupo permite aos pacientes receber uma grande quantidade de *feedback* sobre seu comportamento, que pode ser mais persuasivo do que um terapeuta individual, para produzir a mudança.

9. Os membros do grupo podem proporcionar pressão aos companheiros, que pode ser mais eficaz do que a ação individual de um terapeuta, para incentivar a adesão às tarefas para casa.

10. Quando o objetivo da terapia é a solução de problemas práticos, o grupo pode oferecer mais informações sobre o problema e mais sugestões para sua solução, do que o terapeuta sozinho poderia originar.

O processo da terapia cognitiva em grupo varia amplamente, desde enfoques educativos até uma variedade de métodos diretos e indiretos. Os procedimentos são diferentes, mas os objetivos são os mesmos – ajudar os pacientes em suas tentativas de viver mais eficazmente em seus próprios ambientes sociais, de serem mais produtivos em suas vidas pessoais e de estarem relativamente livres de problemas emocionais extenuantes.

VIII. LEITURAS RECOMENDADAS

Hollon, S. D. y Shaw, B. F., «Terapia cognitiva de grupo para pacientes depresivos», en A. T. Beck, A. J. Rush, B. F. Shaw y G. Emery, *Terapia cognitiva de la depresión*, Bilbao, Desclée de Brouwer, 1983. (Or.: 1979).

Sank, L. I. y Shaffer, C. S., *A therapist's manual for cognitive behavior therapy in groups*, Nueva York, Plenum Press, 1984.

Wessler, R. L., «Rational-emotive therapy in groups», en A. Freeman (comp.), *Cognitive therapy with couples and groups*, Nueva York, Plenum Press, 1983.

Wessler, R. L. y Hankin, S., «Rational-emotive and related cognitively oriented psychotherapies», en S. Long (comp.), *Six group therapies*, Nueva York, Plenum Press, 1988.

Wessler, R. L. y Hankin-Wessler, S., «Cognitive group therapy», en A. Freeman, L. E. Beutler y K. E. Simon (comps.), *Comprehensive handbook of cognitive therapy*, Nueva York, Plenum Press, 1989.

33. Psicologia Comportamental Comunitária

Luis Fernández Ríos

I. Introdução

Embora o reconhecimento do papel da comunidade no tratamento e na prevenção da doença venha da antigüidade, foi nos últimos 25 anos que se sistematizou tanto a teoria como a prática da *Psicologia Comunitária (PC)*. Atualmente a PC está sendo aplicada em múltiplos âmbitos, mas nem por isso se pode dizer que constitua um campo teórico-prático isento de crise. De uma forma geral, podem-se assinalar como fatores que contribuem à mesma, os seguintes:

a. A ausência, apesar dos esforços e avanços efetuados, de um esboço curricular diferencial claro entre a PC e outras especialidades psicológicas.

b. A existência de um desajuste entre a teoria e a prática, pois geralmente as suposições teóricas da PC não foram praticadas.

A situação atual da PC é mais interdisciplinar. Isto é, trata-se de considerar as contribuições que se podem efetuar a partir de diversas disciplinas e que podem ser úteis para a promoção da saúde e prevenção da doença.

Mas, ao mesmo tempo que a PC configura um campo interdisciplinar, também apresenta múltiplas aplicações a diferentes áreas. Uma delas é a *Psicologia Comportamental Comunitária (PCC)*, da qual trata o presente capítulo. Esta, por sua vez, inclui um conjunto de possibilidades de aplicação que seriam muito extensas para serem incluídas dentro dos limites deste trabalho. Por isso, selecionamos uma série de aspectos, considerados relevantes, para tentar estabelecer os limites do conteúdo do capítulo.

Universidade de Santiago de Compostela (Espanha).

Partimos de, e aceitamos, as seguintes suposições: a) um trabalho ou uma história sem um "viés" teórico é impossível (Lakatos, 1982); b) é necessário considerar que cada autor busca encontrar "fatos" que justifiquem seu próprio ponto de vista teórico-prático (Scarr, 1985); e c) a construção social dos problemas sobre os quais se vai intervir em um determinado momento (Blumer, 1971; Schneider, 1985).

O objetivo do presente capítulo consiste em uma breve aproximação a alguns dos princípios gerais, aplicações práticas e situação atual da PCC.

II. DEFINIÇÃO E COMPONENTES DA PSICOLOGIA COMPORTAMENTAL COMUNITÁRIA

Desde a Conferência de Swampscott (celebrada em 1965 e que se considera como data de fundação da PC) até nossos dias, esta disciplina vem progressivamente ampliando seu âmbito teórico-prático. Sem entrar nas características gerais da PC, que o leitor interessado poderá encontrar na bibliografia disponível (p. ex., Bloom, 1984; Costa e López, 1986; Levine e Perkins, 1987; Rappaport, 1977; Zax e Specter, 1979), podemos dizer que a PCC constitui um "subcampo" da PC. "Subcampo" no sentido de que juntando umas características da PC e da terapia ou modificação de comportamento, pode-se aplicá-la a aspectos relativamente específicos, dos quais falaremos mais adiante.

Embora as histórias da modificação comportamental (Kazdin, 1978) e da PC (Rappaport, 1977) sejam diferentes, a PCC constitui um campo teórico-prático no qual confluem a metodologia do comportamentalismo, em sua aplicação à modificação de comportamento, e às estratégias e marcos conceituais da PC (Glenwick e Jason, 1980). E, embora se trate de uma área de pesquisa-ação relativamente recente, já se dispõe de uma certa bibliografia (veja, por exemplo, Glenwick e Jason, 1980, 1984; Jason e Glenwick, 1984; Nietzel, Winnett, MacDonald e Davison, 1977).

Partimos do suposto de que já se conhecem as características fundamentais da modificação ou terapia comportamental e de que atualmente se vai além do marco clássico dos modelos de aprendizagem (Eelen e Fontaine, 1986), encaixando-se também dentro do modelo de processamento da informação (Kanfer e Hagerman, 1985). Contudo, sempre se enfatiza a aquisição, por parte do indivíduo, de "repertórios comportamentais básicos" (Staats, 1975) para comportar-se de forma competente em uma comunidade concreta.

A PCC tem, além disso, uma série de componentes que delimitam seu campo teórico-prático (Jason e Glenwick, 1980). Tais componentes são:

a. Um marco conceitual que compreende a rejeição do modelo médico e psicanalítico de saúde/doença e a adoção do modelo de aprendizagem.

b. Um estilo de trabalho em forma de estratégia de busca, em vez de espera.

c. O objetivo da intervenção pode centrar-se sobre o indivíduo, o grupo, a organização, a comunidade, etc.

d. Uma dimensão temporal focalizada tanto na prevenção primária como na secundária.

Agora que assinalamos algumas características gerais da PCC, como pode ser aplicada ao campo da proteção e promoção da saúde em nível comunitário?

III. Psicologia Comportamental Comunitária e Promoção da Saúde

A PCC pode efetuar múltiplas contribuições para a prevenção da doença, proteção e promoção da saúde e qualidade de vida. Visto que não parece oportuno assinalar aqui uma longa lista de temas aos quais poderiam ser aplicáveis os princípios da PCC, realizaremos uma seleção dos mesmos. Julgamos socialmente relevante assinalar os seguintes:

a. Facilitar o uso do cinto de segurança entre os usuários de automóvel (Geller e Bigelow, 1984; Geller e cols., 1987).

b. Promover comportamentos adaptativos ou não patológicos na escola (Drabman e Furman, 1980; Roubury e Baer, 1980).

c. Conseguir um maior controle a respeito do depósito e coleta de lixo em geral (Geller, 1980) ou de excrementos de animais em particular (Jason e Zolik, 1981).

d. Conservação da energia (Winett, 1980).

e. Aplicação no campo industrial e das organizações públicas (McNees, Gilliam e Schnelle, 1980).

f. Favorecer o controle de natalidade da população (Lolordo e Shapiro, 1980).

g. Continuar contribuindo para as atuações contra o crime, a delinqüência e outros comportamentos anti-sociais (Kazdin, 1985c; Nietzel, 1979).

h. A aquisição de habilidades para conseguir um emprego através de uma entrevista (Mathews e Fawcett, 1984).

Além dos assuntos que acabamos de assinalar e de outros não indicados aqui, existem dois campos que consideramos importante manifestá-los, que seria a aplicação da PCC ao: 1) estímulo da imunogênese comportamental, e 2) campo da saúde mental comunitária (ou ecologia comportamental).

III.1. Imunogênese comportamental

No que corresponde a este aspecto, o do fomento da *imunogênese comportamental*, trata-se de reduzir os fatores de risco de doença atribuída a comportamentos patológicos do sujeito (Matarazzo, 1984). Visto ser aceito que múltiplos fatores de risco (fumo, álcool, acidentes de trânsito, falta de adequadas condições de higiene no contexto ambiental, etc.) se devem ao comportamento do sujeito (patogênese comportamental), a modificação desse comportamento em nível comunitário poderia ajudar a alcançar a saúde e a qualidade de vida individual e coletiva. Campos teórico-práticos como a Psicologia da Saúde, a Saúde Comportamental, a Medicina Comportamental, etc., podem contribuir ao desenvolvimento da aplicação dos princípios da PCC.

Além disso, é necessário levar em conta a grande utilidade, para a proteção e promoção da saúde, dos fundamentos da teoria da aprendizagem social, principalmente através da aprendizagem por observação, e da teoria da auto-eficácia e sua influência positiva sobre a saúde (Bandura, 1986; O'Leary, 1985; Strecher, DeVillis, Becker e Rosenstock, 1986).

O objetivo da PCC seria o de fomentar, através das técnicas de modificação do comportamento, que se considerassem mais pertinentes para cada contexto concreto, indivíduos e comunidades "conscientes" de que o comportamento (individual e coletivo) é reforçador para a proteção e promoção da saúde. E, além disso, enfatizar um "clima social" no qual se aceite que comportamentos patológicos atuais podem ter seu efeito negativo vários anos depois.

Um exemplo disso pode ser o do *Alameda County Study* (Berkman e Breslow, 1983), que parte da hipótese de que os padrões de mortalidade, saúde e doença constituem um reflexo das condições de vida de uma comunidade. Este estudo, realizado com 2.229 homens e 2.496 mulheres, de idades compreendidas entre 30 e 69 anos e desenvolvido entre 1965-1974, revelou cinco hábitos ou estilos de vida fortemente relacionados uns com os outros e de forma independente com a mortalidade durante os nove anos de seguimento. Estes hábitos ou patologias comportamentais eram: a) consumo de cigarros; b) ingestão de quantidades excessivas de álcool; c) levar uma vida fisicamente inativa; d) ser obeso e e) dormir menos de 7 horas ou mais de 8 horas diárias (Berkman e Brelow, 1983).

Levando-se em conta o papel que os estilos de vida representam na prevenção primária do câncer, pode-se dizer que existem certos obstáculos para realizar programas eficazes de prevenção. Estes obstáculos se devem a (Bayés, 1985):

– o caráter prazeroso e reforçador imediato de certos comportamentos, como por exemplo, o fumar;

– o tempo transcorrido entre o estímulo cancerígeno e o aparecimento clinicamente detectável do câncer; e

– que o surgimento tardio do câncer (ou outra patologia) é somente provável, o que pode levar o sujeito a se considerar invulnerável ao mesmo.

Parte daí o fato de que uma das tarefas da PCC é fazer com que os sujeitos sejam conscientes dos riscos de seus próprios comportamentos e que não se considerem invulneráveis ou mantenham um otimismo não realista sobre as probabilidades de doença (Weinstein, 1984, 1988), apesar de certos efeitos positivos (tais como reduzir os sentimentos de ansiedade, realçar a sensação de controle pessoal) da ilusão de invulnerabilidade (Perloff, 1987).

Os dois exemplos anteriores, o do *Alameda County Study* e o da prevenção primária do câncer, constituem casos nos quais é possível realizar estratégias de intervenção a partir de um modelo comportamental (*componente conceitual*), adotando uma estratégia de busca (*estilo de entrega*), focalizando-se sobre uma organização, comunidade, etc. (*objetivo da intervenção*) e enfatizando a prevenção primária ou secundária (*dimensão temporal*).

III.2. Saúde mental comunitária

Quanto ao segundo aspecto, o da aplicação da PCC na proteção e promoção da saúde mental, o campo de ação está relativamente pouco delimitado, porém, dispõe-se atualmente de um certo conhecimento. Já Burnham (1924) não só tentava aplicar a teoria dos reflexos condicionados à higiene (saúde) mental e à educação, mas também criticava a psicanálise considerando-a como uma "astrologia psicológica" (p. 628). Tudo isso deu lugar a que os princípios de aprendizagem fossem progressivamente aplicados ao campo da proteção e promoção da saúde em nível escolar e comunitário.

Gambrill (1975) e Wodarski (1976) manifestam a falta de aplicação da tecnologia comportamental aos ambientes da saúde mental comunitária. A razão é, principalmente, o predomínio e a utilização do modelo médico de doença. Não obstante, isto contribuiu para realçar uma "consciência" das possibilidades das técnicas de modificação de comportamento em ambientes da saúde mental comunitária. Nos últimos anos, existem diversos exemplos da aplicação da tecnologia comportamental a este último campo (p. ex., Johnson e Geller, 1980), e uma síntese dos mesmos pode ser encontrada em Jeger e Slotnick (1982a).

Embora os princípios da PCC possam ser de valor teórico-prático na prevenção primária e secundária, talvez o campo em que se tenha utilizado com maior freqüência seja a prevenção terciária ou psicológica da reabilitação de doentes mentais hospitalizados. Já que, segundo Kiesler e Sibulkin (1987), existem "tratamentos" alternativos à hospitalização e utilização exclusiva de medicamentos, como pode ser o treinamento (sempre que seja possível) em habilidades sociais.

A aplicação da PCC ou tecnologia comportamental comunitária à saúde mental comunitária se fundamenta, como já foi assinalado, em que o comportamento é aprendido e que um sujeito se comporta de uma forma que não necessariamente precisa ser assim. Jeger e Slotnick (1982b), ao falar da Ecologia comportamental enfatizam a congruência (ou adaptação) entre o indivíduo e seu ambiente. De fato:

> As intervenções ecológico-comportamentais procuram otimizar o desenvolvimento humano ao realçar as destrezas de domínio e de afrontamento dos indivíduos para incrementar a auto-eficácia e auto-estima, e/ou ao realçar as forças comunitárias e organizacionais para que a qualidade de vida seja melhorada (Jeger e Slotnick, 1982b, p. 12).

Para conseguir estes objetivos, necessita-se de um conhecimento-base que é extraído da teoria e prática da modificação de comportamento (p. ex., condicionamento operante, aprendizagem social, terapia cognitiva).

Podem ser citados vários exemplos concretos da aplicação da Ecologia comportamental e da PCC (ver Jeger e Slotnick, 1982a), entre os quais julgamos pertinente enfatizar o *Behavior Analysis and Modification Project, BAM* (Projeto de Análise e Modificação Comportamental), realizado por R. P. Liberman e colaboradores (Liberman, King e DeRisi, 1976; Liberman e cols., 1982).

Como manifestam Liberman, King e DeRisi (1976), os métodos comportamentais em saúde mental comunitária são úteis porque:

- são breves e econômicos no que se refere a sua aplicação;
- podem ser utilizados por para-profissionais – profissionais sem formação universitária;

- são mais eficazes quando se realizam perto do meio ambiente natural do paciente, o qual favorece a generalização dos comportamentos adquiridos;
- podem ser avaliados, pois seus objetivos são específicos e operacionalizáveis; e por último,
- oferecem meios concretos para realizar estratégias de prevenção primária, secundária e terciária (ou reabilitação) mediante a consulta, educação, intervenção precoce, etc.

O projeto BAM realizado no Centro de Saúde Mental Comunitária de Oxnard (Califórnia) constitui um exemplo de como aplicar a teoria e a prática da terapia comportamental aos problemas dos pacientes que procuram um centro de saúde mental comunitária. Liberman, King e DeRisi (1976) enumeram como objetivos deste projeto os seguintes:

a. Treinar a equipe clínica na teoria e na prática da análise e modificação de comportamento.
b. Adoção, por parte da equipe, dos métodos de avaliação comportamental e de procedimentos de registro.
c. Desenvolver uma série de serviços de terapia comportamental pertinentes às necessidades dos pacientes e das capacidades da equipe.
d. Avaliar um programa de saúde mental através da observação comportamental direta.
e. Avaliar os efeitos da modificação comportamental em pacientes individuais.
f. Utilizar a tecnologia comportamental na consulta comunitária.

Depois de ter considerado a PCC como um subcampo da PC e algumas de suas possíveis aplicações, vamos assinalar algumas características atuais da PCC na América Latina e na Espanha.

IV. PSICOLOGIA COMUNITÁRIA E PSICOLOGIA COMPORTAMENTAL COMUNITÁRIA NA AMÉRICA LATINA

Embora existam certas diferenças significativas entre a PCC na América Latina e nos Estados Unidos (Bernal e Marín, 1985; Serrano-Garcia e Hernández, 1985), e ocorram diversas perspectivas, em certa medida complementares entre si, dentro do âmbito latino-americano (Newbrough, 1985), o fato indiscutível é que a PC está alcançando cada vez mais o auge na América Latina, tanto em nível geral (Carranza e Almeida, 1988; Hirschman, 1986) como no campo específico da saúde (Organização Panamericana da Saúde, 1984).

Dentro do Universo da PC na América Latina, podem-se diferenciar, a grosso modo, dois enfoques:

a. Um centrado na Psicologia Social Comunitária (p. ex., Escovar, 1977, 1980; Marin, 1980, 1985; Montero, 1982, 1984; Santiago, Serrano-Garcia e Perfecto, 1983; Serrano-Garcia, López e Rivera-Medina, 1987), que enfatiza:

- as situações de *stress social* que ocorrem na sociedade atual e suas possíveis soluções;
- a necessidade de *controle* real sobre as condições de vida;
- o conceito de *alienação*, como explicação integrada de uma situação de apatia, desmotivação e anomia que pode existir em certas comunidades ibero-americanas.

b. Outro focalizado na teoria da Psicocomunidade (p. ex., Biro, Lartigue e Cueli, 1981; Cueli e Biro, 1975; Lartigue, 1980; Lartigue e Biro, 1986), que defende como principais pontos de vista:

- que existe uma correspondência biunívoca entre as manifestações comportamentais a nível individual (a partir da perspectiva psicanalítica de Rappaport, 1978) e o observado na comunidade; e
- na medida em que o grupo se desenvolve também o fará a comunidade.

A PCC pode efetuar contribuições desiguais aos dois enfoques que acabamos de assinalar, o centrado na Psicologia Social Comunitária e o da teoria da Psicocomunidade. Enquanto se tem implicações no primeiro enfoque, por exemplo, na prática da terapia cognitiva para a manipulação de situações de *stress*, não parece ter *nenhuma* utilidade prática para o segundo. Enfatizando mais este, não consideramos que seja relevante para mudar comunidades marginais e pobres (tampouco para comunidades marginais ricas). O que as comunidades pobres requerem são meios sociomateriais e recursos pessoais [quer dizer, "capital humano", (Coleman, 1989)] para sair de sua situação de opressão, e não interpretações psicanalíticas. A pobreza, o desenvolvimento cultural e material necessitam de ações práticas imediatas e eficazes, partindo-se das suposições que, são aqueles que oprimem os que instauram a violência e que, a ideologia dominante é a da classe dominante.

Apesar dos trabalhos realizados pelos autores da teoria da Psicocomunidade, pensamos que sua relevância social e científica, a partir de uma perspectiva prática, é bem mais escassa; tanto pela dificuldade de operacionalizar a terminologia empregada, como pela tecnologia de intervenção utilizada. Consideramos que as comunidades pobres e marginalizadas têm pouco controle sobre seu presente e seu futuro, e que não chegarão a conseguir através de aproximações psicanalíticas, mas de mudanças sociomateriais das condições de vida. Isto nos leva a considerar alguns aspectos da teoria da "habilitação" (*empowerment*) (Rappaport, 1987; Rappaport, Swift e Hess, 1984), que não vamos desenvolver aqui, mas que julgamos relevante considerá-la como alternativa na orientação de psicocomunidade.

Depois de haver assinalado breves indicações acerca da situação atual da PC e da PCC na América Latina, vamos efetuar algumas considerações a respeito de seu status atual na Espanha.

V. A Psicologia Comportamental Comunitária na Espanha

Tanto em alguns textos da PC publicados em outros países europeus (p. ex., Franestato, Contesini e Dini, 1983), como os citados na Espanha (p. ex., Martín

Gonzáles, Chacón Fuertes e Martinez García, 1988; Sánchez Vidal, 1988), a importância atribuída à PCC é bem mais escassa. Entretanto, outros autores espanhóis (Bayes, 1983; Costa, 1984; Costa e López, 1986; Pelechano, 1979, 1980) enfatizam uma orientação comportamental ou mesmo eclética (Carrobles, 1985).

De qualquer forma, achamos que o futuro da teoria e prática da PCC na Espanha é muito prometedor, já que parece ser uma forma útil de atuação e mudança de comportamento em nível comunitário. Isto ainda não foi desenvolvido, mas talvez seja devido a só recentemente a PCC ter despertado interesse em nosso país.

VI. COMENTÁRIO CRÍTICO E PERSPECTIVAS FUTURAS

Até agora temos insistido nos aspectos positivos da PCC. Entretanto, existe uma série de críticas que é necessário considerar. Rappaport (1977) enumera quatro dificuldades na aplicação (ou extensão) da tecnologia comportamental à PC e à PCC, que são as seguintes:

a. Os princípios teórico-práticos da tecnologia comportamental talvez não sejam tão poderosos e generalizáveis aos ambientes comunitários, como à primeira vista possa parecer;

b. A questão de quem controla os reforços e punições em uma comunidade;

c. O problema de se os princípios fundamentais da análise do comportamento individual podem ser úteis ou não para entender o comportamento a nível comunitário; e

d. Pode-se argumentar se realmente a tecnologia comportamental não constitui algo impossível de pôr em prática a nível comunitário.

Além das críticas assinaladas, pode-se fazer referência a outros aspectos, tais como a falta de definições operacionais dos conceitos da PCC, o relativo fracasso de múltiplos programas de prevenção, uma falta de critérios claros para distinguir entre os diferentes níveis de prevenção (isto é, prevenção primária e secundária), etc.

Gostaria, finalmente, de assinalar outro aspecto que tem conexão com a aplicação da teoria e prática da PCC à saúde/doença mental. Trata-se da temática relacionada com o conceito de "preparatoriedade" a certas patologias, como, por exemplo, as fobias (Mineka, 1987; Ohman, Dimberg e Ost, 1985; McNally, 1987) ou as neuroses (Eysenck, 1987) e o que isso pode implicar na investigação-ação comunitária.

Entretanto, apesar dos problemas assinalados, entre outros, consideramos que pode-se aplicar a tecnologia do comportamento a ambientes comunitários. De fato, não só se tem desenhado comunidades seguindo os princípios da tecnologia comportamental, mas também é possível realizar um adequado planejamento cultural. Como indica Skinner (1953a, 1971), para um planejamento cultural efetivo, é mais prático mudar a cultura do que o indivíduo, já que aquilo que se consegue com o indivíduo morrerá com ele, enquanto que qualquer prática cultural eficaz na promoção da saúde e da qualidade de vida comunitária, sobreviverá durante prazos de tempo mais longos. Supõe-se que uma cultura saudável constitui um conjunto de contingências de reforçamento onipresentes, que conduzem o sujeito a saber o que fazer em sua vida cotidiana. Temos que insistir no estabelecimento de estilos de vida sadios e enfatizar uma "cultura da saúde" (San Martín, Martín e Carrasco, 1986), na qual a tecnologia comportamental poderia efetuar contribuições positivas e favorecer mudanças comunitárias (Skinner, 1986).

VII. Conclusões (em Forma de Resumo)

Depois do exposto ao longo do presente capítulo, poder-se-ia extrair uma série de conclusões, sendo algumas das mais significativas as seguintes:

a. Pode-se considerar a PCC como um subcampo da PC.

b. Os fundamentos teórico-práticos da PCC baseiam-se na psicologia da aprendizagem.

c. A PCC apresenta, além de adotar um componente conceitual ou modelo de aprendizagem, um estilo ativo de entrega de serviços, níveis diferentes no objetivo da intervenção, e enfatiza a prevenção primária e secundária.

d. A aplicação da PCC, ao campo da prevenção da doença e promoção da saúde, ocorre através da "manipulação" de contingências de reforçamento ou no treinamento, através da tecnologia comportamental, de habilidades ou estilos de vida que o sujeito necessita para levar uma vida saudável.

e. Visto que a PCC surgiu dentro da PC dos Estados Unidos, seu desenvolvimento na América Latina é menor. Na Espanha parece estar adquirindo um auge teórico-prático cada vez maior.

f. Apesar dos avanços efetuados pela PCC, ainda restam muitos problemas (críticas) a solucionar. Não obstante, isso não impede o desenvolvimento progressivo da utilização da mesma para a proteção e promoção da saúde e a prevenção da doença.

VIII. Leituras Recomendadas

Bloom, B. L., *Community mental health: a general introduction*, Monterrey, Calif., Brooks/Cole, 1984.

Cone, J. D. y Hayes, S. C., *Environmental problems/behavioral solutions;* Blemont, Calif., Brooks/Cole, 1980.

Geller, E. S., Winett, R. A. y Everett, P. B., *Preserving the environment: new strategies for behavior change*, Nueva York, Plenum Press, 1982.

Glenwick, D. S. y Jason, L. S. (comps.), *Behavioral community psychology: progress and prospects*, Nueva York, Praeger, 1980.

Jeger, A. M. y Slotnick, R. S. (comps.), *Community mental health and behavioral-ecology*, Nueva York, Plenum Press, 1982.

Levine, M. y Perkins, D. V., *Principles of community psychology: perspectives and aplications*, Nueva York, Oxford University Press, 1987.

O'Donnell, C. R., «Behavioral community psychology and the natural environment», en C. M. Franks (comp.), *New developments in behavior therapy: from research to clinical application*, Nueva York, Haworth Press, 1984.

34. A Questão Ambiental

Vicente E. Caballo

I. Introdução

O apogeu que atualmente está alcançando o enfoque interacionista para a explicação do comportamento humano, incluídos seus transtornos, é mais uma questão teórica do que prática. Embora se considere, com relativa clareza, que as pessoas e seu contexto se determinam mutuamente em um processo de interação dinâmico e recíproco, a atenção continua centrada fundamentalmente no estudo do indivíduo. Apesar desta consciência teórica sobre a importância da interação pessoa x contexto, poucos avanços, baseados neste marco teórico, ocorreram na hora de abordar na prática os transtornos de comportamento humanos. Não obstante, os fatores contextuais começam a ser objeto de uma investigação sistemática na psicologia contemporânea. A Associação Psiquiátrica Americana sugere que se adote o termo "ecopsiquiatria" para descrever a complexidade das interações biológicas, físicas e psicossociais, entre a pessoa e o ambiente, que determinam a doença e a saúde mental (Franks, 1984b).

Grande parte da atenção que hoje em dia se presta ao ambiente, é dedicada ao estudo do mesmo a partir de uma macroperspectiva. A degradação paulatina que o habitat humano está sofrendo força uma necessária atenção sobre o mesmo. A contaminação do ambiente, o desaparecimento de grandes massas florestais, a desertização progressiva do terreno ou a eliminação da camada de ozônio, são alguns dos temas "ecológicos" que preocupam, ou deveriam preocupar, a humanidade atualmente. Inclusive, alguns governos estão se "sensibilizando" ante estas dramáticas mudanças e parecem ter um grande interesse em que a

---

Universidade de Granada (Espanha).

investigação "ajude a explicar como os indivíduos e as instituições afetam e respondem aos processos ambientais em uma escala global ou multinacional" (Adler, 1990). Se descermos desse macronível até uma esfera menos molar, nos deparamos com outros aspectos contextuais que influem, não tanto sobre a espécie humana em sua totalidade, mas sobre grandes grupos de indivíduos. A massificação das grandes cidades, o trânsito, o barulho, o tipo de moradia, o tipo de trabalho, contribuem, de certa forma, para determinar o comportamento humano, o comportamento "normal" e o comportamento "perturbado". Talvez este último seja, freqüentemente, uma tentativa de adaptação ao ambiente "perturbado" no qual se desenvolve. Nosso interesse neste capítulo reside na influência do ambiente próximo sobre o comportamento humano, e na possibilidade de intervir sobre esse ambiente para modificar o comportamento dos indivíduos imersos nele.

Assim como acontece com tantas idéias que se tornaram populares na Psicologia, não é novidade que o contexto se converta no sujeito de observação e análise. Little (1987) assinala que o impacto do ambiente ("a natureza") sobre o comportamento humano constitui uma das teorias mais antigas das diferenças entre os indivíduos. Assim, a *astrologia* ocupou um lugar central nas antigas explicações sobre as origens do comportamento humano. O autor anterior faz notar, inclusive, que uma das primeiras doutrinas precursoras da psicologia da personalidade, a *teoria dos humores*, assumiu que as condições ambientais locais poderiam afetar a mistura de humores no corpo.

Detendo-nos em épocas mais recentes, um interesse explícito pelo contexto que rodeia o comportamento pode ser encontrado já nos trabalhos de Thomas (1928), Kantor (1924, 1926), Koffka (1935), Lewin (1936), Murray (1938), Tolman e Brunswick (1935) e, posteriormente, nos escritos de Köhler (1947), Barker (1968), Moos (1976), etc. A popularidade atual dos enfoques contextuais em psicologia se atribui a uma série de causas que ressaltam as limitações ambientais sobre o comportamento, causas entre as quais se encontram os fatores assinalados anteriormente.

Cohen, Evans, Stokols e Krantz (1986) assinalaram que a perspectiva contextual em psicologia parece estar associada com uma série de hipóteses básicas, que são as seguintes (pp. 187-188):

1. Os fenômenos psicológicos deveriam ser considerados em relação aos meios espaciais, temporais e sócio-culturais nos quais ocorrem.

2. A atenção que se presta às respostas do indivíduo ante os estímulos e acontecimentos discretos, a curto prazo, deveria complementar-se com análises mais detalhadas e longitudinais sobre os lugares e as atividades diárias da pessoa.

3. A busca de relações confiáveis e generalizadas entre o ambiente e o comportamento deveria equilibrar-se com uma sensibilidade para (e uma análise de), a especificidade situacional dos fenômenos psicológicos.

4. Os critérios sobre a validade externa e ecológica da investigação deveriam ser considerados explicitamente (junto com sua validade interna), não só quando se esboçam estudos comportamentais, mas também como uma base para julgar a aplicabilidade dos achados da pesquisa ao desenvolvimento da política pública e das intervenções comunitárias.

II. Ambientes, Situações e Estímulos

Uma idéia básica que subjaz na pesquisa contextual é o conceito de *inclusão* (*embeddedness*). Quer dizer, pensa-se que um determinado fenômeno encontra-se incluído em (e é influído por) um conjunto de acontecimentos circundantes (Cohen e cols., 1986). Mas, que conjunto de variáveis contextuais proporciona a melhor plataforma de análise para a compreensão do fenômeno que nos ocupa? A questão-chave é a identificação dos fatores situacionais mais importantes, dentre aqueles potencialmente relevantes, na determinação do comportamento de interesse. Para isso, um primeiro passo seria a delimitação do alcance e o conteúdo apropriado da análise contextual. Quanto maiores e mais complexas sejam as unidades contextuais da análise, maior é o leque potencial de fatores – psicológicos, sócio-culturais, arquitetônicos e geográficos – que podem afetar as relações de um indivíduo com seu entorno (Cohen e cols., 1986). Um ponto de partida básico para a análise contextual de toda uma série de problemas jaz na *situação* imediata em que o indivíduo se encontra.

Mas, como podemos delimitar uma "situação"? Raush (1977) assinala que a situação pode ser utilizada, e assim tem sido, para referir-se a acontecimentos que vão desde estímulos específicos até o ambiente total. Magnusson (1978) revisa uma série de conceitos sobre a situação que vão desde a definição de Watson, "uma situação é, certamente, em uma análise final, definível como um complexo grupo de estímulos", passando por definições que incluem todos os estímulos externos ao organismo, até aquelas que incluem a pessoa na situação.

Pervin (1978) discutiu as definições, medições e classificações de *estímulos, situações e ambientes*, assinalando que "a distinção principal parece ter a ver com a escala de análise – que vai desde a consideração das variáveis e comportamentos moleculares, no caso do estímulo, até as variáveis e comportamentos molares no caso do ambiente". Endler (1981) oferece a seguinte distinção entre estes três termos. "O ambiente é o contexto ou o "pano de fundo" geral e persistente no qual ocorre o comportamento, enquanto a situação é o "pano de fundo" momentâneo e passageiro. Os estímulos podem ser conceitualizados como os elementos dentro de uma situação" (p. 364).

A tradição da aprendizagem operante tem prestado, desde sua origem, uma notável atenção aos estímulos ambientais que exercem um efeito sobre o comportamento. A análise aplicada ao comportamento, que provém do modelo operante, considera quase que unicamente acontecimentos moleculares que ocorrem fora do organismo e que ocorrem com uma proximidade espacial e temporária. Entretanto, alguns autores (p. ex., Biglan, Glasgow e Singer, 1990; Dumas, 1989b; Martens e Witt, 1988) defendem uma maior atenção dessa análise para variáveis ambientais menos moleculares, já que os estímulos, as respostas e as conseqüências ocorrem em um marco ambiental mais amplo, que freqüentemente influi sobre eles de forma importante. Os estudos das variáveis ambientais requerem que se ampliem as unidades de análise, tanto espacial como temporariamente. Sabemos que o comportamento ocorre em um marco de *acontecimentos ambientais* (o contexto imediato e histórico em que se desenvolve a contingência), com os quais se encontra relacionado funcionalmente. Tais acontecimentos mudam continuamente e podem exercer um efeito de controle sobre o comportamento. Por conseguinte, uma análise funcional necessitará incluir, com freqüência, as contingências imediatas de interesse e, pelo menos, algumas das variáveis ambientais que se sabe, ou se suspeita, que influem sobre elas.

Assim, por exemplo, se poderia pensar que os programas do treinamento de pais com crianças pequenas costumam ter um notável êxito, porque a intervenção modifica fundamentalmente os fatores contextuais naturais mais importantes nesse momento para a criança, quer dizer, a relação dos pais com ela. O maior fracasso deste tipo de programa com adolescentes, além de outros fatores (ver McMahon, neste volume), pode ser devido também a que, embora o programa mude o comportamento dos pais para com o adolescente, não intervém normalmente no entorno referente aos iguais, que nessa etapa da vida pode constituir o contexto mais significativo para o adolescente.

III. Unidades de Análise das Situações

Pervin (1978) assinalou que uma situação tem quatro componentes principais: "Uma situação se descreve de forma que envolva um "lugar" específico, "pessoas" específicas na maioria dos casos, um "momento" específico e "atividades" específicas" (p. 376). Isto é, uma situação é definida pela organização de vários componentes que consistem em *quem* está envolvido, *o que* está ocorrendo, *quando* e *onde* ocorre a ação.

Por outro lado, os fenômenos compreendidos pelos termos "situacionais" e "variáveis situacionais" podem variar amplamente em sua esfera de aplicação. Podem-se centrar na microanálise ou na macroanálise (Endler, 1981, 1983). Em termos do "mundo externo" podemos descrever e tratar o ambiente com respeito a fatores físicos, fatores sociais ou alguma combinação dos dois.

As cidades, parques, lagos e edifícios são exemplos de *macroambientes físicos*. As variáveis estimulares ou os objetos isolados, como uma mesa, uma cadeira, a temperatura de um ambiente, são exemplos do *microambiente físico*. Os valores culturais, as normas e os hábitos comuns a toda sociedade, são exemplos, do *macroambiente social*. O *microambiente social* refere-se a normas, valores, hábitos e atitudes, comuns ao indivíduo específico e aos grupos com os quais a pessoa interage diretamente em casa, na escola, no trabalho. Até certo ponto se refere ao ambiente social único para o indivíduo. A informação recebida de nosso ambiente social é mais ambígua e fluida do que a recebida de nosso ambiente físico. A reação ao nosso ambiente social, tanto às pessoas como aos acontecimentos, raramente está livre de avaliações negativas e positivas.

Para desenvolver uma teoria e uma investigação efetivas sobre o ambiente, e sobre as situações em particular, necessitamos identificar unidades de análise apropriadas ao longo da dimensão micronível-macronível. Certamente, qualquer tentativa de demarcar unidades de análise é, até certo ponto, arbitrária; não existem limites definidos, determinados. Esta circunstância se reflete nos muitos e distintos sentidos em que os termos *situações e fatores situacionais* são utilizados pelos diferentes autores que trabalham neste campo. Barker (1963) desenvolveu o conceito de *cenário comportamental* (*behavior setting*) como unidade ambiental básica. O cenário comportamental é uma unidade que ocorre de forma natural, com propriedades físicas, comportamentais e temporais, e revela uma variedade de complexas inter-relações entre suas partes.

As unidades de análise das situações foram descritas também como situações reais e situações percebidas. Em termos *físicos e biológicos,* uma situação pode ser definida de forma estrita como essa parte do ambiente total que está disponível para a percepção sensorial durante um certo tempo. Às propriedades físicas e biológicas dos lugares (igrejas, ônibus, discotecas, classes, laboratórios, etc.) se unem os fatores *socioculturais* (normas, regras, hábitos, etc.), que contribuem para uma definição completa da *situação real.* Tanto separadamente como em combinação, estes três tipos de propriedades podem ser empregados para as descrições e categorizações das situações reais.

Dentro do marco de uma situação real, podem-se distinguir subunidades de análise: 1) os *estímulos* situacionais, e 2) os *acontecimentos* situacionais. Os estímulos – isto é, um cachorro que late, uma serpente, etc. – funcionam como sinais em si mesmos para um participante. As partes específicas de uma situação total, que podem ser delimitadas em termos de causa e efeito (p. ex., o que diz ou faz uma pessoa em resposta a uma ação imediatamente precedente de outra pessoa ou uma mudança no ambiente físico e/ou biológico), podem ser chamadas de *acontecimentos.*

Uma *situação percebida* define-se como uma situação real enquanto se percebe, interpreta e se atribui um significado ou, em outras palavras, como é construída e representada na mente de um participante. Esta formulação implica na existência de situações percebidas, parcialmente diferentes da situação real, dependendo da interpretação de cada participante. "O enfoque da percepção da situação conduz a definições das situações em termos de suas propriedades ou dimensões percebidas, enquanto opostas a suas propriedades definidas objetivamente ou a suas propriedades provocadoras de comportamentos" (Pervin, 1978, p. 77).

Mas as pessoas não só reagem ante as situações, como também afetam as situações com as quais interagem. Como assinala Bowers (1973): "As situações são uma função da pessoa, assim como o comportamento da pessoa é uma função da situação". Além disso, os indivíduos têm certa liberdade para escolher estar onde, quando e com quem quiser. Em conseqüência, "as situações nas quais um indivíduo se encontra podem dever-se, em parte, a sua própria escolha" (Snyder, 1981, p. 309). Além disso, uma vez dentro da situação, o comportamento do indivíduo pode ter sua influência sobre essa situação.

III.1. *A busca de uma taxionomia das situações*

Não existe uma taxionomia universalmente aceita sobre as situações. As classificações existentes sobre estas se baseiam, quase sem exceção, em um número limitado de situações escolhidas de forma não sistemática (p. ex., acontecimentos estressantes, situações de risco, situações de exame, ambientes escolares, contextos de trabalho, etc.). Ao analisar as situações, não há uma única caraterística ou um conjunto definido de características que possam ser empregadas para todos os propósitos. Dependendo do problema, as propriedades que devem ser investigadas variam. Por exemplo, Van Heck (1984, 1989) partiu das seguintes categorias de estímulos na análise do conteúdo das situações: 1) Contexto, 2) Lugar/ambiente físico, 3) Características objetivamente discerníveis do ambiente físico, 4) Pessoas, 5) Características objetivamente discerníveis das pessoas implicadas, 6) Ações e atividades que são características da situação em particular, 7) Objetos, e 8) Aspectos temporais. O autor citado fez a seguinte classificação das situações com base no seu trabalho empírico: 1) Situações de luta e conflito interpessoal; 2) Situações que refletem o trabalhar conjuntamente, a docência e o intercâmbio de pensamentos, idéias e conhecimento; 3) Situações referentes à atividade sexual homem-mulher, à intimidade e às relações interpessoais; 4) Situações que implicam em atividades recreativas; 5) Situações que se referem a atividades relacionadas com as viagens; 6) Rituais religiosos e similares; 7) Atividades esportivas; 8) Situações que implicam em excessos comportamentais; 9) Atividades de serviço; e 10) Atividades comerciais.

Por outro lado, Argyle, Furnham e Graham (1981), analisando as situações sociais, encontraram um número limitado de tipos básicos. Alguns dos principais foram os seguintes: 1) Acontecimentos sociais formais; 2) Interações com amigos ou relações íntimas; 3) Interações casuais com conhecidos; 4) Interações formais em lojas e escritórios; 5) Ocasiões de habilidades sociais assimétricas (p. ex., dividir docência, a entrevista, a supervisão); 6) Negociação e conflito; e 7) Discussão de grupo. Os referidos autores assinalam que uma outra dimensão que poderia ser acrescentada a este grupo seria a *atmosfera emocional* (já que a expressão emocional é parte das regras em situações tais como os casamentos e as festas).

Moos (1973) propôs seis categorias de dimensões ambientais através das quais as características do meio foram relacionadas com índices do funcionamento humano. Essas características, seguindo uma ordem que vai desde o real ao percebido, são as seguintes: 1) Dimensão ecológica, 2) Estrutura organizacional, 3) Características pessoais e comportamentais dos habitantes, 4) Cenários comportamentais, 5) Propriedades reforçadoras do ambiente, e 6) Características psicossociais e clima organizacional.

Argyle (1981) estabeleceu uma lista de características das situações, que enumeramos a seguir: 1) Estrutura do objetivo, 2) Repertório de elementos, 3) Regras, 4) Seqüências comportamentais, 5) Hábitos, 6) Conceitos, 7) Ambiente físico, 8) Linguagem e fala, e 9) Habilidades e dificuldades.

A característica estrutural que tem sido discutida com mais freqüência é o ordenamento dos ambientes e das situações a respeito do seu efeito *restrito versus* o efeito *facilitador* sobre vários tipos de comportamento. O efeito restritivo sobre o comportamento real dos aspectos físicos, biológicos, culturais e/ou psicossociais de algumas situações, lugares e ambientes (p. ex., prisões, hospitais, bairros pobres, religiões, sistemas educativos) pode ser muito potente e impedir o comportamento exploratório e a ação construtiva e, pelo contrário, conduzir à passividade e ao comportamento reativo, ou mesmo destrutivo. Isto implica, entre outras coisas, que o caráter restritivo *versus* caráter facilitador dos ambientes e das situações é importante na análise dos processos de desenvolvimento. O caráter das restrições e aquilo que se facilita, os tipos de comportamentos que se restringem *versus* os que se fomentam, e a força com a qual se inferem os reforços e as punições, desempenham um papel crucial no processo de aprendizagem, no qual se formam as percepções, interpretações e maneiras de lidar com o mundo externo por parte dos indivíduos. Sobre estas bases, as análises de ambientes e situações, em termos de facilitação-restrição de vários tipos de comportamento e dos efeitos sobre o comportamento real, e o desenvolvimento dessas características, constituem uma tarefa essencial da pesquisa psicológica.

Outra variável situacional central, que foi especialmente sublinhada por diferentes autores, consiste nos *objetivos* ou intenções. As intenções e os objetivos são fatores-diretrizes centrais que influem nas situações que um indivíduo busca quando tem alternativas, a que sinais atende e quais estratégias aplica para lidar com a informação situacional. Os objetivos a longo prazo são fatores importantes do padrão de vida de um indivíduo, num sentido mais amplo e geral, enquanto os objetivos a curto prazo podem estar limitados a tipos específicos de situações e ocasiões e podem diferir em diferentes estados de desenvolvimento.

IV. O Contexto como Fator Determinante do Comportamento

Considerar o contexto (a situação) como um fator básico na determinação do comportamento humano nos expõe à possibilidade de modificar esse fator, a fim de modificar o comportamento das pessoas. "Um médico aconselha um ocupado executivo, com uma alta pressão sangüínea, a passar uma semana no campo". "Um cardiologista recomenda a um administrador de empresas, delegar algumas de suas responsabilidades a outras pessoas do escritório". Estes comportamentos baseiam-se na crença de que o ambiente social tem efeitos importantes sobre os processos psicológicos. Além disso, suas recomendações refletem a suposição de que podem-se distinguir diferentes tipos ou dimensões de estímulos ambientais; que estas dimensões podem ter diferentes influências sobre os processos fisiológicos; e que os efeitos podem diferir de um indivíduo para outro (Kiritz e Moos, 1974). Após uma revisão dos efeitos de diferentes ambientes sobre variáveis fisiológicas, os autores anteriores recomendam a investigação de efeitos fisiológicos específicos dependentes de distintas dimensões socioambientais.

Caplan e Nelson (1973) assinalam que "o que se faz para resolver um problema depende de como ele é definido. A maneira como se define um problema social determina as tentativas de solução, isto é, a estratégia de mudança, a seleção de um sistema que produza a atuação social e os critérios de avaliação. As definições dos problemas se baseiam nas suposições sobre as causas do problema e onde subjazem. Se as causas da delinqüência, por exemplo, são definidas em *termos centrados na pessoa* (p. ex., incapacidade para retardar a gratificação), seria lógico iniciar com as técnicas de tratamento para *mudar a pessoa...* Se, por outro lado, as explicações se *centram na situação,* (p. ex., se se interpreta a delinqüência como a substituição de caminhos já aprovados previamente de forma convencional por outras vias ilegais, a fim de conseguir objetivos socialmente valorizados), os esforços para um tratamento corretivo teriam, logicamente, uma orientação para a *mudança do sistema*" (Caplan e Nelson, 1973, 1981, p. 108).

A coleta de informação, de forma sistemática, sobre o impacto psicológico das situações, pode ser empregada pelo menos de três maneiras, para desenvolver estratégias de intervenção social. Primeiro, a informação situacional pode proporcionar diretrizes sobre que lugares selecionar para maximizar os benefícios pessoais. Segundo, a informação sobre as características de um lugar pode ser devolvida aos participantes, a fim de proporcionar um estímulo para a mudança do lugar. Finalmente, a informação ambiental pode ser empregada como um guia para delinear e planejar novos lugares com certa confiança de que o lugar, uma vez estabelecido, terá o efeito desejado.

V. PSICOPATOLOGIA E CONTEXTO AMBIENTAL

Como assinalamos no princípio deste capítulo, o enfoque interacionista parece ser a opção mais lógica para a explicação e controle do comportamento humano. Hettema e Kenrick (1989) propõem, por exemplo, um modelo interacionista da depressão nos seguintes termos: os acontecimentos ambientais, a avaliação cognitiva e os fatores fisiológicos interagem contribuindo para que alguém caia em depressão. Assinalam que o ambiente, a cognição e a biologia são fatores necessários, mas não suficientes individualmente, para provocar uma depressão. Não há uma linha de separação clara entre esses fatores. As mudanças em um tipo de fatores provocariam mudanças em outros dois, a curto e a longo prazo (Hettema e Kenrick, 1989). Assim, por exemplo, em indivíduos vulneráveis à depressão (*biologia*), o aparecimento de acontecimentos estressantes (*ambiente*) pode provocar visões pessimistas sobre si mesmo, sobre o mundo e o futuro (a "tríade *cognitiva*" de Beck) que, por sua vez, conduziriam à depressão. Alguns dos acontecimentos ambientais que podem funcionar como elementos precipitantes da depressão são: fatores pessoais (fracassos contínuos, exigências excessivas, separação de uma pessoa querida) e fatores ecológicos (disponibilidade de recursos, densidade de população, clima, número de familiares que o rodeiam e posição social). Igualmente, muitas das situações estressantes incluídas na Escala para a Avaliação do Reajuste Social (*Social Readjustement Rating Scale, SRRS)* de Holmes e Rahe (1967), podem constituir estímulos desencadeantes da depressão em indivíduos predispostos a ela. Entre os acontecimentos incluídos nessa escala encontram-se a morte do cônjuge, o divórcio, a separação matrimonial, ser preso, uma doença ou lesão, a aposentadoria, etc. Paykel (1979) descobriu que alguns destes acontecimentos (como a morte, separação ou divórcio do cônjuge) aumentavam o risco de depressão em 6,5 vezes. Também tem-se encontrado que fortes pressões no trabalho podem contribuir para o desenvolvimento da depressão entre mulheres (Welner e cols., 1979). Entretanto, apesar da importância dos fatores ambientais, os esforços empregados no tratamento da depressão foram centrados no aparte cognitivo ou no biológico, mas raramente no ambiental [a mudança de comportamento direto no sujeito deprimido (p. ex., melhorando suas habilidades sociais) para que, por sua vez, modifique o ambiente (a reação dos outros para com ele) seria uma estratégia intermediária].

Não obstante, entre as possíveis vias a seguir para a prevenção primária da depressão, uma modificação dos fatores ambientais (p. ex., maior apoio social, aumento dos períodos de descanso e planejamento de atividades relaxantes e gratificantes nesses períodos) parece claramente necessária.

Outro transtorno mental, como a esquizofrenia, também parece receber o impacto do ambiente. Supõe-se que a esquizofrenia encontra-se determinada fundamentalmente por fatores biológicos. No entanto, alguns dos indivíduos que a desenvolvem passaram por algum acontecimento estressante pouco antes do episódio esquizofrênico. Observou-se, igualmente, que os sujeitos que sofreram um episódio de esquizofrenia e saem do hospital, têm maior probabilidade de recaída se os membros de sua família (à qual voltam) expressam uma notável hostilidade para com o paciente ("níveis elevados de Emoção Expressada"). Brown, Birley e Wing (1972) observaram que, ao longo de um período de nove meses, havia uma recaída de 50% dos pacientes que tiveram alta e voltaram a viver com famílias de elevados níveis de "emoção expressada", em contraste com 16% de recaídas em pacientes que voltavam a famílias de baixos níveis de "emoção expressada". Parece claro que "a impossibilidade de escapar de uma família hostil representa um estímulo estressante grave e crônico" (Fowles, 1984, p. 84). Finalmente, parece haver também outros fatores ambientais que contribuem para o desenvolvimento, intensificação ou recaída da esquizofrenia, como um contexto hospitalar aversivo e/ou empobrecido, o estigma social associado ao status de paciente, ou as reações do ambiente ante déficits intelectuais, educativos ou profissionais (Fowles, 1984).

Um exemplo muito claro no qual os fatores ambientais representam um papel primordial é o *padrão de comportamento Tipo A*. Este padrão de comportamento constitui um claro fator de risco para os transtornos coronários. Esse padrão de comportamento se caracteriza por um excessivo afã competitivo, hostilidade, impaciência e uma forma de falar rápida e confusa. Pelo contrário, o padrão de comportamento Tipo B consiste em uma ausência relativa dessas características e um estilo diferente de afrontamento. Descobriu-se que os sujeitos Tipo A trabalham mais horas por semana, estão mais envolvidos com o trabalho e levam com muito mais freqüência trabalho para fazer em casa do que os sujeitos Tipo B. Também os indivíduos Tipo A têm uma escassa vida familiar e uma deficiente relação com sua família, particularmente os homens. "Em nossa sociedade, não se incentiva especialmente os homens para que sejam membros ativos de suas famílias" (Price, 1982, p. 219). As relações de amizade também se encontram afetadas negativamente nos sujeitos Tipo A. É provável que estes não tenham tempo ou vontade de desenvolver relações baseadas na cooperação, no afeto ou em compartilhar sentimentos (características necessárias para o desenvolvimento de amizades significativas). Como conseqüência disso, costumam ter uma falta de apoio social e a percepção dessa carência parece ser um importante fator mediador do comportamento Tipo A (e dos transtornos coronários).

Por outro lado, o ruído ambiental, a densidade populacional, o calor excessivo e a poluição parecem ter efeitos negativos potenciais sobre a saúde mental e física (Evans e Cohen, 1987), embora esses efeitos possam estar mediados por fatores psicológicos (não se deve esquecer a formulação interacionista exposta no princípio do capítulo). O ruído parece ter também efeitos prejudiciais sobre muitos aspectos do comportamento social. Descobriu-se que o ruído produzido pelo trânsito contribui para uma menor participação dos estudantes na aula, para que haja pouca interação entre os habitantes de uma rua barulhenta, e que diminui a disposição da pessoa em ajudar os demais (Holahan e Wandersman, 1987).

V.1. Algumas implicações práticas

No enfoque comunitário (ver capítulo de Rios, neste volume), os problemas humanos são abordados através do contexto ambiental, no qual ocorrem. Até o momento, a maioria das aplicações comportamentais comunitárias ocorreram no lar e nas escolas, ou dentro de programas dirigidos a problemas da comunidade geral, como o crime, a reintegração do ex-presidiário à sociedade, o desemprego, a conservação da energia e o controle dos resíduos.

O'Donell e Tharp (1982) comentam que habitualmente as intervenções dirigidas à comunidade têm optado por desenvolver programas novos dentro da estrutura já existente dos lugares naturais. Entretanto, assinalam, a estratégia alternativa de um ataque radical à estrutura destes lugares foi deixada para outras disciplinas. Como psicólogos clínicos, costumamos pensar que o problema está no indivíduo e que a tarefa comportamental consiste em criar o comportamento desejado. Raramente ocorre o ponto de vista alternativo: que talvez o problema esteja no contexto ambiental existente. Se o comportamento desejável falta realmente no repertório do indivíduo, podemos perguntar-nos por que o contexto natural não o criou? Também pode ocorrer que o comportamento desejável exista no repertório dos indivíduos, mas que o contexto ambiental não permite sua ocorrência ou melhora (O'Donell e Tharp, 1982). Estes autores assinalam que, com freqüência, limitamos nossa avaliação ao ambiente que informa as deficiências: a escola, a família. Mas raramente avaliamos o ambiente total.

Existe certa evidência de que as redes sociais influem em um amplo leque de problemas comportamentais. Isto tem implicações para uma conceitualização do contexto ambiental do comportamento e para resolver as limitações do enfoque comportamental (O'Donnell e Tharp, 1982). As redes sociais se referem "à estrutura das relações sociais entre unidades habitualmente individuais, grupos ou instituições" (O'Donnell e Tharp, 1982, p. 305). As redes sociais são fontes importantes de informação, apoio emocional e acesso aos recursos desejados por seus membros. A rede de cada indivíduo compõe-se de todas as pessoas com as quais ele tem contato.

Foi mostrada a importância das redes sociais em uma série de problemas comportamentais. Por exemplo, garotos que têm amigos delinqüentes têm mais probabilidade de se verem envolvidos em delitos. Encontrar trabalho está relacionado com o número de pessoas diferentes com as quais o indivíduo tem contato. Uma das formas mais importantes de ajuda que os membros de uma rede social podem proporcionar é o apoio social durante um período de *stress*. O apoio social tem sido associado a níveis mais baixos de colesterol e menos doenças depois de um sujeito ter perdido seu trabalho, a uma menor taxa de depressão entre as mulheres, a uma menor taxa de angina peitoral entre os homens e a uma recuperação mais rápida e uma menor taxa de mortes após um ataque cardíaco

(O'Donnell e Tharp, 1982). A falta de apoio social tem sido associada a taxas mais elevadas de problemas psicológicos e físicos, e ao uso mais elevado de drogas para reduzir o *stress*. Tem-se assinalado também que as pessoas com problemas de comportamento psicótico têm redes sociais menores, constituídas normalmente por 10-12 pessoas em vez das 20-30 de que se compõem as redes da maioria das pessoas. Além disso, a maioria dos membros da rede social são familiares, em vez do equilíbrio habitual de familiares, vizinhos, amigos, companheiros de trabalho, etc. (Pattison, 1977; Westermeyer e Pattison, 1979).

Em um paciente, com uma dor somatoforme, tratado recentemente pelo autor, a falta de uma rede social ampla (carência de amigos, sem contato com os vizinhos, etc.) e o reforçamento de sua dor pelos membros de sua estreita rede social (limitada a familiares), mantinha o problema pelo qual veio procurar tratamento e dificultava notavelmente a generalização das mudanças ocorridas nas sessões de tratamento. Embora a modificação de sua rede social fosse a intervenção mais desejável, tal intervenção ambiental apresentava-se extremamente difícil. A opção escolhida foi pouco inovadora e muito tradicional em terapia comportamental: modificação de pensamentos e comportamentos. Parte dos comportamentos modificados tentava conseguir uma mudança no contexto social do paciente, a falta de uma modificação direta desse entorno. Para muitos problemas do comportamento humano "podem-se identificar variáveis controladoras que são difíceis ou impossíveis de serem modificadas através de intervenções em indivíduos, pequenos grupos ou famílias. Essas variáveis incluem os costumes das organizações e as condições econômicas e práticas sociais de comunidades inteiras. São necessárias estratégias para identificar e modificar estes fatores" (Biglan, Glasgow e Singer, 1990, p. 197).

As *intervenções sobre as redes sociais* podem ser realizadas (O'Donnell e Tharp, 1982): 1) desenvolvendo-se novos programas dentro da estrutura existente, 2) criando-se estruturas alternativas, ou 3) modificando a estrutura existente. No primeiro caso, os programas proporcionaram novos papéis para os membros da rede social. No caso concreto nos quais os companheiros podem influir sobre o desenvolvimento do comportamento anti-social, pode ser necessário romper a rede. Um exemplo da segunda opção foi, por exemplo, a criação de um clube para encontrar emprego (Azrin, Flores e Kaplan, 1975). A terceira possibilidade é mais difícil de realizar, mas tem um potencial considerável para a prevenção de problemas psicológicos. Uma das principais dificuldades é determinar as variáveis apropriadas para serem modificadas. Assim, O'Donnell (1990) assinalou que o traçado de um lugar afeta a freqüência e o tipo de contato social entre a pessoa, influindo portanto no desenvolvimento de redes sociais e comportamentos relacionados. Uma das variáveis mais importantes para a interação social em lugares amplos é a proximidade física, sobre a qual se pode influir através do traçado arquitetônico de um lugar. A formação de amizades pode ser favorecida ordenando-se as situações, de modo que pessoas de *status parecido* possam se encontrar, com uma certa *regularidade* (a proximidade conduz à atração e à formação de amizades), em *lugares agradáveis* (a luz e os sons potentes podem dificultar a atração e a formação de amizades), com *episódios pouco estruturados* (a formalidade e a estrutura dos rituais comuns de interação podem favorecer ou obstaculizar a formação de amizades) que favoreçam a *auto-revelação e atividades reforçadoras*. O'Donnell (1980) observou que ocorria uma maior interação entre as pessoas dentro de um espaço mais fechado, enquanto a amizade variava inversamente com a distância funcional entre as pessoas que se encontravam em quartos residenciais. Também menciona-se que os esforços para diminuir a *solidão* (um problema cada vez mais freqüente em nossos tempos, especialmente nas grandes cidades) têm que ir além do indivíduo, para considerar os fatores culturais e sociais que fomentam a mesma. O indivíduo que vive ou trabalha em um lugar fisicamente isolado pode estar também socialmente isolado (Perlman e Peplau, 1981). Como assinala Gordon (1976): "A solidão das massas não é só um problema que os indivíduos particularmente implicados possam afrontar; é uma indicação de que as coisas estão funcionado muito mal em nível social" (p. 21). As instituições sociais poderiam considerar maneiras de ajudar a grupos de risco como os novos estudantes ou os executivos que se mudam para um lugar diferente com suas famílias. Além disso, seriam úteis programas sociais para outros grupos como os viúvos e os recém-divorciados. Realmente, parece provável que as intervenções dirigidas a problemas específicos – como a aposentadoria ou a mudança a um novo lugar – podem ser mais eficazes do que as intervenções dirigidas mais globalmente à "solidão".

O'Donnell e Tharp (1982) assinalam finalmente que as redes sociais não constituem unicamente uma influência importante sobre o comportamento no contexto natural, mas que o desenvolvimento dessas redes é também, em parte, uma função de como estruturamos o desenho físico e social do ambiente. Por conseguinte, as redes sociais oferecem uma oportunidade para a conceitualização e o estudo sistemático do ambiente natural.

Por outro lado, as intervenções diretas sobre o ambiente físico podem ser úteis para modificar o comportamento que ocorre nele. Assim, por exemplo, para controlar o roubo nas lojas podem-se introduzir elementos que assinalem uma clara vigilância (p. ex., câmaras de vídeo, espelhos) e pode-se arrumar o espaço. Com respeito às confusões nos campos de futebol, fatores como uma melhor separação das torcidas opostas, a provisão de cadeiras, o emprego de câmaras de TV, e impedir a entrada de álcool e de pessoas alcoolizadas, podem dificultar a ocorrência dessas desordens (Argyle, Furnham e Graham, 1980).

No caso da *agressão*, descobriu-se que o excesso de pessoas e a invasão do espaço pessoal, as altas temperaturas, a exposição a modelos agressivos e a estímulos que simbolizam a agressão, a disponibilidade de armas, e a pressão do grupo (violento), favorecem a ocorrência do comportamento agressivo. Inclusive foi sugerido ultimamente que a "comida-lixo" (comida de baixa qualidade, composta principalmente por hambúrgueres e batatas fritas, cachorros-quentes, refrigerantes, balas, etc.), de consumo freqüente nos países anglo-saxões, poderia estar na base de muitos episódios violentos. No caso do *altruísmo*, o número e as atuações dos transeuntes, a exposição a modelos, o reforço, a familiaridade da situação, e as características da vítima, favorecem ou dificultam o comportamento altruísta. No caso da *assertividade*, o poder e o status das pessoas que interagem, a habilidade na tarefa, o sexo da outra pessoa, a complexidade e a não-familiaridade com a situação, favorecem ou dificultam a expressão do comportamento assertivo. Como vimos anteriormente, no caso da *atração interpessoal*, a proximidade (distância física entre as pessoas e a distância temporal entre os períodos de interação), o *stress* ambiental (qualquer variável situacional que possa afetar o estado emocional ou de humor de um indivíduo), também afetam o comportamento de atração por outra pessoa. Quase todos os elementos do *comportamento não verbal* são situacionalmente específicos. O "contato corporal", por exemplo, é função, não só da idade e do sexo da pessoa e da natureza da mensagem que se está enviando, mas também, e de forma mais importante, do acontecimento social que está ocorrendo. Do mesmo modo, o "comportamento espacial" (proximidade, orientação) é função das condições do lugar, do significado especial de determinadas áreas, da idade e do status das pessoas que interagem. Com respeito ao "olhar", a pessoa tende a olhar mais àquelas das quais gosta; em lugares abarrotados (elevadores, metrôs) há uma evitação do olhar, aumentando-o quando a pessoa se encontra mais distante, enquanto que quando o conteúdo da conversa é mais íntimo se olha menos. O conhecimento dos efeitos que o contexto circundante tem sobre o comportamento deveria ajudar a esboçar e modificar diversos ambientes para produzir o efeito desejado sobre o comportamento.

Mas para que as intervenções ocorram em grande escala temos que difundir o que conhecemos sobre as variáveis ambientais que afetam o comportamento. Biglan, Glasgow e Singer (1990) assinalaram que é fácil encontrar exemplos do abismo que existe entre o que sabemos que afeta o comportamento humano e os procedimentos utilizados habitualmente para mudá-lo. Assim, estes autores assinalam que, na área referente ao comportamento de fumar, os médicos que aconselham aos pacientes fumantes que deixem de fumar, produzem um pequeno, mas significativo, aumento na taxa de pessoas que deixam de fumar, comparado com o que ocorre quando os médicos não falam sobre esse assunto. Se a prática desse conselho pudesse ser estendida entre todos os médicos, teria provavelmente um impacto significativo sobre o comportamento de fumar e, supostamente, sobre a mortalidade e a morbidade associadas ao fumar. Entretanto, a maioria dos médicos não dá esse conselho (Nutting, 1986).

VI. Um Comentário Final

Parece clara a grande influência do ambiente sobre o comportamento humano. Não poderia ser diferente. O ser humano se desenvolve necessariamente em um entorno e tem que se adaptar a ele (ou seja, algo muito mais difícil, adaptar o entorno a seu próprio comportamento). Não se pode isolar o contexto sem levar em conta o comportamento e vice-versa. Entretanto, isto tem sido muito freqüente e até há pouco tempo. A interação homem x ambiente é contínua e recíproca e, embora a interação seja o aspecto essencial, talvez convenha nestes momentos dar maior ênfase à parte do ambiente, a menos estudada até agora. O conhecimento do contexto, mas de um contexto mais amplo que o limitado entorno estudado habitualmente pelo comportamentalismo clássico (embora com escassas incursões – ainda em forma de romance – ao ambiente global, como o *Walden 2* de Skinner), parece necessário para poder entender o desenvolvimento dos comportamentos humanos e sua interação com o mundo que o rodeia.

VII. LEITURAS RECOMENDADAS

Aragonés, J. I. y Corraliza, J. A. (comps.), *Comportamiento y medio ambiente: la psicología ambiental en España*, Madrid, Comunidad de Madrid, 1988.

Fernández Ballesteros, R. (comp.), *El ambiente: análisis psicológico*, Madrid, Pirámide, 1986.

Gifford, R., *Environmental psychology: principles and practice*, Boston, Allyn and Bacon, 1987.

Jiménez Burillo, F. y Aragonés, J. I. (comps.), *Introducción a la psicología ambiental*, Madrid, Alianza, 1986.

Cone, J. D. y Hayes, S. C., *Environmental problems/behavioral solutions*, Belmont, Calif., Brooks/Cole, 1980.

Proshansky, H. M., Ittelson, W. H. y Rivlin, L. G. (comps.), *Psicología ambiental*, México, Trillas, 1978. (Or.: 1970).

Stokols, D. y Altman, I. (comps.), *Handbook of environmental psychology* (2 vols.), Nueva York, Wiley, 1987.

35. MEDICINA COMPORTAMENTAL

Juan F. Godoy

I. INTRODUÇÃO CONCEITUAL, HISTÓRICA E METODOLÓGICA

I.1. Introdução

As técnicas de terapia/modificação comportamental, que foram apresentadas nos capítulos precedentes deste livro, e suas diversas aplicações em uma vasta variedade de transtornos, constituem, sem dúvida, a parte mais frutífera e rica da psicologia clínica.

Pela grande eficácia demonstrada frente a outros procedimentos alternativos, têm constituído, durante mais de meio século, o principal arsenal terapêutico da clínica psicológica na abordagem de múltiplos problemas de saúde mental, tais como transtornos de ansiedade, fobias, obsessões-compulsões, depressão, esquizofrenia, transtornos infantis, etc., para citar alguns exemplos de uma lista de aplicações clínicas que poderia ser muito mais longa.

Por outro lado, desde suas origens, aproximadamente, estas mesmas técnicas foram utilizadas com êxito no tratamento de outros problemas de índole não estritamente psicopatológica, como os transtornos psicofisiológicos e certos transtornos orgânicos, ampliando assim a área de atuações profissionais do psicólogo clínico e propiciando o surgimento de um dos mais frutíferos e ricos desenvolvimentos atuais da psicologia clínica: a medicina comportamental/psicologia da saúde.

Assim, embora a *medicina comportamental* seja, como o leitor poderá comprovar nas páginas que seguem, muito mais que as aplicações da terapia

---

Universidade de Granada (Espanha).

comportamental ao campo da saúde física (e mental, devido a sua contribuição à saúde física), não podia faltar em um manual das características deste, um capítulo dedicado a ela.

Neste capítulo nos centraremos seqüencialmente no conceito, história, modelos, áreas de aplicação e estratégias de avaliação e tratamento próprios da medicina comportamental.

I.2. Conceito

Como acabamos de assinalar no aparte anterior, a medicina comportamental se perfila hoje como um dos desenvolvimentos mais recentes e frutíferos da psicologia clínica, gerando, apesar de sua curta história, uma grande atração e um grande interesse, não só entre os profissionais da psicologia .

Conceitualmente, a medicina comportamental não é outra coisa senão um amplo campo de integração de conhecimentos que procedem de disciplinas muito diferentes, entre as quais cabe destacar (como pode depreender-se da rotulação outorgada à área) as biomédicas (anatomia, fisiologia, endocrinologia, epidemiologia, neurologia, psiquiatria, etc.), por um lado, e as psicossociais (aprendizagem, terapia e modificação de comportamento, psicologia comunitária, sociologia, antropologia, etc.), por outro. Tais conhecimentos dirigem-se à promoção e manutenção da saúde e à prevenção, diagnóstico, tratamento e reabilitação da doença. A característica definitória fundamental da medicina comportamental é a interdisciplinariedade: conjunto integrado de conhecimentos biopsicossociais relacionado com a saúde e as doenças físicas.

Assim, a medicina comportamental, mais que uma nova idéia, é um novo campo interdisciplinar, que se distingue pelo desenvolvimento e prática de modelos integradores biopsicossociais para a resolução de problemas práticos no amplo campo da saúde e da doença. Entretanto, se não como uma nova idéia, nos é apresentada como um novo estilo de trabalho e pesquisa, caracterizado pela busca e aplicação de conhecimento interdisciplinar ao extenso campo da saúde humana, sendo seu ingrediente essencial esta integração do conhecimento empírico procedente dos esforços interdisciplinares de pesquisa (Gentry, 1984).

Ao constituir a medicina comportamental uma área de integração, as contribuições das diferentes disciplinas que a nutrem têm sido muito diversas. No que diz respeito à psicologia, essas contribuições têm sido principalmente (Taylor, 1982) a metodologia do estudo experimental de sujeito único, pouco utilizada normalmente na medicina, as estratégias e técnicas próprias da avaliação comportamental, as técnicas de terapia e modificação do comportamento e, por último, a evidência bem constatada da estreita relação existente entre determinados comportamentos e a morbidade (ingestão excessiva e obesidade, padrão de comportamento tipo A e risco de transtorno coronário, etc.).

I.2.1. Definição e características básicas

Têm sido muitas as definições propostas para a medicina comportamental. Algumas das mais clássicas são as seguintes:

"Aplicação sistemática dos princípios e da tecnologia comportamentais ao campo da medicina, da saúde e da doença" (Blanchard, 1977, p. 2).

"Campo interdisciplinar relacionado com o desenvolvimento e a integração do conhecimento e técnicas das ciências comportamentais e biomédicas relevantes para a saúde e a doença, e a aplicação deste conhecimento e destas técnicas à prevenção, diagnóstico, tratamento e reabilitação" (Schwartz e Weiss, 1978, p. 250).

"(a) O uso clínico de técnicas derivadas da análise experimental do comportamento – terapia comportamental e modificação do comportamento – para avaliação, prevenção, cuidado ou tratamento da doença física ou a disfunção fisiológica, e (b) a pesquisa que contribui para a análise funcional e para a compreensão do comportamento associado com transtornos médicos e problemas no cuidado da saúde" (Pomerlau e Brady, 1979, p. XII).

"Campo multi-interdisciplinar, promovido principalmente por psicólogos e médicos, que se propõe como objetivo básico o progresso e a integração dos conhecimentos e técnicas das ciências biomédicas, comportamentais e outras disciplinas relacionadas para conseguir: 1) compreender, tratar e reabilitar os processos de enfermidade, e 2) promover, manter ou intensificar a saúde" (Reig, 1985, p. 7).

Pode-se perceber que todas as definições ressaltam as três características básicas da medicina comportamental (Gentry, 1984):

1. Sua natureza interdisciplinar ou a integração do conhecimento relacionado com a saúde e a doença, o que supõe o reconhecimento explícito da gênese multifatorial das mesmas.
2. Seu interesse pela investigação dos fatores comportamentais que contribuem para a promoção geral da saúde e ao desenvolvimento, prevenção e tratamento da doença, isto é, o reconhecimento formal da natureza recíproca das relações entre os aspectos biofísicos e psicossociais.
3. A aplicação de estratégias comportamentais para a avaliação e o controle ou modificação deste tipo de fatores, ou a convicção da necessidade de ampliar as estratégias convencionais de atuação, de tipo biomédico.

Para finalizar, uma quarta característica importante da medicina comportamental, que embora não apareça em todas as definições anteriores, mas aparece na maioria delas, é seu duplo caráter, tanto básico como aplicado (Agras, 1982; Miller, 1983).

I.3. História

Os precedentes da medicina comportamental poderiam remontar-se, como já vimos, ao desenvolvimento da terapia/modificação do comportamento e à aplicação de técnicas da mesma, especialmente o "biofeedback", no tratamento de determinados problemas médicos. Em um dos primeiros manuais sobre "biofeedback", utilizou-se pela primeira vez o termo "medicina comportamental" (Birk, 1973). Se equipararmos esta área às aplicações do *biofeedback* no tratamento de problemas biomédicos, cabe fazer referência à histórica Conferência de Yale sobre medicina comportamental (celebrada na Universidade de Yale de 4 a 6 de fevereiro de 1977) como o fato que marca a data de nascimento da mesma. Nesta conferência reuniram-se pela primeira vez uma série de pesquisadores procedentes de uma ampla variedade de especialidades dos âmbitos biomédico e comportamental, com a intenção de criar uma linha comum de pesquisa sobre a saúde, surgindo assim um campo de integração entre psicologia e medicina que significou, nas palavras de Neal E. Miller (citado por Gentry, 1984), desenvolver duas habilidades em uma cabeça (*two skills in one skull).*

As principais conclusões desta conferência foram duas (Gentry, 1984): 1) a necessidade e conveniência de chegar a uma definição de medicina comportamental que guie a investigação futura e seja aceita pelos pesquisadores das áreas biomédica e social-comportamental, e 2) a necessidade e conveniência de criar um corpo de pesquisa relacionado com a saúde e a doença humanas, em que culminem as contribuições das disciplinas com elas relacionadas.

Como resultado desta reunião fundacional e da comunhão de interesses dos seus participantes, constituiu-se a *Academy of Behavioral Medicine Research.*

A partir dessa data a expansão da medicina comportamental foi vertiginosa, sendo exemplos e marcos significativos deste crescimento, o aparecimento no ano seguinte da revista *Journal of Behavioral Medicine* e, posteriormente, dos *Behavioral Medicine Abstracts* e *Behavioral Medicine Update,* a constituição da *Society of Behavioral Medicine,* a *Study Section on Behavioral Medicine* nos *National Institutes of Health* e as ramificações da medicina comportamental/ psicologia da saúde dos *National Heart, Lung, and Blood Institute, National Cancer Institute, National Institute of Child Health and Human Development* e *National Institute of Dental Research.*

A medicina comportamental surge, pois, com força, potencializada e promovida por uma grande diversidade de fatores. Além dos já assinalados anteriormente, outros deles são os seguintes (Agras, 1982; Blanchard, 1982; Keefe e Blumenthal, 1982; Gentry, 1984):

1. O fato dos pesquisadores biomédicos e comportamentais, operando independentemente, terem sido incapazes de explicar satisfatoriamente porque determinadas pessoas adoecem e outras não.

2. O fato de que o principal desafio que a medicina tem atualmente esteja relacionado com a avaliação e o tratamento das doenças crônicas, como, por exemplo, os transtornos cardiovasculares ou o câncer, muito mais influenciados, em sua gênese e manutenção, pelos fatores comportamentais e pelo estilo de vida das pessoas.

3. A maturidade alcançada pelas ciências sociais e comportamentais, assim como os avanços da epidemiologia comportamental.

4. A insatisfação com os tratamentos médicos e cirúrgicos de muitos problemas, tanto pelos efeitos secundários indesejáveis de certos tratamentos, como pelo pouco êxito de muitos deles.

5. O crescimento do interesse pela prevenção da doença, da saúde pública e da saúde comportamental, em parte devido ao elevado custo do tratamento médico da doença.

6. O renascimento e rápido crescimento da psicologia médica.

E, para finalizar esta lista, outros elementos que também contribuíram para o desenvolvimento da medicina comportamental são:

1. A necessidade de formalizar uma mútua e estreita colaboração entre medicina e psicologia (disciplinas tradicionalmente distanciadas) que responda com realismo às necessidades e objetivos de ambas (Agras, 1982; Reig, 1985).

2. A atmosfera científica atual em relação aos processos de saúde e doença, caracterizada pela aceitação geral de um modelo multifatorial da doença e, portanto, de soluções interdisciplinares ao tratamento e prevenção da mesma (Reig, 1985).

3. O reconhecimento cada vez maior, entre os profissionais da medicina, do importantíssimo papel que na gênese, exacerbação e manutenção/eliminação das doenças crônicas representam os fatores comportamentais, como mostra a necessidade crescente, na medicina, do surgimento de áreas subespecializadas centradas nestes aspectos comportamentais (psiconeuroendocrinologia, psicodermatologia, psicoimunologia, etc.).

Apesar desta curta história como disciplina, a medicina comportamental apresenta-se atualmente como um campo de conhecimento firmemente desenvolvido e em contínua expansão. São boas as provas da excelente saúde que goza a área, entre outras, as relacionadas tanto com o elevado conjunto de pesquisas realizadas como com o volume de publicações relacionadas com a medicina comportamental.

Para nossa sorte, a medicina comportamental apresenta este mesmo panorama de solidez em nosso país, a julgar pelo grande número de pesquisadores e equipes que, há muitos anos, trabalham nessa área. O leitor interessado neste assunto pode recorrer às revisões feitas por Reig (1989), onde se realiza uma detalhada apresentação da história e desenvolvimento da psicologia da saúde na Espanha, e Godoy, onde se apresenta pormenorizadamente a produção espanhola relacionada com a área da medicina comportamental. Nestes trabalhos poderá ser constatado que, ao contrário do que ocorreu em outros campos, onde nosso atraso comparado a outros países foi notável, os desenvolvimentos da medicina comportamental em nosso país são muito aceitáveis.

Assim, resumindo, pode-se afirmar que, vista em seu conjunto, a medicina comportamental se perfila como uma área muito interessante de aplicação da psicologia, com um estado de desenvolvimento relativamente avançado e em constante expansão.

Deve-se assinalar, entretanto, que ainda existem importantes lacunas ou problemas a resolver. Entre estes se encontram, por sua importância, os relacionados com a investigação precisa dos mecanismos através dos quais os fatores comportamentais contribuem à manutenção da saúde e à geração da doença, de um lado, e de outro os relativos ao desenvolvimento de programas adequados de intervenção cujos objetivos sejam a promoção geral da saúde e a prevenção, tratamento e reabilitação da doença, tendo em conta que a atuação se dirigiria para aqueles fatores comportamentais diretamente relacionados com a saúde e a doença.

I.4. Modelos conceituais em medicina comportamental

Do que foi visto até aqui, pode-se depreender que a característica definidora básica da medicina comportamental é o considerar a saúde e a doença, especialmente a crônica, como estados multideterminados por um amplo leque de variáveis, entre as quais devem-se incluir as do tipo *somático* ou *biofísicas* (genéticas, anatômicas, fisiológicas, bioquímicas, endócrinas, imunológicas, etc.), as do tipo *psicológico ou comportamentais* (estilos cognitivos, emocionais, habilidades ou recursos, comportamentos de risco, etc.) e as *externas ou ambientais*, especialmente sociodemográficas e psicossociais (status social, raça, sexo, eventos vitais críticos, suporte social, etc.).

Isto supõe uma ampliação dos tradicionais modelos conceituais médicos da doença, que normalmente restringem as causas da mesma a variáveis do tipo biofísico. Essa ampliação foi realizada, historicamente, em duas fases: 1) em um primeiro momento, a consideração da participação em sua gênese de fatores psicológicos, sendo concebidos muitos transtornos como fenômenos de natureza psicossomática e, 2) posteriormente, a inclusão, entre os fatores determinantes da doença, dos relacionados com o ambiente social, de forma que esta é concebida como algo de natureza biopsicossocial ou sociopsicossomática (Carrobles, 1984).

Desta forma, o modelo conceitual que impera na medicina comportamental não há de ser um modelo restritivo, mas sim, um modelo amplo que integre as diferentes variáveis ou fatores que conjuntamente determinam a saúde e a doença. Se estas últimas são atualmente concebidas como estados ou processos de natureza biopsicossocial, a necessária integração deve ser feita a partir de um paradigma do tipo biocomportamental (Krantz, Grunberg e Baum, 1985) ou biopsicossocial (Engel, 1977, 1980; Leigh e Reiser, 1980; Schwartz, 1982; Miller, 1983; Bayés, 1987).

O modelo que propomos é uma extensão ao campo da saúde e doenças físicas, do já exposto em outro lugar relativo ao comportamento anormal (Godoy e Martos, 1982). Este modelo baseia-se em duas hipóteses fundamentais. Uma, a evidência constatada de que a saúde e a doença, de qualquer tipo, dependerão, em sua gênese e manutenção, tanto de variáveis internas ou procedentes do próprio organismo quanto de variáveis externas ao sujeito, relacionadas com seu ambiente. Outra, a evidência constatada de que embora ambos os tipos de variáveis sejam sempre importantes, o grau de sua participação será diferente em cada tipo de processos, transtornos ou doenças.

Referindo-nos à primeira hipótese, as variáveis relevantes, interdependentes e multideterminantes do transtorno, são tantas e tão diversas que aqui só poderemos listá-las. Com referência ao organismo, ou variáveis internas do sujeito, o conjunto inclui, em primeiro lugar, variáveis de tipo orgânico, somáticas ou biofísicas (genéticas, anatomofisiológicas, bioquímicas, endócrinas, imunológicas, etc.), que são básicas na cura e no adoecer, contribuindo poderosamente nestes processos, seja estrutural ou funcionalmente. Em segundo lugar, variáveis do tipo comportamental ou psicológicas (percepções, pensamentos, expectativas, motivações, sentimentos, hábitos, comportamentos de risco, habilidades ou recursos, respostas à doença, etc.), que também contribuem poderosamente aos processos de curar e de adoecer, a partir das atitudes e comportamentos do sujeito.

Centrando-nos nestas últimas, e obviando a poderosa contribuição de cognições e emoções, nos referiremos brevemente a três importantes conjuntos de variáveis comportamentais, como os comportamentos de risco, as estratégias de afrontamento do *stress* e as respostas ao tratamento médico ou o grau de cumprimento do mesmo. Em relação aos *comportamentos de risco,* existe evidência de que determinados hábitos são fatores de risco para um importante número de doenças graves. Entre elas, o tabagismo, o alcoolismo, a alimentação inadequada, a inatividade física, a falta de higiene e o dormir pouco são os mais relevantes. Alguns exemplos das relações entre fatores de risco e doenças são as que ocorrem entre *tabaco* e doenças pulmonares, cardiovasculares, cerebrovasculares e diversos tipos de câncer; *alcoolismo* e distúrbios hepáticos e cerebrais; *alimentação inadequada* e estados de desnutrição ou de obesidade; *inatividade física* e doenças hipocinéticas ou cardiovasculares; *falta de higiene* e doenças dentárias ou dermatológicas, e um *padrão inadequado de sono* e diversos transtornos (*Institute of Medicine*, 1980a, 1980b, 1982; OMS, 1972, 1974).

O caráter nocivo associado a este tipo de hábitos não reduz a sua condição de fatores de risco de doenças concretas. A associação do alcoolismo e outras dependências com acidentes no trabalho e de trânsito, e com comportamentos anti-sociais e delitivos, dá uma idéia do prejuízo potencial que encerram determinados hábitos e seus elevados custos pessoais, sociais e econômicos.

No que se refere ao *stress*, costuma-se considerá-lo como um processo central nas relações entre comportamento e doença, tanto por seus efeitos diretos sobre o organismo (aumento do ritmo cardíaco, elevação da pressão arterial, imunossupressão, etc.), como por seus efeitos indiretos, via mudanças comportamentais induzidas (tabagismo, alcoolismo, drogas, etc.) (Krantz, Grunberg e Baum, 1985). Assim, não é de estranhar que o *stress* se encontre tão estreitamente relacionado com a doença (*Institute of Medicine*, 1981). Entretanto, as relações entre *stress* e doença não são simples, existindo notáveis diferenças entre os indivíduos em sua resposta a situações estressantes. Por isso, teremos que considerar como fundamentais os fatores de predisposição, que farão os sujeitos mais ou menos vulneráveis, as capacidades, habilidades ou recursos do indivíduo para enfrentar as situações estressantes, e o suporte social do sujeito.

Em terceiro lugar, o próprio *comportamento* do sujeito com respeito a sua doença é importante, tanto por suas respostas emocionais, sociais e profissionais ante a doença, como pelo grau de colaboração prestada à dieta terapêutica. Entretanto, um importante problema que atualmente as ciências da saúde têm é a falta de adesão dos pacientes aos tratamentos e prescrições médicas, sendo as porcentagens de não seguimento altas (média de 50%) quando a dieta tem certa duração e complexidade. É por isso que, nos últimos 10 anos, está sendo dedicado, em todas as disciplinas relacionadas com a saúde, um esforço enorme por um lado em conhecer,, as variáveis relacionadas com a falta de aceitação do paciente e, por outro, em elaborar programas que melhore a dieta. Novamente, o comportamento do sujeito é um fator importante em relação a sua saúde, já que, obviamente, a efetividade terapêutica final dos tratamentos médicos exige o seguimento dos mesmos por parte do paciente, sendo fundamental a colaboração deste. Pensem, por exemplo, na gravidade e funestas conseqüências de hipertensos ou diabéticos que não sigam sistematicamente seu regime terapêutico.

No que se refere às *variáveis externas ou ambientais*, as principais estão relacionadas com as características do ambiente físico (geográficas, arquitetônicas, climáticas, etc.) e com os aspectos sociodemográficos e psicossociais (sexo, raça, status socioeconômico, religião, relações familiares, interações sociais, acontecimentos vitais, etc.). Entre essas variáveis, possivelmente as mais importantes sejam as relativas aos estímulos estressantes ambientais, ao suporte social e aos comportamentos das pessoas significativas próximas ao sujeito. As primeiras, porque são elementos básicos, junto às percepções do sujeito, na determinação das respostas e estados de *stress*, cujo possível impacto sobre a saúde comentávamos anteriormente. O suporte social, definido como a proteção que o sujeito outorga a sua rede social e as conseqüências positivas derivadas de suas relações sociais, por seu papel protetor ou amortizador do impacto dos estímulos estressantes. Por último, os comportamentos das pessoas significativas para o sujeito, por seu importante papel potencializador, inibidor ou regulador dos comportamentos do mesmo, muito especialmente os relacionados com a doença e o papel de doente.

Assim, o modelo é amplo, estendendo-se além das variáveis biofísicas como único mecanismo na geração da doença, e incorporando a importante contribuição dos fatores socioculturais, ambientais e comportamentais na geração, precipitação, exacerbação e manutenção (e, por conseguinte, no tratamento-reabilitação) da doença física, especialmente a crônica.

E não só no tratamento, mas também na prevenção: demonstrada a importância dos fatores comportamentais na geração do problema, a intervenção precoce sobre estes (facilitando estratégias de enfrentamento do *stress*, mudando os estilos de vida, eliminando os comportamentos de risco, etc.) impedirá (*prevenção primária)* o aparecimento da doença.

A contribuição das diferentes variáveis envolvidas na geração da doença é muito diversa para cada tipo de transtorno. Assim, enquanto certos problemas são mais dependentes de variáveis externas (herpes genital, por exemplo), outros problemas estão mais ligados à contribuição de variáveis internas, sejam somáticas (hemiplegia, por exemplo), sejam comportamentais (obesidade, por exemplo). Esta diferente contribuição vai determinar, em último caso, o tipo de tratamento mais adequado ao problema concreto e que profissionais participarão do mesmo.

Em resumo, a medicina comportamental supõe a incorporação definitiva da importância que os fatores psicológicos têm na geração da doença física, algo que a medicina vem intuindo desde Hipócrates [Galeno estimava que 60% (entre 50% e 80%, segundo as estimativas atuais) dos pacientes apresentavam mais sinto-

mas do tipo emocional, do que físicos (Shapiro, 1978)], mas que não foi considerado seriamente até hoje, como prova o fato da pouca consideração prestada
a nossos métodos de avaliação e tratamento na formação e na prática médica.

II. Âmbito de Aplicação da Medicina Comportamental

O modelo conceitual biopsicossocial que acabamos de apresentar propicia uma
ampla atuação sobre a saúde e a doença em todos os níveis assistenciais. Devido
a limitações de espaço, a referência às atuais possibilidades de intervenção da
medicina comportamental sobre os diferentes aspectos relacionados com a saúde
e a doença, será feita de uma forma muito esquematizada. Por outro lado, dado
o impressionante volume de pesquisas na área e a conseqüente produção na
mesma, o âmbito de aplicação da medicina comportamental cresce com extraordinária rapidez, abrangendo cada vez mais tipos de problemas e mais e melhores
estratégias na abordagem dos mesmos.

Essas diversas atuações podem ser agrupadas em três diferentes áreas (ver
quadro 35.1), como a avaliação e o tratamento de transtornos específicos da
saúde, a potenciação da atividade de outros profissionais da saúde e a promoção
geral da saúde e prevenção da doença.

II.1. Avaliação e tratamento de transtornos específicos

A primeira destas áreas de atuação, e talvez a mais específica da medicina
comportamental, é a relativa à avaliação e tratamento de determinados transtornos físicos, alguns dos quais aparecem no quadro 35.1. A medicina comportamental
supôs uma notável mudança de estratégia com respeito à medicina convencional.
A mudança se deve à incorporação de uma perspectiva multidimensional na
avaliação, diagnóstico, tratamento e reabilitação, incluindo os aspectos
psicossociais na atuação sanitária (tradicionalmente reduzida aos aspectos
puramente biomédicos). Assim, os objetivos, as estratégias, as técnicas e os
instrumentos que caracterizam a atuação avaliadora na medicina comportamental
incorporarão os avanços produzidos na avaliação psicológica. Os princípios
básicos que essa atividade avaliadora deve seguir são:

Quadro 35.1. *Principais áreas de aplicação da medicina comportamental*

Avaliação e Tratamento de Transtornos Específicos

Problemas Cardiovasculares
    Transtornos do ritmo cardíaco
        Arritmias
        Taquicardias
        Bradicardias

Transtornos da pressão arterial
    Hipertensão
    Hipotensão
Problemas coronários
    Padrão de comportamento Tipo A
    Redução do risco cardiovascular
    Reabilitação pós-infarto
Transtornos periféricos
    Enxaqueca
    Doença de Raynaud

Transtornos do SNC
  Epilepsia
  Lesões cerebrais
  Hiperatividade infantil
  Insônia

Transtornos neuromusculares
  Lesões centrais
    Hemiplegia
    Paraplegia/Quadriplegia
    Poliomielite
    Paralisia cerebral
  Lesões periféricas
    Paralisia facial
    Problemas de mão e pé
  Discinesias
    Síndromes rigidoacinéticas
     Parkinson
    Coreas
     Coreas de Huntington
    Tremores
     Tremor intencional
    Discinesia tardia
    Distonias
     Torcicolo espasmódico
     Blefarospasmo
    Síndrome temporomandibular
    Espasmo hemifacial
    Cãibras profissionais
     Escrevente
     Músicos
     Atletas

Outros problemas que incluem disfunções musculares

    Escoliose

    Cifose

Transtornos gastrointestinais

Transtornos da mobilidade esofágica

    Espasmo esofágico

    Refluxo gastroesofágico

Ruminação

Náusea/Vômito

Aerofagia

Disfagia

Transtorno do fluxo

    Gastrite

    Úlceras pépticas

Colites

Cólon irritável

Transtornos excretores

Incontinência fecal/encoprese

Incontinência urinária/enurese

Transtornos respiratórios

Bronquite crônica

Asma

Enfisema

Transtornos sexuais

Impotência

Vaginismo

Anorgasmia

Homossexualidade

Pedofilia

Transtornos dermatológicos

Dermatite crônica

Dermatite atópica

Dermatite seborréica

Psoríase

Urticária

Eczema

Hiperhidrose

Prurido

Acne vulgar

Alopecia

Herpes

Problemas oftalmológicos e visuais

    Miopia

    Estrabismo

    Glaucoma

    Nistagmo

Problemas Dentários

    Bruxismo

    Cárie dentária

    Doença periodontal

Transtornos otológicos

    Tinitus

Transtornos da fala

    Alterações da voz

        Disfonia

        Hipernasalidade

    Alterações da fala

        Gagueira

        Problemas articulatórios

Cefaléias

    Cefaléias tensionais

Dor crônica

    Lombalgias

    Algias articulares

    Dor abdominal

    Dismenorréia

    Dor pós-operatória

Artrite

    Artrite reumatóide

Alergias

Obesidade

Dependências

Diabetes

Câncer

AIDS

Potencialização da Atuação de Outros Profissionais da Saúde

    Melhora das relações profissional-doente

    Preparação de pacientes para os tratamentos médicos

    Aumento na adesão aos tratamentos e prescrições médicas

Promoção e Manutenção da Saúde e Prevenção da Doença

Geração de estilos de vida saudáveis

Mudanças no estilo de vida para eliminar fatores de risco

    Tabagismo

    Alcoolismo e outras dependências

    Alimentação inadequada

    Inatividade física

    Falta de higiene

    Falta de descanso e ócio

Detecção e intervenção precoce

Quanto aos objetivos, a avaliação deve ser elaborada para que seja útil na explicação do transtorno e no esboço do programa adequado de tratamento, assim como para a avaliação da evolução e dos efeitos do transtorno a curto e a longo prazo.

Quanto aos conteúdos, a avaliação deve dirigir-se para aquelas variáveis, externas ou internas, antecedentes ou conseqüentes, relevantes ao problema em questão, abrangendo a avaliação do ambiente físico e social, do estado biológico e do comportamento do sujeito, assim como os diferentes componentes cognitivos, motores e fisiológicos.

Quanto às estratégias, técnicas e instrumentos, devem ser escolhidos aqueles mais apropriados ao caso concreto, tendo como principal referência a utilidade e a eficácia dos mesmos.

No quadro 35.2 são expostos, com fins de orientação, uma pauta geral das possíveis atuações de avaliação na medicina comportamental.

Embora a medicina comportamental tenha nascido notavelmente orientada para o tratamento, com um certo "furor terapêutico" (Birk, 1973), os avanços nos aspectos relacionados com a avaliação são notáveis. Exemplos dos mesmos são o esboço de formatos de entrevistas estruturadas para problemas específicos (cefaléias, doença de Raynaud, padrão de comportamento Tipo A, *stress*, etc.) e a elaboração de inúmeras medidas de auto-relato (p. ex., padrão de comportamento Tipo A, abuso de substâncias, padrões de sono, cefaléias, dor crônica, estado de saúde e comportamentos ante a doença, etc.). Por último, resta indicar a ampla utilização que os registros psicofisiológicos têm na medicina comportamental.

No que se refere ao tratamento, a medicina comportamental incorpora aos tratamentos médicos convencionais as estratégias cognitivo-comportamentais comumente utilizadas na terapia comportamental e, especialmente, o *biofeedback*, cujas aplicações clínicas (Carrobles e Godoy, 1987; Simón, este volume) cobrem quase completamente a área de atuações da medicina comportamental. Todas estas estratégias de tratamento foram suficientemente revistas nesta obra, por esse motivo não serão comentadas aqui. Entretanto, temos que mencionar que, embora em uma ampla concepção da medicina comportamental, qualquer tratamento psicossocial eficaz poderia ser utilizado, se revisarmos o campo observaremos que a maior parte dos transtornos são abordados utilizando um número reduzido das técnicas expostas nesta obra, sendo as mais utilizadas, além do *biofeedback*, os programas de treinamento em respiração/relaxamento, as técnicas de reestruturação cognitiva, as técnicas de enfrentamento do *stress*, o treinamento em habilidades sociais, a solução de problemas, e as diferentes técnicas de autocontrole. Além destas técnicas cognitivo-comportamentais, os programas de treinamento físico, especialmente os do tipo aeróbico, são também muito utilizados em medicina comportamental, devido aos importantes benefícios fisiológicos (cardiovasculares, respiratórios, musculoesqueléticos, metabólicos e endócrinos) e psicológicos (cognitivos e emocionais) derivados da aplicação sistemática de programas de atividade física.

Quadro 35.2. *Pauta geral da atividade avaliadora em medicina comportamental*

1. Avaliação do transtorno específico em suas dimensões ou parâmetros mais relevantes:

> Freqüência
>
> Intensidade
>
> Duração
>
> etc.

2. Identificação de circunstâncias internas ou externas relacionadas com modificações ou oscilações no transtorno:

> Que o precipitam ou agravam
>
> Que o aliviam

3. Conseqüências do transtorno em nível:

> Pessoal
>
> Familiar e social
>
> Profissional

4. Informação e percepções do paciente sobre seu transtorno:

> Causas
>
> Sintomas
>
> Tratamento

5. Avaliação do tratamento e grau de adesão ou seguimento das prescrições de tratamento

6. Seguimento

II.2. Potencialização da atividade de outros profissionais da saúde

A segunda das áreas de atuação em medicina comportamental está relacionada não com as possíveis intervenções diretas sobre o transtorno, mas com outro tipo de atuações destinadas a potencializar a atividade de outros profissionais da saúde (médicos/as, enfermeiros/as etc.), prestando-lhes a adequada preparação e colaboração que lhes permita um melhor desempenho de seus papéis e atividades profissionais. Nesta segunda linha, as principais atuações (ver quadro 35.1) poderiam dirigir-se a: 1) otimizar as relações doente-profissional da saúde, relações pessoais que muitíssima importância terão na resposta do paciente ao tratamento e no seguimento ou cumprimento do mesmo; 2) a preparação de pacientes para os exames ou os tratamentos médicos, especialmente naqueles casos em que a atuação profissional é muito intrusiva ou aversiva, gerando nos pacientes elevados níveis de ansiedade e um bom número de indesejáveis comportamentos de evitação. As atuações nesta linha foram dirigidas para a preparação de pacientes para os exames endoscópicos gastrointestinais ou nas cateterizações cardíacas, assim como para os tratamentos de hemodiálise, os tratamentos dentários, a radio e a quimioterapia em câncer, ou a preparação de pacientes para os tratamentos cirúrgicos e a hospitalização; e 3) a elaboração de programas destinados ao incremento na adesão aos tratamentos médicos, aspecto ao qual já nos referimos em um aparte anterior.

II.3. Promoção e manutenção da saúde e prevenção da doença

Uma última área de atuação dentro da medicina comportamental é a referida à promoção geral da saúde, mediante a geração de programas que incitem a população a otimizar seu estado de saúde e a mantê-lo através da adoção de hábitos e estilos de vida saudáveis. As atuações nesta área devem estar dirigidas à conscientização do valor que a saúde tem *per si* e a assumir as próprias responsabilidades na promoção e manutenção da mesma.

A prevenção da doença é outra linha de atuação, especialmente a prevenção primária ou a referida a evitar o aparecimento do transtorno atuando sobre aqueles fatores (ambientais ou pessoais) relacionados com sua gênese, ou fatores ou comportamentos de risco, e a instauração em seu lugar de hábitos e estilos de vida saudáveis.

Como se pode verificar no quadro 35.1, e como comentávamos acima, os principais comportamentos de risco de problemas crônicos aos quais se poderiam dirigir os programas preventivos centrados no sujeito, são o tabagismo, o alcoolismo e os demais comportamentos de dependência, os padrões alimentares inadequados, a falta de atividade física, a falta de higiene e a falta de descanso e lazer. A estes tipos de comportamentos não saudáveis e irresponsáveis, comuns a muitos tipos de problemas, deve-se adicionar outros mais específicos para determinados transtornos, como, por exemplo, o padrão de comportamento Tipo A (pelo risco de transtorno coronário) ou a promiscuidade sexual (pelo risco de problemas de transmissão sexual ou de infecções diversas). Outras atuações preventivas devem dirigir-se ao meio ou comunidade, estando destinadas a modificar seu potencial de periculosidade.

Em nível secundário, as atuações devem dirigir-se à detecção precoce do transtorno a fim de intervir em suas primeiras etapas de desenvolvimento, quando o prognóstico de recuperação é mais favorável. Pensa-se neste sentido, de como seria importante este tipo de atuação na detecção e intervenção antecipada de determinados problemas como o câncer ou a obesidade.

III. Um Exemplo de Estratégias de Atuação em Medicina Comportamental: Avaliação e Tratamento da Miopia

Neste aparte, apresentamos, com a intenção de ilustrar ao leitor interessado na aplicação prática dos modelos conceituais da medicina comportamental, um modelo de abordagem de um dos mais comuns e importantes transtornos visuais, como é a miopia, baseado em nossa própria experiência (ver, para uma revisão desta linha de pesquisa, Godoy 1987, 1988; Godoy, Catena e Caballo, 1986).

A miopia é, como se sabe, uma ametropia ou erro refratário caracterizado pela visão borrada dos objetos distantes, sendo nítida a dos próximos. Ela se deve a que os raios luminosos procedentes do objeto distante fazem foco antes do plano da retina em lugar de fazê-lo sobre a mesma (olho emétrope).

As razões pelas quais pode ocorrer este erro refratário se deve (obviando os casos mais graves de miopia progressiva), a certos problemas degenerativos, tanto de índole estrutural como funcional. A causa estrutural mais comum de miopia é o aumento na longitude axial do olho. Nestes casos, falamos de miopia "axial ou estrutural" porque é a anatomia do próprio olho a responsável pela existência da ametropia, sendo normal o poder refratário dos meios oculares. Em outros casos, a miopia é devida a um aumento na potência refratária ocular, sendo normal (24 mm) a distância axial do olho. Nesses casos, falamos de "miopia refratária ou de potência", que pode ser devida tanto a razões estruturais como ao aumento na curvatura da córnea, que gera um aumento no poder de refração do olho, ou mesmo a razões funcionais como aumentos na refração ocular por espasmo do músculo ciliar, que controla a curvatura do cristalino, ou acomodação, de forma que este aumenta assim seu poder de convergência. Nestes casos, falamos de "miopia funcional" porque é a fisiologia do olho a responsável pela ametropia e não existe patologia orgânica conhecida.

O tratamento médico convencional da miopia se baseia na utilização de corretores de visão, óculos ou lentes, que sendo lentes divergentes têm como efeito, no olho corrigido, a modificação da trajetória dos raios procedentes dos objetos distantes e o conseqüente aumento da distância focal até o plano da retina. Outros tratamentos são cirúrgicos, entre os quais se encontram os destinados à diminuição da curvatura da córnea, fazendo-lhe múltiplas incisões radiais (*queratotomia radial)* ou extraindo dela uma secção central que, após seu congelamento e corte, torna-se a unir à mesma (*queratomieleusis)*. Como se pode apreciar, estes tratamentos são muito coerentes com a abordagem médica do transtorno, estando unicamente enfocados à modificação dos aspectos biofísicos do mesmo e ignorando os comportamentais. Entretanto, sabe-se que os fatores comportamentais desempenham um papel capital na gênese do problema, como claramente evidenciam os estudos relacionados com a indução experimental da miopia (Young, 1961; Rose, Yinon e Belin, 1974; Wallman, Turkell e Trachtman, 1978), assim como os estudos transculturais (Young, Leary, Baldwin, West, Goo, Box e Johnson, 1970) sobre o aparecimento, com a introdução da escolaridade obrigatória, de altos níveis de miopia em populações nas quais a incidência do transtorno era mínima.

Uma mudança na abordagem deste problema exige levar em conta este tipo de fatores. Isto é o que nós temos feito desde nosso programa de avaliação e tratamento da miopia, fruto do qual tem sido o desenvolvimento de novas estratégias comportamentais tanto na avaliação como no tratamento deste distúrbio visual.

Em termos de avaliação e dadas as limitações e problemas de credibilidade que temos encontrado nos procedimentos convencionais de avaliação, tanto nas medidas de agudeza visual como nas mecanizadas (Catena, Godoy e Caballo, 1988), desenvolvemos medidas comportamentais da agudeza visual baseadas tanto na resposta dos pacientes ao tratamento, como em medidas de agudeza totalmente mecanizadas e automatizadas. As primeiras utilizam como medida a distância em centímetros (medida pré, durante e pós-tratamento através de uma régua graduada) desde o estímulo visual até sujeito (Godoy, Carrobles e Santacreu, 1984). As segundas, que são as que atualmente utilizamos, incluem a medida da execução do sujeito em dois testes mecanizados, utilizando um ordenador pessoal (Catena, Godoy e Caballo, 1985, 1988; Catena, Godoy e Ortega, 1988; Godoy e Catena, 1990). Um deles, denominado "Sinais", consta de seis pares de sinais gráficos, cada um deles composto por um sinal objetivo e um distraidor, diferenciados entre si pelo tamanho de certos detalhes. Os 12 sinais são apresentados ao acaso em dez diferentes tamanhos, sendo a tarefa do sujeito teclar, mediante uma correspondência previamente estabelecida, se o sinal apresentado no monitor é objetivo ou distraidor. A pontuação se expressa mediante o índice d', obtido a partir da pontuação típica normalizada da taxa de acertos e de alarmes falsos.

O outro teste, chamado "Letras", consta de 8 letras maiúsculas que se apresentam ao acaso em oito tamanhos diferentes, sendo a tarefa do sujeito teclar o dígito correspondente à letra, segundo a correspondência previamente estabelecida. A pontuação se expressa em termos de acertos.

Os testes são aplicados em condições adequadas de iluminação e acomodando os sujeitos (200cm da tela), os quais retiraram previamente seus corretores de visão. O programa facilita as instruções pertinentes e proporciona as medidas de execução. Estes testes são fáceis de aplicar e não são somente mais confiáveis e econômicos do que as medidas convencionais, mas, além disso, são medidas muito adequadas da generalização dos efeitos do tratamento, ao incorporar na avaliação, material não treinado.

Em relação ao tratamento, desenvolvemos dois tipos de programas, que se revelaram muito efetivos na melhora da acuidade visual. Um deles, o "Programa manual", faz com que o sujeito treine a discriminação, cada vez mais distante em função da correta execução dos estímulos visuais (texto) contidos em um cartão, utilizando para isso uma régua graduada e um porta-cartões (Godoy, Carrobles e Santacreu, 1984; Godoy, Catena e Carrobles, 1985, 1986).

O segundo, denominado "Programa mecanizado", consiste em três tarefas diferentes de busca visual, que o sujeito se administra utilizando um ordenador pessoal (Godoy, Catena e Carrobles, 1985; Godoy e Catena, 1990).

Uma delas consiste em discriminar e ler frases que se apresentam aleatoriamente no monitor, a uma distância do mesmo determinada pelo nível inicial de miopia e a execução correta ou errada do paciente. A outra, é uma tarefa de busca visual consistindo na localização, o mais rápido possível, de uma letra-objetivo que se apresenta no monitor, incorporada a uma matriz variável de letras e em um lugar escolhido aleatoriamente. A terceira, é um jogo com diferentes níveis de dificuldade, no qual o sujeito dirige pelo monitor uma "baleia", evitando bater em outros objetos que aparecem na tela. O programa demonstrou ser muito eficaz, tanto quanto o programa manual descrito anteriormente (Godoy, Catena e Carrobles, 1985, 1986). Estudos posteriores (Godoy, Catena e Caballo, 1988, 1989) evidenciaram que os três componentes do programa mecanizado tinham uma efetividade muito similar no incremento da acuidade visual, se bem que a primeira tarefa se revelou ligeiramente mais eficaz.

Finalmente, assinalamos que os tratamentos são aplicados em uma sala bem iluminada e sem corretores visuais. Assim como ocorre no aspecto da avaliação, nossos programas de tratamento têm demonstrado ser fáceis de montar e de aplicar, e muito efetivos, tanto a curto como a longo prazo, como evidenciam os acompanhamentos efetuados.

IV. Leituras Recomendadas

Blanchard, E. B. y Epstein, L.H., *Behavioral medicine: behavioral procedures in the treatment of physical illness*, Nueva York, Plenum Press, 1980.

Ferguson, J. M. y Taylor, C. B. (comps.), *The comprehensive handbook of behavioral medicine*, 3 vols., Nueva York, Spectrum Medical and Scientific Books, 1980/1981.

Gentry, V. D. (comp.), *Handbook of behavioral medicine*, Nueva York, Guilford Press, 1984.

Melamed, B. G. y Siegel, L. J., *Behavioral medicine. Practical applications in health care*, Nueva York, Springer, 1980.

Schneiderman, N. y Tapp, J. T., *Behavioral medicine. The biopsychosocial approach*, Londres, Lawrence Erlbaum, 1985.

Tunks, E. B. y Bellisimo, A., *Behavioral medicine: Concepts and procedures*, Nueva York, Pergamon Press, 1990.

Wickramasekera, I. E., *Clinical behavioral medicine. Some concepts and procedures*, Nueva York, Plenum Press, 1988.

REFERÊNCIAS

ABRAMSON, L. Y.; ALLOY, L. B. Y METALSKI, G. I. «The cognitive diathesis-stress theories of depression: Toward an adequate evaluation of the theories' validities», en L. B. Alloy (comp.), *Cognitive processes in depression,* Nueva York, Guilford Press, 1988.

—, SELIGMAN, M. E. P. Y TEASDALE, J. D. «Learned helplessness in humans: Critique and reformulation», *Journal of Abnormal Psychology,* 87, 1978, pp. 49-74.

ACHENBACH, T. M. Y EDELBROOK, C. S. *Manual for the Child Behavior Checklist and revised Child Behavior Profile,* Burlington, Verm., Universidad de Vermont, Department of Psychiatry, 1983.

ADLER, T. «Behavior study needed as the earth warms up», *APA Monitor,* 21, 1990, p. 8.

AGRAS, W. S. «Behavioral medicine in the 1980s: Nonrandom connections», *Journal of Consulting and Clinical Psychology,* 50, 1982, pp.797-803.

AGUADO, P., CAÑAS, A. Y CAMPOS, J. «Influencia de los estímulos cognitivos en el tratamiento de la enfermedad de Raynaud con biofeedback de temperatura», *Revista Española de Terapia del Comportamiento,* 1, 1983, pp. 67-86.

AGUILAR, G. «Biorretroalimentación térmica para el tratamiento de las migrañas: Problemas metodológicos y validez clínica», *Revista Española de Terapia del Comportamiento,* 2, 1984, pp. 99-120.

ALBERTI, R. E. «Assertive behavior training: Definitions, overview, contributions», en R. E. Alberti (comp.), *Assertiveness: Innovations, applications, issues,* San Luis Obispo, Calif., Impact, 1977.

— Y EMMONS, M. L. *Your perfect right,* San Luis Obispo, Calif., Impact, 1970.

ALBERTS, G., EDELSTEIN, B., YOMAN, J. Y BREITENSTEIN, J. *The behavioral assessment interview: Interassessor agreement on case and treatment formulation,* Comunicación presentada en el congreso de la American Psychological Association, Atlanta, 1988.

—, FREEMAN, T.; DESIDERATO, L., SHAWCHUCK, C. Y EDELSTEIN, B. *Behavior analysis skills and process measures in the clinical interview,* Comunicación presentada en el congreso de la Association for Behavior Analysis, Nashville, 1987.

—, FREEMAN, T., DESIDERATO, L., WIENER, A. Y EDELSTEIN, B. *The assessment interview: Functional analysis, functional effectiveness, and client satisfaction,* Comunicación presentada en el congreso de la Association for Behavior Analysis, Milwaukee, 1986.

ALDRICH, C. A., «A new test for learning in the new born: The conditioned reflex», *American Journal of Disease of Children,* 35, 1928, pp. 36-37.

ALEMÁN, M. *Guzman de Alfarache* (2 vols.), Madrid, Gredos, 1987. (Or.: 1595 y 1604).

ALEO, S. Y NICASSIO, P. «Auto-regulación of duodenal ulcer disease: A preliminary report of four cases», *Proceedings of the Biofeedback Society of America Ninth Annual Meeting,* Denver, Colorado, 1978.

ALEXANDER, A. B. «Systematic relaxation and flow rates in asthmatic children: Relationship to emotional precipitants and anxiety», *Journal of Psychosomatic Research,* 16, 1972, pp. 405-410.

ALEXANDER, F. «The dinamics of psychotherapy in the light of learning theory», *American Journal of Psychiatry,* 120, 1963, pp. 440-448.

ALEXANDER, J. *Thought-control in everyday life* (5ª edición), Nueva York, Funk y Wagnals, 1928.

ALEXANDER, J. F. Y PARSONS, B. V. Functional family therapy, Monterey, Calif., Brooks/cole, 1982.

—, BARTON, C., WALDRON, H. Y MAS, C. H. «Beyond the technology of family therapy: The anatomy of intervention model», en K. D. Craig y R. J. McMahon (comps.), Advances in clinical behavior therapy, Nueva York, Brunner/Mazel, 1983.

—, WALDRON, H. B., BARTON, C. Y MAS, C. H. «The minimizing of blaming atributions and behavior in delinquent families», Journal of Consulting and Clinical Psychology, 57, 1989, pp. 19-24.

—, WALDRON, H. B., NEWBERRY, A. M. Y LIDDLE, N. «Family approaches to treating delinquents», en E. W. Nunnally, C. S. Chilman y F. M. Cox (comps.), Mental illness, delinquency, addictions, and neglect, Newbury Park, Calif., Sage, 1988.

ALEXANDER, R. The medical value of psychoanalysis, Nueva York, Norton, 1932.

ALLOY, L. (comp.), Cognitive processes in depression, Nueva York, Guilford Press, 1988.

ALTMAIER, E. M., ROSS, S. L., LEARY, M. R. Y THORNBROUGH, M. «Matching stress inoculation treatment components to client's anxiety mode», Journal of Counseling Psychology, 29, 1982, pp. 331-334.

ALTMAN, H., HAAVIK, S. Y HIGGINS, S. «Modifying the self-injurious behavior of an infant with Spina Bifida and diminished pain sensitivity», Journal of Behavior Therapy and Experimental Psychiatry, 14, 1983, pp. 165-168.

ALVORD, J. Home token economy: An incentive program for children and their parents, Champaign, IL., Research Press, 1973.

American Psychiatric Association, Diagnostic and statistical manual of mental disorders (DSM-III-R) (3ª edición - revisada), Washington, D.C., American Psychiatric Association, 1987. (*)

ANASTASI, A., «Psychology, psychologists, and psychological testing», American Psychologst, 22, 1967, pp. 297-306.

— «EVOLVING CONCEPTS OF TEST VALIDATION», Annual Review of Psychology, 37, 1986, pp. 1-15.

— Y COLS. «Commentaries on the development of technical standards for educational and psychological testing», en C. W. Daves (comp.), The uses and misuses of tests, San Francisco, Jossey-Bass, 1984.

ANANT, S. S., «A note on the treatment of alcoholics by verbal aversion technique», Canadian Psychologist, 8, 1967, pp. 19-22.

ANDERSON, B. O., TURESSON, P., SKAGERLIND, L., WARBURTON, E., GUSTAVSSON, H., PERRIS, C., JOHANSSON, T. Y FREDERIKSSON, T. Preliminary results of an intensive cognitive-behavioral treatment programme for patients with schizophrenic syndromes, Comunicación presentada en el First World Congress of Cognitive Therapy, Oxford, Gran Bretaña, junio de 1989.

ANDERSON, N. B., LAWRENCE, P. S. Y OLSON, T. W., «Within-subject analysis of autogenic training and cognitive training in the treatment of tension headache pain», Journal of Behavior Therapy and Experimental Psychiatry, 12, 1981, pp. 219-223.

ANDREWS, J. D. W., The active self in psychotherapy, Boston, Allyn & Bacon, 1989. Anónimo, La vida y hechos de Estebanillo González hombre de buen humor compuesta por él mismo, Madrid, Espasa-Calpe, 1973. (Or.: 1646).

— LA VIDA DE LAZARILLO DE TORMES y de sus fortunas y adversidades, Madrid, Castalia, 1987. (Or.: 1554).

APPEL, M. A., SAAB, P. G. Y HOLROYD, K. A., «Cardiovascular disorders», en M. Hersen y A. S. Bellack (comps.), Handbook of clinical behavior therapy with adults, Nueva York, Plenum Press, 1985.

ARANEGUI, C., FERNÁNDEZ, I., GARCÍA, O., LAMARCA, C., LEGARDA, M. A., RUIZ DE AZÚA, M. J. Y CÁCERES. J., «Reacciones fóbicas: Anticipación y canales de percepción», Cuadernos de Medicina Psicosomática, 11/12, 1989, pp. 19-26.

ARAOZ, D. L., The new hypnosis, Nueva York, Brunner/Mazel, 1985.

ARGYLE, M., The psychology of interpersonal behavior, Londres, Penguin, 1967. (*)

— SOCIAL INTERACTION, Londres, Methuen, 1969. (*)

— «THE EXPERIMENTAL STUDY OF THE BASIC FEATURES OF SITUATIONS», en D. Magnusson (comp.), Toward a psychology of situations: An interactional perspective, Hillsdale, N.J., Lawrence Erlbaum, 1981.

— «SOME NEW DEVELOPMENTS IN SOCIAL SKILLS TRAINING», Bulletin of the British Psychological Society, 37, 1984, pp. 405-410.

—, BRYANT, B. Y TROWER, P., «Social skills training and psychotherapy: A comparative study», Psychological Medicine, 4, 1974, pp. 435-443.

—, FURNHAM, A. Y GRAHAM, J. A., Social situations, Cambridge, Cambridge University Press, 1981.

— Y KENDON, A., «The experimental analysis of social performance», Advances in Experimental Social Psychology, 3, 1967, pp. 55-98.

—, TROWER, P. Y BRYANT, B., «Explorations in the treatment of personality disorders and neuroses by social skills training», British Journal of Social Psychology, 47, 1974, pp. 63-72.

ARKOWITZ, H., «Assessment of social skills», en M. Hersen y A. S. Bellack (comps.), Behavioral assessment: A practical handbook (2ª edición), Nueva York, Pergamon Press, 1981.

— Y MESSER, S. B. (comps.), Psychoanalytic therapy and behavior therapy: Is integration possible?, Nueva York, Plenum Press, 1984.

ARNKOFF, D., «Psychotherapy from the perspective of cognitive therapy», en M. J. Mahoney (comp.), Psychotherapy Process, Nueva York, Plenum Press, 1980.

ARNOLD, M. B., Emotion and personality, Nueva York, Columbia University, 1960.

ASCHER, L. M., Paradoxical intention as a component in the behavioral treatment of sleep onset insomnia: A case study, Comunicación presentada en el congreso de la Association for Advancement of Behavior Therapy, San Francisco, Calif., 1975.

— «PARADOXICAL INTENTION», en A. J. Goldstein y E. B. Foa (comps.), Handbook of behavioral interventions: A clinical guide, Nueva York, Wiley, 1980.

— «EMPLOYING PARADOXICAL INTENTION IN THE TREATMENT OF AGORAPHOBIA», Behaviour Research and Therapy, 19, 1981, pp. 533-542.

— *PARADOXICAL INTENTION AND THE RECURSIVE ASPECT OF SOCIAL ANXIETY,* Comunicación presentada en el congreso de la Association for Advancement of Behavior Therapy, Philadelphia, Penn., 1984.

— «DIE PARADOXE INTENTION AUS DER SICHT DES VERHALTENSTHERAPEUTEN», en A. Laengle (comp.), *Wege zum sinn: Logotherapie als orientierungshilfe,* Munich, Piper, 1985.

— «PARADOXICAL INTENTION: ITS CLARIFICATION AND EMERGENCE AS A CONVENTIONAL BEHAVIORAL PROCEDURE», *the Behavior Therapist,* 12, 1989, pp. 23-28.

— «PARADOXICAL INTENTION AND RECURSIVE ANXIETY», en L. M. Ascher (comp.), *Therapeutic paradox in behavior therapy,* Nueva York, Guilford Press, 1990.

—, BOWERS, M. R. Y SCHOTTE, D. E., «A review of data from controlled case studies and experiments evaluating the clinical efficacy of paradoxical intention», en G. R. Weeks (comp.), *Promoting change through paradoxical therapy,* Homewood, Ill., Dow Jones-Irwin, 1985.

— Y CAUTELA, J. R., «An experimental study of covert extinction», *Journal of Behavior Therapy and Experimental Psychiatry,* 5, 1974, pp. 232-238. (*)

— Y EFRAN, J., «The use of paradoxical intention in cases of delayed sleep onset insomnia», *Journal of Consulting and Clinical Psychology,* 8, 1978, pp. 547-550.

— Y SCHOTTE, D. E., *Paradoxical intention and recursive anxiety,* Manuscrito no publicado, Temple University Health Science Center, Department of Psychiatry, Philadelphia.

— Y TURNER, R. M., «A comparison of two methods for the administration of paradoxical intention», *Behaviour Research and Therapy,* 18, 1979, pp. 121-126.

ATTHOWE, J. M. Y KRASNER, L., «A preliminary report on the application of contingent reinforcement procedures (token economy) on a «chronic» psychiatric ward», *Journal of Abnormal Psychology,* 73, 1968, pp. 37-43.

AXELROD, S. Y APSCHE, J. (COMPS.), *The effects of punishment on human behavior,* Nueva York, Academic Press, 1983.

AYALA, F. J. Y DOBZHANSKY, T., *Studies in the philosophy of Berkeley. Reduction and related problems,* Berkeley, California Press, 1974. (*)

AYLLON, T., «Intensive treatment of psychotic behavior by stimulus satiation and food reinforcement», *Behaviour Research and Therapy,* 1, 1963, pp. 53-61.

— Y AZRIN, N. H., «The measurement and reinforcement of behavior of psychotics», *Journal of the Experimental Analysis of Behavior,* 8, 1965, pp. 357-383.

— Y AZRIN, N. H., *The Token Economy: A motivational system for therapy and rehabilitation,* Nueva York, Appleton, Century, Crofts, 1968.

—, KUHLMAN, C. Y WARZAK, W.J., «Programming resource room generalization using lucky charms», *Child and Family Behavior Therapy,* 4, 1982, pp. 61-67.

— Y MICHAEL, J., «The psychiatric nurse as a behavioral engineer», *Journal of the Experimental Analysis of Behavior,* 2, 1959, pp. 323-334.

AZRIN, N. H., «Improvements in the community-reinforcement approach to alcoholism», *Behaviour Research and Therapy,* 14, 1976, pp. 339-348.

—, «A STRATEGY FOR APPLIED RESEARCH: LEARNING BASED BUT OUTCOME ORIENTED», *American Psychologist,* 32, 1977, pp. 140-149.

—, FLORES, T. Y KAPLAN, S. J., «Job-finding club: A group-assisted program for obtaining employment», *Behaviour Research and Therapy*, 13, 1975, pp. 17-27.

— Y HAYES, S. C., «The discrimination of interest within a heterosexual interaction: Training, generalization, and effects of social skills», *Behavior Therapy*, 15, 1984, pp. 173-184.

— Y HOLZ, W.C., «Punishment», en W. K. Honig (comp.), *Operant behavior: Areas of research and application*, Nueva York, Appleton, 1966. (*)

BAER, D. M., «Laboratory control of thumbsucking by withdrawal and re-presentation of reinforcement», *Journal of the Experimental Analysis of Behavior*, 5, 1962, pp. 525-528.

— «APPLIED BEHAVIOR ANALYSIS», en G. T. Wilson y C. M. Franks (comps), *Contemporary behavior therapy: Conceptual and empirical foundations*, Nueva York, Guilford Press, 1982.

—, PETERSON, R. F. Y SHERMAN, J. A., «The development of imitation by reinforcing behavioral similarity to model», *Journal of the Experimental Analysis of Behavior*, 10, 1967, pp. 405-416.

— Y WOLF, M. M., «The entry into natural communities of reinforcement», en R. Ulrich, T. Stachnik y J. Mabry (comps.), *Control of human behavior, vol.2*, Glenview, Ill., Scott, Foresman and Company, 1970. (*)

—, WOLF, M. M. Y RISLEY, T., «Some current dimensions of applied behavior analysis», *Journal of Applied Behavior Analysis*, 1, 1968, pp. 91-97.

BAIN, J. A., *Thought Control in everyday life*, Nueva York, Funk and Wagnals, 1928.

BAIR, J. H., «Development of voluntary control», *Psychological Review*, 8, 1901, pp. 474-510.

BAKAL, D. A. Y KAGANOV, J. A., «Symptom characteristics for chronic and non-chronic headache sufferers», *Headache*, 19, 1979, pp. 285-289.

BAKER, A. L. Y WILSON, P. H., «Cognitive-behavior therapy for depression: The effects of booster sessions on relapse», *Behavior Therapy*, 16, 1985, pp. 335-344.

BANDURA, A., «A social learning interpretation of psychological dysfunctions», en P. London y D. Rosenhan (comps.), *Foundations of abnormal psychology*, Nueva York, Holt, Rinehart & Winston, 1968.

— *PRINCIPLES OF BEHAVIOR MODIFICATION*, Nueva York, Holt, Rinehart, & Winston, 1969. (*)

— «SELF-EFFICACY: TOWARD A UNIFYING THEORY OF BEHAVIOR CHANGE», *Psychological Review*, 84, 1977(a), pp. 191-215.

— *SOCIAL LEARNING THEORY*, Englewood Cliffs, N.J., Prentice Hall, 1977(b). (*)

— «REFLECTIONS ON SELF-EFFICACY», *Advances in Behaviour Research and Therapy*, 1, 1978(a), pp. 237-269.

— «THE SELF SYSTEM IN RECIPROCAL DETERMINISM», *American Psychologist*, 1978(b), pp. 346-358.

— «A SELF-EFFICACY MECHANISM IN HUMAN AGENCY», *American Psychologist*, 37, 1982, pp. 122-147.

— *SOCIAL FOUNDATIONS OF THOUGHT AND ACTION*, Englewood Cliffs, N.J.: Prentice-Hall, 1986. (*)

— «SELF-EFFICACY MECHANISM IN PSYCHOLOGICAL ACTIVATION AND HEALTH-PROMOTION BEHAVIOR», en J. Maden, S. Mathysse y J. Barchas (comps.), *Adaptation, learning and affect*, Nueva York, Raven Press, (en prensa).

— Y CERVONE, D., «Self-evaluative and self-efficacy mechanisms governing the motivational effects of goal systems», *Journal of Personality and Social Psychology,* 45, 1983, pp. 1017-1028.

— Y WALTERS, R. H., *Social learning and personality development,* Nueva York, Holt, Rinehart and Winston, 1963. (*)

BANNISTER, D., *Issues and approaches in the pscychological therapies,* Nueva York, Wiley, 1975.

— *NEW PERSPECTIVES IN PERSONAL CONSTRUCT THEORY,* Londres, Academic Press, 1977.

BARBAREE, H. E., Marshall, W. L. y Lanthier, R. D., «Deviant sexual arousal in rapists», *Behaviour Research and Therapy,* 17, 1979, pp. 215-222

BARBRACK, C. R., «Negative outcome in behavior therapy», en D. T. Mays y C. M. Franks (comps.), *Negative outcome in psychotherapy and what to do about it,* Nueva York, Springer, 1985.

BARKER, R. G., «On the nature of the environment», *Journal of Social Issues,* 19, 1963, pp. 17-38.

— *ECOLOGICAL PSYCHOLOGY: Concepts and methods for studying the environment of human behavior,* Stanford, Stanford University Press, 1968.

BARLOW, D. H. (COMP.), *Behavioral assessment of adult disorders,* Nueva York, Guilford Press, 1981(a).

— «ON THE RELATIONSHIP OF CLINICAL RESEARCH TO CLINICAL PRACTICE: CURRENT ISSUES, NEW DIRECTIONS», *Journal of Clinical and Consulting Psychology,* 49, 1981(b), pp. 147-155.

— *ANXIETY AND ITS DISORDERS: The nature and treatment of anxiety and panic,* Nueva York, Guilford, 1988.

—, COHEN, A. S., WADDELL, M. T., VERMILYEA, B. B., KLOSKO, J. S., BLANCHARD, E. B. Y DINARDO, P. A., «Panic and generalized anxiety disorders: Nature and treatment», *Behavior Therapy,* 15, 1984, pp. 431-449.

—, LEITEMBERG, H. Y AGRAS, W. S., «The experimental control of sexual deviation through manipulation of noxious scene in covert sensitization», *Journal of Abnormal Psychology,* 74, 1969, pp. 596-601.

—, LEITENBERG, H., AGRAS, W. S. Y WINCZE, J. P., «The transfer gap in sistematic desensitization: An analogue study», *Behaviour Research and Therapy,* 7, 1969, pp. 191-197.

BARMANN, B. C. Y MURRAY, W. J., «Suppresion of inappopiate sexual behavior by facial screening», *Behavior Therapy,* 12, 1981, pp. 730-735

— Y VITALI, D. L., «Facial screening to eliminate trichotillomania in developmentally disabled persons», *Behavior Therapy,* 13, 1982, pp. 735-742

BARNETT, P. A. Y GOTLIB, I. H., «Psychosocial functioning and depression: Distinguishing among antecedents, concomitants and consequences», *Psychological Bulletin,* 104, 1988, pp. 97-126.

BARRERA, M. Y GLASGOW, R., «Design and evaluation of a personalized instruction course in behavioral self-control», *Teaching of Psychology,* 3, 1976, pp. 81-83.

BARRETT, B. H., «Reduction in rate of multiple tics by free operant conditioning methods», *Journal of Nervous and Mental Disease,* 135, 1962, pp. 187-195.

— Y LINDSLEY, O. R., «Deficits in acquisition of operant discrimination in institutionalized retarded children», *American Journal of Mental Deficiency,* 67, 1962, pp. 424-436.

BARRETT, H. R., STREETS, T. M., TUCKER, J. H. Y PETTAWAY, G. T., «Skin temperature biofeedback for multiple sessions with monetary incentives», *Perceptual and Motor Skills,* 65, 1987, pp. 139-146.

BARRIOS, B. A., «On the changing nature of behavioral assessment», en A. S. Bellack y M. Hersen (comps.), *Behavioral assessment: A practical handbook* (3ª edición), Nueva York, Pergamon Press, 1988.

— Y HARTMANN, D. P., «The contributions of traditional assessment: Concepts, issues, and methodologies», en R. O. Nelson y S. C. Hayes (comps.), *Conceptual foundations of behavioral assessment,* Nueva York, Guilford Press, 1986.

BARTH, R. P., «Assessment and treatment of stealing», en B. B. Lahey y A. E. Kazdin (comps.), *Advances in clinical child psychology,* vol. 10, Nueva York, Plenum Press, 1987.

BARTOLOMÉ, P., Carrobles, J. A. I., Costa, M. y Del Ser, T., *La práctica de la terapia de conducta,* Madrid, Pablo del Río, 1977.

BARTON, C. Y ALEXANDER, J. F., «Functional family therapy», en A. S. Gurman y D. P. Kniskern (comps.), *Handbook of family therapy,* Nueva York, Brunner/Mazel, 1981.

BARTON, E. J. Y ASCIONE, F. R., «Sharing in pre-school children: Facilitation, stimulus generalization, response generalization, and maintenance», *Journal of Applied Behavior Analysis,* 12, 1979, pp. 417-430.

BASMAJIAN, J. V., «Control and training of individual motor units», *Science,* 141, 1963, pp. 440-441.

— «BIOFEEDBACK IN REHABILITATION: A REVIEW OF PRINCIPLES AND PRACTICES», *Archives of Physical Medicine and Rehabilitation,* 62, 1981, pp. 469-475.

— Y HATCH, J. P., «Biofeedback and the modification of skeletal muscular dysfunctions», en R. J. Gatchel y K. P. Price (comps.), *Clinical applications of biofeedback: Appraisal and status,* Nueva York, Pergamon Press, 1979.

BATESON, G., JACKSON, D. D., HALEY, J. Y WEAKLAND, J. H., «Toward a theory of schizophrenia», *Behavioral Science,* 1, 1956, pp. 251-264.

BAUM, C. G., REYNA MCGLONE, C. L. Y OLLENDICK, T. H., *The efficacy of behavioral parent training: Behavioral parent training plus clinical self-control training, and a modified STEP program with children referred for noncompliance,* Comunicación preentada en el congreso de la Association for Advancement of Behavior Therapy, Chicago, 1986.

BAUM, M., «Extinction of avoidance responding through response prevention (flooding)», *Psychological Bulletin,* 74, 1970, pp. 276-284.

BAYÉS, R., «Aportaciones del conductismo a la salud mental comunitaria», *Estudios de Psicología,* 13, 1983, pp. 92-110.

— *PSICOLOGÍA ONCOLÓGICA,* Barcelona, Martínez Roca, 1985.

— «FACTORES DE APRENDIZAJE EN LA SALUD Y LA ENFERMEDAD», *Revista Española de Terapia del Comportamiento,* 5, 1987, pp. 119-135.

BEACH, S. R. H. Y O'LEARY, K. D., «The treatment of depression occurring in the context of marital discord», *Behavior Therapy,* 17, 1986, pp. 43-49.

BEATY, E. T., «Feedback assisted relaxation training as a treatment for peptic ulcers», *Biofeedback and Self-Regulation,* 1, 1976, pp. 323-324 (Abstract).

BECHTEREV, V. M., *La psychologie objective,* Paris, Alcan, 1913.

— «DIE PERVERSITATEN UND INVERSITATEN VOM STANDPUNKT DER REFLEXOLOGIE», *Archiv fuer Psychiatrie und Nervenkrankheiten,* 68, 1923, pp. 100-213.

— *GENERAL PRINCIPLES OF HUMAN REFLEXOLOGY: AN INTRODUCTION TO THE OBJECTIVE STUDY OF PERSONALITY* (Traducción E. Murphy y W. Murphy), Nueva York, International Publishers, 1932.

BECK, A. T., *Depression: Causes and treatment,* Philadelphia, University of Pennsylvania Press, 1967.

— «THE CORE PROBLEM IN DEPRESSION: THE COGNITIVE TRIAD», en J. H. Masserman (comp.), *Depression: Theories and therapies,* Nueva York, Grune and Stratton, 1970.

— *COGNITIVE THERAPY AND THE EMOTIONAL DISORDERS,* Nueva York, International Universities Press, 1976.

— «COGNITIVE MODELS OF DEPRESSION», *Journal of Cognitive Psychotherapy,* 1, 1987, pp. 5-37.

— *LOVE IS NEVER ENOUGH,* Nueva York, Harper & Row, 1988.

— Y EMERY, G., *Anxiety disorders and phobias: A cognitive perspective,* Nueva York, Basic Books, 1985.

—, RUSCH, A. J., SHAW, B. R. Y EMERY, G., *Cognitive therapy of depression,* Nueva York, Guilford, 1979. (*)

BECK, S., «Habit reversal», en A. S. Bellack y M. Hersen (comps.), *Dictionary of behavior therapy techniques,* Nueva York, Pergamon Press, 1985.

BECKER, R. E., HEIMBERG, R. G. Y BELLACK, A. S., *Social skills training treatment for depression,* Nueva York, Pergamon Press, 1987.

BEDELL, J. R., ARCHER, R. P. Y MARLOWE, H. A., JR., «A description and evaluation of a problem-solving skills training program», en D. Upper y S. M. Ross (comps.), *Behavioral group therapy: An annual review,* Champaign, Ill., Research Press, 1980.

BELLACK, A. S. (comp.), *Schizophrenia: Treatment, management, and rehabilitation,* Orlando, Fl., Grune and Stratton, 1984.

— Y HERSEN, M., *Behavior modification: An introductory textbook,* Nueva York, Williams and Wilkins, 1977.

— Y HERSEN, M. (comps.), *Dictionary of behavior therapy techniques,* Nueva York, Pergamon Press, 1985.

— Y MORRISON, R. L., «Interpersonal dysfunction», en A. S. Bellack, M. Hersen y A. E. Kazdin (comps.), *International handbook of behavior modification and therapy,* Nueva York, Guilford Press, 1982.

BELLAMY, G. T., HORNER, R. H. E INMAN, D. P., *Vocational habilitation of severely retarded adults: A direct service technology,* Baltimore, Md., University Park Press.

BENDER, N., «Self-verbalization versus tutor verbalization in modifying impulsivity», *Journal of Educational Psychology,* 68, 1976, pp. 347-354.

BENSON, H., *The relaxation response,* Nueva York, Avon Books, 1975.

BERGIN, A. E. Y LAMBERT, M. J., «The evaluation of therapeutic outcomes», en S. L. Garfield y A. E. Bergin (comps.), *Handbook of psychotherapy and behavior change,* Nueva York, Wiley, 1978.

BERKOWITZ, B. P. Y GRAZIANO, A. M., «Training parents as behavior therapists: A review», *Behaviour Research and Therapy,* 10, 1972, pp. 197-317.

BERKOWITZ, S., SHERRY, P. J. Y DAVIS, B. A., «Teaching self-feeding skills to profound retardates using reinforcement and fading procedures», *Behavior Therapy,* 2, 1971, pp. 62-67.

BERKMAN, L. F. Y BRESLOW, L., *Health and ways of living: The Alameda County Study,* Nueva York, Oxford University Press, 1983.

BERNAL, G. Y MARÍN, B. (comps.), «Community psychology in Cuba: An introduction», *Journal of Community Psychology,* 13, abril 1985.

BERNSTEIN, D. A. Y NIETZEL, M. T., *Introduction to clinical psychology,* Nueva York, McGraw-Hill, 1980. (*)

BERSOFF, D. N. Y GRIEGER, R. M., «An interview model for the psychosituational assessment of children's behavior», *American Journal of Orthopsychiatry,* 41, 1971, pp. 483-493.

BERTALANFFY, L. VON, *General systems theory,* Nueva York, Braziller, 1968.

BIERMAN, K. L., «Cognitive development and clinical interviews with children», en B. B. Lahey y A. E. Kazdin (comps.), *Advances in clinical child psychology,* vol. 6, Nueva York, Plenum Press, 1983.

BIGLAN, A., GLASGOW, R. E. Y SINGER, G., «The need for a science of larger social units: A contextual approach», *Behavior Therapy,* 21, 1990, pp. 195-215.

BIJOU, S. W., «Patterns of reinforcement and resistance to extinction in young children», *Child Development,* 28, 1957, pp. 47-54.

BILD, R. Y ADAMS, H. E., «Modification of migraine headaches by cephalic blood volume pulse and EMG biofeedback», *Journal of Consulting and Clinical Psychology,* 48, 1980, pp. 51-57.

BIRK, L. (comp.), *Biofeedback: Behavioral medicine,* Nueva York, Grune and Stratton, 1973.

BIRNBRAUER, J. S., BIJOU, S. W., WOLF, M. M. Y KIDDER, J. D., «Programmed instruction in the classroom», en L. P. Ullmann y L. Krasner (comps.), *Case studies in behavior modification,* Nueva York, Holt, Rinehart and Winston.

BIRO, C. E., LARTIGUE, M. T. Y CUELI, J. (comps.), *Tres comunidades en busca de su identidad,* Méjico, Alhambra Mexicana, 1981.

BLACK, D. R., «A minimal intervention program and a problem-solving program for weight control», *Cognitive Therapy and Research,* 11, 1987, pp. 107-120.

— Y SCHERBA, D. S., «Contracting to problem solve versus contracting to practice behavioral weight loss skills», *Behavior Therapy,* 14, 1983, pp. 100-109.

— Y THRELFALL, W. E., «A stepped approach to weight control: A minimal intervention and a bibliotherapy problem-solving program», *Behavior Therapy,* 17, 1986, pp. 144-157.

BLACKMAN, D. E., «Contemporary behaviourism: A brief overview», en C. F. Lowe, M. Richelle, D. E. Blackman y C. M. Bradshaw (comps.), *Behaviour analysis and contemporary psychology,* Londres, Lawrence Erlbaum, 1985.

BLANCHARD, E. B., «Behavioral medicine: A perspective», en R. B. Williams y V. D. Gentry (comps.), *Behavioral approaches to medical treatment,* Cambridge, Ballinger, 1977.

— «BEHAVIORAL MEDICINE: PAST, PRESENT, AND FUTURE», *Journal of Consulting and Clinical Psychology,* 50, 1982, pp. 795-796.

— Y ABEL, G. G., «An experimental case study of the biofeedback treatment of a rape-induced psychophysiological cardiovascular disorder», *Behavior Therapy*, 7, 1976, pp. 113-119.

— Y ANDRASIK, F., «Biofeedback treatment of vascular headache», en J. P. Hatch, J. G. Fisher y J. D. Rugh (comps.), *Biofeedback. Studies in clinical efficacy*, Nueva York, Plenum Press, 1987.

—, ANDRASIK, F., ARENA, J. G., NEFF, D. F., SAUNDERS, N. L., JURISH, S. E., TEDERS, S. J. Y RODICHOK, L. D., «Psychophysiological responses as predictors of response to behavioral treatment of chronic headache», *Behavior Therapy*, 14, 1983, pp. 357-374.

—, ANDRASIK, F., EVANS, D. D., NEFF, D. F., APPELBAUM, K. A. Y RODICHOK, L. D., «Behavioral treatment of 250 chronic headache patients: A clinical replication series», *Behavior Therapy*, 16, 1985, pp. 308-327.

— Y EPSTEIN, L. H., «The clinical usefulness of biofeedback», en R. M. Eisler, M. Hersen y P. M. Miller, *Progress in behavior modification, vol. 4*, Nueva York, Academic Pres, 1977.

— Y EPSTEIN, L. H., *Behavioral medicine: Behavioral procedures in the treatment of physical illness*, Nueva York, Plenum Press, 1980.

BLECHMAN, E. A., «Toward comprehensive behavioral family intervention: An algorithm for matching families and interventions», *Behavior Modification*, 5, 1981, pp. 221-236.

BLEECKER, E. R. Y ENGEL, B. T., «Learned control of cardiac rate and cardiac conduction in the Wolff-Parkinson-White syndrome», *New England Journal of Medicine*, 288, 1973, pp. 560-562.

BLOOM, B. L., *Community mental health: A general introduction*, Monterey, Calif., Brooks/Cole, 1984.

BLUMER, H., «Social problems as colective behavior», *Social Problems*, 18, 1971, pp. 298-306.

BOGET, T., CLARIANA, M. Y BAYÉS, R., «Importancia de la variable 'investigador' en los resultados de las técnicas de autocontrol», *Estudios de Psicología*, 12, 1982, pp. 128-132.

BOLLES, R. C., «Species-specific defense reactions and avoidance learning», *Psychological Review*, 77, 1970, pp. 32-48.

BONMARITO, J. Y MEICHENBAUM, D., *Enhancing reading comprehension by means of self-instructional training*, Manuscrito no publicado, University of Waterloo, 1978.

BOORAEM, C. D. Y FLOWERS, J. V., *Approaches to assertion training*, Monterey, Calif., Brooks/Cole, 1978.

BORKOVEC, T. D., MATHEWS, A. M., CHAMBERS, A., EBRAHIMI, S., LYTLE, R. Y NELSON, R., «The effects of relaxation training with cognitive or nondirective therapy and the role of relaxation-induced anxiety in the treatment of generalized anxiety», *Journal of Consulting and Clinical Psychology*, 55, 1987, pp. 883-888.

—, WILKINSON, L., FOLENSBEE, R. Y LERMAN, C., «Stimulus control applications to the treatment of worry», *Behaviour Research and Therapy*, 21, 1983, pp. 247-251.

BORNSTEIN, P. H. Y BORNSTEIN, M. T., *Marital therapy: A behavioral-communications approach*, Nueva York, Pergamon Press, 1986. (*)

— Y QUEVILLON, R. P., «The effects of a self-instructional package on overactive pre-school boys», *Journal of Applied Behavior Analysis*, 4, 1976, pp. 179-199.

BOTELLA, C., *Introducción a los tratamientos psicológicos*, Valencia, Promolibro, 1986.

— «MODELOS CONSTRUCTIVISTAS EN TERAPIA COGNITIVA: ACTUALIDAD Y VALORACIÓN», *Psicologemas,* 1, 1987(a), pp. 107-143.

— «LA APLICACIÓN DEL CONSTRUCTIVISMO EN TERAPIA: PRESENTACIÓN Y ANÁLISIS CRÍTICO DEL MODELO DE GUIDANO Y LIOTTI», *Análisis y Modificación de Conducta,* 13, 1987(b), pp. 623-653.

— *EFICACIA TERAPÉUTICA Y NIVELES DE CAMBIO: la utilización de un marco teórico de guía de resultados,* XXI Congreso de Psicología, La Habana, 1987.

— "PERSONALIDAD Y TERAPIA DE CONDUCTA": ¿Dos disciplinas irreconciliables?, *Análisis y Modificación de Conducta,* 15, 1989, pp. 193-211.

BOUDEWYNS, P. A. Y LEVIS, D. J., «Autonomic reactivity of high and low ego-strenght subjects to repeated anxiety eliciting scenes», *Journal of Abnormal Psychology,* 84, 1975, pp. 682-692.

— Y SHIPLEY, R. H., *Flooding and implosive therapy,* Nueva York, Plenum, 1983.

BOUDIN, H. M., «Contingency contracting as therapeutic tool in the deceleration of amphetamine use», *Behavior Therapy,* 3, 1972, pp. 604-608.

BOWER, G. H. Y BOWER, S., *Asserting yourself: A practical guide for positive change,* Reading, Mass., Addison-Wesley, 1976. (*)

BOWERS, K. S., «Situationism in psychology: An analysis and a critique», *Psychological Review,* 80, 1973, pp. 307-336.

— *Hypnosis for the seriously curious,* Nueva York, Norton, 1976.

BOWLBY, J., *Attachment and loss I: Attachment,* Nueva York, Basic Books, 1969.

— «SELF RELIANCE AND SOME CONDITIONS THAT PROMOTE IT», en R. G. Gosling (comp.), *Support, innovation and autonomy,* Londres, Tavistock, 1973.

— «THE ROLE OF CHILDHOOD EXPERIENCE IN COGNITIVE DISTURBANCE», en M. J. Mahoney y A. Freeman (comps.), *Cognition and psychotherapy,* Nueva York, Plenum Press, 1985. (*)

BOYD, T. L. Y LEVIS, D. J., «Depression», en R. J. Dirtzman (comp.), *Clinical behavior therapy and behavior modification,* vol. 1, Nueva York, Garland STPM Press, 1980.

BRADSHAW, C. M. Y SZADABI, E., «Quantitative analysis of human operant behavior», en G. Davey y C. Cullen (comps.), *Human operant conditioning and behavior modification,* Nueva York, Wiley, 1988.

BRASWELL, L. Y KENDALL, P. C., «Cognitive-behavioral methods with children», en K. S. Dobson (comp.), *Handbook of cognitive-behavioral therapies,* Nueva York, Guilford Press, 1988.

BREGER, L. Y MCGAUGH, J. L., «Critique and reformulation of 'learning theory' approaches to psychotherapy and neurosis», *Psychological Bulletin,* 63, 1965, pp. 338-358. (*)

— Y MCGAUGH, J. L., «Learning theory and behavior therapy: Reply to Rachman and Eysenck», *Psychological Bulletin,* 65, 1966, pp. 170-175.

BREGMAN, E. P., «An attempt to modify the emotional attitudes of infants by the conditioned response technique», *Journal of Genetic Psychology,* 45, 1934, pp. 169-198.

BREHM, S. S., *The application of social psychology to clinical practice,* Washington, D.C., Hemisphere, 1976.

BRENER, J. M., «A general model of voluntary control applied to the phenomena of learned cardiovascular change», en P. A. Obrist, A. H. Black, J. Brener y L. V. DiCara (comps.), *Cardiovascular psychophysiology. Current issues in response mechanisms, biofeedback and methodology,* Chicago, Aldine, 1974.

BRENTANO, F., *Psychology from an empirical standpoint,* Nueva York, Humanitas Press, 1972. (Or.: 1874).

BREWIN, C. R., *Cognitive foundations of clinical psychology,* Hillsdale, N.J., Lawrence Erlbaum, 1989.

BRIDGER, W. H., «Contributions of conditioning principles to psychiatry», Pavlovian Conditioning and American Psychiatry, Symposium No. 9, 1964, Group for the Advancement of Psychiatry. Reimpreso en G. A. Kimble (comp.), *Foundations of conditioning and learning,* Nueva York, Appleton-Century-Crofts, 1967.

BRISCOE, R. V., HOFFMAN, D. B. Y BAILEY, J. S., «Behavioral community psychology: Training a community board to problem solve», *Journal of Applied Behavioral Analysis,* 8, 1975, pp. 157-168.

BRISSAUD, E., «Tics et spasmes cloniques de la face», *Journal of Medecine et de Chirurgie Pratiques,* 65, 1894, pp. 49-64.

BRODEN, M., HALL, R. V. Y MITTS, B., «The effect of self-recording on the classroom behavior of two eighth-grade student», *Journal of Applied Behavior Analysis,* 4, 1971, pp. 191-199.

BRODY, C., DAVISON, E. Y BRODY, J., «Self-regulation of a complex ventricular arrhythmia», *Psychosomatics,* 26, 1985, pp. 754-756.

BROWN, B. B., «Recognition of aspects of consciousness through association with EEG alpha activity represented by a light signal», *Psychophysiology,* 6, 1970, pp. 442-452.

BROWN, C., «Instruments in psychophysiology», en N. S. Greenfield y R. A. Sternbach (comps.), *Handbook of psychophysiology,* Nueva York, Holt, Rinehart and Winston, 1972.

BROWN, G. W., BIRLEY, J. L. T. Y WING, J. K., «Influence of family life on the course of schizophrenic disorders: A replication», *British Journal of Psychiatry,* 121, 1972, pp. 241-258.

— Y HARRIS, T., *Social origins of depression,* Nueva York, The Free Press, 1978.

BROWN, J. S., *The motivation of behavior,* Nueva York, McGraw-Hill, 1961.

— Y FARBER, I. E., «Secondary motivational systems», *Annual Review of Psychology,* 19, 1958, pp. 99-134.

BROWNELL, K. D. Y FOREYT, J. P., «Obesity», en D. H. Barlow (comp.), *Clinical handbook of psychological disorders: A step-by-step treatment manual,* Nueva York, Guilford Press, 1985.

BRUDNY, J., GRYNBAUM, B. B. Y KOREIN, J., «Spasmodic torticollis: Treatment by feedback display of the EMG», *Archives of Physical Medicine and Rehabilitation,* 55, 1874, pp. 403-408.

BRYANT, B., TROWER, P., YARDLEY, K., URBIETA, H. Y LETEMENDIA, F. J. J. «A survey of social inadequacy among psychiatric outpatients», *Psychological Medicine,* 6, 1976, pp. 101-112.

BUCKLEY, N. K. Y WALKER, H. M., *Modifying classroom behavior,* Champaign, IL., Research Press, 1970.

BUENO-MIRANDA, F., CERULLY, M. Y SCHUSTER, M. M., «Operant conditioning of colonic motility in irritable bowel syndrome (IBS)», *Gastroenterology,* 70, 1976, pp. 867. Abstract.

BURGIO, L. D., WITMAN, T. L. Y JOHNSON, M. R. A., «A self instructional package for increasing attending behavior in educable mentally retarded children», *Journal of Applied Behavior Analysis*, 13, 1981, pp. 443-459.

BURNHAM, W. H., *The normal mind. An introduction to mental hygiene and the hygiene of school instructions,* Nueva York, Appleton, 1924.

BURNS, D. D., *Feeling good,* Nueva York, William Morrow, 1980.

BUSH, K. M., SIDMAN, M. Y DE ROSE, T., «Contextual control of emergent equivalence relations», *Journal of the Experimental Analysis of Behavior,* 51, 1989, pp. 29-45.

BUTLER, G., CULLINGTON, A., MUNBY, M., AMIES, P. Y GELDER, M., «Exposure and anxiety management in the treatment of social phobia», *Journal of Consulting and Clinical Psychology,* 52, 1984, pp. 642-650.

BUTLER, J. M., RICE, L. N. Y WAGSTAFF, A. K., «On the naturalistic definition of variables: An analogue of clinical analysis», en H. Strupp y L. Luborsky (comps.), *Research in psychotherapy,* Washington, DC, American Psychological Association, 1962.

BUTTERS, J. W. Y CASH, T. F., «Cognitive-behavioral treatment of women's body-image dissatisfaction», *Journal of Consulting and Clinical Psychology,* 55, 1988, pp. 889-897.

CABALLO, V. E., «Evaluación de las habilidades sociales», en R. Fernández Ballesteros y J. A. I. Carrobles (comps.), *Evaluación conductual: Metodología y aplicaciones* (3ª edición), Madrid, Pirámide, 1986.

— *EVALUACIÓN Y ENTRENAMIENTO DE LAS HABILIDADES SOCIALES: una estrategia multimodal,* Tesis doctoral, Universidad Autónoma de Madrid, 1987 (Microficha).

— *TEORÍA, EVALUACIÓN Y ENTRENAMIENTO DE LAS HABILIDADES SOCIALES,* Valencia, Promolibro, 1988.

— *LA MULTIDIMENSIONALIDAD CONDUCTUAL DE LAS HABILIDADES SOCIALES: PROPIEDADES PSICOMÉTRICAS DE UNA NUEVA MEDIDA DE AUTOINFORME,* Comunicación presentada en las VIIas Jornadas de Modificación de Conducta - Habilidades Sociales, Madrid, mayo de 1989.

— Y BUELA, G., «Factor analyzing the College Self-Expression Scale with a Spanish population», *Psychological Reports,* 63, 1988(a), pp. 503-507.

— Y BUELA, G., «Molar/molecular assessment in an analogue situation: Relationships among several measures and validation of a behavioral assessment instrument», *Perceptual and Motor Skills,* 67, 1988(b), pp. 591-602.

— Y BUELA, G., «Diferencias conductuales, cognoscitivas y emocionales entre sujetos de alta y baja habilidad social», *Revista de Análisis del Comportamiento,* 4, 1989, pp. 1-19.

— Y BUELA, G., «Técnicas de modificación de conducta en el tratamiento de los trastornos del sueño», en G. Buela-Casal y F. Navarro (comps.), *Investigación del sueño y sus trastornos,* Madrid, Siglo XXI, 1990.

— Y CARROBLES, J. A. I., «Comparación de la efectividad de diferentes programas de entrenamiento en habilidades sociales», *Revista Española de Terapia del Comportamiento,* 6, 1988, pp. 93-114.

—, GODOY, J. F. Y BUELA, G., *The Multidimensional Scale of Social Expression-Motor Subscale (MSSE-MS): Factor analyzing a new scale on social skills,* Comunicación presentada en el Third World Congress on Behavior Therapy, Edimburgo, septiembre de 1988.

—, GODOY, J. F. Y CARROBLES, J. A. I., *Evaluación de las habilidades sociales por medio de una estrategia multimodal: primeros datos,* Comunicación presentada en el I Congreso de Evaluación Psicológica, Madrid, 1984.

— Y ORTEGA, A. R., «La Escala Multidimensional de Expresión Social: Algunas propiedades psicométricas», *Revista de Psicología General y Aplicada,* 42, 1989, pp. 215-221.

CÁCERES, J., *Tratamiento del Alcoholismo en el Hospital Ravenscraig,* Manuscrito no publicado, 1978.

— «MODIFICACIÓN DEL COMPORTAMIENTO Y HÁBITO DE FUMAR», *Revista de Psicología General y Aplicada,* 34, 1979, pp. 225-243.

— *UTILIZACIÓN DE ZUMO DE LIMÓN EN EL TRATAMIENTO DEL COMPORTAMIENTO MASTURBATORIO COMPULSIVO EN UNA NIÑA DE CINCO AÑOS,* Manuscrito no publicado, 1983.

— «TÉCNICAS AVERSIVAS», en J. Mayor y F. Labrador (comps.), *Manual de modificación de conducta,* Madrid, Alhambra, 1984.

— «EXHIBICIONISMO: ESTUDIO, EVALUACIÓN Y TRATAMIENTO DE UN CASO PRO-BLEMA», en M. A. Vallejo, F. Fernández Abascal, y F. Labrador (comps.), *Análisis de casos clínicos en modificación de conducta,* Madrid, TEA, 1988.

— *EVALUACIÓN PSICOFISIOLÓGICA DE LA SEXUALIDAD HUMANA,* Barcelona, Martínez Roca, 1990.

CAMP, B. W., «Two psychoeducational treatment programs for young agressive boys», en C. K. Whalen y B. Henke (comps.), *Hiperactive children - The social psychology of identification and treatment,* Nueva York, Academic Press, 1980.

—, BLOM, G. E., HERBERT, F. Y VON DOORMICK, W. J., «'Think Aloud': A program for developing self-control in young aggresive boys», *Journal of Abnormal Child Psychology,* 5, 1977, pp. 157-169.

CAMPBELL, D. T., «Evolutionary epistemology», en P. A. Schilpp (comp.), *The philosophy of Karl Popper,* La Salle, Ill., Library of Living Philosophers, 1974.

CANDLAND, D. K., FELL, J. P., KEEN, E., LESHNER, A. L., TORPY, R. M. Y PLUTCHIK, R., *Emotion,* Monterey, Calif., Brooks/Cole, 1977.

CANTOR, M. B. Y WILSON, J. F., «Feeding the face: New directions in adjunctive behavior research», en F. R. Brush y J. B. Overmier, (comps.). *Affect, conditioning, and cognition. Essays on the determination of behavior,* Hillsdale, N.J.: Lawrence Erlbaum, 1985.

CAPANAGA, V., *San Juan de la Cruz. Valor psicológico de su doctrina,* Madrid, Imprenta Juan Bravo, 3, 1950.

CAPLAN, G., *Principles of preventive psychiatry,* Nueva York, Basic Books, 1964.

CAPLAN, N. Y NELSON, S. D., «On being useful: The nature and consecuences of psychological research on social problems», *American Psychologist,* 28, 1973, pp. 199-211.

CAPPE, R. F. Y ALDEN, L. E., «A comparison of treatment strategies for clientes functionally impaired by extreme shyness and social avoidance», *Journal of Consulting and Clinical Psychology,* 54, 1986, pp. 796-801.

CARMIN, C. C. Y DOWD, E. T., «Paradigms in cognitive psychotherapy», en Dryden y P. Trower (comps.), *Developments in cognitive psychotherapy,* Newsbury Park, Calif., Sage, 1988.

CARO, I., «La teoría de la semántica general de Alfred Korzybski», *Boletín de Psicología,* 5, 1984, pp. 35-68.

CARRANZA, M. Y ALMEIDA, E., *La psicología comunitaria,* Manuscrito no publicado, 1988.

CARROBLES, J. A., «Psicología y medicina», en M. D. Avia, R. Burgaleta, C. Camarero, J. A. Carrobles, M. Costa, A. Fierro, J. A. de Juan y J. Toro (comps.), *La psicología como ciencia,* Madrid, Ayuso, 1984.

— «EL MODELO COMUNITARIO Y LA POSIBILIDAD DE INTEGRACIÓN DE DIFEREN-TES MODELOS: El punto de vista ecléctico», en J. A. Carrobles (comp.), *Análisis y modificación de la conducta II,* Madrid, UNED, 1985.

—, CARDONA, A., SANTOS, P., GARCIA, A., JIMÉNEZ, A. Y LLORENTE, J. M., *El biofeedback en la rehabilitación de accidentes de la mano y pie: Estudio experimental de casos clínicos,* Madrid, Fundación Mapfre, 1981.

— Y GODOY, J., *Biofeedback. Principios y aplicaciones,* Barcelona, Martínez Roca, 1987.

CARSON, R. C., BUTCHER, J. N. Y COLEMAN, J. C., *Abnormal psychology and modern life,* Glenview, Ill., Scott, Foresman and Company, 1988 (*)

CARVER, C. S. Y SCHEIER, M. F., «An information processing perspective on self-management», en P. Karoly y F. H. Kanfer (comps.), *Self-management and behavior change: From theory to practice,* Nueva York, Pergamon Press, 1982.

CATALDO, M. F. Y COATES, T. J. (comps.), *Health and industry: A behavioral medicine perspective,* Nueva York, Wiley, 1986.

CATANIA, A. C., «The mith of self-reinforcement», *Behaviorism,* 3, 1975, pp. 192-199.

— «SELF-REINFORCEMENT REVISITED», *Behaviorism,* 4, 1976, pp. 157-162.

— «RULE-GOVERNED BEHAVIOUR AND ORIGINS OF LANGUAGE», en C. F. Lowe, M. Richelle, D. E. Blackman y C. M. Bradshow (comps.), *Behaviour analysis and contemporary psychology,* Londres, Lawrence Erlbaum, 1985.

CATENA, A., GODOY, J. F. Y CABALLO, V. E., *Test conductual de agudeza visual,* III Congreso Nacional de la Asociación Española de Terapia del Comportamiento (A.E.T.C.O.), Gijón, 1985.

—, GODOY, J. F. Y CABALLO, V. E., «Test conductual de agudeza visual: Un estudio de fiabilidad en miopes», *Evaluación Psicológica/Psychological Assessment,* 4, 1988, pp. 353-360.

—, GODOY, J. F. Y ORTEGA, A. R., *Diferencias de ejecución entre miopes y no miopes en el test conductual de agudeza visual,* IV Congreso Nacional de la Asociación Española de Terapia del Comportamiento (A.E.T.C.O.), Gandía, 1988.

CATTELL, R. B., «The psychometric properties of tests: Consistency, validity, and efficiency», en R. B. Cattell y C. R. Johnson (comps.), *Functional psychological testing: Principles and instruments,* Nueva York, Brunner/Mazel, 1986.

CAUTELA, J. R., «Treatment of compulsive behavior by covert sensitization», *Psychological Record,* 16, 1966, pp. 33-41.

— «COVERT SENSITIZATION», *Psychological Reports,* 20, 1967, pp. 459-468. (*)

— «THE TREATMENT OF ALCOHOLISM BY COVERT SENSITIZATION», *Psychotherapy: Theory, Research and Practice,* 7, 1970(a), pp. 86-90

— «TREATMENT OF SMOKING BY COVERT SENSITIZATION», *Psychological Reports,* 26, 1970(b), pp. 415-420

— «COVERT REINFORCEMENT», *Behavior Therapy,* 1, 1970(c), pp. 33-50. (*)

— «COVERT NEGATIVE REINFORCEMENT», *Journal of Behavior Therapy and Experimental Psychiatry,* 1, 1970(d), pp. 273-378. (*)

— «COVERT EXTINTION», *Behavior Therapy,* 2, 1971(a), pp. 192-200. (*)

— *COVERT MODELING,* Comunicación presentada en la V Reunión Anual de la Association for Advancement of Behavior Therapy, Washington, septiembre, 1971(b).

— *THOUGHT STOPPING SURVEY SCHEDULE,* Chesnut Hill, Mass., Boston College, 1975.

— «THE PRESENT STATUS OF COVERT MODELING», *Journal of Behavior Therapy and Experimental Psychiatry,* 6, 1976, pp. 323-326. (*)

— «COVERT CONDITIONING: ASSUMPTIONS AND PROCEDURES», *Journal of Mental Imagery,* 1, 1977, pp. 53-64. (*)

— «CONDICIONAMIENTO ENCUBIERTO EN NIÑOS», *Analisis y Modificación de Conducta, número extraordinario,* 1981, pp. 67-84.

— «COVERT SENSITIZATION», en A. S. Bellack y M. Hersen (comps.), *Dictionary of behavior therapy techniques,* Nueva York, Pergamon Press, 1985(a).

— «COVERT MODELING», en A. S. Bellack y M. Hersen (comps.), *Dictionary of behavior therapy techniques,* Nueva York, Pergamon Press, 1985(b).

— «SELF-CONTROL TRIAD», en A. S. Bellack y M. Hersen (comps.), *Dictionary of behavior therapy techniques,* Nueva York, Pergamon Press, 1985(c).

— Y GRODEN, J., *Relaxation: A comprehensive manual for adults, children, and children with special needs,* Champaign, Ill., Research Press, 1978. (*)

— Y KASTEMBAUM, R. A., «A reinforcement survey schedule for use in therapy training and research», *Psychological Reports,* 20, 1967, pp. 1115-1130.

— Y KEARNEY, A.J., *The covert conditioning handbook,* Nueva York, Springer, 1986.

CHAMBERLAIN, P. Y REID, J. B., «Parent observation and report of child symptoms», *Behavioral Assessment,* 9, 1987, pp. 97-109.

CHAMBLESS, D. L., CAPUTO, C., GALLAGHER, R. Y BRIGHT, P., «Assessment of fear in agoraphobia: The body sensations questionnaire and the agoraphobic cognitions questionnaire», *Journal of Consulting and Clinical Psychology,* 52, 1984, 1090-1097.

— Y GOLDSTEIN, A., «The treatment of agoraphobia», en A. Goldstein y E. Foa (comps.), *Handbook of behavioral interventions: A clinical guide,* Nueva York, Wily, 1980.

CHAPPELL, M. N. Y STEVENSON T. I., «Group psychological training in some organic conditions», *Mental Hygiene,* 20, 1936, pp. 588-597.

CHASE, P. N., Johnson y Sulzer-Azaroff, B. S., «Verbal relations within instruction are there subclasses of the intraverbal?», *Journal of the Experimental Analysis of Behavior,* 43, 1985, pp. 304-313.

CHILDRESS, R. Y GILLIS, J. S., «A study of pretherapy role induction as an influence process», *Journal of Clinical Psychology,* 33, 1977, pp. 540-544.

CHENG, P. W., «Restructuring versus automaticity: Alternative accounts of skill acquisition», *Psychological Review,* 92, 1985, pp. 414-423.

CHRISTOFF, K., EDELSTEIN, B. Y SPENCER, J., *The use of modeling tapes in the teaching of interviewing skills,* Comunicación presentada en el congreso de la Association for Behavior Analysis, Dearborn, 1979.

— Y KELLY, J. A., «Behavioral approaches to social skills training with psychiatric patients», en L. L'Labate y M. A. Milan (comps.), *Handbook of social skills training and research,* Nueva York, Wiley, 1985.

—, SCOTT, O., EDELSTEIN, B., SIMS, C., BRASTED, W. Y STEINFELD, B., *On the validity of components of clinical interviewing skills,* Comunicación presentada en el congreso de la Association for Behavior Analysis, Dearborn, 1980.

—, SPENCER, J., EDELSTEIN, B., COUTURE, E., SIMS, C. Y VIEIRA, K., *Teaching interviewing skills: Inmediate versus delayed feedback,* Comunicación presentada en el congreso de la Midwestern Association of Behavior Analysis, Chicago, 1978.

CHURCH, R., «The varied effects of Punishment», *Psychological Review,* 70, 1963, pp. 369-402.

CIMINERO, A., «Behavioral assessment: An overview», en R. A. Ciminero, K. S. Calhoun y H. E. Adams (comps.), *Handbook of behavioral assessment,* Nueva York, Wiley, 1977.

CLARK, D. M., «Anxiety states», en K. Hawton, P. Salkovskis, J. Kirk y D. Clark (comps.), *Cognitive behaviour therapy for psychiatric problems: A practical guide,* Oxford, Oxford University Press, 1989.

COCHE, E. Y DOUGLAS, A. A., «Therapeutic effects of problem-solving training and play-reading groups», *Journal of Clinical Psychology,* 33, 1977, pp. 820-827.

Cohen, S., Evans, G. W., Stokols, D. y Krantz, D. S., *Behavior, health, and environmental stress,* Nueva York, Plenum Press, 1986.

COLEMAN, J. S., «Social capital in the creation of human capital», *American Journal of Sociology* (Suplemento), 94, 1989, pp. 95-120.

COLOTLA, V. A., «La polidipsia adjuntiva como modelo del alcoholismo», en V. A. Colotla, V. M. Alcaraz y C. R. Schuster (comps.), *Modificación de conducta. Aplicaciones del análisis conductual a la investigación biomédica,* Méjico, Trillas, 1980.

COLVIN, R. H., ZOPF, K. J. Y MYERS, J. H., «Weight control among co-workers: Effects of monetary contingencies and social milieu», *Behavior Modification,* 7, 1983, pp. 64-75.

CONDON, T. J. Y ALLEN, G. J., «The role of psychoanalytic merging fantasies in systematic desensitization: A rigorous methodological examination», *Journal of Abnormal Psychology,* 89, 1980, pp. 437-443.

CONE, J. D., *Truth and sensitivity in behavioral assessment,* Comunicación presentada en el Congreso de la Association for the Advancement of Behavior Therapy, Chicago, 1978.

— «CONFOUNDED COMPARISONS IN THE TRIPLE RESPONSE MODE ASSESSMENT RESEARCH», *Behavioral Assessment,* 1, 1979, pp. 85-95.

— «PSYCHOMETRIC CONSIDERATIONS», en M. Hersen y A. S. Bellack (comps.), *Behavioral assessment: A practical handbook* (2ª edición), Nueva York, Pergamon Press, 1981.

— «IDIOGRAPHIC, NOMOTHETIC, AND RELATED PERSPECTIVES IN BEHAVIORAL ASSESSMENT», en R. O. Nelson y S. C. Hayes (comps.), *Conceptual foundations of behavioral assessment,* Nueva York, Guilford Press, 1986.

— «PSYCHOMETRIC CONSIDERATIONS AND THE MULTIPLE MODELS OF BEHAVIORAL ASSESSMENT», en A. S. Bellack y M. Hersen (comps.), *Behavioral assessment: A practical handbook* (3ª edición), Nueva York, Pergamon Press, 1988.

CONNIS, R. T., «The effects of sequential pictorial cues, self-recording, and on the job-task sequencing of retarded adults», *Journal of Applied Behavior Analysis,* 12, 1979, pp. 355-361.

COOK III, E. W., LANG, P. J. Y HODES, R. L., «Preparedness and phobia: Effects of stimulus content on human visceral conditioning», *Journal of Abnormal Psychology*, 95, 1986, pp. 195-207.

COOK, M. Y KIPNIS, D., «Influence tactics in psychotherapy», *Journal of Consulting and Clinical Psychology*, 54, 1986, pp. 22-26.

CORSINI, R. J., *Current psychotherapies,* Itasca, Ill., Peacock, 1984.

— «ADLERIAN GROUPS», en S. Long (comp.), *Six group therapies,* Nueva York: Plenum Press, 1988.

COOPER, J. O., HERON, T. E. Y HEWARD, W. L., *Applied behavior analysis,* Columbus, Ohio, Merrill, 1987.

COPEMAN, C. D., *Aversive counterconditioning and social training: A learning theory approach to drug rehabilitation,* Tesis doctoral sin publicar, State University of New York at Stony Brook, 1973.

CORMIER, W. H. Y CORMIER, L. S., *Behavioral counseling: Initial procedures, individual and group strategies,* Boston, Mass., Houghton Mifflin, 1975.

— Y CORMIER, L. S., *Interviewing strategies for helpers,* Monterey, Calif., Brooks/Cole, 1979.

— Y CORMIER, L. S., *Interviewing strategies for helpers* (2ª edición), Monterey, Calif., Brooks/Cole, 1985.

—, OTANI, A. Y CORMIER, S., «The effects of problem-solving training on two problem-solving tasks», *Cognitive Therapy and Research,* 10, 1986, pp. 95-108.

COSTA, M., «Tratamiento conductual de la homosexualidad», *Revista de Psicología General y Aplicada,* 35, 1981, pp. 287-299.

— «LA TERAPIA DE LA CONDUCTA EN LA SALUD COMUNITARIA», *Anuario de Psicología,* 30/31, 1983, pp. 112-125.

— Y LÓPEZ, E., *Salud comunitaria,* Barcelona, Martínez Roca, 1986.

COTLER, S. B. Y GUERRA, J. J., *Assertion training: A humanistic-behavioral guide to self-dignity,* Champaign, Ill., Research Press, 1976.

COUTURE, E. Y EDELSTEIN, B., *A modularized course in interviewing techniques,* Comunicación presentada en el congreso de la Southeastern Psychological Association, Miami, 1977.

COVARRUBIAS, P., *Remedio de jugadores,* 1534 (Biblioteca de la Universidad de Oviedo, Signatura: A-247).

COVI, L., ROTH, D. Y LIPMAN, R. S., «Cognitive group psychotherapy of depression: The closed-ended group», *American Journal of Psychotherapy,* 35, 1982, pp. 991-999.

COYNE, J. C. Y GOTLIB, I. H., «The role of cognition in depression: A critical appraisal», *Psychological Bulletin,* 94, 1983, pp. 472-505.

CRADOCK, C., COTLER, S. Y JASON, L. A., «Primary prevention: Immunization of children for speech anxiety», *Cognitive Therapy and Research,* 2, 1978, pp. 389-396.

CRASILNEK, H. B. Y HALL, J. A., *Clinical hypnosis: Principles and applications* (2ª edición), Orlando, Grune & Stratton, 1985.

CRISP, A. H., «'Transference' 'symptom emergence' and social repercussion in behavior therapy», *British Journal of Medical Psychology,* 39, 1966, pp. 179-196.

CROCKETT, D. Y BILSKER, D., «Bringing the feet in from the cold: Thermal biofeedback training of foot-warming in Raynaud's syndrome», *Biofeedback and Self-Regulation,* 9, 1984, pp. 431-438.

CRONBACH, L. J., «The two disciplines of scientific psychology», *American Psychologist,* 12, 1957, pp. 671-684.

— «TEST VALIDATION», en R, L. Thorndike (comp.), *Educational measurement,* Washington, D.C., American Council of Education, 1971.

— «VALIDITY ON PAROLE: HOW CAN WE GO STRAIGHT?», *New Directions for Testing and Measurement,* 5, 1980, pp. 99-108.

— *ESSENTIALS OF PSYCHOLOGICAL TESTING* (4ª edición), Nueva York, Harper and Row, 1984.

— Y GLESER, G., *Psychological tests and personnel decisions* (2ª edición), Urbana, Ill., University of Illinois Press, 1965.

—, GLESER, G., NANDA, H. Y RAJARATNAM, N., *The dependability of behavioral measurements: Theory of generalizability for scores and profiles,* Nueva York, Wiley, 1972.

— Y MEEHL, P. E., «Construct validity in psychological tests», *Psychological Bulletin,* 52, 1955, pp. 281-302.

— Y QUIRK, T. J., «Test validity», en *International encyclopedia of education,* Nueva York, McGraw-Hill, 1976.

—, RAJARATNAM, N. Y GLESER, G., «Theory of generalizability: A liberalization of reliability theory», *British Journal of Statistical Psychology,* 16, 1963, pp. 137-163.

CUELI, J. Y BIRO, C. E., *Psicocomunidad,* Englewood Cliffs, N.J., Prentice-Hall Internacional, 1975.

Curran, J. P., «Social skills therapy: A model and a treatment», en R. M. Turner y L. M. Ascher (comps.), *Evaluating behavior therapy outcome,* Nueva York, Springer, 1985.

—, CORRIVEAU, D. P., MONTI, P. M. Y HAGERMAN, A. J., «Social skill and social anxiety: Self-report measurement in a psychiatric population», *Behavior Modification,* 4, 1980, pp. 493-512.

— Y WESSBERG, H. W., «Assessment of social inadequacy», en D. H. Barlow (comp.), *Behavioral assessment of adult disorders,* Nueva York, Guilford Press, 1981.

D'AMICO, W., «Case studies in assertive training with adolescents», en R. E. Alberti (comp.), *Assertiveness: Innovations, aplications, issues,* San Luis Obispo, Calif., Impact, 1977.

DANCE, K. A. Y NEUFELD, R. W. J., «Aptitude-treatment interaction research in clinical setting: A review of attempts to dispel the 'patient uniformity' myth», *Psychological Bulletin,* 104, 1988, pp. 192-213.

DARWIN, C., *On the origin of species by means of natural selection,* Londres, Murray, 1959.

— *THE DESCENT OF MAN,* Nueva York, Appleton, 1871.

— *THE EXPRESSION OF THE EMOTIONS IN MAN AND ANIMALS,* Londres, Murray, 1872.

DAVIES, G. R., MCMAHON, R. J., FLESSATI, E. Y TIEDEMANN, G. L., «Verbal rationales and modeling as adjuncts to a parenting technique for child compliance», *Child Development,* 55, 1984, pp. 1290-1298.

DAVISON, G. C. Y STUART, R. B., «Behavior therapy and civil liberties», *American Psychologist,* 30, 1975, pp. 755-763.

DAY, W. F., «Radical behaviorism in reconciliation with phenomenology», *Journal of Experimental Analysis of Behavior,* 12, 1969, pp. 315-328.

DEFFENBACHER, J. L. Y HAHNLOSER, R. M., «Cognitive and relaxation coping skills in stress inoculation», *Cognitive Therapy and Research*, 5, 1981, pp. 211-215.

—, STORY, D. A., BRANDON, A. D., HOGG, J. A. Y HAZALEUS, S. L., «Cognitive and cognitive-relaxation treatments of anger», *Cognitive Therapy and Research*, 12, 1989, pp. 167-184.

—, STORY, D. A., STARK, R. S., HOGG, J. A. Y BRANDON, A. D., «Cognitive-relaxation and social skills interventions in the treatment of general anger», *Journal of Counseling Psychology*, 34, 1987, pp. 171-176.

— Y SUINN, R. M., «The self-control of anxiety», en P. Karoly y F. Kanfer (comps.), *Self-management and behavior change from theory to practice*, Nueva York, Pergamon Press, 1982.

— Y SUINN, R. M.,» Generalized anxiety syndrome», en L. Michelson y L. M. Ascher (comps.), *Anxiety and stress disorders: Cognitive-behavioral assessment and treatment*, Nueva York, Guilford Press, 1987.

— Y SUINN, R. M., «Systematic desensitization», *The Counseling Psychologist*, 16, 1988, pp. 9-30.

DEITZ, S. M. Y REPP, A. C., «Decreasing classroom misbehavior through the use of DRL schedules of reinforcement», *Journal of Applied Behavior Analysis*, 6, 1973, pp. 457-463.

DELAMATER, R. J. Y MCNAMARA, J. R., «The social impact of assertiveness: research findings and clinical implications», *Behavior Modification*, 10, 1986, pp. 139-158.

DELL, P. F., «Why do we still call them 'paradoxes'?», *Family Process*, 25, 1986, pp. 223-234.

DELPRATO, D. J., «Exposure to the aversive stimulus in an animal analogue to systematic desensitization», *Behaviour Research and Therapy*, 11, 1973, pp. 187-192.

— «DEVELOPMENTAL INTERACTIONISM: AN EMERGING INTEGRATIVE FRAMEWORK FOR BEHAVIOR THERAPY», *Advances in Behaviour Research and Therapy* (en prensa).

DERISI, W. J. Y BUTZ, G., *Writing behavioral contracts: A case simulation practice manual*, Champaign, Ill., Research Press, 1975.

DERUBEIS, R. J. Y BECK, A. T., «Cognitive therapy», en K. S. Dobson (comp.), *Handbook of cognitive-behavioral therapies*, Nueva York, Guilford Press.

DE SILVA, P. Y RACHMAN, S., «Human food aversions: Nature and acquisition», *Behaviour Research and Therapy*, 25, 1987, pp. 457-468.

DICARA, L. Y MILLER, N. E., «Changes in heart rate instrumentally learned by curarized rats as avoidance responses», *Journal of Comparative and Physiological Psychology*, 65, 1968, pp. 8-12.

DIECKHÖFER, K., *El desarrollo de la psiquiatría en España. Elementos históricos y culturales*, Madrid, Gredos, 1984.

DINSMOOR, J. A., «A quantitative comparison of the discriminative and reinforcing functions of a stimulus», *Journal of Experimental Psychology*, 41, 1950, pp. 458-472.

DIXON, D. N., HEPPNER, P. P., PETERSEN, C. H. Y RONNING, R. R., «Problem-solving workshop training», *Journal of Counseling Psychology*, 26, 1979, pp. 133-139.

DOBSON, K. S., «The self-schema in depression», en L. M. Hartman y K. R. Blankstein (comps.), *Perception of self in emotional disorders and psychotherapy*, Nueva York, Plenum Press, 1986.

— «A META-ANALYSIS OF THE EFFICACY OF COGNITIVE THERAPY FOR

DEPRESSION», *Journal of Consulting and Clinical Psychology,* 57, 1989(a), pp. 414-419.

— «EVALUATION OF THE ADEQUACY OF COGNITIVE/BEHAVIORAL THEORIES FOR UNDERSTANDING DEPRESSION IN WOMEN: A COMMENTARY», *Canadian Psychology,* 30, 1989(b), pp. 56-58.

— Y SHAW, B. F., «The use of treatment manuals in cognitive therapy: Experience and issues», *Journal of Consulting and Clinical Psychology,* 56, 1988, pp. 673-680.

—, SHAW, B. F. Y VALLIS, T. M., «Reliability of a measure of the quality of cognitive therapy», *British Journal of Clinical Psychology,* 24, 1985, pp. 295-300.

—, JACOBSON, N. S. Y VICTOR, J., «Towards and integration of cognitive therapy and behavioral marital therapy for depression», en J. F. Clarkin, G. Haas e I. Glick (comps.), *Family variables and intervention in affective illness,* Nueva York, Guilford Press.

DOLEYS, D. M., «Bell and pad conditioning», en A. S. Bellack y M. Hersen (comps.), *Dictionary of behavior therapy techniques,* Nueva York, Pergamon Press, 1985(a).

— «RETENTION CONTROL TRAINING», en A. S. Bellack y M. Hersen (comps.), *Dictionary of behavior therapy techniques,* Nueva York, Pergamon Press, 1985(b).

—, MEREDITH, R. L. Y CIMINERO, A. R. (comps.), *Behavioral medicine: Assessment and treatment strategies,* Nueva York, Plenum Press, 1982.

Dollard, J. y Miller, N. E., *Personality and psychoterapy,* Nueva York, McGraw-Hill, 1950.

DOWD, T. Y MILNE, C. R., «Paradoxical interventions in counseling psychology», *The Counseling Psychologist,* 14, 1986, pp. 237-282.

— Y OLSON, D. H., «Contingengy contracting», en A. S. Bellack y M. Hersen (comps.), *Dictionary of behavior therapy techniques,* Nueva York, Pergamon Press, 1985.

DOWRICK, P. W. Y BIGGS, S. J., *Using video: Psychological and social applications,* Chichester, Wiley, 1983.

DRABMAN, R. S. Y FURMAN, N. «Behavioral procedures in the classroom», en D. S. Glenwick y L. A. Jason (comps.), *Behavioral community psychology: Progress and prospects,* Nueva York, Praeger, 1980.

—, SPITALNIK, R. Y O'LEARY, K. D., «Teach self-control to disruptive children», *Journal of Abnormal Psychology,* 82, pp. 10-16.

DRENTH, P. J., *Der psychologische test,* Muenchen, Barth, 1969.

DRYDEN, W., *Individual therapy in Britain,* Londres, Harper & Row, 1984(a).

— «SOCIAL SKILLS TRAINING FRON A RATIONAL-EMOTIVE PERSPECTIVE», en P. Trower (comp.), *Radical approaches to social skills training,* Londres, Croom Helm, 1984(b).

— *THERAPISTS' DILEMMAS,* Londres, Harper & Row, 1985.

— «ALBERT ELLIS: AN EFFICIENT AND PASSIONATE LIFE», *Journal of Counseling and Development,* 67, 1989, pp. 539-546.

— Y ELLIS, A., «Rational-emotive therapy», en K. S. Dobson (comp.), *Handbook of cognitive-behavioral therapies,* Nueva York, Guilford Press, 1988.

— Y GOLDEN, W., *Cognitive-behavioral approaches to psychotherapy,* Londres, Harper and Row, 1986.

DUMAS, J. E., «Treating antisocial behavior in children: Child and family approaches», *Clinical Psychology Review,* 9, 1989(a), pp. 197-222.

— «LET'S NOT FORGET THE CONTEXT IN BEHAVIORAL ASSESSMENT», *Behavioral Assessment,* 11, 1989(b), pp. 231-247.

DUNLAP, K., «A revision of the fundamental law of habit formation», *Science,* 67, 1928, pp. 360-362.

DWECK, C. S., «The role of expectations and attibutions in the alleviation of learned helplessness», *Journal of Personality and Social Psychology,* 31, 1975, pp. 674-685.

D'ZURILLA, T. J., *Problem-solving therapy: A social competence approach to clinical intervention,* Nueva York, Springer, 1986.

— Y GOLDFRIED, M. R., «Problem solving and behavior modification», *Journal of Abnormal Psychology,* 78, 1971, pp. 107-126.

— Y NEZU, A., «A study of the generation-of-alternatives process in social problem solving», *Cognitive Therapy and Research,* 4, 1980, pp. 67-72.

— Y NEZU, A., «Social problem solving in adults», en P. C. Kendall (comp.), *Advances in cognitive behavioral research and therapy, vol. 1,* Nueva York, Academic Press, 1982.

— Y NEZU, A. M., «The Heppner and Krauskopf approach: A model of personal problem or social skills?», *The Counseling Psychologist,* 15, 1987, pp. 463-470.

— y Nezu, A. M., «Development and preliminary evaluation of the Social Problem-Solving Inventory (SPSI)», *Psychological Assessment: A Journal of Consulting and Clinical Psychology,* (en prensa).

EDELBROCK, C., *Conduct problems in childhood and adolescence: Developmental patterns and progressions,* Manuscrito sin publicar, 1985.

—, COSTELLO, A. J., DULCAN, M. K., KALAS, D. Y CONOVER, N., «Age differences in the reliability of the psychiatric interview of the child», *Child Development,* 56, 1985, pp. 265-275.

EDELSTEIN, B. A. Y BERLER, E., «Interviewing and report writing», en C. L. Frame y J. L. Matson (comps.), *Handbook of assessment in childhood psychopathology,* Nueva York, Plenum Press, 1987.

—, COUTURE, E. T., CRAY, M., DICKENS, P. Y LUSEBRINK, N., «Group training of problem-solving with chronic psychiatric patients», en D. Upper y S. Ross (comps.), *Behavioral group therapy, 1980: An annual review,* Champaign, Ill., Research Press, 1980.

—, KNIGHT, J., DILORENZO, T., BAER, R., DETRICH, R. Y CARR, W., *Training alternative analyses in clinical interviewing,* Comunicación presentada en el congreso de la Association for Behavior Analysis, Milwaukee, 1983.

— Y SCOTT, O., *The teaching of behavioral interviewing skills,* Comunicación presentada en el congreso de la Association for Behavior Analysis, Milwaukee, 1983.

EELEN, P. Y FONTAINE, O. (comps.), *Behavior therapy: Beyond the conditioning framework,* Hillsdale, N. J., Lawrence Erlbaum, 1986.

EHRENBERG, O. Y EHRENBERG, M., *The psychotherapy maze,* Nueva York, Holt, Rinehart and Winston, 1977.

EISLER, R. M. Y FREDERIKSEN, L. W., *Perfecting social skills: A guide to interpersonal behavior development,* Nueva York, Plenum Press, 1980.

ELDER, S. T. Y EUSTIS, N. K., «Instrumental blood pressure conditioning in out-patient hypertensives», *Behaviour Research and Therapy,* 13, 1975, pp. 185-188.

ELLIOT, R., HILL, C. E., STILES, W. B., FRIEDLANDER, M. L., MAHRER, A. R. Y MARGISON, F. R., «Primary therapist response modes: Comparison of six rating systems», *Journal of Consulting and Clinical Psychology,* 55, 1987, pp. 218-223.

ELLIS, A., *Sex without guilt,* Nueva York, Lyle Stuart, 1958(a).

— «RATIONAL PSYCHOTHERAPY», *Journal of General Psychology,* 59, 1958(b), pp. 35-49.

— *THE ART AND SCIENCE OF LOVE,* Nueva York, Lyle Stuart, 1960.

— *THE ENCYCLOPEDIA OF SEXUAL BEHAVIOR,* Nueva York, Hawthorn, 1961.

— *REASON AND EMOTION IN PSYCHOTHERAPY,* Nueva York, Lyle Stuart, 1962.

— *THE ESSENCE OF RATIONAL PSYCHOTHERAPY,* Nueva York, Institute for Rational Living, 1970.

— «TREATMENT OF SEX AND LOVE PROBLEMS IN WOMEN», en V. Franks y V. Burtle (comps), *Women in Therapy,* Nueva York, Brunner/Mazel, 1974.

— *HOW TO LIVE WITH A NEUROTIC,* North Hollywood, Calif., Wilshire, 1975.

— *ANGER: How to live with and without it,* Secaucus, N.J., Citadel Press, 1977.

— «THE THEORY OF RATIONAL-EMOTIVE THERAPY», en A. Ellis y J. M. Whiteley (comps.), *Theoretical and empirical foundations of rational-emotive therapy,* Monterey, Calif., Brooks/Cole, 1979(a).

— «DISCOMFORT ANXIETY: A NEW COGNITIVE BEHAVIORAL CONSTRUCT. PART 1», *Rational Living,* 14, 1979(b), pp. 3-8.

— «TOWARD A NEW THEORY OF PERSONALITY», en A. Ellis y J. M. Whiteley (comps.), *Theoretical and empirical foundations of rational-emotive therapy,* Monterey, Calif., Brooks/Cole, 1979(c).

— *THE ESSENCE OF RATIONAL PSYCHOTHERAPY: A comprehensive approach to treatment,* Nueva York, Institute for Rational Living, 1979(d).

— «A NOTE ON THE TREATMENT FOR AGORAPHOBICS WITH COGNITIVE MODIFICATION VERSUS PROLONGED EXPOSURE 'IN VIVO'», *Behavior Research and Therapy,* 17, 1979(e), pp. 162-164.

— «DISCOMFORT ANXIETY: A NEW COGNITIVE BEHAVIORAL CONSTRUCT. PART 2», *Rational Living,* 15, 1980(a), pp. 25-30.

— «RATIONAL-EMOTIVE THERAPY AND COGNITIVE BEHAVIOR THERAPY: SIMILARITIES AND DIFFERENCES», *Cognitive Therapy and Research,* 4, 1980b, pp. 325-340.

— «EXPANDING THE ABC'S OF RATIONAL-EMOTIVE THERAPY», en A. Freeman y M. Mahoney (comps.), *Cognition and psychotherapy,* Nueva York, Plenum Press, 1984(a). (*)

— «RATIONAL-EMOTIVE THERAPY», en R. J. Corsini (comp.), *Current psychotherapies,* Itasca, Ill., Peacock, 1984(b).

— «AWARDS FOR DISTINGUISHED PROFESSIONAL CONTRIBUTIONS: 1985», *American Psychologist,* 41, 1986, pp. 380-397.

— «A SADLY NEGLECTED COGNITIVE ELEMENT IN DEPRESSION», *Cognitive Therapy and Research,* 11, 1987, pp. 121-145.

— *HOW TO STUBBORNLY REFUSE TO MAKE YOURSELF MISERABLE ABOUT ANYTHING,* Nueva York, Carol Communications/Lyle Stuart, 1988.

— COMUNICACIÓN PERSONAL, 1989.

— Y BECKER, I., *A guide to personal happiness,* North Hollywood, Calif., Wilshire, 1982.

— Y BERNARD, M. E. (comps.), *Clinical aplications of rational emotive therapy,* Nueva York, Plenum Press, 1985.(*)

— Y DRYDEN, W., *The practice of rational-emotive therapy,* Nueva York, Springer, 1987. (*)

— Y HARPER, R. A., *A guide to rational living,* North Hollywood, Calif., Wilshire, 1961.

— Y HARPER, R. A., *A new guide to rational living,* North Hollywood, Calif., Wilshire, 1975.— y Knaus, W., *Overcoming procrastination,* Nueva York, New American, 1977.

EMBRY, L. H., «What to do? Matching client characteristics and intervention techniques through a prescriptive taxonomic key», en R. F. Dangel y R. A. Polster (comps.), *Parent training: Foundations of research and practice,* Nueva York, Guilford Press, 1984.

EMMELKAMP, P. G. M., *Phobic and obsessive-compulsive disorders: Theory, research and practice,* Nueva York, Plenum Press, 1982(a).

— «ANXIETY AND FEAR», en A. S. Bellack, M. Hersen y A. E. Kazdin (comps.), *International handbook of behavior modification and therapy,* Nueva York, Plenum Press, 1982(b).

—, KUIPERS, A. C. M. Y EGGERAAT, J. B., «Cognitive modification versus prolonged exposure in vivo: A comparison with agoraphobics as subjects», *Behaviour Research and Therapy,* 16, 1978, pp. 33-42.

— Y STRAATMAN, H., «A psychoanalytic reinterpretation of the effectiveness of systematic desensitization. Fact or fiction?», *Behaviour Research and Therapy,* 14, 1976, pp. 245-249.

— Y WALTA, C., «Effects of therapy set on electrical aversion therapy and covert sensitization», *Behavior Therapy,* 9, 1978, pp. 195-198.

ENDLER, N. S., «Situational aspects of interactional psychology», en D. Magnusson (comp.), *Toward a psychology of situations,* Hillsdale, N.J., Lawrence Erlbaum, 1981.

— «INTERACTIONISM: A PERSONALITY MODEL, BUT NOT YET A THEORY», en M. M. Page (comp.), *Nebraska symposium on motivation 1982: Personality - Current theory and research,* Lincoln, University of Nebraska Press, 1983.

ENGEL, B. T., NIKOOMANESH, P. Y SCHUSTER, M. M., «Operant conditioning of tectosphincteric responses in the treatment of fecal incontinence», *New England Journal of Medicine,* 290, 1983, pp. 646-649.

ENGEL, G. L., «The need for a new medical model: A challenge for biomedicine», *Science,* 196, 1977, pp. 129-136.

— «THE CLINICAL APPLICATION OF THE BIOPSYCHOSOCIAL MODEL», *American Journal of Psychiatry,* 137, 1980, pp. 535-544.

ENGLISH, H. B., «Three cases of the conditioned fear response», *Journal of Abnormal and Social Psychology,* 24, 1929, pp. 221-225.

EPLING, W. F. Y PIERCE, W. D., «Applied behavior analysis: A new direction from the laboratory», en G. Davey y C. Cullen (comps.), *Human operant conditioning and behavior modification,* Nueva York, Wiley, 1988.

EPSTEIN, N., «Cognitive therapy with couples», *American Journal of Family Therapy,* 10, 1982, pp. 5-16.

ERWIN, E., *Behavior therapy: Scientific, philosophical and moral foundations,* Cambridge, England, Cambridge University Press, 1978. (*)

ESCOVAR, L. A., «El psicólogo social y el desarrollo», *Psicología,* IV, 1977, pp. 367-377.

— «Hacia un modelo psicologico-social de desarrollo», *Boletín de la AVEPSO,* III, 1980, pp. 1-6.

ESPIE, C. A. Y LINDSAY, W. R., «Paradoxical intention in the treatment of chronic insomnia: Six case studies illustrating variability in therapeutic response», *Behaviour Research and Therapy,* 23, 1985, pp. 703-709.

ESTES, W. K., «Outline of theory of punishment», en B.A. Campbell y R.M. Church (comps.), *Punishment and aversive behavior,* Nueva York, Appleton-Century-Crofts, 1969.

EVANS, G. W. Y COHEN, S., «Environmental stress», en D. Stokols e I. Altman (comps.), *Handbook of environmental psychology* (2 vols.), Nueva York, Wiley, 1987.

EVANS, I. M., «A conditioning model of a common fear pattern -fear of fear», *Psychotherapy: Theory, Research and Practice,* 9, 1972, pp. 238-241.

— «BUILDING SYSTEMS MODELS AS A STRATEGY FOR TARGET BEHAVIOR SELECTION IN CLINICAL ASSESSMENT», *Behavioral Assessment,* 7, 1985, pp. 21-32.

— «RESPONSE STRUCTURE AND THE TRIPLE-RESPONSE-MODE CONCEPT», en R. O. Nelson y S. C. Hayes (comps.), *Conceptual foundations of behavioral assessment,* Nueva York, Guilford Press, 1986.

EWART, C. K., TAYLOR, C. B., KRAEMER, H. C. Y AGRAS, W. S., «Reducing blood pressure reactivity during interpersonal conflict: Effects of marital communication training», *Behavior Therapy,* 15, 1984, pp. 473-484.

EYBERG, S. M., «Eyberg Child Behavior Inventory», *Journal of Clinical Child Psychology,* 9, 1980, p. 29.

— Y ROBINSON, «Parent-child interaction training: Effects on family functioning», *Journal of Clinical Child Psychology,* 11, 1982, pp. 130-137.

— Y ROBINSON, E. A., «Dyadic Parent-Child Interaction Coding System: A manual», *Psychological Documents,* 13, 1983. (Ms. Nº 2582).

EYSENCK, H. J., «Learning theory and behaviour therapy», *Journal of Mental Science,* 105, 1959, pp. 61-75.

— *BEHAVIOR THERAPY AND THE NEUROSES,* Oxford, Pergamon Press, 1960.

— (comp.), *Experiments in behaviour therapy,* Nueva York, Macmillan, 1964.

— «A THEORY OF INCUBATION OF ANXIETY FEAR RESPONSES» *Behaviour Research and Therapy,* 6, 1968, pp. 309-332

— «NEO-BEHAVIORISTIC (S-R) THEORY», EN G. T. WILSON Y C. M. FRANKS (comps.), *Contemporary behavior therapy: Conceptual foundations of clinical practice,* Nueva York, Guilford Press, 1982.

— «THE ROLE OF HEREDITY, ENVIRONMENT AND 'PREPAREDNESS' IN THE GENESIS OF NEUROSIS», EN H. J. EYSENCK Y J. MARTIN (comps.), *Theoretical foundations of behavior therapy,* Nueva York, Plenum Press, 1987.

— Y MARTIN, I. (comps.), *Theoretical foundations of behavior therapy,* Nueva York, Plenum Press, 1987.

FAGAN, J. Y SHEPHERD, J., *Gestalt therapy now,* Middlesex, G.B., Penguin, 1970.

FAIRWEATHER, G. W., SANDERS, D. H., MAYNARD, H. Y CRESSLER, D. L., *Community life for the mentally ill: An alternative to institutional care,* Chicago, Aldine, 1969.

FALK, J. L., «The formation and function of ritual behavior» en T. Thompson y M. D. Zeiler (comps.), *Analysis and integration of behavioral units,* Hillsdale, N.J.: Lawrence Erlbaum, 1986.

FARKAS, G. M., «An ontological analyses of behavior therapy», *American Psychologist,* 35, 1980, pp. 364-374.

FELDMAN, M. P. Y MACCULLOCH, M. J., «The application of anticipatory avoidance learning to the treatment of homosexuality», *Behaviour Research and Therapy,* 2, 1965, pp. 165-183.

— Y MACCULLOCH, M. J., *Homosexual behaviour: Therapy and assessment,* Oxford, Pergamon Press, 1971.

FELTON, J. Y NELSON, R., «Inter-assessor agreement on hypothesized controlling variables and treatment proposal», *Behavioral Assessment,* 6, 1984, pp. 199-208.

FERNÁNDEZ-ABASCAL, E. G. Y ROA, A., «Consideraciones acerca de la instrumentación en biofeedback», *Revista Española de Terapia del Comportamiento,* 1, 1983, pp. 235-247.

FERNÁNDEZ BALLESTEROS, R., *Psicodiagnóstico: Concepto y metodología,* Madrid, Cincel-Kapelusz, 1980.

— Y CARROBLES, J. A. I. (comps.), *Evaluación conductual: Metodología y aplicaciones* (3ª edición), Madrid, Pirámide, 1986.

FERSTER, C. B., «Control of behavior in chimpanzees and pigeons by time-out from positive reinforcement», *Psychological Monographs,* 72, 1958, Nº 461.

— «CLASSIFICATION OF BEHAVIORAL PATHOLOGY», en L. Krasner y L. P. Ullmann (comps.), *Research in behavior modification: New developments and implications,* Nueva York, Holt, Rinehart and Winston, 1965.

— «A FUNCTIONAL ANALYSIS OF DEPRESSION», *American Psychologist,* 28, 1973, pp. 857-870.

— «A LABORATORY MODEL OF PSYCHOTHERAPY: THE BOUNDARY BETWEEN CLINICAL PRACTICE AND EXPERIMENTAL PSYCHOLOGY», en P. O. Sjoden, S. Bates y W. S. Dockens (comps.), *Trends in behavior therapy,* Nueva York, Academic Press, 1979.

— Y DEMYER, M. K., «The development of performances in autistic children in an automatically controlled environment», *Journal of Chronic Diseases,* 13, 1961, pp. 312-345.

— Y SKINNER, B. F., *Schedules of reinforcement,* Nueva York: Appleton-Century-Crofts, 1957. (*)

FINLEY, W. W., ETHERTON, M. D., DICKMAN, D., KARIMIAN, D. Y SIMPSON, R. W., «A simple EMG-reward system for feedback training of children», *Biofeedback and Self-Regulation,* 6, 1981, pp. 169-180.

FISHMAN, D. L., ROTGERS, F. Y FRANKS, C. M. (comps.), *Paradigms in behavior therapy: Present and promise,* Nueva York, Springer, 1988.

FISKE, D. W., «Two worlds of psychological phenomena», *American Psychologist,* 34, 1979, pp. 733-739.

FITTERLING, J. M., MARTIN, J. E., GRAMLING, S., COLE, P. Y MILAN, M. A., «Behavior management of exercise training in headache patients: An investigation of exercise adherence and headache activity», *Journal of Applied Behavior Analysis,* 21, 1988, pp. 9-19.

FITZPATRICK, A. R., «The meaning of content validity», *Applied Psychological Measurement,* 7, 1983, pp. 3-13.

FLANAGAN, B., GOLDIAMOND, I. Y AZRIN, N., «Operant stuttering: The control of stuttering behavior through response-contingent consequences», *Journal of the Experimental Analysis of Behavior,* 1, 1958, pp. 173-177.

FOA, E. Y EMMELKAMP, P. M. G. (comps.), *Failures in behavior therapy,* Nueva York, Wiley, 1983.

— Y TILLMANS, A., «The treatment of obsessive-compulsive neuroses», en A. Goldstein y E. B. Foa (comps.), *Handbook of behavioral interventions: A clinical guide,* Nueva York: Wiley, 1980.

FODOR, I. G., «The treatment of communication problems with assertiveness training», en A. Goldstein y E. Foa (comps.), *Handbook of behavioral interventions,* Nueva York, Wiley, 1980.

FOLEY, F. W., BEDDELL, J. R., LAROCCA, N. G., SCHEINBERG, L. C. Y REZNIKOFF, M., «Efficacy of stress-inoculation training in coping with multiple sclerosis», *Journal of Consulting and Clinical Psychology,* 55, 1987, pp. 919-922.

FONTAINE, O., «La clinique du biofeedback: Un faux pas?», *Acta Psychiatrica Belga,* 81, 1981, pp. 213-225.

FOREHAND, R. L. Y ATKENSON, B. M., «Generality of treatment effects with parents as therapist: A review of assessment and implementation procedures, *Behavior Therapy,* 8, 1977, pp. 575-593.

— Y MCMAHON, R. J., *Helping the noncompliant child: A clinician's guide to parent training,* Nueva York, Guilford Press, 1981.

—, STURGIS, E. T., MCMAHON, R. J., AGUAR, D., GREEN, K., WELLS, K. C. Y BREINER, J., «Parent behavioral training to modify child noncompliance», *Behavior Modification,* 3, 1979, pp. 3-25.

FOREYT, J. P., «The punch-card token economy program», en R. L. Patterson (comp.), *Maintaining effective token economies,* Springfield, Ill., Charles C. Thomas, 1976.

— (comp.), *BEHAVIORAL TREATMENTS OF OBESITY,* Oxford, Pergamon Press, 1977.

— Y KENNEDY, W. A., «Treatment of overweight by aversion therapy», en J. P. Foreyt (comp.), *Behavioral treatments of obesity,* Oxford, Pergamon, 1977.

FOSTER, S. L. Y GRIFFIN, J. M., «Behavioral marital therapy», en A. S. Bellack y M. Hersen (comps.), *Dictionary of behavior therapy techniques,* Nueva York, Pergamon Press, 1985.

— Y RITCHEY, W. L., «Issues in the assessment of social competence in children», *Journal of Applied Behavior Analysis,* 12, 1979, pp. 625-638.

— Y ROBIN, A. L., «Parent-adolescent conflict», en E. J. Mash y R. A. Barkley (comps.), *Treatment of childhood disorders,* Nueva York, Guilford Press, 1989.

FOWLES, D. C., «Biological variables in psychopathology: A psychobiological perspective», en H. E. Adams y P. B. Sutker (comps.), *Comprehensive handbook of psychopathology,* Nueva York, Plenum Press, 1984.

FOX, J. E. Y HOUSTON, B. K., «Efficacy of self-instruccional training for reducing children's anxiety in an evaluative situation», *Behaviour Research and Therapy,* 19, 1981, pp. 509-515

FOXX, R. M. Y AZRIN, N. H., «Restitution: A method for eliminating aggresive disruptive behaviour of retarded and brain-damaged patients», *Behaviour Research and Therapy,* 18, 1972, pp. 15-27.

— Y AZRIN, N. H., «The elimination of autistic self-stimulatory behavior by overcorrection», *Journal of Applied Behavior Analysis,* 6, 1973, pp. 1-14.

—, HOPKINS, B. L. Y ANGER, W. K., «The long-term effects of a token economy on safety in open-pit mining», *Journal of Applied Behavior Analysis,* 20, 1987, pp. 215-224.

— MCMORROW, M. J., BITTLE, R. G. Y BECHTEL, D. R., «The successful treatment of a dually-diagnosed deaf man's aggression with a program that included contingent electric shock», *Behavior Therapy,* 17, 1986(b), pp.170-186.

— MCMORROW, M. J., RENDLEMAN, L. Y BITTLE, R. G., «Increasing staff accountability in shock programs: Simple and inexpensive shock device modifications», *Behavior Therapy,* 17, 1986(c), pp. 187-189.

— PLASKA, T. Y BITTLE, R., «Guidelines for the use of contingent electric shock to treat aberrant behavior», en R. M. Eisler, M. Hersen y P. M. Miller (comps.), *Progress in behavior modification,* Nueva York, Academic Press, 1986(a).

— Y SHAPIRO, S. T., «The time-out ribbon: A nonexclusionary timeout procedure», *Journal of Applied Behavior Analysis,* 11, 1978, pp. 125-136.

FRANCES, A., CLARKIN, J. Y PERRY, S., *Differential therapeutics in psychiatry: The art and science of treatment selection,* Nueva York, Brunner/Mazel, 1985.

FRANCESTATO, D., CONTESINI, A. Y DINI (A cura di), *Psicologia di comunità: Esperienze a confronto,* Roma, Il Pensiero Scientifico, 1983.

FRANK, J. D., *Persuasion and healing,* Baltimore, MD, John Hopkins Press, 1961.

FRANK, P. J., KLEIN, S. K. Y JACOBS, J., «Cost-benefit analysis of a behavioral program for geriatric inpatients», *Hospital and Community Psychiatry,* 33, 1982, pp. 374-377.

FRANKL, V. E., «Zur memischen bejahung und vermeinung», *Internationale Zeitschrift fuer Psychoanalyse,* 43, 1939, pp. 26-31.

— *DIE PSYCHOTHERAPIE IN DER PRAXIS,* Viena, Deuticke, 1947.

— *THE DOCTOR AND THE SOUL: From psychotherapy to logotherapy,* Nueva York, Knopf, 1955.

— «PARADOXICAL INTENTION AND DEREFLECTION», *Psychotherapy: Theory, Research and Practice,* 12, 1975, pp. 226-237.

— «LOGOS, PARADOX, AND THE SEARCH FOR MEANING», en M. J. Mahoney y A. Freeman (comps.), *Cognition and psychotherapy,* Nueva York, Plenum Press, 1985.

FRANKS, C. M., *Conditioning techniques in clinical practice and research,* Nueva York, Springer, 1964.

— (comp.), *BEHAVIOUR THERAPY: Appraisal and status,* Nueva York, McGraw-Hill, 1969.

— «ON BEHAVIOURISM AND BEHAVIOUR THERAPY - NOT NECESSARILY SYNONYMOUS AND BECOMING LESS SO», *Australian Behaviour Therapist,* 7, 1980, pp. 14-23.

— «2081 - WILL WE BE MANY, OR ONE - OR NONE?», *Behavioural Psychotherapy,* 9, 1981, pp. 287-290.

— «BEHAVIOR THERAPY: AN OVERVIEW», en C. M. Franks, G. T. Wilson, P. Kendall y K. D. Brownell, *Annual review of behavior therapy: Theory and practice, vol. 8,* Nueva York, Guilford Press, 1982.

— «ON CONCEPTUAL AND TECHNICAL INTEGRITY IN PSYCHOANALYSIS AND BEHAVIOR THERAPY: TWO FUNDAMENTALLY INCOMPATIBLE SYSTEMS», en H. Arkowitz y S. B. Messer (comps.), *Psychoanalysis and behavior therapy: Is integration possible?*, Nueva York, Plenum Press, 1984(a).

— «BEHAVIOR THERAPY: AN OVERVIEW», en C. M. Franks, G. T. Wilson, P. C. Kendall y K. D. Brownell, *Annual review of behavior therapy; Theory and practice, vol. 10*, Nueva York, Guilford Press, 1984(b).

— «BEHAVIOR THERAPY: AN OVERVIEW», en G. T. Wilson, C. M. Franks, P. C. Kendall y J. P. Foreyt, *Review of behavior therapy: Theory and practice, vol. 11*, Nueva York, Guilford Press, 1987(a).

— «BEHAVIOR THERAPY AND AABT: PERSONAL RECOLLECTIONS, CONCEPTIONS, AND MISCONCEPTIONS», *the Behavior Therapist*, 10, 1987(b), pp. 171-174.

— Y WILSON, G. T. (comps.), *Annual review of behavior therapy: Theory and practice, vol. 3*, Nueva York, Brunner/Mazel, 1975.

FRANSELLA, F., *Personal change and reconstruction*, Nueva York, Academic Press, 1972.

FRANZEN, M. D., *Reliability and validity in neuropsychological assessment*, Nueva York, Plenum Press, 1989.

FRAY LUIS DE GRANADA, *Guía de pecadores*, Barcelona, Planeta, 1986. (Or.: 1556).

FRAY LUIS DE LEÓN, *De los nombres de Cristo*, Madrid, Cátedra, 1980. (Or.: 1583).

FREDERIKSEN, L. W. Y FREDERIKSEN, C. B., «Teacher-determined and self-determined token reinforcement in a special education classroom», *Behavior Therapy*, 6, 1975, pp. 310-314.

FREEDMAN, R. R., IANNI, P. Y WENIG, P., «Behavioral treatment of Raynaud's disease», *Journal of Consulting and Clinical Psychology*, 51, 1983, pp. 539-549.

—, SABHARWAL, S. C., IANNI, P., DESAI, N., WENIG, P. Y MAYES, M., «Nonneural beta-adrenergic vasodilating mechanism in temperature biofeedback», *Psychosomatic Medicine*, 50, 1988, pp. 394-401.

FREEMAN, A. Y LEAF, R. C., «Cognitive therapy applied to personality disorders», en A. Freeman, K. M. Simon, L. E. Beutler y H. Arkowitz (comps.), *Handbook of cognitive therapy*, Nueva York, Plenum Press, 1989.

FREMOUW, W. J. Y ZITTER, R. E., «A comparison of skills training and cognitive restructuring-relaxation for the treatment of speech anxiety», *Behavior Therapy*, 9, 1978, pp. 248-259.

FRENCH, T. M., «Interrelations between psychoanalysis and the experimental work of Pavlov», *American Journal of Psychiatry*, 12, 1933, pp. 1165-1203

FREUD, S., *The problem of anxiety*, Nueva York, Psychoanalytic Quarterly Press & W.W. Norton & Co., 1936.

FRIEDMAN, J. M. Y CHERNEN, L., «Sexual dysfunction», en L. Michelson y L. M. Ascher (comps.), *Anxiety and stress disorders*, Nueva York, Guilford Press, 1987.

FRIESWYK, S. H., ALLEN, J. G., COLSON, D. B., COYNE, L., GABBARD, G. O., HORWITZ, L. Y NEWSOM, G., «Therapeutic alliance: Its place as a process and outcome variable in dynamic psychotherapy research, *Journal of Consulting and Clinical Psychology*, 54, 1986, pp. 32-38.

FROTHWITH, R. A. Y FOREYT, J. P., «Aversive conditioning treatment of overweight», *Behavior Therapy*, 9, 1978, pp. 861-872.

FUENTES ORTEGA, J. B. «¿Funciona la psicología empírica, de hecho, como una fenomenología experimental del comportamiento?», Introducción a Brunswik, E. *El marco conceptual de la psicología,* Madrid, Debate, 1989(a).

— «NOTA SOBRE LA CAUSALIDAD APOTÉTICA A LA ESCALA PSICOLÓGICA», *El Basilisco* (Segunda época), 1, 1989(b), pp. 57-64.

FULLER, P. R., «Operant conditioning of a vegetative human organism», *American Journal of Psychology,* 62, 1949, pp. 587-590.

FURMAN, S., «Intestinal biofeedback in funtional diarrhea: A preliminary report», *Journal of Behavior Therapy and Experimental Psychiatry,* 4, 1973, pp. 317-321.

GAARDER, K. R. Y MONTGOMERY, P. S., *Clinical biofeedback. A procedural manual for behavioral medicine* (2ª edición), Baltimore, Williams and Wilkins, 1981.

GALASSI, J. P. Y GALASSI, M. D., Assessment procedures for assertive behavior», en R. E. Alberti (comp.), *Assertiveness: Innovations, applications, issues,* San Luis Obispo, Calif., Impact, 1977(a).

—, GALASSI, M. D. Y FULKERSON, K., «Assertion training in theory and practice: An update», en C.M. Franks (comp.), *New developments in behavior therapy: From research to clinical application,* Nueva York, Haworth Press, 1984.

GALASSI, M. D. Y GALASSI, J. P., *Assert yourself! How to be your own person,* Nueva York, Human Sciences Press, 1977(b).

— Y GALASSI, J. P., «Assertion: A critical review», *Psychotherapy: Theory, Research and Practice,* 15, 1978, pp. 16-29.

GAMBLE, E. H. Y ELDER, S. T., «Multimodal biofeedback in the treatment of migraine», *Biofeedback and Self-Regulation,* 8, 1983, pp. 383-392.

GAMBRILL, E., «Role of behavior modification in community mental health», *Community Mental Health Journal,* 11, 1975, pp. 307-315.

— *BEHAVIOR MODIFICATION: A handbook of assessment, intervention and evaluation,* San Franciso, Jossey-Bass, 1977.

— «BIBLIOTHERAPY», en A. S. Bellack y M. Hersen (comps.), *Dictionary of behavior therapy techniques,* Nueva York, Pergamon Press, 1985.

— Y RICHEY, C., *Taking charge of your social life,* Belmont, Calif., Wadsworth, 1985.

GANTT, W. H., «Experimental basis for neurotic behavior», *Psycchosomatic Medicine Monograph,* 3, 1944, Nos. 3 y 4.

— Y MUNCIE, W., «Analysis of the mental defect in chronic Korsakoffs's Psychosis by means of the conditional reflex method», *Bulletin of the Johns Hopkins Hospital,* 70, 1942, pp. 467-487.

GARCÍA, J., KIMELDORF, D. J. Y KOELLING, R. A., «Conditioned aversion to saccharin resulting from exposure to gamma radiation», *Science,* 122, 1955, pp. 157-158.

— Y KOELLING, R. A., «Relation of cue to consequence in avoidance learning», *Psychonomic Science,* 4, 1966, pp. 123-124.

GARCÍA DE LA CONCHA, V., *Nueva lectura del Lazarillo de Tormes,* Madrid, Castalia, 1981.

GARFIELD, S., «Research on client variables in psychotherapy», en S. L. Garfield y A. E. Bergin (comps.), *Handbook of psychotherapy and behavior change,* Nueva York, Wiley, 1978.

GATCH, M. B. Y OSBORNE, J. G., «Transfer of contextual stimulus function via equivalence class development», *Journal of the Experimental Analysis of Behavior,* 51, 1989, pp. 369-378.

GAUTHIER, J., DOYON, J., LACROIX, R. Y DROLET, M., «Blood volume pulse biofeedback in the treatment of migraine headache: A controlled evaluation», *Biofeedback and Self-Regulation,* 8, 1983, pp. 427-442.

GAVINO, A., «Problemas conceptuales y metodológicos en los tratamientos psicológi-cos: asertividad, habilidad y competencia social como ejemplo», en A. Fierro (comp.), *Psicología Clínica,* Madrid, Pirámide, 1988.

GELDER, M. G., MARKS, I. M., WOLF, H. Y CLARKE, M., «Desensitization and psychotherapy in phobic states: A controlled enquiry», *British Journal of Psychiatry,* 113, 1967, pp. 53-73.

GELLER, E. S., «Applications of behavior analysis to litter control», en D. Glenwick y L. Jason (comps.), *Behavioral community psychology: Progress and prospects,* Nueva York, Praeger, 1980.

— Y BIGELOW, B. E., «Development of corporate incentive programs for motiving safety belt-use: A review», *Traffic Safety Evaluation Research Review,* 3, 1984, n° 5.

—, RUDD, J. R., KALSHER, M. J., STREFF, F. M. Y LEHMAN, G. R., «Employer-based problems to motivate safety belt-use: A review of short and long-term effects», *Journal of Safety Research,* 18, pp. 1987, pp. 1-7.

—, WINETT, R. A. Y EVERETT, P. B., *Preserving the environment: New strategies for behavior change,* Nueva York, Plenum Press, 1982.

GENDLIN, E. T., *Focusing,* Nueva York, Bantam Books, 1981.

— «WHAT COMES AFTER TRADITIONAL PSYCHOTHERAPY RESEARCH?», *American Psychologist,* 41, 1986, pp. 131-136.

GENTRY, V. D. (comp.), *Handbook of behavioral medicine,* Nueva York, Guilford Press, 1984.

GERSHMAN, L., «Case conference. A transvestite fantasy treated by thought-stopping, covert sensitization and aversive shock», *Journal of Behavior Therapy and Experi-mental Psychiatry,* 1, 1970, pp. 153-161.

GERSON, P. Y LANYON, R. I., «Modification of smoking behavior with aversion-desensitization procedure», *Journal of Consulting and Clinical Psychology,* 38, 1972, pp. 399-402.

GILDENBERG, P. L., «Comprehensive management of spasmodic torticollis», *Applied Neurophysiology,* 44, 1981, pp. 233-243.

GILES, G. M. Y CLARKE-WILSON, J., «The use of behavioral techniques in functional skills training after severe brain injury», *American Journal of Occupational Therapy,* 42, 1988, pp. 658-665.

GLENN, S., «Maladaptative functional relations in client verbal behavior», *The Behavior Analyst,* 6, 1983, pp. 47-56.

— «Rules as environmental events», *Analysis of Verbal Behavior,* 5, 1987, pp. 29-32.

GLENWICK, D. S. Y JASON, L. A., (comps.), *Behavioral community psychology: Progress and prospects,* Nueva York, Praeger, 1980.

— Y JASON, L. A., «Behavioral community psychology: An introduction to the special issue», *Journal of Community Psychology,* 12, 1984, pp. 103-112.

GODOY, J. F., *Trastornos oftalmológicos y visuales,* I Congreso Nacional de Psicología de la Salud, Jaén, 1987.

— «PROGRAMA DE EVALUACIÓN Y TRATAMIENTO CONDUCTUAL DE LA MIOPÍA», en Colegio Oficial de Psicólogos, Delegación de Andalucía Oriental (comp.), *Jornadas Andaluzas de Psicología y Salud,* Granada, 1988.

— «MEDICINA CONDUCTUAL: GUÍA DOCUMENTAL (II). LITERATURA EN LENGUA CASTELLANA», *Encuentros en Psicología,* (en prensa).

—, CARROBLES, J. A. I. Y SANTACREU, J., «Tratamiento conductual de la miopía: Programa de entrenamiento en agudeza visual», en Colegio Oficial de Psicólogos (comp.), *Comunicaciones y ponencias, Vol. 3: Psicología y salud,* Madrid, 1984.

— Y CATENA, A., «Tratamiento de la miopía», en J. M. Buceta (comp.), *Modificación de conducta y salud,* Madrid, Novamedic (en prensa).

—, CATENA, A. Y CABALLO, V. E., *Elaboración experimental de un programa para la evaluación y tratamiento conductual de la miopía,* I Jornadas de Psicología y Salud, Santander, 1986.

—, CATENA, A. Y CABALLO, V. E., *Efectividad de diversos programas de tratamiento mecanizado de la miopía,* IV Congreso Nacional de la Asociación Española de Terapia del Comportamiento (A.E.T.C.O.), Gandía, 1988.

—, CATENA, A. Y CABALLO, V. E., «Efectividad de diversos programas de tratamiento mecanizado de la miopía», *Revista Española de Terapia del Comportamiento,* 7, 1989, pp. 107-117.

—, CATENA, A. Y CARROBLES, J.A.I., *Tratamiento mecanizado de la miopía,* III Congreso Nacional de la Asociación Española de Terapia del Comportamiento (A.E.T.C.O.), Gijón, 1985.

—, CATENA, A. Y CARROBLES, J. A. I., «Tratamiento mecanizado de la miopía», *Revista Española de Terapia del Comportamiento,* 4, 1986, pp. 311-321.

— Y MARTOS, F. J., *Modelos psicopatológicos: Una alternativa al modelo médico tradicional. Implicaciones para la determinación de la actuación del psicólogo clínico en los equipos asistenciales en salud mental,* IV Jornadas Nacionales de la Asociación Española de Neuropsiquiatría, Jaén, 1982.

— Y RIQUELME, M., «Biofeedback y espasmo postparalítico de la cara: Estudio experimental de un caso», *Rehabilitación,* 19, 1985, pp. 457-463.

GOLDEN, W. L., DOWD, E. T. Y FRIEDBERG, F., *Hypnotherapy: A modern approach,* Nueva York, Pergamon Press, 1987.

GOLDFRIED, M. R., «Systematic desensitization as training in self-control», *Journal of Consulting and Clinical Psychology,* 37, 1971, pp. 228-234.

— «ON THE SEARCH FOR EFFECTIVE INTERVENTION STRATEGIES», *The Counseling Psychologist,* 7, 1978, pp. 28-30.

— «ON THE HISTORY OF THERAPEUTIC INTEGRATION», *Behavior Therapy,* 13, 1982(a), pp. 572-593.

— (comp.), *CONVERGING THEMES IN PSYCHOTHERAPY: Trends in psychodynamic, humanistic, and behavioral practice,* Nueva York, Springer, 1982(b).

— «RESISTANCE AND CLINICAL BEHAVIOR THERAPY», en P. L. Wachtel (comp.), *Resistance: Psychodynamic and behavioral approaches,* Nueva York, Plenum Press, 1982.

— «APPLICATION OF RATIONAL RESTRUCTURING TO ANXIETY DISORDERS», *The Counseling Psychologist,* 16, 1988, pp. 50-68.

— Y DAVISON, G., *Clinical behavior therapy,* Nueva York, Holt, Rinehart and Winston, 1976. (*)

— Y KENT, R. N., «Traditional versus behavioral personality measurement: A comparison of methodological and theoretical assumptions», *Psychological Bulletin,* 77, 1972, pp. 409-420.

— Y LINEHAN, M. M., «Basic issues in behavioral assessment», en A. R. Ciminero, K. S. Calhoun y H. E. Adams (comps.), *Handbook of behavioral assessment,* Nueva York, Wiley, 1977.

— Y POMERANZ, D. M., «Role of assessment in behavior modification», *Psychological Reports,* 23, 1968, pp. 75-87.

GOLDIAMOND, I., «Toward a constructional approach to social problems: Ethical and constitutional issues raised by applied behavioral analysis», *Behaviorism,* 2, 1974, pp. 1-85.

— «SELF-REINFORCEMENT», *Journal of Applied Behavior Analysis,* 9, 1976, pp. 509-514.

— «TRAINING PARENT TRAINERS AND ETHICS IN NON LINEAR ANALYSIS OF BEHAVIOR», en R. F. Dangel y R. A. Polster (comps.), *Parent training: Foundations of research and practice,* Nueva York, Guilford Press, 1984.

GOLDSMITH, J. B. Y MCFALL, R. M., «Development and evaluation of an interpersonal skills-training program for psychiatric patients», *Journal of Abnormal Psychology,* 84, 1975, pp. 51-58.

GOLDSTEIN, A. J. Y CHAMBLESS, D. L., «A reanalysis of agoraphobia», *Behavior Therapy,* 9, 1978, pp. 47-59.

GOLDSTEIN, A. P. Y FOA, E. B., *Handbook of behavioral interventions: A clinical guide,* Nueva York, Wiley, 1980.

—, GERSHAW, N. J. Y SPRAFKIN, R. P., «Structured learning: Research and practice in psychological skill training», en L. L'Abate y M. A. Milan (comps.), *Handbook of social skills training and research,* Nueva York, Wiley, 1985.

—, HELLER, K. Y SECHREST, L. B., *Psychotherapy and the psychology of behavior change,* Nueva York, Wiley, 1966.

GOLDSTEIN, I. B., SHAPIRO, D., THANANOPAVARN, C. Y SAMBHI, M. P., «Comparison of drug and behavioral treatment of essential hypertension», *Health Psychology,* 1, 1982, pp. 7-26.

GOMES-SCHWARTZ, B., «Effective ingredients in psychotherapy: Prediction of outcome from process variables», *Journal of Consulting and Clinical Psychology,* 46, 1978, pp. 1023-1035.

GOODENOUGH, F. L., *Mental testing: Its history, principles, and aplications,* Nueva York, Rinehart, 1949.

GOORNEY, A. B., «Treatment of a compulsive horse race gambler by aversion therapy», *British Journal of Psychiatry,* 114, 1968, p. 329.

GORDON, S., *Lonely in America,* Nueva York, Simon and Schuster, 1976.

GOTTMAN, J. M. Y LEIBLUM, S. R., *How to do psychotherapy and how to evaluate it,* Nueva York, Holt, Rinehart, and Winston, 1974.

GRAZIANO, A. M., «Parents as behavior therapists», en M. Hersen, R. M. Eisler y P. M. Miller (comps.), *Progress in behavior modification, vol. 4,* Nueva York, Academic Press, 1977.

— DEGIOVANI, I. S. Y GARCÍA, I. K., «Behavioral treatment of children's fear: A review», *Psychological Bulletin,* 86, 1979, pp. 804-830.

GREBSTEIN, L. C., «An eclectic family therapy», en J. C. Norcross (comp.), *Handbook of eclectic psychotherapy,* Nueva York, Brunner/Mazel, 1986.

GREENBERG, L. S., «A task analysis of interpersonal conflict resolution», en L. N. Rice y L. S. Greenberg (comps.), *Patterns of change: Intensive analysis of psychotherapy process,* Nueva York, Guilford Press, 1984.

— «CHANGE PROCESS RESEARCH», *Journal of Counseling Psychology,* 54, 1986, pp. 4-9.

— Y SAFRAN, J. D., «Integrating affect and cognition: A perspective on the process of therapeutic change», *Cognitive Therapy and Research,* 8, 1984, pp. 559-578.

GREENSPOON, J., «Verbal conditioning and clinical psychology», en A. J. Bachrach (comp.), *Experimental foundations of clinical psychology,* Nueva York, Basic Books, 1962.

GREENWOOD, C. R., HOPS, H., DELQUADRI, J. Y GUILD, J., «Group contingencies for group consequences in classroom management: A further analysis», *Journal of Applied Behavior Analysis,* 7, 1974, pp. 413-425.

GRIEGER, R. M., «From a linear to a contextual model of the ABC's of rational-emotive therapy», *Journal of Rational-Emotive Therapy,* 3, 1985, pp. 79-89.

GRIEST, D. L., FOREHAND, R., WELLS, K. C. Y MCMAHON, R. J., «An examination of differences between nonclinic and behavior-problem clinic-referred children and their mothers», *Journal of Abnormal Psychology,* 89, 1980, pp. 497-500.

— Y WELLS, K. C., «Behavioral family therapy with conduct disorders in children», *Behavior Therapy,* 14, 1983, pp. 37-53.

GRIFFITH, R. G., «The administrative issues: An ethical and legal perspective», en S. Axelrod y J. Apsche (comps.), *The effects of punishment on human behavior,* Nueva York, Academic Press, 1993.

GRODEN, J., *The use of imagery procedures to increase initiation of verbal behavior among autistic children and adolescents: A multiple baseline analysis,* Tesis doctoral, Boston College, 1980.

— Y CAUTELA, J., *The use of imagery with students labeled 'trainable retarded',* Manuscrito no publicado, Boston College, 1980. (Expuesto en Cautela, 1981).

GUEVREMONT, D. C., OSNES, P. G. Y STOKES, T. F., «The functional role of preschoolers verbalizations in the generalization of the self instructional training», *Journal of Applied Behavior Analysis,* 21, 1988, pp. 45-55.

GUIDANO, V., «A constructivist outline of cognitive processes», en M. A. Reda y M. J. Mahoney (comps.), *Cognitive psychotherapies,* Cambridge, Mass., Ballinger, 1984.

— *COMPLEXITY OF THE SELF,* Nueva York, Guilford Press, 1987.

— «A SYSTEMS, PROCESS-ORIENTED APPROACH TO COGNITIVE THERAPY», en K. S. Dobson (comp.), *Handbook of cognitive-behavioral therapies,* Nueva York: Guilford Press, 1988.

— Y LIOTTI, G., *Cognitive processes and emotional disorders,* Nueva York, Guilford Press, 1983.

— Y LIOTTI, G., «A constructivist foundation for cognitive therapy», en M. J. Mahoney y A. Freeman (comps.), *Cognition and psychotherapy,* Nueva York, Plenum Press, 1985. (*)

GUIDRY, L. S., «Covert reinforcement in the treatment of test anxiety», *Journal of Consulting and Clinical Psychology,* 21, 1974, pp. 260-264.

GUILFORD, J. P., *The nature of human inteligence,* Nueva York, McGraw-Hill, 1967.

GUION, R. M., «Content validity: The source of my discontent», *Applied Psychological Measurement,* 1, 1977, pp. 1-10.

GUTHRIE, E. R., *The psychology of human learning,* Nueva York, Harper, 1935.

GUY, A., *Vivès ou l'humanisme engagé,* París, Seghers, 1972.

— «Miguel Sabuco, psicólogo de las pasiones y precursor de la medicina psicosomática», *Al-BASIT,* XIII, 22, 1987, pp. 112-123.

HACKNEY, H. Y NYE, S., *Counseling strategies and objectives,* Englewood Cliffs, N.J., Prentice-Hall, 1973.

HAIGH, G., «Defensive behavior in client-centered therapy», *Journal of Consulting Psychology,* 30, 1949, pp. 3-18.

HALEY, J., *Uncommon therapy,* Nueva York, Norton, 1973.

HALL, J. A. Y ROSE, S. D., «Assertion training in a group», en S. D. Rose (comp.), *A casebook in group therapy: A behavioral-cognitive approach,* Englewood Cliffs, N.J., Prentice-Hall, 1980.

HALL, R., SACHS, D. Y HALL, S., «Medical risk and therapeutic effectiveness of rapid smoking», *Behavior Therapy,* 10, 1979, pp. 249-259.

HALLAM, R., RACHMAN, S. Y FALKOWSKI, W., «Subjective, attitudinal and physiological effects of electrical aversion therapy», *Behaviour Research and Therapy,* 10, 1972, pp. 1-13.

HALLE, J. W., BAER, D. M. Y SPRADLIN, J. E., «Teachers' generalized use of delay as a stimulus control procedure to increase language use in handicapped children», *Journal of Applied Behavior Analysis,* 14, 1981, pp. 389-409.

HAMILTON, S. A., «Behavioral formulations of verbal behavior in psychotherapy», *Clinical Psychology Review,* 8, 1988, pp. 181-193.

HAMPTON, B., *Paradoxical approaches to psychotherapy, do they work?* Comunicación presentada en el congreso de la American Psychological Association, Nueva York, 1987.

HANDLEMAN, J. S., «A glimpse at current trends in the education of autistic children», *the Behavior Therapist,* 7, 1986, pp. 137-139.

HANF, C., *A two-stage program for modifying maternal controlling during mothers-child (M-C) interaction,* Comunicación presentada en el congreso de la Western Psychological Association, Vancouver, British Columbia, 1969.

HANSEN, D. J., ST. LAWRENCE, J. S. Y CHRISTOFF, K. A., «Effects of interpersonal problem-solving training with chronic aftercare patients on problem-solving component skills and effectiveness of solutions», *Journal of Consulting and Clinical Psychology,* 53, 1985, pp. 167-174.

HARE, N. Y LEVIS, D. J., «Pervasive ('free-floating') anxiety: A search for a course and treatment approach», en S. Turner, K. Calhoun y H. Adams (comps.), *Handbook of clinical behavior therapy,* Nueva York, Wiley, 1981.

HARGIE, O., «The skill of self-disclosure», en O. Hargie (comp.), *A handbook of communication skills,* Londres, Croom Helm, 1986.

—, SAUNDERS, C. Y DICKSON, D., *Social skills in interpersonal communication,* Londres, Croom Helm, 1981.

HARING, T. G., BREEN, C. G., PITTS-CONWAY, V. Y GAYLORD-ROSS, R., «Use of differential reinforcement of other behavior during dyadic instruction to reduce stereotyped behavior of autistic students», *American Journal of Mental Deficiency*, 90, 1986, pp. 694-702.

HARRIS, B., «Whatever happened to Little Albert?», *American Psychologist*, 34, 1979, pp. 151-160.

HARRIS, S. L., «Training parents of children with autism: An update on model», *the Behavior Therapist*, 12, 1989, pp. 219-221.

HARRISON, D. W., GARRET, J. C., HENDERSON, D. Y ADAMS, H. E., «Visual and auditory feedback for head tilt and torsion in a spasmodic torticollis patient», *Behaviour Research and Therapy*, 23, 1985, pp. 87-88.

HARTLEY, D. Y STRUPP, H., «Therapeutic alliance: A contribution to outcome in brief psychotherapy», en J. Masling (comp.), *Empirical studies of psychoanalytic theory*, Hillsdale, Nueva York, Lawrence Erlbaum, 1982.

HARTMAN, P. E. Y REUTER, J. M., *The effects of relaxation therapy and cognitive coping skills training on the control of diabetes mellitus*, Comunicación presentada en la reunión de la Society of Behavioral Medicine, Baltimore, 1983.

HARTMANN, D. P. Y ATKINSON, C., «Having your cake and eating it too: A note on some apparent contradictions between therapeutic achievements and design requirements in N01 studies», *Behavior Therapy*, 4, 1973, pp. 589-591.

—, ROPER, B. L. Y BRADFORD, D. C., «Some relationships between behavioral and traditional assessment», *Journal of Behavioral Assessment*, 1979, pp. 3-21.

HASKELL, B. Y ROVNER, H., «Electromyography in the management of the incompetent anal sphincter», *Diseases of the Colon and Rectum*, 10, 1967, pp. 81-84.

HAUGHTON, E. Y AYLLON, T., «Production and elimination of symptomatic behavior», en Ullman, L. y Krasner, L., *Case studies in behavior modification*, Nueva York, Holt, Rinehart & Winston, 1965.

HAWKINS, R. P., «Who decided that was the problem? Two stages of responsibility for applied behavior analysts», en W. S. Wood (comp.), *Issues in evaluating behavior modification*, Champaign, Ill., Research Press, 1975.

— «SELECTION OF TARGET BEHAVIORs», en R. O. Nelson y S. C. Hayes (comps.), *Conceptual foundations of behavioral assessment*, Nueva York, Guilford Press, 1986.

HAY, W. M., HAY, L. R. Y NELSON, R. O., «Direct and collateral changes in on-task and academic behavior resulting from on-task versus academic contingencies», *Behavior Therapy*, 8, 1977, pp. 431-441.

—, HAY, L. R., ANGLE, H. V. Y NELSON, R. O., «The reliability of problem identification in the behavioral interview», *Behavioral Assessment*, 1, 1979, pp. 107-118.

HAYES, S. C. (comp.), *Rule-governed behavior: Cognitions, contingencies, and instructional control*, Nueva York, Plenum, 1989.

—, BROWNELL, K. D. Y BARLOW, D. H., «The use of self administered covert sensitization in the treatment of exhibitionism and sadism», *Behavior Therapy*, 9, 1978, pp. 283-289.

—, KOHLENBERG, B. S. Y MELANCON, S. M., «Avoiding and altering rule-control as a strategy of clinical intervention», en S. C. Hayes (comp.), *Rule-governed behavior. Cognition, contingencies, and instructional control*, Nueva York, Plenum Press, 1989.

— Y NELSON, R. O., «Assessing the effects of therapeutic interventions», en R. O. Nelson y S.C. Hayes (comps.), *Conceptual foundations of behavioral assessment*, Nueva York, Guilford Press, 1986.

—, NELSON, R. O. Y JARRETT, R. B., «Evaluating the quality of behavioral assessment», en R. O. Nelson y S. C. Hayes (comps.), *Conceptual foundations of behavioral assessment,* Nueva York, Guilford Press, 1986.

—, NELSON, R. O. Y JARRETT, R. B., «The treatment utility of assessment: A functional approach to evaluating assessment quality», *American Psychologist,* 42, 1987, pp. 963-974.

—, RINCOVER, A. Y SOLNICK, J. V., «The technical drift of applied behavior analysis», *Journal of Applied Behavior Analysis,* 13, 1980, pp. 275-285.

—, ZETTLE, R. D. Y ROSENFARB, I., «Rule-following», en S. C. Hayes (comp.), *Rule-governed behavior. Cognition, contingencies, and instructional control,* Nueva York, Plenum Press, 1989.

HAYNES, S., *Principles of behavioral assessment,* Nueva York, Gardner Press, 1978.

— «BEHAVIORAL ASSESSMENT», en M. Hersen, A. E. Kazdin y A. S. Bellack (comps.), *The clinical psychology handbook,* Nueva York, Pergamon Press, 1983.

— «THE DESIGN OF INTERVENTIONS PROGRAMS», en R. O. Nelson y S. C. Hayes (comps.), *Conceptual foundations of behavioral assessment,* Nueva York, Guilford Press, 1986.

— Y JENSEN, B., «The interview as a behavioral assessment instrument», *Behavioral Assessment,* 1, 1979, pp. 97-106.

HEALY, J. M. Y DOWD, E. T., «Hypnotherapeutic control of long term pain», en E. T. Dowd y J. M. Healy (comps.), *Case studies in hypnotherapy,* Nueva York, Guilford, 1986.

HEIDE, F. Y BORKOVEC, T., «Relaxation-induced anxiety: Mechanisms and theoretical implications», *Behaviour Research and Therapy,* 22, 1984, pp. 1-12.

HEILVEIL, I., *Video in mental health practice,* Londres, Tavistock, 1983.

HEIMBERG, R. G., MONTGOMERY, D. MADSEN, C. H.JR. Y HEIMBERG, J. S., «Assertiveness training: A review of the literature», *Behavior Therapy,* 8, 1977, pp. 953-971.

HEITLER, J. B., «Preparatory techniques in initiating expressive psychotherapy with lower class, unsophisticated patients», *Psychological Bulletin,* 83, 1976, pp. 339-352.

HELLER, K. Y MARLATT, G. A., «Verbal conditioning, behavior therapy, and behavior change: Some problems in extrapolation», en C. M. Franks (comp.), *Behavior therapy: Appraisal and status,* Nueva York, McGraw-Hill, 1969.

HEMTON, W. W. E IVERSON, I. H., *Classical conditioning and operant conditioning. A response pattern analysis,* Nueva York, Springer-Verlag, 1978.

HENDERSON, J. Q., «A behavioral approach to stealing: A proposal for treatment based on ten cases», *Journal of Behavior Therapy and Experimental Psychiatry,* 12, 1981, pp. 231-236.

— «FOLLOW-UP OF STEALING BEHAVIOR IN 27 YOUTHS AFTER A VARIATY OF TREATMENT PROGRAMS», *Journal of Behavior Therapy and Experimental Psychiatry,* 14, 1983, pp. 331-337.

HENGGELER, S. W., «The family-ecological systems theory», en S. W. Henggeler (comps.), *Delinquency and adolescent psychopathology: A family-ecological systems approach,* Littleton, Mass., Wright-PSG, 1982.

HENRY, W. P., Schacht, T. E. y Strupp, H. H., «Structural analysis of social behavior: Application to a study of interpersonal process in differential psychotherapeutic outcome», *Journal of Consulting and Clinical Psychology,* 54, 1986, pp. 27-31.

HEPPNER, P. P. Y KRAUSKOPF, C.J., «An information-processing approach to personal problem solving», *The Counseling Psychologist,* 15, 1987, pp. 371-447.

— Y PETERSEN, C. H., «The development and implications of a personal problem solving inventory», *Journal of Counseling Psychology,* 29, 1982, pp. 66-75.

HERINK, R., *The psychotherapy handbook,* Nueva York, New American Library, 1980.

HERRNSTEIN, R., «Methods and theory in the study of avoidance», *Psychological Review,* 76, 1969, pp. 49-69.

— «THE EVOLUTION OF BEHAVIORISM», *American Psychologist,* 32, 1977, pp. 593-603.

— «DERIVATIVES OF MATCHING», *Psychological Review,* 86, 1979, pp. 486-495.

HERSEN, M., «Historical perspectives in behavioral assessment», en M. Hersen y A. S. Bellack (comps.), *Behavioral assessment: A practical handbook,* Nueva York, Pergamon Press, 1976.

— «COMPLEX PROBLEMS REQUIRE COMPLEX SOLUTIONS», *Behavior Therapy,* 12, 1981, pp. 15-29.

— «MASSED PRACTICE», en A. S. Bellack y M. Hersen (comps.), *Dictionary of behavior therapy techniques,* Nueva York, Pergamon Press, 1985.

— Y BARLOW, D., *Single case experimental designs* (2ª edición), Nueva York, Pergamon Press, 1984. (*)

— Y BELLACK, A. S., «Assessment of social skills», en A. R. Ciminero, A. S. Calhoun y H. E. Adams (comps.), *Handbook for behavioral assessment,* Nueva York, Wiley, 1977.

— Y BELLACK, A. S., *Behavioral assessment: A practical handbook* (2ª edición), Nueva York, Pergamon Press, 1981.

— Y BELLACK, A. S. (comps.), *Dictionary of behavioral assessment techniques,* Nueva York, Pergamon Press, 1988(a).

— Y BELLACK, A. S., «DSM-III and behavioral assessment», en A. S. Bellack y M. Hersen (comps.), *Behavioral assessment: A practical handbook* (3ª edición), Nueva York, Pergamon Press, 1988(b).

—, KAZDIN, A. E., BELLACK, A. S. Y TURNER, S. M., «Effects of live modeling, over modeling and rehearsal on assertiveness in psychiatric patients», *Behavioral Research and Therapy,* 17, 1979, pp. 369-377.

HETTEMA, J. Y KENRICK, D. T., «Biosocial interaction and individual adaptation», en P. J. Hettema (comp.), *Personality and environment: Assessment of human adaptation,* Chichester, Wiley, 1989.

HILGARD, E. R. Y BOWER, G. H., *Theories of learning,* Nueva York, Appleton-Century-Crofts, 1966.

— Y MARQUIS, D. G., *Conditioning and learning,* Nueva York, Appleton-Century-Crofts, 1940.

HILL, K. A., «Meta-analysis of paradoxical interventions», *Psychotherapy,* 24, 1987, pp. 266-270.

HILLNER, K. P., *Conditioning in contemporary perspective,* Nueva York, Springer, 1979.

HIRSCH, M. J., FUQUA, R. W. Y MILTENBERGER, R. G., *The training of initial behavioral assessment interview skills,* Comunicación presentada en el congreso de la Association for Behavior Analysis, Milwaukee, 1986.

HIRSCHMAN, A. O., *El avance en colectividad. Experimentos populares en la América latina,* Méjico, Fondo de Cultura Económica, 1986.

HOGAN, R. Y NICHOLSON, R. A., «The meaning of personality test scores», *American Psychologist,* 43, 1988, pp. 621-626.

HOGARTY, G. E. Y ULRICH, R., «The Discharge Readiness Inventory», *Archives of General Psychiatry,* 26, 1972, pp. 414-426.

HOLAHAN, C. J. Y WANDERSMAN, A., «The Community Psychology perspective in Environmental Psychology», en D. Stokols e I. Altman (comps.), *Handbook of environmental psychology* (2 vols.), Nueva York, Wiley, 1987.

HOLMES, D. S., «Meditation and somatic arousal reduction: A review of the experimental evidence», *American Psychologist,* 39, 1984, pp. 1-10.

HOLMES, T. S. Y RAHE, R. H., «The Social Readjustment Rating Scale», *Journal of Psychosomatic Research,* 11, 1967, pp. 213-218.

HOLLAND, C. J., «An interview guide for behavioral counseling with parents», *Behavior Therapy,* 1, 1970, pp. 70-79.

HOLLANDER, M. Y KAZAOKA, K., «Behavior therapy groups», en S. Long (comp.), *Six group therapies,* Nueva York, Plenum Press, 1988.

HOLLIN, C. R. Y TROWER, P., «Development and applications of social skills training: A review and critique», en M. Hersen, R. M. Eisler y P. M. Miller (comps.), *Progress in behavior modification, vol 22,* Newbury Park, Calif., Sage, 1988.

HOLLON, S. D. Y BEMIS, K. M., «Self-report and the assessment of cognitive functions», en M. Hersen y A. S. Bellack (comps.), *Behavioral assessment* (2ª edición), Nueva York, Pergamon Press, 1985.

HOMME, L. E., «Perspectives in psychology: XXIV Control of coverants, the operants of the mind», *Psychological Record,* 15, 1965, pp. 501-511.

—, CSANGI, A., GONZALES, M. Y RECHS, J., *How to use contingency contracting in the classroom,* Campaign, Ill., Research Press, 1969.

— Y KENDALL, P. C., «Cognitive self-statements in depression: Development of an automatic thoughts questionnaire», *Cognitive Therapy and Research,* 4, 1980, pp. 383-395.

— Y SHAW, B. F., «Group cognitive therapy for depressed patients», en A. T. Beck, A. J. Rush, B. F. Shaw y G. Emery (comps.), *Cognitive therapy of depression,* Nueva York, Guilford Press, 1979.

HOROWITZ, L. Y COLS., «Cohesive and dispersal behaviors: Two classes of concomitant changes in psychotherapy», *Journal of Consulting and Clinical Psychology,* 46, 1978, pp. 556-564.

HOUTS, A. C. Y MELLON, M. W., «Home-based tratment for primary enuresis», en C. E. Schaefer y J. M. Briesmeister (comps.), *Handbook of parent training: Parents as co-therapists for children's behavior problems,* Nueva York, Wiley, 1989.

HOWARD, K. I., KOPTA, S. M., KRAUSE, M. S. Y ORLINSKY, D. E., «The Dose-Effect relationship in psychotherapy», *American Psychologist,* 41, 1986, pp. 159-164.

HUARTE DE SAN JUAN, J., *Examen de ingenios para las ciencias,* Barcelona, PPU, 1988. (Or.: 1575).

HUBER, C., «Pure vs. pragmatic rational-emotive therapy», *Journal of Counseling and Development,* 61, 1985, pp. 321-322.

HUGUES, R. C., «Treatment of exhibicionism by covert sensitization», *Journal of Behavior Therapy and Experimental Psychiatry,* 8, 1977, pp. 177-179.

HULL, C. L., *Principles of behavior,* Nueva York, Appleton-Century Crofts, 1943.

HUNT, H. F., «Problems in the interpretation of the 'experimental neurosis'», *Psychological Reports,* 15, 1964, pp. 27-35.

HUSSIAN, R. A. Y LAWRENCE, P. S., «Social reinforcement of activity and problem-solving training in the treatment of depressed institutional elderly patients», *Cognitive Therapy and Research,* 5, 1981, pp. 57-69.

HYLAND, M. E., «Control theory interpretation of psychological mechanism of depression: Comparison and integration of several theories», *Psychological Bulletin,* 102, 1987, pp. 109-121.

INCE, L. P. Y LEON, M. S., «Biofeedback treatment of upper extremity dysfunction in Guillain-Barré syndrome», *Archives of Physical Medicine and Rehabilitation,* 67, 1986, pp. 30-33.

INGHAM, R. J., «On token reinforcement and stuttering therapy», *Journal of Applied Behavior Analysis,* 16, 1982, pp. 465-475.

INGLIS, J., DONALD, M. W., MONGA, T. N., SPROULE, M. Y YOUNG, M. J., «Electromyographic biofeedback and physical therapy of the hemiplegic upper limb», *Archives of Physical Medicine and Rehabilitation,* 65, 1984, pp. 755-759.

INSTITUTE OF MEDICINE, *Smoking and behavior,* Washington, National Academy of Sciences, 1980(a).

— *ALCOHOLISM, ALCOHOL ABUSE, AND RELATED PROBLEMS: Opportunities of research,* Washington, National Academy of Sciences, 1980(b).

— *RESEARCH ON STRESS AND HUMAN HEALTH,* Washington, National Academy of Sciences, 1981.

— *HEALTH AND BEHAVIOR: A research agenda,* Washington, National Academy of Sciences, 1982.

IRIARTE, M. DE, *El doctor Huarte de San Juan y su Examen de ingenios. Contribuciones a la historia de la psicología diferencial,* Madrid, CSIC, 1948. (Orig. 1938).

ISAACS, W., THOMAS, J. Y GOLDIAMOND, I., «Applications of operant conditioning to reinstate verbal behavior in psychotics», *Journal of Speech and Hearing Disorders,* 25, 1960, pp. 8-12.

ISEN, A. M., «Toward understanding the role of affect in cognition», en R. S. Wyer y T. K. Srull (comps.), *Handbook of social cognition,* vol. 3, Hillsdale, N.J., Lawrence Erlbaum.

ISRAEL, A. C., «Some thoughts on correspondence between saying and doing», *Journal of Applied Behavior Analysis,* 11, 1978, pp. 271-276.

—, STOLMAKER, L. Y ANDRIAN, C. A. G., «The effects of training parents in general child management skills on a behavioral weight loss program for children», *Behavior Therapy,* 16, 1985, pp. 169-180.

IVANCIC, M. T., REID, D. H., IWATA, B. A., FAW, G. D. Y PAGE, T. J., «Evaluating a supervision program for developing and maintaining therapeutic staff-resident interactions during institutional care routines», *Journal of Applied Behavior Analysis,* 14, 1981, pp. 95-107.

IWATA, B. A., WONG, S. E., RIORDAN, M. M., DORSEY, M. F. Y LAU, M. M., «Assessment and training of clinical interviewing skills: Analogue analysis and field replication», *Journal of Applied Behavior Analysis,* 15, 1982, pp. 191-203.

JACK, L. M., *An experimental study of ascendant behavior in preschool children,* Iowa City, University of Iowa Studies in Child Welfare, 1934.

JACOBS, A. Y FELTON, G. S., «Visual feedback of myoelectric output to facilitate muscle relaxation in normal persons and patients with nect injuries», *Archives of Physical Medicine and Rehabilitation,* 50, 1969, pp. 34-39.

JACOBSON, E., *You must relax,* Nueva York, Whittlesey House, 1934. (*)

— *PROGRESSIVE RELAXATION,* Chicago, University of Chicago Press, 1938.

— Y MCGUIGAN, F. J., *Principles and practice of progressive relaxation,* Nueva York, Guilford, BMA Audio Cassettes, 1982.

JACOBSON, N. S. Y HOLTZWORTH-MUNROE, A., «Marital therapy: A social learning-cognitive perspective», en N. S. Jacobson y A. S. Gurman (comps.), *Clinical handbook of marital therapy,* Nueva York, Guilford Press, 1986.

JANNOUN, L., MUNBY, M., CATALAN, J. Y GELDER, M., «A home-based treatment program for agoraphobia: Replication and controlled evaluation», *Behavior Therapy,* 11, 1980, pp. 294-305.

JANSSEN, K. Y NEUTGENS, J., «Autogenic training and progressive relaxation in the treatment of three kinds of headache», *Behaviour Research and Therapy,* 24, 1986, pp. 199-208.

JASON, L. A. Y GLENWICK, D. S., «Behavioral community psychology», *Journal of Community Psychology,* 13, abril 1984 (N° especial).

— Y ZOLIK, E. S., «Characteristics of behavioral community interventions», *Professional Psychology,* 12, 1981, pp. 769-775.

JEGER, A. M. Y SLOTNICK, R. S. (comps.), *Community mental health and behavioral-ecology,* Nueva York, Plenum Press, 1982(a).

— Y SLOTNICK, R. S., «Community mental health. Toward a behavioral-ecology perspective», en A. M. Jeger y R. S. Slotnick (comps.), *Community mental health and behavioral-ecology,* Nueva York, Plenum Press, 1982(b).

JOHNSON, R. P. Y GELLER, E. S., «Community mental health center programs», en D. Glenwick y L. Jason (comps.), *Behavioral community psychology: Progress and prospects,* Nueva York, Praeger, 1980.

JOHNSTON, J. M., «Controlling professional behavior: A review of *The effects of punishment on human behavior* by Axelrod y Apsche», *the Behavior Therapist,* 8, 1985, pp. 111-119.

— Y PENNYPACKER, H. S., *Strategies and tactics of human behavioral research,* Hillsdale, N.J., Lawrence Erlbaum, 1980.

JONES, E. E., CUMMING, J. D. Y HOROWITZ, M. J., «Another look at the nonspecific hypothesis of therapeutic effectiveness», *Journal of Consulting and Clinical Psychology,* 56, 1988, pp. 48-55.

JONES, M. C., «The elimination of children's fear», *Journal of Experimental Psychology,* 7, 1924(a), pp. 382-390.

— «A LABORATORY STUDY OF FEAR: THE CASE OF PETER», *Pedagogical Seminary,* 31, 1924(b), pp. 308-315.

JONES, R. T., KAZDIN, A. E. Y HANEY, J. I., «Social validation and training of emergency fire safety skills for potential injury prevention and lifesaving», *Journal of Applied Behavior Analysis,* 14, 1981(a), pp. 249-269.

—, KAZDIN, A. E. Y HANEY, J. I., «A follow-up to training emergency skills», *Journal of Applied Behavior Analysis,* 14, 1981(b), pp. 716-722.

JONES, T. W., «Behavior modification studies with hearing-impaired students: A review», *American Annals of Deafness,* 129, 1984, pp. 451-458.

JOYCE-MONIZ, L., «Epistemological therapy and constructivism», en M. J. Mahoney y A. Freeman (comps.), *Cognition and psychotherapy,* Nueva York, Plenum Press, 1985. (*)

KALE, R. J., KAYE, J. H., WHELAN, P. A. Y HOPKINS, B. L., «The effects of reinforcement on the modification, maintenance, and generalization of social responses of mental patients», *Journal of Applied Behavior Analysis,* 1, 1968, pp. 307-314.

KAMIYA, J., «Conscious control of brain waves», *Psychology Today,* 1, 1968, pp. 57-60.

— «PREFACE», en T. Barber, L. DiCara, J. Kamiya, N. Miller, D. Shapiro y J. Stoyva (comps.), *Biofeedback and self-control,* Chicago, Aldine-Atherton, 1971.

KANFER, F. H., «Self-regulation: Research, issues and speculations», en C. Neuringer y J. L. Michael (comps.), *Behavior modification in clinical psychology,* Nueva York, Appleton-Century-Crofts, 1970.

— «THE MAINTENANCE OF BEHAVIOR BY SELF-GENERATED STIMULI AND REINFORCEMENT», en A. Jacobs y L. B. Sacks (comps.), *The psychology of private events,* Nueva York, Academic Press, 1971.

— «ASSESSMENT FOR BEHAVIOR MODIFICATION», *Journal of Personality Assessment,* 36, 1972, pp. 418-423.— «Self-regulation and self-control», en H. Zeir (comp.), *The psychology of the 20th century,* Zurich, Kindler Verlag, 1977.

— «TARGET SELECTION FOR CLINICAL CHANGE PROGRAMS», *Behavioral Assessment,* 7, 1985, pp. 7-20.

— Y GRIMM, L. G., «Behavioral analysis: Selecting target behaviors in the interview», *Behavior Modification,* 1, 1977, pp. 7-28.

— Y GRIMM, L. G., «Managing clinical change: A process model of therapy», *Behavior Modification,* 4, 1980, pp. 419-444.

— Y HAGERMAN, S., «The role of self-regulation», en L. P. Rehm (comp.), *Behavior therapy for depression: Present status and future directions,* Nueva York, Academic Press, 1981.

— Y HAGERMAN, S. M., «Behavior therapy and the information-processing paradigm», en S. Reiss y R. R. Bootzin (comps.), *Theoretical issues in behavior therapy,* Nueva York, Academic Press, 1985.

—, KAROLY, P. Y NEWMAN, A., «Reduction of chidren's fear of the dark by competence related and situational threat related verbal cues», *Journal of Consulting and Clinical Psychology,* 43, 1975, pp. 251-258.

— Y SASLOW, G., «Behavioral analysis: An alternative to diagnostic classification», *Archives of General Psychiatry,* 12, 1965, pp. 529-538. (*)

— Y SASLOW, G., «An outline for behavioral diagnosis», en C. M. Franks (comp.), *Behavior therapy: Appraisal and status,* Nueva York, McGraw-Hill, 1969.

— Y SCHEFFT, B., *Guiding the process of therapeutic change,* Champaign, Ill., Research Press, 1988.

KANTOR, J. R., *Principles of psychology, vol. 1,* Bloomington, Principia Press, 1924.

— *PRINCIPLES OF PSYCHOLOGY, VOL. 2,* Bloomington, Principia Press, 1926.

— *INTERBEHAVIORAL PSYCHOLOGY,* Grannel, Ohio, Principia Press, 1959.

— *CULTURAL PSYCHOLOGY,* Chicago, Principia Press, 1982.

KAPLAN, D. A., «Behavioral, cognitive, and behavioral-cognitive approaches to group assertion training», *Cognitive Therapy and Research,* 6, 1982, pp. 301-314.

KAPLAN, H. S., *Manual ilustrado de terapia sexual,* Barcelona, Grijalbo. (Or.: 1975).

KARAKAN, I. Y MOORE, C. A., «Evaluation and treatment of insomnia», en R. J. Mathew (comp.), *The biology of anxiety,* Nueva York, Brunner/Mazel, 1984.

KAROL, R. L. Y RICHARDS, C. S., *Making treatment effects last: An investigation of maintenance strategies for smoking reduction,* Comunicación presentada en el congreso de la Association for the Advancement of Behavior Therapy, Chicago, 1978.

KAROLY, P., «Operant methods», en F. H. Kanfer y A. P. Goldstein (comps.), *Helping people change* (3ª edición), Nueva York, Pergamon Press, 1986. (*)

KASHIMA, K. J., BAKER, B. L. Y LANDEN, S. J., «Media-based versus professionaly led training for parents of mentally retarded children», *American Journal on Mental Retardation,* 93, 1988, pp. 209-217.

KAU, M. L. Y FISCHER, J., «Self-modification of exercise behavior», *Journal of Behavior Therapy and Experimental Psychiatry,* 5, 1974, pp. 213-214.

KAZDIN, A. E., «Covert Modeling and reduction of avoidance behavior», *Journal of Abnormal Psychology,* 81, 1973, pp. 87-95.

— «COMPARATIVE EFFECTS OF SOME VARIANTS OF COVER MODELING», *Journal of Behavior Therapy and Experimental Psychiatry,* 5, 1974(a), pp. 225-231.

— «COVERT MODELING, MODEL SIMILARITY, AND REDUCTION OF AVOIDANCE BEHAVIOR», *Behavior Therapy,* 5, 1974(b), pp. 325-340.

— «EFFECTS OF COVERT MODELING AND MODEL REINFORCEMENT ON ASSERTIVE BEHAVIOR», *Journal of Abnormal Psychology,* 83, 1974(c), pp. 240-252.

— «THE EFFECTS OF MODEL IDENTITY AND FEAR RELEVANT SIMILARITY IN COVER MODELING», *Behavior Therapy,* 5, 1975, pp. 624-635.

— «IMPLEMENTING TOKEN PROGRAMS: THE USE OF STAFF AND PATIENTS FOR MAXIMIZING CHANGE», en R. L. Patterson (comp.), *Maintaining effective token economies,* Springfield, III., Charles C. Thomas, 1976.— «Effects of covert modeling, multiple models and model reinforcement on assertive behavior», *Behavior Therapy,* 7, 1976(b), pp. 211-222.

— «ARTIFACT, BIAS, AND COMPLEXITY OF ASSESSMENT: THE ABCS OF RELIABILITY», *Journal of Applied Behavior Analysis,* 10, 1977(a), pp. 141-150.

— «ASSESSING THE CLINICAL OR APPLIED IMPORTANCE OF BEHAVIOR CHANGE THROUGH SOCIAL VALIDATION», *Behavior Modification,* 1, 1977(b), pp. 427-452.

— «BEHAVIOR THERAPY: EVOLUTION AND EXPANSION», *The Counseling Psychologist,* 7, 1978(a), pp. 34-37.

— *HISTORY OF BEHAVIOR MODIFICATION: Experimental foundations of contemporary research,* Baltimore, University Park Press, 1978. (*)

— «COVERT AND OVERT REHEARSAL AND ELABORATION DURING TREATMENT IN THE DEVELOPMENT OF ASSERTIVE BEHAVIOR», *Behaviour Research and Therapy,* 18, 1980, pp. 191-201.

— «TOKEN ECONOMY», en A. S. Bellack y M. Hersen (comps.), *Dictionary of behavior therapy techniques,* Nueva York, Pergamon, 1985(a).

— «SELECTION OF TARGET BEHAVIORS: THE RELATIONSHIP OF THE TREATMENT FOCUS TO CLINICAL DYSFUNCTION», *Behavioral Assessment,* 7, 1985(b), pp. 33-47.

— *TREATMENT OF ANTISOCIAL BEHAVIOR IN CHILDREN AND ADOLESCENTS,* Homewood, Ill., Dorsey Press, 1985(c). (*)

— «COMPARATIVE OUTCOME STUDIES OF PSYCHOTHERAPY: METHODOLOGICAL ISSUES AND STRATEGIES», *Journal of Consulting and Clinical Psychology,* 54, 1986(a), pp. 95-105.

— «EDITOR'S INTRODUCTION TO THE SPECIAL ISSUE», *Journal of Consulting and Clinical Psychology,* 54, 1986(b), p. 3.

— *BEHAVIOR MODIFICATION IN APPLIED SETTING* (4ª edición), Pacific Grove, Calif., Brooks/Cole, 1989.

— Y COLE, P. E., «Attitude and labeling biases toward behavior modification: The effects of labels, canten and jargon», *Behavior Therapy,* 12, 1981, pp. 56-68.

— Y POLSTER, R., «Intermittent token reinforcement and response maintenance in extinction», *Behavior Therapy,* 4, 1973, pp. 386-391.

— Y WILCOXON, L. A., «Systematic desensitization and nonspecific treatment effects: A methodological evaluation», *Psychological Bulletin,* 83, 1976, pp. 729-758.

KEEFE, F. J. Y BLUMENTHAL, J. A. (comps.), *Assessment strategies in behavioral medicine,* Nueva York, Grune & Stratton, 1982.

KELLER, F. S., «Goodbye teacher ...», *Journal of Applied Behavior Analysis,* 1, 1968, pp. 79-89.

— Y SHERMAN, J. G., *The PSI Handbook: Essays on personalized instruction,* Lawrence, KS., TRI Publications, 1982.

— Y SCHOENFELD, W. N., *Principles of psychology,* Nueva York, Appleton-Century-Crofts, 1950.

KELLEY, C., *Assertion training: A facilitator's guide,* San Diego, Calif., University Associates, 1979.

KELLEY, M. L., JARVIE, G. J., MIDDLEBROOK, J. L., MCNEER, M. F. Y DRABMAN, R. S., «Decreasing burned children's pain behavior: Impacting the trauma of hydrotherapy», *Journal of Applied Behavior Analysis,* 17, 1984, pp. 147-158.

KELLY, G., *The psychology of personal constructs,* Nueva York, Norton, 1955.

KELLY, J. A., *Social-skills training: A practical guide for interventions,* Nueva York, Springer, 1982. (*)

KENDALL, P. C., «Annotation cognitive-behavioral therapy for children», *Journal of Child Psychology and Psychiatry,* 2, 1984, pp. 173-179.

— Y BRASWELL, L., «Cognitive behavioral self control therapy for children: A component analysis», *Journal of Consulting and Clinical Psychology,* 49, 1982, pp. 672-689.

— Y FISCHLER, G. L., «Behavioral and adjustment correlates of problem solving: Validational analyses of interpersonal cognitive problem solving measures», *Child Development,* 55, 1984, pp. 879-892.

— Y WILCOX, L. E., «A cognitive-behavioral treatment for impulsivity: Concrete versus conceptual training in non self controlled problem children», *Journal of Consulting and Clinical Psychology,* 48, 1980, pp. 80-91.

KENDLER, H. H. Y SPENCE, J. T., «Tenets of neobehaviorism», en H. H. Kendler y J. T. Spence (comps.), *Essays in neobehaviorism: A memorial volume to Kenneth W. Spence,* Nueva York, Appleton-Century-Crofts, 1971.

KENNEDY, R. E., «Cognitive behavioral interventions with delinquents», en A. W.

Meyers y W. E. Craighead, *Cognitive behavior therapy with children,* Plenum Press, Londres, 1984.

KEWMAN, D. Y ROBERTS, A. H., «Skin temperature biofeedback and migraine headache: A double-blind study», *Biofeedback and Self-Regulation,* 5, 1980, pp. 327-345.

KIESLER, C. A. Y SIBULKIN, D. E., *Mental hospitalization. Myths and facts about national crisis,* Beverly Hills, N.J., Sage, 1987.

KIHLSTROM, J. F., «The cognitive unconscious», *Science,* 237, 1987, pp. 1445-1452.

KILMAN, P. R. Y HOWELL, R. J., «The effects of structure of marathon group therapy and locus of control on therapy outcome», *Journal of Consulting and Clinical Psychology,* 42, 1974, p. 912.

KIMBLE, G. A., *Hilgard y Marquis' conditioning and learning,* Nueva York, Appleton Century Crofts, 1961. (*)

KIMMEL, E. Y KIMMEL, H. D., «A replication of operant conditioning of the GSR», *Journal of Experimental Psychology,* 65, 1963, pp. 212-213.

KIMMEL, H. D., «The relevance of experimental studies to clinical applications of biofeedback», *Biofeedback and Self-Regulation,* 6, 1981, pp. 263-271.— «The myth and the symbol of biofeedback», *International Journal of Psychophysiology,* 3, 1986, pp. 211-218.

— Y HILL, F. A., «Operant conditioning of the GSR», *Psychological Reports,* 7, 1960, pp. 555-562.

KINSNER, W. Y PEAR, J. J., «Computer-aided personalized system of instruction for the virtual classroom», *Canadian Journal of Educational Communication,* 17, 1988, pp. 21-36.

KIRBY, K. C. Y BICKEL, W. K., «Toward an explicit analysis of generalization: A stimulus control interpretation», *The Behavior Analyst,* 11, 1988, pp. 115-129.

KIRITZ, S. Y MOOS, R. H., «Physiological effects of social environments», *Psychosomatic Medicine,* 36, 1974, pp. 96-114.

KLEIN, M., DITTMAN, A. T., PARLOFF, M. R. Y GILL, M. W., «Behavior therapy: Observations and reflections», *Journal of Consulting and Clinical Psychology,* 33, 1969, pp. 259-266.

KLINGER, E., «On the self-management of mood, affect and attention», en P. Karoly y F. H. Kanfer (comps.), *Self-management and behavior change: From theory to practice,* Nueva York, Pergamon Press, 1982.

Koegel, R. L. y Rincover, A., «Research on the difference between generalization and maintenance in extra therapy responding», *Journal of Applied Behavior Analysis,* 10, 1977, pp. 1-12.

— RINCOVER, A. Y EGEL, A. L., *Educating and understanding autistic children,* San Diego, Calif., College-Hill Press.

KOFFKA, K., *Principles of gestalt psychology,* Nueva York, Harcourt, Brace and World, 1935.

KOHLENBERG, R. J. Y TSAI, M., «Functional analytic therapy», en N. S. Jacobson (comps.), *Psychotherapists in clinical practice: Cognitive and behavioral perspectives,* Nueva York, Guilford Press, 1987.

KÖHLER, W., *Gestalt psychology,* Nueva York, Liveright, 1947.

KOLVIN, I. «Aversive imagery. Treatment in adolescents», *Behavior Therapy,* 5, 1967, pp. 245-249.

KORCHIN, S. J. Y SANDS, S. H., «Principles common to all psychotherapies», en C. E. Walker (comp.), *The handbook of clinical psychology,* vol. 1, Homewood, Ill., Dow Jones-Irwin, 1983.

KORZYBSKI, A., *Science and sanity: An introduction to non-Aristotelian systems and general semantics,* Lakeville, Conn., Institute of General Semantics, 1933.

KOSTKA, M. P. Y GALASSI, J. P., «Systematic desensitization versus positive reinforcement in the reduction of test anxiety», *Journal of Consulting and Clinical Psychology,* 21, 1974, pp. 464-468.

KOVACS, M. Y BECK, A. T., «Cognitive-affective processes in depression», en C. E. Izard (comp.), *Emotions in personality and psychopathology,* Nueva York, Plenum Press, 1977.

KRANTZ, D. S., GRUNBERG, N. E. Y BAUM, A., «Health psychology», *Annual Review of Psychology,* 36, 1985, pp. 349-383.

KRANTZ, S. E., «When negative cognitions reflect negative realities», *Cognitive Therapy and Research,* 9, 1985, pp. 395-610.

KRASNER, L., «The use of generalized reinforcers in psychotherapy research», *Psychological Reports,* 1, 1955, pp. 19-25.

— «STUDIES OF THE CONDITIONING OF VERBAL BEHAVIOR», *Psychological Bulletin,* 55, 1958, pp. 148-170.

— «THE THERAPIST AS A SOCIAL REINFORCEMENT MACHINE», en H. H. Strupp y L. Luborsky (comps.), *Research in psychotherapy,* vol. 2, Washington, DC, American Psychological Association, 1962.

— «BEHAVIOR MODIFICATION-VALUES AND TRAINING: THE PERSPECTIVE OF A PSYCHOLOGIST», en C. M. Franks (comp.), *Behavior therapy: Appraisal and status,* Nueva York, McGraw-Hill, 1969.

— «BEHAVIOR THERAPY», *Annual Review of Psychology,* 22, 1971, pp. 483-532.

KRASNOGORSKI, N. I., «The conditioned reflexes in children's neuroses», *American Journal of Diseases in Children,* 30, 1925, pp. 753-768.

KRATOCHWILL, T. R., «Selection of target behaviors: Issues and directions», *Behavioral Assessment,* 7, 1985, pp. 3-5.

KROGER, W. S., *Clinical and experimental hypnosis in medicine, dentistry and psychology* (2ª edición), Philadelphia, Lippincott, 1977.

KUBIE, L. S., «Relation of the conditioned reflex to psychoanalytic technic», *Archives of Neurology and Psychiatry,* 32, 1934, 1137-1142.

KUHN, A., *The logic of social systems,* San Francisco, Jossey-Bass, 1974.

KUHN, T. S., *The structure of scientific revolutions,* Chicago, University of Chicago Press, 1962.

— *The structure of scientific revolutions* (2ª edición), Chicago, University of Chicago Press, 1970.

KUIPER, N. A., Olinger, L. J. y MacDonald, M. R., «Depressive schemata and the processing of personal and social information», en L. Alloy (comp.), *Cognitive processes in depression,* Nueva York, Guilford Press, 1988.

KULIK, J. A., KULIK, C. C. Y COHEN, P. A., «Meta-analysis of outcome studies of Keller's personalized system of instruction», *American Psychologist,* 34, 1979, pp. 307-318.

KWEE, M. G. T., «Towards the clinical art and science of multimodal psychotherapy», *Current Psychological Reviews,* 1, 1981, pp. 55-68.

— «PSYCHOTHERAPY AND THE PRACTICE OF GENERAL SEMANTICS», *Methodology and Science,* 15, 1982, pp. 236-256.

— *On psychotherapy: Emotionally, relativity and spirituality,* Comunicación presentada en la escuela de verano de Sufi, Katwijk, Países Bajos.

— DUIVENVOORDEN, H. J., TRIJSBURG, R. W. Y THIEL, J. H., «Multimodal therapy in an inpatient setting», *Current Psychological Research & Reviews,* 5, 1986, pp. 344-357.

— y LAZARUS, A. A., «Multimodal therapy: The cognitive-behavioral tradition and beyond», en W. Dryden y W. Golden (comps.), *Cognitive-behavioral approaches to psychotherapy,* Londres, Harper & Row, 1986.

— y ROBORGH, M. R. H. M., *Multimodale Anamnese Psychotherapie (MAP): vragenlijst en hadleiding,* Lisse, Swets & Zeitlinger, 1989.

LABRADOR, F. J., «Tratamiento de una taquicardia sinusal por medio de relajación, biofeedback R.P.G. y biofeedback de tasa cardíaca», *Revista Española de Terapia del Comportamiento,* 1, 1983, pp. 289-302.

— «TÉCNICAS DE BIOFEEDBACK», en J. Mayor y F. J. Labrador (comps.), *Manual de modificación de conducta,* Madrid, Alhambra, 1984.

LACKS, P., *Behavioral treatment for persistent insomnia,* Nueva York, Pergamon Press, 1987.

—, BERTELSON, A. D., GANS, L. Y KUNKEL, J., «The effectiveness of three behavioral treatments for different degrees of sleep onset insomnia», *Behavior Therapy,* 14, 1983, pp. 593-605.

LACROIX, J. M., «The adquisition of autonomic control through biofeedback: The case against an afferent process and a two-process alternative», *Psychophysiology,* 18, 1981, pp. 573-587.

LADER, M. H. Y MATHEWS, A. M., «A physiological model of phobic anxiety and desensitization», *Behaviour Research and Therapy,* 6, 1968, pp. 411-424.

LADOUCEUR, R. Y GROS-LOUIS, Y., «Paradoxical intention vs. stimulus control in the treatment of severe insomnia», *Journal of Behavior Therapy and Experimental Psychiatry,* 17, 1986, pp. 267-269.

LAKATOS, I., «Falsification and methodology of scientific research programmes», en I. Lakatos y A. Musgrave (comps.), *Criticism and the growth of knowledge,* Londres, Cambridge University Press, 1974.

— *Historia de la ciencia y sus reconstrucciones,* Madrid, Tecnos, 1982. (Or.: 19..)

LAMARRE, J. Y HOLLAND, J. G., «The functional independence of mands and tacts», *Journal of the Experimental Analysis of Behavior,* 43, 1985, pp. 5-19.

LANDES, A. A., *Assessment of the reliability and validity of the multimodal Structural Profile Inventory,* Tesis Doctoral sin publicar, Graduate School of Applied and Professional Psychology, Rutgers University, New Jersey, 1988.

LANDY, F. J., «Stamp collecting versus science: Validation and hypothesis testing», *American Psychologist,* 41, 1986, pp. 1183-1192.

LANG, P. J., «Fear reduction and fear behavior: Problems in treating a construct», en J. M. Schlien (comp.), *Research in psychotherapy* (vol. 3), Washington, D.C., American Psychological Association, 1968.

— «ACQUISITION OF HEART-RATE CONTROL: METHOD, THEORY AND CLINICAL IMPLICATIONS», en D. C. Fowles (comp.), *Clinical applications of psychophysiology,* Nueva York, Columbia University Press, 1975.

— «IMAGERY IN THERAPY: AN INFORMATION PROCESSING ANALYSIS OF FEAR», *Behavior Therapy*, 8, 1977, pp. 862-886.

— «THE COGNITIVE PSYCHOPHYSIOLOGY OF EMOTION: FEAR AND ANXIETY», en A. H. Tuma y J. D. Maser (comps.), *Anxiety and the anxiety disorders*, Hillsdale, New Jersey, Lawrence Erlbaum, 1985.

— Y LAZOVIK, A. D., «Experimental desensitization of a phobia», *Journal of Abnormal and Social Psychology*, 66, 1963, pp. 519-525.

LANGE, A. J. «Entrenamiento cognitivo-conductual de la aserción», en A. Ellis y R. Grieger (comps.), *Manual de terapia racional-emotiva*, Bilbao, Desclée de Brouwer, 1981. (Or.: 1977)

— Y JAKUBOWSKI, P., Responsible assertive behavior, Champaign, Ill., Research Press, 1976.

—, RIMM, D. C Y LOXLEY, J., «Cognitive-behavioral assertion training procedures», en J. M. Whiteley y J. V. Flowers (comps.), Approaches to assertion training, Monterey, Calif., Brooks/Cole, 1978.

LARTIGUE, M. T., Biopsicosociología social, Méjico, Alhambra Mexicana, 1980.

— y BIRO, C. E. (comps.), Alternativas para el diálogo con comunidades marginadas, Méjico, Alhambra Mexicana, 1986.

LATORRE, R. A., «Pre-therapy role induction procedures», Canadian Psychological Review, 18, 1977, pp. 308-321.

LAWSON, D. M. Y MAY, R. B., «Three procedures for the extinction of smoking behavior», Psychological Record, 20, 1970. pp. 151-157.

LAZARUS, A. A., «New methods of psychotherapy. A case study», South African Medical Journal, 32, 1958, pp. 660-663.

— «GROUP THERAPY AND PHOBIC DISORDERS BY SYSTEMATIC DESENSITIZATION», Journal of Abnormal and Social Psychology, 63, 1961, pp. 504-510.

— «THE RESULTS OF BEHAVIOUR THERAPY IN 126 CASES OF SEVERE NEUROSIS», Behaviour Research and Therapy, 1, 1963, pp. 69-79.

— «BEHAVIOR REHEARSAL VS. NON-DIRECTIVE THERAPY VS. ADVICE IN AFFECTING BEHAVIOUR CHANGE», Behaviour Research and Therapy, 4, 1966, pp. 209-212.

— «AVERSION THERAPY AND SENSORY MODALITIES: CLINICAL IMPRESSIONS», Perceptual and Motor Skills, 27, 1968(a), p. 178.

— «LEARNING THEORY AND THE TREATMENT OF DEPRESSION», Behaviour Research and Therapy, 6, 1968(b), pp. 83-89.

— «BEHAVIOR THERAPY IN GROUPS», en G. M. Gazda (comp.), Basic approaches to group psychotherapy and group counseling, Springfield, Ill., Charles C. Thomas, 1968(c).

— BEHAVIOR THERAPY AND BEYOND, Nueva York, McGraw-Hill, 1971. (*)

— «'HYPNOSIS' AS A FACILITATOR IN BEHAVIOR THERAPY», International Journal of Clinical and Experimental Hypnosis, 21, 1973, pp. 25-31.

— THE PRACTICE OF MULTIMODAL THERAPY, Nueva York, McGraw-Hill, 1981. (*)

— «EMOTIVE IMAGERY», en A. S. Bellack y M. Hersen (comps.), Dictionary of behavior therapy techniques, Nueva York, Pergamon Press, 1985.

— «MULTIMODAL THERAPY», en J. C. Norcross (comp.), Handbook of eclectic psychotherapy, Nueva York, Brunner/Mazel, 1986.

— «THE MULTIMODAL APPROACH WITH ADULT OUTPATIENTS», en N. S. Jacobson (comp.), Psychotherapists in clinical practice: Cognitive and behavioral perspectives, Nueva York, Guilford Press, 1987.

— THE PRACTICE OF MULTIMODAL THERAPY (2ª edición), Baltimore, John Hopkins University Press, 1989.

— y ABRAMOVITZ, A., «The use of 'emotive imagery' in the treatment of children's phobias», Journal of Mental Science, 108, 1962, pp. 191-195.

— y FAY, A., «Resistance or rationalization? A cognitive-behavioral perspective», en P. L. Wachtel (comp.), Resistance: Psychodynamic and behavioral approaches, Nueva York, Plenum Press, 1982.

LAZARUS, R. S., «Psychologist stress and coping in adaptation and illness», International Journal of Psychiatry in Medicine, 5, 1974, pp. 321-333.

— «A COGNITIVELY ORIENTED PSYCHOLOGIST LOOKS AT BIOFEEDBACK», American Psychologist, 30, 1975, pp. 553-561.

— «THE STRESS AND COPING PARADIGM», en C. Eisdorfer, D. Cohen, A. Kleinman y P. Maxim (comps.), Models for clinical psychopathology, Nueva York, Spectrum, 1981.

— «ON THE PRIMACY OF COGNITION», American Psychologist, 39, 1984, pp. 124-129.

— y FOLKMAN, S., Stress, appraisal and coping, Nueva York, Springer, 1984. (*)

LEBOW, M. D., Weight control: The behavioral strategies, Nueva York, Wiley, 1981.

LEE, V. L., Beyond behaviorism, Hillsdale, N.J., Lawrence Erlbaum, 1988.

LEGA, L., Ethnic thinking: Significant issues in the psychology of hispanics, Comunicación presentada en el Critical Thinking Conference, Montclair State, New Jersey, 1989.

— y ELLIS, A., «Rational emotive therapy», en R. Corsini (comp.), Five therapists and one client, 1989.

LEIGH, H. Y REISER, M. F., The patient: Biological, psychological and social dimensions of medical practice, Nueva York, Plenum Press, 1980.

LEITENBERG, H., «Response initiation and response termination: Analysis of effects of punishment and escape contingencies», Psychological Reports, 16, 1965, pp. 559-575.

LEMERE, F. Y VOEGTLIN, W. L., «Conditioned reflex therapy of alcoholic addiction: Specificity of conditioning against chronic alcoholism», California and Western Medicine, 53, 1940, pp. 268-269.

LENNARD, H. L. Y BERNSTEIN, A., «Role learning in psychotherapy», Psychotherapy: Theory, Research, and Practice, 4, 1967, pp. 1-6.

LENTZ, R. J., PAUL, G. L. Y CALHOUN, J. F., «Reliability and validity of three measures of functioning with «hard-core» chronic mental patients», Journal of Abnormal Psychology, 77, 1971, pp. 313-323.

LEON, J. A. Y PEPE, H. J., «Self-instructional training: Cognitive behavior modification for remediating arithmetics deficits», Excepcional Children, 50, 1983, pp. 54-60.

LEVENTHAL, H. Y TOMARKEN, A. J., «Emotion: Today's problems», Annual Review of Psychology, 37, 1986, pp. 565-610.

LEVINE, M. Y PERKINS, D. V., Principles of community psychology: Perspectives and aplications, Nueva York, Oxford University Press, 1987.

LEVIS, D. J., «Effects of serial CS presentation and other characteristics of the CS on the conditioned avoidance response», Psychological Reports, 18, 1966, pp. 755-766.

— «BEHAVIORAL THERAPY: THE FOURTH THERAPEUTIC REVOLUTION?», en D. J. Levis (comp.), *Learning approaches to therapeutic behavior change*, Chicago, Aldine, 1970.

— «IMPLOSIVE THERAPY: A CRITICAL ANALYSIS OF MORGANSTERN'S REVIEW», *Psychological Bulletin*, 81, 1974, pp. 155-158.

—»THE INFRAHUMAN AVOIDANCE MODEL OF SYMTOM MAINTENANCE AND IMPLOSIVE THERAPY», en J. D. Keehn (comp.), *Psychopathology in animals*, Nueva York, Academic Press, 1979.

— «EXPERIMENTAL AND THEORETICAL FOUNDATIONS OF BEHAVIOR MODIFICATION», en A. S. Bellack, M. Hersen y A. E. Kazdin (comps.), *International handbook of behavior modification and therapy*, Nueva York, Plenum Press, 1982.

— «IMPLOSIVE THERAPY: A COMPREHENSIVE EXTENSION OF CONDITIONING THEORY OF FEAR/ANXIETY TO PSYCHOPATHOLOGY», en S. Reiss y R. R. Bootzin (comps.), *Theoretical issues in behavior therapy*, Nueva York, Academic Press, 1985.

— «IMPLEMENTING THE TECHNIQUE OF IMPLOSIVE THERAPY», en A. Goldstein y E. B. Foa (comps.), *Handbook of behavioral interventions: A clinical guide*, Nueva York, Wiley, 1986(a).

— «THE LEARNED HELPLESSNESS EFFECT: AN EXPECTANCY DISCRIMINATION DEFICIT OR MOTIVATIONAL INDUCED PERSISTENCE?», *Journal of Research in Personality*, 14, 1986(b), pp. 158-169.

— «TREATING ANXIETY AND PANIC ATTACKS: THE CONFLICT MODEL OF IMPLOSIVE THERAPY», *Journal of Integrative and Eclectic Psychotherapy*, 6, 1987, pp. 450-461.

— «OBSERVATION AND EXPERIENCE FROM CLINICAL PRACTICE: A CRITICAL INGREDIENT FOR ADVANCING BEHAVIOR THEORY AND THERAPY», *the Behavior Therapist*, 11, 1988, pp. 95-99.

— «THE CASE FOR A RETURN TO A TWO-FACTOR THEORY OF AVOIDANCE: THE FAILURE OF NON-FEAR INTERPRETATIONS», en S. B. Klein y R. R. Mowrer (comps.), *Contemporary learning theories, vol. 1: Pavlovian conditioning and the status of tradition*, Hillsdale, N.J., Lawrence Erlbaum, 1989.

— «A CLINICIAN'S PLEA FOR A RETURN TO THE DEVELOPMENT OF NONHUMAN MODELS OF PSYCHOPATHOLOGY: NEW CLINICAL OBSERVATIONS IN NEED OF LABORATORY STUDY», en M. R. Denny (comp.), *Aversive stimuli and behavior*, Hillsdale, N.J., Lawrence Erlbaum, (en prensa).

— Y BOYD, T. L., «Symptom maintenance: An infrahuman analysis and extension of the conservation of anxiety principle», *Journal of Abnormal Psychology*, 88, 1979, pp. 107-120.

— Y BOYD, T. L., «The CS exposure approach of implosive therapy», en R. McMillan Turner y L. M. Ascher (comps.), *Evaluation of behavior therapy outcome*, Nueva York, Springer, 1985.

— Y CARRERA, R. N., «Effects of 10 hours of implosive therapy in the treatment of outpatients: A preliminary report», *Journal of Abnormal Psychology*, 72, 1967, pp. 504-508.

— Y HARE, N., «A review of the theoretical rationale and empirical support for the extinction approach of implosive (flooding) therapy», en M. Hersen, R. M. Eisler y P. M. Miller (comps.), *Progress in behavior modification, vol. 2*, Nueva York, Academic Press, 1977.

— y STAMPFL, T. G, «Effects of serial CS presentations on shuttlebox avoidance responding», *Learning and Motivation*, 3, 1972, pp. 73-90.

LEWICKI, P., *Nonconscious social information processing,* Nueva York, Academic Press, 1986.

LEWIN, K., *Principles of topological psychology,* Nueva York, McGraw-Hill, 1936.

LEWINSOHN, P. M., «Clinical and theoretical aspects of depression», en K. S. Calhoun, H. E. Adams y K. M. Mitchel (comps.), *Innovative methods in psychopatology,* Nueva York, Wiley, 1974.

LEWIS, H. B., «Shame -the 'sleeper' in psychopathology», en H. B. Lewis (comp.), *The role of shame in symptom formation,* Hillsdale, N.J., Lawrence Erlbaum, 1987.

LIBERMAN, R. P., DERISSI, W. J. Y MUESER, K. T., *Social skills training for psychiatric patients,* Nueva York, Pergamon Press, 1989.

—, KING, L. W. Y DERISI, W. J., «Behavior analysis and therapy in community mental health», en H. Leitenberg (comp.), *Handbook of behavior modification and behavior therapy,* Englewood Cliffs, N.J., Prentice-Hall, 1976. (*)

—, KING, L. W., DERISI, W. J. Y MCCANN, M., *Personal effectiveness training: A manual for teaching social and emotional skills,* Champaign, Ill., Research Press, 1975.

—, KUEHNEL, T. G., KUEHNEL, J. M., ECKMAN, T. Y ROSENSTEIN, J., «The behavioral analysis and modification project for community mental health. From conception to dissemination», en A. M. Jeger y R. S. Slotnick (comps.), *Community mental health and behavioral ecology,* Nueva York, Plenum Press, 1982.

—, WHEELER, E. G., DE VISSER, L., KUEHNEL, J. Y KUEHNEL, T., *Manual de terapia de pareja,* Bilbao, Desclée de Brouwer, 1987. (Or.: 1983).

LINDSLEY, O. R., «Operant conditioning methods applied to research in chronic schizophrenia», *Behaviour Research and Therapy,* 1, 1956, pp.45-51.

—«CHARACTERISTICS OF THE BEHAVIOR OF CHRONIC PSYCHOTICS AS REVEALED BY FREE-OPERANT CONDITIONING METHODS», *Diseases of the Nervous System* (Monograph Supplement), 21, 1960, pp. 66-78.

—, SKINNER, B. F. Y SOLOMON, H. D., *Studies in behavior therapy. Status Report 1,* Watham, MA, Metropolitan State Hospital, 1953

LINEHAN, M., «Issues in behavioral interviewing», en J. D. Cone y R. P. Hawkins (comps.), *Behavioral assessment: New directions in clinical psychology,* Nueva York, Brunner/Mazel, 1977.

—«CONTENT VALIDITY: ITS RELEVANCE TO BEHAVIORAL ASSESSMENT», *Behavioral Assessment,* 2, 1980, pp. 147-159.

— «INTERPERSONAL EFFECTIVENESS IN ASSERTIVE SITUATIONS», en E. A. Bleechman (comp.), *Behavior modification with women,* Nueva York, Guilford Press, 1984.

LIOTTI, G., «Cognitive therapy, attachment theory and psychiatric nosology: A clinical and psychiatric inquiry into their interdependence», en M. A. Reda y M. J. Mahoney (comps.), *Cognitive psychotherapies,* Cambridge, Mass., Ballinger, 1984.

— «STRUCTURAL COGNITIVE THERAPY», en W. Dryden y W. L. Golden (comps.), *Cognitive-behavioural approaches to psychotherapy,* Londres, Harper and Row, 1986.

LISINA, M. I., «The role of orientation in the transformation of involuntary reactions to voluntary ones», en L. G. Voronin, A. N. Leontiev, A. R. Luria, E. N. Sokolov y O. B. Vinogradova (comps.), *Orienting reflex and exploratory behavior,* Washington, American Institute of Biological Sciences, 1965.

LITTLE, B. R., «Personality and environment», en D. Stokols e I. Altman (comps.), *Handbook of environmental psychology* (2 vols.), Nueva York, Wiley, 1987.

LITTLE, L. M. Y KELLEY, M. L., «The efficacy of reponse cost procedures for reducing children's noncompliance to parental instructions», *Behavior Therapy*, 20, 1989, pp. 525-534.

LLAVONA, L., «El proceso en evaluación conductual», en J. Mayor y F. J. Labrador (comps.), *Manual de modificación de conducta*, Madrid, Alhambra, 1984.

LOEBER, R. Y SCHMALING, K. B., «Empirical evidence for overt and covert patterns of antisocial conduct problems: A meta-analysis», *Journal of Abnormal Child Psychology*, 13, 1985(a), pp. 337-352.

— Y SCHMALING, K. B., «The utility of differentiating between mixed and pure forms of antisocial child behavior», *Journal of Abnormal Child Psychology*, 13, 1985(b), pp. 315-336.

—, WEISSMAN, W. Y REID, J. B., «Family interactions of assaultive adolescents, stealers, and nondelinquents», *Journal of Abnormal Child Psychology*, 11, 1983, pp. 1-14.

LOEVINGER, J., «Theory and techniques of assessment», *Annual Review of Psychology*, 10, 1959, pp. 289-316.

LOLORDO, M. Y SHAPIRO, K. L., «A behavioral approach to population control», en D. S. Glenwick y L. A. Jason (comps.), *Behavioral community psychology: Progress and prospects*, Nueva York, Praeger, 1980.

LONDON, P., «The end of ideology in behavior modification», *American Psychologist*, 27, 1972, pp. 913-930.

LONG, B. C., «Aerobic conditioning and stress inoculation: A comparison of stress management interventions», *Cognitive Therapy and Research*, 8, 1984, pp. 517-542.

LOPICCOLO, J., «Direct treatment of sexual dysfunction», en J. LoPiccolo y L. LoPiccolo (comps.), *Handbook of sex therapy*, Nueva York Plenum Press, 1978.

LORENZ, K., *Behind the mirror*, Nueva York, Harcourt Brace Jovanovich, 1977.

LOVAAS, O. I., «A program for the establishment of speech in psychotic children», en J. K. Wing (comp.), *Early childhood autism*, Elmsford, Nueva York, Pergamon Press, 1966.

— Y SIMMONS, J. Q., «Manipulation of self-destruction in three retarded children», *Journal of Applied Behavior Analysis*, 2, 1969, pp. 143-157.

LOWE, C. F., «Determinants of human operant behaviour», en M. Zeiler y P. Harzen (comps.), *The reinforcement and organization of behaviour*, Nueva York, Wiley, 1979.

— «RADICAL BEHAVIORISM AND HUMAN PSYCHOLOGY», en G. C. Davey (comp.), *Animal models of human behavior*, Nueva York, Wiley, 1983.

— y HIGSON, P. J., «Self-instruccional training and cognitive behaviour modification: A behavioural analysis», en G. Davey (comp.), *Applications of conditioning theory*, Londres, Methuen, 1981.

LOWE, M., «Rapid smoking», en A. S. Bellack y M. Hersen (comps.), *Dictionary of behavior therapy techniques*, Nueva York, Pergamon Press, 1985.

LUBAR, J. F., KRULIKOWSKI, D., NATELSON, S. E., HOLDER, G. S., WHITSETT, S. F., PAMPLIN, W. E. Y KRULIKOWSKI, D., «EEG operant conditioning in intractable epileptics», *Archives of Neurology*, 38, 1981, pp. 700-704.

LUBLIN, I., «Principles governing the choice of unconditioned stimulus in aversive conditioning», en R. Rubin y C. M. Franks (comp.), *Advances in behavior therapy*, Nueva York, Academic Press, 1968.

LUBORSKY, L. Y DERUBEIS, R. J., «The use of psychotherapy treatment manuals: A small revolution in psychotherapy research style», *Clinical Psychology Review*, 4, 1984, pp. 5-14.

— Y STRUPP H. H., «Research problems in psychotherapy: A three-year follow-up», en H. H. Strupp y L. Luborsky (comps.), *Research in psychotherapy, vol. 2,* Washington, DC., American Psychological Association, 1962.

LUJÁN, N., *La vida cotidiana en el siglo de oro español,* Barcelona, Planeta, 1988.

LURIA, A., *The role of speech in the regulation of normal and abnormal behaviors,* Nueva York, Liveright, 1961.

LUTHANS, F. Y KREITNER, R., *Organizational behavior modification and beyond: An operant and social learning approach,* Glenview, Ill., Scott, Foresman, 1985.

LUTHE, W., «Autogenic training: Method, research, and application in medicine», *American Journal of Psychotherapy,* 17, 1963, pp. 174-195.

— *Autogenic training* (6 volúmenes), Nueva York, Grune and Stratton, 1969.

LUTZKER, J. L., «Reducing self-injurious behavior by facial screening», *American Journal of Mental Deficiency,* 82, 1978, pp. 510-513.

LYNN, S. J. Y FREEDMAN, R. R., «Transfer y evaluación del entrenamiento en biofeedback», en A. P. Goldstein y F. H. Kanfer (comps.), *Generalización y transfer en psicoterapia,* Bilbao, Desclée de Brouwer, 1981. (Or.: 1979).

— Y GARSKE, J. P., *Psicoterapias contemporáneas,* Bilbao, Desclée de Brouwer, 1988. (Or. 19..).

MACIÀ, D. Y MÉNDEZ, X., «Evaluación y modificación de conducta de un caso de exhibicionismo mediante sensibilización encubierta sin relajación», en D. Macià Anton y F. X. Méndez Carrillo (comps.) *Aplicaciones clínicas de la evaluación y modificación de conducta,* Madrid, Pirámide, 1988.

MACKINTOSH, N. J., *The psychology of animal learning,* Nueva York, Academic Press, 1974.

MACLEOD, J. H., «Biofeedback in the management of partial anal incontinence», *Diseases of the Colon and Rectum,* 26, 1983, pp. 244-246.

MACPHILLAMY, D. J. Y LEWINSOHN, P. M., *The Pleasant Events Schedule,* Manuscrito no publicado, University of Oregon, 1971.

MAGNUSSON, D, *On the psychological situation, Report fron the Department of Psychology,* Universidad de Estocolmo, N° 544, 1978.

MAHONEY, M. J., *Cognition and behavior modification,* Cambridge, Mass., Ballinger, 1974. (*)

— «PERSONAL SCIENCE: A COGNITIVE LEARNING THERAPY», en A. Ellis y R. Grieger (comps.), *Handbook of rational-emotive therapy,* Nueva York, Springer, 1976. (*)

— «REFLECTIONS ON THE COGNITIVE-LEARNING TREND IN PSYCHOTHERAPY», *American Psychologist,* 32, 1977, pp. 5-13.

— «PSYCHOTHERAPY AND THE STRUCTURE OF PERSONAL REVOLUTIONS», en M. J. Mahoney (comp.), *Psychotherapy process: Current issues and future directions,* Nueva York, Plenum Press, 1980.

— «PSYCHOTHERAPY AND HUMAN CHANGE PROCESSES», en J. H. Harvey y M. M. Parks (comps.), *The Master lecture series: Psychotherapy research and behavior change, vol. 1,* Washington, D.C., American Psychological Association, 1982.

— «PSYCHOTHERAPY AND HUMAN CHANGE PROCESSES», en M. J. Mahoney y A. Freeman (comps.), *Cognition and psychotherapy,* Nueva York, Plenum Press, 1985.

— y ARNKOFF, D., «Cognitive and self-control therapies», en S. Garfield y A. Bergin (comps.), *Handbook of psychotherapy and behavior change,* Nueva York, Wiley, 1978.

— y GABRIEL, T. J., «Psychotherapy and the cognitive sciences: An evolving alliance», *Journal of Cognitive Psychotherapy*, 1, 1987, pp. 39-59.

— Y KAZDIN, A. E., «Cognitive behavior modification: Miconceptions and premature evaluation», *Psychological Bulletin*, 86, 1979, pp. 1044-1049.

MAHRER, A. R. Y NADLER, W. P., «Good moments in psychotherapy: A preliminary review, a list, and promising research avenues», *Journal of Consulting and Clinical Psychology*, 54, 1986, pp. 10-15.

MALETZKY, B. M., «'Assisted' covert sensitization: a preliminary report», *Behavior Therapy*, 4, 1973, pp. 117-119.

— «SELF-REFERRED VERSUS COURT-REFERRED SEXUALLY DEVIANT PATIENTS: SUCCESS WITH ASSISTED COVERT SENSITIZATION», *Behavior Therapy*, 11, 1980, pp. 306-314.

— «ORGASMIC RECONDITIONING», en A. S. Bellack y M. Hersen (comps.), *Dictionary of behavior therapy techniques*, Nueva York, Pergamon Press, 1985.

MALLOY, P. Y LEVIS, D. J., «A laboratory demonstration of persistent human avoidance», *Behavior Therapy*, 19, 1988, pp. 229-241.

MARAVALL, J. A., *La literatura picaresca desde la historia social*, Barcelona, Taurus, 1986.

MARCOS, J. L., *Manual de condicionamiento y biofeedback de la actividad eletrodérmica*, Salamanca, Servicio de Publicaciones de la Universidad Pontificia, 1986.

MARÍN, G., «Hacia una psicología social comunitaria», *Revista Latinoamericana de Psicología*, 12, 1980, pp. 171-180.

— «LA EXPERIENCIA LATINOAMERICANA EN LA APLICACIÓN DE LA PSICOLOGÍA SOCIAL AL CAMBIO COMUNITARIO», *Cuadernos de Psicología*, 7, 1985, pp. 69-92.

MARINACCI, A. A. Y HORANDE, M., «Electromyogram in neuromuscular reeducation», *Bulletin of the Los Angeles Neurological Society*, 25, 1960, pp. 57-71.

MARKS, I., «Behavioral psychotherapy of adult neuroses», en S. Garfield y A. Bergin (comps.), *Handbook of psychotherapy and behavior change*, Nueva York, Wiley, 1978.

— *Cure and care of neuroses: Theory and practice of behavioral psychotherapy*, Nueva York, Wiley, 1981. (*)

—, Gelder, M. G. y Bancroft, J., «Sexual deviant two years after electric aversion», *British Journal of Psychiatry*, 117, 1970, pp. 173-185

MARLATT, G. A., «Craving for alcohol loss of control and relapse: A cognitive behavioral analysis», en P. E. Nathan y G. A. Marlatt (comps.), *Alcoholism: New directions in behavioral research and treatment*, Nueva York, Plenum Press, 1978.

— y GORDON, J. R., «Determinants of relapse: Implications for the maintenance of behavior change», en P. Davison (comp.), *Behavioral medicine: Changing health lifestyle*, Nueva York, Brunner/Mazel, 1979.

— y GORDON, J. R., *Relapse prevention: Maintenance strategies in the treatment of addictive behaviors*, Nueva York, Guilford Press, 1985.

MARLOWE, H., REID, J. B., PATTERSON, G. R., WEINROTT, M. R. Y BANK, L., *A comparative evaluation of parent training for families of chronic delinquents*, Manuscrito bajo revisión, 1988.

MARQUIS, J. N. Y MORGAN, W. G., *A guidebook for systematic desensitization*, Palo Alto, Calif., Veterans Administration Hospital, 1969.

MARTELLI, M. F., AUERBACH, S. M., ALEXANDER, J. Y MERCURI, L. G., «Stress management in the health care setting: Matching interventions with patient coping styles», *Journal of Consulting and Clinical Psychology*, 55, 1987, pp. 201-207.

MARTENS, B. K. Y WITT, J. C., «Ecological behavior analysis», en M. Hersen, R. M. Eisler y P. M. Miller (comps.), *Progress in behavior modification, vol. 22,* Newbury Park, Calif., Sage, 1988.

MARTIN, G. L., KOOP, S., TURNER, C. Y HANEL, F., «Backward chaining versus total task presentation to teach assembly tasks to severely retarded persons», *Behavior Research of Severe Developmental Disabilities,* 2, 1981, pp. 117-136.

— y LUMSDEN, J., *Coaching: An effective behavioral approach,* St. Louis, MS., Times Mirror/Mosby, 1987.

—, y OSBORNE, J. G., *Helping in the community: Behavioral applications,* Nueva York, Plenum Press, 1980.

MARTIN, I. Y LEVEY, A. B., «Conditioning, evaluations, and cognitions: An axis of integration», *Behaviour Research and Therapy,* 23, 1985, pp. 167-175.

MARTIN, R., *Legal challenges to behavior modification: Trends in school, corrections and mental health,* Champaign, Ill., Research Press, 1975.

MARTÍN GONZÁLEZ, A., CHACON FUERTES, F. Y MARTÍNEZ GARCÍA, M. (COMPS.), *Psicología comunitaria,* Madrid, Visor, 1988.

MARZIALI, E. Y SULLIVAN, J. M., «Methodological issues in the current analysis of brief psychotherapy», *British Journal of Medical Psychology,* 53, 1980, pp. 19-27.

—, MARMAR, C. Y KRUPNICK, J., «Therapeutic alliance scales: Development and relationship to psychotherapy outcome», *American Journal of Psychiatry,* 138, 1981, pp. 361-364.

MARZILLIER, J. S., «Outcome studies of skills training: A review», en P. Trower, B. Bryant y M. Argyle, *Social skills and mental health,* Londres, Methuen, 1978.

MASH, E. J. «What is behavioral assessment?», *Behavioral Assessment,* 1, 1979, pp. 23-29.

— y TERDAL, L. G., «Behavioral assessment of childhood disturbance», en E. J. Mash y L. G. Terdal (comps.), *Behavioral assessment of childhood disorders,* Nueva York, Guilford Press, 1981.

MASSERMAN, T. H., *Behavior and neurosis,* Chicago, University of Chicago Press, 1943.

MASTERS, J. C., BURISH, T. G., HOLLON, S. D. Y RIMM, D. C., *Behavior therapy: Techniques and empirical findings* (3ª edición), San Diego, Calif., Harcourt Brace Jovanovich, 1987.

MASTERS, W. H. Y JOHNSON, V. E., *Human sexual inadequacy,* Boston, Little Brown, 1970. (*)

MATARAZZO, J. D., «Behavioral immunogens and pathogens in health and illness», en B. L. HAMMOND Y C. J. SCHEIRER (comps.), *Psychology and health: Master lecture series, vol. 3,* Washington, D.C., American Psychological Association, 1984.

—, WIENS, A. N., MATARAZZO, R. G. Y SASLOW, G., «Speech and silence behavior in clinical psychotherapy and its laboratory correlates», en J. Schlien, H. Hurt, J. D. Matarazzo y C. Savage (comps.), *Research in psychotherapy,* Washington, DC, American Psychological Association, 1968.

MATEER, F., *Child behavior: A critical and experimental study of young children by the method of conditioned reflexes,* Boston, R. G. Badger, 1918.

MATHEWS, R. M. Y FAWCETT, S. B., «Building the capacities of job candidates through behavioral instruction», *Journal of Community Psychology,* 13, 1984, pp. 123-129.

MATSON, J. L., «Behavioral treatment of psychosomatic complaints of mentally retarded adults», *American Journal of Mental Deficiency,* 88, 1984, pp. 638-646.

— «MODELING», en A. S. Bellack y M. Hersen (comps.), *Dictionary of behavior therapy techniques,* Nueva York, Pergamon Press, 1985.

— y MCCARTNEY, J. R., *Handbook of behavior modification with the mentally retarded,* Nueva York, Plenum Press, 1981.

MAULTSBY, M. C., *Rational behavior therapy,* Englewood Cliffs, N.J., Prentice-Hall, 1984.

— y ELLIS, A., *Techniques for using rational-emotive imagery,* Nueva York, Institute for Rational-Emotive Therapy, 1974.

— y GORE, T. A., «Rational behaviour therapy», en W. Dryden y W. Golden (comps.), *Cognitive-behavioural approaches to psychotherapy,* Londres, Harper and Row, 1986.

MAVISSAKALIAN, M., MICHAELSON, L., GREENWALD, D., KORNBLITH, S. Y GREENWALD, M., «Cognitive-behavioral treatment of agoraphobia: Short and long-term efficacy of paradoxical intention vs. self-statement training», *Behaviour Research and Therapy,* 21, 1983, pp. 75-86.

MAYR, O., *The origins of feedback control,* Cambridge, Mass., MIT Press, 1970.

MAYS, D. T. Y FRANKS, C. M. (comps.), *Negative outcome in psychotherapy and what to do about it,* Nueva York, Springer, 1985.

MCALLISTER, W. R. Y MCALLISTER, D. E., «Variables influencing the conditioning and the measurement of acquired fear», en W. F. Prokasy (comp.), *Classical conditioning: A symposium,* Nueva York, Appleton-Century-Crofts, 1965.

— Y MCALLISTER, D. E., «Behavioral measurement of conditioned fear», en F. Robert Brush (comp.), *Aversive conditioning and learning,* Nueva York, Academic Press, 1971.

MCALLISTER, D. E. Y MCALLISTER, W. R., «Fear theory and aversively motivated behavior: Some controversial issues», en M. R. Denny (comp.), *Aversive stimuli and behavior,* Hillsdale, N.J., Lawrence Erlbaum, 1989.

MCDOWELL, J.J., «The importance of Herrnstein's mathematical statement of effect for behavior therapy», *American Psychologist,* 37, 1982, pp. 771-779.

MCEVOY, C. L. Y PATTERSON, R. L., «Behavioral treatment of deficit skills in dementia patients», *The Gerontologist,* 26, 1986, pp. 475-478.

MCFALL, R. M., «A review and reformulation of the concept of social skills», *Behavioral Assessment,* 4, 1982, pp. 1-33.

— Y LILLESAND, D. B., «Behavior rehearsal with modeling and coaching in assertion training», *Journal of Abnormal Psychology,* 77, 1971, pp. 313-323.

— Y MARSTON, A. R., «An experimental investigation of behavior rehearsal modeling, and coaching to assertion training», *Journal of Abnormal Psychology,* 76, 1970, pp. 295-303.

— Y TWENTYMAN, C. T., «Four experiments on the relative contributions of rehearsal modeling, and coaching to assertion training», *Journal of Abnormal Psychology,* 81, 1973, pp. 199-218.

MCGOVERN, M. P., NEWMAN, F. L. Y KOPTA, S. M., «Metatheoretical assumptions and psychotherapy orientation: Clinician attibutions of patients' problem causality and responsability for treatment outcome», *Journal of Consulting and Clinical Psychology,* 54, 1986, pp. 476-481.

MCGRADY, A., FINE, T., WOERNER, M. Y YONKER, R., «Maintenance of treatment effects biofeedback-assisted relaxation on patients with essential hypertension», *American Journal of Clinical Biofeedback,* 6, 1983, pp. 34-39.

MCMAHON, R. J., «Behavioral checklists and rating scales», en T. H. OLLENDICK Y M.

HERSEN (comps.), *Child behavioral assessment: Principles and procedures,* Nueva York, Pergamon Press, 1984(a).

— *Enhancing the effectiveness of behavioral parent training: Adjunctive procedures and client variables,* Comunicación presentada en la National Canadian Parent Training and Education Conference, London, Ontario, 1984(b).

— «SOME CURRENT ISSUES IN THE BEHAVIORAL ASSESSMENT OF CONDUCT DISORDERED CHILDREN AND THEIR FAMILIES», *Behavioral Assessment,* 9, 1987, pp. 235-252.

— y FOREHAND, R., «Conduct disorders», en E. J. Mash y L. G. Terdal (comps.), *Behavioral assessment of childhood disorders* (2ª edición), Nueva York, Guilford Press, 1988.

—, FOREHAND, R., GRIEST, D. L. Y WELLS, K. C., «Who drops out of treatment during parent behavioral training?», *Behavioral Counseling Quarterly,* 1, 1981, pp. 79-85.

—y WELLS, K. C., «Conduct disorders», en E. J. Mash y R. A. Barkley (comps.), *Treatment of childhood disorders,* Nueva York, Guilford Press, 1989.

MCMULLIN, R., *Handbook of cognitive therapy techniques,* Nueva York, Norton, 1987.

MCNALLY, R. J., «Preparadness and phobias: A review», *Psychological Bulletin,* 101, 1987, pp. 183-303.

MCNEES, M. P., GILLIAM, S. Y SCHNELLE, J. F., «Applications of behavior technology to bussines, industry, and public organizations», en D. S. Glenwick y L. A. Jason (comps.), *Behavioral community psychology: Progress and prospects,* Nueva York, Praeger, 1980.

MCREYNOLDS, P., «History of assessment in clinical and educational settings», en R. O. Nelson y S. C. Hayes (comps.), *Conceptual foundations of behavioral assessment,* Nueva York, Guilford Press, 1986.

MEICHENBAUM, D., «The effects of instructions and reinforcement on thinking and language behaviors of schizophrenics», *Behaviour Research and Therapy,* 7, 1969, pp. 101-114.

— «COGNITIVE MODIFICATION OF TEST ANXIETY COLLEGE STUDENTS», *Journal of Consulting and Clinical Psychology,* 39, 1972, pp. 370-380.

— «SELF-INSTRUCTIONAL METHODS», en F. H. Kanfer y A. P. Goldstein (comps.), *Helping people change: A textbook of methods,* Nueva York, Pergamon Press, 1975.

— «COGNITIVE FACTORS IN BIOFEEDBACK THERAPY», *Biofeedback and Self-Regulation,* 1, 1976, pp. 201-216.

— *Cognitive-behavior modification: An integrative approach,* Nueva York, Plenum Press, 1977.

— «UNA PERSPECTIVA COGNITIVO COMPORTAMENTAL DEL PROCESO DE SOCIALIZACIÓN», *Análisis y Modificación de Conducta,* número extraordinario, 1981, pp. 85-113.

— *Stress inoculation training,* Nueva York, Pergamon Press, 1985. (*)

— «COGNITIVE BEHAVIOR MODIFICATION», en F. H. Kanfer y A. P. Golstein (comps.), *Helping people change* (3ª edición), Nueva York: Pergamon Press, 1986. (*)

—, BUTLER, L. Y GRUSON, L., «Toward a conceptual model of social competence», en J. Wine y M. Smye (comps.), *Social competence,* Nueva York, Guilford Press, 1981.

— y CAMERON, R., «Training schizophrenics to talk to themselves: A means of developing attentional controls», *Behavior Therapy,* 4, 1973, pp. 515-534.

— y CAMERON, R., «Stress inoculation training: Toward a general paradigm for training coping skills», en D. Meichenbaum y M. E. Jaremko (comps.), *Stress reduction and prevention,* Nueva York, Plenum Press, 1983. (*)

— y DEFFENBACHER, J. L., «Stress inoculation training», *The Counseling Psychologist,* 16, 1988, pp. 69-90.

— y GILMORE, J. B., «Resistance: From a cognitive-behavioral perspective», en P. Wachtel (comp.), *Resistance in psychodynamic and behavioral therapies,* Nueva York, Plenum Press, 1982.

— y GILMORE, J. B., «The nature of unconscious processes: A cognitive-behavioral perspective», en K. S. Bowers y D. Meichenbaum (comps.), *The unconscious reconsidered,* Nueva York, Wiley, 1984.

— y GOODMAN, J., «The developmental control of operant motor responding by verbal operants», *Journal of Experimental Child Psychology,* 7, 1969(a), pp. 553-565.

— y GOODMAN, J., «Reflection-impulsivity and verbal control of motor behavior», *Child Development,* 40, 1969(b), pp. 785-797.

— y GOODMAN, J., «Training impulsive children to talk to themselves: A means of developing self-control», *Journal of Abnormal Psychology,* 77, 1971, pp. 115-126.

— y TURK, D. C., *Facilitating treatment adherence,* Nueva York, Plenum Press, 1987.

MEIGE, H. Y FEINDEL, E., *Tics and their treatment* (Traducción A. A. K. Wilson), Londres, Sidney Appleton, 1907.

MELAMED, B. G. Y SIEGEL, L. J., «Reduction of anxiety in children facing hospitalization and surgery by use of filmed modeling», *Journal of Consulting and Clinical Psychology,* 46, 1975, pp. 1357-1367.

MENDONCA, J. D. Y SIESS, T. F., «Counseling for indecisiveness: Problem solving and anxiety in management training», *Journal of Counseling Psychology,* 23, 1976, pp. 330-347.

MERCK & CO., *The Merck index of chemicals and drugs,* Rathway, N.J., Merck, 1968.

G. and C. Merriam Co., *Webster's New Collegiate Dictionary,* Estados Unidos, G. & C. Merriam Co., 1977.

MESSICK, S., «The standard problem: Meaning and values in measurement and evaluation», *American Psychologist,* 30, 1975, pp. 955-966.

— «TEST VALIDITY AND THE ETHICS OF ASSESSMENT», *American Psychologist,* 35, 1980, pp. 1012-1027.

— «CONSTRUCTS AND THEIR VICISSITUDES IN EDUCATIONAL AND PSYCHOLOGICAL MEASUREMENT», *Psychological Bulletin,* 89, 1981, pp. 575-588.

— «VALIDITY», en R. L. Lynn (comps.), *Educational measurement* (3ª edición), Nueva York, American Council of Education y MacMillan Publishing Company, 1989.

MEYER, V. Y GELDER, M. G., «Behavior therapy and phobic disorders», *British Journal of Psychiatry,* 109, 1963, pp. 19-28.

MICHAEL, J., «Establishing operations and the mand», *Analysis of Verbal Behavior,* 6, 1988(a), pp. 3-9.

— *Concepts and principles of behavior analysis* (4ª edición), Western Michigan University (Mimeo), 1988(b).

MICHELSON, L., «Treatment consonance and response profiles in agoraphobia: The role of individual differences in behavioral and physiological treatments», *Behaviour Research and Therapy,* 24, 1986, pp. 263-275.

—, MAVISSAKALIAN, M. Y MARCHIONE, K., «Cognitive, behavioral and psychophysiological treatments of agoraphobia: A comparative outcome investigation», *Behavior Research and Therapy,* 24, 1986(a), pp. 263-275.

—, MAVISSAKALIAN, M., MARCHIONE, K., DANCU, C. Y GREENWALD, M., «The role of self-direct in vivo exposure in cognitive, behavioral and psychophysiological treatments of agoraphobia», *Behavior Therapy,* 17, 1986(b), pp. 91-108.

MIDGLEY, M., LEA, S. E. G. Y KIRBY, R. M., «Algorithmic shaping and misbehavior in the acquisition of token deposit by rats», *Journal of the Experimental Analysis of Behavior,* 52, 1989, pp. 27-40.

MILAN, M. A., MITCHELL, Z. P., BERGER, M. I. Y PIERSON, D. F., «Positive routines: A rapid alternative to extinction in the treatment of bedtime temper tantrums», *Child Behavior Therapy,* 3, 1982, pp. 13-25.

MILLENSON, J. R., *Principios de análisis conductual,* México, Trillas, 1977. (Or.: 1967).

MILLER, G., GALANTER, E. Y PRIBRAM, C., *Plans and the structure of behavior,* Nueva York, Holt, Rinehart and Winston, 1960.

MILLER, G. E. Y KLUNGNESS, L., «Treatment of nonconfrontative stealing in school-age children», *School Psychology Review,* 15, 1986, pp. 24-35.

— y PRINZ, R. J., «The enhancement of social learning family interventions for childhood conduct disorder», *Psychological Bulletin,* (en prensa).

MILLER, J. G., *Living systems,* Nueva York, McGraw-Hill, 1978.

MILLER, N. E., «Liberalization of the basic S-R concepts: Extensions to conflict behvior, motivation and social learning», en S. Koch (comp.), *Psychology: A study of a science,* vol. 2, Nueva York, McGraw-Hill, 1959.

— «BIOFEEDBACK AND VISCERAL LEARNING», *Annual Review of Psychology,* 29, 1978, pp. 373-404.

— «BEHAVIORAL MEDICINE: Symbiosis between laboratory and clinic», *Annual Review of Psychology,* 34, 1983, pp. 1-31.

— y BANUAZIZI, A., «Instrumental learning by curarized rats of specific visceral response, intestinal or cardiac», *Journal of Comparative and Physiological Psychology,* 65, 1968, pp. 1-7.

— y DICARA, L. V., «Instrumental learning of heart-rate changes in curarized rats: Shaping and specificity to discriminate stimulus», *Journal of Comparative and Physiological Psychology,* 63, 1967, pp. 12-19.

— y DOLLARD, J., *Social learning and imitation,* Nueva York, Yale University Press, 1941.

— y DWORKIN, B., «Visceral learning: Recent difficulties with curarized rats and significant problemas for human research», en P. A. Obrist, A. H. Black, J. Brener y L. V. DiCara (comps.), *Cardiovascular psychophysiology,* Chicago, Aldine, 1974.

MILLER, W. R., TAYLOR, C. A. Y WEST, J. C., «Focus versus broad-spectrum behavior therapy for problem drinkers», *Journal of Consulting and Clinical Psychology,* 48, 1980, pp. 590-601.

MILLON, T., *Manual for the MCMI-II* (2ª edición), Minneapolis, Minn., National Computer Systems, 1987.

MILTENBERGER, R. G. Y FUQUA, R. W., «Evaluation of a training manual for the adquisition of behavioral assessment interviewing skills», *Journal of Applied Behavior Analysis,* 18, 1985, pp. 323-328.

— y VELTUM, L. G., «Evaluation of an instructions and modeling procedure for training behavioral assessment interviewers», *Journal of Behavior Therapy and Experimental Psychiatry,* 19, 1988, pp. 31-41.

MINEKA, S., «A primate model of phobic fears», en H. J. Eysenck e I. Martin (comps.), *Theoretical foundations of behavior therapy,* Nueva York, Plenum Press, 1987.

MISCHEL, W., *Personality and assessment,* Nueva York, Wiley, 1968. (*)

— «Review of 'Nelson, R. O. y Hayes, S. C. (comps.), *Conceptual foundations of behavioral assessment,* Nueva York, Guilford Press, 1986'», Behavioral Assessment, 10, 1988, pp. 125-128.

MITCHELL, L., *Simple relaxation,* Londres, J. Murray, 1977.

MITFORD, J., *Kind and usual punishment: The prison business,* Nueva York, Knopf, 1973.

MONTERO, M., «Fundamentos teóricos de ls psicología social comunitaria en Latinoamérica», *Boletín de la AVEPSO,* V, 1982, pp. 15-22.

— «LA PSICOLOGÍA COMUNITARIA: Orígenes, principios y fundamentos teóricos», *Revista Latinoamericana de Psicología,* 16, 1984, pp. 387-400.

MONTI, P. M. Y KOLKO, D. J., «A review and programmatic model of group social skills training for psychiatric patients», en D. Upper y S. M. Ross (comps.), *Handbook of behavioral group therapy,* Nueva York, Plenum Press, 1985.

MOON, J. R. Y EISLER, R. M., «Anger control: An experimental comparison of three behavioral treatments», *Behavior Therapy,* 14, 1983, pp. 493-505.

MOONEY, R. L. Y GORDON, L. V., *Manual: The Mooney Problem Checklist,* Nueva York, Psychological Corporation, 1950.

MOORE, D., CHAMBERLAIN, P. Y MUKAI, L., «Children at risk for delinquency: A follow-up comparison of aggressive children and children who steal», *Journal of Abnormal Child Psychology,* 7, 1979, pp. 345-355.

Moos, R. H., «Conceptualizations of human environments», *American Psychologist,* 28, 1973, pp. 652-665.

— *The human context: Environmental determinants of behavior,* Nueva York, Wiley, 1976

MORALES BORRERO, M., *La geometría mística del alma en la literatura española del Siglo de Oro,* Madrid, Fundación Universitaria Española, 1975.

MORENO, J. L., *Psychodrama* (vol. 1), Nueva York, Beacon House, 1946.

— «The discovery of the spontaneous man with special emphasis upon the technique of ROLE REVERSAL», *Group Psychotherapy,* 8, 1955, pp. 103-129.

Morganstern, K. P., «Implosive therapy and flooding procedures: A critical review», *Psychological Bulletin,* 79, 1973, pp. 318-334.

— «BEHAVIORAL INTERVIEWING», en A. S. Bellack y M. Hersen (comps.), *Behavioral assessment: A practical handbook,* Nueva York, Pergamon Press, 1988.

MORRIS, R. J. Y MAGRATH, K. H., «The therapeutic relationship in behavior therapy», en M. J. Lambert (comp.), *Psychotherapy and patient relationships,* Homewood, Ill., Dow Jones-Irwin, 1983.

MORRIS, S. B., ALEXANDER, J. F. Y WALDRON, H., «Functional family therapy», en I. R. H. Falloon (comp.), *Handbook of behavioral family therapy,* Nueva York, Guilford Press, 1988.

MORRISON, R. L. Y BELLACK, A. S., «The role of social perception in social skill», *Behavior Therapy,* 12, 1981, pp. 69-79.

MOSK, M. D. Y BUCHER, B., «Prompting and stimulus shaping procedures for teaching visual-motor skills to retarded children», *Journal of Applied Behavior Analysis,* 17, 1984, pp. 23-24.

MOWRER, D. E. Y CONLEY, D., «Effect of peer administered consequences upon articulatory responses of speech-defective children», *Journal of Communication Disorders,* 20, 1987, pp. 319-325.

MOWRER, O. H., «A stimulus-response analysis and its role as a reinforcing agent», *Psychological Review,* 46, 1939, pp. 553-565.

— «ON THE DUAL NATURE OF LEARNING -A re-interpretation of 'conditioning' and 'problem-solving'», *Harvard Educational Review,* 17, 1947, pp. 102-148.

— «PAIN, PUNISHMENT, GUILT, AND ANXIETY», en P. H. Hock y J. Zubin (comps.), *Anxiety,* Nueva York, Grune and Stratton, 1950.

— *Learning theory and personality dynamics,* Nueva York, Ronald Press, 1950(b).

— *Learning theory and behavior,* Nueva York, Wiley, 1960(a).

— *Learning theory and the symbolic processes,* Nueva York, Wiley, 1960(b).

MULDER, T. Y HULSTIJN, W., «Sensory feedback therapy and theoretical knowledge of motor control and learning», *American Journal of Physical Medicine,* 63, 1984, pp. 226-244.

—, HULSTIJN, W. Y VAN DER MEER, J., «EMG feedback and the restoration of motor control: A controlled group study of 12 hemiparetic patients», *American Journal of Physical Medicine,* 65, 1986, pp. 173-188.

MULHOLLAND, T. B. Y PEPER, E., «Occipital alpha and accomodative vergence, pursuit tracking, and fast eye movements», *Psychophysiology,* 8, 1971, pp. 556-575.

MURPHY, G., MURPHY, L. B. Y NEWCOMB, T. M., *Experimental social psychology,* Nueva York, Harper and Row, 1937.

MURRAY, E. J., «Personality disorders: A cognitive view», *Journal of Personality Disorders,* 2, 1988, 37-43.

MURRAY, H. A., *Explorations in personality,* Nueva York, Oxford University Press, 1938.

MYERSON, W. A. Y HAYES, S. C., «Controlling the clinician for the clients' benefit», en J. E. Krapfl y E. H. Vargas (comps.), *Behaviorism and ethics,* Kalamazoo, Mi, Behaviordelia, 1978.

NARDI, T. J., «The use of psychodrama en RET», en A. Ellis y R. M. Grieger (comps.), *Handbook of rational-emotive therapy, vol. 2,* Nueva York, Springer Publishing Company, 1986.

NATHAN, P. E., «Symptomatic diagnosis and behavioral assessment», en D. H. Barlow (comp.), *Behavioral assessment of adults disorders,* Nueva York, Guilford Press, 1981.

NATHANSON, D. L., «The shame/pride axis», en H. B. Lewis (comp.), *The role of shame in symptom formation,* Hillsdale, N.J., Lawrence Erlbaum, 1987.

NEILANS, T. H. E ISRAEL, A. C., «Towards maintenance and generalization of behavior change: Teaching children self-regulation and self-instructional skills», *Cognitive Therapy and Research,* 3, 1981, pp. 189-195.

NEIMEYER, R. A., «Personal construct therapy», en W. Dryden y W. Golden (comps.), *Cognitive-behavioural aproaches to psychotherapy,* Londres, Harper and Row, 1986.

NEISSER, U., «The role of theory in the ecological study of memory: Comment on Bruce», *Journal of Experimental Psychology: General,* 114, 1985, pp. 272-276.

NELSON, R. O., «Behavioral assessment: Past, present, and future», *Behavioral Assessment,* 5, 1983, pp. 195-206.

— *Is behavioral assessment the missing link between diagnosis and treatment?*, Ponencia presentada en el Congreso de la Association for Advancement of Behavior Therapy, Philadelphia, 1984.

—«RELATIONSHIP BETWEEN ASSESSMENT AND TREATMENT WITHIN A BEHAVIORAL PERSPECTIVE», *Journal of Psychopathology and Behavioral Assessment*, 10, 1988, pp. 155-170.

— Y HAYES, S. C., «Some current dimensions of behavioral assessment», *Behavioral Assessment*, 1, 1979(a), 1-16.

— Y HAYES, S. C., «The nature of behavioral assessment: A commentary», *Journal of Applied Behavior Analysis*, 12, 1979(b), pp. 491-500.

— Y HAYES, S. C., «Nature of behavioral assessment», en M. Hersen y A. S. Bellack (comps.), *Behavioral assessment: A practical handbook* (2ª edición), Nueva York, Pergamon Press, 1981.

— S. C. Hayes (comps.), *Conceptual foundations of behavioral assessment*, Nueva York, Guilford Press, 1986(a).

— y HAYES, S. C., «The nature of behavioral assessment», en R. O. Nelson y S. C. Hayes (comps.), *Conceptual foundations of behavioral assessment*, Nueva York, Guilford Press, 1986(b).

NEWBROUGH, J. R., *Community psychology in Latin America*, Presentado como lectura del Master, La semana de Psicología, Instituto Tecnológico y Estudios Superiores de Occidente, Guadalajara, Méjico, Octubre de 1985.

NEZU, A. M., «Efficacy of a social problem solving therapy approach for unipolar depression», *Journal of Consulting and Clinical Psychology*, 54, 1986(a), pp. 196-202.

— «NEGATIVE LIFE STRESS AND ANXIETY: PROBLEM SOLVING AS A MODERATOR VARIABLE», *Psychological Reports*, 58, 1986(b), pp. 279-283.

— «A PROBLEM-SOLVING FORMULATION OF DEPRESSION: A literature review and proposal of a pluralistic model», *Clinical Psychology Review*, 7, 1987, pp. 121-144.

— Y D'ZURILLA, T. J., «An experimental evaluation of the decision-making process in social problem solving», *Cognitive Therapy and Research*, 3, 1979, pp. 269-277.

— Y D'ZURILLA, T. J., «Effects of problem definition and formulation on decision making in the social problem-solving process», *Behavior Therapy*, 12, 1981(a), pp. 100-106.

— Y D'ZURILLA, T. J., «Effects of problem definition and formulation on the generation of alternatives in the social problem-solving process», *Cognitive Therapy and Research*, 5, 1981(b), pp. 265-271.

— Y D'ZURILLA, T. J., «Social problem solving and negative affective conditions», en P. C. Kendall y D. Watson (comps.), *Anxiety and depression: Distinctive and overlaping features*, San Diego, Calif., Academic Press, 1989.

—, MAHONEY, D. J., PERRI, M. G., RENJILIAN, D. A., AREAN, P. A. Y JOSEPH, T. X., *Effectiveness of problem-solving therapy for severely hospitalized veterans*, Comunicación presentada en el congreso de la Association for the Advancement of Behavior Therapy, Washington, 1989.

— Y NEZU, C. M. (comps.), *Clinical decision making in behavior therapy: A problem-solving perspective*, Champaign, Ill., Research Press, 1989.

—, NEZU, C. M. Y PERRI, M. G., *Problem-solving therapy for depression: Theory, research, and clinical guidelines*, Nueva York, Wiley, 1989.

—, NEZU, C. M. Y PERRI, M. G., «Psychotherapy for adults within a problem-solving framework: Focus on depression», *Journal of Cognitive Psychotherapy*, (en prensa).

— Y PERRI, M. G., «Social problem-solving therapy for unipolar depression: An initial dismantling investigation», *Journal of Consulting and Clinical Psychology,* 57, 1989, pp. 408-413.

— Y RONAN, G. F., «Social problem solving and depression: Deficits in generating alternatives and decision making», *Southern Psychologist,* 3, 1987, pp. 29-34.

NEZU, C. M., NEZU, A. M., AREAN, P. A. Y KUEHL, E., *Assertiveness and problem-solving training for mentally retarded persons with dual diagnoses,* Comunicación presentada en el congreso de la Association for the Advancement of Behavior Therapy, Washington, 1989.

NIETZEL, M. T., *Crime and its modification. A social learning perspective,* Nueva York, Pergamon Press, 1979.

— Y BERNSTEIN, D. A., «Assessment of anxiety and fear», en M. Hersen y A. S. Bellack (comps.), *Behavioral assessment* (2ª edición), Nueva York, Pergamon Press, 1985.

—, WINNETT, R. A., MACDONALD, M. L. Y DAVISON, W. S., *Behavioral approaches to community psychology,* Oxford, Pergamon Press, 1977.

NORCROSS, J. C., PROCHASKA, J. O. Y GALLAGHER, K. M., «Clinical psychologists in the 1980s: II. Theory, research and practice», *The Clinical Psychologist,* 42, 1989, pp. 45-53.

NOVACO, R., *Anger control: The development and evaluation of an experimental treatment,* Lexington, Mass., D. C. Heath, 1975.

— «ANGER AND COPING WITH STRESS», en J. Foreyt y D. Rathjen (comps.), *Cognitive behavior therapy: Theory, resarch and practice,* Nueva York: Plenum Press, 1978.

NUDLEMAN, K. L. Y STARR, A., «Focal facial spasm», *Neurology,* 33, 1983, pp. 1092-1095

NUNNALLY, J. C. Y DURHAM, R. L., «Validity, reliability and special problems of measurement in evaluation research», en E. L. Struening y M. Guttentag (comps.), *Handbook of evaluation research, vol. 1,* Londres, Sage, 1975.

NUTTING, P. A., «Health promotion in primary medical care: Problems and potential», *Preventive Medicine,* 15, 1986, pp. 537-548.

O'DELL, S. L., «Training parents in behavior modification: A review», *Psychological Bulletin,* 81, 1974, pp. 418-433.

O'DONNELL, C. R. «Environmental design and the prevention of psychological problems», en P. Feldman y J. Orford (comps.), *Psychological problems: The social context,* Nueva York, Wiley, 1980.

— Y THARP, R. G., «Community intervention and the use of multidisciplinary knowledge», en A. S. Bellack, M. Hersen y A. E. Kazdin (comps.), *International handbook of behavior modification and therapy,* Nueva York, Plenum Press, 1982.

O'HARA, M. W. Y REHM, L. P., «self-control group therapy of depression», en A. Freeman (comp.), *Cognitive therapy with couples and groups,* Nueva York, Plenum Press1983.

OHMAN, A., DIMBER, V. Y OST, L. G., «Animal and social phobias. Biological constraints on learned fear responses», en S. Reiss y R. Bootzin (comps.), *Theoretical issues in behavior therapy,* Nueva York, Academic Press, 1985.

OLAFSDOTTIR, M., SJÖDÉN, P. Y WESTLING, B., «Prevalence and prediction of chemotherapy-related anxiety, nausea and vomiting in cancer patients», *Behaviour Research and Therapy,* 24, 1986, pp. 59-66.

O'LEARY, A., «Self-efficacy and health», *Behaviour Research and Therapy,* 23, 1985, pp. 437-451.

O'LEARY, K. D., «The assessment of psychopathology in children», en H. C. Quay y J. S. Werry (comps.), *Psychopathological disorders of childhood,* Nueva York, Wiley, 1972.

— y Wilson, G. T., *Behavior therapy: Applications and outcome* (2ª edición), Englewood Cliffs, N.J., Prentice-Hall, 1987.

O'LEARY, S. G. Y DUBEY, D. R., «Applications of self-control procedures by children: A review», *Journal of Applied Behavior Analysis,* 12, 1979, pp. 449-465.

— y O'Leary, K. D., «Behavior modification in the school», en H. Leitenberg (comp.), *Handbook of behavior modification and behavior therapy,* Englewood Cliffs, N.J., Prentice-Hall, 1976. (*)

OLINGER, L. J., KUIPER, N. A. Y SHAW, B. F., «Dysfunctional attitudes and stressful life events: An interactive model of depression», *Cognitive Therapy and Research,* 11, 1987, pp. 25-40.

OLLENDICK, T. Y CERNY, J., *Clinical behavior therapy with children,* Nueva York, Plenum Press, 1981.

OMER, H., «Paradoxical treatments: A unified concept», *Psychotherapy: Theory, Research and Practice,* 18, 1981, pp. 320-324.

OMS, *Etiología y prevención de la caries dental,* Ginebra. Autor, 1972.

— *Consecuencias del tabaco para la salud,* Ginebra, Autor, 1974.

ORGANIZACIÓN PANAMERICANA DE LA SALUD, *Participación de la comunidad en la salud y el desarrollo en las américas,* Washington, Organización Panamericana de la Salud, 1984.

ORLINSKY, D. E. Y HOWARD, K. I., «The relationship of process to outcome in psychotherapy», en S. Garfield y A. Bergin (comps.), *Handbook of psychotherapy and behavior change,* Nueva York, Wiley, 1978.

ORNE, M. T., «The nature of hypnosis: Artifact and essence», *Journal of Abnormal and Social Psychology,* 58, 1959, pp. 277-299.

— Y WENDER, P. H., «Anticipatory socialization for psychotherapy: Method and rationale», *American Journal of Psychiatry,* 124, 1968, pp. 1201-1212.

ORTEGA Y GASSET, J., *Investigaciones psicológicas,* Madrid, Alianza, 1981. (Or.: 1916)

OSBORN, A., *Applied imagination: Principles and procedures of creative problem solving* (3ª edición), Nueva York, Charles Scribner's Sons, 1963.

OST, L. G., «A maintenance program for behavioral treatment of anxiety disorders», *Behaviour Research and Therapy,* 27, 1989, pp. 123-130.

—, JERREMALM, A. Y JOHANSSON, J., «Individual response patterns and the effects of different behavioral methods in the treatment of social phobia», *Behaviour Research and Therapy,* 22, 1984, pp. 1-16.

—, JOHANSSON, J. Y JERREMALM, A., «Individual response patterns and the effects of different behavioral methods in the treatment of claustrophobia», *Behaviour Research and Therapy,* 20, 1982, pp. 445-460.

—, JERREMALM, A. Y JOHANSSON, J., «Individual response patterns and the effects of different behavioral methods in the treatment of agoraphobia», *Behaviour Research and Therapy,* 22, 1984, pp. 697-707.

PAGE, L. M. *The modification of ascendant behavior in preschool children,* Iowa City, University of Iowa Studies in Child Welfare, 1936.

PAGE, T. J., STANLEY, A. E., RICHMAN, G. S., DEAL, R. M. Y IWATA, B. A., «Reduction of food theft and long-term maintenance of weight loss in a Prader-Willi adult», *Journal of Behavior Therapy and Experimental Psychiatry,* 14, 1983, pp. 261-268.

PARDES, H., KAUFMANN, C. A., PINCUS, H. A. Y WEST, A., «Genetics and psychiatry: Past discoveries, current dilemmas, and future directions», *The American Journal of Psychiatry,* 146, 1989, pp. 435-443.

PARLOFF, M. B., WASKOW, I. E. Y WOLFE, B. E., «Research on therapist variables in relationship to process and outcome», en S. Garfield y A. Bergin (comps.), *Handbook of psychotherapy and behavior change,* Nueva York, Wiley, 1978.

PARNES, S. J., «The creative problem solving course and institute at the University of Buffalo», en S. J. Parnes y H. F. Harding (comps.), *A sourcebook for creative thinking,* Nueva York, Charles Scribner's Sons, 1962.

PARRISH, J. M. Y ERICSON, M. T., «A comparison of cognitive strategies in modifying the cognitive style of impulsive third grade children», *Cognitive Therapy and Research,* 5, 1981, pp. 71-84.

PATTERSON, G. R., «An application of conditioning techniques to the control of a hyperactive child», en L. P. Ullman y L. Krasner (comps.), *Case studies in behavior modification,* Nueva York, Holt, Rinehart y Winston, 1965.

— *FAMILIES: Applications of social learning to family life* (edición revisada), Champaign, Ill., Research Press, 1975(a).

— *PROFESSIONAL GUIDE FOR «FAMILIES» AND «LIVING WITH CHILDREN»,* Champaign, Ill., Research Press, 1975(b).

— «THE AGGRESSIVE CHILD: VICTIM AND ARCHITECT OF A COERCIVE SYSTEM», en E. J. Mash, L. M. Hamerlynck y L. C. Handy (comps.), *Behavior modification and families,* Nueva York, Brunner/Mazel, 1976(a).

— *LIVING WITH CHILDREN: New methods for parents and teachers* (edición revisada), Champaign, Ill., Research Press, 1976(b).

— *COERCIVE FAMILY PROCESS,* Eugene, Or., Castalia, 1982.

— «STRESS: A CHANGE AGENT FOR FAMILY PROCESS», en N. Garmezy y M. Rutter (comps.), *Stress, coping and development in children,* Nueva York, McGraw-Hill, 1983.

— «PERFORMANCE MODELS FOR ANTISOCIAL BOYS», *American Psychologist,* 41, 1986, pp. 432-444.

— Y BANK, L., «Bootstrapping your way in the nomological thicket», *Behavioral Assessment,* 8, 1986, pp. 49-73.

— Y CHAMBERLAIN, P., «Treatment process: A problem at three levels», en L. C. Wynne (comps.), *The state of the art in family therapy research: Controversies and recommendations,* Nueva York, Family Process Press, 1988.

—, REID, J. B., JONES, R. R. Y CONGER, R. E., *A social learning approach to family intervention: Vol. 1. Families with aggressive children,* Eugene, Or., Castalia.

PATTERSON, R. L. (comp.), *Maintaining effective token economies,* Springfield, IL: Charles C. Thomas, 1976(a).

— «INDIVIDUALIZED TREATMENT USING TOKEN ECONOMY METHODS», en R. L. Patterson (comp.), *Maintaing effective token economies,* Springfield, Charles C. Thomas, 1976(b).

—, COOKE, C. Y LIBERMAN, R. P., «Reinforcing the reinforcers: A method of supplying feedback to nursing personnel», *Behavior Therapy,* 3, 1972, pp. 444-446.

—, DUPREE, L. W., EBERLY, D. A., JACKSON, G. W., O'SULLIVAN, M. J., PENNER, L. A.

Y DEE-KELLY, C., *Overcoming deficit of aging: A behavioral approach,* Nueva York, Plenum Press, 1982.

— y TEIGEN, J. R., «Conditioning and post-hospital generalization of nondelusional responses in a chronic psychotic patient», *Journal of Applied Behavior Analysis,* 6, 1973, pp. 65-70.

PATTISON, E. M., «A theoretical-empirical base for social system therapy», en E. F. Foulks, R. M. Wintrob, J. Westermeyer y A. R. Favazzo (comps.), *Current perspectives in cultural psychiatry,* Nueva York, Spectrum, 1977.

PAUL, G. L., *Insight vs. desensitization in psychotherapy. An experiment in anxiety reduction,* Stanford, University Press, 1966.

— «STRATEGY OF OUTCOME RESEARCH IN PSYCHOTHERAPY», *Journal of Consulting Psychology,* 31, 1967, pp. 104-118.

— «TWO YEAR FOLLOW-UP OF SYSTEMATIC DESENSITIZATION IN THERAPY GROUPS», *Journal of Abnormal Psychology,* 73, 1968, pp. 119-130.

— «OUTCOME OF SYSTEMATIC DESENSITIZATION», en C. M. Franks (comps.), *Behavior therapy: Appraisal and status,* Nueva York, McGraw-Hill, 1969.

— y LENTZ, R. J., *Psycho-social treatment of chronic mental patients: Milieu versus social-learning programs,* Cambridge, Mass., Harvard University Press, 1977.

— y SHANNON, D. T., «Treatment of anxiety through systematic desensitization in therapy groups», *Journal of Abnormal Psychology,* 71, 1966, pp. 124-135.

PAVLOV, I. P., *The work of the digestive glands* (Traducción W. H. Thompson), Londres, Charles Griffin, 1902.

— *Experimental psychology and psychopathology in animals,* Conferencia dada en el Congreso Médico Internacional, abril 1903, Madrid, España. (También reimpresa en I. P. Pavlov, *Selected works,* Moscú, Foreign Languages Publishing House, 1955).

— «THE SCIENTIFIC INVESTIGATION OF THE PSYCHICAL FACULTIES OR PROCESSES IN THE HIGHER ANIMALS», *Science,* 24, 1906, pp. 613-619.

— *Conditioned reflexes: An investigation of the physiological activities of the cerebral cortex,* Londres, Oxford University Press, 1927.

— *Lectures on conditioned reflexes* (Traducción W. H. Gantt), Nueva York, International Publishers, 1928.

— *Conditioned reflexes and psychiatry,* Nueva York, International, 1941.

PAWLICKI, R. Y GALOTTI, N., «A tic-like behavior case study emanating from a self directed behavior modification course», *Behavior Therapy,* 9, 1978, pp. 671-672.

PAYKEL, E. S., «Recent life events in the development of the depressive disorders», en R. A. Depue (comp.), *The psychobiology of the depressive disorders,* Nueva York, Academic Press, 1979.

PEAR, J. J. Y ELDRIDGE, G. D., «The operant-respondent distinction: Future directions», *Journal of the Experimental Analysis of Behavior,* 42, 1984, pp. 453-467.

— y KINSNER, W., «Computer-aided personalized system of instruction: An effective and economical method for short- and long-distance education», *Machine-Mediated Learning,* 2, 1988, pp. 213-237.

— y LEGRIS, J. A., «Shaping by automated tracking of an arbitrary operant response», *Journal of the Experimental Analysis of Behavior,* 47, 1987, pp. 241-247.

PEARCE, J. M. Y DICKINSON, A., «Pavlovian counterconditioning: Changing the suppressive properties of shock by association with food», *Journal of Experimental Psychology: Animal Behavior Processes*, 1, 1975, pp. 170-177.

PEGALAJAR, J. Y VILA, J., «Trastornos psicosomáticos y biofeedback», en J. A. I. Carrobles (comps.), *Análisis y modificación de conducta II: Aplicaciones clínicas*, Madrid, UNED, 1985.

PELECHANO, V., *Personalidad y parámetros. Tres escuelas y un modelo*, Valencia, Vicens-Vivens, 1973.

— *Psicología educativa comunitaria*, Valencia, Alfaplús, 1979.

— *Psicología familiar comunitaria*, Valencia, Alfaplús, 1980(a).

— «PSICOLOGÍA DE INTERVENCIÓN», *Análisis y Modificación de Conducta*, 6, 1980(b), pp. 321-347.

— «INTERVENCIÓN COMPORTAMENTAL: UNA VIEJA ASPIRACIÓN CON UN NUEVO PERFIL», en V. Pelechano, J.L. Pinillos y J. Seoane, *Psicologema*, Valencia, Alfaplus, 1980(c).

— *Apuntes de psicoterapia y modificación de conducta*, Valencia, Promolibro, 1981(a).

— *Apuntes de psicodiagnóstico*, Universidad de Valencia, 1981(b).

— *Seminario sobre personalidad y terapia*, Manuscrito no publicado, Facultad de Filosofía y Ciencias de la Educación, Universidad de Oviedo, 1981.

— «EJES DE REFERENCIA Y UNA PROPUESTA TEMÁTICA», en E. Ibáñez y V. Pelechano (comps.), *Tratado de Psicología General, vol. 9: Personalidad*, Madrid, Alhambra, 1989.

— «UN ANÁLISIS PROFANO DE LA TERAPIA DE CONDUCTA Y EL PORVENIR DE UNA ILUSIÓN DE DOS SALIDAS POSIBLES», *Boletín de Psicología* (en prensa).

PÉREZ ALVAREZ, M., «Propuesta conductista de aplicación social de un modelo cognitivo de la lectura», *Análisis y Modificación de Conducta*, 11, 1985(a), pp. 5-41.

— *Reconstrucción conductista de algunas formulaciones cognitivas*, Conferencia invitada a las «II Jornadas de Psicología. Revisión de la Psicología del Aprendizaje», Oviedo, marzo, 1985(b).

— *De la teoría cognitiva de la lectura a la tecnología de la enseñanza de la lectura*, Tesis Doctoral inédita, Universidad Complutense de Madrid, 1986.

— *El sujeto y sus circunstancias*, Conferencia invitada al «III Seminario de Psicología. El problema del sujeto en la psicología contemporánea», Tarragona, Noviembre, *Si... entonces...* (1989, en prensa).

PERLMAN, D. Y PEPLAU, L. A., «Toward a social psychology of loneliness», en S. Duck y R. Gilmour (comps.), *Personal relationships. 3: Personal relationships in disorder*, Londres, Academic Press, 1981.

PERLOFF, L. S., «Social comparison and illusions of invulnerability to negative life events», en C. R. Snyder y C. E. Ford (comps.), *Coping with negative life events*, Nueva York, Plenum Press, 1987.

PERRI, M. G., MCADOO, W. G., MCALLISTER, D. A., LAUER, J. B., JORDAN, R. C., YANCEY, D. Z. Y NEZU, A. M., «Effects of peer support and therapist contact on long-term weight loss», *Journal of Consulting and Clinical Psychology*, 55, 1987, pp. 615-617.

PERRY, M. A. Y FURUKAWA, M. J., «Modeling methods», en F. H. Kanfer y A. P. Goldstein (comps.), *Helping people change: A textbook of methods* (3ª edición), Nueva York, Pergamon Press, 1986.

PERVIN, L. A., «Definitions, measurements, and classifications of stimuli, situations, and environments», *Human Ecology,* 6, 1978, pp. 71-105.

PETERSON, D. R., *The clinical study of social behavior,* Nueva York, Appleton-Century-Crofts, 1968.

PHILLIPS, E. L., *The social skills basis of psychopathology,* Nueva York, Grune and Stratton, 1978.

— «SOCIAL SKILLS: HISTORY AND PROSPECT», en L. L'Abate y M. A. Milan (comps.), *Handbook of social skills training and research,* Nueva York, Wiley, 1985.

PIAGET, J., *Le langage et la pensée chez l'enfant,* Neuchâtel, Delachaux et Niestle, 1923. (*)

PICCININ, S., MCCARREY, M. Y CHISLETT, L., «Assertion training outcome and generalization effects under didactic vs. facilitative training conditions», *Journal of Clinical Psychology,* 41, 1985, pp. 753-762.

PICKENS, R. W. Y THOMPSON, T., «Behavioral treatment of drug dependence», Washington, D.C., *National Institute of Drug Abuse Monograph Service,* 46, 1984, pp. 104-114.

PICKERING, T. G. Y MILLER, N. E., «Learned voluntary control of heart rate and rhythm in two subjects with premature ventricular contractions», *British Hear Journal,* 39, 1977, pp. 152-159.

PIGGOTT, H. E., FANTUZZO, J. W. Y CLEMENT, P. W., «The effects of reciprocal peer tutoring and group contingencies on the academic performance of elementary school children», *Journal of Applied Behavior Analysis,* 19, 1986, pp. 93-98.

PISTERMAN, S., MCGRATH, P., FIRESTONE, P., GOODMAN, J. T., WEBSTER, I. Y MALLORY, R., «Outcome of parent-mediated treatment of preschoolers with Attention Deficit Disorder with Hyperactivity», *Journal of Consulting and Clinical Psychology,* 57, 1989, pp. 628-635.

PITRES, A., «Des spasmes rythmiques hysteriques», *Gazette Medicale de Paris,* 5, 1888, pp. 145-307.

PLATT, J. J. Y SPIVACK, G., *Manual for the means-ends problem-solving procedures (MEPS): A measure of interpersonal cognitive problem-solving skills,* Philadelphia, Hahnemann Community Mental Health/Mental Retardation Center, 1975.

PLOTKIN, W. B., «On the self-regulation of the occipital alpha rhythm: Control strategies, states of consciousness, and the role of physiological feedback», *Journal of Experimental Psychology: General,* 105, 1976, pp. 66-99.

PLUTCHIK, R., *Emotion: A psychoevolutionary synthesis,* Nueva York, Harper and Row, 1980.

POHL, R. W., REVUSKY, S. Y MELLOR, C. S.; «Drugs employed in the treatment of alcoholism: Rat data suggest they are unnecesarily severe», *Behaviour Research and Therapy,* 18, 1980, pp. 71-78.

POLANYI, M., *The tacit dimension,* Nueva York, Doubleday, 1966.

POMERANZ, D. M., «An intake report outline for behavior modification», *Psychological Reports,* 26, 1970, pp. 447-450.

POMERLEAU, O. F., «Behavioral medicine: The contribution of the experimental analysis of behavior to medical care», *American Psychologist,* 8, 1979, pp. 654-663.

— Y BRADY, J. P. (comps.), *Behavioral medicine: Theory and practice,* Baltimore, Williams and Wilkins, 1979.

POPPEN, R. L., «Some clinical implications of rule-governed behavior», en S. C. Hayes (comps.), *Rule-governed behavior. Cognition, contingencies, and instructional control,* Nueva York, Plenum Press, 1989.

POPPER, K. R. Y ECCLES, J. C., *The self and its brain,* Nueva York, Springer 1977. (*)

PRETZER, L. L., «Paranoid personality disorder: A cognitive view», *International Cognitive Therapy Newsletter,* 4, 1988, pp. 10-12.

— FLEMING, B., «Cognitive-behavioral treatment of personality disorders», *the Behavior Therapist,* 12, 1989, pp. 105-109.

PRICE, R. H., «Risky situations», en D. Magnusson (comp.), *Toward a psychology of situations,* Hillsdale, N.J., Lawrence Erlbaum, 1981.

PRICE, V. A., *Type A behavior pattern: A model for research and practice,* Nueva York, Acedemic Press, 1982.

PRIGOGINE, I., *La nouvelle alliance: Metamorphose de la science,* Paris, Gallimard, 1979. (*)

— *From being to becoming: Time and complexity in the physical sciences,* San Francisco, Freeman, 1980.

PROKASY, W. F. (comp.), *Classical conditioning: A symposium,* Nueva York, Appleton Century Crofts, 1965.

— Y ALLEN, C. K., «Instructional sets in human differential eyelid conditioning», *Journal of Experimental Psychology,* 80, 1969, pp. 271-291

PUENTE, M. L., LABRADOR, F. J., VALLEJO, M. A., CRUZADO, J., MUÑOZ, M. Y LARROY, C., «Biofeedback EMG frontal: Alcance de su eficacia y variables que la modulan», *Análisis y Modificación de Conducta,* 11, 1985, pp. 501-531.

QUINSEY, V. L., CHAPLIN, T. C. Y CARRIGAN, W. F., «Sexual preferences among incestuous and nonincestuous child molesters», *Behavior Therapy,* 10, 1979, pp. 562-566.

RACHLIN, H., *Introducción al conductismo moderno,* Madrid, Debate, 1977. (Or.: 1976).

RACHMAN, S., «Emotional processing», *Behaviour Research and Therapy,* 18, 1980, pp. 51-60.

— Y HODGSON, R., *Obsessions and compulsions,* Englewood Cliffs, N.J., Prentice-Hall.

— Y TEASDALE, J. D., «Aversion therapy: An appraisal», en C. M. Franks (comp.), *Behavior therapy: Appraisal and status,* Nueva York, McGraw-Hill, 1969(a).

— Y TEASDALE, J. D., *Aversion therapy and behaviour disorders: An analysis,* Coral Gables, Fl., University of Miami Press, 1969 (b).

— Y WILSON, G. T., *The effects of psychological therapy* (2ª edición), Nueva York, Pergamon Press, 1980.

RAIMY, V., *Misunderstandings of the self,* San Francisco, Calif., Jossey-Bass, 1975.

RAMSAY, R. W., «Bereavement: A behavioral treatment of pathological grief», en P. O. Sjödén, S. Bates y W. S. Dockens III (comps.), *Trends in behavior therapy,* Nueva York, Academic Press, 1979.

RAPAPORT, D., *El modelo psicoanalítico, la teoría del pensamiento y las técnicas proyectivas,* Buenos Aires, Hormé, 1978.

RAPPAPORT, J., *Community psychology: Values, research and action,* Nueva York, Holt, Rinehart and Winston, 1977.

— «TERMS OF EMPOWERMENT/EXEMPLARS OF PREVENTION: TOWARD A THEORY FOR COMMUNITY PSYCHOLOGY», *American Journal of Community Psychology,* 15, 1987, pp. 121-148.

—, SWIFT, R. Y HESS, R. (comps.), *Studies in empowerment: Steps toward understanding and action,* Nueva York, Haworth Press, 1984.

RASKIN, N. J., «An analysis of six parallel studies of the therapeutic process», *Journal of Consulting Psychology,* 13, 1949, pp. 206-220.

RAUSH, H. L., «Paradox, levels, and junctures in person-situation systems», en D. Magnusson y N. S. Endler (comps.), *Personality at the crossroads: Current issues in interactional psychology,* Hillsdale, New Jersey, Lawrence Erlbaum, 1977.

RAVEN, J. C., *Psychological principles apropriate to social and clinical problems,* Londres, Lewis, 1966.

RAY, W. J., RACZYNSKI, J. M., ROGERS, T. Y KIMBALL, W. H., *Evaluation of clinical biofeedback,* Nueva York, Plenum Press, 1979.

RAZRAN, G., «Conditioned withdrawal responses with shocks as conditioning stimulus in adult human subjects», *Psychological Bulletin,* 31, 1934, pp. 111-143

REDA, M. Y MAHONEY, M., *Cognitive psychotherapies,* Cambridge, Mass., Ballinger, 1984.

REHM, L. P., «A self-control model of depression», *Behavior Therapy,* 8, 1977, pp. 787-804.

— «SELF MANAGEMENT IN DEPRESSION», en P. Karoly y F.H. Kanfer (comps.), *Self management in behavior change: From theory to practice,* Nueva York, Pergamon Press, 1982.

— «SELF-MANAGEMENT THERAPY FOR DEPRESSION», *Advances in Behavior Research and Therapy,* 6, 1984, pp. 83-98.

— «ASSESSMENT OF DEPRESSION», en M. Hersen y A. S. Bellack (comps.), *Behavioral assessment* (2ª edición), Nueva York, Pergamon Press, 1985.

— «SELF-MANAGEMENT PROCESSES AND COGNITIVE PROCESSES IN DEPRESSION», en L. B. Alloy (comp.), *Cognitive processes in depression,* Nueva York, Guilford Press, 1988.

— *Manual for the self-management therapy program for depression,* Manuscrito sin publicar, Universidad de Houston, 1990.

REID, J. B., *A social learning approach to family intervention: Vol. 2. Observation in home settings,* Eugene, Or., Castalia, 1978.

— «Stealing and other clandestine activities among antisocial children», en D. J. Kolko (Presidente), *Child antisocial behavior research: Current status and implications,* Symposium impartido en el congreso de la Association for Advancement of Behavior Therapy, Philadelphia, 1984.

— *Therapeutic interventions in the families of aggressive children and adolescents,* Comunicación presentada en el congreso de la Organizato dalle Cattedre di Psicologia Clinica e delle Teorie di Pesonalita dell Universita di Roma, Roma, 1987.

—, HINOJOSA RIVERA, G. Y LORBER, R., *A social learning approach to the outpatient treatment of children who steal,* Manuscrito no publicado, Oregon Social Learning Center, Oregon, 1980.

REIG, A., «La psicología en el sistema sanitario», *Papeles del Colegio de Psicólogos,* 20, 1985, pp. 7-12.

— «La psicología de la salud en España», *Revista de Psicología de la Salud,* 1, 1989, pp. 5-49.

REISINGER, J. J., «The treatment of 'anxiety-depression' via positive reinforcement and response cost», *Journal of Applied Behavior Analysis,* 5, 1972, pp. 121-130.

REISS, S., «Theoretical perspectives on fear of anxiety», *Clinical Psychology Review, 7,* 1987, pp. 585-596.

— Y BOOTZIN, R. R. (comps.), *Theoretical issues in behavior therapy,* Nueva York, Academic Press, 1985.

—, PETERSON, R. A., GURSKY, D. M. Y MCNALLY, R. J., «Anxiety sensitivity, anxiety frequency, and the prediction of fearfulness», *Behaviour Research and Therapy, 24,* 1986, pp. 1-8.

RELINGER, H. Y BORNSTEIN, P. H., «Treatment of sleep onset insomnia by paradoxical instruction: A multiple baseline design», *Behavior Modification, 3,* 1979, pp. 203-222.

—, BORNSTEIN, P. H. Y MUNGAS, D. M., «Treatment of insomnia by paradoxical intention: A time-series analysis», *Behavior Therapy, 9,* 1978, pp. 955-959.

REPP, A. C., DEITZ, S. M. Y DEITZ, D. E., «Reducing inappropriate behaviors in classrooms and individual sessions through DRO schedules of reinforcement», *Mental Retardation, 14,* 1976, pp. 11-15.

RESCORLA, R. A., *Pavlovian second-order conditioning: Studies in associative learning,* Hillsdale, N.J., Lawrence Erlbaum, 1980.

— «Pavlovian conditioning: It's not what you think it is», *American Psychologist, 43,* 1988, pp. 151-160.

— Y SOLOMON, R. L., «Two-process learning theory: Relationships between Pavolvian conditioning and instrumental learning», *Psychological Review, 74,* 1967, pp. 151-182.

— Y WAGNER, A. R., «A theory of Pavlovian conditioning: Variations in the effectiveness of reinforcement and nonreinforcement», en A. H. Black y W. F. Prokasy (comps.), *Classical conditioning, II. Current research and theory,* Nueva York, Appleton-Century-Crofts, 1972.

RICE, L. N., «Therapist's style of participation and case outcome», *Journal of Consulting Psychology, 29,* 1965, pp. 155-160.

— «Client behavior as a function of therapist's style and client resources», *Journal of Counseling Psychology, 20,* 1973, pp. 306-311.

— «The evocate function of the therapist», en D. Wexler y L. N. Rice (comps.), *Innovations in client-centered therapy,* Nueva York, Wiley, 1974.

— Y GREENBERG, L., *Patterns of change: Intensive analysis of psychotherapy process,* Nueva York, Guilford Press, 1984.

— Y SAPERIA, E. P., «Task analysis of the resolution of problematic reactions», en L. N. Rice y L. S. Greenberg (comps.), *Patterns of change: Intensive analysis of psychotherapy process,* Nueva York, Guilford Press, 1984.

— Y WAGSTAFF, A. K., «Client voice quality and expresive style as indices of productive psychotherapy», *Journal of Consulting Psychology, 31,* 1967, pp. 557-563.

RICE, P. L., *Stress and health: Principles and practice for coping and wellness,* Monterey, Calif., Brooks/Cole, 1987.

RICHARDS, C. S., «Improving study behaviors through self-control techniques», en J. D. Krumboltz y C. E. Thoresen (comps.), *Counseling methods,* Nueva York, Holt, Rinehart & Winston, 1976. (*)

RICHMOND, R. G. Y MARTIN, P., «Punishment as a therapeutic method with institutionalized retarded persons», en T. Thompson y J. Grabowski (comp.), *Behavior modification of the mentally retarded* (2ª edición), Nueva York, Oxford University Press, 1977.

RICKARD, H. C., DIGMAN, P. J. Y HORNER, R. F., «Verbal manipulation in a psychotherapeutic relationship», *Journal of Clinical Psychology, 16,* 1960, pp. 364-367.

RIEDL, R., *Biología del conocimiento,* Barcelona, Labor, 1983. (Or.: 1981).

RILEY, A. L. Y WETHERINGTON, C. L., «Schedule-induced polydipsia: Is the rat a small furry human? (An analysis of an animal model of human alcoholism)», en S. B. Klein y R. R. Mower (comps.), *Contemporary learning theories: Instrumental conditioning theory and the impact of biological constraints on learning,* Hillsdale, N.J., Lawrence Erlbaum, 1989.

RILEY, A. W., PARRISH, J. M. Y CATALDO, M. F., «Training parents to meet the needs of children with medical or physical handicaps», en C. E. Schaefer y J. M. Briesmeister (comps.), *Handbook of parent training: Parents as co-therapists for children's behavior problems,* Nueva York, Wiley, 1989.

RIMM, D. C. Y MASTERS, J. C., *Behavior therapy: Techniques and empirical findings,* Nueva York, Academic Press, 1974. (*)

— Y MASTERS, J. C., *Behavior therapy: Techniques and empirical findings* (2ª edición), Nueva York, Academic Press, 1979.

RISLEY, T. Y WOLF, M. M., «Experimental manipulation of autistic behaviors and generalization into the home», en R. Ulrich, T. Stachnik y J. Mabry (comps.), *Control of human behavior, vol. 1,* Glenview, Ill., Scott, Foresman and Company, 1966. (*)

ROA, A., «Estrategias de intervención aplicadas a la enfermedad de Raynaud», en J. M. Buceta (comp.), *Psicología clínica y salud: Aplicación de estrategias de intervención,* Madrid, UNED, 1987.

ROBIN, A. L., ARMEL, S. Y O'LEARY, K. D., «The effects of self-instruction on writting deficiency», *Behavior Therapy,* 6, 1978, pp. 178-187.

— Y FOSTER, S. L., *Negotiating parent-adolescent conflict: A behavioral-family systems approach,* Nueva York, Guilford Press, 1989.

ROGERS, C. R., «The necessary and sufficient conditions for therapeutic personality change», *Journal of Consulting Psychology,* 21, 1957, pp. 95-103.

ROGERS, T. R., Forehand, R. y Griest, D. L., «The conduct disordered child: An analysis of family problems», *Clinical Psychology Review,* 1, 1981(a), pp. 139-147.

—, FOREHAND, R., GRIEST, D. L., WELLS, K. C. Y MCMAHON, R. J., «Socioeconomic status: Effects on parent and child behaviors and treatment outcome of parent training», *Journal of Clinical Child Psychology,* 10, 1981(b), pp. 98-101.

ROLIDER, A. Y VAN HOUTEN, R., «Suppressing tantrum behavior in public places through the use of delayed punishment mediated by audio recordings», *Behavior Therapy,* 16, 1985, pp. 181-194

ROONEY, R. H., «Socialization strategies for involuntary clients», *Social Casework,* 69, 1988, pp. 131-140.

ROPER, T. J., «What is meant by the term 'schedule-induced', and how general is schedule induction?», *Animal Learning Behavior,* 9, 1981, pp. 433-440.

ROSE, L., YINON, U. Y BELIN, M., «Myopia induced in cats deprived of distance vision during development», *Vision Research,* 14, 1974, pp. 1029-1032.

ROSE, S. D., «Group methods», en F. H. Kanfer y A. P. Goldstein (comps.), *Helping people change: A textbook of methods* (3ª edición), Nueva York, Pergamon Press, 1986. (*)

ROSEN, A. Y PROCTOR, E. K., «Distinctions between treatment outcomes and their implications for treatment evaluation», *Journal of Consulting and Clinical Psychology,* 49, 1981, pp. 418-425.

ROSEN, H., «Piagetian theory and cognitive therapy», en A. Freeman, K. M. Simon, L. E.

BEUTLER Y H. ARKOWITZ (comps.), *Comprehensive handbook of cognitive therapy,* Nueva York, Plenum Press, 1989.

ROSENBAUM, M. S. Y DRABMAN, R. S., «Self-control training in the classroom: A review and critique», *Journal of Applied Behavior Analysis,* 12, 1979, pp. 467-485.

ROTTER, J. B., *Social learning and clinical psychology,* Englewood Cliffs, Nueva York, Prentice-Hall, 1954.

ROWBURY, T. G. Y BAER, D. M., «Applied analysis of preschool children's behavior», en D. S. Glenwick y L. A. Jason (comps.), *Behavioral community psychology: Progress and prospects,* Nueva York, Praeger, 1980.

RUBEN, D. H., «The 'interbehavioral' approach to treatment», *Journal of Contemporary Psychotherapy,* 16, 1986, pp. 62-71.

— Y DELPRATO, D. J. (comps.), *New ideas in therapy: Introduction to an interdisciplinary approach,* Westport, Conn., Greenwood Press, 1987.

RUGH, J. D., «Instrumentation in biofeedback», en R. J. Gatchel y K. P. Price (comps.), *Clinical applications of biofeedback: Appraisal and status,* Nueva York, Pergamon Press, 1979.

RUSH, A. J., BECK, A. T., KOVACS, M. Y HOLLON, S., «Comparative efficacy of cognitive therapy and pharmacotherapy in the treatment of depressed outpatients», *Cognitive Therapy and Research,* 1, 1977, pp. 17-37.

RUSSO, D. C., CATALDO, M. F. Y CUSHING, P. J., «Compliance training and behavioral covariation in the treatment of multiple behavior problems», *Journal of Applied Behavior Analysis,* 14, 1981, pp. 209-222.

— Y KOEGEL, R. L., «A method for integrating an autistic child into a normal public-school classroom», *Journal of Applied Behavior Analysis,* 10, 1977, pp. 579-590.

SAAVEDRA FAJARDO, D., *Empresas políticas, idea de un príncipe politico-cristiano,* Madrid, Editora Nacional, 1976. (Or.: 1640).

SABUCO, M., *Nueva filosofía (Obras de Doña Oliva Sabuco de Nantes),* Madrid, Establecimiento tipográfico de Ricardo Fé, 1888. (Or.: 1587).

SACHS, L. E., BEAN, H. Y MORROW, J. E., «Comparison of smoking treatments», *Behavior Therapy,* 1, 1970, pp. 465-472.

SAJWAJ, T., LIBET, J. Y AGRAS, S., «Lemon-juice therapy: The control of life-threatening rumination of a six-month-old infant», *Journal of Applied Behavior Analysis,* 7, 1974, pp. 557-563.

SALTER, A., *Conditioned Reflex Therapy: The direct approach to the reconstruction of personality,* Nueva York, Creative Age Press, 1949.

SAMBROOKS, J. E. Y MACCULLOCH, M. J., «A modification of the sexual orientation method and an automated technique for presentation and scoring», *British Journal of Social and Clinical Psychology,* 12, 1973, pp. 163-174.

—, MACCULLOCH, M. J. Y WADDINGTON, J. L., «Incubation of sexual attitude change between sessions of instrumental aversion therapy. Two cases studies», *Behavior Therapy,* 9, 1978, pp. 477-485.

SÁNCHEZ VIDAL, A., *Psicología comunitaria: Bases conceptuales y métodos de investigación,* Barcelona, PPU, 1988.

SANDLER, J., «Aversion Methods», en F. H. Kanfer y A. P. Goldstein (comps.), *Helping people change* (3ª edición), Nueva York, Pergamon Press, 1986. (*)

San Ignacio de Loyola, *Ejercicios espirituales de San Ignacio de Loyola,* Santander, Sal Terrae, 1985. (Orig. 1521-1541).

856   Manual de Técnicas e Modificação do Comportamento

SAN JUAN DE LA CRUZ, *Cántico espiritual. Poesías,* Madrid, Alhambra, 1979. (Orig. 1578).

SANK, L. I. Y SHAFFER, C. S., *A therapist's manual for cognitive behavior therapy in groups,* Nueva York, Plenum Press, 1984.

SAN MARTÍN, H., MARTÍN, A. C. Y CARRASCO, J. L., *Epidemiología: Teoría, investigación, práctica,* Madrid, Díaz de Santos, 1986.

SANTACREU, J., «Tratamiento con autoinstrucciones de Meichenbaum para niños hiperactivos», *Psicodeia,* Dossier nº 3, 1983, pp. 14-22.

— Y SCIGLIANO, R., «Programa de autocontrol de la obesidad», *Estudios de Psicología,* 25, 1986, pp. 123-138.

SANTA TERESA DE JESÚS, *Las moradas,* Madrid, Espasa-Calpe, 1985. (Or.: 1577).

— *Su vida,* Madrid, Espasa-Calpe, 1978. (Or.: 1562).

SANTEE, J. L., KEISTER, M. E. Y KLEINMAN, K. M., «Incentives to enhance the effects of electromyographic feedback training in stroke patients», *Biofeedback and Self-Regulation,* 5, 1980, pp. 51-56.

SANTIAGO, L. C., SERRANO-GARCÍA, J. Y PERFECTO, G., «La psicología social-comunitaria y la teología de la liberación», *Boletín de la AVEPSO,* VI, 1983, pp. 15-21.

SARASON, I., JOHNSON, J., BERBERICH, J. Y SIEGEL, J., «Helping police officers to cope with stress: A cognitive-behavioral approach», *American Journal of Community Psychology,* 7, 1979, pp. 593-603.

SARGENT, J. D., GREEN, E. E. Y WALTERS, E. D., «The use of autogenic feedback training in a pilot study of migraine and tension headaches», *Headache,* 12, 1972, pp. 120-125.

—, SOLBACH, P., COYNE, L., SPOHN, H. Y SEGERSON, J., «Results of a controlled, experimental, outcome study of non-drug treatments for the control of chronic migraine headaches», *Journal of Behavioral Medicine,* 9, 1986, pp. 291-323.

SCARR, S., «Constructing psychology. Making facts and fables for our times», *American Psychologist,* 40, 1985, pp. 499-512.

SCHACHTER, S., «The interaction of cognitive and physiological determinants of emotional state», en L. Berkovitz (comp.) *Advances in Experimental Social Psychology,* vol. 1, Nueva York, Academic Press, 1964.

— Y SINGER, J. E., «Cognitive, social and physiological determinants of emotional states», *Psychological Review,* 69, 1962, pp. 379-399.

SCHAEFER, H. H. Y MARTIN, P. L., *Behavioral therapy,* Nueva York, McGraw-Hill, 1969.

SCHAFFER, N. D., «Multidimensional measures of therapist behavior as predictors of outcome», *Psychological Bulletin,* 92, 1982, pp. 670-681.

SCHINKA, J. A., *Personal problems checklist,* Odessa, Fl., Psychological Assessment Resources, 1986.

SCHLESER, R., MEYERS, A. Y COHEN, R., «Generalization and self-instructions. Effects of general versus specific content, active rehearsal and cognitive level», *Child Development,* 52, 1981, pp. 335-340.

— Y RODICK, J. D., «A comparison of traditional family therapy models and the family-ecological systems approach», en S. W. Henggeler (comp.), *Delinquency and adolescent psychopathology: A family-ecological systems approach,* Littleton, Mass., Wright-PSG, 1982.

SCHNEIDER, J. W., «Social problems: The constructionist view», *Annual Review of Sociology,* 11, 1985, pp. 209-229.

SCHOENFELD, W. N., «An experimental approach to anxiety, escape and avoidance behavior», en P. H. Hock y J. Zubin (comps.), *Anxiety,* Nueva York, Grune and Stratton, 1950.

SCHOTTE, D. E., ASCHER, L. M. Y COOLS, J., «The use of paradoxical intention in behavior therapy», en L. M. Ascher (comp.), *Therapeutic paradox,* Nueva York, Guilford Press, 1990.

SCHROEDER, H. E. Y BLACK, M. J., «Unassertiveness», en M. Hersen y A. S. Bellack (comps.), *Handbook of clinical behavior therapy with adults,* Nueva York, Plenum Press, 1985.

— Y RAKOS, R. F., «The identification and assessment of social skills», en R. Ellis y D. Whittington (comps.), *New directions in social skill training,* Londres, Croom Helm, 1983.

SCHULTZ, J. H., *Das autogene training,* Leipzig, Verlag, 1932.

— Y LUTHE, W., *Autogenic training* (Vol. 1), Nueva York, Grune and Stratton, 1969.

SCHWARTZ, A. Y GOLDIAMOMD, I., *Social casework: A behavioral approach,* Nueva York, Columbia University Press, 1975.

SCHWARTZ, G. E., «Biofeedback on therapy: Some theoretical and practical issues», *American Psychologist,* 28, 1973, pp. 666-673.

— «Testing the biopsychosocial model: The ultimate challenge facing behavioral medicine?», *Journal of Consulting and Clinical Psychology,* 50, 1982(a), pp. 1040-1053.

— «Integrating psychobiology and behavior therapy: A systems perspective», en G. T. Wilson y C. M. Franks (comps.), *Contemporary behavior therapy: Conceptual and empirical foundations,* Nueva York, Guilford Press, 1982(b).

— Y BEATTY, J. (comps.), *Biofeedback: Theory and research,* Nueva York, Academic Press, 1977.

— Y WEISS, S. M., «Behavioral medicine revisited: An amended definition» *Journal of Behavioral Medicine,* 1, 1978, pp. 249-251.

SCHWARTZ, M. S. Y HAYNES, S. N., *Passive muscle relaxation,* Nueva York, Guilford, BMA Audio Cassettes, 1974.

SCHWARTZ, R. M., «Cognitive-behavior modification: A conceptual review», *Clinical Psychology Review,* 2, 1982, pp. 267-283.

— «The internal dialogue: On the asymmetry between positive and negative coping thoughts», *Cognitive Therapy and Research,* 10, 1986, pp. 591-605.

SCHWEITZER, J. B. Y SULZER-AZAROFF, B., «Self-control: Teaching tolerance for delay in impulsive children», *Journal of the Experimental Analysis of Behavior,* 50, 1988, pp. 173-186.

SCHWITZGEBEL, R. L., *Streetcorner research: An experimental approach to juvenile delinquency,* Cambridge, Mass., Harvard University Press, 1964.

SCOTT, R. W., BLANCHARD, E. B., EDMUNSON, E. D. Y YOUNG, L. D., «A shaping procedure for heart-rate control in chronic tachycardia», *Perceptual and Motor Skills,* 37, 1973, pp. 327-338.

SECHENOV, I. M., *Reflexes of the brain: An attempt to establish the physiological basis of psychological processes* (Traducción S. Belsky), Cambridge, Mass., MIT Press, 1965. (Or.: 1865).

SEEGER, B. R. Y CAUDREY, D. J., «Biofeedback therapy to achieve symmetrical gait in children with hemiplegic cerebral palsy: Long-term efficacy», *Archives of Physical Medicine and Rehabilitation,* 64, 1983, pp. 160-162.

SEGAL, Z. V., «Appraisal of the self-schema construct in cognitive models of depression», *Psychological Bulletin,* 103, 1988, pp. 147-162.

— Y SHAW, B. F., «Cognitive assessment: Issues and methods», en K. S. Dobson (comp.), *Handbook of cognitive-behavioral therapies,* Nueva York, Guilford Press, 1988.

SEGUÍN, E., *Jacobo Rodríguez Pereira. Primer maestro de sordomudos en Francia,* Madrid, Francisco Beltrán, 1932. (Or.: 1847).

SEGURA, M., «La situación terapéutica y sus problemas», en J. A. I. Carrobles (comp.), *Análisis y modificación de conducta II: Aplicaciones clínicas,* Madrid, UNED, 1985.

SELIGMAN, M. E. P., «Phobias and preparedness», *Behavior Therapy,* 2, 1971, pp. 307-321.

— *Helplessness: On depression, development, and death,* San Francisco, Freeman, 1975. (*)

— «A learned helplessness point of view», en L. P. Rehm (comp.), *Behavior therapy for depression: Present status and future directions,* Nueva York, Academic Press, 1981.

SELTZER, L. F., *Paradoxical strategies in psychotherapy: A comprehensive overview and guidebook,* Nueva York, Wiley, 1986.

SERRANO-GARCÍA, J. Y HERNÁNDEZ, S. A., *Análisis comparativo de marcos conceptuales de la psicología de comunidad en Estados Unidos y América latina (1960-1985),* Ponencia presentada al II Congreso Interamericano de Psicología, Caracas, Venezuela, julio de 1985.

—, LÓPEZ, M. Y RIVERA-MEDINA, E., «Toward a social-comunity psychology», *Journal of Community Psychology,* 15, 1987, pp. 431-446.

SEYMOUR, F. W. Y STOKES, T. F., «Self-recording in teaching girls to increase work and evoke staff praise in an institution for offenders», *Journal of Applied Behavior Analysis,* 9, 1976, pp. 41-54.

SHAPIRO, A. K., «Placebo effects in medical and psychological therapies», en S. L. Garfield y A. E. Bergin (comps.), *Handbook of psychotherapy and behavior change: An empirical analysis* (2ª edición), Nueva York, Wiley, 1978.

SHAPIRO, A. P., «Behavior modification: Can it control hypertension?, *Journal of Cardiovascular Medicine,* December, 1980, pp. 1075-1079.

SHAPIRO, D., «Generalization and maintenance in biofeedback treatment», en R. B. Stuart (comp.), *Adherence, compliance and generalization in behavioral medicine,* Nueva York, Brunner/Mazel, 1982.

— Y CRIDER, A., «Operant electrodermal conditioning under multiple schedules of reinforcement», *Psychophysiology,* 4, 1967, pp. 168-175.

—, CRIDER, A. Y TURSKY, B., «Differentiation of an autonomic response through operant reinforcement», *Psychosomatic Science,* 1, 1964, pp. 147-148.

— Y GOLDSTEIN, I. B., «Biobehavioral perspective on hypertension», *Journal of Consulting and Clinical Psychology,* 50, 1982, pp. 841-858.

— Y SCHWARTZ, G. E., «Biofeedback and visceral learning: Clinical applications», *Seminars in Psychiatry,* 4, 1972, pp. 171-184.

SHAPIRO, D. A. Y SHAPIRO, D., «Meta-analysis of comparative therapy outcome studies: A replication and refinement», *Psychological Bulletin,* 92, 1982, pp. 581-604.

SHAPIRO, D. H., *Meditation: Self-regulation strategies and altered states of consciousness,* Nueva York, Aldine, 1980.

SHAPIRO, M. B., «The single case in clinical-psychological research», *Journal of General Psychology,* 74, 1966, pp. 3-23.

SHAW, B. F., «A comparison of cognitive therapy and behavior therapy in the treatment of depression», *Journal of Consulting and Clinical Psychology,* 45, 1977, pp. 543-552.

— «Specification of the training and evaluation of cognitive therapists for outcome studies», en J. Williams y R. Spitzer (comps.), *Psychotherapy research,* Nueva York, Guilford Press, 1984.

— «The adequacy of cognitive theory for understanding depression in women», *Canadian Psychology,* 30, 1989, pp. 51-52.

— Y DOBSON, K. S., «The cognitive assessment of depression», en T. Merluzzi, C. Glass y M. Genest (comps.), *Cognitive assessment,* Nueva York, Guilford Press, 1981.

SHELTON, J. L. Y LEVY, R. L., *Behavioral assignments and treatment compliance: A handbook of clinical strategies,* Champaign, Ill., Research Press, 1981.

SHELLENBERGER, R. Y GREEN, J. S., *From the ghost in the box to successful biofeedback training,* Greeley, Colorado, Pioneer Press, 1986.

SHERMAN, J. G., «PSI today», en J. G. Sherman, R. S. Ruskin y G. B. Semb (comps.), *The personalized system of instruction: 48 seminal papers,* Lawrence, KS., TRI Publications.

SHERRINGTON, C. S., *Integrative action of the nervous system,* New Haven, Conn., Yale University Press, 1906.

SHEVRIN, H. Y DICKMAN, S., «The psychological unconscious: A necessary assumption for all psychological theory?», *American Psychologist,* 35, 1980, pp. 421-434.

SHIPLEY, R. H., «Extinction of conditioned fear in rats as a function of several parameters of CS exposure», *Journal of Comparative and Physiological Psychology,* 87, 1974, pp. 699-707.

—, MOCK, L. A. Y LEVIS, D. J., «Effects of several response prevention procedures on activity, avoidance responding, and conditioned fear in rats», *Journal of Comparative and Physiological Psychology,* 77, 1971, pp. 256-270.

SHOHAM-SOLOMON, V. Y ROSENTHAL, R., «Paradoxical interventions: A meta-analysis», *Journal of Consulting and Clinical Psychology,* 55, 1987, pp. 22-28.

SHOR, R. E. Y ORNE, E. E., *Manual: Harvard Group Scale of Hypnotic Susceptibility, Form A,* Palo Alto, Consulting Psychologists Press, 1962.

SIDMAN, M., *Tácticas de investigación científica,* Barcelona, Fontanella, 1973. (Or.: 1960)

— «Functional analysis of emergent verbal classes», en T. Thompson y M. D. Zeiler (comps.), *Analysis and integration of verbal behavioral units,* Hillsdale, N.J., Lawrence Erlbaum, 1986.

— *Coercion and its fallout,* Boston, Mass., Authors Cooperative, 1989.

SIEGEL, J. M. Y SPIVACK, G., «Problem-solving therapy: The description of a new program for chronic psychiatric patients», *Psychotherapy: Theory, Research, and Practice,* 13, 1976, pp. 368-373.

SILVA, F., «El análisis funcional de conducta como disciplina diagnóstica», *Análisis y Modificación de Conducta,* 4, 1978, pp. 28-55.

— *Introducción al psicodiagnóstico,* Valencia, Promolibro, 1982.

— *Psicodiagnóstico: Teoría y aplicación,* Valencia, Centro Editorial de Servicios y Publicaciones Universitarias, 1985.

— *Evaluación conductual y criterios psicométricos,* Madrid, Pirámide, 1989.

SILVERMAN, L. H., FRANKS, S. Y DACHINGER, P., «Psychoanalytic reinterpretation of the effectiveness of systematic desensitization: Experimental data bearing on the role of merging fantasies», *Journal of Abnormal Psychology*, 83, 1974, pp. 313-318.

SIMÓN, M. A., «Consideraciones acerca de la naturaleza y etiología de la enfermedad de Raynaud», *Revista Española de Terapia del Comportamiento*, 6, 1988, pp. 115-125.

— *Biofeedback y rehabilitación*, Valencia, Promolibro, 1989.

— Y FERREIRO, J., «Diseño de un sistema de biofeedback electrokinesiológico de la articulación tibiotarsiana», *Revista Española de Terapia del Comportamiento*, 3, 1985, pp. 271-281.

SIMONS, H. D., MURPHY, G. G., LEVINE, J. L. Y WETZEL, R. D., «Cognitive therapy and pharmacotherapy for depression: Sustained improvement over one year», *Archives of General Psychiatry*, 43, 1986, pp. 43-48.

SIPICH, J. F., RUSELL, R. K. Y TOBIAS, L. L., «A comparison of covert sensitization and 'non specific' treatment in the modification of smoking behavior», *Journal of Behavior Therapy and Experimental Psychiatry*, 5, 1974, pp. 201-203.

SKINNER, B. F., «Two types of conditioned reflex and a pseudo type», *Journal of General Psychology*, 12, 1935, pp. 66-77.

— «Two types of conditioned reflex: A reply to Konorski and Miller», *Journal of General Psychology*, 16, 1937, pp. 272-279.

— *The behavior of organisms: An experimental analysis*, Nueva York: Appleton-Century-Crofts, 1938. (*)

— *Walden two*, Nueva York, Macmillan, 1948. (*)

— «Are theories of learning necessary?», *Psychological Review*, 57, 1950, pp. 193-216.

— *Science and human behavior*, Nueva York, MacMillan, 1953(a). (*)

— «Some contributions of an experimental analysis of behavior to psychology as a whole», *American Psychologist*, 8, 1953(b), pp. 69-78.

— «The science of learning and the art of teaching», *Harvard Educational Review*, 24, 1954, pp. 86-97.

— *Verbal behavior*, Nueva York, Appleton-Century-Crofts, 1957. (*)

— «Teaching machines», *Science*, 128, 1958, pp. 969-977.

— «Why we need teaching machines», *Harvard Educational Review*, 31, 1961, pp. 377-398.

— «Behaviorism at fifty», *Science*, 140, 1963, pp. 951-958.

— «Operant behavior», en W. K. Honig (comp.), *Operant behavior: Areas of research and application*, Nueva York, Appleton-Century-Crofts, 1966.

— *Beyond freedom and dignity*, Nueva York, Alfred A. Knopf, 1971. (*)

— «La naturaleza genérica de los conceptos de estímulo y respuesta», en B. F. Skinner, *Registro acumulativo*, Barcelona, Fontanella, 1975. (Or.: 1935).

— *Sobre el conductismo*, Barcelona, Fontanella, 1977. (Or.: 1974).

— *Contingencias de reforzamiento. Un análisis teórico*, Méjico, Trillas, 1981(b). (Or.: 1969).

— «What is wrong daily life in the western world? *American Psychologist*, 41, 1986(a), pp. 568-574.

— «The evolution of verbal behavior», *Journal of Experimental Analysis of Behavior*, 45, 1986(b), pp. 115-122.

— «An operant analysis of problem solving», en A. C. Catania y S. Harnad (comps), *The selection of behavior. The operant behaviorism of B. F. Skinner: Comments and consequences,* Nueva York, Cambridge University Press, 1988. (Or.: 1966).

—, SOLOMON, H. C. Y LINDSLEY, O. R., *Studies in behavior therapy (Status Report I),* Waltham, Mass., Metropolitan State Hospital, noviembre, 1953.

—, SOLOMON, H. C., LINDSLEY, O. R. Y RICHARDS, M. E., *Studies in behavior therapy (Status Report II),* Waltham, Mass., Metropolitan State Hospital, mayo, 1954.

SLOANE, R. D., STAPLES, F. R., CRISTOL, A. H., YORSTON, N. J. Y WHIPPLE, K., *Short-term analytically oriented psychotherapy versus behavior therapy,* Cambridge, Mass., Harvard University Press, 1975.

SMITH, D., «Trends in counseling and psychotherapy», *American Psychologist,* 37, 1982, pp. 802-809.

SMITH, M. J., *Cuando digo No me siento culpable,* Barcelona, Grijalbo, 1977. (Or.: 1975).

SMITH, M. L., GLASS, G. V. Y MILLER, T. I., *The benefits of psychotherapy,* Baltimore, MD., John Hopkins University Press, 1980.

SMITH, R. E. Y GREGORY, T. B., «Covert sensitization by induced anxiety in the treatment of an alcoholic», *Journal of Behavior Therapy and Experimental Psychiatry,* 7, 1976, pp. 331-333.

SNYDER, M., «On the influence of individuals on situations», en N. Cantor y J. F. Kihlstrom (comps.), *Personality, cognition, and social interaction,* Hillsdale, N.J., Lawrence Erlbaum, 1981.Sobel, H. y Worden, J., *Helping cancer patients to cope: A problem-solving intervention for health care professionals,* Nueva York, BMA & Guilford Press, 1981.

SOLANA, M., *Historia de la filosofía española: Epoca del Renacimiento. (Siglo XVI)* (3 vols.), Madrid, Asociación Española para el Progreso de las Ciencias, 1941.

SOLOMON, R. L. Y WYNNE, L. C., «Traumatic avoidance learning; The principle of anxiety conservation and partial irreversibility», *Psychological Review,* 61, 1954, pp. 353-385.

SPEAR, N. E., *The processing of memories: Forgetting and retention,* Hillsdale, N.J., Lawrence Erlbaum, 1978.

SPENCE, K. W., «Cognitive vs. stimulus-response theories of learning», *Psychological Review,* 57, 1950, pp. 159-172.

— *Behavior theory and conditioning,* New Haven, Conn, Yale University Press, 1956.

SPENCE, S. Y SHEPHERD, G. (comps.), *Developments in social skills training,* Nueva York, Academic Press, 1983.

SPERRY, R. W., GAZZANIGA, M. S. Y BOGEN, J. E., «Interhemispheric relationships: The neocortical commissures, syndroms of hemispheric disconnection», en P. J. Vinken y G. W. Bruyn (comps.), *Handbook of clinical neurology* (vol. 4), Amsterdam, North-Holland.

SPIEGEL, H. Y SPIEGEL, D., *Trance and treatment: Clinical uses of hypnosis,* Nueva York, Basic Books, 1978.

SPIVACK, G. Y SHURE, M. B., *Social adjustment of young children,* San Francisco, Calif., 1974.

SPOONER, F., «Comparison of backward chaining and total task presentation in training severely handicapped persons», *Education and Training of the Mentally Retarded,* 19, 1984, pp. 349-367.

STAATS, A. W. (comp.), *Human learning: Studies extending conditioning principles to complex behavior,* Nueva York, Holt, Rinehart & Winston, 1964.

— *Social behaviorism,* Homewood, Ill., Dorsey Press, 1975. (*)

— «Paradigmatic behaviorism, unified theory construction methods, and the *zeitgeist* of separatism», *American Psychologist,* 36, 1981, pp. 239-256.

— «Behaviorism with personality: The paradigmatic behavioral assessment approach», en R. O. Nelson y S. C. Hayes (comps.), *Conceptual foundations of behavioral assessment,* Nueva York, Guilford Press, 1986.

STADDON, J. E. R., «Conducta inducida por el programa», en W. K. Honig y J. E. R. Staddon (comps.), *Manual de conducta operante,* Méjico, Trillas, 1983. (Or.: 1977)

STAMPFL, T. G., «Implosive therapy, Part. I: The theory», en S. G. Armitage (comp.), *Behavioral modification techniques in the treatment of emotional disorders,* Battle Creek, Michigan, V.A. Hospital Publication, 1966.

— «Implosive therapy: An emphasis on covert stimulation», en D. J. Levis (comp.), *Learning approaches to therapeutic behavior change,* Chicago, Aldine, 1970.

— «Theoretical implications of the neurotic paradox as a problem in behavior theory: An experimental resolution», *The Behavior Analyst,* 10, 1987, pp. 161-173.

— «The relevance of laboratory animal research to theory and practice: One-trial learning and the neurotic paradox», *the Behavior Therapist,* 11, 1988, pp. 75-79.

— Y LEVIS, D. J., «The essentials of implosive therapy: A learning-theory-based psychodynamic behavioral therapy», *Journal of Abnormal Psychology,* 72, 1967(a), pp. 496-503.

— Y LEVIS, D. J., «Phobic patients: Treatment with the learning theory approach of implosive therapy», *Voices: The Art and Science of Psychotherapy,* 3, 1967(b), pp. 23-27.

— Y LEVIS, D. J., «Learning theory: An aid to dynamic therapeutic practices», en L. D. Eron y R. Callahan (comps.), *Relationship of theory to practice in psychotherapy,* Chicago, Aldine, 1969.

— Y LEVIS, D. J., «Implosive therapy: A behavioral therapy?», en J. T. Spence, R. C. Carson y J. W. Thibaut (comps.), *Behavioral approaches to therapy,* Morristown, N.J., General Learning Press, 1976.

STERMAN, M. B., «Sensorimotor EEG operant conditioning: Experimental and clinical effects», *Pavlovian Journal of Biological Science,* 12, 1977, pp. 63-92.

STOKES, T. F. Y BAER, D. M., «An implicit technology of generalization», *Journal of Applied Behavior Analysis,* 10, 1977, pp. 349-367.

STOPPARD, J. M., «An evaluation of the adequacy of cognitive/behavioral theories for understanding depression in women», *Canadian Psychology,* 30, 1989, pp. 39-58.

STRAW, M. K. Y TERRE, L., «An evaluation of individualized behavioral obesity treatment and maintenance strategies», *Behavior Therapy,* 14, 1983, pp. 255-266.

STRECHER, V. J., DEVELLIS, B. M., BECKER, M. H. Y ROSENTOCK, J. M., «The role of self-efficacy in achieving health behavior change», *Health Education Quarterly,* 13, 1986, pp. 73-91.

STRONG, S. R. «Social psychological approaches to psychotherapy research», en S. Garfield y A. Bergin (comps.), *Handbook of psychotherapy and behavior change,* Nueva York, Wiley, 1978.

— Y CLAIBORN, C. D., *Change through interaction,* Nueva York, Wiley, 1982.

STROSAHL, K. D. Y LINEHAN, M. M., «Basic issues in behavioral assessment», en A. R. Ciminero, K. S. Calhoun y H. E. Adams (comps.), *Handbook of behavioral assessment* (2ª edición), Nueva York, Wiley, 1986.

STRUPP, H. H. Y BLOXOM, A. L., «Preparing lower-class clients for group psychotherapy: Development and evaluation of a role-induction film», *Journal of Consulting and Clinical Psychology,* 41, 1973, pp. 373-384.

STUART, R. B., «Behavioral contracting within the families of delinquents», *Journal of Behavior Therapy and Experimental Psychiatry,* 2, 1971, pp. 1-11.

STUFFLEBEAM, D. L. Y SHINKFIELD, A. J., *Evaluación sistemática,* Buenos Aires, Paidós, 1987.

SUINN, R. M., «Generalized anxiety disorder», en S. M. Turner (comp.), *Behavioral theories and treatment of anxiety,* Nueva York, Plenum Press, 1984.

— «Anxiety management training», en A. S. Bellack y M. Hersen (comps.), *Dictionary of behavior therapy techniques,* Nueva York, Pergamon Press, 1985.

— Y DEFFENBACHER, J. L., «Anxiety management training», *The Counseling Psychologist,* 16, 1988, pp. 31-49.

— Y RICHARDSON, F., «Anxiety management training : A non-specific behavior therapy program for anxiety control», *Behavior Therapy,* 2, 1971, pp. 498-512.

SULLIVAN, H. S. *The interpersonal theory of psychiatry,* Nueva York, Norton, 1953.

SULZER-AZAROFF, B. Y MAYER, G., *Applying behavior analysis procedures with children and youth,* Nueva York, Holt, Rinehart & Winston, 1977.

SURWIT, R. S., «Behavioral treatment of Raynaud's syndrome in peripheral vascular diseases», *Journal of Consulting and Clinical Psychology,* 50, 1982, pp. 922-932.

SWAN, G. E., «On the structure of eclecticism: Cluster analysis of eclectic behavior therapists», *Professional Psychology,* 10, 1979, pp. 732-739.

— Y MCDONALD, M. C., «Behavior therapy in practice: A national survey of behavior therapists», *Behavior Therapy,* 9, 1978, pp. 799-807.

SWEET, A. A., «The therapeutic relationship in behavior therapy», *Clinical Psychology Review,* 4, 1984, pp. 253-272.

TARCHANOFF, J. R., «Voluntary acceleration of heart beat in man», *Pfüger's Archive der Gesamten Physiologie,* 35, 1885, pp. 109-135.

TAYLOR, C. B., «Adult medical disorders», en A. S. Bellack, M. Hersen y A. E. Kazdin (comps.), *International handbook of behavior modification and therapy,* Nueva York, Plenum Press, 1982.

— «DSM-III and behavioral assessment», *Behavioral Assessment,* 5, 1983, pp. 5-14.

TEITELBAUM, M., *Hypnosis induction techniques,* Springfield, Ill., Charles C. Thomas, 1965.

TELCH, C. F. Y TELCH, M. J., «Group coping skills instruction and supportive group therapy for cancer patients: A comparison of strategies», *Journal of Consulting and Clinical Psychology,* 54, 1986, pp. 802-808.

TENOPYR, M. L., «Content-construct confusion», *Personnel Psychology,* 30, 1977, pp. 47-54.

TERRACE, H. S., *Awareness as viewed by conventional and by radical behaviorism,* Ponencia presentada en la reunión de la American Psychological Association, Washington, 1971.

THARP, R. G. Y WETZEL, R. J., *Behavior modification in the natural environment,* Nueva York, Academic Press, 1969.

THOMAS, W. I., *The child in America,* Nueva York, Knopf, 1928.

THOMPSON, G. G., *Child psychology,* Boston, Mass., Houghton-Mifflin, 1952.

THORESEN, C. E. Y COATES, T. G., «What does it means to be a behavior therapist?», *The Counseling Psychologist,* 7, 1978, pp. 3-21.

THORNDIKE, E. L., «Animal intelligence: An experimental study of the associative processes in animals», *Psychological Review Monograph Supplements,* 2, 1898, n° 8.

— *The psychology of learning,* Nueva York, Teachers College, Columbia University, 1913.

— *Human learning,* Nueva York, Century, 1931.

— *The fundamentals of learning,* Nueva York, Teachers College, 1932.

— *An experimental study of rewards,* Nueva York, Teachers College, 1933.

TINSLEY, H. E., BOWMAN, S. L. Y RAY, S. B., «Manipulation of expectancies about counseling and psychotherapy: Review and analysis of expectancy manipulation strategies and results», *Journal of Counseling Psychology,* 35, 1988, pp. 99-108.

TOLMAN, E. C. Y BRUNSWIK, E., «The organism and the causal texture of the environment», *Psychological Review,* 42, 1935, pp. 89-101.

TONDO, T. R., LANE, J. R. Y GILL, K., «Suppresion of specific eating behaviors by covert response cost: An experimental analysis», *Psychological Record,* 25, 1975, pp. 187-196.

TORI, C. D., «A smoking satiation procedure with reduced medical risk», *Journal of Consulting and Clinical Psychology,* 34, 1978, pp. 574-579

TOSELAND, R., «A problem-solving group workshop for older persons», *Social Work,* 22, 1977, pp. 325-326.

TROWER, P., «Situational analysis of the components and processes of behavior of socially skilled and unskilled patients», *Journal of Consulting and Clinical Psychology,* 48, 1980, pp. 327-329.

— «A radical critique and reformulation: From organism to agent», en P. Trower (comp.), *Radical approaches to social skills training,* Londres, Croom Helm, 1984.

TRUAX, C. B., «Reinforcement and non-reinforcement in Rogerian psychotherapy», *Journal of Abnormal Psychology,* 71, 1966, pp. 1-9.

TRYON, W. W., FERSTER, C. B., FRANKS, C. M., KAZDIN, A. E., LEWIS, D. J. Y TRYON, G. S., «On the role of behaviorism in clinical psychology», *Pavlovian Journal of Biological Science,* 15, 1980, pp. 12-20.

TURK, D. C., MEICHENBAUM, D. Y GENEST, M., *Pain and behavioral medicine: A cognitive-behavioral perspective,* Nueva York, Guilford Press, 1983.

TURKAT, I. D. Y FEUERSTEIN, M., «Behavior modification and the public misconception», *American Psychologist,* 33, 1978, p. 194.

— Y MEYER, V., «The behavior-analytic approach», en P. Wachtel (comp.), *Resistance: Psychodynamic and behavioral approaches,* Nueva York, Plenum Press, 1982.

TURNER, J. A., «Comparison of group progressive-relaxation training and cognitive-behavioral therapy for chronic low back pain», *Journal of Consulting and Clinical Psychology,* 50, 1982, pp. 757-765.

TURNER, R. M., «Multivariate assessment of therapy outcome research», *Journal of Behavior Therapy and Experimental Psychiatry,* 9, 1978, pp. 309-314.

— «Behavioral self-control procedures for disorders of initiating and maintaining sleep (DIMS)», *Clinical Psychology Review,* 6, 1986, pp. 27-38.

— «The effects of personality disorder diagnosis on the outcome of social anxiety sympton reduction», *Journal of Personality Disorders,* 1, 1987, pp. 136-143.

— Y ASCHER, L. M., «A controlled comparison of progressive relaxation, stimulus control, and paradoxical intention therapies for insomnia», *Journal of Consulting and Clinical Psychology,* 47, 1979, pp. 500-508.

—, DITOMASSO Y DELUTY, M., «Systematic desensitization», en R. M. Turner y L. M. Ascher (comps.), *Evaluating behavior therapy outcome,* Nueva York, Springer, 1985.

TURNER, S. M. Y ADAMS, H., «Effects of assertive training in three dimensions of assertiveness», *Behaviour Research and Therapy,* 15, 1977, pp. 475-483.

TURPIN, G., «An overview of clinical psychophysiological techniques: Tools or theories», en G. Turpin (comp.), *Handbook of clinical psychophysiology,* Chichester, Wiley, 1989.

TWENTYMAN, C. T. Y ZIMERING, R. T., «Behavioral training of social skills: A critical review», en M. Hersen, R. M. Eisler y P. M. Miller (comps.), *Progress in behavior modification, vol. 7,* Nueva York, Academic Press, 1979.

UDOLF, R., *Handbook of hypnosis for professionals,* Nueva York, Van Nostrand Reinhold, 1981.

ULLMANN, L. P. Y KRASNER, L., *Case studies in behavior modification,* Nueva York, Holt, Rinehart, and Winston, 1965.

— Y KRASNER, L., A psychological approach to abnormal behavior, Englewood Cliffs, N.J., Prentice-Hall, 1969.

UPPER, D. Y CAUTELA, J. R. (comps.), *Covert conditioning,* Oxford, Pergamon Press, 1977. (*)

VALLEJO, M. A. Y LABRADOR, F. J., «Modelo de predisposición psicobiológica para explicar las cefaleas», *Revista Española de Terapia del Comportamiento,* 1, 1983, pp. 5-18.

VALLÉS, F., *Sagrada filosofía,* Madrid, Real Academia Nacional de Medicina, 1971. (Or.: 1587).

VAN DAM-BAGGEN, R. Y KRAAIMAAT, F., «A group social skills training program with psychiatric patients: Outcome, drop-out rate and prediction», *Behaviour Research and Therapy,* 24, 1986, pp. 161-169.

VAN DEN BOS, G. R., *Psychotherapy: Practice, research, policy,* Beverly Hills, Calif., Sage, 1980.

— «Psychotherapy research: A special issue», *American Psychologist,* 41, 1986, pp. 111-112.

VAN HECK, G. L., «The construction of a general taxonomy of situations», en H. Bonarius, G. L. Van Heck y N. Smid (comps.), *Personality psychology in Europe: Theoretical and empirical developments,* Lisse, Swets and Zeitlinger, 1984.

— «Situation concepts: Definitions and classification», en P. J. Hettema (comp.), *Personality and environment: Assessment of human adaptation,* Chichester, Wiley, 1989.

VAN HOUTEN, R., «Social validation: The evolution of standards of competency for target behaviors», *Journal of Applied Behavior Analysis,* 12, 1979, pp. 581-591.

VAUGHAN, M., «Rule-governed behavior and higher mental precesses», en S. Modgil y C. Modgil (comps.), *B. F. Skinner. Consensus and controversy,* Londres, Falmer Press, 1987.

— «Rule-governed behavior in behavior analysis. A theoretical and experimental history», en S. C. Hayes (comp.), *Rule-governed behavior. Cognition, contingencies, and instructional control,* Nueva York, Academic Press, 1989.

VELTUM, L. G. Y MILTENBERGER, R. G., «Evaluation of a self-instructional package for training initial assessment interviewing skills», *Behavioral Assessment,* 11, 1989, pp. 165-177.

VERNON, P. E., «The concept of validity in personality studies», en B. Semeonoff (comp.), *Personality assessment: Selected readings,* Londres, Penguin, 1964.

VIGOTSKY, L., *Thought and language,* Nueva York, Wiley, 1962. (Original en ruso 1934). (*)

VILA, J., «Biofeedback y auto-regulación», *Análisis y Modificación de Conducta,* 6, 1980, pp. 367-376.

— «Sistemas psicofisiológicos de respuesta humana», en A. Puerto (comp.), *Psicofisiología* (2ª edición), Madrid, UNED, 1985(a).

— «Aplicaciones clínicas del biofeedback», en A. Puerto (comp.), *Psicofisiología* (2ª edición), Madrid, UNED, 1985(b).

VIVES, J. L., *Tratado del alma,* Madrid, Ediciones de la Lectura, 1923. (Or.: 1538).

— *Tratado de la enseñanza,* Méjico, Porrúa, 1984. (Or.: 1531).

VOEGTLIN, W. L., «The treatment of alcoholism by establishing a conditioned reflex», *American Journal of Medical Science,* 199, 1940, pp. 576-580.

—, LEMERE, F., BROZ, W. R. Y O'HOLLAREN, P., «Conditioned reflex therapy of chronic alcoholism. IV. A preliminary report on the value of reinforcement», *Quarterly Journal of Studies on Alcoholism,* 2, 1941, pp. 505-511

—, LEMERE, F., BROZ, W. R. Y O'HOLLAREN, P., «Conditioned reflex therapy of alcoholic addiction. VI. Follow-up report of 1042 cases», *American Journal of Medical Science,* 203, 1942, pp. 525-528.

VOELTZ, L. M. Y EVANS, I. M., «The assessment of behavioral interrelationships in child behavior therapy», *Behavioral Assessment,* 4, 1983, pp. 131-165.

WACHTEL, P. L., *Psychoanalysis and behavior therapy,* Nueva York, Basic Books, 1977.

— *Resistance: Psychodynamic and behavioral approaches,* Nueva York, Plenum Press, 1982.

WADDEN, T. A. Y ANDERTON, C. H., «The clinical use of hypnosis», *Psychological Bulletin,* 91, 1982, pp. 215-243.

WADE, Y. C. Y HARTMANN, D. P., «Behavior therapists' self-reported views and practices», *the Behavior Therapist,* 2, 1979, pp. 3-6.

WAGNER, A.. R. Y RESCORLA, R. A., «Inhibition in Pavlovian conditioning: Applications of a theory», en R. A. Bookes y M. S. Halliday (comps.), *Inhibition and learning,* Nueva York, Academic Press, 1972.

WAGNER, M. K. Y BRAGG, R. A., «Comparing behavior modification approaches to habit decrement-smoking», *Journal of Consulting and Clinical Psychology,* 34, 1970, pp. 258-263.

WAHLER, R. G., «Some structural aspects of deviant child behavior», *Journal of Applied Behavior Analysis,* 8, 1975, pp. 27-42.

— Y CORMIER, W. H., «The ecological interview: A first step in outpatient child behavior therapy», *Journal of Behavior Therapy and Experimental Psychiatry,* 1, 1970, pp. 179-189.

— Y FOX, J. J., «Setting events in applied behavior analysis: Toward a conceptual and methodological expansion», *Journal of Applied Behavior Analysis,* 14, 1981, pp. 327-338.

— Y HANN, D. M., «A behavioral system perspective in childhood psychopathology. Expanding the three-term operant contingency», en N.A. Kragenor, J.D. Arasteh y M.F. Cataldo (comps.), *Childhealth behavior: A behavioral perspective,* Nueva York, Wiley, 1986.

WALEN, S. R., DIGIUSEPPE, R. Y WESSLER, R. L., *A practitioner's guide to rational-emotive therapy,* Nueva York, Oxford, 1980.

WALKER, C. E., HEDBERG, A. G., CLEMENT, P. W. Y WRIGHT, L., *Clinical procedures for behavior therapy,* Englewood Cliffs, N.J., Prentice-Hall, 1981.

WALKER, H. M. Y BUCKLEY, N. K., «Programming generalization and maintenance of treatment effects across time and across setting», *Journal of Applied Behavior Analysis,* 5, 1972, pp. 209-224.

—, SHINN, M. R., O'NEILL, R. E. Y RAMSEY, E., «A longitudinal assessment of the development of antisocial behavior in boys: Rationale, methodology, and first-year results», *Remedial and Special Education,* 8, 1987, pp. 7-16.

WALKER, W. B. Y FRANZINI, L. R., «Low risk aversive group treatments, physiological feedback, and booster sessions for smoking cessation», *Behavior Therapy,* 16, 1985, pp. 263-275.

WALLACE, I. Y PEAR, J. J., «Self-control techniques of famous novelists», *Journal of Applied Behavior Analysis,* 10, 1977, pp. 515-525.

WALLMAN, J., TURKEL, J. Y TRACHTMAN, J., «Extreme myopia produced by modest change in early visual experience», *Science,* 201, 1978, pp. 1249-1251.

WARREN, N. Y RICE, L., «Structuring and stabilizing of psychotherapy for low-prognosis clients», *Journal of Consulting and Clinical Psychology,* 39, 1972, pp. 173-181.

WATERS, W. F., MCDONALD, D. G. Y KORESKO, R. L., «Psychophysiological responses during analogue systematic desensitization and nonrelaxation control procedures», *Behaviour Research and Therapy,* 10, 1972, pp. 381-394.

WATSON. J. B., «Psychology as the behaviorist views it», *Psychological Review,* 20, 1913, pp. 158-177.

— *Behavior: An introduction to comparative psychology,* Nueva York, Holt, 1914.

— «The place of the conditioned reflex in psychology», *Psychological Review,* 23, 1916, pp. 89-116.

— *Psychology from the standpoint of a behaviorist,* Philadelphia, Lippincott, 1919.

— *Behaviorism,* Chicago, University of Chicago Press, 1924.

— Y RAYNER, R., «Conditioned emotional reactions», *Journal of Experimental Psychology,* 3, 1920, pp. 1-14.

WATTS, A. W., *Psychotherapy east and west,* Nueva York, Pantheon, 1961. (*)

WATTS, F. N., «Habituation model of systematic desensitization», *Psychological Bulletin,* 86, 1979, pp. 627-637.

WATZLAWICK, P., BEAVIN, J. H. Y JACKSON, D. D., *Pragmatics of human communication,* Nueva York, Norton, 1967.

—, WEAKLAND, J. Y FISCH, R., *Change: Principles of problem formulation and problem resolution,* Nueva York, Norton, 1974.

WEBSTER-STRATTON, C., «Modification of mothers' behaviors and attitudes through a videotape modeling group discussion program», *Behavior Therapy,* 12, 1981, pp. 634-642.

— «Randomized trial of two parent-training programs for families with conduct-disordered children», *Journal of Consulting and Clinical Psychology,* 52, 1984, pp. 666-678.

— *The parents and children series,* Eugene, Or., Castalia, 1987.

Weekes, C., *Simple, effective treatment for agoraphobia,* Nueva York, Hawthorn, 1976.

WEEKS, G. R. Y L'ABATE, L. A., *Paradoxical psychotherapy: Theory and practice with individuals, couples, and families,* Nueva York, Brunner/Mazel, 1982.

WEIL, G. Y GOLDFRIED, M. R., «Treatment of insomnia in an eleven-year-old child through self-relaxation», *Behavior Therapy,* 4, 1973, pp. 282-284.

WEIMER, W. B., «The psychology of inference and expectation: Some preliminary remarks», en G. Maxwell y R. M. Anderson (comp.), *Minnesota studies in the philosophy of science, vol. 6,* Minneapolis, Minn., University of Minnesota Press, 1975.

— «A conceptual framework for cognitive psychology: Motor theories of the mind», en R. Shaw y J. D. Bransford (comps.), *Perceiving, acting, and knowing,* Hillsdale, N.J., Lawrence Erlbaum, 1981.

WEINER, B., FRIEZE, I., KUKLA, A., REED, L., REST, S. Y ROSENBAUM, R. M., *Perceiving the causes of success and failure,* Nueva York, General Learning Press, 1971.

WEINER, H., «Some effects of response cost on human operant behavior», *Journal of the Experimental Analysis of Behavior,* 5, 1962, pp. 201-208.

— «Real and imagined cost effects upon human fixed-interval responding», *Psychological Reports,* 17, 1965, pp. 935-942.

WEINER, N., *Cibernetics,* Cambridge, Mass., MIT Press, 1961.

WEINMAN, B., GELBART, P., WALLACE, M. Y POST, M., «Inducing assertive behavior in chronic schizophrenics: A comparison of socioenvironmental, desensitization, and relaxation therapies», *Journal of Consulting and Clinical Psychology,* 39, 1972, pp. 246-252.

WEINSTEIN, D. J., «Imagery and relaxation with a burn patient», *Behaviour Research and Therapy,* 14, 1976, pp. 481.

WEINSTEIN, N. D., «Why it won't happen to me? Perception of risk factors and susceptibility», *Health Psychology,* 3, 1984, pp. 431-457.

— «The precaution adoption process», *Health Psychology,* 7, 1988, p. 386.

WEINSTOCK, S. A., «The reestablishment of intestinal control in functional colitis», *Biofeedback and Self-Regulation,* 1, 1976, pp. 324.

WEITZENHOFFER, A. M. Y HILGARD, E. R., *Stanford Profile Scales of Hypnotic Susceptibility, Forms I and II,* Palo Alto, Consulting Psychologists Press, 1967.

WELFORD, A. T. «The ergonomic approach to social behavior», *Ergonomics,* 9, 1966, pp. 357-369.

WELLER, L. Y LUCHTERHAND, E., «Comparing interviews and observations on family functioning», *Journal of Marriage and the Family,* 31, 1969, pp. 115-122.

WELLS, J. K., HOWARD, G. S., NOWLIN, W. F. Y VARGAS, M. J., «Presurgical anxiety and postsurgical pain and adjustment: Effects of a stress inoculation procedure», *Journal of Consulting and Clinical Psychology,* 54, 1986, pp. 831-835.

WELLS, K. C., «Behavioral family therapy», en A. S. Bellack y M. Hersen (comps.), *Dictionary of behavior therapy techniques,* Nueva York, Pergamon Press, 1985.

—, FOREHAND, R. Y GRIEST, D. L., «Generality of treatment effects from treated to untreated behaviors resulting from a parent training program», *Journal of Clinical Child Psychology,* 9, 1980, pp. 217-219.

WELNER, A., MARTEN, S., WOCHNICK, E., DAVIS, M. A., FISHMAN, R. Y CLAYTON,

P. J., «Psychiatric disorders among professional women», *Archives of General Psychiatry,* 36, 1979, pp. 169-173.

WERNICK, R. L., «Stress management with practical nursing students», *Cognitive Therapy and Research,* 8, 1984, pp. 543-550.

WESSLER, R. A. Y WESSLER, R. L., *The principles and practice of rational-emotive therapy,* San Francisco, Calif., Jossey-Bass, 1980.

WESSLER, R. L., «Rational-emotive therapy in groups», en A. Freeman (comp.), *Cognitive therapy with couples and groups,* Nueva York, Plenum Press, 1983.

— «Cognitive-social psychological theories and social skills: A review», en P. Trower (comp.), *Radical approaches to social skills training,* Londres, Croom-Helm, 1984(a).

— «A bridge too far: Incompatibilities of rational-emotive therapy and pastoral counseling», *Personnel and Guidance Journal,* 63, 1984(b), pp. 264-266.

— «Alternative conceptions of rational-emotive therapy», en M. A. Reda y M. J. Mahoney (comp.), *Cognitive psychotherapies,* Cambridge, Mass., Ballinger, 1984(c).

— «Varieties of cognitions in the cognitively oriented psychotherapies», en A. Ellis y R. M. Grieger (comps.), *Handbook of rational-emotive therapy, vol. 2,* Nueva York, Springer, 1986(a)

— «Conceptualizing cognitions in the cognitive-behavioural therapies», en W. Dryden y W. Golden (comps.), *Cognitive-behavioural approaches to psychotherapy,* Londres, Harper and Row, 1986(b).

— «Listening to oneself: Cognitive appraisal therapy», en W. Dryden (comp.), *Key cases in psychotherapy,* Londres, Croom-Helm, 1987.

— «Inaccurate implications of philosophy of science and rational-emotive therapy», *Psychotherapy,* 25, 1988(a), pp. 149-155.

— «Affect and nonconscious processes in cognitive psychotherapy», en W. Dryden y W. Golden (comps.), *Developments in cognitive psychotherapy,* Londres, Sage Publications, 1988 (b).

— Y HANKIN-WESSLER, S., «Cognitive appraisal therapy (CAT)», en W. Dryden y W. Golden (comps.), *Cognitive-behavioural approaches to psychotherapy,* Londres, Harper and Row, 1986.

— Y HANKIN-WESSLER, S., «Rational-emotive and related cognitively oriented psychotherapies», en S. Long (comp.), *Six group therapies,* Nueva York, Plenum Press, 1988.

— Y HANKIN-WESSLER, S., «Cognitive group therapy», en A. Freeman, L. E. Beutler y K. E. Simon (comps.), *Comprehensive handbook of cognitive therapy,* Nueva York, Plenum Press, 1989(a).

— Y HANKIN-WESSLER, S., «Nonconscious algorithms in cognitive and affective processes», *Journal of Cognitive Psychotherapy: An International Quarterly,* 3, 1989(b), 243-254.

WESTEN, D., *Self and society,* Nueva York, Cambridge University Press, 1985.

WESTERMEYER, J. Y PATTISON, E. M., *Social networks and psychosis in a peasant society,* Comunicación presentada en el congreso de la American Psychiatric Association, Chicago, 1979.

WHISMAN, M. A. Y JACOBSON, N. S., «Marital distress», en A. M. Nezu y C. M. Nezu (comps.), *Clinical decision making in behavior therapy: A problem-solving perspective,* Champaign, Ill., Research Press, 1989.

WHITALL, M. Y DOBSON, K. S., *An investigation of the temporal relationship between anxiety and depression as a consequence of cognitive vulnerability to interpersonal evaluation,* Manuscrito no publicado, University of Calgary, 1989.

WHITE, O. R., *A glossary of behavioral terminology,* Champaign, Ill., Research Press, 1971.

WHITE, R., «Competence and the psychosexual stages of development», en M. R. Jones (comp.), *Nebraska symposium on motivation,* Lincoln, NE, University of Nebraska Press, 1960.

WHITEHEAD, A. N. Y RUSELL, B., *Principia mathematica* (vol. I), Cambridge, Cambridge University Press, 1910.

WHITEHEAD, W. E., BURGIO, K. L. Y ENGEL, B. T., «Biofeedback treatment of fecal incontinence in geriatric patients», *Journal of the American Geriatrics Society,* 33, 1985, pp. 320-324.

WHITMAN, T., SCIBIK, J. W. Y REID, D. H., *Behavior modification with the severely and profoundly retarded: Research and application,* Nueva York, Academic Press, 1983.

WIENER, N., *Cybernetics: Or control and communication in the animal and the machine,* Cambridge, Mass., M.I.T. Press, 1948.

WIENS, A. N. Y MENUSTIK, C. E., «Treatment outcome and patient characteristics in an aversion therapy program for alcoholism», *American Psychologist,* 38, 1983, pp. 1089-1096.

WIEST, W. M., «Algunas críticas recientes al conductismo y la teoría del aprendizaje con especial referencia a Breger y McGaugh y Chomsky», en O. Nudler (comp.), *Problemas epistemológicos de la psicología,* Buenos Aires, Siglo XXI, 1975.

WIGGINS, J. S., *Personality and prediction: Principles of personality assessment,* Reading, Mass., Addison-Wesley, 1973.

WILKINSON, J. Y CANTER, S., *Social skills training manual: Assessment, programme design and management of training,* Chichester, Wiley, 1982.

WILLIAMS, H. M., «A factor analysis of Berne's social behavior in young children», *Journal of Experimental Education,* 4, 1935, pp. 142-146.

WILLIAMS, J. M. G., «Cognitive-behavior therapy for depression: Problems and perspectives», *British Journal of Psychiatry,* 145, 1984, pp. 254-262.

— *The psychological treatment of depression,* Londres, Croom Helm, 1986.

WILLIAMS, R. L., KARAKAN, I. Y MOORE, C. A., *Sleep disorders: Diagnosis and treatment* (2ª edición), Nueva York, Wiley, 1988.

WILLIAMSON, D. A., «Response prevention», en A. S. Bellack y M. Hersen (comps.), *Dictionary of behavior therapy techniques,* Nueva York, Pergamon Press, 1985.

WILSON, G. T., «Clinical issues and strategies in the practice of behavior therapy», en C. M. Franks, G. T. Wilson, P. C. Kendall y K. D. Brownell (comps.), *Annual review of behavior therapy: Theory and practice, vol. 8,* Nueva York, Guilford Press, 1982.

— «Chemical aversion conditioning as a treatment for alcoholism: A re-analysis», *Behaviour Research and Therapy,* 25, 1987, pp. 503-516

— Y EVANS, I. M., «The therapist-client relationship in behavior therapy», en A. S. Gurman y A. S. Rain (comps.), *The therapist's contribution to effective psychotherapy: An empirical approach,* Nueva York, Pergamon Press, 1977.

— Y FRANKS, C. M., *Contemporary behavior therapy: Conceptual and empirical foundations,* Nueva York, Guilford Press, 1982.

—, FRANKS, C. M., BROWNELL, K. A. Y KENDALL, P. C., *Annual review of behavior therapy: Theory and practice, vol. 9,* Nueva York, Guilford Press, 1984.

— Y O'LEARY, K. D., *Principles of behavior therapy,* Englewood Cliffs, N.J., Prentice-Hall, 1980.

WILSON, P. H., Spence, S. H. y Kavanagh, D. J., *Cognitive-behavioral interviewing for adult disorders,* Baltimore, MD., John Hopkins University Press, 1989.

WINETT, R. A., «An emerging approach to energy conservation», en D. S. Glenwick y L. A. Jason (comps.), *Behavioral community psychology: Progress and prospects,* Nueva York, Praeger, 1980.

— Y WINKLER, R. C., «Current behavior modification in the classroom: Be still, be quiet, be docile», *Journal of Applied Behavior Analysis,* 5, 1972, pp. 499-504.

WINKLER, R. C., «Management of chronic psychiatric patients by a token reinforcement system», *Journal of Applied Behavior Analysis,* 3, 1970, pp. 47-55.

WISOCKI, P. A. Y ROONEY, E. J., «A comparison of thought stopping and covert sensitization techniques in the treatment of smoking: A brief report», *Psychological Record,* 24, 1974, pp. 191-192.

WITMAN, T., BURGIO, L. Y JOHNSTON, M. B., «Cognitive behavioral interventions with mentally retarded children», en A. W. Meyers y W. E. Craighead (comps.), *Cognitive behavior therapy with children,* Plenum Press, Londres, 1984.

WITT, J. C., ELLIOT, S. N. Y GRESHAM, F. M. (comps.), *Handbook of behavior therapy in education,* Nueva York, Plenum Press, 1988.

WODARSKI, S., «Procedural steps in the implementation of behavior modification programs in open settings», *Journal of Behavior Therapy and Experimental Psychiatry,* 7, 1976, pp. 133-136.

WOLBER, G., CARNE, W., COLLINS-MONTGOMERY, P. Y NELSON, A., «Tangible reinforcement plus social reinforcement alone in acquisition of tooth brushing skills», *Mental Retardation,* 25, 1987, pp. 275-279.

WOLF, M. M., RISLEY, T. Y MEES, H., «Application of operant conditioning procedures to the behavior problems of an autistic child», *Behaviour Research and Therapy,* 1, 1964, pp. 305-312.

WOLF, S. L., «Electromyographic biofeedback applications to the hemiplegic patient. Changes in lower extremity neuromuscular and functional status», *Physical Therapy,* 63, 1983, pp. 1404-1413.

WOLFE, D. A., EDWARDS, B., MANION, I. Y KOVEROLA, C., «Early intervention for parents at risk of child abuse and neglect: A preliminary investigation», *Journal of Consulting and Clinical Psychology,* 56, 1988, pp. 40-47.

WOLFE, J. L., «Cognitive-behavioral group therapy for women», en C. M. Brody (comp.), *Women's therapy groups: Paradigms of feminist treatment,* Nueva York, Springer, 1987.

WOLPE, J., «Experimental neuroses as learned behavior», *British Journal of Psychology,* 43, 1952, pp. 243-268.

— «Reciprocal inhibition as the main basis of psychotherapeutic effects», *Archives of Neurology and Psychiatry,* 72, 1954, pp. 205-226.

— *Psychotherapy by reciprocal inhibition,* Stanford, Calif., Stanford University Press, 1958. (*)

— *The practice of behavior therapy,* Nueva York, Pergamon Press, 1969.

— *The practice of behavior therapy* (2ª edición), Nueva York, Pergamon Press, 1973. (*)

— *Theme and variations: A behavior therapy casebook,* Nueva York: Pergamon, 1976.

— «Reciprocal inhibition and therapeutic change», en *Journal of Behavior Therapy and Experimental Psychiatry,* 12, 1981, pp. 185-188.

— *The practice of behavior therapy* (3ª edición), Nueva York, Pergamon Press, 1982.

— Y LANG, P., «A fear survey schedule for use in behavior therapy», *Behavior Research and Therapy,* 2, 1964, pp. 27-30.

— Y LANG, P., *Fear Survey Schedule,* San Diego, Calif., Educational and Industrial Testing Service, 1969.

— Y LAZARUS, A. A., *Behavior therapy techniques,* Nueva York, Pergamon Press, 1966.

—, SALTER, A. Y REYNA, L. J. (comps.), *The conditioning therapies: The challenge in psychotherapy,* Nueva York, Holt, Rinehart and Winston, 1964.

WOOD, L. F. Y JACOBSON, N. F., «Marital distress», en D. H. Barlow (comp.), *Clinical handbook of psychological disorders: A step-by-step treatment manual,* Nueva York, Guilford Press, 1985.

WOOD, R. Y FLYNN, J. M., «A self-evaluation token system versus an external evaluation token system alone in a residential setting with pre-delinquent youth», *Journal of Applied Behavior Analysis,* 11, 1978, pp. 503-512.

WRIGHT, M. E. Y WRIGHT, B. A., *Clinical practice of hypnotherapy,* Nueva York, Guilford, 1987.

YATES, A. J., *Behavior therapy,* Nueva York, Wiley, 1970. (*)

— *Teoría y práctica de la terapia conductual,* Méjico, Trillas, 1977. (Or.: 1975).

— *Biofeedback and the modification of behavior,* Nueva York, Plenum Press, 1980.

YELA, M., *La estructura de la conducta. Estímulo, situación y conciencia,* Madrid, Real Academia de Ciencias Morales y Políticas, 1974.

— «Toward a unified psychological science. The meaning of behavior», en A. W. Staats y L. P. Mos (comps.), *Annals of theoretical psychology,* Nueva York, Plenum Press, 1987.

YERKES, R. Y MORGULIS, S., «The method of Pavlov in animal psychology», *Psychological Bulletin,* 6, 1909, pp. 257-273.

YOST, E. B., BEVILER, L. E., CORBISHLEY, M. A. Y ALLENDER, J. R., *Group cognitive therapy: A treatment approach for depressed older adults,* Nueva York, Pergamon Press, 1988.

YOUNG, F. A., «The effect of restricted visual space on the primate eye», *American Journal of Ophthalmology,* 52, 1961, pp. 799-806.

—, LEARY, E. A., BALDWIN, W. R., WEST, D. C., GOO, F. J., BOX, R. A. Y JOHNSON, C., «Refractive errors, reading performance and school achievement among Eskimo children», *American Journal of Optometry,* 47, 1970, pp. 384-390.

YOUNG, J., «Loneliness», en S. D. Hollon y G. Emery (comps.), *New directions in cognitive therapy,* Nueva York, Guilford Press, 1981.

— Y BECK, A. T., *Cognitive Therapy Scale rating manual,* Manuscrito no publicado, Universidad de Pennsylvania, Filadelfia, 1980.

— Y SWIFT, W., «Schema-focused cognitive therapy for personality disorders: Part I.», *International Cognitive Therapy Newsletter,* 4, 1988, pp. 13-14.

ZAJONC, R. B., «Feeling and thinking: Preferences need no inferences», *American Psychologist,* 35, 1980, pp. 151-175.

— «On the primacy of affect», *American Psychologist,* 39, 1984, pp. 117-123.

ZAX, M. Y SPECTER, G. A., *Introducción a la psicología de la comunidad,* Méjico, El Manual Moderno, 1978.

ZEAMAN, D. Y SMITH, R. W., «Review of some recent findings in human cardiac conditioning», en W. F. Prokasy (comp.), *Classical conditioning: A symposium,* Nueva York, Appleton Century Crofts, 1965.

ZETTLE, R. D. Y HAYES, S. C., «Rule-governed behavior: A potential theoretical framework for cognitive-behavioral therapy», en P. C. Kendall (comp.), *Advances in cognitive-behavioral research and therapy, vol. 1,* Nueva York, Academic Press, 1982.

— Y YOUNG, M. J., «Rule-following and human operant responding: Conceptual and methodological considerations», *Analysis of Verbal Behavior,* 5, 1987, pp. 33-39.

ZIGLER, E. Y LEVINE, J., «Premorbid adjustment and paranoid-non-paranoid status in schizophrenia: A further investigation», *Journal of Abnormal Psychology,* 82, 1973, pp. 189-199.

— Y PHILLIPS, L., «Social effectiveness and symptomatic behaviors», *Journal of Abnormal and Social Psychology,* 63, 1960, pp. 231-238.

— Y PHILLIPS, L., «Social competence and outcome in psychiatric disorder», *Journal of Abnormal and Social Psychology,* 63, 1961, pp. 264-271.

— Y PHILLIPS, L., «Social competence and the process-reactive distinction in psychopathology», *Journal of Abnormal and Social Psychology,* 65, 1962, pp. 215-222.

ZILBOORG, G. Y HENRY, G. W., *A history of medical psychology,* Nueva York, W. W. Norton, 1941.

ZIMMERMAN, B. J., «Social learning theory and cognitive constructivism», en I. E. Sigel, D. M. Brodzinsky y R. M. Golinkoff (comps.), *New directions in Piagetian theory and practice,* Hillsdale, N.J., Lawrence Erlbaum, 1981.

ZWICK, R. Y ATTKISSON, C. C., «The use of reception checks in client pretherapy orientation research», *Journal of Clinical Psychology,* 40, 1984, pp. 446-452.